COURS

PHYSIQUE

N. 280

COURS

DE

PHYSIQUE

POUR LA CLASSE DE MATHÉMATIQUES ÉLÉMENTAIRES

PAR F. G.-M.

PREMIÈRE PARTIE

NOTIONS DE MÉCANIQUE — PESANTEUR — ACOUSTIQUE
CHALEUR — OPTIQUE

CHEZ LES ÉDITEURS

TOURS	PARIS
ALFRED MAME ET FILS	**CH. POUSSIELGUE**
IMPRIMEURS-LIBRAIRES	RUE CASSETTE, 15

1901

COURS DE PHYSIQUE

—

INTRODUCTION

1. OBJET DE LA PHYSIQUE

1. Définition. — *La Physique est la science de la matière, au point de vue des propriétés générales des corps bruts et des phénomènes qui n'altèrent pas la nature chimique de ces corps.*

Le monde matériel est l'ensemble des corps, c'est-à-dire des objets qui tombent sous nos sens.

Nous ne connaissons les corps que par les impressions qu'ils produisent sur nos sens. Quant au principe même qui les constitue, nous en ignorons complètement la nature. On lui donne le nom général de **matière**.

On admet qu'il y a plusieurs espèces de corps ou de matières. La Chimie a pour but de les reconnaître, de les classer, d'étudier leurs propriétés individuelles et leurs métamorphoses.

La Physique, au contraire, étudie les propriétés générales à tous les corps ; ou bien, si elle entre dans quelque détail, elle ne s'occupe que des propriétés communes à tous les corps qui se trouvent dans un même *état* de la matière.

2. LES TROIS ÉTATS DE LA MATIÈRE

2. Les trois états de la matière. — Les corps matériels se présentent sous trois états différents : *l'état solide, l'état liquide* et *l'état gazeux.*

Les **solides** *ont une forme et un volume déterminés.* Ils opposent une résistance plus ou moins grande à tout changement de forme ou de volume. Tels sont : le bois, la pierre, l'acier, etc.

Les **liquides** *ont un volume propre, mais ils n'ont pas de forme déterminée.* Ils résistent aux changements de volume, mais ils n'opposent aucune résistance aux changements de forme. Un liquide prend la forme du vase qui le contient, il en occupe le fond et se

1

termine à la partie supérieure par une surface libre. Exemples :
l'eau, l'alcool, le mercure.

Les gaz n'ont ni forme propre, ni volume déterminé. Ils adoptent
la forme des vases qui les contiennent, et ils en remplissent entièrement le volume. Exemples : l'air, l'hydrogène, le gaz d'éclairage.

On réunit les liquides et les gaz sous le nom commun de **fluides**.
Ainsi, les fluides sont les corps *non solides;* c'est-à-dire les corps
qui n'ont pas de forme propre, et dont les parties constituantes sont
mobiles les unes par rapport aux autres.

En règle générale : *un même corps peut affecter successivement
les trois états : solide, liquide et gazeux.*

3. NOTIONS SUR LES PROPRIÉTÉS GÉNÉRALES DE LA MATIÈRE

3. Propriétés générales de la matière. — *On entend par*
propriétés générales *de la matière, les propriétés qui sont communes à tous les corps, quel que soit leur état :* solide, liquide ou
gazeux. Elles se divisent en trois catégories :

1° Les propriétés générales d'**ordre géométrique** : *étendue* et *impénétrabilité.*

2° Les propriétés générales d'**ordre mécanique** : *mobilité* et
inertie.

3° Les propriétés générales d'**ordre physique**, parmi lesquelles on
distingue : la *divisibilité,* la *porosité,* la *compressibilité,* l'*élasticité,* la *dilatabilité,* etc.

Les propriétés *particulières* des corps sont celles qui appartiennent
à quelques-uns à l'exclusion des autres ; comme la solidité, la couleur, l'odeur, etc. Elles rentrent dans le domaine de la chimie.

4. Étendue et impénétrabilité. — L'**étendue** *est la propriété
inhérente à tout corps matériel, d'occuper une certaine partie de
l'espace.* On appelle aussi *étendue* ou *volume* d'un corps, la portion
de l'espace occupée par ce corps.

L'**impénétrabilité** *est la propriété par laquelle chaque corps
exclut tous les autres de la place occupée par lui.*

Deux corps ne peuvent pas occuper simultanément une même
portion de l'espace.

Certains phénomènes de pénétration ou d'absorption semblent en
opposition avec l'impénétrabilité ; mais on verra plus loin que cette
opposition n'est qu'apparente.

5. Mobilité et inertie. — La matière est **mobile**; c'est-à-dire qu'un corps peut être mis en mouvement, qu'il peut passer d'une position à une autre.

La matière est **inerte**; c'est-à-dire qu'un corps ne saurait être mis en mouvement sans l'intervention d'une cause étrangère à lui.

Principe de l'inertie : *Un corps matériel ne peut de lui-même modifier son état de repos ou de mouvement.* S'il est en repos, il reste en repos; s'il est en mouvement, il poursuit son mouvement en ligne droite et avec une vitesse invariable, jusqu'à l'intervention d'une influence étrangère.

On donne le nom de **force** à toute cause capable de produire ou de modifier le mouvement d'un corps.

Les conséquences du principe de l'inertie seront développées en *Dynamique* (38).

6. Divisibilité. — La matière est **divisible**. Un corps peut être partagé en fragments; chacun de ceux-ci peut être partagé à son tour en d'autres plus petits; et ainsi de suite, jusqu'à des fragments d'une extrême petitesse.

Dans la poussière de noir de fumée, le diamètre des grains n'a pas un millième de millimètre. On aperçoit au microscope des particules matérielles encore beaucoup plus petites.

L'épaisseur de certaines feuilles d'or ne surpasse pas un dix-millième de millimètre; celle d'une bulle de savon, au moment d'éclater, se réduit à un cent-millième de millimètre.

Un grain de musc remplit de son odeur une vaste chambre, pendant plusieurs années, sans changer sensiblement de poids. Il faut en conclure que des corpuscules matériels peuvent atteindre un état de division extrême, sans perdre leurs propriétés physiques et chimiques.

Cependant la matière n'est pas physiquement divisible à l'infini. On est conduit à admettre qu'il existe une limite de divisibilité au delà de laquelle les propriétés caractéristiques des corps disparaissent.

7. L'hypothèse moléculaire. — D'après l'étude approfondie des phénomènes chimiques, on admet que *tout corps matériel est formé de particules qui ne peuvent pas être divisées sans changer de nature chimique* [1].

---

[1] Il n'est pas question d'examiner ici la possibilité métaphysique de la divisibilité à l'infini. Nous donnons seulement la définition de la *molécule physique*. La molécule physique peut être divisée, par exemple, par des procédés chimiques. Mais si une molécule d'eau vient à être divisée, ce n'est plus de l'eau, c'est un mélange de deux espèces de molécules plus petites que celles de l'eau : des molécules d'oxygène et des molécules d'hydrogène.

Lord Kelvin (William Thomson) estime que les dimensions des molécules physiques varient entre $\frac{1}{5.000}$ et $\frac{1}{1.000.000}$ de micron (millième de millimètre).

On appelle **molécule** *d'un corps, la plus petite particule de ce corps qui puisse exister à l'état libre.*

Ainsi, une molécule d'eau est le plus petit volume de ce corps qui puisse subsister avec les propriétés de l'eau.

Toutes les molécules d'un même corps sont semblables entre elles : elles ne forment pas une masse continue ; elles sont tenues à distance les unes des autres et laissent entre elles des vides, ou **espaces intermoléculaires**.

Cette manière de concevoir les corps est purement hypothétique ; mais elle explique fort bien les propriétés générales de la matière et les trois états des corps. Tout se passe comme si les molécules existaient réellement avec les propriétés qu'on leur attribue.

Cohésion. — Les corps *solides* sont caractérisés par une grande **cohésion**. On appelle **cohésion** la force qui lie entre elles les molécules d'un corps et s'oppose à leurs déplacements relatifs. C'est pourquoi les solides opposent de la résistance quand on essaye de les rompre ou de les déformer.

Les *liquides* n'offrent qu'une cohésion très faible. Leurs molécules sont très mobiles et roulent facilement les unes sur les autres. C'est pourquoi, tout en conservant un volume invariable, les liquides n'opposent pas de résistance aux changements de forme. La mobilité des molécules varie suivant les liquides ; elle est très grande dans l'alcool et dans l'éther, un peu moindre dans l'eau, beaucoup moindre dans l'huile et dans les autres liquides **visqueux**.

Les *gaz* sont **expansibles** ; c'est-à-dire que leurs molécules, loin d'avoir de la cohésion, semblent se repousser les unes les autres. C'est pourquoi les gaz envahissent tout l'espace qui leur est offert, et exercent même une pression sur les parois des vases qui les renferment.

9. Autres propriétés d'ordre physique.

Porosité. — La *porosité* des corps résulte de ce que leurs molécules ne sont jamais contiguës, même dans les corps qui nous semblent les plus compacts.

Il ne faut pas la confondre avec la *perméabilité*, qui tient à l'existence des *pores* (interstices visibles à l'œil nu ou au microscope), dans les corps appelés vulgairement *corps poreux*.

Les espaces intermoléculaires, aussi bien que les molécules elles-mêmes, échappent à toute observation directe ; ils ne se révèlent que par la possibilité d'y introduire d'autres molécules.

Dans un vase rempli de sable, on peut encore introduire une certaine quantité d'eau, parce que les grains de sable laissent entre eux des vides que l'eau peut combler.

C'est d'une manière analogue que l'eau suffisamment comprimée traverse le grès, la fonte, l'or et l'argent.

Un corps soluble fond dans l'eau et se répand dans toute la masse liquide, parce que ses molécules s'intercalent entre les molécules de l'eau.

Quand deux gaz différents sont introduits dans un même ballon de verre, chacun d'eux envahit tout l'espace, comme s'il était seul; parce que les molécules de l'un circulent librement entre les molécules de l'autre.

La porosité des liquides est mise en évidence par la contraction de certains mélanges. Un litre d'eau avec un litre d'alcool ne donnent pas deux litres de mélange, parce que les molécules d'alcool se logent en partie dans les espaces intermoléculaires de l'eau.

10. Compressibilité. — Tous les corps diminuent de volume quand on les comprime. La compressibilité est une conséquence de la porosité. Elle est extrêmement faible dans les solides, très faible encore dans les liquides; mais dans les gaz, au contraire, elle est beaucoup plus grande.

Élasticité. — L'*élasticité* est la tendance que possèdent la plupart des corps à reprendre leur volume primitif, ou leur forme, lorsqu'ils sont comprimés ou déformés.

Les liquides et les gaz sont parfaitement élastiques, mais ils ne possèdent que l'élasticité de compression; ils résistent aux changements de volume, mais ils n'opposent aucune résistance à la déformation sans changement de volume.

Les solides ont en outre de la *rigidité,* c'est-à-dire une élasticité qui résiste à la déformation sans compression; à la torsion, par exemple.

L'élasticité et la compressibilité seront étudiées séparément pour les solides, les liquides et les gaz (livre III).

Dilatabilité. — Tous les corps changent de volume sous l'action de la chaleur. Cette propriété sera étudiée en détail dans le Livre consacré à la chaleur.

4. DIVISIONS DE LA PHYSIQUE

11. Divisions de la Physique. — En groupant les phénomènes qui se rapportent à un même objet, à une même cause, ou qui impressionnent un même sens, comme l'ouïe, le toucher, la vue,... on classe tous les phénomènes physiques en un petit nombre de groupes, dont chacun devient l'objet d'une théorie particulière ou d'une branche spéciale de la Physique.

1° Physique de la matière. — La Physique débute naturellement par un rappel des principes de la **Mécanique** : d'abord parce que le mouvement constitue le plus simple des phénomènes physiques; ensuite parce que les principes de l'équilibre et du mouvement trouvent des applications dans toutes les parties de la science; enfin parce que le principe de la conservation de l'énergie est le seul lien à l'aide duquel on puisse actuellement rattacher entre elles toutes les parties de la Physique.

On fait une première application des principes de la mécanique à l'étude de la **pesanteur**; c'est-à-dire de l'attraction exercée par la terre sur tous les corps matériels.

Ensuite on étudie les propriétés générales des corps, considérés successivement sous chacun des trois états : propriétés des **solides**, des **liquides**, des **gaz**.

L'étude spéciale de l'équilibre des liquides constitue l'**hydrostatique**.

La sensation du **son** nous est donnée par certains corps matériels, lorsqu'ils sont animés d'un mouvement particulier appelé *mouvement vibratoire*. Les phénomènes sonores et la cause qui les produit font l'objet de l'**acoustique**.

Ces diverses branches : mécanique, pesanteur, étude des trois états et acoustique, constituent la première partie de la Physique, que l'on pourrait nommer plus spécialement la *Physique de la matière*.

2° **Chaleur, lumière, électricité et magnétisme.** — On rencontre ensuite quatre grandes classes de phénomènes, dont la cause ne réside pas dans la matière elle-même, mais qui ne sont connus que par l'intermédiaire des corps matériels. Ce sont les phénomènes calorifiques, lumineux, électriques et magnétiques. Ces divers ordres de phénomènes seront l'objet d'autant de Livres spéciaux, formant la seconde partie de la Physique.

LIVRE I

NOTIONS DE MÉCANIQUE

12. Divisions de la mécanique. — La mécanique comprend trois parties :

1° La **cinématique** : *étude des mouvements, indépendamment des forces qui les produisent.* La cinématique n'est qu'une branche spéciale de la géométrie, caractérisée par l'introduction d'un élément nouveau, la *notion du temps.*

2° La **statique** : *étude des forces au point de vue des conditions de leur équilibre.*

3° La **dynamique** : *étude des forces au point de vue de leurs effets ;* ou encore, étude des relations entre les forces et les mouvements qu'elles produisent.

L'étude des forces repose sur des hypothèses que l'on érige en *principes*, et que l'expérience vérifie *a posteriori* dans toutes leurs conséquences logiques. On peut commencer indifféremment par la statique ou par la dynamique. Mais, la question de l'*équilibre* des forces pouvant être considérée comme un cas particulier simple du problème général du *mouvement produit par des forces données*, c'est par la statique qu'il convient d'aborder l'étude des forces dans l'enseignement élémentaire, en prenant pour point de départ le problème de la *composition* des forces.

CHAPITRE PREMIER

NOTIONS DE CINÉMATIQUE

13. Mouvement. Unités de longueur et de temps. — Dans le mouvement d'un mobile, il y a deux grandeurs variables à considérer tout d'abord : la *longueur* du chemin décrit par le mobile, et le *temps* employé à parcourir ce chemin.

L'unité de longueur adoptée, en mécanique comme en géométrie, est le **mètre**. Approximativement, le mètre est la dix-millionième partie du quart du méridien terrestre; rigoureusement, c'est la longueur d'une règle-étalon, en platine iridié, conservée au *Bureau international des Poids et Mesures* (fig. 1)[1].

En physique, on adopte aujourd'hui comme unité de longueur le **centimètre**; c'est-à-dire la centième partie du mètre.

L'unité de temps adoptée est la **seconde sexagésimale** de jour solaire moyen.

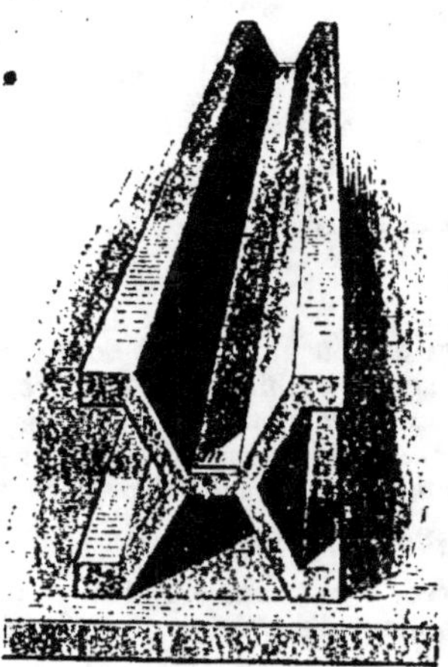

Fig. 1.

14. Trajectoire. — On nomme **trajectoire** la ligne décrite par un point matériel en mouvement.

On appelle **point matériel** un corps dont les dimensions sont assez petites pour qu'on puisse le regarder comme réduit à un point.

Le mouvement est *rectiligne, circulaire, curviligne,* suivant que la trajectoire est une ligne droite, une circonférence ou une courbe quelconque.

Pour que le mouvement d'un mobile soit déterminé, il faut connaître la *trajectoire* et la *loi du mouvement.* Alors on peut trouver en quel point de cette trajectoire passe le mobile à un instant quelconque.

15. Loi du mouvement. — La *loi d'un mouvement* est la relation qui lie l'espace au temps.

Cette loi, exprimée algébriquement, constitue l'*équation* du mouvement.

16. Mouvement uniforme. Vitesse. — Le mouvement peut être *uniforme* ou *varié.*

Le mouvement est *uniforme* lorsque le mobile parcourt des espaces égaux en des temps égaux; c'est-à-dire quand les espaces parcourus sont proportionnels aux temps employés à les parcourir.

La *vitesse* du mouvement uniforme est l'espace parcouru pendant l'unité de temps, ou encore le rapport constant de l'espace parcouru au temps employé à le parcourir. Si nous représentons par e l'espace parcouru dans un nombre t de secondes, et par v l'espace parcouru dans une seconde, on aura :

$$e = vt$$

Telle est la *loi du mouvement uniforme.*

17. Mouvement varié. Vitesse moyenne. — Le mouvement est *varié* lorsque les espaces parcourus ne sont pas proportionnels aux temps employés à les parcourir.

---

[1] Ce *mètre-étalon international* a été construit dans les conditions les plus avantageuses pour le rendre aussi inaltérable et aussi indéformable que possible. Il est fondu en un alliage de platine et d'iridium; il a la forme d'un solide symétrique à quatre rainures. C'est un *mètre à traits;* c'est-à-dire qu'il représente la longueur du mètre, non par sa longueur totale, mais par la distance de deux traits parallèles tracés vers les extrémités.

La *vitesse moyenne* d'un mouvement varié, dans un intervalle de temps donné, est la vitesse d'un mouvement uniforme, qui ferait parcourir au mobile le même espace pendant le même temps.

Soit un mobile M, qui se meut sur AB d'un mouvement varié; si pendant un temps t il a parcouru l'espace MM', sa vitesse moyenne sera $\dfrac{MM'}{t}$.

$$A\text{———————}M\cdot\text{———}M'\text{———}B$$

Fig. 2.

18. Vitesse à un instant donné. — La vitesse à un instant donné est *la limite vers laquelle tend le rapport de l'accroissement de l'espace à l'accroissement du temps, lorsque ce dernier accroissement diminue indéfiniment.* Pour définir la *vitesse à un instant donné* dans un mouvement varié, on considère la *vitesse moyenne* pendant un temps très court qui précède ou qui suit cet instant; c'est-à-dire le rapport $\dfrac{\varepsilon}{\theta}$, de l'espace ε parcouru pendant un temps θ très court qui suit l'instant considéré, à ce temps θ. Si l'on considère des temps θ de plus en plus courts, on obtient des valeurs de la vitesse moyenne qui se rapprochent de plus en plus de la vitesse vraie à l'instant considéré.

Soit à trouver, au bout du temps t, la vitesse du mouvement dont la loi est donnée par l'équation :
$$e = Kt^2$$
dans laquelle e représente l'espace parcouru, K une constante quelconque, et t le temps considéré. Donnons au temps, à partir de l'instant, un accroissement égal à θ.

Au bout du temps $(t + \theta)$, l'espace parcouru sera :
$$e' = K(t + \theta)^2 = Kt^2 + 2Kt\theta + K\theta^2$$

L'espace parcouru pendant le temps θ est donc :
$$e' - e = 2Kt\theta + K\theta^2.$$

En divisant les deux membres par θ, on obtient la vitesse moyenne pendant ce temps θ.
$$\frac{e' - e}{\theta} = 2Kt + K\theta.$$

Si l'on suppose que θ décroisse jusqu'à zéro, le terme $K\theta$ tend aussi vers zéro, et, à la limite, on aura :
$$\text{limite } \frac{e' - e}{\theta} = 2Kt.$$

Or limite $\dfrac{e' - e}{\theta}$ représente, d'après la définition, la vitesse v au bout du temps t; on a donc :
$$v = 2Kt.$$

19. Mouvement uniformément varié. Accélération. — *Le mouvement est* uniformément varié *lorsque la vitesse varie proportionnellement au temps.* La loi du mouvement, citée comme exemple au n° 18, est celle d'un mouvement uniformément varié.

Quand la vitesse augmente, le mouvement est uniformément accéléré; quand la vitesse diminue, il est uniformément retardé.

On appelle accélération du mouvement uniformément varié la variation de vitesse pendant l'unité de temps, c'est-à-dire pendant une seconde.

Dans le mouvement uniformément varié, l'accélération est constante. Elle est positive dans le mouvement accéléré, négative dans le mouvement retardé.

1*

20. Formules de la vitesse et de l'espace, dans le mouvement uniformément varié. — Désignons par V_0 la vitesse initiale du mobile, c'est-à-dire celle qu'il possédait à l'origine du temps t, et par γ l'accélération.

1° Puisque la vitesse s'accroît de γ pour chaque seconde, au bout de t secondes elle se sera accrue de γt.

En désignant par v la vitesse au bout du temps t, on aura :

$$v = V_0 + \gamma t.$$

Si le mobile part du repos, la vitesse initiale V_0 est nulle, et la formule devient :

$$v = \gamma t.$$

Pour le mouvement uniformément retardé, l'accélération est négative, et l'on peut écrire :

$$v = V_0 - \gamma t.$$

2° En désignant par e l'espace parcouru dans t secondes, on démontre que l'espace, dans le mouvement uniformément accéléré, est donné par la relation :

$$e = V_0 t + \tfrac{1}{2}\gamma t^2. \qquad \text{(Mécanique, n° 188.)}$$

Si la vitesse initiale V_0 est nulle, on a :

$$e = \tfrac{1}{2}\gamma t^2.$$

Dans le cas du mouvement uniformément retardé, on peut écrire :

$$e = V_0 t - \tfrac{1}{2}\gamma t^2.$$

Remarques. — 1° D'après la formule

$$e = \tfrac{1}{2}\gamma t^2,$$

lorsque le mobile part du repos, les espaces parcourus sont proportionnels aux carrés des temps employés à les parcourir.

2° Dans la formule $e = \tfrac{1}{2}\gamma t^2$, si on fait $t = 1$, on obtient :

$$e = \tfrac{1}{2}\gamma ;$$

d'où
$$\gamma = 2e.$$

Donc, lorsque le mobile part du repos, l'accélération est double de l'espace parcouru pendant la première seconde.

Formules générales. — Dans ce qui précède, nous avons représenté par γ la *valeur absolue* de l'accélération ; puis, adoptant pour sens positif le sens de la vitesse initiale, nous avons affecté γ du signe $+$ ou du signe $-$, suivant que la vitesse était croissante ou décroissante. On obtient ainsi des formules distinctes, suivant que le mouvement est accéléré ou retardé.

Il serait plus simple et plus général de considérer V_0 et γ comme des nombres algébriques, positifs ou négatifs.

En réalité, il n'y a qu'un seul mouvement uniformément varié, défini par l'une ou l'autre de ces deux conditions équivalentes : l'espace est une fonction du second degré par rapport au temps ; la vitesse est une fonction du premier degré par rapport au temps.

CHAPITRE II

NOTIONS DE STATIQUE

21. Force. — On appelle *force* toute cause qui peut produire ou modifier un mouvement.

Une force qui agit sur un point matériel au repos tend à l'entraîner dans une direction déterminée.

Le **point d'application** est le point matériel sur lequel la force agit.

La **direction** de la force est la direction dans laquelle le point d'application se déplacerait, s'il obéissait uniquement à cette force.

Il y a un troisième élément à considérer dans une force, c'est son **intensité** ou sa grandeur.

22. Mesure de l'intensité des forces. — On appelle **forces égales** celles qui, dans les mêmes conditions, produisent les mêmes effets.

On dit encore que deux forces sont égales lorsque, appliquées au même point matériel, en sens contraires l'une de l'autre, elles ne lui communiquent aucun mouvement; en d'autres termes, lorsqu'elles se font *équilibre* (26).

L'expérience montre que ces deux définitions sont équivalentes : deux locomotives auront la même force si, attelées au même convoi, elles l'entraînent avec la même vitesse; ces deux machines, attelées en sens inverses, maintiendront le convoi au repos.

Une force est double, triple d'une autre, lorsque, dans les mêmes conditions, elle produit le même effet que deux, trois forces égales à cette autre, appliquées simultanément et dans le même sens.

On peut dire encore qu'une force est double d'une autre, quand elle peut faire équilibre à deux forces égales à cette autre, appliquées au même point et en sens contraire. On pourra, d'après cela, comparer la grandeur d'une force donnée à celle d'une autre force prise pour unité, en cherchant soit combien il faudrait de forces égales à l'unité, appliquées dans le même sens, pour produire le même effet que la force donnée; soit combien il faudrait de ces forces appliquées en sens contraire, pour faire équilibre à la force donnée. Cette comparaison constitue la *mesure* de l'intensité d'une force.

23. Unité de force. — En mécanique appliquée et dans les usages courants, on compare les forces à la pesanteur, et on adopte pour unité le kilogramme. Le **kilogramme** est la force avec laquelle est attirée vers la terre (à la latitude de 45° et au niveau de la mer) une masse de 1 décimètre cube d'eau distillée prise à 4°, ou mieux une masse égale au kilogramme-étalon conservé au Bureau international. Nous verrons qu'en physique on emploie aujourd'hui une unité différente, la **dyne**. Le kilogramme vaut environ 981 000 dynes.

Pour comparer les forces au kilogramme, on peut se servir d'un dynamomètre.

24. Dynamomètres. — Les **dynamomètres** sont des ressorts disposés de manière que l'on puisse mesurer la flexion qu'ils éprouvent sous l'action des forces qui leur sont appliquées.

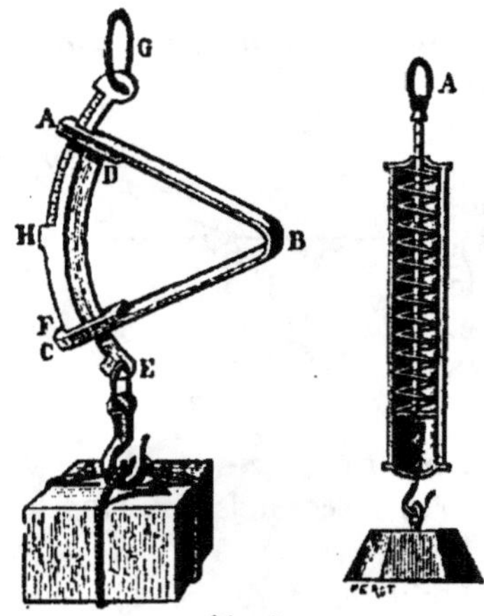

Fig. 3.

Le peson (fig. 3) se compose d'un ressort recourbé ABC, qui porte deux arcs métalliques ; l'un DE, fixé en D, traverse la branche inférieure et porte à son extrémité E un crochet auquel on applique la force à mesurer ; l'autre, FG, fixé en F, traverse la branche supérieure et se termine en G par un anneau destiné à suspendre le peson. Un talon H empêche de dépasser la limite d'élasticité du ressort.

Pour graduer ce dynamomètre, on suspend successivement au crochet des poids de 1 kilog., 2 kilog., 3 kilog., et, aux points où s'arrête la branche A, on marque sur l'arc FG le nombre de kilogrammes supportés. Il est évident que pour amener la branche A au point marqué 3, il faut exercer un effort égal à 3 kilogrammes.

La seconde figure représente un peson formé d'un ressort à boudin, soutenu par une tige qui se termine en A par un anneau. Au fourreau est fixé un crochet auquel on applique la force à mesurer. La tige porte une graduation obtenue comme dans le peson précédent.

25. Représentation géométrique d'une force. — Une force se représente géométriquement par un segment rectiligne. Ainsi (fig. 4) la droite AF représente une force appliquée au point A et dirigée suivant AF, comme l'indique la flèche ; la longueur de AF est proportionnelle à l'intensité de la force F.

Fig. 4.

26. Équilibre. — Des forces se font **équilibre** lorsque, appliquées à un même point matériel au repos, elles le laissent au repos, ou encore lorsque appliquées à un point matériel en mouvement, elles ne modifient pas son mouvement. D'après la définition des forces égales, deux forces égales et directement opposées se font équilibre.

27. Composition des forces. — Composer des forces données, c'est trouver une force unique qui produise seule les mêmes effets que les autres forces réunies : cette force unique s'appelle la **résultante** des forces réunies ; celles-ci sont les **composantes**.

THÉORÈME. — *Si plusieurs forces appliquées à un même point se font équilibre, chacune de ces forces est égale et directement opposée à la résultante de toutes les autres.*

Soit le point O en équilibre sous l'action des forces F, F_1, F_2, F_3, F_4 (fig. 5).

On démontre que l'une quelconque de ces forces, F par exemple, est égale et directement opposée à la résultante R des autres forces. (Mécanique, 20.)

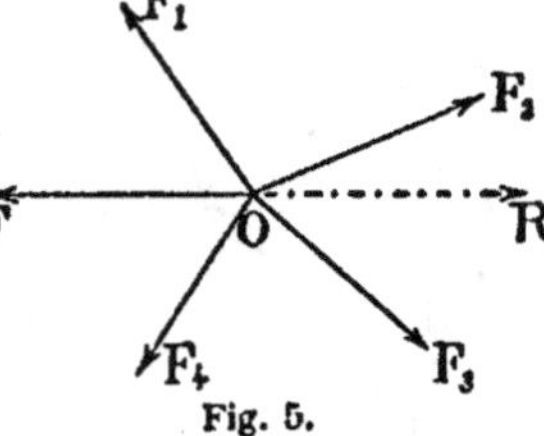

Fig. 5.

28. Forces dont les directions sont en ligne droite. — Il y a deux cas à considérer, suivant que ces forces agissent dans le même sens ou en sens contraires :

1° FORCES DE MÊME SENS. — *Quand plusieurs forces agissent dans le même sens, leur résultante est égale à leur somme.*

2° FORCES DE SENS CONTRAIRES. — *Si plusieurs forces sont dirigées suivant la même droite, mais en sens contraires, leur résultante est la différence entre la somme des forces qui agissent dans un sens et la somme des forces qui agissent en sens contraire.*

29. Forces concourantes. — *Tout système de forces concourantes admet une résultante.*

1° *La résultante de deux forces concourantes est représentée en direction et en intensité par la diagonale du parallélogramme construit sur ces forces.*

Ainsi la résultante des forces F et F' (fig. 6) est représentée par la diagonale R du parallélogramme construit sur ces deux forces. (Mécanique, 25.)

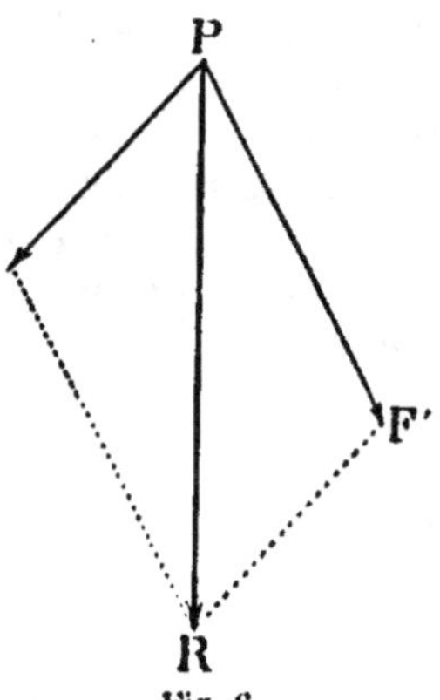

Fig. 6.

Réciproquement, on peut se proposer de décomposer une force R en deux autres de directions données PF, ⸱F″. Pour cela, du point R on mène RF parallèle à PF″ et RF″ parallèle à PF.

On obtient ainsi les composantes F et F″.

2° Pour composer un nombre quelconque de forces concourantes, on cherche d'abord la résultante de deux de ces forces; on compose cette résultante avec une troisième force, et ainsi de suite, jusqu'à ce qu'on obtienne une dernière résultante qui sera la résultante de tout le système. Soient les forces F, F_1, F_2, appliquées au point A (fig. 7). On compose F et F_1, soit R leur résultante; puis R et F_2, soit R′ la résultante de ces dernières forces; R′ est la résultante des trois forces considérées F, F_1, F_2.

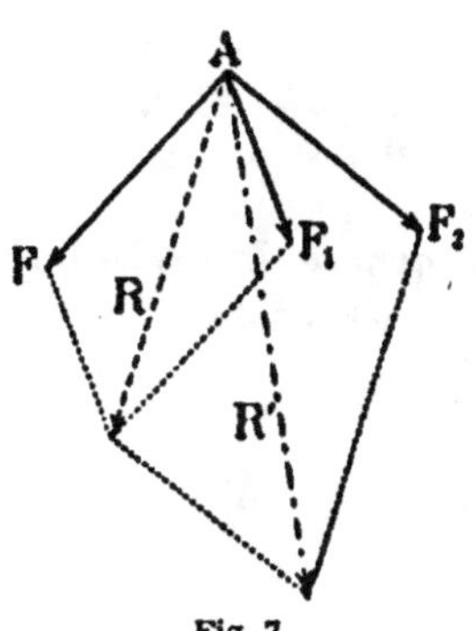

Fig. 7.

Corollaire. — Il résulte de la règle de composition des forces concourantes que *la projection de la résultante* de plusieurs forces concourantes, sur une direction quelconque, *est égale à la somme algébrique des projections des composantes sur cette mémé direction.* (Mécanique, 40.)

30. Forces appliquées en différents points d'un corps solide. — Dans ce cas, *il n'y a généralement pas de résultante, c'est-à-dire qu'il n'est pas toujours possible de remplacer toutes les forces appliquées en des points distincts du corps solide, par une force unique qui produise le même effet.*

Mais il y a un cas important dans lequel la composition est généralement possible : c'est le cas des forces parallèles.

31. Forces parallèles. — 1° *La résultante de deux forces parallèles de même sens, appliquées en deux points d'un corps solide, est parallèle à ces forces, de même sens qu'elles et égale à leur somme.*

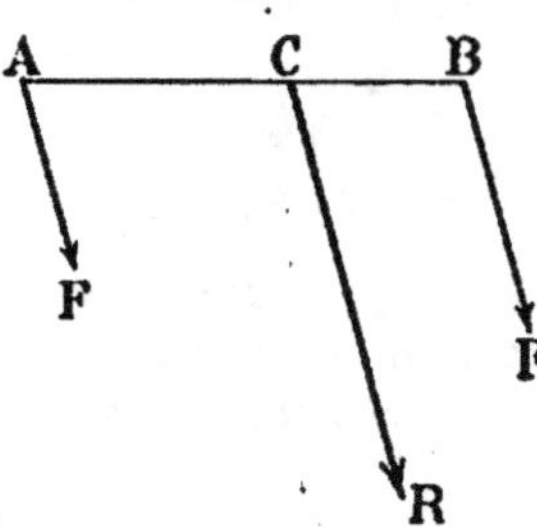

Fig. 8.

Son point d'application divise la droite qui joint les points d'application de ces forces, en parties inversement proportionnelles aux intensités des composantes.

Soient F et F″ deux forces parallèles appliquées aux points A et B (fig. 8); leur résultante R est parallèle à ces forces, de même sens qu'elles et égale à leur somme.

De plus, son point d'application C divise la droite AB en parties inversement proportionnelles aux forces F et F′, c'est-à-dire qu'on a la proportion :

$$\frac{F}{F'} = \frac{CB}{AC} \quad \text{(Mécanique, 48.)}$$

ou :
$$F \times AC = F' \times CB.$$

2° *La résultante de deux forces parallèles inégales et de sens contraires est parallèle à ces forces, dirigée dans le sens de la plus grande et égale à leur différence.*

Son point d'application est sur le prolongement de la droite qui joint les points d'application des composantes, du côté de la plus grande, et ses distances aux points d'application des deux composantes sont en raison inverse des intensités de ces forces.

Soient F et F′ deux forces parallèles de sens contraires et F′ la plus grande (fig. 9); leur résultante R est parallèle à ces forces, dirigée dans le sens de la plus grande F′, égale à leur différence (F′ — F), et son point d'application C est situé sur le prolongement de AB, de manière que l'on ait :

$$\frac{F}{F'} = \frac{BC}{AC}.$$

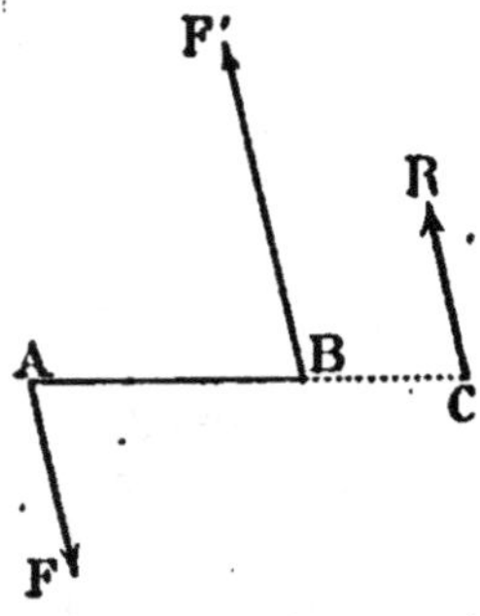

Fig. 9.

32. Couple. — On appelle **couple** un système de deux forces parallèles, égales, de sens contraires et appliquées à deux points différents d'un corps.

Ainsi les forces F et F′ parallèles, égales, de sens contraires et appliquées aux points A et B d'une droite, constituent un couple (fig. 10).

Un pareil système de forces n'a pas de résultante; il ne peut donner aucun mouvement de translation au corps auquel il est appliqué, il lui imprime seulement un mouvement de rotation.

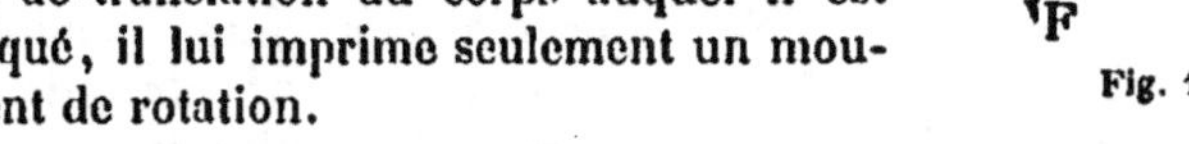

Fig. 10.

33. Composition d'un nombre quelconque de forces parallèles. Centre des forces parallèles. — *Pour obtenir la résultante de plusieurs forces parallèles, on compose deux de ces forces, puis leur résultante avec une troisième, et ainsi de suite.*

Soient les forces F, F′, F″, F‴ (fig. 11).

On compose d'abord les forces F et F′; soit R leur résultante; puis on détermine la résultante R′ des forces R et F″; enfin on compose les forces R' et F'''; leur résultante R'' est la résultante de tout le système.

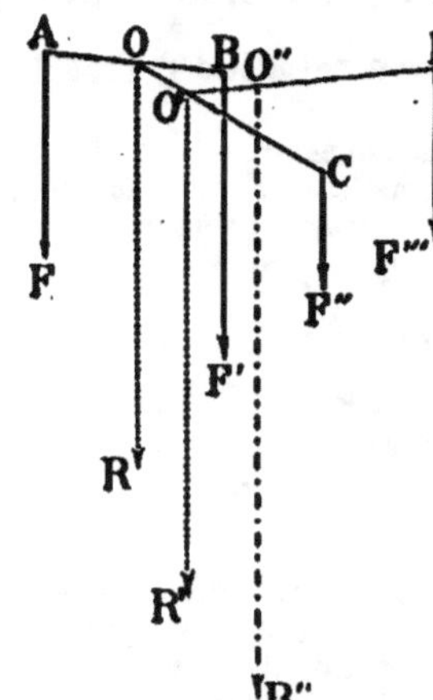

Fig. 11.

Remarque. — *Quand les forces données sont de sens différents, on compose d'abord les forces de même sens, puis celles de sens contraire, et ensuite les deux résultantes obtenues.*

La composition des forces parallèles montre que le point d'application de la résultante ne dépend que de la position des points d'application des composantes et des rapports de leurs intensités. Ce point ne change pas, si les forces tournent d'un même angle autour de leurs points d'application, tout en restant parallèles. Il ne change pas non plus, si les intensités de toutes les forces varient dans un même rapport.

Cette propriété remarquable a fait donner à ce point le nom de **centre** *des forces parallèles.*

34. Réduction des forces appliquées à un corps solide. Cas général. — En général, on ne peut remplacer l'ensemble des forces appliquées aux divers points d'un solide par une résultante unique. Mais on peut remplacer ces forces : 1° par deux forces (dont les directions ne se rencontrent pas); 2° par une *force* R et un *couple* (P, P') (fig. 12).

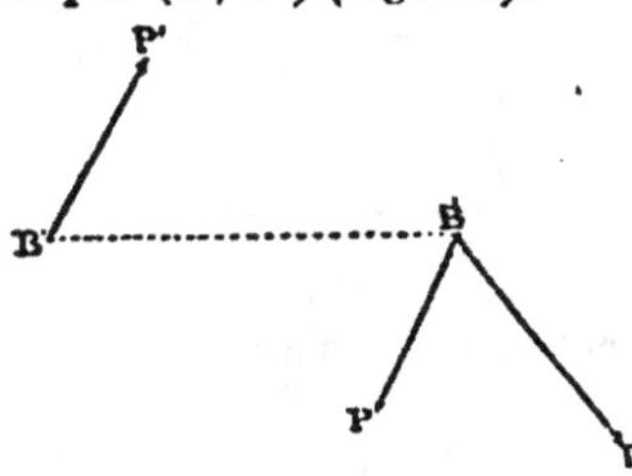

Fig. 12.

Dans des cas exceptionnels, l'un de ces éléments devient nul : si le couple est nul, les forces se réduisent à une *résultante unique;* au contraire, si la force résultante est nulle, toutes les forces se réduisent à un couple.

Une force tend à entraîner le corps dans sa direction; un couple, à le faire tourner. Dire que les forces appliquées à un solide se réduisent en général à une force et à un couple, cela revient à dire qu'elles communiquent au corps solide un mouvement de translation compliqué d'un mouvement de rotation.

35. Moment des forces. — *On appelle* **moment** *d'une force par rapport à un point, le produit de cette force par la distance du point à la ligne d'action de la force.*

Ainsi le moment de la force F par rapport au point O (fig. 13) c'est le produit :   F × OP, ou Ff;

en représentant par f la perpendiculaire OP menée du point O sur la direction de la force F.

Le point O se nomme *centre du moment*, et la perpendiculaire f, *bras de levier de la force*.

Signe des moments. — Supposons les forces concourantes F, F_1, F_2 appliquées au point A, et prenons le point O comme centre des moments (fig. 14). Les forces étant supposées agir à l'extrémité de leur bras de levier, on

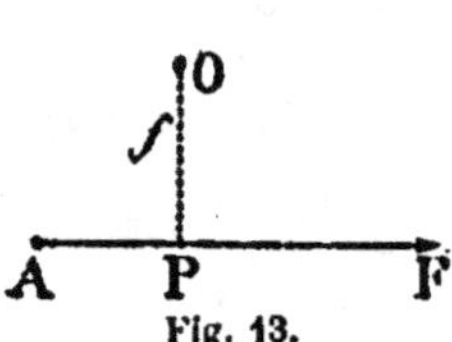

Fig. 13.

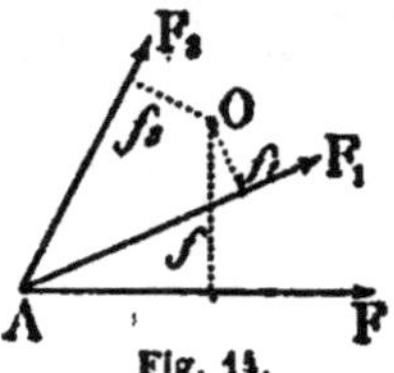

Fig. 14.

voit que les forces F et F_1 tendent à faire tourner la figure dans un même sens autour du point O; les moments de ces forces sont de même signe; la force F_2 ferait tourner la figure en sens contraire; le moment de cette force est de signe contraire à celui des moments des deux autres forces.

36. Théorème de Varignon. — *Pour tout point pris dans le plan de deux forces, le moment de la résultante de ces forces est égal à la somme algébrique des moments des composantes.*

Cas des forces concourantes. — 1° *Le centre des moments est en dehors de l'angle des deux forces.* Soient F et F' les deux forces, R leur résultante et O le centre des moments (fig. 15); on a :

$$Rr = Ff + F'f' \qquad \text{(Méc., 45.)}$$

2° *Le centre des moments est dans l'angle des deux forces* (fig. 16). Alors

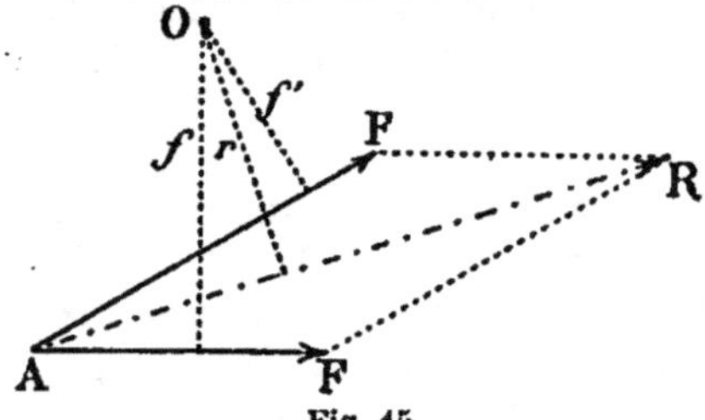

Fig. 15.

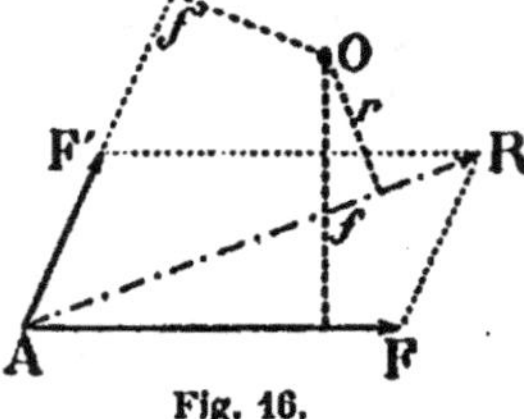

Fig. 16.

les moments des forces F et F' sont de signes contraires, et on a :

$$Rr = Ff - F'f' \qquad \text{(Méc., 45.)}$$

Cas des forces parallèles. — 1° *Le point O est en dehors des forces* (fig. 17); on suppose toujours que le point O est dans le plan des forces; on a :

$$R.OC' = F.OA' + F'.OB'$$

ou $\qquad Rr = Ff + F'f' \qquad$ (Méc., 59.)

2° *Le point O est pris entre les forces.*
Si nous le supposons en O', on a :

$$R.O'C' = F.O'A' - F'.O'B'$$

ou $\qquad Rr = Ff - F'f' \qquad$ (Méc., 59.)

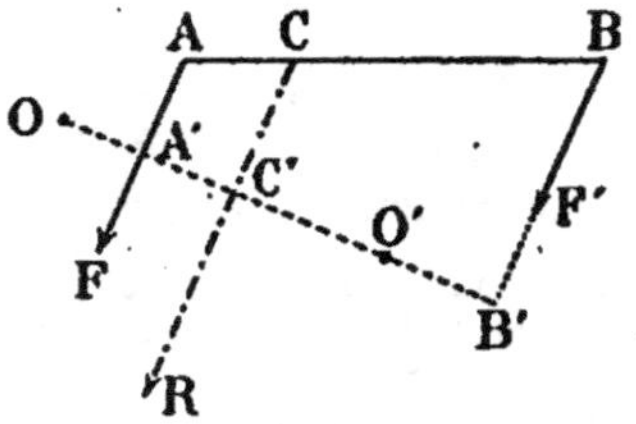

Moments par rapport à un plan. — On appelle *moment d'une force par rapport à un plan qui lui est parallèle*, le

Fig. 17.

produit de l'intensité de la force par la distance de son point d'application au plan.

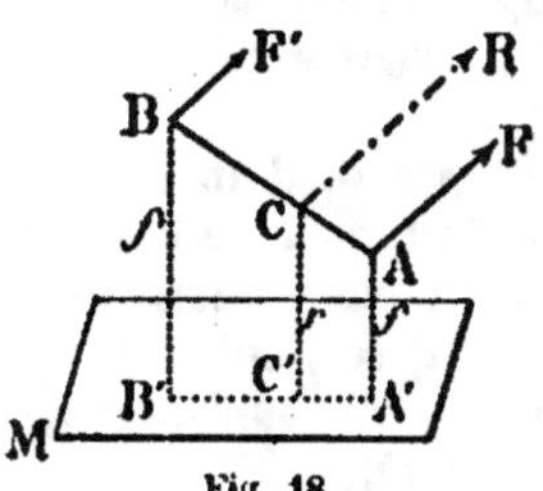

Fig. 18.

Le théorème de Varignon est applicable quand on considère les moments des forces *parallèles* par rapport à un plan. Ainsi, soient les forces F et F', R leur résultante et M le plan (fig. 18), on a : $$Rr = Ff + F'f' \qquad \text{(Méc., 62.)}$$

REMARQUE. — *Le théorème est encore vrai pour un nombre quelconque de forces parallèles.*

Ainsi, R étant la résultante des forces F, F_1, F_2, F_3... on a :

$$Rr = Ff + F_1f_1 + F_2f_2 + F_3f_3 \cdots \qquad \text{(Méc., 47, 62.)}$$

37. Moment d'un couple. — On appelle bras de levier d'un couple, la distance des deux forces qui le constituent.

Le moment d'un couple par rapport à un point quelconque de son plan est égal au produit de l'intensité de l'une des forces, par le bras de levier du couple.

Le moment d'un couple est donc une grandeur qui dépend uniquement de ce couple lui-même.

CHAPITRE III

NOTIONS DE DYNAMIQUE

§ I. PRINCIPES FONDAMENTAUX

38. Principes de la dynamique. — La dynamique repose sur quelques principes fondamentaux déduits de l'observation des faits, et qui se trouvent vérifiés par l'accord de leurs conséquences logiques avec l'expérience. (Voir *Mécanique*, nos 250 et suivants.)

Le premier, dû à Képler, est le *principe de l'inertie;* le deuxième, dû à Newton, est le *principe de l'égalité de l'action et de la réaction;* enfin, le troisième et le quatrième, dus à Galilée, sont *le principe du mouvement relatif* et le *principe de l'indépendance des effets des forces simultanées.* Ces deux derniers servent à démontrer les deux théorèmes fondamentaux de la dynamique.

I. Principe de l'Inertie. — *Un point matériel est incapable de changer de lui-même son état de repos ou de mouvement. S'il est au repos, il reste au repos; s'il est en mouvement, il se meut d'un mouvement uniforme et rectiligne, tant qu'aucune force n'agit sur lui.*

Il en résulte qu'un point matériel animé d'un mouvement curviligne, où d'un mouvement rectiligne varié, est certainement soumis à une force.

Si un point matériel animé d'un mouvement varié, ou d'un mouvement curviligne, est brusquement soustrait à l'influence de la force (ou des forces) qui agissent sur lui, *il prend un mouvement uniforme et rectiligne* dans la direction même où il se déplaçait, *et avec une vitesse égale à la vitesse qu'il avait dans son mouvement varié, à l'instant où la force a cessé d'agir.*

Par exemple, on peut assujettir un point matériel à décrire un cercle, en le soumettant à une force qui le retient vers le centre. Quand on fait tourner une pierre avec une fronde, la force qui agit est la tension du fil qui empêche la pierre de s'écarter; si cette tension est brusquement supprimée, par la rupture du fil, par exemple, la pierre poursuit son chemin en ligne droite, sur une tangente au cercle et avec une vitesse constante égale à la vitesse qu'elle avait au moment où le fil a cassé.

Il en résulte une conséquence importante : *La vitesse à un instant donné, dans un mouvement varié, est la vitesse du mouvement uniforme et rectiligne qui, à cet instant, succéderait au mouvement varié, si toute force cessait d'agir.*

Nous verrons comment on peut réaliser expérimentalement cette définition à l'aide de la machine d'Atwood et mesurer la vitesse dans un mouvement varié.

39. II. Principe de l'égalité de l'action et de la réaction. — *Toutes les fois qu'un point matériel agit sur un autre point matériel, celui-ci réagit sur le premier avec une force égale et de sens contraire; ou encore : la réaction est toujours égale et opposée à l'action.*

Par exemple : Si du bord d'une rivière on tire sur une corde fixée à une barque, on attire la barque vers la rive; mais en même temps une force égale et de sens contraire entraîne l'homme vers la barque, et l'oblige à prendre un point d'appui solide pour ne pas y céder. L'existence de cette force de réaction se prouve en renversant les rôles. Si l'homme est dans la barque, et s'il tire sur une corde amarrée à la rive, c'est la barque, avec l'homme qu'elle porte, qui est entraînée vers le bord, en sens inverse de la force exercée directement par l'homme. En ce cas, l'*action* est appliquée à un point matériel fixe, qu'elle ne déplace pas : la *réaction*, au contraire, est appliquée à un point matériel mobile qu'elle met en mouvement. Si les points d'application sont tous deux mobiles, ils se déplacent tous deux. Tel est le cas de deux barques à l'une desquelles est attachée une corde, sur laquelle tire un homme monté sur l'autre barque; alors les deux barques marchent à la rencontre l'une de l'autre.

Le soleil exerce sur la terre une force attractive. La terre exerce sur le soleil une force égale, dirigée en sens opposé. Ces deux forces égales, appliquées à des corps matériels très inégaux, produisent des effets très inégaux. Le soleil ayant une masse énorme comparée à celle de la terre, l'attraction de la terre sur le soleil déplace très peu celui-ci, tandis que l'attraction du soleil sur la terre entraîne la terre dans un mouvement de rotation autour du soleil : cependant ces deux attractions, évaluées en kilogrammes ou en dynes, ont la même mesure.

40. III. Principe du mouvement relatif. — *L'effet d'une force sur un point matériel est indépendant de l'état de repos ou de mouvement antérieur de ce point matériel.*

En particulier, supposons que le point matériel fasse partie d'un système de points animés *d'un mouvement d'ensemble*, rectiligne et uniforme. Si une force vient à agir sur le point matériel, le mouvement relatif qu'il prend par rapport aux autres est indépendant du mouvement d'ensemble que possède le système. Soit, par exemple, une bille qui se trouve sur le pont d'un bateau animé d'un mouvement rectiligne et uniforme. Si une force agit sur la bille, le mouvement relatif qu'elle prend par rapport aux diverses parties du bateau est indépendant du mouvement d'entraînement du bateau.

On en déduit ce théorème capital :

41. Mouvement produit par une force constante. — *Une force constante en grandeur et en direction, agissant sur un point matériel, lui communique un mouvement uniformément accéléré.*

Premier cas. — Supposons le point matériel primitivement au repos. Au bout d'une seconde, la force l'aura entraîné dans sa propre direction et lui aura communiqué une certaine vitesse γ. Si la force cessait alors d'agir, le point continuerait à se mouvoir d'un mouvement uniforme avec une vitesse constante γ.

On peut imaginer que le point matériel fait dès lors partie d'un système de corps entraînés d'un mouvement d'ensemble avec une vitesse constante γ. Faisons agir la même force, pendant la seconde suivante, sur le point matériel tout seul. Il prendra de l'avance par rapport aux corps entraînés avec lui, et comme l'effet de la force sur lui est indépendant de son état de repos ou de mouvement antérieurement acquis, elle lui aura communiqué, au bout d'une seconde, une vitesse γ par rapport aux autres corps déjà animés d'une vitesse γ. La *vitesse absolue* du point matériel, par rapport à un point fixe de l'espace, est donc 2γ, si la force constante a agi sur lui durant 2 secondes.

On fait voir de même qu'au bout de 3 secondes la vitesse est 3γ.

En général, en désignant par V la vitesse au bout de n secondes, on a :
$$V = n\gamma$$

C'est-à-dire que la vitesse est proportionnelle au temps ; le mouvement est donc *uniformément accéléré*, et, comme la force est constante en direction, le mouvement est *rectiligne*.

Deuxième cas. — LE POINT MATÉRIEL EST ANIMÉ D'UNE VITESSE INITIALE DE MÊME DIRECTION QUE LA FORCE. — *Lorsqu'un point matériel animé d'une vitesse initiale est soumis à l'action d'une force constante, en ligne droite avec cette vitesse, il acquiert un mouvement rectiligne uniformément varié.*

1° Si la force est de même sens que la vitesse initiale, le mouvement est uniformément accéléré.

Soient V_0 la vitesse initiale, et γ la vitesse que la force donne au mobile au bout d'une seconde.

En raisonnant comme dans le premier cas, on a :
$$V_1 = V_0 + \gamma$$
$$V_2 = V_0 + 2\gamma$$
$$\cdot \quad \cdot \quad \cdot \quad \cdot \quad \cdot \quad \cdot$$

et en général :
$$V_n = V_0 + n\gamma$$

Le mouvement est donc *uniformément accéléré*, et son *accélération* est γ (19).

2° Si la force est de sens contraire à la vitesse initiale, le mouvement est uniformément retardé.

Réciproque. — *Si un point matériel est animé d'un mouvement rectiligne uniformément varié, il est soumis à l'action d'une force constante, en ligne droite avec la direction de ce mouvement.*

1° *Le point matériel est soumis à l'action d'une force.* — En effet, s'il n'était soumis à aucune force, le mouvement serait uniforme, en vertu du principe de l'inertie (38) ; mais, par hypothèse, le mouvement est uniformément varié ; donc le point matériel est soumis à une force.

2° *La force est constante ;* car, si la force n'était pas constante, l'accélération augmenterait ou diminuerait avec la force, et le mouvement ne serait pas uniformément varié, ce qui est contre l'hypothèse.

3° *La force est constamment en ligne droite avec la direction du mobile ;* car si à un moment donné la force avait une direction différente de celle du mouvement, le mobile suivrait la résultante du mouvement communiqué par la force et du mouvement antérieur; il n'aurait donc plus la direction de ce dernier, ce qui est contre l'hypothèse.

Lorsque le mouvement est accéléré, la force est de même sens que la vitesse initiale; s'il est retardé, elle est de sens contraire.

42. IV. Principe de l'indépendance des effets des forces simultanées. — (Mécanique, 261.) *Si plusieurs forces agissent simultanément sur un point matériel, chacune d'elles produit son effet comme si elle était seule.*

C'est sur ce principe qu'est fondée la *mesure dynamique des forces.* On en déduit, en effet, le second théorème capital de la dynamique : le *théorème de la proportionnalité des forces aux accélérations.*

43. Proportionnalité des forces aux accélérations. — *Deux forces constantes, appliquées successivement à un même point matériel, sont entre elles dans le même rapport que les accélérations qu'elles produisent.*

Une force constante f communiquerait au point matériel un mouvement rectiligne, uniformément accéléré, d'accélération α. Une force constante égale à $2f$ produira un mouvement uniformément accéléré d'accélération 2α. En effet, chacune des deux forces f, agissant sur le point matériel au repos, lui communique au bout d'une seconde la vitesse α : si les deux forces égales agissent simultanément et dans le même sens, *leurs effets étant indépendants,* elles auront communiqué au mobile, au bout d'une seconde, la vitesse 2α. C'est dire que l'accélération du nouveau mouvement est 2α.

Cela posé[1], soient F et F' deux forces constantes, γ et γ' les accélérations qu'elles produisent quand on les applique successivement à un même point matériel.

Supposons que F et F' aient une commune mesure f, et que l'on ait :

$$F = nf,$$
$$F' = n'f.$$

Si la force f produit sur le point matériel l'accélération α, n forces égales à f produisent l'accélération $n\alpha$; c'est-à-dire que l'on a :

$$\gamma = n\alpha,$$
de même
$$\gamma' = n'\alpha.$$

---

[1] **Autre démonstration.** Il suffit de remarquer que les forces appliquées à un même corps, et les accélérations qu'elles produisent, se correspondent dans l'égalité et dans l'addition (Géométrie, xi.) :

Dans l'égalité, car des forces égales à f produisent une même accélération α;

Dans l'addition, car si la force f produit une accélération α', la force $f + f$ produit une accélération $\alpha + \alpha'$. Donc ces forces et ces accélérations sont des grandeurs proportionnelles.

De ces égalités et des précédentes on tire :

$$\frac{n}{n'} = \frac{F}{F'} = \frac{\gamma}{\gamma'}.$$

Le théorème étant vrai, quelque petite que soit la commune mesure f, il est encore vrai lorsque les forces F et F' sont incommensurables.

Remarque. — La proportion $\frac{F}{F'} = \frac{\gamma}{\gamma'}$ peut s'écrire :

$$\frac{F}{\gamma} = \frac{F'}{\gamma'}.$$

Si on faisait agir sur le même corps une autre force F″ d'accélération γ'', on aurait encore :

$$\frac{F}{\gamma} = \frac{F'}{\gamma'} = \frac{F''}{\gamma''}.$$

Donc, *pour toutes les forces appliquées à un même corps, il existe un rapport constant entre chaque force et l'accélération qu'elle produit. Ce rapport ne dépend que du corps matériel considéré. Il mesure en quelque sorte la résistance du corps au mouvement ou au changement de mouvement. On l'appelle la masse du corps.*

44. Masse. — *La* **masse** *d'un corps est le rapport constant de l'intensité d'une force appliquée à ce corps, à l'accélération du mouvement uniformément varié qu'elle lui imprime.*

En désignant par M la masse d'un corps, on a, par définition :

$$M = \frac{F}{\gamma};$$

d'où
$$F = M\gamma,$$

c'est-à-dire qu'une force est égale au produit de la masse du corps auquel elle est appliquée, par l'accélération qu'elle lui imprime.

La formule fondamentale $F = M\gamma$ conduit à des conséquences importantes.

1° Si deux forces F et F' communiquent à deux corps différents la même accélération, ces forces sont proportionnelles aux masses des corps sur lesquels elles agissent.

En effet, on a :
$$F = M\gamma,$$
$$F' = M'\gamma;$$

d'où
$$\frac{F}{F'} = \frac{M}{M'}.$$

2° Si une même force agit successivement sur deux corps de masses M et M', les accélérations qu'elle leur communique sont en raison inverse des masses de ces corps.

On a : $$F = M\gamma = M'\gamma';$$

d'où $$\frac{\gamma}{\gamma'} = \frac{M'}{M}.$$

45. Unité de masse. — *La masse choisie pour unité est la masse d'un corps qui, sous l'action d'une force égale à 1, prend un mouvement uniformément accéléré dont l'accélération est égale à 1.*

Dans la mécanique appliquée, l'unité de force adoptée est le kilogramme, c'est-à-dire l'action exercée par la pesanteur sur une masse déterminée, qui est sensiblement la masse d'un litre d'eau. Cette masse, soumise à son propre poids, tombe d'un mouvement uniformément accéléré, dont nous apprendrons à mesurer l'accélération. Cette accélération g, la même pour tous les corps qui tombent en un lieu du globe, est de 9m,81 par seconde à Paris (99).

En prenant pour unité de longueur le mètre et pour unité de temps la seconde, on a donc : $$g = 9,81.$$

La masse M d'un corps de poids P est :

$$M = \frac{P}{9,81}.$$

Pour que l'on ait $M = 1$, il faut que $P = 9,81$.

L'unité de masse est donc la masse de 9 kilogrammes 81.

Nouvelles unités de longueur, de temps, de masse et de force. 1° En physique, nous avons vu que l'on prend aujourd'hui pour unité de longueur le **centimètre**; et pour unité de temps, la **seconde**. On a alors pour l'accélération de la pesanteur à Paris :

$$g = 981.$$

2° Au lieu de partir de l'unité de force et de lui rattacher l'unité de masse, on se donne l'unité de masse et on lui rattache l'unité de force.

L'unité de masse *est la masse de 1 gramme. C'est la millième partie de la masse du kilogramme-étalon conservé au Bureau international.* Elle est très sensiblement égale à la masse de 1 centimètre cube d'eau distillée à 4°. Il est fâcheux qu'on ait conservé, pour désigner la masse d'un gramme, le même mot de *gramme* qui servait à désigner *un poids d'un gramme*, c'est-à-dire une force; on peut éviter toute confusion, en nommant ces grandeurs d'espèces différentes 1 *gramme-masse* et 1 *gramme-poids*.

L'unité de force, *ou dyne, est la force capable de communiquer à l'unité de masse une accélération égale à l'unité de longueur.*

Si la masse de 1 gramme vaut 1, combien le poids d'un gramme vaut-il d'unités de force ? Ce poids, agissant sur la masse de 1 gramme, lui communique, à Paris, une accélération de 981cm. Il vaut donc 981 unités de force. Et l'unité de force est $\frac{1}{981}$ du poids de 1 gramme à Paris.

Le poids de 1 gramme (qui varie un peu d'un point du globe à l'autre : voir n° 99), vaut donc 981 dynes, et le poids de 1 kilogramme vaut 981 000 dynes.

§ II. TRAVAIL MÉCANIQUE

46. Travail des forces. — On dit qu'une force **travaille** quand son point d'application se déplace.

On appelle **travail** d'une force, une certaine fonction de l'intensité de cette force et du déplacement de son point d'application. Nous allons définir la valeur de cette fonction dans les différents cas qui peuvent se présenter.

47. I. Travail d'une force constante, le long d'un chemin rectiligne. — *On appelle **travail** d'une force constante, dont le point d'application subit un déplacement rectiligne, le produit de l'intensité de la force par la longueur du chemin et par le cosinus de l'angle que forment entre elles les directions de la force et du chemin.*

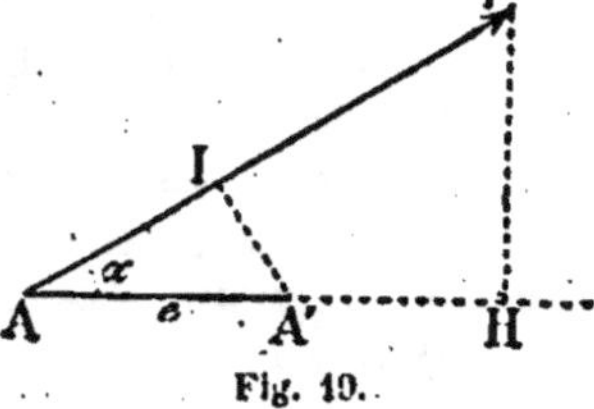

Fig. 19.

Ainsi, en appelant F une force constante, e le chemin rectiligne de son point d'application, α l'angle de la force avec la direction du chemin et $\mathcal{C}F$ le travail effectué, on a, par définition :

$$\mathcal{C}F = F \times e \times \cos \alpha. \qquad (1)$$

Remarque. Le produit $e \cos \alpha$ est la projection du chemin sur la direction de la force, et le produit $F \cos \alpha$ est la projection de la force sur la direction du chemin.

La formule précédente peut donc s'écrire et s'énoncer de deux manières différentes :

1° $$\mathcal{C}F = e \times F \cos \alpha.$$

Le travail est égal au produit du chemin par la projection de la force sur la direction du chemin.

2° $$\mathcal{C}F = F \times e \cos \alpha.$$

Le travail est égal au produit de la force par la projection du chemin sur la direction de la force.

48. Travail moteur, travail résistant. — Dans la formule (1) les quantités F et e sont essentiellement positives; mais le facteur $\cos \alpha$ est positif ou négatif, suivant que l'angle α est *aigu* ou *obtus.*

Un travail *positif* est dit **travail moteur**, et la force qui le produit est dite *force motrice* ou *puissance.*

Un travail *négatif* est dit **travail résistant**, et la force prend le nom de *résistance*.

Cas particuliers. 1° Si $\alpha = 0°$, on a $\cos \alpha = 1$, et la formule du travail se réduit à $\mathfrak{C}F = F.e$ (2).

2° Si $\alpha = 180°$, on a $\cos \alpha = -1$, et la formule devient

$$\mathfrak{C}F = -F.e$$

Ainsi, *quand la direction du chemin coïncide avec la direction de la force, le travail est égal en valeur absolue au produit de l'intensité de la force par la longueur du chemin parcouru.* C'est un travail moteur ou un travail résistant, suivant que la force agit dans le sens du mouvement, ou bien dans le sens opposé.

Fig. 20.

Remarque. On traduit souvent la formule (1) par le même énoncé que la formule (2). Il suffit de considérer la projection du chemin sur la force, c'est-à-dire le produit $e \cos \alpha$, comme *le chemin* estimé suivant la direction de la force. Alors on peut dire que *le travail d'une force constante, le long d'un chemin rectiligne quelconque, est égal au produit de la force par le chemin estimé suivant la direction de la force.*

49. Unités de travail. — *L'unité de travail est le travail effectué par l'unité de force sur l'unité de longueur.*

1° **Kilogrammètre.** En mécanique appliquée, l'unité de travail est le *kilogrammètre;* c'est-à-dire *le travail nécessaire pour élever un poids d'un kilogramme à une hauteur d'un mètre.*

Le kilogrammètre est indépendant du temps, parce que le travail produit est le même, quel que soit le temps employé à l'accomplir. Mais une machine est d'autant plus avantageuse qu'elle produit un travail plus considérable, pendant un temps donné; on est ainsi conduit à considérer une quantité d'une espèce différente, la **puissance** d'une machine, qui est la quantité de travail qu'elle produit dans l'unité de temps. L'unité de puissance adoptée en mécanique appliquée est le *cheval-vapeur.*

On nomme cheval-vapeur la puissance d'une machine qui accomplit un travail de 75 kilogrammètres par seconde.

Ainsi une machine de 10 chevaux est une machine qui pourrait élever, dans une seconde, $10 \times 75 = 750$ kilogrammes à un mètre de hauteur.

2° **Erg.** L'unité de travail actuellement adoptée en physique est le travail que produit 1 dyne lorsque son point d'application se déplace, dans sa direction, de 1 centimètre. Ce travail (de 1 dyne-centimètre) s'appelle **erg**.

Le kilogrammètre vaut 981 000 × 100 = 98 100 000 ergs.

3° Joule. L'erg étant très petit, on peut prendre pour unité de travail l'un de ses multiples, le **joule**, qui vaut 10^7 ergs.

Le kilogrammètre vaut 9,81 joules.

50. II. Travail d'une force variable, dont le point d'application décrit une ligne quelconque. — Pour évaluer le travail d'une force variable F, dont le point d'application décrit une ligne quelconque AB, partageons celle-ci en éléments e, e', e''..., suffisamment petits pour qu'on puisse les considérer comme rectilignes et assimilables à leurs cordes. Nous pouvons admettre que la force F ne change ni d'intensité ni de direction pendant que son point d'application décrit l'arc e. Soit f sa projection sur la corde de cet arc.

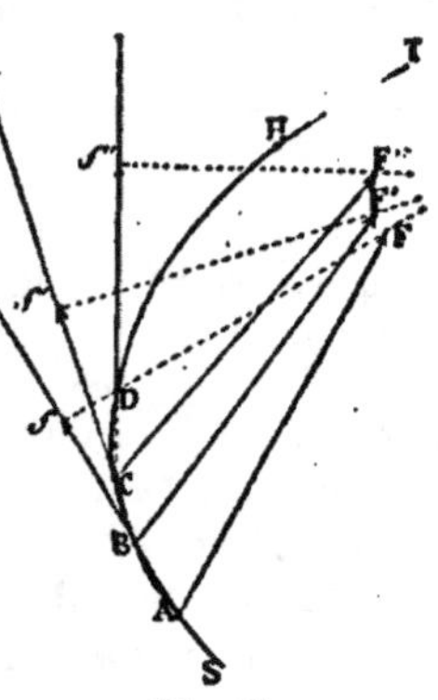

Le **travail élémentaire** correspondant à l'arc e sera fe. Soient fe', fe'', fe'''... les travaux élémentaires correspondant aux éléments successifs e', e'', e'''...

Le travail total de la force F, pour le déplacement AB, est la limite vers laquelle tend la somme des travaux élémentaires lorsque tous les arcs e', e'', e'''... tendent simultanément vers zéro.

$$\mathfrak{C}F_{AB} = \lim. \; (fe + fe' + f''e'' + ...)$$

Fig. 21.

51. III. Travail de la résultante de plusieurs forces. Théorème. — *Le travail de la résultante de plusieurs forces est égal à la somme algébrique des travaux des composantes.*

1er Cas. — *Les forces sont constantes et le déplacement rectiligne.* — Soient des forces concourantes F, F, F_2... et leur résultante R. Projetons-les sur la direction du déplacement. A cause du polygone des forces (20), la projection r de la résultante est égale à la somme des projections f, f_1, f_2... des composantes.

On a donc : $\qquad\qquad r = f + f_1 + f_2 + ...$

Et en multipliant par le chemin parcouru e,

$$re = fe + f_1 e + f_2 e + ...$$

c'est-à-dire $\qquad\qquad \mathfrak{C}R = \mathfrak{C}F + \mathfrak{C}F_1 + \mathfrak{C}F_2 + ...$

2e Cas. — *Forces variables et déplacement quelconque.* — Le travail total de chaque force est égal à la somme de ses travaux élémentaires. Or la démonstration précédente est applicable pour chacun des travaux élémentaires de la résultante. En écrivant que chaque travail élémentaire de la résultante est égal à la somme des travaux élémentaires correspondants des composantes, et en faisant ensuite la somme de toutes les égalités ainsi obtenues, on trouve que le travail total de la résultante est égal à la somme de tous les travaux des composantes.

§ III. PRINCIPE DES FORCES VIVES

52. Force vive. **1°** *On appelle force vive d'un point matériel en mouvement, le produit de sa masse par le carré de sa vitesse.*

Quand un point matériel de masse m est animé d'une vitesse v, sa force vive est mv^2.

2° *On appelle force vive d'un système matériel, la somme des forces vives de ses différents points.*

Si les masses m, m', m''... ont pour vitesses respectives v, v', v''... la force vive du système est

$$mv^2 + m'v'^2 + m''v''^2 + \dots$$

On la représente par $\Sigma\, mv^2$.

53. Principe des forces vives. — *La somme des travaux de toutes les forces qui agissent sur un système matériel pendant un temps quelconque, est égale à la variation de la demi-force vive du système pendant le même temps.*

Ce principe général résume les théorèmes suivants.

Théorème I. Force unique appliquée à un point matériel.

1er Cas. *La force est constante, le point part du repos et se meut dans la direction de la force :* Le travail de la force est constamment égal à la moitié de la force vive acquise par le point.

Soit F une force constante, agissant sur un point matériel dans la direction du chemin parcouru ; elle produit un mouvement uniformément accéléré (41).

Soient γ l'accélération, e l'espace parcouru pendant le temps t.

On a :   (1) $\mathfrak{C}F = F \times e$.

$$\text{Or} \qquad F = m\gamma \qquad\qquad (44)$$

$$\text{et} \qquad e = \frac{\gamma t^2}{2}; \qquad\qquad (20)$$

$$\text{d'où} \quad (2) \qquad \mathfrak{C}F = \frac{m\gamma^2 t^2}{2}.$$

Mais on a : $\qquad\qquad v = \gamma t.$ $\qquad\qquad$ (20)

En portant cette valeur dans l'expression (2), on obtient :

$$\mathfrak{C}F = \frac{mv^2}{2}.$$

Donc la force vive d'un point matériel parti du repos est égale au double du travail dépensé pour le mettre en mouvement.

2e Cas. *La force est constante et agit sur un point matériel dans la direction du chemin parcouru.*

Cette force produit un mouvement uniformément accéléré (41).

Soient γ l'accélération, e l'espace parcouru pendant le temps t.

On a : $\qquad\qquad$ (1) $\qquad \mathfrak{C}F = F \times e$.

$$\text{Or} \qquad F = m\gamma \qquad\qquad (44)$$

$$\text{et} \qquad e = v_0 t + \tfrac{1}{2}\gamma t^2; \qquad\qquad (20)$$

$$\text{d'où} \qquad \mathfrak{C}F = m\gamma\left(v_0 t + \tfrac{1}{2}\gamma t^2\right)$$

$$(2) \qquad \mathfrak{C}F = \tfrac{1}{2}m\gamma t(2v_0 + \gamma t);$$

Mais on a : $\qquad\qquad v = v_0 + \gamma t; \qquad\qquad (20)$

$$\text{d'où} \qquad \gamma t = v - v_0.$$

En portant cette valeur dans l'expression (2), on obtient :

$$\mathcal{C}F = \tfrac{1}{2}m(v - v_0)(v + v_0)$$
$$\mathcal{C}F = \tfrac{1}{2}m(v^2 - v_0^2)$$
$$\mathcal{C}F = \tfrac{1}{2}mv^2 - \tfrac{1}{2}mv_0^2.$$

C'est-à-dire que le travail de la force est égal à la *demi-force vive finale, moins la demi-force vive initiale.*

3e Cas. *La force est constante, mais elle a une direction différente du chemin parcouru.*

Soient F la force constante et AB le chemin parcouru (fig. 22).

La force F peut être décomposée en deux autres :

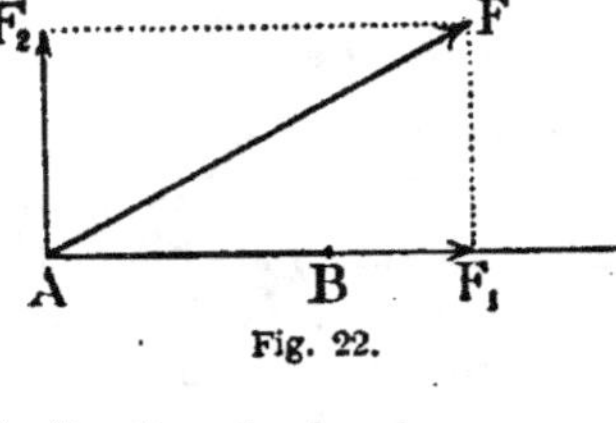
Fig. 22.

F_2, perpendiculaire au chemin, et F_1 dans la direction du chemin parcouru, on a (47) :

$$\mathcal{C}F = F_1 \times AB.$$

Or, la force F_1 agissant dans la direction du chemin, on a, d'après le premier cas :

$$F_1 \times AB = \tfrac{1}{2}mv^2 - \tfrac{1}{2}mv_0^2.$$

Donc
$$\mathcal{C}F = \tfrac{1}{2}mv^2 - \tfrac{1}{2}mv_0^2.$$

4e Cas. *Supposons que la trajectoire du point matériel soit une courbe.*

Soient AB la courbe que décrit le point matériel, et F la force supposée constante qui agit sur ce point (fig. 23).

Partageons la courbe AB en éléments assez petits pour pouvoir être regardés comme rectilignes, et soient v_0, v_1, v_2..., v_n les vitesses du point matériel en A, A_1, A_2..., A_n.

Le travail T_1 relatif au déplacement AA_1 est donné par la relation :

$$\mathcal{C}_1 = \tfrac{1}{2}m(v_1^2 - v_0^2).$$

On a de même pour les autres déplacements :

$$\mathcal{C}_2 = \tfrac{1}{2}m(v_2^2 - v_1^2)$$
$$\cdots\cdots\cdots\cdots$$
$$\mathcal{C}_n = \tfrac{1}{2}m(v_n^2 - v_{n-1}^2).$$

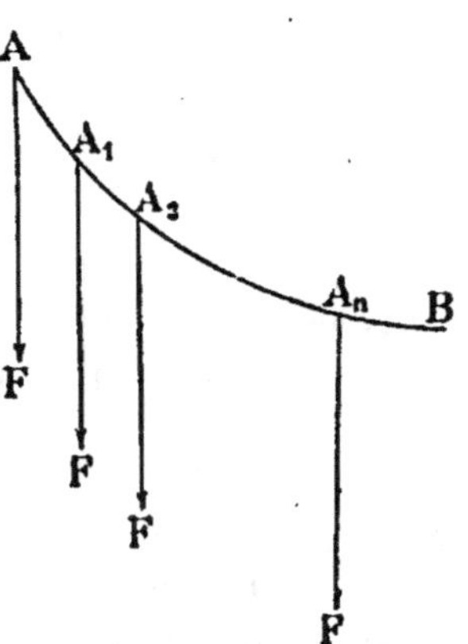
Fig. 23.

En faisant la somme de tous ces travaux élémentaires, on a :

$$\mathcal{C}F = \tfrac{1}{2}m(v_n^2 - v_0^2) = \tfrac{1}{2}mv_n^2 - \tfrac{1}{2}mv_0^2$$

5e Cas. *La force est variable.* Cette démonstration subsiste sans changement, si la force qui agit sur le point n'est pas constante. Il suffit de supposer la force constante pendant que le point matériel parcourt chacun des petits intervalles AA_1, A_1A_2, etc.; mais la force peut avoir changé de grandeur et de direction quand on passe d'un de ces éléments au suivant. C'est donc que la force a pu varier d'une manière continue, et le théorème est général.

Théorème II. Système de forces appliquées à un point. — *La somme des travaux de toutes les forces appliquées à un même point matériel est égale à la variation de la demi-force vive de ce point.*

On écrit que chaque travail élémentaire de la résultante est égal à la somme des travaux composants (51). En faisant la somme des égalités ainsi obtenues, on obtient la relation annoncée

$$\Sigma \mathcal{C}F = \frac{1}{2}\, mv^2 - \frac{1}{2}\, mv_0^2.$$

(Voir *Mécanique*, n° 341.)

Théorème III. Systèmes quelconques de forces, appliquées à un système quelconque de points matériels. — *La somme des travaux de toutes les forces est égal à la variation de la demi-force vive du système matériel.*

Il suffit d'appliquer le théorème précédent à chacun des points du système, et de faire la somme de toutes les égalités ainsi obtenues.

Il vient : $\Sigma \mathcal{C}F = \Sigma\, \frac{1}{2}\, mv^2 - \Sigma\, \frac{1}{2}\, mv_0^2.$

Remarque. — Dans les énoncés précédents, le mot *somme* doit toujours être pris dans un sens algébrique. Chaque travail élémentaire est un travail moteur ou un travail résistant, et la somme de tous les travaux peut être positive ou négative. De même, la demi-force vive initiale peut être inférieure, égale ou supérieure à la demi-force vive finale; de sorte que la variation de la force vive, c'est-à-dire l'excès de la seconde sur la première, peut être positif, nul ou négatif.

54. Groupement des forces qui sollicitent un système matériel. — Les actions qui s'exercent sur les différents points d'un système matériel peuvent être classées à divers points de vue.

1° On peut les distinguer en **forces extérieures** et en **forces intérieures**. Les forces extérieures sont celles qui émanent de points étrangers au système. Les forces intérieures proviennent du système lui-même; ce sont les actions que les divers points du système exercent les uns sur les autres.

2° On peut aussi partager toutes ces forces en **forces motrices** et en **forces résistantes**. Les premières tendent à mettre le système en mouvement, les secondes tendent à retarder ou à arrêter le mouvement.

Le travail total $\Sigma\, \mathcal{C}F$ de toutes les forces qui agissent sur un système matériel pendant un temps donné $(t_1 - t_0)$ peut donc être partagé en trois parties. Ce travail total comprend le travail $\mathcal{C}_i$ de toutes les forces intérieures et le travail $\mathcal{C}_e$ de toutes les forces extérieures. Mais celui-ci à son tour comprend le travail $\mathcal{C}_M$ des forces extérieures motrices et le travail $-\mathcal{C}_R$ des forces extérieures résistantes.

On a donc $\Sigma \mathcal{C}F = \mathcal{C}_e + \mathcal{C}_i,$

ou $\Sigma \mathcal{C}F = \mathcal{C}_M - \mathcal{C}_R + \mathcal{C}_i.$

55. Transformations réciproques du travail et de la force vive.

1° Pour faire prendre à un corps une force vive mv², il faut dépenser un travail moteur numériquement égal à $\frac{1}{2}$ mv².

2° Inversement, pour faire perdre à un corps la force vive mv², il faut effectuer un travail résistant égal à $\frac{1}{2}$ mv².

Supposons qu'une force appliquée à la masse *m* au repos lui communique une vitesse *v* en effectuant un travail moteur $\mathcal{C}_M$; puis qu'une autre force, appliquée en sens contraire de la vitesse acquise, ramène le corps au repos.

La formule

$$\mathcal{C}F = \frac{1}{2} mv_1{}^2 - \frac{1}{2} mv_0{}^2$$

est applicable dans les deux cas.

Dans le premier, on a : $v_0 = 0$ et $v_1 = v$;

d'où

$$\mathcal{C}_M = \frac{1}{2} mv².$$

Dans le second cas, on a : $v_0 = v$ et $v_1 = 0$;

d'où

$$\mathcal{C}_R = - \frac{1}{2} mv².$$

Donc

$$\mathcal{C}_M = - \mathcal{C}_R = \frac{1}{2} mv².$$

Dans le dernier cas, en vertu du principe de la réaction égale et contraire à l'action, on peut dire que la masse en mouvement effectue, par sa force d'inertie, un travail égal et contraire à celui de la force résistante.

Ainsi, *une masse en mouvement possède une capacité de travail équivalente à sa demi-force vive.* Cette capacité de travail augmente ou diminue en même temps que la vitesse.

Tout le travail qu'il faut dépenser pour communiquer à la masse une vitesse *v* se retrouve dans un travail équivalent, que la masse doit effectuer pour perdre cette vitesse.

Pour exprimer cette équivalence entre deux grandeurs qui varient en sens contraires, on convient de dire qu'il y a transformation ou échange de l'une en l'autre. Quand la vitesse croît, c'est un travail qui se transforme en force vive; quand la vitesse décroît, c'est la force vive qui se transforme en travail.

La force vive considérée à ce point de vue n'est qu'une forme particulière d'*énergie.*

§ IV. ÉNERGIE MÉCANIQUE

56. Énergie mécanique. — *On appelle énergie d'un corps, ou d'un système matériel quelconque, la propriété qu'il possède de pouvoir produire du travail.*

L'énergie mécanique peut revêtir deux formes très distinctes :

1° Une pierre qui tombe, un boulet lancé par un canon, l'eau d'une cascade,... possèdent de l'énergie : la pierre en pénétrant dans le sol, le boulet en s'enfonçant dans un obstacle, la chute d'eau en faisant tourner un moulin,... produisent un certain travail.

Dans ces divers cas, l'énergie résulte du mouvement du corps. elle est mesurée par la demi-force vive ; on la nomme *énergie de mouvement, énergie actuelle,* ou mieux **énergie cinétique.**

2° Un corps pesant suspendu en l'air, une masse d'eau retenue dans un bief, un gaz comprimé dans un récipient, un ressort bandé,... possèdent de l'énergie ; car ils peuvent effectuer un certain travail, si l'on vient à supprimer l'obstacle qui les empêche de tomber, de s'écouler ou de se détendre. Dans ces différents cas, l'énergie résulte de la position ou de la configuration du corps ; elle reste emmagasinée ou en réserve, jusqu'au moment où peut se produire un changement de position ou de configuration. On la nomme *énergie de position* ou **énergie potentielle** (en puissance).

A un instant quelconque, un système matériel peut donc posséder une somme d'énergie mécanique composée de deux parties : l'*énergie cinétique,* qui dépend de la vitesse actuelle des différents points, et l'*énergie potentielle,* qui dépend de la position actuelle de ces mêmes points.

Nous représenterons la première par U, la seconde par V, et leur somme par E.

Cette somme
$$E = U + V$$

est l'**énergie mécanique totale** du système à l'instant considéré.

57. Potentiel des forces intérieures. — En général, le travail des forces *intérieures,* pendant un temps donné $t_1 - t_0$, est intimement lié à la déformation du système pendant le même temps ; c'est-à-dire au changement qui s'opère dans la configuration du système.

La configuration du système à un instant donné peut être définie par les trois coordonnées x, y, z de chacun de ses points à l'instant considéré (c'est-à-dire par les distances du point à trois plans rectangulaires donnés).

On dit que les forces intérieures ont un **potentiel** *quand il existe une fonction des coordonnées de chaque point du système,* $\Phi(x, y, z)$, *telle que le travail $\mathcal{C}_i$ des forces intérieures pendant un temps quelconque $t_1 - t_0$ soit égal à la différence $\Phi_0 - \Phi_1$ des valeurs que prend cette fonction au commencement et à la fin du temps considéré. C'est-à-dire que l'on ait*

$$\mathcal{C}_i = \Phi_0 - \Phi_1.$$

Quand les forces intérieures ont un potentiel, et que l'on connaît la *fonction potentielle* $\Phi(x, y, z)$, il est aisé de calculer le travail $\mathcal{C}_i$ effectué entre l'instant t_0 et l'instant t_1. Il suffit de connaître les coordonnées initiales (x_0, y_0, z_0) et les coordonnées finales (x_1, y_1, z_1) de chaque point du système. On calcule la valeur initiale Φ_0 et la valeur finale Φ_1 de la fonction Φ, et l'on retranche la seconde valeur de la première.

Remarques. — Quand les forces intérieures ont un potentiel :

1° *Le travail intérieur, pendant que le système passe d'une position A à une position B, est indépendant des positions intermédiaires entre A et B.*

En effet, ce travail est égal à :

$$\Phi_A - \Phi_B.$$

Il est complètement déterminé par les positions initiale et finale du système.

2° *Si la position finale du système coïncide avec la position initiale, le travail intérieur est nul.*

En effet, quelles qu'aient été les déformations successives du système, si la position B coïncide avec la position A, le travail des forces intérieures est :

$$\Phi_A - \Phi_B = \Phi_A - \Phi_A = 0.$$

Donc la somme algébrique des travaux intérieurs est égale à zéro.

Valeur de l'énergie potentielle. — *L'énergie potentielle d'un système, dans une position donnée, est la plus grande somme de travail intérieur qui puisse résulter d'un changement de position.*

Quand le système passe de la position donnée A à une position quelconque B, le travail intérieur est : $\qquad \Phi_A - \Phi_B.$

Cette différence est la plus grande possible lorsque la position B coïncide avec la position m, pour laquelle la fonction potentielle Φ prend sa valeur minima.

En représentant par V_A l'énergie potentielle du système dans la position A,

on a donc : $\qquad\qquad V_A = \Phi_A - \Phi_m. \qquad\qquad (1)$

Remarque. — *Le travail intérieur d'un système pendant un temps quelconque $(t_1 - t_0)$ est égal à la variation correspondante de l'énergie potentielle du système.*

Ce travail a pour expression :

$$\mathcal{C}_i = \Phi_0 - \Phi_1.$$

La formule (1) donne

$$V_0 = \Phi_0 - \Phi_m \quad \text{et} \quad V_1 = \Phi_1 - \Phi_m.$$

Éliminant Φ_0 et Φ_1, il vient

$$\mathcal{C}_i = V_0 - V_1.$$

58. Conservation de l'énergie mécanique. Théorème. — *Le travail des forces extérieures sur un système matériel, pendant un temps quelconque, est égal à l'accroissement de l'énergie du système pendant le même temps.*

Appliquons le principe des forces vives

$$\Sigma \mathcal{C} F = \Sigma \frac{1}{2} m v_1^2 - \Sigma \frac{1}{2} m v_0^2,$$

en conservant les notations utilisées dans les numéros précédents.

On a : $\qquad\qquad \Sigma \mathcal{C} F = \mathcal{C}_M - \mathcal{C}_R + \mathcal{C}_i$

$$\mathcal{C}_i = V_0 - V_1$$

$$\Sigma \frac{1}{2} m v_1^2 - \Sigma \frac{1}{2} m v_0^2 = U_1 - U_0.$$

En tenant compte de ces valeurs, l'équation devient :

$$\mathcal{C}_M - \mathcal{C}_R + V_0 - V_1 = U_1 - U_0,$$

d'où
$$\mathcal{C}_M - \mathcal{C}_R = (U_1 + V_1) - (U_0 + V_0).$$

Or le premier membre représente le travail total des forces extérieures; le second membre est l'accroissement de l'énergie totale $(U + V)$.

La proposition est donc démontrée.

Discussion. — Pour abréger l'écriture, posons $U + V = E$. La relation précédente devient :
$$\mathcal{C}_M - \mathcal{C}_R = E_1 - E_0.$$

Le travail $\mathcal{C}_M$ est celui des forces motrices extérieures.

Le travail $\mathcal{C}_R$ est égal à celui que le système effectue pour vaincre les résistances extérieures.

1° L'hypothèse $\mathcal{C}_M > \mathcal{C}_R$ entraîne $E_1 > E_0$.

Quand le système reçoit plus de travail qu'il n'en donne, l'excès du travail reçu se transforme en un accroissement d'énergie.

2° L'hypothèse $\mathcal{C}_M < \mathcal{C}_R$ entraîne $E_1 < E_0$.

Quand le système donne plus de travail qu'il n'en reçoit, la différence est empruntée à une diminution d'énergie.

3° L'hypothèse $\mathcal{C}_M = \mathcal{C}_R$ entraîne $E_1 = E_0$.

Quand le système donne autant de travail qu'il en reçoit, son énergie reste constante.

59. Système conservatif. — Dans le cas particulier : $\mathcal{C}_M = \mathcal{C}_R = 0$,

on a
$$E_1 - E_0 = 0;$$

d'où :
$$U_1 + V_1 = E_0 = C^{te}.$$

Donc, *quand un système matériel est soustrait à toute action extérieure, son énergie totale est invariable.*

Les deux parties de l'énergie totale : l'énergie cinétique et l'énergie potentielle restent variables; mais elles ne peuvent varier qu'en sens contraires, de quantités égales, de façon que leur somme demeure constante.

Si la force vive du système présente des alternatives d'augmentation et de diminution, il se produit une suite d'échanges : d'énergie cinétique en énergie potentielle, et d'énergie potentielle en énergie cinétique.

§ V. APPLICATION AUX MACHINES

60. Machines. — Une machine est un système matériel, un assemblage de corps, destiné à transmettre le travail des forces.

Parmi les forces qui agissent sur une machine, on distingue les *forces motrices* et les *forces résistantes*. Celles-ci comprennent des *résistances utiles* et des *résistances passives*. Les résistances utiles produisent les effets auxquels la machine est destinée; leur travail est le *travail utile*. Les résistances passives, comme les frottements, la résistance des milieux..., produisent un travail perdu ou *travail passif*.

Supposons qu'une machine parte du repos, fonctionne pendant un certain temps et revienne au repos. Cette *campagne* entière se divise en trois périodes : la *mise en train*, la *marche normale* et la *période d'arrêt*.

Pendant la mise en train la vitesse s'accélère. Le travail moteur est plus grand que le travail résistant; l'énergie de la machine augmente d'une quantité équivalente au travail moteur en excès.

Dans la marche normale, si le mouvement est uniforme, le travail moteur est égal au travail résistant; l'énergie de la machine demeure invariable.

Pendant la période d'arrêt la vitesse diminue ; le travail moteur est moindre que le travail résistant ; l'énergie se transforme en travail, et la machine ne s'arrête qu'après avoir transmis intégralement tout le travail qui lui a été confié.

Mouvement périodique. — En réalité, dans la marche normale, le mouvement de la machine n'est jamais uniforme, mais toujours *périodique*. La vitesse croît pendant une partie de chaque période et décroît pendant l'autre partie.

Quand le mouvement s'accélère, c'est que le travail moteur surpasse le travail résistant, et que l'excès transformé en énergie s'emmagasine pour ainsi dire dans la machine. Quand la vitesse diminue, c'est que le travail moteur est inférieur au travail résistant, et que la différence est empruntée à l'énergie disponible, dont une partie se transforme en travail.

A deux instants t_0, t_1, séparés l'un de l'autre par la durée d'une période, chaque point du système passe par une même position, avec une même vitesse ; de sorte que l'énergie du système prend une même valeur

$$E_0 = E_1 .$$

On a $$\mathcal{T}_M - \mathcal{T}_R = E_0 - E_1 = 0;$$

d'où : $$\mathcal{T}_M = \mathcal{T}_R.$$

Il en est de même chaque fois que l'état final du système est identique à son état initial.

Donc, *pendant chaque période, et pendant la durée d'un nombre entier de périodes, aussi bien que pendant la durée entière d'une campagne, le travail moteur est toujours égal au travail résistant.*

61. Impossibilité du mouvement perpétuel. — Chaque fois qu'un système matériel accomplit un cycle de transformations qui le ramène à son état initial, l'énergie totale du système reprend la même valeur. Il s'ensuit que, pendant l'intervalle, la somme algébrique des travaux est nulle. Le système n'a donc pu fournir un travail à l'extérieur que si, de l'extérieur, on lui a fourni un travail équivalent.

C'est en cela que consiste l'*impossibilité du mouvement perpétuel.*

Chercher le mouvement perpétuel, c'était chercher une machine qui, à partir d'un état initial, aurait pu se mouvoir d'elle-même, fournir un travail extérieur et revenir toute seule à son état initial. Alors la machine accomplirait un deuxième cycle pareil au premier, puis un troisième, un quatrième, etc. ; elle marcherait ainsi perpétuellement, donnant une somme de travail indéfinie, sans avoir jamais besoin d'être remontée.

Un pareil système est irréalisable.

62. Machines simples. — On appelle *machines simples* certains appareils tels que le levier, la poulie, le treuil..., destinés, comme toute machine, à transmettre du travail mécanique.

Une machine peut modifier d'une manière quelconque soit les forces, soit les vitesses ; mais jamais elle ne peut fournir plus de travail qu'on ne lui en a donné.

Quand une machine se meut d'un mouvement uniforme, le travail résistant pendant un temps quelconque est égal au travail moteur.

Ce qu'on gagne en force, on le perd en chemin parcouru.

Prenons le cas d'un treuil, formé de deux roues de rayons R et R′ calées sur le même axe de rotation ; la corde qui s'enroule autour de la roue R porte un poids P, l'autre un poids P′. Si le treuil tourne d'un mouvement uniforme, c'est qu'il y a équilibre entre la force motrice et la force résistante. Supposons que P est la force motrice, c'est le poids P qui descend et qui fait monter le poids P′. Quand P est descendu de la hauteur h, le travail moteur est Ph kilogrammètres. Pendant ce temps, le poids P' est monté d'une hauteur h' telle qu'on ait

$$\frac{h'}{h} = \frac{R'}{R},$$

puisque les deux roues ont fait le même nombre de tours.

L'équilibre exige :
$$\frac{P}{P'} = \frac{R'}{R},$$

Donc on a
$$\frac{P}{P'} = \frac{h'}{h},$$

ou
$$Ph = P'h'.$$

On voit, dans ce cas particulier, comment le travail résistant est égal au travail moteur. Si P' est 10 fois plus grand que P, h' est 10 fois plus petit que h. On soulève, avec un poids P, un poids 10 fois plus grand ; mais on lui fait parcourir 10 fois moins de chemin que n'en a parcouru le poids P. Ainsi, *ce qu'on gagne en force on le perd en chemin parcouru.* En aucun cas, on ne multiplie le travail.

L'étude du levier conduirait aux mêmes conséquences.

63. Rendement des machines. — Si le travail résistant n'est jamais supérieur au travail moteur, il semble qu'il lui soit souvent inférieur.

Les résistances comprennent : 1º les *résistances utiles,* qui représentent l'effet que doit produire la machine ; leur travail est le *travail utile ;* 2º les *résistances passives,* qui, comme les frottements, les chocs, la résistance des milieux, etc., absorbent en pure perte une partie du travail ; leur travail est le *travail passif.*

Le *travail résistant* se compose du *travail utile* et du *travail passif.*

On a donc :
$$Tr = Tu + Tp$$
mais (60)
$$Tm = Tr.$$
Donc :
$$Tm = Tu + Tp.$$

Une machine est d'autant plus parfaite, que le travail passif est plus faible, puisqu'alors le travail utile est une portion plus grande du travail moteur.

On appelle *rendement d'une machine,* ou *coefficient d'effet utile,* le rapport du travail utile au travail moteur.

$$\text{Rendement} = \frac{Tu}{Tm} = 1 - \frac{Tp}{Tm}.$$

Comme il est impossible de rendre nul le travail passif, le rendement est toujours plus petit que l'unité ; dans les meilleures machines, il ne dépasse guère 0,75.

Loin donc de créer du travail, une machine ne rend jamais en travail utile qu'une portion du travail fourni par le moteur.

Remarque. — En réalité, le travail absorbé par les résistances passives n'est pas anéanti. Chaque fois qu'il y a perte d'*énergie mécanique* par frottement, choc..., on constate toujours un développement de *chaleur.* La quantité de *chaleur* qui apparaît est proportionnelle à la quantité d'énergie mécanique disparue. On peut donc regarder la chaleur comme une forme particulière de l'énergie, et dire qu'il y a eu transformation d'*énergie mécanique* en *énergie calorifique,* mais non disparition d'énergie.

Le théorème relatif à la conservation de l'*énergie mécanique,* applicable aux systèmes dans lesquels ne se produiraient que des phénomènes purement mécaniques, n'est qu'un cas particulier d'un principe très général, dans lequel on doit tenir compte de toutes les espèces d'énergie.

§ VI. CONSERVATION DE L'ÉNERGIE

64. Principe de la conservation de l'énergie. — *L'énergie acquise ou perdue par un système matériel est égale à l'énergie perdue ou acquise par les corps extérieurs.*

En d'autres termes : *l'énergie d'un système matériel et celle des corps qui réagissent sur lui ont une somme invariable.*

Ou encore, en englobant dans un système unique tous les corps qui réagissent les uns sur les autres : *Dans un système soustrait à toute action extérieure,* **l'énergie totale conserve une valeur constante,** *quelles que soient les actions mutuelles des diverses parties du système.*

Dans ces énoncés généraux, on doit comprendre sous le nom d'énergie : le travail mécanique, l'énergie mécanique actuelle ou potentielle, l'énergie calorifique, et toutes les autres formes de l'énergie qui peuvent être en jeu dans les phénomènes de la nature : énergie électrique, énergie chimique, etc.

Le principe de la conservation de l'énergie n'est susceptible d'aucune démonstration *a priori ;* c'est un principe d'origine purement expérimentale.

Il s'est toujours vérifié dans tous les cas où l'expérience a été possible, et l'on admet par induction qu'il est tout à fait général.

Ainsi, le principe de la conservation de l'énergie est une vaste hypothèse en voie de confirmation.

C'est la plus générale et la plus utile des hypothèses scientifiques. Déjà elle permet de relier entre elles toutes les parties de la science, et l'on pourrait la prendre pour base d'une définition générale de la physique moderne :

La chimie est la science de la matière et des phénomènes qui en accompagnent les métamorphoses.

La physique tend à devenir la science de l'énergie et des phénomènes qui en accompagnent les transformations.

CHAPITRE IV

MESURE DES GRANDEURS PHYSIQUES
SYSTÈME D'UNITÉS C. G. S.

65. Mesure des grandeurs. — L'opération fondamentale des recherches scientifiques est la *mesure des grandeurs.*

Mesurer les grandeurs d'une espèce donnée, c'est trouver leurs rapports à une grandeur de même espèce, adoptée pour *unité*.

Il faudra donc autant d'unités différentes qu'il y aura d'espèces de grandeurs à mesurer. Si toutes ces unités étaient choisies d'une manière arbitraire, indépendamment les unes des autres, il en résulterait de grandes complications dans les formules et dans les calculs numériques, et de sérieuses difficultés dans les relations scientifiques internationales. C'est ce qui explique l'adoption d'un *système d'unités absolues,* dans lequel toutes les unités de mesure se déduisent de trois unités fondamentales, les seules que l'on ait eu à choisir arbitrairement.

66. Système absolu. Système C. G. S. — D'après les relations qui existent entre les différentes espèces de grandeurs physiques, on a reconnu que toutes leurs unités pouvaient être rattachées à trois quelconques d'entre elles choisies arbitrairement; par exemple, aux unités

de *longueur,* de *masse* et de *temps.*

Après avoir choisi d'une manière arbitraire la valeur de ces trois **unités fondamentales,** on en déduit toutes les autres, qui prennent le nom d'**unités dérivées.** L'ensemble des unités ainsi coordonnées est ce que l'on appelle un **système d'unités absolues.**

Le système absolu adopté aujourd'hui en physique est caractérisé par les unités fondamentales choisies par le *Congrès des Électriciens* réuni à Paris en 1881.

L'unité de longueur est le *centimètre.*

L'unité de masse est la *masse du gramme.*

L'unité de temps est la *seconde sexagésimale.*

1° Le **centimètre** *est la centième partie du mètre-étalon, ramené* à 0°. Le mètre-étalon est une règle, en platine iridié, conservée au Bureau international des poids et mesures.

2° La *masse du gramme* ou **gramme-masse** est la millième partie du kilogramme-étalon, lequel est un bloc de platine, conservé au bureau international.

3° La **seconde sexagésimale** *est la fraction* $\frac{1}{24 \times 60 \times 60}$, *ou la 86.400ᵉ partie du jour solaire moyen.*

Le système d'unités absolues, caractérisé par ces trois unités fondamentales, est appelé le **système absolu C. G. S.** (abrégé de centimètre, gramme, seconde).

67. Unités dérivées. — 1° Formules de définition. Chaque unité dérivée se déduit des unités fondamentales, soit directement, soit par l'intermédiaire de quelques unités dérivées, antérieurement définies.

Pour définir l'unité d'une grandeur quelconque, on se sert d'une relation entre cette grandeur et d'autres grandeurs dont les unités sont déjà définies. Il suffit de convenir que, *dans cette formule de définition, toutes les unités se correspondent.*

Cette convention a l'avantage de simplifier la formule, en réduisant à l'unité le coefficient numérique qu'elle pourrait contenir. (Voir n° 70.)

Par exemple, pour définir l'unité de vitesse, on part de la définition de la vitesse dans le mouvement uniforme : $v = \dfrac{e}{t}$.   (1)

Pour que l'unité de vitesse corresponde, dans cette formule, aux unités de longueur et de temps, il suffit de prendre pour unité de vitesse la vitesse d'un mobile qui parcourt l'unité de longueur dans l'unité de temps.

2° Équation des dimensions de l'unité. — *On appelle équation des dimensions d'une unité dérivée, la relation qui existe entre cette unité et les trois unités fondamentales.*

Représentons par les symboles L, M, T, les trois unités fondamentales, le centimètre, le gramme et la seconde.

Soit V l'unité de vitesse, c'est-à-dire, d'après la définition précédente, la vitesse d'un mobile qui parcourt une longueur L, en un temps T. En écrivant que les grandeurs V, L, T satisfont à la relation (1), on obtient :

$$V = \frac{L}{T} = L\,T^{-1}.$$

Telle est l'*équation des dimensions* de l'unité de vitesse.

D'une manière générale, chaque unité dérivée U s'exprime en fonction des unités fondamentales par une équation de la forme :

$$U = L^{\alpha} M^{\beta} T^{\gamma}.$$

dans laquelle les exposants α, β, γ, peuvent être positifs, négatifs ou nuls.

Si l'on a par exemple $\gamma = 0$, d'où $T^\gamma = 1$, cela signifie que l'unité U est indépendante de l'unité de temps. Il peut arriver ainsi qu'une unité dérivée dépende seulement de deux unités fondamentales, ou même d'une seule.

Les exposants α, β, γ, se nomment les **dimensions** de l'unité U par rapport aux unités fondamentales.

On dira que l'unité U possède α dimensions par rapport à la longueur, β dimensions par rapport à la masse, γ par rapport au temps ; ou encore, que sa dimension est α en longueur, β en masse, γ en temps.

68. Unités secondaires. — Il arrive souvent que l'**unité théorique C. G. S.** est extrêmement petite ou extrêmement grande, par rapport à la grandeur que l'on se propose d'évaluer.

On lui substitue alors l'un de ses multiples ou l'un de ses sous-multiples décimaux.

Si ces unités secondaires, ou **unités pratiques**, ne reçoivent pas de noms particuliers, on les nomme à l'aide des préfixes usités dans le système métrique décimal.

déca	signifie	10		déci	signifie	$\frac{1}{10}$
hecto	—	100		centi	—	$\frac{1}{100}$
kilo	—	1 000		milli	—	$\frac{1}{1\,000}$
myria	—	10 000				
méga	—	1 000 000		micro	—	$\frac{1}{1\,000\,000}$

69. Changement des unités fondamentales. — Si l'on change les valeurs attribuées aux unités fondamentales, il est évident que l'on change par le fait même les valeurs de toutes les unités dérivées. Par exemple, si les valeurs L, M, T des unités fondamentales sont remplacées par d'autres valeurs L', M', T', l'unité dérivée

$$U = L^\alpha M^\beta T^\gamma$$

est remplacée par :

$$U' = L'^\alpha M'^\beta T'^\gamma.$$

Connaissant la mesure a, d'une grandeur A évaluée en unités U, proposons-nous de calculer la mesure a' de cette même grandeur A évaluée en unités U'.

Les mesures a, a' sont les nombres par lesquels il faut multiplier les unités U, U' pour obtenir la grandeur A.

On a donc

$$A = aU = a'U' ;$$

d'où :

$$a' = a \cdot \frac{U}{U'},$$

ou, en remplaçant les unités par leurs valeurs ci-dessus

$$a' = a \left(\frac{L}{L'}\right)^\alpha \left(\frac{M}{M'}\right)^\beta \left(\frac{T}{T'}\right)^\gamma.$$

Par exemple, supposons que l'on ait :

$$L' = \lambda L, \quad M' = \mu M, \quad T' = \theta T.$$

L'unité U est remplacée par

$$U' = \lambda^{\alpha} \mu^{\beta} \theta^{\gamma} \times U.$$

La mesure a est remplacée par

$$a' = \frac{1}{\lambda^{\alpha} \mu^{\beta} \theta^{\gamma}} \times a.$$

70. Unités géométriques.

Surface.— *Définition.* L'aire s d'un rectangle est proportionnelle à ses dimensions a, b. On a :

$$s = k \cdot ab; \tag{1}$$

k désignant une constante qui dépend du choix des unités.

On prend pour unité de surface, S, la surface du carré construit sur l'unité de longueur L. Alors le coefficient k devient égal à 1, et la formule (1) se réduit à :

$$s = ab.$$

Dimensions. En appliquant cette formule aux unités correspondantes : $a = b = L$ et $s = S$, on obtient l'équation

$$S = L^2.$$

Les dimensions de l'unité de surface sont donc 2 en longueur, 0 en masse, 0 en temps.

Il en résulte que, si l'unité de longueur est multipliée par un nombre n, l'unité de surface est multipliée par n^2 et la mesure d'une surface quelconque par $\frac{1}{n^2}$.

Volume.— *Définition.* Le volume v d'un parallélipipède rectangle est proportionnel à ses dimensions a, b, c.

On a
$$v = k \cdot a\, b\, c. \tag{2}$$

On prend pour unité de volume le volume du cube construit sur l'unité de longueur. Le coefficient k se réduit à l'unité, et la formule (2) devient :

$$v = abc.$$

Dimensions. L'unité de volume, V, est donc :

$$V = L^3;$$

ses dimensions sont 3 en longueur, 0 en masse, 0 en temps.

Si l'unité de longueur est multipliée par n, l'unité de volume est multipliée par n^3, et la mesure d'un volume quelconque par $\frac{1}{n^3}$.

71. Unités cinématiques.

Temps. — La cinématique introduit la notion de temps, qui ne peut être rattachée à celle de longueur.

L'*unité de temps* est donc arbitraire; c'est une unité fondamentale.

Vitesse. — La vitesse d'un mouvement uniforme est le rapport de l'espace au temps.

$$v = \frac{e}{t}.$$

L'unité de vitesse, V, est la vitesse d'un mobile qui parcourt l'unité de longueur, L, dans l'unité de temps, T.

Donc :
$$V = \frac{L}{T} = L\,.\,T^{-1}.$$

La vitesse a les dimensions d'une longueur divisée par un temps. L'unité de vitesse a pour dimensions 1 en longueur, (— 1) en temps.

Si l'unité de longueur est multipliée par n et celle de temps par n', l'unité de vitesse est multipliée par $\frac{n}{n'}$.

Accélération. — L'accélération d'un mouvement uniformément accéléré est le rapport de l'accroissement de vitesse à l'accroissement de temps.

$$\gamma = \frac{v}{t}.$$

L'*unité d'accélération*, G, est l'accélération d'un mouvement dont la vitesse augmente d'une unité (V) dans l'unité de temps (T).

On a donc, en remplaçant V par sa valeur,

$$G = \frac{V}{T} = \frac{L}{T^2} = L\,.\,T^{-2}.$$

Les dimensions de cette unité sont 1 en longueur, (— 2) en temps.

72. Unités dynamiques.

Masse. — L'unité de masse (M) ne peut être rattachée aux précédentes; on l'a choisie arbitrairement. C'est la troisième et dernière unité fondamentale.

Force. — Une force est égale au produit de la masse sur laquelle elle agit par l'accélération qu'elle lui imprime, (44) (à condition que les trois unités se correspondent) [1].

$$f = m\gamma. \qquad\qquad (1)$$

---

[1] D'après cette formule, au lieu de prendre pour unité fondamentale l'unité de masse et d'en faire dériver l'unité de force, on aurait pu prendre pour unité fondamentale l'unité de force, et en faire dériver l'unité de masse.

Mais tandis que le *gramme-masse* est une grandeur *absolue*, invariable; le *gramme-*

L'unité de force (F) est la force qui, agissant sur l'unité de masse (M), lui communique l'unité d'accélération (G).

On a donc, en remplaçant (G) par sa valeur :

$$F = MG = M.L.T^{-2}.$$

Cette unité a reçu le nom de **dyne**.

Ses dimensions sont 1 en longueur, 1 en masse, (— 2) en temps.

Valeur du gramme-poids en unités C. G. S. Évaluons en *dynes* le poids du gramme à Paris. Ce poids f appliqué à la masse du gramme, $m = 1$, lui communique une accélération, $\gamma = 981^{cm}$ (accélération de la pesanteur à Paris).

La formule (1) donne :

$$f = 981 \ dynes.$$

Telle est la valeur du *gramme-poids*.

Le *kilogramme-poids* vaut :

$$981 \times 10^3 \text{ ou environ } 10^6 \text{ dynes [1].}$$

Inversement, la *dyne* vaut à peu près un *milligramme-poids*; et la *mégadine*, ou un million de dynes, vaut à peu près un *kilogramme-poids*.

Travail.— Un travail est le produit d'une force par un chemin.

$$w = fl. \tag{2}$$

L'unité de travail (W) est le travail effectué par une force de une dyne (F) sur une longueur de un centimètre (L).

On a donc, en remplaçant F par sa valeur :

$$W = FL = ML^2T^{-2}.$$

Cette unité a reçu le nom d'**erg**.

Valeur du kilogrammètre. Évaluons d'abord en *ergs* le travail effectué par le poids d'un gramme descendant de un centimètre. En substituant $f = 981$ dynes, $l = 1^{cm}$, la formule (2) donne :

$$W = 981 \ ergs.$$

Le kilogrammètre est le travail de 1 000 grammes-poids sur une longueur de 100 centimètres; c'est-à-dire :

$$981 \times 10^3 \times 10^2 \text{ ou environ } 10^8 \text{ ergs.}$$

---

poids, par exemple, varie avec la latitude, avec l'altitude... Un poids ne pouvait donc servir d'unité fondamentale dans un système d'unités international.

C'est ce qui a déterminé le choix de l'unité de masse, adoptée par le Congrès des Électriciens.

[1] Le nombre formé par l'unité suivie de n zéros s'écrit de préférence 10^n. Cette notation est plus favorable pour éviter les erreurs possibles quant au nombre de zéros ou à la position de la virgule dans les nombres décimaux.

$$98\,100\,000 \quad \text{s'écrit} \quad 9,81 \times 10^7,$$
$$0,000\,0081 \quad \text{»} \quad 9,81 \times 10^{-5}.$$

Le premier facteur étant compris entre 1 et 10, l'exposant de 10 est égal à la caractéristique du logarithme du produit.

Inversement, l'*erg* vaut à peu près un millième de gramme-centimètre. C'est une unité très petite.

Le *mégerg,* ou un million d'ergs, vaut environ un centième de kilogrammètre.

En physique industrielle, on emploie comme unité de travail, sous le nom de *joule,* une unité qui vaut 10 mégergs, ou 10 millions d'ergs. Le kilogrammètre vaut $9,81 \times 10^7$ ergs ou 9,81 joules (à peu près 10 joules).

Énergie. — L'énergie est une grandeur de même espèce que le travail. Toute quantité d'énergie potentielle, d'énergie cinétique ou de force vive, peut s'évaluer par le nombre de kilogrammètres qu'elle représente. L'énergie a donc les mêmes dimensions que le travail et se mesure à l'aide des mêmes unités C. G. S. (erg ou joule).

Puissance. — La puissance d'une machine est la quantité de travail qu'elle développe pendant l'unité de temps.

L'unité de puissance est la puissance d'une machine qui fournirait un erg en une seconde.

Le cheval-vapeur, évalué en unités de puissance C. G. S, vaudrait :

75 kilogrammètres $= 75 \times 981 \times 10^5$; environ 7 500 000 000.

L'unité pratique de puissance mécanique, que l'on nomme le **watt,** vaut un joule par seconde.

Le cheval-vapeur vaut :

$$75 \times 9,81 \text{ joules par seconde, ou } 736 \text{ } watts.$$

Nous résumerons dans le tableau ci-dessous la comparaison des principales unités employées soit dans la mécanique appliquée, soit en physique.

NOMS DES GRANDEURS	UNITÉS C. G. S. (employées en physique).	UNITÉS PRATIQUES RATTACHÉES AU SYSTÈME C. G. S. (employées en électricité.)	UNITÉS EMPLOYÉES ENCORE EN MÉCANIQUE APPLIQUÉE (Système métrique ordinaire).
Longueur	1 centimètre.		1 mètre $= 100$ cm.
Volume	1 cm. cube.		1 m^3 $= 10^6$ cm^3.
Temps	1 seconde.		1 seconde.
Masse	1 gramme-masse.		
Force	1 dyne.	1 mégad. $= 10^6$ dynes.	1 kil. (poids) $= 981.000$ dynes.
Travail	1 erg.	1 joule $= 10^7$ ergs.	1 kilogrmtre $= 9,81$ joules.
Puissance	1 erg par seconde.	1 watt $= 10^7$ ergs par seconde.	1 cheval-vapeur $= 736$ watts par seconde.

Remarque. — En général, pour chaque espèce de grandeurs il y a deux questions à traiter : 1° le choix ou la définition de l'unité; 2° la mesure pratique; c'est-à-dire, le procédé par lequel on détermine effectivement les valeurs numériques des grandeurs considérées.

Nous verrons, dans la suite, comment on rattache successivement au système C. G. S toutes les autres grandeurs physiques : calorifiques, électriques, etc.

Toutes les mesures pratiques se ramènent, en définitive, à des mesures de longueurs, de masses et de temps.

Les masses se déterminent au moyen de la *balance*, les temps à l'aide de l'*horloge* réglée par les oscillations d'un pendule; nous aurons l'occasion de nous en occuper dans le chapitre suivant. Bornons-nous, ici, à quelques indications concernant la mesure des longueurs.

INSTRUMENTS DE PRÉCISION POUR LA MESURE DES LONGUEURS

73. Mesure des longueurs. — Pour évaluer une longueur à un millimètre près, on se sert d'un mètre divisé en décimètres, centimètres et millimètres. Si l'on veut déterminer les parties de millimètre, on a recours à des instruments de précision que nous allons décrire rapidement.

Vernier rectiligne. — Le vernier, ainsi appelé du nom de son inventeur, sert à apprécier les petites longueurs; il permet, au moyen d'une règle divisée seulement en millimètres, de mesurer une longueur, par exemple, au $\frac{1}{10}$ de millimètre près.

Pour évaluer une fraction de millimètre, on se sert de deux règles (fig. 24); l'une AB est fixe et divisée en millimètres, l'autre CD peut glisser sur AB et est divisée en dix parties égales : c'est le vernier. Ces divisions sont obtenues en divisant 9 millimètres en dix parties égales; chacune vaut donc $9/10$ de millimètre, et la différence entre une division de la règle et une division du vernier est égale à $1/10$ de millimètre.

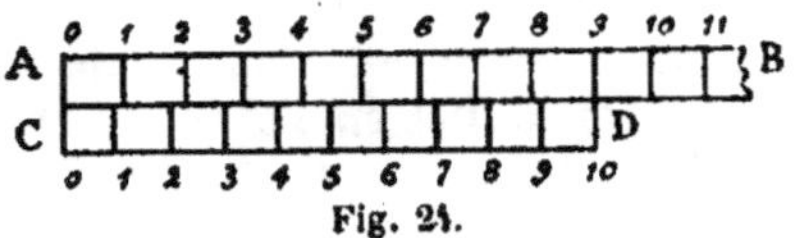

Fig. 24.

Lorsque les zéros des deux règles coïncident, la première division de CD est distante de la division correspondante de AB de $1/10$ de millimètre, la deuxième de $2/10$, la troisième de $3/10$, et ainsi de suite en progressant jusqu'à la dixième, qui l'est d'un millimètre.

Soit à évaluer la longueur d'un barreau MN (fig. 25); on applique la règle fixe sur le barreau en plaçant le zéro à une extrémité, et l'on fait glisser le vernier jusqu'à ce que son zéro soit à l'autre extrémité.

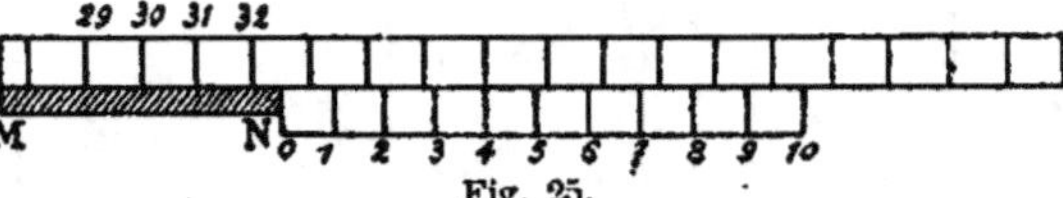

Fig. 25.

La règle fixe indique le nombre de millimètres, et la division du vernier qui coïncide avec une division de la règle indique les dixièmes de millimètre. Si c'est la quatrième, il y a $4/10$ de millimètre, car la troisième division du vernier s'écarte de $^1/_{10}$ de millimètre de la division correspondante de la règle, la deuxième de $^2/_{10}$, la première de $^3/_{10}$, et le zéro de $^4/_{10}$; donc la distance comprise entre la trente-deuxième division de la règle et le zéro du vernier vaut $^4/_{10}$ de millimètre.

Si les divisions du vernier étaient obtenues en divisant 19 millimètres en vingt parties égales, on pourrait évaluer des vingtièmes de millimètre.

Pied à coulisse (fig. 26). — Le pied à coulisse est le plus simple des instruments qui utilisent le vernier rectiligne. Il se compose d'une règle R divisée

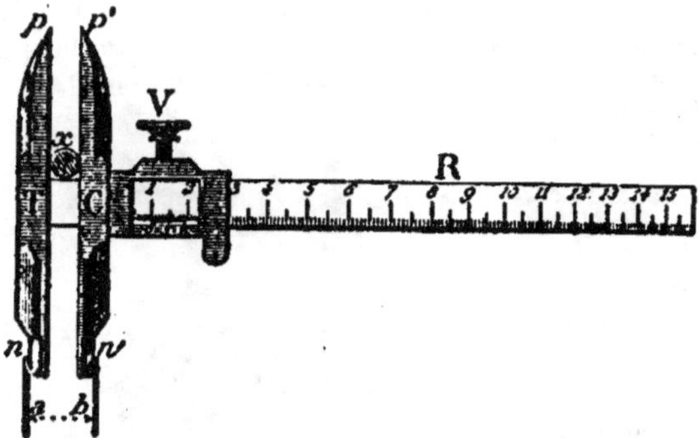

Fig. 26.

en millimètres et d'un curseur C, que l'on peut immobiliser au moyen d'une vis de pression V. La règle et le curseur présentent deux têtes semblables np, $n'p'$, terminées d'un côté par des becs p, p', de l'autre par des talons n, n'. Le curseur est percé d'une fenêtre dont l'un des bords, taillé en biseau, porte le vernier.

Quand les becs sont en contact, le zéro du vernier coïncide avec celui de la règle, et la distance mutuelle des talons est égale à une longueur connue c.

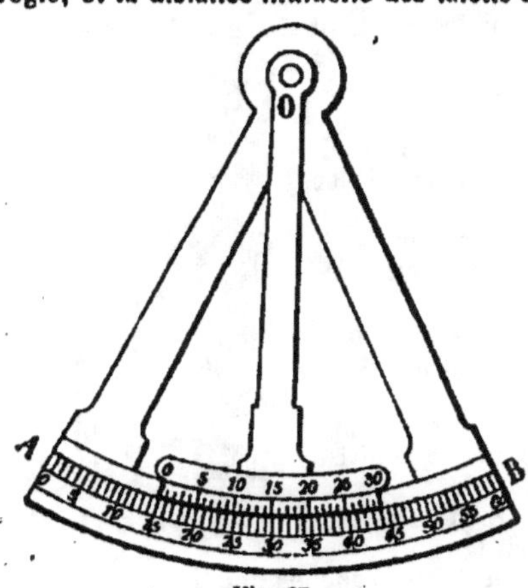

Fig. 27.

Dans une position quelconque du curseur, la règle et le vernier donnent immédiatement la distance des becs, à laquelle il suffit d'ajouter la constante c pour obtenir la distance des talons.

L'instrument permet donc de mesurer au dixième de millimètre : 1º l'épaisseur x de tout objet que l'on peut introduire entre les becs; 2º l'écartement $x + c$ de deux objets a, b contre lesquels on peut faire buter les talons.

Vernier circulaire. — Les angles sont mesurés au moyen de cercles gradués en degrés et parties de degré. Si l'on veut apprécier exactement les fractions de degré, on se sert d'arcs mobiles gradués d'après le principe du vernier.

Un cercle AB (fig. 27) est divisé en demi-degrés, et une alidade mobile autour du centre O est terminée par un vernier portant trente divisions correspondant à vingt-neuf divisions du cercle AB; chacune égale donc $^{29}/_{30}$ de demi-degré, et les divisions du vernier diffèrent des divisions du cercle de $^1/_{30}$ de demi-degré, c'est-à-dire d'une minute; on pourra donc déterminer les minutes.

Comme les divisions sont nombreuses et qu'à l'œil nu plusieurs semblent coïncider avec les divisions correspondantes de la règle, il est utile d'employer la loupe pour distinguer facilement les divisions qui correspondent.

Certains instruments de précision sont munis de vernier au $\dfrac{1}{100^e}$.

Vis micrométrique. — La *vis micrométrique* est une vis filetée avec une très grande précision, de manière que son pas reste constant; le déplacement de sa pointe est proportionnel au nombre de tours et de fractions de tours effectués par la vis dans son écrou; si le pas de vis a 1 millimètre de longueur, à chaque tour elle avance d'un millimètre. Pour évaluer les fractions de millimètre, on munit la tête de la vis d'un large cercle divisé sur sa circonférence en un grand nombre de parties égales, par exemple en 500 parties; on peut ainsi déterminer les $\dfrac{1}{500}$ de millimètre.

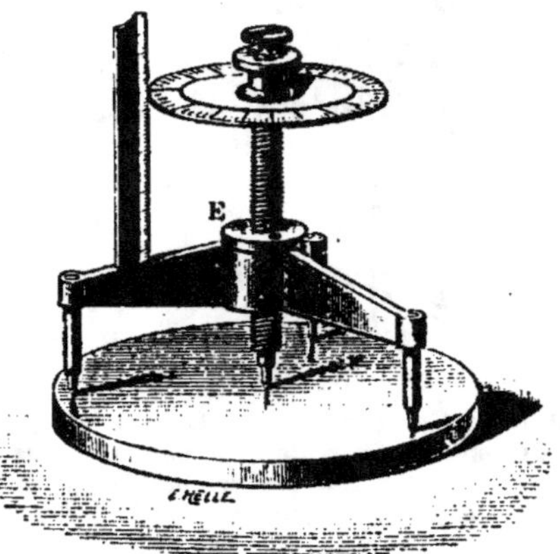

Fig. 28.

Voici la disposition qu'on lui donne dans le sphéromètre (fig. 28).

La vis qui est terminée par une pointe mousse glisse dans un écrou E supporté par trois pieds terminés en pointes mousses; les pointes forment les trois sommets d'un triangle équilatéral, elles reposent ordinairement sur un plan de verre parfaitement dressé. Le cercle gradué glisse sur le tranchant d'une règle divisée en longueurs égales au pas de vis. Ainsi disposée, cette vis peut servir à déterminer les petites épaisseurs.

Palmer (fig. 29). — Le palmer est un instrument usuel, fondé sur le même principe que le sphéromètre. Il se compose d'un étrier B, dont l'une des branches porte un butoir fixe b, et l'autre un écrou C, traversé par la vis V qui se termine par un second butoir a parallèle au premier.

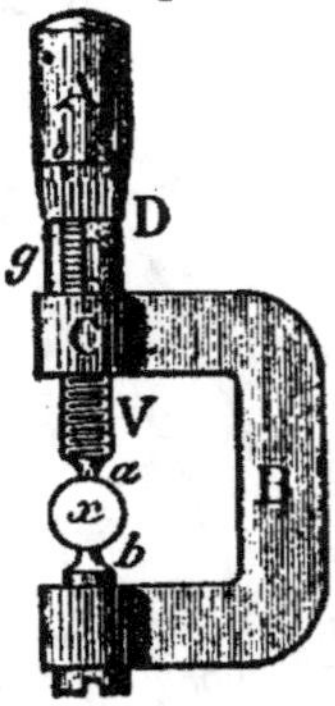

Un cylindre formant la partie extérieure de l'écran porte l'échelle rectiligne g, dont les divisions, égales au pas de la vis, valent un millimètre.

Une gaine, faisant corps avec la tête A de la vis, enveloppe ce cylindre et se termine par un biseau circulaire D divisé en 20 (ou 100) parties égales.

Quand les butoirs sont en contact, le zéro de l'échelle circulaire coïncide avec celui de l'échelle rectiligne.

Fig. 29.

Dans une position quelconque de la vis, les deux échelles donnent, au 20ᵉ (ou au 100ᵉ) de millimètre, la distance x qui sépare les butoirs a et b.

LIVRE II

PESANTEUR

CHAPITRE PREMIER
ATTRACTION UNIVERSELLE

74. Attraction universelle. — 1° *Deux astres quelconques de l'univers s'attirent mutuellement, en raison directe de leurs masses et en raison inverse du carré de leur distance.*

Newton a démontré que ce principe est la condition mathématique, nécessaire et suffisante, des lois de Képler relatives aux mouvements des planètes.

Si une planète n'était soumise à aucune force extérieure, son mouvement serait rectiligne. Il est donc nécessaire qu'une force extérieure la retienne constamment sur son orbite. En vertu des lois de Képler et d'après les principes de la mécanique, *tout se passe comme si le soleil exerçait sur la planète une attraction proportionnelle à la masse de cette planète, et inversement proportionnelle à la distance de cette planète au soleil.*

Inversement, d'après le principe de la réaction, la planète exerce sur le soleil une attraction égale à la précédente.

Si, à un instant quelconque, cette attraction mutuelle venait à disparaître, la planète, entraînée par sa vitesse acquise, s'échapperait suivant la tangente à sa trajectoire. Au contraire, si la vitesse acquise s'annulait à un instant donné, la planète, n'obéissant plus qu'à la force attractive, se précipiterait aussitôt vers le soleil.

En réalité, dans cette dernière hypothèse, les deux astres tomberaient l'un sur l'autre, mais avec des accélérations inversement proportionnelles à leurs masses respectives. Soient M, m ces masses, f leur attraction mutuelle, Φ, φ leurs accélérations respectives.

On aurait
$$f = M\Phi = m\varphi;$$
d'où :
$$\frac{\Phi}{\varphi} = \frac{m}{M} \cdot$$

La masse m de la planète étant très petite en regard de la masse M du soleil, l'accélération Φ serait insensible vis-à-vis de l'accélération φ de la planète.

Deux planètes quelconques s'attirent mutuellement; mais cette attraction des planètes entre elles est toujours très faible par rapport à l'attraction exercée par le soleil sur chacune d'elles. Néanmoins elle explique les perturbations légères que l'on a observées dans le mouvement des planètes.

2° En généralisant le principe de Newton, on est conduit à admettre qu'il s'applique à deux points matériels quelconques de l'univers.

Deux points matériels quelconques s'attirent en raison directe de leurs masses, et en raison inverse du carré de leur distance [1].

Soient m, m' les masses des deux points matériels, d leur distance mutuelle. L'attraction f qu'ils exercent l'un sur l'autre, est donnée par la formule :

$$f = k \frac{mm'}{d^2},$$

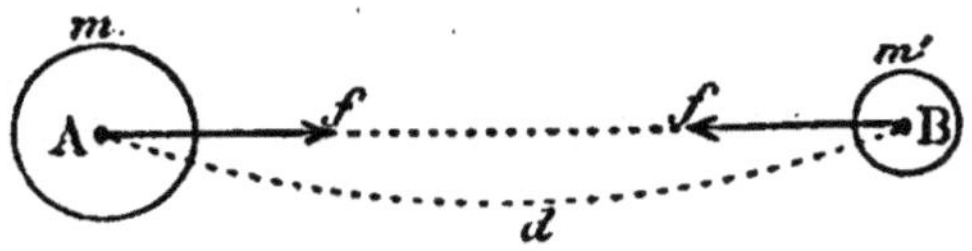

Fig. 30.

la constante k désignant l'attraction qui s'exerce entre deux masses égales à l'unité, et situées à l'unité de distance.

Pour établir la théorie mathématique du mouvement des astres, les astronomes ont pris pour base de la mécanique céleste la loi de la gravitation universelle, avec les principes fondamentaux de la dynamique. Tous les résultats de cette théorie se sont trouvés d'accord avec les observations astronomiques. Ce parfait accord constitue la confirmation la plus rigoureuse de la loi de Newton et des principes de la dynamique.

3° Les propositions suivantes se déduisent mathématiquement de la loi de Newton.

a). *L'attraction exercée par une sphère sur un point matériel extérieur est la même que si toute la masse de cette sphère était concentrée en son centre.*

b). *L'attraction mutuelle de deux corps sphériques est la même que si toute la masse de chaque sphère était concentrée en son centre.*

Cette propriété remarquable simplifie grandement les théories astronomiques; car le soleil, les planètes et leurs satellites étant sensiblement sphériques, tous ces astres agissent les uns sur les

---

[1] Il faut entendre simplement que *tout se passe comme si les points matériels s'attiraient*. L'origine des forces en jeu, leur cause, leur nature intime, nous sont absolument inconnues. Le mot *attraction* n'est qu'une manière de parler, très commode pour exprimer la direction commune et les sens contraires des deux forces dont il s'agit. Mais en tant que ce mot fait image, il ne faut le considérer que comme une *hypothèse représentative*, uniquement justifiée par sa commodité.

autres, à peu près comme de simples points matériels, qui coïnci-
deraient avec leurs centres de gravité respectifs.

c). *L'attraction d'une couche sphérique homogène, d'épaisseur
constante, sur un point matériel intérieur, est nulle.* C'est-à-dire
qu'il y a équilibre entre les attractions exercées de tous côtés, sur ce
point matériel, par les divers points de la couche sphérique.

CHAPITRE II

PESANTEUR

75. Pesanteur. — *La pesanteur est la cause qui tend à
entraîner les corps vers l'intérieur de la terre.*

Tout corps suspendu à un fil exerce une tension sur ce fil ; abandonné à lui-même, il tombe ; c'est-à-dire qu'il se met en mouvement vers l'intérieur de la terre, jusqu'à ce qu'il soit arrêté par
un obstacle capable de lui opposer une résistance égale à la force
qui le sollicite vers le centre du globe.

La cause de ces phénomènes n'est pas connue ; on lui donne le
nom de **pesanteur** ou **gravité**.

Il est naturel de supposer que *la pesanteur n'est qu'un cas particulier de l'attraction universelle ;* c'est-à-dire de l'assimiler à une
attraction que la masse du globe terrestre exercerait sur tous les
corps.

Toutefois ce n'est là qu'une hypothèse, et on ne saurait l'admettre
sans démonstration.

La démonstration expérimentale consiste à admettre provisoi-
rement cette hypothèse, à en tirer toutes les conséquences logiques,
puis à vérifier directement par l'expérience chacune des conséquences obtenues. (Voir n°s 80 et suivants.)

§ I. ÉTUDE THÉORIQUE DE LA PESANTEUR

76. Poids d'un corps. Verticale. Centre de gravité. —
Si la pesanteur est un cas particulier de l'attraction universelle,
chaque molécule d'un corps est attirée par la terre, c'est-à-dire

sollicitée par une force dirigée vers le centre de la terre [1]. Cette force est dite le **poids** de la molécule, et sa direction, confondue avec celle d'un rayon du globe terrestre, se nomme la **verticale** du point considéré.

Les verticales de tous les points d'un même corps peuvent être regardées comme parallèles entre elles ; car leur point de concours, ou centre de la terre, est très éloigné de la surface (le rayon terrestre a 6 300 kilomètres).

Les poids des diverses molécules d'un corps sont donc des forces parallèles de même sens, qui dès lors ont une résultante (33). Cette résultante, parallèle aux composantes et égale à leur somme, peut toujours être appliquée au centre du système.

Cette résultante, dite le **poids** du corps, est *verticale*, et son point d'application prend le nom de **centre de gravité** du corps. Ainsi :

Le **poids** *d'un corps est la résultante des actions que la pesanteur exerce sur toutes les molécules de ce corps.*

Le **centre de gravité** *d'un corps est le point d'application de la résultante de toutes les actions que la pesanteur exerce sur ce corps.*

Nous avons défini la *direction* de cette force et son *point d'application ;* il nous reste à évaluer son *intensité*.

77. Variation du poids d'un corps le long d'une verticale. — Il y a deux cas très distincts, suivant que la masse considérée est à l'extérieur ou à l'intérieur du globe terrestre.

1er Cas. Soient R le rayon de la terre, M sa masse, que l'on peut regarder comme condensée en son centre (fig. 31).

L'attraction f, exercée par la terre sur une masse *extérieure* m située à une altitude h, est donnée par la formule de Newton :

$$f = k \frac{M\,m}{(R + h)^2} , \qquad (1)$$

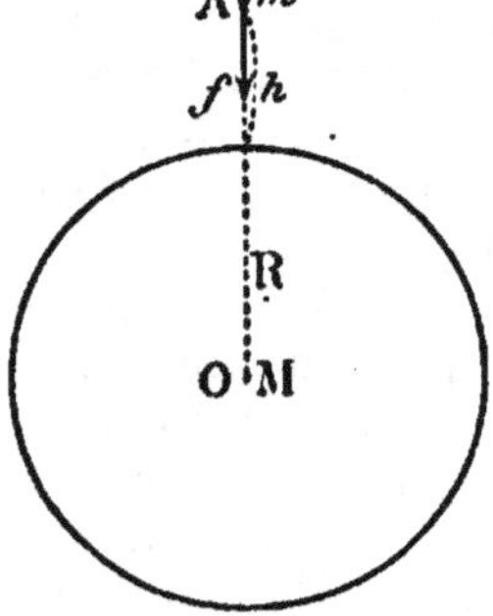

Fig. 31.

dans laquelle le coefficient k représente l'attraction mutuelle de deux masses égales à l'unité et situées à l'unité de distance.

Cette formule indique la loi suivant laquelle le poids f diminue lorsque h augmente.

---

[1] Dans une première approximation, on admet que la terre est un globe sensiblement sphérique, formé de couches concentriques homogènes. La densité de ces couches successives, c'est-à-dire la masse de l'unité de volume, croît avec la profondeur. La densité moyenne du globe est 5,5, tandis que la densité moyenne des couches superficielles accessibles à l'observation n'est guère supérieure à 2.

2ᵉ Cas. — Supposons que la masse m est située à l'intérieur de la terre, en un point A (fig. 32), à une distance r du centre O ($r < R$). On sait que la couche sphérique comprise entre les sphères de centre O et de rayons R et r, n'a pas d'action sur le point intérieur A. L'attraction f' exercée par la terre sur la masse m se réduit à celle de la masse sphérique de centre O, dont la surface passe par le point A.

Soit μ la masse de cette sphère de rayon r.

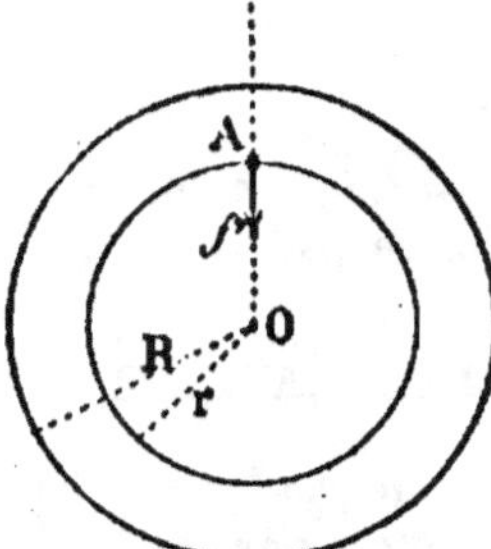

Fig. 32.

On a :
$$f' = k\,\frac{m\mu}{r^2}.$$

Cette force ne varie pas en raison inverse du carré de la distance r; parce que la masse μ varie elle-même avec r, suivant une loi d'ailleurs inconnue[1].

78. Pesanteur à la surface du globe. Chute des corps.

1° Dans les expériences que nous pouvons faire sur le mouvement des corps pesants, les valeurs de l'altitude h sont toujours négligeables vis-à-vis de R,

Alors la formule (1) se réduit à :
$$f = k\,\frac{M\,m}{R^2}.$$

Ainsi, dans le voisinage de la surface de la terre, *le poids d'un corps est une force constante.*

2° Il s'ensuit que, dans les limites de nos expériences, *le mouvement de la chute des corps est un mouvement uniformément accéléré.*

3° Soit φ l'accélération du mouvement que prend une masse m abandonnée à son poids f. On a :
$$f = m\,\varphi;$$
d'où, en tenant compte de la formule précédente,
$$\varphi = \frac{f}{m} = k\,\frac{M}{R^2}.$$

Cette accélération en un lieu donné est donc indépendante de la masse m. Non seulement l'*accélération* φ est constante pour un même corps, mais elle est *la même pour tous les corps.*

79. Intensité de la pesanteur. — *On appelle* intensité *de la* pesanteur, *et l'on désigne par la notation g, le poids de l'unité de* masse.

---

[1] D'après un calcul de M. Roche, fondé sur certaines données expérimentales, on aurait :
$$\frac{\mu}{M} = \frac{25r^3}{13R^3}\left(1 - \frac{12r^2}{25R^2}\right);$$
d'où
$$f' = k\,\frac{Mm}{R^2} \times \frac{25r}{13R}\left(1 - \frac{12r^2}{25R^2}\right).$$

Le poids de la masse m est :

$$f = m \varphi.$$

Pour $m = 1$, d'où $f = g$, on a :

$$g = \varphi.$$

Donc *l'intensité de la pesanteur est numériquement égale à l'accélération du mouvement de la chute des corps.*

§ II. ÉTUDE EXPÉRIMENTALE DE LA PESANTEUR

Pour établir que la pesanteur est bien un cas particulier de l'attraction planétaire, il nous reste à vérifier par l'expérience toutes les conséquences théoriques que nous venons de déduire de cette hypothèse.

80. Tous les corps sont pesants. — La simple observation de la chute des corps montre que tous les solides et tous les liquides sont des corps pesants, puisque tous ces corps tombent vers le sol dès qu'ils ne sont plus retenus par un obstacle. Nous vérifierons plus tard par l'expérience que l'air et tous les autres gaz sont aussi des corps pesants.

Certains phénomènes, tels que la suspension des nuages dans l'atmosphère, l'ascension de la fumée, l'ascension des aérostats,... paraissent contredire cette règle générale. Nous verrons, au contraire, qu'ils s'expliquent précisément par la pesanteur de l'air. Tout corps plongé dans l'air subit une poussée de bas en haut, égale au poids de l'air déplacé. Or cette action, directement opposée à la pesanteur, peut être, suivant les circonstances, inférieure, égale ou supérieure au poids du corps considéré.

81. Direction de la pesanteur. Verticale. — Il s'agit d'établir par l'expérience que toutes les actions de la pesanteur sur les molécules d'un même corps sont des forces parallèles dirigées vers le centre de la terre.

C'est ce qui résulte de *l'équilibre du fil à plomb.*

Le *fil à plomb* est un corps pesant P relié à un point fixe A par un fil AB (fig. 33). Quel que soit le corps suspendu, le fil prend une certaine position d'équilibre, et cette position d'équilibre est indépendante du corps suspendu.

En effet, la *direction du fil à plomb est perpendiculaire à la surface des eaux tranquilles.* C'est ce que l'on constate en faisant plonger un fil à plomb dans une cuvette remplie d'eau noircie ou de mercure (fig. 34);

le fil à plomb et son image se trouvent sur une même droite, ce qui n'aurait pas lieu si le fil n'était pas perpendiculaire à la surface

Fig. 33.

du liquide, comme nous le verrons en étudiant la formation des images dans les miroirs plans.

Pour qu'un solide mobile autour d'un point fixe soit en équilibre sous l'action d'un système de forces, il faut et il suffit que toutes ces forces aient une résultante passant par le point fixe. (Mécanique, 96.)

Donc, d'après l'expérience de l'équilibre du fil à plomb, toutes les actions exercées par la pesanteur sur le corps P ont une résultante, et cette résultante est verticale.

Cela étant vrai, quel que soit le corps P, il s'ensuit que toutes les actions partielles sont elles-mêmes verticales. Elles forment un système de forces parallèles; leur résultante, égale à leur somme, est le *poids* du corps P; son point d'application est le *centre de gravité* du corps P.

On appelle *plan horizontal* tout plan perpendiculaire à la verticale.

La surface des eaux tranquilles est horizontale.

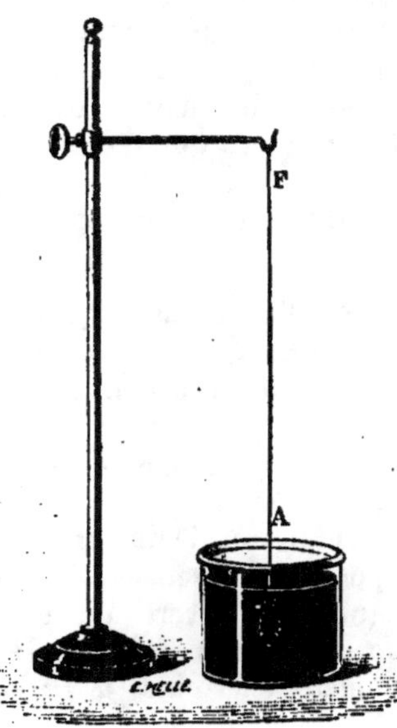

Fig. 81.

La surface de l'Océan, prolongée au travers des continents, détermine la surface de la terre; cette surface est sensiblement sphérique. On sait que la normale en chaque point d'une surface sphérique se confond avec le rayon de la sphère qui passe par ce point.

Le fil à plomb prend donc en chaque lieu une position bien déterminée, à laquelle on donne le nom de *verticale*. Ainsi, la **verticale** *d'un lieu est la direction du fil à plomb*.

Il s'ensuit que les verticales aux divers points du globe se confondent *à peu près* avec les rayons terrestres et vont *à peu près* concourir au centre de la terre.

Les verticales de deux lieux peu éloignés peuvent être considérées comme parallèles, à cause de la petitesse de l'angle qu'elles forment.

82. Point d'application de la pesanteur. — CENTRE DE GRAVITÉ. — D'après ce qui précède, le centre de gravité d'un corps est un centre de forces parallèles; sa position est constante si toutes les parties du corps sont toujours disposées de la même manière l'une par rapport à l'autre; le centre de gravité d'un corps solide est donc un point lié invariablement à ce corps solide (il peut d'ailleurs arriver qu'il ne coïncide avec aucun point matériel faisant partie du corps solide). La position du centre de gravité est indépendante : 1° de l'orientation du corps dans l'espace; car on peut faire tourner d'un même angle toutes les forces parallèles sans changer leur centre; 2° du lieu de la terre où se trouve le corps; car si l'intensité de la pesanteur change d'un lieu à un autre, les actions exercées sur les diverses parties du corps sont des forces qui varient dans le même rapport (43).

Une force égale et contraire au poids du corps, appliquée à ce point, maintient le corps en équilibre.

83. Conditions d'équilibre. — I. Équilibre d'un corps solide pesant mobile autour d'un point ou d'un axe fixe. — Les conditions d'équilibre d'un corps solide pesant dépendent de la manière dont ce corps est soutenu.

1° Si le corps est soutenu *par un point fixe,* l'équilibre a lieu lorsque la verticale du centre de gravité passe par le point fixe. C'est le cas d'un corps suspendu par un fil; il faut en outre, évidemment, que le fil soit assez résistant pour pouvoir supporter une tension égale au poids du corps. Un fil à plomb en équilibre est vertical; le prolongement du fil passe par le centre de gravité du corps suspendu. De là un procédé expérimental pour déterminer la position du centre de gravité d'un corps ABCD (fig. 35).

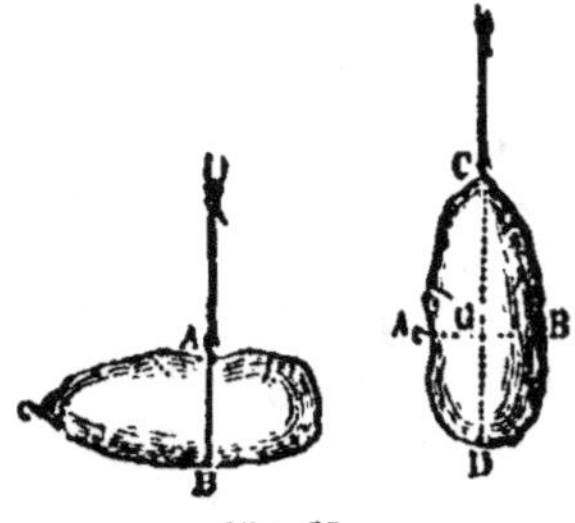
Fig. 35.

On suspend ce corps au moyen d'un cordon; quand il est en équilibre, on détermine le prolongement AB du fil; le centre de gravité se trouve sur la droite AB. On met le corps dans une seconde position, en le suspendant par le point C; le centre de gravité se trouve sur la droite CD; comme il n'a pas changé de position, il est situé au point G où ces droites se rencontrent.

2° Si le corps est *mobile autour d'un axe,* l'équilibre a lieu lorsque la verticale du centre de gravité rencontre l'axe.

II. Stabilité de l'équilibre d'un corps solide pesant mobile autour d'un point fixe ou d'un axe horizontal. — Il y a lieu de discuter la nature de l'équilibre.

1° Si le centre de gravité G est au-dessous du point ou de l'axe (fig. 36), l'équilibre est *stable.* Cela veut dire que si l'on dérange légèrement le corps de sa position d'équilibre, il y revient de lui-même. En effet, si le centre de gravité G vient en G', la pesanteur, qui est toujours une force verticale dirigée vers le bas, tend à ramener le centre de gravité de G' vers G.

Au contraire, si le centre de gravité est au-dessus de l'axe de suspension, l'équilibre est *instable*. Imaginons le corps légèrement dérangé et le centre de gravité venu de G en G'. La pesanteur tend à faire basculer le corps et à l'entraîner encore plus loin de la position d'équilibre.

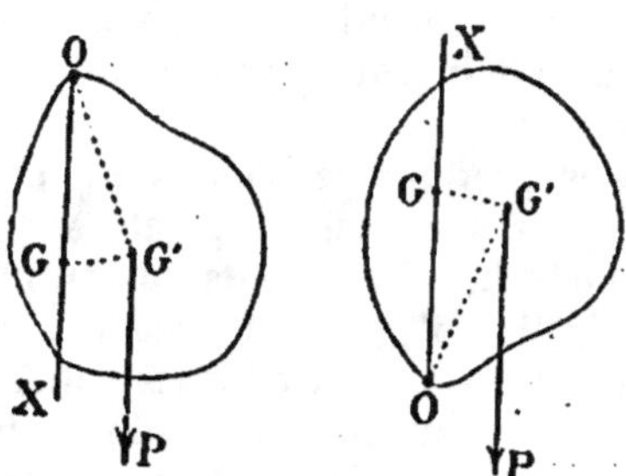
Fig. 36.

Les équilibres instables sont physiquement irréalisables, car il s'exerce toujours de petites actions perturbatrices qui entraînent le corps à droite ou à gauche : le moindre déplacement s'exagère, et l'équilibre ne peut subsister.

2° Si enfin le centre de gravité se trouve sur l'axe de suspension, l'équilibre est indifférent.

On peut résumer cette étude en disant que *l'équilibre est stable quand un petit déplacement du corps autour de son axe a pour effet de relever le centre de gravité; que l'équilibre est instable quand un petit déplacement a pour effet d'abaisser le centre de gravité; qu'il est indifférent quand un petit déplacement laisse le centre de gravité au même niveau.*

Quand un solide peut tourner librement autour du point ou de l'axe fixe, le lieu de son centre de gravité est une sphère ou une circonférence. Le point le plus haut et le point le plus bas de ce lieu sont les positions du centre de gravité pour lesquelles le corps est en équilibre.

L'équilibre est stable quand le centre de gravité est le plus bas possible.

III. Équilibre d'un corps solide reposant sur un plan horizontal. — Un autre cas d'équilibre des corps pesants est celui des corps *reposant sur un plan horizontal.*

1° Si le corps repose par un point, — tel est le cas d'un corps dont la surface est courbe, une bille, un œuf posé sur une table, — il faut et il suffit, pour qu'il y ait équilibre, que la verticale du centre de gravité passe par le point de contact du corps avec le plan horizontal.

La question de stabilité de l'équilibre se discuterait comme précédemment : l'équilibre est stable si un petit déplacement par roulement du corps sur la table a pour effet de relever le centre de gravité;

il est instable, si un petit déplacement a pour effet d'abaisser le centre de gravité.

Si le corps repose sur la table par une pointe aiguë, l'équilibre est généralement instable. Il peut devenir stable si le corps ne se trouve pas tout entier au-dessus du plan de la table, de façon que son centre de gravité soit au-dessous du plan.

2° Un cas très important dans la pratique est celui d'un corps pesant qui repose sur un plan horizontal par plusieurs points, soit par une surface plane, soit par un nombre limité de points non en ligne droite. Dans ce dernier cas, on appelle polygone de sustentation le *polygone convexe* obtenu en réunissant par des droites les points de contact, de manière à ne laisser en dehors aucun de ces points, quelques-uns pouvant d'ailleurs rester en dedans. Il suffit, pour l'équilibre stable, que la verticale du centre de gravité rencontre le plan horizontal à l'intérieur du polygone de sustentation.

84. Intensité de la pesanteur. — En ce qui concerne l'intensité de la pesanteur, il s'agit de vérifier expérimentalement les trois propriétés suivantes :

1° Tant que les variations d'altitudes sont négligeables vis-à-vis du rayon de la terre, *le poids d'un corps est une force constante ;* c'est-à-dire (41) qu'*elle produit un mouvement uniformément accéléré.*

2° Dans un même lieu, *l'accélération de ce mouvement est la même pour tous les corps.*

3° En deux lieux différents, *les accélérations dues à la pesanteur sont inversement proportionnelles aux carrés des distances au centre de la terre.*

Les deux premiers points résulteront de l'étude expérimentale du mouvement de la chute des corps.

§ III. ÉTUDE EXPÉRIMENTALE DES LOIS DE LA CHUTE DES CORPS

85. Lois de la chute des corps. — 1° *Tous les corps tombent dans le vide avec la même vitesse.*

2° *La vitesse croît proportionnellement au temps.*

3° *Les espaces parcourus sont proportionnels aux carrés des temps employés à les parcourir.*

La première loi se vérifie au moyen d'un tube de verre, long de deux à trois mètres (fig. 37), et appelé tube de *Newton*[1]. On fait le vide dans ce tube après y avoir introduit des corps de différentes densités,

----

[1] *Newton*, mathématicien anglais (1642-1727).

tels que du plomb, du papier, du duvet, etc. Lorsqu'on le retourne, tous ces corps tombent avec la même vitesse; si on laisse rentrer l'air, la durée de leur chute est inégale. Ce dernier fait prouve que si dans les conditions ordinaires on voit certains corps tomber plus vite que d'autres, c'est que la chute des corps est modifiée par la résistance de l'air.

Pour montrer l'influence de la résistance de l'air sur la chute des corps, on peut encore faire l'expérience suivante : On prend une pièce de monnaie et un disque de papier de rayon moindre que la pièce; on laisse tomber les deux objets séparément, et on constate que le disque de papier tombe moins vite que la pièce. On répète l'expérience en mettant le disque de papier sur la pièce; la résistance de l'air ne peut pas s'exercer sur le disque, aussi voit-on les deux objets arriver sur le sol en même temps.

On vérifie les autres lois au moyen du *plan incliné de Galilée*[1], de la *machine d'Atwood* et de *l'appareil Morin*. Dans les deux premiers appareils, on ralentit la chute des corps sans changer la nature du mouvement; dans le troisième, au contraire, les corps tombent en chute libre.

86. Plan incliné. — Le *plan incliné* se compose d'un plan AB faisant un angle α avec l'horizon (fig. 38). Soit AB la longueur du plan, AC la hauteur et BC la base.

1° Le plan incliné ralentit la chute du corps, mais il ne change pas la nature du mouvement.

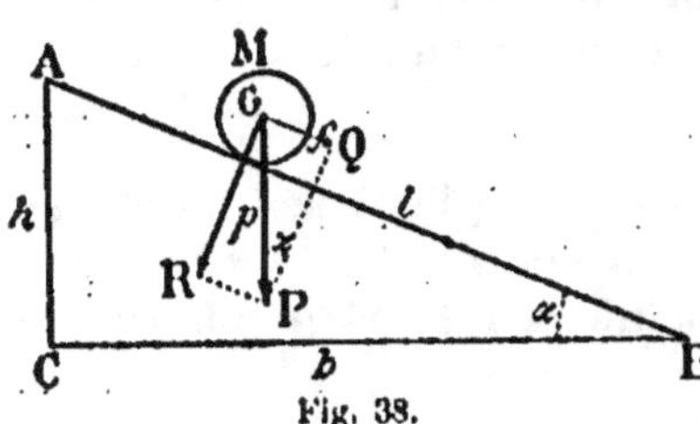

Fig. 37.

Sur ce plan, on peut abandonner un corps pesant M, sollicité par son poids MP; cette force peut être décomposée en deux autres forces :. l'une MR, perpendiculaire au plan; l'autre MQ, parallèle à ce même plan. La force MR est détruite par la résistance du plan, tandis que la force MQ a tout son effet, abstraction faite du frottement.

Soient $MQ = f$, $MP = p$. Le triangle MPQ étant rectangle en Q, on a : $f = p \sin \alpha$.

Fig. 38.

Si l'on désigne par g et g' les accélérations du mouvement du corps en chute libre et sur le plan

---

[1] *Galilée*, physicien et astronome, né à Pise (1564-1642).

incliné; ces accélérations étant proportionnelles aux forces qui les produisent, l'équation précédente peut s'écrire : $g' = g \sin \alpha$.

Or $\sin \alpha$ est moindre que l'unité; donc g' est une fraction de g, et la vitesse du mouvement est d'autant plus diminuée que l'angle α est plus petit.

Pour un même plan incliné, l'angle α est constant; donc la force f est constante comme la force p, et les lois du mouvement ne sont pas changées.

2° Galilée constata avec cet appareil que les espaces parcourus par une bille dans 1, 2, 3, 4.... secondes, sont proportionnels aux nombres 1, 4, 9, 16...., c'est-à-dire aux carrés des temps employés à les parcourir. Donc le mouvement est uniformément accéléré (20).

Galilée mesurait les espaces parcourus pendant des intervalles de temps consécutifs égaux. Il a trouvé que ces espaces sont proportionnels à la suite des nombres impairs 1, 3, 5, 7... Or on sait que *la somme des n premiers nombres impairs est égale à n²* (Algèbre).

Donc les espaces comptés à partir de l'instant initial sont proportionnels aux carrés des temps écoulés.

87. Machine d'Atwood [1]. — La *machine d'Atwood* (fig. 39) se compose d'une colonne verticale de deux à trois mètres de hauteur, surmontée d'une plate-forme sur laquelle est placée une poulie R, que l'on rend très mobile en faisant reposer chaque extrémité de son axe sur les jantes de deux roues.

Dans la gorge de cette poulie (fig. 40) s'enroule un cordon de soie très fin, supportant deux poids égaux P et P'; l'un de ces poids peut glisser le long d'une règle verticale, divisée en centimètres et en millimètres. Sur la règle, on peut faire monter et descendre deux curseurs, l'un plein et l'autre évidé. Un appareil d'horlogerie à balancier marquant la seconde est adapté à la machine.

Les deux poids P et P' s'équilibrent dans toutes les positions; mais si l'on place un petit poids additionnel p sur l'un des deux, tout le système est entraîné (fig. 40).

Principe de la machine d'Atwood. — Nous allons démontrer que *le mouvement est ralenti, mais que sa nature n'est pas changée.*

Soient m la masse du poids additionnel p, et g son accélération quand il tombe tout seul.

On a :   (1) $p = mg$ (n° 44).

Représentons par M la masse de chacun des poids P, P', et par g'

---

1 *Atwood*, professeur à l'université de Cambridge (1745-1807).

l'accélération du système ; la même force p entraîne la masse $(2M + m)$, et on a :

$$(2) \qquad p = (2M + m)g'.$$

Les relations (1) et (2) donnent :

$$mg = (2M + m)g';$$

d'où $\quad (3) \qquad g' = g\,\dfrac{m}{2M + m}.$

Or $\dfrac{m}{2M + m}$ est moindre que l'unité ; donc g' est une fraction de g, et dès lors le mouvement est ralenti.

De plus, pour un même poids additionnel, m est constant, ainsi que la fraction $\dfrac{m}{2M + m}$; donc g' est tou-

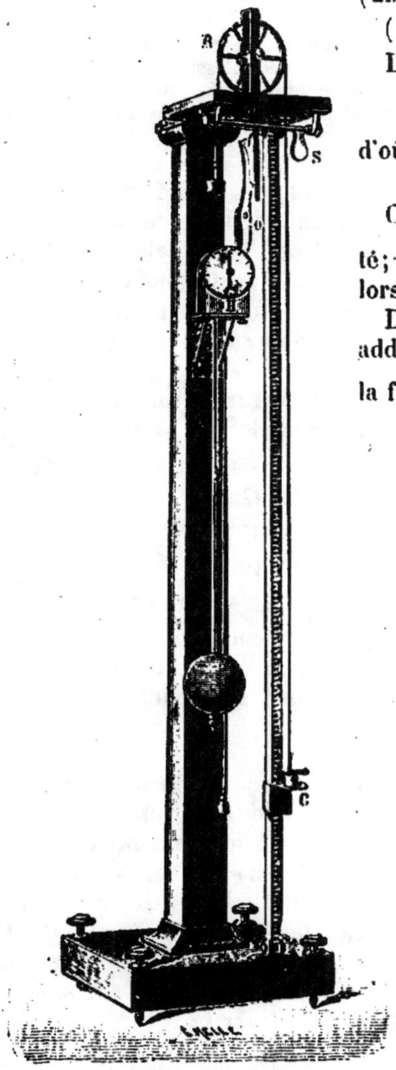

Fig. 39. 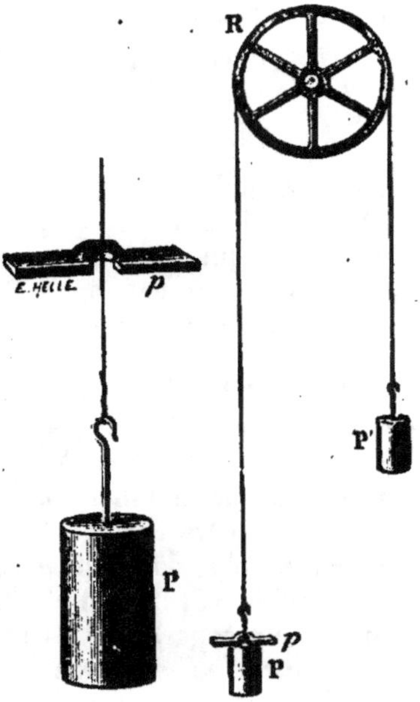   Fig. 40.

jours la même fraction de g, et la nature du mouvement n'est pas changée. Il s'ensuit que, si l'expérience donne pour l'accélération g' un nombre constant, g est également un nombre constant ; ce qui revient à dire que le mouvement de la chute libre est *uniformément accéléré*.

La machine d'Atwood présente un grand intérêt, en ce qu'elle permet non seulement de vérifier les lois des espaces et des vitesses, mais encore de réaliser, pour ainsi dire, la définition dynamique de la vitesse (38) et de démontrer expérimentalement la proportionnalité des forces aux accélérations.

88. Vérification de la loi des espaces. — Le poids P, surmonté du poids additionnel *p*, est soutenu en haut de la règle par un appareil à détente. On fait osciller le balancier, et, lorsque l'aiguille marque zéro, le poids tombe. Après quelques tâtonnements, le curseur plein est placé de manière à arrêter le poids au bout d'une seconde de chute (fig. 41).

Supposons que l'espace parcouru pendant la première seconde de chute soit représenté par *l*. Si la loi est vraie, l'espace parcouru sera :

$$\text{pendant 2 secondes,} \quad l \times 2^2 = 4l$$
$$\text{— } \quad 3 \quad \text{—} \quad l \times 3^2 = 9l$$
$$\text{— } \quad 4 \quad \text{—} \quad l \times 4^2 = 16l$$

et ainsi de suite.

Pour vérifier ces résultats, on place le curseur plein successivement aux distances 4, 9, 16; on constate que le poids tombe sur le curseur après 2, 3, 4 secondes de chute; la loi des espaces est donc vérifiée.

Fig. 41.

89. Vérification de la loi des vitesses. — On fait tomber le poids P surmonté d'un poids additionnel allongé *p*; après quelques essais (fig. 42), on arrive à placer le curseur évidé de manière à arrêter le poids additionnel à la fin de la première seconde, et le curseur plein de manière à arrêter le poids P à la fin de la deuxième seconde. Quand le poids additionnel est arrêté, le système des poids P, P' est en équilibre, il n'est plus soumis à aucune force; le mouvement qu'il prend à partir de l'arrêt du poids additionnel *est un mouvement uniforme, en vertu du principe de l'inertie.*

C'est ce que la machine d'Atwood permet de vérifier directement. On règle le curseur plein de façon qu'il soit frappé par le poids P au bout de deux secondes, c'est-à-dire une seconde après l'arrêt du poids additionnel; on le règle ensuite pour qu'il soit frappé deux secondes après l'arrêt du poids additionnel, puis trois secondes, et on observe que l'espace parcouru en deux, trois secondes dans ce nouveau mouvement, est double, triple de l'espace parcouru en une seconde. Ce nouveau mouvement est donc uniforme.

La vitesse de ce mouvement uniforme, c'est-à-dire l'espace parcouru par le poids P pendant la seconde qui suit l'arrêt du poids additionnel, fait connaître la vitesse du mouvement varié au moment où la force a cessé d'agir (38). C'est sur cette définition qu'on s'appuie pour vérifier la loi des vitesses.

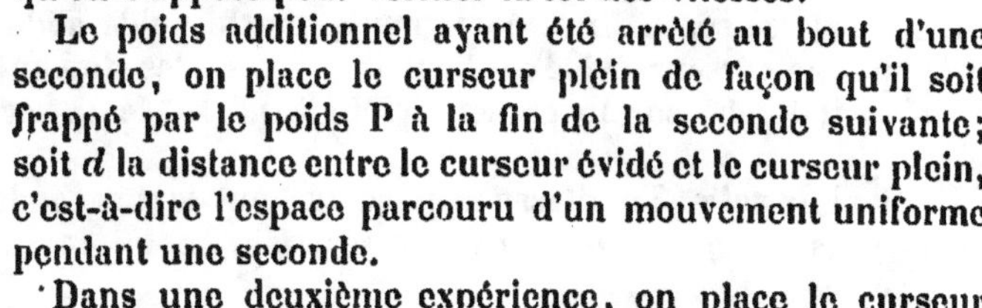

Le poids additionnel ayant été arrêté au bout d'une seconde, on place le curseur plein de façon qu'il soit frappé par le poids P à la fin de la seconde suivante; soit d la distance entre le curseur évidé et le curseur plein, c'est-à-dire l'espace parcouru d'un mouvement uniforme pendant une seconde.

Dans une deuxième expérience, on place le curseur évidé de manière à arrêter le poids additionnel au bout de 2 secondes, et le curseur plein de manière à arrêter le poids P à la fin de la troisième seconde. L'espace compris entre les deux curseurs est la vitesse après 2 secondes de chute; soit d' cet espace. On trouve que $d' = 2d$.

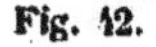

Fig. 42.

Pour éviter les tâtonnements, on peut procéder de la manière suivante :

1° On détermine d'abord l'espace que parcourt dans une seconde le poids additionnel p, entraînant le système des masses P, P'; supposons que cet espace soit de l centimètres; on met alors le curseur évidé à l centimètres du zéro de la règle, et le curseur plein à $2l$ centimètres du curseur évidé; car l'expérience, comme la théorie (n° 20), démontre que *la vitesse acquise au bout d'une seconde de chute est le double de l'espace parcouru pendant la première seconde.*

Les poids ayant été abandonnés, le poids additionnel est arrêté par le curseur évidé après une seconde de chute, et le poids P tombe sur le curseur plein au bout de la seconde suivante.

La vitesse acquise après une seconde de chute est donc $2l$ centimètres.

2° Si on suppose la loi vraie, la vitesse acquise au bout de deux secondes de chute sera :

$$2 \times 2l = 4l.$$

On met le curseur évidé de manière qu'il arrête le poids additionnel au bout de 2 secondes de chute, c'est-à-dire à $4l$ centimètres du zéro (loi des espaces), et le curseur plein à $4l$ centimètres du curseur évidé.

On abandonne les poids; le poids additionnel est arrêté par le curseur évidé au bout de 2 secondes de chute, et le poids P tombe sur le curseur plein à la fin de la seconde suivante.

3° Au bout de trois secondes de chute, la vitesse acquise sera :

$$2l \times 3 = 6l.$$

On met le curseur évidé à $9l$ centimètres du zéro, et le curseur plein à $6l$ centimètres du curseur évidé.

On constate, comme précédemment, que le poids additionnel est arrêté par le curseur évidé au bout de 3 secondes de chute, et que le poids P tombe sur le curseur plein à la fin de la seconde suivante.

Et ainsi de suite. La vitesse acquise au bout de n secondes égale n fois la vitesse acquise au bout d'une seconde. La loi des vitesses est donc vérifiée.

90. Vérification de la proportionnalité des forces aux accélérations. — La mesure de l'accélération g' résulte immédiatement de l'expérience précédente. Le corps partant du repos, l'accélération g' est égale à la vitesse au bout d'une seconde.

Si l'on change la valeur du poids additionnel p, on change la valeur de l'accélération.

On peut, d'une expérience à l'autre, faire varier à la fois les deux poids égaux et le poids additionnel, de façon que la somme des trois poids reste la même; alors la masse entraînée ne varie pas d'une expérience à l'autre. Dans ce cas, les diverses valeurs de l'accélération sont proportionnelles aux poids additionnels. En effet :

Prenons d'abord deux poids égaux à P, avec un poids additionnel p, et soit g' l'accélération obtenue.

Prenons ensuite deux poids égaux à P_1, avec un poids additionnel p_1, choisis de manière que l'on ait :

$$2P + p = 2P_1 + p_1,$$

et soit g'_1 la nouvelle accélération.

La masse entraînée reste la même dans les deux cas; l'expérience donne alors

$$\frac{g'}{g'_1} = \frac{p}{p_1}.$$

Donc les accélérations sont proportionnelles aux forces.

91. Appareil de Morin [1]. — Cet appareil se compose d'un cylindre vertical A, recouvert d'une feuille de papier (fig. 43).

Le cylindre est mis en mouvement par un poids B qui fait tourner une roue, laquelle engrène d'une part avec une vis sans fin

---

[1] *Morin*, général français (1705-1880).

filetée sur l'axe du cylindre, et d'autre part avec une autre vis sans fin, dont l'axe vertical porte des ailettes placées au-dessus de l'appareil et servant à régulariser le mouvement.

Un poids G, guidé par des fils métalliques, porte un crayon qu'un ressort fait appuyer sur le cylindre.

Lorsque le mouvement du cylindre est *devenu uniforme,* on laisse tomber le poids G à l'aide du levier L ; le crayon trace sur le cylindre la courbe figurative du mouvement.

Cet appareil présente de grands avantages. Il permet d'étudier le mouvement du corps en chute libre, de trouver l'espace parcouru pendant un temps aussi petit que l'on veut ; enfin, la courbe figurative tracée automatiquement par le corps qui tombe est indépendante de l'habileté de l'expérimentateur, et peut être étudiée à loisir.

Vérification des lois. — 1° Loi des espaces. — Pour vérifier les lois de la chute des corps, au moyen de la courbe tracée sur le cylindre, on développe la feuille de

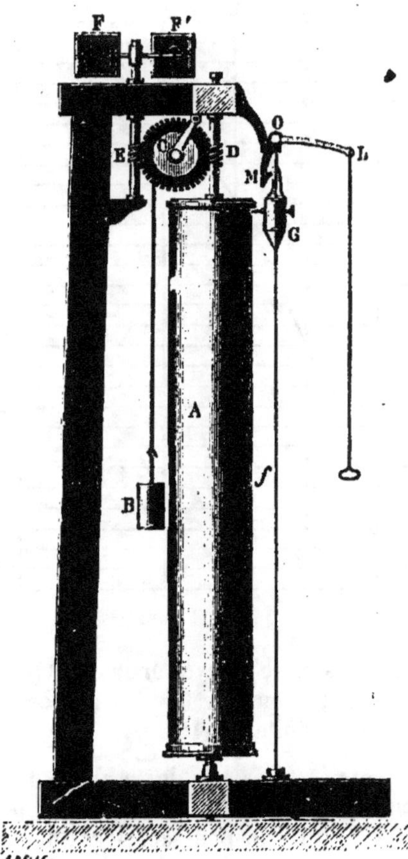

Fig. 43.

papier en la coupant suivant une génératrice AA' du cylindre (fig. 44).

On porte sur AF des longueurs égales AB, BC,... qui représentent des temps égaux ; par les points de division on mène des droites parallèles à la génératrice AA'. Au bout du temps AB, le poids se trouvait en *b* et était descendu d'une longueur B*b ;* au bout du temps AC, égal à 2AB, le corps était descendu de C*c ;* au bout du temps AD, égal à 3AB, le corps était descendu de D*d ;* et ainsi de suite.

On mesure Bb, Cc, Dd, Ee, Ff, et on trouve :

$$C c = \ 4 \ Bb = Bb \times 2^2$$
$$D d = \ 9 \ Bb = Bb \times 3^2$$
$$E e = 16 \ Bb = Bb \times 4^2$$
$$F f = 25 \ Bb = Bb \times 5^2.$$

Donc, *les espaces parcourus par un corps, en chute libre, sont proportionnels aux carrés des temps employés à les parcourir.*

Cette loi donne les rapports suivants :

$$\frac{Bb}{AB^2} = \frac{Cc}{AC^2}$$

$$= \frac{Dd}{AD^2} = \frac{Ee}{AE^2} = \frac{Ff}{AF^2} \cdot$$

D'où l'on peut conclure que la courbe est une parabole. (Géom., 1015.)

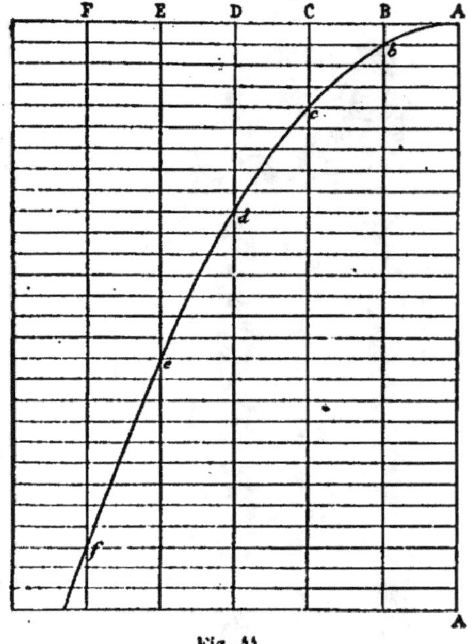

Fig. 41.

2° LOI DES VITESSES. — La loi des vitesses se trouve vérifiée : 1° par l'étude de la courbe (Mécanique, 193); 2° par la loi des espaces, puisque la loi des vitesses peut en être déduite (n° 19).

La pesanteur est une force constante. — Les lois de la chute des corps prouvent que le mouvement des corps qui tombent sur la surface de la terre est un mouvement uniformément accéléré; donc la pesanteur est une force constante (41. Réciproque)[1].

92. Formules relatives à la chute des corps. — MOUVEMENT DE HAUT EN BAS.

1° *Un corps qui part du repos tombe d'une hauteur* h *en un temps* t. On a (20) :

$$(1) \qquad h = \tfrac{1}{2}gt^2,$$
$$(2) \qquad v = gt.$$

Si on fait $t = 1$, la formule (1) devient :

$$h_1 = \tfrac{1}{2}g; \qquad \text{d'où} \qquad g = 2h_1.$$

---

[1] On suppose évidemment que la hauteur de chute est négligeable par rapport au rayon de la terre.

C'est-à-dire que l'accélération est égale au double de l'espace parcouru pendant la première seconde.

L'élimination du temps t entre (1) et (2) donne une relation entre la vitesse et l'espace :   (3) $v = \sqrt{2gh}$.

2° Un corps est lancé de haut en bas avec une vitesse initiale v_0.

On a :   (1) $h = v_0 t + \frac{1}{2}gt^2$

                      (2) $v = v_0 + gt$;

d'où   (3) $v = \sqrt{v_0^2 + 2gh}$.

Mouvement d'un mobile lancé verticalement de bas en haut — Un mobile est lancé verticalement de bas en haut avec une vitesse initiale v_0. Le mouvement est uniformément retardé; on a :

       (1) $h = v_0 t - \frac{1}{2}gt^2$

       (2) $v = v_0 - gt$.

Le mobile s'élève jusqu'à ce que sa vitesse soit nulle; à cet instant on a :

$$v = 0.$$

L'équation (2) devient : $v_0 - gt = 0$;

d'où $t = \dfrac{v_0}{g}$.

Telle est la durée de l'ascension.

Si nous portons cette valeur de t dans l'expression (1), il vient :

$$h = \frac{v_0^2}{2g}.$$

Telle est la hauteur maximum du mobile.

En éliminant t entre (1) et (2), on obtient la relation entre la vitesse et l'espace :

       (3) $v = \sqrt{v_0^2 - 2gh}$.

§ IV. MESURE DE L'ACCÉLÉRATION DE LA PESANTEUR : PENDULE

93. Mesure de g. — Tous les appareils qui permettent de vérifier les lois de la chute des corps peuvent servir à la mesure de l'accélération g, que la pesanteur communique à tous les corps pesants.

1° *Plan incliné.* On mesure l'espace parcouru en une seconde. Cet espace est la moitié de l'accélération g' du mouvement du corps sur le plan incliné, on en déduit (75) :

$$g = \frac{g'}{\sin \alpha}.$$

2° *Machine d'Atwood.* Nous savons mesurer g', on en déduit :

$$g = g' \frac{2P + p}{p}.$$

3° *Appareil de Morin.* Il est possible de déterminer la durée de la rotation du cylindre, jusqu'au moment où la génératrice D*d*, par exemple, a pris la place de la génératrice AA'. Soit *t* ce temps; il suffit, pour le calculer, de connaître la vitesse de rotation du cylindre, lorsque son mouvement est devenu bien uniforme. On mesurera d'autre part, sur le graphique, la longueur D*d*. C'est l'espace *e* parcouru en chute libre au bout du temps *t*, et l'on a :

$$e = \frac{1}{2}gt^2; \qquad \text{d'où} \qquad g = \frac{2e}{t^2}.$$

Aucune de ces méthodes ne donne une mesure bien rigoureuse.

La véritable méthode pour déterminer *g* est fondée sur la mesure de la durée d'oscillation du pendule.

94. Pendule. — *Un* **pendule** *est un corps pesant quelconque, mobile autour d'un axe horizontal fixe.*

On donne habituellement au pendule la forme d'une masse sphérique, suspendue à un point ou à un axe horizontal fixe, par un fil ou par une verge rigide (fig. 45).

Dans l'étude mathématique du mouvement pendulaire, on est conduit à n'envisager tout d'abord qu'un appareil purement idéal, que l'on nomme le *pendule simple.*

Le **pendule simple** *est un point matériel pesant, suspendu à un point fixe par un fil inextensible et sans poids, et oscillant dans le vide.*

Le point fixe est dit le *centre de suspension,* le point matériel mobile est le *centre d'oscillation;* la distance de ces deux points, c'est-à-dire la longueur du fil qui les réunit, est la *longueur du pendule simple.*

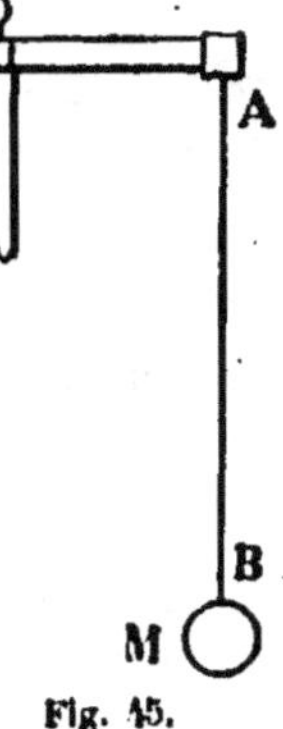

Fig. 45.

Tout pendule réel est dit, par opposition, un **pendule composé;** on peut le considérer comme la réunion d'une infinité de pendules simples, rendus solidaires les uns des autres.

Pour réaliser un pendule qui se rapproche autant que possible d'un pendule simple, on emploie une petite sphère d'une substance très dense, de plomb ou de platine, suspendue par un fil de poids négligeable; et l'on prend pour longueur de ce pendule la distance du centre de la sphère au point de suspension; c'est-à-dire la longueur du fil augmentée du rayon de la sphère.

Mouvement pendulaire. — 1° Un pendule abandonné à lui-même prend, comme un fil à plomb, une position d'équilibre stable. Dans cette position, le centre de gravité est le plus bas possible, et la verticale du centre de gravité passe par le point de suspension.

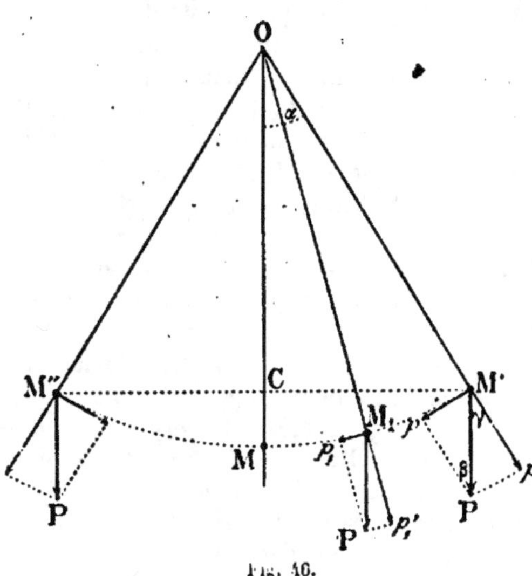

Fig. 46.

2° Soit un pendule simple OM (fig. 46). Il est en équilibre quand la droite OM est verticale. Écartons-le de cette position d'équilibre, en faisant décrire au point M l'arc de cercle MM'. Dans cette nouvelle position, son poids P peut être décomposé en deux forces : l'une p' dirigée suivant le prolongement du fil, l'autre p tangente à l'arc MM'. La première est détruite par la résistance du fil, la seconde tend à faire descendre le point matériel le long de l'arc M'M.

Il est aisé de voir comment varie la composante p avec la position du pendule, c'est-à-dire avec l'angle $MOM' = \alpha$.

Dans le rectangle des forces, on a $\beta = \gamma = \alpha$.

Donc
$$p = P \sin \alpha.$$

P étant constant, p varie comme $\sin \alpha$.

Pour $\alpha = 0$, on a $p = 0$. L'angle croissant de 0 à α, la force p croît de 0 à $P \sin \alpha$. Pour deux valeurs de l'angle, égales et de signes contraires, c'est-à-dire pour deux positions M', M'' symétriques par rapport à la verticale OM, la force p prend des valeurs égales, mais de sens différents.

En résumé : sur la verticale OM, la force p est nulle ; pour deux positions symétriques relativement à la verticale, la force p prend une même valeur qui augmente avec l'angle d'écart. Enfin, cette composante tangentielle tend toujours à ramener le pendule vers sa position d'équilibre OM.

3° En écartant le pendule de sa position d'équilibre OM, pour l'amener dans la position M', on élève le poids P d'une hauteur égale à MC, et par suite, on lui communique une énergie potentielle équivalente au travail : $\mho = P \cdot MC$.

Abandonné à lui-même en M', le pendule, sollicité par la force tangentielle *p*, descend le long de l'arc M'M.

Pendant ce trajet, son énergie totale demeure constante; mais elle passe de la forme potentielle à la forme cinétique. Quand le mobile parvient en M, l'énergie potentielle s'annule; mais l'énergie cinétique prend la valeur $\mathfrak{E}$. Le mobile ne s'arrête donc pas au point M. Entraîné par la vitesse acquise, il s'élève le long de l'arc MM''. en transformant son énergie cinétique en énergie potentielle. Le mobile ne s'arrête qu'au moment où l'énergie cinétique est épuisée. Alors l'énergie potentielle atteint la valeur $\mathfrak{E}$, le mobile s'est élevé au-dessus du point M d'une hauteur égale à MC, c'est-à-dire qu'il est parvenu à la position M'' symétrique de M' par rapport à la verticale OM.

Le long de l'arc M'M, l'énergie potentielle s'est transformée en énergie cinétique sous l'influence de la force tangentielle *p* qui agissait comme force mouvante; le long de MM'', l'énergie cinétique s'est transformée en énergie potentielle sous l'action de la force tangentielle *p* agissant alors comme force résistante.

Arrivé en M'', le mobile retombe aussitôt suivant l'arc M''M ; puis, franchissant le point M, il remonte suivant l'arc MM'.

Revenu au point M', le mobile se retrouve dans les mêmes conditions qu'au début. Il peut donc accomplir une seconde période de mouvement identique à la première, puis une troisième, une quatrième, et ainsi de suite indéfiniment.

Le pendule est un système conservatif. Il oscille périodiquement entre deux positions extrêmes M', M''. La force *p* est accélératrice quand le mobile descend, retardatrice quand il monte. L'énergie totale du système reste invariable : ses deux formes potentielle et cinétique ne font que se transformer alternativement l'une en l'autre.

Définitions. Le mouvement de va-et-vient effectué par le pendule entre deux passages consécutifs à l'une des positions extrêmes OM' ou OM'' se nomme une **période**, ou une **oscillation complète**. On nomme **oscillation simple** le passage d'une position extrême à l'autre position extrême, de part et d'autre de la verticale; c'est-à-dire le mouvement M'M'' ou le mouvement M''M'. Chaque période se compose donc de deux oscillations simples, effectuées en sens opposés. Enfin, on appelle **amplitude** de l'oscillation l'angle MOM' = MOM'' = α, dont chacune des positions extrêmes OM', OM'' s'écarte de la verticale OM.

Durée de l'oscillation simple, d'amplitude α. — Le calcul de la durée de l'oscillation du pendule simple est un problème de mécanique rationnelle. On démontre que, pour une amplitude α, la durée de l'oscillation simple est donnée par la formule

$$t = \pi \sqrt{\frac{l}{g}} \left\{ 1 + \left(\frac{1}{2}\right)^2 \sin^2 \frac{\alpha}{2} + \left(\frac{1.3}{2.4}\right)^2 \sin^4 \frac{\alpha}{2} + \left(\frac{1.3.5}{2.4.6}\right)^2 \sin^6 \frac{\alpha}{2} + \ldots \right\}$$

π désignant le rapport de la circonférence au diamètre, l la longueur du pendule, g l'intensité de la pesanteur.

Si l'amplitude α est assez petite pour que l'on puisse remplacer son sinus par l'arc lui-même, et négliger toutes les puissances de l'arc, supérieures à la deuxième, on peut se borner à écrire

$$t = \pi \sqrt{\frac{l}{g}} \left(1 + \frac{\alpha^2}{16} \right).$$

Enfin, si l'arc α ne dépasse pas 2° ou 3°, le second terme de la parenthèse est inférieur à 0,0002, et l'on peut négliger cette fraction. On obtient ainsi la formule simple

$$t = \pi \sqrt{\frac{l}{g}},$$

qui est indépendante de l'amplitude α.

95. Lois des petites oscillations du pendule. — Ces lois sont résumées dans la formule :

$$t = \pi \sqrt{\frac{l}{g}}, \qquad (1)$$

t désignant la durée de l'oscillation simple, l la longueur du pendule, g l'accélération de la pesanteur, et π le rapport de la circonférence au diamètre.

Elles sont vérifiées par l'expérience, pourvu que l'on emploie des pendules qui réalisent approximativement des pendules simples. (On utilise de petites sphères lourdes, suspendues par des fils de poids négligeables. On prend comme longueur de chacun de ces pendules la distance du point de suspension au centre de la sphère.)

1° **Loi de l'isochronisme.** *La durée de l'oscillation d'un pendule est indépendante de son amplitude, pourvu que celle-ci soit très petite (2 ou 3 degrés). En d'autres termes : Les petites oscillations sont isochrones (de même durée), quelle que soit l'amplitude.* Une oscillation ayant une amplitude 2, 3, 4... ou 10, 100, 1 000 fois moindre, a exactement la même durée.

Les amplitudes restant très petites, chaque pendule est caractérisé par une durée d'oscillation bien déterminée. On peut donc parler sans ambiguïté de la durée d'oscillation d'un pendule donné.

2° **Loi des substances.** *La durée de l'oscillation d'un pendule est indépendante de la nature et du poids de la masse oscillante.* La formule (1) ne contient ni le poids ni la masse du pendule. En faisant osciller des pendules de même longueur, constitués par des sphères de platine, de plomb, de fer..., on constate que la durée d'oscillation est la même pour tous ces pendules.

3° Lois des longueurs. *La durée d'oscillation est proportionnelle à la racine carrée de la longueur du pendule.* Si les longueurs de divers pendules sont proportionnelles aux nombres 1 , 4, 9... leurs durées d'oscillation sont entre elles comme 1, 2, 3...

Les trois lois précédentes sont dues à *Galilée,* qui les a établies par l'expérience, avant que la formule (1) ait été démontrée.

4° Lois des intensités de la pesanteur. *La durée d'oscillation d'un même pendule varie d'un lieu à un autre, en raison inverse de la racine carrée de l'intensité de la pesanteur.*

Cette propriété est le fondement de la méthode employée pour la détermination précise de l'intensité de la pesanteur.

Nous ferons connaître cette méthode (99) quand nous saurons mesurer d'une manière exacte la longueur et la durée d'oscillation d'un pendule composé.

5° Loi du décroissement des amplitudes. La formule (1) a été établie en supposant qu'on peut négliger la résistance de l'air et les frottements à l'axe ou au point de suspension. Dans cette hypothèse, l'amplitude resterait invariable, et le mouvement du pendule continuerait indéfiniment.

Il n'en est pas ainsi dans la pratique. L'expérience prouve que l'amplitude diminue peu à peu, et que le pendule finit par s'arrêter dans sa position d'équilibre.

La loi suivante, découverte par Borda, n'est applicable qu'aux petites oscillations (l'amplitude initiale ne dépassant guère 1°). *Quand le nombre des oscillations croit en progression arithmétique, leur amplitude décroit en progression géométrique.*

96. Longueur d'un pendule composé. — On appelle *longueur du pendule composé,* la longueur du **pendule simple synchrone**; c'est-à-dire d'un pendule simple qui ferait une oscillation dans le même temps que le pendule composé.

Un pendule composé étant donné, on peut concevoir l'existence du pendule simple synchrone de ce pendule composé.

En effet, les points matériels qui constituent le pendule composé, étant invariablement liés entre eux, font une oscillation pendant le même temps.

S'ils étaient libres, les points les plus rapprochés de l'axe de suspension oscilleraient plus vite que les plus éloignés (3° loi); puisqu'ils font une oscillation pendant le même temps, il s'ensuit que le mouvement des premiers est ralenti, tandis que celui des derniers est accéléré; entre ces divers points il existe nécessairement des points intermédiaires qui oscillent librement, comme s'ils n'étaient pas liés au système; tous ces points se trouvent sur une droite parallèle à l'axe de suspension, et que l'on nomme *axe d'oscillation.* La distance de l'*axe de suspension* à l'*axe d'oscillation* est la longueur du pendule simple synchrone du pendule composé.

La longueur d'un pendule composé peut être déterminée soit par le calcul, soit par une mesure expérimentale.

1° L'axe de suspension et l'axe d'oscillation sont deux droites parallèles, dont le plan passe par le centre de gravité du pendule.

Par ce point G, menons un plan perpendiculaire aux axes. Ceux-ci percent le plan en des points O, O' en ligne droite avec le point G et situés de part et d'autre de ce point (fig. 47). Soient $GO = a$, $GO' = a'$ les distances des deux axes au centre de gravité. On démontre que leur produit $aa' = k^2$ est une constante, qui dépend de la forme du pendule et de la direction des axes[1]. Connaissant a et k, on a donc, pour la longueur du pendule :

$$l = a + a' = a + \frac{k^2}{a}.$$

2° Huygens[2] a démontré que *l'axe de suspension et l'axe d'oscillation sont réciproques*, c'est-à-dire échangeables entre eux.

Fig. 47.

Soient O et O' ces deux axes. Si, dans une seconde expérience, on prend pour axe de suspension l'ancien axe d'oscillation O', le nouvel axe d'oscillation se confond avec l'ancien axe de suspension O.

Donc, après ce changement, la durée d'oscillation reste la même; la longueur du pendule n'a pas changé, elle est donnée par la distance OO' des deux axes.

De là, deux méthodes pour avoir la longueur d'un pendule composé : ou bien prendre un pendule de forme connue, de préférence une sphère lourde (en platine) suspendue à un long fil, et calculer la longueur du pendule simple synchrone, c'est la méthode de Borda et Cassini; ou bien appliquer le théorème d'Huygens, c'est la méthode de Kater, la seule employée aujourd'hui dans la pratique.

97. Pendule réversible de Kater. — Le capitaine Kater a imaginé un pendule réversible qui permet de déterminer la longueur du pendule synchrone du pendule réversible, en appliquant le principe de Huygens.

Ce pendule se compose d'une règle d'acier terminée par deux aiguilles en bois (fig. 48) et portant deux couteaux C et C', que l'on prend successivement pour axes de suspension; une masse métallique L est disposée de manière que le centre de gravité de tout le système se trouve entre C et C', mais non au milieu de la distance CC'. Une petite masse métallique p peut être déplacée à la main le long de la règle; une seconde p' se déplace au moyen d'une vis micrométrique sur une échelle graduée qui permet de mesurer ses déplacements.

---

[1] La constante k se nomme *le rayon de giration* du pendule autour de la parallèle menée aux axes par le centre de gravité. La mécanique rationnelle apprend à définir et à calculer ce rayon de giration. Pour une sphère de rayon r, on trouve $k = r\sqrt{\frac{2}{5}}$. En suspendant cette sphère par un fil de poids négligeable et tel que l'on ait $GO = a$, on obtient un pendule composé dont la longueur est $l = a + \frac{2r^2}{5a}$.

Si l'on a, par exemple, $a = 100^{cm}$, et $r = 2^{cm}$, d'où $\frac{2r^2}{5a} = 0,016$ cm., l'erreur commise en négligeant le deuxième terme de cette formule est inférieure à 2 dixièmes de millimètres.

[2] *Huygens*, savant hollandais (1629-1695).

Le pendule étant suspendu par le couteau C, on mesure la durée t d'une oscillation; on renverse ensuite le pendule en prenant le couteau C' pour axe de suspension, et on mesure la durée t' d'une oscillation.

Si t' égale t, la longueur $CC' = l$ est la longueur du pendule; si t' est différent de t, on fait varier la position du centre de gravité en déplaçant les masses p et p'; on peut arriver ainsi à avoir la même durée pour une oscillation, soit que l'on prenne C ou C' pour axe de suspension. Lorsque ce résultat est obtenu, on a un pendule dont la longueur est égale à CC'.

98. Mesure de la durée d'une oscillation. — I. Pour mesurer la durée t d'une oscillation, on observe la durée T d'un grand nombre n d'oscillations, et on a $t = \dfrac{T}{n}$; de cette manière, l'erreur absolue que l'on commet dans la mesure du temps est divisée par n.

II. Méthode des coïncidences. — Quand les durées d'oscillation de deux pendules sont presque égales, on peut les comparer par la méthode des coïncidences. Par exemple, on comparera le mouvement d'un pendule qui bat presque la seconde, au mouvement du balancier d'une horloge d'observatoire.

On place le pendule devant le balancier d'une horloge, qui inscrit ses battements sur un cadran.

Supposons que le balancier batte la seconde et que la durée de l'oscillation du pendule soit un peu moindre.

Le balancier et le pendule étant d'abord en équilibre dans la position verticale OBP (fig. 49), on les lance simultanément suivant Bn et Pm. Au bout de 2 secondes, le point B du balancier aura parcouru deux fois Bn et Bn' et se trouvera sur la verticale OB; en ce moment le point P du pendule, qui a un mouvement plus rapide, aura dépassé la verticale et sera en P_1; donc, au bout de 2 secondes, le pendule aura fait deux oscillations comme le balancier, et aura parcouru en plus l'arc PP_1.

Au bout de 4 secondes, le point B du balancier se trouvera de nouveau sur la verticale; le point P du pendule aura dépassé le point P_1 et sera en P_2; donc, au bout de 4 secondes, le pendule aura fait quatre oscillations comme le balancier, et aura parcouru en plus l'arc PP_2; et ainsi de suite.

On voit donc qu'après un certain nombre de secondes $2k$, le balancier sera sur la verticale et le pendule sera en P_k; à partir de ce moment, le pendule marchera en sens inverse du balancier; au bout de deux autres secondes, le balancier sera encore en OB, et le point P du pendule aura décrit deux oscillations, plus l'arc mP_{k-1}; et ainsi de suite.

Au bout de $4k$ secondes, le balancier passera dans la position de la verticale et marchera suivant Bn; à ce moment, le point P du pendule traversera la

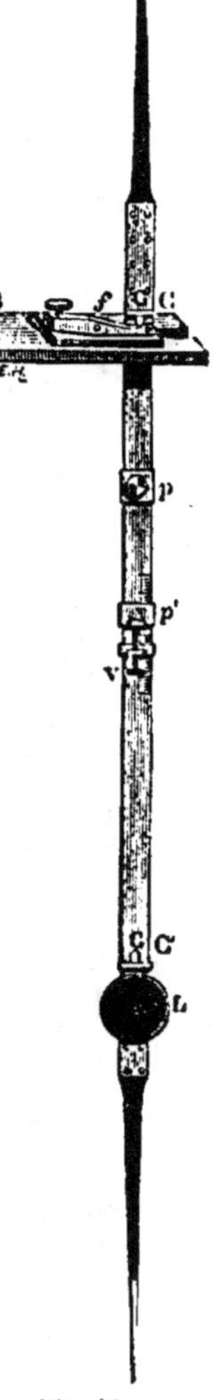

Fig. 48.

verticale en marchant en sens inverse Pm'. On aura alors une *coïncidence*, et le pendule aura fait $4k + 1$ oscillations, puisqu'il aura fait $4k$ oscillations, comme le balancier, et aura parcouru en plus deux fois Pm; donc, à chaque coïncidence, le pendule fait une oscillation de plus que le balancier.

Comme il est difficile de noter le moment où OB et OP sont sur la verticale quand le pendule et le balancier marchent en sens inverses, il est préférable d'attendre une nouvelle coïncidence; alors le pendule et le balancier marchent dans le même sens. Supposons qu'au moment de cette nouvelle coïncidence le balancier ait fait $2p$ oscillations, le pendule en a fait $2p + 2$. Or $2p$ oscillations du balancier valent $2p$ secondes; de sorte que pour faire $2p + 2$ oscillations, le pendule a mis $2p$ secondes; donc la durée d'une oscillation sera : $\dfrac{2p}{2p+2}$.

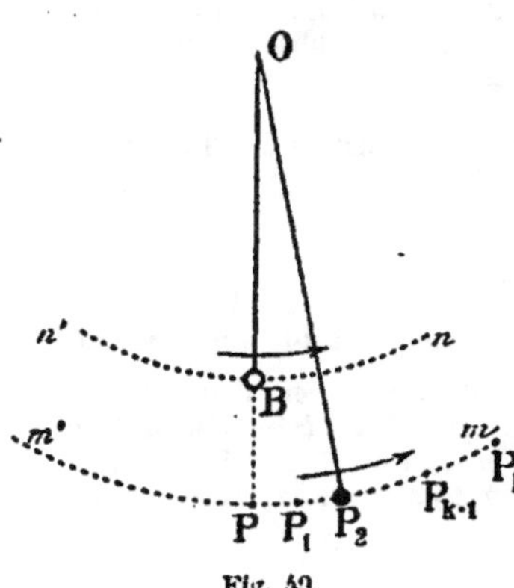

Fig. 49.

99. Valeur de g à Paris et en divers points du globe. — Pour trouver la valeur de g en un lieu, il suffit de faire osciller un pendule et de mesurer exactement l et t.

On a

$$g = \frac{\pi^2 l}{t^2}.$$

Borda[1] et *Cassini*[2] ont trouvé, en 1792, à l'Observatoire de Paris, $g = 9^m 8088$. La valeur calculée d'après les mesures récentes du commandant Defforges est 981 centimètres.

Le pendule sert à comparer les intensités de la pesanteur aux divers points de la terre. On fait osciller un même pendule successivement en différents lieux : les durées d'oscillations varient un peu, et on en déduit les variations de g.

Indépendamment des petites variations locales tenant au relief du sol, aux chaînes de montagnes, etc., qui modifient légèrement l'attraction terrestre, la valeur de g varie régulièrement avec l'*altitude* et avec la *latitude*.

100. Variation de g avec la distance au centre de la terre. — Pour achever d'établir l'identité de la pesanteur avec l'attraction terrestre, il reste à vérifier que l'intensité de la pesanteur varie avec la distance, suivant la même loi que l'attraction universelle, c'est-à-dire en raison inverse du carré de la distance au centre de la terre.

---

[1] *Borda*, mathématicien français, né à Dax (1733-1799).
[2] *Cassini*, astronome français (1747-1845).

1° **Valeur de g à la distance de la lune.** — Les variations d'altitude dont on dispose à la surface de la terre sont trop faibles vis-à-vis du rayon terrestre pour servir de base à cette vérification.

Mais en assimilant le mouvement de translation de la lune à la chute d'un corps pesant, on démontre qu'à la distance de la terre à la lune, c'est-à-dire à la distance $d = 60R$, l'intensité de la pesanteur est

$$\gamma = 0{,}272.$$

D'ailleurs, à la surface du globe, c'est-à-dire à une distance R, l'intensité de la pesanteur est
$$g = 981.$$

Tout revient donc à vérifier l'égalité numérique

$$\frac{\gamma}{g} = \frac{R^2}{d^2} = \left(\frac{1}{60}\right)^2 = \frac{1}{3.600}.$$

Or, en divisant 981 par 3.600, on trouve la valeur de γ à un millième près.

2° **Variation de g avec l'altitude.** — L'intensité de la pesanteur varie en raison inverse du carré de la distance du corps pesant au centre de la terre.

Connaissant l'accélération g au niveau de la mer, soit à calculer l'accélération g' à une hauteur h au-dessus de ce niveau. R représentant le rayon de la terre,

on a :
$$\frac{g}{g'} = \frac{(R + h)^2}{R^2};$$

d'où
$$g' = g\,\frac{R^2}{(R + h)^2},$$

ou approximativement
$$g' = g\left(1 - \frac{2h}{R}\right).$$

Ainsi l'intensité de la pesanteur diminue à mesure que l'altitude augmente. On a pu constater, en effet, que les oscillations du pendule sont plus lentes au sommet des hautes montagnes [1].

---

[1] **Variation de g à l'intérieur de la terre.** — À l'intérieur du globe, M. Airy a constaté, au moyen du pendule, que sur la portion de la verticale accessible à l'expérience *la valeur de g augmente avec la profondeur.*

Ainsi, à une profondeur de 384 mètres, on a :

$$\frac{g'}{g} = \frac{1021}{1020}.$$

Cela tient à ce que la densité des couches concentriques augmente de la surface au centre.

Soient g, g' les intensités de la pesanteur à la surface du globe et à la profondeur $(R - r)$; p, p' les poids correspondants d'une même masse m; M la masse du globe, et μ la portion de cette masse comprise dans la sphère concentrique de rayon r.

On a :
$$m = \frac{p}{g} = \frac{p'}{g'}; \qquad \text{d'où} \qquad \frac{g'}{g} = \frac{p'}{p}.$$

Or (78)
$$p = k\frac{Mm}{R^2} \qquad \text{et} \qquad p' = k\frac{m\mu}{r^2}.$$

Donc
$$\frac{g}{g'} = \frac{\mu}{M} \cdot \frac{R^2}{r^2},$$

et enfin, d'après la formule de M. Roche (note de la page 52) :

$$\frac{g'}{g} = \frac{25r}{13R}\left(1 - \frac{12r^2}{25R^2}\right).$$

Cette formule n'est probablement applicable que pour des valeurs de r très voisines de R. Si elle restait exacte pour toutes les valeurs de r $(r < R)$, l'intensité g' présenterait un maximum

$$g' = \frac{16}{15}\,g, \qquad \text{pour} \qquad r = \frac{5}{6}\,R;$$

et g' ne redeviendrait égale à g que pour $r = \frac{R}{12}$.

101. Variation de g avec la latitude. — La valeur de g au niveau de la mer varie avec la latitude. On a :

    Au pôle $g = 983,1.$
    A la latitude de 45° $g = 980,6.$
    A l'équateur $g = 978,1.$

Il y a une double raison à la diminution de g quand on va du pôle vers l'équateur. D'abord l'aplatissement de la terre aux pôles; la terre est un ellipsoïde de révolution aplati aux pôles, par conséquent renflé à l'équateur. La différence des valeurs du rayon terrestre pour le pôle et pour un point de l'équateur est d'environ $\frac{1}{292}$ de la valeur moyenne du rayon. Au pôle, un corps pesant est donc un peu plus rapproché du centre, et par conséquent il est plus attiré.

La seconde raison tient au mouvement de rotation de la terre [1].

La terre accomplit, en vingt-quatre heures, une révolution autour de son axe; si on étudie l'équilibre relatif des corps par rapport à des axes entraînés avec la terre dans son mouvement (c'est-à-dire à des axes qui paraissent fixes pour nous), on doit considérer chaque corps retenu à la surface de la terre comme soumis à une force centrifuge proportionnelle au carré de la vitesse; or celle-ci augmente du pôle, où elle est nulle, à l'équateur, où elle est maximum; donc la force centrifuge augmente du pôle à l'équateur, et comme ce que nous observons, c'est l'effet résultant de l'attraction terrestre et de la force centrifuge, il s'ensuit que l'intensité de la pesanteur diminue du pôle à l'équateur.

102. Longueur du pendule simple qui bat la seconde. — La longueur du pendule simple pour lequel $t = 1$ seconde se calcule aisément quand on connaît g au lieu considéré. On a : $l = \dfrac{g}{\pi^2}$.

A Paris, $g = 981$; on trouve $l = 99,397$, c'est-à-dire à peu près 1 mètre.
En des points situés au niveau de la mer, on a :

    Au pôle $l = 99,61.$
    A la latitude de 45° $l = 99,36.$
    A l'équateur $l = 99,10.$

Remarque. — *À l'équateur, la force centrifuge égale $\frac{1}{289}$ de l'intensité de la pesanteur.*

En effet, la force centrifuge a pour expression :

$$F = \frac{mv^2}{R} \quad (101).$$

Faisons $m = 1$, et remplaçons v par sa valeur, $\dfrac{2\pi R}{T}$, T représentant le temps employé pour décrire une fois l'équateur; il vient :

$$F = \frac{4\pi^2 R^2}{T^2 R} = \frac{4\pi^2 R}{T^2} \; ;$$

---

[1] Un corps ne peut décrire un mouvement circulaire que s'il est soumis à une force dirigée constamment vers le centre de la circonférence, une force centripète (Mécanique, 281); sans cette force, l'inertie tendrait à entraîner le corps en mouvement suivant la tangente au cercle qu'il décrit, et à l'éloigner du centre. Si on rapporte la position du corps mobile à des axes entraînés avec lui dans le même mouvement de rotation, il est, par rapport à ces axes, en équilibre relatif; on doit introduire, pour tenir compte de la tendance à s'éloigner du centre qui résulte du mouvement, une force appliquée au corps, dirigée suivant le rayon, et égale et opposée à la force centripète : on l'appelle la force centrifuge.

Elle est égale à $\frac{mv^2}{R}$ (Mécanique, 283);

m représentant la masse du mobile, v sa vitesse et R le rayon de la circonférence décrite.
Cette formule montre que la force centrifuge est proportionnelle :
1° à la masse du mobile; 2° au carré de la vitesse; 3° à l'inverse du rayon de la circonférence décrite.

d'où :
$$\frac{F}{g} = \frac{4\pi^2 R}{gT^2} = \frac{2\pi R \times 2\pi}{gT^2} .$$

Or $2\pi R = 40.000.000$ de mètres $= 4 \times 10^7$ cm.

$$g = 978,1, \quad T = 86,400 \text{ secondes.}$$

On a donc :
$$\frac{F}{g} = \frac{4 \times 10^9 \times 2 \times 3,14}{978,1 \times (86,400)^2} = \frac{1}{289} .$$

Le nombre 289 étant le carré de 17, et la force centrifuge croissant proportionnellement au carré de la vitesse, on en conclut que si la terre tournait dix-sept fois plus vite, les corps seraient sans poids à l'équateur.

103. Autres applications du pendule. — 1° **Rotation de la terre.** — *Foucault* [1], en 1851, a démontré expérimentalement la rotation de la terre autour de son axe, par les oscillations d'un pendule de 64 m., qu'il établit au Panthéon. (Voir Cosmographie.)

2° **Horloges.** — L'isochronisme des oscillations fait employer le pendule comme régulateur des horloges.

Divers systèmes sont adoptés pour obtenir ce résultat ; un des plus ordinairement employés est celui qui est connu sous le nom d'*échappement à ancre.*

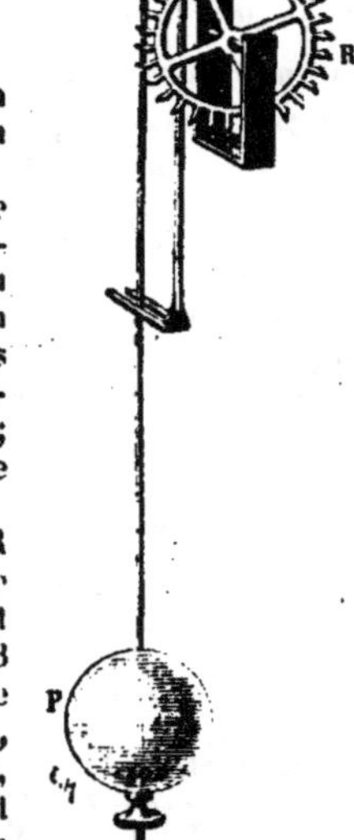

Une roue, dite *roue à rochet,* est montée sur l'axe d'un cylindre ou treuil R (fig. 50), qui porte en outre un engrenage transmettant le mouvement à l'horloge.

Le treuil reçoit son mouvement, tantôt de la chute d'un poids suspendu à une corde enroulée sur le cylindre, tantôt d'un ressort placé dans l'intérieur du cylindre. La roue à rochet porte des dents taillées en biseau, et qui vont successivement appuyer contre les crochets A et B d'une ancre ABO (fig. 51), placée au-dessus de la roue et suspendue à un axe horizontal O ; cet axe porte encore une fourchette dans laquelle passe le pendule ou balancier P (fig. 50).

Lorsque l'horloge est arrêtée, une dent de la roue R appuie sur l'un des crochets de l'ancre, B par exemple (fig. 51) ; mais quand le balancier est mis en mouvement de gauche à droite, il entraîne l'ancre ; le crochet B abandonne la dent q, et la roue tourne dans le sens de la flèche jusqu'à ce que le crochet A arrête la dent n, qui se trouvait un peu au-dessus de lui. Le balancier, dans sa seconde oscillation, revenant vers la gauche et entraînant toujours l'ancre, fait abandonner la dent n au crochet A, et la roue se remet en mouvement jus-

Fig. 50.

qu'à ce que le crochet B vienne arrêter la dent suivante, et ainsi de suite. L'échappement ne laisse donc tourner la roue R que d'une dent à chaque double oscillation du balancier, et le mouvement de ce dernier est entretenu par les impulsions mêmes de la roue.

---

[1] *Foucault,* physicien français, né à Paris (1819-1868).

A cet effet, les crochets de l'ancre sont terminés par des plans *mn, pq,* inclinés dans un même sens et nommés *levées.* A chaque oscillation la dent qui va échapper appuie, en glissant, sur le plan incliné de la levée et imprime une petite impulsion au balancier. C'est cette série de petites impulsions, dont la fréquence dépend de la longueur du pendule, et peut en conséquence être réglée avec une grande précision, qui permet à l'horloge de marcher aussi longtemps qu'elle continue à être sollicitée par le poids ou par le ressort qui la met en mouvement.

Il existe un échappement dit à chevilles, qui est également employé.

Dans les montres, le pendule est remplacé par un balancier qui n'est autre qu'une roue montée sur un axe, et à laquelle un ressort appelé *spiral* imprime un mouvement contraire à celui que doit avoir la roue à rochet. L'échappement est à palettes ou à cylindre; nous ne croyons pas utile de le décrire ici.

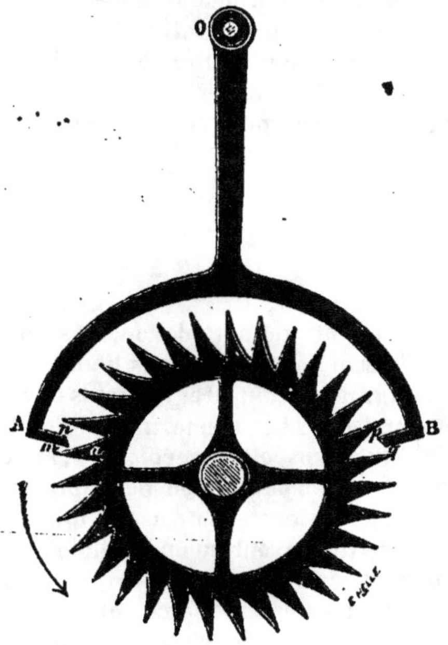

Fig. 51.

§ V. MESURE DES POIDS ET DES MASSES — BALANCE

104. Poids d'un corps. — *Le poids d'un corps est la résultante des actions de la pesanteur sur toutes les particules de ce corps.*

Le poids d'un corps est égal au produit de la masse de ce corps par l'intensité de la pesanteur.

Soient : P, le poids d'un corps ; M, sa masse ; g, l'intensité de la pesanteur, c'est-à-dire le poids de l'unité de masse ; nous aurons

$$P = Mg \text{ (dynes).}$$

La mesure absolue du poids d'un corps en un lieu comporte donc la mesure de la masse du corps et la mesure de l'intensité de la pesanteur en ce lieu.

Le poids d'un corps, évalué en dynes, varie un peu du pôle à l'équateur; le poids d'un gramme, par exemple, vaut 978 dynes à l'équateur, 981 dynes à Paris, 983 dynes au pôle. Si l'on disposait d'un dynamomètre assez sensible et restant identique à lui-même, on pourrait constater que l'effort exercé sur le ressort par un même corps pesant est un peu moindre à l'équateur qu'au pôle.

105. La mesure des masses revient à une mesure relative de poids. — En général, quand on parle de mesurer le poids d'un corps, il s'agit simplement d'une mesure *relative;* on cherche le rapport du poids d'un corps au poids d'un autre corps pris pour terme de comparaison.

Or, en un même lieu, les poids de deux corps sont proportionnels à leurs masses.

On a
$$P = Mg,$$
$$P' = M'g ;$$

d'où
$$\frac{P}{P'} = \frac{M}{M'} .$$

Ainsi, le rapport des poids est égal au rapport des masses; il est indépendant de la valeur de g, et reste le même en tous lieux.

La balance est un appareil qui permet de comparer les poids de deux corps. Le résultat de cette comparaison est le même en tout point de la terre. *Comparer les poids de deux corps, en un même lieu, revient à comparer les masses de ces deux corps,* et l'on peut dire ainsi que la balance est l'appareil qui sert à mesurer la masse d'un corps.

Dans la pratique courante, il arrive souvent qu'on emploie le mot *poids* pour le mot *masse,* et qu'on évalue un poids en *grammes.* Mais il ne faut pas oublier qu'un poids est une force, que l'on doit évaluer en dynes : cette *force* varie d'intensité d'un point du globe à l'autre, parce que g varie, tandis que la masse d'un corps est un nombre invariable. On voit combien il est plus correct de prendre pour unité fondamentale la masse d'un corps déterminé, nombre invariable, au lieu de prendre pour unité fondamentale le poids de ce corps.

106. Levier. — La balance, instrument destiné à comparer les poids de deux corps, est constituée par un levier. — Un *levier* est une barre rigide AB, de forme quelconque (fig. 52), mobile autour d'un de ses points O, appelé *point d'appui.*

Lorsque le levier est soumis à l'action de deux forces, l'une prend le nom de *puissance,* l'autre celui de *résistance.*

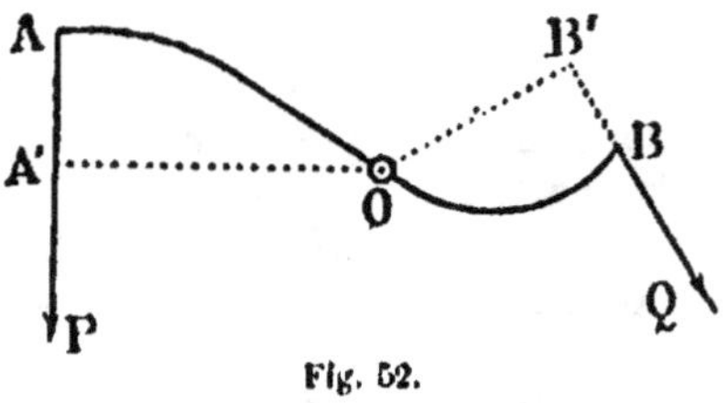

On appelle *bras de levier* les perpendiculaires OA', OB', menées du point d'appui sur la direction des forces P et Q.

Il y a trois genres de leviers :

Le levier est du *premier genre* lorsque son *point d'appui* est situé entre la puissance et la résistance; du *second genre,* si la *résistance* est entre le point d'appui et

Fig. 52.

la puissance; du *troisième genre*, lorsque la *puissance* est entre le point d'appui et la résistance.

Conditions d'équilibre. — Pour qu'un levier soit en équilibre sous l'action de deux forces, il faut et il suffit :

1° *Que les deux forces et le point d'appui soient dans un même plan;*

2° *Qu'elles tendent à faire tourner le levier en sens contraires;*

3° *Que les intensités des forces soient en raison inverse de leurs bras de levier.*

Ainsi, d'après la troisième condition, on doit avoir :

$$\frac{P}{Q} = \frac{OB'}{OA'} \quad \text{(Mécanique, 113)}$$

ou
$$P \times OA' = Q \times OB'.$$

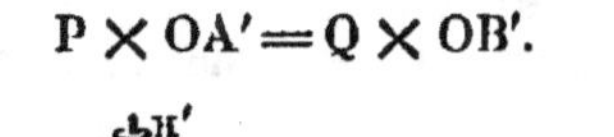

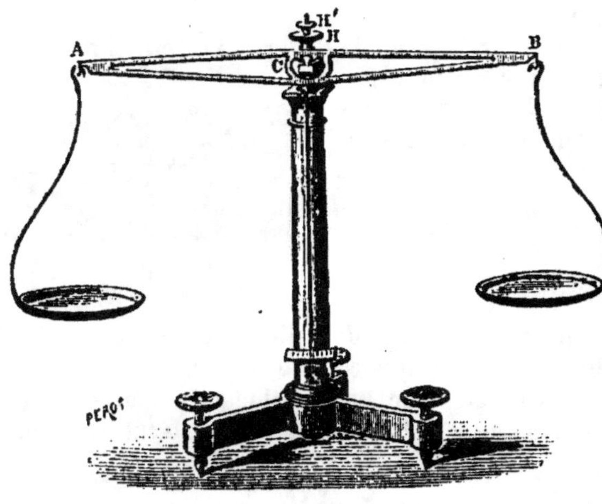

Si les bras de levier sont égaux, les forces doivent être égales.

107. Balance ordinaire. — La balance ordinaire est un levier du premier genre à bras égaux.

Le levier AB, appelé fléau, repose, par un couteau d'acier trempé C, sur

Fig. 53.

deux plans d'acier trempé ou d'agate, appelés coussinets (fig. 53).

Les plateaux sont suspendus par des crochets d'acier à des couteaux à arête vive.

Les arêtes des trois couteaux A, C, B, sont sur une ligne droite que l'on nomme axe du fléau.

Le fléau porte une longue aiguille, qui lui est perpendiculaire et dont l'extrémité se meut sur un arc gradué; le zéro de la graduation correspond à la position horizontale du fléau.

Trois vis calantes servent à rendre la colonne parfaitement verticale.

Pour évaluer le poids d'un corps, on place ce corps dans un des plateaux, et on l'équilibre avec des poids marqués que l'on met sur l'autre plateau. L'équilibre est obtenu quand l'aiguille est au zéro de la graduation de l'arc. Les poids marqués donnent le poids du corps si la balance est juste.

108. Boîtes de poids. — Les poids marqués sont des masses de laiton, de fonte ou de platine, qui ont été travaillées de façon que chacune d'elles représente un multiple ou un sous-multiple simple de la masse choisie comme unité.

Un *poids de 1 kilogramme est un poids dont la masse est égale à celle du kilogramme étalon du Bureau international :* il pèse le même poids que cet étalon, en un lieu quelconque du globe. On construit un second kilogramme égal au premier, puis un poids capable d'équilibrer à lui seul les deux kilogrammes égaux : sur celui-ci on marque 2 kilog. On forme de même des poids de 5 kilog., de 10 kilog.

Les *boîtes de poids* des laboratoires (fig. 54) contiennent des sous-multiples du kilog. En général, on y trouve neuf poids différents, dont trois sont en double exemplaire ; savoir :

Fig. 54.

500^{gr}	200^{gr}	100^{gr}	100^{gr}
50^{gr}	20^{gr}	10^{gr}	10^{gr}
5^{gr}	2^{gr}	2^{gr}	1^{gr}

L'ensemble de ces poids a une masse de 1 kilog., et permet de réaliser des masses d'un nombre entier quelconque de grammes, pouvant varier de 1 à 1 000. On a également, en platine ou en aluminium, des boîtes de subdivisions du gramme, allant jusqu'au milligramme.

109. Qualités d'une balance. Conditions de justesse. — Une balance doit être juste et sensible.

On dit qu'une balance est **juste**, lorsque le fléau reste horizontal quand on met sur les deux plateaux des poids égaux *quelconques*.

On dit qu'une balance est **sensible**, lorsque le fléau s'incline d'un angle appréciable sous l'action d'un poids très petit placé sur l'un des plateaux.

Pour qu'une balance soit juste, il faut :

1° *Que les bras du fléau soient égaux ;*

2° *Que la verticale menée par le centre de gravité du système oscillant* (fléau et plateaux), *rencontre l'arête d'appui, lorsque le fléau est horizontal.*

4*

Soient AB l'axe du fléau horizontal et en équilibre (fig. 55), G le centre de gravité du fléau, π le poids du fléau, a la distance du point d'appui C à la verticale menée par le centre de gravité G; l et l' les bras AC et BC du fléau, P les poids que l'on met sur les plateaux.

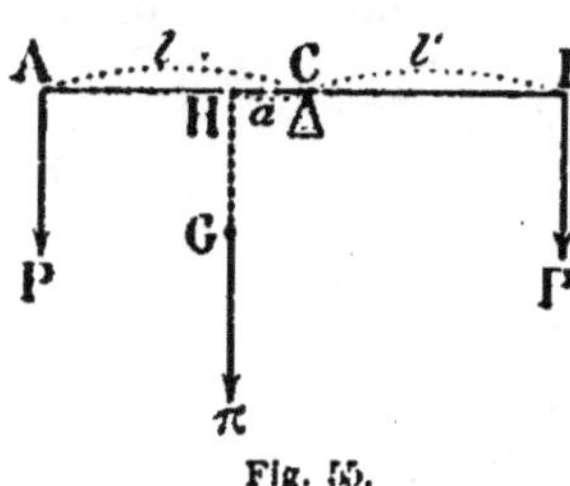

Fig. 55.

Le fléau étant en équilibre, la résultante des forces qui le sollicitent passe par le point fixe C. Si l'on prend les moments par rapport au point C, le moment de la résultante est nul; celui de la force appliquée en B est de signe contraire à ceux des deux autres forces.

On a donc l'équation (n° 36) :

$$Pl + \pi a - Pl' = 0$$

ou $\qquad (1) \qquad P(l - l') + \pi a = 0$

Cette équation doit être indépendante de P, ce qui exige que le coefficient de P soit nul; on doit donc avoir : $l = l'$.

C'est-à-dire que les deux bras du fléau doivent être égaux en longueur.

Le premier terme de l'équation (1) étant nul, le second l'est aussi; donc $\qquad\qquad \pi a = 0.$

Mais π, poids du fléau, ne peut être nul; il faut que a le soit, c'est-à-dire que la verticale menée par le centre de gravité du système oscillant passe par le point d'appui, ou, plus exactement, rencontre l'arête d'appui.

110. Conditions de sensibilité. — Pour qu'une balance soit sensible, il faut :

1° *Que le fléau soit long ;*

2° *Que le fléau soit léger ;*

3° *Que le centre de gravité soit très près du point d'appui.*

Soient AB l'axe du fléau (fig. 56), G son centre de gravité, C le point d'appui, l la longueur commune des bras du fléau, d la distance CG, π le poids du fléau.

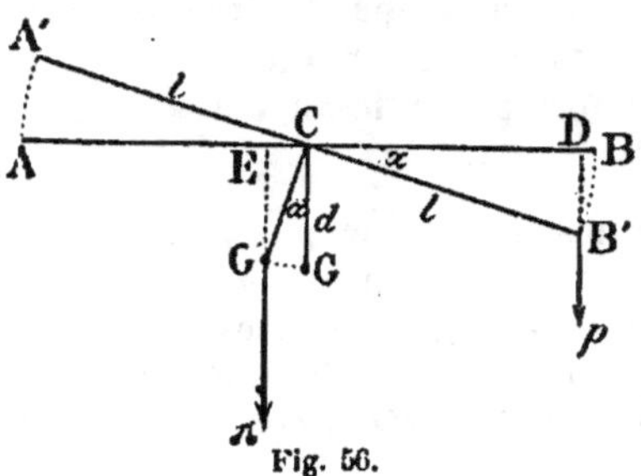

Fig. 56.

Si l'on place en B un poids très petit p, le fléau prend la position A'B'. La balance est d'autant plus sensible, que l'angle d'écart α est plus grand. Puisqu'il y a équilibre quand le fléau est dans la position A'B', la résultante des forces π et p passe par le point d'appui C. Prenons les moments par rapport au point C; le moment de la résultante est nul, et on a (n° 36) :

$$\pi \times CE - p \times CD = 0.$$

$$(1) \qquad \pi \times CE = p \times CD.$$

Les triangles rectangles CEG', CDB' donnent :

$$CE = CG' \sin \alpha = d \sin \alpha$$

$$CD = CB' \cos \alpha = l \cos \alpha.$$

Portant ces valeurs dans l'équation (1), il vient :

$$\pi d \sin \alpha = pl \cos \alpha;$$

d'où
$$\operatorname{tg} \alpha = \frac{pl}{\pi d}.$$

L'angle α, nécessairement aigu, augmente avec sa tangente; par suite, il est d'autant plus grand, que l est plus grand et que π et d sont plus petits.

Donc, une balance est d'autant plus sensible que son fléau est plus long et plus léger, et que son centre de gravité est plus près du point d'appui.

Remarques. — 1° Si le centre de gravité du fléau se confond avec le point d'appui, le fléau est en équilibre dans toutes les positions, et la moindre différence entre les poids produit un renversement complet; alors la balance est dite *indifférente;* s'il est au-dessus du point d'appui, l'équilibre est instable; alors la balance est dite *folle.*

2° Deux boutons H, H' (fig. 53), disposés en écrou, peuvent tourner autour d'une tige, ce qui permet de rapprocher ou d'éloigner le centre de gravité de l'axe de suspension.

3° Il est essentiel que le fléau ne se déforme pas sous l'action des poids qu'il doit supporter; il faut qu'à une grande légèreté il unisse une grande rigidité. Les constructeurs emploient des fléaux de cuivre ou d'acier, auxquels ils donnent la forme d'un losange très allongé, dont l'intérieur est partiellement évidé (fig. 53).

111. Méthode de la double pesée. — Quelque soin qu' "on apporte à la construction d'une balance, il est impossible de réaliser d'une manière rigoureuse les conditions de justesse; il est donc difficile d'obtenir un résultat très exact par une simple pesée; mais on peut l'obtenir, même avec des appareils imparfaits, par la méthode de la double pesée.

Méthode de Borda. — On met le corps à peser dans l'un des plateaux de la balance; on en *fait la tare* en mettant de la grenaille de plomb dans l'autre plateau, jusqu'à ce que l'aiguille du fléau soit au zéro;

on retire le corps, et on le remplace par des poids marqués qui rétablissent l'équilibre. La somme de ces poids marqués donne le poids du corps; car ce corps et ces poids, agissant successivement sur le même bras de levier, font équilibre à la même tare.

Méthode de Gauss [1]. — On pourrait encore employer la méthode suivante, due à Gauss : on effectue d'abord une simple pesée du corps; soient p le poids trouvé, x son poids exact, l et l' les bras du fléau; on a :

$$(1) \quad lx = l'p.$$

On effectue une seconde pesée, en changeant le corps de plateau; soit p' le poids qui lui fait équilibre; on a :

$$(2) \quad l'x = lp'.$$

En multipliant ces égalités membre à membre, on a :

$$ll'x^2 = pp'll';$$

d'où

$$x^2 = pp',$$

et enfin

$$x = \sqrt{pp'}.$$

C'est-à-dire que le *poids* exact du corps est la moyenne géométrique entre les poids qui lui font équilibre dans les deux pesées.

La double pesée permet d'opérer avec des balances non justes : pour qu'une balance soit bonne, il suffit donc qu'elle soit sensible.

112. Mesure des masses par la balance. — La balance nous permet de constater que le poids d'un corps est égal à celui d'un ensemble de poids marqués. Dans ces conditions, la masse du corps est égale à la masse de cet ensemble de poids marqués, puisque, dans un même lieu, le rapport des poids de deux corps est égal au rapport de leurs masses.

Soit n la somme des poids marqués en grammes :

Le poids relatif du corps est n (grammes poids);

Sa masse est $M = n$ (grammes masses);

Son poids absolu est $P = Mg = ng$ (dynes).

La balance permet ainsi de comparer la masse d'un corps quelconque à l'unité de masse (à laquelle on a dû comparer directement ou indirectement les poids marqués de la boîte); la balance est ainsi, comme nous l'avons dit, un appareil qui sert à faire des mesures de masses.

Nous savons effectuer des mesures de longueurs (règle, vernier, etc.), des mesures de temps (pendule), des mesures de masses (balance). Nous savons donc mesurer les trois espèces de grandeurs fondamentales.

---

[1] *Gauss*, mathématicien et astronome allemand (1777-1855).

LIVRE III
PROPRIÉTÉS GÉNÉRALES DES CORPS

CHAPITRE PREMIER
PROPRIÉTÉS DES CORPS SOLIDES[1]

113. Propriétés des solides. — Les propriétés par lesquelles se distinguent les corps solides sont la **structure**, — l'**élasticité** ou faculté de résister non seulement aux changements de volume, mais encore aux divers changements de forme possibles, — et la **déformabilité**, qui est la faculté de subir, sous des actions suffisamment énergiques, des changements *durables* de forme. Les divers corps sont d'autant plus déformables qu'ils sont moins *solides;* la **solidité**, propriété inverse de la déformabilité, s'entend souvent dans le sens plus spécial de résistance à la rupture.

1. STRUCTURE DES SOLIDES

114. Structure. — En général, un corps qui passe de l'état liquide à l'état solide prend la forme de polyèdres à arêtes vives, ayant une forme géométrique plus ou moins compliquée. Ces polyèdres sont des **cristaux**. Le corps *cristallise*. Les formes cristallines, très nombreuses, se rattachent toutes aux sept types de symétrie, qui constituent les *systèmes cristallins.* (Voir *Chimie.*) Dans les corps cristallins, l'arrangement des molécules offre une certaine régularité : on peut concevoir que ces molécules sont distribuées suivant les nœuds d'un réseau à mailles parallélépipédiques A partir d'un point, une droite coupe un certain nombre de molécules sur 1 centimètre de longueur; mais des droites égales de 1 centimètre, tracées à partir d'un même point dans des directions différentes, rencontrent des nombres différents de molécules : les molécules sont plus ou moins serrées suivant certaines directions. C'est ce qu'on exprime en disant que le corps est **anisotrope**, c'est-à-dire que ses propriétés (calorifiques, optiques, magnétiques) ne sont pas les mêmes dans toutes les directions.

Si le solide ne présente pas la *structure cristalline*, il présentera la **structure vitreuse:** tel est le verre ordinaire. Les molécules sont alors tassées comme au hasard, sans qu'aucune direction jouisse de propriétés privilégiées; le corps est alors **isotrope**. Les fluides sont naturellement isotropes.

Il semble, à première vue, que la structure cristalline soit l'exception, et la structure vitreuse la règle. C'est le contraire qui est vrai; les molécules des corps vitreux sont dans un état moins stable que celles des cristaux : on en a une preuve dans la *dévitrification* des corps qui, comme l'anhydride arsénieux ou le sucre de pomme, en un temps plus ou moins long, deviennent opaques et se transforment en une multitude de cristaux microscopiques. Ces transfor-

---

[1] Les notions contenues dans ce chapitre ne sont pas exigées à l'examen du Baccalauréat.

mations intérieures accusant une tendance à la cristallisation sont aussi faciles à mettre en évidence dans les métaux solides.

L'isotropie ne doit pas être confondue avec l'**homogénéité**. Une masse homogène est une masse dont les diverses parties, prises au voisinage de points quelconques, sont identiques entre elles : un corps cristallisé anisotrope peut être parfaitement *homogène*. Inversement, une masse isotrope, une masse fluide, par exemple, pourrait n'être pas homogène : telle une masse fluide pesante et compressible, comme notre atmosphère.

2. ÉLASTICITÉ DES SOLIDES

115. Élasticité de traction. — On peut distinguer, dans les solides, divers genres d'élasticité correspondant à autant de genres différents de déformations.

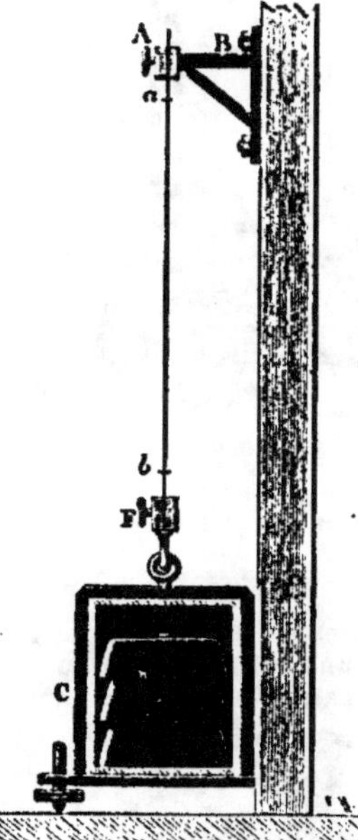

Fig. 57.

Quand on exerce une traction sur un fil ou une barre métallique, on l'allonge un peu. Lorsque cet allongement reste assez petit, il est proportionnel à la force de traction exercée; en outre, la barre reprend sa longueur primitive quand la traction cesse d'agir.

Les expériences peuvent être faites au moyen d'une potence de fer AB (fig. 57), scellée dans un mur et terminée par un étau. La barre dont on veut évaluer l'élasticité est fixée par une extrémité à cet étau; l'autre extrémité est saisie par un second étau F, qui supporte une forte caisse C, dans laquelle on met les poids tenseurs. Deux points de repère *a* et *b* sont marqués sur la barre, et, au moyen du cathétomètre, on détermine l'allongement opéré entre ces points.

L'expérience prouve que l'allongement des barres est proportionnel :

1° *au poids tenseur;*
2° *à la longueur de la barre;*
3° *à l'inverse de la section.*

Ces lois peuvent être exprimées par la formule:

$$l = \frac{1}{E} \cdot \frac{PL}{S} \qquad (1)$$

l exprime l'allongement en centimètres, L la longueur en centimètres, P la traction évaluée en dynes, S la section en centimètres carrés.

Le nombre E, variable d'un métal à l'autre, est d'autant plus grand que $\frac{l}{L}$ est plus petit, P et S restant les mêmes; il mesure donc la résistance du métal à l'allongement; on l'appelle *coefficient d'élasticité de traction,* ou simplement **coefficient d'élasticité.**

La formule (1) peut s'écrire $\qquad E = \frac{PL}{Sl}$.

Dans les hypothèses $S = 1$ et $l = L$, il vient $E = P$.

D'après cela : E est la force qu'il faut appliquer à une barre d'un centimètre carré de section, pour l'allonger d'une quantité égale à sa propre longueur (à supposer, ce qui n'est pas exact, que la formule (1) reste applicable pour un allongement aussi considérable).

Pour le cuivre, on aurait $\qquad E = 1,2.10^{12}$.

Pour le fer, $\qquad E = 2 . 10^{12}$.

Pour doubler la longueur d'un fil de fer (à supposer que l'élasticité reste la même pour un pareil allongement), il faudrait donc une force de 2 millions de mégadynes par cm² de section du fil, ou, si l'on veut, d'environ 20000 kilos par mm² de section.

116. Élasticité de torsion. — Si l'on considère un fil ou une verge métallique, cylindrique, maintenu dans un étau à l'une de ses extrémités, et soumis, à l'autre extrémité, à un couple qui agit pour faire tourner cette base dans son propre plan, le fil ou la verge se tord ; chacun des diamètres de la base soumise au couple, tourne d'un angle α. Les lois de la torsion ont été étudiées par Coulomb. L'angle α est proportionnel :

1° *au moment du couple de torsion* M ;

2° *à la longueur du fil,* l

3° *à l'inverse de la quatrième puissance de son diamètre,* 2r.

On peut résumer ces lois dans la formule

$$\alpha = \frac{1}{\mu} \cdot \frac{2lM}{\pi r^4}.$$

Le coefficient μ, défini par cette formule, varie d'un solide à l'autre : on l'appelle coefficient d'élasticité de torsion ou **coefficient de rigidité.**

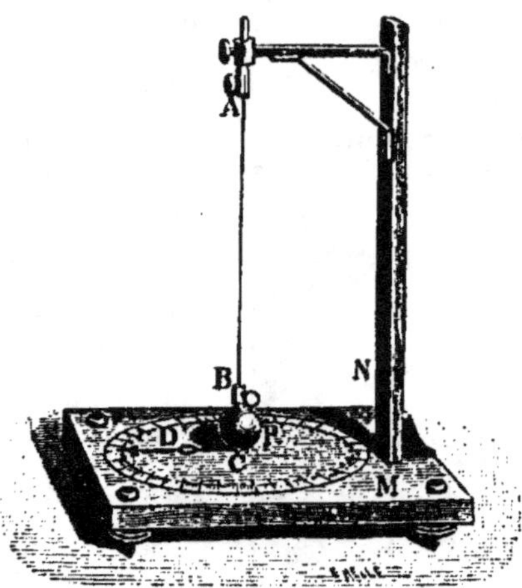

Fig. 58.

Pour le cuivre, on a : $\mu = 4.10^{11}$ (en dynes par cm²).

Pour le fer, $\mu = 7.10^{11}$.

117. Élasticité de flexion. — L'*élasticité de flexion* est celle qui se développe dans une lame métallique fixée à un étau par une extrémité, lorsqu'on l'écarte de sa position d'équilibre, en soumettant l'autre extrémité à l'action d'une force quelconque (fig. 59). Lorsque la force cesse d'agir, la verge revient à sa position primitive en exécutant une série d'oscillations.

La théorie et l'expérience ont donné les résultats suivants :

1° *La flexion* f *est proportionnelle à la force* P.

Fig. 59.

2° *Elle est proportionnelle au cube de la longueur* L.

S'il s'agit d'une barre à section rectangulaire, la flexion est :

3° *En raison inverse de la largeur* l ;

4° *En raison inverse du cube de l'épaisseur* e.

Ces lois sont résumées dans la formule :

$$f = \frac{1}{E} \cdot \frac{Pl^3}{le^3} \cdot$$

Le coefficient E, qui figure dans cette formule, est le **coefficient d'élasticité de traction**.

118. Élasticité de compression. — Les corps solides, comme les fluides, résistent au changement de volume. Si un corps solide isotrope, tel qu'un corps à structure vitreuse, est soumis sur toute sa surface à une pression normale, uniforme, son volume se réduit; mais le corps reste semblable à lui-même. La diminution de volume v, pour un même volume initial V, est proportionnelle à la pression, c'est-à-dire à la force appliquée sur chaque centimètre carré de la surface du corps. On appelle *coefficient de compressibilité*, ε, la valeur de la compression $\frac{v}{V}$ pour une force de 1 dyne par cm².

L'inverse de ε s'appelle **coefficient d'élasticité de compression**.

Pour le cuivre, on aurait, d'après Wertheim, $\frac{1}{\varepsilon} = 8,2.10^{11}$.

Relation entre les divers coefficients d'élasticité. — Tous les coefficients d'élasticité relatifs à des déformations quelconques peuvent se calculer, pour un corps solide, quand on connaît, pour ce corps, les valeurs de deux coefficients d'élasticité, par exemple E relatif à la traction, et μ relatif à la torsion; ou encore $\frac{1}{\varepsilon}$ coefficient d'élasticité de compression, et μ coefficient de rigidité. On peut dire qu'il y a deux espèces d'élasticité auxquelles se réduisent toutes les autres : la résistance à la compression et la résistance à la torsion ou rigidité. Les fluides sont des corps qui ne possèdent que la résistance à la compression, et dans lesquels la rigidité est nulle.

Limite de l'élasticité. — Il existe une limite que l'on ne peut dépasser dans la tension, la compression, la torsion et la flexion, sans déformer le corps d'une manière permanente.

La force (ou le couple) suffisante pour faire subir au corps une déformation permanente, définissent la *limite de l'élasticité* de ce corps.

La limite d'élasticité dépend de la nature du corps, de sa structure, de sa température et du temps pendant lequel la force agit.

3. DÉFORMABILITÉ ET SOLIDITÉ

119. Ductilité et malléabilité. — Lorsqu'on soumet certains corps à une force dépassant la limite de leur élasticité, leurs molécules prennent un nouvel état d'équilibre, et il se peut qu'on ait une forme très différente de la forme primitive, sans que pour cela le corps soit rompu.

Cette propriété des corps constitue la *ductilité* et la *malléabilité*.

La *ductilité* est la propriété qu'ont certains corps de se réduire en fils par l'action de la filière.

La *malléabilité* est la propriété qu'ont certains corps de se réduire en lames minces par l'action du marteau ou du laminoir.

La température a une grande influence sur la malléabilité des métaux. Ainsi le zinc se lamine facilement à une température de 100 à 150 degrés; à 200 degrés il est cassant. Le cuivre se lamine plus facilement à froid, le fer se laisse façonner à la température rouge, etc.

120. Écrouissage et trempe. — L'*écrouissage* est la modification que subit la structure d'un corps solide sous l'action d'une compression énergique, telle qu'elle est produite par le martelage, le laminage, etc.

Les corps écrouis sont plus denses, plus durs, plus cassants, plus élastiques.
On fait disparaître l'écrouissage par le recuit. Les fils de fer qui viennent de la filière sont élastiques, résistants, d'une manipulation difficile; ces qualités sont précieuses pour certains usages, elles seraient nuisibles pour d'autres; en faisant recuire les fils, c'est-à-dire en les chauffant au rouge et les laissant ensuite refroidir très lentement, on les rend doux et malléables.

La *trempe* est le changement de structure produit par le refroidissement subit, au sein d'un liquide froid, d'un corps porté à une température élevée. L'acier devient dur, cassant, élastique, sous l'action de la trempe; ces nouvelles propriétés étendent son emploi dans l'industrie; on modifie sa fragilité en le recuisant à une température qui dépend de sa destination. Le verre devient aussi plus fragile, plus cassant par la trempe, tandis que l'effet est tout différent pour le bronze.

121. Solidité. Ténacité. — Toute force déformatrice, d'une intensité suffisante, détermine la rupture du solide : la *solidité* du corps se manifeste par sa résistance à la rupture par traction, par flexion et par torsion.

La *ténacité* est la résistance à la rupture par traction.

La ténacité d'un corps est mesurée par son coefficient de rupture.

La charge qui produit la rupture brusque d'un fil ou d'une verge est indépendante de la longueur du fil et proportionnelle à sa section.

La rupture d'une tige peut avoir lieu sous l'action d'une force qui agit pendant longtemps ou sous l'action d'une charge brusquement imposée. Il faut donc distinguer deux sortes de ruptures : une *rupture brusque* et une *rupture lente*.

Les corps fibreux, le bois, par exemple, résistent davantage dans le sens des fibres.

Le tableau suivant contient la limite d'élasticité et le coefficient de rupture de quelques métaux en kgr. par mm². Il faudrait multiplier par $9,81.10^7$ pour avoir les mêmes coefficients exprimés en dynes par cm².

MÉTAUX		Limite d'élasticité.	Rupture lente.	Rupture brusque.
PLOMB	Étiré.	0 k 25	2,07	2,36
	Recuit.	0 20	1,80	2,04
ÉTAIN.	Étiré.	0 40	2,45	2,97
	Recuit.	0 20	1,70	4,00
CUIVRE.	Étiré.	12 00	40,30	41,00
	Recuit.	3 00	30,54	31,60
PLATINE.	Étiré.	26 00	31,10	35,00
	Recuit.	14 50	23,50	26,50
FER.	Étiré.	32 50	61,00	63,50
	Recuit.	5 00	47,00	50,20
ACIER FONDU.	Étiré.	55 00	70,00	92,00
	Recuit.	5 00	40,00	54,00
OR.	Étiré.	13 50	27,00	27,50
	Recuit.	3 00	10,08	11,00
ARGENT.	Étiré.	11 00	29,60	29,60
	Recuit.	2 50	16,42	16,40

122. Résistance des bois à l'écrasement et à la rupture par compression. — *La résistance des bois à l'écrasement est proportionnelle à la surface de la section transversale des pièces.*

Elle est en raison inverse de leur longueur.

On croit prudent de ne faire supporter aux pilotis de bois que $\frac{1}{10}$ de la charge capable de les écraser.

Résistance à la rupture par flexion. — *La résistance à la rupture par flexion, dans le cas d'un effort transversal, est en raison inverse de la distance des points d'appui; elle est proportionnelle aux simples largeurs et aux carrés des épaisseurs.* Il y a donc avantage à augmenter les épaisseurs des poutres qui soutiennent des charges considérables. On a coutume d'établir pour les pièces de charpente en bois le rapport $^7/_8$ entre l'épaisseur et la largeur.

Il faut tenir compte dans le calcul de la résistance des poutres, de ce fait : qu'elles ont d'abord à porter leur propre poids; par conséquent, plus leurs dimensions augmentent et plus la charge augmente aussi. On ne peut donc accroître indéfiniment la longueur d'une poutre, parce que son propre poids finirait par dépasser sa force de résistance.

Résistance des tubes. — Une quantité de matière disposée en cylindre creux peut supporter un plus grand effort que si elle était disposée en cylindre plein. On estime que pour obtenir le maximum d'effet, les deux diamètres doivent se trouver dans le rapport de 5 à 11.

L'industrie met à profit cette propriété des tubes pour la fabrication des colonnes.

L'application la plus remarquable que l'on ait faite de la résistance des tubes est celle des ponts tubulaires destinés au service des chemins de fer. Celui de Britannia Bridge, construit par Stephenson, franchit le détroit de Menaï, entre l'île d'Anglesey et le comté de Carnavon. La poutre a 420 mètres et comprend quatre travées, deux de 140 mètres et deux de 70 mètres; elle a 4^m,50 d'épaisseur et 9^m de largeur, et est divisée en deux galeries, une pour chaque voie ferrée; le niveau des rails est à trente mètres au-dessus de la plus haute mer.

Résistance des matériaux. — Il résulte d'expériences faites sur la résistance des matériaux, que les pierres dont le grain est le plus fin et la texture la plus compacte sont les plus résistantes; on admet que les résistances sont entre elles comme les cubes des densités. Un solide formé d'un seul bloc résiste mieux que s'il était formé de plusieurs parties. Un édifice construit avec de grosses pierres est plus solide que s'il était bâti avec de petites pierres ou des briques. Les constructions en moellons sont moins solides que celles qui sont en pierres taillées et bien assises.

123. Dureté. — A la solidité peut se rattacher la *dureté*. La *dureté* des corps est la propriété qu'ils ont d'opposer une résistance plus ou moins grande à se laisser rayer. Certains corps peuvent être rayés par l'ongle, comme le plomb, l'étain; d'autres le sont par une pointe d'acier : le fer, le cuivre, le platine, l'or, l'argent; le diamant ne l'est que par lui-même.

Les corps qui ont le plus de dureté sont ordinairement très cassants; ainsi le diamant, le verre, peuvent être réduits en poussière sous le choc du marteau.

CHAPITRE II

PROPRIÉTÉS DES LIQUIDES — HYDROSTATIQUE

124. Liquides. — L'hydrostatique est l'étude des conditions d'équilibre des *fluides* en général. On emploie souvent ce mot dans le sens plus restreint d'étude de l'équilibre des *liquides*. Nous traiterons d'abord de l'équilibre des liquides, et nous verrons plus tard, parmi les propositions établies pour les liquides, quelles sont celles qui s'étendent aux gaz.

La propriété commune à tous les fluides est l'extrême mobilité de leurs molécules. Chaque molécule du fluide se met en mouvement au moindre effort qui tend à la séparer des molécules voisines.

Les liquides se distinguent des gaz en ce qu'ils occupent un volume déterminé. Dans une première approximation, on peut regarder le volume d'une masse liquide comme une constante, ne se modifiant pas par l'effet d'une pression exercée sur le liquide.

Compressibilité des liquides. — En réalité cependant, tous les liquides sont un peu compressibles.

Cette compressibilité fut longtemps ignorée; les premiers résultats sérieux ont été obtenus par *OErstedt*[1], en 1823.

L'appareil dont on se sert pour constater la compressibilité d'un liquide s'appelle *piézomètre*. Cet appareil se compose d'un réservoir de verre A, surmonté d'un tube capillaire (fig. 60); il est presque entièrement rempli de liquide; un petit index de mercure repose à la surface du liquide.

A côté, se trouve un petit tube C fermé à sa partie supérieure, ouvert à la partie inférieure, et destiné à servir de manomètre (179). Les deux tubes sont fixés à une lame métallique, et le tout est placé dans une éprouvette à parois très résistantes. L'éprouvette est fermée par une douille munie d'un robinet à entonnoir et d'un piston commandé par une vis de pression M.

Le tube B est divisé en parties d'égal volume. On a déterminé le volume V du réservoir A, et le volume de chacune des divisions de B.

On remplit l'éprouvette d'eau, qu'on verse par l'entonnoir, et on exerce une pression au moyen du piston M. L'index de mercure descend d'un certain

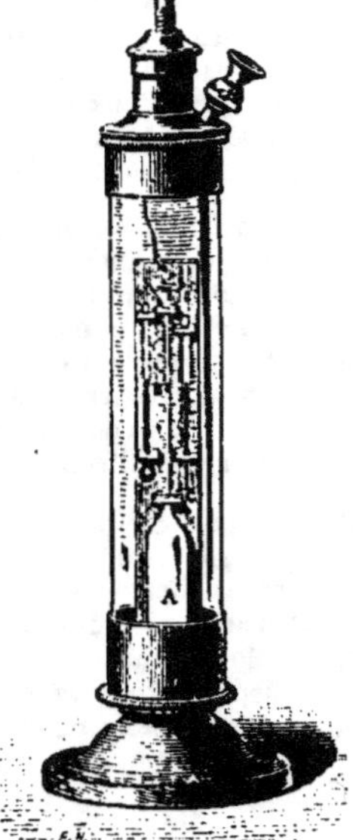

Fig. 60.

[1] *OErstedt*, physicien danois (1774-1851).

nombre n de divisions qui représentent la diminution du volume v du liquide; en même temps l'eau s'élève dans le tube manométrique et accuse la pression exercée par le piston. Soit F cette *pression* (120), évaluée en dynes par cm^2.

La compression (§ 118) est mesurée par $\frac{v}{V}$.

Rapportée à l'unité de pression, elle donne le coefficient de compressibilité

$$c = \frac{v}{VF}.$$

COEFFICIENT DE COMPRESSIBILITÉ DE QUELQUES LIQUIDES A 0°

LIQUIDES	COEFFICIENTS
Mercure.	$2,91.10^{-12}$
Eau	$4,96.10^{-11}$
Éther	$1,09.10^{-10}$

Tous ces nombres devront être multipliés par $10^6 = 1\,000\,000$, si l'on prend pour unité de pression la mégadyne par cm^2 au lieu de la dyne par cm^2.

Nous ne tiendrons pas compte, dans ce qui va suivre, de la compressibilité des liquides; cette compressibilité est si faible, qu'elle est sans influence sur les phénomènes que nous allons étudier.

HYDROSTATIQUE

PRINCIPE DE PASCAL [1]

125. Principe de la transmission des pressions. — *Toute pression exercée à la surface libre d'un liquide en équilibre, se transmet intégralement et dans tous les sens à toute portion de paroi égale à la surface pressée.*

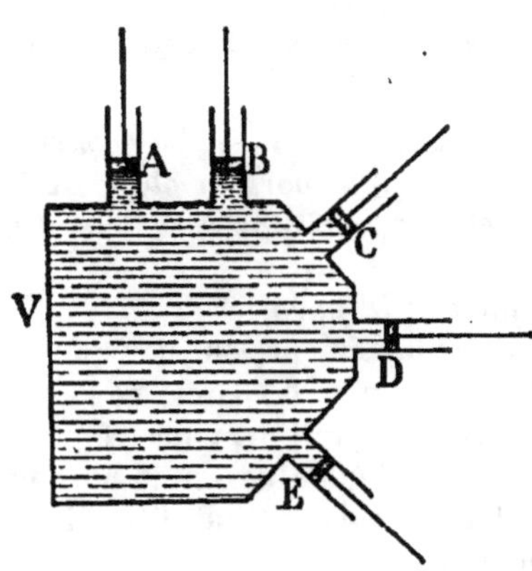

Fig. 61.

Soit V un vase de forme quelconque présentant sur ses faces des orifices de même surface A, B, C, D, E, et fermés par des pistons (fig. 61). Ce vase étant rempli d'un liquide *non pesant*, supposons que l'on exerce une pression d'un kilogramme, par exemple, sur le piston A; pour maintenir en place les pistons B, C, D, E, il faut appliquer à chacun d'eux une force d'un kilo-

---

[1] *Pascal*, géomètre et physicien, né à Clermont-Ferrand (1623-1662).

gramme. En d'autres termes : la pression exercée par le liquide sur des surfaces égales est indépendante de l'orientation de ces surfaces.

Ce principe fondamental n'est pas susceptible d'une vérification expérimentale directe, à cause du frottement des pistons contre les parois des orifices, et du poids du liquide avec lequel on fait l'expérience. Mais il est vérifié *à posteriori* dans ses conséquences logiques : si on l'admet à titre de postulat, on peut en déduire une foule de conséquences, susceptibles de vérifications expérimentales rigoureuses.

Remarques. — 1° Le principe de Pascal peut être considéré comme la conséquence immédiate de la constitution des liquides. Un liquide est formé de molécules très petites, très rapprochées les unes des autres, et jouissant d'une très grande mobilité. Il s'ensuit qu'*un liquide reste homogène quand on le comprime.* Quand on exerce une pression en A, les premières particules liquides pressées réagissent sur toutes les voisines; celles-ci réagissent à leur tour sur d'autres, dans toutes les directions; et ainsi de suite jusqu'aux parois du vase. Si les parois sont assez résistantes, elles réagissent sur le liquide, et l'équilibre s'établit.

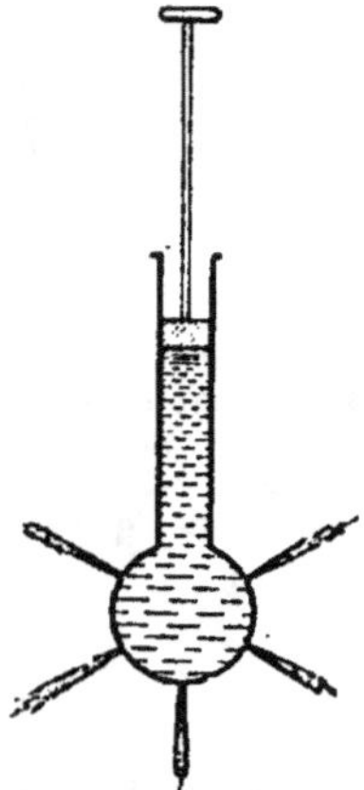
Fig. 62.

Comme la réaction est toujours égale et directement opposée à l'action, on conçoit que la pression exercée en A se transmette intégralement à tout point de la paroi.

2° Dans les cours de Physique, la transmission de pression est mise en évidence au moyen d'un instrument composé d'une sphère creuse présentant des orifices dans tous les sens (fig. 62); cette sphère communique avec un tube, dans lequel peut se mouvoir un piston. On plonge la sphère dans l'eau, et on soulève le piston; l'eau entre dans la sphère par les orifices. On enfonce alors le piston, et on voit jaillir l'eau dans tous les sens et avec une égale force.

126. Pression sur la paroi. — Théorème I. — *La pression exercée par un liquide en équilibre, sur une portion plane de la paroi, est normale à cette paroi et proportionnelle à l'étendue de la surface pressée.*

1° *La pression s'exerce normalement à la paroi.*

En effet, si la pression s'exerçait obliquement, on pourrait la décomposer en deux forces : l'une normale à la paroi, et l'autre dirigée dans le plan de la paroi. Or celle-ci ferait mouvoir les particules liquides le long de la paroi, et le liquide ne serait plus en équilibre; donc cette force ne saurait exister dans l'état d'équilibre, et par suite la pression est normale à la paroi.

2° *La pression totale que supporte une surface est proportionnelle à l'étendue de cette surface.*

Si le vase (fig. 63) présente un orifice B d'une surface double de celle de l'orifice A et que l'on exerce une pression d'un kilogramme en A, il faudra mettre deux kilogrammes en B pour retenir le piston dans sa position.

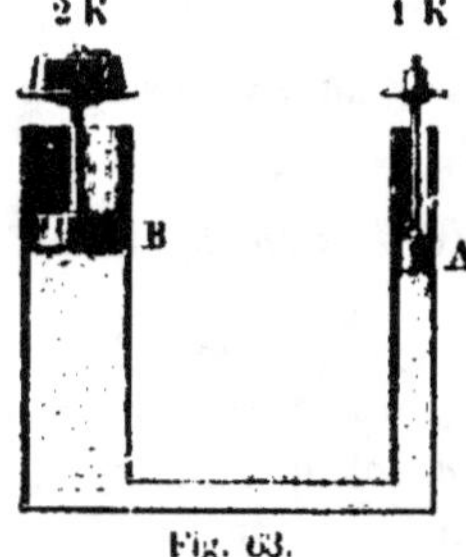

Fig. 63.

La surface B peut être considérée comme divisée en deux parties, égales à la surface A. Or chacune de ces parties reçoit une pression égale à un kilogramme; la surface entière recevra donc une pression égale à deux kilogrammes.

En général, si l'on représente par P, P′ les pressions totales et par S, S′ les surfaces correspondantes,

on a :

$$\frac{P}{P'} = \frac{S}{S'};$$

d'où

$$\frac{P}{S} = \frac{P'}{S'}.$$

On dira que la *pression totale* est proportionnelle à la surface pressée, mais que la *pression par unité de surface* $\frac{P}{S}$ est constante en tous les points de la paroi du vase.

Pression par unité de surface. — Quand on parle de **pression** en hydrostatique, il s'agit en général non d'une pression totale, mais d'une *pression rapportée à l'unité de surface*. La pression ainsi définie a les dimensions d'une force divisée par une surface; elle s'évalue en dynes par cm².

127. Pression à l'intérieur du liquide. — **Théorème II.** — 1° *La pression exercée sur la surface libre d'un liquide en équilibre se transmet à tout élément de surface pris dans l'intérieur du liquide.*

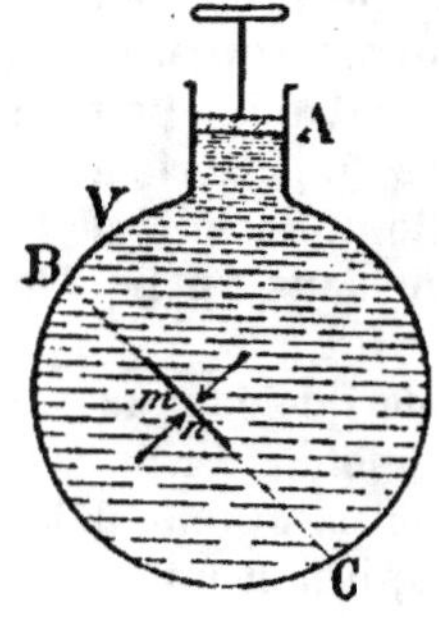

Fig. 64.

Soit le vase V plein de liquide (fig. 64). Supposons qu'on exerce en A une pression déterminée, et considérons un élément mn, sur une tranche liquide BC.

Nous pouvons supposer la tranche BC solidifiée, sans troubler l'état d'équilibre du liquide. En effet, cette hypothèse ne fait qu'ajouter des liaisons nouvelles entre les molécules, et augmenter par conséquent les chances d'équilibre. Si l'équilibre existait antérieurement, il subsistera, *à fortiori*, après la solidification. Alors la partie ABC peut être considérée comme un vase fermé, et l'élément *mn* de la tranche BC reçoit une pression totale P qui lui est normale et proportionnelle à sa surface S.

La *pression* (en dynes par cm³) sur *mn*, $\frac{P}{S}$ sera égale à la pression exercée en A.

2° *Un point quelconque pris au sein d'un liquide en équilibre est également pressé dans tous les sens.*

En effet, soit un point quelconque de *mn*; faisons tourner l'élément *mn* autour du point considéré, et supposons qu'il prenne une position *m'n'*; en raisonnant comme ci-dessus, on voit que l'élément *m'n'* reçoit une pression égale à la première, puisque la pression sur *m'n'* est encore égale à la pression en A.

Il en est de même dans toutes les positions que peut prendre *mn* en tournant autour du point considéré.

Donc le rapport $\frac{P}{S}$. qui mesure la pression sur un petit élément de surface qui entoure le point, a une valeur indépendante de l'orientation de cet élément de surface.

Pression en un point. — On appelle *pression en un point* la limite du rapport $\frac{P}{S}$, lorsque la surface de l'élément qui entoure le point tend vers zéro. Cette limite, dans un fluide quelconque en équilibre, est toujours indépendante de l'orientation de l'élément de surface entourant le point, et que l'on fait tendre vers zéro.

ÉQUILIBRE DES LIQUIDES PESANTS

128. Pressions dues à la pesanteur. — Tous les liquides, étant pesants, exercent par leur propre poids des pressions sur les parois du vase et sur les portions de surface qu'on peut prendre à l'intérieur du liquide. Ces pressions, qui varient d'un point à l'autre du liquide, s'ajoutent aux pressions exercées de l'extérieur, et empêchent qu'il y ait dans un liquide pesant cette uniformité de la pression en tout point de la masse, qui existerait dans un liquide non pesant en vertu du principe de Pascal.

Soient un vase V (fig. 61) contenant un liquide quelconque, et une petite portion plane D de ses parois latérales, mobile.

L'expérience démontre que pour maintenir cette paroi immobile, alors même qu'aucune pression ne s'exerce en A, il faut lui appliquer u   force extérieure P normale à cette paroi; cette force P représe   e la pression exercée par le liquide sur la surface considérée. Dans un liquide pesant en équilibre, la pression est encore normale à la surface pressée, et la *pression en un point de la paroi* est encore, par définition, la limite du rapport $\dfrac{P}{S}$ lorsque S tend vers zéro[1].

Cette définition s'applique aussi à la *pression en un point pris à l'intérieur du liquide*.

129. Équilibre d'un liquide soumis à la seule action de la pesanteur. — Théorème I. — *Dans un liquide pesant en équilibre, la pression est la même sur tous les points d'une même couche horizontale.*

Soit M une portion quelconque du liquide en équilibre. Prenons deux points m et m' sur une couche horizontale, et considérons un cylindre horizontal qui aurait la droite mm' pour axe, et dont les bases seraient deux très petits cercles b et b' ayant pour centres les points m et m' (fig. 65).

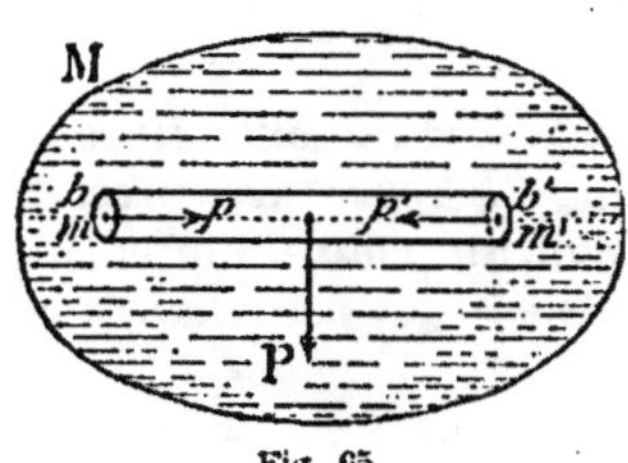

Fig. 65.

Si nous supposons ce cylindre liquide solidifié sans changement de volume, l'équilibre ne sera pas troublé. Ce cylindre est donc en équilibre sous l'influence de son poids et des pressions qu'il supporte de la part du liquide.

Or le poids P du cylindre est une force verticale, et, par suite, perpendiculaire à l'axe mm'.

Les pressions exercées par le liquide sont normales aux parois du cylindre; elles peuvent être divisées en deux catégories : les unes s'exercent sur la partie convexe et les autres sur les bases.

Les premières sont perpendiculaires à l'axe mm';

Les secondes, s'exerçant normalement sur les bases b et b', sont dirigées suivant l'axe mm'.

Soient p, p' les pressions sur les bases b et b'. Le cylindre étant en équilibre, la somme des projections de toutes les forces sur l'axe mn est nulle (Mécanique). Or toutes les forces normales à l'axe ont une projection nulle, tandis que les forces p, p' se projettent en

---

[1] Ici $\dfrac{P}{S}$ n'a plus, comme dans un liquide non pesant, une valeur constante sur une étendue de surface finie. Par exemple, sur une paroi verticale d'un vase plein d'eau, la pression est plus forte au voisinage du fond qu'au voisinage du bord de l'eau. Il est donc nécessaire, pour définir la pression en un point de la paroi (ou de l'intérieur), de prendre un élément de surface très petit S, autour du point, assez petit pour que la pression y soit uniforme; en d'autres termes, de faire tendre S vers zéro et de prendre pour définition de la pression la limite de $\dfrac{P}{S}$.

vraie grandeur. Donc ces forces p, p' sont égales et directement opposées.

Si nous rendons la fluidité au cylindre, il n'y aura rien de changé aux conditions d'équilibre : les éléments b, b' seront également pressés dans le sens horizontal, et par suite aussi les points m et m'.

Or, si nous admettons comme établi que lorsqu'un liquide est en équilibre, chaque point de ce liquide est également pressé dans tous les sens, on voit que les points m et m' supportent dans tous les sens une même pression [1].

Remarque. — Les forces p, p' appliquées au cylindre se détruisent. Donc toutes les forces normales à l'axe sont d'elles-mêmes en équilibre. Il s'ensuit que l'une quelconque de ces forces, le poids P, par exemple, est égale et directement opposée à la résultante de toutes les autres. Donc toutes les pressions exercées sur la surface cylindrique *ont une résultante* R, qui est égale et directement opposée au poids P.

Théorème II. — *Quand deux éléments égaux sont situés sur deux plans horizontaux différents, la différence des pressions supportées par ces deux éléments est égale au poids d'une colonne de liquide ayant pour base l'un des éléments, et pour hauteur la distance verticale des deux plans.*

Deux cas peuvent se présenter, suivant que les deux éléments sont situés sur une même verticale, ou sur deux verticales différentes.

---

[1] Cette proposition n'est plus évidente dans le cas d'un liquide pesant ou, d'une manière générale, dans le cas d'un liquide soumis à des forces autres qu'une pression extérieure. Mais on peut l'établir aisément d'une façon rigoureuse dans le cas d'un liquide pesant, par la considération du petit cylindre mm'. Ce cylindre est supposé avoir une section assez petite pour que sur cette surface la pression soit uniforme. Nous lui laissons en m, pour base, une section droite dont la surface est s, et qui supporte une pression totale normale p; la pression sur m est $\frac{p}{s}$. Si la base en m' est une autre section droite s', égale et parallèle à s, la pression totale p' est égale et opposée à p, et la pression au point m', définie par la considération d'un élément de surface plane perpendiculaire aux génératrices du cylindre, est $\frac{p'}{s'}$ égal à $\frac{p}{s}$. Coupons maintenant le cylindre en m' par une base oblique, ayant une direction quelconque qui fait avec le plan de s' un angle α. La surface de cette base oblique est $s'' = \frac{s'}{\cos \alpha}$. Elle supporte une pression totale p'' normale à son plan; cette force a une composante parallèle aux génératrices du cylindre qui est $p'' \cos \alpha$, et une composante normale aux génératrices égale à $p'' \sin \alpha$. Il faut, pour l'équilibre du petit cylindre, que la somme des projections de toutes les forces sur l'axe mn soit nulle. Or les forces P, $p'' \sin \alpha$, et toutes les pressions sur la surface courbe, ont des projections nulles, tandis que les forces p et $p'' \cos \alpha$ se projettent en vraie grandeur. Donc $p'' \cos \alpha = p = p'$ et $p'' = \frac{p'}{\cos \alpha}$.

On en conclut que $\frac{p''}{s''} = \frac{p'}{s'}$, c'est-à-dire que la pression rapportée à l'unité de surface, qui s'exerce sur un petit élément plan de surface qui entoure le point m', est indépendante de l'orientation de cet élément.

5

PREMIER CAS. — *Les deux éléments (b et b') sont sur une même verticale* (fig. 66). On peut considérer ces éléments comme les bases d'un cylindre vertical. Supposons ce cylindre solidifié sans changement de volume, ce qui ne troublera pas l'équilibre.

Les seules forces qui tendent à déplacer ce cylindre dans le sens vertical sont :

1° Son poids P, dirigé de haut en bas ;

2° La pression p', sur la base b', dirigée aussi de haut en bas ;

3° La pression p, sur la base b, dirigée de bas en haut.

Puisque le cylindre est en équilibre, on a :

$$p = P + p' ;$$

d'où

$$p - p' = P.$$

Ce qui démontre le théorème.

DEUXIÈME CAS. — *Les deux éléments (b' et b_1) ne sont pas sur une même verticale* (fig. 66).

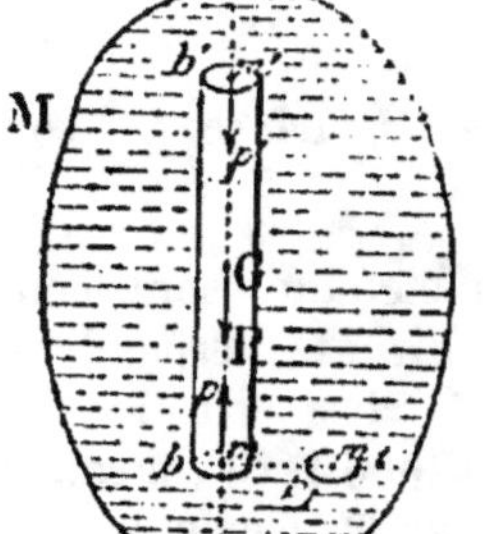

Fig. 66.

Considérons un élément b situé sur le même plan horizontal que b_1 et sur la même verticale que b'.

D'après le premier cas, nous avons pour les éléments b et b'

$$p - p' = P.$$

Or les éléments b, b_1, situés sur un même plan horizontal, supportent la même pression p. Donc le théorème est vrai pour les éléments b' et b_1.

Corollaire. — *La pression exercée sur un élément quelconque pris au sein d'un liquide pesant, est égale au poids d'une colonne de liquide ayant pour base cet élément, et pour hauteur sa distance verticale à la surface libre.* En effet, lorsque l'élément b' appartient à la surface *libre* et que le liquide n'a au-dessus de lui aucun fluide pesant, la pression p' que supporte cet élément est nulle, et l'on a :

$$p = P.$$

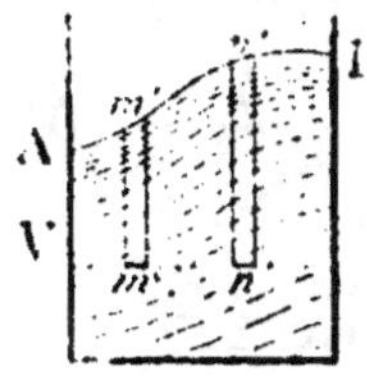

Fig. 67.

Théorème III. — *La surface libre d'un liquide pesant en équilibre est horizontale.*

Première démonstration. — Soit AB la surface du liquide contenu dans le vase V (fig. 67). Prenons deux éléments égaux, m et n, sur un même plan horizontal, et soient deux cylindres, mm', nn', ayant pour bases les éléments considérés et pour hauteurs les distances des éléments à la surface du liquide.

La pression sur m est égale au poids du cylindre mm' (Th. II. Corollaire). De même la pression sur n égale le poids du cylindre nn'.

Or les pressions en m et n sont égales (Th. I). Donc les cylindres qui ont même base ont aussi même hauteur, c'est-à-dire que m' et n' sont dans un même plan horizontal.

Deuxième démonstration. — Soit M (fig. 68) une molécule appartenant à la surface AB d'un liquide en équilibre. Le poids P de cette molécule peut être décomposé en deux forces : l'une MR, normale à la surface AB; l'autre MS, tangente à cette surface.

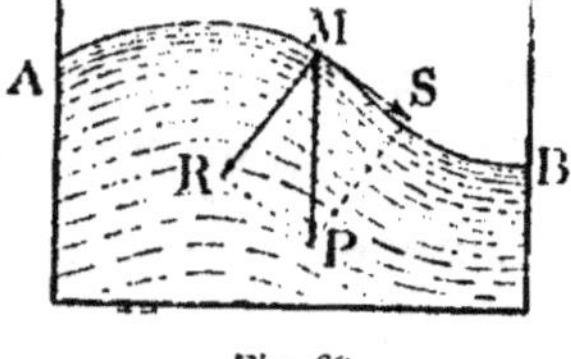

Fig. 68.

Or la force normale MR est détruite par la file des particules qui se trouvent dans sa direction; tandis que la force MS entraîne la molécule M et l'oblige à se mouvoir à la surface du liquide. L'équilibre ne peut donc subsister que si la composante MS est nulle; ce qui exige que la surface AB soit plane et horizontale.

Remarque. — Les surfaces de niveau très étendues sont convexes, car chaque élément de surface libre se dispose perpendiculairement à la verticale du lieu où il se trouve. Or les verticales des divers lieux ne sont pas parallèles; elles vont à peu près concourir au centre de la terre; donc la surface formée par les éléments sera convexe, et à peu près sphérique.

PRESSIONS EXERCÉES PAR UN LIQUIDE PESANT EN ÉQUILIBRE

130. Pression sur le fond horizontal d'un vase. — *La pression d'un liquide sur le fond horizontal d'un vase est égale au poids d'une colonne de ce liquide ayant pour base la surface pressée, et pour hauteur la distance de cette surface à la surface libre du liquide.*

Si P représente la pression, s la surface pressée, h la hauteur du liquide et d le poids de l'unité de volume (1 cm³) du liquide, on a :

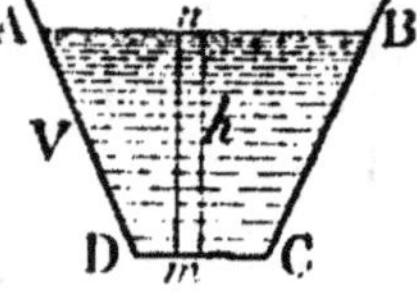

Fig. 69.

$$P = shd.$$

En effet (fig. 69 ou 70), décomposons la surface s en ses éléments m, m', m''... Quelle que soit la forme du vase, la pression supportée par l'un quelconque m de ses éléments est égale au poids mhd, d'une colonne de liquide ayant pour base cet élément et pour hauteur h.

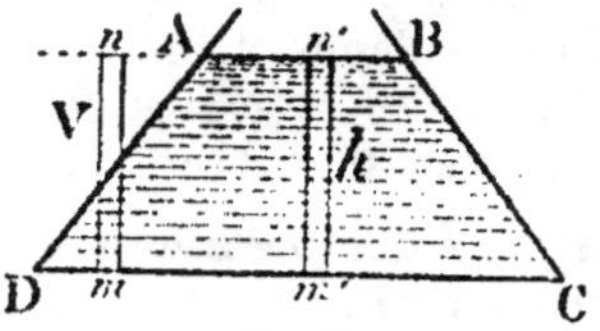

La pression totale sur la surface s est donc

$$P = mhd + m'hd = m''hd + \ldots,$$
$$\text{ou} \quad P = (m + m' + m'' + \ldots)hd ;$$
c'est-à-dire $\quad P = shd.$

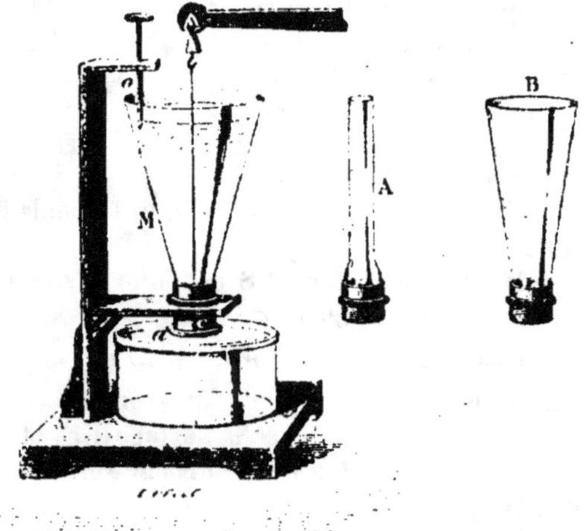

Fig. 70.

La pression d'un liquide sur le fond d'un vase est donc indépendante de la forme du vase.

Vérification. — Ce résultat peut être vérifié expérimentalement

Fig. 71.

avec l'appareil de Masson (fig. 71). Cet appareil se compose d'un support muni d'un anneau en cuivre, dont le bord inférieur, dressé avec soin, peut être fermé par un obturateur de verre, suspendu par un fil à l'un des bras d'une balance hydrostatique. On fait équilibre à cet obturateur au moyen d'une tare placée dans l'autre plateau de la balance. L'appareil est disposé de manière que le fléau soit horizontal quand cet équilibre est établi. On met ensuite un poids à côté de la tare, et vissant successivement sur l'anneau des vases de formes diverses, tels que M, A, B, on verse lentement de l'eau ou tout autre liquide dans le vase, jusqu'à ce que l'obturateur se détache. Ayant marqué, à l'aide de la pointe o, la hauteur du liquide au moment où le fond mobile du vase s'est détaché, on constate que cette hauteur est constante quelle que soit la forme du vase.

La pression est donc la même sur le fond des trois vases ; on vérifie qu'elle est équivalente au poids d'une colonne cylindrique *du liquide employé*, qui aurait pour base le fond des vases et pour hauteur la hauteur commune du liquide dans ces différents vases.

113. Pression sur les parois latérales. — *La pression d'un liquide sur une portion plane de la paroi latérale d'un vase, est égale au poids d'une colonne de liquide qui aurait pour base la surface pressée, et pour hauteur la distance du centre de gravité de cette surface au niveau du liquide.*

Soit EF = S une portion plane de la paroi latérale BC. Décomposons cette aire plane en ses éléments m, m', m'', ... La pression sur l'un quelconque de ses éléments m, est égale à la pression supportée par tout autre élément n égal à m et situé dans le même plan horizontal mn. Cette pression a donc pour mesure mhd ; h désignant la distance

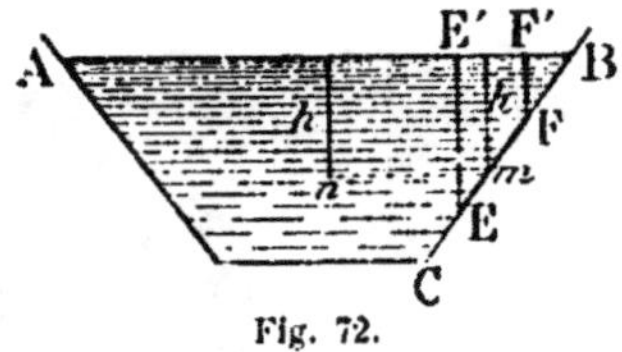

Fig. 72.

de mn à la surface libre AB, et d représentant le poids de l'unité de volume du liquide.

La pression totale sur la surface ES est donc la somme

$$P = mhd + m'h'd + m''h''d + ...,$$

ou

$$P = (mh + m'h' + m''h'' + ...)d.$$

La parenthèse représente le volume d'un tronc de prisme à arêtes verticales, ayant pour base inférieure la surface EF, et dont la base supérieure est située dans le plan de la surface libre AB.

Or on démontre que ce volume est égal au produit de la surface EF = S par la distance H du centre de gravité de cette surface au-dessous de la surface libre.

En remplaçant la parenthèse par sa valeur SH, on a donc

$$P = SHd.$$

Remarque. — Il ne faut pas confondre le *centre de gravité* de la paroi avec le **centre de pression**. *Le centre de pression est plus bas que le centre de gravité.*

En effet, le centre de gravité de la paroi est le point d'application de la résultante des actions de la pesanteur appliquées aux éléments égaux m, m'...; ces forces sont égales entre elles ; tandis que le centre de pression est le point d'application de la résultante des diverses pressions supportées par les mêmes éléments m, m'... Or ces pressions élémentaires augmentent avec les hauteurs h, h'...; elles ne sont donc pas proportionnelles aux premières forces ; par suite, les deux centres ne coïncident pas. Le centre de pression s'approchera des plus grandes pressions, c'est-à-dire qu'il sera plus bas que le centre de gravité.

Vérifications. — 1° Pour vérifier l'existence des pressions laté‑
rales, on place sur un flotteur (fig. 73) une éprouvette ayant un orifice latéral *ab*. L'éprouvette étant remplie d'eau et l'orifice étant fermé, les pressions qui s'exercent en *ab* et en *a'b'* se dé‑truisent, car les éléments *ab* et *a'b'* situés sur un même plan horizontal, supportent des pressions *p, p'*, égales et directement opposées ; l'éprouvette est alors en équilibre. Si l'on ouvre

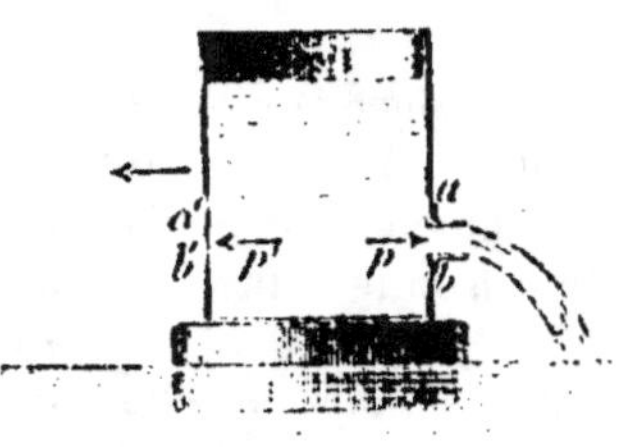

Fig. 73.

l'orifice *ab*, le liquide s'écoule sous l'influence de la force *p* ; la force *p'*, n'étant plus contrebalancée, fait mouvoir l'appareil en sens inverse de l'écoulement.

2° Dans le *tourniquet hydrau‑lique* (fig. 74), l'écoulement a lieu par deux tubes horizontaux, coudés en sens contraires ; l'é‑coulement donne naissance à des réactions contraires, for‑mant un couple qui imprime à l'appareil un mouvement de rotation.

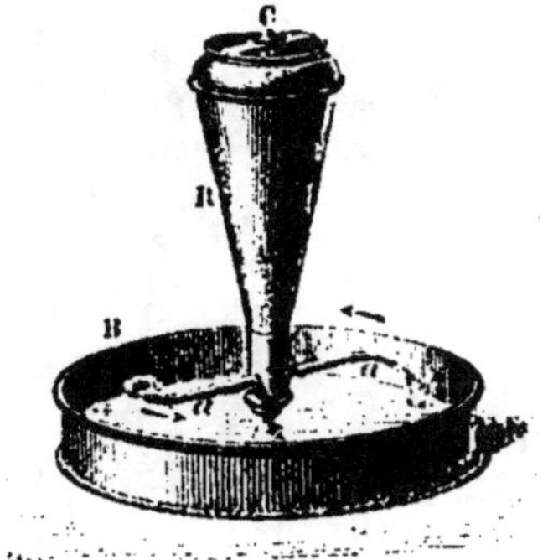

Fig. 74.

132. Pression de bas en haut à l'intérieur d'un liquide. — *La pression que supporte de bas en haut une surface horizontale est égale au poids d'une colonne de liquide ayant pour base la surface pressée, et pour hauteur la distance de cette surface au niveau du liquide.*

L'existence de cette pression résulte de ce qu'un point pris à l'intérieur du liquide sup‑porte la même pression dans tous les sens. On la met en évidence par l'expérience de l'obturateur (fig. 75). On prend un manchon de verre fermé à sa partie inférieure par un obturateur *ab*, que l'on retient d'abord contre les parois du manchon au moyen d'un fil. On plonge le manchon dans une éprouvette rem‑plie d'eau ; alors on peut abandonner l'obtura‑teur, il est retenu contre le manchon par la

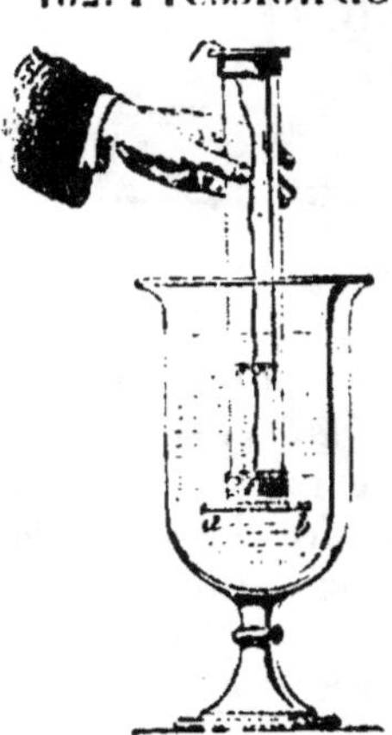

Fig. 75.

pression de bas en haut ; mais il se détache lorsqu'on verse de l'eau dans l'intérieur du manchon jusqu'à la hauteur du niveau extérieur.

133. Paradoxe hydrostatique. — Si l'on place sur le plateau d'une balance un vase contenant un liquide, la force exercée sur le plateau est égale au poids du vase, augmenté du poids total du liquide. Mais on pourrait être tenté de raisonner ainsi : ce qui presse sur le plateau de la balance, c'est le fond du vase ; donc la force qu'exerce le liquide sur la balance sera la pression du liquide sur le fond, transmise à la balance par ce fond. Or on sait que la pression du liquide sur le fond n'est pas, en général, égale au poids du liquide. Cette contradiction apparente constitue le *para-doxe hydrostatique*.

Soient trois vases A, B, C (fig. 76), qui ont leur fond égal à un décimètre carré et dont les parois sont disposées différemment. Une même quantité d'eau s'élève dans le premier, à 1 décimètre ; dans le second, à 2 décimètres ; dans le troisième, à 3 décimètres. La pression sera d'un kilogramme sur le fond du premier, de 2 kilogrammes sur celui du second, et de 3 kilo-grammes sur celui du troisième ; ce-pendant, si les vases sont placés suc-cessivement sur le plateau d'une ba-lance, on trouve toujours le même poids d'eau. Ces deux résultats ne sont nullement contradictoires.

En effet, dans le cas présent, (et con-trairement au cas de l'expérience de Masson), le fond du vase est solidaire des parois latérales, et ce n'est pas la seule pression du liquide sur le fond qui est transmise par l'intermédiaire du fond, au plateau de la balance ; mais c'est *la résultante des pressions exercées sur toutes les parois du vase.* Cette *résultante de toutes les pressions est égale au poids du liquide,* ainsi qu'on peut le démontrer directement.

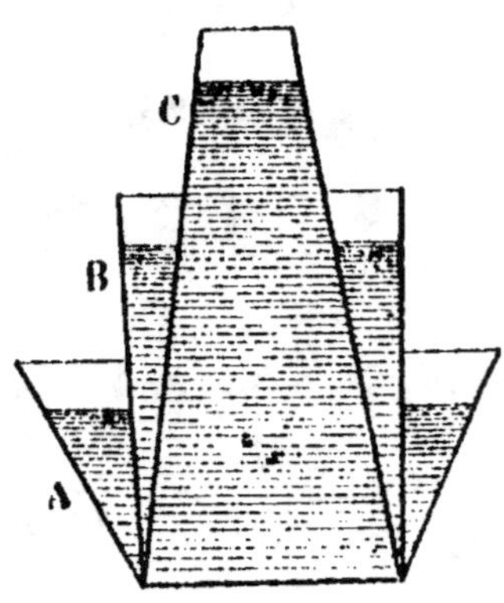

Fig. 76.

1° Prenons le cas du vase cylindrique B. Les pressions latérales, toutes horizontales, se détruisent deux à deux : ici, la résultante de toutes les pressions est égale à la pression sur le fond ; et, dans le cas d'un vase cylindrique, on sait que la pression sur le fond est égale au poids du liquide.

2° Dans le cas du vase A, la pression sur le fond est inférieure au poids total du liquide. Les pressions latérales sont obliques et dirigées vers le bas ; elles ont donc une composante verticale dirigée vers le bas et qui s'ajoute à la pression sur le fond. Considérons sur la paroi latérale de A un petit élément plan, de surface s, à une distance h du niveau, et incliné de α sur la verticale. Le poids de liquide qui surmonte l'élément est $s \sin \alpha\, hd$.

La pression qu'il supporte est une force normale à s et d'intensité shd. La composante verticale est donc $s \sin \alpha\, hd$, c'est-à-dire précisément le poids du liquide qui surmonte s. La composante horizontale s'équilibre avec la composante horizontale de la pression sur la paroi opposée ; les composantes verticales des pressions sur toutes les parois obliques s'ajoutent et représentent le poids total du liquide qui est au-dessus de ces parois. En composant ces pressions latérales avec la pression sur le fond, on a donc une somme égale au poids total du liquide contenu dans le vase.

3° Considérons enfin le vase de forme C. Les parois latérales supportent des pressions dont la composante verticale est dirigée de bas en haut : ces pressions tendent à soulever les parois et se retranchent de la pression sur le fond. La même démonstration que pour le vase A montrerait que la somme de ces composantes verticales, qui sont ici à retrancher de la pression sur le fond, est égale au poids du liquide qui manque au vase pour compléter le cylindre ayant pour base le fond.

LIQUIDES SUPERPOSÉS

134. Équilibre des liquides superposés. — *Quand plusieurs liquides, qui ne se mélangent pas, sont versés ensemble dans le même vase, ils se superposent par ordre de densité décroissante, le plus lourd au fond ; et les surfaces de séparation sont des plans horizontaux.*

1° *Les surfaces de séparation sont des plans horizontaux.*

Soient V un vase contenant deux liquides différents, et CD la surface de séparation de ces deux liquides (fig. 77). Considérons deux éléments égaux m et n sur le plan horizontal EF. Ces éléments égaux, situés sur un même plan horizontal, sont également pressés (124). En appelant h leur distance à la surface libre, z et z' leurs distances à la surface de séparation CD, d et δ le poids de l'unité de volume des liquides supérieur et inférieur, on a :

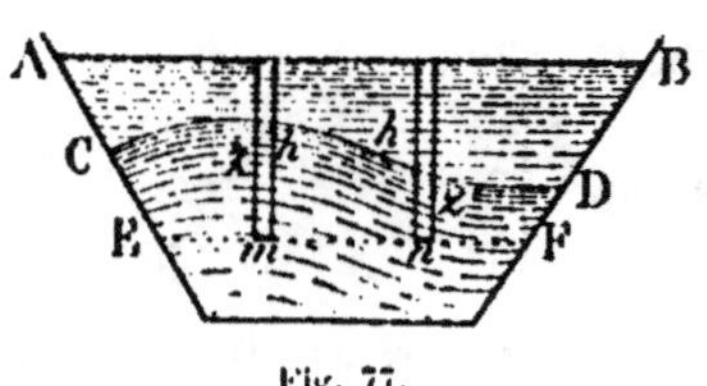

Fig. 77.

$$m z \delta + m (h - z) d = n z' \delta + n (h - z') d.$$

Effectuant les calculs, et supprimant les quantités égales m et n,
on a :
$$z(\delta - d) = z'(\delta - d);$$
d'où
$$(\delta - d)(z - z').$$
Or
$$\delta - d > 0,$$
donc
$$z = z',$$
et CD est horizontale.

2º *Les différents liquides se superposent par ordre de densité.*

Cette propriété, ainsi que nous le verrons plus loin, résulte du principe d'Archimède (143).

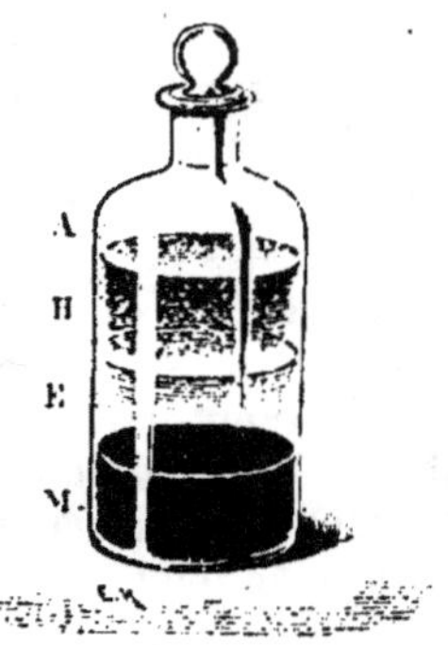

VÉRIFICATION. — On vérifie ces conditions d'équilibre à l'aide d'une fiole cylindrique contenant des liquides de densités différentes, tels que du mercure, une dissolution de carbonate de potasse, de l'alcool et de l'huile de naphte (fig. 78 et 79). Si l'on agite le flacon, les liquides se mêlent ; laissés au repos, les liquides se superposent par ordre de densité.

Fig. 79.   Fig. 78.

VASES COMMUNIQUANTS

135. **Équilibre dans les vases communiquants.** — I. **Vases communiquants contenant un même liquide.** — *Pour qu'un liquide soit en équilibre dans plusieurs vases communiquants, il faut que ce liquide s'élève à la même hauteur dans tous les vases.*

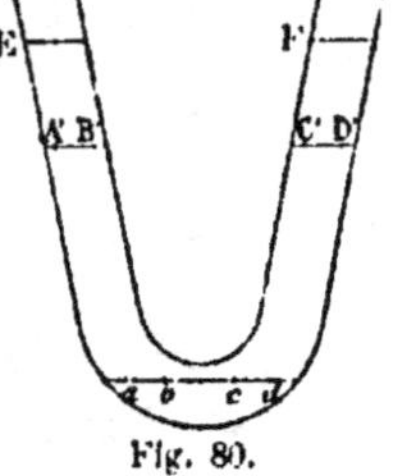

Soient deux vases réunis par un tube (fig. 80). Considérons un plan horizontal A'D'; les surfaces égales A'B', C'D' prises sur ce plan, dans les deux vases, supportent des pressions égales (129). Or ces pressions ont pour mesure les colonnes liquides, ayant pour bases ces surfaces égales, et pour hauteurs les distances verticales de ces éléments aux surfaces libres E et F. Donc ces hauteurs sont égales, c'est-à-dire que les niveaux E et F sont sur un même plan horizontal.

Fig. 80.

VÉRIFICATION. — On vérifie cette propriété au moyen de l'appareil (fig. 81). Il est formé d'un réservoir muni d'un tube horizontal sur lequel se vissent des vases de différentes formes. Si l'on verse de l'eau dans le réservoir, on voit le liquide s'élever et se mettre de niveau dans les deux vases communiquants.

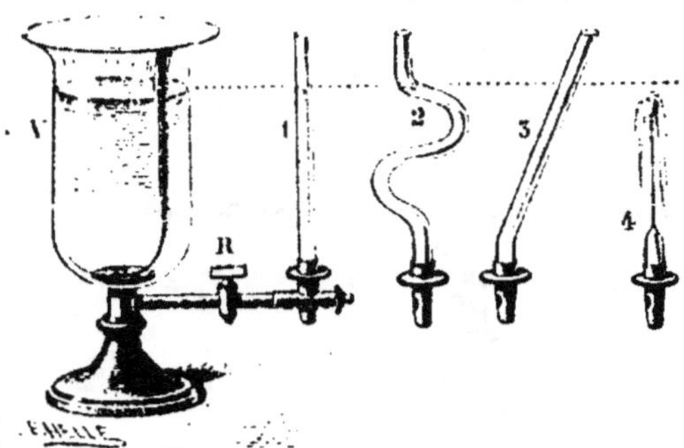
Fig. 81.

II. Vases communiquants contenant des liquides différents. — *Pour que deux liquides de densités différentes soient en équilibre dans deux vases communiquants, il faut que les hauteurs de ces liquides au-dessus de leur plan de séparation soient inversement proportionnelles aux poids spécifiques de ces liquides* [1].

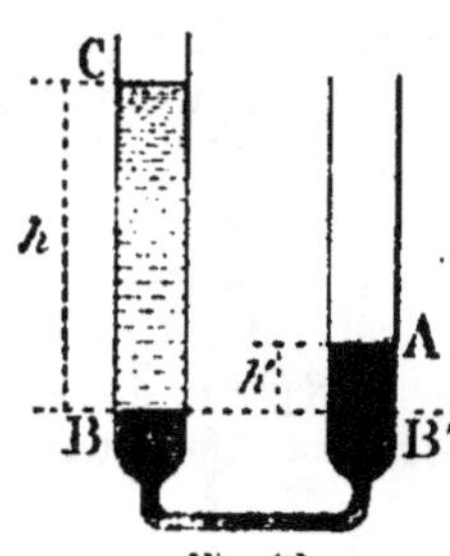
Fig. 82.

Soient les vases A, C (fig. 82), contenant du mercure dans la partie BB'A et de l'eau dans la branche BC. Concevons un plan horizontal mené au niveau du mercure dans la branche B. La pression supportée par un élément s pris sur ce plan dans la branche B' est shd, d étant le poids de l'unité de volume et h la hauteur de la colonne d'eau. Un élément égal s, pris sur le même plan dans la branche B', supporte une pression $sh'd'$, h' étant la hauteur du mercure et d' le poids de l'unité de volume de mercure.

Or ces pressions sont égales entre elles; c'est-à-dire que l'on a :
$$shd = sh'd'; \quad \text{d'où} \quad hd = h'd',$$
et enfin
$$\frac{h}{h'} = \frac{d'}{d} \cdot$$

APPLICATIONS

136. **Niveau d'eau.** — Le *niveau d'eau* (fig. 83) se compose de deux tubes de verre mastiqués dans un tube de laiton deux fois recourbé; il est supporté par un trépied. On verse dans les tubes

---

[1] On appelle *poids spécifique* d'un corps, le poids de l'unité de volume de ce corps. (Voir plus loin n° 115.)

communiquants un liquide coloré dont les niveaux déterminent une horizontale AA'.

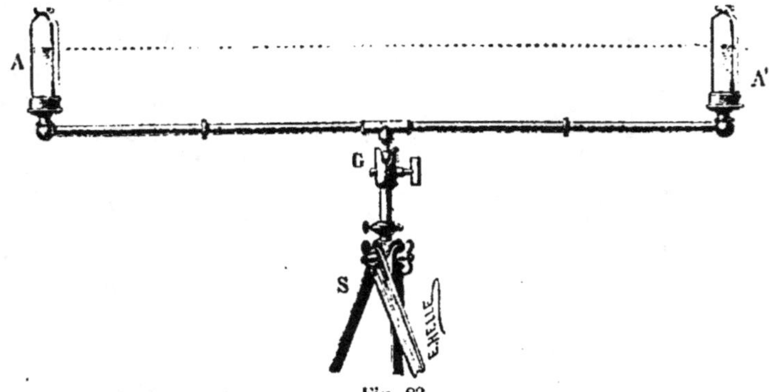

Fig. 83.

Cet appareil sert à déterminer la différence des hauteurs de deux points.

Soit à déterminer la hauteur d'un point B au-dessus du point A (fig. 84). Dans le plan vertical déterminé par ces points A et B, on place le niveau qui détermine une horizontale nn', et l'on vise une mire placée d'abord au point A.

On fait glisser la mire le long d'une règle verticale, de manière à l'amener sur la ligne de visée nn'; puis on lit sur la règle la distance du point A à l'horizontale nn'. La mire est ensuite transportée au

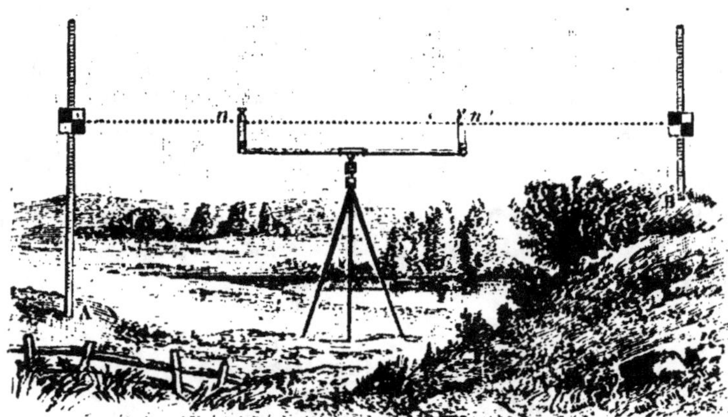

Fig. 84.

point B et visée une seconde fois. La différence des deux observations donne la différence de hauteur des points A et B.

2° Au principe des vases communiquants se rattachent encore

l'explication des *jets d'eau*, celle des *puits artésiens*, la distribution de l'eau dans les villes, etc.

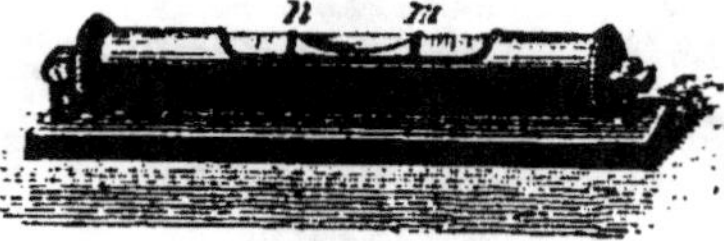
Fig. 85.

137. Niveau à bulle d'air. — Quand il s'agit de vérifier ou de régler l'horizontalité d'une règle ou d'une table, on se sert d'un autre type de niveau, le *niveau à bulle d'air*. Il est formé d'un tube de verre légèrement bombé, présque entièrement rempli d'eau, et contenant une bulle d'air. Il est enchâssé dans un tube de laiton qui repose lui-même sur une règle parfaitement dressée, qu'on appelle la *platine*.

Lorsque l'appareil est placé sur une surface horizontale, la bulle d'air vient occuper la partie moyenne du tube et reste comprise entre deux repères m et n. Si la bulle est en dehors de ces repères, des divisions symétriques tracées sur le tube indiquent l'inclinaison de la surface sur laquelle l'instrument est posé.

138. Cathétomètre. — Au niveau à bulle d'air se rattache un appareil destiné à la mesure de hauteurs verticales, le *cathétomètre* (fig. 86).

1° Il se compose d'une règle verticale divisée avec beaucoup de soin et mobile autour d'une colonne A, solidement établie sur un pied à trois vis calantes; ce pied est muni de deux niveaux à bulle d'air, croisés à angle droit; si l'on touche aux vis calantes de manière à amener les bulles des deux niveaux entre leurs repères, le plan déterminé par ces deux niveaux est horizontal, et la colonne qui leur est perpendiculaire est verticale.

Le long de cette règle peut glisser une lunette L portée par un chariot C (fig. 87). Ce chariot se compose de deux pièces: l'une qu'on fixe au moyen de la vis de pression K, une fois qu'on a amené la lunette à peu près à la hauteur voulue; l'autre pièce, qui porte la

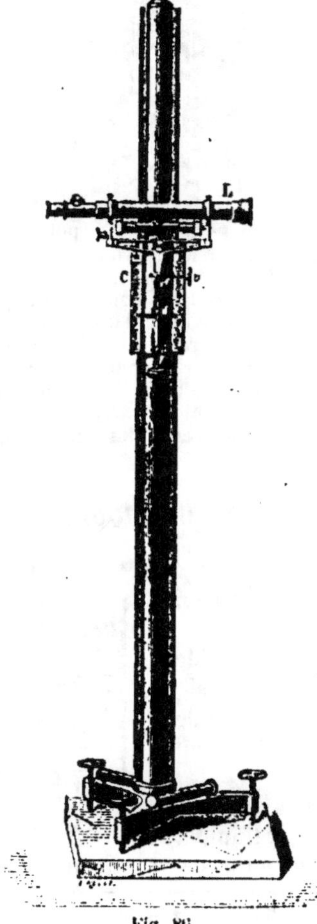
Fig. 86.

lunette elle-même, est rattachée à la précédente par une vis de rappel, qui
permet de l'en approcher et de l'en éloigner progressivement d'une très petite quantité. On déplace les deux pièces du chariot d'un mouvement d'ensemble, et, quand on est à peu près arrivé, on agit sur la vis de rappel, qui permet d'amener la lunette exactement à la hauteur voulue. La lunette L peut basculer sur le chariot C autour d'un axe horizontal; une vis *v* commande ce mouvement. Un niveau à bulle d'air porté par la lunette permet de vérifier son horizontalité.

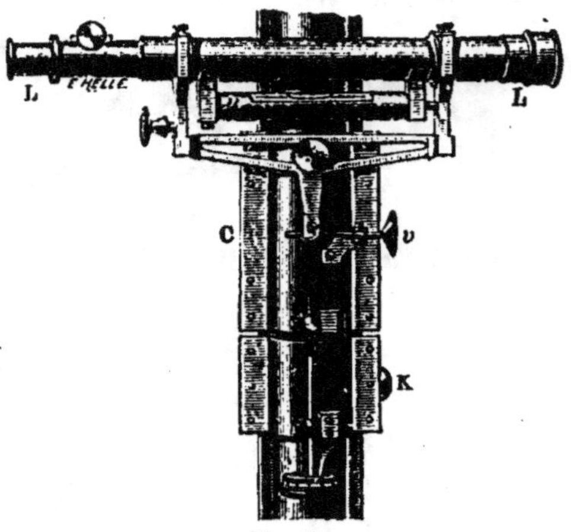

Fig. 87.

2° Pour mesurer la distance verticale de deux points, il faut viser successivement chacun d'eux. On déplace d'abord le chariot pour que l'axe de la lunette soit sensiblement dans le plan horizontal du point visé, et l'on serre la vis K. Puis on tourne la règle qui porte les chariots et la lunette autour de la colonne verticale, jusqu'à ce que le point visé soit dans le prolongement de l'axe de la lunette; enfin on modifie, s'il y a lieu, le tirage de celle-ci, pour *mettre au point*, c'est-à-dire pour avoir nette l'image du point dans le plan du réticule de la lunette (voir Optique). Il reste à toucher à la vis de rappel, qui modifie la distance des deux pièces du chariot pour amener exactement l'image du point visé sur la croisée des fils du réticule. On lit alors sur la règle verticale la position du chariot qui porte la lunette. On fait une seconde visée et une seconde lecture pour l'autre point : la différence des deux lectures donne la distance verticale des deux points [1].

ÉQUILIBRE DES CORPS PLONGÉS DANS UN LIQUIDE

139. Principe d'Archimède [2]. — *Tout corps plongé dans un fluide reçoit une poussée verticale de bas en haut, égale au poids du fluide qu'il déplace.*

Dans un vase V (fig. 88) contenant un liquide en équilibre, considérons une masse liquide M, et supposons-la solidifiée sans changement de volume; elle restera évidemment en équilibre au sein du liquide.

Cette masse, sollicitée de haut en bas par son propre poids P, est soumise, de la part du liquide,

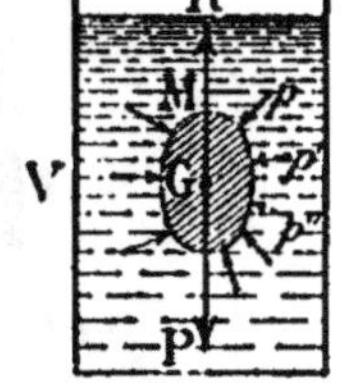

Fig. 88.

à des pressions normales à tous les éléments de sa surface, telles

---

1 Nous ne donnons ici que le principe de l'appareil et non le détail des précautions minutieuses que comporte son réglage rigoureux.

2 *Archimède*, savant de Syracuse (287-212 av. J.-C.).

que p, p', p''.... qui augmentent d'intensité avec la distance des éléments à la surface libre du liquide.

Puisque la masse M est en équilibre, les forces p, p', p''... ont une résultante, qui est égale et directement opposée à la force P (27). Si la masse liquide était remplacée par un corps ayant la même forme, les pressions et leur résultante, qui dépendent uniquement de la surface qui limite M, ne changeraient pas; par conséquent, le corps recevrait une poussée de bas en haut égale au poids du liquide déplacé [1].

La poussée qu'éprouve un corps plongé dans un liquide est produite par l'excès de pression de bas en haut sur celle de haut en bas; on l'appelle **poussée du liquide**.

Le centre de gravité du volume du liquide déplacé s'appelle **centre de poussée**.

140. Vérification expérimentale du principe d'Archi-

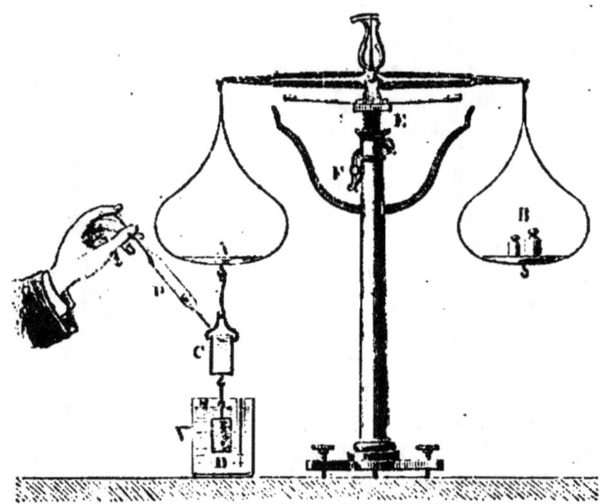

Fig. 89.

mède. — Cette vérification se fait au moyen de la *balance hydro-statique* (fig. 89).

---

1 On pourrait donner du principe une autre démonstration théorique, en décomposant toutes les pressions exercées sur la surface du corps plongé, en leurs composantes verticales et leurs composantes horizontales; on verrait, par une démonstration identique à celle qui a été donnée à l'occasion du paradoxe hydrostatique (on n'a ici qu'à changer le *sens* de toutes les pressions), que toutes les composantes horizontales se détruisent, et que les composantes verticales ont une résultante verticale dirigée de bas en haut, égale au poids de liquide qui remplirait un vase confondu avec M (133).

La balance hydrostatique ne diffère de la balance ordinaire que par les particularités suivantes :

Les plateaux ont une suspension très courte, et ils sont munis de crochets auxquels on peut suspendre des corps.

Le fléau est porté par un support à crémaillère que l'on peut faire monter ou descendre à volonté, au moyen d'un pignon denté E; un cliquet à ressort F s'engage dans les dents de la crémaillère et soutient le support à la hauteur voulue.

EXPÉRIENCE. — On suspend au-dessous du plateau A un cylindre creux C, et au-dessous de celui-ci un cylindre plein D; le cylindre D peut entrer à frottement dans le cylindre C, et le volume intérieur du cylindre creux est égal au volume du cylindre plein. Les deux cylindres étant dans l'air, on établit d'abord l'équilibre au moyen d'une tare que l'on place sur le plateau B; on fait descendre le fléau jusqu'à ce que le cylindre plein soit complètement immergé dans l'eau. Alors l'équilibre est rompu, le fléau inclinant vers B. On constate que pour rétablir l'équilibre il suffit de remplir d'eau le cylindre creux. Donc le cylindre immergé subit une poussée de bas en haut égale au poids de son volume d'eau.

141. Vérification du principe d'Archimède pour un corps de forme quelconque. — On suspend le corps A sous l'un des plateaux de la balance (fig. 90), et on met sur ce plateau un petit vase v', destiné à recevoir le liquide qui sera déplacé par le corps; puis on établit l'équilibre au moyen d'une tare, que l'on met sur l'autre plateau.

Dans une deuxième opération, on prend un vase V muni d'une tubulure r et contenant de l'eau jusqu'au niveau de la tubulure.

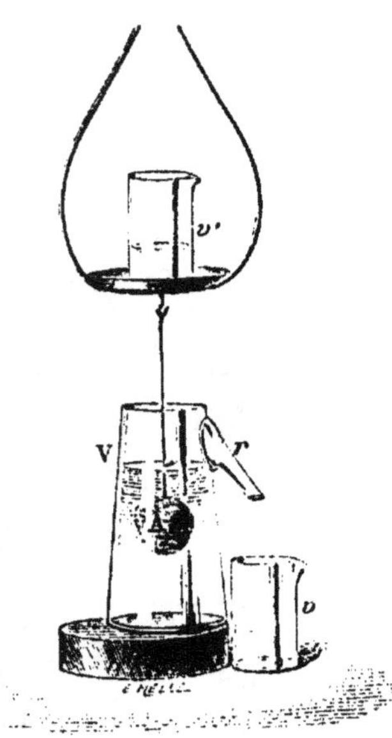

Fig. 90.

On plonge le corps A dans ce vase; l'eau déplacée est recueillie dans un vase v. L'équilibre est rompu; pour le rétablir, il suffit de verser l'eau recueillie du vase v dans le vase v'; ce qui vérifie le principe.

142. Réciproque du principe d'Archimède. — *Tout corps plongé dans un fluide exerce sur ce fluide une pression de haut en bas égale au poids du fluide déplacé.*

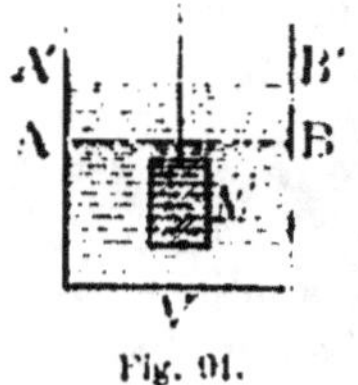

Fig. 91.

En effet, la réaction est égale à l'action : le corps réagit sur le liquide et lui rend de haut en bas la poussée que le liquide lui fait éprouver de bas en haut.

Soit un vase V contenant un liquide jusqu'au niveau AB (fig. 91); si nous plongeons dans le liquide un corps M, le niveau monte en A'B', de manière que l'eau contenue dans ABA'B' ait un volume égal à celui du corps.

Or, l'eau contenue dans ABA'B' exerçant des pressions sur les parois du vase, la résultante des pressions exercées par le liquide sera augmentée; et par suite le poids qui s'exerce sur le plateau de la balance, qui est égal à cette résultante, sera aussi augmenté. Il est d'ailleurs évident que les pressions exercées par l'eau contenue dans ABA'B' sont les mêmes que celles qu'on aurait obtenues si, au lieu du corps, on avait mis dans le vase une quantité de liquide égale au volume du corps.

On vérifie ce fait de la manière suivante :

Sur l'un des plateaux de la balance (fig. 92) on met un vase à

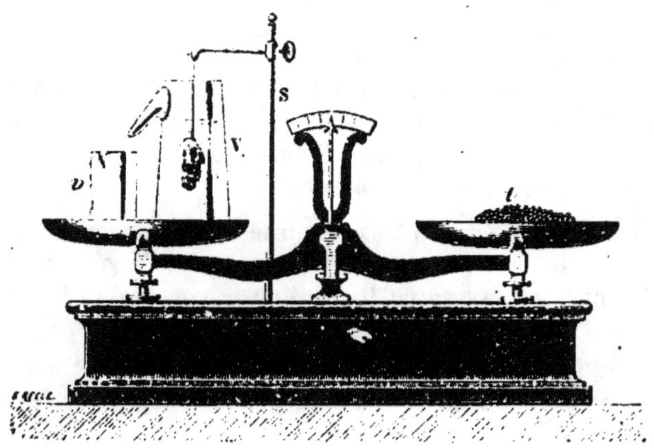

Fig. 92.

déversoir V, rempli d'eau jusqu'à la tubulure, et un vase *v* destiné à recueillir le trop plein; puis on fait la tare dans l'autre plateau.

Un support à curseur S, indépendant de la balance, permet de suspendre un corps A à la hauteur que l'on veut. Dès que l'on fait descendre ce corps à l'intérieur du liquide, l'équilibre est rompu, et le vase v reçoit un volume d'eau égal au volume du corps immergé. Or, pour rétablir l'équilibre, il suffit de vider le vase v et de le remettre en place sur le plateau de la balance. (Si le vase v, au lieu de reposer sur le plateau de la balance, était soutenu par un support indépendant, l'équilibre ne serait pas rompu, ou il se rétablirait de lui-même.) Le principe est ainsi vérifié.

143. Conséquences du principe d'Archimède. — Un solide A, abandonné au sein d'un liquide, est sollicité par deux forces verticales : son poids P dirigé de haut en bas, appliqué en son centre de gravité G, et la poussée P' dirigée de bas en haut, appliquée au centre de poussée C. (Les deux points G et C ne coïncident que si le corps et le liquide sont séparément homogènes, ce qui n'a pas lieu en général.)

Trois cas peuvent se présenter (fig. 93) :

1er Cas. $P = P'$. Le corps est soumis à deux forces parallèles, égales et de sens contraires, c'est-

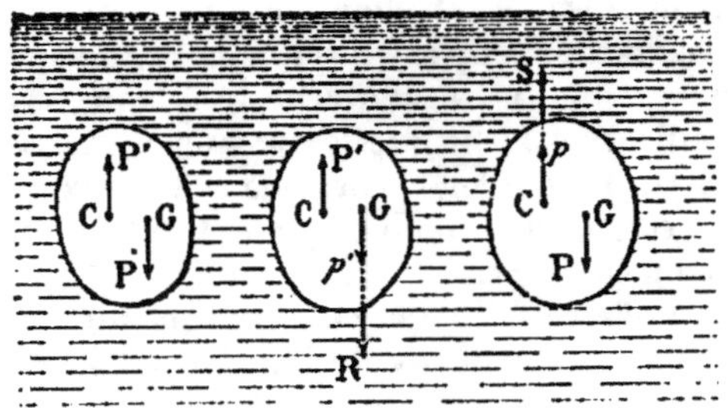

Fig. 93.

à-dire à un couple qui tend à l'orienter. Mais il n'y a aucune force résultante qui tende à l'entraîner soit vers le haut, soit vers le bas. Le corps reste en suspension dans le liquide, et s'y oriente seulement, de manière que la ligne GC soit verticale.

2e Cas. $P > P'$. Les forces agissant sur le solide peuvent se réduire à une force R de même sens que P, et à un couple (P', p') qui oriente le corps (Mécan., 92). La force R entraîne le corps vers le bas : le corps tombe.

3e Cas. $P < P'$. On a un couple (P, p), et une force S de même sens que la poussée P'. Le corps monte à la partie supérieure du liquide, où il flotte.

Vérifications. — 1º On peut réaliser les trois cas avec un œuf, qui tombe au fond dans l'eau ordinaire, surnage dans l'eau saturée de sel marin, et reste en suspension dans une dissolution moins concentrée.

2º On peut produire ces mêmes phénomènes avec le **ludion**.

Le ludion se compose d'une éprouvette pleine d'eau, et fermée par une membrane (fig. 94). Une figurine surmontée d'une boule contenant de l'air, plonge dans l'eau. La boule ainsi lestée est percée

à sa partie inférieure. Si l'on appuie sur la membrane, le liquide est comprimé; la pression est transmise à l'air de la boule, et une petite quantité d'eau y pénètre, la figurine augmente de poids et descend. Si l'on diminue la pression, la figurine remonte.

3° Les mouvements ascendants et descendants des poissons dans l'eau sont facilités par un appareil analogue à celui du ludion : la vessie natatoire. Cette vessie est remplie d'un gaz composé en grande partie d'azote; l'animal la contracte ou la dilate, selon les mouvements qu'il veut exécuter.

Fig. 94.

114. Conditions d'équilibre des corps flottants. — 1° Un corps ne peut rester en suspension dans un liquide ou flotter à sa surface, qu'à la condition de *déplacer son poids de liquide*.

Si le poids du corps est inférieur au poids de son volume de liquide, une partie du corps émerge en dehors du liquide;

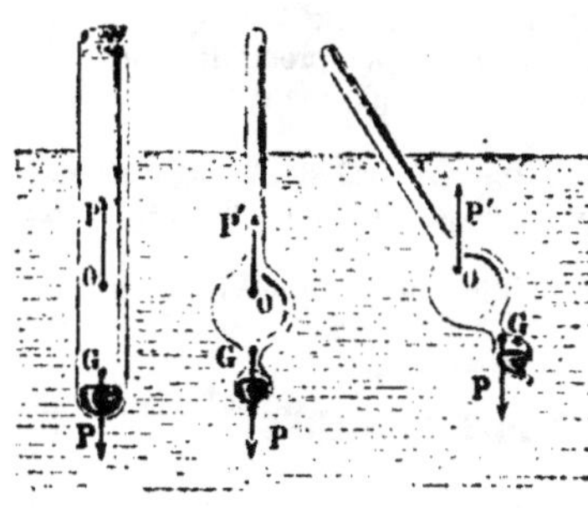

et lorsqu'il y a équilibre, *le poids total du corps est égal au poids du liquide déplacé par la partie du corps qui est immergée dans le liquide.*

2° Pour qu'il y ait équilibre, *le centre de gravité du corps et le centre de poussée doivent se trouver sur la même verticale;* ainsi (fig. 95), les deux corps figurés à gauche sont en équilibre, mais il n'en est pas de même du corps

Fig. 95.

figuré à droite, parce que son poids et la poussée du liquide forment un couple qui tend à ramener les deux points sur une même verticale.

Stabilité de l'équilibre. — I. Lorsque le centre de gravité du corps est au-dessous du centre de poussée, l'équilibre est *stable*.

II. Si le centre de gravité du corps est au-dessus du centre de poussée, l'équilibre peut être *stable* ou *instable*.

Soit un flotteur C en forme de vaisseau (fig. 96) en équilibre à la surface de l'eau. Son centre de gravité G est invariable sur le corps, le centre de poussée O se déplace sur le corps, car il dépend de la forme du volume du liquide déplacé. Les deux points O et G étant sur la même verticale, le corps est en équilibre. Donnons au corps une deuxième position en admettant, par exemple, qu'il tourne autour d'une horizontale passant par le centre de gravité G; et supposons que l'axe AB vienne en A'B'.

Le point O peut venir soit à droite, soit à gauche de la verticale qui passe par G.

1° Si le point O vient en O' à droite de la verticale AB (fig. 96), les deux forces égales appliquées en G et O' forment un couple qui ramène le corps dans sa première position. L'équilibre est stable.

2° Si le point O vient en O' à gauche de la verticale AB (fig. 97), les deux forces précédentes tendent à renverser entièrement le corps; l'équilibre est instable.

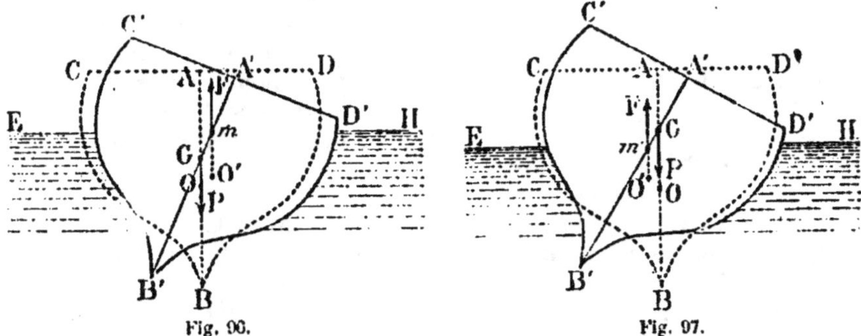

Fig. 96.   Fig. 97.

On appelle **métacentre** l'intersection m ou m' de la droite A'B', qui est fixe sur le corps, avec la verticale menée par la position que prend le centre de poussée, quand on incline le corps flottant d'un angle infiniment petit à partir de sa position d'équilibre.

D'après ce qui précède, on peut dire que l'équilibre est stable ou instable, suivant que le métacentre se trouve au-dessus ou au-dessous du centre de gravité.

Comme on le voit, la position du métacentre influe beaucoup sur l'équilibre des vaisseaux.

DENSITÉ DES SOLIDES ET DES LIQUIDES

145. Définitions. — I. *On appelle* **densité absolue** *d'un corps (pris dans des conditions déterminées de température et de pression), la masse (d) de l'unité de volume de ce corps;* c'est-à-dire, dans le système C. G. S., *la masse en grammes d'un centimètre cube de ce corps.*

On l'obtient en divisant la masse du corps (M) évaluée en grammes, par le nombre (V) qui mesure son volume en centimètres cubes :

$$d = \frac{M}{V} \text{ (grammes).} \qquad (1)$$

II. *On appelle* **poids spécifique absolu** *d'un corps (pris dans des conditions déterminées de température et de pression) le poids* (p) *de l'unité de volume de ce corps;* c'est-à-dire, dans le système C. G. S., *le poids en dynes d'un centimètre cube de ce corps.*

On l'obtient en divisant le poids du corps (P) évalué en dynes, par le nombre (V) qui mesure son volume en centimètres cubes :

$$p = \frac{P}{V} \text{ (dynes)}. \qquad (2)$$

Relation entre *d* **et** *p*. — *Le poids spécifique absolu d'un corps* (p) *est égal au produit de sa densité absolue* (d) *par l'intensité de la pesanteur* (g). Le poids P et la masse M d'un poids quelconque satisfont à la relation connue (104) :

$$P = Mg. \qquad (3)$$

En appliquant cette relation au poids *p* et à la masse *d* de l'unité de volume, on obtient :

$$p = dg. \qquad (4)$$

On parviendrait au même résultat en remplaçant P et M, dans la relation (3), par leurs valeurs tirées des formules (1) et (2).

Densité absolue et poids spécifique de l'eau distillée prise à 4°.
1° D'après la définition de l'unité de masse (45), *la densité de l'eau pure à 4° est égale à 1 gramme.*

Il s'ensuit que la masse de *n* centimètres cubes d'eau est égale à *n* grammes; c'est-à-dire qu'une masse d'eau en grammes et son volume en centimètres cubes sont exprimés par le même nombre.

2° *Le poids spécifique de l'eau à 4° est égal à g dynes.*

L'intensité de la pesanteur, *g*, n'est autre que le poids de l'unité de masse (79). Donc un centimètre cube d'eau, ou un gramme masse, pèse 981 dynes.

D'ailleurs, dans l'hypothèse *d* = 1, la formule (4) donne *p* = *g*.

III. *On appelle* **densité relative** *d'un corps (pris dans des conditions données), le rapport* (δ) *de la masse* (M) *de ce corps à la masse* (M') *d'un égal volume d'eau prise à 4° :*

$$\delta = \frac{M}{M'}. \qquad (5)$$

Remarque. — *Dans le système C. G. S., la densité relative d'un corps est égale au nombre qui mesure sa densité absolue.* En effet, si le volume considéré est égal à un centimètre cube, les masses M, M' sont les densités absolues *d* et 1 du corps et de l'eau. La formule (5) devient :

$$\delta = d.$$

D'ailleurs, le volume V d'un corps et la masse M' d'un égal volume d'eau étant mesurés par le même nombre, il est clair que les formules (1) et (5) représentent des nombres égaux.

IV. *On appelle* **poids spécifique relatif** *d'un corps pris dans des conditions données, le rapport* (π) *du poids* (P) *de ce corps au poids* (P') *d'un égal volume d'eau à 4° :*

$$\pi = \frac{P}{P'}. \qquad (6)$$

Remarque. — *Le poids spécifique relatif d'un corps est toujours égal à sa densité relative.* En effet, la formule (6) peut s'écrire, en tenant compte de la relation (3), puis de la formule (5) :

$$\pi = \frac{P}{P'} = \frac{Mg}{M'g} = \frac{M}{M'} = \delta.$$

Donc les formules (5) et (6) représentent le même nombre abstrait, et les expressions *densité* et *poids spécifique* peuvent être employées indifféremment comme synonymes, à la condition de sous-entendre l'épithète *relatif* appliquée à chacune d'elles.

Dans le système C. G. S., on a $d = \delta = \pi$. — D'après les deux remarques précédentes, *la densité absolue d'un corps, la densité relative et le poids spécifique relatif, sont exprimés par le même nombre* [1].

Leur valeur commune est ce que l'on nomme simplement la *densité* du corps. On la représente souvent par la lettre D.

On a :
$$D = \frac{M}{M'} = \frac{P}{P'}. \qquad (7)$$

La densité d'un corps varie avec la température.

On écrit D_0 ou D_t, suivant qu'il s'agit de la densité à 0° ou à $t°$.

La *densité tabulaire* (inscrite dans les *Tables de densités*) est la densité à 0°. Nous verrons, dans la suite, comment on en déduit la densité à une température quelconque.

Expressions de la masse (M) **et du poids** (P) **d'un corps solide ou liquide.**

Soient V le volume du corps, d sa densité absolue, p son poids spécifique absolu.

---

[1] *Dans l'ancien système de mesures usitées en France, la valeur commune de la densité relative et du poids spécifique relatif était égale non plus à la densité absolue, mais au poids spécifique absolu.*

En effet, on prenait pour unité de poids le poids de l'unité de volume d'eau à 4°. Alors le poids et le volume d'une masse d'eau étaient exprimés par le même nombre; le volume V d'un corps était numériquement égal au poids P' du même volume d'eau. On avait donc :

$$p = \frac{P}{V} = \frac{P}{P'} = \pi.$$

On a : $$M = Vd,$$
et $$P = Mg = Vdg = Vp.$$

146. Détermination de la densité. — Méthode. — La méthode employée pour déterminer la densité d'un corps solide ou liquide consiste à appliquer la formule (7) :

$$D = \frac{M}{M'} = \frac{P}{P'}.$$

Pour cela il faut déterminer :

1° La masse M du corps (ou son poids en grammes);

2° La masse M' (ou le poids en grammes) d'un égal volume d'eau prise à 4°.

Cette masse M' dépend de la température du corps. Dans la pratique on opère à 0°, en négligeant tout d'abord la différence de densité qui existe entre l'eau à 0° et l'eau à 4°[1].

Connaissant les deux nombres M et M', il ne reste plus qu'à diviser le premier par le second.

Procédés. — Cette méthode peut être appliquée de trois manières différentes, qui constituent trois procédés expérimentaux :

1° *Le procédé de la balance hydrostatique;*

2° *Le procédé du flacon;*

3° *Le procédé de l'aréomètre.*

147. Procédé de la balance hydrostatique. — I. Corps solides. — On suspend le corps sous l'un des plateaux de la balance hydrostatique, et on fait la tare dans l'autre plateau. On détache le corps et on le remplace par des poids marqués P, qui rétablissent l'équilibre et donnent le poids P du corps par la méthode de Borda.

On retire ces poids marqués, et on suspend de nouveau le corps au-dessous du premier plateau.

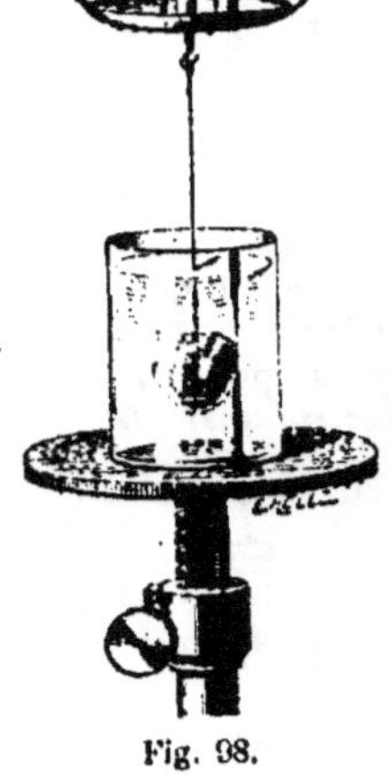

Fig. 98.

On plonge le corps dans de l'eau, comme le montre la figure 98 :

---

[1] Soit V_0 le volume du corps à 0°.

On détermine la masse M_0 du même volume d'eau à 0°.

Or la densité de l'eau à 0° est 0,9998; de sorte que la masse du même volume d'eau à 4° est donnée par la relation :

$$V_0 = \frac{M'}{1} = \frac{M_0}{0,9998} ; \quad \text{d'où} \quad M' = \frac{M_0}{0,9998}.$$

La densité tabulaire est donc :

$$D = \frac{M}{M'} = \frac{M}{M_0} \times 0,9998.$$

l'équilibre est détruit au profit de la tare; pour le rétablir, on met dans le premier plateau des poids marqués P'. Ces poids représentent la poussée qu'éprouve le corps dans l'eau, c'est-à-dire le poids de l'eau déplacée par le corps. On a :

$$D = \frac{P}{P'} \cdot$$

II. Corps liquides. — On suspend au-dessous du plateau A de la balance hydrostatique (fig. 99) un corps sur lequel le liquide soit sans action, par exemple une boule de verre ; on établit l'équilibre avec de la grenaille que l'on met dans l'autre plateau.

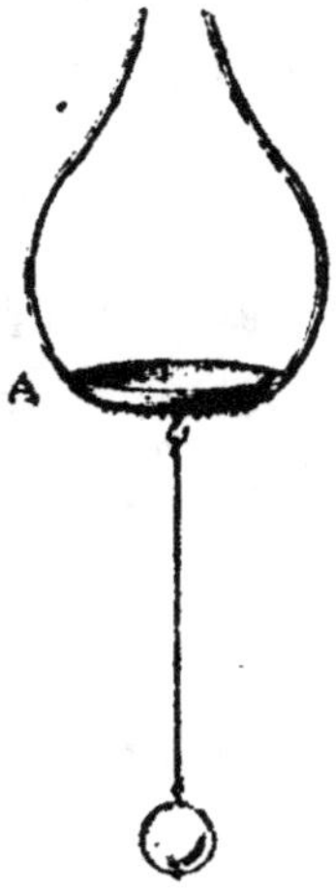

On plonge ensuite la boule dans le liquide dont on veut déterminer la densité : l'équilibre est détruit ; pour le rétablir, on met dans le plateau A des poids marqués P ; ces poids représentent la poussée qu'éprouve la boule dans le liquide, c'est-à-dire le poids P du liquide qu'elle déplace.

En plongeant ensuite la boule dans l'eau, on détermine de la même manière le poids P' de l'eau déplacée par la boule.

La densité cherchée est :

$$D = \frac{P}{P'} \cdot$$

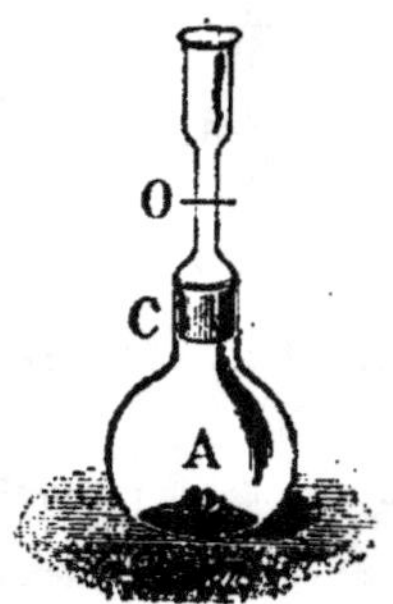
Fig. 99.

Remarque. — Le procédé de la balance hydrostatique présente deux causes d'erreur, qui tiennent à la *poussée* et aux *actions capillaires* exercées par le liquide, sur le fil auquel le corps est suspendu. On les atténue autant que possible, en se servant d'un fil de platine très fin, recouvert de noir de fumée pour l'empêcher d'être mouillé, et que l'on prend soin d'immerger toujours d'une même longueur dans les expériences successives.

148. Méthode du flacon. — **I. Corps solides.** — On se sert d'un flacon bouché à l'émeri, que l'on remplit d'eau distillée ; le bouchon est percé, et surmonté d'un tube fin qui permet d'avoir toujours un même niveau O (fig. 100) ; le tube est évasé à la partie supérieure ; on le bouche, afin d'éviter l'évaporation des liquides.

On met dans un même plateau de la balance le flacon plein d'eau à 0°, et le corps dont on veut connaître la densité. On fait la tare ; puis, après avoir retiré le corps, on le remplace par des poids marqués P qui rétablissent l'équilibre et font connaître le poids du corps. On enlève ces poids, on introduit le corps dans le flacon, toujours maintenu à 0° ;

Fig. 100.

et, après avoir essuyé celui-ci, on le remet dans le plateau; l'équilibre n'existe plus, parce que le corps a chassé un volume d'eau égal au sien. Pour rétablir l'équilibre, on met des poids marqués P' à côté du flacon; ces poids représentent le poids de l'eau déplacée par le corps.

La densité cherchée est $D = \dfrac{P}{P'}$.

Remarques. — 1° La densité d'un corps pulvérulent peut être déterminée par la même méthode; mais, après avoir introduit ce corps dans le flacon, il faut placer celui-ci sous le récipient d'une machine pneumatique et faire le vide. On enlève ainsi les bulles d'air toujours adhérentes aux poussières.

2° Ce procédé comporte une grande précision. Mais il faut avoir soin de placer toujours le bouchon exactement de la même manière dans les opérations successives, afin que le volume intérieur du flacon reste parfaitement invariable.

Si cette condition est remplie, on n'aura plus qu'à effectuer la correction exigée par toutes les pesées faites dans l'air.

II. Corps liquides. — On se sert d'un flacon A surmonté d'un tube étroit et d'un entonnoir B pouvant se fermer à l'aide d'un bouchon (fig. 101). On remplit le flacon du liquide dont on veut déterminer la densité, jusqu'au point d'affleurement O; on le met dans un plateau de la balance, et on fait la tare. On retire le liquide du flacon, on essuie celui-ci, et on le remet dans le plateau; les poids nécessaires pour rétablir l'équilibre représentent le poids P du liquide.

On répète la même opération avec de l'eau distillée; ce qui donne le poids P' de l'eau qui remplit le flacon jusqu'au point d'affleurement O. Dans les deux cas, on a maintenu le flacon dans la glace fondante pour qu'il se remplisse chaque fois de liquide à 0°. La densité du liquide est

$$D = \frac{P}{P'}.$$

Fig. 101.

149. Méthode des aréomètres. — Les aréomètres sont des flotteurs servant à déterminer la densité des corps. On utilise l'aréomètre de Fahrenheit pour la densité des liquides, et celui de Nicholson pour la densité des solides.

150. Aréomètre de Nicholson[1]. — L'aréomètre de Nicholson se compose d'un cylindre creux, de cuivre ou de fer-blanc verni

---

[1] *Nicholson*, savant anglais (1753-1815).

(fig. 102), surmonté par une tige qui supporte un petit plateau A ; à la partie inférieure est suspendu un panier conique K, lesté avec du plomb.

Pour déterminer la densité d'un corps solide, on plonge l'appareil dans l'eau et l'on met sur le plateau le corps c et une tare t pour obtenir l'affleurement à un point de repère O, marqué sur la tige (fig. 103); on retire le corps et on le remplace par des poids échantillonnés ; soit P le poids nécessaire pour obtenir de nouveau l'affleurement.

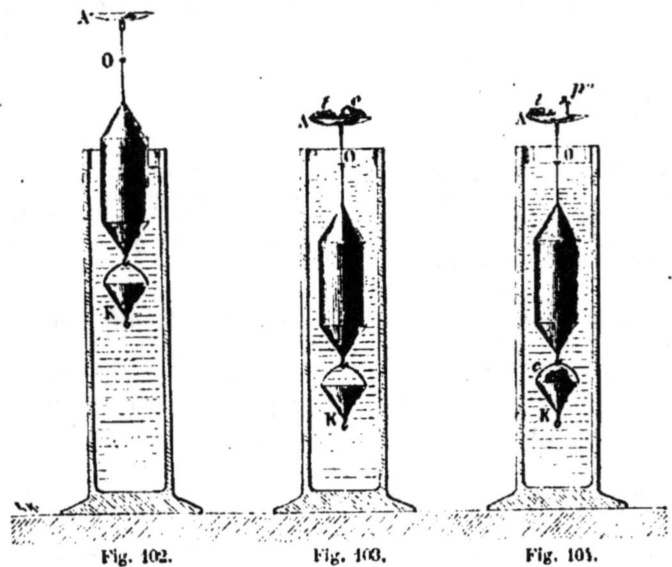

Fig. 102.   Fig. 103.   Fig. 104.

Ce poids P représente le poids du corps.

Dans une seconde opération, le corps est mis dans le panier K, et le tout plongé de nouveau dans l'eau. L'affleurement n'a plus lieu; il faut ajouter un poids p'' pour l'obtenir (fig. 104); p'' est la poussée qu'éprouve le corps dans l'eau, et par conséquent le poids de l'eau déplacée.

La densité du corps est donc :

$$D = \frac{P}{p''}.$$

Remarque. — Quand le corps est moins dense que l'eau, on le retient dans le panier au moyen d'un petit grillage.

151. Aréomètre de Fahrenheit[1]. — *L'aréomètre de Fahren*

---

[1] *Fahrenheit*, physicien, né à Dantzig (1686-1710).

heit (fig. 105) est formé d'un cylindre de verre terminé à la partie inférieure par une boule remplie de mercure ou de grenaille de plomb, et à la partie supérieure par une petite tige surmontée d'un plateau.

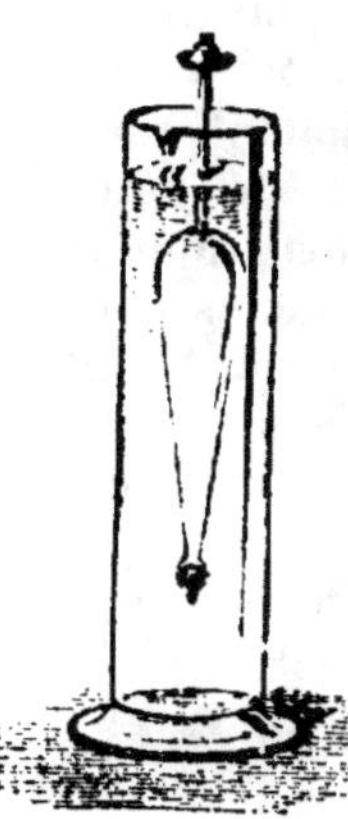

Fig. 105.

Pour déterminer la densité d'un liquide, il faut d'abord peser l'appareil, soit p son poids ; on le plonge ensuite dans une éprouvette contenant le liquide dont on veut déterminer la densité, et à l'aide d'un poids P, que l'on met sur le plateau, on obtient l'affleurement à un point de repère a marqué sur le petit tube.

Le poids du liquide déplacé est $p + P$.

Après avoir essuyé l'instrument, on le plonge dans l'eau distillée, et l'on détermine le poids P′ nécessaire pour obtenir de nouveau l'affleurement.

Le poids de l'eau déplacée est :

$$p + P',$$

et la densité du liquide :

$$D = \frac{p + P}{p + P'}.$$

Remarque. — Le procédé de l'aréomètre manque de précision, à cause des actions capillaires exercées par le liquide sur la tige qui surmonte le flotteur.

152. Corps solubles dans l'eau. — Si le corps solide dont on cherche la densité est soluble dans l'eau, on opère avec un liquide dans lequel il soit insoluble : par exemple, l'alcool ; on obtient ainsi la densité du corps par rapport à l'alcool. Il suffit de multiplier ce résultat par la densité de l'alcool par rapport à l'eau.

Soient p le poids du corps, p' le poids du même volume d'alcool, p'' le poids du même volume d'eau.

La densité du corps par rapport à l'alcool, la densité de l'alcool par rapport à l'eau, et la densité du corps par rapport à l'eau, sont représentées respectivement par les trois rapports :

$$\frac{p}{p'}, \quad \frac{p'}{p''}, \quad \frac{p}{p''}.$$

Or

$$\frac{p}{p'} \times \frac{p'}{p''} = \frac{p}{p''}.$$

Donc : la densité du corps par rapport à l'eau est égale au produit de la densité du corps par rapport au liquide, par la densité du liquide par rapport à l'eau.

ARÉOMÈTRES A POIDS CONSTANT

154. Aréomètres de Baumé. — Les aréomètres de Nicholson et de Fahrenheit sont des aréomètres *à volume constant et à poids variable*; car le volume immergé dans les différents cas est toujours le même, tandis que le poids du corps flottant varie d'une expérience à l'autre. Au contraire, les aréomètres *à poids constant et à volume variable* sont formés d'un flotteur auquel on n'ajoute aucune surcharge et qui s'enfonce plus ou moins dans le liquide suivant sa densité. Les *aréomètres à poids constant* sont composés d'un cylindre de verre, surmonté d'un tube bien calibré, portant une graduation; la partie inférieure se termine par une boule contenant du mercure ou de la grenaille de plomb. Ces appareils, plongés dans des liquides d'inégales densités, immergent plus ou moins, en déplaçant toujours leur poids du liquide. Il est donc possible de les graduer de manière à rendre leurs indications comparables entre elles.

Les plus connus sont les **aréomètres de Baumé**[1]. Ils servent à apprécier le degré de concentration d'un acide, d'une dissolution saline ou la richesse alcoolique d'une liqueur. Il y a deux types d'aréomètres Baumé : le *pèse-acides*, pour les liquides plus denses que l'eau, et le *pèse-esprits*, pour les liquides moins denses que l'eau.

1° Graduation de l'aréomètre pour les liquides plus denses que l'eau (pèse-acides, pèse-sels). — L'instrument est lesté de manière que, dans l'eau pure, l'affleurement ait lieu à la partie supérieure du tube; à ce point d'affleurement on marque zéro (fig. 106). On plonge ensuite l'instrument dans une dissolution formée de 85 parties d'eau en poids et de 15 parties de sel marin; au nouveau point d'affleurement, on marque 15, l'intervalle compris entre les deux points d'affleurement est divisé en quinze parties égales, et on prolonge cette échelle jusqu'au bas du tube.

Fig. 106.

Le nombre des divisions varie suivant les usages auxquels on destine l'instrument; il s'arrête ordinairement vers la 66° division (point d'affleurement de l'acide sulfurique concentré).

Cette graduation conventionnelle est tout à fait arbitraire. Mais il suffit qu'elle soit adoptée une fois pour toutes, pour que les instruments ainsi construits (ayant une tige bien cylindrique, et marquant 0° dans l'eau pure et 15° dans la solution saline) *soient com-*

---

1 *Baumé*, chimiste français, né à Senlis (1728-1804).

parables; c'est-à-dire que, dans un même liquide, ils affleurent tous à la même division.

Calcul de la densité d'un liquide où l'aréomètre affleure à la division n. — Ce problème n'a pas grande utilité pratique; il suffit de savoir, par exemple, ce qu'un acide sulfurique *marque* à l'aréomètre Baumé pour être parfaitement renseigné sur ce qu'est cet acide, sans avoir besoin de calculer sa densité par rapport à l'eau. Nous devons montrer néanmoins comment ce problème peut être résolu.

Connaissant le poids spécifique absolu π du liquide dans lequel l'instrument affleure à une division connue n (la division 15, par exemple), il s'agit de calculer le poids spécifique π' du liquide où il affleure à la division n'. — Soit V le volume total de l'instrument jusqu'au trait en regard duquel est marqué $0°$; soit v le volume d'une des divisions de la tige cylindrique. Le volume immergé dans l'eau est V; dans un liquide où l'instrument marque n, le volume immergé est $V - nv$. Nous obtiendrons les équations du problème en appliquant, dans les différents cas, le principe d'Archimède au corps flottant de poids constant P qui constitue l'aréomètre. — Si on appelle ρ le poids spécifique de l'eau (dans le système C. G. S., $\rho = g$), on a :

Eau $\qquad\qquad\qquad\qquad\qquad\qquad$ $P = V\rho$.

Liquide connu $\qquad\qquad\qquad\qquad$ $P = (V - nv)\pi$.

Liquide inconnu $\qquad\qquad\qquad$ $P = (V - n'v)\pi'$.

En éliminant P et V entre ces trois équations, v disparaît, et l'on obtient :

$$(n - n')\pi\pi' = n\rho\pi - n'\rho\pi';$$

d'où
$$\pi' = \frac{n\rho\pi}{(n - n')\pi + \rho n'}.$$

Au lieu de π et π', introduisons les densités relatives $d = \dfrac{\pi}{\rho}$ et $d' = \dfrac{\pi'}{\rho}$.

Divisant par ρ^2 les deux termes de la fraction, il vient :

$$d' = \frac{nd}{(n - n')d + n'}.$$

On peut indiquer, à titre de renseignement, que la densité relative de la solution saline pour laquelle $n = 15$, est $d = 1,116$.

2° Aréomètre Baumé pour les liquides moins denses que l'eau. — (Pèse-liqueurs, pèse-éthers.) — L'instrument est lesté de manière que l'affleurement dans l'eau pure ait lieu vers la partie inférieure du tube (fig. 107). On le plonge ensuite dans une dissolution composée de 90 parties d'eau et de 10 parties de sel (en poids); on marque zéro au point d'affleurement dans cette dissolution, et $10°$ au point d'affleurement dans l'eau. L'intervalle compris entre les deux points d'affleurement est divisé en dix parties égales, et l'on prolonge l'échelle jusqu'à la partie supérieure.

Fig. 107.

La densité du liquide où l'appareil affleure à la division n, se calculerait de la même manière que dans le cas du pèse-acides.

155. Alcoomètre centésimal de Gay-Lussac[1]. — L'alcoomètre *centésimal* est semblable pour la forme aux aréomètres de Baumé. Sa graduation donne directement la richesse alcoolique d'un mélange d'eau et d'alcool.

Graduation. — 1° Pour le graduer, il faut le lester de manière que, dans l'alcool pur, il s'enfonce jusqu'à la partie supérieure du tube, où l'on marque 100° (fig. 108). On prend un mélange d'eau et d'alcool contenant 95 volumes d'alcool absolu sur 100 volumes du mélange. Pour obtenir ce mélange, on prend 95 volumes d'alcool absolu, et on ajoute de l'eau jusqu'à ce que l'on ait 100 volumes. Si on mettait 95 cm³ d'alcool et 5 cm³ d'eau, on n'obtiendrait pas 100 cm³; car, dans ce mélange, il y a toujours contraction.

On plonge l'instrument dans le mélange contenant 95 volumes d'alcool, et on marque 95° au point d'affleurement. La loi de contraction des mélanges d'eau et d'alcool étant compliquée, il faudrait déterminer individuellement tous les degrés depuis 0° (eau pure) jusqu'à 100° (alcool absolu). Comme ce serait trop long, on se contente de les déterminer directement de 5 en 5, à l'aide de mélanges contenant 90, 85, 80,... 10, 5 volumes d'alcool et complétés à 100 volumes par addition d'eau. Aux points d'affleurement dans ces mélanges, on marque 90°, 85°..., etc. On divise chacun des intervalles ainsi obtenus, sur la tige, en 5 parties égales.

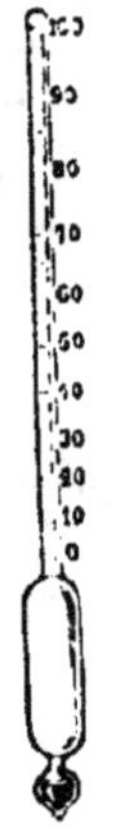

Fig. 108.

L'intervalle de deux traits consécutifs n'est pas constant d'un bout à l'autre de la tige; sa longueur va constamment en augmentant depuis le bas de la tige jusqu'au sommet.

2° La graduation directe d'un alcoomètre nécessite ainsi la préparation de 20 mélanges à doses différentes. C'est une opération longue et minutieuse; mais il suffit qu'elle ait été faite une fois pour toutes. Un alcoomètre étant gradué, on peut en graduer un autre par une méthode purement graphique. Il suffit de remarquer que *les deux échelles sont divisées en parties proportionnelles*. On détermine seulement, pour le second, le zéro où il affleure dans l'eau, et le degré 100° où il affleure dans l'alcool absolu. Les tiges des aréomètres, supposées bien cylindriques toutes deux, sont disposées parallèlement côte à côte sur une feuille de papier. On marque sur la feuille les deux points 0° des deux tiges et les deux points 100°; on joint les deux points 0° par une droite, les deux points 100° par une autre : ces deux droites se coupent en un point A de la feuille; il suffit de

<hr>

[1] *Gay-Lussac*, célèbre physicien et chimiste français, né dans la Haute-Vienne (1778-1850).

joindre ce point A aux points 95°, 90°... du premier alcoomètre pour avoir, par les points d'intersection de ces lignes avec la tige du second alcoomètre, les points correspondants à marquer sur cette seconde tige.

Essai d'un vin. — Il importe d'observer que cet instrument ne donnera d'indications exactes que pour des mélanges d'alcool et d'eau. Si l'on veut s'en servir pour déterminer le degré alcoolique d'un vin,

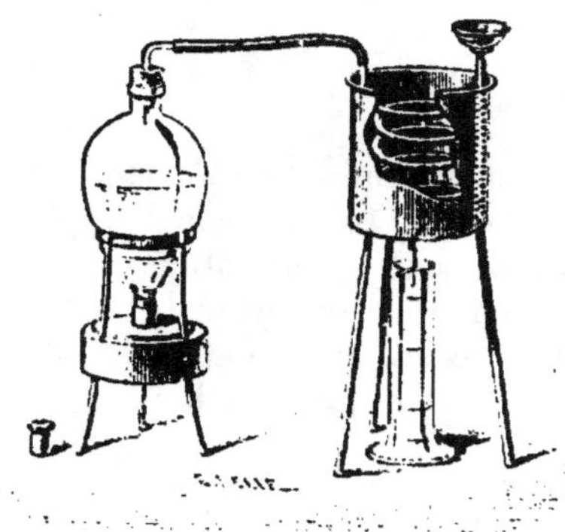
Fig. 109.

il faudra commencer par éliminer les autres matières contenues dans le vin et qui augmentent sa densité.

On soumet le vin à la distillation dans un petit alambic, tel que l'alambic Salleron (fig. 109). On verse dans la petite chaudière un volume de vin, mesuré à l'aide d'une éprouvette. On chauffe le vin, qui se vaporise et vient se condenser dans le serpentin; on recueille le liquide dans la même éprouvette, que l'on place sous l'orifice de sortie du serpentin. Dès qu'elle se trouve remplie au tiers, à la hauteur d'un trait gravé sur le verre, on est sûr que tout l'alcool du vin a distillé; on complète le volume primitif avec de l'eau distillée, et c'est dans ce mélange qu'on plonge l'alcoomètre.

Correction de température. — On doit avoir soin de déterminer en même temps la température du liquide; car l'alcoomètre de Gay-Lussac est gradué à la température de 15 degrés centigrades, et, pour toute autre température, les observations doivent subir une correction. A cet effet, Gay-Lussac a construit une table qui donne la richesse alcoolique pour les diverses températures. C'est une table à double entrée: les degrés de l'alcoomètre sont inscrits sur une colonne à gauche, les degrés du thermomètre sur une ligne en haut du tableau; on suit la ligne marquée par le degré lu directement à l'alcoomètre, et la colonne marquée par le degré de température lu au thermomètre; au point de rencontre de la ligne et de la colonne se trouve inscrit le degré alcoolique réel du liquide soumis à l'expérience.

150. Volumètre. — Le *volumètre de Gay-Lussac* est formé d'un tube bien calibré et divisé en 100 parties égales (fig. 110); il est lesté à sa partie inférieure par une quantité de mercure telle, que l'instrument s'enfonce dans l'eau à 4° jusqu'à la centième division.

Cet instrument permet de déterminer le volume des différents liquides sous un même poids, et par suite la densité de ces liquides.

Le volume de l'eau déplacée par l'instrument est $100v$, v étant le volume d'une division; et comme la densité de l'eau est 1, son poids en grammes est aussi $100v$.

Supposons que dans un liquide de densité d, le point d'affleurement soit à la division n. Le volume du liquide déplacé est nv, et son poids nvd. Or les poids d'eau et de liquide déplacés sont égaux au poids de l'instrument.

On a donc :
$$nvd = 100v;$$

d'où
$$d = \frac{100}{n}.$$

Pour faire servir ce volumètre à la détermination de la densité des liquides moins denses que l'eau, on le leste de manière que le point 100, qui correspond à son affleurement dans l'eau, se trouve vers le milieu de l'instrument; on divise en 100 parties égales l'espace compris entre 0 et 100, et on prolonge l'échelle au-dessus du point 100.

Fig. 110.

Densimètre. — Ordinairement, le volumètre porte une double graduation; en regard de chaque division n on inscrit la densité correspondante :
$$d = \frac{100}{n}.$$

L'aréomètre ainsi gradué est un *densimètre*, sur lequel on peut lire directement la densité du liquide dans lequel il est plongé.

CHAPITRE III

ÉTUDE DES GAZ

Généralités.

157. Les gaz sont compressibles et élastiques. — Les gaz sont des *fluides* **compressibles** et **élastiques**. Ils n'ont par eux-mêmes aucun volume déterminé : ils remplissent entièrement les récipients qui les contiennent. Si on réduit le volume du récipient qui renferme un gaz, le gaz diminue de volume; si on augmente ensuite le volume du récipient et qu'on lui rende la capacité primitive, le gaz reprend son volume primitif. La loi qui règle la compressibilité ou l'élasticité des gaz fera l'objet d'une étude spéciale et détaillée.

Cette compressibilité surpasse de beaucoup celle des liquides (ou des solides), comme on le constate immédiatement à l'aide du briquet à air. C'est un simple cylindre de verre fermé à un bout (fig. 111); par l'extrémité ouverte s'introduit un piston qui peut glisser à frottement. Si on enfonce le piston, l'air emprisonné entre le piston et le fond du cylindre se trouve confiné dans un volume plus petit. L'expérience prouve qu'on peut enfoncer le piston assez loin. On ne pourrait jamais comprimer à ce degré de l'eau ou du mercure.

Mais l'expérience montre en même temps que l'on éprouve, à pousser le piston, une résistance de plus en plus grande. Le gaz oppose une résistance à la compression, c'est-à-dire qu'il est élastique; et si l'on abandonne ensuite le piston à lui-même, on le voit remonter en haut du cylindre, et l'air reprend son volume initial.

158. Principe de Pascal appliqué aux gaz. — Au lieu du briquet à air, considérons le vase V de la fig. 61, qui présente plusieurs ouvertures fermées chacune par un piston mobile, et supposons-le plein de gaz au lieu d'être plein de liquide. Enfonçons le piston supérieur A : le gaz, comme précédemment le liquide, va presser sur tous les pistons mobiles. *La pression exercée se transmet intégralement sur toute portion de la paroi égale à la surface directement pressée.* En d'autres termes, *le principe de Pascal s'applique aux gaz comme aux liquides.* Il s'applique à tous les *fluides.*

Fig. 111.

Expérience. — On peut en vérifier directement une conséquence. Sur un sac

Fig. 112.

de toile caoutchoutée entièrement fermé, comme les sacs qu'on emploie souvent dans les laboratoires à contenir de l'oxygène (fig. 112), on pose une planche qui le recouvre entièrement, et, au-dessus de la planche, un poids très lourd. Le sac ne présente qu'un tout petit trou en communication par un tube de caoutchouc avec un petit tube de verre ou de bois, par où on peut insuffler de l'air. Si on souffle, on gonfle sans peine le sac, et le poids qui l'écrasait se trouve soulevé. Pour le maintenir soulevé, il suffit d'exercer, en soufflant, une pression assez faible. Cette pression p exercée sur une petite surface de la masse gazeuse, la section s du tube de communication, fait équilibre à la pression totale P qu'exerce le poids et la planche sur la surface S du sac de toile qui est au contact. On a :

$$\frac{p}{P} = \frac{s}{S}.$$

Si S est 2000 fois plus grand que s, par exemple, le poids total soulevé P représentera une force 2000 fois supérieure à l'effort exercé p.

Pression et force élastique. — Dans un gaz en équilibre, la pression exercée sur un élément de surface est normale à la surface pressée. La *pression en un point* pris sur la paroi, ou à l'intérieur de la masse gazeuse, se définit comme dans le cas d'un liquide. Mais il faut remarquer ici qu'il n'y a pas de surface libre; c'est-à-dire que, dans un gaz, il n'y a pas de point où la pression soit nulle.

La pression est la même en tout point de la paroi ou de l'intérieur d'une masse gazeuse contenue dans un vase fermé; cette pression, rapportée à l'unité de surface, est appelée aussi **force élastique** de la masse gazeuse. Une force élastique se mesure en dynes par centimètre carré [1].

159. Les gaz sont pesants. — Les anciens croyaient que l'air était sans poids. Aristote ayant pesé une vessie d'abord vide et aplatie, puis gonflée d'air, lui trouva le même poids, et conclut à tort que l'air ne pesait pas; nous verrons plus loin l'explication de cette expérience.

Aujourd'hui, on prend un ballon de verre de volume invariable, et on le suspend sous la balance hydrostatique après y avoir fait le vide, c'est-à-dire en avoir retiré l'air qu'il contenait. Si, après avoir fait la tare, on laisse rentrer l'air dans le ballon, on constate que son poids augmente. L'air est donc pesant.

Un litre d'air a une masse de 1 gr. 293.

Ainsi, la masse d'un litre d'air est environ 700 fois moindre que celle d'un litre d'eau.

L'expérience précédente est une de celles qui montrent que l'on n'a commencé à bien connaître les gaz, que le jour où l'on a pu étudier ce qui se produit dans un espace où il n'y en a pas; c'est-à-dire lorsqu'on a su *faire le vide* dans un récipient. Nous décrirons en détail, plus loin, les procédés employés aujourd'hui pour *faire le vide*.

PRESSION ATMOSPHÉRIQUE

160. Pression atmosphérique. — Si l'air est pesant, l'atmosphère qui entoure notre globe, et qui forme autour de lui une couche

---

[1] Si, pour les liquides, on n'obtient pas ainsi une pression uniforme en tous les points du vase, c'est parce que les liquides sont pesants, et que la pression en deux points situés à des hauteurs différentes varie, de l'un à l'autre, de la quantité shd (s étant l'aire commune aux deux éléments, h leur distance verticale et d le poids spécifique du liquide). Les gaz aussi sont pesants, ainsi qu'on va le voir; mais leur poids spécifique est en général beaucoup plus faible que celui des liquides, et la différence de pression qui tiendrait au poids de la colonne gazeuse comprise entre le haut et le bas du vase est, en général, tout à fait négligeable vis-à-vis de la pression propre exercée par le gaz sur la paroi. Il n'en serait plus ainsi pour le poids d'une colonne gazeuse ayant plusieurs mètres, et à plus forte raison plusieurs kilomètres de hauteur, comme nous le constaterons en étudiant la pression atmosphérique.

de plusieurs dizaines de kilomètres d'épaisseur, doit exercer, par son poids, une pression sur le sol. Ce n'est qu'au xvii° siècle qu'on est parvenu à établir l'existence et à mesurer la valeur de cette pression de l'atmosphère.

On avait remarqué que dans les tuyaux de pompes, l'eau qui monte par aspiration ne peut jamais s'élever à plus de 32 pieds (environ 10 mètres et demi). Soit un long tuyau vertical plongeant dans une cuve pleine d'eau, librement ouverte à l'air. Dans le tuyau se meut, à frottement, un piston qui affleure d'abord au niveau de l'eau dans la cuve; si on le soulève, l'eau monte avec le piston dans le tuyau.

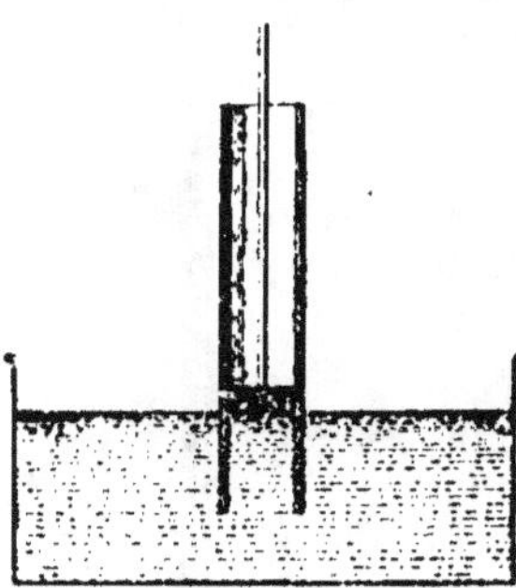

Fig. 113.

Jusqu'au xvii° siècle, on expliquait cette ascension en disant que la « nature a horreur du vide ». Entre le piston et l'eau, l'air ne peut pénétrer : si l'eau ne montait pas avec le piston, entre les deux il y aurait le vide.

Par malheur pour cette explication, on ne peut de la sorte faire monter l'eau au delà de 10 mètres. Si on soulève le piston plus haut, l'eau ne monte plus. Galilée avait pressenti l'explication véritable. Son élève, Torricelli, eut l'honneur de l'établir par une expérience célèbre.

La cause de l'ascension de l'eau dans ce tuyau, c'est le poids de l'air atmosphérique qui s'exerce sur la surface libre de la cuve. Dans le tuyau, sous le piston, l'air extérieur ne pèse pas; l'eau s'élèvera donc, dans ce tuyau, jusqu'à ce que le poids de la colonne soulevée fasse équilibre au poids de l'atmosphère qui s'exerce sur la surface extérieure. Cette hauteur une fois atteinte, le liquide ne pourra pas monter plus haut.

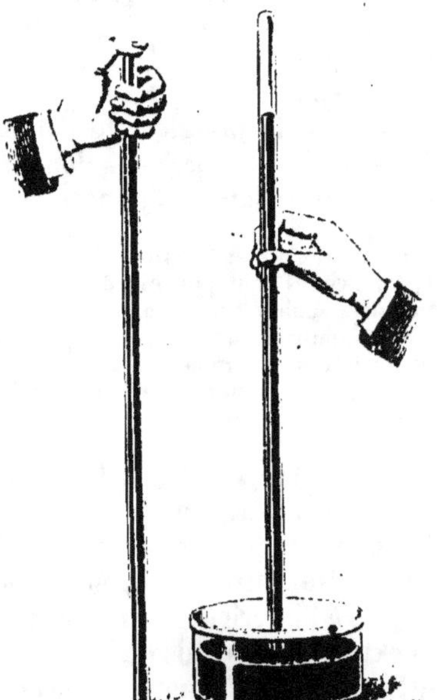

Fig. 114.

Expérience de Torricelli. — Torricelli pensa qu'un liquide plus lourd s'élèverait moins haut. Pour faire l'expérience, il prit un tube de verre d'environ 1 mètre, ouvert à un bout, et le remplit complètement de mercure; puis, fermant

avec le doigt l'extrémité ouverte, il retourna ce tube et, après en avoir
plongé, puis débouché l'extrémité dans le mer-
cure, il le maintint verticalement sur la cuve
à mercure (fig. 114). Il vit alors le mercure
abandonner le fond du tube fermé, et le niveau se
maintenir dans ce tube à une hauteur verticale
d'environ 76 centimètres au-dessus du niveau
dans la cuve. L'expérience est facile à répéter.

Au-dessus du niveau du mercure, dans le
tube vertical, il n'y a point d'air, il y a *le vide*.
Sur cette surface libre, ne s'exerce donc aucune
pression. A 76 centimètres plus bas, c'est-
à-dire au niveau de la cuvette, la pression est
donc simplement égale au poids d'une colonne
de mercure. Considérons deux surfaces égales,
de 1 cm² chacune, situées au niveau du mercure
dans la cuvette, l'une à l'intérieur du tube,
l'autre à l'extérieur dans la cuvette (fig. 115);
elles supporteront toutes deux la même pression : sur l'une pèse une colonne de mercure de

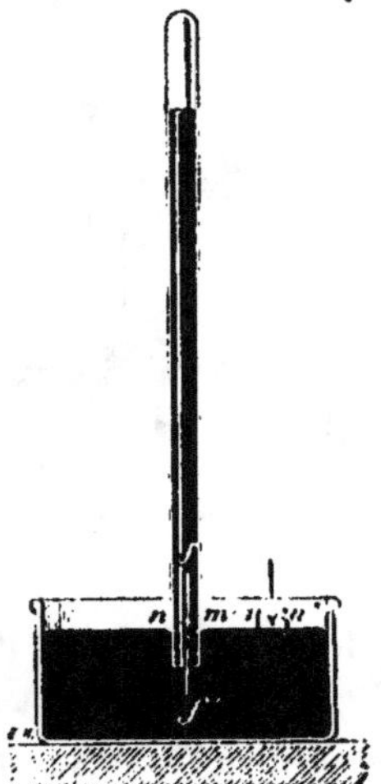

Fig. 115.

76 centimètres de haut, sur l'autre s'exerce la pression de l'atmosphère; si l'explication est exacte, l'expérience de Torricelli donnera
donc un moyen très simple de mesurer la pression de l'atmosphère.

Mais pour qu'une explication soit définitivement admise comme vraie, il ne
suffit pas qu'elle rende compte d'une expérience, il faut pouvoir établir, par
d'autres expériences, que cette explication est la seule admissible.

L'expérience de Torricelli eut un grand retentissement; on la répéta en
France, et Pascal imagina des expériences décisives, qui montrent que l'ascension du mercure, dans le tube de Torricelli, est réellement due à la pression
de l'air atmosphérique exercée sur la cuvette.

161. Expériences de Pascal. — 1º Pascal répéta d'abord à Rouen
l'expérience de Torricelli sur divers liquides : eau, vin, huile. Il faut
pour cela des tubes très longs. Il reconnut que la hauteur de la
colonne qui s'élève dans le tube est en raison inverse du poids spécifique du liquide employé. Sur 1 cm² pris à l'intérieur du tube et dans
le même plan horizontal que le niveau extérieur, le poids de la colonne
liquide est donc toujours le même, que l'on emploie du mercure, de l'eau
ou de l'huile : il faut en conclure que l'ascension est due à une même
cause extérieure, qui ne dépend pas de la nature du liquide choisi.

Comment prouver que cette cause extérieure est bien le poids de
la colonne d'air qui surmonte notre sol? *Pascal eut l'idée de faire
l'expérience de Torricelli sur une montagne.*

2º Quand on est au sommet d'une montagne, on a sur sa tête une colonne d'air moins haute, et par conséquent moins pesante. Le mercure doit donc s'élever moins haut dans le tube de Torricelli. Si l'expérience montre que le niveau du mercure s'abaisse à mesure qu'on s'élève sur une montagne, la preuve sera faite.

Pascal écrivit, en 1647, à son beau-frère Périer, qui habitait Clermont, pour l'engager à répéter l'expérience de Torricelli, le même jour à Clermont et « au sommet d'une montagne, élevée de 5 ou 600 toises, pour éprouver si la hauteur du vif-argent suspendu dans le tuyau se trouvera pareille ou différente dans les deux stations ». L'expérience fut faite en 1648. Le matin on établit, en permanence, un tube de Torricelli dans le jardin des Minimes, à Clermont, et on laissa un observateur toute la journée, pour vérifier que le niveau ne variait pas sensiblement. Pendant ce temps, d'autres observateurs montèrent au puy de Dôme, où fut répétée l'expérience : la différence d'altitude était d'environ 1000 mètres; on trouva que le mercure s'élevait moins haut dans le tube au sommet de la montagne qu'à Clermont, et d'environ 3 pouces, c'est-à-dire 10 cent. En descendant de la montagne, on répéta l'expérience en divers points intermédiaires; le niveau était chaque fois un peu plus haut dans le tube, à mesure qu'on descendait vers la ville. Au jardin des Minimes, on retrouva la même hauteur que le matin.

3° Après avoir reçu la relation de cette expérience, exécutée d'après ses instructions, Pascal la répéta à Paris, sur la tour Saint-Jacques, haute d'environ 40 mètres. Il reconnut qu'au sommet de la tour le mercure s'élève dans le tube à 4 millimètres moins haut qu'au pied. L'expérience était concluante, et Pascal put dire que la nature n'a aucune horreur pour le vide, mais que tous les faits qu'on expliquait par l'horreur du vide sont dus à la pression exercée par notre atmosphère.

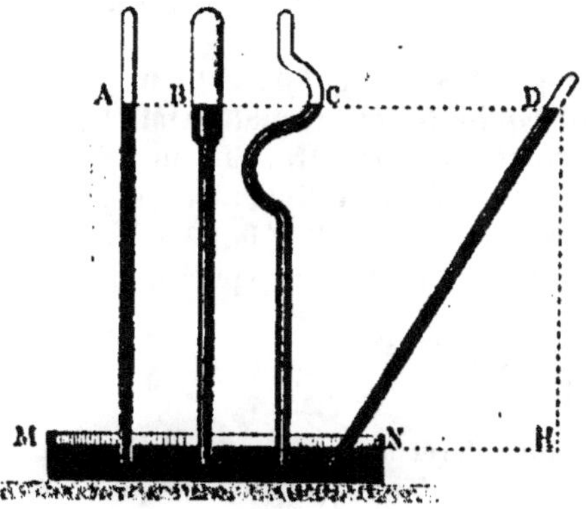

En résumé, *la pression atmosphérique équivaut à la pression d'une couche de mercure dont l'épaisseur serait égale à la hauteur de la colonne de mercure soulevée dans le tube de Torricelli.*

Fig. 110.

D'après le principe des vases communiquants, cette hauteur doit être indépendante du *diamètre* du tube, de sa *forme* et de son *inclinaison.* C'est ce que l'on vérifie aisément par l'expérience (fig. 110).

On peut faire, dans les cours, diverses expériences où se manifestent les effets de la pression atmosphérique; nous renvoyons leur description après l'étude de la machine pneumatique.

162. Valeur de la pression atmosphérique normale. — La pression exercée par le poids de l'air sur 1 cm² de surface fait équilibre, nous l'avons vu, au poids d'une colonne de mercure de 1 cm² de base et d'environ 76 cent. de hauteur.

Cette hauteur n'est pas la même en tous les points du globe, puisqu'elle diminue quand on s'élève; de plus, en un même lieu, elle varie légèrement avec l'état de l'atmosphère. 76 centimètres représentent, pour un lieu situé au niveau de la mer et dans nos régions, une *hauteur moyenne* dont la colonne s'écarte de quelques centimètres seulement, en plus ou en moins.

On appelle **pression atmosphérique normale** la pression équivalente à celle d'une colonne de mercure de 76 centimètres de hauteur.

1° Calculons la valeur de cette pression atmosphérique normale en dynes par cm².

Sur chaque cm² s'exerce une force égale au poids d'une colonne de mercure de 1cm² de section et de 76 cm de hauteur, c'est-à-dire au poids de 76cm³ de mercure. Ce poids est donc $76dg$.

d étant la densité du mercure et g l'intensité de la pesanteur dans le lieu où l'on se trouve, on a $d = 13.59$ et $g = 981$ (à Paris). Donc : $76dg = 1.013000$ dynes.

2° La pression atmosphérique normale est donc de 1013000 dynes par cm², ou à peu près 1 mégadyne par cm². Dans bien des cas on évalue les pressions, et en particulier la force élastique d'un gaz ou d'une vapeur, en *atmosphères*. Une atmosphère, c'est 1,013 mégadynes par cm² [1].

3° On évalue encore la force élastique d'un gaz par la hauteur de la colonne de mercure qui lui ferait équilibre, et, par abréviation, on l'exprime en centimètres et millimètres de mercure. Si l'on veut exprimer une pression en dynes par cm², il faut multiplier sa valeur en centimètres de mercure par le nombre $dg = 13,59 \times 981$.

On se rappellera que 76 cm de mercure font une atmosphère.

BAROMÈTRES

163. Baromètres. — Il y a grand intérêt à connaître la valeur de la pression atmosphérique en un lieu donné; elle varie légèrement d'un moment à l'autre de la journée, elle varie aussi suivant

[1] Dans l'industrie des machines à vapeur, on évalue souvent encore la force élastique d'un gaz en kilogrammes (il faut sous-entendre en *kilogrammes par centimètre carré*). 1 kilogramme par cm² = 981000 dynes par cm²; c'est un peu moins de 1 mégadyne par cm², à plus forte raison un peu moins d'une atmosphère. mais c'est *à peu près une atmosphère*.

le temps qu'il fait. Il faut pouvoir évaluer la pression atmosphérique en un lieu, à un instant quelconque. Les appareils qui permettent cette évaluation s'appellent **baromètres**. En principe, *un baromètre n'est autre qu'un tube de Torricelli*. La distance verticale du niveau dans le tube au niveau dans la cuvette donne la pression atmosphérique *évaluée en centimètres de mercure* (162). Cette distance verticale s'appelle la **hauteur barométrique**.

Il y a divers modèles de baromètres à mercure; on distingue les baromètres *à cuvette* et les baromètres *à siphon*. Nous décrirons aussi les baromètres *métalliques*, fondés sur un principe différent.

164. Baromètres à cuvette. — 1° Un tube de verre de 85 centimètres de hauteur environ, et une cuvette à mercure, permettent de réaliser d'une façon permanente l'expérience de Torricelli. Après avoir dressé le tube, on le fixe au même support que la cuvette, et on n'y touche plus. Chaque fois qu'on veut connaître la pression, il suffit de mesurer la distance verticale des niveaux. Tel est le *baromètre à cuvette*.

Remplissage du tube. — Il convient de prendre des précautions spéciales pour le remplissage du tube; car la chambre barométrique ne doit contenir aucune trace d'air ni de vapeur d'eau. Le tube soigneusement lavé à l'acide azotique, puis à l'eau, est desséché parfaitement, puis rempli de mercure chimiquement pur. On le place alors sur un gril incliné (fig. 117), et l'on porte

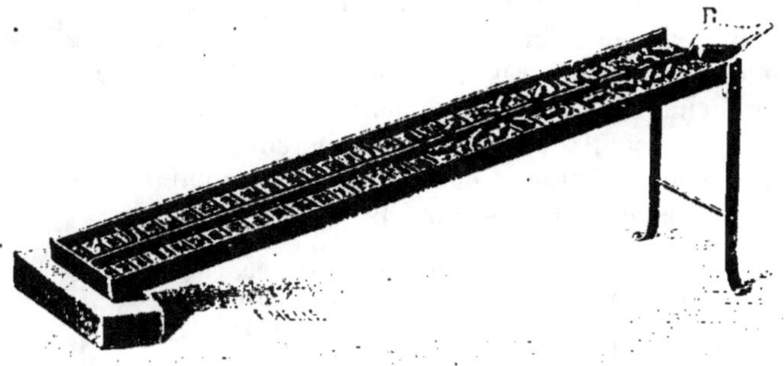

Fig. 117.

le mercure à l'ébullition, pour débarrasser le tube de toute trace d'air et d'humidité. On finit de remplir le tube avec du mercure chaud; on le ferme exactement avec le doigt, et on le renverse dans la cuvette, qui contient aussi du mercure pur. On peut ensuite disposer l'appareil d'une manière invariable le long d'une planchette.

2° On appelle **baromètre normal** un baromètre à cuvette fixe, dans lequel on a pris des précautions spéciales pour que les indications soient exactes et exactement lues (fig. 118). Il est à large tube (2 à 3 cm de diamètre), afin d'éviter la dépression capillaire (166); le tube doit être assez large pour que la surface libre du mercure soit bien plane dans sa partie centrale et ne soit pas entièrement formée d'un ménisque. Une vis d'ivoire v, qui peut monter ou descendre, est portée par un petit support fixé au montant de la cuvette : elle est terminée en pointe à ses deux bouts, et la distance des pointes est exactement connue. Pour avoir la hauteur de la colonne mercurielle, on amène d'abord la vis v à avoir sa pointe inférieure en contact avec le mercure, ce qui a lieu lorsque la pointe et son image vue dans le mercure paraissent se toucher; on mesure alors, à l'aide du cathétomètre, la distance entre la pointe supérieure de la vis v et le sommet de la colonne mercurielle dans le tube. En ajoutant à cette hauteur la distance connue des deux pointes de la vis, on a la hauteur barométrique.

La tablette qui soutient l'appareil porte un thermomètre dont l'utilité sera indiquée plus loin.

3° Le **baromètre ordinaire**, à cuvette, est un baromètre d'appartement, qui n'est pas destiné à des mesures de précision. La hauteur barométrique s'obtient par une simple lecture sur la planchette divisée en centimètres et millimètres. Le zéro de l'échelle est au niveau du mercure dans la cuvette. Seulement, tandis que le zéro reste fixe, le niveau du mercure varie légèrement avec la hauteur barométrique. On diminue cette cause d'erreur en augmentant la section de la cuvette.

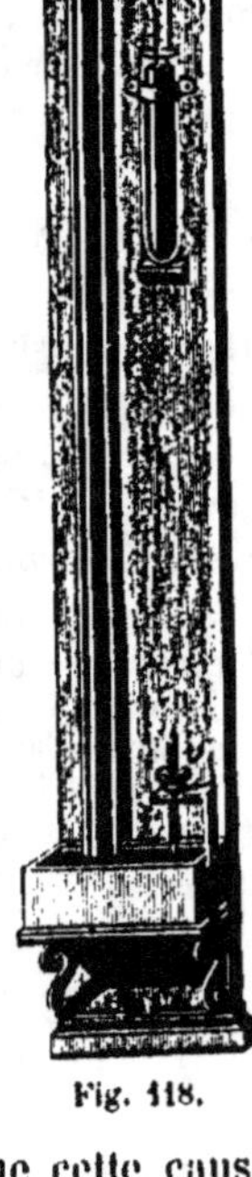

Fig. 118.

Pour supprimer complètement cette cause d'erreur, et faire en sorte que le niveau du mercure dans la cuvette reste invariable, vis-à-vis du zéro de l'échelle, on peut employer l'artifice du **baromètre à goutte** (fig. 119).

Le tube barométrique plonge dans une petite boule, surmontée d'une cuvette cylindrique large et à fond plat. Le mercure remplit la boule et s'étend sur le fond du cylindre en une large goutte dont le diamètre varie, mais dont l'épaisseur reste constante. Le diamètre de la goutte diminue quand le baromètre monte, et augmente quand le baromètre descend; mais la quantité de mercure est réglée de façon que la goutte ne rentre pas dans la boule et qu'elle n'envahisse jamais complètement la base du cylindre.

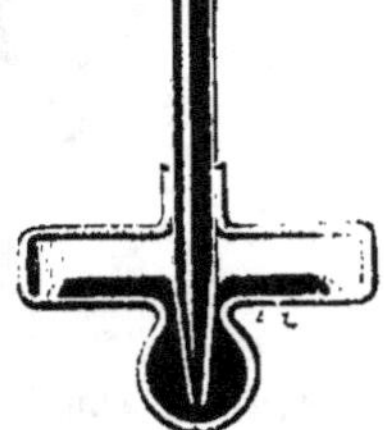

Fig. 119.

105. Baromètre de Fortin[1]. — Le baromètre de Fortin est un baromètre à cuvette *transportable*, très pratique et constamment employé.

La cuvette (fig. 120) se compose d'un anneau de buis, surmonté d'un cylindre de cristal, et fermé à la partie inférieure par une peau de chamois. Le fond est donc mobile; une vis V, traversant le fond de l'étui qui entoure la cuvette, permet de relever ou d'abaisser la peau de chamois et de régler ainsi le niveau du mercure dans la cuvette. Ce dispositif présente un double avantage. En général, quand le mercure monte dans le tube, il baisse dans la cuvette; le niveau dans la cuvette n'est donc pas fixe, et l'on ne peut pas établir le long du tube une graduation commençant à un zéro invariable. Dans le baromètre de Fortin, on relève ou l'on abaisse le fond de la cuvette de manière que le niveau dans la cuvette atteigne un point toujours le même; c'est la pointe d'une petite vis v qu'on amènera toujours à effleurer le mercure, en déplaçant le fond mobile. C'est pour apercevoir cette vis v qu'on a formé la partie supérieure de la cuvette d'une paroi de cristal.

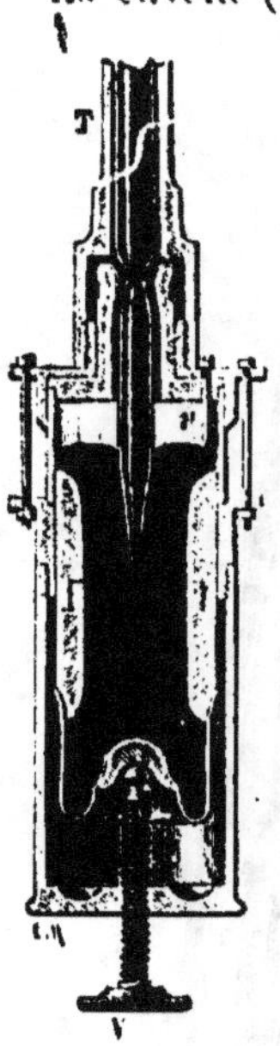

Le second avantage d'avoir un fond mobile est qu'on peut, en vissant autant que possible la vis V, remplir de mercure la cuvette entière, et avec elle le tube vertical T qui vient s'y introduire. Quand tout l'appareil est plein de liquide, il n'y a plus à craindre les chocs du mercure intérieur contre les parois de verre du tube T et de la cuvette; l'instrument devient beaucoup moins fragile et peut se transporter sans danger.

Fig. 120.

La partie supérieure de la cuvette est formée d'un disque de buis fixé au cylindre de cristal, et protégé par une monture en cuivre. Le disque et la monture sont percés d'un trou central qui livre passage au tube barométrique. Une peau de chamois, fortement liée au tube et au disque de buis, rend le tube solidaire de la cuvette; cette membrane poreuse n'empêche pas la pression de l'air de s'exercer sur le mercure de la cuvette.

Le tube barométrique est entouré d'un étui de cuivre, percé, dans sa partie supérieure, de deux fenêtres longitudinales opposées, à

---

[1] *Fortin*, constructeur d'instruments de physique.

travers lesquelles on observe le niveau du mercure; sur les bords des fenêtres sont marquées les divisions de l'échelle barométrique, le long de laquelle on peut faire glisser un vernier (fig. 121). Le zéro de l'échelle correspond à la pointe inférieure de la vis v.

L'instrument est supporté par un trépied dont les branches peuvent se rapprocher pour former une canne creuse, dans laquelle le tube est enfermé pendant le transport (fig. 122). Durant les observations, il est suspendu verticalement à l'aide d'une *suspension à la Cardan.*

Le tube barométrique T (fig. 123) est suspendu à l'intérieur d'un anneau B par deux tourillons b, b' dia-

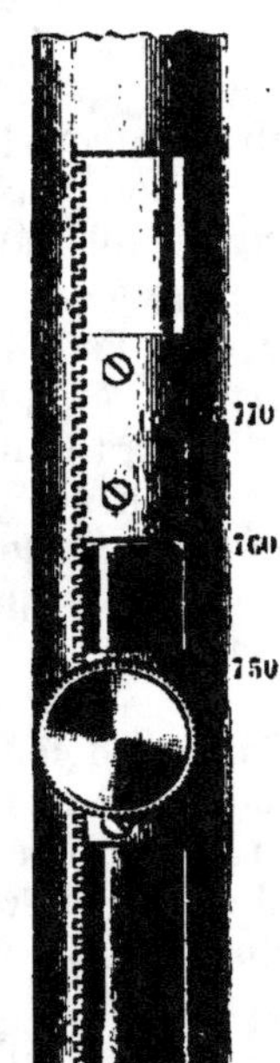

Fig. 121.

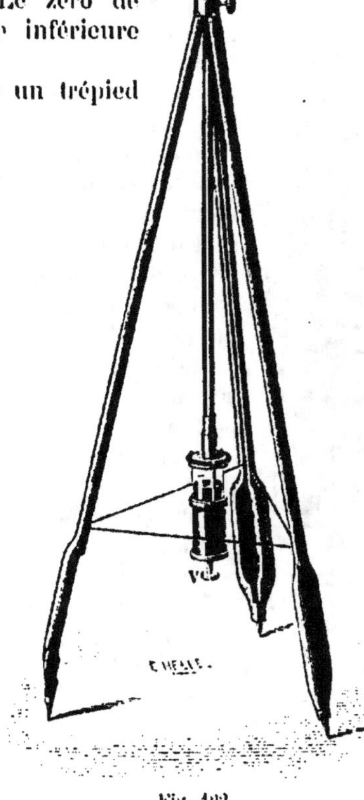

Fig. 122.

métralement opposés. L'anneau B est suspendu lui-même à l'intérieur d'un anneau A, par deux tourillons a, a' formant un second axe horizontal, perpendiculaire au premier. Enfin l'anneau A est fixé à la partie supérieure du trépied. De cette manière, le tube peut tourner librement autour de deux axes horizontaux rectangulaires, et le poids de la cuvette le maintient dans une position verticale.

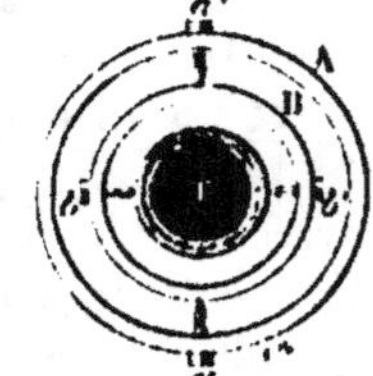

Fig. 123.

100. Corrections barométriques. — 1° Correction de capillarité. — Si le tube n'a pas un diamètre suffisant (au moins 2 centimètres), le niveau dans le tube est terminé par un ménisque convexe. Alors le mercure monte moins haut qu'il ne monterait dans un tube large, et il faut ajouter à la hauteur lue directement une hauteur supplémentaire, d'autant plus grande que le tube est plus étroit. C'est la correction de capillarité. On a dressé des tables donnant la valeur de cette correction pour divers diamètres intérieurs du tube. Voici quelques nombres :

Diamètres.	Correction.
0,4 cm	0,21 cm
0,6	0,12
1,0	0,04
1,2	0,03
1,6	0,01
2,0	0,00

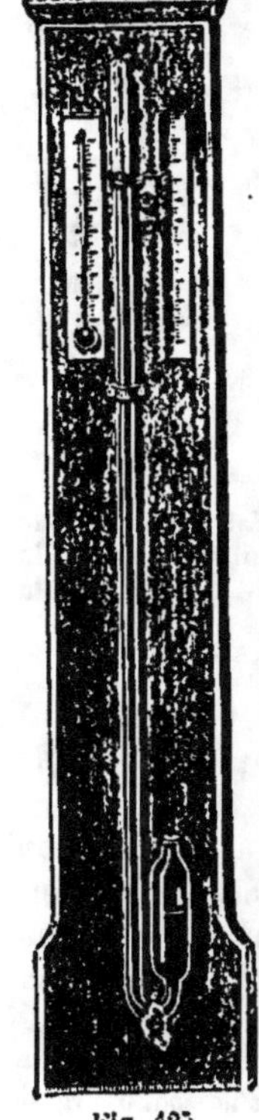

Fig. 124.

Au lieu de mesurer le diamètre du tube on peut mesurer la *flèche* du ménisque, c'est-à-dire la distance du sommet du ménisque au plan de cercle suivant lequel le liquide vient toucher la paroi de verre (fig. 124); d'autres tables donnent immédiatement la valeur de la correction quand on connaît la flèche du ménisque.

2° Correction de température. — Il faut toujours observer la température pour tenir compte de la dilatation de la règle métallique sur laquelle on lit les hauteurs, et aussi de la variation que subit le poids spécifique de la colonne mercurielle avec la température. On verra plus loin comment s'effectuent ces corrections de températures.

Pour éviter la correction de capillarité sans avoir recours à des tubes très larges, on peut employer le baromètre à siphon.

167. Baromètres à siphon. — 1° Les baromètres à siphon, en général, sont formés d'un tube recourbé; l'une des branches est courte et ouverte; l'autre est fermée et a environ 85 cm de longueur (fig. 125). On remplit de mercure la grande branche par le procédé déjà indiqué. Quand le tube est ramené dans sa position verticale, la petite branche doit contenir seulement une colonne de mercure de quelques centimètres. Le tube est fixé à une planchette, divisée en centimètres et en millimètres; la distance des niveaux du mercure dans les deux branches est la hauteur barométrique. Elle se mesure au moyen d'une échelle dont le zéro est situé entre les deux niveaux; les deux parties de la règle, supérieure et inférieure, sont ainsi graduées en sens inverses. Deux verniers permettent d'évaluer exactement les deux portions de la hauteur barométrique.

Fig. 125.

de la hauteur barométrique.

2° Dans le **baromètre de Gay-Lussac** (fig. 126), les deux branches *d'égal diamètre* sont réunies par un tube capillaire. Cette disposition permet de renverser le tube sans crainte de laisser pénétrer de l'air dans la chambre barométrique. La petite branche ne présente qu'une très petite ouverture O, ou bien elle est fermée par une membrane qui retient le mercure, sans s'opposer à la transmission de la pression atmosphérique. Les deux tubes ayant le même diamètre, la dépression capillaire est la même pour les deux; elle s'élimine sans qu'il y ait de correction à faire, en mesurant la différence des niveaux [1].

Pour transporter le baromètre de Gay-Lussac, on le retourne comme l'indique la figure 126, de manière à remplir complètement la grande branche.

Le constructeur **Bunten** a apporté au baromètre de Gay-Lussac un perfectionnement de détail, en effilant la grande branche, qu'il engage dans un tube de plus grand diamètre B; celui-ci est réuni à la petite branche par le tube capillaire (fig. 127). Si quelque bulle d'air s'engage par hasard dans le tube capillaire de communication, elle ne peut pas pour cela pénétrer dans la grande branche; elle passe à côté de la pointe, et s'arrête à la partie supérieure du tube B.

Cet instrument peut être monté et suspendu comme celui de Fortin.

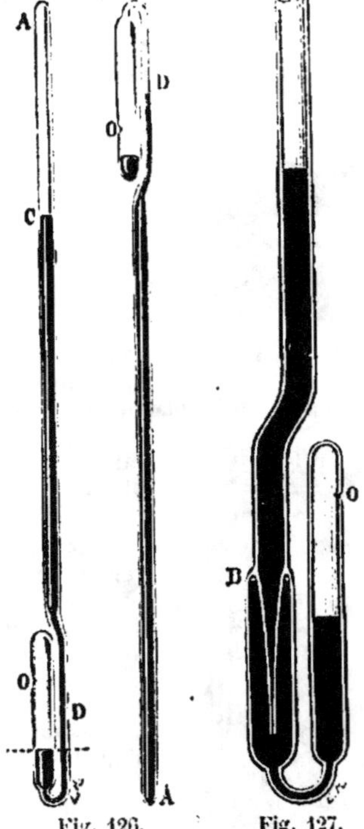

Fig. 126.   Fig. 127.

168. Baromètre à cadran. — On construit des baromètres à siphon où les variations de niveau sont indiquées par une aiguille qui tourne sur un cadran (fig. 128).

Le baromètre est placé derrière une planchette à laquelle on donne une forme plus ou moins élégante. Les oscillations du mercure sont transmises, par un fil à contrepoids, à une poulie qui gouverne une aiguille mobile sur un cercle divisé. Les données fournies par cet instrument manquent de précision et de rapidité.

---

[1] C'est du moins ce que pensait Gay-Lussac. En fait, les ménisques ne sont pas rigoureusement identiques dans les deux tubes de même diamètre, parce que le mercure monte dans l'un d'eux tandis qu'il descend dans l'autre; la correction de capillarité n'est donc pas complètement éliminée.

Néanmoins, dans la pratique journalière, le manque de rapidité, la *paresse* du baromètre, est plutôt un avantage qu'un inconvénient; car ce qui intéresse au point de vue de la prévision du temps (voir plus loin, n° 170), c'est de connaître à un moment donné le sens dans lequel varie la hauteur barométrique. Si on est obligé, comme dans le baromètre à cadran, de donner quelques' légers chocs pour faire prendre à l'aiguille sa position définitive, on voit immédiatement dans quel sens elle marche.

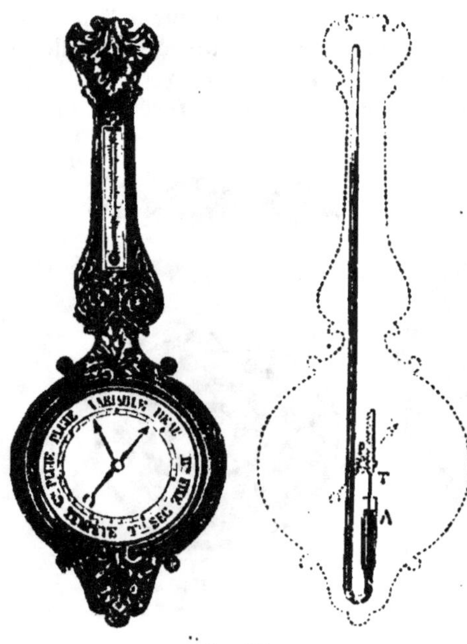
Fig. 128.

169. Baromètres métalliques. — Les baromètres métalliques reposent sur un principe tout différent. Une boîte hermétiquement fermée contient de l'air raréfié. Ses parois sont formées d'une feuille de métal souple et élastique : si la pression atmosphérique augmente, elle rapproche les parois de la boîte; si elle diminue, ces parois s'écartent sous l'action de l'air intérieur; les déplacements de cette paroi solide pourront être amplifiés et mesurés.

Fig. 129.

1° Le *baromètre métallique* de **Bourdon** (fig. 129) se compose d'un tube métallique à section elliptique, qu'on a ensuite recourbé en cercle, le grand axe de la section elliptique étant perpendiculaire au plan de ce cercle. Ce tube, qui contient de l'air raréfié, est fixé en son milieu, et ses extrémités sont reliées à une bielle qui porte un secteur denté; ce secteur engrène avec un pignon, au centre duquel se trouve une aiguille qui peut se déplacer sur un cadran gradué.

Quand la pression atmosphérique augmente, l'ellipse de section s'aplatit davantage ; la courbure du tube augmente, et ses deux extrémités se rapprochent ; ce mouvement est transmis à l'aiguille.

Quand la pression diminue, le contraire se produit, et l'aiguille se déplace sur le cadran en sens inverse du premier mouvement.

2° Le *baromètre de* **Vidie** (fig. 130) diffère du précédent en ce

Fig. 130.   Fig. 131.

que le tube métallique y est remplacé par une boîte cylindrique en laiton (fig. 131). La lame qui forme le dessus de cette boîte est ordinairement cannelée ou ondulée, pour être rendue très flexible ; elle peut ainsi s'élever ou s'abaisser suivant les variations de la pression atmosphérique, et, par une série de leviers, transmettre ses mouvements à une aiguille mobile sur un cadran.

La graduation de ce baromètre, comme celle du précédent, se fait par comparaison, à l'aide d'un baromètre à mercure.

3° Le baromètre de Vidie peut se transformer en baromètre **enregistreur** (fig. 132) ; à cet effet, on empile l'une au-dessus de l'autre un certain nombre de boîtes cannelées, *ordinairement* 6 ou 8. La boîte inférieure reposant sur un plan fixe, la face supérieure de la boîte la plus élevée reçoit, dans les variations atmosphériques, un déplacement égal à la somme des déplacements de toutes les boîtes. Ce déplacement est transmis par une série d'articulations à un levier amplificateur dont le grand bras se termine par une plume ; cette plume appuie sur un cylindre vertical que fait tourner uniformément un appareil d'horlogerie, et elle y trace une ligne continue. Pour apprécier et conserver ces indications, on revêt le cylindre d'une feuille de papier où sont tracées des lignes horizontales qui représentent les millimètres ou les demi-millimètres, et des

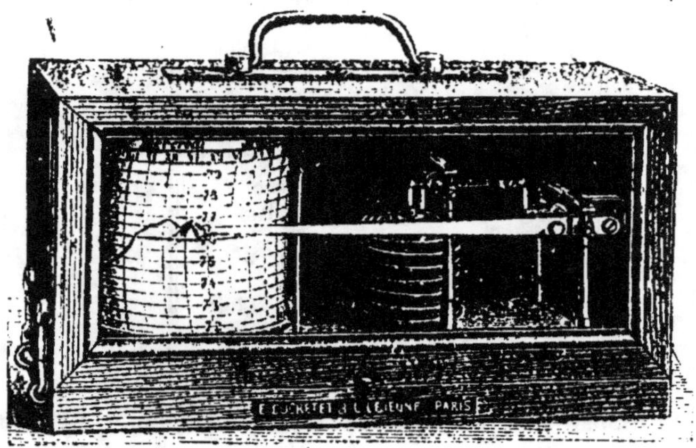

Fig. 132.

lignes en arc de cercle dans le sens vertical, qui correspondent aux heures ; parfois cette feuille porte encore les jours de la semaine ou du mois.

170. Variations des hauteurs barométriques. — La hauteur barométrique varie sans cesse.

Ses variations sont *périodiques* ou *accidentelles*.

Les variations périodiques sont des oscillations légères qui se produisent régulièrement tous les jours ; elles sont difficiles à observer dans les régions tempérées ou glaciales ; mais, dans les régions équatoriales, elles ont une amplitude plus considérable.

La hauteur barométrique atteint par jour deux maxima et deux minima : les premiers vers dix heures du matin et dix heures du soir, les seconds vers quatre heures du matin et quatre heures du soir. Dans nos climats, les heures des maxima et des minima changent un peu avec les saisons.

L'altitude du lieu influe aussi sur les variations diurnes ; à une certaine hauteur, ces variations deviennent insensibles.

Les variations accidentelles ou irrégulières sont des oscillations lentes ou brusques, intimement liées avec la direction et l'intensité du vent ; leur amplitude dépend aussi de la latitude et de l'altitude du lieu ; elles indiquent toujours un changement dans l'atmosphère, c'est pour cela qu'elles servent à prévoir le temps d'une manière probable. Dans les latitudes moyennes, le baromètre baisse généralement avec le mauvais temps et monte avec le beau temps. De là l'usage d'ajouter à l'échelle barométrique l'indication de l'état du ciel qui correspond habituellement aux diverses hauteurs.

INDICATIONS POUR PARIS	
785 millimètres.	Très sec.
776 —	Beau fixe.
767 —	Beau.
758 —	Variable.
749 —	Pluie.
740 —	Grande pluie.
731 —	Tempête.

Ces indications n'ont rien d'absolu; cependant, comme elles sont le résultat d'observations nombreuses, on peut leur accorder une certaine confiance.

171. Mesure des hauteurs par le baromètre. — Si la hauteur barométrique ne variait qu'avec l'altitude, et si l'air avait partout la même densité et la même température, il serait facile de calculer les diverses altitudes que l'on atteint, et la hauteur totale de l'atmosphère. Le mercure étant 10500 fois plus dense que l'air, chaque pression de 1 centimètre correspondrait à une épaisseur de 105 mètres, et la hauteur barométrique moyenne $0^m,76$ ferait équilibre à une couche d'air de $0^m,76 \times 10500$ ou 7980 mètres. Mais l'atmosphère est composée de couches d'air qui diminuent de densité de bas en haut; de plus, la température varie le long d'une verticale, suivant une loi que l'on ne connaît pas.

La relation qui existe entre l'altitude d'un lieu et la hauteur barométrique est beaucoup plus compliquée.

Soient H, h les hauteurs barométriques observées simultanément en deux stations, dont les altitudes ont une différence z.

Quand la différence des altitudes ne dépasse pas 6000 mètres, on peut la calculer au moyen de la formule suivante, due à Laplace[1] :

$$z = 18393^m (1 + 0,002837 \cos \lambda) \left[1 + \frac{2(T + t)}{1000} \right] \log \frac{H}{h}.$$

T et t désignent les températures correspondantes aux hauteurs du mercure H et h, λ la latitude moyenne des lieux d'observation.

Pour les hauteurs moindres que 1000 mètres, Babinet a donné la formule suivante :

$$z = 16.000^m \left(\frac{H - h}{H + h} \right) \left[1 + \frac{2(T + t)}{1000} \right].$$

Cette formule dispense de l'usage des logarithmes.

---

[1] *Laplace*, géomètre français (1749-1827).

COMPRESSIBILITÉ DES GAZ

172. Loi de compressibilité des gaz. — Les gaz sont très compressibles. Le volume d'une masse gazeuse peut être réduit à la moitié, au quart, au dixième, au centième du volume primitif. Il suffit d'enfermer le gaz dans un récipient dont la paroi est souple, ou dont une partie de la paroi est mobile, et d'exercer sur cette paroi une pression suffisante.

Chercher la loi de compressibilité d'un gaz, c'est chercher la relation qui existe, à une température donnée, entre la pression exercée sur une masse de ce gaz et le volume qu'elle occupe.

Si une masse gazeuse est en équilibre, la pression exercée sur elle de l'extérieur est égale à la pression exercée par le gaz sur la paroi intérieure, c'est-à-dire à la *force élastique* du gaz. On peut dire que la loi de compressibilité d'un gaz, c'est la *relation qui existe entre le volume et la force élastique d'une masse donnée de ce gaz.*

La loi de compressibilité d'un gaz ne peut être déterminée que par une série d'expériences faites sur ce gaz.

En toute rigueur, chaque gaz a sa loi de compressibilité particulière; néanmoins l'expérience a montré que tous les gaz ont à peu près la même loi de compressibilité.

Boyle[1] et Mariotte[2] firent, au xviiᵉ siècle, les premières expériences sur la compressibilité des gaz, de l'air en particulier. Ils énoncèrent, chacun de leur côté, la loi suivante, connue en Angleterre sous le nom de loi de Boyle, et en France sous le nom de *loi de Mariotte.*

173. Loi de Mariotte. — *Les volumes d'une même masse gazeuse, à une température invariable, sont inversement proportionnels aux pressions qu'elle supporte.*

Désignons par P la pression (en dynes par cm²) à laquelle est soumise une certaine masse de gaz qui occupe le volume V (en cm³); si on soumet cette même masse de gaz à une pression différente P', en ayant soin de la maintenir à la même température, elle occupe un nouveau volume V', tel que l'on ait :

$$\frac{V'}{V} = \frac{P}{P'},$$

ou
$$PV = P'V'.$$

Ainsi : *la pression et le volume d'une masse gazeuse ont un produit constant* (quand la température reste invariable).

174. Expériences de Mariotte. — Les expériences de Mariotte pour établir la loi de compressibilité de l'air se divisent en deux

---

[1] *Boyle*, physicien anglais (1627-1691).
[2] *Mariotte*, prieur de Saint-Martin-sous-Beaune, en Bourgogne (1620-1684).

séries : dans la première, on prend une masse d'air à la pression
atmosphérique, et on la soumet à des pressions plus fortes : le volume se réduit. Dans la seconde série d'expériences, on diminue la
pression de la masse de gaz au-dessous de la pression atmosphérique ; alors le volume devient plus grand que le volume primitif.

Première série. — **Pressions supérieures à la pression atmosphérique.** — On prend un long tube vertical recourbé (fig. 133), dont
la grande branche,
ouverte, a deux ou
trois mètres de haut,
et porte une gradua-
tion en centimètres
et millimètres ; la
branche courte, fer-
mée à sa partie su-
périeure, porte une
graduation en parties
d'égal volume : le
nombre inscrit en
regard d'une division,
indique le volume
compris entre cette
division et l'extré-
mité supérieure de la
branche fermée.

On commence par
verser du mercure
dans la grande bran-
che ; il emprisonne
dans la branche fer-
mée une masse d'air
déterminée dont on
peut lire le volume.
On s'arrange de façon
qu'au début le niveau

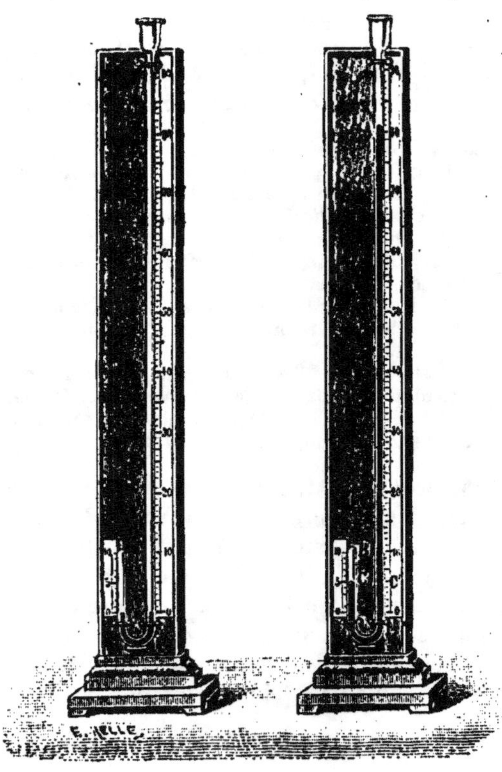

Fig. 133.

du mercure soit le même dans les deux branches. Dans ce cas, l'air
emprisonné supporte une pression égale à la pression atmosphérique
qui s'exerce par la branche ouverte. On verse alors du mercure dans
la grande branche ; le liquide monte dans les deux branches, mais
plus vite dans la branche ouverte que dans la branche fermée, où
l'air est comprimé ; on s'arrête quand le volume de cet air comprimé
est réduit à la moitié du volume primitif ; il est facile de s'en aperce-

7

voir à l'échelle des volumes. A ce moment, si l'on mesure à l'échelle des longueurs la différence de hauteur des deux niveaux du mercure, on trouve que cette distance AC' est égale à la hauteur barométrique à l'instant de l'expérience. Il s'ensuit que la pression de l'air confiné est égale à la pression atmosphérique qui s'exerce en A., augmentée d'une pression égale à cette pression atmosphérique. Cette pression est donc de deux atmosphères; et, dans ces conditions, le volume de la masse d'air est réduit à la moitié.

Si on verse encore du mercure dans la grande branche jusqu'à réduire le volume de l'air dans la petite au tiers de son volume initial, on trouve qu'il a fallu verser assez de mercure pour que la différence des niveaux représente le double de la pression atmosphérique. Il faut donc tripler la pression pour réduire le volume au tiers.

Deuxième série. — **Pressions inférieures à la pression atmosphérique.** — Mariotte s'est servi d'un tube de Torricelli et d'une cuvette verticale, assez longue pour que le tube puisse s'y enfoncer tout entier : c'est ce qu'on appelle la cuvette profonde (fig. 134). Cette cuvette est d'abord remplie de mercure ; on y renverse un tube de Torricelli où l'on a eu soin de verser du mercure, mais sans le remplir. Quand on le retourne, il contient donc une certaine masse d'air qui vient à la partie supérieure.

On enfonce le tube jusqu'à ce que le mercure intérieur soit au même niveau qu'à l'extérieur dans la cuvette (fig. 135); dans ces conditions, l'air intérieur est soumis à la pression atmosphérique. Si on soulève le tube, le mercure monte à l'intérieur, et en même temps le volume de l'air emprisonné augmente ; on soulève jusqu'à ce que le volume occupé par l'air ait exactement doublé (on en peut juger soit par une graduation portée par le tube lui-même, soit à l'aide d'un mètre qui permet d'évaluer la longueur BM); le mercure est

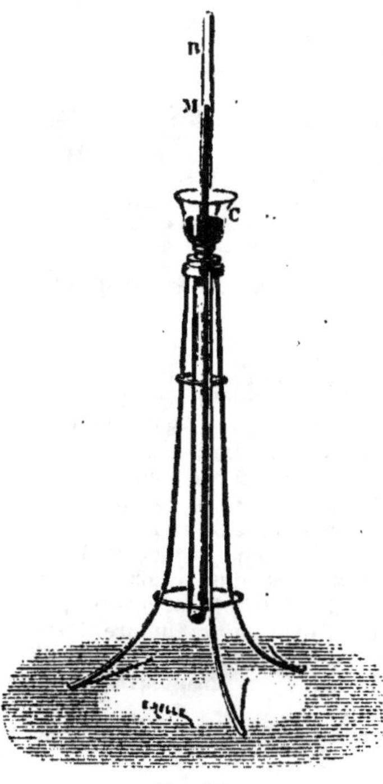

Fig. 134.

alors monté dans le tube à un niveau M, qui est élevé au-dessus du niveau dans la cuvette C d'une hauteur CM égale à la moitié de la hauteur barométrique du moment. Donc en M la pression, qui est la pression atmosphérique moins la pression de la colonne CM, est égale à la moitié de la pression atmosphérique : *le volume a doublé quand la pression est deux fois moindre.*

Si on soulève encore le tube jusqu'à ce que le volume BN de l'air intérieur ait triplé, on trouve que la différence des niveaux du mercure est égale aux $\frac{2}{3}$ de la colonne barométrique. La pression en N est donc le tiers de la pression atmosphérique.

175. Compressibilité des gaz pour de fortes pressions. — Expériences de Dulong[1] et Arago[2]. — Dans les expériences précédentes, on ne peut atteindre ni de très fortes pressions ni des pressions très faibles. Il convenait de voir si la loi de Mariotte est rigoureusement exacte pour les pressions ordinaires, et en outre ce qu'elle devient aux très fortes pressions.

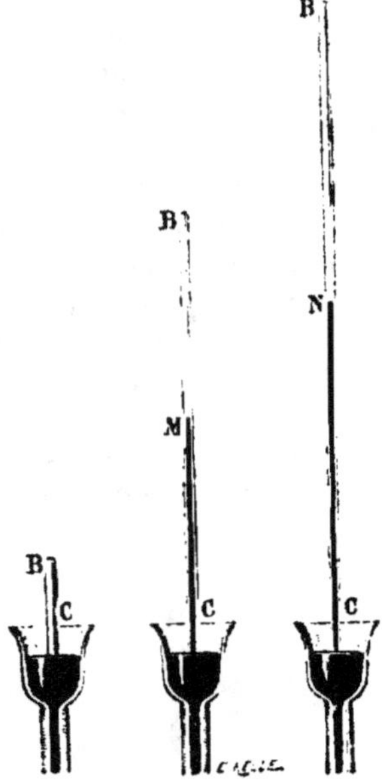

Fig. 135.

Dulong et Arago soumirent une masse d'air à des pressions allant jusqu'à vingt-sept atmosphères. Leur appareil (fig. 136) n'est autre que le premier appareil de Mariotte. La branche fermée est un tube BC, de deux mètres de longueur environ, contenant l'air soumis à l'expérience; fermé à sa partie supérieure, il communiquait par sa partie inférieure avec le réservoir R. De plus, il était enveloppé d'un manchon en verre, contenant de l'eau qui se renouvelait constamment; ainsi la température de l'air contenu dans le tube BC était maintenue constante. La branche ouverte était formée d'un long tube A', composé lui-même de treize tubes, de deux mètres de long chacun et ajustés bout à bout; ces tubes étaient maintenus dans une position verticale devant un madrier, au moyen d'un système de suspension qui écartait tout danger de rupture. Mais, au lieu de verser le mercure par le haut de la branche ouverte, on refoulait du mercure dans les deux branches à la fois, en manœuvrant une pompe P.

Au moyen de cette pompe, on exerçait une pression sur le mercure du réservoir R, et le mercure montait dans les tubes A et A'.

---

[1] *Dulong*, physicien français (1785-1838).
[2] *Arago*, physicien et astronome français (1786-1853).

On mesurait le volume de l'air dans le tube BC, et la différence des niveaux du mercure dans les deux tubes. Cette différence, augmentée de la pression barométrique, indiquait la pression supportée par l'air comprimé dans le tube BC.

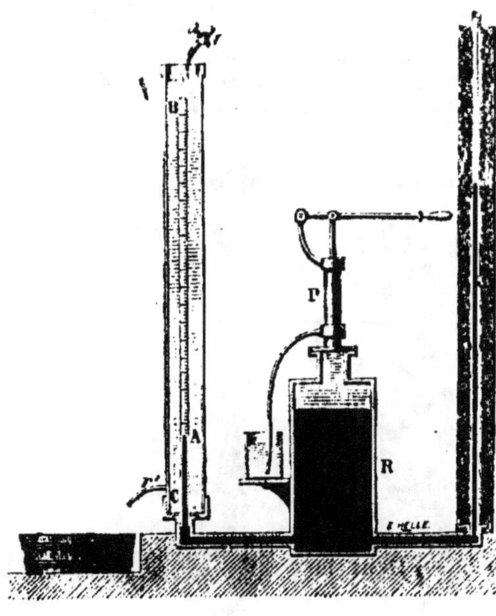

Fig. 136.

Dulong et Arago poussèrent la pression jusqu'à 27 atmosphères. Ils obtinrent des résultats si peu différents de ceux qu'indique la loi de Mariotte, qu'ils mirent cette différence sur le compte des erreurs d'observation, et conclurent à l'exactitude de la loi.

Regnault, à qui l'on doit des déterminations très exactes de nombreuses données physiques, a repris ces expériences. Il a établi que, même dans ces limites de pression, la loi de compressibilité de l'air s'écarte d'une façon appréciable de la loi de Mariotte. *Le produit PV ne reste pas rigoureusement constant.* Pour l'air, ce produit diminue légèrement quand on augmente la pression depuis 1 atmosphère jusqu'à 30 atmosphères.

Dulong et Arago étaient pourtant des physiciens éminents; mais leurs expériences comportaient une cause d'erreur qu'il importe de noter. Dans la petite branche, il faut lire le volume AB de l'air confiné. Or l'appréciation du trait de la graduation en regard duquel est le niveau A du mercure, comporte toujours quelque incertitude. (Ceci est inévitable et ne tient pas à l'appareil employé.) Dans chaque mesure de volume, on pourra se tromper en plus ou en moins d'une petite quantité ε. Si le volume initial est V, l'erreur relative commise sur la lecture du volume est $\frac{\varepsilon}{V}$. Si on réduit le volume par une pression considérable, au 27e de sa valeur primitive, le niveau A s'approche de B; la lecture se faisant dans les mêmes conditions qu'au début, l'erreur possible en plus ou en moins est toujours la même, ε. Mais cette même erreur absolue prend une importance beaucoup plus grande. L'erreur relative devient :

$$\varepsilon : \frac{V}{27} = \frac{27\varepsilon}{V},$$

c'est-à-dire qu'elle est multipliée par 27. L'erreur inévitable dans toute mesure physique va donc ici en augmentant a mesure que la pression augmente, tandis que c'est précisément pour de fortes pressions qu'on aurait besoin d'une précision plus grande.

Regnault s'est préoccupé, non pas de supprimer toute erreur de lecture, ce qui est irréalisable, mais *de rendre l'approximation constante; de telle sorte que l'erreur relative qu'on peut commettre sur le volume soit indépendante de la pression.*

176. Expériences de Regnault[1]. — Son appareil (fig. 137) se composait, comme celui de Dulong, d'une pompe foulante et de deux tubes verticaux; mais, au lieu d'opérer toujours sur la même masse d'air, il opérait sur des masses d'air croissantes, constamment ramenées au même volume sous des pressions de plus en plus fortes. Au début, le mercure, étant au même niveau dans les deux branches, atteignait dans la branche fermée un repère α, emprisonnant un volume d'air αv. On comprimait de manière à réduire ce volume de moitié; on

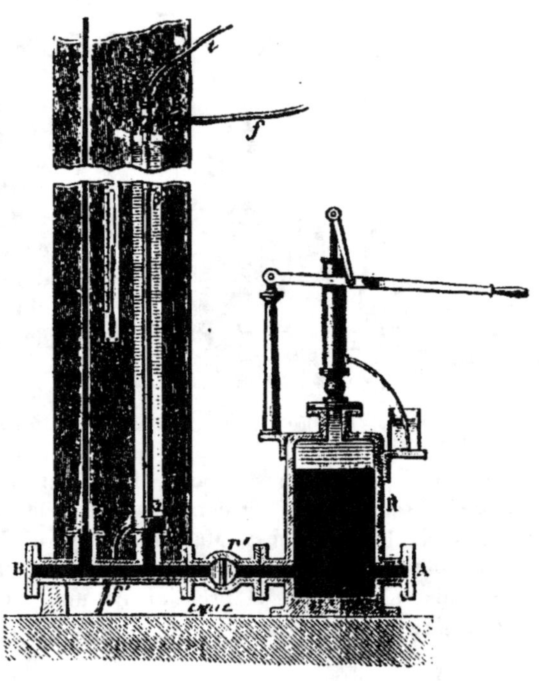

Fig. 137.

s'arrêtait quand le mercure atteignait dans la petite branche un trait β marqué au milieu de αv; la différence des niveaux dans les deux branches faisait connaître la pression.

Alors on ouvrait le robinet r, qui mettait la branche fermée en communication par le tube t avec un réservoir plein d'air, et l'on introduisait dans la branche fermée une nouvelle masse d'air jusqu'à ramener au volume primitif αv. On fermait r, et, par le jeu de la pompe, on réduisait le volume de la nouvelle masse d'air à occuper le volume

---

[1] *Victor Regnault*, physicien et chimiste français (1810-1878).

moitié moindre $\frac{v}{2}$. Dans chaque cas, on pouvait voir s'il fallait doubler exactement la pression pour réduire de moitié le volume d'air v. L'expérience prouve que si au début l'air est à la pression de 1 atmosphère, pour réduire le volume de moitié il faut le comprimer à 2 atmosphères; mais s'il est au début à 8 atmosphères, par exemple, pour réduire le volume de moitié il n'est pas nécessaire d'atteindre tout à fait 16 atmosphères; en doublant la pression de 8 atmosphères, on réduirait le volume à un peu moins de la moitié de sa valeur initiale.

Le volume final étant ici toujours le même, l'erreur commise dans la lecture reste toujours la même, et l'erreur relative sur la lecture du volume est constante au lieu d'augmenter avec la pression.

On a constaté pour l'air que le produit PV, qui varie d'abord très peu, diminue légèrement quand la pression P augmente.

Les expériences ont porté aussi sur divers autres gaz.

Antérieurement à Regnault, plusieurs physiciens avaient d'ailleurs établi que la loi de compressibilité aux pressions élevées ne pouvait pas être identique pour tous les gaz. Par exemple, sous une même pression, une masse d'acide carbonique se comprime plus qu'une masse d'air qui occupait au début le même volume. (Expérience de Despretz, fig. 138.)

Résultats. — Regnault a reconnu qu'à la température ordinaire, et pour des pressions n'excédant pas 27 atmosphères, l'hydrogène seul est moins compressible que ne l'indique la loi de Mariotte. Pour l'hydrogène, le produit PV augmente légèrement quand la pression P augmente.

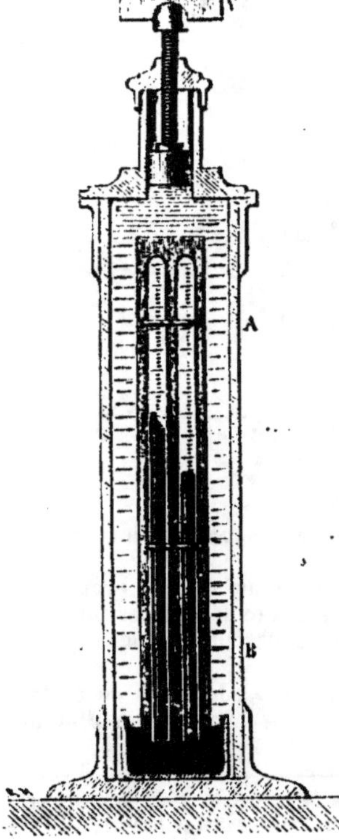

Fig. 138.

Tous les autres gaz : oxygène, azote, acide carbonique, sont plus compressibles que ne l'indique la loi. Pour tous ces gaz, le produit PV diminue quand P augmente.

On dira que le gaz s'écarte d'autant plus de la loi de Mariotte, que le produit PV s'écarte davantage de sa valeur initiale.

On trouve qu'un gaz s'écarte d'autant plus de la loi de Mariotte, qu'il est plus aisément liquéfiable. L'acide carbonique, l'acide sulfu-

reux, s'en écartent plus que l'oxygène et l'azote. Pour les mêmes
gaz, l'écart serait moins considérable à haute température, les gaz·
étant alors plus éloignés de leur point de liquéfaction.

177. Expériences de M. Cailletet. — Des expériences plus récentes,
dues à M. Cailletet, ont établi qu'un gaz quelconque soumis à des pressions de
plus en plus fortes finit toujours par être *moins compressible* que ne l'indique
la loi de Mariotte. Il peut arriver que, par une compression suffisante, le gaz
se liquéfie : c'est le cas de l'acide carbonique pour une température inférieure
à 31°; s'il n'y a pas liquéfaction, comme pour l'acide carbonique au-dessus de
31°, pour l'air, l'oxygène, l'azote à la température ordinaire, le produit PV
diminue d'abord, puis passe par un minimum et augmente ensuite. Pour l'air,
ce minimum de PV (ce maximum de compressibilité) est obtenu pour
$P = 80$ atmosphères environ; pour des pressions plus fortes, le produit PV
augmente et augmente indéfiniment [1].

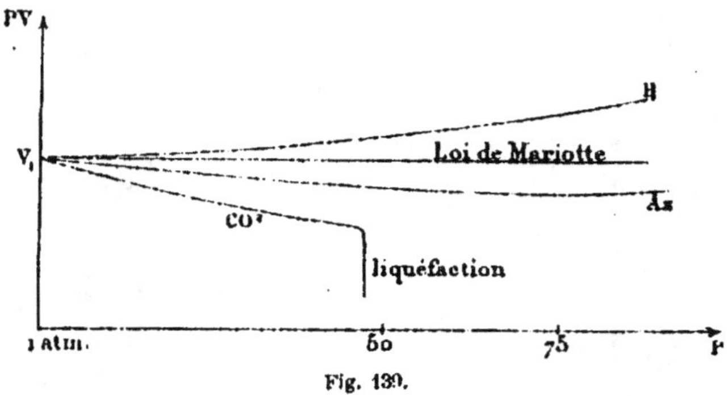

Fig. 139.

Remarque. — Ce fait général est en harmonie avec l'hypothèse moléculaire
sur la constitution des gaz.

Un gaz serait formé par des molécules isolées, ayant un volume propre; la
pression aurait simplement pour effet de rapprocher ces molécules les unes des
autres, sans que le volume de la masse puisse jamais devenir moindre que le
volume total des molécules.

Or, quand le facteur P augmente indéfiniment, le produit PV ne saurait
diminuer toujours, ni même rester invariable, sans que le volume V diminue
indéfiniment; ce qui est impossible.

---

[1] Pour tracer les courbes figuratives (fig. 139), on porte en abscisses des longueurs proportionnelles aux valeurs de la pression P, et en ordonnées, des longueurs proportionnelles
aux valeurs correspondantes du produit PV (ou des variations de ce produit). La courbe
ainsi obtenue est dite une ligne *isotherme*, pour rappeler que la masse gazeuse soumise à
l'expérience a été maintenue à une température invariable.

Si, à la température considérée, le gaz suivait la loi de Mariotte, le produit PV serait
constant, et la ligne figurative se réduirait à une droite horizontale.

Lorsqu'on trace sur une même figure les isothermes de différents gaz, pour une même
température donnée, on suppose que tous ces gaz occupaient un même volume initial V₁.

Le gaz s'écarte d'autant plus de la loi de Mariotte, que la courbe s'éloigne davantage de
l'horizontale V₁. Il est plus compressible ou moins compressible que ne l'indique la loi de
Mariotte, suivant que la courbe passe au-dessous de l'horizontale, ou au-dessus de cette
droite.

Donc, si le produit PV commence par décroître, cet intervalle de décrois-
sance est forcément limité : la variation doit bientôt s'atténuer, disparaître, et
finalement changer de sens.

C'est précisément ce qu'a observé M. Cailletet.

Expériences de M. Amagat. — L'étude expérimentale de la compressibilité des gaz a été poursuivie par M. Amagat dans des limites de pression très
étendues, et sur une large échelle de températures. Les expériences ont porté
notamment sur l'hydrogène, l'azote, l'air, l'oxygène, l'acide carbonique, le formène et l'éthylène. Elles ont fait connaître les isothermes de ces divers gaz

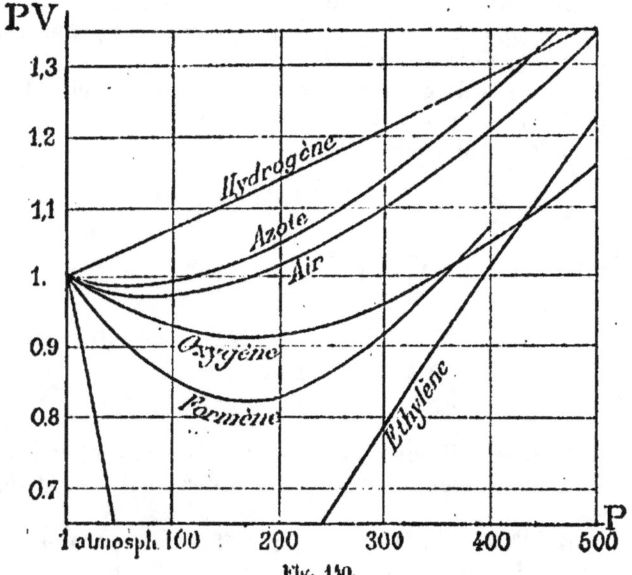

Fig. 140.

pour des pressions qui croissent jusqu'à 3000 atmosphères et pour des températures qui s'élèvent jusqu'à 300°.

1° La figure 140 représente les résultats obtenus pour des gaz différents pris
à une même température. On voit que le minimum du produit PV est d'autant
plus accentué, que le gaz est plus voisin de son point de liquéfaction. Pour
l'éthylène, ce minimum sort des limites de la figure.

2° En groupant au contraire sur une même figure toutes les isothermes d'un
même gaz, c'est-à-dire les courbes relatives à ce gaz pris successivement aux
diverses températures, on constate que le minimum de PV augmente de plus
en plus à mesure que la température s'élève. De sorte que les gaz même qui
s'écartent le plus de la loi de Mariotte à la température ordinaire, s'en écartent
de moins en moins à mesure que la température augmente. Quant à l'hydrogène, il est probable qu'il présenterait lui aussi un minimum du produit PV,
si on le refroidissait suffisamment.

Dans l'étude de la liquéfaction des gaz, nous aurons l'occasion de préciser
davantage l'influence de la température sur la compressibilité des gaz ou des
vapeurs.

178. Usage de la loi de Mariotte. — Quoi qu'il en soit de ces résultats concernant les pressions très élevées, on doit retenir que dans les limites de pression ordinairement employées, la loi de Mariotte représente avec une exactitude suffisante la loi de compressibilité de tous les gaz. Dans les applications, nous ferons donc uniquement usage de cette loi; mais nous nous abstiendrons de lui attribuer une valeur théorique qu'elle n'a pas.

Conséquence de la loi de Mariotte. — *Les densités absolues d'une même masse de gaz sont directement proportionnelles aux pressions qu'elle supporte.*

En effet, la masse M du gaz est égale au produit du volume V par la densité absolue ρ. On a : $M = V\rho = V'\rho'$.

Or, d'après la loi de Mariotte :

$$VP = V'P',$$

il en résulte

$$\frac{V'}{V} = \frac{\rho}{\rho'} = \frac{P}{P'}.$$

MANOMÈTRES

179. Manomètres. Manomètres à air libre. — Les manomètres sont des instruments destinés à évaluer *la force élastique* des gaz et des vapeurs.

Rappelons que l'unité C. G. S. de force élastique ou de pression est 1 dyne par cm² et que 1 atmosphère vaut 1,033 mégadyne par cm². Rappelons aussi qu'on évalue souvent les pressions ou forces élastiques en *centimètres de mercure* : 1 atmosphère équivaut à la pression exercée par une colonne de mercure de 76 centimètres.

On distingue plusieurs espèces de manomètres : les manomètres à mercure, soit *à air libre*, soit *à air comprimé*, et les manomètres *métalliques*.

Les manomètres à mercure peuvent être à cuvette ou à siphon.

Un **manomètre à air libre** (fig. 141), et *à siphon*, n'est autre chose qu'un tube de Mariotte dont la petite branche peut communiquer par un robinet avec le récipient à gaz, et dont la grande branche est ouverte à l'air libre. On mesure la différence des niveaux, et on ajoute à cette hauteur la hauteur barométrique au moment de l'expérience. On a ainsi en hauteur de mercure la pression exercée sur le niveau du mercure dans la petite branche, c'est-à-dire la force élastique du gaz du récipient. Au lieu de cette forme de manomètre à air libre à siphon, on emploie quelquefois un manomètre à air libre *à cuvette* (fig. 142).

Le manomètre à air libre est le plus précis de tous ; mais pour de fortes pressions il faut donner à la branche ouverte une hauteur très considérable, et alors cet appareil devient fragile et encombrant.

Le manomètre de la tour Eiffel, dont la branche ouverte a 300 mètres de haut, peut mesurer 400 atmosphères.

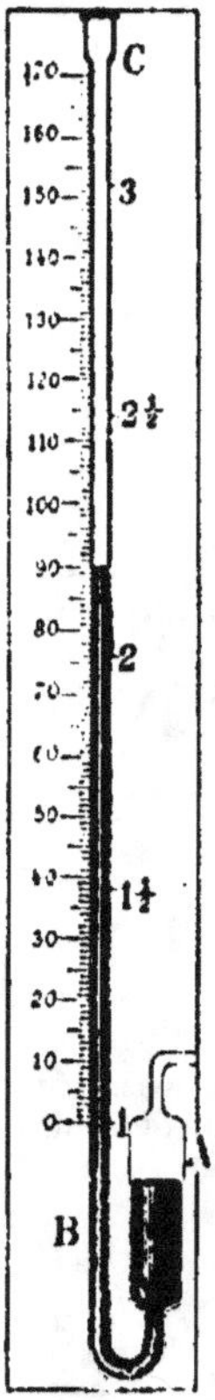

179. Manomètre à air comprimé. — Les manomètres à air comprimé sont peu employés dans la pratique : dans les recherches de précision, on emploie toujours le manomètre à air libre, et, dans l'industrie, le manomètre métallique.

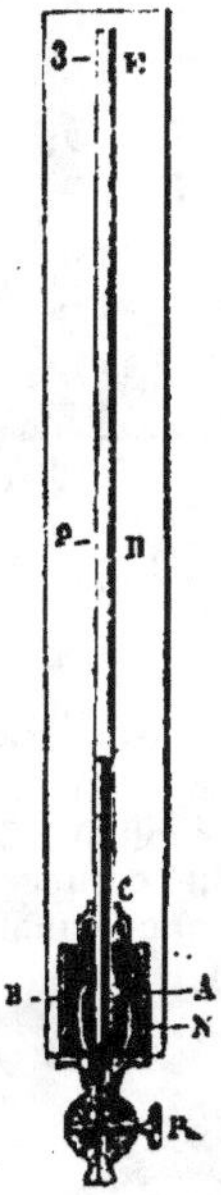

La figure 143 représente un manomètre formé d'un tube de cristal très résistant et fermé à la partie supérieure ; il plonge dans un réservoir en fer contenant du mercure. Une tubulure inférieure, munie d'un robinet, peut s'adapter, au moyen d'un tube de raccord, aux récipients contenant les gaz ou les vapeurs dont on veut mesurer la tension. Le tube est rempli d'air à la pression atmosphérique ; alors le mercure est au même niveau dans le tube et dans le réservoir. Une échelle graduée marque la pression en atmosphères et fraction d'atmosphère.

La figure 144 représente deux manomètres à air comprimé. Le premier a l'inconvénient d'être de moins en moins sensible à mesure que la pression augmente ; en effet, pour une même augmentation de pression, les variations de niveau sont d'autant plus petites que la pression est plus forte. On corrige en partie cet inconvénient en donnant au tube fermé une forme conique, comme l'indique la figure de droite.

On gradue ces instruments en les comparant à des manomètres à air libre ; mais on pourrait aussi les graduer par le calcul.

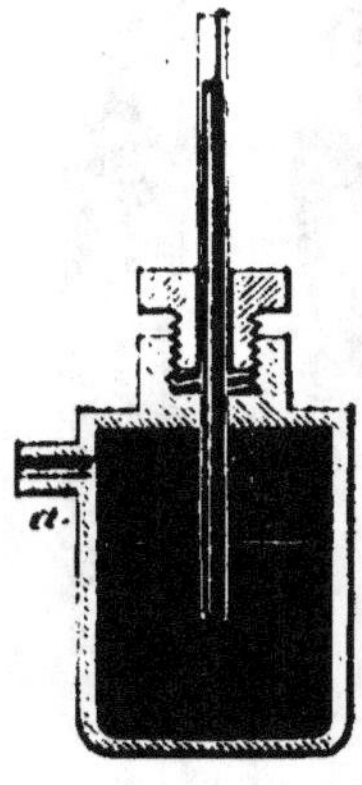

Fig. 141.

Fig. 142.

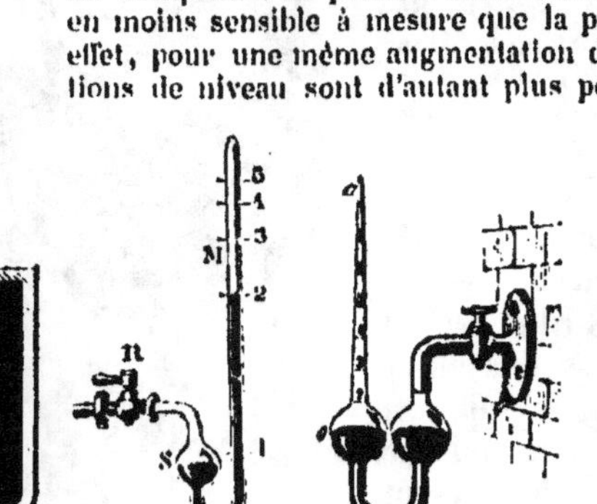

Fig. 143.

Fig. 144.

Graduation par le calcul. — Supposons que, l'air étant soumis à la pression de 76 centimètres, le mercure dans le tube et dans la cuvette soit au même niveau MN (fig. 145). Le tube est supposé cylindrique et bien calibré. Exerçons sur le mercure de la cuvette une pression connue de H centimètres de mercure; le mercure monte dans le tube d'une hauteur x au-dessus de MN, et il descend dans la cuvette en M'N' d'une hauteur y qu'il est aisé d'obtenir en fonction de x. Soient s, S les sections respectives du tube et de la cuvette. Le volume du mercure cédé par la cuvette égale le volume du mercure qui a passé dans le tube. On a donc :

$$(S - s)y = sx;$$

d'où :

$$y = \frac{sx}{S - s}.$$

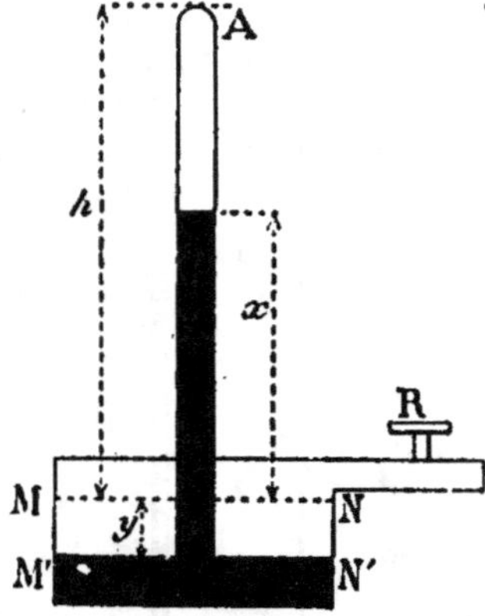

Fig. 145.

Alors la différence des niveaux du mercure est :

$$x + y = x + \frac{sx}{S - s} = \frac{Sx}{S - s} = kx,$$

en posant

$$\frac{S}{S - s} = k.$$

La force élastique de l'air dans le tube a donc pour expression

$$H - (x + y) \quad \text{ou} \quad H - kx.$$

Appliquons la loi de Mariotte à la masse gazeuse confinée. Cette masse occupait d'abord le volume sh sous la pression 76; elle occupe actuellement un volume $s(h - x)$ sous la pression $(H - kx)$. On a donc l'équation :

$$76 . h = (h - x)(H - kx).$$

ou

$$kx^2 - (H + kh)x + (H - 76)h = 0. \qquad (1).$$

Pour qu'une racine de cette équation convienne, il faut que l'on ait :

$$0 < x < h.$$

Or, en désignant par f le premier membre de l'équation, on trouve :
$f(0) = (H - 76)h$ et $f(h) = -76h$, résultats de signes contraires. Donc les racines de (1) sont réelles, et les nombres O, h, séparent la plus petite, qui dès lors répond seule à la question.

181. Manomètre métallique de Bourdon.

— Le manomètre de Bourdon est un tube de laiton de section elliptique (fig. 146); ce tube est roulé en spirale, le grand axe de la section elliptique étant

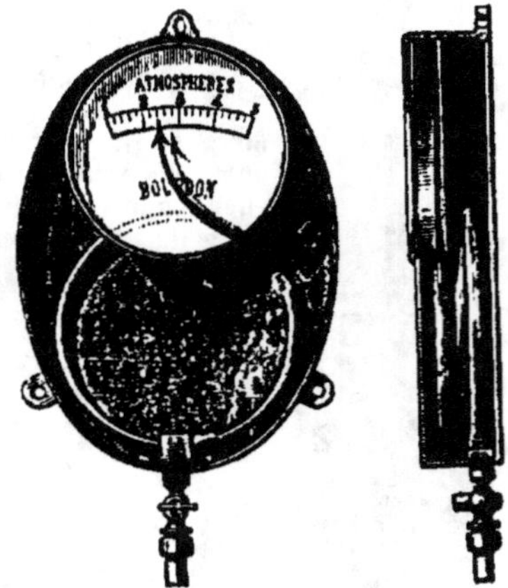

Fig. 146.

parallèle à l'axe de la spirale. L'intérieur du tube communique, par l'une de ses extrémités, avec le récipient ou le générateur; l'autre extrémité est terminée par une aiguille d'acier pouvant se déplacer sur un arc gradué en atmosphères. Lorsque le tube n'est soumis qu'à la pression atmosphérique, l'aiguille marque 1 sur l'arc gradué; si la pression augmente, le tube se déroule, et l'aiguille se déplace sur le cadran. Le manomètre métallique se gradue *par comparaison*. On fait communiquer un même récipient avec le manomètre métallique et avec un manomètre à air libre; puis, faisant varier la pression, on marque chaque fois sur le cadran le nombre d'atmosphères indiqué par le manomètre à air libre [1].

182. Manomètres de précision. — Les figures 147 et 149 représentent deux manomètres utilisés par Regnault : le premier pour des pressions comprises entre une et deux atmosphères, le second pour les pressions moindres.

Petit manomètre de Regnault (fig. 147). — Il se compose de deux tubes de verre verticaux, réunis par un tube de fonte deux fois recourbé. La petite branche peut être reliée avec le récipient à gaz où l'on veut mesurer la pression; l'autre est ouverte à la partie supérieure.

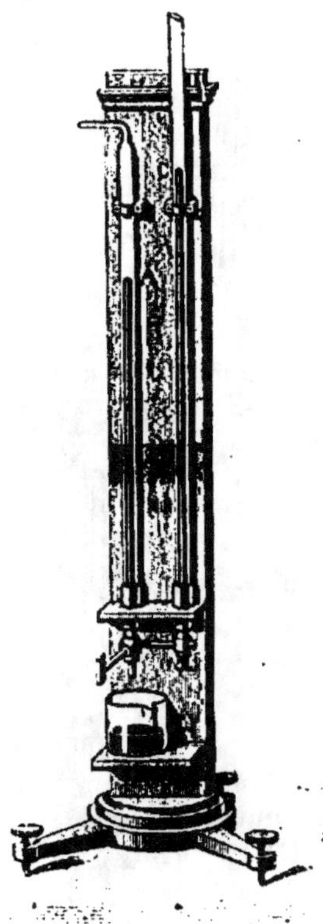

Fig. 147.

Le coude situé au-dessous de la petite branche est muni d'un robinet à trois voies, qui permet d'établir l'une ou l'autre des quatre communications représentées par la figure 148.

Le robinet étant dans la position 1, on verse du mercure dans l'appareil, et on met la petite branche en relation avec le récipient à gaz. La pression de celui-ci est égale à la pression atmo-

---

[1] Certains manomètres métalliques portent une graduation en *kilos*. Dans l'étude des machines à vapeur, en effet, on évalue souvent la pression de la vapeur en *kilos*. Une pression de 1 kilo, c'est une pression de 1 kilogr.-poids par cm²; c'est-à-dire 981 000 dynes par cm². Une pression de 1 kilo, c'est donc à peu près 1 atmosphère, ou encore à peu près 1 mégadyne par cm². Il serait désirable qu'on cessât d'employer toutes ces unités diverses pour se borner à employer la mégadyne par cm². Quelques auteurs ont proposé d'appeler *atmosphère C. G. S. cette unité de 1 mégadyne par cm².*

sphérique augmentée de la différence des niveaux dans les deux branches.

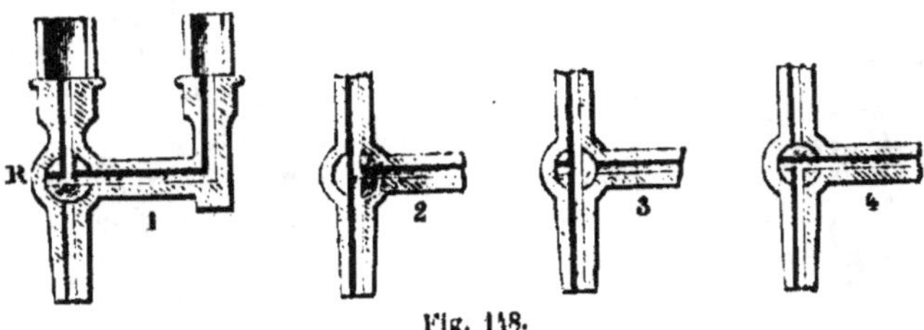

Fig. 148.

Manomètre barométrique (fig. 149). — Il se compose de deux tubes reposant sur une même cuvette à mercure. L'un est un baromètre normal, l'autre peut être mis en communication par sa partie supérieure avec le récipient qui contient le gaz dont on veut mesurer la pression.

Cette pression, augmentée de la colonne de mercure soulevée dans le tube, fait équilibre à la pression atmosphérique. Donc la pression cherchée est donnée par la différence des niveaux dans les deux tubes.

Remarque. — Dans la pratique, on a souvent à évaluer la pression d'un gaz contenu dans une éprouvette reposant sur la cuve à mercure (fig. 150). Il suffit de remarquer que cette pression, augmentée de la colonne de mercure soulevée dans l'éprouvette, fait équilibre à la pression atmosphérique. Donc la pression cherchée est égale à l'excès de la hauteur barométrique au moment de l'expérience, sur la hauteur de la colonne de mercure soulevée dans l'éprouvette.

Si l'éprouvette est sur la cuve à eau, on mesure la colonne d'eau soulevée dans l'éprouvette, puis on calcule la hauteur d'une colonne de mercure qui exercerait la même pression que cette colonne d'eau.

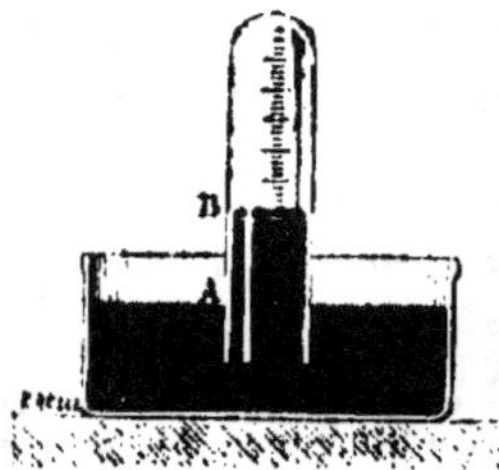

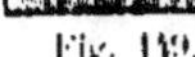

Fig. 150.

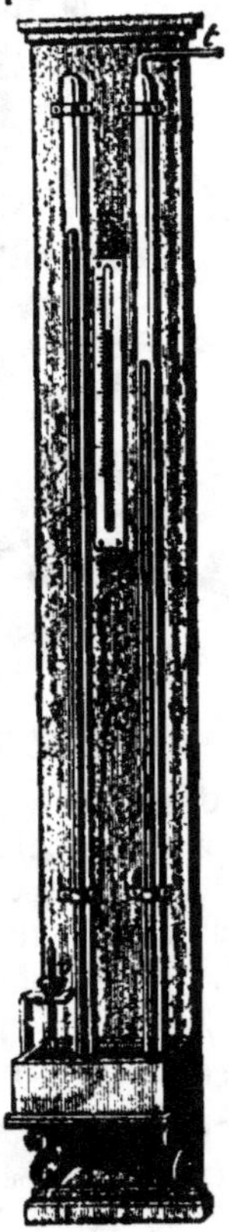

Fig. 149.

Mesure des pressions très élevées. — Le grand manomètre employé par Regnault dans ses expériences sur la compressibilité des gaz, celui que M. Amagat fit établir pour le même usage dans un puits de mine, celui qui fut installé par M. Cailletet dans la tour Eiffel, étaient des manomètres à air libre. Mais une pression de 400 atmosphères exige un tube ayant plus de 300 mètres de hauteur.

Le manomètre de **Desgoffe**, perfectionné par M. Amagat, permet de mesurer des pressions bien plus considérables (3000 atmosphères) avec un appareil beaucoup moins encombrant. Il se compose essentiellement de deux pistons solidaires, de même axe et de sections très inégales s, S (fig. 151). Le premier glisse dans un corps de pompe en communication avec le récipient à gaz comprimé. Le second refoule le mercure d'un manomètre à air libre. Soient P la pression inconnue qui s'exerce sur la surface s, et h la hauteur de la colonne de mercure qui lui fait équilibre.

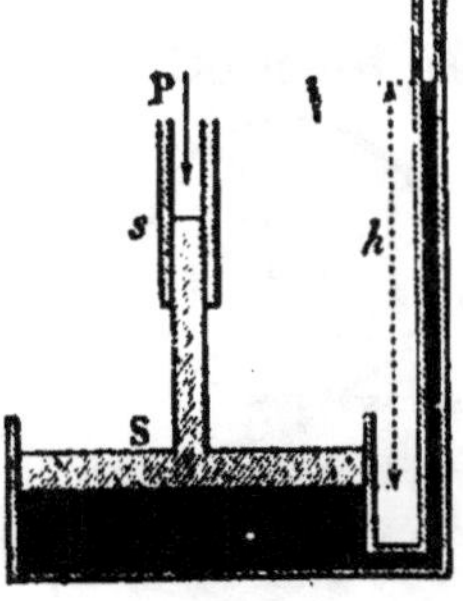

Fig. 151.

On a :
$$Ps = hS;$$

d'où
$$h = \frac{s}{S} P.$$

Si la surface S est 100 fois plus grande que s, la colonne de mercure ne représente que le $\frac{1}{100^e}$ de la pression mesurée.

Mesure des pressions extrêmement faibles. — Avec les machines à faire le vide, on obtient aujourd'hui des pressions inférieures à un millième de millimètre de mercure (192).

Les pressions de cet ordre de grandeur se mesurent avec précision, d'une manière très simple, avec le manomètre ou **jauge de Mac'Leod** (fig. 152). Cet instrument se compose d'un baromètre à siphon, dont la branche ouverte, constituée par un réservoir de verre H, est réunie au tube AB par un tuyau de caoutchouc qui permet de l'élever ou de l'abaisser à la hauteur que l'on veut. La chambre barométrique se compose d'un gros renflement terminé à la partie supérieure par un tube gradué de très petit diamètre. Un tube C, qui prend naissance au-dessous du renflement, permet d'établir une communication entre la chambre barométrique et le réservoir où l'on veut mesurer la pression x.

En soulevant la cuvette H on emprisonne, à la pression x, une masse gazeuse dont le volume peut être réduit à volonté. Supposons que ce volume devienne 500 fois plus petit, et que le mercure s'élève dans la branche C à une hauteur h au-dessus du niveau dans la branche D. Cette différence de niveaux mesure la différence des pressions correspondantes, savoir x et $500x$. On a donc :

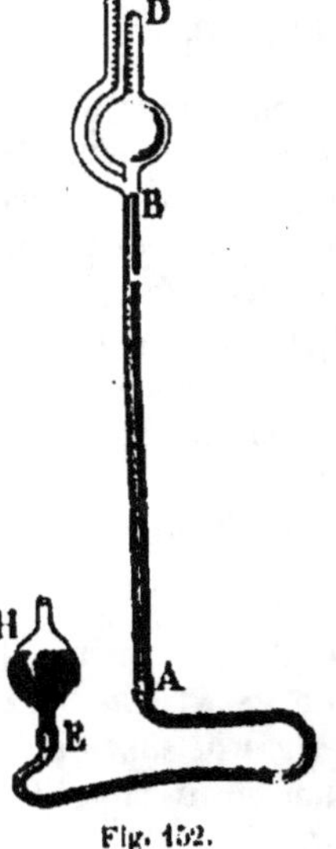

Fig. 152.

$$499x = h; \quad \text{d'où} \quad x = \frac{h}{499}.$$

MÉLANGE DES GAZ

183. Mélange des gaz. — Expérience de Berthollet [1]. —
Lorsque deux gaz sans action chi-
mique l'un sur l'autre sont mis en
présence, ils se mélangent, quelle
que soit la différence de leurs den-
sités.

Berthollet a démontré cette loi au
moyen de deux ballons d'égale capacité
et communiquant par un tube étroit
(fig. 153). Le ballon supérieur fut
rempli d'hydrogène, et le ballon inférieur d'acide carbonique, à la même
température et à la même pression ; ces
ballons furent placés dans les caves de
l'Observatoire de Paris, c'est-à-dire
dans un lieu où la température restait
bien constante et où l'on était à l'abri
de toute trépidation. Enfin, on prit
encore la précaution de mettre le gaz
le plus léger au-dessus. Si les gaz
arrivent à se mélanger dans ces con-

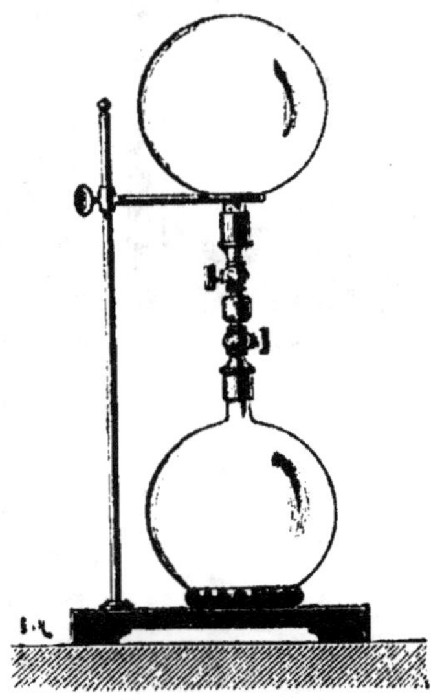

Fig. 153.

ditions, on ne pourra donc attribuer le mélange à une agitation ou
à des courants dus à des différences de température ou de densités.
Au bout de quelques jours, on fermait les deux robinets, on ana-
lysait le gaz contenu dans chacun des deux ballons. On trouva que
chacun d'eux contenait la moitié de son volume d'hydrogène et la
moitié d'acide carbonique ; dans chacun d'eux, la moitié du volume
du gaz est absorbable par la potasse.

Ainsi, *le mélange arrive toujours à être homogène ;* c'est ce que
l'on appelle le phénomène de la **diffusion des gaz.**

De plus, la *pression dans chaque ballon est égale à la pression*
primitive.

Loi de Dalton [2]. — Dalton a donné la loi générale qui permet de
calculer la pression totale dans un mélange de gaz : *La force*
élastique d'un mélange de plusieurs gaz est égale à la somme des
forces élastiques de tous ces gaz, chacun d'eux étant considéré
comme occupant seul le volume total du mélange.

---

[1] *Berthollet*, chimiste français (1748-1822).
[2] *Dalton*, savant anglais (1766-1844).

Pour vérifier cette loi on prend différentes éprouvettes, A, B, C, reposant sur le mercure, et contenant des gaz différents (fig. 154).

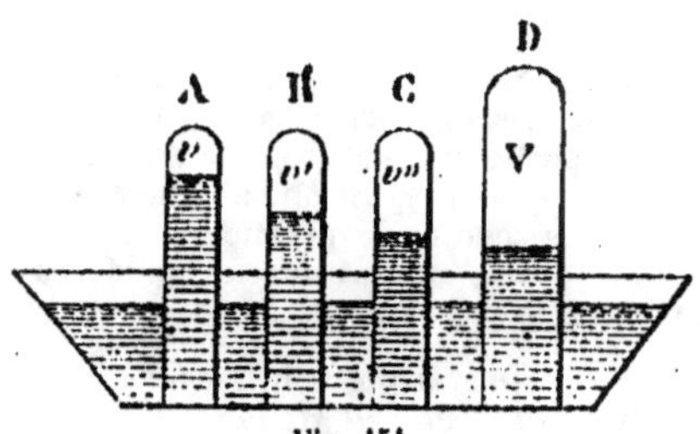
Fig. 154.

Les éprouvettes étant graduées, on mesure les volumes v, v', v'' des différents gaz.

La différence entre la hauteur barométrique et la colonne de mercure qui est dans l'éprouvette, donne la force élastique de chaque gaz. Soient p, p', p'' les forces élastiques correspondantes.

On fait passer tous ces gaz (supposés sans action chimique réciproque) dans une autre éprouvette D, disposée comme les précédentes. On mesure le volume V du mélange et sa force élastique P.

Proposons-nous maintenant de calculer la somme des forces élastiques de chaque gaz, comme si chacun d'eux occupait seul le volume V. Soient f, f', f'', ces forces élastiques individuelles.

Le gaz de l'éprouvette A occupait le volume v sous la pression p. Il occupe maintenant le volume V à la pression inconnue f.

La loi de Mariotte donne : $fV = vp$,

De même pour le 2e gaz : $Vf' = v'p'$,

et pour le 3e : $Vf'' = v''p''$.

Additionnant membre à membre, il vient :

$$V(f + f' + f'') = vp + v'p' + v''p''; \qquad (1)$$

d'où

$$f + f' + f'' = \frac{vp + v'p' + v''p''}{V}.$$

Or l'expérience prouve que l'on a : $P = f + f' + f''$;
ce qui démonstre la loi de Dalton.

En tenant compte de cette égalité, la relation (1) peut s'écrire :

$$VP = vp + v'p' + v''p''.$$

Telle est la forme usuelle sous laquelle on applique toujours la loi de Dalton.

Application à l'expérience de Berthollet. — Dans le cas particulier de l'expérience de Berthollet sur le mélange de deux gaz, on a :

$$p = p' \quad \text{et} \quad V = v + v'.$$

La formule de Dalton $\quad VP = vp + v'p'$,

devient : $\qquad VP = 2vp = Vp$;

d'où $\qquad P = p$.

C'est-à-dire que la force élastique P du mélange est égale à la force élastique commune p des deux gaz mélangés. Ce qui est conforme à l'expérience de Berthollet.

DISSOLUTION DES GAZ

181. Dissolution des gaz dans les liquides. — Les liquides ont la propriété de dissoudre les gaz. La quantité de gaz dissoute varie avec la nature des corps en présence, mais elle est toujours proportionnelle au volume du dissolvant. Elle dépend en outre de la *température* et de la *pression*. L'influence de la température varie d'un gaz à un autre, mais celle de la pression se traduit par des lois générales. Il y a deux cas à distinguer, suivant que le liquide est en présence d'un gaz unique ou d'un mélange de plusieurs gaz.

Dissolution d'un gaz. — Loi de Henry. — *A une même température, si le gaz dissous est mesuré à la pression finale du gaz resté libre, son volume est au volume du liquide dans un rapport constant.*

Soient V le volume du liquide et v le volume du gaz dissous, mesuré à la pression finale H du gaz resté libre. Quelle que soit la pression H, mais la température t restant fixe, on a :

$$\frac{v}{V} = k = C^{te}.$$

Ce rapport constant est dit le **coefficient de solubilité** du gaz dans le liquide à la température t.

Pour $V = 1$, on a $v = k$. Donc *le coefficient de solubilité exprime le volume constant qui sature l'unité de volume du liquide*, le volume du gaz dissous étant toujours mesuré à la pression finale du gaz resté libre.

Remarques. — 1° La loi de Henry peut encore être formulée de la manière suivante :

La masse du gaz qui sature un volume donné de liquide est proportionnelle à la pression finale du gaz resté libre [1].

2° D'après cela, la quantité de gaz dissoute augmente indéfiniment avec la pression. Ainsi, l'eau de Seltz n'est qu'une dissolution d'acide carbonique dans l'eau, obtenue sous une pression de 5 ou 6 atmosphères.

Inversement, une dissolution abandonne tout son gaz lorsqu'on fait le vide à sa surface.

3° L'atmosphère gazeuse qui surmonte le liquide peut être *limitée* ou *illimitée*. Dans le premier cas, sa pression diminue pendant que la dissolution s'opère; dans le second cas, la pression demeure invariable.

Principe de la méthode de Bunsen pour déterminer le coefficient de solubilité d'un gaz dans un liquide. — Dans un récipient fermé, on introduit

---

[1] En effet, soit v le volume du gaz dissous, mesuré à la pression finale H du gaz non dissous. Sa masse p est donnée par la formule (que nous établirons plus loin) :

$$p = \frac{v\,a\,d\,H}{76\,(1 + \alpha t)},$$

t est la température, α le coefficient de dilatation du gaz, d sa densité par rapport à l'air, a la masse spécifique de l'air.

Or, d'après la loi de Henry, on a :

$$\frac{v}{V} = k; \qquad \text{d'où} \qquad v = Vk.$$

En portant cette valeur dans la formule précédente, on obtient :

$$p = \frac{V\,a\,d}{76} \cdot \frac{k}{1 + \alpha t} \cdot H.$$

Le premier facteur est constant, le second ne dépend que de la température; donc la masse p est proportionnelle à la pression H.

un volume u du liquide dont on cherche le coefficient de solubilité k, et une masse de gaz qui occupe d'abord un volume v sous une pression H. Quand l'équilibre est établi, on mesure la pression finale h du gaz resté libre dans le volume v.

A cette même pression h, le gaz dissous aurait un volume uk, et la masse gazeuse totale, un volume $(v + uk)$. La loi de Mariotte donne :

$$(v + uk)h = vH,$$

équation d'où l'on tire le coefficient k.

Résultats. — 1° A 0°, le coefficient de solubilité dans l'eau est 0,019 pour l'hydrogène; 0,020 pour l'azote; 0,041 pour l'oxygène; 1,796 pour l'acide carbonique; 79,8 pour l'acide sulfureux; 1,050 pour le gaz ammoniac.

2° Le coefficient de l'hydrogène est indépendant de la température entre 0° et 20°; mais, en général, tous les coefficients de solubilité diminuent quand la température s'élève, et ils s'annulent à la température d'ébullition du liquide. A l'ébullition, les gaz dissous se dégagent complétement.

Dissolution d'un mélange de gaz. — Loi de Dalton. — *Quand un liquide est en présence de plusieurs gaz, chacun de ces gaz se dissout comme s'il était seul* (d'après son coefficient de solubilité propre, et suivant sa pression individuelle dans le mélange).

Pour vérifier cette loi, proposons-nous de calculer la composition centésimale de l'air dissous dans l'eau. L'air atmosphérique contenant 21 volumes d'oxygène pour 79 d'azote, les pressions individuelles de ces gaz sont donc les 0,21 et les 0,70 de la pression atmosphérique H. Leurs coefficients de solubilité respectifs sont 0,041 et 0,020.

D'après les lois précédentes, un centimètre cube d'eau contient en dissolution :

$$0^{cc},041 \text{ d'oxygène à la pression } 0,21 \text{ H,}$$
et
$$0^{cc},020 \text{ d'azote à la pression } 0,79 \text{ H.}$$

Soient v, v' les volumes que prennent ces deux masses gazeuses à la pression normale 76^{cm}. D'après la loi de Mariotte on a :

$$76v = 0,041 \times 0,21 \text{ H,}$$
et
$$76v' = 0,020 \times 0,79 \text{ H;}$$

d'où

$$\frac{v}{v'} = \frac{0,041 \times 0,21}{0,020 \times 0,70} = \frac{861}{1580},$$

ou encore :

$$\frac{v}{v + v'} = \frac{861}{1580 + 861} = 0,35.$$

Si l'on représente le volume $(v + v')$ par 100, on aura la composition centésimale, en volume, de l'air dissous dans l'eau : oxygène, 35; azote, 65.

Ainsi, l'air dissous dans l'eau serait plus riche en oxygène que l'air atmosphérique.

Effectivement, si l'on extrait l'air dissous dans l'eau naturelle, et qu'on en fasse l'analyse après avoir absorbé l'acide carbonique, on trouve exactement la composition qui vient d'être calculée.

Cette expérience confirme les lois d'Henry et de Dalton; elle fournit en même temps une preuve que l'air atmosphérique est un mélange, et non une combinaison.

Remarques. — 1° Une dissolution abandonne son gaz non seulement dans le vide, mais dans tout espace occupé par un gaz autre que le gaz dissous. C'est ainsi qu'un flacon d'ammoniaque perd son gaz quand on le débouche à l'air libre.

L'eau de Seltz, abandonnée sans agitation dans l'air libre, reste *sursaturée;* mais l'acide carbonique s'en échappe tumultueusement dès qu'on introduit de l'air à l'intérieur, par exemple en y plongeant un corps poreux.

APPAREILS DESTINÉS A RARÉFIER OU A COMPRIMER LES GAZ

1. MACHINES PNEUMATIQUES

158. Principe de la machine pneumatique. — L'étude des gaz n'a réellement progressé que le jour où l'on a su *faire le vide* dans un récipient plein d'air, c'est-à-dire *extraire* ou du moins *raréfier l'air contenu dans ce récipient*. Nous décrirons la machine pneumatique destinée à cet effet, et ensuite la machine de *compression* qui permet de résoudre le problème inverse : accumuler de l'air ou du gaz dans un récipient.

La machine pneumatique, inventée par Otto de Guéricke[1], se compose essentiellement d'un corps de pompe C (fig. 155), dans lequel on fait mouvoir un piston P, percé d'une ouverture ; une soupape s, s'ouvrant de bas en haut, sert à fermer et à ouvrir cette ouverture ; une deuxième soupape s', qui s'ouvre aussi de bas en haut, se trouve au fond du corps de pompe à l'orifice d'un tube T, qui met en communication le corps de pompe avec le récipient R dans lequel on veut faire le vide.

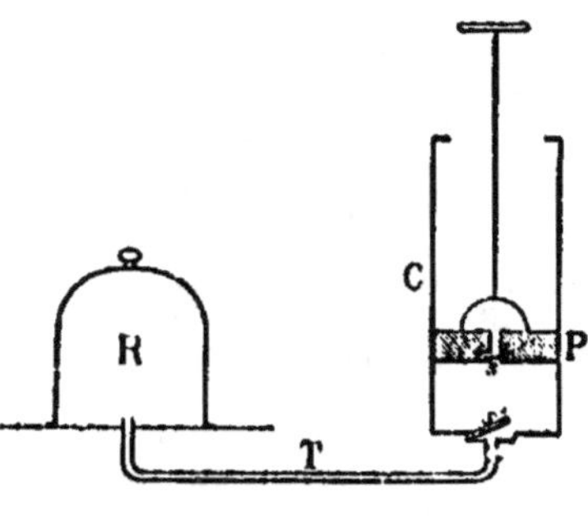

Fig. 155.

I. **Fonctionnement de la machine.** — Supposons que le piston soit au bas de sa course et qu'on le soulève ; il se produit un vide au-dessous ; la pression atmosphérique ferme la soupape s, tandis que l'air du récipient soulève la soupape s' et pénètre dans le corps de pompe.

Le piston étant parvenu en haut de sa course, supposons qu'on l'abaisse ; l'air situé au-dessous est comprimé ; sa tension ferme la soupape s', et il se trouve emprisonné entre le piston et le fond du corps de pompe. La tension de l'air augmente à mesure que son volume diminue ; il arrive donc un moment où cette tension devient supérieure à la pression atmosphérique ; alors la soupape s est soulevée, et l'air s'échappe au dehors.

A chaque mouvement ascendant et descendant du piston, les mêmes phénomènes se reproduisent, et une nouvelle quantité d'air est expulsée.

---

[1] *Otto de Guéricke*, bourgmestre de Magdebourg (1602-1686).

11. Degré du vide. — Soient V le volume du récipient et du tube, v celui du corps de pompe, H_0 la force élastique initiale de l'air du récipient. Quand on soulève le piston, la masse d'air qui occupait un volume V à la pression H_0 prend un volume $(V + v)$ sous une pression x_1 donnée par l'équation de Mariotte :

$$VH_0 = x_1(V + v);$$

d'où :
$$x_1 = H_0 \frac{V}{V + v} \cdot \qquad (1)$$

Telle est la pression dans le récipient après le premier coup de piston; car, pendant la descente du piston, la soupape s' se ferme et emprisonne dans le récipient une masse d'air déterminée, dont le volume et la pression demeurent invariables.

Quand on soulève le piston une deuxième fois, cette masse d'air qui occupait un volume V à la pression x_1 acquiert un volume $(V + v)$ sous une pression x_2 qui satisfait à l'équation de Mariotte :

$$V x_1 = (V + v) x_2;$$

d'où :
$$x_2 = x_1 \frac{V}{V + v} \cdot \qquad (2)$$

Après le 3ᵉ coup de piston, la force élastique sera :

$$x_3 = x_2 \frac{V}{V + v} \cdot \qquad (3)$$

. . . .

Après le n^e coup de piston, on aura de même :

$$x_n = x_{n-1} \frac{V}{V + v} \cdot \qquad (n)$$

Pour obtenir x_n en fonction des quantités V, v, H_0, multiplions membre à membre toutes ces égalités, et supprimons les facteurs communs aux deux membres du résultat; il vient :

$$x_n = H_0 \left(\frac{V}{V + v} \right)^n \cdot$$

La fraction $\frac{V}{V + v}$ étant plus petite que 1, la pression dans le récipient *décroît en progression géométrique*, quand le nombre de coups de piston croît en progression arithmétique.

Si n augmente indéfiniment, x_n tend vers zéro. Il résulterait de là deux conséquences : 1° qu'après un nombre fini quelconque de coups de piston on n'arrive pas à une pression nulle : il reste toujours un peu d'air dans le récipient; 2° qu'après un nombre infini de coups de piston la pression serait nulle, et le vide parfait. En d'autres termes, qu'en donnant un nombre suffisant de coups, on arriverait à rendre la pression plus petite que toute quantité donnée. En réalité, il n'en est pas ainsi : nous allons voir qu'il existe toujours une limite inférieure, que la pression ne saurait dépasser.

III. Limite de la force élastique de l'air dans le récipient. — Indépendamment de la rentrée possible de l'air par les joints de la machine, rentrée d'air qui peut dans de bonnes conditions être évitée, il y a une cause importante qui impose au vide une limite pratique : c'est l'existence de l'*espace nuisible*.

Quand le piston arrive au bas de sa course, il devrait s'appliquer exactement contre le fond du corps de pompe; en réalité, les deux surfaces ne sont jamais rigoureusement en coïncidence, et il reste entre elles un petit espace que l'on nomme *espace nuisible*. L'air qui occupe cet espace n'est pas complètement expulsé quand le piston est en bas de sa course. Et même, si cet air n'acquiert pas une pression supérieure à la pression atmosphérique, il n'est pas expulsé du tout. Supposons que l'on ait atteint une pression x, telle que l'air qui occupe tout le corps de pompe C à la pression x, quand le piston est au haut de sa course, se trouve amené exactement à la pression atmosphérique H, quand il est confiné dans l'espace nuisible. Alors, quand le piston effectue sa course du haut jusqu'au bas, la pression de l'air du corps de pompe croit de la valeur x à la valeur H, mais sans dépasser H; la soupape s ne se soulève pas, et il ne sort plus rien. La pression x, qui satisfait à la condition précédente, est donc la pression limite.

Proposons-nous de calculer cette pression limite. Il suffit de se rappeler qu'elle satisfait à la condition suivante : l'air qui occupe le volume v du corps de pompe à la pression x occupe le volume de l'espace nuisible u à la pression atmosphérique H. La loi de Mariotte donne immédiatement :

$$vx = u\mathrm{H};$$

d'où
$$x = \mathrm{H}\,\frac{u}{v}\cdot$$

On voit que x est proportionnel à u. La pression limite serait nulle, si l'espace nuisible était nul.

Un perfectionnement de Babinet, que nous décrirons après la machine à deux corps de pompe, permet de pousser plus loin la raréfaction de l'air du récipient.

186. Degré du vide en tenant compte de l'espace nuisible.
Soient V le volume du récipient et du tube de communication (fig. 155); v le volume du corps de pompe, y compris l'espace nuisible; u le volume de l'es-

pace nuisible; H_0 la pression primitive dans le récipient; H la pression atmosphérique.

Le piston étant au bas de sa course, la pression de l'air dans le récipient est H_0, et celle de l'air contenu dans l'espace nuisible égale la pression atmosphérique H.

Le piston étant soulevé, l'air du récipient et celui de l'espace nuisible se mêlent et occupent le volume du récipient et du corps de pompe, y compris l'espace nuisible, ou le volume $V + v$. Soit x_1 la force élastique du mélange; ce sera aussi la force élastique dans le récipient après le 1er coup de piston. La loi du mélange des gaz donne :

$$x_1 (V + v) = H_0 V + H u;$$

d'où :
$$(1) \qquad x_1 = H_0 \frac{V}{V + v} + H \frac{u}{V + v}.$$

Par des considérations analogues, on trouve pour x_2, tension de l'air qu reste dans le récipient après un second coup de piston :

$$(2) \qquad x_2 = x_1 \frac{V}{V + v} + H \frac{u}{V + v},$$

$$\cdots\cdots\cdots\cdots$$

$$(n-1) \qquad x_{n-1} = x_{n-2} \frac{V}{V + v} + H \frac{u}{V + v},$$

$$(n) \qquad x_n = x_{n-1} \frac{V}{V + v} + H \frac{u}{V + v}.$$

Pour avoir x_n en fonction des quantités V, v, u, H_0, H, il suffit d'éliminer les tensions intermédiaires x_1, $x_2 \ldots x_{n-1}$. On y arrive aisément par le procédé suivant :

Laissons telle quelle l'égalité (n).

Multiplions les deux membres de $(n-1)$ par $\qquad \dfrac{V}{V + v}$,

$$\cdots\cdots\cdots\cdots$$

—   —   de (2) par $\qquad \left(\dfrac{V}{V + v}\right)^{n-2}$,

—   —   de (1) par $\qquad \left(\dfrac{V}{V + v}\right)^{n-1}$.

Additionnant ces égalités membre à membre, on voit aisément que tous les termes en x_1, $x_2 \ldots x_{n-1}$ disparaissent, car ils figurent avec le même coefficient dans les deux membres de l'égalité finale, et il vient :

$$x_n = H_0 \left(\frac{V}{V + v}\right)^n + H \frac{u}{V + v} \left[\left(\frac{V}{V + v}\right)^{n-1} + \left(\frac{V}{V + v}\right)^{n-2} + \cdots + \left(\frac{V}{V + v}\right)^2 + \frac{V}{V + v} + 1 \right].$$

La quantité comprise entre crochets est la somme des termes d'une progression géométrique, elle est égale à

$$\frac{1 - \left(\dfrac{V}{V + v}\right)^n}{1 - \dfrac{V}{V + v}} = \frac{V + v}{v}\left[1 - \left(\frac{V}{V + v}\right)^n \right].$$

Donc : $\qquad x_n = H_0 \left(\dfrac{V}{V + v}\right)^n + H \dfrac{u}{v}\left[1 - \left(\dfrac{V}{V + v}\right)^n \right].$

On obtient la limite théorique de la tension de l'air dans le récipient, en faisant dans la formule $n = \infty$; alors le facteur $\left(\dfrac{V}{V + v} \right)^n$ s'annule, et on a :

$$\text{limite } x_n = \text{H} \frac{u}{v},$$

ce que nous avions obtenu par un raisonnement direct.

187. Machine à deux corps de pompe. — Depuis Otto de Guéricke, la machine pneumatique a subi bien des perfectionnements. Nous allons décrire la machine à deux corps de pompe, telle qu'on la trouve aujourd'hui dans tous les laboratoires de physique.

La machine à un seul corps de pompe, représentée par la figure schématique 155, présente un grave inconvénient : quand le vide est poussé un peu loin, il faut développer, pour soulever le piston,

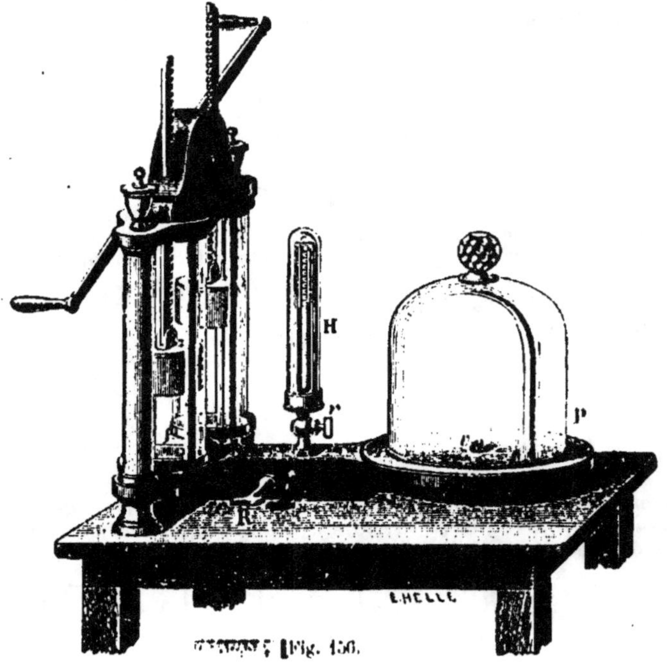

Fig. 156.

un effort trop considérable; on a une pression à peu près nulle sur la face inférieure, et une pression d'une atmosphère sur la face supérieure. Si la surface du piston avait seulement 1 décimètre carré, la force nécessaire pour le soulever serait d'environ 100 kilos.

Dans la machine à deux corps de pompe, l'un des pistons s'élève pendant que l'autre s'abaisse. Sur une plate-forme très solide sont mastiqués deux corps de pompe (fig. 156). Dans chacun se meut un piston en partie métallique. Le contour du piston est formé d'une série de rondelles de cuir fortement pressées entre deux rondelles métalliques. Le centre du piston est creux (fig. 157) et muni d'une soupape h, maintenue par un petit ressort à boudin très léger; cette soupape est destinée à fermer et à ouvrir une petite ouverture. Le piston est traversé à frottement

Fig. 157.

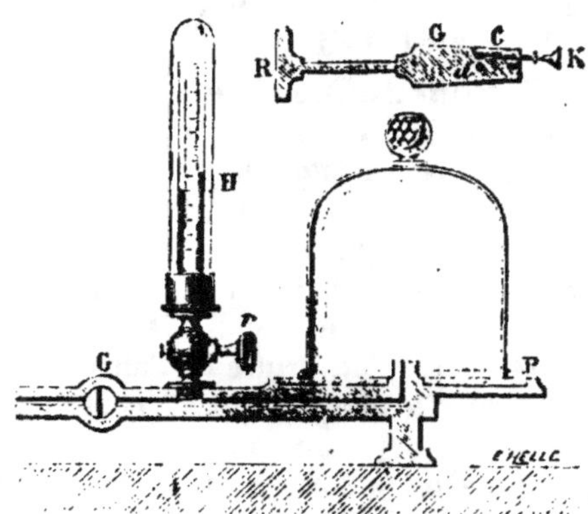

Fig. 158.

dur par une tige mobile t terminée par un tampon conique, qui s'adapte hermétiquement dans une ouverture pratiquée sur le fond du corps de pompe.

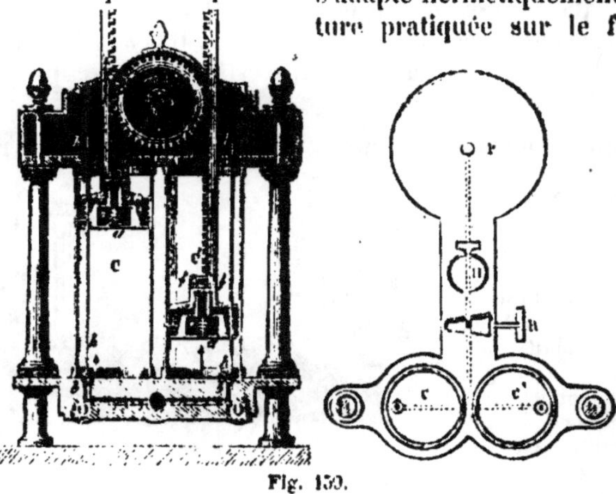

Fig. 159.

Les corps de pompe communiquent avec le récipient, placé sur une *platine* de verre P, parfaitement dressée (fig. 158). Sur le canal HP se trouve un robinet R destiné à établir ou à interrompre la communication des corps de pompe avec le récipient. Un second robinet r met le canal en relation avec une éprouvette H, contenant un petit manomètre. Ce manomètre est un véritable baromètre à siphon, mais de 8 à 10 cm. de hauteur seulement; l'une des branches est fermée, l'autre ouverte. A la pression ordinaire, le mercure remplit complètement la branche fermée : ce n'est que quand la pression baisse au-dessous de 8 ou 10 cm. que le mercure commence à descendre dans la branche fermée pour s'élever dans la branche ouverte.

Chaque piston est articulé à une crémaillère T, dont les dents engrènent avec celles d'un pignon R; le tout est mis en mouvement par une double manivelle (fig. 159 et 156).

188. Fonctionnement de la machine. — Lorsqu'on soulève un piston, la tige est entraînée (fig. 157) jusqu'à ce qu'un petit taquet K, placé à sa partie supérieure, vienne l'arrêter dans son mouvement ascensionnel; en même temps l'orifice *b* s'ouvre, tandis que la soupape du piston reste fermée par l'effet de la pression atmosphérique; alors l'air du récipient afflue dans le corps de pompe. Lorsque le piston descend, la tige est entraînée en sens inverse, et le tampon ferme l'ouverture *b;* l'air emprisonné se comprime, soulève la soupape *a* et s'échappe à l'extérieur. Un nouveau mouvement ascendant du piston attire dans le corps de pompe une nouvelle quantité d'air, qui est expulsée dans le mouvement descendant; ainsi de suite jusqu'à ce que la force élastique de l'air qui se trouve au-dessous du piston, lorsque celui-ci est au bas de sa course, soit égale à la pression extérieure. Le degré de raréfaction est indiqué par la différence de niveau du mercure dans les branches du manomètre. Lorsque le mercure reste stationnaire, on est parvenu à la limite de raréfaction, et les efforts que l'on fait sont inutiles; quand il oscille à chaque coup de piston, c'est une preuve que l'air extérieur pénètre dans la machine.

189. Perfectionnement de Babinet[1]. — Pour obtenir un vide plus parfait, Babinet eut l'idée d'employer l'un des corps de pompe à faire le vide dans l'espace nuisible de l'autre, ce dernier continuant à faire le vide dans le récipient. A cet effet, on dispose un robinet R (fig. 160) à la bifurcation des conduits qui relient les deux corps de pompe et le récipient. Ce robinet est traversé par plusieurs conduits; un conduit longitudinal met le récipient en communication avec le centre *o*. Deux autres conduits

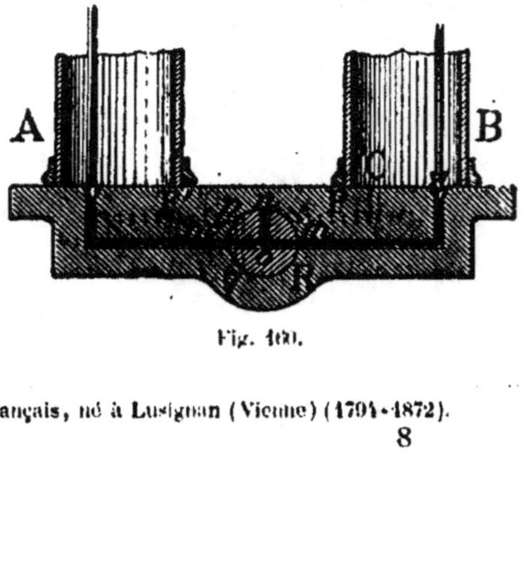

Fig. 160.

[1] *Babinet*, physicien et astronome français, né à Lusignan (Vienne) (1794-1872).

mm', *on*, sont à angle droit; enfin le conduit *pq*, creusé dans une section différente, est parallèle au demi-canal *on*.

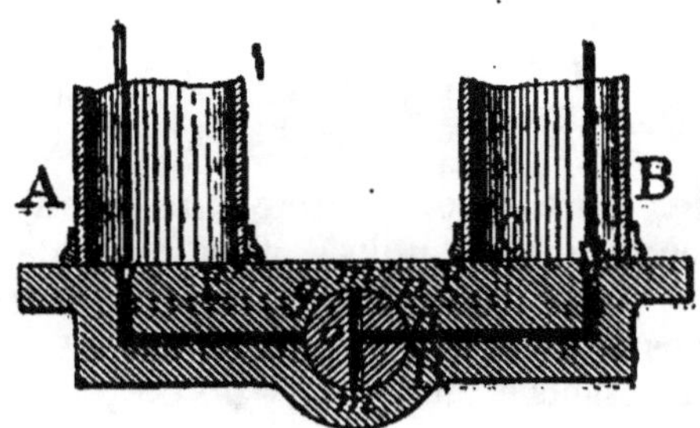

Fig. 161.

Quand le robinet occupe la position de la figure 160, le canal *mm'* met en communication le récipient et les deux corps de pompe, et la machine fonctionne à l'ordinaire.

Si on tourne le robinet de 90°, de gauche à droite (fig. 161), le canal *mm'* ne sert plus, tandis que le demi-canal *on* fait communiquer le récipient avec le corps de pompe B. Alors le corps de pompe A communique directement avec B, au moyen des conduits CF et I'' reliés par le canal *pq*.

Lorsqu'on soulève le piston B, l'air du récipient se répand dans le corps de pompe; quand on l'abaisse, l'air est refoulé dans le corps de pompe A, la soupape de A étant alors relevée; et ainsi de suite, à chaque coup de piston de B.

L'air s'accumule donc dans le corps de pompe A, et arrive à acquérir une force élastique assez grande pour soulever la soupape du piston A, lorsque celui-ci est au bas de sa course.

Quand on a obtenu tout l'effet de la machine pneumatique avec le dispositif habituel, on tourne le robinet R pour utiliser le perfectionnement Babinet. D'abord, on entend la soupape se soulever à chaque coup de piston; mais bientôt elle ne s'ouvre plus qu'une fois sur deux, puis une fois sur trois, etc. Enfin elle ne s'ouvre plus du tout, et l'effet de la machine est à sa limite extrême.

Calcul. — Calculons la limite du vide obtenu au moyen du perfectionnement de Babinet. Cette limite sera atteinte quand la soupape de A ne fonctionnera plus, c'est-à-dire quand l'air contenu dans A et réduit à l'espace nuisible aura une tension au plus égale à la pression atmosphérique.

Soient x la tension de l'air qui remplit A, v le volume de ce corps de pompe et u son espace nuisible.

D'après la loi de Mariotte, on a :

$$vx = uH ; \qquad \text{d'où} \qquad x = H\,\frac{u}{v}.$$

Or, quand le piston de A est au haut de sa course, celui de B est au fond du corps de pompe, et A communique avec l'espace nuisible u' de B; la tension x est donc la tension de l'air contenu dans l'espace nuisible u'.

Soit x' la tension de cet air quand le piston est au haut de sa course en B, c'est-à-dire quand l'air occupe le volume v' de B.

D'après la loi de Mariotte, on a :

$$v'x' = u'x ; \qquad \text{d'où} \qquad x' = x\,\frac{u'}{v'},$$

et, en remplaçant x par sa valeur :

$$x' = H\,\frac{u}{v} \times \frac{u'}{v'}.$$

Telle est la tension de l'air qui reste dans le récipient.

Si les deux corps de pompe sont identiques, on a :

$$u = u',$$

et

$$v = v';$$

d'où

$$x' = H \frac{u^2}{v^2} \cdot$$

190. Expériences usuelles faites avec la machine pneumatique.

— La machine pneumatique est utilisée dans une foule de circonstances : par exemple, pour démontrer que tous les corps tombent dans le vide avec la même vitesse; que les gaz sont pesants et que le principe d'Archimède leur est applicable; que le son ne se propage pas dans le vide; que l'eau peut bouillir à toute température, dans une atmosphère suffisamment raréfiée; etc. Les applications industrielles sont aussi très nombreuses : conservation des substances à l'abri de l'air, évaporation rapide de certains liquides,

Fig. 162.

recherche des fuites dans les tuyaux de conduite d'eau ou de gaz; etc.

Nous nous bornerons ici à indiquer deux expériences classiques, qui ajoutent une preuve nouvelle à celles qui établissaient déjà l'existence d'une pression atmosphérique : l'expérience du *crève-vessie* et celle des *hémisphères de Magdebourg.*

Le *crève-vessie* (fig. 162) est un manchon de verre dont l'une des ouvertures est recouverte par une membrane tendue, et dont l'autre ouverture s'applique exactement sur la platine d'une machine pneumatique. Si l'on diminue la pression intérieure, la membrane se déprime et finit par éclater bruyamment, à cause de la brusque rentrée de l'air.

Les *hémisphères de Magdebourg* (fig. 163) sont deux hémisphères métalliques qui peuvent être accolés hermétiquement; l'un de ces hémisphères, muni d'un robinet, est vissé sur le tube qui débouche au centre de la platine d'une machine pneumatique. Après avoir fait le vide dans l'intérieur, on ferme le robinet R, et on dévisse l'appareil. La pression atmosphérique qui s'exerce extérieurement, n'étant plus équilibrée par la pression intérieure,

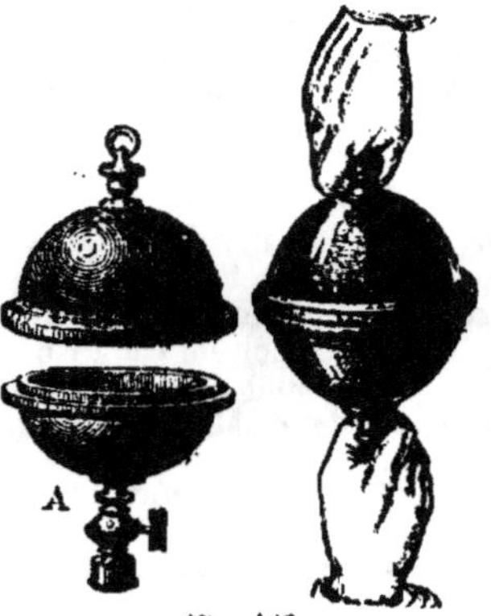

Fig. 163.

maintient les deux hémisphères fortement appliqués l'un contre l'autre; pour les séparer, il faut développer une force considérable [1].

191. Machine de Deleuil. — Parmi les nombreux modèles de machines pneumatiques, nous décrirons la machine de Deleuil. C'est une machine à double effet et à piston libre, c'est-à-dire ne frottant pas contre les parois du corps de pompe.

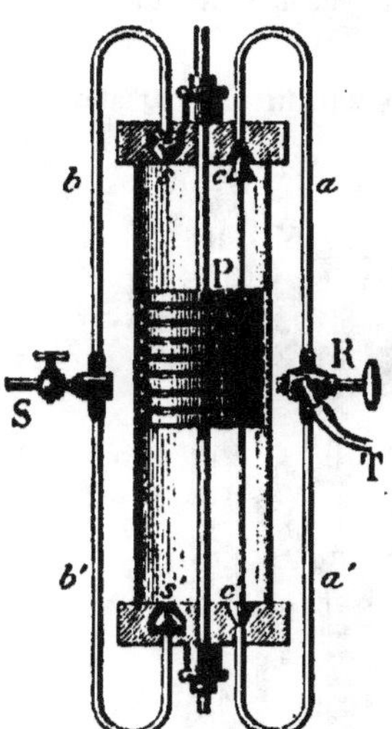

Le piston est métallique et présente sur son contour des cannelures circulaires (fig. 165). L'espace compris entre le piston et les parois du corps de pompe est occupé par une couche d'air qui sépare la partie inférieure du corps de pompe de sa partie supérieure; *car les gaz éprouvent une grande difficulté à circuler dans des conduits capillaires, surtout quand ceux-ci présentent des étranglements.*

Le récipient communique par les tubes T, a, a', tantôt avec la partie supérieure et tantôt avec la partie inférieure du corps de pompe.

Quand le piston descend, l'ouverture c' est fermée par la tige que porte le piston, et l'ouverture c communique avec le récipient; c'est l'inverse qui a lieu quand le piston monte. Les soupapes s et s' s'ouvrent de dedans en dehors; elles communiquent, par les tubes b', b', avec un autre tube S, qui débouche dans l'atmosphère; ces soupapes permettent ainsi à l'air comprimé entre le piston et le corps de pompe de

Fig. 165.

---

1 Calcul de la force à développer pour séparer les hémisphères de Magdebourg en supposant le vide parfait. — Décomposons l'hémisphère ACB (fig. 166) en éléments assez petits pour qu'ils puissent être considérés comme des surfaces planes, et soit MN l'un de ces éléments de surface S. La pression atmosphérique s'exerce normalement sur MN; sa valeur F est

$$F = Shd.$$

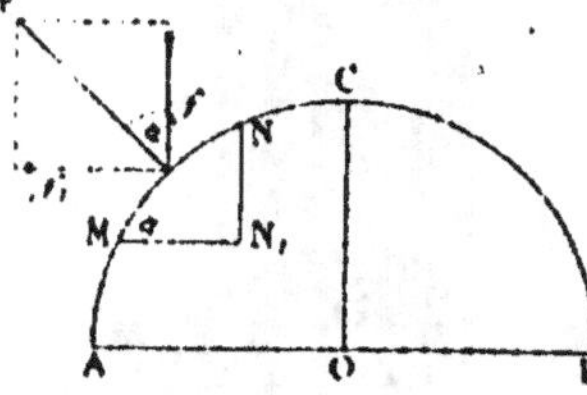

Fig. 164.

h représentant *la hauteur du baromètre,* d le poids spécifique absolu du mercure.

La force F peut être décomposée en deux autres : l'une f perpendiculaire au plan de la base AB, et l'autre f_1 horizontale; cette dernière force n'a aucune influence sur l'adhérence des hémisphères, tandis que la force f produit tout son effet. Or on a :

$$f = F \cos \alpha,$$

et, en remplaçant F par sa valeur :

$$f = Shd \cos \alpha.$$

Projetons MN sur un plan horizontal mené par M, et soit s sa projection; on a :

$$s = S \cos \alpha,$$

donc

$$f = shd.$$

Pour d'autres éléments de surface S', S", on obtient des forces verticales f', f''...

$$f' = s'hd.$$
$$f'' = s''hd,...$$

La somme de toutes ces forces sera :

$$(s + s' + s'' + ...) hd.$$

Or la somme entre parenthèses est égale au cercle de base.

Donc *la pression qui s'exerce sur chaque hémisphère, normalement à sa base, est égale au poids d'une colonne de mercure ayant pour base le cercle de base des hémisphères, et pour hauteur la hauteur du baromètre à l'instant considéré.*

s'échapper quand sa tension devient supérieure à la pression atmosphérique. Cette machine peut servir à comprimer de l'air dans un récipient; alors T communique avec l'atmosphère et S avec le récipient qui doit contenir l'air comprimé.

La machine de Deleuil sert quand on veut faire rapidement le vide, mais qu'on n'a pas besoin d'un vide bien parfait.

192. Machine pneumatique à mercure d'Alvergniat [1]. — Quand on

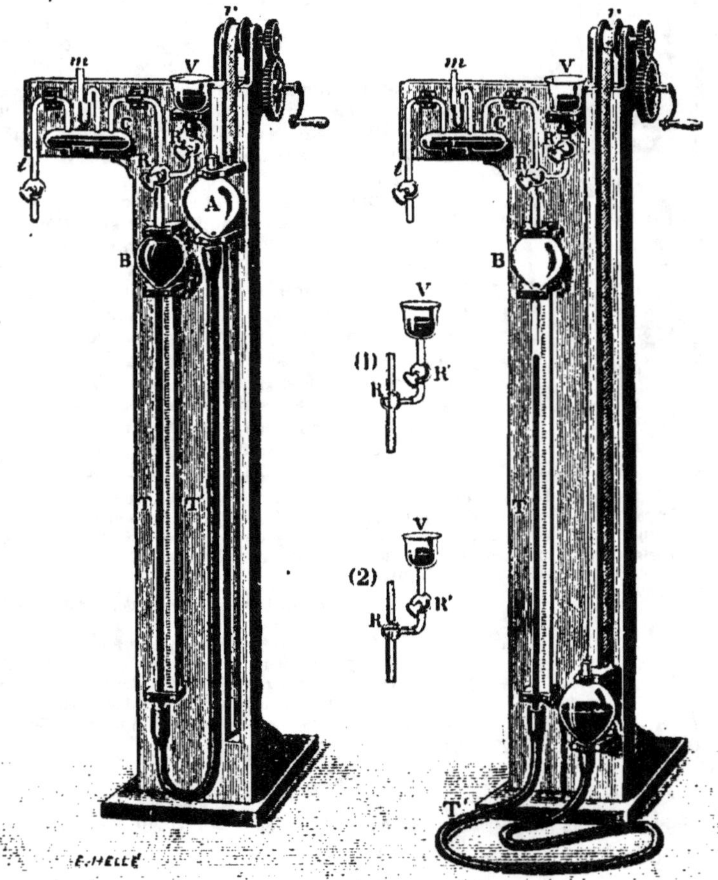

Fig. 106.

veut pousser le vide très loin, on doit chercher avant tout à supprimer l'espace nuisible. Le meilleur procédé pour y parvenir est d'employer un *piston liquide;* telle est l'idée essentielle de la machine à mercure. Cette machine se compose

---

[1] *Alvergniat*, constructeur d'instruments de physique, à Paris.

d'un tube barométrique T, surmonté d'un réservoir fixe B (fig. 166). Ce réservoir communique, par la partie supérieure, avec un robinet R, qui le met lui-même en communication, soit avec la cuve C et le récipient où l'on fait le vide, par le tube t, si R a la position (1); soit avec le vase V, qui contient du mercure, si R a la position (2). Un tube T', en caoutchouc, réunit le tube T à un réservoir A, qui communique avec l'air atmosphérique; ce réservoir peut monter ou descendre le long d'une planchette, au moyen d'une chaîne qui s'enroule sur une poulie r, mue par un système d'engrenages. Les réservoirs A et B, ainsi que les tubes T et T', contiennent du mercure.

Avant l'expérience, on commence par purger le réservoir B de l'air ou du gaz qu'il peut contenir. Pour cela on élève A au haut de sa course, et on met B en communication avec V, en donnant à R la position (2); l'air qui est dans B se trouve comprimé, car il supporte la pression atmosphérique qui s'exerce en A, plus la différence des colonnes de mercure T et T'; on ouvre alors doucement le robinet R', et l'air s'échappe en traversant le mercure contenu dans V; on arrive ainsi à remplir de mercure l'espace compris entre B et V. Cela fait, on donne au robinet R la position (1); B communique dès lors avec le récipient; on descend le réservoir A, le mercure de B descend dans A, et le gaz du récipient se répand dans le vide qui s'est produit dans B. En montant A et en donnant à R la position (2), le gaz comprimé dans B passera par V et sera expulsé, et ainsi de suite. Par l'emploi de cette machine, on parvient à faire un vide tel, que le manomètre tronqué m n'accuse presque plus de différence entre les niveaux du mercure dans les deux branches. On peut arriver à n'avoir qu'une différence de $\frac{1}{100}$ ou $\frac{1}{200}$ de millimètre.

La cuve C contient un peu d'acide sulfurique, destiné à dessécher le gaz qui vient du récipient avant d'entrer dans B.

La manœuvre de cette machine nécessite beaucoup de temps quand le récipient a un volume assez considérable; dans ce cas, on commence par faire le vide avec une machine ordinaire; puis on continue la raréfaction du gaz avec la machine que nous venons de décrire. L'emploi des trompes, dont nous donnerons le principe (210), permet de pousser le vide plus loin encore et d'obtenir des récipients contenant de l'air (ou un gaz quelconque) à des pressions inférieures à $\frac{1}{1000}$ de mm. de mercure.

2. MACHINES DE COMPRESSION

193. Machine de compression. — Considérons un récipient en communication, par un tube étroit, avec un corps de pompe dans lequel se meut un piston (fig. 167). Le piston est percé d'un canal que ferme une soupape s. Cette soupape s'ouvre de dehors en dedans, vers l'intérieur du corps de pompe. Au point où le tube de communication débouche dans le corps de pompe est une autre soupape s', qui s'ouvre aussi de dehors en dedans, vers le tube. Il est aisé de reconnaître, dans cet appareil, une machine pneumatique schématique dans laquelle on aurait simplement changé le sens du mouvement des soupapes. Nous avons ici une *machine de compression*.

I. Supposons que le piston soit au bas de sa course et qu'on le soulève, alors il se produit un vide au-dessous de lui; la pression de l'air du récipient ferme la soupape s'; la pression atmosphérique abaisse la soupape s, et l'air extérieur pénètre dans le corps de pompe.

Supposons maintenant que l'on abaisse le piston. L'air situé au-dessous de lui se comprime, ferme la soupape s, et se trouve emprisonné entre le piston et le fond du corps de pompe. Son volume continuant à diminuer, il arrive un moment où sa pression devient supérieure à la presssion de l'air contenu dans le récipient; alors la soupape s' s'abaisse, et l'air contenu dans le corps de pompe est refoulé dans le récipient.

A chaque coup de piston, le même phénomène se renouvelle.

II. **Calcul de la pression de l'air après n coups de piston.** — Supposons que le milieu où on puise l'air à comprimer conserve une même pression II pendant tout le temps de l'expérience.

Soient V le volume du récipient et du tube de communication, et v le volume du corps de pompe.

A chaque coup de piston, on puise dans l'atmosphère une même masse d'air, de volume v et de pression II; et on l'injecte dans le récipient de volume V, où elle acquiert une pression individuelle x, donnée par la loi de Mariotte :

$$ Vx = vII; \qquad \text{d'où} \qquad x = II\frac{v}{V}. $$

D'après la loi de Dalton, la pression de l'air dans le récipient s'accroît de cette même quantité x à chaque coup de piston.

Après n coups de piston, elle sera donc augmentée de : $nII\frac{v}{V}$,

si la pression initiale était II_0, la pression finale sera : $II_0 + n\frac{v}{V}II$.

La pression augmente donc à chaque coup de piston; elle croît en *progression arithmétique* avec le nombre de coups de piston. On pourrait la faire augmenter indéfiniment, si l'on n'était pas arrêté, comme dans la machine pneumatique, par la présence d'un espace nuisible.

Admettons qu'il existe entre le piston, arrivé au bas de sa course, et le fond du corps de pompe, un espace nuisible u.

Quand la pression dans le récipient devient égale à la tension z que prend l'air du corps de pompe lorsqu'il est réduit du volume v de ce corps de pompe au volume u de l'espace nuisible, la soupape s' reste fermée, et le jeu de la machine est arrêté.

Or la loi de Mariotte donne : $uz = vII$;   d'où $z = II\frac{v}{u}$.

Telle est la pression limite. Elle est d'autant plus grande que v est plus grand et u plus petit.

Pour $u = 0$, on aurait $z = \infty$.

194. Pompe à main. — 1° L'une des machines de compression les plus employées est la *pompe à main* (fig. 168). Elle est formée d'un cylindre métallique C, dans lequel on peut faire mouvoir un piston plein, au moyen d'une tige terminée par une poignée.

Vers la partie inférieure et au fond du cylindre sont pratiquées deux ouvertures coniques, munies de soupapes *a* et *r*, que des ressorts à boudin appuient contre les ouvertures. Lorsqu'on soulève le piston, la soupape *a* ouvre le tube d'aspiration, pendant que la soupape *r* disposée

Fig. 168.

Fig. 169.

en sens inverse reste fermée ; celle-ci ouvre le tube de refoulement R lorsque le piston descend.

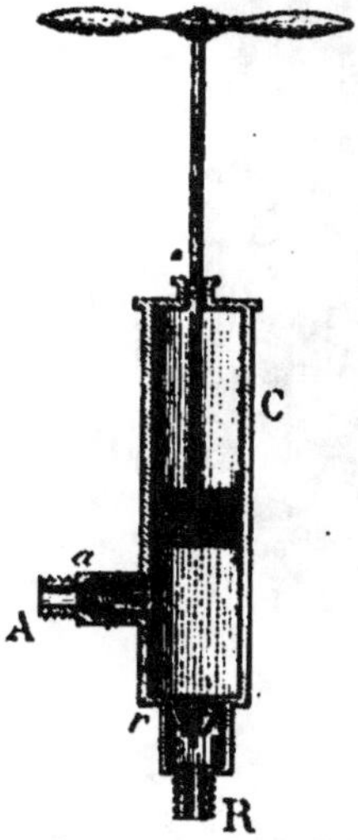

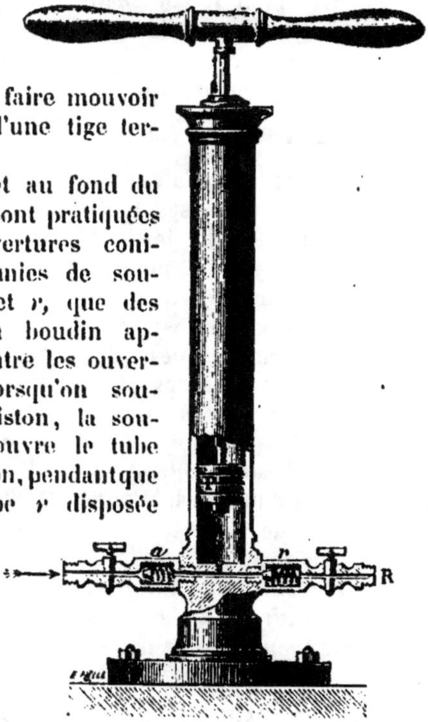

Les pompes à main qui servent à gonfler les pneumatiques de bicyclettes dérivent du même type d'appareils.

2° On donne fréquemment à cette pompe la forme de la fig. 169. Le tube d'aspiration et celui de refoulement aboutissent à un même orifice pratiqué au fond du cylindre. Les soupapes sont *a* et *r*, la première s'ouvre de dehors en dedans, et la seconde en sens inverse. La tubulure R est adaptée au récipient où le gaz doit être comprimé.

La pompe de compression peut aussi servir de machine pneumatique ; il suffit de faire communiquer la tubulure *a* avec le récipient, et *r* avec l'atmosphère.

Il est évident qu'une pompe telle que celles des figures 168 et 169 peut servir à comprimer dans un réservoir R non seulement de l'air, mais encore tel gaz que l'on veut. Il suffit qu'au lieu de com-

muniquer avec l'atmosphère, la tubulure d'admission communique
avec un réservoir A contenant
le gaz qu'on veut comprimer.

3° La pompe de compression peut
être manœuvrée à l'aide d'un système bielle et manivelle, auquel
on adjoint un volant (fig. 170).

Applications. — L'air comprimé a de nombreuses applications industrielles : les *horloges pneumatiques*, pour la
distribution de l'heure à un
grand nombre de cadrans; les *té-
légraphes pneumatiques*, pour
le transport des lettres d'un
bureau de poste à un autre, à
l'intérieur des grandes villes;
les *freins Westinghouse*, employés aujourd'hui sur les lignes
de chemin de fer; les *machines perforatrices*, utilisées
pour le percement des tunnels;
les *scaphandres* et les *clo-
ches à plongeur* pour le travail sous l'eau; etc.

Fig. 170.

PRINCIPE D'ARCHIMÈDE APPLIQUÉ AUX GAZ — AÉROSTATS

195. Poids des gaz. — La machine pneumatique permet de démontrer que les gaz, l'air
en particulier, sont pesants. On fait le vide dans
un ballon de verre muni d'une garniture métallique (fig. 171), on le suspend au fléau d'une
balance, on fait la tare. Si l'on ouvre ensuite le
robinet, l'air rentre dans le ballon, et l'équilibre
est rompu : le poids du ballon plein d'air est plus
grand que le poids du même ballon vide. Nous
verrons plus loin quelles précautions on a dû
prendre pour déterminer avec précision le poids
d'un litre d'air. Nous dirons seulement ici que la
masse d'un litre d'air, à la température de 0° et à
la pression de 76 cm, est 1 gr. 293.

Fig. 171.

196. Principe d'Archimède. — La démonstration du prin-

8*

cipe d'Archimède suppose uniquement que le fluide considéré est pesant. Les gaz étant pesants, le raisonnement donné pour le cas des liquides prouve, sans avoir besoin d'aucune modification, que le principe d'Archimède s'applique au cas d'un solide plongé dans un gaz.

Baroscope (fig. 172). — On peut démontrer par expérience la réalité de la poussée exercée par l'air sur un corps solide qui y est plongé. Sous la cloche de la machine pneumatique, on introduit une petite balance qui supporte aux deux extrémités de son fléau deux sphères métalliques, l'une petite et massive, l'autre grosse et creuse. Dans l'air à la pression ordinaire, ces deux sphères se font équilibre, et le fléau est horizontal. Si on met cet appareil, appelé *baroscope*, sous la cloche de la machine pneumatique et qu'on fasse le vide, l'équilibre est rompu, et le fléau s'incline du côté de la grosse boule.

Fig. 172.

Dans le vide, le fléau s'incline de ce côté : c'est la preuve que la grosse boule a un poids réel plus fort que la petite. L'équilibre se rétablit quand on laisse rentrer l'air ; c'est que l'air exerce une poussée verticale de bas en haut sur les deux boules et une poussée plus grande sur la grosse boule que sur la petite. Nous verrons comment on doit tenir compte, dans les pesées exactes, de la poussée exercée par l'air sur le corps à peser et sur les poids marqués.

197. Aérostats. — Un grand nombre de gaz, hydrogène, gaz d'éclairage..., ont un poids spécifique inférieur à celui de l'air. Un récipient plein d'un de ces gaz et formé par une enveloppe légère pourra donc déplacer un poids d'air supérieur à son propre poids. En ce cas, la poussée de l'air est supérieure au poids total de l'appareil, et celui-ci tend à s'élever dans l'air. Tel est le principe des *aérostats*.

Les *aérostats* sont des appareils formés d'une enveloppe légère, imperméable, gonflée d'un gaz moins dense que l'air, et destinés à s'élever dans l'atmosphère ou à s'y maintenir en équilibre.

Les premières expériences sont dues aux frères Montgolfier, qui, en 1783, à Annonay, gonflèrent d'air chaud un ballon de toile doublée de papier : ce ballon s'éleva dans l'air à **2000 mètres** environ.

La même année, Pilâtre de Rosier et le chevalier d'Arlandes s'élevèrent dans une montgolfière.

Aujourd'hui les ballons sont gonflés avec de l'hydrogène ou du gaz d'éclairage; ils sont formés de fuseaux sphériques de taffetas, cousus et recouverts d'une couche de vernis (fig. 173). A la partie supérieure est une soupape que l'on peut manœuvrer au moyen d'une corde qui descend jusqu'à la nacelle; la partie inférieure est terminée par une espèce d'allonge, dans laquelle on engage le tube qui sert au remplissage. Le ballon est recouvert d'un filet destiné à répartir également le poids de la nacelle, des voyageurs, des instruments d'observation et de plusieurs sacs remplis de sable qui doivent servir de lest.

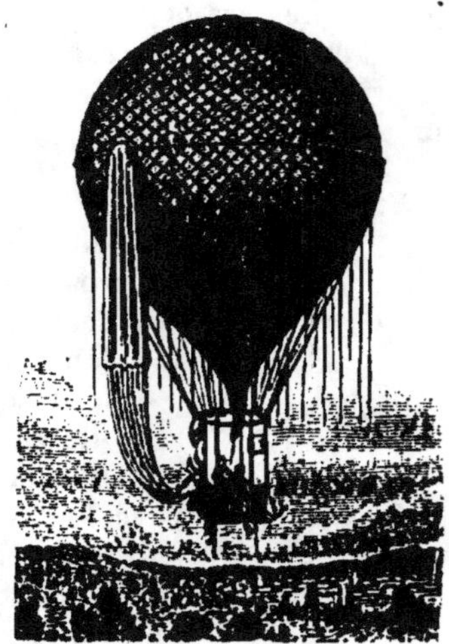

Fig. 173.

Quelquefois on attache aux flancs du ballon un *parachute,* sorte de vaste parapluie, en étoffe très résistante, et recouvert, comme le ballon, d'un filet qui peut se fixer à la nacelle. Dans le cas où un accident l'obligerait à quitter le ballon, l'aéronaute effectuerait la descente en parachute. La nacelle détachée du ballon et abandonnée dans l'espace descend d'abord très vite; mais le parachute s'ouvre, la résistance de l'air va toujours en croissant, et la descente devient peu à peu uniforme.

198. Calcul de la force ascensionnelle d'un ballon. — On appelle *force ascensionnelle d'un ballon* la force verticale qui tend à l'entraîner vers le haut : cette force ascensionnelle est l'excès de la poussée de l'air sur le poids total du ballon muni de ses accessoires. Admettons que le ballon ne soit pas entièrement gonflé au départ [1] : peu à peu, à mesure qu'il s'élève dans l'air, il parvient dans des couches d'air où la pression est moindre, et la masse constante du gaz intérieur augmente progressivement de volume, jusqu'à ce que l'étoffe souple qui forme l'enveloppe du ballon soit complètement tendue; elle oppose alors une résistance à tout nouvel accroissement de volume; le ballon est complètement gonflé. Soit V le volume du

---

[1] En réalité, le ballon est complètement gonflé au départ; et il communique librement avec l'atmosphère, par l'orifice situé à l'extrémité de l'allonge qui termine la partie inférieure.

ballon à un moment quelconque; la poussée est Va, a étant le poids spécifique absolu de l'air dans les conditions où l'on se trouve. Ce poids spécifique est proportionnel à la pression atmosphérique H (loi de Mariotte, 178); on a :

$$a = a_{76} \times \frac{H}{76},$$

a_{76} étant le poids spécifique pour une pression normale de 76cm.

Le poids de l'appareil se compose du poids P de l'enveloppe, de la nacelle et des agrès; plus le poids Vp du gaz intérieur, p étant le poids spécifique de ce gaz. On a de même :

$$p = p_{76} \times \frac{H}{76}.$$

Donc :

$$\text{Force ascensionnelle} = Va - Vp - P = V(a_{76} - p_{76})\frac{H}{76} - P.$$

Remarques. — 1° *Tant que le ballon n'est pas entièrement gonflé, la force ascensionnelle reste constante.*

En effet, pendant tout ce temps la pression H de l'air extérieur est la même que la pression H du gaz intérieur; la loi de Mariotte nous apprend que le produit VH est constant, à condition que la température reste constante.

Donc le produit $VH \dfrac{a_{76} - p_{76}}{76}$ est constant.

2° Dès que le ballon est entièrement gonflé, le volume de l'air déplacé devient constant, et, comme la pression diminue, le poids de cet air déplacé, et par suite la poussée, diminuent quand le ballon s'élève ; le ballon atteindra donc une couche d'air où la force ascensionnelle sera nulle.

3° Si l'aéronaute veut s'élever davantage, il jette du lest, ce qui diminue le terme soustractif P. S'il veut descendre, il ouvre la soupape; le gaz s'échappe, le ballon se dégonfle, et la poussée diminue.

Navigation aérienne. — En jetant du lest ou en laissant sortir du gaz par la soupape, l'aéronaute peut monter ou descendre à volonté; mais il ne peut se donner aucun déplacement dans le sens horizontal, de sorte qu'il est entraîné au gré du vent.

On cherche depuis longtemps le moyen de manœuvrer un ballon dans l'air, comme on dirige un navire à la surface de l'eau. La difficulté du problème consiste à trouver un moteur assez léger, qui soit capable de communiquer au ballon une vitesse supérieure à celle du vent.

A l'aide d'un ballon ayant la forme d'un fuseau horizontal, muni d'une hélice pour prendre un point d'appui sur l'air, et d'un gouvernail pour régler la direction, MM. Renard et Krebs sont parvenus à se mouvoir horizontalement dans l'air, avec une vitesse de $6^m,50$ par seconde, ce qui permet déjà de lutter contre un vent faible. Dès l'année 1884, ils purent effectuer malgré le vent, dans une direction voulue, un trajet de plusieurs kilomètres et revenir exactement à leur point de départ.

Les recherches se poursuivent activement à l'école d'aérostation militaire de Meudon. Avec un nouveau moteur, plus léger et plus puissant, on espère

Fig. 174.

atteindre une vitesse de 11 mètres par seconde, c'est-à-dire la vitesse d'un train omnibus.

Il est donc à espérer que le problème de la direction des ballons ne tardera pas à recevoir une solution vraiment satisfaisante.

Usage des ballons. — 1° Au point de vue scientifique, les ballons permettent d'étudier les hautes régions de l'atmosphère; notamment en ce qui concerne la composition de l'air, son état hygrométrique, les variations que subissent, le long d'une verticale, sa densité, sa température, etc.

De hardis explorateurs ont effectué, dans ce but scientifique, des ascensions restées célèbres : Gay-Lussac (en 1804), puis Barral et Bixio (1850), s'élevèrent à plus de 7 km.; Glaisher et Coxwell (1863) faillirent mourir de froid à 8400 mètres; Tissandier (1875), avec deux compagnons qui périrent asphyxiés, atteignit 8600 mètres.

Aujourd'hui on explore sans danger l'atmosphère à l'aide de *ballons sondes*, non montés, mais munis d'appareils enregistreurs et d'instruments automatiques. L'*Aérophile*, ballon explorateur employé par MM. Hermite et Besançon, parvint en 1896 à une hauteur de 15 km., où il eut à subir un froid de —63°. En 1897, un sondage aérien atteignit 17 km.; d'après la pression minima enregistrée par le baromètre témoin, l'*Aérophile* avait traversé plus de $\frac{9}{10}$ de la masse de l'atmosphère.

2° Les ballons, montés ou non, sont appelés à rendre de grands services en temps de guerre, surtout si l'on parvient à les diriger.

C'est au siège de Maubeuge (1793) et à Fleurus (1794) qu'ils parurent pour la première fois sur le champ de bataille. Durant le siège de Paris (1870-1871), soixante-six· ballons ont pu sortir de la capitale investie, emportant cent soixante-huit personnes et trois millions de lettres.

Pendant l'expédition des armées françaises au Tonkin, en 1884-85, les ballons furent employés avec avantage comme moyen d'observation.

CHAPITRE IV

HYDRODYNAMIQUE

Hydrodynamique. — *L'hydrodynamique* est la partie de la dynamique générale qui traite du mouvement des fluides, et en particulier de l'écoulement des liquides.

Dans un premier paragraphe, nous nous occuperons des pompes et des siphons, qui servent à élever ou à transvaser les liquides, sous l'influence de la pression atmosphérique.

Dans un deuxième paragraphe, nous nous bornerons à l'énoncé d'un principe important d'hydrodynamique, et à la description de quelques appareils fondés sur l'écoulement des liquides.

§ I. APPAREILS POUR LE DÉPLACEMENT DES LIQUIDES

1. POMPES

199. Pompes aspirantes. — Les **pompes** sont des appareils destinés à élever l'eau.

Une pompe peut être *aspirante, foulante,* ou *aspirante et foulante.*

La **pompe aspirante** (fig. 175) est formée d'un *tuyau d'aspiration* A, qui plonge dans le réservoir d'eau; il est surmonté d'un cylindre B formant le *corps de pompe* dans lequel débouche le tuyau d'aspiration par l'ouverture O; cette ouverture est munie d'une soupape m. Dans le cylindre glisse un piston P, percé aussi d'une ouverture munie d'une soupape m'. Les soupapes m et m' s'ouvrent de bas en haut.

Un tuyau d'écoulement C s'adapte à la partie supérieure du corps de pompe; il est muni quelquefois d'un robinet R, qui permet de refouler l'eau dans un tuyau D.

Le piston est mis en mouvement soit au moyen d'un levier, soit par une manivelle adaptée à un volant.

Lorsque le piston s'élève, la soupape m' se ferme et la soupape m s'ouvre; la colonne d'air se dilate, et l'eau s'élève dans le tuyau d'aspiration. Quand le piston s'abaisse, la soupape m se ferme, l'autre s'ouvre, et une partie de l'air est chassée comme dans la machine pneumatique. Par une série de mouvements semblables, le vide se fait au-dessous du piston, et l'eau s'élève jusque dans le corps de pompe. Parvenue à cette hauteur, l'eau comprimée à chaque descente du piston traverse l'ouverture du piston et passe au-dessus. Dans son mouvement ascendant, le piston la soulève, et, lorsqu'elle est à la hauteur du tuyau d'écoulement, elle s'écoule au dehors.

La distance du niveau de l'eau dans le puisard à la limite supérieure de la course du piston ne saurait dépasser dix mètres, puisque la pression atmosphérique est équilibrée par une colonne d'eau de cette hauteur.

Dans la pratique, il n'est même pas possible d'élever l'eau à cette hauteur, à cause de l'imperfection des appareils et de l'espace nuisible; en général, l'eau ne s'élève pas à plus de huit mètres.

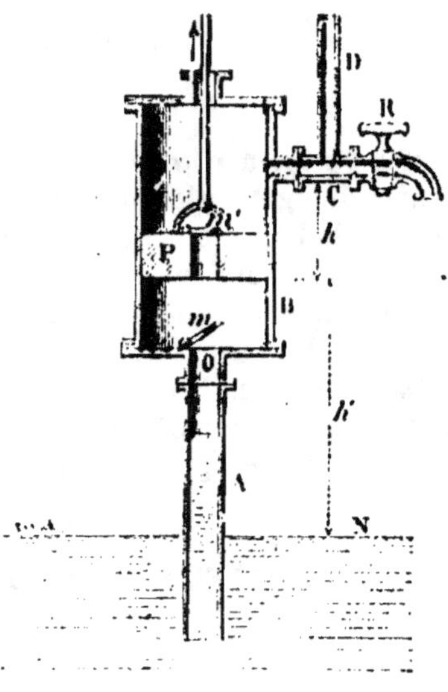

Fig. 175.

Effort à développer pour manœuvrer la pompe quand elle est amorcée. — 1° *Pour faire descendre le piston.* — Quand le piston descend, la soupape m' est ouverte; dès lors le haut et le bas du piston communiquent, et il n'y a qu'à vaincre les résistances dues aux frottements.

2° *Pour faire monter le piston.* — Supposons que l'écoulement s'opère par l'ouverture C, et négligeons l'épaisseur du piston.

L'effort nécessaire pour soulever le piston est égal à la poussée qu'il éprouve de haut en bas, diminuée de la poussée de bas en haut.

Or la poussée de haut en bas est égale à la pression atmosphérique, plus la colonne d'eau h.

Soient s la section du piston, H la pression atmosphérique évaluée en colonne d'eau, et g le poids spécifique de l'eau.

La poussée de haut en bas égale $s\,(H + h)\,g$.

La poussée de bas en haut est égale à la pression atmosphérique, moins la colonne d'eau h'

ou
$$s(H - h')g.$$

L'effort cherché est donc :
$$s(H + h)g - s(H - h')g = s(h + h')g;$$

c'est le poids d'une colonne d'eau ayant pour base la surface du piston, et pour hauteur la distance du niveau du puisard au tuyau d'écoulement.

Travail dépensé à chaque coup de piston. — Les hauteurs étant évaluées en centimètres et la surface en centimètres carrés, la force qui soulève le piston est égale à
$$s(h + h')g \ (dynes).$$

Si l'on désigne par l la course du piston, le travail dépensé pour un coup de piston est
$$s(h + h')gl \ (ergs).$$

Or le produit slg représente le poids de l'eau qui s'est écoulée par l'orifice, et le facteur $(h + h')$ désigne la hauteur à laquelle cette eau a été élevée.

Donc, théoriquement, le travail nécessaire pour élever l'eau avec la pompe est égal au travail nécessaire pour élever directement la même quantité d'eau à la même hauteur.

Pratiquement, le premier travail est un peu supérieur au second, à cause des résistances passives qu'i. faut vaincre pour manœuvrer la pompe.

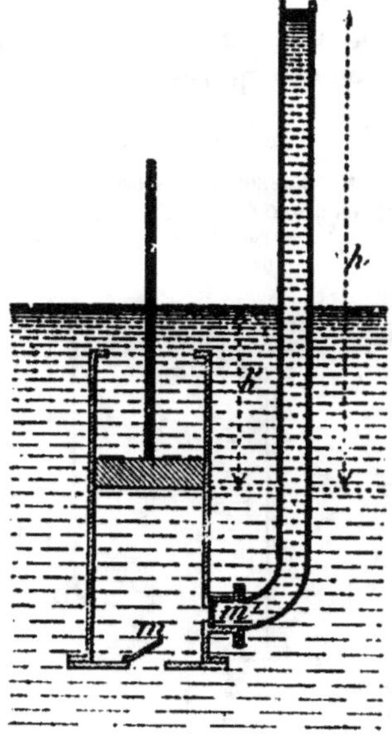

Fig. 176.

Pompe aspirante élévatoire. — Si la tige du piston traverse une *boîte à étoupe* qui ferme hermétiquement la partie supérieure du corps de pompe, et si l'on ferme le robinet R (fig. 175), on a une pompe *aspirante élévatoire*.

200. Pompe foulante. — La *pompe foulante* présente un piston plein et n'a pas de tuyau d'aspiration (fig. 180). La partie inférieure du corps de pompe, plongée dans l'eau, est munie de deux soupapes : l'une m, s'ouvrant de bas en haut, permet au liquide d'entrer dans le corps de pompe; l'autre m' lui livre passage lorsque le piston descend.

Effort nécessaire pour la manœuvre de cette pompe. — 1° *Effort pendant l'ascension du piston*. Supposons que le corps de pompe soit complètement immergé. En négligeant l'épaisseur du piston, on peut dire que ses deux faces supportent, de la part du liquide, des pressions égales qui se font équilibre. Pour soulever le piston, il suffit donc de vaincre les frottements : frottement du piston contre le corps de pompe et frottement du liquide qui pénètre dans le corps de pompe par la soupape m ou qui s'en échappe par la partie supérieure.

2° *Effort pendant la descente du piston.* L'effort nécessaire pour faire descendre le piston est égal à la différence des poussées qu'il éprouve sur la face inférieure et sur la face supérieure. Soient s la surface du piston, h la distance de la face inférieure du piston à l'orifice d'écoulement, h' la distance de la face supérieure du piston au niveau de l'eau dans le puisard. Enfin, négligeons l'épaisseur du piston et représentons par H la pression atmosphérique évaluée en colonne d'eau.

On a :

Poussée de bas en haut : $s(H + h)g$.

Poussée de haut en bas : $s(H + h')g$.

L'effort à exercer est la différence de ces poussées, c'est-à-dire :
$$s(h - h')g \text{ dynes,}$$
ou
$$s(h - h') \text{ grammes.}$$

C'est le poids d'une colonne d'eau ayant pour base la section du piston, et pour hauteur la distance du niveau du puisard à l'orifice de l'écoulement [1].

Dans la pompe foulante il faut faire effort pour abaisser le piston; dans la pompe aspirante, pour le soulever. En combinant les deux dispositifs, on obtient une pompe dans laquelle on exerce un effort utile dans les deux parties de la course, ascendante et descendante.

201. Pompe aspirante et foulante.
— Il suffit d'ajouter un tuyau d'aspiration à la pompe foulante (fig. 178) pour former une *pompe aspirante et foulante.*

L'eau est d'abord soulevée dans le tuyau d'aspiration jusque dans le corps de pompe, puis elle est chassée dans le tuyau de refoulement.

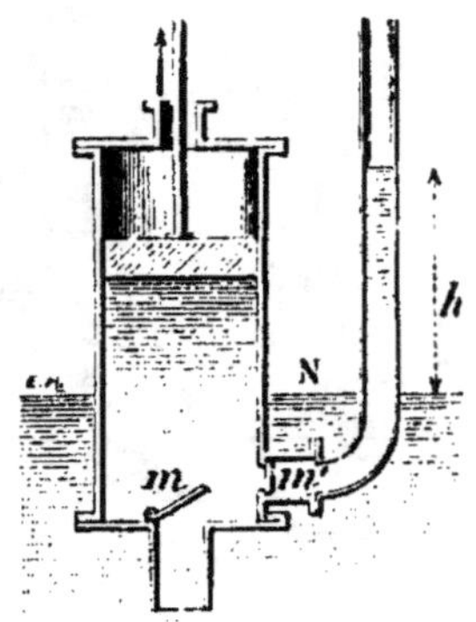

Fig. 177.

[1] Ce résultat indépendant de la position du piston suppose essentiellement que le corps de pompe est complètement immergé. Dans le cas contraire, qui se rencontre plus habituellement dans la pratique (fig. 177), l'effort à déployer pour enfoncer le piston est égal au poids d'une colonne de liquide ayant pour base la surface du piston, et pour hauteur la distance de l'orifice d'écoulement à la face inférieure du piston.

Effort à exercer sur le piston, abstraction faite des frottements.

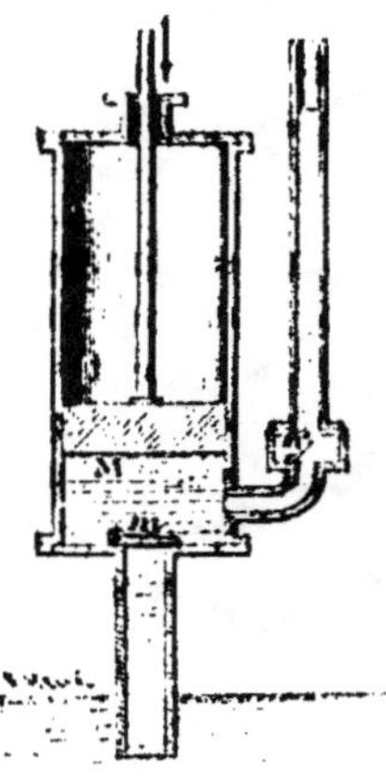

Fig. 178.

1° *Pendant l'ascension,* l'effort est égal au poids d'une colonne de liquide ayant pour base la surface du piston, et pour hauteur la distance de la face inférieure du piston au niveau de l'eau dans le puisard.

2° *Pendant la descente,* l'effort est égal au poids d'une colonne de liquide qui aurait pour base la surface du piston, et pour hauteur la distance de la face inférieure du piston à l'orifice de l'écoulement.

Chacune de ces forces motrices varie constamment avec la position du piston; la première croît pendant l'ascension, la seconde croît pendant la descente; de plus, leurs valeurs initiales peuvent être très différentes.

202. Pompes à jet continu. — Les appareils qui précèdent ne fournissent qu'un jet intermittent, car l'écoulement de l'eau s'arrête à chaque coup de piston. On évite cet inconvénient au moyen du *réservoir à air,* ou par le *jeu alternatif de deux pompes,* ou encore en faisant usage d'une *pompe à double effet* ou d'une *pompe rotative.*

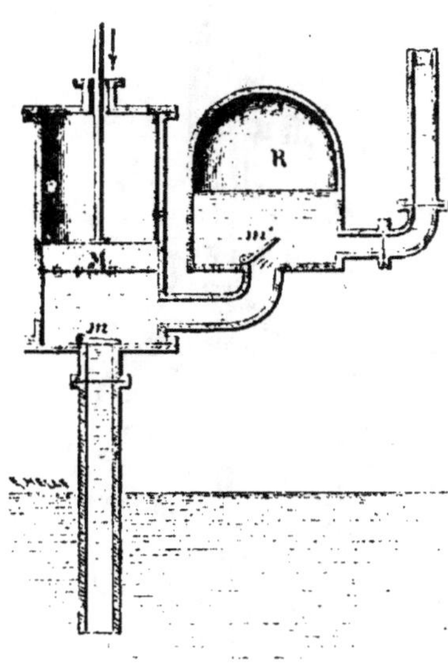

Fig. 179.

1° **Réservoir à air.** — Dans une pompe aspirante et foulante, par exemple, on interpose sur le tuyau d'élévation un réservoir plein d'air, R (fig. 179). Quand le piston s'abaisse, l'eau comprime l'air et envahit le réservoir; mais lorsque le piston s'élève, l'air comprimé réagit sur le liquide et prolonge la durée du refoulement.

2° **Pompe à incendie.** — La *pompe à incendie* est une pompe foulante, composée de deux corps de pompe plongeant dans un réservoir portatif (fig. 180).

Les deux pistons P, P', refoulent alternativement l'eau dans un

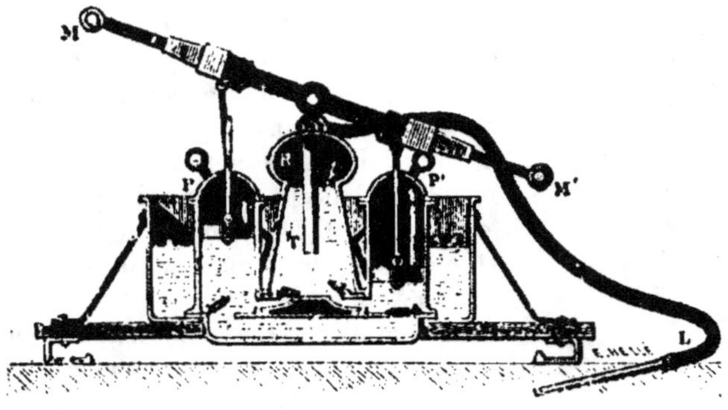

Fig. 180.

second réservoir R qui contient de l'air ; l'eau s'écoule par le tuyau T, prolongé par un tuyau en caoutchouc plus ou moins long. Les pistons sont mis en jeu par un double levier.

L'action alternative des pistons, et la réaction de l'air du réservoir R, rendent l'écoulement continu.

3° **Pompe à double effet** (fig. 181). — Le corps de pompe est horizontal. A chacune de ses extrémités aboutit une branche A ou A' du tuyau d'aspiration et une branche B ou B' du tuyau de refoulement.

Quand le piston se meut de droite à gauche, comme l'indique la figure, l'aspiration se fait par le clapet A, et le refoulement par le clapet B'. Quand le piston va de gauche à droite, l'aspiration se fait par le clapet A' et le refoulement par le clapet B.

Les deux branches B, B' aboutissent à une même chambre à air, R, dans laquelle plonge le tuyau de refoulement.

4° **Pompe rotative.** — La pompe rotative (fig. 182) se compose d'une roue à aubes courbes, ou mieux d'une turbine, que l'on peut faire tourner rapidement à l'intérieur d'une boîte concentrique BC. Cette boîte

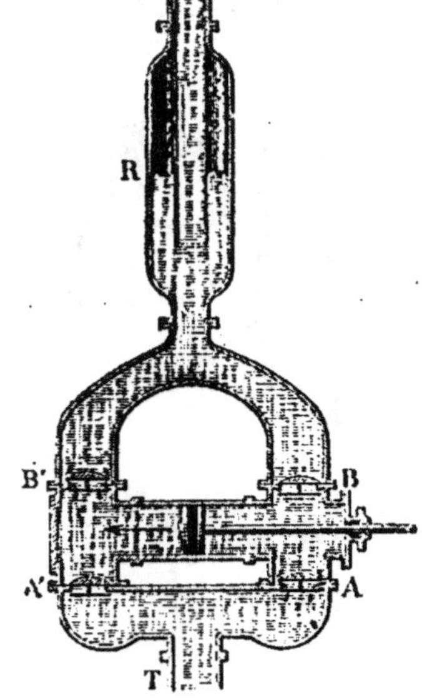

Fig. 181.

communique d'une part avec le tuyau de refoulement D, d'autre part avec le tuyau d'aspiration A, divisé en deux branches latérales qui débouchent sur les deux faces de la turbine, dans le voisinage de l'axe.

Supposons la turbine remplie d'eau. Le liquide, entraîné par la force centrifuge, est projeté du centre vers la circonférence et s'échappe par le tuyau de refoulement. De là un appel, dont l'intensité croît avec la vitesse de rotation, et qui fait affluer l'eau par le tuyau d'aspiration.

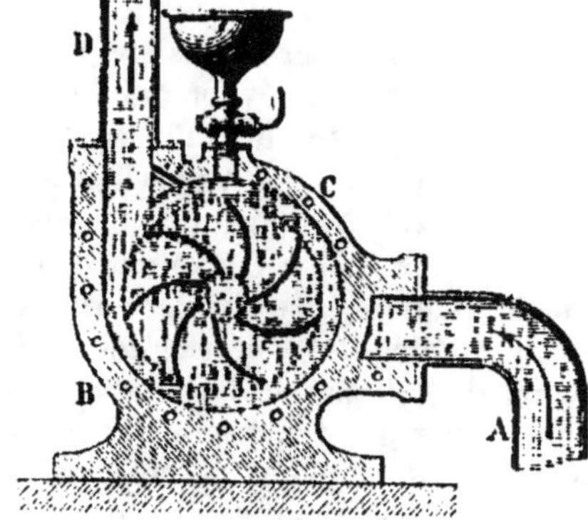

Fig. 182.

203. Presse hydraulique. — Le principe de la presse hydraulique a été donné à l'occasion du principe de Pascal; nous avons rejeté ici la description de l'appareil, parce qu'il comprend comme organe essentiel une pompe. La *presse hydraulique* est formée d'une pompe à piston plongeur B (fig. 183), destinée à refouler l'eau provenant d'un réservoir R, dans un cylindre A de grand diamètre. Dans ce cylindre plonge un second piston P, surmonté d'une plate-forme C, sur laquelle on

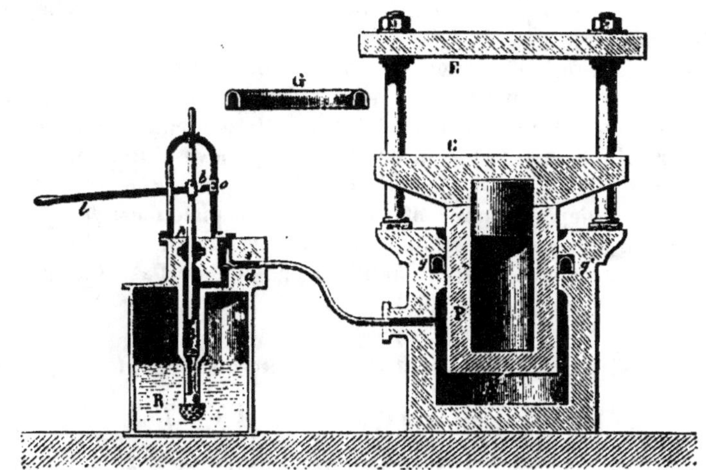

Fig. 183.

place les objets qui doivent être pressés contre l'obstacle fixe E. Le tube d est ordinairement muni d'une soupape de sûreté, maintenue contre les parois du tube par un levier le long duquel on peut déplacer un poids, pour déterminer à l'avance la limite de pression qu'on ne veut pas dépasser. Cet appareil est destiné à produire de très fortes pressions. Si la surface du grand piston est, par exemple, cent fois plus grande que celle du petit, une pression de 10 kilogrammes exercée sur celui-ci se transmettra au piston P avec cent fois plus d'intensité, c'est-à-dire qu'elle sera de 1 000 kilogrammes (n° 126).

On a dû prendre des précautions spéciales pour éviter que l'eau, soumise à une forte pression, ne s'échappe dans l'intervalle entre le piston P et la paroi intérieure du corps de pompe. On y parvient par l'artifice du *cuir embouti* de Bramah. C'est un anneau de cuir G, dont la section a la forme d'un U renversé; il est logé dans une rigole circulaire g, qu'on a ménagée dans la paroi intérieure du corps de pompe. La pression de l'eau a pour effet d'écarter les deux bords extérieur et intérieur du cuir, d'appliquer le bord intérieur contre le piston et le bord extérieur contre la paroi intérieure du corps de pompe. La fermeture est parfaitement étanche, et néanmoins le piston peut glisser aisément sur le cuir qui s'applique contre lui.

La presse hydraulique a pour effet de multiplier la force exercée. Elle ne saurait augmenter le travail fourni. Il est aisé de montrer que dans cette machine, comme dans toute machine simple, le travail dépensé est égal au travail recueilli (en négligeant, bien entendu, le travail perdu à cause des résistances passives, telles que les frottements).

A chaque coup du piston p, nous enfonçons ce piston (dont la section est s) d'une hauteur h, nous refoulons dans le grand corps de pompe un volume d'eau égal à sh. Cette eau étant sensiblement incompressible, le gros piston de section S s'élève d'une hauteur h', telle que : $$Sh' = sh.$$

Le travail dépensé pour abaisser le petit piston est fh, f étant la force qui agit sur ce piston. Soit F la force totale avec laquelle le gros piston est poussé vers le haut; le principe de Pascal donne ici :

$$\frac{F}{f} = \frac{S}{s}.$$

Le travail recueilli est Fh'. Or les égalités précédentes donnent :

$$\frac{S}{s} = \frac{F}{f} = \frac{h}{h'}; \qquad \text{d'où} \qquad Fh' = fh.$$

Donc le travail recueilli est égal au travail dépensé, et ce qu'on gagne en force, on le perd en chemin parcouru.

L'emploi de la presse hydraulique est indiqué toutes les fois que l'on veut exercer un effort de pression considérable sans imprimer un déplacement notable à la masse soumise à la pression. La presse hydraulique est utilisée dans la fabrication des huiles, l'extraction du jus de la pulpe de betterave, la mise en balles du coton, des étoffes, la réunion des essieux aux roues des locomotives, l'essai des machines à vapeur, etc.

204. Fontaine de Héron[1]. — La fontaine de Héron est une *fontaine de compression.* Sous la forme de la figure 184, elle se compose de trois vases A, B, C, à des hauteurs différentes, reliés

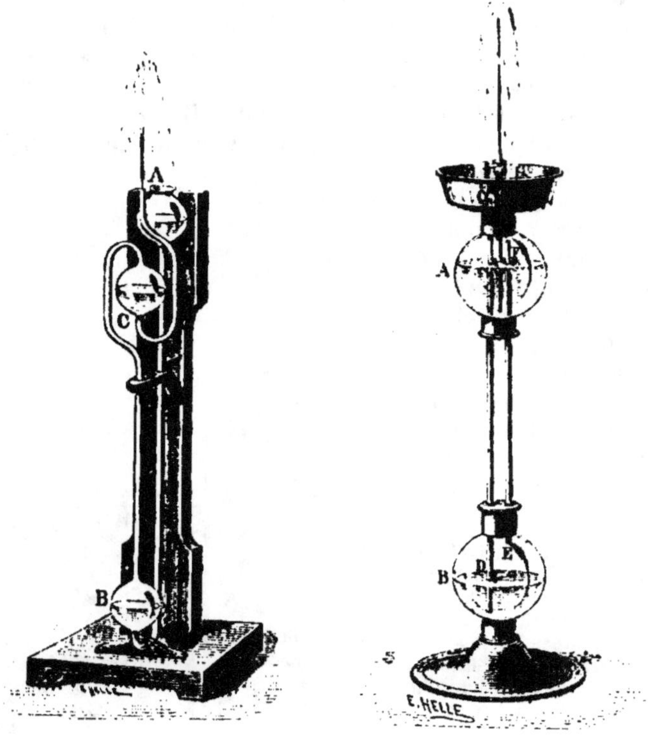

Fig. 184.

Fig. 185.

par des tubes verticaux. Si l'on verse de l'eau dans le vase A, elle descend dans le vase B et comprime l'air compris entre B et C ; cet air à son tour exerce une pression sur l'eau contenue dans C, et on obtient un jet continu jusqu'à ce que toute l'eau du vase C ait été chassée.

On donne encore à cette fontaine la forme représentée par la figure 185. Deux réservoirs A et B sont réunis par un tube EF, qui se termine à la partie supérieure de chaque réservoir ; un tube D part du plateau C, traverse le réservoir A et se termine au fond du réservoir B ; un troisième tube débouche au-dessus du plateau C et

---

[1] *Héron*, mathématicien et physicien d'Alexandrie (285-222 av. J.-C.).

arrive au fond du réservoir A; à l'extrémité supérieure de ce tube, on peut visser divers ajutages percés d'une ou de plusieurs ouvertures.

On met d'abord de l'eau dans le réservoir A ; si l'on verse ensuite de l'eau dans le plateau C, elle passe par le tube D et vient chasser l'air qui se trouve dans B; cet air passe par le tube E et se trouve comprimé au-dessus de l'eau contenue dans A. Sa pression fait monter l'eau par le tube d'échappement, et on obtient un jet d'eau en ouvrant le robinet que porte ce tube. En somme, moyennant une chute d'eau de C en B, on peut déterminer une ascension d'eau de A à un niveau supérieur. On peut réaliser de la sorte diverses combinaisons : elles sont toutes assujetties à la condition que le travail accompli pour élever l'eau (produit du poids par la hauteur) ne dépasse pas le travail que fournit l'eau qui passe d'un niveau à un niveau inférieur. On a pu appliquer ce principe à l'épuisement des mines.

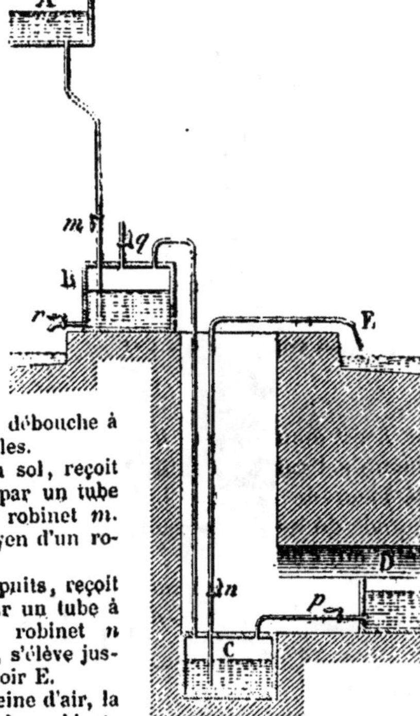

Fig. 186.

Machine de Schemnitz (Hongrie) (fig. 186). — Deux caisses, B, C, sont réunies par un tube qui débouche à la partie supérieure de chacune d'elles.

La caisse B, située au niveau du sol, reçoit l'eau d'un réservoir très élevé A, par un tube que l'on peut fermer à l'aide d'un robinet m. On peut vider cette caisse au moyen d'un robinet r.

La caisse C, établie au fond du puits, reçoit l'eau provenant des galeries D, par un tube à robinet p. Un tuyau muni d'un robinet n plonge jusqu'au fond de la caisse C, s'élève jusqu'au sol et se termine à un déversoir E.

Supposons que la caisse B soit pleine d'air, la caisse C remplie d'eau, et que tous les robinets soient fermés, excepté m et n.

L'eau descendant de A chasse l'air de la caisse B dans la caisse C, avec une pression égale à la pression atmosphérique augmentée d'une colonne d'eau de hauteur AB. Cette pression fait monter l'eau dans le tube Cn et la refoule jusqu'au déversoir E, pourvu que la hauteur CE soit inférieure à AB.

A mesure que la caisse C se vide, la caisse B se remplit. Quand celle-ci est pleine d'eau, on ferme les robinets m, n, et l'on ouvre les robinets r, p. Alors B se vide, et C se remplit de nouveau. On tourne les quatre robinets, et l'épuisement recommence.

2. SIPHONS

205. Siphons. — Les *siphons* sont des tubes recourbés, à branches inégales, qui servent au transvasement des liquides.

Si le tube *aca'* est plein de liquide (fig. 187), et que la petite branche plonge dans un réservoir *mn*, le liquide s'écoulera par la grande branche.

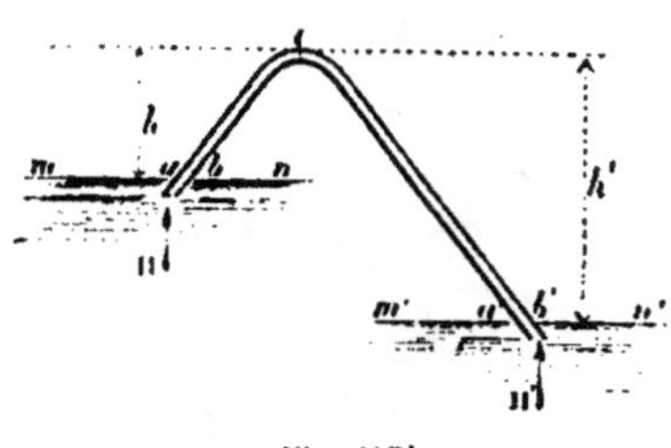

Fig. 187.

Pour faire voir que l'équilibre n'est pas possible, nous allons démontrer que si l'on suppose cet équilibre réalisé, une tranche quelconque prise dans le liquide à l'intérieur du tube est sollicitée par une force dirigée de *ab* vers *a'b'*.

Considérons, par exemple, une tranche *c* à la partie la plus élevée du tube ; cette tranche supporte dans le sens de *ac* une pression égale à la pression atmosphérique H, exprimée en colonne du liquide employé, diminuée de la colonne h. Dans le sens de *a'c*, la pression qu'elle supporte est H, diminuée de la colonne h' ; les deux pressions sont représentées par

$$H - h \quad \text{et} \quad H - h' ;$$

or h est moindre que h', donc la pression dans le sens *ac* est supérieure à l'autre, l'équilibre ne peut subsister, et la tranche liquide se meut de la petite branche vers la grande ; en même temps le liquide du vase *mn* pénètre dans la petite branche pour remplacer celui qui s'écoule.

La vitesse d'écoulement dépend de la différence de niveau des points *a* et *a'*, c'est-à-dire de la différence

$$(H - h) - (H - h') = h' - h.$$

Différentes manières d'amorcer le siphon. — 1° Pour amorcer le siphon, on le remplit du liquide à transvaser, et on plonge la petite branche dans le liquide ; 2° le remplissage du tube peut se faire en aspirant en C, A étant plongé dans le liquide (fig. 188). Pour éviter que le liquide parvienne dans la bouche de l'opérateur, on aspire au moyen d'un tube placé latéralement (fig. 189), et s'ouvrant à la partie inférieure de la longue branche. Quand on aspire par ce tube, il faut avoir le soin de fermer avec le doigt l'ouverture inférieure du siphon.

Sens de l'écoulement du liquide dans le siphon. — Nous avons considéré le cas le plus simple et le plus ordinaire d'un siphon plein de liquide, et plongé lui-même dans un gaz comme l'air, dont le poids spécifique est négligeable vis-à-vis de celui du liquide.

Dans le cas général où l'on suppose le siphon plein d'un fluide de poids spécifique d, et où tout l'appareil, siphon et vases, est plongé dans un autre

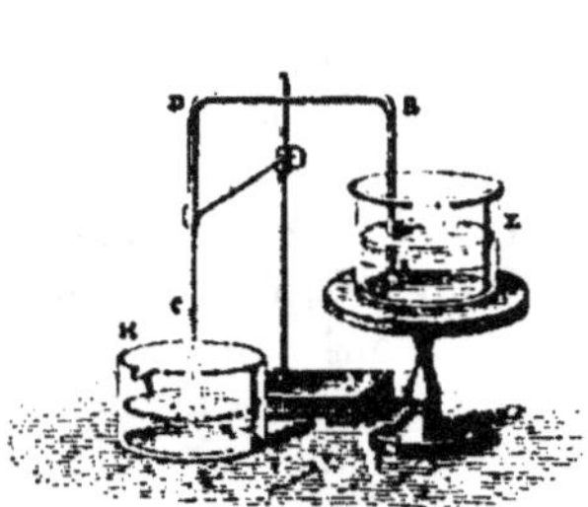

Fig. 188.

Fig. 189.

fluide de poids spécifique d', le sens de l'écoulement dépend du signe de la différence $d - d'$.

Appelons H la pression atmosphérique au niveau de la tranche c, évaluée en hauteur de fluide de densité d; la pression au niveau du vase ab est $Hd + hd'$, et la pression, à l'intérieur du tube, exercée sur la tranche c dans le sens ac, est :

$$Hd + hd' - hd.$$

La pression exercée sur cette même tranche, dans le sens $a'c$, est :

$$Hd + h'd' - h'd.$$

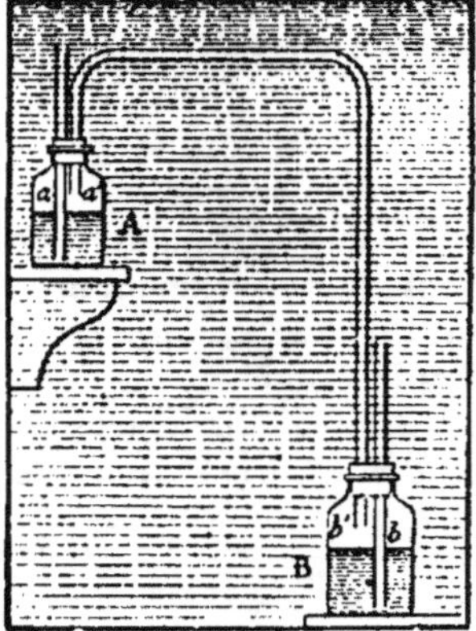

Fig. 190.

La différence évaluée positivement si la force résultante agit de a vers a' est :

$$hd' - hd - h'd' + h'd = (h' - h)\ (d - d').$$

Si $d > d'$ (cas d'un siphon plein de liquide et plongé dans l'air), le liquide se déplace de la petite branche vers la grande.

Si on avait $d < d'$, le fluide intérieur remonterait au contraire de la grande branche vers la petite; il coulerait du vase inférieur au vase supérieur.

Ce dernier cas pourrait être réalisé de la manière suivante (fig. 190) : deux flacons A et B sont munis chacun de deux tubulures; l'une des tubulures de A, a est formée d'un petit tube vertical qui plonge jusqu'au fond du flacon et débouche au-dessus du bouchon; l'autre a' donne passage à un tube qui débouche à la partie supérieure de A et se continue, par un tube recourbé, jusqu'à la tubulure correspondante b' du flacon B. Les deux flacons A et B sont à des niveaux différents, et le tube de verre qui va de a' à b' forme siphon. Que l'on suppose ces deux flacons à demi pleins d'eau, à demi pleins d'air, et qu'on les plonge tous deux dans une cuve à eau.

9

L'air intérieur s'écoulera par le siphon $b'a'$ du flacon inférieur B au flacon supérieur A. On aurait le même résultat en remplissant d'eau les deux flacons et le siphon $a'b'$ et en immergeant le tout dans une cuve à mercure.

206. Vase de Tantale ou écoulement intermittent produit par un siphon. — Le siphon permet de réaliser d'une manière automatique un écoulement intermittent; par exemple, à l'aide du vase de Tantale (fig. 191). Cet appareil se compose d'un siphon TR placé dans un vase : la petite branche est recourbée, la grande branche traverse le fond du vase. Une source constante alimente le vase; mais son débit est faible, tandis que l'ouverture du siphon permet un écoulement à plus grand débit.

Fig. 191.

Quand le niveau de l'eau dans le vase atteint la partie coudée du siphon, celui-ci est amorcé, et l'eau s'écoule par l'extrémité R.

Le niveau baisse dans le vase, puisque le débit de la source est plus faible que celui du siphon; au bout d'un certain temps, l'extrémité de la petite branche T se trouve au-dessus de ce niveau; à ce moment l'air passe dans le siphon, et l'écoulement cesse. Mais la source étant constante, il arrive un moment où le niveau dans le vase se trouve assez élevé pour immerger de nouveau le siphon. Alors celui-ci s'amorce, et la même succession de phénomènes se reproduit.

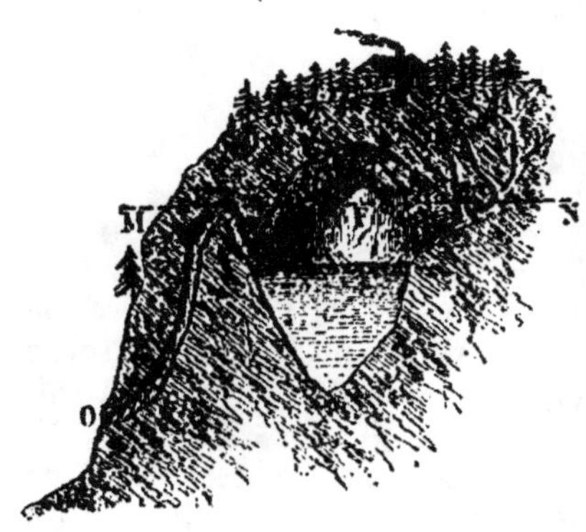

Fig. 192.

L'intérêt de cette expérience est qu'elle peut fournir une explication des fontaines intermittentes naturelles (fig. 192).

207. Pipette. — La *pipette* sert à transvaser de petites quantités de liquide, et à produire un écoulement intermittent à volonté.

Elle se compose d'un tube B, renflé à sa partie moyenne (fig. 193).

Plongeons la pipette dans un liquide; celui-ci la remplit entière-

ment; fermons l'ouverture supérieure avec le doigt, et reti-
rons l'instrument du liquide; la pression
atmosphérique qui s'exerce par l'ouverture
inférieure retient le liquide dans la pipette,
et le liquide ne s'écoule pas. (L'ouverture inférieure doit être assez petite pour que
l'air ne puisse pas rentrer par cette ouverture
en divisant la colonne liquide.)

Si on enlève le doigt, la pression atmosphérique s'exerce en haut et en bas, et le liquide
s'écoule par son propre poids; si nous refer-
mons l'ouverture supérieure; un peu de
liquide s'écoule encore; mais, l'air intérieur augmentant de volume, sa force élastique diminue et devient moindre que la
pression atmosphérique. L'écoulement s'arrête quand la pression atmosphérique qui

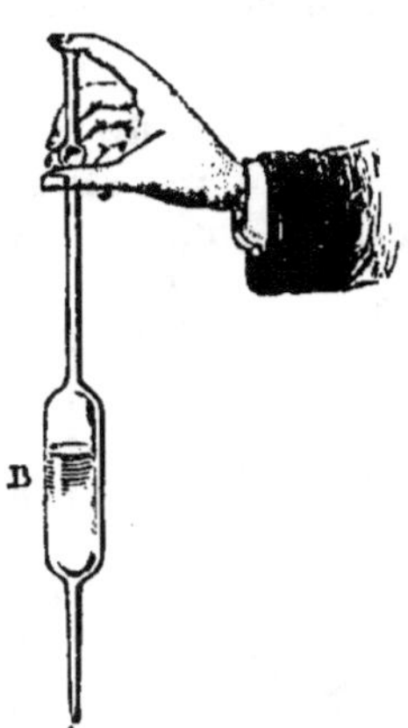

Fig. 193.

s'exerce en bas fait équilibre à cette force élastique et à la colonne
de liquide qui reste dans la pipette.

Si on ouvre de nouveau l'orifice supérieur, le même phénomène
se reproduit.

§ II. ÉCOULEMENT DES LIQUIDES

208. Principe de Torricelli. — Si un vase plein de liquide
présente un orifice O, situé au-dessous de la surface libre, le
liquide s'écoule par cette ouverture. La vitesse du liquide à la sortie
de l'orifice (percé en mince paroi) est réglée par le principe suivant, dû à Torricelli :

*La vitesse du liquide qui sort par un orifice percé en
mince paroi, et situé à une hauteur* h *au-dessous du niveau du
liquide, est égale à* $\sqrt{2gh}$, g *étant l'accélération de la pesanteur.*

Si on laisse le vase se vider, la hauteur h diminue constamment;
d'après le principe de Torricelli, la vitesse d'écoulement diminue
en même temps que h.

Vérification expérimentale. — Quand la paroi n'est pas horizontale, on
peut vérifier le principe de Torricelli en étudiant la forme du jet liquide. Cette
forme dépend uniquement de la vitesse à l'orifice, et on peut la déduire du
principe de Torricelli. Il s'agit de constater que la forme théorique du jet
coïncide avec la forme réelle.

1° Considérons une paroi verticale, et supposons que le niveau du liquide reste constant (fig. 194). Les molécules qui traversent l'orifice O s'échappent avec une vitesse $v = \sqrt{2gh}$, perpendiculaire à la paroi. Sous l'action de la pesanteur, elles décrivent une trajectoire OM dessinée par la forme du jet.

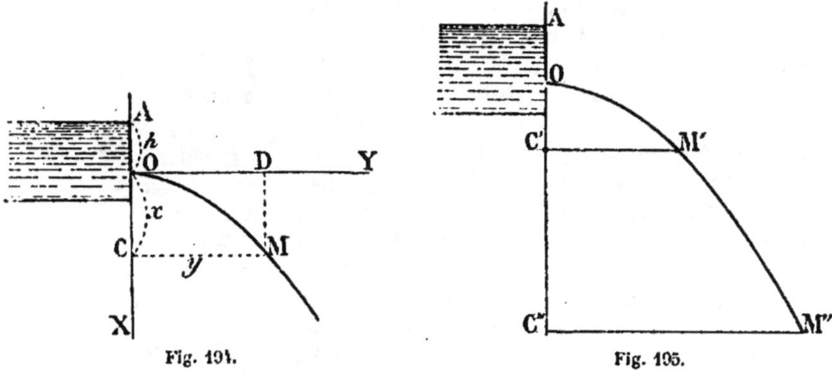

Fig. 194.　　　　　Fig. 195.

Cherchons la position M d'une molécule, t secondes après son passage à l'orifice.

D'après le principe du mouvement relatif (40), le déplacement vertical OC = DM = x, dû à la pesanteur, est donné par la formule :

$$x = \frac{gt^2}{2}. \qquad (1)$$

Le déplacement horizontal OD = CM = y, dû à la vitesse v, est donné par la formule du mouvement uniforme :

$$y = vt; \quad \text{d'où} \quad y = t\sqrt{2gh}. \qquad (2)$$

En éliminant t entre les équations (1) et (2), on obtient l'équation de la courbe

$$t^2 = \frac{2x}{g} = \frac{y^2}{2gh},$$

ou

$$y^2 = 4hx. \qquad (3)$$

Équation d'une parabole ayant pour sommet le point O et pour axe la verticale OX. (Géométrie, 1025.)

2° Si l'on attribue successivement à x les valeurs

$$h, 4h, 9h,...$$

l'équation (3) assigne à y les valeurs correspondantes

$$2h, 4h, 6h,...$$

Pour vérifier ces conséquences du principe de Torricelli (fig. 195), il suffit de recevoir le jet liquide sur un plan horizontal situé à la distance voulue au-dessous de l'orifice, et de mesurer *l'amplitude du jet* sur ce plan horizontal.

209. Flacon de Mariotte. — Le flacon de Mariotte permet de réaliser un écoulement continu à vitesse constante.

C'est un flacon de verre percé d'une petite ouverture a et fermé
par un bouchon dans lequel peut glisser un
tube de verre nm, ouvert aux deux bouts.

Le flacon étant rempli d'eau, il se produit
un écoulement par l'orifice a. L'air extérieur
rentre par le tube nm, le niveau de l'eau
baisse rapidement dans ce tube jusqu'à ce que
l'air arrive en m. A partir de ce moment,
l'air pénètre bulle à bulle par l'extrémité m
dans l'intérieur du flacon, où il va se loger
à la partie supérieure; l'eau qu'il déplace
s'écoule par a. A partir du moment où l'air
commence à rentrer par m, l'écoulement se
fait avec une vitesse constante, car la hauteur
h est ici la distance verticale de l'orifice a au

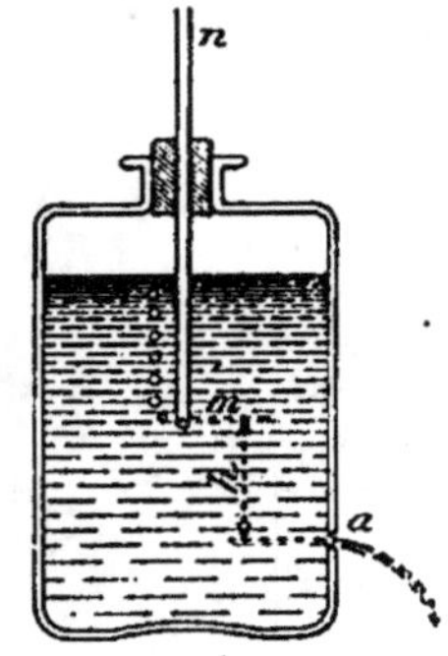

Fig. 196.

niveau m auquel s'exerce la pression extérieure. La vitesse reste
constante jusqu'à ce que toute l'eau contenue dans le flacon au-
dessus du niveau de m se soit écoulée.

On réglera la vitesse en faisant varier la hauteur du tube m par
rapport à l'orifice a. Si l'ouverture a est située au-dessus de m, il
n'y a pas d'écoulement : le niveau dans le tube se fixe en a', sur le
même plan horizontal que l'orifice a.

Le flacon de Mariotte présente souvent plusieurs ouvertures a, b, c,
qu'on peut déboucher séparément ou simultanément. Si on les
débouche simultanément, l'extrémité inférieure du tube m étant au-
dessus de la plus haute, on voit l'eau jaillir à travers toutes les
ouvertures; mais les vitesses à la sortie sont différentes. On peut
vérifier expérimentalement qu'elles sont proportionnelles aux distances verticales des orifices au point m, ce qui est une démonstration du principe de Torricelli.

210. Trompes. — Lorsqu'un liquide est en mouvement dans un
tube au milieu duquel débouche un autre tube en communication
avec un réservoir à gaz, le liquide entraîne les bulles du gaz dans
son mouvement. Tel est le principe des *trompes*, employées soit
pour faire le vide, soit pour comprimer l'air dans un récipient.

1º La **trompe à eau** d'Alvergniat (fig. 197) est souvent employée pour faire un
vide partiel. Cet appareil est tout en verre; il se compose de deux tubes A et
B, terminés par des troncs de cône dont les petites bases sont en regard.

Le tube A communique avec le robinet d'une fontaine, et le tube B avec un
tuyau de conduite.

Un manchon en verre M enveloppe les deux pointes des tubes; ce manchon
présente une ouverture R, que l'on fait communiquer avec le récipient dans
lequel on veut faire le vide. Quand l'eau descend par A et tombe en B par les

ouvertures O, l'air du manchon, et par suite du récipient, est aspiré en et entraîné par le jet liquide. cette manière, on raréfie l'air d récipient.

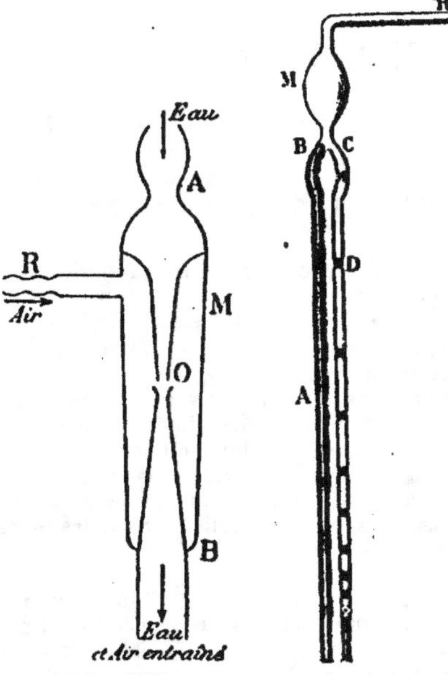

Fig. 197.　　　　Fig. 198.

2° Trompe à mercure. — trompe à eau ne donne jamais u vide bien parfait; en particulier, l réservoir R contiendra toujou de la vapeur d'eau. Pour obteni les vides les plus parfaits, o emploie une trompe à mercure

Dans l'*aspirateur de Sprengel* par exemple (fig. 198), le mercur est refoulé par un tube capillair AB jusque dans un renflement qui communique par un tube R avec le récipient dans lequel on veut achever de faire le vide. De là, le mercure tombe goutte à goutte dans un long tube capillaire vertical CD. Ne pouvant se diviser dans ce tube trop étroit, chaque goutte de mercure chasse devant elle une bulle d'air; et à mesure qu'elle descend dans le tube, elle augmente le vide derrière elle. Si le tube CD est assez long pour que la somme des longueurs de toutes les gouttes reste supérieure à la hauteur barométrique, le mercure s'écoulera continuellement, et, avec lui, toutes les bulles d'air emprisonnées.

3° Machine soufflante. — La trompe peut être utilisée dans les forges comme machine soufflante. Il faut avoir à sa disposition une chute d'eau. L'eau fournie par un réservoir B (fig. 199) passe dans un tube T, qui présente un étranglement à sa partie supérieure, et au-dessous de cet étranglement des ouvertures latérales O, O'...

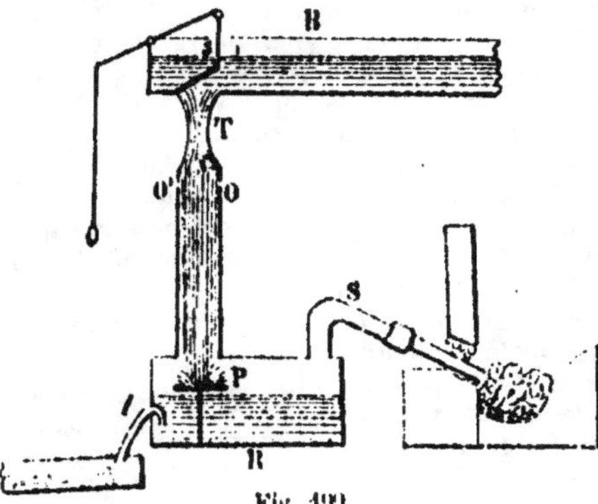

Fig. 199.

L'air extérieur est attiré à travers ces ouvertures et entraîné par l'eau dans le réservoir R; l'air se trouve donc comprimé en P au-dessus de l'eau qui est dans ce réservoir; il passe par la tuyère S. qui le dirige sur le foyer.

Un tuyau *t*, qui pénètre dans le réservoir R à une profondeur convenable, sert à faire écouler le trop plein.

CHAPITRE V

CAPILLARITÉ ET DIFFUSION

§ I. PHÉNOMÈNES CAPILLAIRES [1]

211. Certains phénomènes semblent contredire les propositions établies dans l'hydrostatique des liquides pesants.

1° Dans un tube fin, la surface d'un liquide n'est pas plane et horizontale; elle a la forme d'un *ménisque*. Dans un vase large, la surface libre n'est pas plane au voisinage immédiat des bords.

2° Dans deux vases communicants, si l'un des vases est un tube de très petit diamètre, un tube *capillaire,* les niveaux des liquides ne sont pas dans un même plan horizontal. Le niveau dans ce tube capillaire est, suivant la nature du liquide, au-dessus ou au-dessous du niveau dans le vase large; et la différence de niveaux est d'autant plus grande que le tube est plus fin.

On donne à ces phénomènes, observés en particulier sur les tubes capillaires, le nom de *phénomènes capillaires.*

212. Tension superficielle. — Il n'y a en réalité aucune contradiction entre les propriétés réelles des liquides et les propriétés qu'on a déduites des principes de l'hydrostatique. Les phénomènes capillaires nous révèlent seulement l'existence de forces nouvelles, dont faisait abstraction l'hydrostatique des liquides pesants, et qu'il faut faire entrer en ligne de compte si l'on veut expliquer les propriétés réelles des liquides.

La surface d'un liquide est le siège de forces particulières : elle a une tendance à se retirer, comme ferait une membrane de caoutchouc qui envelopperait le liquide. Si l'on s'imagine qu'on fende la couche superficielle du liquide sur une longueur de 1 centimètre (fig. 200), les deux bords de la fente tendent à s'écarter; pour maintenir en équilibre l'un des deux, qui n'est plus au contact de l'autre, il faut lui appliquer une force normale à la fente, dirigée vers l'intérieur, et située dans le plan de la surface liquide. Cette force s'appelle la *tension*

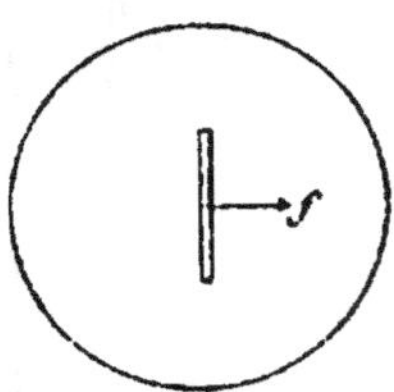

Fig. 200.

superficielle. Elle se mesure en dynes par centimètre de longueur de la fente.

Diverses expériences mettent en évidence l'existence de la tension superficielle, et permettent même de la mesurer.

1° Un petit vase rectangulaire ABCD (fig. 201), en carton ou en papier fort, a une paroi latérale CD mobile autour de son arête inférieure C. Cette paroi, très mince, est maintenue dans une position inclinée par un fil tendu DE et par une petite cale K. On verse de l'eau de manière à amener la surface au niveau supérieur de la lame, qui doit être complètement mouillée. La pression

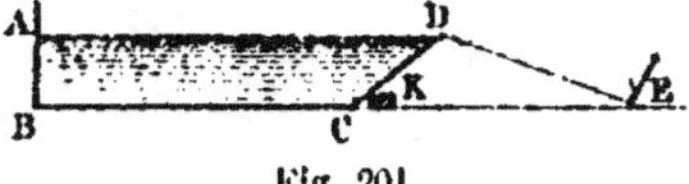

Fig. 201.

hydrostatique tendrait à coucher CD sur CE, mais la tension superficielle qui s'exerce sur le bord supérieur D tend à ramener CD dans la verticale : si la cuve

---

[1] Ce chapitre n'appartient pas au programme du Baccalauréat.

n'est pas trop profonde, c'est cette tension superficielle qui l'emporte, comme on le vérifie en brûlant le fil DE.

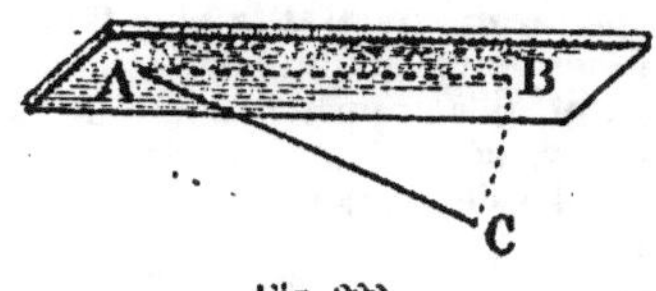

Fig. 202.

2° Avec une solution d'eau de savon ou de liquide glycérique (voir plus loin), on mouille une lame métallique horizontale AB (fig. 202), à laquelle est adapté un fil métallique léger AC, mobile autour du point A. Si l'on écarte le fil en AC et qu'on l'abandonne ensuite, la lame liquide restée entre le fil et la pièce métallique ramène le fil, comme ferait une membrane de caoutchouc tendue.

3° On peut modifier cette expérience : suspendre à une tige horizontale AB de métal une tige de verre CD, qui ne tient à la première que par un liquide qui les mouille toutes deux (fig. 203).

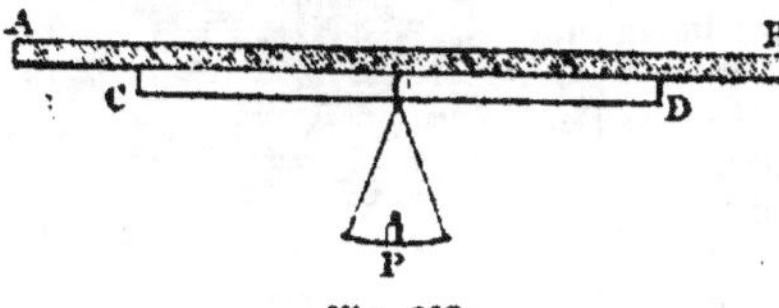

Fig. 203.

La tige de verre supporte un petit plateau suspendu par un fil. On constate que pour détacher la tige de verre de la tige métallique, il faut mettre sur le plateau un certain nombre de grammes. La force nécessaire pour provoquer la chute est égale au poids de la tige de verre, avec le plateau et les poids dont il est chargé : elle fait équilibre à la force d'attraction que présente une double lame du liquide employé, ayant la longueur de la tige de verre (il faut compter *une double lame*, car on a, entre les deux tiges, une mince couche de liquide, limitée entre deux surfaces parallèles). Si donc M est la masse de la tige avec le plateau et les poids au moment de la rupture, si g est l'accélération de la pesanteur au lieu où l'on opère, on a, en appelant l la longueur de la tige de verre en centimètres, et F la tension superficielle du liquide :

$$2Fl = Mg,$$

d'où :
$$F = \frac{Mg}{2l};$$

F est exprimé ainsi en dynes par centimètre. Pour l'eau, on trouve :

$$F = 81,7.$$

213. Tubes capillaires. — Quand un liquide se trouve au contact d'une paroi solide, les phénomènes se compliquent. Des actions réciproques s'exercent entre la paroi solide et la couche de liquide qui est immédiatement au contact. Une tige de verre qu'on plonge dans l'eau reste mouillée quand on la retire. Si on la plonge dans le mercure, elle en sort sèche, sans entraîner aucune gouttelette de mercure. On dit que l'eau mouille le verre, que le mercure ne le mouille pas. L'eau ne mouillerait pas certains corps gras : par exemple, un tube de verre enduit de suif.

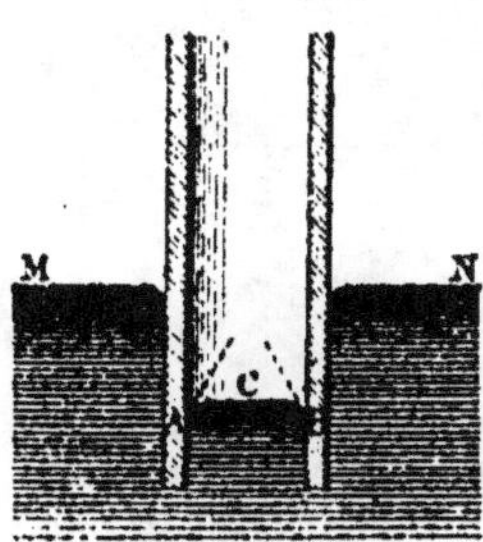

Fig. 204.

Quand on plonge dans un bain liquide un tube très fin, si le liquide mouille le tube, le niveau dans le tube est au-dessus du niveau dans le bain; si le liquide ne le mouille pas, le niveau dans le tube est au-dessous. Nous allons montrer comment ces phénomènes d'ascension et de dépression se déduisent de l'existence de la tension superficielle.

1° Considérons du mercure, qui ne mouille p.. le verre (fig. 204). La surface du mercure dans un tube cylindrique fin est un ménisque convexe, qui se termine au contact de la paroi suivant un cercle qu'on appelle cercle de raccordement. En un point de ce cercle, le plan tangent à la paroi solide et le plan tangent à la surface du liquide ne coïncident pas ; ils font entre eux un angle, naturellement constant en tous les points du cercle, et qu'on appelle l'angle de raccordement. La valeur de l'angle de raccordement dépend, non seulement du liquide, mais encore de la paroi solide du tube. La dépression, pour un même diamètre, dépend de l'angle de raccordement.

2° Il en sera de même pour les liquides qui mouillent (fig. 205) : seulement alors il y aura ascension, et le ménisque sera concave. L'angle de raccordement du liquide avec la paroi dépend de la nature de cette paroi.

Mais ici se présente un cas particulier important, où tout se simplifie : c'est celui où le liquide *mouille parfaitement* le solide; par exemple, de l'eau au contact du verre *très propre*. Alors si l'on a soin de mouiller préalablement le tube entier, il reste toujours une mince couche liquide qui tapisse la paroi intérieure du tube; et c'est contre ce tube de liquide que s'élève le liquide intérieur. En ce cas, *l'angle de raccordement est nul* (fig. 206). En

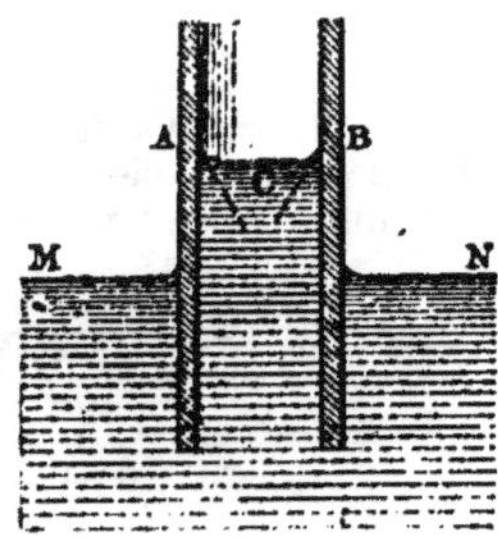

Fig. 205.

chaque point du cercle de contact avec la paroi, le plan tangent au ménisque liquide est vertical.

Tubes parfaitement mouillés. — Calculons, dans le cas d'un liquide qui mouille parfaitement, la hauteur de l'ascension au-dessus du niveau extérieur, dans un tube capillaire de rayon intérieur r. La force qui maintient une colonne du liquide suspendue au-dessus du niveau normal est due à la tension de la membrane superficielle qui vient se raccorder, comme si elle lui était attachée, à la paroi intérieure. Le raccordement se fait suivant une circonférence de longueur $2\pi r$. La force verticale de bas en haut qui maintient élevée la colonne liquide, est donc $2\pi r F$, F étant la tension superficielle.

Le poids soulevé est celui d'un volume qu'on peut confondre avec un cylindre de rayon r et de hauteur h, h étant la distance du point le plus bas du ménisque au niveau normal (en réalité, il y a une légère correction pour le poids du liquide qui forme le ménisque lui-même). Ce poids est $\pi r^2 h \rho g$, ρg désignant le poids spécifique du liquide.

S'il y a équilibre, on a :

$$2\pi r F = \pi r^2 h \rho g;$$

d'où $h = \dfrac{2F}{\rho r} = \dfrac{4F}{\rho g d}$, en appelant d le diamètre.

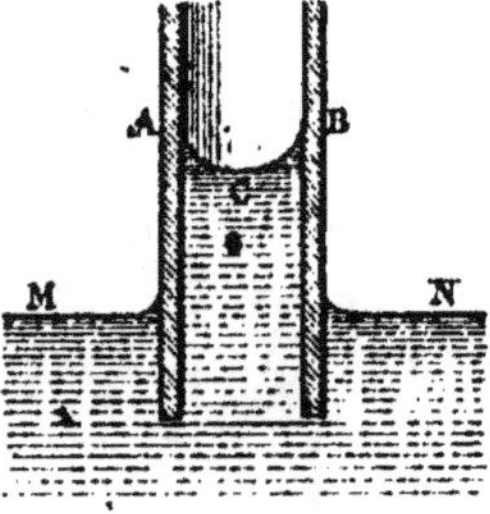

Fig. 206.

Loi de Jurin. — Cette formule fondamentale nous montre en particulier que dans des tubes capillaires de diamètres différents, remplis du même liquide, *les hauteurs soulevées sont en raison inverse des diamètres des tubes.*

Cette loi s'appelle la loi de Jurin.

Vérifications expérimentales de la loi de Jurin. — La loi de Jurin a été l'objet de nombreuses vérifications expérimentales. Gay-Lussac faisait plonger dans un large vase plein du liquide une série de tubes de diamètres différents (fig. 207); en même temps une vis à deux pointes dont la longueur était connue pouvait s'enfoncer dans un écrou: la pointe inférieure était amenée au contact de la surface du liquide. On visait successivement, avec une sorte de cathétomètre, la pointe supérieure de la vis et les sommets des colonnes liquides dans les tubes capillaires. On trouve ainsi que les hauteurs au-dessus du niveau dans le vase large sont en raison inverse des diamètres des tubes.

Ces expériences ont été reprises par divers savants. On peut citer parmi eux M. Wolf, qui a étudié avec soin la variation de l'ascension capillaire avec la température : il a montré que l'ascension capillaire, et par suite aussi la tension superficielle F, diminue quand la température s'élève.

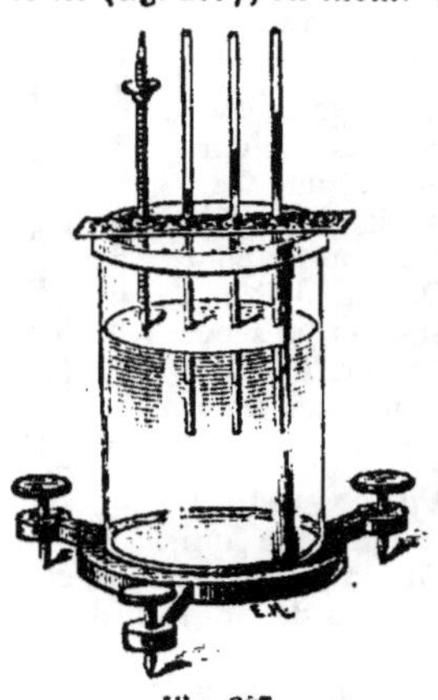

Fig. 207.

Liquides qui ne mouillent pas. — La loi de Jurin s'applique aux ascensions des liquides qui mouillent imparfaitement, ou encore aux dépressions des liquides qui ne mouillent pas, comme le mercure. Seulement la formule qui relie la hauteur déprimée au diamètre du tube est un peu moins simple. Pour le mercure, par exemple, la dépression h est donnée par :

$$h = \frac{2F \cos \alpha}{\rho g r},$$

α étant l'*angle de raccordement*.

214. Lames parallèles. — Si l'on plonge dans un liquide deux lames solides planes et parallèles, on voit le liquide se soulever entre elles si elles sont mouillées, et se déprimer si elles ne sont pas mouillées (fig. 208). *L'ascension ou la dépression est la moitié de ce qu'elle serait dans un tube ayant pour diamètre la distance des deux lames.*

Fig. 208.

Considérons en effet, dans le cas de lames parfaitement mouillées, distantes de e, une largeur l découpée sur chaque lame. La force qui maintient soulevé un volume lhe de liquide, est la tension de la membrane superficielle exercée sur le double de la longueur l.

On a donc : $2lF = lhe\rho g$;

d'où $h = \dfrac{2F}{e\rho g}$.

C'est la moitié de la hauteur soulevée dans un tube de diamètre e.

Comme l'étude des tubes capillaires, l'étude des lames parallèles plongées dans un liquide permet une détermination de la tension superficielle F.

215. Gouttes. — Quand un liquide s'écoule par un tube fin, il tombe par gouttes successives, de masse et de forme identiques. Au moment où la goutte va tomber, il s'est déjà creusé une gorge entre la masse principale de la goutte et le bord du tube (fig. 209); quand la goutte se sépare, c'est que la tension superficielle exercée verticalement le long de la circonférence de gorge suffit juste à faire équilibre au poids de la goutte encore suspendue. Si μ est la masse de cette goutte, et r le rayon du cercle de gorge, on a :

$$2\pi r F = \mu g.$$

On a encore là une méthode de mesure de F; elle exige la connaissance du rayon r du cercle de gorge, qui n'est pas toujours facile à mesurer. Mais l'expérience prouve que ce rayon est une fraction à peu près constante du rayon du tube, quel que soit le liquide employé : cette remarque permet d'utiliser le compte-gouttes pour des mesures rapides de tensions superficielles. On ne doit pas oublier que la moindre impureté du liquide ou du vase, la présence d'une vapeur dégagée au voisinage..., peuvent exercer une influence sur la couche superficielle du liquide, et par suite modifier notablement la tension superficielle F.

Excès de pression du côté concave d'une surface liquide courbe. — Quand une membrane de caoutchouc qui

Fig. 209.

ferme un vase prend une forme bombée, c'est qu'il y a entre les deux côtés de la membrane une différence de pression; il y a excès de pression du côté concave.

Il en est de même d'une surface liquide, assimilable, ainsi qu'on l'a vu, à une membrane de caoutchouc. L'excès de pression du côté concave est égal, comme l'a montré Laplace, au produit de la tension superficielle par la courbure moyenne de la surface. Dans le cas d'une surface sphérique, la courbure moyenne est le double de l'inverse du rayon $\frac{2}{R}$. A l'intérieur d'une sphère de liquide, isolée au milieu d'un autre fluide, il y aurait donc un excès de pression :

$$p = \frac{2F}{R}.$$

L'expérience peut être faite avec une bulle de savon. On souffle la bulle au bout d'un petit tube, et, en s'y prenant convenablement, on peut mesurer l'excès de pression à l'intérieur. Si la bulle communique par le tube avec un réservoir, il faut établir à l'intérieur un excès de pression pour maintenir l'équilibre; sans quoi la bulle tend à se contracter et à diminuer de volume. L'excès de pression intérieur est ici $\frac{4F}{R}$, F étant la tension superficielle de l'eau de savon employée, car on a ici une enveloppe liquide limitée par deux surfaces sphériques, et chacune de ces surfaces introduit un terme $\frac{2F}{R}$.

Pour une bulle de rayon $R = 1$ cm. (2 centimètres de diamètre), et un liquide de tension superficielle $F = 100$ dynes par centimètre, on aurait ainsi :

$$p - p_0 = \frac{400}{1} = 400\,\frac{\text{dynes}}{\text{cm}^2} = 0,0004\,\frac{\text{mégadyne}}{\text{cm}^2},$$

ce qui fait 4 dix-millièmes d'atmosphère à peu près, sensiblement $\frac{1}{2}$ millimètre de mercure.

210. Chapelets capillaires. — Si, dans un tube capillaire, on engage successivement plusieurs gouttes de liquide, séparées par des bulles d'air, ces gouttes constituent un *chapelet*, qui a la propriété d'opposer entre les extrémités du tube une résistance considérable à la transmission des pressions. Aux extrémités d'un tube capillaire de 1 mètre de long, contenant un chapelet de gouttes d'eau, on peut avoir des pressions qui diffèrent de 2 ou 3 atmosphères. Si l'on exerce une pression d'un côté, on déplace les gouttes les plus voisines; mais leur déplacement est de moins en moins grand, et au delà de quelques gouttes il y a immobilité absolue.

Jamin, qui a étudié ce phénomène, a montré que sous l'influence d'une pression exercée d'un côté, chaque goutte change un peu de forme : si les deux ménisques qui la limitent étaient exactement pareils, il y aurait égalité de pression dans l'air des deux côtés de la goutte ; s'il y a excès de courbure de l'un des ménisques et aplatissement de l'autre, il y a par le fait entre les deux bulles d'air qui sont des deux côtés de la goutte une différence de pression. Un excès de pression à l'une des extrémités du tube s'échelonne ainsi de bulle en bulle, jusqu'à une bulle d'air où la pression garde sa valeur initiale.

217. Liquides soustraits à l'action de la pesanteur. — Si l'on avait des liquides non pesants, ils ne seraient soumis qu'aux actions capillaires. Pour étudier leur équilibre, Plateau a imaginé l'artifice suivant : au sein d'un mélange convenable d'eau et d'alcool, ayant la densité de l'huile d'olive, on fait arriver des gouttes d'huile d'olive. Ces gouttes éprouvent une poussée égale à leur poids, et sont par conséquent dans les mêmes conditions que si elles étaient dépourvues de poids. *Elles prennent la forme sphérique :* la surface d'une sphère est la surface minimum pour un volume donné. Nous retrouvons toujours la propriété de la couche superficielle d'un liquide, de se contracter de manière à occuper l'aire minimum.

On peut faire prendre à la goutte d'huile d'autres formes que la forme sphérique, on peut assujettir leur surface à passer par un contour donné, fixé, par exemple, par un fil métallique auquel adhère l'huile : dans ces conditions, la surface extérieure de la goutte est toujours une surface minima, c'est-à-dire, parmi les surfaces qui comprendraient à leur intérieur le volume de la goutte et qui, d'autre part, seraient assujetties à passer par les contours fixés, la surface d'aire minima. Ces surfaces minima ont la propriété d'avoir en tous leurs points une courbure moyenne constante : la différence de pression entre l'intérieur et l'extérieur de la goutte d'huile est, en effet, constante.

218. Surface libre des liquides pesants. — Les surfaces libres des liquides dans les tubes capillaires sont des ménisques. Considérons un liquide qui mouille parfaitement : le ménisque est concave. Il ne peut en être autrement, du moment qu'il y a ascension (fig. 210). En effet, la pression en A dans l'air au-dessus de la surface libre est égale à la pression atmosphérique, c'est-à-dire à la pression en D ou en C, qui est dans le même plan horizontal que la surface extérieure. Or la pression en B est inférieure à la pression en C de la quantité ρhg, h étant la hauteur BC. Donc aux deux points très voisins A et B n'existe pas la même pression. L'expérience prouve que la courbure du ménisque concave a précisément la valeur qui correspond à un excès de pression égal à ρgh du côté concave, c'est-à-dire du côté supérieur.

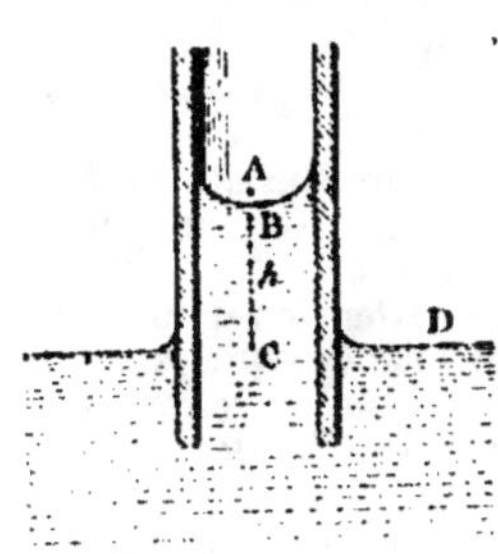

Fig. 210.

De même un liquide ne mouillant pas, déprimé dans un tube capillaire, a dans ce tube une surface limitée par un ménisque dont la convexité est tournée vers le haut.

Ce n'est pas seulement dans les tubes étroits, mais au voisinage des parois des vases larges, que la surface des liquides n'est pas plane. Dans le cas d'un liquide qui mouille (fig. 211), l'attraction du liquide pour le solide fait que le liquide s'élève vers les bords, et que sa surface arrive à être tangente à la paroi. Il y a une partie courbe AB, au delà de laquelle la surface devient plane.

En un point quelconque de la portion courbe, la courbure est toujours en relation avec la hauteur de ce point au-dessus du niveau dans le vase large.

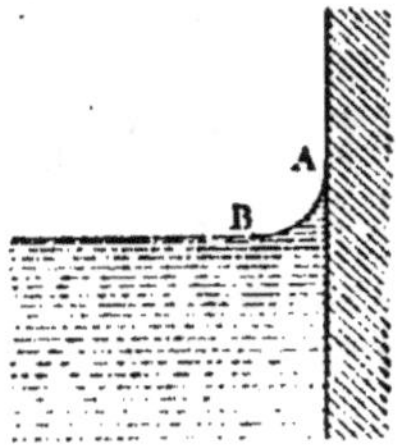

Fig. 211.

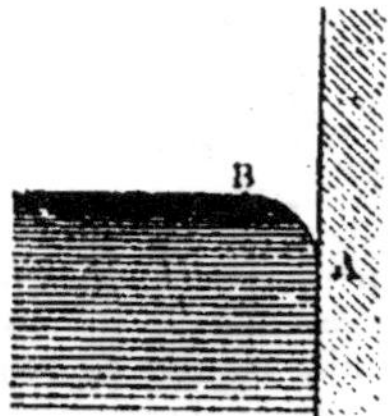

Fig. 212.

Dans le cas d'un liquide qui ne mouille pas, comme le mercure (fig. 212), la surface est toujours courbe, mais s'abaisse vers les bords du vase.

219. Cas de trois fluides au contact. — Si l'on a trois fluides au contact, par exemple, de l'air, et deux liquides non miscibles, mercure et eau, eau et huile, il y aura en général une courbe suivant laquelle se rencontrent les trois surfaces d'intersection. Les angles que font entre eux, en un point de cette courbe, les plans tangents aux trois surfaces de séparation, dépendent des tensions superficielles des fluides en contact.

Il est à remarquer que la tension superficielle de l'eau n'est déterminée que si l'on donne le fluide qui est au contact de l'eau. Ce qu'on appelle en général tension superficielle de l'eau, sans autre indication, c'est la tension superficielle d'une surface de séparation eau-air. La tension superficielle d'une surface eau-huile a une valeur toute différente; elle est 20,56. D'autre part, la tension superficielle huile-air a pour valeur 36,89 (dynes par cm.).

Nous nous trouvons dans le cas des trois fluides eau, huile, air, en présence d'une particularité importante. L'une des tensions superficielles des trois surfaces est plus grande que la somme des deux autres. En effet :

$$F \text{ eau-air} = 80,96 > F \text{ eau-huile } (20,56) + F \text{ huile-air } (57,45).$$

Dans ces conditions, il n'y a pas d'équilibre possible avec trois surfaces se coupant suivant une même courbe : l'une des surfaces tend à disparaître au profit des autres.

Si l'on verse une goutte d'huile sur de l'eau très propre, on constate en effet que l'huile s'étend sur toute la surface de l'eau, elle n'y forme pas une goutte limitée; on obtient une mince couche d'huile séparant l'eau de l'air. La force à déployer pour étendre la nouvelle surface, ce qui exige l'extension d'une surface eau-huile et l'extension d'une surface huile-air, est moindre que la force à déployer pour étendre la surface de l'eau sans huile, puisque la somme des deux tensions superficielles est inférieure à la tension superficielle de l'eau au contact de l'air.

Les marins, par les gros temps, *filent* de l'huile, c'est-à-dire versent par l'arrière du vaisseau une petite quantité d'huile. Celle-ci se répand jusqu'à une assez grande distance à la surface de la mer. Cette couche superficielle extrêmement mince suffit à modifier notablement le régime des vagues. Les vagues, en arrivant de la haute mer dans la région recouverte d'huile, éprouvent moins de résistance à *briser* la couche superficielle, et leurs effets sont très atténués quand elles atteignent le navire.

L'expérience de la couche d'huile qui s'étend à la surface de l'eau présente, en outre, un grand intérêt théorique. Elle permet de donner une idée de la grandeur des molécules liquides, ou du moins de la distance au delà de laquelle les molécules liquides n'ont plus d'action sur les molécules voisines. Une masse limitée d'huile devrait, en effet, s'étendre sur une surface indéfinie d'eau : en réalité, l'extension est limitée. Elle s'arrête quand l'épaisseur de la mince couche d'huile devient égale à cette distance maximum d'action des molécules ; elle ne peut, en effet, tomber au-dessous de cette valeur sans qu'on cesse d'avoir de l'huile : on aurait, non plus de l'huile, mais une série de molécules d'huile qui ne seraient plus liées entre elles comme elles le sont dans l'huile à l'état normal : le corps cesserait d'être lui-même. Des mesures fondées sur des phénomènes optiques permettent de fixer l'épaisseur minimum de la couche d'huile répandue sur l'eau, c'est-à-dire l'épaisseur active de la couche superficielle de ce liquide, à $0^{mm},00005$, c'est-à-dire à 50 millionièmes de millimètre environ.

DIFFUSION — OSMOSE

220. Les phénomènes de *diffusion* des liquides consistent dans des mouvements spontanés produits au sein de ces liquides et qui ont pour effet de les mélanger. Il convient de distinguer la diffusion simple, la diffusion à travers une paroi poreuse, et la diffusion à travers un *septum* ou endosmose.

Diffusion simple. — Si l'on verse au fond d'une éprouvette une solution saline, par exemple, comme celle d'un sel de cuivre, et qu'on verse au-dessus de cette couche de liquide plus dense une couche d'eau pure, on a au début, si l'on a opéré avec précaution, une surface de séparation bien nette, plane et horizontale. Mais, même en mettant le vase à l'abri de toute agitation, on remarque bientôt entre les deux liquides extrêmes une couche de transition, colorée, mais moins colorée que la solution inférieure, et peu à peu cette couche de transition gagne en épaisseur aux dépens des couches supérieure et inférieure, et elle arrive à envahir tout le vase; on a une couleur qui se dégrade progressivement du bas jusqu'en haut. Puis la différence de teintes s'affaiblit, et on arrive à la longue à un liquide bien homogène.

Cette diffusion obéit à une loi énoncée par Fick. *La quantité de sel qui traverse à chaque instant un centimètre carré de surface d'un plan horizontal, est proportionnelle à la différence de concentration du liquide de part et d'autre de ce plan.* La vitesse de diffusion pour la même différence de concentration varie beaucoup d'un sel à l'autre. Elle est très grande pour l'acide chlorhydrique, moindre pour le sel marin, beaucoup moindre pour le sucre, moindre encore pour l'albumine. On en peut déduire un moyen de séparer deux sels qui sont tous deux en dissolution. On met la dissolution au fond d'une longue éprouvette, et on verse au-dessus de l'eau pure; au bout de quelque temps, les couches supérieures se trouvent bien plus riches en un des sels s'il est plus diffusible que l'autre. On peut faire l'expérience avec du chlorure de sodium et du sulfate de soude; le chlorure de sodium est plus diffusible, et on peut obtenir ainsi une solution contenant très peu de sulfate.

La diffusion augmente toujours avec la température.

Diffusion à travers les corps poreux. — Si deux liquides sont séparés par un corps poreux solide, comme un vase de porcelaine dépoli, la diffusion s'accomplit à travers la paroi poreuse comme si les liquides étaient directement en contact. La paroi poreuse intervient pour empêcher un mélange rapide sous l'influence des secousses inévitables, et ne paraît pas avoir d'autre rôle.

Diffusion à travers les membranes. Osmoses. — Lorsqu'une membrane, végétale ou animale, un *septum*, sépare deux liquides, les deux liquides passent à travers la membrane en sens inverses, mais avec des vitesses inégales.

et on ne tarde pas à observer un excès de pression d'un des côtés de la membrane. Ce phénomène, observé par l'abbé Nollet, fut étudié par Dutrochet, qui lui donna le nom d'*endosmose,* puis par Graham, qui en fit une étude complète.

L'*endosmomètre* de Dutrochet (fig. 213) se compose d'une fiole fermée au bas par une membrane, une peau de vessie ou autre; la ⋅ ⋅ se termine par un col, qu'on bouche, et dans le bouchon on implante un tube gradué. On plonge la fiole dans un cristallisoir plein d'eau; elle est elle-même pleine d'alcool. Au bout de peu de temps, on voit le liquide monter dans le tube gradué: il a donc passé de l'eau du cristallisoir dans la fiole. On reconnaît que l'eau du cristallisoir, à son tour, s'est mélangée d'alcool. Il y a donc eu un double courant en sens inverses, mais les vitesses des deux courants ont été inégales.

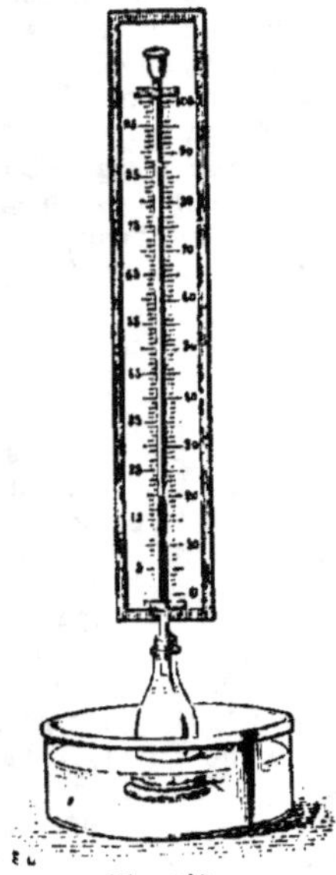

Fig. 213.

Si on substitue à l'alcool une solution saline, on obtient le même résultat; avec tous les sels métalliques, il y a ascension du liquide dans le tube gradué, par conséquent introduction de plus d'eau pure dans la solution qu'il n'a passé de solution dans l'eau pure. Avec le caoutchouc, au lieu d'une membrane animale comme un morceau de vessie, on aurait un résultat inverse. Dans le premier cas il y a *endosmose;* dans le second, *exosmose.* On emploie uniquement le nom d'*osmose* pour désigner le phénomène.

La vitesse de l'osmose à travers une même membrane, dans le cas où l'on a d'un côté de l'eau pure et de l'autre une solution, dépend naturellement de la nature du corps dissous.

Cette diffusion diffère totalement de la diffusion à travers une simple paroi poreuse : ici la nature de la membrane joue un rôle propre et capital. Il paraît y avoir une véritable solution du liquide dans le solide de la membrane, ou une combinaison passagère de ces corps, le liquide étant ensuite résorbé à l'autre face de la membrane. Le mécanisme est analogue au mécanisme du passage d'un gaz soluble à travers une couche d'eau. Le passage d'un liquide ne pourra se produire que s'il peut se dissoudre dans la membrane ou entrer en combinaison avec elle; les liquides qui ne sont pas susceptibles de ce genre de dissolution ne traversent pas. Graham remarqua que la gélatine et la plupart des liquides organiques sont incapables de traverser les membranes, tandis que l'eau, et en général les solutions de corps cristallisables, les traversent. Graham distingua ainsi les corps en deux catégories : ceux qui traversent les membranes, les *cristalloïdes,* et ceux qui ne les traversent pas, les *colloïdes.*

On peut séparer par *dialyse* un cristalloïde d'un colloïde, en plongeant dans un vase plein d'eau un vase sans fond fermé par du parchemin et contenant le mélange. On sépare ainsi les sels minéraux contenus dans les mélasses qui constituent le résidu de la fabrication du sucre de betteraves.

Pression osmotique. — Si l'on veut arriver à des lois simples, il faut laisser de côté les membranes ordinaires qui, en présence d'eau pure et d'une solution saline, laissent passer avec des vitesses inégales les deux liquides. On peut fabriquer artificiellement des membranes *semi-perméables,* qui permettent le passage de l'eau pure sans laisser passer la solution. Par exemple, on produira un précipité de ferrocyanure de cuivre par le contact de deux solutions de ferrocyanure de potassium et de sulfate de cuivre; pour donner à la membrane un support solide qui ne joue par lui-même aucun rôle dans le phénomène, on produira ce précipité dans les pores d'un vase poreux. Une paroi poreuse ainsi préparée est perméable à l'eau, mais imperméable aux sels qui lui ont donné naissance.

Si une paroi semi-perméable sépare l'eau d'une solution, on verra le niveau monter du côté de la solution jusqu'à une certaine hauteur. Si l'on exerce une pression du côté de la solution, la quantité d'eau absorbée diminue, elle s'annule pour une valeur convenable p de cette pression, et le mouvement de l'eau à travers la membrane change même de sens si la pression exercée du côté de la solution devient supérieure à p : en ce cas, la solution abandonne de l'eau et se concentre. Van t'Hoff a donné à la pression d'équilibre p, pour laquelle il n'y a passage ni dans un sens ni dans l'autre à travers la membrane, le nom de *pression osmotique*.

La pression osmotique varie, pour un même corps en solution, avec la concentration et avec la température. A température constante, elle est, pour de faibles *concentrations, proportionnelle à la concentration*. On peut énoncer cette loi sous une forme plus intéressante : si on appelle v le volume de la dissolution qui contient 1 gramme du corps dissous, v est en raison inverse de la concentration. La loi s'énonce donc : *La pression osmotique p est en raison inverse du volume v occupé dans la dissolution par 1 gramme du corps dissous*. Cet énoncé rappelle la loi de Mariotte.

Le produit pv augmente si la température augmente. Pour un même sel dissous, il est proportionnel au binôme de dilatation des gaz. On a :

$$pv = p_0 v_0 (1 + \alpha t).$$

On a donc été conduit, par ces deux lois, à cette remarque importante :

Les molécules d'un corps qui est en dissolution étendue, présentent la plus grande analogie de propriétés avec les molécules d'un gaz obéissant aux lois de Mariotte et de Gay-Lussac.

LIVRE IV

ACOUSTIQUE

CHAPITRE PREMIER

NATURE ET QUALITÉS DU SON

§ I. GÉNÉRALITÉS

221. Nature du son. — *L'acoustique* a pour objet l'étude physique *des sons.*

On appelle **sons** les phénomènes que nous percevons par le sens de l'ouïe.

I. Production des sons. — *Tout son est produit par le mouvement vibratoire d'un corps.*

Quand un corps rend un son, l'expérience prouve que ce corps est toujours animé d'un mouvement *vibratoire.*

1° Une lame métallique fixée à un étau par une extrémité et écartée de sa position d'équilibre, fait entendre un son lorsque les oscillations qu'elle exécute sont assez rapides (fig. 214).

2° Une corde métallique fortement tendue fait entendre un son lorsqu'on la pince; elle prend en même temps un mouvement vibratoire qui lui donne l'aspect d'un fuseau (fig. 215); le son cesse avec le mouvement.

3° Les vibrations d'une cloche de verre ou d'un timbre, qui rendent un son, peuvent

Fig. 214.

Fig. 215.

être mises en évidence par l'approche d'une pointe métallique ou d'une petite bille suspendue à un fil; le corps sonore vient butter périodiquement contre la pointe (fig. 216) ou contre la bille, qui est repoussée.

4° Si l'on plonge une petite membrane tendue et recouverte de sable fin dans un tuyau sonore ayant une paroi de verre, l'agitation du sable met en évidence le mouvement vibratoire de l'air (fig. 217).

De ces expériences, faciles à multiplier, il résulte que le mouvement vibratoire est une condition nécessaire à la production d'un son. Mais la réciproque n'est pas vraie, cette condition nécessaire n'est pas suffisante.

Fig. 216.

II. Transmission et perception des sons. — *Le mouvement vibratoire produit un son lorsqu'il possède une rapidité convenable, et qu'il est transmis à l'oreille par un milieu élastique.*

Il faut d'abord que les vibrations ne soient ni trop lentes, ni trop rapides.

Les oscillations d'un pendule sont silencieuses. De même, si une lame métallique encastrée dans un étau est un peu trop longue, ses vibrations ne sont pas assez rapides pour impressionner l'oreille.

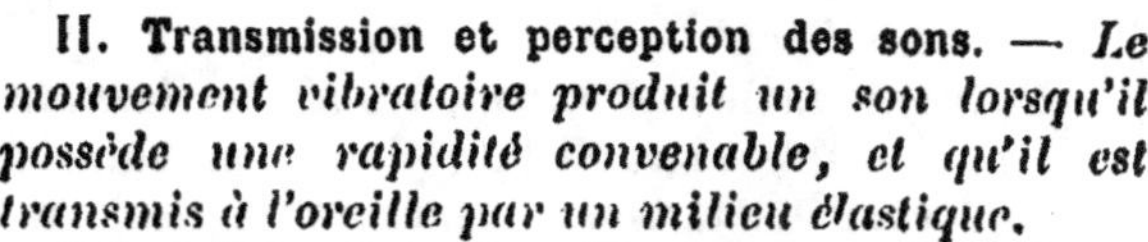

L'oreille n'est pas impressionnée par les vibrations trop lentes, ni par les vibrations trop rapides. Cela tient à la conformation de l'organe. Mais il n'y a pas de différence essentielle entre les vibrations sonores et celles qui ne le sont pas. Nous verrons bientôt que l'on peut obtenir de tous ces mouvements une représentation graphique qui permet de les étudier en eux-mêmes sans le secours de l'oreille.

Il faut de plus que le mouvement vibratoire soit transmis à l'oreille.

La source sonore peut être un corps solide, liquide ou gazeux; mais, pour que le son soit transmis à l'oreille, il faut qu'il y ait entre le corps sonore et l'oreille une suite non interrompue de milieux élastiques, susceptibles de participer eux-mêmes à la vibration. Le mouvement vibratoire se transmet de proche en proche

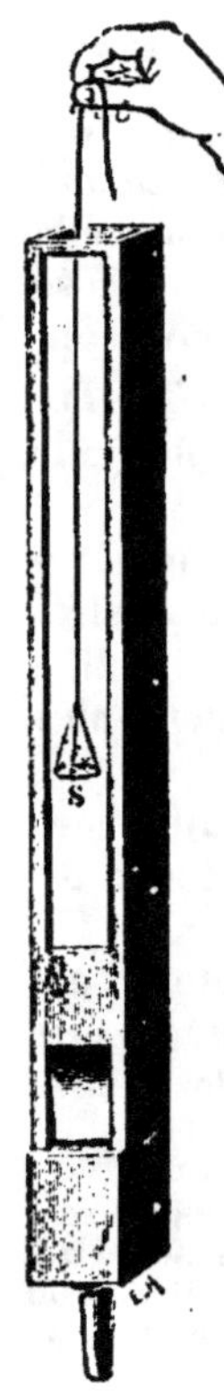

Fig. 217.

aux diverses couches de ces milieux et parvient ainsi jusqu'à l'oreille.

1° *Le son ne se propage pas dans le vide.*

Pour le vérifier, on place sous la cloche d'une machine pneumatique un appareil de sonnerie reposant sur un coussinet de coton (fig. 218). Lorsque le vide est fait, on presse une détente qui lâche un ressort, on voit aussitôt le marteau frapper rapidement le timbre sans qu'il y ait production de son. Si on laisse rentrer l'air, le son se produit.

On peut encore suspendre une clochette dans l'intérieur d'un ballon à robinet (fig. 219); l'agitation de la clochette ne produit aucun son lorsqu'on a fait le vide; le son devient perceptible dès qu'on laisse entrer l'air ou tout autre gaz.

Fig. 218.   Fig. 219.

2° *L'air qui transmet un mouvement vibratoire participe lui-même à ce mouvement.* Si l'on place à proximité du corps sonore une membrane tendue sur un cadre vertical, et contre laquelle s'appuie un léger pendule, le mouvement vibratoire de l'air se transmet à la membrane, et celle-ci met le pendule en mouvement.

3° Les liquides conduisent mieux le son que les gaz. Un plongeur entend le bruit qui se fait sur le rivage.

Les solides sont encore meilleurs conducteurs du son que les liquides. Une personne qui a l'oreille appliquée à l'une des extrémités d'une poutre entend facilement un petit frottement produit à l'autre extrémité. En appliquant l'oreille contre le sol, on entend plus distinctement des bruits lointains.

Si l'on frappe à l'extrémité d'un tuyau métallique de grande longueur, on entend deux sons à l'autre extrémité ; le premier est conduit par le métal, et le second par l'air.

Les corps mous, comme le caoutchouc, la laine, le coton, sont mauvais conducteurs du son; n'ayant pas l'élasticité nécessaire pour participer au mouvement vibratoire, ils éteignent les vibrations.

En résumé, un son résulte de trois phénomènes consécutifs, qui doivent être étudiés séparément : la *production* du son, ou sa cause première, qui consiste dans le mouvement vibratoire du corps sonore; la *transmission* du son, c'est-à-dire la propagation du mouvement vibratoire à travers les milieux élastiques; enfin, la *réception* du son par l'oreille.

Ce dernier phénomène est du domaine de la physiologie; nous n'en dirons qu'un mot, à la fin du livre consacré à l'acoustique.

Dans le chapitre actuel, nous étudierons le mouvement vibratoire, au point de vue des propriétés qui correspondent aux trois qualités du son.

Dans le chapitre suivant, nous nous occuperons de la propagation des vibrations sonores.

§ II. VIBRATIONS SONORES

221. Notions sur les mouvements vibratoires.

Mouvement périodique. — *On dit qu'un point est animé d'un mouvement périodique lorsqu'il décrit une trajectoire fermée, en chaque point de laquelle il repasse indéfiniment avec la même vitesse à des intervalles de temps égaux.* Cet intervalle de temps T, qui ramène toujours le mobile au même point avec la même vitesse, s'appelle la **période**.

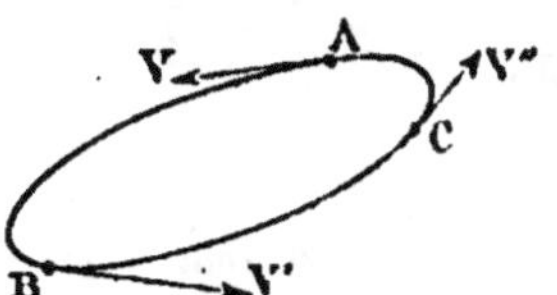

Fig. 220.

Par exemple, si le mobile passe en A à l'instant α et au point B à l'instant β, il passera en A à chacun des instants

$$\alpha + T, \ \alpha + 2T, \ \alpha + 3T..., \ \alpha + kT...$$

Il passera au point B à chacun des instants compris dans la formule :

$$\beta + kT.$$

k représentant un nombre entier quelconque.

Mouvement oscillatoire. — Un mouvement périodique prend le nom de mouvement *oscillatoire* quand la trajectoire se réduit à un segment de ligne, droite ou courbe, que le mobile décrit alternativement dans un sens et dans le sens opposé. Tel est le mouvement d'un pendule ou celui du piston dans le cylindre d'une machine à vapeur, puisque chaque point décrit indéfiniment la même portion de droite ou le même arc de cercle.

Mouvement vibratoire. — On appelle ainsi tout mouvement périodique effectué par les molécules d'un corps élastique. Une molécule écartée de sa position d'équilibre revient à cette position, la dépasse en vertu de la vitesse acquise et exécute autour de cette position d'équilibre, sur une trajectoire déterminée, une série d'excursions ou d'oscillations périodiques, généralement très rapides.

Représentation graphique d'un mouvement vibratoire. — On porte en abscisse les temps écoulés depuis le commencement d'une première période; et en ordonnées, les espaces parcourus à partir de la position d'équilibre.

L'espace compté à partir de la position d'équilibre se nomme l'élongation. Pendant chaque période, l'élongation présente un maximum et un minimum qui sont égaux et de signes contraires. La différence entre ce maximum et ce minimum s'appelle l'amplitude du mouvement vibratoire.

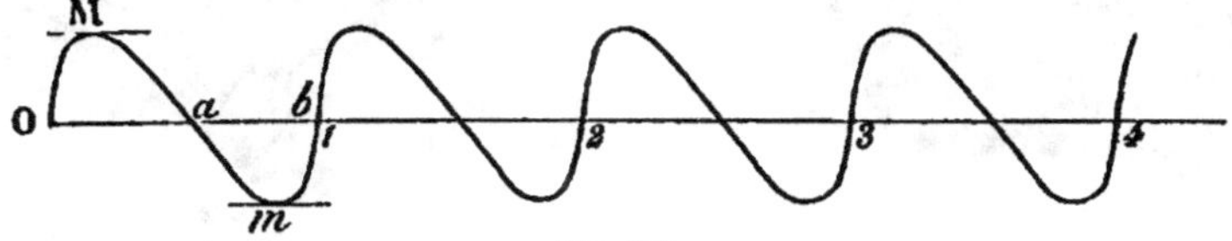

Fig. 221.

La courbe figurative ou *diagramme* d'un mouvement vibratoire se compose d'une série d'arcs égaux entre eux (fig. 221). Le même mouvement se reproduisant à chaque période, toutes les périodes sont représentées par des arcs superposables.

Mouvement pendulaire. — Le plus simple des mouvements vibratoires est le *mouvement pendulaire*[1]. Il est représenté par une *sinusoïde* (fig. 222).

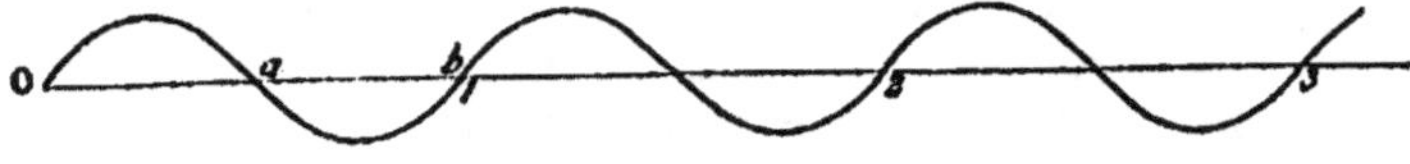

Fig. 222.

Amortissement. — On dit qu'un mouvement vibratoire *s'amortit* lorsque l'amplitude des oscillations diminue progressivement (fig. 223).

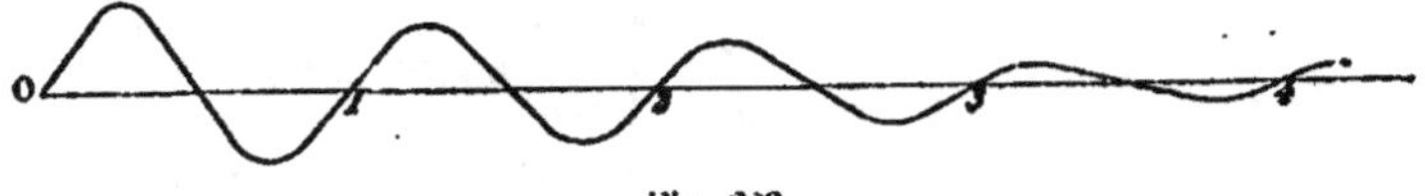

Fig. 223.

Les mouvements vibratoires considérés en acoustique s'amortissent toujours très lentement.

223. Diapason. — Le diapason est une fourchette d'acier à deux branches que l'on fait vibrer, soit au moyen d'un archet (fig. 224), soit en écartant brusquement les deux branches au moyen d'un petit cylindre en fer que l'on fait passer de force entre elles (fig. 225).

Dans les recherches d'acoustique, les diapasons

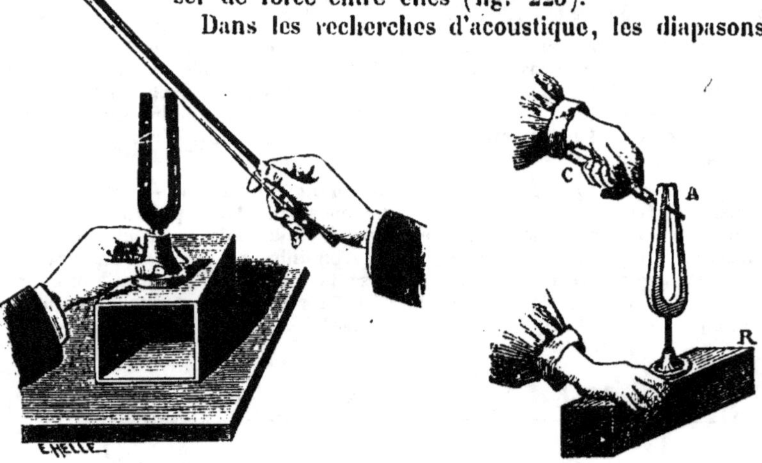

Fig. 224.   Fig. 225.

---

1 *On peut définir le* mouvement pendulaire *comme la projection d'un mouvement circulaire uniforme.* Ainsi, quand un point M se meut d'un mouvement uniforme sur une circonférence, sa projection *m* sur un diamètre, ou sur une droite quelconque, est animée d'un mouvement pendulaire.

sont très employés, parce qu'ils ont la propriété de donner des sons dont la courbe représentative est une *sinusoïde régulière*, c'est-à-dire la courbe périodique la plus simple possible. Leur mouvement vibratoire est un mouvement pendulaire.

Électro-diapason. — Dans les expériences prolongées, le mouvement vibratoire d'un diapason peut être entretenu indéfiniment, au moyen d'un électro-aimant placé entre les deux branches. Les conducteurs de la pile sont disposés de telle sorte, que le courant passe chaque fois que les branches s'écartent. A ce moment, le noyau de fer doux s'aimante, attire les branches, et empêche ainsi le mouvement vibratoire de s'amortir.

224. Méthode graphique. — La méthode la plus simple et la plus précise pour mettre en évidence le mouvement vibratoire des corps sonores, et pour étudier les propriétés de ce mouvement, est la *méthode d'enregistrement graphique*. Cette méthode consiste à faire tracer, par le mobile lui-même, la courbe figurative de son mouvement. On peut procéder de trois manières, suivant le degré de précision que l'on veut atteindre.

1° Inscription sur une surface plane. — A l'extrémité d'une branche de diapason, fixons un petit stylet, une plume, une soie de porc, et disposons devant le corps vibrant une plaque de verre noircie au noir de fumée. Si cette plaque est fixe, le stylet dessine dans son

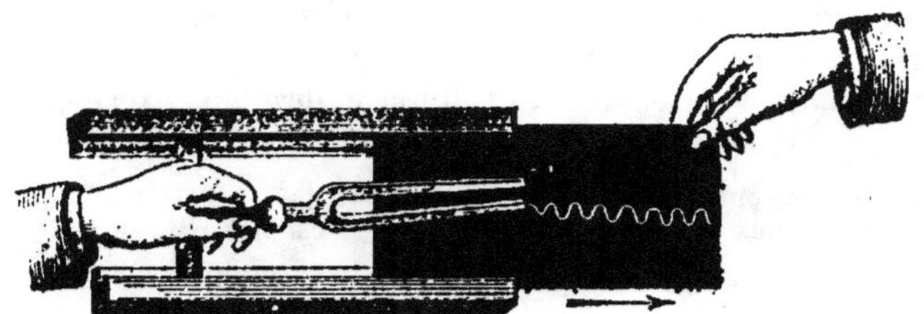

Fig. 226.

mouvement de va-et-vient une petite droite. Déplaçons maintenant la plaque d'un mouvement rapide devant le stylet, pendant que la verge vibre. Nous aurons sur la plaque une courbe sinueuse (fig. 226). Si le mouvement de translation de la plaque est bien uniforme, les sinuosités sont équidistantes, la courbe est une courbe exactement périodique.

Le procédé suivant se prête mieux à des expériences continues.

2° Vibroscope de Duhamel [1]. — Le corps sonore est muni d'une

____

[1] *Duhamel*, mathématicien, né à Saint-Malo (1797-1872).

pointe (fig. 227) qui appuie légèrement sur un cylindre C recouvert d'une feuille de papier sur laquelle on a étendu une couche non adhérente de noir de fumée. Ce cylindre, dont l'extrémité E de l'axe

Fig. 227.

est filetée et engagée dans un écrou, peut, en tournant, avancer ou reculer parallèlement à l'axe.

Faisons tourner le cylindre. Si le corps ne vibre pas, la pointe trace une hélice serrée. Cette hélice devient sinueuse lorsque le corps vibre, et chaque sinuosité correspond à une vibration ; le nombre des sinuosités exprimera celui des vibrations exécutées pendant le temps de l'expérience.

3° **Cylindre enregistreur de Marey** (fig. 228). — C'est un cylindre de Duhamel destiné aux recherches de précision. Il est mû par un mouvement

Fig. 228.

d'horlogerie rendu isochrone par un régulateur à ailettes. Son axe n'est pas fileté, de sorte qu'il n'a généralement pas de mouvement de translation. Cependant certains appareils sont montés sur un chariot, qu'un mécanisme déplace lentement sur des rails parallèles à l'axe du cylindre.

Les battements d'un pendule à seconde peuvent être enregistrés sur le cylindre par un style commandé par un électro-aimant, dans lequel un courant électrique est lancé à chaque battement du pendule.

Usage de la méthode graphique. — La méthode graphique permet de déterminer d'une manière précise toutes les particularités du mouvement vibratoire d'un corps sonore quelconque, ou de comparer entre eux les mouvements vibratoires de deux corps différents.

1° On fait tracer au corps sonore le diagramme de son mouvement. Après avoir coupé la feuille de papier suivant une génératrice du cylindre, on étend cette feuille sur un plan, et on peut alors étudier la courbe à loisir. Les trois propriétés fondamentales du mouvement vibratoire sont la *période* (durée d'une oscillation), l'*amplitude* (distance des positions extrêmes du mobile) et la *loi du mouvement* (caractérisée par la forme de la courbe).

La courbe oscille entre deux droites parallèles : la distance de ces parallèles fait connaître l'amplitude.

Une troisième parallèle équidistante des deux premières représente l'axe des temps; elle partage la courbe en une série d'arcs dont chacun répond à une demi-période. Pour évaluer la période, il suffit de compter le nombre n des sinuosités comprises entre deux battements du pendule, ou bien le nombre N des vibrations effectuées dans un temps connu t. La période est :

$$\frac{1}{n}, \quad \text{ou} \quad \frac{t}{N}.$$

2° Pour comparer les périodes de deux mouvements vibratoires différents, ou, ce qui revient au même, pour comparer les nombres de vibrations par seconde, on fait inscrire à la fois les deux mouvements sur le même cylindre; et il suffit de comparer les nombres de sinuosités comprises entre deux génératrices

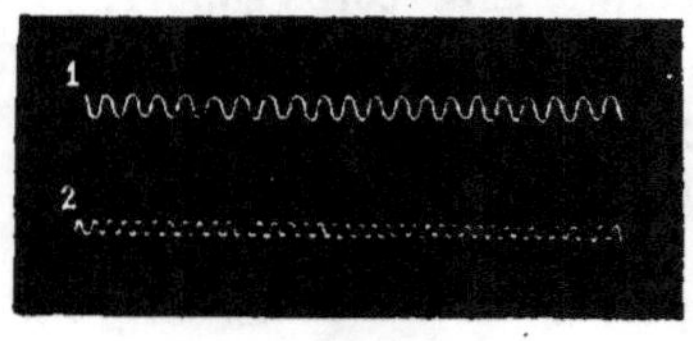

Fig. 229.

quelconques du cylindre (fig. 229).

3° La méthode graphique permet également de mesurer un temps très court, par exemple, la durée d'un phénomène très rapide. On fait inscrire sur le cylindre le commencement et la fin de cette durée, ainsi que les vibrations d'un diapason connu. Il suffit alors de compter combien l'intervalle de temps considéré contient de vibrations du diapason étudié à l'avance. On peut avoir devant le cylindre un stylet en relation avec un pendule ou avec un appareil quelconque qui lui imprime un petit déplacement latéral au moment précis où commence l'oscillation, ou le phénomène considéré. Quand il est immobile, le stylet trace une hélice (sur le développement on a une droite); chaque fois que le stylet est écarté, la courbe présente une encoche. On compte ensuite le nombre de sinuosités de la courbe du diapason entre deux encoches consécutives.

§ III. QUALITÉS DU SON

225. Qualités du son. — Les sons se distinguent entre eux par la *hauteur*, l'*intensité* et le *timbre*.

L'oreille reconnaît immédiatement que deux sons se trouvent ou ne se trouvent pas à l'unisson : deux sons à l'unisson sont dits *à la même hauteur*. De deux sons qui ne sont pas à l'unisson, l'un est jugé plus aigu ou plus grave que l'autre : *la* **hauteur** *est cette qualité qui fait juger un son plus ou moins aigu.*

Deux sons qui ont la même hauteur peuvent être plus ou moins forts. *L'*intensité *est cette qualité du son en vertu de laquelle il affecte l'oreille d'une manière plus ou moins énergique.*

Enfin l'oreille distingue nettement deux instruments différents qui donnent des sons de même hauteur avec la même intensité. *Cette qualité du son* qui permet de distinguer, par exemple, le *la$_3$* d'un diapason du *la$_3$* d'un violon ou du *la$_3$* d'un orgue, *est ce qu'on appelle le* **timbre** *du son.*

Chacune de ces qualités de la sensation auditive correspond à une particularité du mouvement périodique dont le corps sonore est animé. La *hauteur* dépend de la durée de la période, ou, si l'on veut, du *nombre de vibrations par seconde*. *L'intensité dépend de l'amplitude des vibrations.* Enfin, le *timbre dépend de la forme des vibrations*, c'est-à-dire de la forme particulière de la courbe sinueuse obtenue en enregistrant les vibrations du corps sonore.

226. Hauteur. — *La hauteur d'un son se mesure par le nombre de vibrations que le corps sonore effectue pendant chaque seconde.*

L'expérience prouve que la hauteur dépend uniquement du nombre de vibrations par seconde :

1° Deux sons de même hauteur, c'est-à-dire à l'unisson pour l'oreille, correspondent toujours à un même nombre de vibrations par seconde.

2° De deux sons de hauteurs différentes, le plus aigu a toujours le plus grand nombre de vibrations par seconde [1].

---

[1] A la place du nombre de vibrations par seconde, on pourrait faire intervenir avantageusement la *période* du mouvement vibratoire, c'est-à-dire la durée d'une vibration : s'il y a n vibrations par seconde, la période est égale à $\frac{1}{n}$.

La hauteur d'un son dépend uniquement de la période du mouvement vibratoire :
1° Deux sons de même hauteur ont toujours la même période.
2° De deux sons de hauteurs différentes, le plus aigu a toujours la période la plus courte.

On démontre ces faits d'une manière rigoureuse par la méthode graphique.

On inscrit côte à côte sur le cylindre enregistreur les diagrammes des deux mouvements vibratoires; par exemple, le mouvement d'un diapason et celui d'une corde vibrante; puis on compte sur les deux courbes le nombre de sinuosités comprises entre deux génératrices quelconques tracées sur le cylindre.

Pour deux sons de même hauteur, on trouve toujours le même nombre de sinuosités aux deux courbes.

Pour un son plus aigu, on trouve que les sinuosités sont plus nombreuses.

Mesurer la hauteur d'un son, c'est mesurer le nombre des vibrations que le corps sonore accomplit pendant chaque seconde.

On peut effectuer cette mesure soit directement par la *méthode graphique*, soit indirectement par la *méthode de l'unisson* ou de la *sirène*.

1° La méthode directe est la plus simple et la plus précise. On fait inscrire à la fois sur le cylindre enregistreur le mouvement vibratoire du corps sonore et les battements d'un pendule à seconde. Tout revient à compter sur la courbe le nombre des sinuosités comprises entre deux battements de l'horloge.

A défaut de cette dernière, on peut mesurer le temps au moyen d'un diapason dont on fait inscrire le mouvement sur le cylindre et dont les vibrations ont une durée connue à l'avance. Ou bien, on régularise le mouvement du cylindre, et l'on détermine le temps qu'il met à faire un tour.

2° La méthode de la sirène est fondée sur cette propriété de l'unisson, que l'on établit rigoureusement par la méthode graphique : Deux sons de même hauteur, c'est-à-dire à l'unisson pour l'oreille, ont le même nombre de vibrations par seconde.

Les sirènes sont des appareils qui rendent un son dont la hauteur varie à volonté, et dont le nombre de vibrations peut être compté exactement. L'une des sirènes employées dans les expériences classiques est celle de Cagniard-Latour.

227. Sirène de Cagniard-Latour[1] (fig. 230). — Elle se compose d'une boîte cylindrique dans laquelle on insuffle de l'air par le tuyau B; la base supérieure de cette boîte, appelée *table*, est percée de vingt trous équidistants, disposés en cercle et inclinés à 45° sur le plan de la table, dans des plans perpendiculaires aux rayons. Au-dessus et à une très petite distance est placé un disque T, relié à un axe vertical A, pouvant tourner sur lui-même; ce plateau est percé

----

[1] *Cagniard-Latour*, physicien, né à Paris (1777-1859).

aussi de vingt trous, inclinés en sens inverse des premiers. L'axe A
est muni, à sa partie supérieure, d'une vis sans fin s'engrenant avec
une roue à cent dents armée d'un petit taquet; les mouvements de
cette roue sont accusés par une aiguille qui parcourt une division
d'un cadran exté-
rieur à chaque tour
du disque. Lorsque
cette première ai-
guille a fait un tour
complet, le taquet
frappe une deuxième
roue, qui fait avan-
cer d'une division
une seconde aiguille
destinée à marquer
les centaines de
tours. Les deux roues

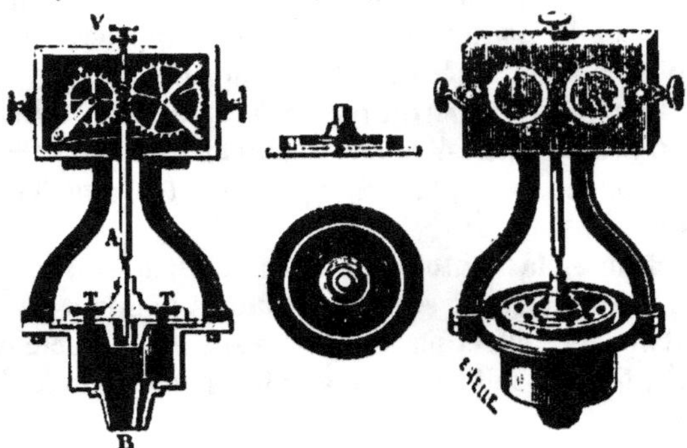

Fig. 230.

sont portées par une plaque à laquelle on peut faire subir un léger
déplacement, de manière à rendre les roues solidaires ou indépendantes de la vis sans fin.

Voyons maintenant ce qui se passe quand on met la sirène sur un
appareil de soufflerie.

Supposons que la table fixe présente vingt trous, et que le plateau
mobile n'en ait qu'un.

Quand le trou du plateau est en regard
d'un des trous de la table (fig. 231),
l'air passe, vient frapper obliquement
les parois du trou du plateau supérieur
et fait tourner celui-ci; alors le trou
du plateau se trouvera entre deux trous
de la table, et l'air ne passera plus ;
mais, en vertu de la vitesse acquise,
le trou du plateau mobile viendra en
regard du deuxième trou de la table,
et ainsi de suite.

De sorte qu'à chaque tour du
plateau, le trou unique vient se
mettre successivement en regard des

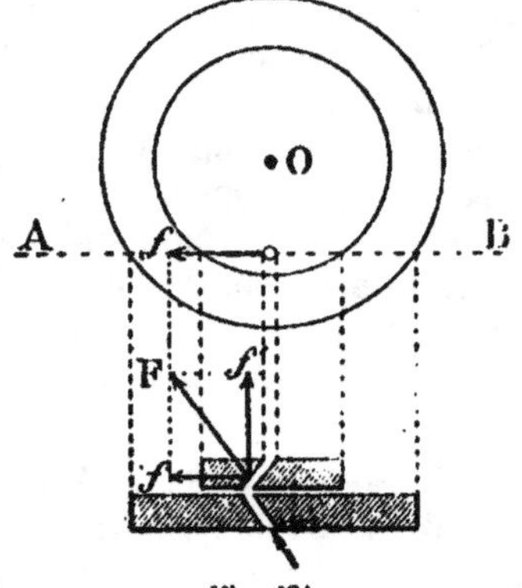

Fig. 231.

vingt trous de la table. La sortie de l'air est donc vingt fois
établie et vingt fois interrompue, et on a vingt vibrations com-
plètes.

Si nous rétablissons les vingt trous du plateau supérieur, nous
voyons qu'ils se comportent tous à la fois de la même manière

que le trou unique que nous avons supposé. L'intensité du son est vingt fois plus grande; mais le nombre de vibrations est le même pour chaque tour du plateau, et, si la vitesse du plateau reste la même, la hauteur du son n'est pas changée.

Proposons-nous de mesurer le nombre de vibrations exécutées en une seconde pour un son de hauteur donnée.

Lorsqu'on veut déterminer le nombre de vibrations d'un son, l'instrument est placé sur une soufflerie, dont on règle le vent de manière à obtenir un son que l'oreille juge à l'unisson de celui qu'on veut étudier; à ce moment, on engrène les roues de la sirène, et l'on met en mouvement un compteur à secondes. Après un certain temps, on désengrène et on arrête le compteur.

Soient T la durée de l'observation, n le nombre de divisions parcourues par l'aiguille qui marque les centaines de tours, n' le nombre de celles qui ont été parcourues ensuite par l'aiguille des unités.

Le plateau mobile a effectué $(100n + n')$ tours.

Chaque tour donnant 20 vibrations, le nombre total de vibrations est :
$$(100n + n')20;$$

Et le nombre de vibrations par seconde :
$$\frac{(100n + n')20}{T}$$

Tel est le nombre de vibrations du son rendu par la sirène, et, par conséquent, celui du son que l'on étudie, puisqu'il est à l'unisson.

L'emploi de la sirène suppose donc essentiellement qu'on ait préalablement démontré par expérience que deux sons de même hauteur ont le même nombre de vibrations.

228. Intensité. — L'expérience prouve que l'intensité du son dépend uniquement de l'amplitude des vibrations. L'intensité diminue à mesure que les vibrations s'amortissent.

Si l'on fait vibrer un diapason, on constate que le son va s'affaiblissant et finit par s'éteindre; si l'on enregistre sur un cylindre enfumé les vibrations de ce diapason, on observe que les sinuosités conservent la même période, mais que leur amplitude est de moins en moins marquée. Donc l'amplitude seule varie en même temps que l'intensité du son.

L'intensité d'un son peut être mesurée par l'énergie mise en jeu dans le mouvement vibratoire qui produit le son.

L'énergie mise en jeu dans la vibration est proportionnelle au carré de l'amplitude, c'est-à-dire de l'écart maximum par rapport à la position d'équilibre.

229. Timbre. — Le timbre dépend de la forme de la vibration, c'est-à-dire de la forme de la courbe dessinée sur le cylindre enregistreur par le corps vibrant. Deux sons de même hauteur et de même intensité, rendus par des instruments différents, donnent des courbes qui ont la même période et la même amplitude, mais qui ne sont cependant pas identiques. Le diapason donne une courbe sinueuse d'une forme particulièrement simple ; les cordes donnent en général des courbes périodiques plus compliquées. C'est ce que nous verrons dans la suite, après l'étude des instruments sonores.

§ IV. ÉCHELLE MUSICALE

230. Gamme naturelle. — *1° Intervalle.* — *On nomme intervalle de deux sons le rapport des hauteurs du plus aigu au plus grave*, c'est-à-dire le rapport des nombres de vibrations correspondants.

Si deux sons correspondent respectivement à n et n' vibrations, ($n > n'$) leur intervalle est $\dfrac{n}{n'}$.

Voici le nom et la valeur des principaux intervalles usités en musique :

Unisson	1	ton majeur	$\dfrac{9}{8}$
Seconde	$\dfrac{9}{8}$	ton mineur	$\dfrac{10}{9}$
Tierce	$\dfrac{5}{4}$	demi-ton majeur	$\dfrac{16}{15}$
Quarte	$\dfrac{4}{3}$	demi-ton mineur	$\dfrac{25}{24}$
Quinte	$\dfrac{3}{2}$	Comma	$\dfrac{81}{80}$
Sixte	$\dfrac{5}{3}$	tierce majeure	$\dfrac{5}{4}$
Septième	$\dfrac{15}{8}$	tierce mineure	$\dfrac{6}{5}$
Octave	2		

Le *demi-ton mineur* est l'intervalle entre le *ton mineur* et le *demi-ton majeur*. On a :

$$\frac{10}{9} : \frac{16}{15} = \frac{10 \times 15}{9 \times 16} = \frac{25}{24}.$$

Le *comma* est l'intervalle entre le *ton majeur* et le *ton mineur*. On a :

$$\frac{9}{8} : \frac{10}{9} = \frac{9 \times 9}{8 \times 10} = \frac{81}{80}.$$

2° Gamme. — Au point de vue musical, la gamme naturelle est une suite de sons (ou notes) que l'on désigne par les syllabes :

Ut ou *do, ré, mi, fa, sol, la, si, ut*[1];

et qui forment une mélodie consacrée par l'usage.

La première note de la gamme s'appelle la *tonique* de la gamme.

Au point de vue physique, la gamme peut être définie comme il suit :

On appelle **gamme** *une suite de sons dont les nombres de vibrations sont proportionnels aux nombres :*

ut	ré	mi	fa	sol	la	si	ut
1	$\frac{9}{8}$	$\frac{5}{4}$	$\frac{4}{3}$	$\frac{3}{2}$	$\frac{5}{3}$	$\frac{15}{8}$	2

Le premier de ces nombres étant égal à l'unité, il s'ensuit que les mêmes nombres représentent les intervalles formés par les notes de la gamme avec la plus grave d'entre elles. Ces intervalles portent les noms suivants, déjà connus :

unisson, seconde, tierce, quarte, quinte, sixte, septième, octave.

3° Intervalles des notes consécutives de la gamme. — On obtient l'intervalle de deux notes quelconques de la gamme en divisant l'un par l'autre les deux nombres correspondants. Par exemple, l'intervalle de *ré* à *sol* est :

$$\frac{3}{2} : \frac{9}{8} = \frac{3 \times 8}{2 \times 9} = \frac{4}{3};$$

c'est-à-dire un intervalle de *quarte*.

En calculant ainsi les intervalles des notes consécutives, on obtient les rapports :

ut	ré	mi	fa	sol	la	si	ut
$\frac{9}{8}$	$\frac{10}{9}$	$\frac{16}{15}$	$\frac{9}{8}$	$\frac{10}{9}$	$\frac{9}{8}$	$\frac{16}{15}$	

Ainsi la gamme (majeure) présente trois *tons majeurs*, deux *tons mineurs* et deux *demi-tons majeurs*.

---

[1] Les noms des six premières notes de la gamme remontent à *Guy d'Arezzo*, moine bénédictin du XIe siècle.

Ce sont les premières syllabes des six premiers hémistiches de l'hymne de saint Jean-Baptiste :

UT *queant laxis* RE*sonare fibris*
MI*ra gestorum* FA*muli tuorum,*
SOL*ve polluti* LA*bii reatum,*
Sancte Joannes.

L'usage a substitué *do* à *ut*, qui manque de sonorité.

L'appellation *si* n'aurait été introduite qu'en 1784 par un musicien français, *Lemaire*.

Les sept notes étaient représentées autrefois, comme elles le sont encore en Angleterre et en Allemagne, par les lettres C, D, E, F, G, A, B.

4º **Comma.** — **Tétracordes.** — On appelle **comma** l'intervalle qui existe entre une *seconde majeure* et une *seconde mineure;* c'est-à-dire le rapport

$$\frac{9}{8} : \frac{10}{9} = \frac{9 \times 9}{8 \times 10} = \frac{81}{80};$$

c'est le plus petit intervalle considéré en musique.

Deux notes qui ne présentent qu'un intervalle d'un comma sont tellement voisines, qu'il faut une oreille très exercée pour les distinguer. Dans la pratique, on peut considérer ces deux notes comme étant à l'unisson, ce qui revient à confondre entre eux le *ton majeur* et le *ton mineur.*

En admettant cette approximation, la gamme est ainsi constituée :

ut   ré   mi   fa   —   sol   la   si   ut

1 ton   1 ton $\frac{1}{2}$ ton   1 ton   1 ton   1 ton $\frac{1}{2}$ ton.

Les quatre premières notes et les quatre dernières forment deux mélodies semblables, qui portent le nom de **tétracordes.**

Ainsi, la gamme est la succession de deux tétracordes séparés par un ton.

5º **Échelle musicale.** — L'échelle musicale se compose d'une série de gammes semblables, telles que la dernière note de chacune est la première note de la gamme suivante.

Ainsi, les notes de chaque gamme sont les octaves aiguës des notes de la précédente, et les octaves graves des notes de la gamme suivante.

On distingue entre elles les gammes successives par des indices 1, 2, 3..., en affectant d'un même indice toutes les notes de la même gamme.

La gamme ut_1, $ré_1$, mi_1... est celle qui commence à l'*ut* grave du violoncelle.

Les suivantes sont ut_2, $ré_2$, mi_2..., ut_3, $ré_3$, mi_3...

Les gammes situées au-dessous de la première portent des indices négatifs : ut_{-1}, $ré_{-1}$, mi_{-1}..., ut_{-2}, $ré_{-2}$...

231. Dièze et bémol. — 1º Dans la composition d'un morceau de musique, on a souvent besoin de notes qui n'appartiennent pas à l'échelle des gammes ayant pour tonique la note *ut*.

On obtient ces notes intermédiaires au moyen des *dièzes* et des *bémols*.

Diézer une note, c'est la hausser d'un *demi-ton mineur*, c'est-à-dire multiplier le nombre de ses vibrations par $\frac{25}{24}$. La note diézée porte le même nom suivi du signe ♯.

Bémoliser une note, c'est la baisser d'un *demi-ton mineur*, c'est-à-dire multiplier le nombre de ses vibrations par $\frac{24}{25}$. Pour indiquer la note bémolisée, on fait suivre son nom du signe ♭.

Quand deux notes forment un intervalle d'un ton, si la première vient à être diézée et la seconde bémolisée, les notes ainsi obtenues ne sont pas identiques.

Ainsi, pour *ré* ♯ on trouve :

$$\frac{9}{8} \times \frac{25}{24} = \frac{75}{64},$$

et pour *mi* ♭ :

$$\frac{5}{4} \times \frac{24}{25} = \frac{6}{5}.$$

Or on a :

$$\frac{6}{5} > \frac{75}{64}.$$

Donc *mi* ♭ est plus haut que *ré* ♯.

A plus forte raison, *ré* ♭ est-il plus haut que *ut* ♯, puisque entre *ut* et *ré* il y a un ton majeur.

2° **Gamme chromatique.** — On appelle gamme chromatique une suite de notes comprenant, avec les notes d'une gamme naturelle, tous leurs dièzes et tous leurs bémols. Une gamme chromatique procède donc par demi-tons inégaux.

La voix humaine et les instruments à sons mobiles, tels que le violon, peuvent observer ces intervalles; mais pour les reproduire avec un instrument à sons fixes, avec le piano par exemple, il faudrait intercaler, entre les touches de deux notes naturelles consécutives, deux touches intermédiaires : l'une pour la note diézée, l'autre pour la note bémolisée; ce qui compliquerait l'instrument outre mesure.

Cette difficulté est levée au moyen du tempérament.

Le *tempérament* consiste à confondre en une seule toutes les notes dont les intervalles ne dépassent pas un comma; par exemple, on confond l'*ut* ♯ avec le *ré* ♭, le *ré* ♯ avec le *mi* ♭, le *mi* ♯ avec le *fa* naturel, etc. Enfin, on néglige la différence entre un ton majeur et un ton mineur, ou entre un demi-ton majeur et un demi-ton mineur, de sorte que l'on n'a plus qu'une seule espèce de tons égaux entre eux, et une seule espèce de demi-tons pareillement égaux.

232. Gamme tempérée. — La gamme tempérée est une gamme conventionnelle, que l'on substitue dans la pratique à la gamme naturelle.

La gamme tempérée est un ensemble de 12 notes, formant 12 demi-tons égaux dans l'intervalle d'une octave.

Cinq de ces notes sont *accidentées :* elles représentent indifféremment un dièze ou un bémol :

$$ut \left(\begin{matrix} ut\ ♯ \\ ré\ ♭ \end{matrix}\right),\ ré \left(\begin{matrix} ré\ ♯ \\ mi\ ♭ \end{matrix}\right),\ mi,\ fa \left(\begin{matrix} fa\ ♯ \\ sol\ ♭ \end{matrix}\right),\ sol \left(\begin{matrix} sol\ ♯ \\ la\ ♭ \end{matrix}\right),\ la \left(\begin{matrix} la\ ♯ \\ si\ ♭ \end{matrix}\right),\ si,\ ut.$$

Proposons-nous de calculer la valeur du *tempérament*, c'est-à-dire la valeur du *demi-ton moyen* usité dans la gamme tempérée.

Soit x la valeur des 12 demi-tons égaux; l'intervalle d'octave sera x^{12}. Mais l'octave est égale à 2. On aura donc l'équation :

$$x^{12} = 2,$$

ou, en prenant les logarithmes des deux membres :

$$\log.x = \frac{\log.2}{12}.$$

Le calcul donne : $x = 1,057.$

Ce demi-ton moyen est compris entre les demi-tons majeur et mineur :

$$\frac{16}{15} = 1,066; \qquad \frac{25}{24} = 1,0416.$$

Il s'ensuit que les notes de la gamme tempérée ne diffèrent de leurs homonymes de la gamme naturelle que par des intervalles inférieurs à un comma; ce qui est une approximation suffisante pour les exigences de l'oreille.

233. Transposition. — La gamme qui a pour tonique la note *ut* (la gamme d'*ut* majeur) ne suffit pas aux besoins de la composition musicale.

On peut composer une gamme en commençant par une note quelconque, c'est-à-dire reproduire les intervalles de la gamme à partir de la note prise arbitrairement comme tonique. Il suffit pour cela de diézer ou de bémoliser une ou plusieurs notes de la gamme d'*ut*.

Proposons-nous, par exemple, de former une gamme commençant par *ré* :

Notes	*ré*	*mi*	*fa*	*sol*	*la*	*si*	*ut*	*ré*
Tons entre ces notes.	1	$\frac{1}{2}$	1	1	1	$\frac{1}{2}$	1.	
Tons qu'il faut . . .	1	1	$\frac{1}{2}$	1	1	1	$\frac{1}{2}$.	

Entre le *mi* et le *fa*, on a un demi-ton, tandis qu'il faut un ton ; il faut donc diéser le *fa*; avec *fa*♯, nous aurons encore un demi-ton entre *fa*♯ et *sol*.

On verrait de la même manière qu'il faut diéser l'*ut* pour avoir un ton entre le *si* et l'*ut*, et un demi-ton entre l'*ut* et le *ré*.

Les notes de la gamme seront donc :

$$ré, \ mi, \ fa♯, \ sol, \ la, \ si, \ ut♯, \ ré.$$

Si nous voulons commencer la gamme par le *fa*, nous aurons :

Notes	*fa*	*sol*	*la*	*si*	*ut*	*ré*	*mi*	*fa*
Tons entre ces notes.	1	1	1	$\frac{1}{2}$	1	1	$\frac{1}{2}$.	
Tons qu'il faut. . .	1	1	$\frac{1}{2}$	1	1	1	$\frac{1}{2}$.	

Dans ce cas, nous n'avons qu'à bémoliser le *si* ; alors nous aurons un demi-ton entre *la* et *si*♭, et un ton entre *si*♭ et *ut*.

Nous aurons donc : *fa, sol, la, si*♭*, ut, ré, mi, fa.*

Gammes mineures. — On emploie sous le nom de gammes mineures des gammes formées de 5 tons et de 2 demi-tons, disposés autrement que dans les gammes majeures.

10*

Le type des gammes mineures est fourni par la suite des notes naturelles comprises entre deux *la* consécutifs :

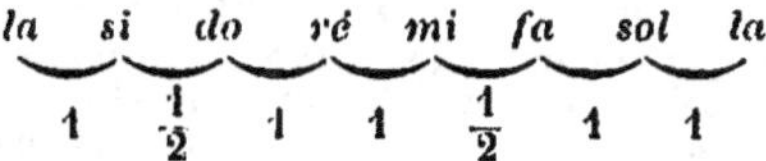

Cette gamme de *la* mineur est dite *relative* à la gamme d'*ut* majeur.

Chaque gamme majeure a sa *relative* mineure, qui s'en déduit par une règle invariable : pour passer de la tonique de la première à la tonique de la seconde, il suffit de monter d'une sixte, ou mieux, de descendre d'une tierce mineure.

234. Accords. — L'audition simultanée de deux ou plusieurs notes produit une impression agréable ou pénible. On dit, suivant le cas, qu'il y a *consonnance* ou *dissonance;* ou bien que les intervalles ou les accords sont *consonnants* ou *dissonants.*

L'accord est *simple*, s'il est formé par deux notes; *composé,* s'il est formé par plus de deux notes, c'est-à-dire par la superposition de plusieurs accords simples.

L'expérience prouve qu'un intervalle est d'autant plus consonnant qu'il est exprimé numériquement par un rapport plus simple. Les principaux accords consonnants s'obtiennent en divisant deux à deux les six premiers nombres entiers; ce sont :

$$\frac{2}{1} \qquad \frac{3}{2} \qquad \frac{4}{3} \qquad \frac{5}{4} \qquad \frac{6}{5}$$

octave   quinte   quarte   tierce majeure   tierce mineure.

Accords parfaits. — *On appelle accord parfait l'accord consonnant qui résulte de la superposition d'une tierce et d'une quinte.*

Chaque gamme a un accord parfait résultant de l'émission simultanée de la *tonique,* de la *tierce* et de la *quinte.*

Dans les gammes majeures, la tierce est majeure et les nombres de vibrations des trois notes sont proportionnels aux nombres

$$1 \qquad \frac{5}{4} \qquad \frac{3}{2},$$

ou $4 \qquad 5 \qquad 6.$

Dans les gammes mineures, la tierce est mineure et les nombres de vibrations des trois notes sont proportionnels aux nombres :

$$1 \qquad \frac{6}{5} \qquad \frac{3}{2},$$

ou $10 \qquad 12 \qquad 15.$

Cet accord mineur est un peu moins consonnant que l'accord parfait majeur.

Battements. — Lorsqu'on émet simultanément deux sons presque à l'unisson, il se produit des *battements,* c'est-à-dire une série de renforcements et d'affaiblissements du son, qui se succèdent d'autant plus lentement que les deux notes émises sont plus voisines de l'unisson.

Les battements sont le résultat de la concordance périodique des vibrations des deux corps sonores.

Deux tuyaux voisins, que l'on fait vibrer d'abord à l'unisson, ne produisent pas de battement; si l'on fait varier leurs sons de manière que la différence de leurs nombres de vibrations par seconde soit successivement 1, 8, 20, on entendra aussi successivement 1 battement, 8 battements, 20 battements. Si le nombre de battements est assez grand pour que leur succession soit très rapide, ils produisent un nouveau son, qui est un son résultant.

Le phénomène des battements fournit un moyen fort utile pour mettre exactement d'accord les instruments de musique. Quand les deux notes émises ne sont pas tout à fait à l'unisson, il se produit des battements. Il faut que ces battements deviennent de plus en plus lents et qu'ils finissent par disparaître tout à fait.

235. Diapason normal. — La hauteur de l'échelle musicale est arbitraire. On est convenu de la fixer d'une manière précise à l'aide d'un *diapason,* sur lequel les musiciens peuvent accorder leurs instruments.

Le diapason donne le *la* normal, ou *la*$_3$.

Par convention, le *la normal* est la note qui correspond à 435 vibrations doubles (870 vibrations simples) par seconde.

D'après cela, l'*ut* normal ou *ut*$_3$ correspond à :

$$435 \times \frac{3}{5} = 261 \text{ vibrations.}$$

Il est facile d'en déduire le nombre de vibrations d'une note quelconque. On a :

ut_{-2}	ut_{-1}	ut_1	ut_2	ut_3	ut_4	ut_5	ut_6	ut_7
16	32	65	130	261	522	1044	2088	4176.

236. Limites des sons musicaux et des sons perceptibles. — 1° L'échelle entière des sons employés en musique comprend 8 octaves : depuis l'*ut*$_{-2}$ = 16, donné par les plus grands tuyaux d'orgue, jusqu'au *ré*$_7$ = 4700, donné par la petite flûte.

Les pianos vont de l'*ut*$_{-1}$ à l'*ut*$_7$.

Chaque voix humaine comprend à peu près 2 octaves : du *fa*$_1$ au *fa*$_3$, pour les *basses-tailles;* de l'*ut*$_2$ à l'*ut*$_4$, pour les *ténors;* de l'*ut*$_3$ à l'*ut*$_5$, pour les *soprani.*

2° La limite inférieure et la limite supérieure des sons perceptibles paraissent varier d'un observateur à un autre. Elles embrassent un intervalle de plus de 11 octaves.

Les sons perceptibles s'étendraient : d'après Savart, depuis 8 vibrations jusqu'à 24000 vibrations par seconde; suivant Despretz, depuis 16 jusqu'à 36000 vibrations.

Entre 8 vibrations, correspondant à *ut*$_{-3}$ et 36850 qui correspondent à *ré*$_{10}$, on aurait un intervalle de 12 octaves.

237. Harmoniques. — *On appelle harmoniques une suite de* sons dont les nombres de vibrations par seconde sont proportionnels à la suite des nombres entiers :

$$1, 2, 3, 4, 5, 6, 7, 8, 9\ldots$$

Le plus grave prend le nom de son *fondamental;* les autres sont dits les harmoniques du premier.

Ainsi, *on appelle harmoniques d'un son quelconque, de hauteur* n, *les sons dont la hauteur est un multiple entier de* n.

Dans toute série d'harmoniques, l'intervalle de deux quelconques d'entre eux est donné par le quotient de leurs numéros d'ordre.

Les harmoniques 1, 2, 4, 8, 16... forment une suite d'octaves.
Le 3e est la *quinte* du 2e.
Le 4e est la *quarte* du 3e et l'octave du 2e.
Le 5e est la *tierce* du 4e et la *sixte* du 3e.
Le 6e est la *quinte* du 4e et l'*octave* du 3e.
Le 9e forme avec le 8e un intervalle de *seconde.*
A mesure que l'on s'élève dans la série, l'intervalle de deux harmoniques consécutifs devient de plus en plus petit.
Prenons pour son fondamental la note ut_1, par exemple; ses premiers harmoniques sont :

1	2	3	4	5	6	7	8	9	10	11	12	13
ut_1	ut_2	sol_2	ut_3	mi_3	sol_3		ut_4	$ré_4$	mi_4		sol_4	

Le 7e harmonique est voisin de $si\,\flat_3$. Les harmoniques 11, 13, 14... ne se trouvent pas dans la gamme et n'ont pas de noms en musique.

CHAPITRE II

PROPAGATION DU SON

§ I. VITESSE DU SON

238. Vitesse du son dans les gaz. — Pour qu'un corps vibrant impressionne l'oreille, il faut que les vibrations passent de l'un à l'autre, ce qui exige entre le corps vibrant et l'oreille une suite ininterrompue de milieux élastiques à travers lesquels le mouvement vibratoire se propage.

Nous étudierons plus loin le *mécanisme* de la propagation du son. Voyons d'abord comment on a déterminé sa *vitesse* de propagation dans divers milieux.

Vitesse du son dans l'air. — L'expérience a conduit aux résultats suivants relatifs à la propagation du son dans l'air :

1° *La propagation du son n'est pas instantanée;*

2° *Le mouvement de propagation du son est uniforme;*

3° *La vitesse est la même pour tous les sons.*

4° *La vitesse du son est la même dans un tuyau cylindrique large, plein d'air, et dans l'air libre.*

1° La lumière produite au loin par la décharge d'une arme à feu est aperçue avant que l'on entende la détonation, bien que les deux phénomènes soient simultanés. L'apparition de la lumière pouvant être considérée comme instantanée, l'intervalle qui s'écoule entre les perceptions des deux phénomènes mesure le temps qu'il a fallu au son pour franchir la distance qui sépare le lieu du phénomène de celui de l'observation.

De même nous voyons à distance le mouvement du marteau d'un ouvrier avant d'entendre le bruit du choc.

2° En mesurant, pour différentes distances, les temps employés par le son pour les parcourir, on constate que les distances parcourues sont proportionnelles aux temps correspondants; c'est-à-dire que le mouvement de propagation est *uniforme.*

Dès lors la vitesse du son est une constante : c'est le quotient $\frac{d}{t}$

d'une distance quelconque par le temps employé à la parcourir.

La mesure de la vitesse du son dans l'air a été faite, d'abord en 1768, par les membres de l'Académie des sciences, entre Montmartre et Montlhéry.

Une seconde expérience a été faite en 1822 par le bureau des Longitudes.

Les deux stations choisies furent Montlhéry et Villejuif. On tirait un coup de canon de cinq en cinq minutes à chacune des stations alternativement, et on observait à l'autre station le temps écoulé entre l'apparition de la lumière et l'arrivée du son. On prenait la moyenne des observations alternatives, afin de corriger l'influence du vent. La distance des deux points, divisée par le temps observé, en moyenne, donne pour la vitesse du son dans l'air un nombre très voisin de 340^m.

3° Biot a prouvé que la vitesse du son est la même pour les sons graves ou aigus. Ainsi il constata que tous les sons d'un air joué à l'extrémité d'un tuyau de conduite arrivent à l'autre extrémité dans l'ordre où ils ont été émis et en reproduisant le même rythme. D'ailleurs, tous les sons émis à la fois par les divers instruments d'un orchestre arrivent simultanément à l'oreille d'un observateur éloigné.

4° En remplaçant les observateurs par des enregistreurs électriques, Regnault a fait des expériences très soignées sur la vitesse du son dans de larges conduits d'égouts, et aussi à l'air libre. Les expériences récentes de MM. Violle et Vauthier sur la vitesse du son dans des tuyaux pleins d'air ont confirmé le fait que la vitesse de propagation d'un son musical est sensiblement indépendante de la hauteur et de l'intensité du son.

Résultats. — Ces expériences conduisent pour la vitesse du son à 0° au nombre $v_0 = 331^m,10$, par seconde.

La vitesse est indépendante de la pression atmosphérique.

A la température t elle est donnée par la formule $v_t = v_0\sqrt{1 + \alpha t}$, α étant le coefficient de dilatation de l'air.

Vitesse du son dans les gaz. — Ces mêmes expériences scientifiques ont été faites pour mesurer la vitesse du son dans les différents gaz. On les répète, dans les laboratoires, sous la forme suivante.

Un tube métallique AEB, coudé en E, long d'une dizaine de mètres au moins, est rempli du gaz sur lequel on opère. Sur les deux ouvertures A et B sont tendues des membranes en baudruche. De petits tubes en caoutchouc partant des orifices latéraux a et b mettent les extrémités du tube en communica-

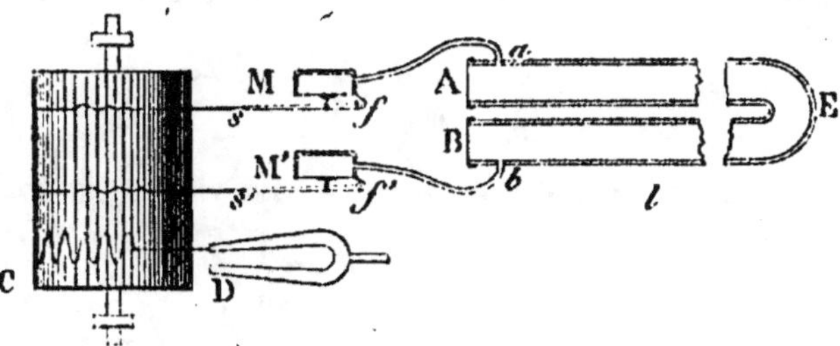

Fig. 232.

tion avec deux capsules manométriques de Marey. Chacune de ces capsules manométriques M, M' se compose d'une boîte cylindrique plate, dont l'un des fonds est en baudruche; cette membrane appuie en son centre contre un léger disque métallique muni d'une petite tige articulée avec un style long et très léger s, mobile autour de l'une de ses extrémités.

Les deux styles inscrivent leurs indications sur un cylindre enregistreur C, mû par un mouvement d'horlogerie. Un diapason D, dont le mouvement est entretenu électriquement, inscrit sur le même cylindre des vibrations de période connue qui serviront à évaluer les intervalles de temps. Par exemple, si ce diapason effectue 200 vibrations simples par seconde, chaque allée ou venue inscrite sur le cylindre représentera $\frac{1}{200^e}$ de seconde.

Pour faire l'expérience, c'est-à-dire pour déterminer la vitesse du son dans le gaz qui remplit le tuyau, on frappe un coup sec sur la membrane A. L'ébranlement est transmis presque instantanément à la membrane de la capsule M, et par celle-ci au style s, dont la trace sur le cylindre présentera une encoche.

L'ébranlement parti de A se transmet de proche en proche aux tranches

gazeuses du tuyau, avec la rapidité qu'il s'agit d'évaluer. Quand il arrive en B,
après avoir parcouru la longueur $2l$,
le style s' est dévié à son tour et
marque aussi une encoche.

On coupe suivant une génératrice la
feuille de papier qui entourait le cylindre, et l'on a entre les mains un
graphique dont la figure 233 représente la partie intéressante.

Par les deux encoches x, y, on
mène au bord de la feuille des parallèles xx', yy'. Supposons que l'on
trouve entre ces parallèles n allées ou
venues du diapason. Cela signifie que

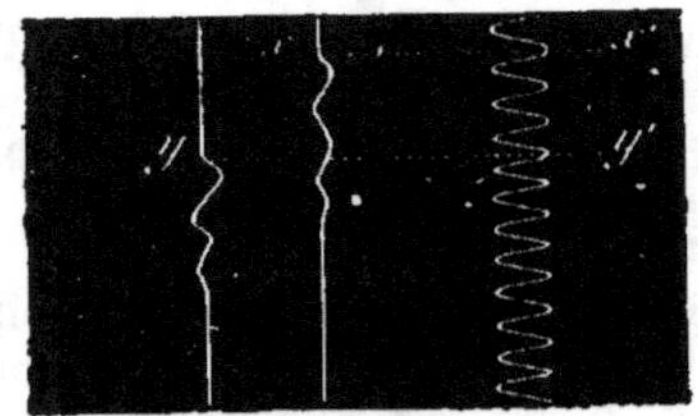

Fig. 233.

pour parcourir la longueur $2l$, le son a mis $\dfrac{n}{200^e}$ de seconde. Donc, pendant

une seconde il parcourt :
$$2l : \frac{n}{200} = \frac{400l}{n}.$$

Telle est la vitesse du son à travers le gaz considéré, et dans les conditions
de l'expérience.

Résultats. — La vitesse du son, dans un gaz de densité d par rapport à
l'air, est inversement proportionnelle à la racine carrée de la densité.

On a donc, en désignant par V et v les vitesses du son dans ce gaz et dans l'air :

à $0°$
$$V_0 = \frac{v_0}{\sqrt{d}},$$

à $t°$
$$V_t = \frac{v_t}{\sqrt{d}} = v_0 \sqrt{\frac{1 + \alpha t}{d}}.$$

239. Vitesse du son dans l'eau. — La vitesse du son dans

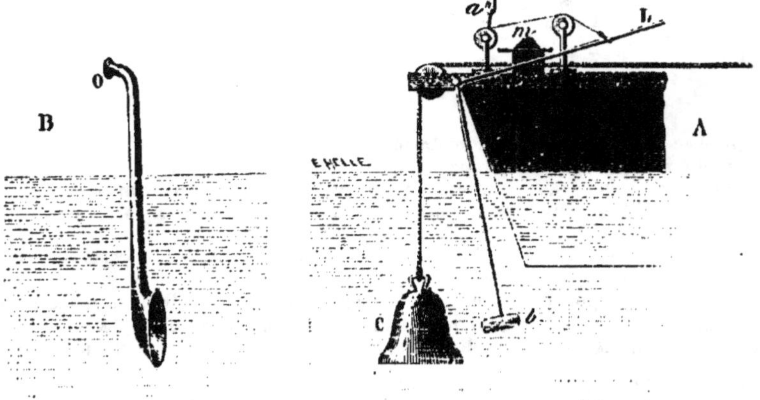

Fig. 234.

l'eau a été déterminée par *Colladon*[1] et Sturm sur le lac de Genève.

---

[1] *Colladon*, physicien génevois (1802-1893).

Ils amarrèrent deux barques à une distance mutuelle de 13 487 mètres. L'une d'elles portait un appareil composé d'une cloche C (fig. 234), d'un marteau *b*, emmanché à un levier coudé L qui était lui-même relié à une roue portant une mèche allumée *a*, disposée de manière à enflammer un petit tas de poudre *m* à l'instant du choc. La seconde barque laissait plonger dans l'eau un grand cornet acoustique en tôle mince, rempli d'air ; la partie évasée du cornet, fermée par une membrane, était tournée du côté de la cloche, normalement à la droite qui joignait les deux stations ; l'air de ce cornet était en communication avec l'atmosphère par l'ouverture O qui terminait, au-dessus de l'eau, la partie amincie de l'instrument.

A l'aide du levier L, à la station A, on frappait un coup de marteau sur la cloche ; à l'instant du choc la flamme de la mèche *a* mettait le feu à la poudre *m*. L'observateur de la station B, appliquant son oreille en O, entendait le son propagé par l'eau 9″4 après avoir aperçu la lumière.

On trouva ainsi pour la vitesse V du son dans l'eau :

$$V = 1435^{m}.$$

C'est-à-dire plus de quatre fois la vitesse du son dans l'air.

240. Vitesse du son dans les solides. — *Biot*[1] et Martin déterminèrent expérimentalement la vitesse du son dans les tuyaux en fonte des aqueducs de Paris. Les deux observateurs étaient placés aux extrémités d'un aqueduc ; l'un d'eux frappait un timbre, et l'autre entendait deux sons : le premier transmis par la fonte, et le deuxième par l'air ; on notait le temps écoulé entre l'audition des deux sons.

Soient L mètres la longueur des tuyaux, V la vitesse du son dans l'air, *x* la vitesse du son dans la fonte, et *t* le temps écoulé entre les deux sons.

Ce temps est l'excès de la durée $\left(\dfrac{L}{V}\right)$ du trajet dans l'air,

sur la durée $\left(\dfrac{L}{x}\right)$ du trajet dans la fonte.

On a donc :

$$\frac{L}{V} - \frac{L}{x} = t,$$

L, V, *t* étant connus, on peut en déduire *x*.

Biot a trouvé que la vitesse du son dans la fonte égale dix fois et demie la vitesse du son dans l'air.

---

[1] *Biot*, astronome et physicien, né à Paris (1774-1862).

§ II. MÉCANISME DE LA PROPAGATION DES VIBRATIONS SONORES

241. Propagation ondulatoire du mouvement. — Un mouvement peut se transporter d'un point à un autre de deux manières différentes.

La première consiste en un transport simultané du mouvement et d'un corps qui en reste dépositaire : c'est le mode vulgaire, réalisé par les projectiles et connu sous le nom de *transport matériel*.

Dans la seconde, aucun corps ne va du point de départ au point d'arrivée ; le mouvement seul circule de l'un à l'autre, à la faveur d'un milieu élastique dont les diverses parties se le transmettent de proche en proche.

Tel est le mode de propagation du mouvement dans une file de boules élastiques.

Expérience d'Huygens. — Soit un système de billes d'ivoire suspendues par des fils de manière qu'elles se touchent et que leurs centres soient en ligne droite (fig. 235).

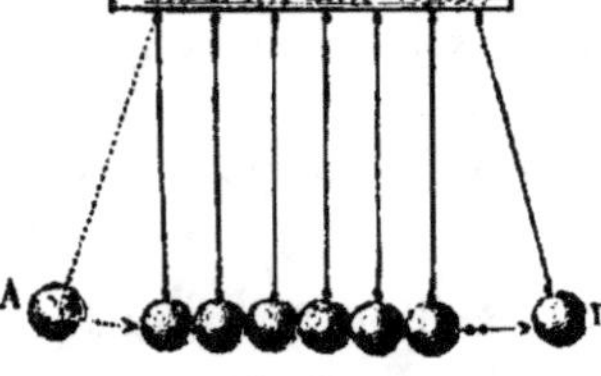

Fig. 235.

Si l'on écarte la première boule et qu'on la laisse tomber sur la seconde, son mouvement circule inaperçu à travers toutes les boules et ne se manifeste qu'à la dernière boule, qui est soulevée à la hauteur d'où on a laissé tomber la première.

Ainsi, par l'effet de l'élasticité, la première boule cède son mouvement à la seconde et revient elle-même au repos, la seconde se comporte de même à l'égard de la troisième, celle-ci à l'égard de la quatrième, et ainsi de suite jusqu'à la dernière, qui, ne pouvant transmettre son mouvement, est emportée par lui.

Ces phénomènes successifs sont très rapides, mais non instantanés. Si l'on pouvait se procurer une file de billes assez longue, on arriverait à rendre perceptible l'intervalle de temps qui s'écoule entre le choc de la première bille et le départ de la dernière.

242. Propagation du son dans un tuyau cylindrique indéfini. — Étudions maintenant comment se propage, de proche en proche, un ébranlement périodique produit à l'ouverture d'un tuyau cylindrique indéfini, rempli d'un fluide élastique tel que l'air.

Supposons qu'un piston mn (fig. 236) se déplace dans ce tuyau cylindrique et qu'il vienne en $m'n'$ au bout d'un temps très court θ.

Ce piston imprime à l'air qui est à droite une impulsion analogue à celle qui circule dans une file de billes élastiques. Quand le piston va de mn en $m'n'$, il imprime une impulsion à la tranche d'air qui le touche, et en même temps l'air de cette tranche se trouve comprimé, puisque

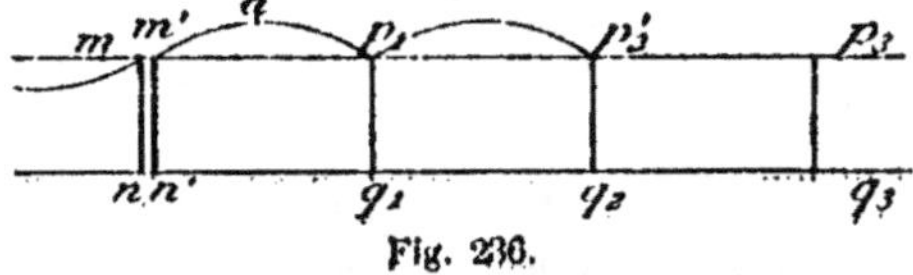

Fig. 236.

les tranches d'air qui suivent ne se sont pas déplacées instantanément.

Supposons que le piston reste en $m'n'$; l'air comprimé auprès du piston se détend et déplace vers la droite, en la comprimant à son tour, la tranche suivante : le déplacement et la compression se transmettent ainsi de proche en proche.

Donnons au piston *mn* un mouvement d'oscillation périodique autour de la position d'équilibre. Les diverses tranches d'air éprouveront aussi des déplacements périodiques qui se transmettront de l'une à l'autre. La pression en chaque point de l'air varie aussi d'une façon périodique : la tranche d'air immédiatement à droite du piston subit une compression quand le piston se déplace à droite de *mn*, et une diminution de pression quand le piston se déplace à gauche de *mn*.

L'air étant parfaitement élastique et les tranches successives ayant toutes la même étendue, puisque le tuyau est cylindrique, toute l'énergie communiquée par l'une d'elles se retrouvera dans le mouvement de chacune des suivantes : toutes les tranches d'air auront donc le même mouvement périodique, mais elles ne commenceront pas ce mouvement au même instant.

Au bout d'une demi-période $\frac{T}{2} = \theta$, le piston est revenu en *mn*, et avec lui la tranche d'air immédiatement au contact. Le mouvement s'est étendu jusqu'à une tranche p_1q_1, située à une distance $mp_1 = V \times \frac{T}{2}$; et, à cet instant, les déplacements des diverses tranches comprises entre *mn* et *pq* (compté à partir de la position d'équilibre de chacune d'elles) peuvent être représentés par une courbe telle que p_0p_1; (fig. 237) les ordonnées représentent les déplace-

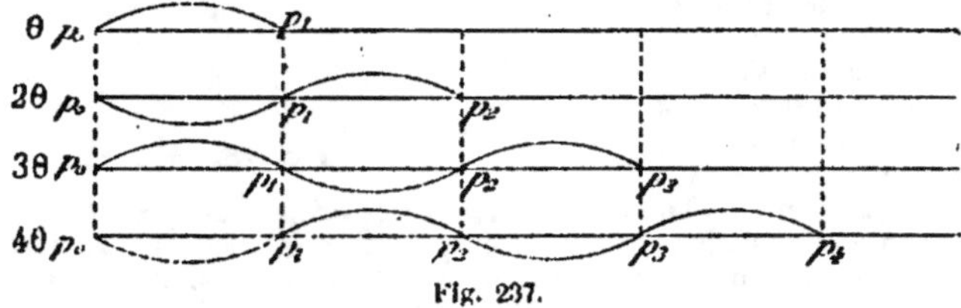

Fig. 237.

ments, comptés positivement vers la droite. La même courbe représente, si l'on veut, les *compressions* aux diverses tranches d'air.

Au bout d'une période entière T, le mouvement s'est propagé à une distance double, jusqu'en p_2q_2, et les déplacements peuvent être représentés par la courbe $p_0p_1p_2$. Les ordonnées négatives représentent des déplacements vers la gauche à partir de la position d'équilibre ou encore des dilatations.

On donne à l'intervalle du tuyau compris entre *mn* et p_1q_1 à l'instant T le nom de *demi-onde dilatée*, à l'intervalle compris entre p_1q_1 et p_2q_2 le nom de *demi-onde condensée*.

Longueur d'onde. — On appelle *longueur d'onde* le chemin p_0p_2 ou λ, parcouru par l'ébranlement initial pendant la durée 2θ ou T d'une période entière.

Le mouvement de propagation étant uniforme, cet espace λ est égal au produit de la vitesse V par le temps T; on a donc :

$$\lambda = VT.$$

Au bout de *n* périodes, c'est-à-dire au bout du temps nT, les vibrations de la plaque *mn* se sont propagées sur une longueur égale à $n\lambda$.

Cette longueur présente alors *n* ondes comprenant chacune une demi-onde condensée et une demi-onde dilatée.

Vibrations d'une tranche d'air. — Une tranche quelconque perpendiculaire à l'axe du cylindre éprouve, pendant chaque période de temps T, une série de déplacements absolument identiques aux déplacements imprimés à la plaque *mn* pendant un temps égal. Il s'ensuit que chaque tranche d'air est animée d'un mouvement vibratoire identique à celui de la plaque *mn*.

État de la colonne d'air à un instant donné. — En prolongeant indéfiniment la courbe $p_0p_1p_2...$ (fig. 237), on obtient un diagramme qui représente l'état de la colonne d'air à un instant donné.

On voit que la succession des compressions et des dilatations (ou des déplacements individuels des tranches successives) constitue un phénomène qui est périodique dans l'espace, comme le mouvement de chaque tranche est périodique dans le temps.

On peut dire que la longueur d'onde λ est la période dans l'espace comme l'intervalle de temps T est la période dans le temps.

243. Propagation dans un milieu indéfini. — Dans un milieu indéfini, le son se propage dans tous les sens autour du corps sonore, de manière que l'air ambiant se divise en couches sphériques qui vont grandissant de plus en plus, comme les ondes qui se produisent à la surface d'un liquide, autour du point ébranlé par la chute d'une pierre (fig. 238). Il y a cependant une différence essentielle entre ces deux sortes d'ondes : l'onde liquide ne varie pas de densité, elle est causée par un simple soulèvement; c'est le

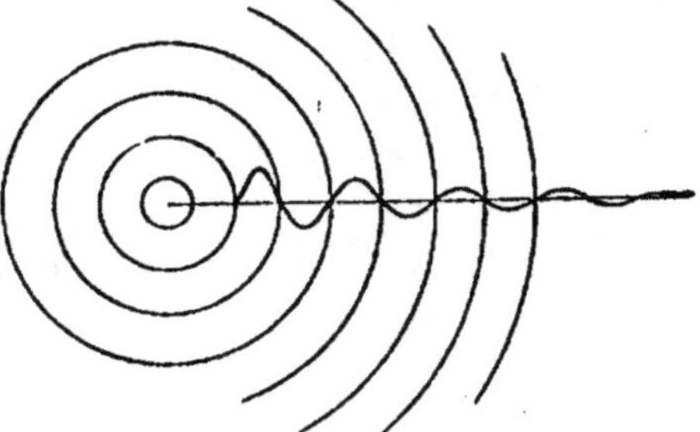

Fig. 238.

contraire qui a lieu dans l'onde sonore. Elles ont cependant ceci de commun, qu'il n'y a point translation du fluide; on peut le constater dans l'onde liquide par le mouvement d'un corps flottant; ce mouvement est simplement ondulatoire. Il y a une autre différence, c'est que dans les ondes liquides l'oscillation de chaque goutte se fait suivant la verticale, par conséquent dans une direction perpendiculaire à la direction de propagation : les vibrations sont *transversales*. Dans l'onde sonore, au contraire, le mouvement de va-et-vient de chaque tranche d'air se fait dans la direction même, suivant laquelle se propage le son : les vibrations sonores sont *longitudinales*.

L'expérience, d'accord avec la théorie, montre que la vitesse de propagation dans un milieu indéfini est la même que dans un tuyau cylindrique. La différence essentielle consiste en ce que, dans la propagation en un milieu indéfini, les ondes successives auxquelles se communique l'énergie vibratoire sont de plus en plus étendues : l'amplitude du mouvement en un point doit donc diminuer à mesure que ce point est plus éloigné de la source. Et l'intensité de son, qui ne diminuait pas sensiblement dans un tuyau cylindrique, diminue en raison inverse du carré de la distance dans la propagation en milieu indéfini.

244. Variations de l'intensité du son avec la distance. — L'intensité de la sensation auditive dépend non pas de l'amplitude des vibrations du corps sonore, mais de l'amplitude des vibrations de la couche d'air qui est immédiatement en contact avec l'oreille. Or cette dernière amplitude dépend de la distance du corps sonore et de la nature des milieux interposés.

Si l'on peut prendre l'énergie vibratoire pour mesure de l'intensité du son, il en résulte que le son transmis par un tuyau cylindrique, comme un tube acoustique, ne s'affaiblit pas avec la distance (en admettant que l'on puisse faire abstraction de la portion de cette énergie qui se communique aux parois du tuyau et qui est perdue pour le phénomène sonore), tandis qu'au contraire le son transmis dans l'air libre diminue d'intensité à mesure qu'on s'éloigne de la source.

Dans un tuyau cylindrique à parois parfaitement rigides, l'énergie transmise d'une tranche à l'autre ne varie pas; l'amplitude du mouvement de chacune des couches d'air successives reste la même.

Au contraire, à l'air libre, le mouvement se transmet à des ondes sphériques de plus en plus étendues. A un moment donné, un mouvement instantané émané de la source O est localisé sur une couche sphérique très mince, de centre O et de rayon R; un instant plus tard, ce mouvement se trouvera sur une couche sphérique de rayon R' > R. Si l'on admet qu'il n'y a aucune cause qui ait arrêté ou absorbé le son, l'énergie totale sera la même dans les deux cas. L'*intensité du son en un point* de la sphère de rayon R est l'énergie transmise à une petite surface égale à l'unité placée sur cette sphère; sur la sphère de rayon R', l'énergie transmise à l'unité de surface sera plus petite, puisque la même énergie totale est distribuée sur une plus grande surface. Les intensités sont en raison inverse des surfaces des sphères (fig. 238).

On a :

$$\frac{I}{I'} = \frac{S'}{S} = \frac{R'^2}{R^2}.$$

C'est-à-dire que *l'intensité du son transmis à l'air libre décroît en raison inverse du carré de la distance à la source sonore.*

On peut vérifier le fait par l'expérience.

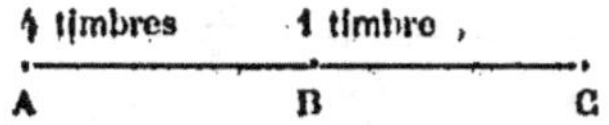

On installe un timbre en B et quatre timbres en A, identiques au premier (fig. 239). Un observateur se place sur la direction AB, en un point C, tel que l'on ait : AC = 2BC.

4 timbres   1 timbre

A   B   C

Fig. 239.

L'observateur entend deux sons identiques. La loi est donc vérifiée.

§ III. RÉFLEXION ET RÉFRACTION DU SON

245. Réflexion du son. — Lorsque les ondes qui se propagent dans un espace libre rencontrent un obstacle fixe MN (fig. 240), elles se réfléchissent en formant des ondes réfléchies qui ont pour centre un point O' situé derrière l'obstacle, et symétrique du point O, si l'obstacle est un plan. — On peut appeler rayon sonore toute normale aux ondes suivant lesquelles se propage le son; OA est le rayon incident, AB le rayon réfléchi. Menons la normale AC au plan MN.

L'angle OAC est l'angle d'*incidence*, et CAB, l'angle de *réflexion*.
La réflexion du son est soumise aux deux lois suivantes :

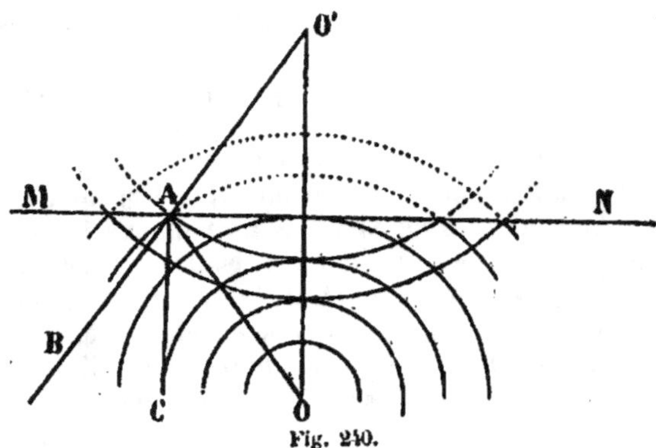

Fig. 240.

1° *Le rayon incident, le rayon réfléchi et la normale sont dans un même plan.*

2° *L'angle de réflexion est égal à l'angle d'incidence.*

Vérification. — Ces lois se vérifient au moyen de deux miroirs paraboliques AA', BB' (fig. 241), placés en regard l'un de l'autre, de

Fig. 241.

façon que leurs axes coïncident. En vertu de la propriété de la parabole, le rayon vecteur d'un point quelconque du miroir et la parallèle menée à l'axe par ce même point font des angles égaux avec la normale au point considéré. D'après cela :

1° *Les rayons partis du foyer sont, après leur réflexion, parallèles à l'axe.*

2° *Tous les rayons sonores parallèles à l'axe vont exactement concourir au foyer.*

EXPÉRIENCE. — On dispose les deux miroirs de manière que leurs axes coïncident ; on place une montre au foyer F ; l'oreille de l'observateur étant en F', le tic-tac de la montre est très bien entendu, ce qui n'a pas lieu quand l'observateur ne met pas l'oreille au foyer F'. On fait souvent l'expérience avec de simples miroirs sphériques concaves, qui servent aussi pour constater la réflexion de la chaleur rayonnante. Pour ne pas intercepter les rayons sonores en s'interposant lui-même entre les deux miroirs, l'observateur place l'oreille à l'orifice d'un cornet acoustique dont le pavillon est au foyer F'.

Si la voûte d'une salle présente la forme d'un ellipsoïde, deux personnes placées chacune à un foyer de l'ellipsoïde peuvent s'entendre, en parlant à voix basse, sans être entendues par les personnes qui sont à un autre point de la salle. Le Conservatoire des Arts et Métiers de Paris possède une salle qui présente un phénomène analogue.

246. Écho et résonnance. — L'*écho* est la répétition d'un son réfléchi par un obstacle assez éloigné pour que le son réfléchi ne se confonde pas avec le son direct.

La *résonnance* est le renforcement du son ; elle est produite par le son réfléchi qui s'ajoute au son direct quand l'obstacle est proche.

Deux cas peuvent se présenter : 1° *Le corps sonore est éloigné de l'observateur ;* 2° *Le corps sonore est au même point que l'observateur.*

PREMIER CAS. — Soient S le point où se produit le son (fig. 242), M l'obstacle ou la surface réfléchissante, A la position de l'observateur.

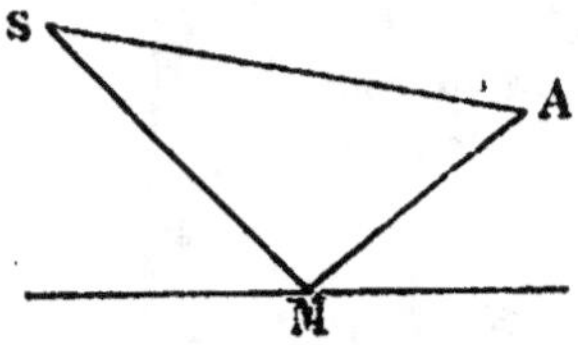

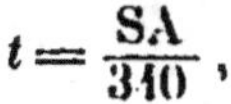

La personne placée en A entend d'abord le son direct après un temps t

$$t = \frac{SA}{340},$$

Fig. 242.

en prenant 340 pour la vitesse du son à la température ordinaire.

Le son réfléchi en M arrive en A après un temps T,

$$T = \frac{SM + AM}{340}.$$

Si la différence $T - t$ est assez grande pour que le son réfléchi n'arrive en A qu'après la cessation du son direct, il y a écho.

Si le son réfléchi arrive avant la cessation du son direct, il y a résonnance.

Or l'expérience démontre que l'émission, et par suite l'audition d'un son bref, dure au moins $\frac{1}{10}$ de seconde. Donc, pour qu'il y ait écho, il faut que l'on ait, au minimum,

$$T - t \quad \text{ou} \quad \frac{SM + AM - SA}{340} = \frac{1}{10} ;$$

d'où :
$$SM + AM - SA = \frac{340}{10} = 34 \text{ mètres.}$$

S'il s'agit de la parole, comme il n'est guère possible d'émettre distinctement plus de cinq syllabes par seconde, pour entendre l'écho d'une syllabe, il faut que l'on ait :

$$\frac{SM + AM - SA}{340} = \frac{1}{5} ;$$

d'où :
$$SM + AM - SA = \frac{340}{5} = 68 \text{ mètres.}$$

Dans ce cas, l'écho est *monosyllabique*. Si la distance était double, triple, etc., l'écho pourrait faire entendre deux, trois, etc., syllabes.

DEUXIÈME CAS. — Les points S et A se confondent.
Alors $SA = 0$, et $t = 0$.
Il faut que AM soit égal à 34ᵐ pour que l'écho soit monosyllabique.
Autant de fois la distance de 34 mètres sera contenue dans la distance de l'observateur à l'obstacle, autant de syllabes seront répétées.

Échos multiples. — Il y a des *échos multiples* répétant deux, trois fois, etc., le même son. Ils sont produits par plusieurs obstacles qui réfléchissent successivement les ondes sonores.

Parmi les échos remarquables, on cite celui du château de Simonetta, en Italie, qui se répète une quarantaine de fois, celui qui se produit sur un lac entouré de bois et de collines, près du château de Rosneath, en Écosse. Cet écho répète plusieurs fois l'air d'une trompette ; mais le ton de cet air baisse à chaque répétition.

Applications. — C'est par la réflexion des ondes sonores que s'expliquent les effets du porte-voix, des cornets et des tubes acoustiques.

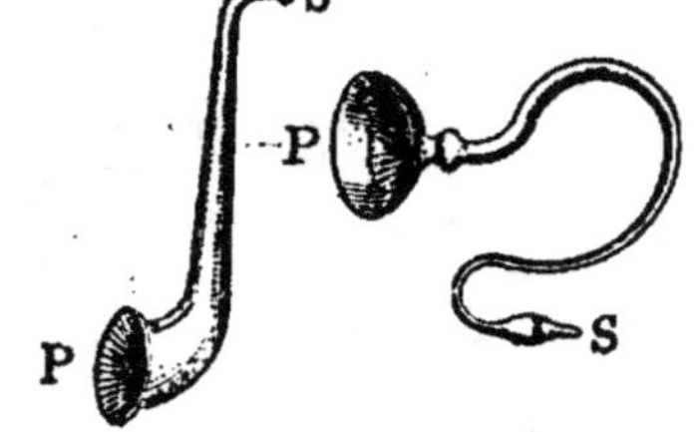

Fig. 244.

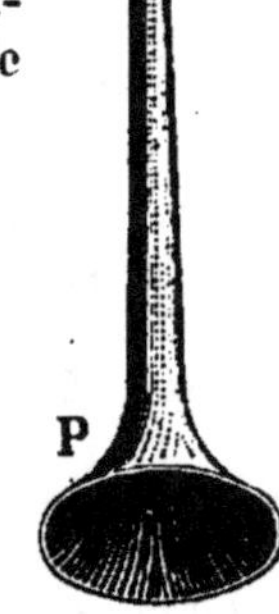

Fig. 243.

1° Le *porte-voix* (fig. 243) est un tube conique terminé par un pavillon ; lorsqu'on parle dans l'embouchure, le son se transmet à une grande distance et avec une grande intensité.

La portée de l'instrument augmente avec sa longueur. Un porte-voix de deux mètres de long, tels que ceux dont on fait usage dans la marine, permet de se faire entendre à quatre ou cinq kilomètres de distance. On explique les effets du porte-voix en disant que l'énergie vibratoire communiquée à l'air contenu dans le tube, produit des ondes sonores qui tendent à se propager principalement dans une direction parallèle à l'axe du tube. Mais il faut ajouter que l'instrument joue, à la manière de tous les tuyaux sonores, le rôle d'un véritable résonateur (voir plus bas, n° 256).

2° Les *cornets acoustiques* (fig. 244) ont diverses formes; ils ont pour but de rendre plus facile la perception des sons aux personnes qui ont l'ouïe dure.

Le cornet est un tube conique dont l'extrémité amincie pénètre dans le conduit auditif, et dont l'autre extrémité s'évase en un pavillon tourné du côté d'où vient la voix. Cet instrument concentre dans l'oreille toute l'énergie vibratoire qui tombe sur le pavillon, c'est-à-dire une quantité beaucoup plus grande que celle qui lui parviendrait en l'absence du cornet acoustique.

3° Les *tubes acoustiques* (fig. 245) sont de longs tuyaux cylindriques en caoutchouc, terminés à chaque extrémité par une embouchure en entonnoir, dans laquelle s'engage un sifflet d'appel. Ils transmettent la voix à grande distance, par exemple d'un appartement à un autre, à travers les planchers et les murs. Quand une personne placée à l'extrémité A veut communiquer avec

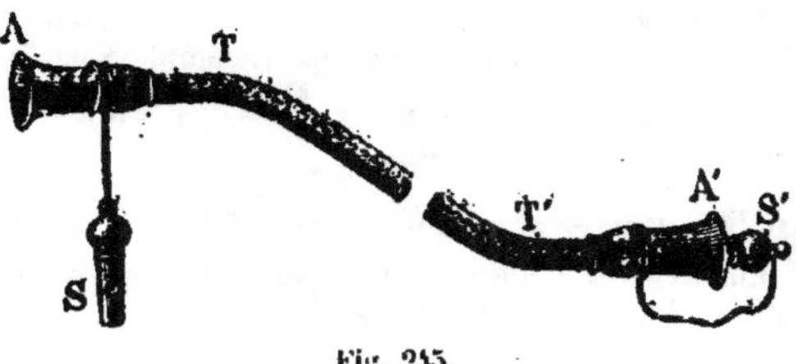

Fig. 245.

une autre qui se tient dans le voisinage de A', elle retire le sifflet S et souffle dans le tube, de manière à faire jouer le sifflet S'. La personne avertie enlève ce sifflet et applique son oreille contre l'embouchure A', tandis que la première personne parle à une petite distance de l'embouchure A. La conversation ainsi engagée à distance peut s'entretenir presque à voix basse.

247. Réfraction du son. — La *réfraction du son* consiste dans la déviation d'une onde sonore passant obliquement d'un milieu dans un autre, quand les vitesses du son dans les deux milieux sont différentes.

Si la vitesse du son dans le deuxième milieu est moindre que dans le premier, le rayon réfracté s'approche de la normale à la surface de séparation des deux milieux.

Si la vitesse du son est plus grande dans le deuxième milieu que dans le premier, le rayon s'écarte de la normale.

Sondhauss a mis en évidence la réfraction du son par l'expérience suivante : on construit une lentille bi-convexe au moyen d'un anneau métallique sur lequel on colle deux membranes minces de collodion : à l'intérieur de cette lentille on introduit de l'acide carbonique.

En un point de l'axe principal de la lentille on met une montre. Si un observateur se déplace sur l'axe, de l'autre côté de la lentille, il entendra le tic-tac de la montre lorsqu'il se trouvera au foyer conjugué du premier point; mais il cessera de l'entendre en tout autre point.

Donc les ondes sonores ont été déviées en traversant la lentille.

La réfraction du son est soumise aux mêmes lois que la réfraction de la lumière.

§ IV. COMPOSITION ET INTERFÉRENCE DES SONS

248. Phase. — Dans un mouvement périodique, comme le mouvement d'oscillation d'un pendule, un élément important à considérer est la *phase*. Comptons le temps à partir de l'instant où le pendule passe dans la verticale : l'angle d'écart par rapport à la verticale est alors 0, et la vitesse de la masse est au contraire maximum. Au bout d'une période entière T, ou du temps 2T, 3T,... le mouvement pendulaire se retrouvera à la même phase. Au bout d'un temps t, qui est une fraction de la période T, le mouvement se trouve au contraire à une phase différente : la position et la vitesse du corps mobile ne sont pas les mêmes qu'au début. On peut définir la phase par le rapport du temps t, compté à partir du passage par la position d'équilibre, à la période T. Si $\frac{t}{T} = \frac{1}{4}$, le mouvement est à une phase caractérisée par le fait que l'élongation est maximum, et qu'au contraire la vitesse est nulle. Si $\frac{t}{T} = \frac{1}{2}$, le mouvement est à une phase d'une demi-période, le point mobile est de nouveau à la position d'équilibre : mais sa vitesse est de sens contraire à sa vitesse au temps zéro.

Longueur d'onde. — Quand un mouvement vibratoire se propage dans un tuyau cylindrique indéfini, deux tranches d'air différentes A et B ont des mouvements qui, en général, n'ont pas la même phase. La phase sera la même si une vibration complète commence en B au moment où cette vibration complète finit en A, et où commence par suite en A une nouvelle vibration : la condition d'égalité de phases est donc que le temps mis par le son pour se propager de A en B soit égal au temps que dure une vibration complète. La distance AB définie par cette condition s'appelle la *longueur d'onde*. C'est la distance de deux tranches qui ont constamment la même phase. Soit λ cette longueur; comme elle est l'espace parcouru pendant le temps T d'une vibration, la vitesse étant V, on a : $$\lambda = VT$$

longueur d'onde = vitesse de propagation × durée de la période.

Cette formule est capitale dans l'étude du mouvement périodique. On voit que la longueur d'onde λ varie avec la note émise, avec T; elle varie en outre avec le milieu où se propage le son, puisque V dépend de ce milieu.

En deux points distants d'un nombre entier de longueurs d'onde, la phase est constamment la même; en deux points distants de $\frac{\lambda}{2}$ ou d'un nombre impair de fois $\frac{\lambda}{2}$, au contraire, il y a différence de phase de $\frac{T}{2}$ (ou de 180°) : les mouvements sont à phases opposées.

Composition de deux mouvements vibratoires de même période.
— La considération de la phase est particulièrement importante quand on étudie deux mouvements périodiques *de même période* T. Si, pour tous les deux, le passage par la position d'équilibre a lieu au même instant, avec vitesses dirigées à cet instant dans le même sens, *la différence de phase est nulle*. Ces deux mouvements sont concordants (fig. 246). — Si l'un des deux a commencé au contraire un instant ζ avant l'autre, il présente sur lui une différence de phase marquée par le rapport $\frac{\zeta}{T}$. La figure 249 représente deux mouvements de même période ayant une différence de phase de $\frac{1}{4}$ de période; la figure 250, deux mou-

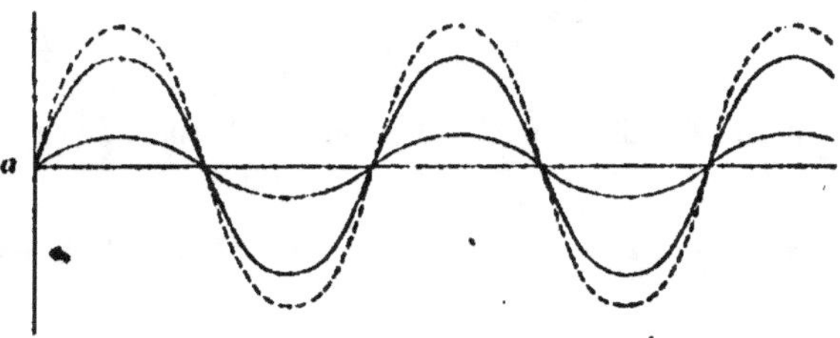

Fig. 246.

vements ayant une différence de phase de $\frac{1}{2}$ période : ces deux mouvements ont à chaque instant des vitesses de sens inverses[1].

249. Interférences du son. — Deux sons à l'unisson peuvent, dans certains cas, par leur superposition, produire le silence absolu. C'est là un fait qui tient au caractère vibratoire du mouvement qui produit le son : on retrouve le même phénomène paradoxal dans l'étude de tous les genres de mouvements périodiques. C'est ainsi que Fresnel a pu, par la superposition de deux lumières, produire l'obscurité.

Considérons un même point matériel M sollicité à la fois par deux mouvements périodiques de même période T, s'effectuant suivant la même droite MN (fig. 248). La vitesse résultante s'obtiendra à chaque instant par l'addition algébrique des deux vitesses composantes.

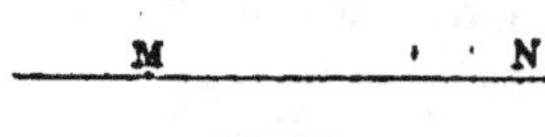

Fig. 248.

PREMIER CAS. MÊME PHASE. — Le mouvement résultant a encore même phase que les mouvements composants, comme le montre la figure 246, et son amplitude est la somme des deux amplitudes des mouvements composants.

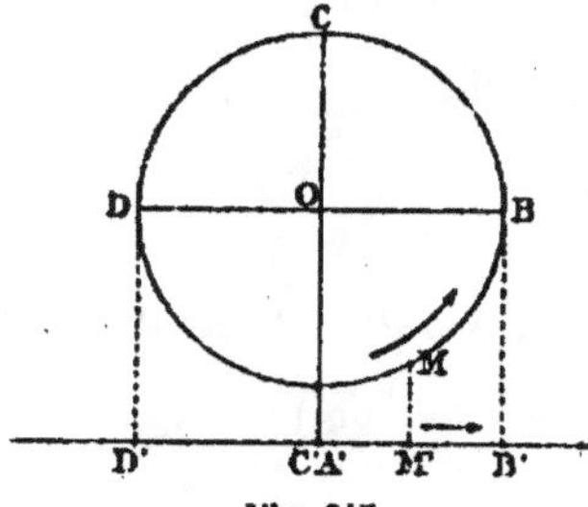

Fig. 247.

1 On évalue souvent les différences de phases en degrés d'angle. La période entière étant représentée par une circonférence de 360°, on dit indifféremment : une différence de phase de $\frac{1}{4}$ de période ou de 90°; une différence de phase de $\frac{1}{2}$ période ou de 180°.

L'origine de cette manière de compter les phases est dans cette remarque qu'un mouvement vibratoire, simple, peut être considéré comme le mouvement de la projection M' d'un point mobile M animé d'un mouvement circulaire uniforme (fig. 247).

DEUXIÈME CAS. DIFFÉRENCE DE PHASE QUELCONQUE. — Le mouvement résultant

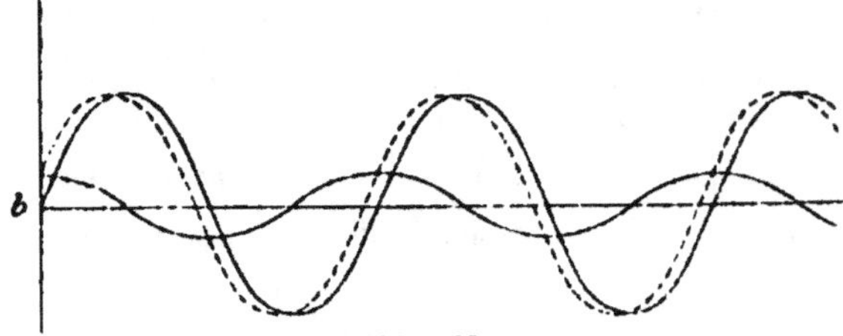

Fig. 249.

dépend de cette différence de phase; il peut se déterminer par un procédé graphique (fig. 249).

TROISIÈME CAS. — Différence de phase de $\frac{T}{2}$, ou de 180° (fig. 250). En ce

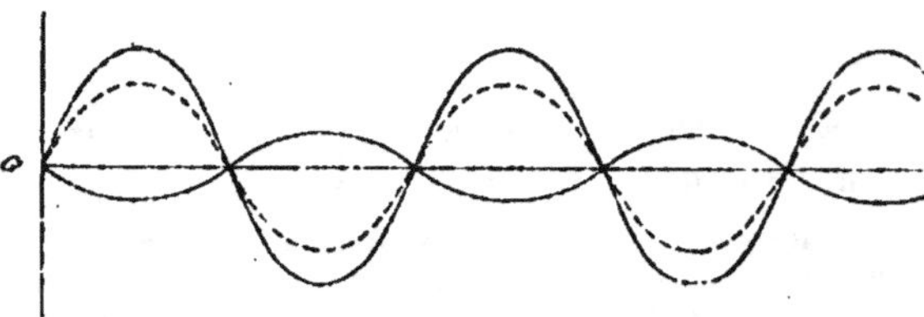

Fig. 250.

cas, le mouvement résultant a une amplitude égale à la différence des amplitudes des deux composants. Si ces mouvements composants ont même amplitude, le mouvement résultant est nul : il y a repos absolu (fig. 251).

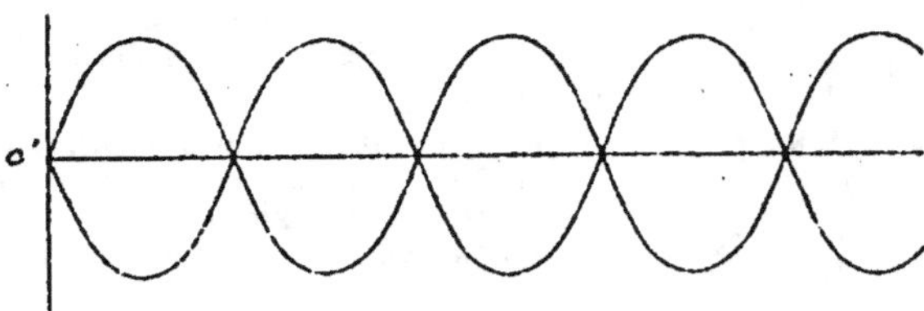

Fig. 251.

C'est à ce cas particulier important qu'on réserve souvent le nom d'*interférence*.

Il nous reste à voir comment on peut réaliser pour le son une expérience d'interférence.

250. Expériences d'interférence des sons. — On peut réaliser les divers cas, pour les mouvements sonores, au moyen d'un instrument appelé *trombone de Kœnig* (fig. 252). Il se compose d'un tuyau devant lequel on fait vibrer un diapason, et qui se bifurque en deux autres : ces deux tuyaux B, C, deux fois recourbés viennent se réunir ensuite en un tuyau unique O qui est dans le prolongement du premier, et derrière lequel on place l'oreille (ou une flamme manométrique).

L'un des deux tuyaux dérivés C a une longueur qu'on peut augmenter, en le tirant à la façon d'un trombone. Si les deux tuyaux qui conduisent de la bifurcation au point de raccordement ont même longueur, les deux tranches d'air qui sont à leur extrémité ont reçu l'ébranlement vibratoire au même instant ; elles sont animées de mouvements qui ont la même phase, ces mouvements s'ajoutent, et l'on entend le son. — Si l'on tire le tuyau mobile, le son diminue d'intensité jusqu'à s'éteindre complétement ; à ce moment, la différence de longueur des deux branches bifurquées est précisément $\frac{\lambda}{2}$, λ étant la demi-longueur d'onde qui correspond à la note du diapason. Si l'on tire encore le tuyau mobile C, le son reparaît pour reprendre son intensité primitive quand la différence des longueurs atteint λ. L'*interférence*, c'est-à-dire la destruction complète de son, a lieu quand la différence de longueur est $\frac{\lambda}{2}$, parce qu'alors

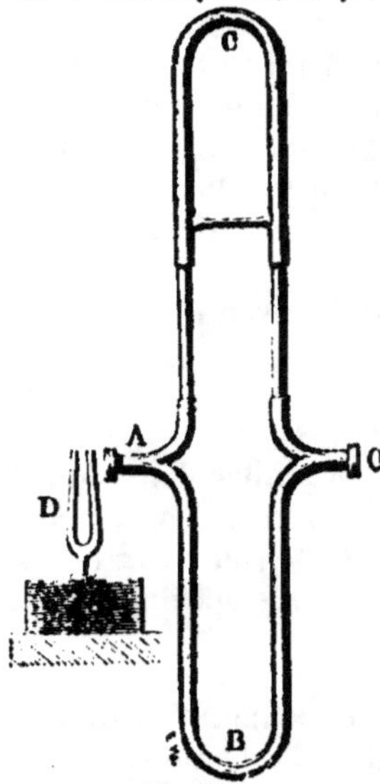

Fig. 252.

les deux tranches d'air qui se trouvent à l'embouchure des deux tuyaux B et C sont animées de mouvements périodiques qui ont entre eux une différence de phase d'une demi-période.

CHAPITRE III

LOIS DES VIBRATIONS SONORES

§ I. VIBRATIONS TRANSVERSALES DES CORDES

251. Vibrations des cordes. — Les cordes, en acoustique, sont des solides flexibles, de forme très allongée, fixés à leurs deux extrémités ; elles sont métalliques ou formées de matières organiques tressées.

Les vibrations des cordes sont utilisées dans un grand nombre d'instruments de musique : violon, violoncelle, contre-basse, piano, harpe, etc... Elles sont produites au moyen de l'archet, du pincement ou de la percussion.

Une même corde peut rendre un son fondamental et ses harmoniques.

Les lois des cordes vibrantes rendant le son fondamental ont été découvertes et démontrées expérimentalement par le Père Mersenne[1].

Lois. — *Le nombre des vibrations effectuées par une corde en une seconde est inversement proportionnel à la longueur et au diamètre de la corde; il est directement proportionnel à la racine carrée du poids tenseur, et inversement proportionnel à la racine carrée de la densité de la substance dont la corde est formée.*

Ces quatre lois sont résumées dans la formule suivante :

$$n = \frac{1}{2rl} \sqrt{\frac{gP}{\pi d}}.$$

n exprime le nombre de vibrations doubles produites dans l'unité de temps par le son le plus grave que peut rendre la corde; r, le rayon de la corde; l, sa longueur; P, le poids tenseur évalué en grammes; g, l'intensité de la pesanteur; d, le poids spécifique; π, le rapport de la circonférence au diamètre.

252. Sonomètre. — Ces lois peuvent être démontrées expérimentalement au moyen du *sonomètre* (fig. 253). C'est une caisse en

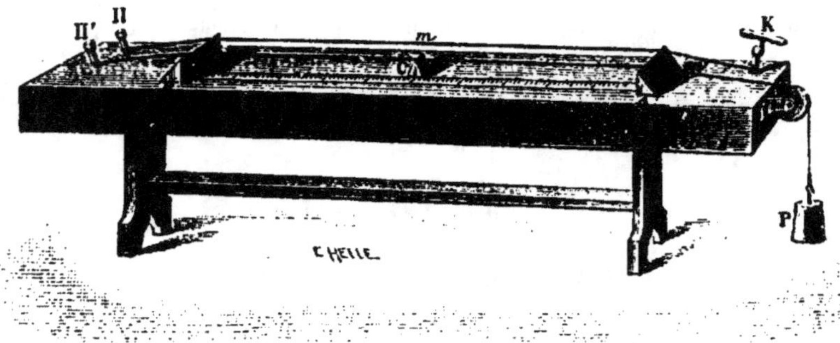

Fig. 253.

bois destinée à renforcer les sons produits par les cordes tendues au-dessus. Les cordes, fixées à des chevilles par une extrémité, s'engagent dans la gorge d'une poulie et sont tendues par des poids P. Deux chevalets fixes, A et B, déterminent la partie vibrante de la corde; un chevalet mobile C permet d'en faire varier la longueur.

La table présente trois échelles graduées : l'une porte les divisions du mètre; les deux autres, des divisions marquant les seg-

---

[1] *Le Père Mersenne*, savant religieux, né dans le Maine (1588-1648).

ments d'une même corde correspondant aux diverses notes de la gamme.

Loi des longueurs. — On vérifie la loi des longueurs en faisant donner successivement par une même corde, tendue par un poids constant, toutes les notes de la gamme; les longueurs nécessaires s'obtiennent en déplaçant le chevalet mobile; elles sont déterminées sur la règle graduée; ces longueurs sont, en désignant par 1 la longueur totale qui donne la note fondamentale :

$$1 \quad \frac{8}{9} \quad \frac{4}{5} \quad \frac{3}{4} \quad \frac{2}{3} \quad \frac{3}{5} \quad \frac{8}{15} \quad \frac{1}{2}.$$

Par exemple, il faut réduire la corde à la moitié de sa longueur pour lui faire donner l'octave du son fondamental.

Or ces nombres sont précisément les inverses des nombres :

$$1 \quad \frac{9}{8} \quad \frac{5}{4} \quad \frac{4}{3} \quad \frac{3}{2} \quad \frac{5}{3} \quad \frac{15}{8} \quad 2,$$

qui expriment les rapports des nombres de vibrations.

Loi des rayons. — On prend deux cordes de même longueur, de même densité et également tendues, mais dont les rayons sont, par exemple, 1 et 2. En faisant vibrer ces deux cordes, on constate que la plus grosse donne l'octave grave de la première.

Loi des poids tenseurs. — On fait vibrer une corde tendue successivement par des poids proportionnels aux nombres 1 et 4. Le deuxième son obtenu est l'octave aiguë du premier. Donc les nombres de vibrations sont directement proportionnels aux racines carrées des poids tenseurs.

Loi des densités. — On fait vibrer deux cordes de même rayon, de même longueur et tendues également, mais dont les densités sont dans le rapport de 1 à 4, par exemple.

La corde qui a pour densité 4 donne l'octave grave du son de la première corde.

253. Sons harmoniques. Nœuds. Ventres. — Nous n'avons parlé jusqu'ici que du son le plus grave que peut rendre la corde : c'est le *son fondamental* de cette corde. Outre ce son fondamental, une corde peut rendre et rend toujours, avec une intensité plus ou moins grande, quelques-uns des sons harmoniques de ce son fondamental. Lorsqu'une corde vibre, il est facile de distinguer, outre la note fondamentale, les sons 2 et 3, c'est-à-dire l'octave, et l'octave de la quinte; une oreille exercée distingue encore les sons 4, 5, 6, etc.

Cette production des sons harmoniques s'explique en remarquant que la corde peut se diviser en deux, trois, quatre... parties d'égales longueurs qui vibrent simultanément avec la longueur totale, comme si elles étaient indépendantes (fig. 254). C'est ce que l'on constate par une expérience bien simple.

On place le chevalet mobile à une partie aliquote de la corde, au

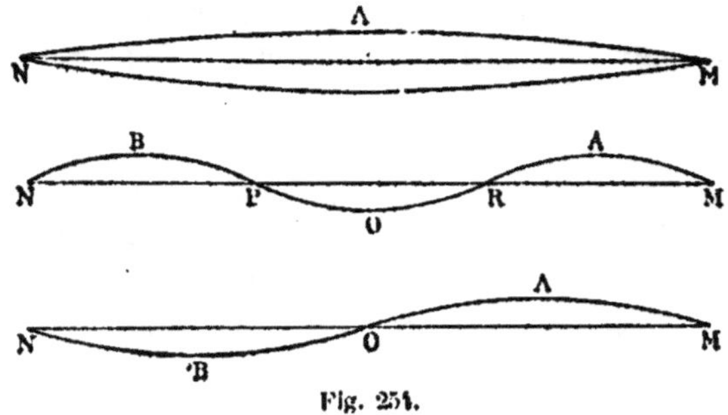

Fig. 254.

tiers par exemple, et on fait vibrer la plus petite longueur. La grande longueur se divise alors en deux parties égales qui vibrent à l'unisson. On peut mettre en évidence le point fixe et les parties mobiles par des cavaliers de papier placés sur la corde. Quand on fait vibrer la corde, tous les cavaliers sont projetés, excepté celui qui se trouve au point de division.

On appelle *nœuds* les points qui ne vibrent pas; *concamération*, la partie de la corde comprise entre deux nœuds consécutifs; *ventre*, le milieu de la distance qui sépare deux nœuds consécutifs, ou le milieu d'une *concamération*. Le *ventre* est le point où les vibrations ont leur maximum d'amplitude.

En établissant un nœud au tiers de la corde, par l'introduction du chevalet C, on voit l'autre partie se diviser en deux concamérations, séparées par un nœud qui s'établit au second tiers (fig. 255). Cette

Fig. 255.

seconde partie de la corde nous fournit un exemple d'une corde dont les deux moitiés vibrent indépendamment l'une de l'autre. En réalité, ces deux mouvements vibratoires des deux moitiés seront superposés au mouvement vibratoire d'ensemble de la corde entière, de sorte que l'octave aiguë est entendue en même temps que le son fondamental. Mais quand on n'a pas recours à des artifices particuliers, comme celui que nous venons d'indiquer, le son fondamental domine de beaucoup tous les autres ; c'est toujours de celui-là qu'il est question quand on parle du son de la corde.

Résonnance d'une corde. — Nous avons dit qu'une corde peut être mise en vibration par le pincement, par la percussion ou par le coup d'archet. On peut aussi la faire vibrer *par influence*.

Faisons vibrer à côté de cette corde une autre corde ou un tuyau rendant exactement le son que la première corde peut donner. Les vibrations de ce tuyau ou de cette corde auxiliaire se communiquent à l'air, puis de l'air à la première corde ; et comme les impulsions successives de l'air sont exactement rythmées sur le mouvement que la corde est susceptible de prendre, leurs effets s'ajoutent peu à peu, et la corde finit par vibrer avec énergie.

On dit qu'il y a *résonnance* ou vibration *par influence*.

Ce phénomène se produit exclusivement au moyen du son fondamental de la corde, ou de l'un de ses harmoniques.

1° Si l'on produit devant une corde un ensemble complexe de sons, la corde choisira dans cet ensemble celui qui est à l'unisson avec le sien ; elle vibrera sous son influence, mais les autres n'auront pas d'action sur elle.

2° Inversement, si l'on fait entendre une note à l'ouverture d'une caisse de piano, les cordes capables de rendre cette note vibreront par influence ; mais toutes les autres cordes resteront muettes.

§ II. VIBRATIONS DES VERGES

251. Vibrations des verges. — **I. Vibrations transversales.** — Une verge est un corps solide rigide, dont l'une des dimensions est très grande par rapport aux autres.

Si l'on imprime à la verge une flexion, elle se met à vibrer en vertu de son *élasticité de flexion* ; les points écartés de leurs positions d'équilibre prennent un mouvement vibratoire perpendiculaire à la direction de la verge, c'est-à-dire *transversal*.

Nous considérons des verges prismatiques dont la largeur est très petite par rapport à la longueur.

On appelle longueur la plus grande des trois dimensions de la verge ; largeur, la dimension perpendiculaire au plan dans lequel se font les vibrations, et épaisseur, la dimension parallèle à ce même plan.

Lois des vibrations transversales. — Les nombres des vibrations du son fondamental donné par des verges prismatiques, semblablement assujetties, sont :

1° *Directement proportionnels aux épaisseurs* ;

2° *Inversement proportionnels aux longueurs* ;

3° *Indépendants de la largeur*, celle-ci étant supposée très petite par rapport à la longueur, comme nous l'avons déjà dit.

On vérifie ces lois comme celles des vibrations transversales des cordes.

II. Vibrations longitudinales. — Une verge rigide peut encore vibrer en restant rigoureusement rectiligne, mais sa longueur éprouve des variations périodiques ; si on l'allonge, elle reprend sa longueur d'équilibre, se raccourcit, et ainsi de suite : ici c'est l'élasticité de *traction* qui est mise en jeu, et les vibrations se font dans le sens de la longueur, elles sont *longitudinales*. Pour produire les vibrations longitudinales, on frotte les verges dans le sens de la longueur avec les doigts imprégnés de colophane.

Lois. — Les nombres de vibrations du son fondamental donné par des verges semblablement assujetties sont :

Inversement proportionnels aux longueurs.

Les deux autres dimensions n'ont pas d'influence.

Les différents sons que peut donner une verge dépendent de la manière dont la verge est assujettie. Trois cas peuvent se présenter :

1° *Une extrémité est fixe, et l'autre est libre.* — La verge donne les sons harmoniques représentés par les nombres impairs : 1, 3, 5, 7, 9...

2° *Les deux extrémités sont libres.* — La verge donne les sons harmoniques représentés par la suite des nombres naturels : 1, 2, 3, 4, 5...

3° *Les deux extrémités sont fixes.* — La verge donne les mêmes sons harmoniques que dans le deuxième cas.

§ III. VIBRATIONS DES PLAQUES

255. Vibrations des systèmes rigides, plaques, cloches, etc. — Les sons produits par les divers systèmes rigides dépendent de la disposition des points fixes qui déterminent le mode de subdivision du système (fig. 256). Ces subdivisions sont rendues sensibles par du sable fin répandu à la surface d'une plaque vibrante ; le sable s'agite, tournoie et s'accumule suivant certaines lignes appelées *lignes*

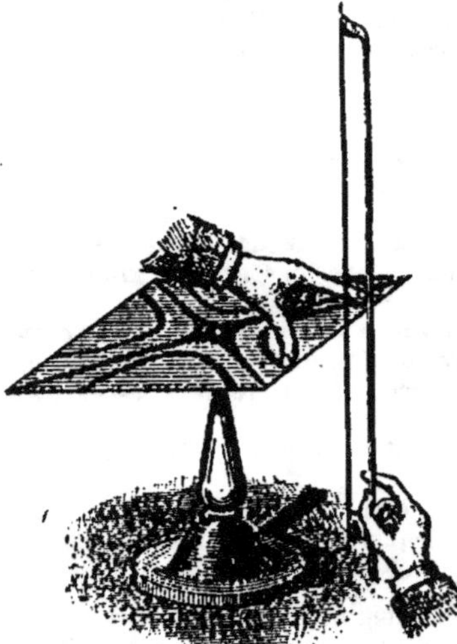

Fig. 256.

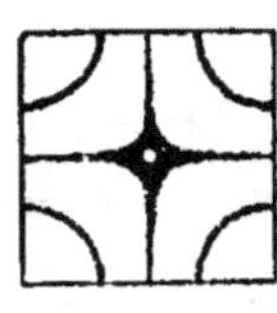
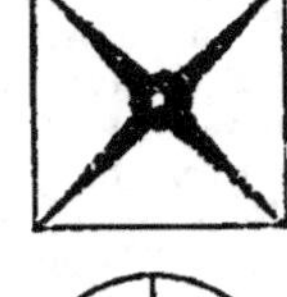

Fig. 257.

nodales, qui sont les lignes de séparation des parties vibrant en sens contraires (fig. 257).

Le son fondamental correspond à deux lignes nodales rectangulaires qui sont des diamètres de figure.

Les timbres, les cloches, les cymbales, etc., se divisent de même en concamérations plus ou moins nombreuses. Ces instruments donnent beaucoup d'harmoniques en même temps que la note fondamentale.

§ IV. TUYAUX SONORES

256. Vibration de l'air dans les tuyaux sonores. — Les *tuyaux sonores* sont des tubes dans lesquels on fait vibrer une colonne d'air pour obtenir des sons.

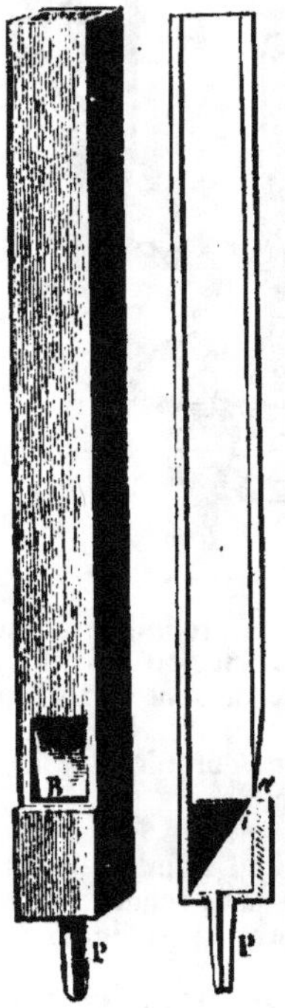

1° L'ébranlement de la colonne d'air contenue dans un tuyau est obtenu de deux manières : par une **embouchure de flûte** ou par une **anche.**

Dans le premier procédé, l'air arrive par un tube cylindrique P (fig. 258), passe par une petite fente *i* appelée *lumière,* et vient se briser contre le tranchant d'un biseau *a,* qui est la lèvre supérieure d'une ouverture B appelée *bouche.* Le brisement de l'air est accompagné de vibrations qui se transmettent à la colonne d'air du tuyau.

Dans le second procédé, l'air fait vibrer une lame *l* (fig. 259) appelée *languette,* qui ferme une sorte de gouttière *c* appelée *rigole;* une tige *r* permet d'allonger ou de raccourcir la partie vibrante de la languette;

Fig. 258.   Fig. 259.

à chaque oscillation la lame bat les bords de la rigole; en raison de cette disposition, on l'appelle *anche battante.*

La languette peut être disposée de manière à passer exactement dans la rigole sans la frapper (fig. 260); l'anche est alors *libre.* Les sons qu'elle produit sont plus harmonieux que ceux de l'anche battante.

2° Le corps sonore est la colonne d'air contenue dans le tuyau; on le prouve en faisant résonner plusieurs tuyaux de même diamètre, de même longueur et de différentes substances; ces tuyaux donneront l'unisson, le timbre seul sera différent; il faut cependant que les parois aient une certaine épaisseur.

Fig. 260.

Les tuyaux sonores sont des résonnateurs. — 1° Faisons vibrer un diapason et présentons-le à l'ouverture d'une éprouvette tubulée communiquant avec une autre éprouvette pleine d'eau (fig. 261). En élevant ou abaissant celle-ci, on fait varier la longueur de la colonne d'air contenue dans la première éprouvette. Or on trouve toujours une certaine longueur pour laquelle la colonne d'air entre en vibration sous l'influence du diapason. Si la note du diapason est assez aiguë, on trouve même plusieurs longueurs différentes pour lesquelles la colonne d'air vibre par résonnance.

En recommençant l'expérience avec un diapason qui donne une autre note, on trouve d'autres longueurs.

2° Un tuyau d'orgue résonne de même, mais exclusivement sous l'influence d'un diapason donnant la note fondamentale du tuyau, ou l'un des harmoniques que ce tuyau est capable d'émettre.

Fig. 261.

3° Ainsi, un tuyau ne renforce qu'un son déterminé. Si l'on produit devant lui plusieurs sons à la fois, il en *choisit* un, qu'il renforce à l'exclusion des autres.

Le tuyau n'est donc influencé par un ensemble complexe de sons que s'il en trouve un parmi eux qui soit à l'unisson avec le sien.

4° D'après cela, il est aisé de concevoir le mécanisme de l'ébranlement de la colonne d'air d'un tuyau, à embouchure de flûte, par exemple.

Quand on souffle dans le tuyau, le frôlement de l'air contre le biseau produit une sorte de sifflement, qui est le mélange d'un grand nombre de sons discordants. S'il se trouve parmi eux le son que le tuyau peut rendre, ou du moins l'un de ses harmoniques, l'air du tuyau entre en vibration par influence.

257. Nœuds et ventres. — Quand un tuyau résonne, la colonne d'air intérieure se divise spontanément en parties égales qui vibrent séparément et à l'unisson. La longueur de chaque tranche vibrante est égale à la demi-longueur de l'onde sonore correspondant au son produit.

Les surfaces de séparation sont des *nœuds;* elles sont immobiles et n'éprouvent que des variations de densité.

Les milieux des parties vibrantes sont appelés *ventres* de vibrations; ils ont une densité constante, mais les tranches d'air y sont animées de mouvements d'oscillation.

Dans un tuyau ouvert, les deux extrémités sont nécessairement des *ventres.* Car à chaque extrémité l'air du tuyau est en communication avec l'air extérieur, il doit donc y avoir constamment équilibre de pression; les tranches d'air des extrémités peuvent se déplacer et osciller, mais elles ne peuvent subir aucune variation de densité.

Au contraire, à une extrémité fermée d'un tuyau il y a un nœud. La tranche d'air en contact avec le fond rigide est immobile, mais elle peut éprouver des dilatations et contractions : il peut y avoir des variations alternatives de pression, puisqu'on n'est pas en communication directe avec l'atmosphère extérieure. Si le tuyau est fermé, le fond présente un *nœud*, et la bouche est en regard d'un *ventre*.

Expériences. — 1° Avec un tuyau à embouchure de flûte, dans lequel on peut faire mouvoir un piston, on peut trouver expérimentalement la position des nœuds (fig. 202). En faisant glisser le piston, on constate que le son est le même à la rencontre des nœuds et varie dans les intervalles.

2° Si des ouvertures sont pratiquées aux ventres, le son reste le même, que les ouvertures soient libres ou fermées; si elles sont pratiquées aux nœuds, le son varie lorsqu'on les ouvre, parce que les nœuds sont remplacés par des ventres.

Mesure de la vitesse du son à l'aide des tuyaux sonores. — Le mouvement vibratoire de l'air dans un tuyau sonore est identique à celui par lequel se propage le même son dans un tuyau indéfini.

Or la vitesse de propagation V, le nombre de vibrations par seconde n, et la longueur d'onde λ, sont liées par la formule connue :

$$V = n\lambda.$$

De là un moyen très simple pour déterminer la vitesse V d'une manière indirecte : il suffit de mesurer séparément les facteurs n et λ.

On obtient n au moyen de la sirène.

La longueur λ est le double de la distance constante qui sépare deux nœuds consécutifs.

238. Lois des tuyaux ou lois de Bernouilli[1]. — I. **Tuyaux fermés.** — Les tuyaux fermés présentent un ventre à l'embouchure et un nœud au fond (fig. 203); et comme la longueur d'un tuyau est divisée en parties égales par les nœuds et les ventres, le nombre de ces parties sera un nombre *impair* $(2p + 1)$.

Si nous représentons par λ la longueur d'une onde, la distance d'un ventre à un nœud sera représentée par $\frac{\lambda}{4}$, et la longueur du tuyau sera :

$$l = (2p + 1)\,\frac{\lambda}{4} . \qquad\qquad (1)$$

Dans l'hypothèse $p =$ zéro, on a : $\lambda = 4l.$

Fig. 202.

---

1 *Bernouilli (Daniel)*, physicien hollandais, né à Groningue (1700-1782).

Donc, quand un tuyau fermé donne le son fondamental, la longueur d'onde égale quatre fois la longueur du tuyau. Alors, il n'existe pas de nœud ni de ventre entre l'embouchure et le fond.

En représentant par n le nombre de vibrations par seconde, et par v la vitesse du son, on a :

$$\lambda n = v;$$

d'où :

$$\lambda = \frac{v}{n}.$$

Et la formule (1) devient :

$$l = (2p + 1)\,\frac{v}{4n};$$

d'où :

$$n = (2p + 1)\cdot\frac{v}{4l}. \qquad (2)$$

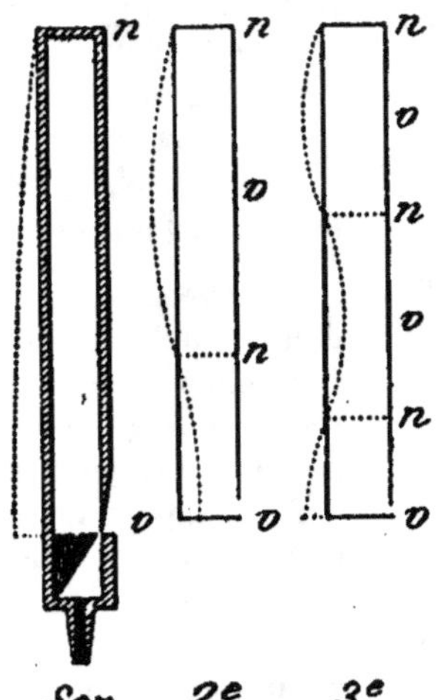

Fig. 263.

1° Loi des harmoniques. — Si l'on donne à p les valeurs : 0, 1, 2, 3, 4...

Les valeurs correspondantes de n sont :

$$\frac{v}{4l} \qquad 3\cdot\frac{v}{4l} \qquad 5\cdot\frac{v}{4l} \qquad 7\cdot\frac{v}{4l} \qquad 9\cdot\frac{v}{4l}\cdots$$

Nombres proportionnels à la suite des nombres impairs 1, 3, 5, 7, 9...

Donc les tuyaux fermés donnent les harmoniques impairs du son fondamental.

2° Loi des longueurs. — D'après la relation (2) :

Les nombres de vibrations du son fondamental, dans deux tuyaux fermés, sont inversement proportionnels aux longueurs des tuyaux.

II. Tuyaux ouverts. — Dans les tuyaux ouverts, il existe un ventre à l'embouchure et un autre au fond (fig. 264). La longueur d'un tuyau ouvert est divisée, par les nœuds et les ventres, en un nombre *pair* de parties égales; en conservant les mêmes notations que pour les tuyaux fermés, on a :

$$l = 2p\,\frac{\lambda}{4}.$$

$$l = p\,\frac{\lambda}{2}. \qquad (3)$$

La plus petite valeur que l'on puisse donner à p est 1. Pour $p = 1$, on a $\lambda = 2l$.

Donc, quand un tuyau ouvert donne le son fondamental, la longueur d'onde égale deux fois la longueur du tuyau. Alors, il y a un nœud au milieu du tuyau.

En remplaçant λ par sa valeur $\dfrac{v}{n}$, la formule (3) devient :

$$l = p\,\frac{v}{2n} ;$$

d'où :
$$n = p\,\frac{v}{2l}. \qquad (4)$$

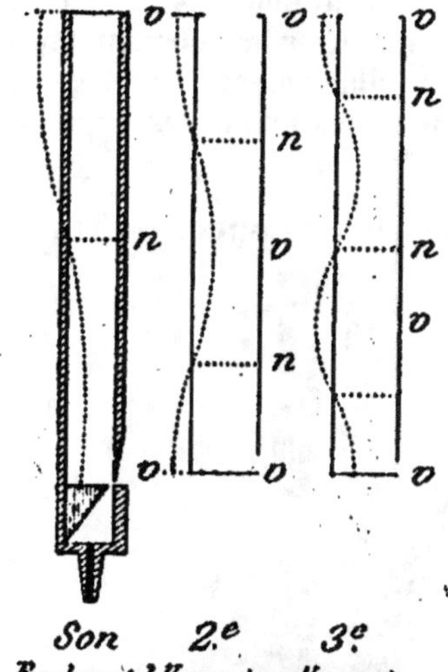

Fig. 201.

1° Loi des harmoniques. — Si l'on donne à p les valeurs 1, 2, 3, 4, 5...

Les valeurs correspondantes de n sont :

$$\frac{v}{2l} \quad 2\frac{v}{2l} \quad 3\frac{v}{2l} \quad 4\frac{v}{2l} \quad 5\frac{v}{2l} \dots$$

Donc, les tuyaux ouverts donnent tous les harmoniques du son fondamental.

2° Loi des longueurs. — D'après la relation (4) :

Les nombres de vibrations correspondant au son fondamental sont inversement proportionnels aux longueurs des tuyaux.

Loi se rapportant à deux tuyaux de même longueur, dont l'un est ouvert et l'autre fermé. — Les relations (2) et (4) montrent *que lorsqu'un tuyau ouvert et un tuyau fermé de même longueur donnent un harmonique de même rang, le nombre de vibrations du tuyau ouvert est double de celui du tuyau fermé.*

C'est-à-dire qu'un tuyau ouvert donne l'octave aiguë d'un tuyau fermé de même longueur.

Loi du Père Mersenne (ou loi de similitude). — *Les nombres de vibrations des sons rendus par deux tuyaux géométriquement semblables sont inversement proportionnels aux dimensions homologues.*

Par exemple, si le rapport de similitude est égal à 2, le son fondamental du petit tuyau est l'octave aiguë du son fondamental de l'autre tuyau.

Les dimensions transversales n'ayant pas d'influence sur les sons rendus par les tuyaux longs et étroits, il s'ensuit que tous les tuyaux de ce genre peuvent être considérés comme géométriquement semblables, leurs longueurs représentant des dimensions homologues.

Dès lors, la loi de Bernouilli concernant les longueurs apparaît comme un cas particulier de la loi de similitude.

259. Vérification de ces lois par l'expérience. — Toutes

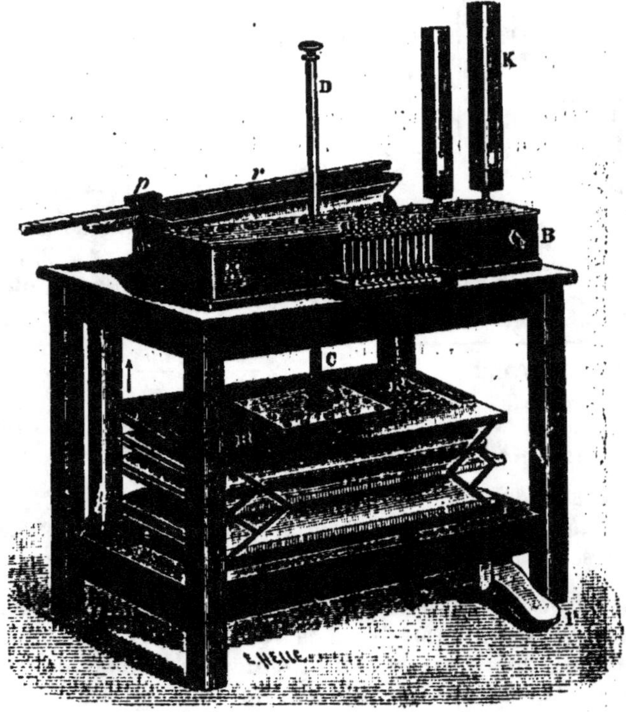

Fig. 205.

les lois de Bernouilli se vérifient au moyen de tuyaux placés sur un appareil de soufflerie (fig. 205).

Loi des harmoniques. — On dispose sur l'appareil de soufflerie un tuyau muni d'un robinet à l'aide duquel on force progressivement l'entrée de l'air.

Si le tuyau est *ouvert*, on obtient toute la suite des harmoniques naturels; mais si le tuyau est *fermé*, on ne peut obtenir que les harmoniques impairs.

Loi des longueurs. — On fait parler successivement des tuyaux dont les longueurs soient proportionnelles aux nombres :

$$1 \qquad \frac{8}{9} \qquad \frac{4}{5} \qquad \frac{3}{4} \qquad \frac{2}{3} \qquad \frac{3}{5} \qquad \frac{8}{15} \qquad \frac{1}{2}.$$

Les notes correspondantes sont : *ut, ré, mi, fa, sol, la, si, ut,* dont les nombres de vibrations sont :

$$1 \qquad \frac{9}{8} \qquad \frac{5}{4} \qquad \frac{4}{3} \qquad \frac{3}{2} \qquad \frac{5}{3} \qquad \frac{15}{8} \qquad 2.$$

Ce qui vérifie la loi.

Loi relative à un tuyau ouvert et à un tuyau fermé de même longueur. — Si l'on installe sur l'appareil de soufflerie un tuyau ouvert et un tuyau fermé de même longueur, on constate que le tuyau ouvert donne l'octave aiguë du tuyau fermé.

On peut prendre encore un tuyau ouvert présentant en son milieu une languette mobile qu'on peut pousser ou retirer (fig. 266); en la poussant, on introduit un fond au milieu du tuyau, on le ferme en son milieu. On constate que la hauteur du son n'est pas changée.

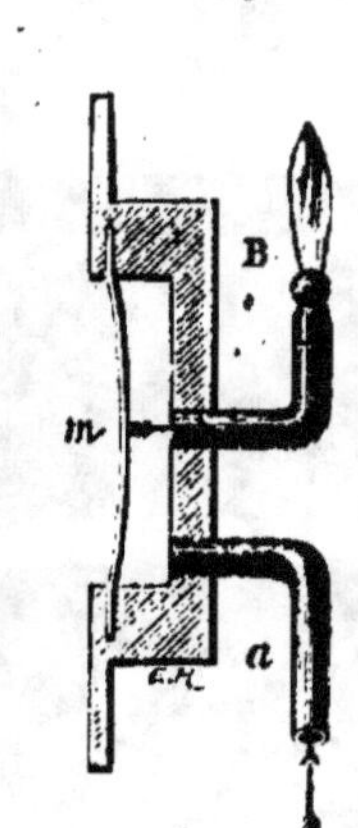

Fig. 266. Fig. 267.

Autres expériences. — L'étude expérimentale de la répartition des nœuds dans un tuyau sonore peut être faite d'une façon précise à l'aide des flammes manométriques de König. Une partie de la paroi du tuyau est remplacée par une *membrane* élastique *m*, sur laquelle est appliquée une capsule ou boîte cylindrique aplatie, que traverse un courant de gaz d'éclairage. Deux ajutages sont adaptés à la capsule; l'un sert à l'arrivée du gaz, l'autre porte un bec, et l'on y allume le gaz sortant. Si la pression augmente dans le tuyau, la membrane se courbe vers l'intérieur de la capsule, le gaz y est comprimé, et la flamme s'allonge. Si la pression diminue, la flamme se raccourcit. Aux ventres la pression ne varie pas : on observe que la flamme est immobile, ne vacille point. Aux nœuds elle est, au contraire, vacillante. Mais, pour rendre sensibles à l'œil ces variations qui se succèdent à très courts intervalles de temps, on a recours à un miroir tournant M (fig. 268). En regardant dans le miroir l'image de la

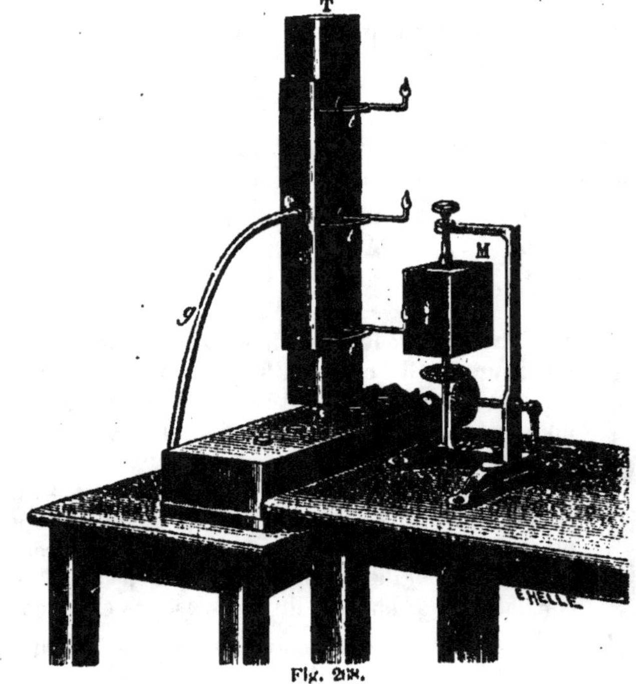

Fig. 268.

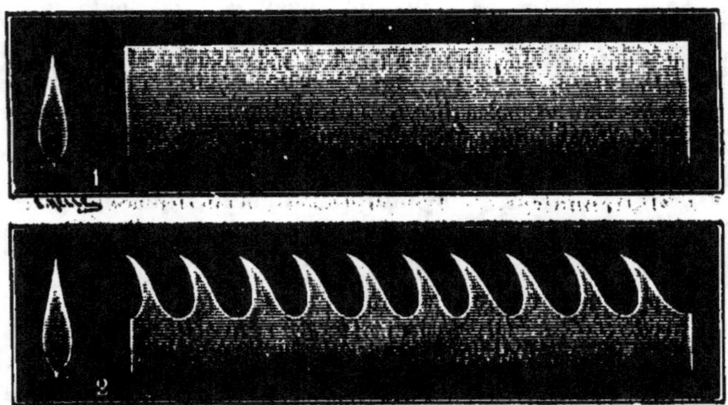

Fig. 269.

flamme, on la voit dentelée (fig. 269, 2); tandis que si la flamme est immobile, comme cela a lieu en regard d'un ventre, on aperçoit une bande lumineuse continue (fig. 269, 1).

260. Instruments à vent. — Les instruments à vent sont à embouchure de flûte ou à anche. La flûte, le flageolet, sont dans la première catégorie; dans la seconde se trouvent la clarinette, le hautbois, le basson, dont l'anche est une lame de roseau; le cor, la trompette, le clairon, le cornet et autres, à embouchure conique ou semi-sphérique, dans lesquels la fonction de l'anche est remplie par les lèvres.

Les pistons et les orifices, dont la plupart de ces instruments sont munis, déterminent l'émission d'harmoniques particuliers, suivant qu'ils sont ouverts ou fermés.

Un instrument dépourvu de pistons, comme le clairon ou la trompette, peut être considéré comme un tuyau ouvert de grande longueur. Ses deux premiers harmoniques ne se produisent jamais. Suivant la position des lèvres et la force d'impulsion de l'air, il donne l'une ou l'autre des harmoniques 3, 4, 5, 6; c'est-à-dire, en désignant par ut_1 le son fondamental, les notes sol_2, ut_3, mi_3, sol_3.

261. Théorie des tuyaux. — Pour se rendre compte de la production des nœuds fixes et des ventres fixes dans les tuyaux sonores, il faut remarquer que le mouvement vibratoire qui prend naissance à l'embouchure subit toujours une réflexion à l'extrémité; de sorte que le mouvement de la colonne d'air résulte de la composition de deux mouvements vibratoires de même période, qui se propagent en sens opposés.

1° Dans un tuyau fermé, les ondes *directes* qui proviennent de l'embouchure se réfléchissent sur le fond solide et reviennent en sens inverse, comme si elles émanaient d'une embouchure fictive, symétrique de la première par rapport au fond du tuyau. Dans ce cas, il y a *réflexion avec changement de signe;* c'est-à-dire qu'au fond du tuyau, les élongations relatives aux deux mouvements vibratoires sont égales et de sens contraires.

2° Dans un tuyau ouvert, les ondes *directes* se réfléchissent sur la masse d'air illimitée qu'elles rencontrent à l'orifice. Mais alors il y a *réflexion sans changement de signe.*

Dans tous les cas, les ondes *directes* et les ondes *réfléchies* se propagent en sens opposés, et le mouvement vibratoire d'une tranche d'air quelconque du tuyau est la résultante du mouvement direct et du mouvement réfléchi.

Ondes stationnaires. — Les phénomènes d'interférence donnent l'explication des propriétés que possèdent les tuyaux sonores. Il suffit de considérer ce qui se passe dans un tuyau cylindrique parcouru par deux systèmes d'ondes sonores, propageant le même son, mais marchant dans le tuyau en sens contraires l'un de l'autre. Il se produit alors un système *d'ondes stationnaires.*

Prenons une tranche A. Elle participe au mouvement vibratoire propagé par l'onde directe, et au mouvement propagé par l'onde rétrograde. Supposons que, sur la tranche A, ces deux mouvements soient d'accord à un instant donné : alors ils seront toujours d'accord, ils auront toujours la même phase, et par suite se renforceront au point A. Il n'en sera pas de même sur une tranche A′ voisine de A, située à droite, par exemple. Le mouvement direct arrive en A′ un peu après être arrivé en A; il est en retard sur le mouvement en A; le mouvement rétrograde en A′ est au contraire en avance sur le mouvement rétrograde en A : si les deux mouvements direct et rétrograde ont même phase en A, ils ont donc en A' une différence de phase, mesurée par le temps qu'il a fallu au son pour parcourir le chemin AA', *aller et retour*. Un point A où les deux mouvements s'ajoutent est un point où le mouvement vibratoire de l'air est maximum : on l'appelle un *ventre*. A toute distance de A égale à $\frac{\lambda}{2}$ (ou à un multiple entier de $\frac{\lambda}{2}$) se trouvera un nouveau ventre. *Les ventres* sont distribués le long du tuyau à une équidistance de $\frac{\lambda}{2}$.

A égale distance de deux ventres est un point où les deux ondes, directe et rétrograde, sont constamment en désaccord de phase ; elles interfèrent. Ce point s'appelle un *nœud*. La distance de chaque ventre au nœud voisin est $\frac{\lambda}{4}$. Il est clair, en effet, que si les ondes directe et rétrograde ont même phase en un ventre, à une distance $\frac{\lambda}{4}$ de ce ventre, l'onde directe a une avance de phase de $\frac{1}{4}$ de période sur le mouvement vibratoire au ventre, l'onde rétrograde un retard de phase de $\frac{1}{4}$ de période sur ce même mouvement, ce qui donne entre elles deux la différence de phase de $\frac{1}{2}$ période nécessaire pour qu'il y ait interférence.

Aux nœuds, la tranche d'air est immobile ; elle ne s'écarte pas de sa position d'équilibre. Mais au nœud l'air éprouve des compressions et dilatations successives, et c'est au nœud que ces variations périodiques de pression sont maximum.

Aux ventres, au contraire, la tranche d'air éprouve un mouvement vibratoire de va-et-vient, à droite et à gauche de la position d'équilibre ; mais la variation de pression y est nulle ; il y a ni compression ni dilatation[1].

Une vibration ne pourra être renforcée dans un tuyau, et y donner lieu à un système d'ondes stationnaires stable, que si un ventre correspond à une extrémité ouverte, et un nœud à une extrémité fermée. Un tuyau ouvert ne vibrera donc que pour une note telle qu'elle donne des ventres aux deux bouts ; et un tuyau fermé à une note donnant un nœud à un bout, et un ventre à l'autre. On en déduit les lois énoncées plus haut.

Interférence par les plaques. — D'après ce qui précède, le principe des interférences, déjà vérifié par l'expérience de Kœnig (250), trouve dans les propriétés des tuyaux sonores une véritable démonstration expérimentale.

Citons encore une expérience de cours.

Lorsqu'on fait vibrer une plaque métallique, chaque ligne nodale reste en repos, et les deux concamérations qu'elle sépare vibrent en sens contraires.

---

[1] Il est aisé de rendre compte de cette propriété des nœuds et des ventres. Au nœud le mouvement est nul ; à droite et à gauche du nœud, les mouvements des tranches d'air sont en sens contraires ; quand les deux tranches qui comprennent le nœud se rapprochent toutes deux de la tranche d'air immobile qui occupe le nœud, il y a compression au nœud ; il y a dilatation quand elles s'écartent toutes deux. A un ventre, où les tranches voisines ont un mouvement d'ensemble de même sens que le mouvement de la tranche centrale, la pression au contraire ne varie pas.

On peut dire encore : un même mouvement de droite à gauche d'une tranche d'air correspond à une compression de l'air de la tranche, s'il s'agit d'un mouvement se propageant de droite à gauche, et à une dilatation s'il s'agit d'un mouvement se propageant de gauche à droite. Donc si les deux ondes directe et rétrograde produisent sur une tranche d'air des mouvements concordants, c'est que sur cette tranche les variations de pression dues aux deux ondes se contrarient. Donc, en un ventre, pas de variation de pression.

Plaçons au-dessus de la plaque (fig. 270) un tuyau bifurqué capable de rendre le même son qu'elle. Ce tuyau est fermé à la partie supérieure par une membrane sur laquelle on a répandu un peu de sable; il se bifurque à la partie inférieure en deux branches d'égales longueurs, qui débouchent en face de deux points de la plaque vibrante. Ces deux points appartiennent, suivant la position du tuyau, à des concamérations qui vibrent soit dans le même sens, soit en sens opposés.

Fig. 270.

Si l'on est en face de deux points de la plaque où la phase est la même, il y a renforcement énergique du son, et le sable est violemment agité; si l'on est en face de deux points où la phase diffère d'une demi-période, il y a interférence : on n'entend plus le son, et le sable reste immobile.

CHAPITRE IV

TIMBRE DES SONS

262. Timbre des sons. — Le *timbre* est ce caractère particulier qui fait distinguer deux sons de même hauteur et de même intensité.

Si l'on enregistre, sur le cylindre de Marey, des sons de même hauteur ayant des timbres différents, on obtient des courbes de même période, mais de formes très différentes (fig. 271 et 272). C'est ce que l'on exprime en disant que le timbre dépend de la *forme* des vibrations.

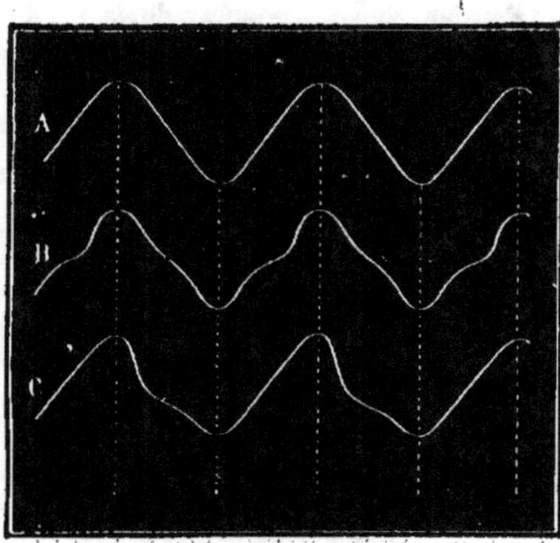

Fig. 271.

Composition d'un mouvement pendulaire avec ses harmoniques. — Un mouvement périodique est dit *pendulaire* quand son diagramme est une sinusoïde.

On appelle *harmoniques* d'un mouvement pendulaire les mouvements pendulaires dont la période est la moitié, le tiers, le quart... de la période du premier.

Fourier a démontré que *tout mouvement périodique peut être considéré comme le résultat de la composition du mouvement pendulaire de même période, avec un ou plusieurs de ses harmoniques.*

Par exemple, en ajoutant en chaque point, à l'ordonnée de la courbe A

Fig. 271.

(fig. 271), l'ordonnée d'une courbe également régulière, mais dont l'intervalle de période soit la moitié de celui de A, on pourra obtenir une courbe analogue à B.

Avec 3 courbes simples correspondant respectivement à une période donnée, à la moitié de cette période et au tiers de cette période, on composera une courbe mixte, ayant évidemment pour période la période de la première, mais qui ne sera plus une courbe ondulée simple. On pourra de même composer une infinité de courbes représentant des mouvements périodiques à périodes sous-multiples de la période principale.

Sons simples. Sons composés. — Ces propriétés générales des mouvements vibratoires sont applicables aux mouvements sonores.

Si l'on convient de dire qu'un son est simple quand il est produit par un mouvement pendulaire, et **composé** quand le diagramme du mouvement n'est pas une sinusoïde, le théorème de Fourier pourra s'énoncer de la manière suivante :

Tout son musical peut être considéré comme le résultat de la superposition d'un son simple avec un ou plusieurs de ses harmoniques.

Expériences de Helmholtz[1]. — Helmholtz a démontré par expérience que cette décomposition d'un son complexe en sons simples, décomposition qu'indiquait le théorème de Fourier, est bien réelle. Il a pu analyser un son complexe, et inversement, au moyen de sons simples convenablement combinés, reproduire un son de timbre quelconque.

Analyse des sons. — Analyser un son complexe (c'est-à-dire un son ayant un timbre différent du son simple, donné par un diapason *qui rend la même note*) c'est mettre en évidence l'existence dans ce son complexe des différents sons simples qui y existent réellement et sont superposés à la note principale.

---

[1] *Helmholtz*, physiologiste et physicien allemand (1821-1894).

Nous avons déjà vu qu'une corde, qu'un tuyau ouvert ou fermé peut rendre, outre le son fondamental *et en même temps que lui,* divers harmoniques de ce son. On conçoit bien que si ces harmoniques se superposent au son fondamental, ils n'altèrent pas la hauteur, mais ils modifient l'impression produite sur l'oreille. Une oreille exercée arrive très bien à saisir, dans certains cas, ces harmoniques. Par exemple, si une corde donne le *la*$_3$, l'oreille pourra *entendre,* en y portant son attention, le *la*$_4$ ou le *mi*$_5$, superposés au *la*$_3$. Avec un tuyau la chose est plus facile encore. Avec un tuyau ouvert on entend assez aisément le premier harmonique, qui est l'octave aiguë du son fondamental.

Mais on peut avoir recours à des procédés plus précis et à des appareils qui montrent l'existence des sons harmoniques de la note principale dans un son complexe, indépendamment de nous et de nos organes. Ces appareils sont fondés sur le principe de la *résonnance* [1].

On emploie, pour l'analyse des sons, des **résonnateurs** susceptibles de rendre un son simple et unique.

Helmholtz a montré qu'il en était pratiquement ainsi pour les tuyaux sphériques. Il emploie des sphères de cuivre creuses S (fig. 273 et 274), munies de deux orifices opposés. Le plus grand, F,

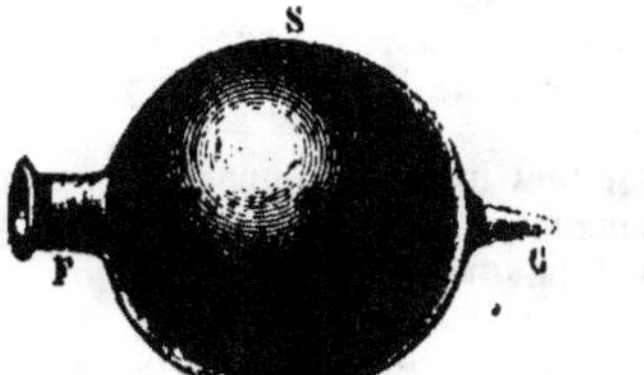

Fig. 273.

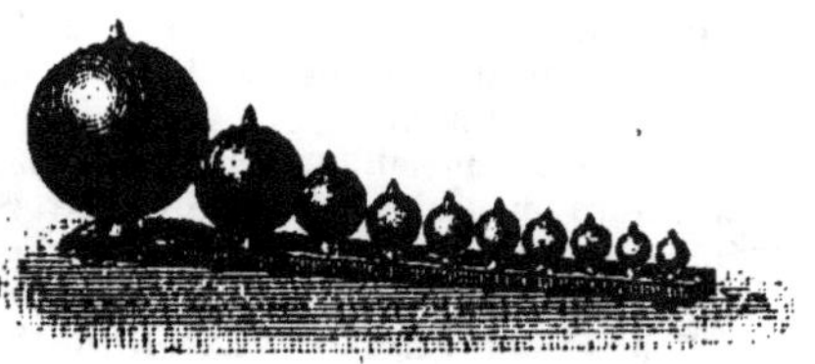

Fig. 274.

est une sorte de pavillon qui s'ouvre au dehors; l'autre, G, a la forme d'un col allongé et creux, qu'on introduit dans l'oreille, ou à laquelle on fixe un tuyau de caoutchouc, relié à une capsule manométrique de König. Avec une série de diapasons, on constate qu'un résonnateur donné vibre pour un diapason unique.

On dispose les uns au-dessus des autres une série de ces réson-

---

[1] Si dans le voisinage d'un appareil susceptible de rendre un son de hauteur donnée on fait entendre ce même son, l'appareil se met en vibration. Les impulsions périodiques qu'il reçoit du milieu propagateur concordant parfaitement avec ses propres vibrations, il vibre lui-même.

On utilise cette propriété importante pour renforcer les sons. Chaque diapason est muni d'une caisse de résonnance, dont les dimensions sont telles que l'air intérieur est susceptible de prendre un mouvement vibratoire de même période que le diapason.

nateurs, chacun à sa note déterminée. Chacun d'eux est relié à une capsule, et en regard de toutes les flammes on fait tourner un long miroir. Il est aisé de distinguer immédiatement, à l'aspect des flammes, quels sont les résonnateurs qui entrent en vibration, et par suite quels sont les sons simples qui existent dans un son complexe qu'on produit en leur présence. L'expérience prouve qu'on a toujours, pour un son complexe donné, quelques harmoniques, avec des intensités plus ou moins grandes, et qu'on n'a jamais que des sons harmoniques du son fondamemtal. Les divers timbres se distinguent par le nombre des harmoniques, leurs ordres et leurs intensités relatives.

Résultats. — 1o *Les diapasons* et les tuyaux fermés très longs rendent des *sons simples.* Il en est à peu près de même de la flûte et de la voix humaine prononçant le son *oû. Les sons simples* paraissent sourds et sans éclat. Ceux de même hauteur ne se distinguent pas les uns des autres. Les sons composés seuls ont des timbres distincts.

2o Les cordes donnent des sons très complexes. Les intensités respectives des divers harmoniques varient suivant la manière dont la corde est mise en vibrations. Par exemple, si la corde est attaquée en son milieu, il se forme un nœud en ce point, et les harmoniques pairs font défaut.

3o Les tuyaux ouverts et les notes graves du piano rendent les six premiers harmoniques, ce qui donne au son fondamental de la plénitude et de l'éclat.

4o Les tuyaux fermés ne donnent que les harmoniques impairs, ce qui rend le son nasillard.

5o Pour la voix humaine, le timbre de chaque voyelle est caractérisé non seulement par la prédominance d'un certain groupe d'harmoniques, mais surtout par un son de hauteur constante et indépendant de la note sur laquelle la voyelle est prononcée.

6o Les plaques métalliques et les cloches donnent un son composé dépourvu de caractère musical, parce que les divers sons simples qu'ils donnent simultanément ne sont pas des harmoniques du son fondamental.

Synthèse des sons. — Helmholtz a complété cette expérience d'analyse par une expérience de synthèse. Ayant analysé un son complexe, on peut reproduire une sensation identique à celle qu'il produit en employant seulement des sons simples. Il suffit de mettre simultanément en vibration les diapasons donnant les notes des résonnateurs qui ont accusé un son dans l'expérience antérieure d'analyse. On fait vibrer plus ou moins un diapason donné, suivant que le résonnateur correspondant a été plus ou moins excité, suivant que sa flamme a paru plus ou moins dentelée dans le miroir. On reproduit ainsi le *timbre* particulier à chaque instrument donnant un son susceptible d'analyse. Par exemple, on reproduit le timbre de la voix humaine, et en particulier on reproduit très bien les différentes *voyelles.*

263. Sons et bruits. — Certains sons ne donnent pas à l'analyse une superposition de sons simples ayant des rapports d'intensité bien définis; l'oreille ne leur reconnaît aucun caractère musical; ce sont les *bruits*.

Parfois le bruit est simplement un son composé d'un trop petit nombre de vibrations, ou arrêté trop vite pour que l'oreille perçoive la sensation que donne le son musical proprement dit. En ce cas, le bruit a une *hauteur* déterminée : il n'est pas facile de l'apprécier si le bruit est isolé; mais on le reconnaît aisément, si l'on fait entendre successivement un certain nombre de ces bruits, correspondants à des mouvements vibratoires dont les périodes sont dans un rapport simple. C'est ainsi qu'on reproduit très bien l'accord parfait ou la gamme, avec une série de planchettes qu'on laisse tomber sur une table, et qui, prises isolément, ne donneraient pas la sensation d'une note définie.

LA VOIX, L'OREILLE, LE PHONOGRAPHE

264. Voix humaine. — La voix humaine prend naissance dans le *larynx*. L'air qui arrive des poumons passe à travers une fente appelée *glotte*, dont les parois sont deux membranes élastiques (fig. 275). Ces membranes, plus ou moins tendues par des muscles particuliers, entrent en vibration et rendent un son qui est très riche en harmoniques. Les cavités de la bouche modifient ce son, renforcent certains harmoniques; de là la différence de timbre que présentent les divers sons émis, c'est-

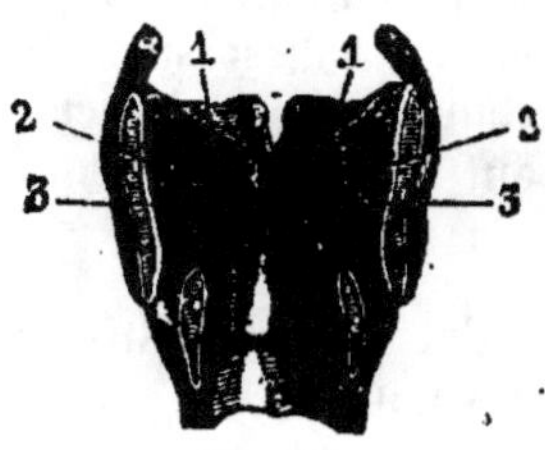

Fig. 275.

à-dire les voyelles. Helmholtz a prouvé que pour former une voyelle il faut émettre, en même temps que le son fondamental, une ou plusieurs notes *caractéristiques* qui sont toujours les mêmes, quelle que soit la note fondamentale.

Une expérience très curieuse que l'on peut faire à ce sujet, c'est de crier une voyelle dans la caisse d'un piano, après en avoir relevé les étouffoirs; les cordes qui vibrent sont celles qui correspondent aux divers sons simples émis simultanément par la voix, et leurs vibrations reproduisent la même voyelle comme une sorte d'écho.

265. L'oreille. — L'oreille comprend trois parties principales :

1° L'oreille externe, qui se compose de la conque ou pavillon, du conduit auditif et de la membrane du tympan.

2° L'oreille moyenne, composée de la caisse du tympan, contenant une série de petits osselets : le marteau, l'enclume, l'os lenticulaire, l'étrier, destinés à transmettre les vibrations de la membrane du tympan à l'oreille interne;

3° L'oreille interne ou labyrinthe; cavité en forme de limaçon, qui communique avec la caisse tympanique par la fenêtre ovale, sur laquelle appuie l'étrier. Le laby-rinthe est rempli par un liquide dans lequel s'épa-nouit le nerf auditif sous la forme de fibrilles. Pour expliquer la perception des sons, Helmholtz admet que chacune des fibres de l'o-reille interne est accordée pour une note particulière, et qu'elle ne résonne que

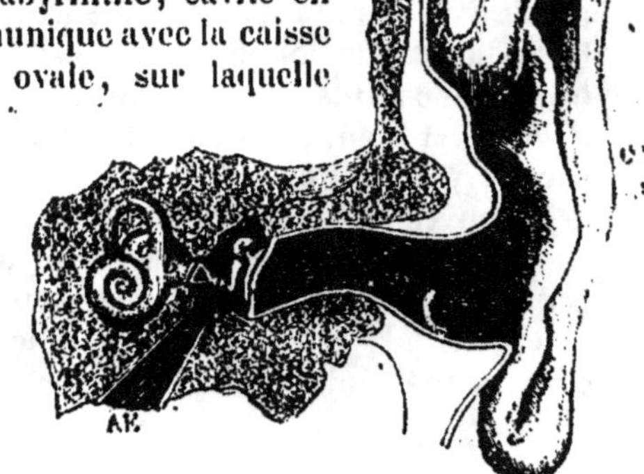

Fig. 276.

pour cette note, restant sourde pour les autres. Chaque son simple fait vibrer une seule fibre, les sons composés en font vibrer plu-sieurs; c'est par ce moyen que l'ouïe peut distinguer les qualités de deux sons différents. Les consonnances et les dissonances résul-tant de l'émission de plusieurs sons simultanés se reproduisent dans la résonnance des fibres de l'oreille, et sont la cause des sensations agréables ou désagréables [1].

266. Phonographe d'Edison [2]. — Cet appareil, inventé en 1877, enregistre les sons et les reproduit à volonté.

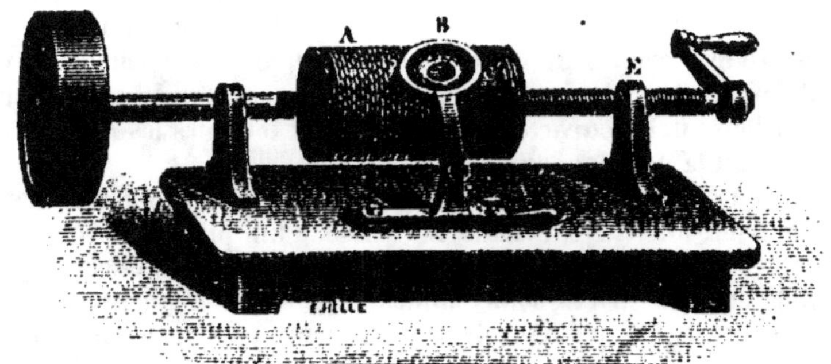

Fig. 277.

[1] Pour plus de détails concernant l'oreille et l'organe de la voix, on peut consulter les *Éléments d'Histoire naturelle* (Zoologie), par F. G.-M. (Chez les mêmes éditeurs.)
[2] *Edison*, physicien américain, né en 1847.

Le modèle primitif se compose d'un cylindre A, porté par un axe muni d'une manivelle et d'un volant ; une partie de cet axe est filetée et s'engage dans un écrou E (fig. 277).

Lorsque l'on tourne la manivelle dans un sens ou dans l'autre, le cylindre est animé d'un double mouvement de rotation et de translation.

Une embouchure B est placée en avant du cylindre ; une lame vibrante a (fig. 278) communique ses vibrations à un ressort f, muni d'une pointe d'acier p ; une petite plaque de caoutchouc, située entre la lame et le ressort, sert à amortir un peu les vibrations.

EXPÉRIENCE. — On applique une feuille d'étain sur la surface du

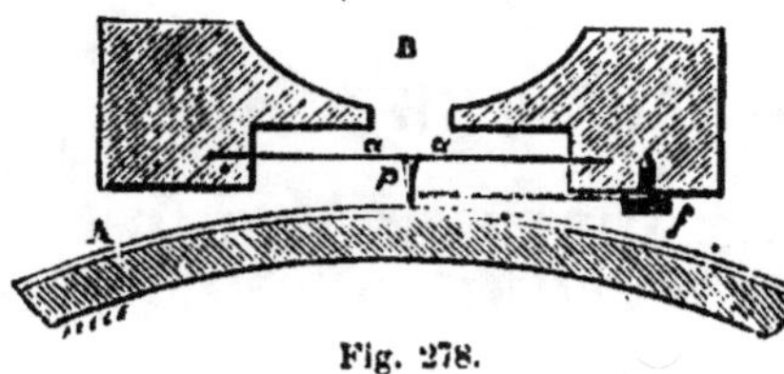

Fig. 278.

cylindre A, et on dispose la pointe p de manière qu'elle appuie contre cette feuille.

On parle devant l'embouchure, et en même temps on imprime au cylindre un mouvement de rotation et de translation au moyen de la manivelle ; les vibrations de l'air sont transmises à la lame a et au ressort f ; la pointe p imprime ainsi sur la feuille d'étain un léger gaufrage.

Pour faire reproduire à l'appareil les mêmes sons qui ont été émis devant l'embouchure, on retire celle-ci en avant, et on remet le cylindre à la place qu'il occupait au commencement de l'expérience ; on tourne la manivelle ; la pointe p suit le gaufrage qu'elle a produit dans la première partie de l'expérience et vibre de la même manière ; ses vibrations sont communiquées à la lame a, et les mêmes sons se reproduisent. On en augmente l'intensité à l'aide d'un cornet acoustique.

Aujourd'hui on remplace la feuille d'étain par un manchon en cire ; et comme il est indispensable que le mouvement imprimé au cylindre soit uniforme, on réalise cette condition au moyen d'un appareil d'horlogerie.

Le phonographe perfectionné est un appareil coûteux et compliqué. On le remplace avantageusement aujourd'hui par le **graphophone**, instrument très simple qui peut jouer le rôle de sténographe. sert à donner des auditions théâtrales et s'emploie avec le téléphone, dans les bureaux ou les maisons de commerce, pour faciliter la correspondance.

LIVRE V

CHALEUR

CHAPITRE PREMIER

EFFETS GÉNÉRAUX DE LA CHALEUR — TEMPÉRATURE

267. Chaleur. — *On donne le nom de* **chaleur** *à la cause qui produit sur nos organes des impressions de* **chaud** *et de* **froid**.

Ces impressions n'ont rien d'absolu; elles dépendent de la sensibilité de nos organes et de l'état relatif des milieux que nous occupons successivement, ou des corps avec lesquels nous sommes en contact.

Dans les corps inorganiques, la chaleur produit : 1° des changements de volume; 2° des changements d'état; 3° des phénomènes de décomposition chimique.

Les changements de volume sous l'influence de la chaleur sont un phénomène tout à fait général, qui permet de fixer l'*état calorifique* ou la *température* d'un corps.

268. Dilatation des solides. — Les dimensions des corps solides varient sous l'influence de la chaleur.

DILATATION LINÉAIRE OU EN LONGUEUR. — La dilatation linéaire des corps solides peut être constatée à l'aide du *pyromètre à cadran*. Cet instrument (fig. 279) se compose d'une tige métallique qui traverse deux colonnes C, C'. Une extrémité de cette

Fig. 279.

tige est fixée par une vis de rappel A; l'autre appuie contre un levier B, mobile au centre D d'un arc gradué OE. Une lampe en forme d'auge permet de chauffer la tige. On constate qu'elle s'allonge sous l'influence de la chaleur; sa dilatation amplifiée est marquée par l'aiguille E.

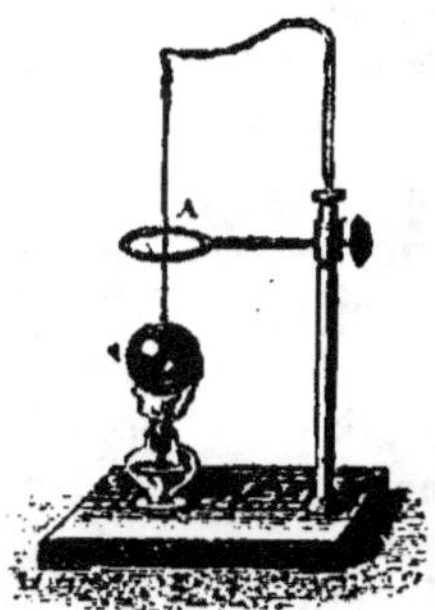

Fig. 280.

DILATATION CUBIQUE OU EN VOLUME. — La dilatation en volume se constate avec l'appareil de *S'Gravesande*[1]. Dans les conditions ordinaires, une sphère métallique S (fig. 280) passe facilement dans un anneau A; si on la chauffe, elle ne passe plus; elle a donc augmenté de volume; quand elle est refroidie, elle passe de nouveau avec facilité.

269. Dilatation des liquides. — En général, sous l'influence de la chaleur, les liquides se dilatent plus que les solides. Pour mettre cette dilatation en évidence, on remplit d'alcool coloré un réservoir B surmonté d'un long tube (fig. 281); en plongeant le réservoir dans un vase contenant de l'eau chaude, on voit le liquide baisser d'abord, puis s'élever rapidement.

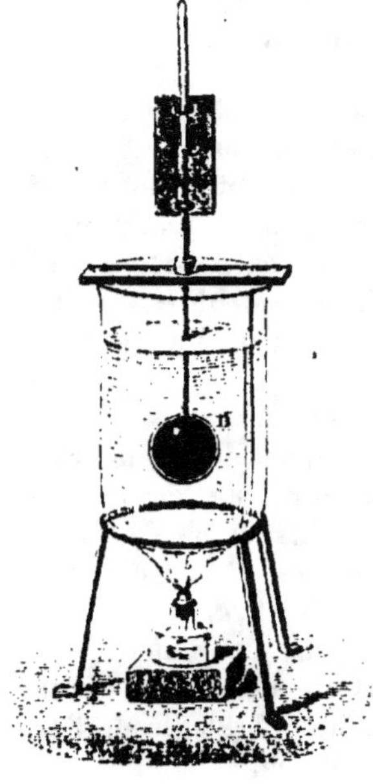

Fig. 281.

Si le liquide baisse au début, c'est que l'enveloppe qui le contient s'échauffe d'abord, et se dilate la première; quand la chaleur arrive au liquide, celui-ci se dilate à son tour, et, comme il se dilate plus que l'enveloppe, il s'élève au-dessus de son niveau primitif.

Si au lieu de chauffer l'appareil on le refroidit, le liquide s'élève d'abord, puis il s'abaisse progressivement. Le premier phénomène est dû à la contraction de l'enveloppe, qui se produit avant celle du liquide.

Cette expérience peut être faite avec un liquide quelconque. Elle

---

[1] *S'Gravesande,* savant hollandais (1688-1742).

permet de distinguer deux sortes de dilatations dans les liquides : la dilatation **apparente** et la dilatation **absolue**.

La dilatation *apparente* est l'augmentation de volume que semble éprouver le liquide dans l'enveloppe qui le contient.

La dilatation *absolue* est l'augmentation réelle de volume que subit le liquide, c'est-à-dire l'augmentation de volume que l'on observerait si l'enveloppe ne se dilatait pas.

On verra que la dilatation absolue est égale à la dilatation apparente, plus la dilatation de l'enveloppe.

270. Dilatation des gaz. — Les gaz se dilatent beaucoup plus que les solides et les liquides.

Pour le constater, on chauffe un petit ballon B (fig. 282) rempli d'air ou d'un gaz quelconque, et surmonté d'un tube deux fois recourbé, contenant un liquide; la chaleur de la main suffit pour dilater le gaz et refouler le liquide vers l'extrémité du tube; par refroidissement, le gaz se contracte, et le liquide revient du côté du ballon.

Fig. 282.

271. Température. — Le phénomène de la dilatation permet d'apprécier avec exactitude si un corps s'échauffe ou se refroidit. Un corps dont le volume ne varie pas, ne s'échauffe ni ne se refroidit; on dira, par définition, que sa *température* est fixe. Quand un corps se dilate, on dit qu'il *s'échauffe* ou que *sa température s'élève*. Quand son volume diminue, on dit qu'il se *refroidit*, ou que sa *température s'abaisse*. La *température* est en quelque sorte l'état calorifique du corps.

Deux corps étant mis en contact, si l'un est plus chaud que l'autre, il lui cède de la chaleur : le volume du premier diminue, celui du second augmente. Nous dirons que les deux corps étaient à des *températures* différentes, et qu'ils tendent à se mettre à la même température. Si deux corps en contact conservent leurs volumes respectifs, ils sont à la *même température*.

L'expérience prouve que si deux corps pris séparément sont à la même température qu'un troisième corps, ils sont aussi à la même température entre eux. D'après la définition précédente de l'égalité de température, cela n'était pas évident *à priori*.

Pour étudier la température d'un corps, on approche celui-ci d'un autre corps dont les variations de volume soient très apparentes, et on apprécie la température du premier par le volume définitif que prend le second.

Ce second corps, destiné à apprécier la température des autres, constitue un *thermomètre*.

272. Thermomètres. — Tout corps qui se dilate ou se contracte sous l'influence plus ou moins grande de la chaleur peut être employé comme thermomètre, à la condition toutefois que sous l'action croissante de la chaleur son volume varie toujours dans le même sens. Certains corps, en effet, font exception à cette règle générale : l'eau en particulier. En approchant une source de chaleur d'un vase plein d'eau provenant de glace fondante, on a pu constater que l'eau diminue d'abord de volume, pour augmenter ensuite. Un pareil corps ne saurait être employé comme corps *thermométrique*.

On se sert généralement d'un liquide, parce que les liquides sont plus dilatables que les solides et plus faciles à obtenir purs et identiques à eux-mêmes. Leur emploi est plus pratique que celui des gaz. On réserve ces derniers pour les recherches de précision.

Le thermomètre le plus employé est le thermomètre à mercure. Le mercure est facile à obtenir pur; il est bon conducteur de la chaleur et prend rapidement la température du milieu où il est plongé. Son point d'ébullition et son point de congélation, très éloignés l'un de l'autre, comprennent entre eux toutes les températures ordinaires. Enfin, de tous les liquides, c'est celui qui se dilate le plus régulièrement.

Un thermomètre doit toujours avoir des dimensions relativement très petites, afin de pouvoir être approché du corps à étudier sans modifier d'une façon sensible la température de ce corps. Alors la température qu'on lit sur le thermomètre, quand il est en équilibre de température avec le corps étudié, peut être regardée comme identique à la température que possédait ce corps avant le contact du thermomètre.

273. Thermomètre à mercure. — Le thermomètre à mercure se compose d'un réservoir en verre surmonté d'une tige très mince; les variations de volume du mercure contenu dans le réservoir, accusées par les variations du niveau dans la tige, sont ainsi facilement appréciables.

On dit qu'un phénomène se produit à température fixe, quand un thermomètre comme le thermomètre à mercure marque toujours le même point dans les conditions de ce phénomène.

Ainsi la fusion de la glace s'opère à température fixe; car le niveau du mercure, dans un thermomètre à tige plongé dans la glace fondante, est toujours le même. C'est un des points fixes du thermomètre à mercure. On marque 0 en ce point.

Un autre point fixe est fourni par la vapeur d'eau bouillante, sous la pression de 76 cm. de mercure[1]. Au point où s'arrête le mercure quand le thermomètre est plongé dans cette vapeur, on marque 100°. La tige étant supposée bien cylindrique, on divise l'intervalle compris entre les deux points fixes 0° et 100° en cent parties égales. On marque aux divisions 0°, 1°, 2°, 3°, etc., jusqu'à 100°. On peut prolonger l'échelle en portant des longueurs égales à celles-là au-dessus de 100° et au-dessous de 0°.

Quand le niveau du mercure dans la tige aura monté d'une division, on dira que la température s'est élevée d'*un degré*. Ainsi, *un degré centigrade est l'élévation de température qui produit une dilatation du mercure égale à la centième partie de la dilatation correspondant au passage de la température de la glace fondante à la température de la vapeur d'eau bouillante.*

Construction du thermomètre à mercure. — Il faut d'abord choisir un tube bien calibré ; pour cela, on fait déplacer à l'intérieur du

Fig. 283.

tube une petite colonne de mercure (fig. 283) : si elle conserve partout la même longueur, le tube peut servir. Dans le cas contraire, il faut le rejeter.

A l'une des extrémités du tube, on souffle une ampoule, et à l'autre un réservoir sphérique ou cylindrique (fig. 284). On trouve d'ailleurs dans le commerce des tubes tout préparés.

REMPLISSAGE DU TUBE. — On chauffe le tube pour raréfier l'air,

Fig. 284.

---

[1] Pour la détermination du point correspondant à l'ébullition de l'eau, sous la pression 76cm, il est à remarquer que, dans diverses circonstances, l'absence d'air, le degré de propreté des vases qui contiennent l'eau font varier la température de l'eau bouillante. Biot avait choisi le point d'ébullition de l'eau dans un vase métallique ; mais Rudberg a trouvé que la température de *la vapeur* produite par l'eau en ébullition, sous une même pression, est indépendante de la nature du vase et des causes perturbatrices qui retardent l'ébullition ; dès lors on prend cette température pour le deuxième point fixe du thermomètre.

et on plonge l'ampoule dans du mercure (fig. 284); l'air se contractant, une certaine quantité de mercure pénètre dans l'ampoule. On chauffe le réservoir avec une lampe à alcool (fig. 285); ou bien on dispose le tube sur une grille inclinée (fig. 286), et on le chauffe avec de la braise. L'air se dilate et s'échappe en partie. Au bout d'un certain temps, on redresse l'instrument et on le laisse refroidir; l'air se contracte, et le mercure pénètre dans le réservoir. Alors on chauffe de nouveau, et l'on fait bouillir le mercure sur toute la longueur du tube, afin

Fig. 285.

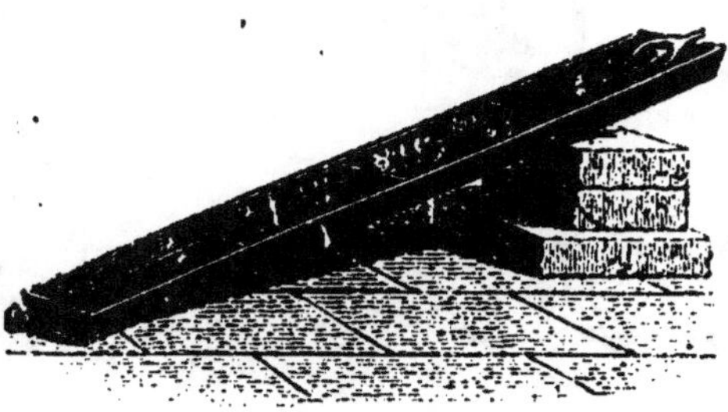

Fig. 286.

que les vapeurs mercurielles chassent complètement tout ce qui reste d'air et d'humidité.

Pour régler la quantité de mercure, on maintient l'instrument à la température maximum que l'appareil doit marquer; puis on enlève l'ampoule, et on ferme rapidement le tube à la lampe.

274. Détermination des points fixes. — **1°** Pour déterminer le zéro, on place le tube dans un vase rempli de glace fondante (fig. 287); quand le niveau du mercure est devenu stationnaire, on retire le thermomètre et on marque un trait au point où le mercure s'est arrêté.

Comme l'eau provenant de la fusion de la glace pourrait élever la température, le récipient est muni à sa partie inférieure d'une ouverture par laquelle l'eau s'écoule à mesure qu'elle se produit; on a ainsi la température de la glace fondante.

2° Pour déterminer le point 100 du thermomètre, on met le tube dans un double manchon métallique (fig. 288), qui surmonte une petite chaudière placée sur un fourneau. Le manchon intérieur communique avec la chaudière et avec un tube manométrique qui indique si la pression intérieure reste égale à la pression atmosphérique. Le manchon extérieur protège l'autre contre tout refroidissement, il est muni d'une ouverture donnant passage à la vapeur. On porte l'eau de la chaudière à l'ébullition ; la vapeur se répand d'abord dans le compartiment central, où se trouve le thermomètre ; puis elle

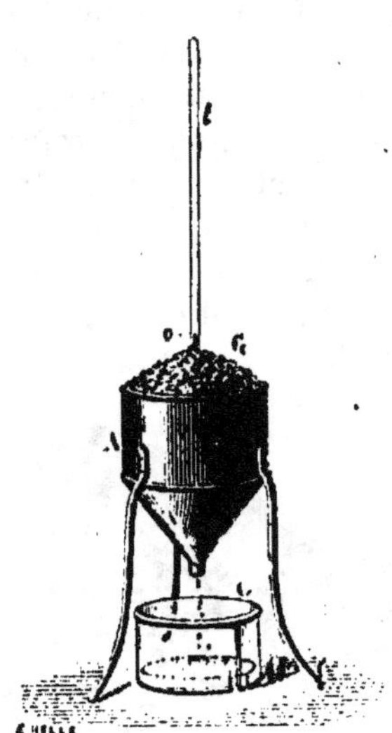

Fig. 287.

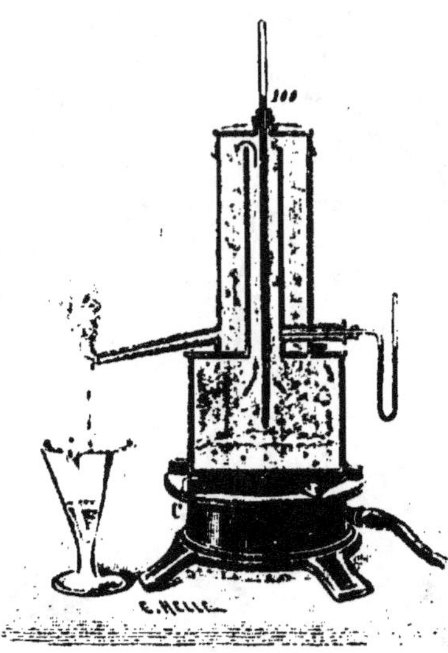

Fig. 288.

passe dans le compartiment extérieur, d'où elle s'échappe au dehors. Quand on juge que le thermomètre a pris la température de la vapeur, on soulève le tube de manière à apercevoir l'extrémité de la colonne de mercure, et l'on marque un trait en ce point.

Le tube étant refroidi, on procède à la graduation. On marque 0° au point de la glace fondante et 100° au point de l'ébullition de l'eau, si la tension de sa vapeur est 76ᶜᵐ ; l'intervalle est divisé en cent parties égales ; chacune de ces parties forme un degré. Les divisions peuvent être prolongées au-dessus et au-dessous ; celles qui sont au-dessus du zéro sont positives, les autres sont négatives.

Si la pression atmosphérique n'était pas égale à 76ᶜᵐ au moment de l'opération, l'ébullition aurait lieu à une température différente de 100 degrés ; c'est cette température qu'il faudrait marquer au point où le mercure serait monté.

Dans le voisinage de 760 millimètres, on a observé que pour une variation de pression de 27 millimètres, la température d'ébullition varie d'un degré dans le même sens.

Soit à trouver la température d'ébullition correspondant à la pression 790 millimètres :

On a 790 — 760 = 30 millimètres en plus.

12*

Pour 27 millimètres, on a une élévation de 1°; pour 36 millimètres, une élévation de x°.

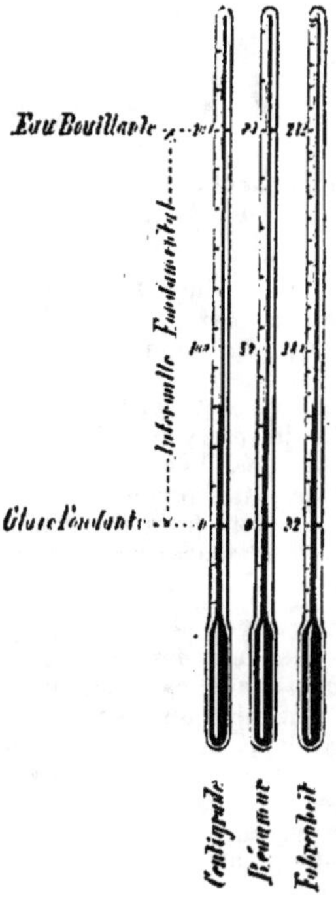

On peut admettre sans erreur sensible que les variations de pression sont proportionnelles aux variations de température; on a donc :

$$\frac{x}{1} = \frac{36}{27} ;$$

d'où : $\quad x = \frac{4}{3}$, soit $1° \frac{1}{3}$.

Le point marqué sur le thermomètre sera $101° \frac{1}{3}$.

275. Diverses graduations (fig. 289). — La graduation que nous venons d'indiquer, appelée graduation centigrade, est particulièrement usitée en France.

On emploie encore quelquefois celle de *Réaumur*[1], qui diffère de la graduation centigrade en ce que le point correspondant à l'eau bouillante est marqué 80° au lieu de 100°.

En Angleterre et aux États-Unis, on se sert, dans la vie courante, de la division de Fahrenheit, dans laquelle la température de la glace fondante est marquée 32°, celle de l'eau bouillante 212°; l'intervalle entre ces points comprend 180°[2].

Proposons-nous de comparer entre elles ces diverses graduations.

Désignons par C, R, F les degrés des diverses échelles qui correspondent à une même température quelconque.

1° Comparons les degrés centigrades C aux degrés Réaumur R; 100 degrés centigrades correspondant à 80° Réaumur, on a :

$$\frac{C}{R} = \frac{100}{80} = \frac{5}{4} ;$$

d'où : $\quad C = R \frac{5}{4} ,$

et $\quad R = C \frac{4}{5} .$

2° Si on compare les indications du thermomètre centigrade à celles du thermomètre Fahrenheit, il faut observer que le 32° Fahrenheit correspond au zéro centigrade, et que, par conséquent, le nombre C correspond à (F — 32).

Or 100 degrés centigrades correspondent à (212 — 32) = 180 degrés Fahrenheit; on a donc :

$$\frac{C}{F - 32} = \frac{100}{180} = \frac{5}{9} ;$$

Fig. 289.

---

[1] *Réaumur*, physicien et naturaliste, né à la Rochelle (1683-1757).

[2] Le zéro de cette échelle est déterminé par un mélange réfrigérant de glace et de chlorhydrate d'ammoniaque; le centième degré correspond à peu près à la température du corps humain.

d'où :
$$C = (F - 32)\frac{5}{9},$$

et
$$F = C\frac{9}{5} + 32.$$

3° On comparerait de la même manière les indications du thermomètre Réaumur à celles du thermomètre Fahrenheit.

Remarque. — Ces formules sont générales et s'appliquent au cas où les indications du thermomètre sont au-dessous de zéro, c'est-à-dire quand les nombres C, R, F sont négatifs.

276. Déplacement du zéro. — Lorsqu'on vérifie un thermomètre, quelque temps après sa graduation, on remarque que les deux points extrêmes ont varié, tous deux se sont élevés; cette élévation, généralement limitée à quelques dixièmes de degré, atteint parfois jusqu'à deux degrés. Ce déplacement est dû à un travail moléculaire qui s'est accompli après le refroidissement du tube. Par suite d'une sorte de recuit, la capacité du réservoir a diminué, et la colonne de mercure s'est élevée dans le tube. Il est donc nécessaire de tenir compte de cette variation quand on fait des observations très précises.

Pour cela on doit reprendre le zéro, c'est-à-dire plonger le thermomètre dans la glace fondante et noter le point où affleure le mercure : ce point-là est le véritable *zéro*.

277. Comparabilité des thermomètres à mercure. — D'après la définition des températures à l'aide du thermomètre à mercure, les variations de température marquées par cet instrument sont proportionnelles aux dilatations observées. Or, ce qu'on observe, ce n'est pas la dilatation du mercure seul, mais la dilatation du mercure contenu dans une enveloppe de verre, c'est-à-dire *la dilatation apparente du mercure dans le verre*. Il pourra y avoir de ce chef entre des thermomètres à mercure, construits avec des verres différents, des différences qui n'existeraient pas si la dilatation du mercure intervenait seule.

Rendons-nous compte à ce sujet de ce qu'il faut entendre par des thermomètres *comparables*.

On dit que deux thermomètres sont *comparables* lorsqu'ils marquent des nombres égaux à toute température.

D'après la définition du degré, dans un thermomètre à mercure donné, la dilatation apparente pour une élévation de température de 1° est toujours la même, quelle que soit la température initiale. Si l'on prend un corps autre que le mercure, il n'y a aucune raison pour qu'à des élévations de 1° à partir de différentes températures, de 0° à 1°, et de 50° à 51° par exemple, correspondent des dilatations égales. La température de 50° est définie par cette condition que la dilatation apparente du mercure dans le verre entre 0° et 50° est la moitié de la dilatation entre 0° et 100°. De même, la dilatation apparente du mercure dans le verre entre 0° et 25° est la moitié de la dilatation entre 0° et 50°. Supposons qu'un thermomètre à alcool marque 0° et 50° en même temps qu'un thermomètre à mercure, il n'y a aucune raison pour que ces mêmes thermomètres restent d'accord à une température intermédiaire; et, en réalité, cet accord n'a pas lieu, parce que la loi de dilatation de l'alcool est toute différente de celle du mercure.

Si l'on fait intervenir la dilatation d'un solide comme le verre, la loi de dilatation variera d'un échantillon de verre à l'autre, et, par suite, la loi de dilatation apparente du mercure dans ce verre pourra varier de l'un à l'autre. La variation sera très faible en pratique; mais cela est suffisant pour faire comprendre la nécessité d'une échelle *normale* de température, indépendante de la nature du verre de l'enveloppe, et à laquelle on devra comparer degré par degré tous les autres thermomètres.

278. Sensibilité du thermomètre. — La sensibilité du thermomètre peut être envisagée sous deux points de vue :

1º Un thermomètre est sensible lorsqu'il accuse de petites variations de température.

Pour cela, il faut que le volume du réservoir soit très grand par rapport au volume du tube ; alors les degrés marqués sur le tube occupent un grand espace, et on peut apprécier de petites fractions de degré.

2º Un thermomètre est d'autant plus sensible, qu'il prend plus rapidement la température du milieu ambiant.

Cette condition exige que le volume du réservoir soit petit.

Il y a donc antagonisme entre les deux genres de sensibilité.

Au point de vue de la rapidité des indications, le thermomètre à mercure présente un avantage marqué sur les autres thermomètres à liquide, à cause de la conductibilité du mercure pour la chaleur.

Suivant l'usage auquel le thermomètre est destiné, on construit soit un thermomètre *à indications précises*, soit un thermomètre *à indications rapides*.

Thermomètres médicaux. — Certains thermomètres sont destinés à évaluer d'une manière précise des températures qui restent comprises entre des limites très voisines l'une de l'autre. Alors on supprime toute la partie de l'échelle qui serait inutile, et l'on diminue le diamètre de la tige dans la proportion où l'on veut augmenter la longueur occupée par chaque degré. Ces thermomètres, sensibles au cinquième ou au dixième de degré, ont des dimensions fort petites, ou bien le réservoir est très aplati afin d'augmenter la surface de contact (fig. 290).

279. Thermomètre à alcool. — Les indications du thermomètre à mercure sont limitées à l'intervalle compris entre (— 35º) et 300º. Pour des températures inférieures on emploie l'alcool, qui ne se solidifie qu'à (— 130º) environ.

Le thermomètre à alcool a la même forme que le thermomètre à mercure. Son remplissage est plus simple : on chauffe un peu le réservoir ; l'air se dilate et s'échappe en partie, puis on renverse le tube dans de l'alcool coloré ; l'air se contracte, et l'alcool monte dans le tube ; on renouvelle cette expérience, si c'est nécessaire, jusqu'à ce qu'un peu d'alcool pénètre dans le réservoir. On fait alors bouillir le liquide, afin de chasser l'air entièrement, et, renversant de nouveau le tube dans l'alcool, on obtient le remplissage complet. Après avoir fermé le tube, on le plonge d'abord dans la glace fondante pour déterminer le 0º, puis

Fig. 290.

dans un bain dont la température (inférieure à 79°, point d'ébullition de l'alcool) est déterminée par un thermomètre étalon à mercure. Cela fait, on marque sur le tube la température donnée par le thermomètre étalon, et on divise l'intervalle en autant de parties égales que l'indique cette température.

Pour avoir des thermomètres à alcool comparables entre eux et comparables au thermomètre à mercure, il faudrait les graduer degré par degré par comparaison avec le thermomètre à mercure.

Thermomètre à toluène. — L'alcool a l'inconvénient de devenir sirupeux aux températures très basses, et l'on réalise aujourd'hui des températures inférieures à son point de congélation. On le remplace avantageusement par le *toluène*, qui est incongelable et qui conserve toujours la même fluidité. Le toluène ne bout qu'au-dessus de 100°, ce qui permet de déterminer directement le point 100 du thermomètre.

280. Thermomètre à maxima et à minima. — 1° Le thermomètre à maxima (fig. 291, A) est un thermomètre à mercure disposé horizontalement, et dont le tube est coudé à une petite distance du réservoir.

Un index d'acier ou d'émail est placé à l'extrémité de la colonne de mercure; ce liquide ne mouillant pas le verre, sa surface est un ménisque convexe; quand il se dilate, il

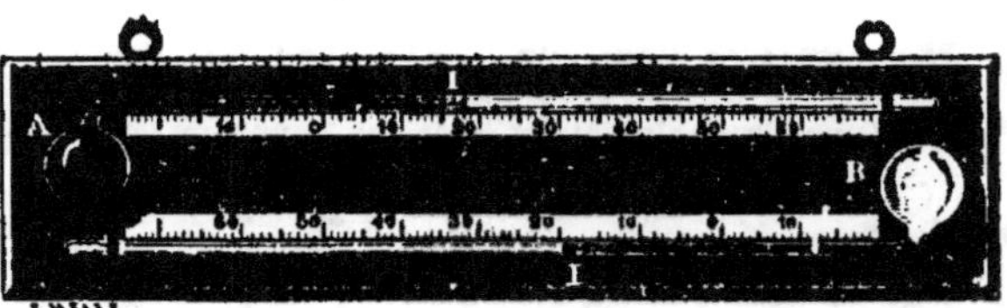

Fig. 291.

pousse l'index au lieu de passer dans l'espace compris entre l'index et le tube. De plus, le mercure ne mouillant pas l'index, il n'y a pas adhérence entre ces deux corps, et l'index reste en place quand le mercure se contracte. La position de l'index marque par conséquent la température maxima. Pour chaque nouvelle observation, il faut ramener l'index à la surface du mercure.

2° Le **thermomètre à minima** (fig. 291, B) est un thermomètre à alcool disposé comme le précédent et muni d'un index B en émail. Lorsque la température s'abaisse, l'index, mouillé par l'alcool, est entraîné par celui-ci; et lorsque la température s'élève, l'index reste en place; car l'alcool mouillant le verre, sa surface est un ménisque concave; dès lors, en se dilatant, l'alcool passe dans l'intervalle compris entre l'index et le tube et n'entraîne pas l'index, qui indique ainsi le point correspondant à la température la plus basse.

3° **Comme thermomètre à maxima et à minima**, on fait souvent usage du **thermométrographe de Bellani**. Cet appareil (fig. 292) se compose d'un thermomètre à alcool, dont le tube très long est recourbé deux fois en U et se termine par l'ampoule qui a servi à son remplissage; cette ampoule a pour but de recevoir l'alcool qui sort du tube à chaque dilatation.

La colonne d'alcool est divisée en deux parties par une colonne de mercure, occupant la courbure inférieure du tube et s'élevant à mi-hauteur environ dans les deux branches. Au-dessus du mercure et dans chaque branche se trouve un index d'émail creux, renfermant un fil de fer; du côté du mercure, cet index est aplati, tandis que du côté opposé il est étiré en fil très fin et contourné en ressort, afin de pouvoir rester suspendu dans le tube à toutes les positions.

Pour mettre l'instrument en expérience, on fait usage d'un aimant avec lequel on amène les deux index à se trouver en contact avec le mercure. Si l'alcool se dilate, la colonne de mercure est repoussée vers la droite; elle entraîne l'index de cette branche, tandis que celui de gauche reste suspendu au sein de l'alcool; dans le cas de contraction, c'est l'index de gauche qui est repoussé, celui de droite restant en place. L'index de droite marque donc les maxima, et celui de gauche les minima; la lecture se fait sur une échelle graduée qui accompagne chaque branche.

Fig. 292.

281. Thermomètre différentiel de Leslie[1]. — Le thermomètre différentiel de Leslie se compose d'un tube deux fois recourbé et terminé à ses extrémités par deux boules

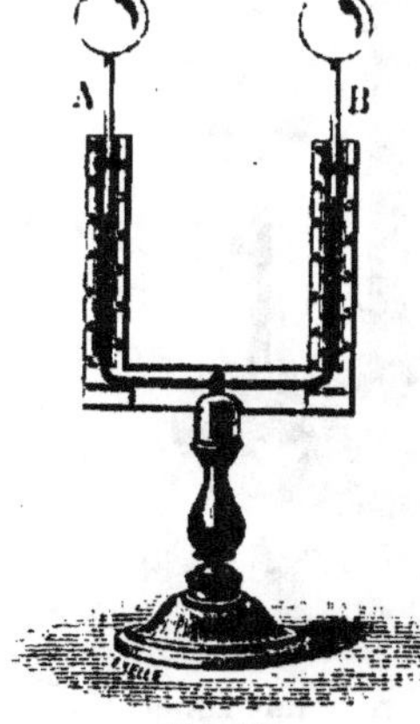

Fig. 293.

égales A et B (fig. 293); il contient une quantité d'acide sulfurique suffisante pour remplir la partie horizontale du tube et les branches verticales jusqu'à la moitié de leur hauteur. Quand les deux boules sont à la même température, le niveau du liquide est le même dans les deux branches. Si l'on chauffe l'une des boules, l'air se dilate, fait baisser le niveau dans la branche correspondante et l'élève dans l'autre.

GRADUATION. — Quand les deux boules sont à une même température, le niveau doit être le même dans les deux tubes. Pour obtenir ce résultat, il faut faire en sorte que l'air situé de part et d'autre du liquide possède la même force élastique. Supposons que le niveau soit plus élevé dans le tube A que dans le tube B; on élève alors la température de la boule B de manière à refouler

---

[1] *Leslie*, physicien et mathématicien anglais (1766-1832).

tout le liquide dans la boule A; à partir de ce moment, des bulles d'air traversent le liquide et vont dans la boule A. On répète plusieurs fois cette opération, soit dans un sens, soit dans l'autre, jusqu'à ce qu'on arrive à avoir le même niveau dans les deux tubes, les deux boules étant soumises à une même température. On marque 0° à ces points.

On soumet ensuite les deux boules à des températures différentes, par exemple A à 10° et B à 15°, et on marque 5°, différence des deux températures, aux points où se placent les deux niveaux; l'intervalle entre 0° et 5° est divisé en cinq parties égales; on continue cette graduation au-dessus et au-dessous des points déterminés; chaque division correspond à 1° centigrade.

Thermoscope de Rumford [1]. Dans le thermoscope de Rumford, les boules sont un peu plus grosses et les branches verticales moins élevées que dans le thermomètre de Leslie; la colonne de liquide est remplacée par un petit index de mercure qui se déplace le long de la branche horizontale.

La graduation s'effectue comme dans le thermomètre de Leslie.

Les thermomètres différentiels sont très sensibles, et accusent des différences de températures très petites. Cependant ils sont à peu près abandonnés aujourd'hui et remplacés par le thermomètre multiplicateur de Melloni, qui donne des résultats beaucoup plus exacts.

282. Thermomètre métallique de Bréguet [2]. — Le *thermomètre métallique* de Bréguet (fig. 294) est composé d'un ruban roulé en spirale et formé de trois métaux soudés : argent, or et platine, superposés par rang de dilatabilité. Ce ruban est suspendu par l'extrémité supérieure, et se termine à sa partie inférieure par une aiguille qui peut parcourir les divisions d'un cercle gradué. Si l'argent est à l'extérieur, à cause de sa plus grande dilatabilité, toute augmentation de température enroule davantage la spirale, et toute diminution la déroule; le contraire a lieu si l'argent est à l'intérieur.

Ces mouvements de la spirale sont accusés par la marche de l'aiguille dans un sens ou dans un autre. Comme la surface du ruban métallique est relativement grande

Fig. 294.

par rapport à sa masse, les variations de température sont rapidement indiquées.

283. Pyromètres. — Les *pyromètres* sont des appareils destinés à évaluer des températures très élevées. On distingue plusieurs sortes de pyromètres: les

1 *Rumford*, physicien né en Amérique (1753-1814).
2 *Bréguet*, horloger et physicien, né à Paris (1808).

principaux sont : le pyromètre de *Brongniart*[1], celui de *Wedgwood*[2] et les pyromètres électriques que nous décrirons plus loin.

Le pyromètre de Brongniart se compose essentiellement d'une plaque de por-

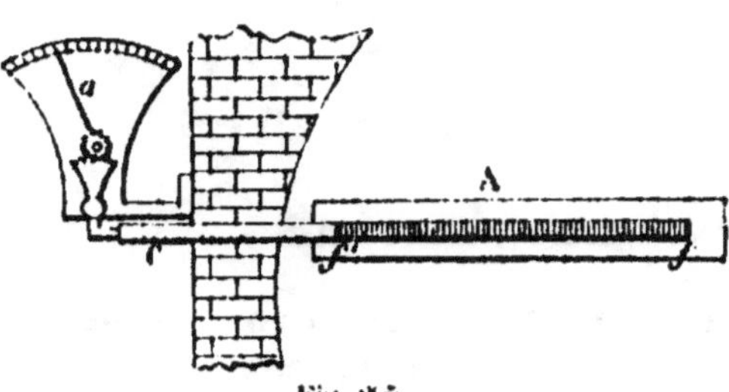

Fig. 295.

celaine A (fig. 295), renfermant une rainure dans laquelle s'engage une tige métallique *ff'*. Cette partie de l'instrument est introduite dans le fourneau dont on veut déterminer la température. L'extrémité *f* de la tige est invariablement fixée sur le fond de la rainure ; l'autre extrémité *f'* appuie sur une seconde plaque mobile de porcelaine, qui sort par une ouverture pratiquée dans la paroi du fourneau. Lorsque la température s'élève, la tige de fer se dilate et pousse la plaque mobile ; ce mouvement est transmis par un levier et un engrenage à l'aiguille *a*, qui se meut sur un arc gradué.

Le pyromètre de Wedgwood est une application de la propriété que possède l'argile de subir un retrait permanent quand elle est soumise à l'action de la chaleur. Il se compose d'une plaque métallique (fig. 296) portant des rainures

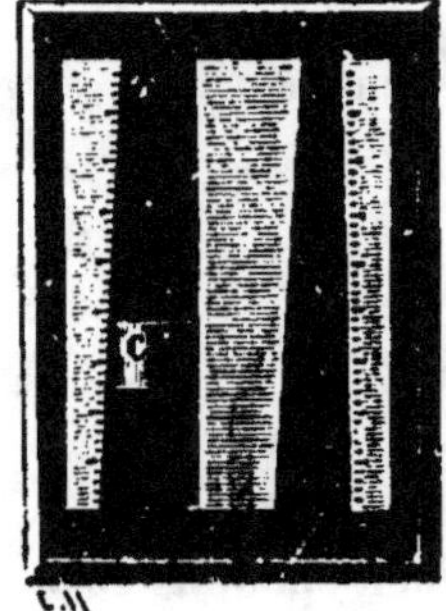

Fig. 296.

qui forment un angle déterminé et dont les bords sont divisés en parties égales. De petits cylindres d'argile séchés au rouge sombre doivent pénétrer jusqu'au zéro de la graduation.

Pour déterminer la température d'un four, on y introduit un de ces cylindres, et, lorsqu'il s'est mis en équilibre de température, on le retire et on le laisse refroidir. On l'engage alors dans la rainure du pyromètre, et le point où il s'arrête donne le degré de la température du four. Les degrés du pyromètre ne peuvent être comparés aux degrés centigrades ; on admet cependant que le zéro de cet instrument correspond à 520° centigrades, et que chaque degré du pyromètre vaut 72° centigrades.

Les indications du même pyromètre ne sont pas comparables entre elles, parce que le retrait de l'argile varie beaucoup d'un échantillon à un autre.

Si imparfaites que soient les données fournies par ces sortes d'instruments, elles sont souvent suffisantes pour l'industrie.

---

[1] *Brongniart*, minéralogiste, né à Paris (1800-1876).
[2] *Wedgwood*, manufacturier anglais (1730-1795).

CHAPITRE II
DILATATIONS DES CORPS

§ I. DILATATIONS DES SOLIDES

284. Trois sortes de dilatations des corps solides. — Relativement aux corps solides, on peut considérer :

1° La dilatation *linéaire*, ou l'augmentation d'une longueur ;

2° La dilatation *superficielle*, ou l'augmentation d'une surface ;

3° La dilatation *cubique*, ou l'augmentation d'un volume [1].

285. Dilatation linéaire. — **1° Coefficient moyen.** — *On appelle coefficient* **moyen** *de dilatation linéaire d'une barre, entre deux températures données, l'augmentation moyenne que subit l'unité de longueur de cette barre, pour une élévation de température de* 1°.

Soient l_0 et l_t les longueurs respectives d'une même barre, à 0° et à t°.

La dilatation de la longueur l_0 pour t° est :

$$(l_t - l_0).$$

La dilatation de l'unité de longueur pour t° est :

$$\frac{l_t - l_0}{l_0}.$$

Enfin, la dilatation moyenne de l'unité de longueur pour 1° est :

$$\frac{l_t - l_0}{l_0 t}.$$

2° Coefficient de dilatation linéaire entre 0° et 100°. — L'expérience prouve que si la température t ne varie qu'entre 0° et 100°, le coefficient moyen de dilatation linéaire est à peu près *constant*. Désignons-le par k.

---

[1] Seules, la dilatation linéaire et la dilatation cubique sont susceptibles de mesures directes. En effet, on mesure les longueurs à l'aide de *mesures réelles*, règles donnant le mètre, ses multiples et sous-multiples. On mesure aussi directement les volumes, grâce à la propriété des liquides de pouvoir occuper le même volume sous des formes très différentes : on a des mesures réelles de volume ou de capacité, *litre*, multiples et sous-multiples, et l'on peut mesurer le volume d'un solide par le volume d'un liquide qu'il déplace. Mais on ne mesure jamais *directement* une surface, on la calcule d'après la mesure de ses dimensions.

Dans l'hypothèse $t < 100°$, on a donc :

$$\frac{l_t - l_0}{l_0 t} = k = C^{te}. \qquad (1)$$

Il s'ensuit que la *dilatation d'une barre est proportionnelle à la longueur l_0 de cette barre et à l'accroissement de température t.*

Ainsi, sur toute l'échelle thermométrique comprise entre 0° et 100°, la dilatation de l'unité de longueur, pour chaque élévation de température de 1°, conserve une même valeur k.

Le coefficient *moyen* devient ici un coefficient proprement dit, que l'on peut définir : *la dilatation constante de l'unité de longueur pour chaque élévation de température de 1°.*

Formules relatives à la dilatation linéaire. — 1° *Connaissant la longueur l_0 d'une barre à* t° *et son coefficient de dilatation k, calculer sa longueur l_t à* t°.

Cette longueur l_t est immédiatement donnée par l'équation (1), qui permet de calculer l'une quelconque des quantités l_t, l_0, k, t, connaissant les trois autres.

On peut encore raisonner comme il suit :

D'après la définition du coefficient de dilatation linéaire, l'allongement de l'unité de longueur pour 1° est k, et pour t°, kt.

L'unité de longueur devient donc à t°, $\qquad (1 + kt)$,

la longueur l_0 — — à t°, $\qquad l_0(1 + kt)$;

par suite, on a : $\qquad l_t = l_0(1 + kt).$ $\qquad (2)$

L'expression $(1 + kt)$ se nomme *binôme de dilatation linéaire.*

Ainsi : *La longueur d'un corps à une température quelconque, est proportionnelle au binôme de dilatation linéaire relatif à cette température.*

2° *Connaissant la longueur l_t d'une barre à* t°, *calculer la longueur $l_{t'}$ de la même barre à* t°.

On a :

$$l_t = l_0(1 + kt)$$
$$l_{t'} = l_0(1 + kt').$$

Divisant membre à membre, il vient :

$$\frac{l_t}{l_{t'}} = \frac{1 + kt}{1 + kt'};$$

d'où :

$$l_{t'} = l_t \times \frac{1 + kt'}{1 + kt}.$$

Si on effectue la division de $(1 + kt')$ par $(1 + kt)$, on trouve :

$$\frac{1 + kt'}{1 + kt} = 1 + k(t' - t) - k^2 t(t' - t) + \ldots.$$

Or le nombre k étant très petit (toujours inférieur à $3,10^{-5}$), les termes qui contiennent, comme facteur, une puissance de k, ont une valeur qui peut être négligée dans les applications. On peut donc écrire :

$$l_{t'} = l_t[1 + k(t' - t)].$$

286. Mesure du coefficient de dilatation linéaire. — Méthode de Lavoisier[1] et Laplace[2]. — Lavoisier et Laplace ont publié, en 1782, les résultats d'expériences importantes sur la dilatation linéaire des corps.

Leur méthode consiste à mesurer la longueur d'une barre à 0°, et

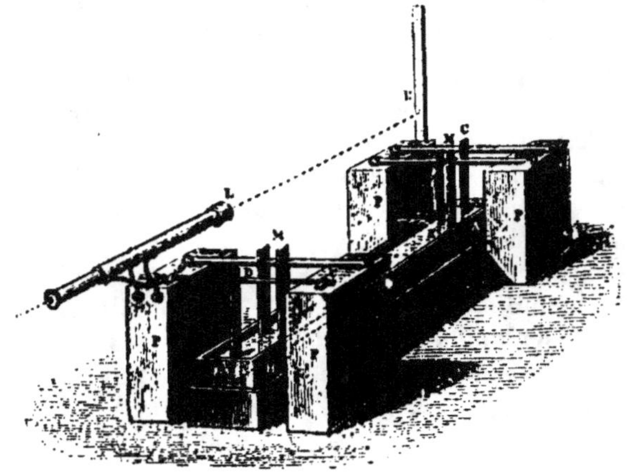

Fig. 297.

sa dilatation entre 0° et $t°$; puis à appliquer la formule du coefficient moyen de dilatation (285, 1°).

La barre A B dont ils mesuraient l'allongement était placée dans une auge métallique H (fig. 297), elle reposait sur deux rouleaux; l'extré-

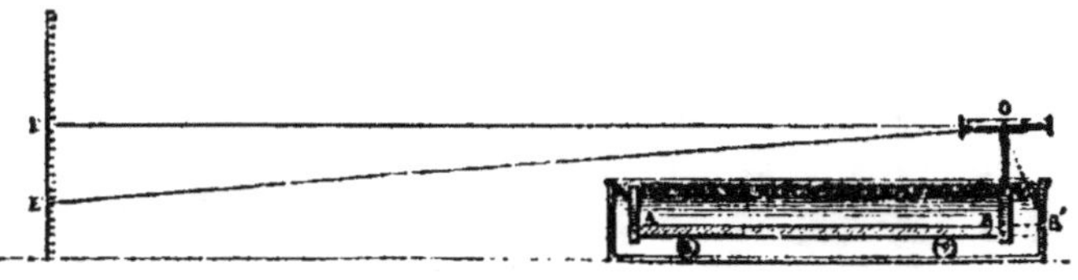

Fig. 298.

mité A appuyait contre un obstacle fixe, et l'extrémité B buttait contre une tige verticale D, reliée à un axe xy; une lunette L, dis-

---

[1] *Lavoisier*, célèbre chimiste, né à Paris (1743-1794).
[2] *Laplace*, astronome et mathématicien, né dans le Calvados (1749-1827).

posée perpendiculairement à l'axe xy, servait à viser une règle graduée, placée à distance.

La barre était soumise successivement à la température de la glace et à celle de l'eau bouillante; en se dilatant, elle poussait la tige D, laquelle faisait tourner l'axe xy, et la lunette s'inclinait; la distance EE' comprise entre les deux lignes de visée (fig. 298) servait à calculer l'allongement.

En effet, les triangles OBB' et OEE', semblables comme ayant leurs côtés perpendiculaires, donnent la proportion :

$$\frac{BB'}{EE'} = \frac{OB}{OE};$$

d'où l'on déduit :

$$BB' = EE' \times \frac{OB}{OE}.$$

La position de la règle et de la lunette étant invariables, le rapport $\frac{OB}{OE}$ était constant et pouvait être déterminé d'avance.

La température t du bain étant connue et BB' ayant été calculé, le coefficient de dilatation k est donné par la relation :

$$k = \frac{BB'}{BA \times t} \qquad (285, 1°).$$

Résultats : 1° Entre 0° et 100°, la dilatation linéaire des solides est proportionnelle à la température; et, par suite, le coefficient moyen de dilatation linéaire est constant.

Les métaux deviennent plus dilatables lorsqu'ils ont été passés à la filière ou qu'ils ont été martelés; le tableau ci-dessous indique les variations produites par cet état moléculaire.

TABLEAU DES COEFFICIENTS DE DILATATION LINÉAIRE

Or . . . . de 0,000014 à 0,000015	Fer . . . . de 0,000011 à 0,000012
Argent . . . . . 0,000019 à 0,000021	Zinc . . . . . . 0,000029 à 0,000034
Étain . . . . . 0,000019 à 0,000025	Cuivre . . . . 0,000017 à 0,000019
Plomb . . . . . 0,000028 à 0,000029	Platine . . . . 0,000008 à 0,000010
Acier . . . . . 0,000010 à 0,000012	Verre blanc . 0,000007 à 0,000009

2° Au delà de 100°, la dilatation d'une barre croît plus rapidement que la température.

Le coefficient moyen de dilatation augmente légèrement avec la température. On peut, en général, le représenter par une fonction du premier degré par rapport à t, c'est-à-dire par une expression de la forme

$$k + k't,$$

k désignant le coefficient de dilatation entre 0° et 100°, et k' un second coefficient numérique plus petit que le premier.

On a donc :
$$\frac{l_t - l_0}{l_0 t} = k + k't;$$

d'où :
$$l_t = l_0(1 + kt + k't^2).$$

Telle est la formule générale qui exprime la loi de dilatation d'une barre. Cette formule est applicable aux températures inférieures à 100°; mais le troisième terme de la parenthèse est alors si petit, que l'on peut le négliger, c'est-à-dire appliquer simplement la formule (2). Le troisième terme ne cesse d'être négligeable que lorsqu'on a :
$$t > 100; \quad \text{d'où} \quad t^2 > 10.000.$$

287. Comparateur à dilatations. — La méthode de Lavoisier et Laplace n'a plus qu'un intérêt historique. Il en est de même d'une méthode différentielle de Dulong et Petit, imaginée par Borda, et de l'appareil construit par l'opticien anglais Ramsden sur les indications du général Roy, à l'époque où l'étude de la dilatation des règles métalliques préoccupait les physiciens chargés de mesurer une *base* destinée à des opérations géodésiques pour la mesure de la méridienne.

On emploie aujourd'hui, pour étudier la dilatation des règles métriques, au

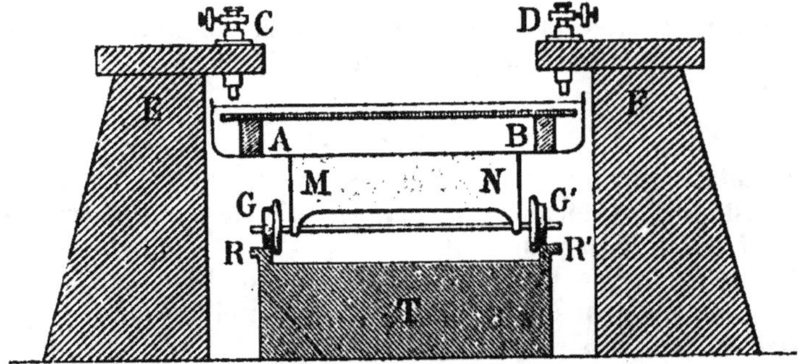

Fig. 299.

Bureau international des poids et mesures, un appareil appelé *comparateur à dilatations* (fig. 299). Deux blocs E, F très massifs et très stables, sont distants d'un peu plus d'un mètre; on peut amener entre eux, sur des rails R, R', un chariot MN portant une cuve allongée AB, qui contient la règle métallique entourée de glace ou d'un bain à température connue. Chacun des blocs porte un microscope à axe vertical C, D, permettant de viser de haut en bas sur la cuve; le microscope est rattaché au bloc par une solide traverse horizontale. La distance des axes des deux microscopes est absolument invariable et égale à un mètre; l'un d'eux étant pointé sur l'un des traits d'une règle métrique contenu dans la cuve, l'autre sera pointé sur le trait qui est à l'autre bout de la règle si la règle est supposée dans la glace fondante. Le chariot permet d'enlever rapidement la règle et d'y substituer une autre règle qui serait identique à 0°, mais qui est plongée dans un bain à $t°$. La règle est dilatée, on ne peut plus viser les deux traits extrêmes avec les deux microscopes; mais ces deux microscopes, dont le corps est fixe, ont un oculaire qui peut se déplacer latéralement au moyen d'une vis micrométrique. On tourne ces vis jusqu'à viser de nouveau exactement les deux traits. Le nombre de tours et de fractions de tours donnés aux vis micrométriques permet d'évaluer très exactement la dilatation.

288. Dilatation superficielle. — On appelle *coefficient moyen de dilatation superficielle d'une plaque solide, entre deux températures données, l'augmentation de l'unité de surface, pour une élévation de température de 1°.*

1° *Le coefficient de dilatation superficielle d'un corps solide est sensiblement le double du coefficient de dilatation linéaire.*

Une plaque de substance homogène reste semblable à elle-même quand sa température varie. Considérons une plaque carrée de 1 mètre de côté, admettons qu'elle reste carrée en se dilatant, et représentons par k le coefficient de dilatation linéaire de la substance.

Quand la température s'élève de un degré, chaque côté du carré devient $(1 + k)$; la surface devient :

$$(1 + k)^2 = 1 + 2k + k^2.$$

Ainsi, l'unité de surface augmente de $(2k + k^2)$.

Or, k étant très petit, k^2 est négligeable.

Donc le coefficient de dilatation superficielle est sensiblement égal à $2k$.

2° Le coefficient moyen de dilatation linéaire étant invariable de 0° à 100°, il en est de même du coefficient moyen de dilatation superficielle. Ce dernier n'est donc, pour toutes les températures usuelles, qu'un simple coefficient numérique : c'est *l'augmentation constante que subit l'unité de surface quand la température s'élève de 1°.*

3° *Connaissant l'aire S_0 d'une surface à 0°, et le coefficient linéaire de la substance k, calculer l'aire S_t de la même surface à t°.*

Chaque unité de surface chauffée de 0° à t° s'accroît de $2kt$ et devient $(1 + 2kt)$.

Donc la surface S_0 devient :

$$S_t = S_0 (1 + 2kt).$$

289. Dilatation cubique. — 1° Coefficient moyen. — *On appelle coefficient* moyen *de dilatation cubique d'un corps, entre deux températures données, l'augmentation que subit l'unité de volume de ce corps, en moyenne, pour une élévation de température de 1°.*

Si l'on désigne par V_0 et V_t les volumes d'un même solide à 0° et à t°, la dilatation moyenne de l'unité de volume, pour un accroissement de température de 1°, est donnée par l'expression :

$$\frac{V_t - V_0}{V_0 t}. \qquad (1)$$

2° Coefficient proprement dit. — S'il arrive qu'entre les limites de température considérées, les dilatations soient proportionnelles aux variations de températures, le coefficient *moyen* de dilatation devient constant : il se réduit à un simple coefficient numérique K. *Ce coefficient numérique mesure la dilatation constante que subit l'unité de volume, pour chaque élévation de température de 1°.*

Cette condition est remplie **pour les gaz** sur toute l'étendue de l'échelle thermométrique. Elle l'est **pour les solides**, dans un intervalle de température assez étendu (comprenant 0° et 100°). Mais cette condition n'est généralement pas satisfaite **pour les liquides**; ou du moins, elle ne l'est que d'une manière approchée, et dans un intervalle de température peu étendu.

290. Formules pour les dilatations cubiques. — Les formules usuelles relatives à la dilatation cubique sont analogues à celles que nous avons établies pour la dilatation linéaire (285). Elles supposent que les variations de volume sont proportionnelles aux variations de température, c'est-à-dire que le coefficient de dilatation cubique se réduit à une constante K.

1° Connaissant le volume V_o d'un corps à 0°, et son coefficient de dilatation cubique K, calculer le volume V_t du même corps à t°.

Quand la température s'élève de 0° à t°, chaque unité de volume augmente de Kt, et devient $(1 + Kt)$.

Le volume V_o devient donc :

$$V_t = V_o(1 + Kt). \qquad (2)$$

L'expression $(1 + Kt)$ est ce que l'on appelle le *binôme de dilatation cubique* relatif à la température t.

2° Connaissant le volume V_t d'un corps à t°, calculer le volume $V_{t'}$ du même corps à t'°.

On a :
$$V_{t'} = V_o(1 + Kt'),$$
$$V_t = V_o(1 + Kt).$$

En divisant membre à membre, on obtient :

$$\frac{V_{t'}}{V_t} = \frac{1 + Kt'}{1 + Kt};$$

d'où
$$V_{t'} = V_t \frac{1 + Kt'}{1 + Kt}. \qquad (3)$$

D'après les formules (2) et (3) : *le volume d'un corps à une température quelconque est proportionnel au binôme de dilatation relatif à cette température.*

Les volumes d'un même corps à deux températures différentes sont entre eux comme les binômes de dilatation relatifs à ces deux températures.

Effectuons la division indiquée dans la formule (3), ordonnons par rapport à K et supprimons comme négligeables toutes les puissances de K supérieures à la première. On obtient ainsi :

$$V_{t'} = V_t \{ 1 + K(t' - t) \} \qquad (4)$$

La parenthèse est ce que l'on appelle *le binôme de dilatation relatif à la variation de température* (t' — t).

Dans l'hypothèse $t = 0$, cette formule (4) se réduit à la formule (2).

Ainsi, dans tous les cas, *pour passer du volume d'un corps à une température quelconque, au volume du même corps à une autre température, il suffit de multiplier le volume connu par le binôme de dilatation relatif à la variation de température.*

3° *Les densités d'un même corps à diverses températures sont inversement proportionnelles aux binômes de dilatation correspondants.*

Soient D_t la densité et V_t le volume du corps à $t°$;

— $D_{t'}$ — $V_{t'}$ — $t'°$.

V_o le volume à 0° et K le coefficient de dilatation cubique.

La masse du corps reste invariable à toute température.

Égalons entre elles les expressions de cette masse à la température t et à la température t'. Il vient :

$$V_t D_t = V_{t'} D_{t'}.$$

Ainsi, les densités sont en raison inverse des volumes, et l'on peut écrire, en tenant compte de la formule (3) :

$$\frac{D_t}{D_{t'}} = \frac{V_{t'}}{V_t} = \frac{1 + Kt'}{1 + Kt} \cdot \qquad (5)$$

Dans le cas particulier $t' = o$, cette relation donne :

$$D_t = \frac{D_o}{1 + Kt} \cdot$$

Donc, *pour obtenir la densité d'un corps à t°, il faut diviser la densité à 0° par le binôme de dilatation.*

291. Dilatation cubique des solides. — Le coefficient de dilatation cubique d'un solide peut être déterminé par une méthode directe, que nous exposerons dans la suite (298); mais il se déduit immédiatement du coefficient de dilatation linéaire, quand celui-ci est connu.

Relation entre les coefficients de dilatations linéaire et cubique. — *Le coefficient de dilatation cubique d'un solide est sensiblement le triple du coefficient de dilatation linéaire.*

Considérons un cube de 1 mètre d'arête à 0°.

Si la température s'élève de 1°, chaque arête devient $(1 + k)$, k étant le coefficient de dilatation linéaire, et le volume du cube devient :
$$(1 + k)^3 = 1 + 3k + 3k^2 + k^3.$$

L'augmentation de l'unité de volume est donc
$$3k + 3k^2 + k^3.$$

Or, k étant un nombre très petit, on peut négliger les termes $3k^2$ et k^3, et prendre $3k$ pour augmentation.

Les termes en k^2 et k^3 sont *physiquement* nuls, car ils sont inaccessibles à l'expérience.

Donc, le coefficient de dilatation cubique est $3k$.

Dilatation des enveloppes. — *Une enveloppe se dilate comme une masse solide de même volume.*

On peut le vérifier à l'aide de l'anneau de S'Gravesande (fig. 280).

A la température ordinaire, la boule passe à frottement doux à travers l'anneau de même métal ; or il en est de même si on élève la boule et l'anneau à une température quelconque en les plongeant dans un bain ; donc le diamètre intérieur de l'anneau et le diamètre de la boule se sont dilatés de la même quantité.

§ II. DILATATION DES LIQUIDES

292. Dilatation des liquides. — On distingue à l'égard des liquides deux sortes de dilatations : la dilatation apparente et la dilatation absolue.

La dilatation apparente est l'augmentation de volume que semble prendre un liquide dans l'enveloppe qui le contient.

La dilatation absolue est l'augmentation réelle de volume que subit un liquide, c'est-à-dire l'augmentation de volume que l'on observerait si l'enveloppe ne se dilatait pas.

Le coefficient de dilatation absolue d'un liquide est égal au coefficient de dilatation apparente, plus le coefficient de l'enveloppe.

En effet : soient Δ le coefficient de dilatation absolue du liquide,

$$\delta \qquad — \qquad — \qquad \text{apparente.}$$
$$K \qquad — \qquad — \qquad \text{de l'enveloppe.}$$

Considérons l'unité de volume, et supposons que la température s'élève de 0° à 1°.

13

Le volume absolu du liquide devient $(1 + \Delta)$.

Le volume apparent du liquide devient $(1 + \delta)$;

$(1 + \delta)$ est le volume du liquide donné par le nombre des divisions que le liquide occupe dans l'enveloppe; or, celle-ci étant graduée à 0°, le volume de chaque division est devenu $(1 + K)$.

Donc le volume occupé par le liquide est en réalité $(1 + \delta)(1 + K)$.

On a :
$$1 + \Delta = (1 + \delta)(1 + K),$$
$$1 + \Delta = 1 + \delta + K + \delta K,$$

ou
$$\Delta = \delta + K + \delta K$$

Or, δ et K étant des nombres très petits, on peut sans erreur sensible négliger leur produit δK, ce qui donne finalement :

$$\Delta = \delta + K.$$

293. Coefficient de dilatation absolue du mercure. — Le mercure étant fréquemment employé dans les expériences, il était nécessaire de déterminer exactement les lois de sa dilatation absolue; c'est ce qu'ont fait *Dulong* et *Petit*[1] par un procédé indirect, fondé sur le principe des vases communicants, et dans lequel la mesure des volumes est remplacée par une simple mesure de hauteurs.

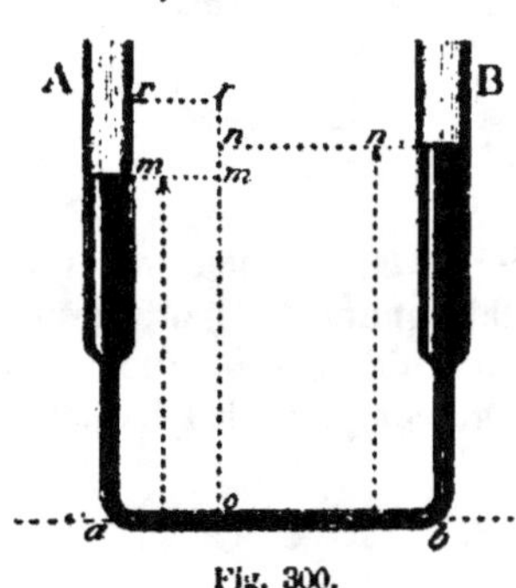

Fig. 300.

L'appareil de Dulong et Petit se compose essentiellement de deux tubes cylindriques A et B (fig. 300), entourés chacun d'un manchon et reliés entre eux par un tube horizontal ab de petit diamètre. Du mercure introduit dans l'appareil s'élève au même niveau dans les deux branches.

On remplit de glace le manchon qui entoure le tube A, et l'on verse dans celui qui entoure le tube B de l'huile, que l'on porte à une température t, au moyen d'un fourneau.

La température est donnée par deux thermomètres, que nous étudierons plus loin : un thermomètre à air et un thermomètre à poids.

Le mercure, n'ayant plus la même densité dans les deux branches, s'élève à des hauteurs h, h' qui sont en raison inverse des densités d, d'.

$$\frac{h}{h'} = \frac{d'}{d}. \qquad (1)$$

---

[1] *Petit*, physicien français, né à Vesoul (1791-1820).

Les hauteurs h et h' doivent être comptées au-dessus de la surface de séparation. Il n'y a pas de surface de séparation nette entre le mercure à 0° et le mercure à $t°$. Mais comme le tube horizontal est de très petit diamètre, que le liquide est maintenu à l'une de

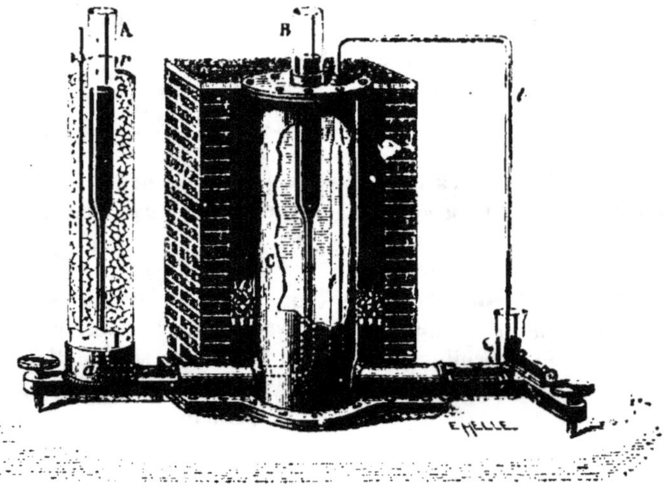

Fig. 301.

ses extrémités à 0° et à l'autre extrémité à $t°$, on peut regarder une section quelconque du tube horizontal comme formant la surface de séparation, et c'est à partir de l'axe de ce tube jusqu'aux niveaux dans les deux branches que sont comptées les hauteurs h et h'.

On sait que l'on a (n° 290, 5) :

$$\frac{d'}{d} = \frac{1}{1 + \mu t} .$$

Il s'ensuit

$$\frac{h}{h'} = \frac{1}{1 + \mu t} ;$$

d'où

$$\mu = \frac{h' - h}{ht} .$$

La température t est donnée par les thermomètres ; quant aux longueurs $(h' - h)$ et h, voici comment Dulong et Petit les mesuraient.

Le tube A porte un point de repère r, dont la distance au tube ab ou or a été relevée préalablement à l'aide du cathétomètre ; on mesure de la même manière les distances du point r aux deux niveaux m et n (fig. 300).

On a évidemment : $rm - rn = h' - h$

et $or - mr = h$.

Résultats. — 1° Dulong et Petit ont trouvé que de 0° à 100° le coefficient moyen de dilatation du mercure est sensiblement constant.

Sa valeur est : $\dfrac{1}{5550}$,   ou   0,00018018.

Au delà de 100°, le coefficient moyen croît avec la température. Il devient :

Entre 100° et 200°, $\dfrac{1}{5425}$.   Entre 200° et 300°, $\dfrac{1}{5300}$.

2° Regnault a repris les expériences, en conservant le principe de la méthode, mais en supprimant diverses causes d'erreur. Les valeurs numériques obtenues diffèrent peu des précédentes :

Entre 0° et 50°, $\dfrac{1}{5547}$.   Entre 50° et 100°, $\dfrac{1}{5509}$.

Entre 0° et 300°, le coefficient moyen de dilatation du mercure est exprimé par une fonction du premier degré en t :

$$\frac{V_t - V_0}{V_0 t} = \frac{179}{10^6} + \frac{25}{10^9}\, t.$$

294. Dilatation des liquides autres que le mercure[1]. — Connaissant le coefficient de dilatation du mercure, on peut déterminer celui d'une enveloppe de verre. Après quoi, au moyen de cette enveloppe, on peut étudier la dilatation d'un liquide quelconque.

On donne à l'enveloppe de verre soit la forme du *thermomètre à tige*, soit la forme dite du *thermomètre à poids*. Mais cette dernière ne peut servir que pour des liquides communs, que l'on possède purs en quantité suffisante; elle ne peut pas être employée non plus pour des liquides volatils, dont le poids varierait pendant les expériences.

Chacune de ces enveloppes de verre (désignées sous le nom de *thermomètres* ou de **dilatomètres**) sert à différents usages que nous passerons successivement en revue.

295. Thermomètre à poids. — Le *thermomètre à poids* se compose d'un réservoir cylindrique surmonté d'un tube capillaire

---

[1] La méthode de Dulong et Petit n'est pas employée pour les liquides autres que le mercure, parce qu'elle exige une installation spéciale et des opérations longues et délicates. D'ailleurs, elle ne serait pas applicable aux liquides volatils, dont les niveaux changeraient pendant la durée de l'expérience par suite de l'évaporation.

deux fois recourbé à angle droit et terminé en pointe (fig. 302). Une coupelle de déversement, maintenue au-dessous de la pointe, est destinée à recueillir le liquide chassé de l'enveloppe par la dilatation.

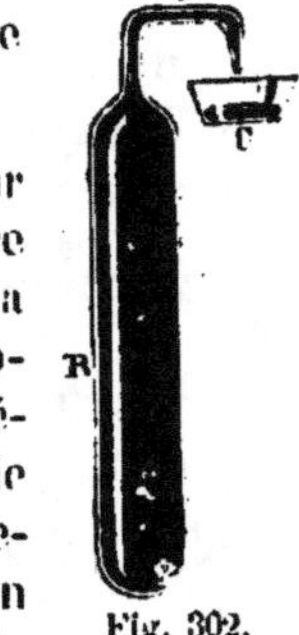
Fig. 302.

1° Dilatation absolue d'un liquide quelconque. — Sur un plateau d'une balance, on place le thermomètre avec sa coupelle et des poids marqués; puis on fait la tare dans l'autre plateau. Retirant ensuite le thermomètre, on le remplit à 0° du liquide soumis à l'expérience. Pour cela on procède d'abord comme pour le remplissage du thermomètre à mercure; puis, l'enveloppe étant remplie à une température quelconque, on fait plonger la pointe dans du liquide versé dans la coupelle, et on introduit l'appareil dans de la glace fondante, où il achève de se remplir à 0°. Après avoir vidé la coupelle, on la remet sous la pointe, on sèche l'appareil, et on le reporte sur la balance pour déterminer la masse P du liquide introduit.

On plonge l'appareil dans un bain à une température connue t. La dilatation chasse du liquide qui tombe dans la coupelle, et dont la balance donne la masse p.

Écrivons qu'à la température t, le volume du contenant est égal au volume du contenu.

Soient D la densité du liquide à 0°, Δ et K les coefficients moyens de dilatation du liquide et du verre.

La capacité de l'enveloppe à 0° est $\dfrac{P}{D}$. A $t°$ cette capacité devient $\dfrac{P}{D}(1 + Kt)$.

D'autre part, la masse $(P - p)$ du liquide resté dans l'enveloppe occupait à 0° un volume $\dfrac{P - p}{D}$. A $t°$ son volume est $\dfrac{P - p}{D}(1 + \Delta t)$.

On a donc, en multipliant tout par D :

$$P(1 + Kt) = (P - p)(1 + \Delta t). \qquad (1)$$

Équation d'où l'on peut tirer Δ en fonction des données P, p, t et de la quantité inconnue K.

Reste à déterminer K.

2° Coefficient de dilatation de l'enveloppe. — Pour obtenir le coefficient K, on répète la même expérience avec du mercure.

Soient M la masse du mercure qui remplit l'enveloppe à 0°, m la masse du mercure qui tombe dans la coupelle quand on porte l'appareil de 0° à $t°$; enfin, μ le coefficient de dilatation du mercure.

En écrivant qu'à $t°$, le volume du contenant est égal au volume du contenu, on obtient l'équation :

$$M(1 + Kt) = (M - m)(1 + \mu t), \qquad (2)$$

d'où l'on tire K en fonction de quantités toutes connues : M, m, t sont données par l'expérience actuelle, μ a été déterminé antérieurement.

On trouve, pour le verre ordinaire :

$$K = \frac{1}{38670} = 0,0000258.$$

3° Dilatation apparente du mercure dans le verre. La même expérience donne le coefficient μ' de la dilatation apparente du mercure dans le verre.

Le volume $\frac{m}{D}$ du mercure sorti représente la dilatation pour $t°$ du volume $\frac{M - m}{D}$ du mercure resté dans l'appareil. Donc la dilatation de l'unité de volume, pour $1°$, est :

$$\mu' = \frac{m}{(M - m)t} \cdot$$

On trouve :

$$\mu' = \frac{1}{6480} \cdot$$

Ce coefficient μ' est dit le **coefficient thermométrique** du thermomètre à mercure. C'est le rapport du volume v d'une division de la tige au volume V du réservoir. En effet, pour une élévation de température de $1°$, le volume V éprouve une dilatation apparente égale à v. Donc le coefficient de dilatation apparente est :

$$\mu' = \frac{v}{V} \cdot$$

On a donc :

$$V = 6480v.$$

Ce qui permet, dans la construction des thermomètres à mercure, de faire occuper à chaque division de la tige la longueur que l'on veut. Si le réservoir est donné, on détermine le diamètre du tube; si le tube est donné, on calcule le volume du réservoir [1].

4° Mesure d'une température. L'appareil a reçu le nom de *thermomètre à poids*, parce qu'il ramène les mesures de températures à des mesures de poids. Pour déterminer la température à laquelle l'enveloppe a été portée, il suffit de connaître le poids du mercure qui en est sorti.

En effet, l'équation (2) renferme cinq quantités. On peut donc en tirer l'une quelconque de ces quantités en fonction des quatre autres. Par exemple, les constantes μ, K, M étant connues, il suffit de mesurer m pour que l'on puisse calculer t.

296. Procédé du thermomètre à tige. — Le thermomètre

---

[1] On sait que le coefficient de dilatation absolue d'un liquide est sensiblement égal à la somme du coefficient de dilatation apparente et du coefficient de dilatation de l'enveloppe. Par exemple, pour le mercure enfermé dans une enveloppe de verre, on a :

$$\mu = \mu' + K.$$

Connaissant deux quelconques de ces coefficients, on peut donc en déduire le troisième. C'est ainsi que l'on a :

$$K = \frac{1}{5550} - \frac{1}{6480} = \frac{1}{38071} \cdot$$

à tige n'est autre qu'une enveloppe thermométrique ordinaire, dont le tube est divisé en parties d'égale capacité.

Nous désignerons par N le rapport du volume V du réservoir jusqu'au zéro de l'échelle, au volume v d'une division de la tige.

On aura :
$$V = Nv.$$

1° Dilatation d'un liquide quelconque. — Dans l'enveloppe du thermomètre à tige, introduisons le liquide soumis à l'expérience. Plongeons l'instrument dans la glace fondante, puis dans un bain de température connue. Supposons que le niveau du liquide s'arrête à la division n_0 à 0° et à la division n à la température t.

Écrivons qu'à cette température t le volume du contenant est égal au volume du contenu.

Les $(N + n)$ divisions occupées dans l'enveloppe par le liquide valent à 0° $(N + n)v$, et à $t°$ $(N + n)v (1 + Kt)$.

D'autre part, le volume du liquide à 0° était $(N + n_0)v$; à $t°$ ce volume devient $(N + n_0)v (1 + \Delta t)$.

On a donc, en divisant tout par v :
$$(N + n) (1 + Kt) = (N + n_0) (1 + \Delta t). \qquad (1)$$

Équation d'où l'on tire la valeur de Δ en fonction des données n, n_0 et des quantités inconnues N et K.

Il reste à déterminer N et K.

2° Jaugeage du réservoir. — Le nombre N exprime combien de fois le volume v d'une division du tube est contenu dans le volume du réservoir jusqu'au zéro de la graduation.

Pour déterminer ce nombre, on pèse le tube vide, puis rempli de mercure à 0° jusqu'à une division n, et enfin, rempli de mercure à 0° jusqu'à une division n'. Soient P, P' l'excès de la seconde et de la troisième pesée sur la première.

En appelant D la densité du mercure à 0°, on a :
$$P = (N + n)vD.$$
$$P' = (N + n')vD ;$$

d'où :
$$\frac{P}{P'} = \frac{N + n}{N + n'},$$

et enfin :
$$N = \frac{Pn' - P'n}{P' - P}.$$

3° Coefficient de dilatation de l'enveloppe. — Pour obtenir le coefficient K, on répète avec du mercure l'expérience qui a été faite d'abord avec un liquide quelconque.

Après avoir introduit du mercure dans l'enveloppe, on porte celle-ci dans la glace fondante, puis dans un bain à une température connue.

Soient a et b les divisions du tube où s'arrête le mercure à $0°$ et à $t°$.

En écrivant qu'à $t°$ le volume du contenant est égal au volume du contenu, on obtient :

$$(N + b)(1 + Kt) = (N + a)(1 + \mu t).$$

Équation qui donne la valeur de K.

Remarque. — On détermine une fois pour toutes les constantes N et K relatives à une enveloppe donnée. Après quoi cette enveloppe peut servir pour un grand nombre de liquides.

On peut employer aussi la même enveloppe pour déterminer les coefficients moyens de la dilatation d'un même liquide entre $0°$ et des températures variables.

Résultats. — 1° Les liquides sont beaucoup plus dilatables que les solides. Le mercure est celui qui se dilate le moins.

Le coefficient moyen de dilatation d'un liquide varie avec les limites de température considérées. On ne peut le regarder comme à peu près constant que sur une très petite portion de l'échelle thermométrique.

2° Le coefficient moyen de dilatation d'un liquide entre $0°$ et $t°$ est représenté par une formule qui est du second degré par rapport à t.

On a
$$\frac{V_t - V_0}{V_0 t} = a + bt + ct^2;$$

d'où
$$V_t = V_0(1 + at + bt^2 + ct^3).$$

Les coefficients numériques a, b, c s'obtiennent en faisant trois expériences distinctes, à des températures différentes, ce qui donne un système de trois équations à trois inconnues.

M. Isidore Pierre a ainsi déterminé les coefficients moyens de dilatation d'un grand nombre de liquides. Il a trouvé, par exemple,

pour l'alcool :
$$\frac{1,048}{10^3} + \frac{1,750}{10^6} t + \frac{1,345}{10^9} t^2;$$

pour l'éther :
$$\frac{1,513}{10^3} + \frac{2,359}{10^6} t + \frac{40,051}{10^9} t^2.$$

3° Les *liquides surchauffés* (c'est-à-dire maintenus à l'état liquide sous pression, à une température supérieure au point d'ébullition) sont extrêmement dilatables. La dilatation de l'unité de volume, pour un degré, peut devenir de beaucoup supérieure au coefficient de dilatation des gaz.

Par exemple, l'acide carbonique liquide, entre $0°$ et $30°$, est quatre fois plus dilatable que l'air; l'acide sulfureux liquide, entre $155°$ et $156°$, est 100 fois plus dilatable que l'air.

297. Maximum de densité de l'eau. — La dilatation de l'eau présente une particularité qui se retrouve chez un très petit nombre de corps : quand on échauffe de l'eau à partir de sa température de fusion, son volume ne varie pas constamment dans le même sens : il diminue d'abord, passe par un minimum et augmente ensuite. Il y a un *minimum de volume*, correspondant à un *maximum de densité*, à la température de 4°.

Expérience de Hope. — Une éprouvette E (fig. 303), entourée vers son milieu d'un petit manchon R, est percée de deux ouvertures dans lesquelles sont mastiqués deux thermomètres T et T'. On remplit d'eau l'éprouvette, et l'on met de la glace dans le manchon. Le thermomètre inférieur descend rapidement jusqu'à 4° centigrades; le thermomètre supérieur, qui était resté d'abord stationnaire, descend ensuite à 4°, puis au-dessous de cette température. Des glaçons se forment bientôt à la surface de l'eau, tandis que le liquide se maintient à 4° dans la partie inférieure.

Fig. 303.

L'explication de ce phénomène est facile à donner.

L'eau de la partie moyenne de l'éprouvette, se refroidissant au contact de la glace, augmente de densité et tombe au fond, où elle fait descendre la température à 4°; puis les couches supérieures se refroidissent à leur tour jusqu'à 4°. Mais, à partir de là, ce sont les couches les plus froides qui sont les plus légères, et les couches supérieures se refroidissent jusqu'à 0° avant que le fond se soit refroidi au-dessous de 4°.

Cette expérience prouve que l'eau atteint vers 4° centigrades son maximum de densité.

Elle reproduit en petit ce qui se passe dans les eaux des lacs pendant les froids rigoureux de l'hiver. Les couches supérieures sont portées à des températures très basses, tandis que les couches inférieures se maintiennent à 4°; température qui ne met pas obstacle à la vie des êtres qui habitent ces profondeurs.

Méthode de Despretz. — Despretz a étudié la dilatation de l'eau par la méthode du thermomètre à tige (296). Il prit un tube en verre, dont il détermina d'abord le coefficient de dilatation; puis il le gradua et le remplit d'eau jusqu'à une certaine hauteur.

13*

Il mit ce tube dans un bain dont il fit varier la température, et à chaque expérience il nota le volume apparent de l'eau dans le tube et la température du bain. Comme l'eau dans un tube, à l'abri de toute agitation, peut descendre au-dessous de 0° sans se congeler, il put mettre le tube dans un mélange réfrigérant, et observer le volume de l'eau à l'état liquide jusqu'à — 9°.

Il représenta par une courbe la marche de la dilatation de l'eau à diverses températures.

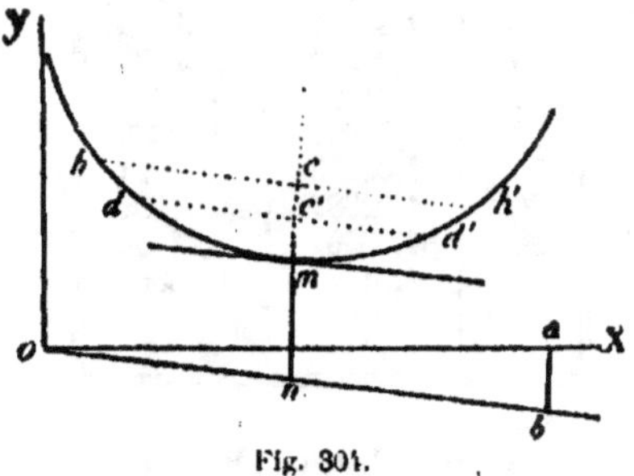
Fig. 304.

Soient deux axes rectangulaires oX, oY (fig. 304) ; sur oX on porte à partir du point o des abscisses proportionnelles aux diverses températures observées, et par les points de division on élève des ordonnées proportionnelles aux volumes apparents de l'eau à ces températures. En joignant les extrémités de ces perpendiculaires, on a la courbe cherchée.

Les ordonnées de la courbe donnent donc le volume apparent de l'eau, et les abscisses la température correspondante.

Pour avoir le volume absolu de l'eau, il faut ajouter au volume apparent la dilatation du verre.

Or la dilatation du tube à $t°$ est V_0Kt, K étant le coefficient du verre.

On prend ao proportionnel à $t°$; on mène ab perpendiculaire à ao et proportionnel à la dilatation V_0K_0t ; on joint bo ; et comme les dilatations du tube sont proportionnelles aux températures, les ordonnées de bo représentent les dilatations du tube aux températures comptées sur ao.

Le volume absolu de l'eau à une température donnée est représenté par l'ordonnée correspondante prolongée jusqu'à la droite bo.

Pour avoir l'ordonnée qui représente le volume minimum, on mène à la courbe une tangente parallèle à bo ; l'ordonnée mn, du point de contact, représente le volume minimum cherché.

Il importe de déterminer exactement le point de contact de la tangente ; on l'obtient en menant deux cordes dd', hh', parallèles à ob, et en joignant leurs milieux ; la droite cc' passe au point de contact cherché.

Despretz a trouvé ainsi que le volume de l'eau est minimum à 4° ; par suite, le maximum de densité de l'eau a lieu à 4°.

VOLUME ET DENSITÉ DE L'EAU A DIVERSES TEMPÉRATURES

t^o	VOLUME	DENSITÉ	t^o	VOLUME	DENSITÉ
— 1°	1,000203	0,999797	10°	1,00025	0,99974
0	1,000129	0,999871	20	1,00174	0,99825
+ 1	1,000072	0,999928	30	1,00425	0,99576
2	1,000031	0,999969	40	1,00770	0,99235
3	1,000009	0,999991	50	1,01195	0,98820
4	1	1	60	1,01691	0,98338
5	1,000010	0,999990	70	1,02256	0,97791
6	1,000030	0,999970	80	1,02887	0,97191
7	1,000067	0,999933	90	1,03567	0,96556
8	1,000114	0,999886	100	1,04321	0,95865
9	1,000176	0,999824			

298. Mesure du coefficient de dilatation cubique des solides. —
On peut obtenir directement le coefficient de dilatation cubique d'un solide,
soit au moyen du dilatomètre à poids, soit à l'aide du dilatomètre à tige.

Dans le premier procédé, par exemple, après avoir pesé le corps soumis à
l'expérience, on l'introduit dans une enveloppe de verre, à laquelle on soude un
tube effilé.

On pèse l'instrument avec le corps; on achève de remplir le tube avec du

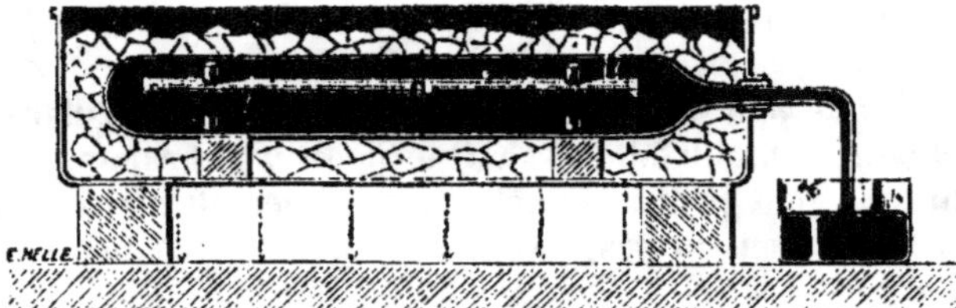

Fig. 305.

mercure à 0° (fig. 305); on pèse de nouveau le tout, et la différence des deux
pesées donne le poids du mercure introduit dans l'appareil.

On chauffe l'instrument à t^o, et on pèse le mercure expulsé.

Soient p le poids du corps, d sa densité à 0°, et x son coefficient;

M le poids du mercure, D sa densité à 0°, et μ son coefficient;

m le poids du mercure expulsé; K le coefficient du verre.

Écrivons qu'à t^o, le volume du contenant est égal au volume du contenu.
Volume de l'enveloppe à 0° :

$$\left(\frac{M}{D} + \frac{p}{d}\right).$$

Volume à 0° du solide et du mercure non expulsé :

$$\frac{M - m}{D} + \frac{p}{d}.$$

Pour ramener ces divers volumes à t^o, il suffit de multiplier chacun d'eux par le binôme de dilatation correspondant.

On obtient ainsi l'égalité annoncée :

$$\left(\frac{M}{D} + \frac{p}{d}\right)(1 + Kt) = \frac{M - m}{D}(1 + \mu t) + \frac{p}{d}(1 + xt).$$

Équation du premier degré en x, d'où l'on tire la valeur de cette inconnue. Le procédé du dilatomètre à tige est absolument analogue.

APPLICATIONS DE LA DILATATION DES CORPS

299. Correction des mesures linéaires. — *Une longueur a été trouvée égale à n centimètres; la règle qui a servi à effectuer cette mesure a été graduée à 0°. Quelle est la vraie longueur l qui a été mesurée, si on a opéré à t°, λ étant le coefficient de dilatation linéaire de la règle?*

A t^o, chaque centimètre de la règle vaut : $1 + \lambda t$.

Donc n centimètres valent : $l = n(1 + \lambda t)$.

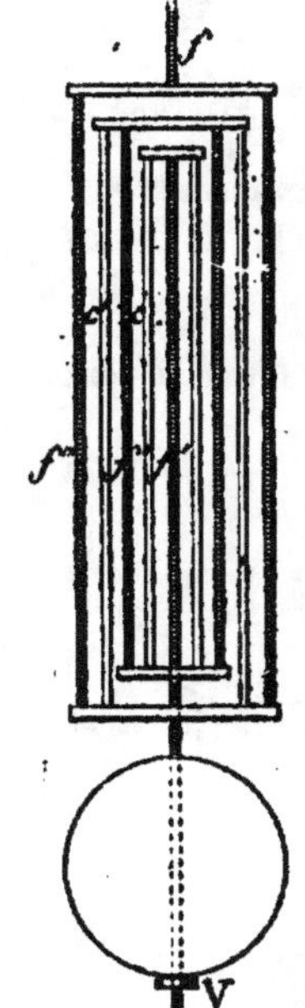

Pendules compensateurs. — Les pendules employés pour régulariser les horloges, subissant les influences de la température, n'ont pas toujours la même longueur; leurs oscillations ne sont donc pas isochrones. Ainsi les horloges avancent quand la température s'abaisse et retardent quand elle s'élève. C'est pour remédier à cet inconvénient que la lentille est mobile et qu'on peut l'élever ou l'abaisser au moyen d'une vis. C'est dans le même but qu'on emploie des pendules compensateurs.

PENDULE DE LEROY. — Le pendule de Leroy, appelé encore *pendule à gril*, se compose essentiellement d'une tige de fer f qui supporte un cadre de même métal (fig. 306); sur la traverse inférieure de ce premier cadre repose un cadre en laiton; à la traverse supérieure de celui-ci est fixé un second cadre de fer; ce dernier en supporte un autre en laiton, sur lequel est fixée la tige en fer qui porte la lentille.

Les tiges de fer étant fixées par leur extrémité supérieure, leur dilatation s'effectue de haut en bas et tend à abaisser la lentille; tandis que les tiges en laiton étant fixées par leur extrémité inférieure,

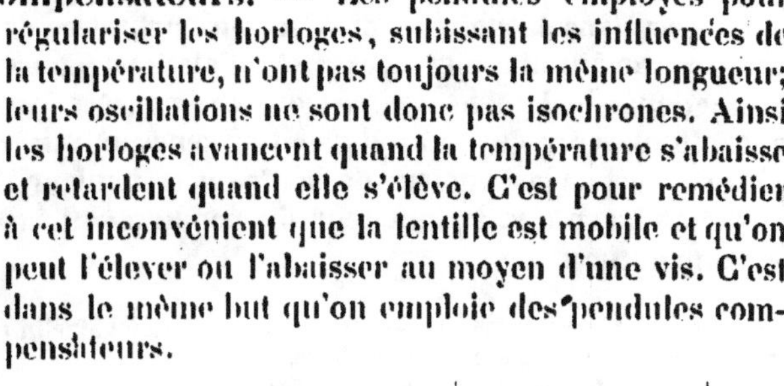

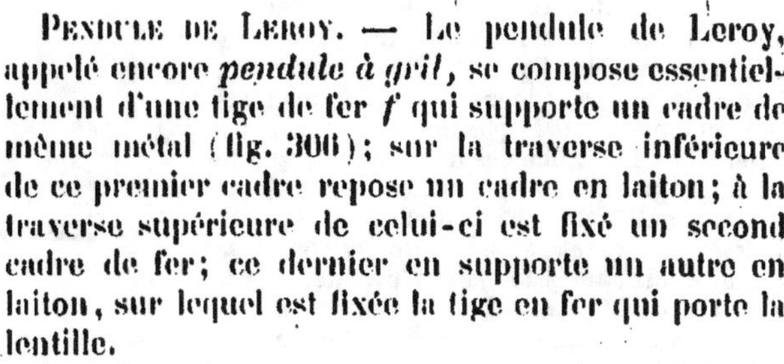

Fig. 306.

leur dilatation s'effectue de bas en haut et tend à élever la lentille.

Pour que le centre d'oscillation soit invariable, il suffit que les deux dilatations neutralisent leurs effets.

Soient λ le coefficient de dilatation du fer, λ' celui du laiton et t la température, il faut que l'on ait :

$$(f + f' + f'' + f''')\lambda t = (c + c')\lambda' t,$$

ou

$$\frac{f + f' + f'' + f'''}{c + c'} = \frac{\lambda'}{\lambda},$$

c'est-à-dire que les longueurs totales des deux séries de tiges soient inversement proportionnelles aux coefficients de dilatation.

On a : $\dfrac{\lambda'}{\lambda} = \dfrac{f + f' + f'' + f'''}{c + c'} = \dfrac{5}{3}$, environ.

Le mouvement d'une vis V permet de donner à la compensation toute la précision désirable.

Fig. 307.

PENDULE DE GRAHAM. — Le pendule de Graham (fig. 307) se compose d'une tige de fer qui supporte un châssis dans lequel se trouvent deux cylindres de verre contenant du mercure. Les dilatations et les contractions de la tige de fer sont compensées par celles du mercure qui se produisent en sens contraire.

Le rapport de la longueur de la tige à la hauteur du mercure est calculé de façon que la longueur du pendule soit la même à toutes les températures.

Lames compensatrices. — 1° Le compensateur Martin est formé de deux lames soudées ensemble et placées de manière que la plus dilatable soit au-dessous de l'autre. Aux extrémités des lames se trouvent deux petits contrepoids (fig. 308). Si la température s'élève, la longueur de la tige augmente; mais les lames prennent la position mon, et leurs dimensions sont calculées de telle sorte que le centre de gravité du système est élevé de la même quantité dont s'est allongée la tige. Si la température s'abaisse, la longueur de la tige diminue; mais les lames prennent dans ce cas la position $m'on'$, et le centre de gravité est abaissé de la même quantité dont la tige a diminué.

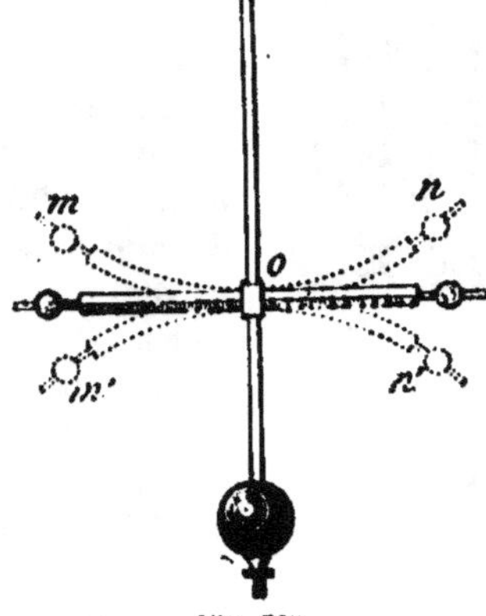
Fig. 308.

2° Dans les chronomètres, la marche des aiguilles dépend d'un balancier en forme de roue dans laquelle se trouve un ressort. Pour que le mouvement soit régulier, il faut que le rayon du balancier soit constant; on obtient ce résultat au moyen de lames compensatrices qui sont fixées au balancier par une extrémité seulement; l'autre extrémité est munie d'une vis qui porte une petite masse m (fig. 309).

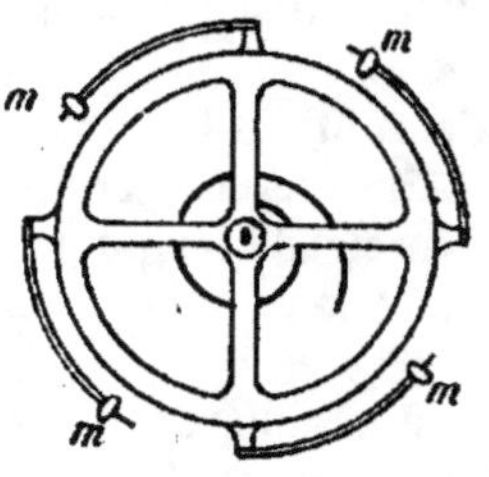

Fig. 309.

La lame la plus dilatable étant en dehors, si la température s'élève, l'extrémité libre des lames s'incline du côté du centre; elle s'en écarte dans le cas contraire.

Dans les deux cas, en déplaçant plus ou moins les masses m, on obtient le même rayon pour le système formé de la roue et des lames.

300. Corrections barométriques. — Les observations barométriques sont faites à des températures diverses; pour les rendre comparables, on est convenu de les ramener à la température de 0°.

Soient H la hauteur barométrique lue sur la règle à $t°$,

x — — — — à 0°,

D_o la densité du mercure à 0°,

D_t — — à $t°$,

μ le coefficient de dilatation du mercure.

L'échelle qui sert à mesurer la hauteur barométrique s'est dilatée de 0° à $t°$. La hauteur à $t°$ est:

$$H' = H(1 + \lambda t),$$

λ étant le coefficient linéaire de la règle.

Or les colonnes de mercure, de hauteurs x et H', devant exercer la même pression, on a :

$$\frac{x}{H'} = \frac{D_t}{D_o} = \frac{1}{1 + \mu t} \quad (135\text{-}290));$$

d'où :

$$x = H' \cdot \frac{1}{1 + \mu t},$$

et en remplaçant H' par sa valeur :

$$x = H \frac{1 + \lambda t}{1 + \mu t},$$

qu'on peut écrire :

$$= H[1 + (\mu - \lambda)t].$$

Applications industrielles. — La dilatation des solides est un véritable travail produit par une force dont l'intensité est très grande; pour en avoir une idée, il suffit de calculer l'effort mécanique capable de produire le même effet. Ainsi la dilatation du fer entre 0° et 100° étant de 0,0012 de la longueur initiale, elle produit le même effet qu'une traction de 240 000 kilogrammes par décimètre carré de section. On comprend qu'il est inutile de chercher à lutter contre une force aussi grande. Dans les constructions en fer, les toitures métalliques, les rails des voies ferrées..., on laisse des intervalles suffisants pour ne pas gêner la dilatation, et éviter ainsi des dislocations et des ruptures.

Dans certaines industries on utilise la force de contraction qui se développe dans le refroidissement des solides. Ainsi les forgerons, pour ferrer les roues de voiture, chauffent le cercle de fer pour le dilater et lui faire embrasser le contour de la roue; quand il est refroidi, il demeure fortement adhérent.

Les constructeurs de chaudières, pour obtenir une adhérence parfaite entre les tôles, se servent de rivets chauffés au rouge.

§ III. DILATATION DES GAZ

1. DÉFINITIONS ET FORMULES

301. Différentes sortes de dilatations des gaz. — En étudiant les dilatations des corps solides ou liquides, nous n'avons pas eu à nous occuper de la pression; parce que, ces corps étant très peu compressibles, les changements de volume qui seraient dus à des variations de pression sont tout à fait négligeables vis-à-vis de ceux qui résultent des variations de température.

Les gaz, au contraire, sont *très dilatables* et *très compressibles;* c'est-à-dire que leur volume dépend à la fois de la température et de la pression. Dans l'étude des gaz, il est donc nécessaire de considérer simultanément les conditions de volume, de pression et de température.

Pour une masse gazeuse déterminée, chacune des variables V, H, t est fonction des deux autres; c'est-à-dire que si l'on dispose de deux quelconques d'entre elles, en leur attribuant des valeurs arbitraires, la troisième prend une valeur déterminée.

Si l'une des trois variables V, H, t conserve une valeur constante, les deux dernières sont fonctions l'une de l'autre; c'est-à-dire qu'à chaque valeur attribuée à la seconde, correspond une valeur déterminée de la troisième. Par exemple, si le gaz est maintenu à une *température constante,* le volume et la pression varient simultanément. Si le gaz considéré suit la loi de Mariotte, on a :

$$VH = C^{te}.$$

De même, si le gaz est maintenu sous une *pression constante,* les variations de température produisent des variations de volume.

Enfin, si le gaz est confiné dans un *volume constant,* les variations de température entraînent des variations de pression.

Pour étudier les effets que produisent les variations de température sur une masse gazeuse donnée, nous nous placerons successivement dans les trois hypothèses suivantes :

1° *La pression est constante.* Alors un accroissement de température produit un accroissement de volume, ou une dilatation proprement dite.

2° *Le volume est constant.* Alors un accroissement de température produit un accroissement de force élastique.

3° *Le volume et la pression varient simultanément.*

C'est le cas général.

302. I. Variation de volume sous pression constante.

1° Coefficient de dilatation à pression constante. — Considérons une masse gazeuse occupant à 0° un volume V_o sous la pression H_o; et supposons que l'on chauffe cette masse gazeuse de 0° à $t°$, en ayant soin de la maintenir sous une pression invariable (égale à H_o).

Son volume augmente et devient :

$$V = V_o(1 + \alpha t). \qquad (1)$$

α est, par définition, *le coefficient de dilatation du gaz à pression constante* (entre 0° et $t°$, pour la pression H_o), $(1 + \alpha t)$ est le binôme de dilatation.

2° Première loi de Gay-Lussac. — *Entre 0° et 100°, pour une pression donnée, le coefficient α est constant.*

Ainsi, sous la même pression H_o, mais pour une autre température t', on aurait :

$$V' = V_o(1 + \alpha t');$$

d'où :
$$V_o = \frac{V}{1 + \alpha t} = \frac{V'}{1 + \alpha t'}.$$

De là, cet autre énoncé de la première loi de Gay-Lussac :

A une même pression, les volumes d'une masse gazeuse sont proportionnels aux binômes de dilatation.

On remarquera que l'expression $\dfrac{V}{1 + \alpha t}$ est le volume de la masse gazeuse ramenée à 0° sans changement de pression.

303. II. Variation de pression sous volume constant.

1° Coefficient d'élasticité à volume constant. — Considérons une masse gazeuse ayant à 0° une force élastique H_o sous le volume V_o; et supposons que l'on chauffe cette masse gazeuse de 0° à $t°$, en ayant soin de la maintenir sous un volume invariable (égal à V_o).

Alors sa pression augmente et devient :

$$H = H_o(1 + \beta t). \qquad (2)$$

β étant, par définition, *le coefficient de dilatation du gaz à volume constant* (entre $0°$ et $100°$ sous le volume V_o). β se nomme encore le *coefficient d'élasticité*, ou le *coefficient d'augmentation de pression à volume constant*. $(1 + \beta t)$ est le binôme d'élasticité.

2° Deuxième loi de Gay-Lussac. — *Entre $0°$ et $100°$, pour un volume donné, le coefficient β est constant.*

Ainsi, pour le même volume V_o, mais pour une température t', on aurait :
$$\Pi' = \Pi_o(1 + \beta t');$$

d'où :
$$\Pi_o = \frac{\Pi}{1 + \beta t} = \frac{\Pi'}{1 + \beta t'}.$$

De là, cet autre énoncé de la seconde loi de Gay-Lussac :

Sous un même volume, les pressions d'une même masse gazeuse sont proportionnelles aux binômes d'élasticité.

On remarquera que $\dfrac{\Pi}{1 + \beta t}$ est la pression de la masse gazeuse ramenée à $0°$ sans changement de volume.

304. Condition pour que les coefficients α et β soient égaux. — *Pour que le coefficient de dilatation d'un gaz à pression constante, α, soit égal à son coefficient d'élasticité à volume constant, β, il suffit que ce gaz suive la loi de Mariotte.*

En effet, considérons de nouveau la masse gazeuse que nous avons portée de $0°$ à $t°$ d'abord à pression constante, puis à volume constant.

A $t°$, cette même masse gazeuse peut occuper indifféremment :

Un volume V à la pression Π_o,

Ou un volume V_o à la pression Π.

Si le gaz suit la loi de Mariotte, on a :
$$V\Pi_o = V_o\Pi,$$

c'est-à-dire, en tenant compte des formules (1) et (2) :
$$V_o\Pi_o(1 + \alpha t) = V_o\Pi_o(1 + \beta t);$$

d'où :
$$\alpha = \beta.$$

Cette condition suffisante *n'est pas moins* nécessaire. Si le gaz ne suit pas la loi de Mariotte, on a
$$V\Pi_o = V_o\Pi(1 + \varepsilon) \qquad (3)$$
ε étant un nombre très petit, positif ou négatif, qui mesure *l'écart à la loi*.

En tenant compte des formules (1) et (2), la relation précédente devient
$$V_o\Pi_o(1 + \alpha t) = V_o\Pi_o(1 + \beta t)(1 + \varepsilon);$$
d'où
$$(1 + \alpha t) = (1 + \beta t)(1 + \varepsilon). \qquad (4)$$
et enfin
$$\alpha \neq \beta.$$

Remarques. 1° *D'après la formule* (3), *le nombre ε est positif ou négatif suivant que le gaz considéré est plus compressible ou moins compressible que ne l'indique la loi de Mariotte.* Pour un gaz plus compressible, par exemple (pour l'air, pour l'oxygène...), on a $V\Pi_o > V_o\Pi$; ce dernier produit est le plus petit parce qu'il correspond à la pression la plus forte $\Pi > \Pi_o$. D'après (3), on a donc :
$$1 + \varepsilon > 1; \qquad \text{d'où} \qquad \varepsilon > 0.$$

Pour un gaz moins compressible (comme l'hydrogène), on aurait $\varepsilon < 0$.

2° D'après la relation (1), *le coefficient α est supérieur, égal ou inférieur au coefficient β, suivant que ε est positif, négatif ou nul.*

Les hypothèses $\qquad \varepsilon > 0, \quad \varepsilon = 0, \quad \varepsilon < 0$

entraînent respectivement $\quad \alpha > \beta, \quad \alpha = \beta, \quad \alpha < \beta$.

Ainsi en particulier : *Pour les gaz plus compressibles que ne l'indique la loi Mariotte, le coefficient de dilatation à pression constante est plus grand que le coefficient de dilatation à volume constant.*

305. Gaz parfaits. — 1° *On entend par gaz parfait un gaz qui suivrait exactement les lois de Mariotte et de Gay-Lussac.*

Pour un gaz parfait, le coefficient α de dilatation à pression constante, et le coefficient β d'élasticité à volume constant, sont égaux entre eux.

Et puisqu'ils sont relatifs le premier aux variations de volume, le deuxième aux variations de pression, il résulte de leur égalité que α est indépendant de la pression, et que β est indépendant du volume (loi de Davy). Ces deux coefficients ne représentent donc qu'un seul et même nombre invariable.

2° Les **gaz réels** ne suivent pas les lois de Mariotte et de Gay-Lussac d'une manière rigoureuse, surtout lorsqu'ils s'approchent de leur point de liquéfaction. Néanmoins *les gaz difficilement liquéfiables* s'en écartent extrêmement peu dans les limites usuelles de température et de pression; de sorte que, dans la pratique, on peut sans erreur sensible les considérer comme des gaz parfaits.

En outre, l'expérience a montré que *le coefficient de dilatation est le même pour tous ces gaz* (loi de Charles).

Dans les applications, nous admettrons donc que les gaz difficilement liquéfiables suivent les lois de Mariotte et de Gay-Lussac, et que leur coefficient de dilatation, le même pour tous, est un nombre constant ayant pour valeur :

$$\alpha = \frac{1}{273} = 0,00367.$$

306. III. Variations simultanées de la température, de la pression et du volume.

Équation des gaz parfaits. — On appelle ainsi la relation qui existe entre le volume, la pression et la température d'une masse gazeuse qui obéit aux lois de Mariotte et de Gay-Lussac. On peut la formuler comme il suit :

Le volume d'une masse gazeuse, sa pression et l'inverse du binôme de dilatation ont un produit constant.

Supposons qu'une même masse gazeuse ait d'abord un volume V à la pression H et à la température t, puis un volume V' à la pression H' et à la température t'. Pour faire passer la masse gazeuse des conditions initiales aux conditions finales, faisons varier séparément la pression, puis la température.

A la même température t, si la pression passe de H à H', le volume passera de V à une certaine valeur V_1.

Pour la même pression H', si la température passe de t à t', le volume passera de V_1 à V'.

La masse gazeuse s'est donc trouvée successivement dans les conditions :

$$(1) \qquad V, \qquad H, \qquad t ;$$
$$(2) \qquad V_1, \qquad H', \qquad t ;$$
$$(3) \qquad V', \qquad H', \qquad t'.$$

Dans le passage de (1) à (2), la température étant constante, on peut appliquer la loi de Mariotte :

$$VH = V_1 H'.$$

Dans le passage de (2) à (3), la pression étant constante, on peut appliquer la loi de Gay-Lussac :

$$\frac{V_1}{1+\alpha t} = \frac{V'}{1+\alpha t'} \cdot$$

Si l'on multiplie membre à membre ces égalités, V_1 disparaît, et l'on obtient :
$$\frac{VH}{1+\alpha t} = \frac{V'H'}{1+\alpha t'} \cdot \qquad\qquad (A)$$

Telle est la formule des gaz parfaits. On peut l'écrire :

$$\frac{VH}{1+\alpha t} = C^{te}\ 1.$$

Cette constante est dite la *constance caractéristique* de la masse gazeuse considérée.

307. Problèmes. — L'équation des gaz parfaits permet de calculer l'une quelconque des six quantités V, H, t; V', H', t'; connaissant les cinq autres. Elle permet aussi d'établir la formule générale

---

[1] La constance de ce rapport caractérise les gaz parfaits, et résume les lois de Mariotte et de Gay-Lussac.

Tous les gaz réels s'écartent plus ou moins de ces lois, et ils s'en écartent de plus en plus à mesure qu'ils se rapprochent de leur point de liquéfaction.

D'après l'ensemble des données numériques fournies par l'étude expérimentale des gaz, M. van der Waals a constaté qu'il existe pour chaque gaz réel deux nombres constants r et h tels que l'on ait exactement :

$$\frac{(V-r)\left(H+\dfrac{h}{V^2}\right)}{1+\alpha t} = C''.$$

pour toutes les valeurs des variables V, H, t.

Les constantes r et h dépendent de la nature du gaz et du volume normal de la masse gazeuse considérée.

Elles sont d'autant plus petites, qu'il s'agit d'un gaz plus difficilement liquéfiable; mais elles ne seraient rigoureusement nulles que pour un gaz absolument parfait.

du mélange des gaz, en tenant compte des changements de température.

1° Volume normal d'un gaz. — *Connaissant le volume* V, *la pression* H *et la température* t *d'une masse gazeuse, calculer le volume normal de cette masse gazeuse, c'est-à-dire son volume* V_0 *à* 0° *sous la pression* 76^{cm}.

Appliquons l'équation (A) dans l'hypothèse :

$$t' = 0°, \ H' = 76; \qquad \text{d'où :} \qquad V' = V_0.$$

Il vient :

$$\frac{VH}{1 + \alpha t} = V_0 . 76;$$

d'où :

$$V_0 = \frac{VH}{76(1 + \alpha t)}.$$

Tel est le volume de la masse gazeuse ramenée aux conditions normales. L'expression peut s'écrire :

$$V_0 = V . \frac{H}{76} . \frac{1}{1 + \alpha t} .$$

Alors le second facteur représente la correction de pression, et le troisième représente la correction de température.

2° Densité normale d'un gaz. — *Connaissant la densité* D *d'une masse gazeuse aux conditions* V, H, t, *calculer sa densité* D' *aux conditions* V', H', t'; *et, en particulier, sa densité* D_0 *aux conditions normales* V_0, 76^{cm}, 0°.

Il s'agit de la densité absolue, c'est-à-dire de la masse de l'unité de volume.

Égalons entre elles deux expressions de la masse gazeuse considérée. On a :

$$VD = V'D';$$

d'où l'on tire, en tenant compte de l'équation des gaz parfaits :

$$\frac{D}{D'} = \frac{V'}{V} = \frac{H(1 + \alpha t')}{H'(1 + \alpha t)};$$

ou enfin :

$$\frac{D(1 + \alpha t)}{H} = \frac{D'(1 + \alpha t')}{H'} .$$

Cette relation générale donne l'inconnue D'.

Dans le cas particulier :

$$t' = 0, \ H' = 76, \qquad \text{d'où} \qquad D' = D_0,$$

on obtient :

$$D_0 = \frac{D . 76(1 + \alpha t)}{H} .$$

Cette même relation générale conduit aux deux propriétés suivantes :

Si $t = t'$, on a

$$\frac{D}{H} = \frac{D'}{H'} .$$

A une même température, les densités d'une même masse gazeuse sont proportionnelles aux pressions.

Si $H = H'$, on a : $\quad D(1 + \alpha t) = D'(1 + \alpha t')$.

Sous une même pression, les densités d'une masse gazeuse sont inversement proportionnelles aux binômes de dilatation.

308. Formule générale du mélange des gaz. — *On mélange plusieurs gaz qui n'ont pas d'action chimique les uns sur les autres. Trouver la relation qui existe entre les conditions individuelles de ces gaz* v, h, t; v', h', t'; v", h", t"; *et les conditions* V, H, T *de leur mélange.*

D'après la loi de Dalton, on sait qu'à *une même température*, la pression d'un mélange de gaz est égale à la somme des pressions individuelles de ces divers gaz, chacun d'eux étant ramené au volume total du mélange.

Avant de mélanger les gaz dont il s'agit, commençons par ramener chacun d'eux au volume V et à la température T que doit avoir le mélange. Soient x, y, z les pressions individuelles qu'ils acquièrent dans ces conditions. La loi de Dalton étant alors applicable, on aura :

$$H = x + y + z.$$

Les pressions x, y, z sont données par la formule des gaz parfaits. On a :

$$\frac{Vx}{1 + \alpha T} = \frac{vh}{1 + \alpha t},$$

$$\frac{Vy}{1 + \alpha T} = \frac{v'h'}{1 + \alpha t'},$$

$$\frac{Vz}{1 + \alpha T} = \frac{v''h''}{1 + \alpha t''}.$$

Additionnant ces trois relations membre à membre, et tenant compte de la relation qui précède, on obtient :

$$\frac{VH}{1 + \alpha T} = \frac{vh}{1 + \alpha t} + \frac{v'h'}{1 + \alpha t'} + \frac{v''h''}{1 + \alpha t''}.$$

Telle est la formule générale du mélange des gaz.

Chacun des termes du second membre étant une constante, il en est de même de leur somme.

La loi générale du mélange des gaz (loi de Dalton en tenant compte des changements de température) peut être énoncée comme il suit : *La constante caractéristique d'un mélange de plusieurs gaz sans action mutuelle, est égale à la somme des constantes caractéristiques de ces divers gaz.*

Inversement, de quelque manière qu'une masse gazeuse soit partagée en diverses parties, les constantes caractéristiques des masses partielles ont une somme invariable, puisque cette somme est toujours égale à la constante caractéristique de la masse totale.

Soient v,h,t; v',h',t'; v'',h'',t'', les conditions relatives aux masses obtenues dans un premier partage; v_1, h_1, t_1; v_2, h_2, t_2, les conditions relatives à un autre partage.

On a
$$\frac{vh}{1+\alpha t} + \frac{v'h'}{1+\alpha t'} + \frac{v''h''}{1+\alpha t''} = \frac{v_1 h_1}{1+\alpha t_1} + \frac{v_2 h_2}{1+\alpha t_2}.$$

En résumé, pour une masse totale déterminée, on peut toujours écrire :
$$\Sigma \frac{vh}{1+\alpha t} = C^{te}.$$

2. MESURE DES COEFFICIENTS DE DILATATION DES GAZ

309. Méthode de Gay-Lussac. — Les lois de la dilatation des gaz ont été très imparfaitement connues jusqu'au commencement de ce siècle. Dalton et Gay-Lussac en firent l'objet d'études sérieuses.

L'appareil de Gay-Lussac se compose essentiellement d'un tube thermométrique à gros réservoir AB (fig. 310), rempli d'air sec et jaugé d'avance. Pour obtenir de l'air sec dans l'appareil, on le remplit d'abord de mercure comme un thermomètre, puis on fixe en B un gros tube C, contenant du chlorure de calcium; on introduit un fil de platine F dans les tubes C et B. L'appareil étant incliné, on agite le fil F; quelques gouttes de mercure s'écoulent et sont remplacées par des bulles d'air, qui se dessèchent en passant sur le chlorure de calcium. On conserve un index de mercure dans le tube B, et on enlève le tube C ainsi que le fil de platine.

Fig. 310.

On porte ensuite le tube AB dans une cuve en fer-blanc (fig. 311) contenant de la glace fondante, et on le dispose de manière à apercevoir les divisions marquées par l'index de mercure. La cuve est ensuite placée sur un fourneau, et on enfonce le tube, afin que toutes les parties du gaz soient soumises à la même température. Divers thermomètres font connaître la température, que l'on peut rendre uniforme au moyen d'un agitateur. L'index, par sa nouvelle position, détermine le nouveau volume du gaz.

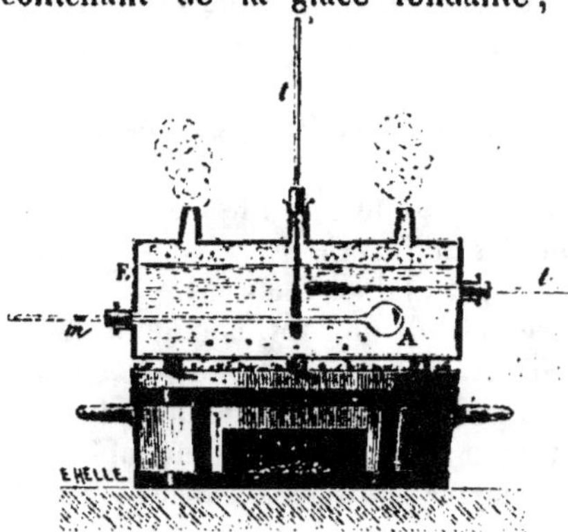

Fig. 311.

Soient V_0 le volume de l'air à 0°, H la pression atmosphérique,

V le volume apparent à t^o, H' la pression atmosphérique à la fin de l'expérience, K le coefficient de dilatation du verre, et α celui de l'air.

Quand la température s'élève de 0° à t^o, le volume de chaque division de l'enveloppe de verre est multiplié par $(1 + Kt)$.

On a donc une masse gazeuse qui passe des conditions initiales

$$V_o, \qquad H, \qquad 0^o,$$

aux conditions finales :

$$V(1 + Kt), \qquad H', \qquad t.$$

En appliquant à cette masse la formule des gaz parfaits, on obtient l'équation :

$$\frac{V(1 + Kt)H'}{1 + \alpha t} = \frac{V_o H}{1}.$$

La pression n'ayant pas varié sensiblement, α représente le coefficient de dilatation à pression constante (à la pression atmosphérique) entre 0° et t^o, on trouve :

$$\alpha = \frac{V(1 + Kt)H' - V_o H}{V_o H t}.$$

Si la pression atmosphérique n'a pas varié pendant l'expérience, c'est-à-dire si l'on a $H' = H$, la formule devient :

$$\alpha = \frac{V(1 + Kt) - V_o}{V_o t}.$$

On peut faire la seconde expérience à diverses températures t, t_1, t_2..., et calculer la valeur de α qui répond à chacune d'elles.

Résultats. — De ces expériences de Gay-Lussac et de plusieurs autres faites vers la même époque, on a cru pouvoir tirer les conclusions suivantes :

Le coefficient de dilatation des gaz entre 0° et 100° est constant, et égal au nombre $\alpha = 0,00375$.

Il est indépendant de la température (loi de Gay-Lussac).

    —   *de la pression* (loi de Davy).

    —   *de la nature du gaz* (loi de Charles).

On a reconnu, depuis, que ces diverses lois ne sont, comme la loi de Mariotte, que des lois approximatives. Dans la pratique, elles ne sont applicables que dans des limites peu étendues de température et de pression, et seulement pour les gaz difficilement liquéfiables.

Les expériences de Gay-Lussac comportaient deux causes d'erreur :

1° Le gaz n'était pas complètement desséché, surtout à cause de l'humidité qui reste adhérente aux parois intérieures du tube de verre.

2° Le gaz soumis à l'expérience n'était pas exactement isolé par l'index de mercure. Le gaz pouvait s'échapper, et l'air extérieur pouvait pénétrer dans le tube.

310. Expériences de Regnault. — Pour étudier séparément l'influence des changements de température sur la pression et sur le volume, Regnault a opéré successivement : 1° à volume constant et pression variable, 2° à pression constante et volume variable; 3° enfin, à pression et volume variables.

1. A volume constant. — *Le volume du gaz est constant et la pression variable.*

Un ballon de verre A, à col effilé, communique par un tube capil-

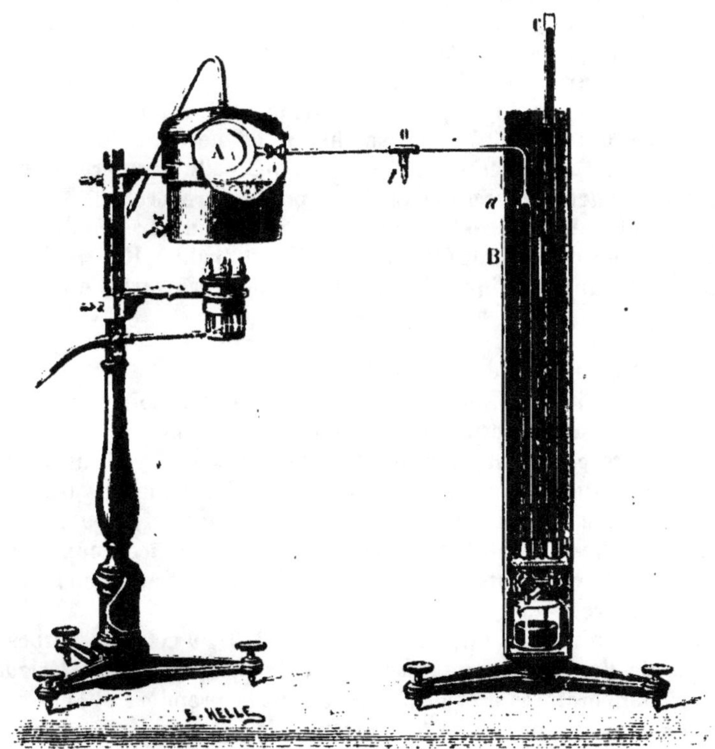

Fig. 312.

laire *t* et des tubes desséchants avec la machine pneumatique (fig. 312) : il communique, d'autre part, avec un manomètre à air libre BC contenant du mercure.

Un robinet à trois voies R permet de faire communiquer entre elles les branches B et C ou de les séparer et de mettre l'une ou l'autre en communication avec l'air extérieur.

On entoure le vase A de glace; on fait le vide au moyen de la machine pneumatique, puis on laisse pénétrer le gaz par le tube t: le gaz desséché se répand dans A, dans les tubes et dans la partie supérieure de B; on fait ensuite le vide, puis on laisse de nouveau pénétrer le gaz, et l'on répète plusieurs fois cette opération, une vingtaine de fois au moins, afin d'avoir du gaz bien sec. On verse du mercure par la branche ouverte, ou bien on en fait écouler par le robinet à trois voies jusqu'à ce qu'il soit dans la petite branche à un point de repère a, et qu'il soit sensiblement au même niveau dans la grande branche; on lit la différence des niveaux s'il y en a une légère, et la hauteur barométrique qui donne la pression exercée sur la branche ouverte.

Ensuite on élève le vase A à une température T en chauffant de l'eau dans une étuve. Le gaz se dilate, le mercure descend en B et monte en C; on verse du mercure dans cette dernière branche, afin de ramener le mercure dans B au point de repère a.

Il s'établit alors entre les deux branches une différence de niveau de h centimètres, et la pression finale H' est égale à $H + h$, H étant la pression atmosphérique. Le volume n'ayant pas varié, on a

$$H + h = H(1 + \beta t),$$

ce qui fait connaître le coefficient β.

En réalité, le calcul de l'expérience est un peu moins simple, car le volume n'est pas resté rigoureusement invariable.

Pour faire ce calcul, il suffit d'appliquer la loi générale de Dalton. On sait que la constante caractéristique d'une masse gazeuse est toujours égale à la somme des constantes caractéristiques de ses diverses parties. Il suffit donc d'égaler entre elles les deux expressions de cette constante caractéristique, répondant aux deux phases de l'expérience.

Soient V le volume intérieur du ballon à 0°, v celui des tubes de communication jusqu'au repère a à la température extérieure; t, t' les températures de l'air ambiant dans la première et la seconde phase de l'expérience; T la température de l'étuve; K le coefficient de dilatation du verre.

Dans chaque phase de l'expérience, la masse gazeuse totale se divise en deux parties. Elle comprend :

Dans la première phase,

Un volume V à 0°, sous la pression H;

Et un volume v à $t°$, sous la pression H.

14

Alors la constante caractéristique peut s'écrire :

$$V H + \frac{v H}{1 + \alpha t}.$$

Dans la seconde phase,

Un volume $V(1 + KT)$, à T^o, sous la pression H',

Et un volume v à t'^o, sous la pression H'.

Alors la constante caractéristique est représentée par

$$\frac{V(1 + KT)H'}{1 + \alpha T} + \frac{v H'}{1 + \alpha t'}.$$

En égalant ces deux expressions d'une même quantité, on obtient :

$$\left(V + \frac{v}{1 + \alpha t}\right) H = \left[V \frac{1 + KT}{1 + \alpha T} + \frac{v}{1 + \alpha t'}\right] H'.$$

Le volume de la masse gazeuse ayant très peu varié, la valeur de α tirée de cette équation différera extrêmement peu du coefficient de dilatation à volume constant.

L'équation est du troisième degré, comme on le reconnaît en chassant les dénominateurs. Regnault a adopté, pour la résoudre, la méthode des approximations successives. Il remplaçait d'abord α, dans les termes correctifs $\frac{v}{1 + \alpha t}$ et $\frac{v}{1 + \alpha T}$, par la valeur trouvée par Gay-Lussac. En calculant $(1 + \alpha T)$, puis α, il trouvait une valeur plus approchée que la première.

Il remplaçait de nouveau, dans $(1 + \alpha t)$ et $(1 + \alpha t')$, α par cette dernière valeur; il calculait de nouveau $(1 + \alpha T)$, puis α, ce qui donnait une valeur encore plus approchée. En continuant de la sorte, on arrive très vite à deux valeurs consécutives qui diffèrent aussi peu que l'on veut. On s'arrête à cette valeur, qui est le coefficient de dilatation du gaz à volume constant.

II. — Dilatation à pression constante. — Dans cette expérience, la pression est constante et le volume variable.

L'appareil (fig. 313) est analogue au précédent; seulement les branches B et C plongent dans un bain d'eau chaude, que l'on maintient à une température constante.

Dans la première partie de l'expérience, le ballon A étant entouré de glace, le niveau du mercure dans les deux branches se trouve au point de repère a; dès lors le gaz contenu dans A est soumis à la pression atmosphérique du moment.

En conservant les notations précédentes, la constante caractéristique de la masse totale peut s'écrire :

$$V H + \frac{v H}{1 + \alpha t}.$$

Dans la deuxième expérience, le vase A est élevé à une température déterminée T; le mercure descend dans B; au moyen du robinet R, on laisse écouler du mercure de C, jusqu'à ce que les deux

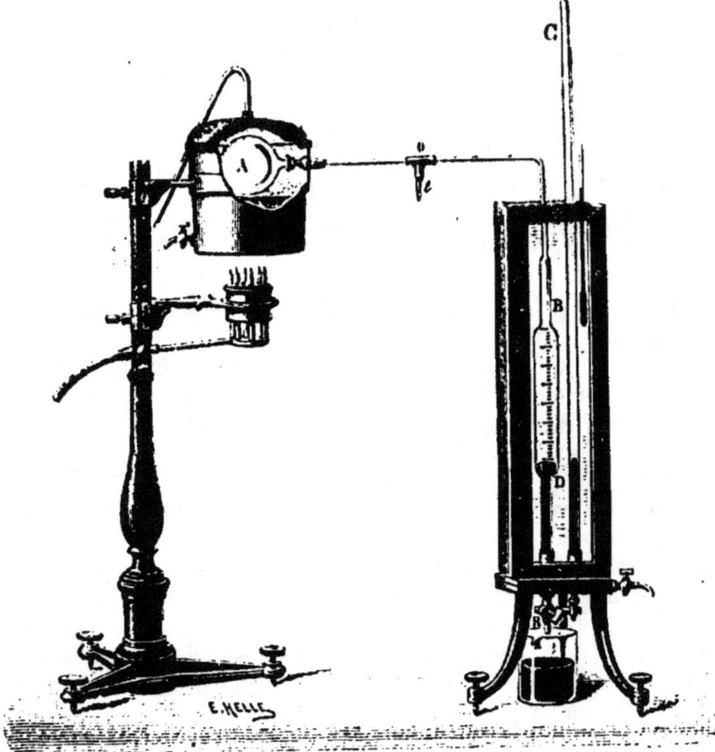

Fig. 313.

niveaux B et C soient dans un même plan horizontal a'. La pression finale est donc encore la pression atmosphérique, très peu différente de la pression initiale, et cette fois le volume a varié beaucoup, puisqu'une fraction notable de l'air est sortie du ballon A pour entrer dans la branche B. Soit u le volume de l'air du tube B, à la température θ du bain; la constante caractéristique prend la forme :

$$\frac{V(1 + KT)H'}{1 + \alpha T} + \frac{vH'}{1 + \alpha t'} + \frac{uH'}{1 + \alpha\theta}.$$

En égalant entre elles les deux expressions de cette même constante, on obtient l'équation :

$$\left(V + \frac{v}{1 + \alpha t}\right)H = \left[V\frac{1 + KT}{1 + \alpha T} + \frac{v}{1 + \alpha t'} + \frac{u}{1 + \alpha\theta}\right]H'.$$

La pression de la masse gazeuse n'est pas restée rigoureusement constante; mais comme les pressions H, H' diffèrent très peu l'une de l'autre, la valeur de z tirée de cette équation différera extrêmement peu du coefficient de dilatation à pression constante.

On calcule z par la méthode des approximations successives.

Les résultats obtenus par ces deux procédés sont légèrement différents. On peut donc distinguer le coefficient d'un gaz à volume constant et à pression variable, et le coefficient d'un gaz à volume variable et à pression constante.

Voici le tableau de ces deux sortes de coefficients entre 0° et 100° :

	Volume constant.	Pression constante.
Air.	0,003665	0,003670
Azote	0,003668	0,00367
Hydrogène	0,003667	0,003661
Acide carbonique. . .	0,003668	0,003710
Acide sulfureux. . . .	0,003847	0,003903

III. Dilatation à volume et pression variables. — Regnault a fait une troisième expérience analogue aux précédentes, mais dans laquelle le volume et la pression variaient en même temps que la température. Pour la soumettre au calcul, on applique encore la loi de Dalton; mais alors, le volume et la pression ayant varié, la valeur de z représente un coefficient intermédiaire entre le coefficient de dilatation à pression constante et le coefficient d'élasticité à volume constant.

Dans la pratique, la valeur adoptée pour le coefficient moyen de dilatation des gaz est le nombre :

$$z = \frac{1}{273} = 0,00367.$$

Expériences de M. Amagat. — Des expériences plus récentes, dues à M. Amagat, ont mis en évidence les lois suivant lesquelles varient les deux coefficients α et β pour les pressions et les températures élevées.

1° Variations de α. Pour un même intervalle de température et pour des pressions croissantes, α commence par croître, puis il passe par un maximum et diminue.

Pour une pression donnée et des températures croissantes, α varie d'une façon analogue.

2° Variations de β. Pour un même intervalle de température et pour des pressions croissantes, β commence par croître, puis il atteint un maximum et diminue ensuite.

Pour des températures croissantes, β diminue continuellement.

311. Thermomètre à air. — Le tube de Gay-Lussac (n° 309) peut servir à évaluer la température d'un milieu; il suffit de résoudre l'équation finale :

$$V_0(1 + \alpha t) \frac{H}{H'} = V_t(1 + Kt),$$

par rapport à t, α étant connu. Il constitue alors un thermomètre dont les données sont beaucoup plus exactes que celles du thermomètre à mercure.

Les deux appareils de Regnault, décrits au n° 310, sont aussi des thermomètres à air ou, d'une façon générale, des thermomètres à gaz.

Le thermomètre normal adopté aujourd'hui, c'est-à-dire le thermomètre auquel on doit comparer tous les autres, degré par degré, est le thermomètre à hydrogène à volume constant; les variations de température sont mesurées par les variations de pression.

L'appareil où l'on étudie la dilatation à volume constant est plus précis, comme thermomètre, que l'appareil à pression constante. Dans celui-ci. en effet, une portion des gaz est à une température différente de la température T à mesurer, et une portion de plus en plus notable à mesure que la température T s'élève. Une élévation de température de 1° donnée à l'enceinte où se trouve le ballon porte donc sur une masse de gaz de plus en plus faible, et produit une dilatation de moins en moins grande. La sensibilité diminue quand la température s'élève. Au contraire, dans l'appareil à volume constant, c'est toujours la masse totale du gaz (en mettant à part la portion infime contenue dans les tubes de communication) qui est soumise à la température à mesurer, et la sensibilité reste indépendante de cette température : un degré correspond toujours à la même hauteur de mercure au manomètre. En outre, il est visible que ce thermomètre à gaz à volume constant se prête beaucoup mieux à l'étude des basses températures, inférieures à 0°. C'est pour ces raisons que le thermomètre à gaz à volume constant a été pris pour *thermomètre normal.* Pour avoir un gaz bien défini, pris dans des conditions toujours les mêmes, on s'est arrêté au thermomètre à hydrogène pur, soumis à 0° à une pression mesurée par une colonne de 1 mètre de mercure.

Pouillet avait construit un pyromètre à air reposant sur les mêmes principes. Le réservoir et une partie du tube étaient en platine. MM. Deville[1] et Troost[2] ont employé pour les très hautes températures un ballon de porcelaine.

---

[1] *Deville* (Sainte-Claire), chimiste français, né aux Antilles (1818-1881).
[2] *Troost*, chimiste, né à Paris (1825).

312. Zéro absolu. — 1° On appelle *zéro absolu* une température qu'on est amené à considérer dans l'étude théorique de la chaleur, et qui correspondrait à l'absence complète de chaleur.

Prenons le thermomètre à air à volume constant. Supposons qu'on abaisse de plus en plus la température, et que, pendant cette opération, l'air conserve l'état gazeux et les mêmes propriétés qu'il a dans les conditions ordinaires. La pression du gaz diminuant sans cesse avec la température, il arrivera un moment où cette pression deviendra nulle. C'est cette température que l'on appelle le *zéro absolu*.

Soit une masse d'air à 0° et à la pression H. Si son volume reste constant, la pression x de cet air à une température t sera

$$x = H(1 + \alpha t).$$

Le *zéro absolu* est défini par la condition

$$x = 0 \quad \text{ou} \quad H(1 + \alpha t) = 0,$$

ou, puisque H n'est pas nul,

$$1 + \alpha t = 0;$$

d'où

$$t = -\frac{1}{\alpha}.$$

Or

$$\alpha = \frac{1}{273}.$$

Donc

$$t = -273.$$

C'est-à-dire que le *zéro absolu* correspond à $(-273°)$ à partir du zéro centigrade.

2° On appelle **températures absolues** les températures centigrades comptées à partir du *zéro absolu*.

Ainsi la température absolue correspondant à 15° centigrades sera représentée par $273 + 15$ ou 288°.

D'une manière générale, la température absolue T, répondant à $t°$ centigrades, est :

$$T = 273 + t = \frac{1}{\alpha} + t.$$

De cette relation on tire $\quad 1 + \alpha t = \alpha T$,

et en substituant cette valeur dans l'équation des gaz parfaits

$$\frac{VH}{1 + \alpha t} = \frac{V'H'}{1 + \alpha t'} = V_0 H_0 ;$$

on obtient, en multipliant tout par α,

$$\frac{VH}{T} = \frac{V'H'}{T'} = V_0 H_0 \alpha = C^{te}.$$

§ IV. DENSITÉ DES GAZ

313. Densité par rapport à l'air. — 1° La définition de la **densité absolue** d'un gaz est la même que celle d'un solide ou d'un liquide : c'est la masse de l'unité de volume, c'est-à-dire de $1 cm^3$. Il importe seulement de spécifier ici dans quelles conditions de *température* et de *pression* le gaz est considéré : on prend la masse de $1 cm^3$ à 0° et à 76cm.

2° On prend en général les **densités relatives** *par rapport à l'air*, au lieu de les prendre par rapport à l'eau. On appelle **densité relative d'un gaz** le rapport de la masse d'un volume quelconque de ce gaz à la masse du même volume d'air, les deux gaz étant pris dans les mêmes conditions de température et de pression.

Si le gaz et l'air avaient tous deux la même loi de compressibilité et la même loi de dilatation, cette densité relative ainsi définie serait indépendante de la température et de la pression. En réalité, les lois de Mariotte et de Gay-Lussac n'étant qu'approchées, il convient de spécifier dans quelles conditions le gaz et l'air sont comparés : on les compare toujours à 0° et à 76cm.

314. Formule de la masse d'un gaz. — Problème : *Connaissant la masse a du centimètre cube d'air aux conditions normales, calculer la masse p d'un gaz de densité d, occupant un volume V, à t°, sous la pression H.*

D'après la définition de la densité relative, on a :

$$d = \frac{p}{p'}; \qquad \text{d'où} \qquad p = dp'; \qquad\qquad (1)$$

p' désignant la masse de V^{cc} d'air aux conditions H et t.

Pour évaluer cette masse d'air, ramenons-la aux conditions normales, en lui appliquant l'équation des gaz parfaits. On a :

$$V_0 76 = \frac{VH}{1 + \alpha t}; \qquad \text{d'où} \qquad V_0 = \frac{VH}{76(1 + \alpha t)}.$$

Donc
$$p' = V_0 a = \frac{VHa}{76(1 + \alpha t)},$$

et la formule (1) devient :

$$p = \frac{VHad}{76(1 + \alpha t)}. \qquad\qquad (2)$$

On voit que pour calculer la masse d'un gaz il ne suffit pas de connaître ses conditions de volume, de pression et de température, mais encore sa densité relative et la densité absolue de l'air aux conditions normales.

315. Difficultés de la pesée d'un gaz. — La masse normale du centimètre cube d'air a est une constante capitale qu'il sera indispensable de déterminer. Si on la suppose connue, la formule (2) suggère, pour obtenir la densité d'un gaz, une méthode qui serait théoriquement très simple. Cette formule

donne :
$$d = \frac{p 76(1 + \alpha t)}{VHa}.$$

Il suffisait donc d'isoler le gaz en question dans un volume donné V à des conditions déterminées H, t, et de peser exactement sa masse p.

Mais cette méthode n'est pas applicable directement, parce que la pesée d'un gaz présente de très grandes difficultés.

La densité absolue d'un gaz étant très faible, il faut opérer sur un volume de plusieurs litres afin d'atténuer l'erreur relative. Pour cela, on introduit le gaz dans un grand ballon de verre, fermé par une garniture métallique à robinet. La pesée étant faite dans l'air, le poids réel du ballon rempli de gaz est égal à son poids apparent augmenté du poids de l'air déplacé, lequel est parfois supé-

Fig. 314.

rieur au poids du gaz inclus. Or le poids de cet air déplacé est très difficile à évaluer d'une manière précise, car il faut déterminer la pression, la température, l'état hygrométrique et même la composition chimique de cet air, toutes choses qui peuvent d'ailleurs varier pendant la durée de l'expérience et sont autant de causes d'erreurs, du même ordre de grandeur que la quantité cherchée.

Il faut tenir compte aussi de l'humidité condensée à la surface du ballon, mais dont le poids est tellement variable qu'il est presque impossible de l'apprécier. Enfin, il faut éviter la moindre agitation de l'air, qui suffirait à faire osciller la balance, à cause de la grande surface du ballon.

Ballon-tare. — On élimine complétement toutes ces causes d'erreur au moyen d'un artifice très simple imaginé par Regnault. Au lieu de faire la tare avec des corps quelconques, on équilibre le ballon plein de gaz avec un second ballon aussi identique que possible, c'est-à-dire ayant le même volume, fait avec le même verre et fermé. Pour éviter les mouvements de l'air, on entoure l'appareil d'une sorte d'armoire qui reste close au moment des observations (fig. 314).

Pour établir exactement l'équilibre, on ajoute au besoin quelques grammes sur l'un des plateaux; mais, une fois obtenu, l'équilibre subsiste indéfiniment, quels que soient les changements qui se produisent dans la pression, la température ou l'état hygrométrique de l'air ambiant. La raison en est que les ballons identiques se font équilibre au point de vue de chacune de ces influences prises séparément : il y a constamment équilibre de poids réel, de poussée, d'humidité, et, par suite, de poids apparent.

316. Détermination de la densité des gaz par la méthode de Regnault. — La méthode de Regnault est fondée sur la formule (1), c'est-à-dire sur la définition même de la densité relative des gaz; ce qui dispense de connaître d'avance la masse a du centimètre cube d'air, et de mesurer le volume du gaz soumis à l'expérience. Pour éviter toute incertitude relativement à la mesure des températures, on opère à 0°. Enfin, les pesées sont rendues très précises grâce à l'artifice du ballon compensateur.

On emploie deux ballons de verre identiques munis chacun d'une monture à robinet ; ils doivent avoir la même capacité extérieure, et, si l'égalité n'est pas parfaite, on ajoute au plus petit un tube de verre d'un volume égal à la différence. On les suspend aux plateaux d'une balance de précision, et on établit parfaitement l'équilibre. La poussée qu'éprouvent les ballons, étant la même des deux côtés, pourra être négligée, dans quelques conditions atmosphériques que les pesées soient faites. Remarquons que c'est là un point capital, la poussée étant ici un terme du même ordre de grandeur que le poids même qu'il s'agit d'évaluer.

On place l'un des ballons A dans un réservoir de zinc, et on l'en-

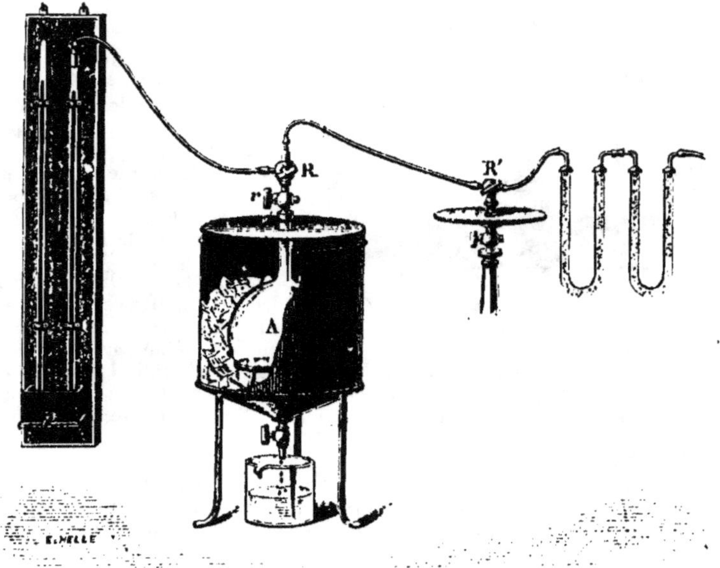

Fig. 315.

toure de glace (fig. 315) ; il est mis en communication avec un baromètre différentiel, une machine pneumatique et une série de tubes desséchants reliés à un réservoir contenant le gaz dont on veut déterminer la densité.

Le vide étant fait dans le ballon, on laisse pénétrer le gaz, puis on refait le vide, et on laisse de nouveau pénétrer le gaz ; pour que ce gaz soit bien sec, l'opération est renouvelée plusieurs fois. Enfin une dernière fois on fait le vide avec soin, et on laisse le ballon se remplir à une pression déterminée H. On ferme le ballon, on l'es-

14.

suie (avec un linge humide, pour ne pas l'électriser), on le suspend au plateau de la balance, et on établit l'équilibre avec de la grenaille de plomb, la tare étant faite avec le ballon compensateur B.

On remet le ballon A dans la glace, et on fait le vide. Soit h la pression restante; on porte de nouveau le ballon sur le plateau de la balance, après l'avoir bien essuyé; la masse échantillonnée qu'il faut ajouter pour maintenir l'équilibre fait connaître la masse du gaz que l'on a retiré; soit p cette masse.

p est la masse d'un certain volume V_o du gaz sec à 0° et à la pression $(H - h)$. On a donc, en appliquant la formule de la masse d'un gaz, et en représentant par d la densité cherchée :

$$p = \frac{V_o(H - h)ad}{76}.$$

On recommence les mêmes opérations avec de l'air. Soient p' et $(H' - h')$ la masse et la pression de l'air sec à 0° que l'on extrait du ballon dans cette seconde expérience. On a :

$$p' = \frac{V_o(H' - h')a}{76}.$$

Divisant ces deux relations membre à membre, on obtient :

$$\frac{p}{p'} = \frac{(H - h)d}{H' - h'};$$

d'où

$$d = \frac{p}{p'} \cdot \frac{H' - h'}{H - h}.$$

Résultats. — 1° Les expériences de Regnault ont été reprises par M. Leduc, qui s'est servi de ballons à robinet de verre [1], avec les instruments de mesure les plus perfectionnés, et en tenant compte de la contraction très légère que subissent les ballons quand on y fait le vide.

Bornons-nous à citer quelques densités de gaz aux conditions normales :

Hydrogène : 0,06947.

Azote :   0,9720.

Oxygène :   1,1050.

2° La densité d'un gaz reste à peu près constante dans les conditions de température et de pression pour lesquelles ce gaz ne s'écarte pas sensiblement de la loi de Mariotte.

Mais en général, à une température constante, la densité varie dans le même sens que la pression; et, à pression constante, la densité varie en sens contraire de la température.

---

[1] Ainsi modifiée, par la suppression des garnitures métalliques, la méthode de Regnault devient applicable au chlore et aux autres gaz qui attaquent les métaux.

317. Détermination du volume d'un ballon. — Pour déterminer le volume d'un ballon, on le remplit à 0° d'eau distillée et privée d'air ; on le suspend à l'un des plateaux d'une balance, et on lui fait équilibre au moyen d'une tare que l'on met dans l'autre plateau.

Soient B le poids du ballon vide [1],

P le poids de l'eau qu'il contient,

p la poussée qu'éprouve le ballon dans l'atmosphère,

π le poids apparent qui fait équilibre à la tare ;

on a :
$$(1) \qquad \pi = B + P - p.$$

Dans une deuxième opération, on remplit le ballon d'air sec à 0° et à la pression H, et on le suspend au même plateau de la balance. L'équilibre est évidemment rompu ; on le rétablit en mettant des poids marqués du côté du ballon.

Soient P' le poids de l'air contenu dans le ballon, P'' les poids marqués, p' la poussée qu'éprouvent le ballon et les poids marqués ; on a :
$$(2) \qquad \pi = B + P' + P'' - p',$$

(1) et (2) donnent :
$$P - p = P' + P'' - p' ;$$

d'où :
$$P = P' + P'' - (p' - p).$$

Or les poussées p et p' diffèrent très peu l'une de l'autre, surtout si les conditions atmosphériques n'ont pas varié sensiblement d'une pesée à l'autre. La différence $(p' - p)$ est donc négligeable par rapport au poids de l'eau, et l'on peut écrire sans erreur sensible :
$$(3) \qquad P = P' + P''.$$

Ainsi, pour connaître P, il suffit de calculer le poids P', de l'air contenu dans le ballon à 0° degré et à la pression H.

A cet effet, on détermine le poids P_1 de l'air contenu dans le ballon à 0° et à la pression $(H' - h')$ (316) et d'après la loi de Mariotte,

on a :
$$\frac{P'}{P_1} = \frac{H}{H' - h'} ;$$

d'où :
$$P' = P_1 \frac{H}{H' - h'} .$$

Connaissant P' et P'', la relation (3) donne le poids P de l'eau contenue dans le ballon à 0°.

V_0 et d_0 étant le volume et la densité de l'eau à 0°, on a :
$$P = V_0 d_0 ;$$

d'où :
$$V_0 = \frac{P}{d_0} .$$

---

[1] Supposons tous les poids évalués en grammes. Alors chaque gramme-poids représentera aussi un gramme-masse.

318. Détermination de la masse normale d'un litre d'air. — Pour obtenir la masse d'un litre d'air sec aux conditions normales, on détermine le volume V_0 d'un ballon à 0°, comme il vient d'être indiqué, puis la masse de l'air sec qui remplirait ce ballon à 0° et à la pression 76^{cm} (316), et on divise cette masse par le volume V_0 exprimé en litres.

Par ce procédé, Regnault a trouvé que la masse d'un litre d'air sec à 0° et à la pression 76 est égale à 1 gr. 293.

La densité de l'air par rapport à l'eau est donc :

$$\frac{1,293}{1000} = 0,001293.$$

319. Densité des gaz par rapport à l'eau. — La densité d'un gaz par rapport à l'eau s'obtient en multipliant la densité du gaz par rapport à l'air par la densité de l'air par rapport à l'eau.

Soient a la masse normale d'un litre d'air,

$\quad a'$ —   —   —   de gaz,

$\quad b$ —   —   —   d'eau.

Les densités du gaz et de l'air par rapport à l'eau sont $\dfrac{a'}{b}$ et $\dfrac{a}{b}$.

Celle du gaz par rapport à l'air est $\dfrac{a'}{a}$.

Or on a identiquement : $\qquad \dfrac{a'}{b} = \dfrac{a'}{a} \times \dfrac{a}{b}$.

320. Problèmes. — 1° *Calculer le poids π de V^{cc} d'air sec à $t°$, sous la pression H.*

Posons $\qquad\qquad\qquad a = 0,001293.$

Un centimètre cube d'air normal pèse :

$$a\,(\text{grammes}) \qquad \text{ou} \qquad ag\,(\text{dynes}).$$

Or le volume normal de la masse d'air considérée est donné par la formule connue (307) :

$$V_0 = \frac{VH}{76(1 + \alpha t)}.$$

Son poids est donc :

$$\pi = \frac{VHa}{76(1 + \alpha t)}\,(\text{grammes}) \qquad \text{ou} \qquad \pi = \frac{VHag}{76(1 + \alpha t)}\,(\text{dynes}).$$

2° *Calculer le poids π d'un gaz de densité d, qui occupe un volume V à la température t, sous la pression H.*

Soit p la masse de ce gaz. On a :

$$\pi = p\,(\text{grammes}) \qquad \text{ou} \qquad \pi = pg\,(\text{dynes}).$$

En remplaçant la masse par son expression connue (314), il vient :

$$p = \frac{VHad}{76(1 + \alpha t)}\,(\text{grammes}) \qquad \text{ou} \qquad \pi = \frac{VHadg}{76(1 + \alpha t)}\,(\text{dynes}).$$

Ces formules se réduisent aux précédentes dans l'hypothèse $d = 1$.

CHAPITRE III

CHANGEMENTS D'ÉTAT DES CORPS

§ I. FUSION ET SOLIDIFICATION

1. FUSION

321. Fusion. — *La fusion est le passage d'un corps de l'état solide à l'état liquide, sous l'influence de la chaleur.*

Les corps sont plus ou moins fusibles; on désignait autrefois sous le nom de corps *réfractaires* ceux qui résistent à l'action des températures élevées, produites dans les arts métallurgiques. La plupart de ces corps soumis aux températures de la flamme oxhydrique ou de l'arc voltaïque se sont fondus ou ramollis, ce qui permet d'admettre que tous les corps sont fusibles.

Toutefois il y a des corps qui se décomposent lorsqu'on les chauffe et qui échappent ainsi à la fusion ; tels sont : le bois, la houille, les tissus, les calcaires, etc.

La fusion des corps est soumise aux lois suivantes :

Pour un même corps et sous une même pression :

1° *La fusion se produit toujours à la même température.*

2° *La température demeure constante pendant toute la durée de la fusion.*

3° *En général, la fusion est accompagnée d'un brusque changement de volume.*

Les deux premières lois peuvent être vérifiées au moyen du thermomètre. Elles supposent que la fusion s'opère brusquement; c'est-à-dire qu'elles ne sont pas applicables aux corps qui se ramollissent avant de fondre, comme le verre ou la cire.

322. Chaleur de fusion. — D'après la seconde loi, la température demeure constante pendant toute la durée de la fusion, malgré le dégagement de chaleur provenant de la source; il s'ensuit que le corps absorbe une certaine quantité de chaleur qui n'élève pas sa température et qui n'agit pas sur le thermomètre. Nous verrons, en calorimétrie, comment on évalue cette quantité de chaleur.

323. Changement de volume pendant la fusion. — Pour étudier la dilatation d'un corps dans le voisinage du point de fusion, on enferme ce corps dans une sorte de thermomètre à tige avec un liquide convenablement choisi. En chauffant graduellement l'appareil, on voit le niveau du liquide s'élever dans le tube par suite de la dilatation des deux corps. Connaissant la dilatation du liquide, on peut en déduire celle du corps soumis à l'expérience.

Il est intéressant de grouper les résultats en les représentant par une courbe. On porte en abscisses les températures, et en ordonnées les variations de l'unité de volume.

Les dilatations du corps à l'état solide, puis à l'état liquide, sont à peu près régulières, et représentées par des portions de droites; mais au moment de la fusion le volume du corps subit des variations brusques, représentées par une courbe réunissant ces deux portions de droites.

1° *En général, le corps augmente subitement de volume pendant la fusion, et son coefficient de dilatation est plus grand à l'état liquide qu'à l'état solide.*

Le phosphore, par exemple, se dilate régulièrement à l'état solide,

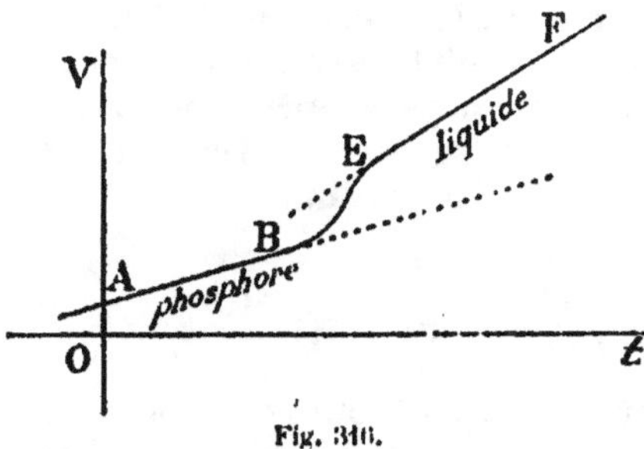

Fig. 316.

comme le représente la droite AB (fig. 316); au moment de la fusion il subit une dilatation brusque figurée par la courbe BE, puis sa dilatation redevient régulière, avec un nouveau coefficient supérieur au premier, comme l'indique la droite EF plus inclinée que AB.

2° *Certains corps, en très petit nombre, diminuent de volume pendant la fusion.* Tels sont l'eau, la *fonte de fer*, le *bismuth*, l'*argent*, l'*antimoine* et l'alliage d'*Ermann* (formé de 2 parties de bismuth, 1 de plomb et 1 d'étain).

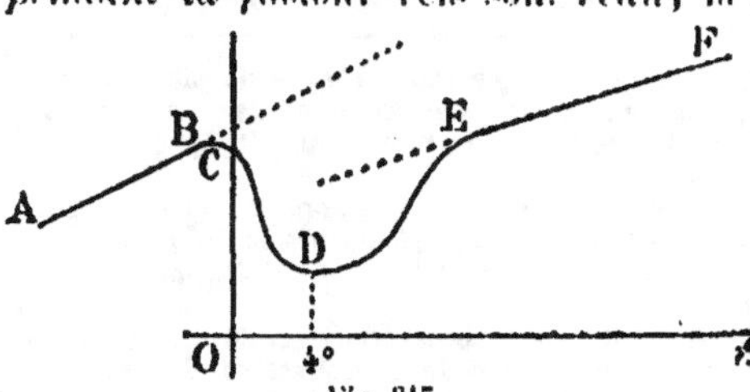

Fig. 317.

Les droites AB, EF (fig. 317) représentent les dilatations de la glace et de l'eau. La glace présente un maximum de volume un peu avant le point de fusion, entre B et C. L'eau commence par se contracter depuis 0° jusqu'à 4°, où elle atteint son minimum de volume; puis elle se dilate, reprend vers 10° son volume à 0° et continue à se dilater d'une manière

régulière avec un coefficient de dilatation inférieur à celui de la glace (0,00038 au lieu de 0,00073).

L'alliage de Rose, étudié par Ermann, présente cette particularité que son coefficient de dilatation à l'état liquide est le même qu'à l'état solide. La droite EF (fig. 318) est sur

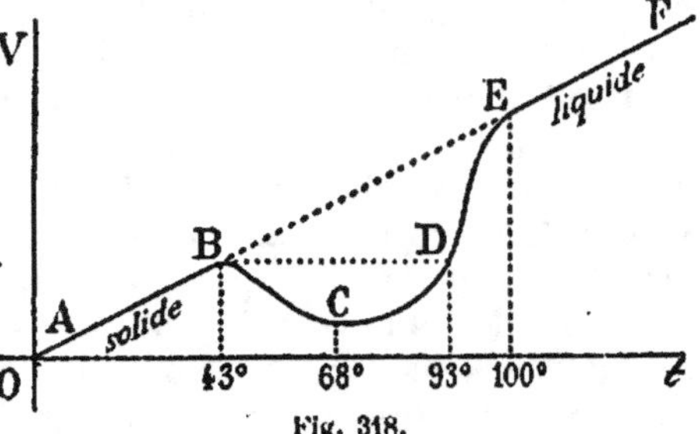

Fig. 318.

le prolongement de AB, de sorte que la variation anormale représentée par la courbe BCDE n'a pas d'influence sur le volume final.

324. Influence de la pression sur le point de fusion. — Un accroissement de pression fait varier le point de fusion; mais cette variation se produit dans un sens ou dans l'autre, suivant que le corps augmente ou diminue de volume pendant la fusion.

1° Si le corps se dilate pendant la fusion, comme c'est le cas général, la pression gêne la fusion et le point de fusion s'élève. La pression et la température varient donc dans le même sens. Par exemple, en portant successivement la pression à 1^{atm}, 500^{atm}, 800^{atm}, Hopkins a trouvé les points de fusion suivants [1] :

Blanc de baleine . . .	50°	60°	80°
Cire	64°	74°	80°
Soufre.	107°	135°	140°

2° Dans les cas exceptionnels où le corps se contracte pendant la fusion, la pression favorise la fusion et le point de fusion s'abaisse. Alors la pression et la température varient en sens contraires. Par exemple, la glace fond à 0° sous la pression atmosphérique, à

---

[1] **Application à la géologie.** — On sait que la température s'élève de plus en plus à mesure que l'on s'enfonce dans les profondeurs de la terre. Elle croît de 1° chaque fois que la profondeur augmente de 30 mètres. De sorte qu'aux profondeurs 10 km., 25 km., 50 km., régneraient des températures de 330°, 830, 1700°.

Si le point de fusion des métaux et des roches restait invariable, on ne tarderait pas à rencontrer ces corps à l'état liquide. On trouverait le plomb fondu à une profondeur de 10 km., l'argent fondu à 30 km. Il faudrait en conclure que l'écorce solide est extrêmement mince en regard du rayon terrestre (6370 km.).

En réalité, l'épaisseur de l'écorce terrestre doit être beaucoup plus considérable; car la température de fusion augmente avec la profondeur, à cause de l'accroissement de pression.

A une profondeur de 100 km., la pression est de 30000 atm. Or, sous une telle pression, d'après les nombres d'Hopkins, le soufre ne fondrait plus qu'à une température supérieure à 1000°, l'argent à 8000°.

L'influence de la pression sur la température de fusion des roches doit donc avoir pour effet d'accroître considérablement l'épaisseur et la solidité de l'écorce terrestre.

—0°,06 sous 10 atmosphères, à —0°,13 sous 17 atmosphères.
(Expériences de Thomson.)

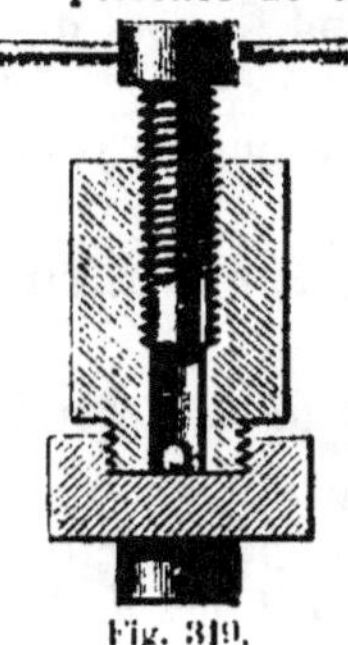

Fig. 319.

Expérience de Mousson (fig. 319). — Un cylindre d'acier, très épais, est fermé à l'une de ses extrémités par un bouchon à vis, à l'autre extrémité par un piston plongeur mû par une vis. Ayant retourné l'appareil, on enlève le bouchon et l'on introduit dans le cylindre une balle métallique avec de l'eau que l'on fait congeler. Après avoir remis le bouchon et redressé l'appareil, on refroidit celui-ci dans un mélange réfrigérant, puis on comprime fortement la glace au moyen du piston à vis. Quand on ouvre le cylindre, on constate que la balle métallique a traversé la glace d'un bout à l'autre. Il faut admettre que la glace s'est fondue momentanément, que la bille est tombée à travers le liquide, et que celui-ci s'est congelé de nouveau lors de la décompression.

On fait fondre ainsi de la glace à —20°, sous une pression évaluée à 14 ou 15000 atmosphères.

325. Regel. — Tyndall a expliqué, par l'abaissement du point de congélation de l'eau par pression, le phénomène du *regel* qui joue un rôle important dans le mouvement des glaciers.

Deux morceaux de glace fondante, appliqués l'un contre l'autre, se soudent et n'en font plus qu'un. Si, après avoir placé dans un moule des fragments de glace, on les comprime fortement, on obtient une masse compacte de la forme du moule. Le même phénomène se produit lorsqu'on presse la neige entre les mains. Dans ces divers cas, la pression exercée abaisse le point de fusion de la glace, et en provoque la fusion à une température inférieure à 0°. Mais, dès que la pression cesse, l'eau qui se trouve liquide au-dessous de 0° se congèle de nouveau, et se prend en masse compacte.

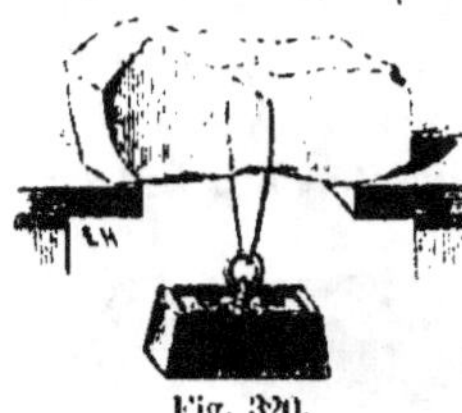

Fig. 320.

Tyndall a fait à ce sujet une expérience très caractéristique. On pose un bloc de glace à cheval sur deux supports (fig. 320) : sur le milieu du bloc on place un fil de fer, tendu par des poids très lourds. Le fil de fer traverse lentement la glace et finit par tomber sans que les deux moitiés du bloc entre lesquelles il est passé cessent de former un bloc unique et compact. L'explication est la même : aux points où presse le fil de fer, la pression fait fondre la glace; l'eau de fusion passe au-dessus du fil, et, comme elle est à une température inférieure à zéro, elle se regèle dès qu'elle n'est plus soumise à la pression exercée par le fil.

2. SOLIDIFICATION

326. Solidification. — La **solidification** d'un corps *est le passage de l'état liquide à l'état solide.* Ce phénomène prend le nom de congélation lorsqu'il a lieu à basse température.

La solidification d'un corps est soumise à des lois qui correspondent à celles de la fusion.

1° *La solidification d'un corps se produit à une température déterminée, égale au point de fusion ;*

2° *La température reste constante jusqu'à ce que la solidification soit complète.*

3° *La solidification est accompagnée d'un changement de volume, égal et de sens contraire à celui qui se produit lors de la fusion.*

Ainsi, la plupart des corps se contractent en se solidifiant. Il n'y a d'exception que pour l'eau, la fonte, le bismuth..., qui augmentent au contraire de volume.

La fonte est plus légère à l'état solide qu'à l'état liquide, puisqu'un boulet de fonte surnage sur la fonte en fusion. L'augmentation de volume pendant la solidification explique la propriété de la fonte, de prendre exactement l'empreinte des moules dans lesquels on la coule.

La glace flotte à la surface de l'eau ; sa densité est 0,916 ; cette propriété et la faible conductibilité de l'eau empêchent la congélation des couches inférieures. La dilatation de l'eau par congélation brise les vases ou les bassins, délite les pierres *gélives,* désorganise les tissus de certaines plantes. Cette dilatation augmente de 0,09 le volume primitif ; elle se produit avec une force expansive considérable, capable de faire crever une bombe (expérience de Williams). On reproduit cette expérience sous la forme suivante (fig. 321) :

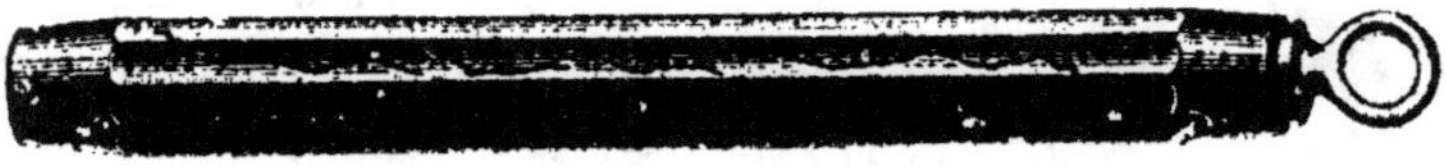

Fig. 321.

dans un mélange réfrigérant formé de glace et de sel marin, on place un cylindre en fer rempli d'eau et hermétiquement fermé ; ce cylindre éclate au moment où l'eau se congèle.

Influence de la pression. — En général, la pression élève le point de solidification. Par exemple, la benzine se solidifie à 0° sous la pression normale et à 20° sous une pression de 700 atmosphères. (Expérience de M. Amagat.)

C'est le contraire pour l'eau et pour les autres corps exceptionnels qui augmentent de volume en se solidifiant.

Influence des sels en dissolution. — L'eau contenant des sels en dissolution se solidifie à une température inférieure à 0°; ainsi l'eau de mer se solidifie à — 2°,5. L'abaissement du point de congélation d'une dissolution aqueuse est d'autant plus grand que la dissolution est plus concentrée.

Cristallisation. — La plupart des corps, en se solidifiant, prennent une forme géométrique définie, appelée forme cristalline ou cristal; tels sont : le soufre, le bismuth, l'arsenic, etc. Ce phénomène s'appelle cristallisation.

La congélation de l'eau est une véritable cristallisation, comme

Fig. 322.

on le constate facilement dans la neige (fig. 322), le givre et les glaçons, qui se déposent sur les vitres des appartements pendant l'hiver.

327. Surfusion. — Un corps peut, dans certains cas, rester liquide à une température inférieure à son point de solidification. Ce phénomène a reçu le nom de *surfusion*.

L'eau contenue dans un vase fermé et à l'abri de toute agitation peut être soumise à une température de — 12° sans qu'elle se congèle; mais la moindre agitation détermine la production de petits cristaux de glace, et bientôt toute la masse est congelée; en même temps la température s'élève brusquement à 0°.

L'étain, le soufre, le phosphore, etc., présentent le même phénomène.

M. Gernez a pu observer du phosphore surfondu jusqu'à 10°, alors que le phosphore fond normalement à 44°.

Le phosphore, introduit dans un tube et recouvert d'une couche d'eau, est placé à côté d'un thermomètre, dans un ballon rempli d'eau, que l'on chauffe à 50° ou 60° (fig. 323). L'appareil abandonné à lui-même se refroidit lentement, et le phosphore reste en surfusion.

Fig. 323.

En général, un liquide surfondu se congèle brusquement par l'agitation ou par l'introduction d'un solide froid. Mais il y a un procédé infaillible pour faire cesser à coup sûr la surfusion : c'est d'introduire dans le liquide une parcelle, si petite soit-elle, du même corps solide. On peut remplacer ce corps par un corps *isomorphe*, qui produit le même résultat. Mais si le corps solide affecte deux variétés allotropiques, comme le phosphore, qui se présente soit à l'état de phosphore blanc, soit à l'état de phosphore rouge, ces deux variétés n'ont pas du tout la même action. Dans du phosphore blanc surfondu, l'introduction d'un morceau de phosphore rouge ne provoquera pas la solidification brusque; le phosphore rouge ne fera pas plus d'effet qu'un corps solide quelconque. Au contraire, il suffit de plonger dans le liquide une baguette de verre ayant touché du phosphore blanc pour provoquer la solidification.

3. DISSOLUTION

328. Dissolution. — On nomme *dissolution* la liquéfaction d'un solide dans un liquide. C'est une véritable fusion opérée sous l'action du liquide. Elle a lieu généralement sans altération des éléments constitutifs du corps et du liquide; exemples : la dissolution du sel marin, du sucre et autres corps dans l'eau. Quelquefois cependant elle est accompagnée d'une sorte de combinaison, d'une véritable action chimique entre le liquide et le solide.

En général, la dissolution produit un abaissement de température. Mais quand le phénomène physique est accompagné d'une action chimique, il peut se produire, en outre, un développement de chaleur, et la variation finale de température est la résultante de ces deux effets; il peut y avoir, suivant les cas, élévation de température ou refroidissement.

Ces deux effets peuvent être rendus sensibles par la dissolution de la glace dans l'acide sulfurique : quatre parties de glace à 0° dans une partie d'acide produisent un froid de — 20°; au contraire, une partie de glace et quatre parties d'acide élèvent la température jusqu'à 100°.

329. Mélanges réfrigérants. — Les *mélanges réfrigérants* sont une application de l'abaissement de température produit par la dissolution d'un corps solide dans un liquide. Dans les mélanges réfrigérants, à côté d'une action chimique, il y a toujours un phénomène physique de fusion ou de dissolution qui absorbe de la chaleur.

COMPOSITION DE QUELQUES MÉLANGES RÉFRIGÉRANTS

SUBSTANCES	PROPOR-TIONS	TEMPÉRATURE
Neige ou glace pilée	2	de 0° à — 21°
Sel marin	1	
Neige	3	de 0° à — 48°
Chlorure de calcium hydraté.	4	
Azotate d'ammoniaque	1	de + 10° à — 15°
Eau	1	
Azotate de potasse	5	de + 10° à — 15°
Sulfate de soude.	8	
Eau	16	de + 10° à — 17°
Sulfate de soude	8	
Acide chlorhydrique	5	

Les mélanges réfrigérants sont utilisés pour obtenir le froid artificiel. Ils peuvent servir à fabriquer artificiellement de la glace.

330. Sursaturation. — Lorsqu'on dissout un corps solide dans un liquide, il arrive un moment où le corps solide cesse de se dissoudre ; on dit alors que la dissolution est *saturée*. Par l'évaporation ou le refroidissement, les dissolutions saturées abandonnent le corps solide, qui reprend sa forme primitive [1]. Il peut se produire cependant un phénomène semblable à celui de la surfusion; on le nomme **sursaturation**; c'est le *phénomène par lequel une dissolution peut être abaissée à une température inférieure à son point de satu-*

---

[1] Cette régénération du corps solide dissous, par refroidissement et par évaporation, est la preuve que le corps solide dissous avait gardé ses propriétés et n'était pas à l'état de combinaison chimique; il y a d'ailleurs tous les intermédiaires possibles entre la dissolution purement physique et la combinaison chimique.

ration sans qu'il y ait dépôt de sel. Ce phénomène est facile à produire avec une dissolution de sulfate de soude saturée à 33°, et contenue dans un verre préservé de toute agitation; la dissolution se refroidit sans cristalliser; l'expérience réussit mieux, si la dissolution est recouverte d'une couche d'huile.

Dès que l'on introduit dans la dissolution une parcelle solide du cristal dissous, la cristallisation s'opère instantanément, et la température s'élève. Comme pour la surfusion, on peut substituer au corps dissous lui-même un corps qui lui soit isomorphe. C'est ainsi qu'on fait cesser la sursaturation d'une solution de sulfate de soude en y jetant un cristal de chromate de soude, sel qui est isomorphe avec le sulfate.

§ II. VAPORISATION — PROPRIÉTÉS DES VAPEURS

331. Vaporisation. — *Le passage de l'état liquide à l'état gazeux s'appelle* **vaporisation**, *et le gaz ainsi obtenu prend le nom de* **vapeur.**

Le passage inverse est la **liquéfaction.**

Gaz et vapeur. — Dans le langage usuel, les mots *gaz* et *vapeur* s'emploient indifféremment pour désigner un corps gazeux quelconque. Néanmoins on peut établir entre eux une distinction, et attribuer à chacun une signification propre. On convient de dire qu'un corps gazeux est une **vapeur** *lorsqu'on peut le liquéfier en le comprimant sans le refroidir; et on lui réserve le nom de* **gaz proprement dit,** *quand on ne peut pas le liquéfier par compression sans abaissement de température.*

L'expérience a montré que le passage de l'état liquide à l'état gazeux tend à se produire spontanément, et qu'il s'effectue toujours lorsqu'il n'est pas empêché par une pression suffisante. A une température donnée, un corps ne peut donc subsister à l'état liquide sans y être maintenu par une pression au moins égale à un *minimum* déterminé. Ce minimum grandit rapidement quand la température s'élève, et il finit par dépasser toute limite quand la température surpasse une valeur déterminée, que l'on appelle la **température critique** de la substance dont il s'agit. Alors aucune pression, si grande qu'elle soit, ne peut empêcher le liquide de passer à l'état gazeux.

Inversement, la liquéfaction d'un corps gazeux ne s'effectue jamais si elle n'est pas provoquée par un accroissement de pression ou par un abaissement de température. Si la température est inférieure au **point critique,** il suffit d'augmenter suffisamment la pression; mais au-dessus du point critique, nulle pression n'est capable de faire passer le corps à l'état liquide.

Cette notion de la *température critique* permet donc d'établir une distinction très nette entre les gaz et les vapeurs : *Tout corps gazeux est une* **vapeur** *au-dessous de son point critique. Au-dessus du point critique, c'est un* **gaz proprement dit.**

Substances volatiles. — 1° Quelques corps solides émettent des vapeurs sans passer par l'état liquide; tels sont la glace, l'iode, le camphre, l'arsenic, les chlorures de mercure, etc.; ce phénomène est appelé *sublimation*.

2° Les liquides qui se vaporisent facilement ou qui émettent des vapeurs à toute température sont dits *volatils;* tels sont l'alcool, l'éther, les huiles essentielles, etc.

Ceux qui se vaporisent difficilement, ou qui n'émettent pas de vapeur à la température ordinaire, sont dits *non volatils*, ou *fixes;* tels sont les huiles grasses.

Tous les métaux se vaporisent à une température suffisamment élevée. Certains corps se décomposent sous l'action de la chaleur et ne prennent pas l'état gazeux.

Divers modes de vaporisation. — La vaporisation peut s'effectuer de différentes manières. On distingue :

1° *La vaporisation instantanée,* qui se produit dans le vide.

2° *L'évaporation,* ou vaporisation à la surface libre du liquide.

3° *L'ébullition,* ou vaporisation à l'intérieur du liquide et sur les parois du vase.

4° *La caléfaction,* ou vaporisation en présence d'une paroi surchauffée.

Nous étudierons successivement ces divers modes de vaporisation, ainsi que les propriétés des vapeurs.

1. VAPORISATION DANS LE VIDE
VAPEURS SATURANTES OU NON SATURANTES

332. Formation des vapeurs dans le vide. — Un liquide introduit dans un espace vide s'y vaporise instantanément, en totalité ou en partie.

Lois. — 1° *Dans le vide, les vapeurs se forment instantanément.*

2° *A une même température, les vapeurs de différents liquides acquièrent des forces élastiques différentes.*

On démontre ces lois au moyen de plusieurs tubes barométriques dans lesquels on fait passer de l'eau, de l'alcool, de l'éther en excès (fig. 324). Les colonnes barométriques se dépriment instantanément et inégalement ; leur dépression mesure la tension de la vapeur correspondante. La dépression est d'autant plus grande que le liquide est plus volatil.

3° *La vapeur de chaque liquide acquiert une pression déterminée, qui est fixe pour une température donnée.* La vapeur d'eau, par exemple, acquiert une tension de 17ᵐᵐ à 20°. C'est-à-dire que si on fait passer quelques gouttes d'eau une à une dans un tube barométrique à 20°, les gouttes s'évaporent instantanément, au fur et à mesure qu'on les introduit, et cela jusqu'à ce que le niveau du mercure se soit abaissé de 17ᵐᵐ. A partir de là, si on ajoute de l'eau, il n'y a pas de nouvelle évaporation. La vapeur d'eau ne peut pas exister à 20° à une pression supérieure à 17ᵐᵐ. Si on essaye de la soumettre à une pression supérieure, elle se liquéfie. On dit que 17ᵐᵐ est la *pression maximum* ou **tension maximum** de la vapeur d'eau à 20°. *La tension maximum est indépendante du volume offert à la vapeur,* elle ne dépend que du liquide et de la température; elle est fixe pour chaque liquide à une température donnée.

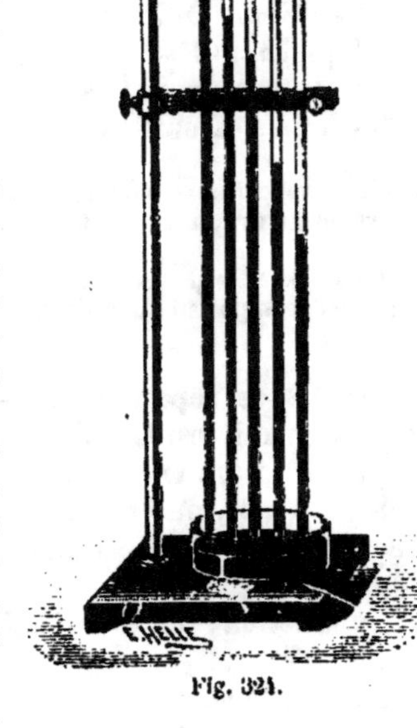

Fig. 324.

Une vapeur qui possède sa tension maximum est en général en présence d'un excès de liquide; on dit qu'elle est **saturante** et que l'espace qu'elle remplit est **saturé**.

Une vapeur qui est à une pression moindre que la *tension maximum* n'est jamais en présence d'un excès de liquide; autrement le liquide se vaporiserait. Cette vapeur sèche est **non saturante**.

4° A une température constante, si l'on fait varier le volume occupé par une vapeur non saturante, la pression varie en raison inverse du volume comme pour les

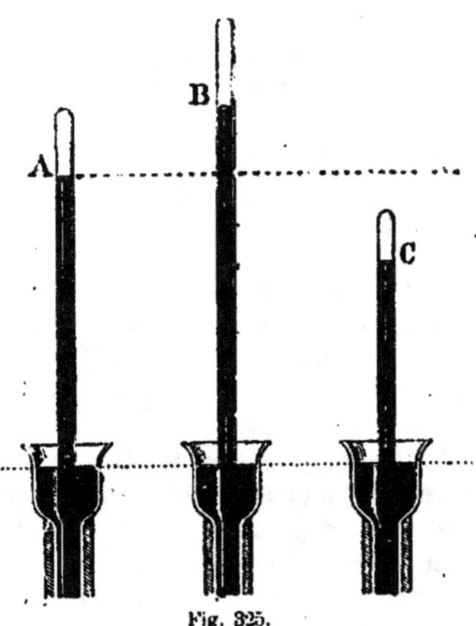

Fig. 325.

gaz, sans que cependant la pression puisse dépasser la tension maximum.

Pour vérifier ce fait, on se sert d'un tube barométrique A plongeant dans une cuvette profonde (fig. 325). On fait passer dans ce tube une petite quantité d'un liquide volatil, de manière qu'il soit entièrement vaporisé; la vapeur est non saturante, et sa tension est mesurée par la dépression barométrique. Si l'on soulève le tube, le volume de la vapeur augmente, et le mercure s'élève dans le tube; sa tension est donc moindre (B). Si l'on abaisse le tube graduellement, la colonne de mercure diminue ainsi que le volume de la vapeur (C); donc la tension augmente; on vérifie que les pressions sont à peu près inversement proportionnelles aux volumes. Ainsi, la loi de Mariotte s'applique approximativement aux vapeurs non saturantes.

5° *A une même température, la tension d'une vapeur saturante est constante, quel que soit le volume; elle ne dépasse jamais la tension maximum.*

Si dans l'expérience précédente on continue à enfoncer le tube dans la cuvette profonde, la colonne de mercure ne s'abaisse pas au-dessous d'un certain niveau fixe (fig. 326). Si on continue à descendre le tube, pour réduire le volume de la vapeur, elle se liquéfie partiellement; mais elle se vaporise de nouveau quand on soulève le tube. Tant qu'il y aura du liquide, le niveau du mercure dans le tube reste à une hauteur fixe au-dessus du niveau dans la cuvette. Il semble que le verre seul glisse avec la main, le mercure intérieur restant comme une baguette de longueur invariable; il ne commence à monter que quand on a soulevé suffisamment le tube pour que tout le liquide soit vaporisé.

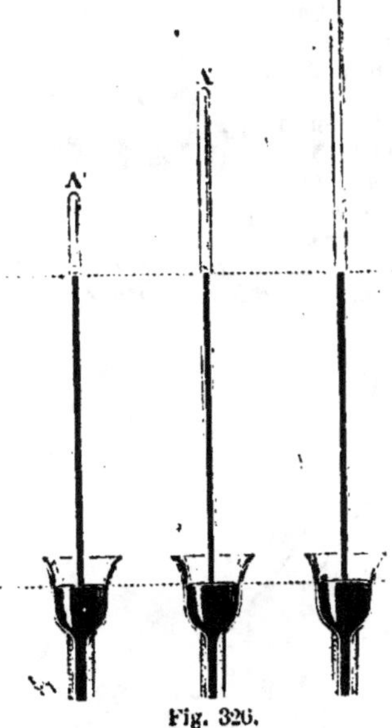

Fig. 326.

6° *La tension maximum d'une vapeur varie avec la température.*

On verse du mercure dans un tube AB recourbé en siphon (fig. 327), de manière à remplir la petite branche et à obtenir la même hauteur dans la branche ouverte. On introduit un peu d'éther dans la branche B, et on plonge le tube dans de l'eau chaude; l'éther se réduit en vapeur, et le mercure est refoulé dans la branche A.

La force élastique de la vapeur est mesurée par la différence des niveaux h, augmentée de la pression atmosphérique.

En faisant l'expérience à diverses températures, on constate que la tension maximum de la vapeur varie d'une température à une autre.

Nous verrons plus loin par quelles méthodes on a mesuré les tensions de vapeur, soit de l'eau, soit d'autres liquides, aux diverses températures.

Isothermes d'un fluide. — Soient V le volume d'un fluide que nous supposerons d'abord à l'état de vapeur, II sa pression et t sa température.

Pour résumer tous les résultats qui précèdent, proposons-nous d'étudier et de représenter graphiquement les variations du volume V considéré comme une fonction de la pression II, en admettant que la température t reste constante. Portons II en abscisse et V en ordonnée (fig. 328).

1° *A une température invariable t.* Pour des valeurs de II suffisamment petites, la vapeur suit la loi de Mariotte (VII = Cte). Alors, la pression croissant de O jusqu'à F, les variations de volume sont représentées par une courbe AB (qui est un arc d'hyperbole équilatère).

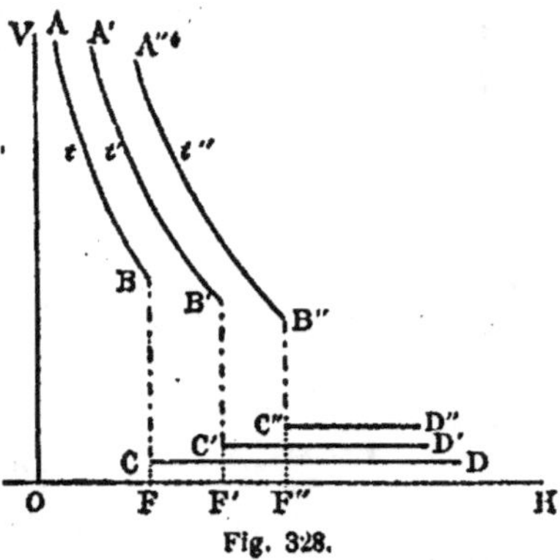

Fig. 327.

Quand la pression II devient égale à la tension maxima F (correspondant à la température t), la vapeur est saturante, et elle commence à se liquéfier. Avant que la pression II puisse augmenter de nouveau, il faut que la liquéfaction soit complète, et que, par suite, le volume se réduise au volume FC du liquide obtenu.

A partir de ce moment, la compression va porter sur un liquide. Quand la pression augmente, le volume n'éprouve plus qu'une diminution très légère. Ces variations de volume sont figurées par une ligne CD, qui est sensiblement droite, et parallèle à l'axe OII.

L'ensemble de la ligne figurative ABCD constitue ce que l'on appelle l'isotherme du fluide, pour la température t. Ainsi, *une isotherme d'un fluide est la ligne qui représente les variations simultanées du volume V et de la pression II quand la température reste invariable.*

Le point B est le *point de saturation*, à la température t; le point C est le *point de liquéfaction totale*, le segment rectiligne BC est le *segment de liquéfaction*.

2° Si l'on répète la même expérience *à des températures croissantes t, t', t''*, on obtient des résultats analogues, figurés par les isothermes ABCD, A'B'C'D', A''B'C''D''...

Il importe de remarquer que les forces élastiques maxima F, F', F''... vont

15

en augmentant; que les volumes minima de la vapeur FB, F'B', F"B"..., sont de plus en plus petits; que les volumes maxima du liquide FC, F'C', F"C"... sont de plus en plus grands. Autrement dit, et en supposant que la température augmente avec continuité, le point de saturation B décrit une ligne descendante, le point de liquéfaction totale C décrit une ligne ascendante, et le segment de liquéfaction BC va en diminuant.

La longueur du segment de liquéfaction BC, ou B'C', B"C" représente la variation de volume qui accompagne le changement d'état (passage de l'état gazeux à l'état liquide, ou inversement). On remarquera que cette variation de volume diminue à mesure que la température s'élève. Nous verrons plus loin qu'elle s'annule précisément quand la température devient égale à la *température critique* relative au fluide considéré.

333. Principe de Watt[1] ou de la paroi froide. — *Quand une vapeur en présence d'un excès de liquide se trouve dans un espace dont les parois sont inégalement chaudes, sa tension est partout la même; cette tension est égale à la tension maxima qui correspond à la température du point le plus froid.*

Considérons deux ballons A et B communiquant entre eux par un tube et maintenus à des températures différentes (fig. 329); le

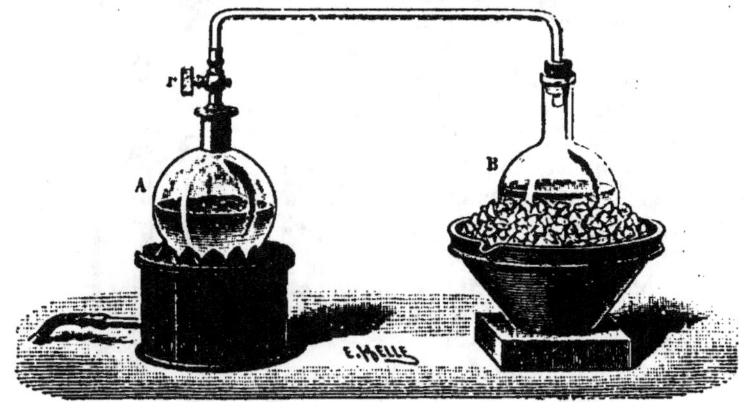

Fig. 329.

ballon A contient de l'eau à 100°, par exemple, et le ballon B est entouré de glace fondante, qui maintient sa température à 0°.

L'eau contenue dans le ballon A émet de la vapeur dont la tension maximum est de 760^{mm}. Cette vapeur se répand dans le ballon B et s'y condense, puisqu'elle se refroidit à une température inférieure à son point de saturation.

La tension de la vapeur dans les deux ballons s'abaisse de 760^{mm} à 4^{mm} 6, tension maximum de la vapeur d'eau à 0°.

Puisque la vapeur d'eau se condense en B, l'espace situé au-

---

[1] *James Watt*, ingénieur anglais (1736-1829).

dessus du liquide en A n'est pas saturé; de là une nouvelle production de vapeur, suivie d'une nouvelle condensation en B; il y a donc *distillation* de A vers B, et la tension reste égale à la tension maximum correspondant à la partie la plus froide. Ainsi :
Lorsque deux vases en communication contiennent un même liquide à des températures différentes, la tension de la vapeur est la même dans ces deux vases; elle est égale à la tension maximum à la plus basse des deux températures.

C'est sur ce principe que repose l'emploi du *condenseur* dans les machines à vapeur à basse pression.

2. VAPORISATION DANS UNE ATMOSPHÈRE LIMITÉE — MÉLANGE DES GAZ ET DES VAPEURS

334. Vaporisation dans les gaz. — Mélanges des gaz et des vapeurs. — Dans une atmosphère gazeuse, dans l'air par exemple, ou dans l'acide carbonique, un liquide se vaporise comme dans le vide; la seule différence est que la vaporisation n'est plus instantanée.

Il se forme au-dessus du liquide un mélange de gaz et de vapeur. Les mélanges de gaz et de vapeur sont soumis à deux lois :

1° *La tension maximum d'une vapeur qui sature un espace occupé par un gaz est la même que dans le vide, à la même température;*

2° *La force élastique du mélange est égale à la somme des forces élastiques du gaz et de la vapeur.*

Ces deux lois se démontrent au moyen de l'appareil de Gay-Lussac (fig. 330). Cet appareil se compose d'un tube manométrique AC; la grande branche porte à sa partie supérieure une garniture à robinets r, r', sur laquelle peuvent s'adapter tour à tour un ballon B et un robinet à gouttes G (fig. 331) dont la clef est creusée en gouttière.

On verse du mercure dans le tube C jusqu'à ce que le tube A soit plein; on visse le ballon B plein d'air; puis, ouvrant les trois robinets R, r, r', on laisse écouler une certaine quantité de mercure; l'air du ballon se dilate et pénètre dans le tube. On ferme les robinets, et on verse du

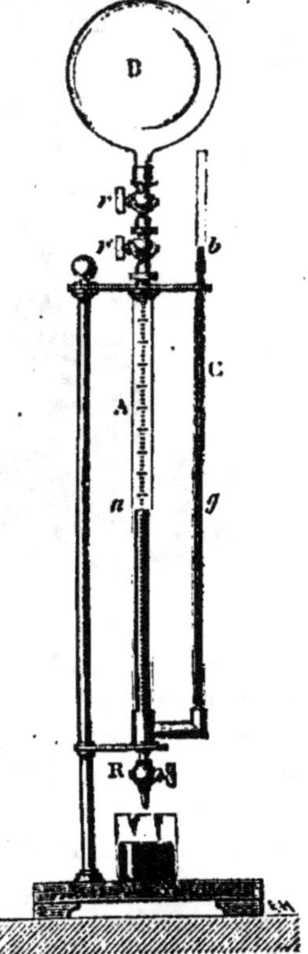

Fig. 330.

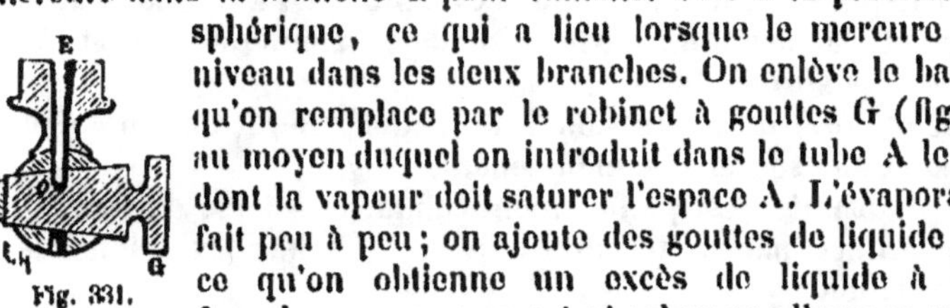

Fig. 331.

mercure dans la branche C pour ramener l'air à la pression atmosphérique, ce qui a lieu lorsque le mercure est de niveau dans les deux branches. On enlève le ballon B, qu'on remplace par le robinet à gouttes G (fig. 331), au moyen duquel on introduit dans le tube A le liquide dont la vapeur doit saturer l'espace A. L'évaporation se fait peu à peu ; on ajoute des gouttes de liquide jusqu'à ce qu'on obtienne un excès de liquide à la surface du mercure ; on est sûr alors que l'espace est saturé de vapeur. La force élastique de la vapeur fait descendre le mercure. Pour ramener le mélange au volume primitif, il faut verser dans le petit tube une certaine quantité de mercure.

La tension propre de la vapeur est donnée par la différence ab des niveaux dans les deux branches, puisque c'est la pression supplémentaire qui s'est ajoutée à la pression qu'exerçait tout à l'heure l'air qui remplissait le même volume.

Pour avoir la tension de cette vapeur dans le vide, on introduit du liquide de même nature et à la même température dans la partie supérieure d'un baromètre B (fig. 324) ; la dépression du mercure donne la tension de la vapeur dans le vide.

L'expérience montre que les deux tensions sont égales. La première loi est donc vérifiée.

La deuxième l'est pareillement. Remarquons qu'il a été nécessaire de ramener l'air à son volume primitif, pour pouvoir considérer sa pression propre dans le mélange comme égale à sa pression primitive, qui est ici la pression atmosphérique.

Regnault a cependant reconnu que la tension maxima de la vapeur d'eau est moindre dans le gaz que dans le vide ; mais la différence est si faible, qu'elle peut être négligée dans la pratique.

3. VAPORISATION DANS UNE ATMOSPHÈRE ILLIMITÉE

335. Évaporation. — *L'évaporation est la production lente de vapeur à la surface libre d'un liquide.* Elle s'opère à toute température, pourvu qu'à cette température la tension maximum de la vapeur du liquide considéré soit supérieure à la tension actuelle de cette même vapeur dans l'atmosphère.

Si l'atmosphère est *limitée*, l'évaporation s'arrête au moment où la vapeur devient saturante.

Dans une atmosphère *illimitée*, la saturation ne sera jamais atteinte. L'évaporation se poursuivra donc indéfiniment, ou jusqu'à la disparition complète du liquide, si celui-ci n'est pas renouvelé.

330. Vitesse d'évaporation. — La vitesse de l'évaporation se mesure par le poids de liquide P qui s'évapore en l'unité de temps.

Elle dépend de la nature du liquide, de sa température t et de l'étendue S de sa surface libre.

Elle dépend aussi de la pression H de l'atmosphère, de son degré de saturation et de son état de mouvement.

Quand l'atmosphère est parfaitement calme, la vitesse d'évaporation est exprimée par la formule suivante, établie expérimentalement par Dalton :

$$ P = k \cdot \frac{S(F - f)}{H}. $$

F représente la tension maxima de la vapeur à la température t; f, la tension actuelle de cette vapeur dans l'atmosphère; k, un coefficient numérique variable suivant la nature du liquide et les conditions de l'expérience.

1° *La vitesse d'évaporation est proportionnelle à l'étendue S de la surface libre.* Cette propriété évidente est utilisée pour l'extraction du sel dans les bâtiments de graduation et dans les marais salants.

2° *La vitesse P augmente avec la tension maxima* F. C'est pourquoi l'évaporation devient plus rapide quand la température s'élève ou que le liquide est plus volatil.

3° *Elle varie en sens contraire de la tension actuelle* f. L'évaporation est rapide dans une atmosphère sèche, lente dans une atmosphère humide; elle se ralentit de plus en plus à mesure que les couches d'air en contact avec le liquide se rapprochent du point de saturation.

On admet que le poids P est sensiblement proportionnel à la différence (F — f), à condition que cette différence soit suffisamment petite.

4° *Elle est inversement proportionnelle à la pression* H. Dans le vide, l'évaporation est à peu près instantanée; mais sa rapidité diminue de plus en plus à mesure qu'augmente la pression exercée sur la surface libre.

5° *L'agitation de l'air favorise l'évaporation.* Quand l'atmosphère est calme, il se forme une couche d'air presque saturée qui séjourne au-dessus du liquide et arrête l'évaporation. L'agitation de l'air a pour effet d'entraîner cette couche humide, et de la remplacer par des couches plus sèches, dont le renouvellement active l'évaporation.

Ces diverses lois sont confirmées par un grand nombre d'observations usuelles. Dans les séchoirs, par exemple, les linges mouillés sèchent rapidement lorsqu'ils sont étendus, que la température est élevée, que l'air est sec et constamment renouvelé par la ventilation.

337. Froid produit par l'évaporation. — 1° **Expérience de Leslie.** — L'évaporation, comme tout changement d'état, est accompagnée d'un phénomène calorifique. Elle absorbe de la chaleur; c'est ce que l'on constate immédiatement en laissant évaporer de l'éther sur la main.

Fig. 332.

De là l'emploi des *alcarazas* pour rafraîchir l'eau. Ces vases en terre poreuse se recouvrent extérieurement d'une mince couche de liquide qui, en s'évaporant, abaisse la température du vase et du liquide intérieur.

L'expérience suivante est due à Leslie. Une soucoupe de verre, contenant de l'acide sulfurique concentré, est placée sous la cloche d'une machine pneumatique (fig. 332); au-dessus repose une capsule métallique très mince contenant de l'eau. On fait le vide; l'évaporation se produit rapidement et d'une manière continue, à cause de l'absorption de la vapeur par l'acide sulfurique. La température s'abaisse suffisamment pour opérer la congélation de l'eau non évaporée.

2° **Congélation de l'eau par l'évaporation de l'éther.** — Dans un verre rempli d'éther, on plonge un tube contenant de l'eau; en activant la vaporisation de l'éther au moyen d'un soufflet, on parvient aisément à congeler l'eau contenue dans le tube.

Fig. 333.

En plaçant le verre sous le récipient d'une machine pneumatique, on obtient la congélation du mercure.

3° **Appareils Carré.** — Un premier appareil (fig. 333) sert à pro-

duire de la glace par l'évaporation de l'eau; cet appareil consiste
en une pompe P, faisant fonction de machine pneumatique et
actionnée par un levier L. A l'aide de cette pompe on fait le vide
dans une carafe C, renfermant de l'eau et adaptée, au moyen
d'un bouchon de caoutchouc, au tube A. Un récipient en plomb R
contient de l'acide sulfurique concentré, sans cesse agité par un
levier t, et destiné à absorber la vapeur d'eau qui se produit. Quand
l'air est suffisamment raréfié, l'eau de la carafe entre en ébullition.
Peu après on constate l'apparition de longues aiguilles de glace à la
surface du liquide, suivie de la congélation
de toute la masse. L'opération dure seulement quelques minutes.

Un second appareil (fig. 334) utilise le
froid produit par l'évaporation rapide de
l'ammoniaque liquide.

Il se compose d'un cylindre A divisé en
deux parties par une cloison munie d'une
soupape, et d'un vase C, en forme de tronc
de cône, dans l'intérieur duquel on a mé-
nagé un vide cylindrique pouvant recevoir
le cylindre E.

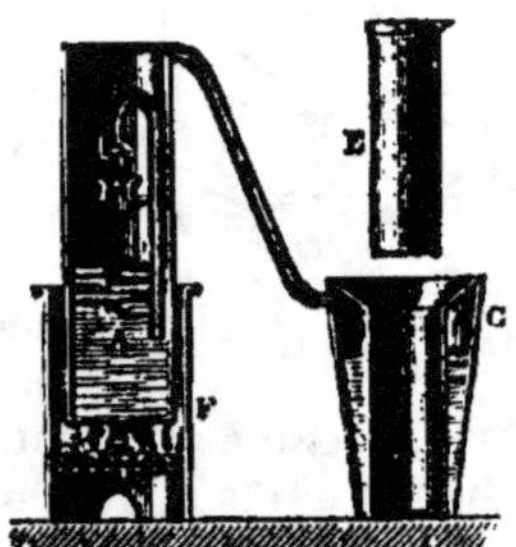

Fig. 334.

On verse une dissolution concentrée d'ammoniaque dans le
cylindre A, que l'on introduit dans un fourneau F; l'ammoniaque
se dégage et va se condenser dans le vase C, placé dans une cuve
à eau. On arrête l'opération lorsqu'un thermomètre, plongé en A,
marque 130°. A ce moment on introduit le cylindre E rempli d'eau
dans le creux du vase C, et, retirant le cylindre A du fourneau, on
le plonge dans l'eau de la cuve, tandis que le vase C reste en dehors
de l'eau. L'ammoniaque s'évapore rapidement et revient se dissoudre
dans l'eau qui l'avait cédée.

Cette évaporation produit un refroidissement qui congèle l'eau du
cylindre.

Il existe encore un autre appareil, à opération continue, qui est
utilisé dans l'industrie pour produire artificiellement de la glace.

4. ÉBULLITION

338. Ébullition. — *L'ébullition est la production rapide de la
vapeur, sous forme de bulles qui naissent à l'intérieur du liquide
et viennent crever à sa surface.* Ce mode de vaporisation est caractérisé par ce fait, que, pour un liquide donné, il se produit (comme
la fusion) à une température déterminée, qui dépend de la pression
exercée sur le liquide.

Quand on chauffe progressivement un liquide en présence d'une atmosphère gazeuse (fig. 335), la quantité de vapeur émise à la surface augmente de plus en plus; puis de petites bulles se forment au fond du vase. D'abord elles se condensent avant d'avoir atteint la surface, et le liquide fait entendre un bruissement spécial : on dit qu'il *chante*. Si l'on continue à chauffer, il arrive un moment où les bulles formées dans la masse liquide montent en grossissant jusqu'à venir crever à la surface et se dégager dans l'atmosphère : toute la masse du liquide est agitée par ces bulles, et si l'on entretient la source de chaleur, le liquide finit par disparaître entièrement à l'état de vapeur. Quand les bulles commencent à crever à la surface, on dit que le liquide entre en *ébullition*.

Fig. 335.

339. Lois de l'ébullition. — L'ébullition obéit aux quatre lois suivantes :

1° *Pour un même liquide, soumis à une même pression, l'ébullition commence toujours à une même température.*

C'est ce que l'on constate en plaçant un thermomètre dans un liquide que l'on chauffe graduellement jusqu'à l'ébullition.

2° *La température d'un liquide reste invariable pendant toute la durée de l'ébullition.*

La chaleur fournie par le foyer est employée à produire le travail moléculaire qui correspond au changement d'état : elle n'élève pas la température pendant tout le temps que dure ce changement d'état. L'ébullition, comme aussi la vaporisation, absorbe une quantité de chaleur appelée **chaleur de vaporisation**, que nous apprendrons à mesurer en calorimétrie.

3° **Loi.** — *La température d'ébullition, sous une pression donnée, n'est autre que la température pour laquelle la tension maximum de la vapeur du liquide est égale à cette pression.*

Par exemple, on sait qu'à 100° la tension maximum de la vapeur

d'eau est 76^{cm}; donc si la surface libre supporte une pression de
76^{cm}, l'eau bouillira à 100°.

On le démontre expérimentalement au moyen de l'appareil de
Dalton (fig. 336). Un ballon hermétiquement fermé contient la partie

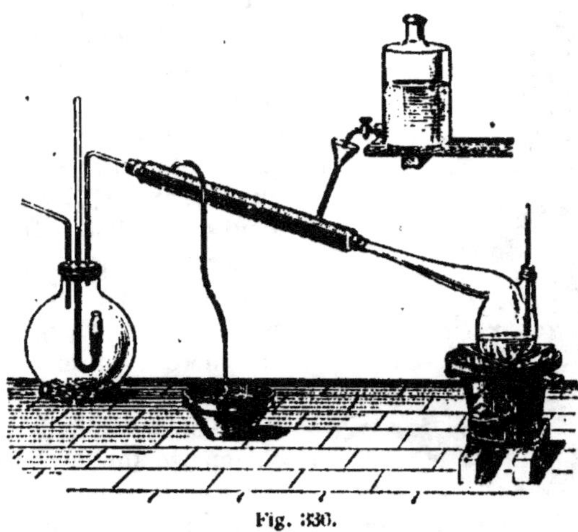

Fig. 336.

inférieure d'un baromètre à siphon; il communique d'une part avec
une cornue dont la tubulure porte un thermomètre, d'autre part
avec une machine pneumatique ou avec une machine de compression, qui permettent de raréfier ou de comprimer l'air.

A chaque pression indiquée par le baromètre, correspond une
température d'ébullition marquée par le thermomètre. On constate
ainsi que :

sous la pression de	5^{mm}	l'eau bout à	0°
— —	17	— —	20°
— —	92	— —	50°
— —	148	— —	60°
— —	760	— —	100°
— —	1070.	— —	110°

Or tous ces résultats sont conformes à ceux que l'on trouve dans
les tables qui donnent les tensions maximum de la vapeur d'eau en
regard des températures.

On se borne souvent, dans les cours, à vérifier ce principe dans le cas particulier de l'ébullition à l'air libre. Pour cela on se sert d'un tube recourbé A*a*
(fig. 337), dont la petite branche est fermée et la grande ouverte. Après avoir
rempli la petite branche de mercure, on y fait passer un petit volume d'eau
bouillie, puis on plonge ce tube dans de la vapeur d'eau bouillante, avec

15*

laquelle il se met en équilibre de température. Alors l'eau de la petite branche se réduit elle-même en vapeur, et l'on constate que les niveaux du mercure s'arrêtent à la même hauteur dans les deux branches; c'est-à-dire que ces deux niveaux supportent des pressions égales. Il s'ensuit qu'à la température de l'ébullition, la force élastique de la vapeur contenue dans la petite branche est égale à la pression atmosphérique. Donc *lorsqu'on chauffe un liquide à l'air libre, ce liquide commence à bouillir lorsque sa tension de vapeur, croissant avec la température, devient égale à la pression atmosphérique.*

4ᵉ Loi. — *Le passage de l'état liquide à l'état gazeux, sous une pression constante, est généralement accompagné d'un énorme accroissement de volume.*

C'est ainsi qu'un litre d'eau à 100°, vaporisé sans changement de température, donne 1 700 litres de vapeur saturante.

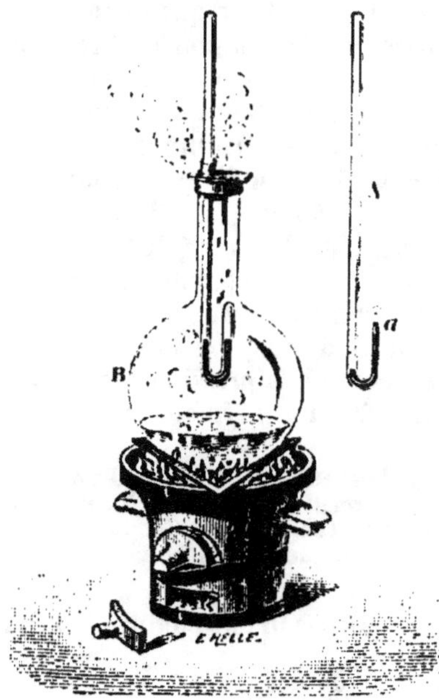

Fig. 337.

340. Influence de la pression sur la température d'ébullition. — *La température d'ébullition varie toujours dans le même sens que la pression exercée sur le liquide.*

C'est ce qui résulte immédiatement de la troisième loi, puisque la tension maxima d'une vapeur varie toujours dans le même sens que sa température.

On s'en rend compte également d'après la quatrième loi, en comparant cette influence actuelle de la pression à l'influence analogue qu'elle exerce sur le point de fusion : l'augmentation de la pression élève la température du changement d'état (fusion ou vaporisation), lorsque ce changement d'état se produit avec augmentation de volume.

Toutefois la fusion et la vaporisation présentent, à ce point de vue, une double différence : D'abord, l'influence de la pression est beaucoup plus grande sur le point d'ébullition que sur le point de fusion. D'autre part la fusion peut, accidentellement, se produire avec diminution de volume (eau), tandis que l'ébullition correspond toujours à une augmentation de volume : il s'ensuit qu'un accroissement de pression élève toujours le point d'ébullition.

I. Ébullition de l'eau à basses températures. — Quand la pression exercée sur le liquide est inférieure à 76 cm., et lorsque cette pression diminue indéfiniment, la température d'ébullition de l'eau est inférieure à 100°, et elle peut s'abaisser jusqu'à 0° et au-dessous.

1° *Ébullition à l'air libre.* Le point d'ébullition de l'eau varie avec la pression atmosphérique, et, par suite, avec l'altitude. A Paris, où la pression atmosphérique oscille entre 720ᶜᵐ et 790ᶜᵐ, la température d'ébullition varie de 98°,3 à 101°,10; à Quito, qui est à 2908 mètres au-dessus du niveau de la mer, l'eau peut bouillir à 90°,10; au sommet du mont Blanc, à une altitude de 4810 mètres, elle bout à 85°.

Dans le voisinage de la pression atmosphérique, une augmentation de pression de 2ᵐᵐ,7 élève la température d'ébullition de 0°,1. C'est pourquoi il faut tenir compte de la valeur de la pression atmosphérique dans la détermination du point 100° d'un thermomètre.

Inversement, la température d'ébullition de l'eau mesurée à un dixième de degré près, au sommet d'une montagne, permet d'en conclure la pression atmosphérique et par suite la hauteur du lieu d'observation. Tel est le principe de la *méthode hypsométrique* pour la mesure des altitudes.

2° *Expérience de Franklin* [1] (fig. 338). — On fait bouillir de l'eau dans un ballon pendant quelques instants, afin d'expulser l'air; on ferme le ballon, on le renverse et on fait plonger le goulot dans l'eau pour empêcher la rentrée de l'air. L'ébullition continue pendant quelque temps; quand elle cesse, on peut la provoquer de nouveau en posant sur le ballon des morceaux de glace ou une éponge imbibée d'eau froide. On refroidit ainsi la vapeur qui est dans le ballon; elle se condense, la pression diminue, et l'ébullition peut ainsi continuer à une température inférieure à 100°.

Fig. 338.

Cette expérience montre en outre que le point d'ébullition dépend de la pression *totale* exercée sur la surface libre, tant par l'air que par la vapeur.

---

[1] *Franklin* (Benjamin), savant, moraliste et homme d'État, né à Boston (États-Unis) (1706-1790).

3° *Ébullition dans l'air raréfié.* Si l'on introduit sous le récipient de la machine pneumatique un vase contenant de l'eau tiède, et que l'on fasse fonctionner la machine, l'ébullition se produit dès que l'air est suffisamment raréfié.

Quand on fait le vide dans une carafe pleine d'eau, à l'aide d'un congélateur Carré (333), la vapeur d'eau est constamment absorbée par l'acide sulfurique; de sorte que l'on obtient un vide sec, qui active la vaporisation, et par suite le refroidissement. Alors l'eau continue à bouillir jusqu'à 0°, même au milieu de la glace qui est en voie de formation.

II. Ébullition aux températures élevées. — Il est aisé de justifier la troisième loi de l'ébullition, en remarquant que les bulles de vapeur nées au sein du liquide commencent à pouvoir se dégager à la surface quand leur pression, qui est évidemment la tension maximum à la température de l'expérience, devient égale à la pression qui s'exerce sur la surface du liquide. Appelons F la tension maximum de la vapeur du liquide à la température de l'ébullition; si H est la pression de l'atmosphère gazeuse qui est au-dessus du liquide bouillant, on doit donc avoir : $F = H$; ce que l'expérience vérifie.

Ébullition en vase clos. Mais si, au lieu d'opérer dans une atmosphère illimitée, on opère en vase clos, la pression H reçoit des valeurs croissantes, puisque, à la pression du gaz renfermé dans le vase, s'ajoute la pression propre de la vapeur. La température d'ébullition sera donc elle-même croissante.

On peut le vérifier à l'aide de la **marmite de Papin**[1] (fig. 339). C'est une marmite à parois très résistantes, et dont le couvercle est retenu par une vis de pression; un levier exerce sur une soupape une pression que l'on peut faire varier au moyen d'un

Fig. 339.

---

[1] *Papin* (Denis), physicien, né à Blois (1647-1714).

poids curseur. Quand on chauffe l'eau, la vapeur s'accumule à la partie supérieure, sa tension augmente, et l'ébullition cesse. La chaleur, n'étant plus employée à produire la vaporisation, élève alors rapidement la température du liquide. Quand la tension de la vapeur dépasse la pression exercée sur la soupape, celle-ci est soulevée, la vapeur s'échappe, et l'ébullition se produit à une température qui dépend de la pression exercée sur la soupape. On peut, de la sorte, avoir de l'eau liquide à des températures très supérieures à 100°.

On utilise des appareils de ce genre sous le nom de *digesteurs* ou d'*autoclaves*, pour divers usages industriels, par exemple, pour stériliser des liquides comme le lait, que l'on maintient à une température de 120° ou de 140°, sans qu'ils entrent en ébullition.

341. Retard à l'ébullition. — Pour qu'un liquide commence à bouillir, il faut que sa tension de vapeur, croissante avec la température, devienne au moins égale à la pression extérieure. Mais cette condition nécessaire n'est pas suffisante, à moins que le liquide soit pur, non visqueux, que son épaisseur soit faible, et surtout qu'il existe des bulles d'air microscopiques adhérentes aux parois du vase.

A défaut de l'une quelconque de ces dernières conditions, l'ébullition est retardée; c'est-à-dire qu'elle ne se produit qu'à une température plus élevée.

1° Influence des substances dissoutes. — Les substances *en suspension* dans un liquide n'influent en rien sur la température d'ébullition du liquide; mais il n'en est pas de même des substances *dissoutes :* les dissolutions salines entrent en ébullition à une température d'autant plus élevée, que la quantité de sel dissous est plus considérable [1]; ainsi, en faisant dissoudre une quantité croissante de sel marin, on peut élever graduellement la température d'ébullition de l'eau de 100° à 108°.

2° Influence de la viscosité. — La viscosité ou la cohésion d'un liquide fait obstacle à la formation des bulles de vapeur. C'est pourquoi les liquides visqueux, l'acide sulfurique par exemple, bouillent difficilement et par soubresauts.

3° Influence de la profondeur du liquide. — La tension des bulles de vapeur qui se forment au fond du vase doit être égale à la pression atmosphérique augmentée de la pression exercée par le liquide. Une épaisseur d'eau de 37 centimètres suffit pour élever de 1° la température d'ébullition.

---

[1] C'est là le principe de la méthode *ébullioscopique*, par la détermination des poids moléculaires.

4° Influence de la nature du vase. — Dans un vase de verre, l'eau bout moins facilement que dans un vase métallique; ainsi, à la pression normale, l'eau ne bout qu'à 101° dans un vase en verre; mais ici il n'y a pas une véritable élévation du *point d'ébullition*, car la nature du vase n'a aucune influence sur la *température de la vapeur* émise par le liquide en ébullition.

La paroi ne semble avoir une influence que parce qu'elle est plus ou moins poreuse, qu'elle retient plus ou moins facilement à sa surface les bulles de gaz; par suite, cette influence se rattache à celle des gaz dissous ou tenus en suspension dans l'eau.

5° Influence de la présence de l'air, ou de bulles gazeuses, à l'inrieur du liquide ou sur les parois du vase. — La présence de l'air dans l'eau favorise l'ébullition, tandis que son absence la retarde ou la rend impossible.

Expérience de Donny. — Pour constater ce phénomène, Donny prit un tube de verre plusieurs fois recourbé et terminé à l'une de ses extrémités par une série de boules (fig. 340); il y introduisit de l'eau privée d'air, et ferma à la lampe. L'extrémité du tube contenant de l'eau fut plongée dans une dissolution concentrée de chlorure de calcium, dont la température put être élevée graduellement jusqu'à 130° sans que l'ébullition se manifestât dans l'eau du tube; mais vers 138° elle se produisit brusquement, et l'eau fut projetée dans les boules.

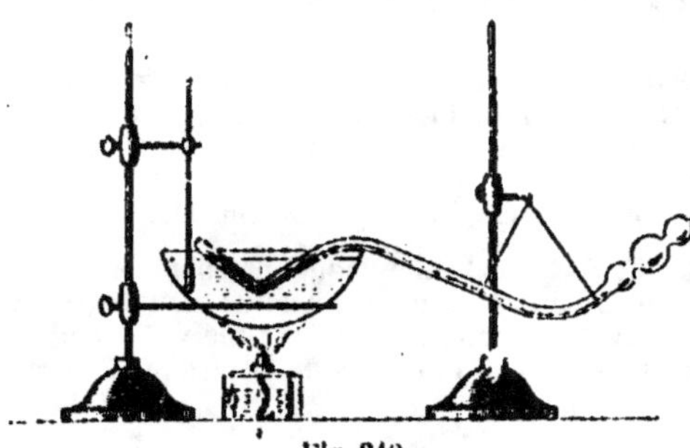

Fig. 340.

Expérience de Gernez. — M. Gernez a montré que l'ébullition, pour se produire régulièrement, nécessite la présence de petites bulles gazeuses dans le liquide; ces bulles deviennent les centres et pour ainsi dire les germes des bulles de vapeur. Quand un vase est nettoyé au point qu'il n'y ait plus de bulle gazeuse adhérente aux parois, l'ébullition y est notablement retardée; mais pour la ramener à la température normale, il suffit d'introduire au sein du liquide une petite quantité d'air : par exemple, avec une toute petite cloche de verre tenue au bout d'une baguette (fig. 341), ou simplement avec une tige métallique un peu rugueuse.

Quand la température d'un liquide bouillant s'élève ainsi, par suite de l'absence de bulles gazeuses, la vapeur dégagée conserve la température d'ébullition normale : il y a *retard à l'ébullition*; mais il n'y a pas *élévation du point d'ébullition*, comme il arrive par une augmentation de pression ou par l'introduction d'une substance dissoute.

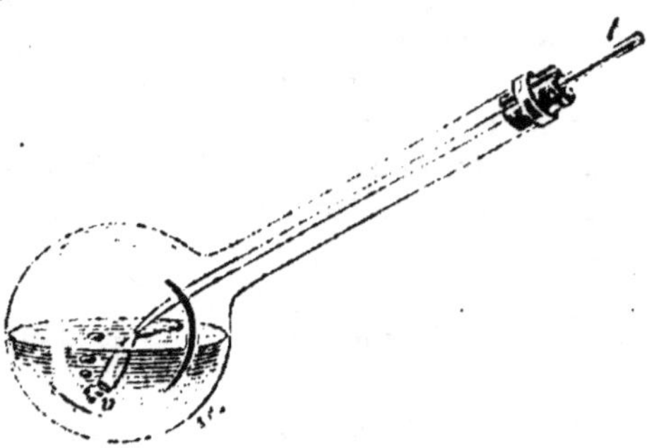

Fig. 341.

5. CALÉFACTION

342. Caléfaction. — *La caléfaction est un état particulier qu'affectent les liquides en présence des plaques métalliques incandescentes, et dans lequel ils présentent des phénomènes qui paraissent en contradiction avec les lois de l'ébullition.*

Ces phénomènes ont été étudiés par Boutigny, puis par M. Gossart.

État sphéroïdal. — Si l'on chauffe fortement une plaque métallique et qu'on laisse tomber sur cette plaque quelques gouttes d'eau, le liquide ne mouille pas la plaque et ne s'y étale pas comme à la température ordinaire; mais il prend la forme d'un globule qui roule continuellement au-dessus de la plaque et s'évapore très lentement sans entrer en ébullition. On dit qu'il y a *caléfaction* et que l'eau est à l'*état sphéroïdal*.

On s'est demandé si cet état sphéroïdal n'était pas un état particulier de la matière. En réalité, l'eau à l'état sphéroïdal est à l'état liquide, sa température est inférieure au point d'ébullition, et sa forme globulaire est due à une couche de vapeur sans cesse renouvelée qui l'empêche de se mettre en contact avec la plaque surchauffée.

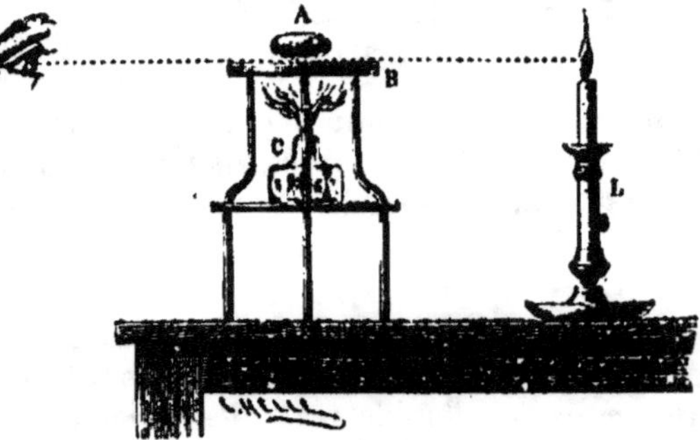

Fig. 342.

Si on laisse la plaque se refroidir et si l'on renouvelle au besoin le globule d'eau qui aurait disparu par évaporation, il arrive un moment où le globule abandonne l'état sphéroïdal, s'étale sur la plaque et se résout brusquement en vapeur.

Tous les liquides prennent l'état sphéroïdal, d'autant plus facilement qu'ils sont plus volatils et que la plaque est plus chaude ou mieux polie.

1° *Le liquide caléfié n'est pas en contact avec la plaque métallique.* C'est ce que l'on constate (fig. 342) en employant de l'eau noircie et en plaçant une bougie au niveau de la plaque chaude. On aperçoit nettement la lumière entre la plaque et le globule (celui-ci étant immobilisé à l'aide d'un fil de platine).

Si la plaque est percée de petits trous, le liquide caléfié ne la traverse pas. Une plaque de cuivre incandescente n'est pas attaquée par de l'acide azotique caléfié.

2° *Le liquide caléfié conserve une température inférieure à son point d'ébullition.* Au moyen d'un petit thermomètre à réservoir plat, on constate que l'eau caléfiée est à 97°, l'éther à 81°, l'acide sulfureux à —10°.

Cette curieuse propriété permet d'obtenir la congélation de l'eau dans un creuset chauffé au rouge.

On chauffe au rouge blanc une capsule de platine dans laquelle on projette un peu d'acide sulfureux qui se caléfie, puis quelques gouttes d'eau qui se congèle immédiatement. En retournant brusquement la capsule incandescente, on en retire un petit morceau de glace.

Explication de l'état sphéroïdal. — On admet que le globule caléfié est isolé de la plaque incandescente par une couche de vapeur dont la tension est relativement considérable. C'est au dégagement continuel de cette vapeur qu'il faut attribuer la forme et l'agitation de ce globule. L'absence de contact explique aussi la température du liquide. L'échauffement pourrait se produire par rayonnement; mais les liquides étant diathermanes, la chaleur rayonnante les traverse sans les échauffer.

Exemples. — La main étant mouillée, on peut toucher impunément un fer rouge, ou couper rapidement un jet de plomb fondu. On explique ces expériences par un phénomène de caléfaction.

On explique de même certaines explosions de chaudières à vapeur : une portion de la paroi en contact avec la flamme peut être portée au rouge, soit à cause du manque d'eau, soit par le fait des incrustations calcaires; alors, quand on introduit de l'eau, ou que les incrustations viennent à se détacher, l'eau voisine de la paroi rougie entre en caléfaction. Mais dès que la température de cette paroi s'abaisse suffisamment pour permettre le contact du liquide, celui-ci se vaporise d'une manière si brusque, ou en quantité si grande, que la vapeur ne peut s'échapper par les soupapes, et fait éclater la chaudière.

6. MESURE DES TENSIONS MAXIMUM DES VAPEURS

343. Mesure des tensions maximum de la vapeur d'eau à diverses températures. — La mesure de la tension maximum de la vapeur d'eau pour les diverses températures est un problème très important au point de vue pratique. Dalton, Dulong, Arago, Gay-Lussac et Regnault, s'en sont occupés. La méthode expérimentale est différente suivant les températures considérées.

I. **Tension de la vapeur d'eau au-dessous de 0° et au voisinage de 0°.** — Pour mesurer la tension de la vapeur d'eau au-dessous de 0°, on s'appuie sur le principe de Watt. On se sert de deux baromètres A

et B (fig. 343); ce dernier est sec; mais A contient un peu d'eau, et
sa partie supérieure, recourbée, plonge dans un mélange réfrigérant.
La vapeur qui se forme déprime la colonne barométrique.

La tension de cette vapeur est mesurée par la différence des niveaux

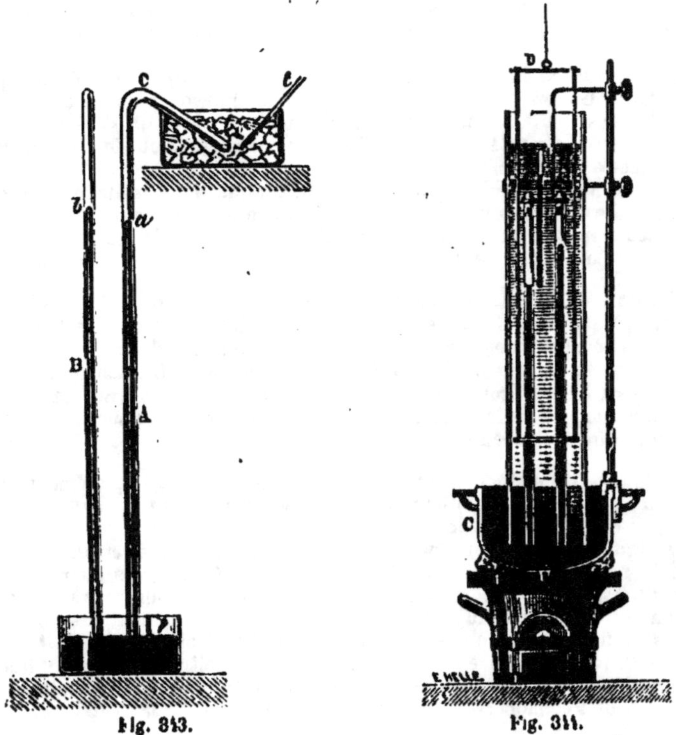

Fig. 843.

Fig. 344.

du mercure dans les deux tubes, et sa température, par un thermomètre plongé dans le mélange réfrigérant.

Toute la vapeur n'est pas à la température indiquée par le thermomètre, puisque une partie seulement plonge dans le mélange réfrigérant; mais, en vertu du principe *de la paroi froide* (333), la
tension de la vapeur est la même dans les deux parties; c'est la tension maxima qui correspond à la plus basse des deux températures.

Il faut avoir soin de ramener à 0° la colonne de mercure qui
mesure la tension de la vapeur.

II. **Tension de la vapeur d'eau de 0° à 50°.** — La tension de la
vapeur d'eau entre 0° et 50° peut être mesurée en répétant sim-

plement à diverses températures l'expérience par laquelle on démontre l'évaporation dans le vide. L'appareil de Dalton (fig. 344) se compose d'un manchon de verre, dont la partie inférieure plonge dans une cuvette en fer C, contenant du mercure et reposant sur un petit fourneau ; deux baromètres, A et B, reposent sur le mercure et plongent entièrement dans l'eau du manchon.

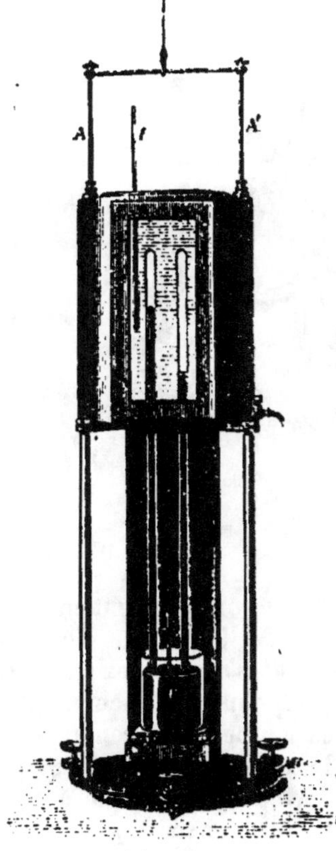

Fig. 345.

Le baromètre A contient une petite quantité d'eau. On chauffe la cuvette ; la chaleur du mercure se communique à l'eau ; les thermomètres, placés à diverses hauteurs, donnent la température, que l'on peut rendre uniforme au moyen d'un agitateur. L'eau contenue dans le tube A se réduit en vapeur, et sa tension est mesurée par la différence des hauteurs du mercure dans les deux baromètres.

Vu la longueur du manchon, l'eau n'est pas à une température complètement uniforme dans toutes les parties. Pour éviter cet inconvénient, Regnault a modifié l'appareil de la manière suivante (fig. 345) :

La partie supérieure des baromètres est seule placée dans un manchon métallique, muni d'une fenêtre vitrée.

Cette caisse est remplie d'eau, que l'on peut agiter sans troubler l'équilibre du mercure. On chauffe doucement avec une lampe à alcool, séparée des tubes par une planchette de bois.

La différence des niveaux du mercure dans les deux tubes se mesure au moyen du cathétomètre. Par cette méthode, on obtient la tension de la vapeur jusqu'à 50° ; au delà de cette température, une partie de la vapeur se trouverait en dehors du bain.

III. Tension de la vapeur d'eau de 50° à 100° et au-dessus. — L'appareil dont s'est servi Regnault pour mesurer la tension maximum de la vapeur d'eau aux températures élevées, est une application de ce principe que *la force élastique d'une vapeur émise* *par un liquide en ébullition est égale à la pression qui s'exerce sur la surface libre du liquide.*

On fait bouillir l'eau dans une chaudière P, sous des pressions qu'on peut faire varier à volonté (fig. 346).

Cette chaudière communique avec un ballon B, rempli d'air, par

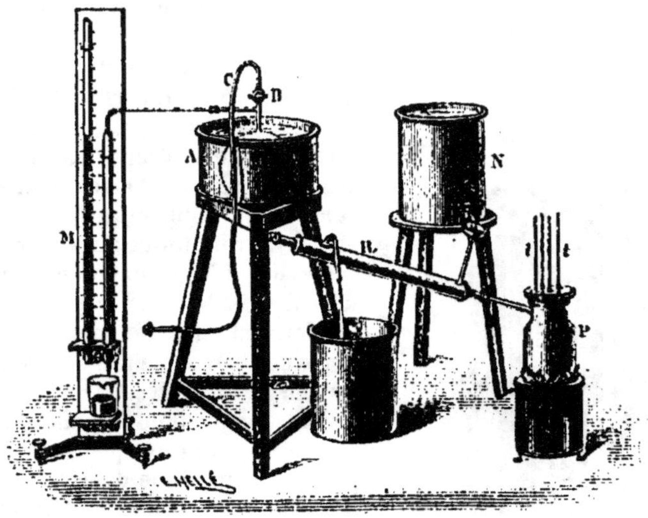

Fig. 346.

un tube entouré d'un manchon R, où circule constamment un courant d'eau froide fournie par un réservoir N; la vapeur d'eau est ainsi condensée dans le tube et ne peut pas s'accumuler en B. Le ballon B plonge dans un bain d'eau A, qui maintient sa température constante; il contient de l'air dont la pression peut être rendue inférieure à 76^{cm} en le raréfiant au moyen d'une machine pneumatique, ou supérieure à 76^{cm} en le comprimant avec une machine à compression. Le ballon B est mis en communication avec ces machines à l'aide du tube C; il communique encore, par une seconde branche de l'ajustage, avec un manomètre à air libre M, lequel donne la pression de l'air contenu dans le ballon.

La température d'ébullition est donnée par les thermomètres t qui plongent dans la chaudière.

On fait varier progressivement la pression, et, pour chaque valeur H de cette pression, on note la température d'ébullition t.

La force élastique maximum de la vapeur d'eau à $t°$ est égale à la pression correspondante H.

Résultats : Regnault a construit des tables qui donnent la tension de la vapeur d'eau de (— 30°) à (+ 230°). La tension maximum de la vapeur d'eau à 100° est 76^{cm}, *par définition même de la température 100°*. Voici quelques autres nombres extraits des tables de Regnault.

TENSION MAXIMUM F, A LA TEMPÉRATURE *t*.

t	F	*t*	F
	cm		
— 30°	0,04	100°	1 atm.
— 20	0,09	121	2
— 10	0,21	135	3
0	0,46	145	4
+ 10	0,91	153	5
20	1,74	160	6
30	3,15	166	7
40	5,50	172	8
50	9,20	177	9
60	14,88	181	10
70	23,31	...	...
80	35,46	200	15
90	52,54	214	20
100	76,00	226	25
110	107,04	236	30
120	149,13	...	...
130	203,03	365	200

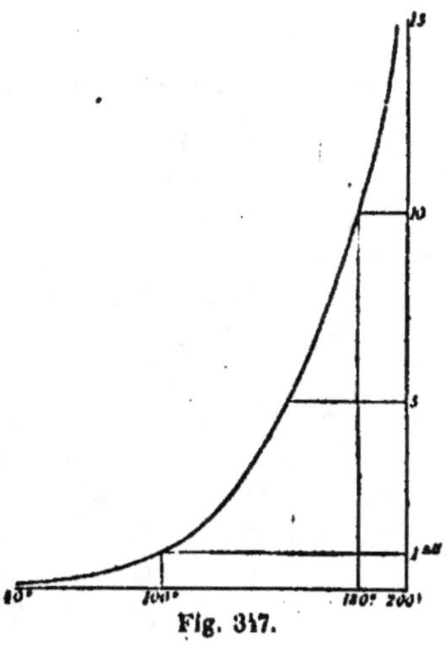

Fig. 347.

2° Représentation graphique. — Ces résultats numériques peuvent être représentés graphiquement. En portant les valeurs de *t* en abscisses et les valeurs de F en ordonnées, on obtient la courbe figurative des variations de F considérée comme une fonction de *t* (fig. 347). Si cette courbe est tracée avec soin, à une échelle suffisante, on peut s'en servir pour déterminer la valeur de F répondant à une valeur quelconque de *t*; ou inversement, la valeur de *t* répondant à une valeur de F.

3° Formule de Regnault. — On peut aussi représenter analytiquement ces mêmes données expérimentales, au moyen d'une *formule d'interpolation*. Pour cela, il faut trouver une fonction de *t* qui prenne les valeurs données de F pour les valeurs correspondantes de *t*. Ce problème a été résolu de diverses manières. Regnault s'est arrêté à la formule suivante :

$$\log. F = a + b\beta^x + c\gamma^x, \qquad (1)$$

dans laquelle on a :
$$x = t + 20°.$$

Pour obtenir les constantes a, b, c, β, γ relatives à la vapeur d'eau, il suffit d'écrire que l'équation (1) est satisfaite par les données de cinq expériences régulièrement espacées dans le tableau de Regnault. Cela revient à choisir la fonction (1) de manière que sa courbe figurative passe par cinq points du tracé graphique (fig. 347). Dans ces conditions, les deux courbes qui ont une forme analogue et qui se coupent cinq fois, ne peuvent guère s'écarter l'une de l'autre dans les intervalles.

4° **Formule de Duperray.** — Une formule plus simple, applicable entre 100° et 200°, représente les tensions maxima de la vapeur d'eau avec une exactitude suffisante pour les calculs industriels : c'est la formule

$$P = T^4,$$

dans laquelle P désigne la pression, évaluée en *kilogrammes par centimètre carré*, et T la température exprimée en *centaines de degrés*.

Par exemple, pour $t = 200$, on a $T = 2$, d'où :

$$P = 16 \text{ (kilog.)}, \qquad \text{ou} \qquad F = \frac{16}{1,03} = 15,5 \text{ (atm.)}.$$

La valeur exacte est 15,4 atmosphères.

344. Tension des vapeurs des liquides mélangés et des dissolutions salines. — Lorsque deux liquides mélangés n'ont pas d'action chimique l'un sur l'autre, chacun d'eux émet des vapeurs comme s'il était seul. S'il y a entre eux une sorte de combinaison, comme dans les acides hydratés, la tension de vapeur est inférieure à la somme indiquée; mais elle augmente avec la quantité d'eau.

Il en est de même pour les dissolutions salines. À une température donnée, la tension maximum de la vapeur d'un liquide tel que l'eau est abaissée si le liquide contient un sel en dissolution, et cela d'autant plus que la dissolution est plus concentrée.

7. DENSITÉ DES VAPEURS

345. Densité des vapeurs. — *La densité relative d'une vapeur dans des conditions données, est le rapport du poids d'un volume de cette vapeur au poids du même volume d'air, pris à la même température et à la même pression.*

Problème. — *Calculer la masse* P *d'une vapeur de densité* d, *aux conditions* V, H, t. Soient P' la masse de l'air aux mêmes conditions et a la masse normale du centimètre cube d'air.

On a :
$$d = \frac{P}{P'}, \qquad \text{d'où} \qquad P = dP'.$$

Or
$$P' = \frac{VHa}{76(1 + \alpha t)}.$$

Donc
$$P = \frac{VHad}{76(1 + \alpha t)}. \tag{1}$$

346. Mesure de la densité des vapeurs. — On détermine la densité d'une vapeur en s'appuyant sur la formule (1), d'où l'on tire :

$$d = \frac{76P(1 + \alpha t)}{VHa}. \tag{2}$$

Cette formule suggère deux méthodes expérimentales : 1° se donner P et mesurer V, H, t : c'est la méthode de Gay-Lussac ; 2° se donner V et mesurer P, H, t : c'est la méthode de Dumas.

I. Méthode de Gay-Lussac (fig. 348). — L'appareil se compose

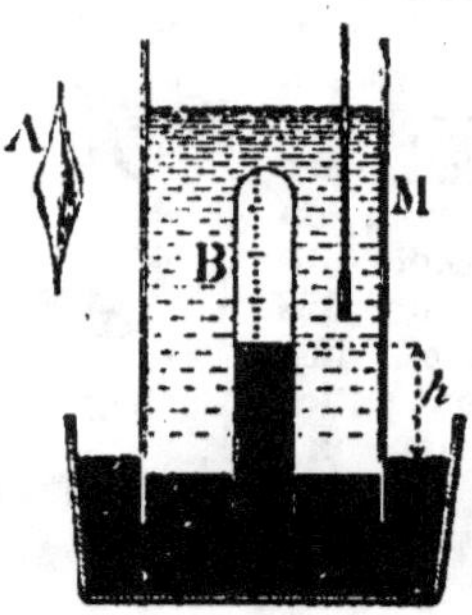

d'une éprouvette graduée remplie de mercure et retournée sur un bain de mercure contenu dans une marmite de fonte. Elle est entourée d'un manchon de verre contenant de l'eau dans laquelle plonge un thermomètre. On introduit dans l'éprouvette une ampoule A remplie du liquide soumis à l'expérience, puis fermée à la lampe à ses deux extrémités. Deux pesées, l'une avant, l'autre après le remplissage de l'ampoule, ont fait connaître le poids P du liquide qu'elle contient.

On chauffe l'appareil sur un fourneau.

Fig. 348.

Quand la température est suffisante, l'ampoule crève, le liquide se vaporise complètement, et le niveau du mercure baisse dans l'éprouvette.

Soient H la pression atmosphérique, h la différence des niveaux du mercure dans l'éprouvette et dans la cuve.

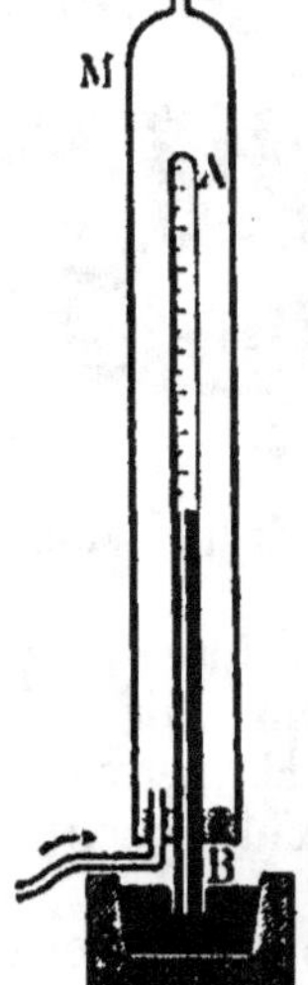

La tension de la vapeur est : $(H - h)$.

Sa température t est donnée par le thermomètre.

Son volume apparent V_0, lu sur l'éprouvette, fait connaître son volume réel $V_0(1 + Kt)$; K étant le coefficient de dilatation du verre.

On a donc, en appliquant la formule (2) :

$$d = \frac{76P(1 + \alpha t)}{V_0(1 + Kt)(H - h)a}.$$

Appareil d'Hoffmann. — L'appareil de Gay-Lussac ne permet pas d'opérer à une température supérieure à 100°, ni sous une pression très faible. En outre, dans chaque expérience, la température est peu constante, et les lectures sont troublées par des réfractions gênantes. On remédie à ces inconvénients au moyen de l'appareil d'Hoffmann (fig. 349). L'éprouvette est remplacée par un tube barométrique AB, portant deux graduations en sens contraires : l'une, en centimètres cubes, part du sommet et donne le volume V_0 ; l'autre, en centimètres, part du bas et fait connaître la hauteur h (indications que l'on ramènera à 0°).

Le manchon ne descend pas jusqu'au mercure de la cuvette. Il est parcouru par un courant de vapeur d'eau ; ce qui permet de réaliser une température bien constante et d'éviter

Fig. 349.

dans les lectures les erreurs de réfraction.

Au lieu d'ampoule on emploie un petit flacon F, fermant à l'émeri, mais que la seule diminution de pression suffit à faire ouvrir. Les mesures à effectuer sont celles de la méthode de Gay-Lussac.

Avec l'appareil d'Hoffmann, on obtient les densités de vapeurs sous des conditions très variées; on peut opérer, par exemple, à des pressions très faibles, et par suite à des températures peu élevées, puisque le point d'ébullition varie dans le même sens que la pression.

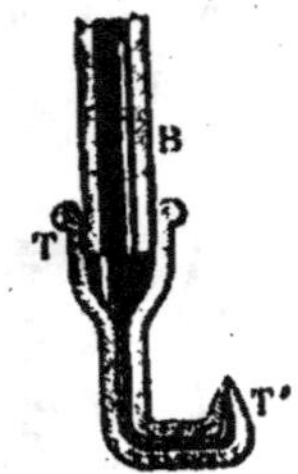

Une seule cause d'erreur subsiste; la partie inférieure du tube n'étant pas a la température du bain de vapeur, la correction de dilatation de la colonne mercurielle reste incertaine. Mais on peut échapper à cette cause d'erreur en employant le dispositif suivant (dû à Wichelhaus) : A la partie inférieure du tube barométrique, travaillée à l'émeri pour cette fin, on ajuste un tube T, T' dont la branche T' se termine en pointe effilée (fig. 350). Cette opération se fait sous le mercure une fois l'ampoule introduite, puis on sort du mercure l'appareil ainsi transformé en baromètre à siphon, et on l'introduit tout entier dans l'enceinte de vapeur. L'excès de mercure s'échappe par

Fig. 350.

la pointe T', et la hauteur h est la distance verticale qui sépare cette pointe du niveau du mercure dans le tube.

Procédé de Dumas [1]. — Au lieu de se donner un poids de vapeur dont on détermine ensuite le volume, on s'impose un certain volume à remplir de vapeur, que l'on pèsera ensuite (fig. 351).

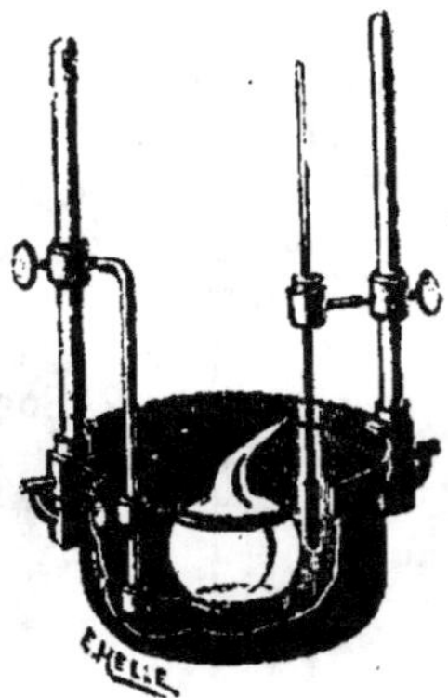

Fig. 351.

La substance dont on veut mesurer la densité de vapeur est introduite dans un ballon de verre à col effilé. Ce ballon, assujetti dans un support métallique, est plongé dans une chaudière contenant de l'huile, ou de l'eau, que l'on porte à une température supérieure à celle de l'ébullition du liquide. La vapeur émise par ce dernier entraîne l'air contenu dans l'appareil et s'échappe à travers la pointe effilée, que l'on ferme à la lampe quand le jet de vapeur cesse de se produire.

On note à ce moment la température T du bain et la pression H donnée par un baromètre.

Cela fait, on laisse refroidir le ballon, que l'on pèse après l'avoir bien essuyé. Le ballon avait été taré ouvert et plein d'air avant l'introduction de la substance. La variation de poids permet de calculer le poids P de la vapeur qui remplit actuellement le ballon.

Pour pouvoir appliquer la formule (2) qui donnera la densité cherchée, il ne reste plus qu'à déterminer le volume du ballon. Pour cela, on casse la pointe, après l'avoir plongée sous l'eau. La vapeur achève de se condenser, et l'eau remplit complètement le ballon : théoriquement, il ne doit rester aucune bulle d'air. On pèse

---

[1] *Dumas J.-B.*, célèbre chimiste, né à Alais (1800-1884).

le ballon plein d'eau; puis on le pèse plein d'air sec, c'est-à-dire vide, puisque le poids de l'air intérieur fait équilibre à la poussée. La variation de poids donne le poids de l'eau introduite, et par conséquent, le volume V du ballon.

On a tout ce qu'il faut pour le calcul.

347. Densités théoriques. — Résultats. — La densité d'une vapeur varie avec les conditions de température et de pression; mais quand la vapeur s'éloigne de son point de liquéfaction, sa densité diminue et s'approche rapidement d'une valeur constante. Cette valeur limite, appelée **densité théorique** de la vapeur considérée, est la densité que prend cette vapeur dans toutes les circonstances où elle est assez éloignée de son point de liquéfaction pour suivre sensiblement les lois de Mariotte et de Gay-Lussac.

Il y a deux cas à considérer, suivant que la vapeur est saturante ou non saturante.

1° *Densité de la vapeur saturante.* Pour chaque température t, la vapeur devient saturante pour une tension maxima F et prend une densité D. Si t augmente, F augmente rapidement, et la densité D de la vapeur saturante va elle-même en augmentant.

2° *Variation de la densité δ de la vapeur non saturante.* Si t reste invariable, et que la pression H *diminue* à partir de sa valeur maxima F, la densité δ *diminue* à partir de la valeur D et tend rapidement vers une limite d égale à la densité théorique.

Si la pression H reste constante, et que la température *augmente* à partir du point de saturation, la densité de la vapeur *diminue* à partir de la même valeur D, et tend vers la même limite d.

La vapeur de soufre offre un exemple particulièrement remarquable de ces variations de densité.

DENSITÉS DE VAPEURS

EAU		SOUFRE		DENSITÉS LIMITES	
à la pression normale.					
à 100°	0,645	à 500°	6,617	eau	0,618
125	0,625	600	5	alcool.	1,613
130	0,621	700	2,8	soufre. . . .	2,22
150	0,6118	800	2,3	phosphore .	4,42
200	0,6192			iode	5,71
250	0,6182	1000	2,2	mercure. . .	6,98

348. Volume de la vapeur produite par un poids donné de liquide. — La connaissance des densités des vapeurs permet de calculer le volume que prend un liquide en se réduisant en vapeur.

Soit à *calculer le volume d'un gramme de vapeur d'eau saturante à 100°.*

Il suffit d'appliquer la formule de la masse d'une vapeur :

$$P = \frac{VHad}{76(1 + \alpha t)}; \quad \text{d'où} \quad V = \frac{76P(1 + \alpha t)}{Had}.$$

A 100°, la tension maxima est H = 76, et la densité $d = 0,645$.

D'ailleurs, P = 1; $a = 0,001293$; $\alpha = \frac{1}{273}$.

En substituant ces valeurs dans la formule, on obtient :

$$V = \frac{373}{273 \times 0,001293 \times 0,645} = 1638^{cc}.$$

Changement de volume pendant la vaporisation. — On voit, par cet exemple, que la vaporisation d'un liquide est accompagnée d'un énorme changement de volume. Cependant ce changement de volume varie avec la température à laquelle s'opère la vaporisation.

Quand le liquide est surchauffé en vase clos, sous une pression croissante, sa température d'ébullition s'élève de plus en plus, et la dilatation qui accompagne le changement d'état devient de moins en moins considérable à mesure que le point d'ébullition se rapproche de la *température critique.*

Liquides surchauffés. Température critique. — *On appelle* **température** **critique** *d'un fluide la température à laquelle ce fluide passe de liquide à l'état gazeux par une transition insensible.*

Ainsi, en particulier, quand le liquide est à la température critique et sous une pression déterminée, il se vaporise sans changer de volume.

L'existence de la température critique se démontre expérimentalement d'une manière très simple au moyen d'un *tube de Natterer* (fig. 352). C'est un simple tube cylindrique, en verre très épais, et que l'on a scellé à la lampe après l'avoir rempli aux trois quarts, par exemple, d'acide carbonique liquide, dont la vapeur a expulsé l'air qui restait.

A la température ordinaire, on aperçoit nettement la surface de séparation entre le liquide et la vapeur qui le surmonte. On place ce tube dans de l'eau que l'on chauffe graduellement.

Malgré l'évaporation qui se produit à la surface libre, et l'accroissement de pression à l'intérieur du tube, on peut constater que le coefficient de dilatation du liquide croît rapidement avec la température.

Vers 30°, ce coefficient de dilatation devient égal puis supérieur à celui des gaz, le ménisque paraît indécis, et la différence d'aspect entre le liquide et la vapeur s'atténue de plus en plus.

A 31°, la surface de séparation disparaît; on aperçoit des stries qui ondoient dans toute la masse, et bientôt le tube entier ne paraît plus contenir qu'un seul fluide homogène.

Fig. 352.

16

Si l'on refroidit le tube, les mêmes phénomènes se reproduisent dans un ordre inverse; et dès que la température descend au-dessous de 31°, on voit le liquide réapparaître à la partie inférieure du tube.

La même expérience réussit avec d'autres liquides, mais à des températures très variables. Les liquides moins volatils doivent être chauffés davantage : l'acide sulfureux, jusqu'à 157°; l'éther, jusqu'à 190°... Les gaz, au contraire, devraient être refroidis : l'oxygène, à (— 118°); l'azote, à (— 145°).

Il y a donc pour chaque liquide une *température critique*, c'est-à-dire une température de *vaporisation totale sans changement de volume*, et au-dessus de laquelle le fluide ne peut subsister qu'à l'état gazeux, quelle que soit la pression qu'on lui fasse subir.

Continuité entre l'état liquide et l'état gazeux. — Quand on chauffe graduellement un liquide dans un espace clos, jusqu'à une température supérieure à sa température critique, le volume du fluide, sa densité absolue, son coefficient de dilatation varient avec continuité, c'est-à-dire par degrés insensibles, et sans aucune transition brusque. C'est ce que l'on exprime en disant qu'il y a continuité entre l'état liquide et l'état gazeux, ou qu'il existe entre un liquide et sa vapeur une série continue d'états intermédiaires.

POINTS D'ÉBULLITION NORMALE ET TEMPÉRATURES CRITIQUES

	Point d'ébullition.	Point critique.
Eau.	100°	365°
Alcool	78	243
Éther	35	194
Acide sulfureux	— 10	156
Chlorure de méthyle	— 23	141
Ammoniac.	— 33	130
Acétylène	— 85	37
Protoxyde d'azote	— 88	35
Acide carbonique	— 80	31
Éthylène	— 103	10
Méthane.	— 164	— 82
Bioxyde d'azote	— 153	— 93
Oxygène.	— 181	— 118
Oxyde de carbone	— 190	— 139
Azote	— 193	— 145
Hydrogène.	— 243	— 234

§ III. LIQUÉFACTION DES GAZ ET DES VAPEURS

349. Liquéfaction. — *La liquéfaction est le passage de l'état gazeux à l'état liquide.* C'est le changement d'état inverse de la vaporisation.

Nous distinguerons trois cas suivant que le corps gazeux est une *vapeur saturante*, une *vapeur non saturante*, ou un *gaz proprement dit.*

4. CONDENSATION DES VAPEURS SATURANTES

350. Liquéfaction d'une vapeur saturée. — Pour liquéfier une vapeur saturée, il suffit de réduire son volume ou d'abaisser sa température.

Dans le premier cas, la tension de la vapeur reste invariable; mais comme la masse de la vapeur saturée est proportionnelle au volume qu'elle occupe, dès qu'on réduit le volume, il y a un excès de vapeur qui se condense aussitôt.

Dans le second cas, la tension maxima diminue, et une partie de la vapeur se condense par refroidissement.

La condensation par refroidissement est seule utilisée dans la distillation.

Distillation. — La distillation a pour but de séparer d'une substance volatile les substances fixes ou moins volatiles qu'elle peut contenir.

La distillation comprend deux opérations distinctes qui doivent s'effectuer simultanément : la *vaporisation* de la substance volatile et la *condensation* de la vapeur obtenue.

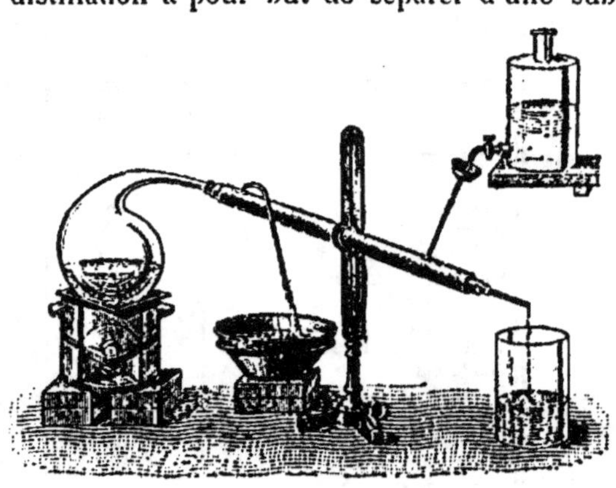

Fig. 353.

1° Dans les laboratoires, le liquide à distiller est porté à l'ébullition dans une cornue, et l'on fait condenser la vapeur soit dans un ballon refroidi par un courant d'eau, soit dans un tube incliné qui passe au travers d'un manchon réfrigérant (fig. 353).

2° Dans l'industrie, on distille au moyen des **alambics** (fig. 354).

L'alambic ordinaire se compose d'une chaudière A, appelée *cucurbite*, surmontée d'un *chapiteau* B, qu'une *allonge* c met en relation avec un tube S, contourné en hélice et nommé *serpentin*; ce dernier est placé dans un vase E rempli d'eau froide, appelé *condenseur*. L'eau du condenseur est renouvelée par un courant d'eau froide amené à la partie inférieure par le tube F; le trop plein se déverse par la partie supérieure au moyen du tube T.

Dans leur condensation, les vapeurs abandonnent la chaleur
latente qu'elles avaient absorbée pour leur formation (339). C'est

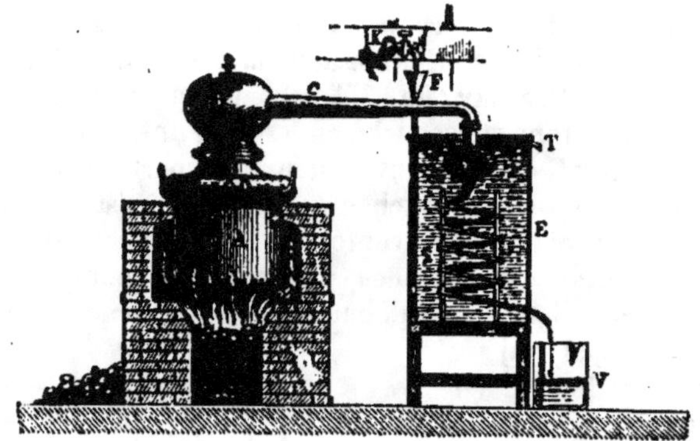

Fig. 354.

pour cela qu'on est obligé de renouveler l'eau du condenseur dans
les appareils de distillation.

Cette chaleur est quelquefois utilisée pour le chauffage des liquides,
pour la cuisson des aliments, le chauffage des appartements, etc.

2. LIQUÉFACTION DES VAPEURS NON SATURANTES

351. Liquéfaction des vapeurs non saturées. — Pour liquéfier une vapeur non saturée, c'est-à-dire *un gaz au-dessous de sa
température critique*, il faut d'abord l'amener à l'état de vapeur
saturée; ce que l'on peut toujours faire, soit par compression, soit
par refroidissement, soit enfin par compression et refroidissement
combinés.

Par compression seule. — Il suffit de comprimer le gaz dans un
tube étroit; par exemple, au moyen de l'appareil Cailletet (353). A
la température ordinaire, c'est-à-dire vers 15 ou 20°, l'*acétylène* se
liquéfie sous une pression de 38 atmosphères; l'*acide carbonique*
sous une pression de 60 atmosphères.

Par refroidissement seul. — Sous la pression atmosphérique,
l'acide sulfureux se liquéfie à — 10°. On fait arriver le gaz dans un
tube en U entouré d'un mélange de glace et de sel marin. Le tube
en U se remplit d'un liquide incolore, qui, ramené à la température
extérieure, se met à bouillir en dégageant de l'acide sulfureux.

De même, le cyanogène se liquéfie à — 21°; le chlorure de méthyle à — 24°.

Par compression et refroidissement combinés. — Cette combinaison est réalisée d'une manière élégante dans la **méthode de Faraday** [1].

La méthode de Faraday (fig. 355) consiste à prendre un tube de verre fermé à la lampe et recourbé en V, ou, d'une manière générale, un réservoir fermé et résistant à deux compartiments. L'un des compartiments (l'une des branches du tube en V) est refroidi par un mélange réfrigérant; l'autre renferme des substances chimiques *solides ou liquides* susceptibles de produire, par leur réaction mutuelle, le gaz à liquéfier. En chauffant ce deuxième compartiment, on dégage du gaz qui se comprime dans le premier et se condense en vertu du principe de Watt.

a) On emploie le tube de Faraday pour liquéfier : 1° le gaz ammoniac : on met dans une branche du tube du chlorure d'argent ammoniacal qui, par la chaleur, dégage de l'ammoniaque; 2° le chlore : on chauffe des cristaux d'hydrate de chlore, et la seconde branche plonge dans un mélange de glace et de sel; 3° le cyanogène, l'acide sulfhydrique, etc.

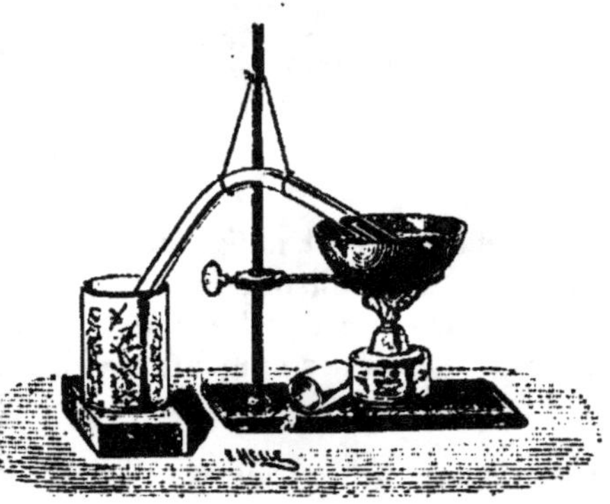

Fig. 355.

b) *L'appareil de Thilorier* pour la liquéfaction de l'acide carbonique est une application de la méthode de Faraday. Il se compose de deux réservoirs métalliques très solides, reliés entre eux par un tube. L'un joue le rôle de générateur : il contient du bicarbonate de soude avec un peu d'eau, et de l'acide sulfurique isolé dans une éprouvette. On incline de temps en temps ce générateur : l'acide sulfurique se répand sur le bicarbonate de soude, et l'acide carbonique se dégage. L'autre réservoir, maintenu à une température inférieure à celle du premier, est le récipient où l'acide carbonique se liquéfie.

c) *L'appareil de Natterer* pour la liquéfaction du protoxyde d'azote se compose d'un petit récipient très solide, entouré d'un mélange réfrigérant, et dans lequel on comprime à l'aide d'une pompe de compression le gaz préparé à l'avance.

Aujourd'hui, ces divers appareils n'ont plus qu'un intérêt historique.

Gaz permanents. — Dès l'année 1845, par la méthode de Faraday ou par la combinaison de la compression et du refroidissement, on était parvenu à liquéfier tous les corps gazeux, excepté six, qui devaient résister longtemps encore à toutes les tentatives, et que l'on finit par désigner sous le nom de *gaz per-*

---

[1] *Faraday*, physicien et chimiste anglais (1791-1867).

manents. Ce sont : l'*hydrogène*, l'*azote*, l'*oxyde de carbone*, l'*oxygène*, le *bioxyde d'azote* et le *méthane* (ou formène).

On supposait qu'à une température quelconque, un gaz devait nécessairement se liquéfier sous une pression suffisante, et que la seule difficulté était d'atteindre cette pression. En 1850, M. Berthelot comprimait l'oxygène par la dilatation du mercure, dans une sorte de thermomètre à tige à parois très épaisses; mais il put élever la pression jusqu'à 800 atmosphères sans obtenir la moindre trace de liquéfaction.

Ce n'est qu'en 1869 qu'Andrews parvint à dégager la notion générale de la température critique[1], à établir une distinction précise entre les gaz et les vapeurs, et enfin à expliquer l'insuccès de toutes les tentatives antérieures pour liquéfier les gaz réputés *permanents*.

352. Réseau d'isothermes. — Les recherches d'Andrews ont eu pour point de départ le tracé des *isothermes* d'un même fluide aux diverses températures (332). Le réseau formé par ces isothermes résume un grand nombre des propriétés du fluide considéré.

La figure 350 représente le réseau des isothermes de l'acide carbonique. On considère une masse gazeuse invariable. Sa pression p a été portée en abscisse; son volume v en ordonnée. Tout point de la figure représente la masse gazeuse dans des conditions bien déterminées : les coordonnées du point donnent la pression et le volume; la ligne isotherme qui passe par ce point fait connaître la température.

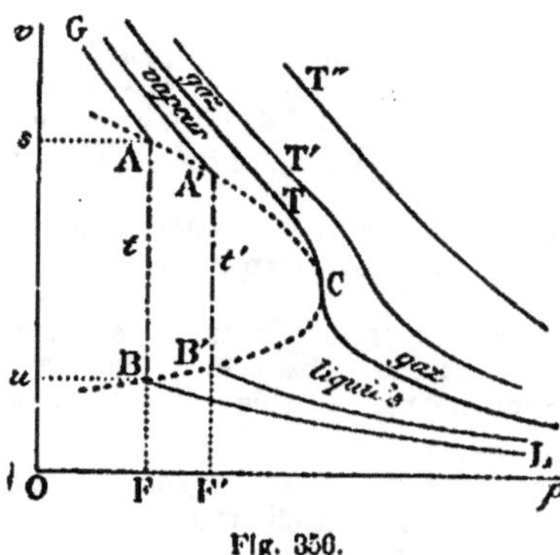

Fig. 350.

1° La température critique de l'acide carbonique est $T = 32°$.

2° Pour toute température t inférieure à T, l'isotherme se divise en trois parties : une courbe GA qui représente la loi de compressibilité de la vapeur à $t°$; un segment de liquéfaction AB (OF est la tension maxima de la vapeur à $t°$; FA, le volume de la vapeur saturée; FB, le volume du fluide complètement liquéfié à $t°$); enfin, une courbe BL qui représente la loi de compressibilité du liquide à $t°$.

3° Quand la température t augmente et tend vers la température critique T, les points A et B se déplacent et tendent vers une position limite commune C, que l'on nomme le *point critique* du réseau; la tension maxima OF tend vers une limite p_c, marquée par l'abscisse du point C et que l'on appelle la *pression critique*; enfin, le volume de la vapeur saturante FA et celui du liquide FB tendent vers une même limite V_c, figurée par l'ordonnée du point C, et qui prend le nom de *volume critique*.

On dit que le point C représente la masse gazeuse dans son *état critique*, et les conditions correspondantes sont les *éléments critiques* de cette masse gazeuse.

4° A la température critique T, l'isotherme présente un point d'inflexion C, où la tangente est verticale. Le fluide reste gazeux à gauche de cette tangente,

---

1 Cagniard-Latour (en 1822) avait observé qu'à une température et sous une pression suffisamment élevées, l'alcool, l'éther, se vaporisent sans changer de volume. Faraday (en 1845) en avait conclu qu'à cette température, la pression devait être sans influence pour provoquer le retour inverse de la vapeur à l'état liquide.

c'est-à-dire sous la pression inférieure à p_c; il se liquéfie totalement sous cette pression critique, et il reste liquide sous toutes les pressions supérieures.

5° A toute température T' supérieure à T, l'isotherme se réduit à une ligne continue, représentant les variations de volume d'un fluide qui reste gazeux sous une pression quelconque. Pour des valeurs croissantes de la température, l'isotherme tend à se confondre avec une hyperbole équilatère figurant l'équation ($pv = C^{te}$), caractéristique de la loi de Mariotte.

6° Le lieu des points A et B, c'est-à-dire la ligne AA'CB'B, est dite la *courbe de liquéfaction*. En tout point pris à l'intérieur de cette courbe, le fluide présente simultanément les deux états. En tout point extérieur, le fluide est complètement liquide ou complètement gazeux, excepté sur la moitié inférieure de l'isotherme critique, où le fluide passe d'un état à l'autre sans aucune transition appréciable.

7° Dans la région BCL, le fluide est à l'état liquide. Dans la région ACG, c'est une vapeur; et l'on peut en provoquer la liquéfaction soit par refroidissement, soit par une compression suffisante.

Dans toute la région TCT'' située à droite et au-dessus de l'isotherme critique, on a un gaz proprement dit; et il est impossible de liquéfier ce gaz sans abaissement de température.

8° Supposons que la masse gazeuse passe d'une température T', supérieure à T, à une température t' inférieure à T; c'est-à-dire que le point représentatif de la masse gazeuse passe de la droite à la gauche de l'isotherme critique. Deux cas peuvent se présenter suivant que le point pénètre dans la région CAG ou dans la région CBL.

Dans le premier cas, le gaz passe à l'état de vapeur non saturante; et on peut toujours le liquéfier soit en continuant d'abaisser sa température, soit en augmentant suffisamment sa pression.

Dans le second cas, le gaz, en atteignant la température critique, se trouve en un point de liquéfaction totale; et il faut encore un abaissement de température ou un accroissement de pression pour amener le fluide dans un état de liquéfaction persistante.

9° Les recherches postérieures aux expériences d'Andrews conduisent à admettre que tous les fluides ont un réseau de lignes isothermes analogue à celui de l'acide carbonique. Les propriétés qui viennent d'être énoncées peuvent donc être considérées comme générales.

3. LIQUÉFACTION DES GAZ PROPREMENT DITS

353. Liquéfaction des gaz. — Un gaz proprement dit est un fluide dont la température actuelle est supérieure à la température critique. Il ne peut subsister qu'à l'état gazeux, quelle que soit la pression qu'on lui fasse subir.

Pour liquéfier un gaz, il est absolument nécessaire de le refroidir au-dessous de sa température critique.

On n'est parvenu qu'en 1877 à réaliser des températures inférieures aux points critiques des anciens gaz permanents. Ce résultat fut atteint simultanément par Cailletet et par Pictet, à l'aide de procédés très différents.

Expériences de Pictet [1]. — **Cascade de réfrigérants.** — Pictet liquéfia l'oxygène par la méthode de Faraday. Le gaz, produit par la décomposition du chlorate de potasse, était recueilli dans un réservoir solide fortement refroidi.

Le principal intérêt des expériences de Pictet consiste dans la méthode employée pour obtenir le refroidissement.

Cette méthode est fondée sur le refroidissement produit par l'évaporation d'un liquide, et sur l'abaissement de son point d'ébullition quand on le fait bouillir dans une atmosphère raréfiée.

On procède par refroidissements successifs, au moyen de plusieurs gaz liquéfiés dont le point d'ébullition normale et le point critique sont de plus en plus bas. On commence par faire bouillir de l'acide sulfureux liquide dans une atmosphère constamment raréfiée à l'aide d'une pompe pneumatique. Ainsi activée, l'évaporation abaisse suffisamment la température pour liquéfier de l'acide carbonique. Alors on fait bouillir à son tour cet acide carbonique liquide, sous une pression très faible, ce qui produit une nouvelle chute de température.

Les expériences de Pictet restèrent incomplètes, du moins en ce qui concerne l'azote et l'hydrogène. Mais au moyen d'une *cascade de réfrigérants,* constituée par 2, 3, 4... *chutes* de température, on liquéfie aujourd'hui tous les gaz connus.

Les gaz auxiliaires, rangés par ordre de points d'ébullition décroissants, sont introduits dans un même nombre d'enceintes concentriques. Le premier est liquéfié par compression; puis son ébullition dans le vide liquéfie le deuxième, que l'on fait bouillir à son tour dans le vide pour liquéfier le troisième; et ainsi de suite.

C'est ainsi qu'au moyen de l'*acide sulfureux liquide,* ou du *chlorure de méthyle,* on liquéfie l'acide carbonique. Avec l'*acide carbonique liquide,* on liquéfie l'*éthylène;* avec l'*éthylène* liquide, on liquéfie l'air, l'oxygène ou l'azote; avec l'*air* liquide, on liquéfie l'*hydrogène.*

En réduisant la pression à quelques millimètres de mercure, on abaisse notablement le point d'ébullition : celui du chlorure de méthyle s'abaisse de (— 20°) à (— 70°); celui de l'éthylène descend à (— 140°); celui de l'oxygène, à (— 200°).

Expériences de Cailletet [2]. — **Refroidissement par la détente.** — La méthode de Cailletet consiste à comprimer fortement le gaz dans un tube de verre très résistant (dans un espace clos, à paroi peu conductrice); puis, quand il a repris la température extérieure, à supprimer brusquement la pression. La détente subite du gaz produit un abaissement de température considérable, qui suffit pour liquéfier la plupart des gaz, malgré leur décompression.

---

[1] *Raoul Pictet*, de Genève.
[2] *Cailletet*, de Châtillon-sur-Seine.

Appareil de Cailletet. — L'appareil de Cailletet se compose d'une cuve en fer forgé AB contenant du mercure (fig. 357). Une éprouvette TT, qui contient le gaz à liquéfier, plonge dans la cuve, où elle est maintenue au moyen d'un écrou E'. La partie supérieure de l'éprouvette est plus résistante que la partie inférieure, et d'un calibre plus petit; elle est enveloppée d'un manchon M rempli d'eau froide, pour empêcher l'élévation de température pendant la com-

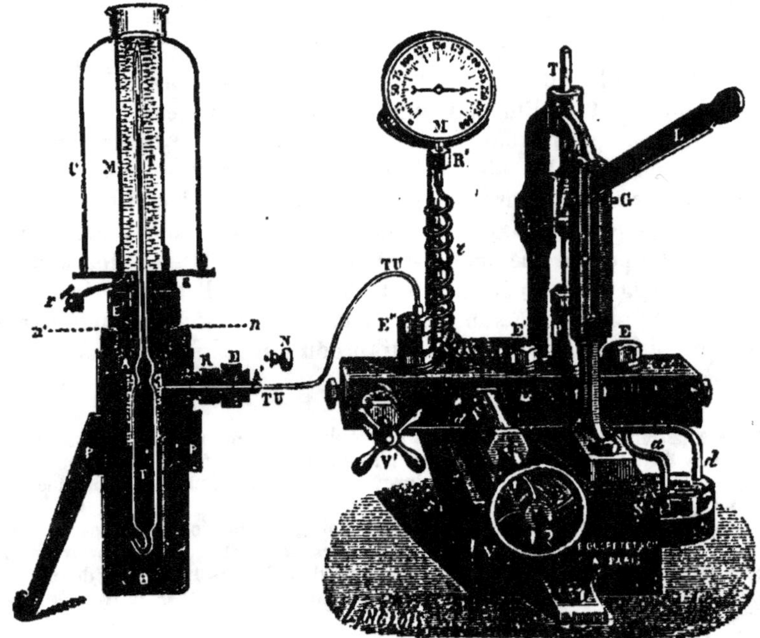

Fig. 357.

pression du gaz. Une cloche C, destinée à dessécher l'air qui entoure le manchon, empêche le dépôt de givre ou de vapeur d'eau sur les parois.

Le tube TU, fortement fixé à la cuve AB au moyen de l'écrou R, communique avec une pompe hydraulique P qui refoule l'eau sur le mercure; celui-ci monte dans l'éprouvette et comprime le gaz. La pompe P est munie de deux soupapes, l'une d'aspiration et l'autre de refoulement, placées sous les vis E et E'. Un piston plongeur P', commandé par le volant V, permet de forcer la pression lorsque le piston P a produit tout son effet; un manomètre M accuse cette pression. A l'aide du levier L, le piston P peut produire une pression d'environ 400 atmosphères; mais avec le piston P' on arrive facilement jusqu'à 2500.

La détente se produit à l'aide d'un robinet mû par le volant V'. Quand un gaz comme l'oxygène ou l'hydrogène a été comprimé à plusieurs centaines d'atmosphères, à la température ordinaire, si l'on vient à supprimer brusquement la pression, on voit le tube T se remplir d'un brouillard qui disparaît après quelques instants. La détente brusque a produit un froid, qu'on peut d'ailleurs calculer, et qui suffit pour faire condenser le gaz à l'état de gouttelettes liquides. Mais aussitôt le tube se réchauffe aux dépens des corps voisins, et le brouillard disparaît.

M. Cailletet a liquéfié ainsi complètement l'éthylène, le méthane et le bioxyde d'azote; mais l'oxygène et l'azote ne donnèrent qu'un brouillard passager, et l'hydrogène une buée très légère.

Expériences de MM. Wroblewski et Olszewski[1]. — C'est en combinant les effets d'une détente partielle et de l'ébullition d'un liquide dans le vide, que MM. Wroblewski et Olszewski parvinrent les premiers à liquéfier complètement tous les gaz.

Avec l'éthylène bouillant dans le vide, ils liquéfièrent d'abord l'oxygène, l'oxyde de carbone et l'azote (en 1883). Plus tard, avec l'oxygène bouillant, ils solidifièrent l'azote, sous forme de cristaux neigeux.

Enfin, dans un bain d'azote liquide, ils liquéfièrent l'hydrogène.

Chacun de ces gaz : oxygène, azote, hydrogène, se transforme en un liquide transparent et incolore; sauf l'oxygène, qui est bleu.

Air liquide. — Les machines industrielles qui produisent aujourd'hui l'air liquide, en grande quantité, n'emploient pas d'autres réfrigérants que la détente. Elles se réduisent à une pompe de compression et à un serpentin où l'air comprimé se détend, se refroidit et se liquéfie d'une manière continue.

L'air liquide pur est limpide, il présente une légère teinte bleue, sa température est de ($-191°$).

On peut le conserver pendant plusieurs heures dans un ballon ouvert, formé de deux enveloppes de verre entre lesquelles on a fait le vide.

C'est un explosif puissant et un réfrigérant énergique. Quelques gouttes d'air liquide, enfermées dans un tube métallique épais, suffisent pour le faire éclater. Un morceau d'éponge imbibée d'air liquide brûle subitement comme du fulmi-coton.

De l'eau versée dans l'air liquide provoque une ébullition tumultueuse et se congèle immédiatement. L'alcool y prend la consistance d'un sirop très épais. Le mercure y acquiert la dureté du fer. Le fer, l'acier, l'étain, trempés dans l'air liquide, deviennent extrêmement cassants.

Les premières vapeurs qui s'échappent de l'air liquéfié sont formées d'oxygène presque pur, parce que l'oxygène est plus volatil que l'azote. Les points d'ébullition de ces deux fluides à la pression atmosphérique sont respectivement ($-180°$) et ($-193°$).

Solidification des gaz. — La plupart des gaz liquéfiés ont pu être amenés à l'état solide.

L'oxygène bouillant dans le vide solidifie l'*éthylène* vers ($-169°$).

Le *bioxyde d'azote*, bouillant lui-même dans le vide, se solidifie à ($-153°$). De même, le *méthane* à ($-185°$), et l'*azote* à ($-214°$).

Le froid produit par l'évaporation d'une partie du liquide détermine la solidification du reste.

Quant à l'acide carbonique, il suffit de le laisser évaporer à la pression atmosphérique, en projetant un jet du liquide contre une paroi solide. L'acide carbonique liquide est livré au commerce dans des récipients en fer forgé. Il suffit de tourner une vis pour laisser échapper le liquide par un ajustage. En recevant le jet dans une boîte cylindrique munie d'un orifice pour laisser échapper la vapeur, ou plus simplement dans un petit sac d'étoffe, on recueille l'acide carbonique solidifié sous forme de neige.

Cette neige, mélangée au chlorure de méthyle, constitue un réfrigérant énergique, très employé dans les laboratoires.

---

[1] Physiciens qui avaient assisté aux expériences de M. Cailletet.

CHAPITRE IV

CALORIMÉTRIE

1. GÉNÉRALITÉS

354. Calorimétrie. — La *calorimétrie* a pour objet la mesure des quantités de chaleur développées ou absorbées par les corps dans les phénomènes calorifiques.

Quantité de chaleur. — Quand un corps s'échauffe, on dit qu'il absorbe une certaine *quantité de chaleur*; quand il se refroidit, il dégage de la chaleur.

La quantité de chaleur est une grandeur d'une autre espèce que la température. La température d'un corps caractérise l'*état calorifique* de ce corps. Si deux corps différents passent de la même température t à la même température t' ($t' > t$), on peut dire qu'ils éprouvent le même changement d'état calorifique. Mais si les deux corps sont de même nature et de masses différentes, ou s'ils sont de même masse et de substances différentes, on conçoit très bien que pour leur faire subir ce même changement d'état calorifique, il faille dépenser des quantités différentes de combustible, et par suite leur faire absorber des quantités de chaleur inégales.

Principes de Black. — La calorimétrie repose sur les principes suivants, qui sont évidents ou vérifiés par l'expérience :

1° *Dans un même phénomène calorifique, la quantité de chaleur mise en jeu est toujours la même.*

Par exemple, pour chauffer de $0°$ à $t°$ P grammes d'une substance donnée, il faut toujours la même quantité de chaleur.

2° *Dans un phénomène calorifique relatif à une substance donnée, la quantité de chaleur mise en jeu est proportionnelle à la masse du corps.*

Par exemple, pour chauffer ou pour fondre P grammes d'un corps homogène, il faut une quantité de chaleur proportionnelle à la masse P.

3° *Dans deux phénomènes calorifiques inverses, les quantités de chaleur mises en jeu sont égales.*

Par exemple, la quantité de chaleur absorbée quand un corps s'échauffe de $t°$ à $t'°$, est égale à la quantité de chaleur dégagée quand le même corps se refroidit de $t'°$ à $t°$.

La quantité de chaleur qui disparaît quand un gramme d'eau se vaporise à 100° sans changer de température, est égale à la quantité de chaleur qui apparaît quand un gramme de vapeur d'eau se liquéfie à 100° sans changement de température.

4° Dans les phénomènes purement calorifiques, la quantité de chaleur acquise ou perdue par un corps, est égale à la quantité de chaleur perdue ou acquise par les corps environnants.

En d'autres termes : *Dans un système de corps soustrait à toute influence extérieure (par une enceinte formant écran calorifique), la quantité de chaleur reste invariable, quels que soient les échanges de chaleur qui se produisent entre ces corps.* La somme des quantités de chaleur gagnées par les uns est égale à la somme des quantités de chaleur perdues par les autres.

En particulier, *si deux corps soustraits à toute influence extérieure se mettent en équilibre de température, la quantité de chaleur absorbée par l'un est égale à la quantité de chaleur cédée par l'autre.*

La chaleur n'est qu'une forme particulière de l'énergie. Les principes qui viennent d'être énoncés rentrent évidemment dans le principe général de la conservation de l'énergie.

Unités calorimétriques. — Pour mesurer les quantités de chaleur, on les rapporte à une quantité de chaleur déterminée, que l'on a choisie arbitrairement pour unité. Cette unité de chaleur se nomme la *calorie*.

La **calorie** *est la quantité de chaleur absorbée par un gramme d'eau quand sa température s'élève de 0° à 1°.*

Elle est sensiblement égale à *la quantité de chaleur absorbée par un gramme d'eau quand sa température s'élève de $t°$ à $(t+1)°$.* En effet, quand on mélange un kilogramme d'eau à 0° et un kilogramme d'eau à 60°, par exemple, on obtient 2 kilogrammes d'eau à 30°. D'une manière générale, quand on mélange un kilogramme d'eau à $t°$ et un kilogramme d'eau à $t'°$, on obtient 2 kilogrammes d'eau à $\left(\dfrac{t+t'}{2}\right)°$. Cela est à peu près rigoureux pour des températures qui ne dépassent pas 60° ou même 80°. Il s'ensuit qu'il faut la même quantité de chaleur pour échauffer une masse d'eau de 1°, quelle que soit la température initiale.

La calorie du gramme est dite **petite calorie**, par opposition à la calorie du kilogramme ou *grande calorie*.

La **grande calorie** *est la quantité de chaleur nécessaire pour chauffer un kilogramme d'eau de 0° à 1°;* c'est-à-dire, approximativement, *la quantité de chaleur absorbée par un kilogramme d'eau quand sa température s'élève de 1° (quelle que soit la température initiale, pourvu qu'elle ne soit pas voisine de 100°).*

Nous avons à rechercher les quantités de chaleur développées :

1° *Dans les variations de température des divers corps*, c'est-à-dire les **chaleurs spécifiques**;

2° *Dans les changements d'état des divers corps*, c'est-à-dire les **chaleurs de fusion** *et de vaporisation*.

2. CHALEURS SPÉCIFIQUES

355. Chaleur spécifique. — *On appelle* **chaleur spécifique** **moyenne** *d'un corps, entre deux températures données, la moyenne des quantités de chaleur absorbées par un gramme de ce corps, quand sa température s'élève de* 1°.

Soient Q la quantité de chaleur absorbée par P grammes d'un corps, quand la température s'élève de $t°$ à $t'°$, et C la chaleur spécifique moyenne dans cet intervalle.

On a

$$C = \frac{Q}{P(t' - t)} .$$

L'expérience prouve que pour les solides, et surtout pour les liquides, la chaleur spécifique moyenne croît avec la température et qu'on peut la représenter par une fonction du premier degré, ou du second degré en t.

Mais il y a des cas assez étendus, où elle reste constante et se réduit à un simple nombre. C'est ce qui a lieu :

1° Pour les gaz, à toute température ;

2° Pour la plupart des solides, entre 0° et 100° ;

3° Pour l'eau, entre 0° et 50° ;

4° Pour les autres liquides, sur une portion beaucoup plus restreinte de l'échelle thermométrique.

Dans ces divers cas, on peut dire que les corps ont une véritable *chaleur spécifique*, définie comme il suit [1] :

La **chaleur spécifique** *d'un corps est la quantité de chaleur qu'il faut fournir à un gramme de ce corps pour élever sa température de* 1° (cette température restant comprise dans l'intervalle où la chaleur moyenne est à peu près constante).

Problème. — *Connaissant la chaleur spécifique moyenne* (C) *d'un corps, dans la portion de l'échelle thermométrique considérée, calculer la quantité de chaleur* (Q) *nécessaire pour chauffer* P *grammes de ce corps de* $t°$ *à* $t'°$.

---

[1] On considère aussi la *chaleur spécifique vraie* à $t°$. Elle est sensiblement égale à *la quantité de chaleur nécessaire pour chauffer un gramme du corps de* $t°$ d $(t + 1°)$. Mais cette notion, très importante en théorie, n'est guère utilisable dans les applications élémentaires.

La formule (1) donne immédiatement

$$Q = PC(t' - t).$$

Ainsi, la quantité de chaleur absorbée ou émise par un corps est proportionnelle 1° à sa *chaleur spécifique*, 2° à sa masse, 3° à la variation de température, pourvu que cette température reste comprise entre certaines limites.

Capacité calorifique ou équivalent en eau. — 1° *On appelle capacité calorifique d'un corps déterminé, la quantité de chaleur absorbée par ce corps lorsque sa température s'élève de un degré.*

Ainsi, la *chaleur spécifique* d'un corps homogène n'est autre que la *capacité calorifique* de un gramme de corps (c'est-à-dire de l'unité de masse de ce corps).

La capacité calorifique d'un corps est égale au produit de la masse P de ce corps par sa chaleur spécifique C.

2° La capacité calorifique, ou le produit PC, se nomme encore la **valeur en eau** du corps considéré; parce que ce produit PC représente le poids de l'eau qui absorberait la même quantité de chaleur que le corps, pour une même élévation de température.

356. Tous les corps n'ont pas la même chaleur spécifique. — 1° Si l'on mêle 1 kilog. de mercure à 100° et 1 kilog. d'eau à 0°, le mélange prend la température 3°,2; la quantité de chaleur nécessaire pour élever 1 kilog. d'eau de 0° à 3°,2 est donc la même que celle qui élèverait 1 kilog. de mercure de 0° à 96°,8.

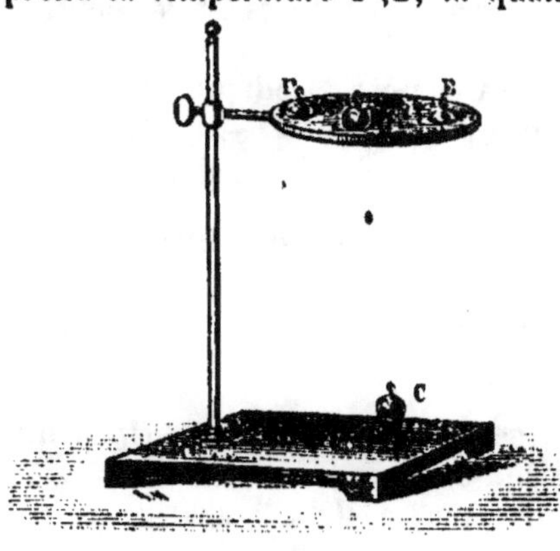

Fig. 358.

2° On démontre encore que les corps ont des chaleurs spécifiques différentes au moyen de l'expérience suivante due à *Tyndall* [1].

On chauffe dans un même bain plusieurs sphères de même poids, mais de substances différentes; puis on les dépose ensemble sur un large gâteau de résine d'épaisseur uniforme (fig. 358); après quelques instants, on constate que les sphères se sont enfoncées dans la résine de quantités très inégales. Si le gâteau de résine n'a pas une trop grande épaisseur, les sphères

---

[1] *Tyndall*, physicien anglais, né en 1820.

le traverseront, mais les unes plus rapidement que les autres. Ce qui montre bien la différence des chaleurs spécifiques des diverses substances.

La *chaleur spécifique* des corps se détermine : 1° par la méthode des mélanges; 2° par la méthode de la fusion de la glace.

357. Méthode des mélanges. — Dans cette méthode, due à Black et mise en œuvre surtout par Regnault, puis par Berthelot, on fait usage du calorimètre à eau.

Calorimètre (fig. 359). — Cet appareil, destiné à jouer le rôle d'un écran calorifique, se compose essentiellement d'un vase en laiton très mince, contenant de l'eau à la température ordinaire et suspendu par des fils de soie, afin d'éviter autant que possible les pertes de chaleur par la conductibilité; un thermomètre plonge dans l'eau du calorimètre et en indique la température.

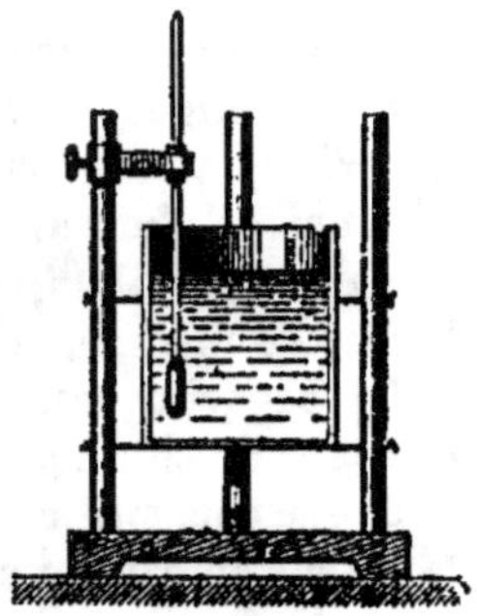

Fig. 359.

Principe de la méthode. — Pour déterminer la chaleur spécifique d'un corps, on le chauffe dans une étuve à une température T, et on le plonge rapidement dans l'eau du calorimètre, que l'on agite afin d'établir une température uniforme. Le corps se refroidit, et l'eau se refroidit à une température θ.

Soient P le poids du corps et x sa chaleur spécifique.

La chaleur qu'il cède est exprimée par

$$Px(T - θ). \qquad (354)$$

Soient p le poids de l'eau, p' le poids du vase, c sa chaleur spécifique et t la température primitive.

La chaleur absorbée par l'eau et le vase est :

$$p(θ - t) + p'c(θ - t).$$

Écrivons l'*équation des mélanges*. Elle consiste à exprimer que la *chaleur perdue est égale à la chaleur gagnée*.

Ici, la chaleur perdue par le corps est égale à la chaleur gagnée par l'eau et le vase.

Nous avons donc

$$(1) \qquad Px(T - θ) = p(θ - t) + p'c(θ - t).$$

Équation qui donne la valeur de x, lorsque c est connu.

Remarque. — Si c est inconnu, on le détermine par une expérience analogue à la précédente. A cet effet, on prend un corps de même substance que le vase; on l'élève à une température T, et on le met dans le calorimètre.

En raisonnant comme précédemment et remplaçant x par c, on a :

$$Pc(T - \theta) = p(\theta - t) + p'c(\theta - t);$$

d'où l'on tire :
$$c = \frac{p(\theta - t)}{P(T - \theta) - p'(\theta - t)}.$$

Chaleur spécifique des liquides. — Quand les liquides n'exercent pas d'action chimique sur l'eau ni sur le vase, on opère comme ci-dessus.

Cas où les solides et les liquides exercent une action chimique sur l'eau ou sur le vase. — Pour empêcher toute action chimique, on met le corps dans un vase à parois très minces, que l'on porte à une température T.

Soient m le poids de l'enveloppe et c' sa chaleur spécifique.

La chaleur cédée par l'enveloppe égale $mc(T - \theta)$.

En ajoutant ce terme au premier membre de l'équation (1), on a :

$$Px(T - \theta) + mc(T - \theta) = (p + pc')(\theta - t).$$

Corrections. — La méthode des mélanges comporte diverses causes d'erreur, que l'on doit atténuer ou corriger.

1° Une première cause d'erreur provient de la chaleur absorbée par le thermomètre : le thermomètre calorimétrique doit être choisi de manière que son équivalent en eau soit très faible, et qu'il n'apporte qu'une légère perturbation à la température qui existerait en son absence.

On pourrait déterminer la chaleur absorbée par le mercure, connaissant son poids et sa chaleur spécifique; on déterminerait de même la chaleur absorbée par le verre dont le thermomètre est formé. Il vaut mieux déterminer directement l'équivalent en eau du thermomètre. Pour cela on porte celui-ci à une température T, puis on le plonge dans le calorimètre.

Si nous représentons par y son équivalent en eau, et si nous conservons les notations précédentes, nous avons :

$$y(T - \theta) = (p + p'c)(\theta - t);$$

d'où
$$y = \frac{(p + p'c)(\theta - t)}{T - \theta}.$$

Connaissant l'équivalent en eau du thermomètre, on pourra faire la correction en ajoutant au second membre de l'équation la quantité de chaleur absorbée par le thermomètre.

2° Erreur provenant de la chaleur perdue par le corps pendant son transport de l'étuve au calorimètre. Il y aurait là une cause d'erreur qu'il faut *supprimer*, parce qu'on pourrait difficilement en tenir compte. Voici comment opérait **Regnault** pour se mettre à l'abri de cette cause d'erreur.

Il se servait d'un appareil E composé de trois compartiments concentriques (fig. 360) : le premier, destiné à recevoir le corps;

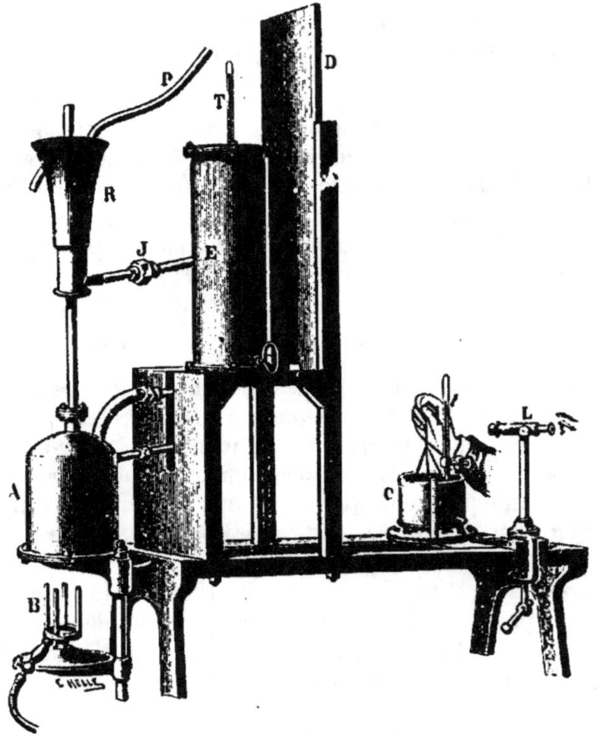

Fig. 360.

le second, où circule un courant de vapeur d'eau; le troisième, qui contient de l'air, et destiné à empêcher toute déperdition de chaleur.

Le corps est mis dans une corbeille en fil de laiton, que l'on introduit dans le compartiment central; un thermomètre T donne la température de la vapeur.

Quand cette température est constante, on amène le calorimètre C sous la table qui supporte l'appareil, on ouvre un registre qui fermait la partie inférieure de l'étuve, et on laisse tomber le corps dans le calorimètre; un écran arrête la chaleur du foyer, afin qu'elle ne se communique pas au calorimètre; on retire celui-ci, et on opère comme ci-dessus.

3° Enfin, une cause d'erreur inévitable provient de ce que le calorimètre ne constitue jamais un écran calorifique absolu; de sorte que, pendant la durée de l'expérience, il y a toujours une certaine quantité de chaleur perdue ou gagnée par l'eau du calorimètre sous l'influence du rayonnement.

Pour *corriger* cette erreur qu'il est impossible de *supprimer* entièrement, on a souvent recours à la **méthode de compensation de Rumford**. Elle consiste à prendre, au début de l'expérience, l'eau du calorimètre à une température légèrement inférieure à celle de l'air ambiant, de manière qu'à la fin de l'opération elle soit supérieure de la même quantité à celle de l'air ambiant : dans ces conditions, la chaleur que le calorimètre gagne par rayonnement dans la première phase de l'expérience est sensiblement égale à la chaleur qu'il perd par rayonnement dans la seconde phase.

Soient t la température initiale de l'eau du calorimètre,

θ sa température finale,

τ la température de l'air ambiant.

On s'arrange pour avoir $t < \tau < \theta$,

et l'on détermine par une expérience préliminaire le poids P du corps ou sa température T, de telle sorte que l'on ait

$$\tau - t = \theta - \tau.$$

La compensation n'est pas rigoureuse, car la température du calorimètre passe plus rapidement de t à τ que de τ à θ.

Calorimètre Berthelot. — Berthelot, à l'occasion de ses recherches de thermochimie, a perfectionné le calorimètre de Regnault; en particulier, il s'est attaché à atténuer la cause d'erreur provenant du rayonnement et des variations de température du milieu ambiant, en maintenant le calorimètre à l'intérieur d'une enceinte à température constante.

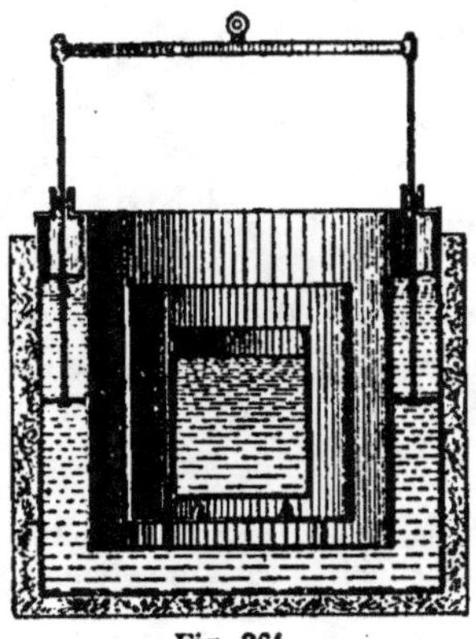

Fig. 361.

Le vase calorimétrique (fig. 361) est en platine très mince; il repose sur trois pointes de liège posées au fond d'un second vase plus large, en laiton argenté. Celui-ci est contenu à l'intérieur d'une enceinte cylindrique à double paroi renfermant une masse d'eau considérable, et entourée d'un feutrage épais. Chacun des deux vases, et l'enceinte cylindrique, ont des couvercles métalliques percés d'ouvertures pour laisser passer le thermomètre et l'agitateur.

358. Méthode de fusion de la glace. — On s'appuie sur ce fait que, pour fondre sans changer de température, un gramme de glace absorbe 80 calories (362).

On chauffe un corps, on le plonge dans de la glace à 0°, et on détermine la quantité de glace qu'il peut fondre; connaissant la quantité de chaleur nécessaire pour fondre un gramme de glace, on peut déterminer la chaleur spécifique du corps. En effet :

Soient P le poids du corps, T sa température, x sa chaleur spécifique;

      p le poids de l'eau provenant de la fusion de la glace;

      L = 80, le nombre de calories nécessaires pour fondre un gramme de glace.

Écrivons que la quantité de chaleur perdue par le corps est égale à la quantité de chaleur gagnée par la glace, pour fondre sans changer de température.

La température du corps s'abaissant de T° à 0°, la chaleur qu'il cède égale

$$P x T.$$

La chaleur absorbée par la glace fondue égale $\quad p L.$

On a donc

$$P x T = p L;$$

d'où

$$x = \frac{pL}{PT}.$$

1° Puits de glace. — Cette méthode fut appliquée au xviii° siècle par Black, qui imagina le *puits de glace.* — On prend un bloc de glace, dans lequel on pratique une cavité dont on dessèche les parois (fig. 362); après y avoir introduit le corps, chauffé préalablement à une température connue, on ferme l'ouverture au moyen d'un couvercle de glace, et on attend que le corps ait pris la température de 0°.

Fig. 362.

Cela fait, on retire le corps, et on recueille l'eau de la cavité à l'aide de papier buvard; ce papier, pesé avant l'expérience, s'imbibe d'eau; on le pèse après, et la différence des deux pesées donne le poids de l'eau de fusion.

2° Calorimètre à glace. — Le puits de glace ne donne pas des résultats bien exacts, parce que le bloc de glace est ordinairement à une température inférieure à 0°.

La méthode fut modifiée par Lavoisier et Laplace. Le *calorimètre de Lavoi-*

sier et Laplace se compose de trois

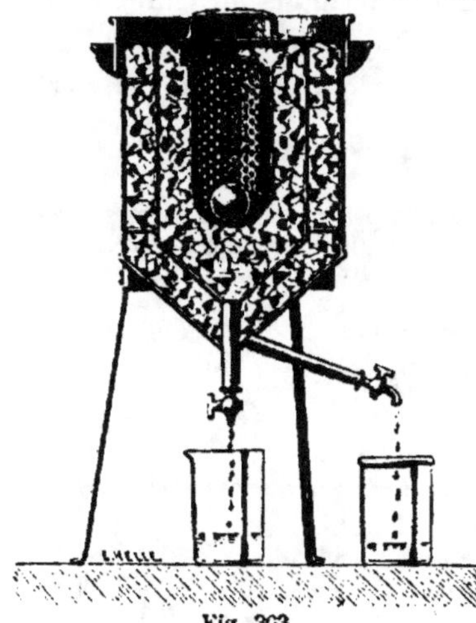

Fig. 363.

compartiments concentriques A, B, C (fig. 363). Dans le compartiment central A, on met le corps que l'on veut soumettre à l'expérience, et, dans B et C, de la glace fondante. On recueille l'eau provenant de B; elle est due seulement à la chaleur cédée par le corps. Quant à l'eau provenant de C, on ne doit pas en tenir compte, car elle résulte de la chaleur de l'air ambiant, qui n'influe pas ainsi sur la glace contenue dans B.

3° On n'emploie plus aujourd'hui ni le calorimètre de Lavoisier et Laplace, ni le puits de glace. Cependant il existe un calorimètre à glace qui est encore en usage, c'est celui de **Bunsen** : sorte de dilatomètre à tige, où la quantité de glace fondue est mesurée par la diminution de volume que subit cette glace en fondant.

Un autre genre de calorimètre qui peut servir à mesurer les chaleurs spécifiques est le calorimètre de **Favre** et **Silbermann**; mais il est surtout destiné à mesurer la chaleur dégagée dans les réactions chimiques.

359. Résultats relatifs aux chaleurs spécifiques des corps solides ou liquides. — 1° *La chaleur spécifique d'un corps solide ou liquide croît avec la température.* Ainsi, la chaleur spécifique du carbone, qui est 0,147 entre 0 et 100°, devient 0,158 entre 0° et 200°. La chaleur spécifique de l'alcool, qui est 0,596 entre 5° et 10°, devient 0,615 entre 15° et 20°.

2° *Pour un même corps, la chaleur spécifique est plus grande à l'état liquide qu'à l'état solide.* Ainsi la chaleur spécifique de la glace est environ la moitié de celle de l'eau.

3° *La chaleur spécifique varie avec l'état moléculaire.* Elle est 0,14 pour le diamant, 0,20 pour le graphite, 0,24 pour le charbon de bois. En général, la chaleur spécifique varie en raison inverse de la densité.

4° *La chaleur spécifique de l'eau* est supérieure à celle de tous les autres corps (excepté l'hydrogène). Elle varie très peu avec la température. Ainsi elle n'augmente que de 0,0017 entre 0° et 50° et de 0,005 entre 0° et 100°.

Pour s'échauffer ou pour se refroidir, l'eau absorbe ou abandonne plus de chaleur que tout autre corps solide ou liquide.

La chaleur nécessaire pour élever 1 kilog. d'eau à 100° élèverait 1 kilog. de fer à 1000°.

L'eau est un régulateur de la température de l'atmosphère. Elle cède de la chaleur à l'atmosphère par le refroidissement, par la condensation de sa vapeur et par sa congélation.

Ainsi, la présence de l'eau modère les variations de température qui, sans elle, seraient extrêmes.

5° La chaleur spécifique moyenne d'un corps entre 0° et t° peut se représenter par une formule empirique :

$$\frac{Q}{Pt} = a + bt + ct^2.$$

Les coefficients b, c sont toujours positifs et très petits. Pour les corps solides, le coefficient c est négligeable, et la formule se réduit au premier degré.

Par exemple, on a, pour le platine :

$$\frac{Q}{Pt} = 0,0317 + 0,0000006t,$$

et pour l'eau :

$$\frac{Q}{Pt} = 1 + 0,00002t + 0,0000003t^2.$$

CHALEURS SPÉCIFIQUES

Charbon de bois	0,2415	Or	0,0324
Soufre	0,1764	Platine	0,0329
Phosphore	0,1887	Verre	0,1977
Fer	0,1138	Eau ⎰ solide	0,474
Zinc	0,0935	Eau ⎱ liquide	1
Plomb	0,0314	Eau ⎱ vapeur	0,477
Cuivre	0,0951	Alcool	0,547
Étain	0,0562	Éther	0,529
Mercure	0,0333	Essence de térébenthine	0,453
Argent	0,0570	Sulfure de carbone	0,209

360. Loi de Dulong et Petit. — *Le produit du poids atomique d'un corps simple par sa chaleur spécifique à l'état solide est un nombre constant, égal à 6,4.*

La loi de Dulong et Petit n'est qu'approchée. Le produit pc varie légèrement d'un corps à un autre ; l'écart peut atteindre le $\frac{1}{3}$ de sa valeur moyenne ; mais si l'on réfléchit que les deux facteurs p et c peuvent varier de 1 à 200, on en conclura que la loi n'en garde pas moins une signification très intéressante.

Le poids atomique représentant le poids de la plus petite masse d'un corps simple qui puisse entrer en combinaison, la loi de Dulong et Petit signifie que *les atomes de tous les corps simples ont la même capacité calorifique;* c'est-à-dire qu'*il faut la même quantité de chaleur pour échauffer de 1° un atome de tous les corps simples.*

Loi de Wœstyn. — Wœstyn a énoncé, pour les corps composés, une loi qui complète la loi de Dulong et Petit.

La capacité calorifique d'un composé est égale à la somme des capacités calorifiques des composants. Cela revient à dire qu'un corps simple garde la même chaleur spécifique à l'état libre et à l'état de combinaison. Cette loi, plus approchée en général que la loi de Dulong et Petit, n'est cependant pas rigoureuse.

361. Chaleur spécifique des gaz. — **1° A pression constante.** — La chaleur spécifique d'un gaz *à pression constante* se détermine par la méthode des mélanges, mais en prenant des précautions spéciales.

Le gaz étant chauffé dans un gazomètre à une température connue, on le fait passer, avec une vitesse uniforme et *sous une pression constante*, dans un serpentin plongé dans le calorimètre. Connaissant la masse du gaz, la valeur en eau du calorimètre et les variations de température, on peut calculer la *chaleur spécifique du gaz à pression constante.*

CHALEUR SPÉCIFIQUE DES GAZ A PRESSION CONSTANTE

Hydrogène	3,410	Air	0,237
Oxygène	0,217	Acide carbonique	0,217
Azote	0,244	Acide sulfureux	0,154
Chlore	0,122	Ammoniac	0,508

Les gaz simples suivent la loi de Dulong et Petit :

Le produit de la chaleur spécifique d'un gaz à pression constante par son poids atomique est constant et égal à 3,41; c'est-à-dire à la chaleur spécifique de l'hydrogène.

2° A volume constant. — *La chaleur spécifique d'un gaz à pression constante* (C) *est plus grande que la chaleur spécifique du même gaz à volume constant* (c).

Cela tient à ce qu'un gaz s'échauffe quand on le comprime, et qu'il se refroidit par la détente.

Soit un gramme de gaz à 0° et à la pression atmosphérique. Chauffons-le de 0° à 1° *à volume constant*. Il absorbe c calories, et sa pression augmente. Laissons-le se détendre jusqu'à la pression atmosphérique. Il se refroidit, et, pour ramener sa température à 1°, il faut lui fournir encore c' calories. Ainsi, pour s'échauffer de 1°, sous pression constante, ce gaz absorbe $c + c'$ ou C calories.

Donc on a : $$C > c.$$

Le rapport des deux chaleurs spécifiques d'un gaz a été déterminé par Clément et Desormes, puis par Cazin. Sa valeur est :

$$\frac{C}{c} = 1,41.$$

Il conserve cette même valeur pour tous les gaz qui suivent la loi de Mariotte.

3. CHALEURS LATENTES

362. Chaleurs latentes. — **Chaleur de fusion.** — On désignait autrefois, sous le nom de *chaleurs latentes*, les quantités de chaleurs qui sont nécessaires pour produire des changements d'état physique, abstraction faite des changements de température. On distingue la *chaleur de fusion* d'un corps et sa *chaleur de vaporisation*.

La chaleur de fusion *d'un corps est la quantité de chaleur qu'absorbe 1 gramme de ce corps pour passer de l'état solide à l'état liquide, sans élévation de température.*

La chaleur de fusion d'un corps peut être déterminée par la méthode des mélanges.

1° *Chaleur de fusion de la glace.*

Pour mesurer la chaleur de fusion de la glace, on introduit dans le calorimètre un fragment de glace qu'on prend dans un vase plein de glace fondante, afin qu'il soit bien à .0°. On essuie rapidement le morceau de glace avec du papier buvard, pour enlever l'eau liquide qu'il pourrait retenir, et on le plonge rapidement dans l'eau du calorimètre. Son poids P sera déterminé, à la fin de l'expérience, par l'augmentation de poids du calorimètre.

Appelons : π le poids de l'eau et du calorimètre réduit en eau;

— t sa température initiale;

— θ la température finale;

— P le poids de la glace à 0° que l'on plonge dans l'eau du calorimètre;

— x la chaleur de fusion.

La glace absorbe, pour fondre, une quantité de chaleur égale à Px.

L'eau résultant de la fusion de la glace s'échauffe de 0° à θ et absorbe une quantité de chaleur égale à Pθ.

La quantité de chaleur cédée par le calorimètre et l'eau qu'il contient égale $\pi(t-\theta)$. En écrivant que la chaleur perdue est égale à la chaleur gagnée, on obtient l'équation

$$P x + P \theta = \pi(t-\theta);$$

d'où
$$x = \frac{\pi(t-\theta)-P\theta}{P}.$$

On a trouvé pour la chaleur de fusion de la glace : $x = 80$. Il faut 80 calories pour fondre 1 gramme de glace.

2° *Chaleur de fusion d'un corps qui est solide à la température ordinaire.*
On s'appuie sur ce fait que *la chaleur de fusion d'un corps est égale à la quantité de chaleur libérée par la solidification d'un gramme de ce corps.*
Le corps soumis à l'expérience est d'abord porté à une température supérieure à celle de sa fusion et plongé ensuite dans un calorimètre à eau.
Soient : π le poids de l'eau et du calorimètre réduit en eau;
t sa température initiale;
P le poids du corps; T sa température initiale; T' sa température de fusion;
θ la température finale du mélange;
c la chaleur spécifique du corps à l'état solide;
c' la chaleur spécifique du corps à l'état liquide;
x sa chaleur de fusion.

Chaleur cédée par le corps pour passer de T à T' : $Pc'(T - T')$.

    —   —   —   pour se solidifier : Px.

    —   —   —   pour passer de T' à θ : $Pc(T' - \theta)$.

Chaleur absorbée par le calorimètre et l'eau qu'il contient : $\pi(\theta - t)$.

En écrivant que la somme des quantités de chaleur perdues est égale à la quantité de chaleur gagnée, on obtient l'équation

$$Pc'(T - T') + Px + Pc(T' - \theta) = \pi(\theta - t);$$

d'où

$$x = \frac{\pi(\theta - t) - Pc'(T - T') - Pc(T' - \theta)}{P}.$$

CHALEURS DE FUSION

Glace.	80	Étain.	14,25
Soufre	9,37	Plomb.	5,37
Phosphore. . . .	5,03	Zinc.	28,13
Mercure	2,82	Argent.	21,7

363. Chaleur de vaporisation. — *On appelle* **chaleur de vaporisation** *d'un corps le nombre de calories qu'absorbe un gramme de ce corps pour passer de l'état de liquide à l'état de vapeur saturée sans élévation de température.*

Pour déterminer la chaleur de vaporisation d'un liquide, on s'appuie sur ce fait, *que la chaleur latente de vaporisation d'un liquide est égale à la quantité de chaleur que sa vapeur saturée abandonne pendant sa liquéfaction.*

On se sert de l'appareil de Despretz (fig. 364). On fait bouillir le liquide dans une cornue. La vapeur se rend dans un serpentin plongé dans un réfrigérant faisant l'office de calorimètre. Le liquide condensé est reçu dans un réservoir b, qui se trouve à la partie inférieure du calorimètre. De ce réservoir part un tube, muni d'un robinet r' à sa partie supérieure, et que l'on fait communiquer, soit avec une machine pneumatique, soit avec une machine de compression, quand on veut faire varier la pression et, par suite, la température de vaporisation du liquide.

Un thermomètre t donne la température de vaporisation; la température du calorimètre est donnée par un second thermomètre T.

On pèse exactement le liquide recueilli dans le réservoir.

Soient : P ce poids;

      t la température initiale du calorimètre;

      θ la température finale;

      T la température de vaporisation;

      π le poids total de l'eau, du serpentin et du calorimètre réduits en eau;

      x la chaleur de vaporisation du liquide;

      c sa chaleur spécifique.

Chaleur cédée par la vapeur pour se condenser : Px.

Chaleur cédée par le liquide pour passer de $T°$ à θ : $Pc(T - \theta)$.

Chaleur absorbée par l'eau, le calorimètre et les accessoires :

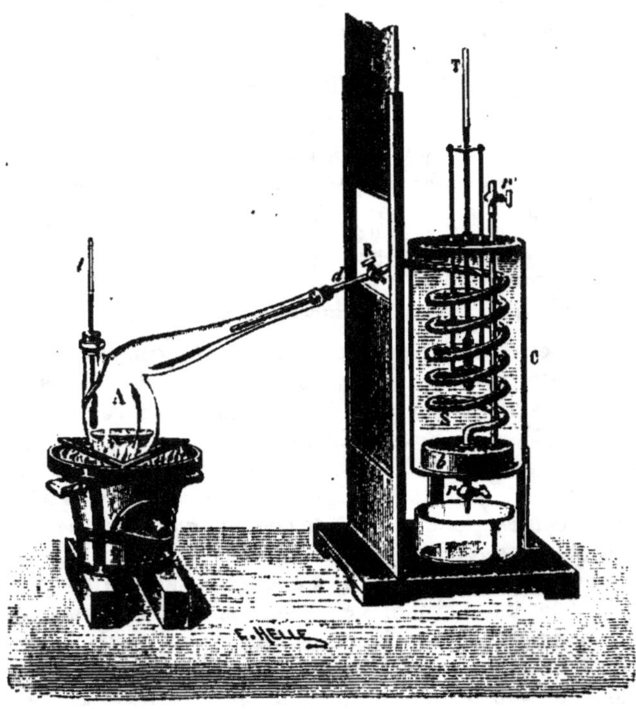

Fig. 364.

$\pi(\theta - t)$. En écrivant que la somme des chaleurs perdues est égale à la chaleur gagnée, on obtient l'équation :

$$Px + Pc(T - \theta) = \pi(\theta - t);$$

d'où :
$$x = \frac{\pi(\theta - t) - Pc(T - \theta)}{P}.$$

Résultats. — 1° La chaleur de vaporisation de l'eau à 100° est 537 calories.

Ainsi, pour vaporiser 1 gramme d'eau à 100°, il faut 537 calories; c'est-à-dire la même quantité de chaleur que pour chauffer 537 grammes d'eau de 0° à 1°, ou 5 grammes 37 d'eau de 0° à 100°.

Inversement, si l'on fait condenser 1 kg. de vapeur d'eau à 100° dans 5 kg. 37 d'eau à 0°, on obtient 6 kg. 37 d'eau à 100°. Cette propriété est utilisée dans certaines industries pour le chauffage des cuves, et, dans les chemins de fer, pour le chauffage des bouillottes destinées aux wagons.

17

2° La chaleur de vaporisation de l'eau à $t°$ varie avec la température. D'après Regnault, elle est donnée par la formule :

$$\lambda = 606,5 - 0,695\,t.$$

Par exemple, pour $t = 100°$, on obtient :

$$\lambda = 606,5 - 69,5 = 537.$$

364. Chaleur totale de vaporisation de l'eau. — *On appelle* **chaleur totale de vaporisation de l'eau à $t°$,** *la quantité de chaleur nécessaire pour chauffer un gramme d'eau de $0°$ à $t°$ et pour transformer cette eau en vapeur saturante à $t°$.*

Pour chauffer 1 gramme d'eau de $0°$ à $t°$, il faut sensiblement t calories. Pour vaporiser cette eau sans changement de température, il faut λ calories; λ étant la chaleur de vaporisation à $t°$.

D'après la formule de Regnault (363), on a donc :

$$\text{Chaleur totale} = t + \lambda,$$
$$= 606,5 - 0,695\,t + t,$$
$$= 606,5 + 0,305\,t.$$

Par exemple, pour $t = 100$, on a :
Chaleur totale $= 606,5 + 30,5 = 637$ calories.

Soit 100 calories pour le changement de température entre $0°$ et $100°$ et 537 calories pour la vaporisation à $100°$.

365. Appareil de M. Berthelot [1]. — On utilise aujourd'hui, pour la détermination des chaleurs de vaporisation, un appareil d'un maniement plus simple, dû à M. Berthelot (fig. 365). Cet appareil se compose d'une fiole en verre, fermée à sa partie supérieure et traversée dans le fond par un tube ab, également en verre, soudé à la fiole. Ce tube, ouvert en a et rodé à l'émeri en b, peut s'ajuster à un serpentin C, S, qui fait corps avec un réservoir R; ce réservoir communique avec l'extérieur par un second tube, ouvert à son extrémité.

Le serpentin plonge dans l'eau d'un calorimètre.

Pour protéger le calorimètre contre le rayonnement de l'observateur, et rendre à la fois très faible et très régulière la perte de chaleur par refroidissement, on place tout l'appareil dans un récipient à double paroi, enveloppé de feutre et contenant de l'eau, que l'on a soin de maintenir à une température uniforme, à l'aide d'un agitateur.

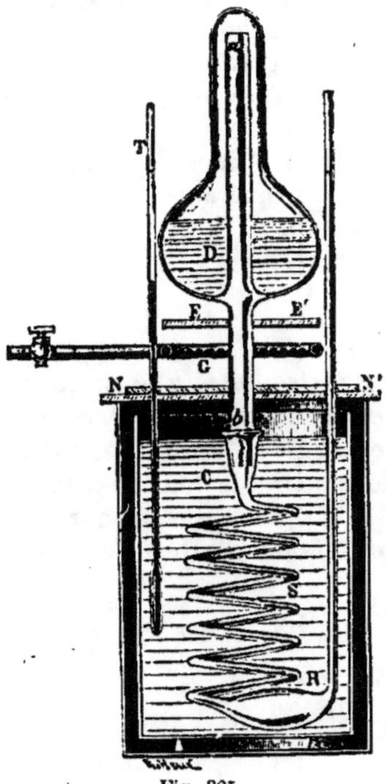

Fig. 365.

---

[1] *Berthelot*, chimiste, né à Paris en 1827.

La fiole est chauffée, à travers une toile métallique EE', au moyen d'une lampe circulaire G, à gaz. Pour faire usage de cet appareil, on pèse d'abord la fiole vide, puis avec le liquide D. On fixe la fiole au serpentin, et on chauffe. Après qu'une partie du liquide a distillé et s'est condensée dans le serpentin, on pèse de nouveau la fiole avec le liquide restant, et la différence des deux pesées donne le poids P du liquide vaporisé.

CHAPITRE V

HYGROMÉTRIE

366. État hygrométrique. — *L'hygrométrie* a pour but de déterminer soit le degré d'humidité de l'atmosphère, soit la quantité de vapeur d'eau contenue dans un volume d'air donné.

1° On appelle **état hygrométrique** *de l'air le rapport de la tension actuelle de la vapeur d'eau dans l'air, à la tension maxima correspondant à la même température.*

Soient f la tension actuelle de la vapeur d'eau dans l'atmosphère, F la tension maxima répondant à la même température, et E l'état hygrométrique (ou fraction de saturation). On a :

$$E = \frac{f}{F}.$$

2° *L'état hygrométrique est égal au rapport de la masse de vapeur d'eau contenue dans un volume d'air quelconque, à la masse de vapeur d'eau qui saturerait ce volume à la même température.* En effet, soient d la densité relative de la vapeur d'eau et a la densité absolue de l'air sec ; m la masse de vapeur à la tension actuelle f contenue dans un volume V d'air, M la masse de vapeur à la tension F qui saturerait le même volume à la température actuelle t.

On a $\qquad m = \dfrac{Vfad}{76(1 + \alpha t)}, \quad$ et $\quad M = \dfrac{VFad}{76(1 + \alpha t)} ;$

d'où, par division membre à membre,

$$\frac{m}{M} = \frac{f}{F}.$$

3° *On désigne sous le nom* d'**hygromètres**, *les appareils au moyen desquels on détermine l'état hygrométrique.* On en distingue de quatre sortes : l'hygromètre *chimique*, les hygromètres à *absorption*, les hygromètres à *condensation* et le *psychromètre*.

367. Hygromètre chimique. — La méthode chimique est une véritable méthode d'analyse. Elle consiste à dessécher un volume d'air connu, au moyen d'une substance avide d'eau, que l'on pèse avant et après l'opération. L'accroissement de masse de cette substance desséchante représente la masse de vapeur d'eau qui était contenue dans l'air analysé.

L'appareil (fig. 366) se compose d'un aspirateur rempli d'eau V, que l'on peut vider au moyen d'un robinet r. L'air aspiré traverse une série de tubes en U contenant de la pierre ponce imbibée d'acide sulfurique.

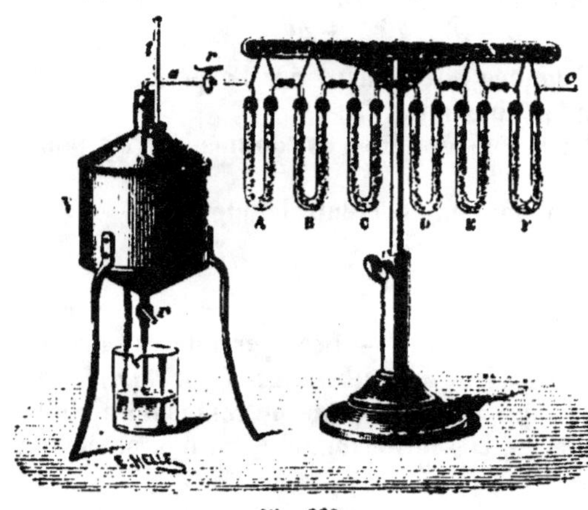

Les tubes *desséchants* C, D, E, F, absorbent la vapeur d'eau contenue dans le volume d'air soumis à l'expérience. B est un tube *témoin*, qui ne doit pas changer de poids pendant l'opération. A est un tube *isolant*, destiné à retenir l'humidité qui proviendrait de l'aspirateur.

Fig. 366.

L'aspirateur V, jaugé d'avance, contient une cinquantaine de litres. Un thermomètre indique sa température intérieure.

Quand l'écoulement est terminé, on vérifie que le tube témoin n'a pas changé de poids, et l'on détermine l'accroissement de la masse des tubes précédents C, D, E, F.

Soient V le volume occupé dans l'atmosphère extérieure, à la température t, par l'air qui a traversé les tubes; V' son volume dans l'aspirateur à la température t', H la pression atmosphérique, et F' la tension maxima de la vapeur d'eau à $t'°$.

A l'extérieur, cet air contenait de la vapeur d'eau à la tension cherchée f, et sa pression individuelle était H — f. Dans l'aspirateur, il est saturé de vapeur d'eau, et sa pression individuelle est H — F'.   L'équation des gaz parfaits donne :

$$\frac{V(H-f)}{1+\alpha t} = \frac{V'(H-F')}{1+\alpha t'};$$

d'où

$$V = V' \frac{H-F'}{H-f} \cdot \frac{1+\alpha t}{1+\alpha t'}.$$

Ce volume V est aussi celui que la vapeur d'eau absorbée occupait
au dehors à la pression f et à la température t. La masse de cette
vapeur satisfait à la formule :

$$P = \frac{Vfat}{70(1 + \alpha t)},$$

ou, en remplaçant V par sa valeur,

$$P = V' \cdot \frac{H - F'}{H - f} \cdot \frac{fat}{70(1 + \alpha t')},$$

Or, la masse P étant donnée directement par l'expérience, cette
équation permet de calculer l'inconnue f.

La tension maxima F à la température t est donnée par les tables
de Regnault.

L'état hygrométrique s'obtient en effectuant le quotient

$$E = \frac{f}{F}.$$

368. Hygromètres à absorption.

368. Hygromètres à absorption. — Les hygromètres à absorption sont fondés sur la propriété des *substances hygrométriques ;*
c'est-à-dire des substances qui absorbent plus ou moins d'humidité,
et qui changent de grandeur ou de forme quand l'état hygrométrique
varie.

Telles sont la plupart des substances organiques, notamment les
cheveux, les crins, les cordes à boyau.

Hygroscope. — Les cordes à boyau se tordent par la sécheresse et se détor-
dent par l'humidité. Cette propriété est mise à profit dans la construction de
petits appareils appelés hygroscopes.

Ils représentent ordinairement un moine dont le capuchon, mû par la corde
à boyau, abrite la tête quand le temps est à la pluie et retombe en arrière
quand le temps est au sec.

Hygromètre de Saussure[1]. — Cet hygromètre est fondé sur la
propriété qu'ont les cheveux de s'allonger par l'action de l'humidité.
Il se compose essentiellement d'un cheveu ab (fig. 367), dégraissé
par un séjour de vingt-quatre heures environ dans l'éther sulfurique
ou dans l'eau bouillante contenant $\frac{1}{100}$ de carbonate de soude ; ce
cheveu est fixé, par sa partie supérieure, à une pince ; la partie inférieure s'enroule dans la gorge d'une poulie, dont les mouvements sont
indiqués par une aiguille qui peut parcourir les divisions d'un arc
de cercle. Le cheveu est tendu à l'aide d'un poids fixé à l'extrémité
d'un fil qui s'enroule dans une seconde gorge de la poulie. Un
thermomètre donne la température de l'air ambiant.

---

[1] *Saussure*, naturaliste génevois (1740-1799).

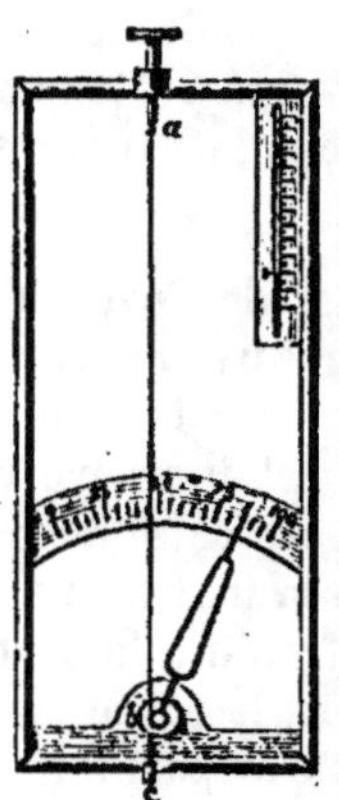

Fig. 367.

GRADUATION. — Pour graduer l'instrument, on détermine deux points, qui correspondent l'un au point d'humidité extrême, l'autre au point de sécheresse absolue.

Le point de sécheresse absolue est obtenu en laissant séjourner l'instrument de quinze à vingt jours sous une cloche dont l'air est desséché par une substance très hygrométrique, comme la chaux vive ou l'acide sulfurique concentré. Pour être plus sûr de la sécheresse de l'air, on peut exposer la cloche au soleil pendant quelques instants. Le cheveu se raccourcit, et on marque 0 au point où s'arrête l'aiguille.

Pour déterminer le point d'humidité extrême, on place l'instrument sous une cloche reposant sur l'eau et dont les parois sont mouillées. L'air de la cloche étant saturé d'humidité, le cheveu s'allonge, et sa longueur devient stationnaire en moins de deux heures; on marque 100 au point où l'aiguille s'arrête, et on divise la distance entre les deux points déterminés en 100 parties égales.

Remarques. — 1° Cet instrument ne peut indiquer immédiatement l'état hygrométrique de l'air; il est nécessaire de construire une table qui donne l'état correspondant à chaque degré; il est même nécessaire d'en avoir plusieurs pour des températures diverses; Gay-Lussac a donné des règles pour la construction de ces tables.

2° Tous les cheveux ne s'allongent pas également, dans un milieu qui subit les mêmes variations d'état hygrométrique; la graduation change donc avec le cheveu.

Tables de Gay-Lussac. — On s'appuie sur ce fait, que *la tension maximum de la vapeur produite par une dissolution saline est d'autant plus petite que la dissolution contient plus de sel.*

Soit à déterminer l'état hygrométrique correspondant à quelques-unes des divisions de l'échelle.

On met l'hygromètre sous une cloche au fond de laquelle se trouve une dissolution saline. Soient 10° la température de l'air contenu dans la cloche et n la division du cadran où s'arrête l'aiguille de l'hygromètre.

On introduit un peu de cette dissolution dans la chambre d'un baromètre; la dépression du mercure donne la tension f de la vapeur produite par la dissolution.

Les tables de Regnault donnent la tension maxima de la vapeur d'eau F correspondant à 10°, et on a ainsi :

$$E = \frac{f}{F}.$$

Donc, à la n^e division du cadran correspond l'état hygrométrique E.

Il faut une table particulière pour chaque instrument et, de plus, pour chaque cheveu, de sorte que si l'on est obligé de remplacer le cheveu par un autre, il faut construire de nouvelles tables.

Le cheveu s'altère aussi à la longue. En raison de ces inconvénients, l'hygromètre de Saussure est complètement abandonné.

369. Hygromètres à condensation [1]. — Dans les hygromètres à condensation, on abaisse la température d'un petit volume d'air jusqu'à ce que la vapeur d'eau atteigne son maximum de tension et qu'elle se condense. Cette température à laquelle la vapeur se condense est dite le *point de rosée*.

Point de rosée. — Un godet en argent, contenant de l'eau dans laquelle plonge un thermomètre, est refroidi progressivement, par exemple en y introduisant de petits morceaux de glace; la couche d'air qui entoure le godet se refroidit peu à peu, et il arrive un moment où la vapeur contenue dans cet air se dépose à la surface du godet sous forme de rosée; à ce moment, on note la température t indiquée par le thermomètre, et on cesse de refroidir; le godet reprend peu à peu la température du milieu ambiant, la rosée commence à disparaître; on note la température t' de sa disparition, et on prend pour la température de rosée la moyenne entre les deux températures t et t', ou :

$$0 = \frac{t + t'}{2}.$$

Principe des hygromètres à condensation. — *La tension actuelle de la vapeur d'eau dans l'atmosphère (f) est égale à la tension maxima de la vapeur d'eau à la température du point de rosée (θ).*

En effet, quand une masse d'air humide se refroidit au sein de l'atmosphère, sans aucune condensation de vapeur, la tension de la vapeur d'eau qu'elle contient demeure invariable.

Soient V, V' les volumes de la masse d'air humide refroidie de t^o à t'^o ($t \geqq t'$); f, f' les tensions correspondantes de la vapeur d'eau, et H la pression atmosphérique supposée invariable. Puisqu'il n'y a pas de condensation, la masse de vapeur ne change pas, non plus que la masse totale d'air humide. On peut donc appliquer à chacune d'elles l'équation des gaz parfaits. Ce qui donne :

$$\frac{Vf}{1 + \alpha t} = \frac{V'f'}{1 + \alpha t'},$$

et
$$\frac{VH}{1 + \alpha t} = \frac{V'H}{1 + \alpha t'};$$

d'où, par division membre à membre,

$$f = f'.$$

Ainsi la tension de la vapeur ne change pas. Or, quand la température s'abaisse jusqu'au point de rosée, cette vapeur devient satu-

---

[1] L'idée de ces hygromètres est due à Leroy, médecin à Montpellier, au XVIIIe siècle.

rante. Donc la tension actuelle de la vapeur d'eau atmosphérique est égale à la tension maxima à la température du point de rosée.

Calcul de l'état hygrométrique. — Les hygromètres à condensation servent à déterminer le point de rosée 0. Un thermomètre donne la température de l'atmosphère T.

On cherche dans les tables de Regnault la tension maxima f correspondant au point de rosée 0, et la tension maxima F répondant à la température T.

f est la tension actuelle de la vapeur d'eau dans l'air.

L'*état hygrométrique* est le quotient

$$E = \frac{f}{F}.$$

EXEMPLE. — *Quel est l'état hygrométrique de l'air, quand la température extérieure est 30°, et le point de rosée 15° ?*

A 15° la tension maxima de la vapeur d'eau est 12^{mm},70.

A 30° la tension maxima est 31^{mm},55.

Donc, l'état hygrométrique est $\dfrac{12,70}{31,55}$.

L'hygromètre condensateur construit par *Daniell* était très imparfait ; il a été perfectionné par *Regnault*, puis par *Alluard*, qui lui a donné la forme pratique usitée aujourd'hui.

Hygromètre de Daniell (fig. 368). — Cet hygromètre consiste en un tube recourbé, terminé par deux boules A et B contenant de l'éther ; la boule A est en verre bleu ; la boule B est enveloppée de mousseline. Dans la boule A plonge un thermomètre ; la colonne de l'instrument porte un second thermomètre destiné à faire connaître la température extérieure.

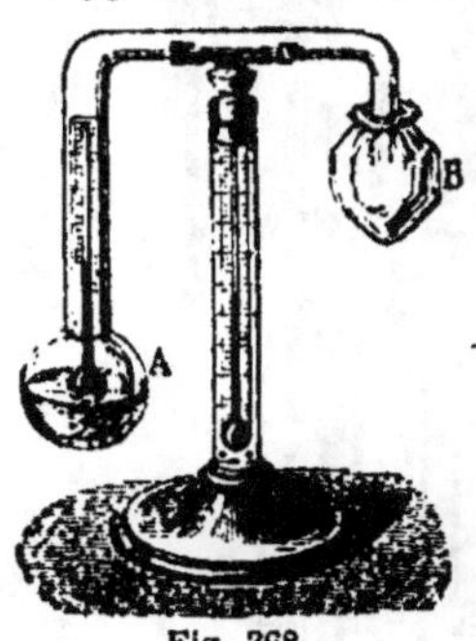

Quand on veut faire une expérience, on fait passer le liquide dans la boule A, et on verse de l'éther sur la boule B. L'évaporation rapide de l'éther abaisse la température de la boule B, et provoque la vaporisation de l'éther de la boule A.

La température de celle-ci diminue à son tour, et bientôt une rosée se dépose à sa surface ; on note la température intérieure. On laisse l'instrument à lui-même, et l'on note de nouveau la température au moment où la rosée disparaît ; la moyenne des observations donne le point de saturation.

Fig. 368.

. Le plus grand défaut de cet appareil provient de ce que l'état hygrométrique de l'air environnant est modifié par la présence de l'observateur et par l'effet de l'évaporation de l'éther, qui n'est jamais complètement anhydre.

Hygromètre de Regnault (fig. 369). — Cet hygromètre se compose d'un gros tube de verre terminé, à sa partie inférieure, par un dé d'argent à parois minces et polies, qui contient de l'éther et dans lequel plonge un thermomètre. Un tube qui s'enfonce jusqu'au fond du dé communique au moyen d'un tube en caoutchouc avec un aspirateur plein d'eau. Un second tube, semblable au premier,

mais ne contenant pas d'éther, sert à déterminer le moment du dépôt de rosée sur le premier dé, par la différence d'aspect que présentent les dés au moment où se produit le phénomène.

Pour obtenir le dépôt de rosée, on ouvre le robinet de l'aspirateur; l'air aspiré traverse l'éther, active l'évaporation de ce liquide et amène le refroidissement du dé d'argent, dont la surface extérieure ne tarde pas à se couvrir de rosée.

Les vapeurs d'éther, entraînées dans l'aspirateur, ne changent pas, comme dans l'hygromètre de Daniell, l'état du milieu ambiant.

En comparant les dés, on saisit facilement l'instant du dépôt de rosée. La détermination de la température de condensation de la vapeur se fait comme dans l'hygromètre de Daniell.

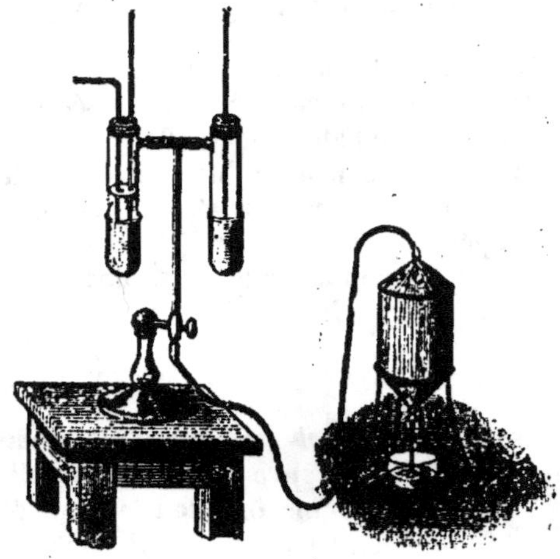

Fig. 369.

Hygromètre d'Alluard (fig. 370). — Cet hygromètre se compose d'un vase prismatique en laiton mince A, contenant de l'éther dans lequel plonge un thermomètre m. La face A est polie et dorée, ainsi qu'une lame de laiton O, qui l'encadre sans la toucher. Un entonnoir E sert à introduire l'éther, et un second thermomètre n donne la température extérieure. Un tube GC, qui plonge jusqu'au fond du vase, permet d'insuffler de l'air afin d'activer l'évaporation de l'éther. Un tube DH donne issue à la vapeur formée.

L'observateur se tient à distance (fig. 371). On insuffle de l'air dans l'appareil au moyen d'un soufflet et d'un tube de caoutchouc. L'éther se vaporise, se refroidit, et le dépôt de rosée ne tarde pas à s'accuser par la teinte mate que prend le métal A, et qui contraste avec l'éclat de la lame O. A l'aide d'une lunette L, on lit sur le thermomètre n la

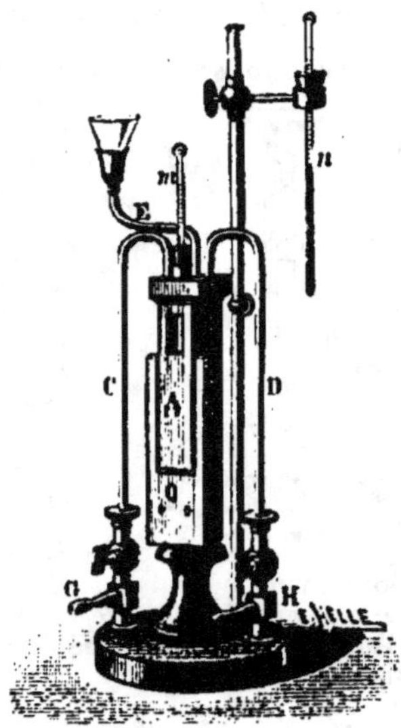

Fig. 370.

température de l'air ambiant, et sur le thermomètre m la tempéra-

17*

ture d'apparition, puis celle de disparition de la rosée.
On prend la moyenne de ces deux dernières températures.

Remarques. — 1° La lecture des températures à distance au moyen d'une lunette fait disparaître la cause d'erreur qui résulterait de la proximité de l'observateur.

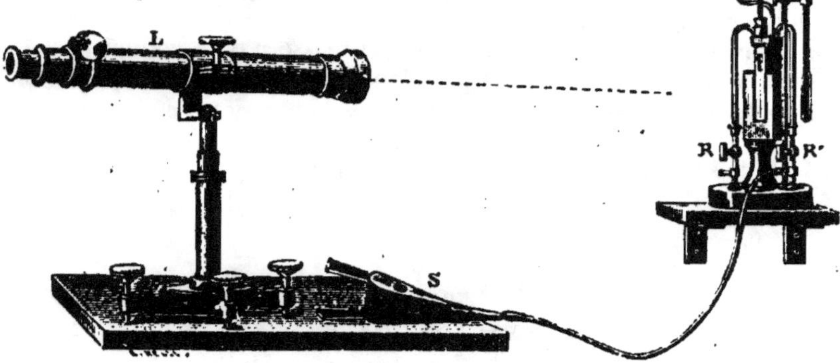

Fig. 371.

2° Cet hygromètre fournit des indications très exactes par un temps calme; mais, s'il est exposé au vent, l'évaporation peut être assez rapide pour empêcher l'observation du dépôt de rosée.

370. Psychromètre. — Le psychromètre est fondé sur la différence des températures marquées simultanément par un thermomètre sec et par un thermomètre mouillé.

Il se compose de deux thermomètres fixés, à une même planchette et aussi identiques que possible (fig. 372); le réservoir de l'un d'eux est entouré d'un linge constamment mouillé par de l'eau qui descend d'un réservoir, par l'intermédiaire d'une mèche.

L'évaporation produit un abaissement de température d'autant plus grand que l'évaporation est plus rapide, c'est-à-dire que l'état hygrométrique est plus faible.

Il y a donc une relation entre la différence de température des deux thermomètres et l'état hygrométrique de l'air. Cette relation est un peu complexe. M. August a proposé la formule :

$$f = F - AH(t - t').$$

f est la tension actuelle de la vapeur d'eau dans l'air, F sa tension maximum à la même température, H la pression barométrique, t la température du thermomètre sec, t' celle du thermomètre mouillé, A une constante. La constante A, pour chaque appareil, doit être déterminée par comparaison avec un hygromètre à condensation. *Pour les observations météorologiques courantes, le psychromètre est par excellence l'appareil pratique, car il ne comporte aucune expérience et n'exige que deux lectures de températures.*

Fig. 372.

371. Applications. — *Calculer la masse P d'un volume V d'air* *humide, connaissant sa pression H, sa température t et son état hygrométrique c.*

Soient a la densité absolue de l'air sec, d la densité relative de la vapeur d'eau, α le coefficient de dilatation des gaz et F la tension maxima de la vapeur d'eau à t^o.

La pression actuelle de la vapeur d'eau est $f = \mathrm{F}e$, et celle de l'air sec, $(\mathrm{H} - \mathrm{F}e)$.

La masse demandée se compose de la masse p d'un volume V d'air sec à la température t et à la pression $(\mathrm{H} - \mathrm{F}e)$, et de la masse p' d'un volume V de vapeur d'eau à t^o sous la pression $\mathrm{F}e$.

On a donc
$$p = \frac{\mathrm{V}(\mathrm{H} - \mathrm{F}e)a}{76(1 + \alpha t)},$$

et
$$p' = \frac{\mathrm{V}\mathrm{F}ead}{76(1 + \alpha t)};$$

d'où
$$\mathrm{P} = p + p' = \frac{\mathrm{V}a}{76(1 + \alpha t)}(\mathrm{H} - \mathrm{F}e + \mathrm{F}ed);$$

et enfin
$$\mathrm{P} = \frac{\mathrm{V}a[\mathrm{H} - (1 - d)\,\mathrm{F}e]}{76(1 + \alpha t)}.$$

On sait que l'on a :
$$a = 0,001293 \quad \text{et} \quad d = \frac{5}{8}.$$

Donc
$$\mathrm{P} = \frac{\mathrm{V} \times 0,001293}{76(1 + \alpha t)}\left(\mathrm{H} - \frac{3}{8}f\right).$$

CHAPITRE VI

MACHINES THERMIQUES

372. On nomme **machine thermique** toute machine capable de produire un travail mécanique moyennant une dépense de chaleur. Parmi les machines thermiques, on distingue les machines à vapeur et les moteurs à gaz. Il y aurait lieu de considérer encore les machines à air chaud, les moteurs à pétrole, etc.

MACHINES A VAPEUR

373. Une machine à vapeur est un appareil dans lequel on utilise, comme force motrice, la force élastique de la vapeur d'eau.

Les premiers essais sur l'utilisation de la vapeur d'eau comme force motrice furent faits, en 1690, par Denis Papin. Son appareil se composait d'un cylindre vertical, ouvert à sa partie supérieure, et dans lequel pouvait se mouvoir un piston qui emprisonnait un peu d'eau. On chauffait cette eau. La vapeur soulevait le piston jusqu'en haut du cylindre. On retirait le feu. La vapeur se condensait, et le piston descendait par l'effet de la pression atmosphérique. En répétant cette double opération, on donnait au piston un mouvement de va-et-vient, que Papin utilisa pour manœuvrer des pompes, et même pour faire mouvoir un bateau à vapeur.

En 1715, Newcomen apporta deux grandes améliorations à la machine de Papin. L'eau était chauffée à part, dans une chaudière qui communiquait par un tube avec la partie inférieure du cylindre. Quand le piston était au haut de sa course, on interceptait cette communication, et on condensait la vapeur en injectant de l'eau froide à l'intérieur du cylindre. La condensation étant presque instantanée, le mouvement du piston était assez rapide pour être utilisé industriellement.

Watt, en 1765, perfectionna la machine de Newcomen; il y ajouta un condenseur et réussit à faire opérer par la vapeur les deux mouvements du piston.

Dans la machine de Watt, la vapeur est produite dans un *générateur*. Elle se rend dans un *cylindre*, où elle agit alternativement sur les deux faces d'un *piston*. Le mouvement de va-et-vient du piston est transmis à un mécanisme qui le transforme de diverses manières.

374. Générateur. — Le générateur ou *chaudière* (fig. 373

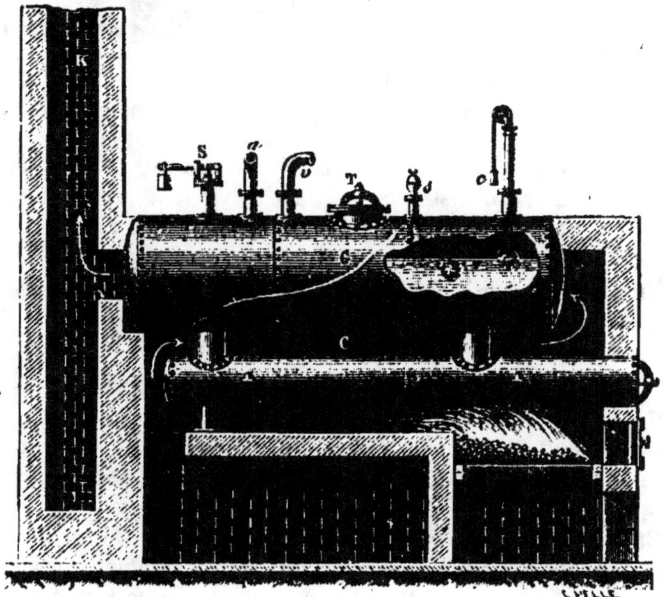

Fig. 373.

G, chaudière. — B, bouilleur. — C, carneaux. — K, cheminée. — T, trou d'homme. — c, contre-poids du flotteur. — s, sifflet d'alarme. — S, soupape de sûreté. — a, tube d'alimentation. — v, tube de prise de vapeur.

et 374), employé pour les machines fixes, se compose d'un gros cylindre G, arrondi à ses extrémités et communiquant par des tubulures avec deux cylindres plus petits B, B, appelés **bouilleurs**; ceux-ci reçoivent directement l'action de la flamme du foyer. Les produits de la combustion contournent les bouilleurs, traversent des conduits C, appelés *carneaux*, passent autour du générateur et s'échappent par la cheminée K; le tirage est réglé au moyen d'un registre, que l'on fait monter ou descendre à volonté.

Diverses pièces sont adaptées à la chaudière :

1° Un orifice T, appelé *trou d'homme*, permet de pénétrer dans l'intérieur de la chaudière pour la nettoyer et y faire les réparations nécessaires;

2° Un *flotteur*, supporté par un fil à contre-poids c, fait connaître le niveau de l'eau dans la chaudière;

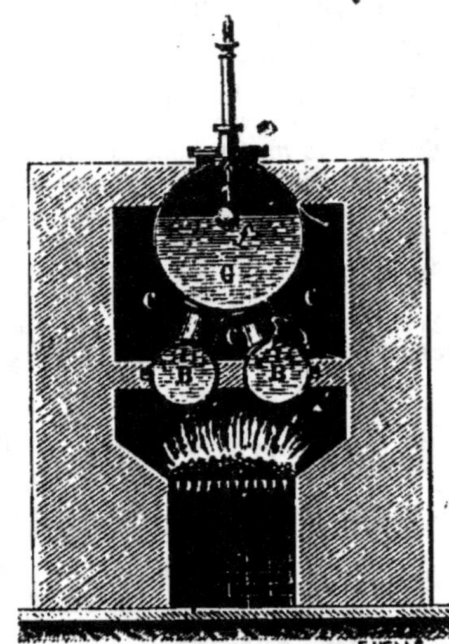
Fig. 371.

3° Un *sifflet d'alarme* constitué par un timbre métallique s placé au-dessus d'une tubulure fermée par un levier à flotteur.

Quand le niveau de l'eau descend au-dessous d'une certaine limite, le flotteur s'abaisse, la tubulure devient libre, et la vapeur vient se briser sur les bords du timbre, qu'elle met ainsi en vibration;

4° Une *soupape de sûreté* S est maintenue par un levier, le long duquel peut glisser un poids. On peut ainsi régler d'avance la limite supérieure de la pression.

5° Un *tube d'alimentation* a et un tube v pour la prise de vapeur;

6° Un *niveau d'eau*, formé d'un tube en verre qui communique d'une part avec l'eau de la chaudière, d'autre part avec la vapeur; il indique le niveau de l'eau dans la chaudière;

7° Enfin, un *manomètre métallique* fait connaître la tension de la vapeur; on peut ainsi régler le foyer de manière à obtenir seulement la force que l'on veut utiliser, et à ne pas dépasser une certaine limite au delà de laquelle il pourrait y avoir explosion.

375. Distribution de la vapeur. — La vapeur produite par le générateur agit alternativement sur les deux faces d'un piston T, mobile dans un cylindre (fig. 375). A cet effet, le cylindre porte une boîte rectangulaire appelée *chambre de distribution*, ou **boîte à vapeur**, munie de trois ouvertures : les deux premières, *a*, *b*, nommées *lumières d'admission*, communiquent respectivement avec les deux extrémités du cylindre; la troisième, *o*, dite *lumière d'échappement*, communique avec l'air extérieur ou avec un condenseur; un tiroir, mû par la machine elle-même, ferme alternativement les deux lumières *a* et *b*, qui s'ouvrent ainsi successivement dans la boîte où arrive la vapeur.

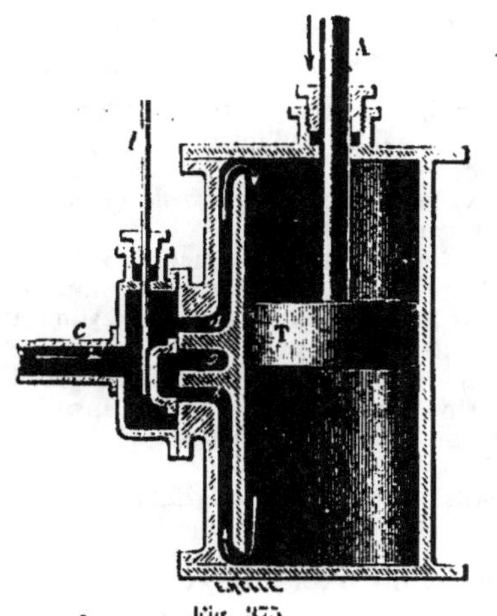

Fig. 375.

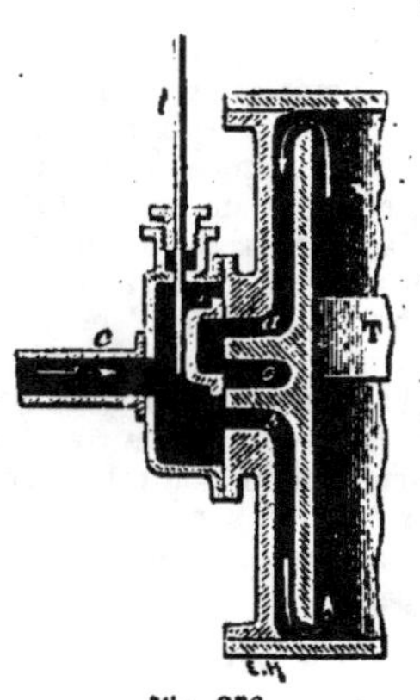

Fig. 376.

Quand le piston est en haut de sa course, le tiroir prend la position indiquée par la fig. 375 ; la vapeur qui vient du générateur passe par l'ouverture *a* et se répand au-dessus du piston; celui-ci, poussé par la vapeur, descend et chasse du cylindre la vapeur qui se trouve au-dessous du piston; cette vapeur, refoulée sous le tiroir par l'ouverture *b*, s'échappe ensuite par l'ouverture *o*.

Quand le piston arrive au bas de sa course, le tiroir a la position indiquée par la figure 376; la vapeur pénètre par l'ouverture *b*, qui est devenue libre, elle se répand au-dessous du piston; celui-ci est alors soulevé, et la vapeur située au-dessus est refoulée par les ouvertures *a* et *o*.

376. Détente. — Si la vapeur pénètre dans le cylindre pendant toute la durée de la course du piston, elle exerce sur celui-ci une pression constante. Au contraire, si on ne laisse pénétrer la vapeur que pendant une partie de la course du piston, la vapeur introduite augmente de volume durant le reste du parcours, et sa tension va en diminuant : alors il y a *détente*.

Il faut régler le tiroir de manière à intercepter l'entrée de la vapeur dans le cylindre, à un point de la course du piston tel que la force expansive de la vapeur puisse faire parcourir au piston le reste de sa course.

Aujourd'hui presque toutes les machines fonctionnent avec détente. On appelle *degré de détente* la fraction de la course du piston pendant laquelle on laisse arriver la vapeur: ainsi on emploie la détente à $\frac{1}{5}$, à $\frac{1}{10}$, c'est-à-dire que la vapeur du générateur ne pénètre dans le cylindre et n'agit directement sur le piston que pendant $\frac{1}{5}$ ou $\frac{1}{10}$ de sa course. On comprend quelle économie peut en résulter pour l'industrie.

Détente multiple. — Le progrès principal des machines actuelles consiste dans l'emploi de plus en plus fréquent des détentes multiples de la vapeur, dans des cylindres successifs de dimensions croissantes.

Dans les machines *monocylindriques*, la vapeur qui passe de la chaudière au condenseur ne travaille que dans un seul cylindre.

Dans la machine *compound*, la vapeur traverse successivement deux cylindres séparés par un réservoir; elle agit à pleine pression dans le petit cylindre, est expulsée dans le réservoir, d'où un tiroir la conduit dans le grand cylindre; là elle se détend, puis elle est chassée dans le condenseur.

La machine *à triple expansion* présente trois cylindres séparés par deux réservoirs. La vapeur agit à pleine pression dans le premier cylindre, se détend partiellement dans le second, achève de se détendre dans le troisième, et se rend enfin au condenseur.

Dans les machines *à quadruple expansion*, il y a quatre cylindres successifs, séparés par trois réservoirs.

377. Condenseur. — Le condenseur est un réservoir hermétiquement fermé, dans lequel une pompe injecte un courant d'eau froide pour condenser la vapeur qui s'échappe du cylindre.

D'après le *principe de la paroi froide* (333) : dès qu'on met le cylindre de la machine en communication avec le condenseur, la vapeur se précipite dans le réfrigérant et s'y condense, et la tension diminue sur l'une des faces du piston, favorisant ainsi l'emploi de la détente. Par suite de la condensation de la vapeur, l'eau du condenseur se trouve portée à une température assez élevée; aussi l'utilise-t-on, en partie, pour l'alimentation de la chaudière.

Le *condensateur à surface*, employé aujourd'hui, est un espace clos, présentant une très grande surface refroidie à l'extérieur seulement, par une circulation d'eau abondante.

378. Divers organes de la machine de Watt (fig. 377). — **I. Transmission du mouvement.** — La tige *t* du piston est reliée à l'une des extrémités du *balancier* B par un système de tiges articulées JHG connu sous le nom de *parallélogramme* de Watt; l'autre extrémité du balancier s'articule avec une *bielle* D, et celle-ci avec une *manivelle* M, qui est solidaire de l'*arbre de couche*.

Le parallélogramme de Watt transforme le mouvement rectiligne alternatif de la tige du piston en un mouvement circulaire alternatif imprimé au balancier. Le système bielle et manivelle transforme le

Fig. 377. — Coupe d'une machine de Watt.

r, tuyau d'introduction de la vapeur dans le cylindre. — t, tige du piston. — JHG, pièces articulées formant le parallélogramme de Watt. — CC', balancier. — D, bielle. — F, tête de la bielle et manivelle. — V, volant. — R, pompe à eau. — G, pompe à air. — A, régulateur.

mouvement circulaire alternatif du balancier en un mouvement circulaire continu imprimé à l'arbre de couche.

Enfin, sur l'arbre de couche sont calées des *poulies*, qui, au moyen de *courroies*, transmettent le mouvement aux *machines outils*.

II. Volant. — Le volant V est une roue de grand diamètre et d'une masse considérable, qui est calée sur l'arbre de couche; il sert à éviter les brusques changements de vitesse. Pendant que la machine se met en marche, le volant ralentit l'accélération de la vitesse, en absorbant une quantité considérable d'énergie, jusqu'à ce qu'il atteigne la vitesse de régime, c'est-à-dire la vitesse du mouvement uniforme de la machine. Si les résistances augmentent, le volant cède une partie de la force vive qu'il possède, et le mouvement de la machine n'est pas sensiblement ralenti.

Le volant est particulièrement destiné à franchir les *points morts*, c'est-à-dire les deux positions de la manivelle où elle est en ligne droite avec la bielle; dans ces positions, l'effort de la bielle est détruit par la fixité de l'axe.

III. Régulateur de la vapeur. — Pour conserver à la machine une vitesse uniforme quand les résistances augmentent ou diminuent, il faut faire varier dans le même sens la quantité de vapeur qui pénètre dans la boîte à distribution. A cet effet on emploie un régulateur; par exemple, le régulateur à force centrifuge (fig. 378). Il se compose d'une tige verticale qui reçoit un mouvement de rotation de l'arbre tournant, au moyen de deux poulies, d'une courroie sans fin et d'une roue d'angle *r;* un losange articulé est fixé au point *a;* les tiges supérieures M, M sont terminées par des boules de grande masse B, B; les tiges inférieures *n*, *n* sont articulées à un collier *b* mobile le long de la tige verticale. Ce collier agit par l'intermédiaire d'un système de leviers sur une clef ou valve *v*,

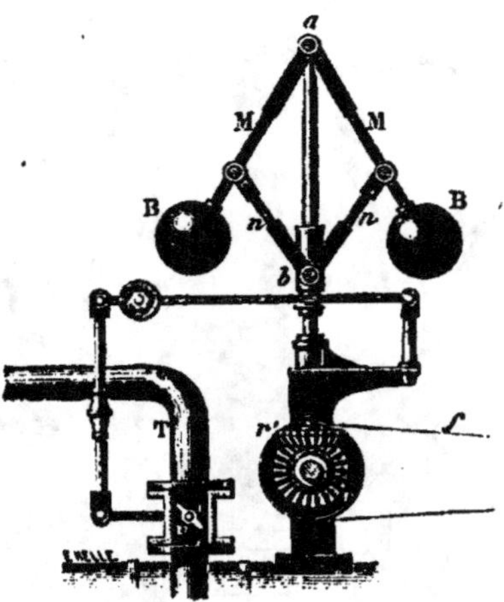

Fig. 378. — Régulateur à force centrifuge.

rr, courroie de transmission. — *rr'.* roues d'angle. — *ab*, tige. — B, boules. — M,M. *n,n*, tiges articulées. — *b*, collier entraînant les leviers qui font mouvoir la valve *v*. — T, tuyau d'arrivée de la vapeur.

située dans le tuyau qui amène la vapeur. Si la vitesse augmente, les boules s'écartent, le collier monte, et la clef rétrécit le passage de la vapeur. Le contraire arrive si la vitesse diminue.

Le volant et le régulateur ne jouent pas le même rôle. Le volant atténue les variations de vitesse qui tendent à se produire pendant la durée d'un tour. Le régulateur influe sur la durée d'un grand nombre de tours, de manière que ces divers tours s'accomplissent dans des temps égaux.

IV. Excentrique circulaire à collier. — Cet organe règle la marche du tiroir. Il se compose d'un disque circulaire, calé sur l'arbre de couche, mais dont le centre D ne coïncide pas avec l'axe C de l'arbre (fig. 379); il est entouré par un collier auquel sont fixées des tringles qui vont s'articuler en B avec la tige que l'excentrique doit faire

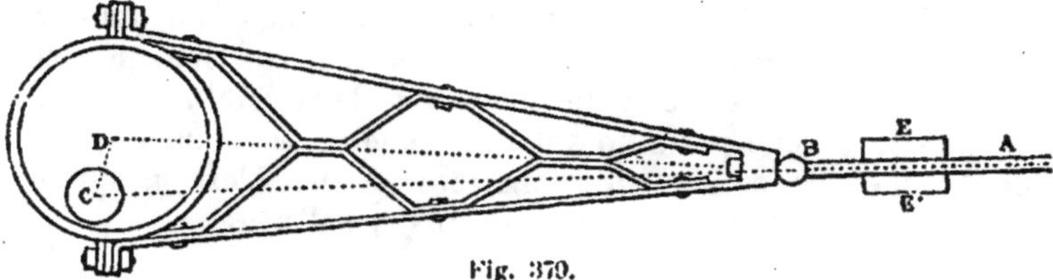

Fig. 379.

mouvoir. La tige AB se meut horizontalement, comme si elle était commandée par une manivelle CD et une bielle DB.

Dans la machine représentée (fig. 377), ce mouvement alternatif horizontal communique un mouvement alternatif vertical à la tige du tiroir au moyen du levier coudé S.

Le balancier fait encore fonctionner les pompes G et R (fig. 377); la première aspire l'air et l'eau du condenseur; la seconde projette un courant d'eau froide dans le condenseur.

379. Machines à vapeur sans balancier (fig. 380). — Le

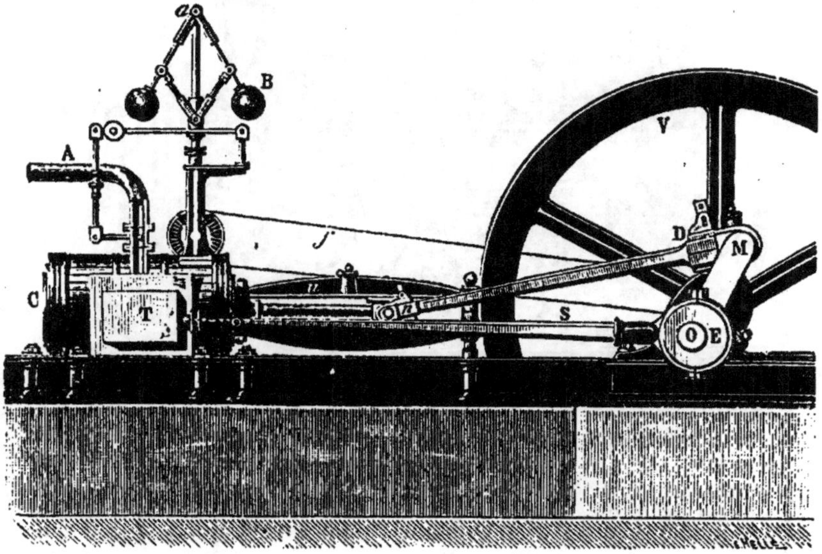

Fig. 380. — A, tuyau d'arrivée de la vapeur. — B, régulateur. — C, cylindre. — D, bielle. — E, excentrique. — M, manivelle. — O, arbre de couche. — S, bielle de l'excentrique. — T, tiroir. — V, volant. — n, articulation de la bielle et de la tige du piston. — u, glissière.

balancier est supprimé dans la plupart des machines à haute pression. La tige du piston est articulée directement avec la bielle nD sur un **patin** qui se meut à frottement doux entre deux glissières *u* et guide ainsi la tige du piston. La bielle D s'articule à la manivelle M, fixée normalement à **l'arbre de couche**, auquel elle imprime un mouvement de rotation, transformant ainsi le mouvement rectiligne alternatif du piston en mouvement circulaire continu.

L'arbre de couche porte un volant V et diverses poulies qui, à l'aide de courroies, actionnent les **machines-outils**. L'excentrique E, qui commande le tiroir T, est actionné aussi par l'arbre O.

380. Machines locomotives. — Les locomotives sont des machines à haute pression et sans condenseur, destinées à servir de remorqueurs sur les voies ferrées.

La chaudière devant occuper un petit espace et donner une grande

Fig. 381. — *a,a,a,a*, réservoir de la vapeur. — B, bielle. — *c*, cylindre. — D,D', chaudière tubulaire. — *e*, tube d'échappement. — F, foyer. — H, prise de vapeur. — N, boîte à fumée. — P, piston. — R, R, roues. — *r*, clef pour la prise de vapeur. — *s*, sifflet. — *t*, tiroir et sa tige.

quantité de vapeur reçoit une disposition particulière ; un grand nombre de tubes en cuivre, 150 environ, prennent naissance dans la boîte à feu F (fig. 381), traversent l'eau de la chaudière et débouchent dans la boîte à fumée N. Cette disposition augmente considérablement la surface de chauffe, qui peut atteindre, dans les machines puissantes, jusqu'à 200 mètres carrés.

La vapeur se rend sous un dôme *a* et se distribue, au moyen de deux tubes H qui traversent la boîte à fumée, à deux pistons P situés de part et d'autre de la machine et qui fonctionnent simultanément. Les tiges des pistons agissent, par des systèmes de bielles et de manivelles, sur l'essieu des roues motrices R. Quant à la vapeur refoulée par le piston, elle se rend dans la boîte à fumée par le tube e et active énergiquement le tirage en expulsant les produits de la combustion.

Toutes les roues font corps avec leur essieu. Pour que la locomotive se mette en marche, il faut que le frottement des roues contre les rails soit considérable; c'est pourquoi on donne à la locomotive une grande masse; par exemple, les simples machines à petite vitesse ont un poids qui dépasse quelquefois 60 tonnes.

Pour éviter le *patinage* des roues, par les temps humides, on fait usage d'un appareil nommé *sablier*, qui projette sur les rails, à l'avant des roues motrices, du sable fin et sec.

381. Classification des machines à vapeur. — Puissance. — Rendement. — 1° Les machines à vapeur sont dites à **basse pression**, quand la tension de la vapeur reste inférieure à deux atmosphères; à **moyenne pression**, quand cette tension est comprise entre deux et quatre atmosphères; et à **haute pression**, quand elle dépasse quatre atmosphères.

Les machines sont **à détente** ou **sans détente**.

Enfin les machines sont **à condensation** ou **sans condensation**, suivant qu'on fait arriver la vapeur dans un condenseur ou qu'on la laisse perdre dans l'air.

2° La **puissance** d'une machine est le travail qu'elle peut fournir en une seconde; l'unité *industrielle* de puissance est le **cheval-vapeur**, c'est-à-dire une force de 75 kilogrammètres par seconde; son unité *théorique* serait la puissance qui ferait produire à un moteur un erg par seconde, et son unité *pratique* ou **Watt** est la puissance qui donne un *joule* ou 10^7 ergs par seconde.

Le cheval-vapeur vaut 75 fois $9{,}81 \times 10^7$ ergs ou 75 fois 9,81 joules, ou environ 736 watts.

3° Le **rendement** industriel d'une machine est le rapport entre le travail utile et le travail moteur. Le travail utile se mesure sur l'arbre de couche au moyen d'un frein dynamométrique, et le travail moteur, par la quantité de chaleur dégagée, durant le même temps, par le combustible dépensé.

382. Injecteur Giffard[1]. — Cet appareil, inventé en 1861 par M. Giffard, remplace avantageusement dans les machines à vapeur la pompe d'alimentation

---

[1] *Giffard*, ingénieur, né à Paris (1825-1882).

de la chaudière. Il se compose de deux tubes A et B (fig. 382); le premier communique avec la vapeur, et le second avec l'eau de la chaudière. La vapeur arrive dans un tube conique par des ouvertures *o* pratiquées sur les parois de ce tube; elle sort par un petit orifice, acquiert dès lors une grande vitesse et entraîne l'air contenu dans l'espace *ee*; l'aspiration qui en résulte fait monter l'eau d'un réservoir par le tube T; une partie de la vapeur se condense au contact de l'eau; le jet provenant de l'eau qui arrive par le tube T et de la condensation de la vapeur, traverse l'espace compris entre les deux cônes *c* et

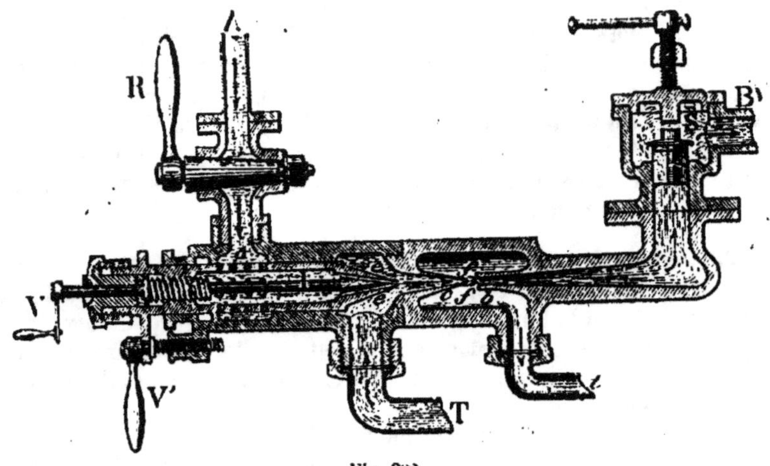

Fig. 382.

b, soulève une soupape S et pénètre dans la chaudière; cette même soupape empêche le retour de l'eau dans l'injecteur quand celui-ci ne fonctionne plus.

L'eau qui ne pénètre pas dans le tube *b* est reçue par la boîte *ff* et s'échappe par un tuyau de déversement *t*.

Quand l'injecteur fonctionne bien, il ne passe pas d'eau par ce tube; on parvient à ce résultat en réglant la quantité de vapeur et la quantité d'eau qui arrive par le tube T; le premier point s'obtient en enfonçant plus ou moins le cône I dans le tuyau, au moyen de la vis V, et le second en déplaçant le tuyau dans le tube *c*, au moyen de la vis V'.

En faisant communiquer le tube B avec l'atmosphère, on peut élever à une grande hauteur l'eau aspirée par le tube T. Cet appareil peut servir à extraire l'eau qui pénétrerait dans la cale des navires.

MOTEURS A GAZ

383. Moteurs à gaz. — Dans les moteurs à gaz, le mouvement du piston est produit par la force élastique d'un mélange gazeux que l'on fait brûler dans le cylindre lui-même.

La plupart des organes d'un moteur à gaz sont analogues à ceux d'une machine à vapeur.

Une fois la machine lancée, le piston aspire lui-même le mélange gazeux. Ce mélange est formé de gaz d'éclairage et d'air, qui affluent par deux orifices distincts, mesurés de telle façon que l'air constitue les neuf dixièmes du mélange.

Quand le piston arrive en un point déterminé de sa course, le tiroir ferme les orifices d'admission, l'inflammation se produit, et les gaz acquièrent une pression de 5 ou 6 atmosphères. Au retour du piston et du tiroir, les produits de la combustion sont expulsés.

Le mode d'inflammation varie suivant les modèles. Dans le moteur *Lenoir*, on l'obtient au moyen d'une étincelle électrique produite par une petite bobine de Ruhmkorff montée avec des éléments Bunsen. Dans le *moteur Hugon* et dans le *moteur Otto*, deux becs de gaz mobiles pénètrent par des cavités ménagées dans le tiroir. Chaque bec à son tour, allume le mélange, s'éteint par l'explosion, sort à l'extérieur pour se rallumer à un bec fixe et rentre de nouveau à l'instant voulu.

Les machines à gaz ne seraient pas économiques pour un travail régulier qui devrait se continuer pendant longtemps; mais elles sont avantageuses pour les travaux intermittents qui n'exigent pas une grande force motrice. Leur mise en train est très rapide, puisqu'elle n'exige que quelques minutes. Il n'y a aucune dépense de combustible dans les intervalles de repos. Enfin, le rendement des moteurs à gaz s'élève à 50 pour 100.

CHAPITRE VII

NOTIONS ÉLÉMENTAIRES DE THERMODYNAMIQUE

384. Sources de chaleur. — On appelle *source de chaleur* tout phénomène qui est accompagné d'un dégagement de chaleur.

On distingue :

1° Les sources *mécaniques :* frottement, percussion, pression, destruction du mouvement ;

2° Les sources *physiques :* actions moléculaires, changements d'état, électricité ;

3° Les sources *chimiques :* combinaisons chimiques, combustion ;

4° Les sources *naturelles :* radiation solaire, chaleur animale.

Il semble que, dans ces divers phénomènes, il y ait création de chaleur et, par suite, d'énergie; il n'en est rien cependant; tout se réduit à des transformations *d'énergie*. C'est l'étude de ces transformations qui fait l'objet de la thermodynamique.

385. Thermodynamique. — L'expérience prouve qu'en dépensant du travail on peut faire apparaître de la chaleur, et que, réciproquement, par une dépense de chaleur, on peut produire du travail. C'est ce qu'on exprime en disant que le travail mécanique peut se transformer en chaleur, et la chaleur en travail. Il existe donc une corrélation entre les phénomènes calorifiques et les phénomènes de mouvement.

La thermodynamique est l'étude des relations qui existent entre la chaleur et l'énergie mécanique.

Cette science repose sur deux principes fondamentaux démontrés par l'expérience et indépendants de toute hypothèse; savoir : le *principe de l'équivalence* et le *principe de Carnot*.

1. PRINCIPE DE L'ÉQUIVALENCE DU TRAVAIL MÉCANIQUE ET DE LA CHALEUR

386. Transformation d'énergie mécanique en chaleur. — Chaleur développée par le frottement. — L'expérience suivante, due à Tyndall, prouve d'une manière évidente la production de la chaleur par le frottement.

Un tube métallique T (fig. 383), rempli d'eau et fermé par un bouchon, est placé sur un appareil, au moyen duquel on peut lui imprimer un mouvement de rotation très rapide. On le saisit entre les mâchoires d'une pince en bois M,

Fig. 383.

garnie de cuir; le frottement développe assez de chaleur pour produire l'ébullition : le bouchon est chassé, et un jet de vapeur s'échappe par l'orifice.

Il suffit de frotter une pièce métallique pour la rendre brûlante. Dans le forage des métaux, on doit humecter sans cesse la *mèche* pour l'empêcher de rougir.

Les essieux des roues des voitures rougissent par le frottement quand le graissage devient insuffisant.

Percussion, choc, pression. — Le martelage d'une pièce métallique, le choc de deux cailloux, de deux corps durs quelconques, produisent une élévation de température.

L'expérience du briquet à air est une preuve du développement de la chaleur par la pression.

Dans un tube de verre très épais (fig. 384), on enfonce brusquement un piston portant un fragment d'amadou. L'air comprimé développe assez de chaleur pour enflammer le corps combustible.

Dans ces expériences, il y a dépense de travail mécanique, et l'on recueille de la chaleur. D'une façon générale, on sait qu'une machine ne produit jamais plus de travail qu'on n'en dépense pour la faire marcher. Si la machine est parfaite, à l'état de régime, on sait que le *travail résistant* (c'est-à-dire le travail utile, recueilli) est égal au *travail moteur* (60). En réalité, il y a toujours une différence; le travail résistant T' est inférieur au travail moteur T.

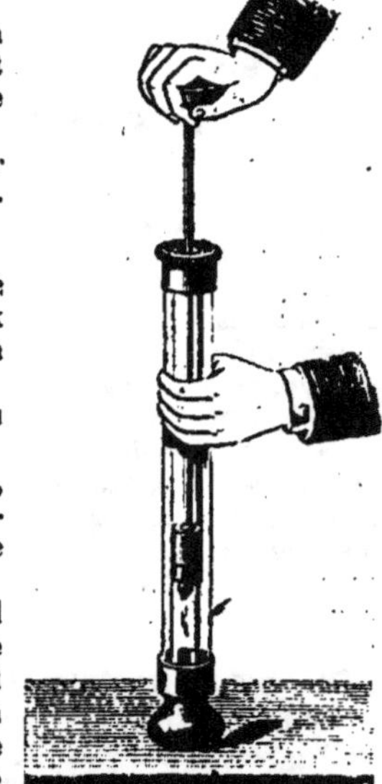

Fig. 384.

Cela tient aux frottements, aux chocs inévitables. Une partie du travail T a donc disparu et n'existe plus comme travail. En revanche, il s'est produit de la chaleur par ces frottements et ces chocs. On exprime ce fait en disant qu'il y a eu *transformation de travail en chaleur.*

387. Transformation de chaleur en travail. — Inversement, par une dépense de chaleur, on peut produire du travail mécanique; ainsi, quand on chauffe l'air contenu dans le briquet (fig. 381), le piston est repoussé vers l'extrémité du tube.

Les machines thermiques en offrent encore un exemple. Considérons une machine à vapeur lorsqu'elle est en *activité régulière*, ce qui a lieu lorsque la température T de l'eau contenue dans la chaudière et la température T' de l'eau du condenseur sont constantes. L'eau de la chaudière passe à l'état de vapeur à la température T; elle agit sur le piston, auquel elle imprime un mouvement, et va se condenser dans l'eau du condenseur, où sa température descend à T'. L'eau du condenseur est reportée dans la chaudière pour passer de nouveau à l'état de vapeur, et ainsi de suite. La vapeur parcourt ainsi un *cycle fermé*, c'est-à-dire que son état final est identique à son état primitif.

La vapeur est successivement en contact avec deux sources de chaleur à température constante :

Une source chaude à $T°$, qui lui communique une quantité Q de chaleur, et une source froide à T', qui lui prend une quantité Q' de chaleur. Connaissant le volume du corps de pompe et le nombre de coups de piston effectués pendant un temps déterminé, on peut calculer le poids de la vapeur qui a passé dans le corps de pompe; ce poids représente évidemment le poids de l'eau de la chaudière qui a fourni cette vapeur, et on peut calculer le nombre de calories Q absorbées par cette eau pour passer à l'état de vapeur (364).

On peut aussi déterminer le poids de l'eau froide qu'il faut injecter dans le condenseur, pour maintenir celui-ci à la température constante T'; on peut donc calculer le nombre de calories absorbées par cette eau pour passer de sa température primitive à la température T'. Ce nombre de calories Q' représente la chaleur cédée par la condensation de la vapeur.

Or on trouve toujours $Q > Q'$. De même que dans la machine mécanique on avait $T > T'$, parce qu'une partie du travail, disparue comme travail, se transformait en chaleur, ici une partie de la chaleur disparaît réellement, indépendamment des pertes de chaleur qui servent à échauffer la machine, etc.; il y en a une quantité qui ne se retrouve nulle part à titre de chaleur. Seulement il y a eu production de travail mécanique par le mouvement du piston.

La différence $Q - Q'$ représente la quantité de chaleur disparue et qui a produit le mouvement du piston.

388. Principe de l'équivalence de la chaleur et du travail. — Dans les faits que nous venons de mentionner, on voit toujours du travail mécanique se transformer en chaleur, ou de la chaleur se transformer en travail.

L'expérience prouve que toutes les fois qu'un système de corps (piston d'une machine, etc.), après avoir subi des mouvements et des modifications quelconques, est revenu au même état qu'au début, — quand il y a eu parcours d'un *cycle fermé*, — s'il y a travail disparu il y a chaleur produite, *et le nombre de calories produites est toujours proportionnel au nombre de kilogrammètres disparus;* si inversement, il y a chaleur disparue, il y a travail produit, *et ce travail est proportionnel au nombre de calories disparues, le coefficient de proportionnalité étant absolument indépendant des machines employées et de toutes les circonstances du phénomène.*

Soient $\mathcal{C}$ et q une quantité quelconque de travail et la quantité de chaleur correspondante. Quel que soit le mode de la transformation, on a toujours :

$$\frac{\mathcal{C}}{q} = E = C^{te}.$$

Ce coefficient de proportionnalité constant est ce que l'on appelle l'*équivalent mécanique de la chaleur* : c'est le nombre de kilogrammètres qui correspond, ou qui équivaut à une grande calorie. — Avec les unités C. G. S. ou les unités pratiques qui en sont dérivées, il est préférable de prendre pour équivalent mécanique le nombre d'*ergs,* ou mieux le nombre de *joules* qui correspond à une petite calorie.

Ainsi, l'*équivalent mécanique de la chaleur* est le travail mécanique correspondant à une calorie.

Une grande calorie équivaut à 425 kilogrammètres environ ;

Une petite calorie, à 41 700 000 ergs ou à 4,17 joules.

On passe d'un de ces nombres à l'autre, en se rappelant que la grande calorie en vaut 1 000 petites, et que le kilogrammètre vaut 9,81 joules.

Mayer [1], en 1842, a déterminé l'équivalent mécanique de la chaleur par des considérations théoriques basées sur les propriétés des gaz.

Joule [2] l'a déterminé par l'expérience, l'année suivante, en mesurant le travail détruit par le frottement des corps et la quantité correspondante de chaleur dégagée.

389. Expérience de Joule. — L'appareil de Joule pour déterminer l'équivalent mécanique de la chaleur (fig. 385), se compose d'un calorimètre C fermé

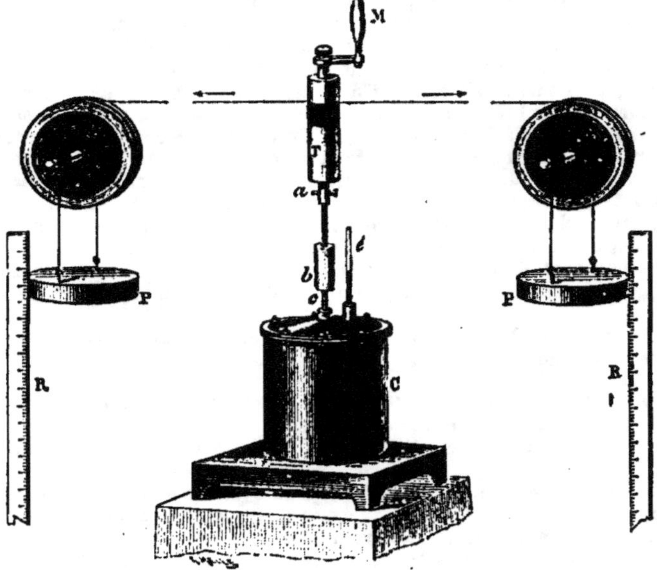

Fig. 385.

à sa partie supérieure et divisé en plusieurs compartiments par des cloisons verticales échancrées. Ce calorimètre contient une sorte de roue mobile autour d'un axe vertical et formée de palettes G, H (fig. 386), qui peuvent passer à travers les échancrures des cloisons. L'axe se prolonge à la partie supérieure et se termine par un cylindre T (fig. 385). Deux cordons, enroulés en sens contraires sur ce même cylindre, passent ensuite respectivement sur les tambours

---

[1] *Mayer* (Robert), médecin allemand (1814-1878).
[2] *Joule*, né à Manchester (1818-1889).

18

A, A de deux petits treuils. Des fils enroulés sur ces treuils supportent des poids égaux P, P destinés à mettre l'appareil en mouvement.

Quand on laisse tomber ces poids, les cordons qui s'enroulent sur les tambours A se déroulent en même temps sur le cylindre T et lui impriment un

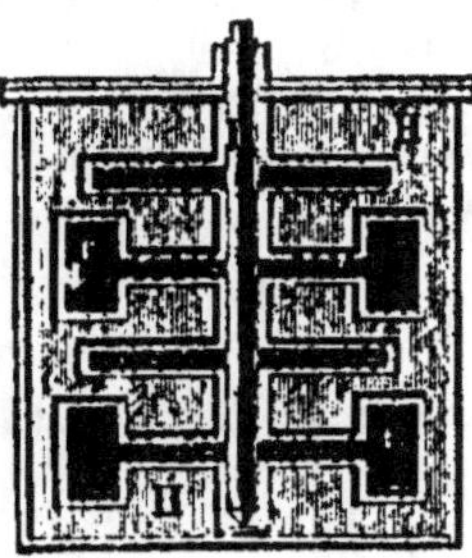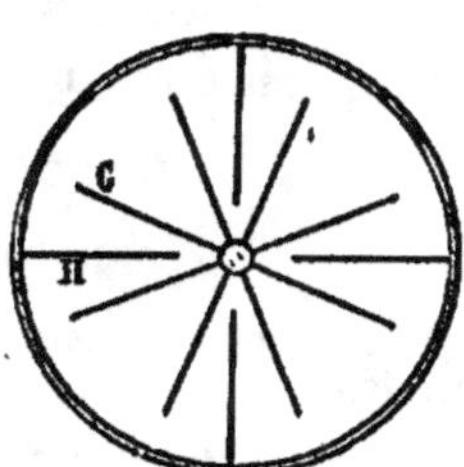

Fig. 386.

mouvement de rotation. Ce mouvement devient uniforme au bout de très peu de temps, à cause de la grande résistance due au frottement.

On fait descendre les poids une vingtaine de fois, soit n fois, et on note la température du calorimètre.

Soient π le poids de l'eau et du calorimètre réduit en eau, t la température initiale, et θ la température finale; la chaleur absorbée est

$$\pi(\theta - t).$$

Il s'agit maintenant de calculer le travail produit par la chute des poids et transformé en chaleur.

Représentons chaque poids par P évalué en kilogrammes, et la hauteur de chute par H, évaluée en mètres; à chaque descente, le travail en kilogrammètres est $2PH$.

Mais tout ce travail n'a pas été employé pour produire la chaleur absorbée par le calorimètre. D'abord, une partie a servi à vaincre certains frottements en dehors de ceux de l'agitateur; de plus, les poids en arrivant au bas de leur course perdent, par leur choc contre le sol, la force vive qu'ils possèdent à ce moment.

Calcul du travail équivalent à la force vive perdue. — Une partie du travail dépensé quand les poids tombent est transformée en *force vive* ou *énergie cinétique*. L'*énergie cinétique* est la demi-force vive $\dfrac{mv^2}{2}$. Il y a donc eu, de ce chef, absorption d'une quantité de travail :

$$T = \frac{mv^2}{2}.$$

La vitesse du mouvement v s'évalue au moyen des règles R.

La masse m a pour valeur :

$$m = \frac{2P}{g}. \qquad (59)$$

Donc

$$T = \frac{Pv^2}{g}.$$

Cette énergie cinétique se transforme bien en chaleur au moment du choc, mais cette chaleur n'est pas dégagée dans le calorimètre; elle est perdue pour l'expérience, et le travail équivalent doit être défalqué du travail total dépensé.

Calcul du travail employé aux frottements inutiles. — Pour déterminer ce travail, on enlève l'agitateur, et l'on cherche par tâtonnement quel poids additionnel p il faut ajouter à l'un des poids pour obtenir sa chute d'un mouvement uniforme avec la vitesse v. Le travail pH représente celui qui est nécessaire pour vaincre les résistances considérées.

Conclusion : La chaleur cédée au calorimètre dans une descente des poids est fournie par le travail

$$2PH - \left(pH + \frac{Pv^2}{g}\right),$$

et dans n descentes :

$$n\left[2PH - \left(pH + \frac{Pv^2}{g}\right)\right].$$

Le travail nécessaire pour développer une calorie, ou l'équivalent mécanique de la chaleur est donc :

$$\frac{n\left[2PH - \left(pH + \frac{Pv^2}{g}\right)\right]}{\pi(\theta - t)}.$$

Résultats. — Joule a trouvé que la grande calorie équivaut à 425 kilogrammètres.

Le kilogrammètre valant 9 joules 81, l'équivalent mécanique de la petite calorie sera :

$$\frac{425 \times 9,81}{1000} = 4 \text{ joules } 17.$$

2. PRINCIPE DE CARNOT

390. Machines thermiques. — On appelle machine thermique tout appareil capable de transformer la chaleur en travail. Telle est la machine à vapeur avec condenseur; cette machine met en jeu de l'eau dont on fait varier périodiquement la température et dont les changements de volume produisent du travail.

Dans toute machine thermique, il y a un *foyer* ou *source chaude*, un *réfrigérant* ou *source froide*, et un corps dont la température varie périodiquement entre celle du foyer et celle du réfrigérant.

De même qu'une *machine hydraulique* ne saurait fonctionner sans chute d'eau, une *machine thermique ne peut fonctionner sans chute de chaleur*, c'est-à-dire sans qu'il passe de la chaleur d'une source chaude sur une source froide.

391. Coefficient économique des machines thermiques. — Principe de Carnot[1]. — Une machine thermique ne saurait fonctionner sans une chute de chaleur. Il faut que de la chaleur passe de la source chaude à la source froide : c'est à la faveur de cette chute qu'il y a transformation de chaleur en travail. Mais la quantité de chaleur prise au foyer n'arrive pas intégralement au condenseur; une partie est détruite, et il apparaît une quantité équivalente de travail.

Considérons une machine à vapeur lorsqu'elle est en *activité régulière,* c'est-à-dire lorsque la température T de l'eau contenue dans la chaudière et la température T' de l'eau du condenseur sont constantes.

L'eau est puisée dans le condenseur et portée dans la chaudière, où elle passe à l'état de vapeur; cette vapeur agit sur le piston, auquel elle imprime un mouvement, puis elle revient se condenser dans l'eau du condenseur. Ainsi,

---

[1] *Carnot* (Sadi) (1796-1832).

l'eau parcourt un *cycle fermé*, c'est-à-dire que son état final est identique à son état primitif.

Or, pour passer à l'état de vapeur dans la chaudière, l'eau absorbe une quantité de chaleur Q, et, en se condensant dans l'eau du condenseur, elle en abandonne une quantité Q'.

La différence Q — Q' représente la quantité de chaleur disparue et transformée en travail.

On appelle **coefficient économique** d'une machine thermique le rapport $\frac{Q - Q'}{Q}$ de la quantité de chaleur transformée en travail à la quantité totale dépensée.

Dans ses *Réflexions sur la puissance motrice du feu*, où il étudie le cas d'une machine thermique parfaite, Carnot démontre que le *coefficient économique* maximum d'une machine thermique est indépendant de la nature des corps qui servent à opérer la conversion de la chaleur en travail, et qu'il dépend uniquement de leurs températures extrêmes. Le *coefficient économique* maximum d'une machine thermique est égal au rapport :

$$\frac{T - T'}{T},$$

dans lequel T et T' représentent les températures absolues de la source chaude et de la source froide.

392. Coefficient économique réel ou rendement des machines thermiques. — Le coefficient économique d'une machine à vapeur calculé d'après le principe de Carnot est un coefficient *maximum* qu'on ne peut jamais atteindre dans la pratique, la perfection de la machine étant irréalisable. Dans une machine à vapeur, il y a, en effet, des causes de déperdition d'énergie telles que le rayonnement, les chocs, les trépidations des organes et les divers frottements.

On appelle *coefficient économique réel ou rendement d'une machine thermique*, le rapport de la quantité de chaleur correspondant au travail utile produit par la machine, à la quantité totale de chaleur dépensée.

Considérons une machine où la température de la vapeur sortant de la chaudière soit de 140°, et celle du condenseur, 34°. D'après les expériences de Hirn, le coefficient économique réel de cette machine oscille entre $\frac{1}{8}$ et $\frac{1}{10}$; soit $\frac{1}{8}$ en moyenne, tandis que, d'après le principe de Carnot, on a pour le coefficient économique maximum :

$$\frac{T - T'}{T} = \frac{273 + 140 - (273 + 34)}{273 + 140} = \frac{106}{413} = \frac{1}{4} \text{ environ.}$$

3. CONSERVATION DE L'ÉNERGIE

393. Principe de la conservation de l'énergie. — 1° **Conservation de l'énergie mécanique.** — Nous avons défini l'*énergie mécanique* d'un corps ou d'un système de corps (56). Il y a deux formes d'énergie mécanique :

L'énergie de mouvement ou *énergie cinétique* à un instant donné, mesurée par la force vive du système à cet instant.

L'énergie de position ou *énergie potentielle* à un instant donné, c'est-à-dire la quantité de travail que ce système peut produire en changeant de position ou de configuration, à partir de l'instant considéré.

L'*énergie mécanique totale* du système est la somme des énergies cinétique et potentielle.

On dit qu'un système de corps est *isolé* quand il est soustrait à toute influence extérieure à lui.

Dans un système mécanique isolé, l'énergie mécanique totale est constante.

Quels que soient les changements de vitesse et de position des divers points du système, tout se borne à des changements de distribution de l'énergie, ou à des échanges entre des quantités équivalentes d'énergie cinétique et potentielle.

L'énergie qui disparaît en certains points du système réapparaît sur d'autres points. Si l'une des formes d'énergie diminue, l'autre forme augmente de la même quantité. Dans tous les cas, l'énergie totale du système demeure invariable.

2° Énergie calorifique. — Ainsi formulé, le principe suppose qu'il ne se produit dans le système que des phénomènes purement mécaniques. Il cesse d'être applicable dès qu'il y a intervention de phénomènes d'un autre ordre, par exemple de phénomènes calorifiques.

Quand une balle de plomb tombe en chute libre, son énergie totale reste constante jusqu'au moment où elle vient à buter contre le sol. A ce moment toute l'énergie mécanique disparaît. Cependant elle n'est pas anéantie. Il se produit une quantité de chaleur dont l'équivalent mécanique est précisément égal à la force vive disparue.

En tenant compte de l'équivalence entre la chaleur et le travail, on peut envisager la chaleur comme une forme particulière de l'énergie et appliquer le principe de la conservation de l'énergie toutes les fois qu'avec des phénomènes mécaniques il ne se produit que des phénomènes calorifiques.

On appelle énergie calorifique d'un corps, l'équivalent mécanique de la quantité de chaleur qu'il possède; c'est-à-dire le produit du nombre de calories que ce corps peut produire, par l'équivalent mécanique de la calorie.

Nous pouvons donner au principe de la conservation de l'énergie une extension plus grande, en disant :

Dans un système isolé où ne se produisent que des phénomènes mécaniques et calorifiques, la somme des énergies mécanique et calorifique est constante.

3° Autres formes de l'énergie. — Énoncé sous cette forme, le principe cesse encore d'être applicable toutes les fois qu'il y a intervention de phénomènes sonores, lumineux, électriques ou chimiques. Alors la somme des énergies mécanique et calorifique éprouve une variation; mais il y a toujours une variation compensatrice dans une grandeur d'espèce différente, que l'on est conduit à considérer comme une forme particulière de l'énergie : énergie sonore, lumineuse, électrique ou chimique.

De plus, l'énergie compensatrice, quelle que soit sa forme particulière, est toujours *proportionnelle* à l'énergie mécanique correspondante; de sorte que les quantités d'énergie qui se substituent ainsi l'une à l'autre peuvent être considérées comme *équivalentes.*

En tenant compte de toutes ces formes diverses de l'énergie, on peut dire que le principe de la conservation de l'énergie est absolument général :

Dans tout système isolé, l'énergie totale est constante.

Si le système n'est pas isolé, l'énergie perdue ou gagnée par ce système est gagnée ou perdue par les corps extérieurs. Ce dernier énoncé renferme le précédent : si l'on englobe dans un système unique le système considéré et les corps extérieurs, l'énergie totale de l'ensemble reste invariable quelles que soient les actions mutuelles des diverses parties.

Si l'on considère l'ensemble de l'univers comme un système limité, soustrait à toute influence extérieure à lui, on peut dire que *la quantité totale d'énergie contenue dans l'univers est invariable.*

Il en est de l'énergie comme de la matière : rien ne se perd, rien ne se créé. Il n'y a ni création ni perte d'énergie; il y a seulement des transformations d'énergie.

Ce principe est d'origine purement expérimentale. Il s'est trouvé vérifié dans tous les cas où l'expérience était possible, et l'on admet *par induction* qu'il est tout à fait général.

394. Théorie mécanique de la chaleur. — La théorie mécanique de la chaleur consiste à expliquer par des phénomènes purement mécaniques la nature de la chaleur, ses effets, et surtout la corrélation qui existe entre la chaleur et le travail.

Cette théorie est fondée sur l'hypothèse suivante, qui assimile la chaleur à un mode de mouvement.

Hypothèse dynamique. — On admet que les molécules d'un corps, situées à distance les unes des autres, ne restent jamais en repos, mais qu'elles sont animées d'un mouvement vibratoire autour de leur position moyenne. *La rapidité et l'amplitude de ce mouvement vibratoire augmentent ou diminuent en même temps que la température du corps.*

Ces déplacements moléculaires échappent à nos sens à cause de leur extrême petitesse; ils ne se manifestent qu'au sens du toucher et seulement par les sensations spéciales que l'on nomme la chaleur et le froid.

1° D'après cette hypothèse, la conversion du travail en chaleur ne serait qu'une simple conséquence du principe de la conservation de la force vive.

Quand un boulet de canon vient buter contre une plaque de blindage, son mouvement de translation est brusquement arrêté; mais sa force vive n'est pas anéantie; elle se distribue aux particules métalliques du boulet et du blindage, dont elle accélère le mouvement vibratoire en élevant leur température. Ainsi, le mouvement d'ensemble du projectile fait place à un ensemble de mouvements particuliers des molécules; mais la somme des forces vives du système n'est pas altérée.

2° Les phénomènes calorifiques : dilatation, fusion, vaporisation, se ramèneraient à de simples transformations d'énergie mécanique.

Lorsqu'on chauffe progressivement un corps, la chaleur absorbée par ce corps produit divers effets :

A) *Effets intérieurs.* Les molécules s'écartent davantage les unes des autres (travail de dilatation, de fusion, de vaporisation), leur vitesse augmente, ainsi que l'amplitude de leurs vibrations (accroissement de force vive, manifestée par l'élévation de température).

B) *Effets extérieurs.* Les points d'application de la pression atmosphérique à la surface du corps se déplacent par suite de la dilatation du corps. Le travail correspondant, très faible pour les solides et pour les liquides, qui se dilatent peu, devient considérable pour les vapeurs et les gaz.

3° On s'explique ce fait que la *chaleur spécifique* d'un gaz *à volume constant* est moindre que sa *chaleur spécifique à pression constante.*

La chaleur communiquée à une masse gazeuse qui se dilate sous une pression constante est employée en partie à effectuer un travail extérieur, tandis que la chaleur fournie à une masse gazeuse confinée dans un volume constant est employée tout entière à l'accroissement de force vive intérieure, qui se manifeste par une élévation de température.

Nous n'insisterons pas davantage sur la théorie mécanique de la chaleur. Cette théorie présente un côté séduisant; mais il ne faut pas oublier qu'elle repose sur une base essentiellement hypothétique. En réalité, la transformation du travail en chaleur est un fait d'expérience, mais nous en ignorons le mécanisme.

Nous terminerons ce paragraphe en donnant quelques indications sur les différentes sources de chaleur énumérées au commencement du chapitre.

395. Chaleur dégagée dans les actions chimiques. — Dans les combinaisons et les décompositions, il y a production ou absorption de chaleur.

La mesure des quantités de chaleur mises en jeu dans les réactions chimiques est devenue l'objet de la *Thermochimie;* chapitre important de la chimie, dont le développement est dû aux travaux de Favre et Silbermann, de Thomson et surtout de M. Berthelot et de ses élèves.

Le premier appareil imaginé pour mesurer la chaleur dégagée dans les réactions chimiques fut le calorimètre à mercure, de Favre et Silbermann. C'était un réservoir sphérique surmonté d'une tige de verre graduée et constituant une sorte de gros thermomètre à mercure. Les substances soumises à l'expérience étaient introduites au sein du réservoir dans un moufle où s'opéraient les réactions. La variation de température était indiquée par le déplacement de la colonne mercurielle dans le tube gradué.

Aujourd'hui on emploie de préférence, en calorimétrie chimique, le calorimètre à eau sous la forme que lui a donnée Berthelot (fig. 361), et on opère par la méthode des mélanges.

Voici quelques résultats obtenus pour les combustions, ou combinaisons de corps combustibles avec l'oxygène.

NOMBRE DE CALORIES PRODUITES PAR LA COMBUSTION D'UN GRAMME
DE SUBSTANCE

Hydrogène	34462	Alcool absolu	6962
Gaz des marais	13350	Soufre natif	2262
Gaz oléfiant	12203	Houille grasse	7000
Huile d'olive	9862	Houille sèche	6230
Charbon de bois	8080		

Chaleur solaire. — La quantité de chaleur envoyée par le soleil est considérable. Pouillet et d'autres physiciens l'ont mesurée au moyen d'appareils appelés *pyrhéliomètres.*

Des expériences faites à différentes heures de la journée, il résulte qu'en traversant l'atmosphère les radiations solaires perdent un quart de la chaleur qu'elles transportent.

La source de la chaleur solaire s'entretient par la contraction progressive de la masse du soleil, c'est-à-dire par une transformation de son énergie potentielle en énergie calorifique. Pour que la température du soleil reste constante, il suffit que son rayon diminue de 80 mètres par an, ce qui ne produit sur son diamètre apparent qu'une diminution d'une demi-seconde par siècle.

La chaleur solaire est la cause première de presque toute l'énergie utilisée à la surface du globe. Ainsi les mouvements de l'atmosphère, les orages, les tempêtes, les pluies, tous les phénomènes atmosphériques, les mouvements des eaux dans les mers, le transport de la vapeur d'eau sur les montagnes où elle se condense pour donner les rivières, les fleuves et les chutes d'eau, par suite enfin les forces motrices hydrauliques employées par l'industrie,... toutes ces sources d'énergie ont leur cause dans des différences de températures créées par la chaleur solaire.

Les végétaux sous l'influence des rayons solaires décomposent l'acide carbonique de l'air; ils dégagent l'oxygène et retiennent le carbone, qui, en se combinant avec les divers éléments qu'apporte la sève, forme les tissus des végétaux et les diverses substances qu'ils renferment. Les végétaux acquièrent ainsi de l'énergie potentielle chimique, qui pourra être convertie en énergie actuelle par la combustion. La houille qui existe dans les profondeurs du sol a une origine végétale : elle provient de plantes fossiles qui ont extrait le carbone de l'acide carbonique de l'air sous l'influence de la radiation solaire. C'est donc encore au soleil que nous devons cette source importante d'énergie.

Chaleur animale. — La respiration des animaux est une véritable combustion qui s'opère dans les poumons et dans l'appareil de la circulation du sang. Le carbone et l'hydrogène contenus dans les aliments sont brûlés par l'oxygène introduit dans le sang par la respiration, et ils donnent de l'acide carbonique et de la vapeur d'eau. Une partie de l'énergie qui produit cette combustion est convertie en chaleur animale, l'autre partie sert à l'accomplissement des fonctions organiques et des mouvements musculaires; de sorte qu'un animal, comme une machine thermique, transforme en travail une partie de la chaleur produite par la combustion des aliments; mais les aliments sont fournis par les végétaux qui ont emmagasiné l'énergie solaire; par conséquent, c'est encore à la chaleur solaire qu'est empruntée l'énergie que met en jeu l'animal.

CHAPITRE VIII

PROPAGATION DE LA CHALEUR

396. Propagation de la chaleur. — La chaleur peut se propager d'un corps à un autre de trois manières différentes :

1° Par *rayonnement*, c'est-à-dire à travers l'espace et à distance de la source de chaleur. Il y a communication directe de la chaleur de la source au corps froid, sans que les corps intermédiaires soient échauffés; il n'est même pas nécessaire qu'il y ait un milieu matériel intermédiaire.

2° Par *conductibilité*, c'est-à-dire par l'intermédiaire d'un milieu matériel continu qui relie la source de chaleur au corps échauffé, et qui s'échauffe lui-même de proche en proche; comme une tige métallique qu'on tient dans le feu et qui s'échauffe peu à peu sur toute sa longueur jusqu'à brûler la main qui la tient : la conductibilité se ramène sans doute à un *rayonnement intérieur* qui s'effectue de molécule à molécule dans la substance même des corps.

3° Par *convection*, c'est-à-dire par le moyen d'un fluide mobile dont les couches viennent successivement s'échauffer au contact de la source calorifique et transportent ensuite la chaleur en se déplaçant elles-mêmes. C'est ainsi que la chaleur d'un poêle se répand dans une pièce : l'air chauffé au contact du poêle monte à la partie supérieure en faisant place à de l'air froid.

RAYONNEMENT

1. PROPRIÉTÉS DE LA CHALEUR RAYONNANTE

397. Chaleur obscure et chaleur lumineuse. — La *chaleur rayonnante* se propage comme la lumière. Si la source de chaleur est à une température inférieure à 200° ou 300°, cette source n'est pas lumineuse : elle émet de la *chaleur obscure;* tel est le cas d'un vase plein d'eau bouillante. Au contraire, les corps à température très élevée : le charbon incandescent, le soleil, etc., émettent toujours en même temps *chaleur et lumière.*

Le caractère essentiel de la chaleur rayonnante n'est autre que son identité avec la lumière [1]. Cette propriété caractéristique résume et explique toutes les propriétés suivantes.

398. Propagation de la chaleur dans le vide. — La chaleur et la lumière du soleil nous arrivent par rayonnement, après avoir traversé un espace vide de toute matière pondérable.

On prouve directement que la chaleur se propage dans le vide, au moyen d'un ballon B muni d'un thermomètre. Pour faire le vide dans ce ballon, on le soude d'abord à un tube barométrique; puis on le remplit de mercure qu'on fait écouler en renversant l'appareil sur une cuvette contenant aussi du mercure, puis on ferme le ballon à la lampe. Cela fait, si l'on plonge successivement le ballon dans l'eau chaude et dans l'eau froide (fig. 387), on voit le thermomètre monter et descendre. Dans le premier cas, la chaleur extérieure se transmet jusqu'au thermomètre; dans le second, la chaleur du thermomètre se transmet à l'eau froide. On ne peut pas objecter que la chaleur se transmette au contact du thermomètre avec les parois du ballon, car le verre est mauvais conducteur de la chaleur.

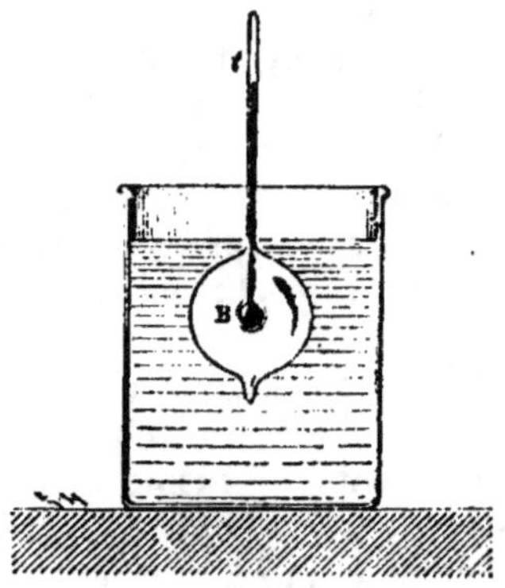

Fig. 387.

399. Propagation de la chaleur dans un milieu homogène. — *Dans un milieu homogène, la chaleur se propage en ligne*

[1] A cet égard, il serait avantageux de rapprocher l'étude de la chaleur rayonnante de celle de la propagation de la lumière.

18*

droite. — On le prouve en interposant, entre une source de chaleur et un thermomètre, un écran percé d'une petite ouverture. Le thermomètre s'échauffe quand l'ouverture de l'écran est sur la droite qui joint son réservoir à la source de chaleur; dans le cas contraire, il demeure stationnaire.

La source calorifique rayonne de la chaleur dans toutes les directions.

On appelle *rayon calorifique* toute ligne droite suivant laquelle la chaleur se propage.

400. Vitesse de la chaleur rayonnante. — Dans les phénomènes calorifiques accompagnés de phénomènes lumineux, l'action de la lumière et celle de la chaleur sont simultanées et inséparables; on doit donc admettre que la vitesse de la chaleur est la même que celle de la lumière, c'est-à-dire 300000 kilomètres par seconde.

401. Lois de l'intensité de la chaleur rayonnante. — **Définitions.** — 1° *On appelle* **intensité** **propre** *d'une source calorifique la quantité de chaleur qu'elle envoie par seconde sur une surface de un centimètre carré placée à l'unité de distance et orientée normalement aux rayons calorifiques.*

2° *On appelle* **intensité** **relative** *d'une source calorifique par rapport à une surface donnée, le nombre de petites calories reçues pendant une seconde par chaque centimètre carré de cette surface.*

La quantité de chaleur reçue ainsi dans un temps donné, peut se mesurer à l'aide de calorimètres d'un genre spécial; elle dépend de quatre circonstances, savoir : l'intensité propre de la source calorifique, sa distance à la surface échauffée, l'angle d'émission des rayons calorifiques par rapport à la surface qui les émet, leur angle d'incidence par rapport à la surface qui les reçoit.

Première loi. — **Loi du carré des distances.** — *L'intensité de la chaleur reçue normalement sur une surface donnée, est en raison inverse du carré de la distance de cette surface à la source calorifique.*

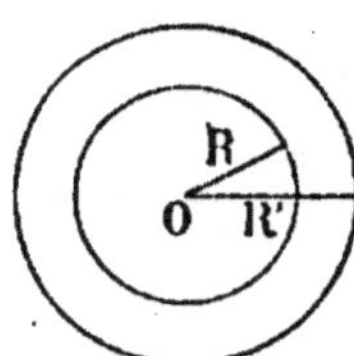

Fig. 388.

Soit une source calorifique réduite à un point et placée au centre d'une sphère de rayon R (fig. 388). Si nous représentons par I l'intensité de la source à la distance R, la quantité totale de chaleur reçue par la surface de la sphère est :

$$\text{I} \times \text{surface sphère}, \qquad \text{ou} \qquad \text{I} \times 4\pi R^2.$$

Supprimons maintenant la première sphère, et remplaçons-la par une sphère concentrique de rayon R'.

Si nous représentons par I' l'intensité de la source à la distance R', la quantité de chaleur reçue par la surface de la sphère est :

$$I' \times \text{surface sphère}, \quad \text{ou} \quad I' \times 4\pi R'^2.$$

Or la quantité totale de chaleur reçue par les deux sphères est la même, s'il n'existe entre les deux sphères aucune cause d'absorption de chaleur ; par suite, on a :

$$I \times 4\pi R^2 = I' \times 4\pi R'^2,$$

d'où

$$\frac{I}{I'} = \frac{R'^2}{R^2}.$$

Ce qui démontre la loi.

Cette loi ne s'applique qu'aux faisceaux *divergents*. Les faisceaux *parallèles* provenant d'une source infiniment éloignée conservent la même intensité sur tout leur trajet, toujours à la condition qu'on puisse éviter ou négliger l'absorption de chaleur par les milieux traversés.

Deuxième loi. — Loi du cosinus (*loi de Lambert*). — *L'intensité de la chaleur reçue obliquement par une surface, est proportionnelle au cosinus de l'angle que font les rayons calorifiques avec la normale à cette surface.*

Considérons un faisceau de rayons calorifiques parallèles AG, BE, reçu obliquement par une surface EG (fig. 389). Soient EG' la projection de la surface EG sur un plan perpendiculaire au faisceau calorifique, EN la normale à la surface EG, et α l'angle que fait cette normale avec les rayons calorifiques. Les angles α et γ sont égaux comme ayant même complément β.

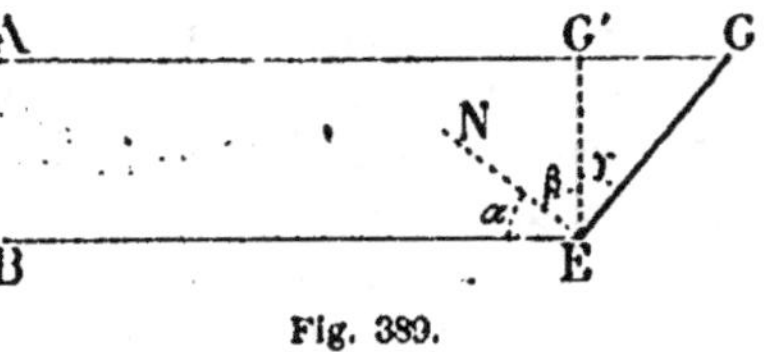

Fig. 389.

Représentons par I et I' les intensités de la chaleur reçue par les surfaces EG et EG'.

La quantité de chaleur reçue par la surface EG est :

$$I \times \text{surface EG}.$$

Et la quantité de chaleur reçue par la surface EG' :

$$I' \times \text{surface EG'}.$$

Mais ces quantités sont égales, et on a :

$$(1) \qquad I \times \text{surf. EG} = I' \times \text{surf. EG'};$$

or $\qquad$ surf. EG$'$ = surf. EG cos γ,

ou $\qquad$ surf. EG$'$ = surf. EG cos α.

L'égalité (1) devient :

$$I \times \text{surf. EG} = I' \text{surf. EG} \cos \alpha,$$

$$\text{ou} \qquad I = I' \cos \alpha.$$

Or I$'$ est une quantité constante quelle que soit l'inclinaison de la surface EG sur les rayons calorifiques.

Donc I est proportionnel à cos α.

Remarque. — Cette loi explique comment la quantité de chaleur solaire reçue en un point de la surface de la terre varie avec la latitude, la saison et l'heure de la journée.

Troisième loi. — *L'intensité de la chaleur émise obliquement par une surface, est proportionnelle au cosinus de l'angle que font les rayons calorifiques avec la normale à cette surface* (angle d'émission).

Cette loi se démontre comme la précédente.

Formule *de la quantité de chaleur qui passe d'une surface sur une autre pendant l'unité de temps.* Soit Q la quantité de chaleur envoyée par une petite surface s sur une autre s', l'angle d'émission étant α, l'angle d'incidence α' et l'intensité propre de la source étant I par centimètre carré.

En désignant par d la distance moyenne de s à s', on a :

$$Q = I . \frac{ss' \cos \alpha \cos \alpha'}{d^2} .$$

Cette formule suppose que les aires s et s' sont assez petites pour que tous les rayons calorifiques soient très peu inclinés sur la droite qui joint les centres des surfaces s et s'.

Si l'on a $s = s' = 1$ et $\alpha = \alpha' = 0$, la formule donne :

$$Q = \frac{I}{d^2} ;$$

intensité relative par centimètre carré, à la distance D, et avec incidences normales.

Si en outre on a $d = 1$, il vient :

$$Q = I,$$

conformément à la définition de l'*intensité propre* par centimètre carré.

402. Équilibre mobile de température. — Tous les corps et le milieu qui les contient rayonnent de la chaleur; les corps les plus froids en reçoivent plus qu'ils n'en donnent et s'échauffent ; les corps les plus chauds en donnent plus qu'ils n'en reçoivent et se refroidissent. Lorsque tous les corps ont pris la même température, le rayonnement a encore lieu ; mais, la chaleur qu'ils reçoivent étant égale à celle qu'ils donnent, leur température demeure constante. Il y a équilibre; mais cet équilibre résulte d'une compensation qui s'établit entre divers rayonnements, et non d'une absence de rayonnement : aussi dit-on qu'il y a *équilibre mobile* de température.

403. Loi de Newton. — *La vitesse du refroidissement d'un corps est proportionnelle à l'excès de la température du corps sur celle du milieu ambiant.*

On appelle *vitesse de refroidissement d'un corps* l'abaissement de température de ce corps pendant une seconde, en supposant le refroidissement uniforme pendant ce temps.

Une loi analogue existe pour l'échauffement d'un corps quand sa température est moindre que celle du milieu ambiant.

D'après la loi de Newton, *si les temps considérés croissent en progression arithmétique, les vitesses successives de refroidissement forment une progression géométrique. Il en est de même des excès successifs de température.*

En effet, soit t l'excès de température au commencement du refroidissement. Pendant la première minute, la vitesse de refroidissement est, d'après la loi de Newton :

$$(\alpha) \qquad kt, \qquad k \text{ étant une constante.}$$

Au bout de la première minute, l'excès devient :

$$t - kt, \quad \text{ou} \quad t(1-k). \qquad (\beta)$$

Pendant la deuxième minute, la vitesse de refroidissement est :

$$(\alpha') \qquad kt(1-k).$$

Au bout de la deuxième minute, l'excès devient :

$$t(1-k) - kt(1-k), \quad \text{ou} \quad t(1-k)^2. \qquad (\beta')$$

Pendant la troisième minute, la vitesse de refroidissement est :

$$(\alpha'') \qquad kt(1-k)^2.$$

Au bout de la troisième minute, l'excès devient :

$$t(1-k)^2 - kt(1-k)^2, \quad \text{ou} \quad t(1-k)^3, \qquad (\beta'')$$

et ainsi de suite; les vitesses de refroidissement (α) (α') (α'') forment une progression géométrique dont la raison est $(1-k)$; les excès de température (β) (β'), (β'') forment aussi une progression géométrique qui a pour raison $(1-k)$.

Pour soumettre à l'expérience la loi de Newton, il suffit de vérifier la conséquence qui en découle; par exemple, avec un thermomètre placé dans un ballon rempli d'eau; si l'on observe le thermomètre à des intervalles de temps égaux, on constate que les excès de température forment une progression géométrique décroissante.

La loi de Newton n'est vraie que lorsque la différence des températures ne dépasse pas 20°, et que la plus haute des températures ne dépasse pas 40°. Pour de plus grands écarts de température, la loi de Newton ne se vérifie pas exactement.

Deux causes contribuent au refroidissement d'un corps dans l'air : son rayonnement et le contact des couches d'air voisines qui se renouvellent sans cesse. Ainsi, le refroidissement s'opère à la fois par rayonnement et par convection.

2. PRODUCTION DE LA CHALEUR RAYONNANTE

405. Pouvoir émissif des corps. — Tout corps chaud est une source de chaleur rayonnante, dont l'intensité dépend de sa température et de la nature de sa surface.

On appelle **pouvoir émissif absolu** *d'un corps, à une température donnée, la quantité de chaleur émise pendant l'unité de temps par une portion de la surface du corps égale à l'unité de surface.* En d'autres termes, c'est *le nombre de calories émises en une seconde par un centimètre carré de la surface.*

Dans la pratique, on évalue les divers pouvoirs émissifs par leurs rapports à l'un d'entre eux choisi comme terme de comparaison. On convient d'adopter comme substance type le *noir de fumée,* et de représenter son pouvoir émissif, non par l'unité, mais par le nombre 100.

On appelle **pouvoir émissif relatif** *d'un corps, le rapport qui existe entre les quantités de chaleur émises par ce corps et par le noir de fumée, dans les mêmes conditions de temps, de surface et de température.*

Les premières recherches concernant les pouvoirs émissifs des corps ont été faites par Leslie, au moyen d'un cube C rempli d'eau chaude, et dont les faces, ainsi portées à une même température, étaient recouvertes de diverses substances (fig. 390). La chaleur émise par l'une des faces était concentrée par un réflecteur R sur l'une des boules d'un thermomètre différentiel. Les pouvoirs émissifs des diverses faces du cube sont proportionnels aux différences de températures marquées successivement par ce thermomètre.

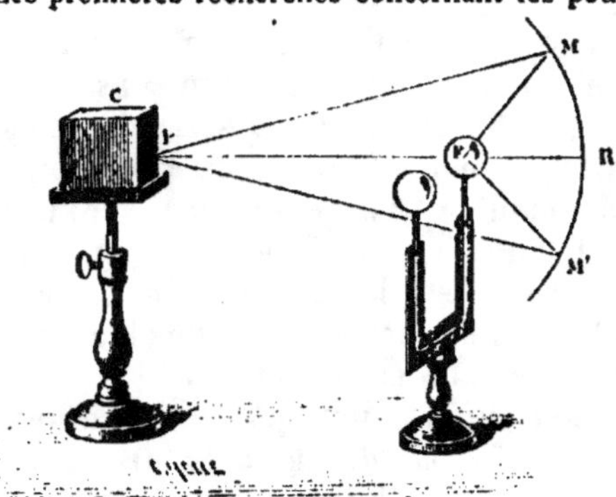

Fig. 390.

Melloni a remplacé le thermomètre différentiel de Leslie par un thermomultiplicateur, constitué par une pile thermo-électrique reliée à un galvanomètre.

Appareil de Melloni (fig. 391). — L'appareil de Melloni, ou banc de chaleur rayonnante, comprend une *pile de Melloni*, un *cube de Leslie*, *d'autres sources de chaleur* et divers *écrans* articulés. Tous ces objets peuvent glisser le long d'une règle métallique divisée en millimètres, ou être fixés sur cette règle par des vis de pression.

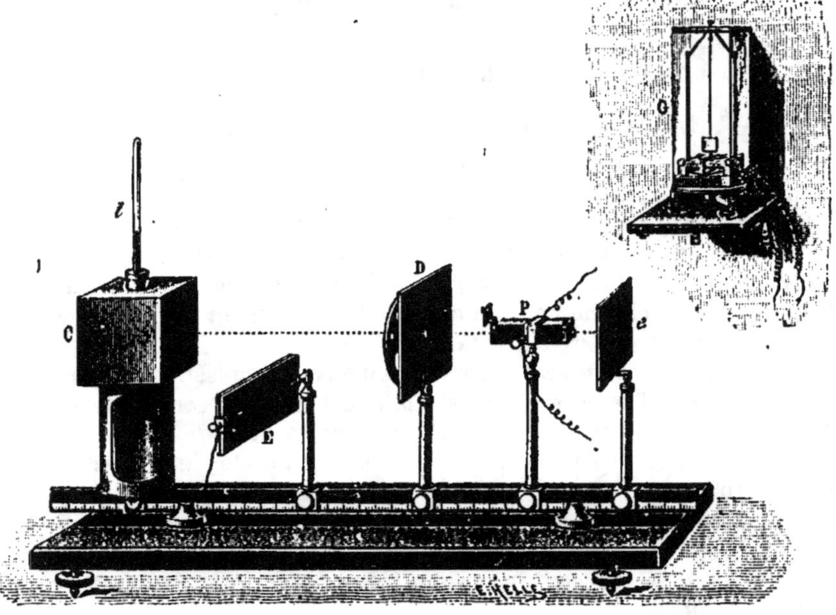

Fig. 391.

La **pile de Melloni** constitue une sorte de thermomètre différentiel très sensible. Nous l'étudierons en détail dans le livre consacré à l'électricité. Elle se compose essentiellement d'une série de petits barreaux de bismuth et d'un même nombre de barreaux d'antimoine soudés bout à bout et repliés de manière à former un cube, sur l'une des faces duquel se présentent toutes les soudures de rang pair, tandis que les soudures impaires sont sur la face opposée. Le premier barreau de bismuth et le dernier barreau d'antimoine sont reliés par un fil de cuivre qui traverse un galvanomètre.

Si les deux faces de la pile sont maintenues à des températures inégales, l'expérience prouve qu'il s'établit dans le circuit un courant électrique dont l'intensité est sensiblement proportionnelle à la différence des températures des deux faces de la pile, tant que cette différence ne dépasse pas 40°.

A son tour, *l'intensité du courant est proportionnelle à la déviation de l'aiguille du galvanomètre, pourvu que cette déviation ne dépasse pas 20°.*

Mesure des pouvoirs émissifs (fig. 391). — La pile de Melloni P et le cube de Leslie C, installés aux deux extrémités de la règle, sont séparés par un écran D qui permet d'arrêter le rayonnement ou de laisser passer un faisceau calorifique de section constante.

A l'aide d'une lampe on chauffe le cube, dont on fait rayonner successivement les diverses faces vers la pile. Les déviations de l'aiguille du galvanomètre G sont proportionnelles aux pouvoirs émissifs des substances rayonnantes.

On a constaté que le noir de fumée est la substance qui a le pouvoir émissif le plus considérable; on le représente par 100, et on lui compare les pouvoirs émissifs des autres corps[1].

POUVOIRS ÉMISSIFS A 100°.

Noir de fumée.	100	Acier.	17
Blanc de céruse	100	Platine laminé	10,8
Papier	98	Laiton poli	7
Verre.	90	Cuivre rouge	4,9
Encre de Chine	85	Or poli.	3
Minium.	80	Argent poli	3
Gomme laque	72	Argent mat	5,4
Plombagine.	75	Argent bruni	2,5

406. Diverses circonstances modifient le pouvoir émissif d'un corps. — I. Le pouvoir émissif dépend de deux circonstances : l'état de la surface du corps et sa température.

1° *Surface. Le poli et la densité.* — Leslie avait remarqué qu'une lame émettait d'autant moins de chaleur qu'elle était plus polie.

Melloni, en discutant les expériences de Leslie, attribua la diminution du pouvoir émissif non au poli, mais à l'augmentation de densité de la couche uperficielle : en opérant sur des substances qui ne s'écrouissent pas par le polissage, il put constater qu'une de ces lames polie et une autre non polie avaient le même pouvoir émissif.

2° *Épaisseur de la couche superficielle.* — Il résulte des expériences de Leslie que si l'on recouvre une lame métallique de plusieurs couches de colle, le pouvoir émissif de la lame va d'abord en augmentant avec l'épaisseur de la couche, puis atteint un maximum, et reste alors constant quelle que soit l'épaisseur de la couche.

---

[1] Il convient de distinguer le *pouvoir émissif absolu* d'un corps, qui est la quantité de chaleur émise en 1 seconde, par 1 centimètre carré de sa surface, quantité de chaleur évaluée en petites calories; et le *pouvoir émissif relatif*, qui est le rapport de ce pouvoir émissif absolu au pouvoir émissif absolu du noir de fumée à la même température; c'est ce pouvoir émissif relatif qu'on appelle généralement *pouvoir émissif* (en pratique, on prend le pouvoir émissif du noir de fumée, égal à 100 et non à 1).

On explique de la manière suivante l'influence de l'épaisseur de la couche superficielle.

Puisque le pouvoir émissif augmente avec l'épaisseur de la couche, le rayonnement doit se faire non seulement par la couche extérieure, mais encore par les molécules qui se trouvent au-dessous et jusqu'à une certaine profondeur. Or, tant que la couche est mince, la chaleur rayonnante du métal peut la traverser; mais quand la couche augmente, cette chaleur est interceptée et remplacée par celle de la couche; et comme les métaux ont un pouvoir émissif plus faible que celui de la colle, il s'ensuit que le pouvoir émissif augmente avec l'épaisseur de la couche, et devient stationnaire quand la couche arrête complètement les rayons venant du corps qu'elle recouvre.

C'est donc dans une petite épaisseur de la surface du corps que se produit le mouvement calorifique capable de se transmettre au dehors par le rayonnement. C'est pourquoi le pouvoir émissif d'un corps diminue quand sa densité superficielle augmente.

Le pouvoir émissif varie avec la couleur des corps : en général les surfaces à couleurs sombres ont un plus grand pouvoir émissif que les couleurs claires; mais cela n'est pas absolu, et dépend essentiellement de la température à laquelle le corps est porté.

II. *Température*. — Le pouvoir émissif d'un corps dépend *avant tout* de la température à laquelle il est porté. Il suffit, pour s'en convaincre, de remarquer que tous les corps, suffisamment chauffés, deviennent lumineux : ils émettent d'abord des rayons rouges quand ils sont portés au *rouge sombre;* puis à mesure qu'on élève la température, des rayons jaunes, verts, bleus, qui, avec les rayons rouges, finissent par donner de la lumière blanche : on dit qu'on a chauffé au *rouge blanc*, puis *au blanc*. Les radiations (caloriques ou lumineuses) émises dépendent donc de la température. Mais les pouvoirs émissifs absolus de tous les corps ne varient pas de la même façon avec la température, de sorte que le rapport du pouvoir émissif absolu de l'un d'eux au pouvoir émissif absolu du noir de fumée dépend aussi de la température. Par exemple, le blanc de céruse, qui a un pouvoir émissif absolu égal à celui du noir de fumée à basse température (vers 100°), a pour des températures plus élevées un pouvoir émissif absolu *beaucoup moindre* que celui du noir de fumée; de sorte que son pouvoir émissif relatif diminue quand la température s'élève. Si l'on appelle E le pouvoir émissif absolu du corps et E_1 le pouvoir émissif absolu du noir de fumée, E et E_1 dépendent d'une façon différente de t. Le rapport $e = \dfrac{E}{E_1}$, qui est le pouvoir émissif relatif, dépend donc de t.

3. ACTION DES CORPS SUR LA CHALEUR RAYONNANTE

407. Réflexion, diffusion, absorption et transmission de la chaleur rayonnante. — 1° Un faisceau de chaleur rayonnante, d'intensité I, qui vient à rencontrer un corps, se partage généralement en quatre parties distinctes :

Une partie R est *réfléchie* par la surface du corps, c'est-à-dire qu'elle est renvoyée par cette surface dans une direction déterminée.

Une partie R' est *diffusée* par la surface, c'est-à-dire réfléchie dans toutes les directions.

Une partie A est *absorbée* par le corps, c'est-à-dire qu'elle est employée à élever la température de ce corps.

Enfin une partie D est *transmise* par le corps, c'est-à-dire qu'elle traverse le corps sans l'échauffer.

2° L'intensité du faisceau incident est égale à la somme des intensités de ces diverses parties ; on a :

$$R + R' + A + D = I. \qquad (1)$$

Les valeurs respectives des quatre termes du premier membre varient beaucoup d'un corps à un autre, et suivant la nature du faisceau calorifique considéré.

Les quantités R et R' dépendent de la surface du corps ; elles varient habituellement en sens contraires. Ainsi R est nulle pour les surfaces mates, R' s'annule au contraire pour les surfaces polies. Pour le noir de fumée, on a :

$$R = R' = 0.$$

Les quantités A et D dépendent de la nature et de l'épaisseur du corps. Une substance est dite **diathermane** quand elle se laisse traverser par la chaleur rayonnante ; **athermane**, quand elle ne se laisse pas traverser.

3° En divisant tous les termes de l'égalité (1) par la quantité I, on obtient quatre rapports dont la somme est égale à l'unité :

$$\frac{R}{I} + \frac{R'}{I} + \frac{A}{I} + \frac{D}{I} = 1.$$

Ces quatre rapports mesurent les différents *pouvoirs* du corps considéré, relativement à la chaleur rayonnante : *pouvoir réflecteur, pouvoir diffusif, pouvoir absorbant* et *pouvoir diathermane.*

4° Posons :

$$\frac{R}{I} = r, \quad \frac{R'}{I} = r', \quad \frac{A}{I} = a, \quad \frac{D}{I} = d;$$

d'où
$$r + r' + a + d = 1.$$

Le pouvoir *réflecteur r* et le pouvoir *diathermane d* sont très faciles à mesurer directement ; mais il n'en est pas de même du pouvoir *diffusif r'* et du pouvoir *absorbant a*. Ce dernier ne peut être déterminé avec précision que dans les cas particuliers où tous les autres sont connus.

Par exemple, si la surface du corps est parfaitement polie, on a sensiblement $r' = 0$, et par suite :

$$r + a + d = 1, \quad \text{d'où} \quad a = 1 - r - d.$$

Si en outre la substance est athermane, on a $d = 0$, et il reste : $r + a = 1$, d'où $a = 1 - r$.

Alors le pouvoir absorbant est le *complément* du pouvoir réflecteur.

Dans le cas particulier du noir de fumée, on a :
$$r = r' = d = 0, \quad \text{d'où} \quad a = 1.$$

Ainsi le noir de fumée possède un pouvoir absorbant égal à l'unité, c'est-à-dire qu'il absorbe la totalité de la chaleur incidente.

408. Réflexion de la chaleur. — Lorsque des rayons calorifiques tombent obliquement sur une surface polie, une partie de la chaleur est renvoyée du même côté de cette surface.

Soient SI un rayon calorifique (c'est-à-dire un faisceau très mince) qui tombe obliquement sur la surface P, IR la direction du rayon renvoyé, et IN la normale à la surface P au point d'incidence (fig. 392).

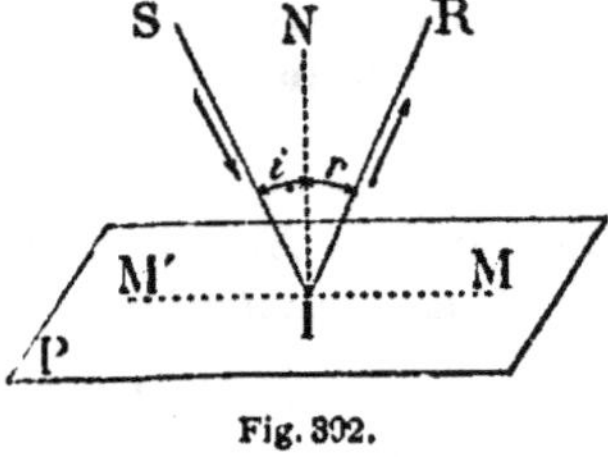

Fig. 392.

SI est le rayon *incident,* et IR le rayon *réfléchi.*

On appelle *angle d'incidence* l'angle SIN, formé par le rayon incident et la normale à la surface réfléchissante.

On appelle *angle de réflexion* l'angle RIN, formé par le rayon réfléchi et la normale à la surface réfléchissante.

409. Lois de la réflexion. — La réflexion des rayons calorifiques obéit aux mêmes lois que la réflexion de la lumière :

1° *L'angle de réflexion est égal à l'angle d'incidence;*

2° *Le rayon incident, le rayon réfléchi et la normale, sont dans un même plan.*

Ces lois peuvent être vérifiées approximativement avec l'appareil de Melloni. On se sert de deux règles articulées : la règle ordinaire du banc de Melloni et la règle R, sur lesquelles s'adaptent différentes pièces que l'on peut fixer à l'aide d'une vis de pression (fig. 393). On place sur la première une lampe S et un écran D percé d'une ouverture. Sur la seconde règle R, mobile autour d'une colonne K portant une plate-forme circulaire graduée, on fixe une pile thermo-électrique P.

Cela fait, on dispose sur la plate-forme une plaque polie ou un miroir métallique M, et l'on fait mouvoir la règle R jusqu'à ce que les rayons émis par la source S tombent sur la pile après avoir été réfléchis par le miroir; cette position de la règle R est signalée par la déviation de l'aiguille d'un galvanomètre relié à la pile; le cercle gradué per-

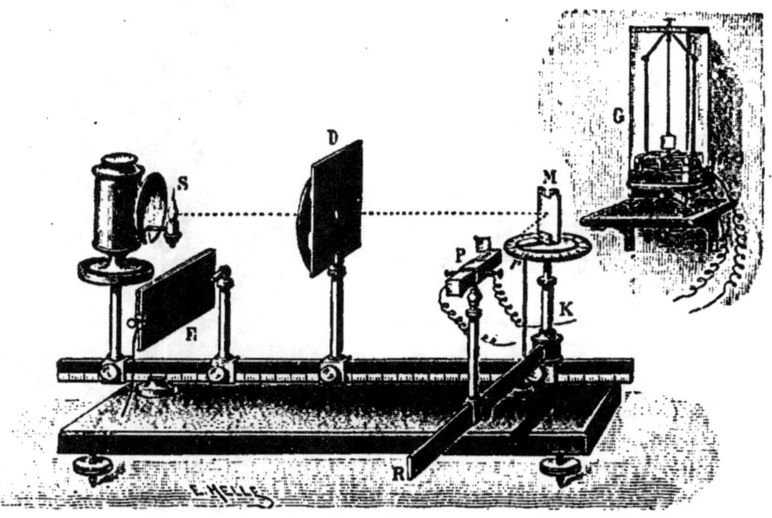

Fig. 393.

met de déterminer la position de la normale et la valeur des deux angles d'incidence et de réflexion.

Quelle que soit l'inclinaison du miroir, on trouve toujours que ces deux angles sont égaux entre eux.

La pile et les orifices des écrans se trouvent dans un même plan horizontal, ce qui vérifie la seconde loi.

Miroirs. — *Les propriétés des miroirs sphériques permettent aussi de vérifier les lois de la réflexion.*

Soit un miroir sphérique M (fig. 394).

D'après les lois de la réflexion, ainsi que nous le démontrerons en optique, un faisceau de rayons parallèles à l'axe CM se transforme en un faisceau conique ayant son sommet sur l'axe CM, en un point F, qu'on nomme *foyer principal* du miroir.

Effectivement, si l'on présente un miroir sphérique aux rayons du soleil (fig. 395), les rayons solaires se réfléchissent et viennent passer par un même point, où il y a concentration de lumière et de chaleur; un petit écran blanc y reçoit une image très brillante du soleil; un corps combustible s'y enflamme, un corps fusible y entre en fusion.

Inversement, si on place au foyer F un corps chaud et lumineux, les

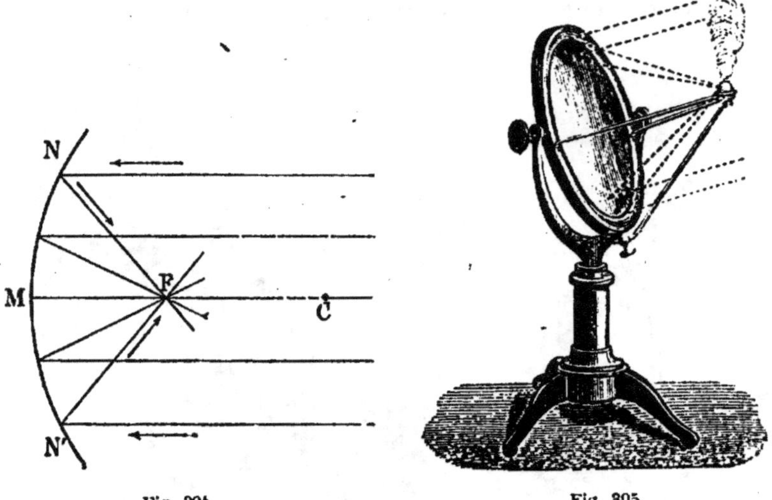

Fig. 304.   Fig. 305.

rayons calorifiques et lumineux se réfléchissent parallèlement à l'axe.

La réflexion de la chaleur est le principe d'un appareil de M. Mouchot pour l'utilisation de la chaleur solaire.

Miroirs conjugués. — Deux miroirs sphériques A et B (fig. 396)
placés en regard l'un de l'autre, de manière que leurs axes coïncident, sont appelés *miroirs conjugués.*

Si au foyer F de l'un d'eux, B, on place, dans un petit panier métallique, des charbons ardents, les rayons calorifiques se réfléchissent parallèlement à l'axe, frappent le miroir A, se réflé-

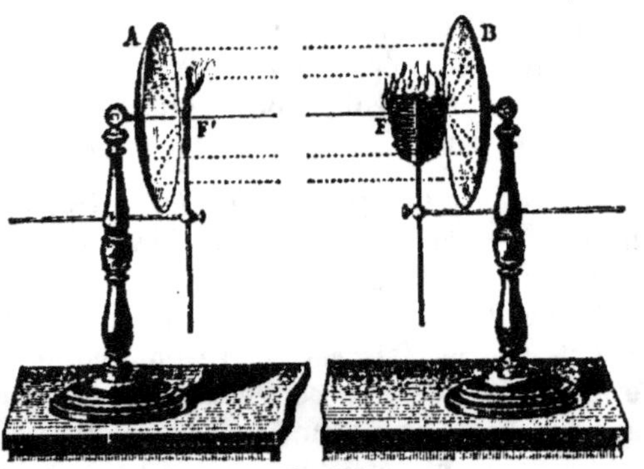

Fig. 396.

chissent de nouveau et se concentrent au foyer F'. La chaleur qui s'accumule en ce point peut enflammer de l'amadou ou du fulmicoton.

410. Mesure du pouvoir réflecteur. — *On appelle pouvoir réflecteur d'un corps, dans des conditions déterminées, le rapport* *qui existe entre la quantité de chaleur réfléchie et la quantité de chaleur incidente.*

Le pouvoir réflecteur se mesure au moyen de l'appareil de Melloni (fig. 393). La règle mobile est placée d'abord dans la direction de la règle fixe, de manière à recevoir sur la pile la radiation directe. On place ensuite la pile dans la direction des rayons réfléchis. Le rapport des quantités de chaleur tombées sur la pile dans les deux cas, rapport donné par celui des déviations galvanométriques correspondantes, mesure le *pouvoir réflecteur* du corps.

Le pouvoir réflecteur des corps varie avec la *nature* de la *source* de chaleur. Il varie aussi avec l'*incidence* des rayons, surtout pour les substances diathermanes; cette influence est moins sensible pour les métaux.

Aussi ne doit-on pas parler de *pouvoir réflecteur* d'un corps sans spécifier de quels rayons il s'agit et sous quelle incidence ils tombent sur ce corps.

411. Réflexion apparente du froid. — Dans l'expérience des miroirs conjugués (fig. 396), si l'on met au foyer F un mélange réfrigérant et au foyer F′ une des boules du thermomètre différentiel de Leslie, on constate au foyer F′ un abaissement de température sur l'air ambiant. Ce phénomène, attribué jadis à la réflexion des rayons frigorifiques émis par le mélange réfrigérant, a reçu une explication plus satisfaisante au moyen du principe de l'*équilibre mobile de température* (402). Le corps placé en F′ émet de la chaleur qui se réfléchit sur le miroir A, puis sur le miroir B, et vient se concentrer en F; de même, le corps froid placé en F émet de la chaleur qui se réfléchit sur B, puis sur A, et vient se concentrer en F′. Mais pour le corps placé en F′ la quantité de chaleur cédée est supérieure à la quantité de chaleur reçue; donc il y a abaissement de température au foyer F′.

POUVOIRS RÉFLECTEURS DES MÉTAUX POLIS

(Pour la chaleur d'une lampe de Locatelli. — Incidence, 50°.)

Argent	0,97	Acier	0,83
Or	0,95	Zinc	0,81
Cuivre	0,03	Fer	0,77
Platine	0,83	Fonte	0,73

412. Pouvoir diffusif. — La *diffusion* est la réflexion irrégulière des rayons calorifiques qui tombent sur une surface mate. Tous les corps, même les plus polis, présentent des aspérités à leur surface; et comme chacun des éléments de la surface réfléchit la chaleur suivant son orientation propre, on conçoit qu'il y ait des rayons réfléchis dans toutes les directions.

On prouve la diffusion de la chaleur en faisant tomber un faisceau calorifique sur une surface mate placée devant une pile thermo-électrique; quelle que soit la position de celle-ci, l'aiguille du galvanomètre accuse une élévation de température.

On appelle **pouvoir diffusif** *le rapport qui existe entre la quantité de chaleur diffusée et la quantité de chaleur incidente.*

Le pouvoir diffusif des substances mates est considérable, surtout si elles sont blanches.

POUVOIR DIFFUSIF

Céruse.	0,82
Poudre d'argent	0,76
Chromate de plomb	0,66

La quantité de chaleur diffusée varie suivant la direction; c'est dans le voisinage du faisceau réfléchi qu'elle est le plus considérable.

L'intensité de la chaleur diffusée varie aussi notablement avec la *nature de la source.*

413. Pouvoir diathermane. — Certains corps se laissent

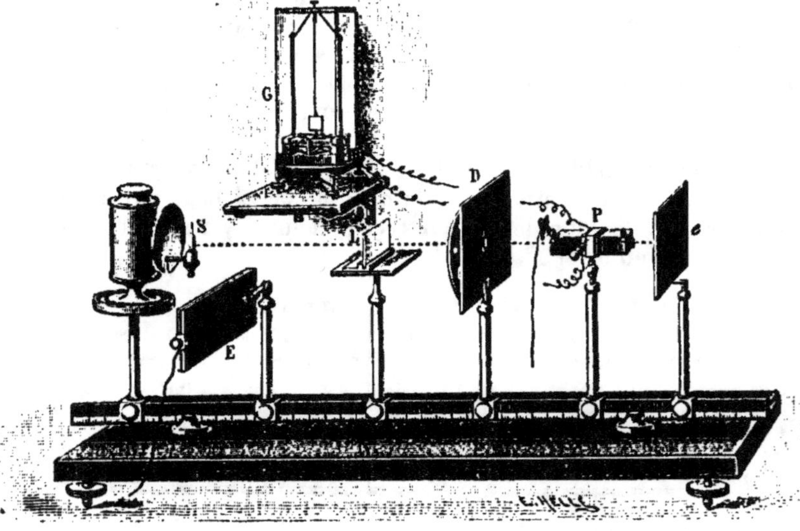

Fig. 397.

traverser plus ou moins facilement par les radiations calorifiques;

d'autres arrêtent complètement la chaleur rayonnante. On exprime ce fait en disant que les premiers sont **diathermanes**, et les autres **athermanes**. Ainsi, la *diathermanéité* est à l'égard de la chaleur rayonnante ce que la *transparence* est par rapport à la lumière : les corps diathermanes sont transparents pour la chaleur; les corps athermanes sont opaques pour la chaleur.

On appelle **pouvoir diathermane** *d'un corps, dans des conditions déterminées, le rapport qui existe entre la quantité de chaleur qui traverse le corps et la quantité de chaleur incidente.*

On mesure le pouvoir *diathermane* des corps au moyen de l'appareil de Melloni (fig. 397). On projette d'abord sur la pile un faisceau de rayons calorifiques, et on note la déviation de l'aiguille du galvanomètre; on place ensuite successivement, sur le passage du faisceau, les corps à étudier, taillés en lames minces, et on note les déviations correspondantes, que l'on divise toutes par la déviation primitive.

En expérimentant sur des lames d'égale épaisseur et en représentant par 100 la chaleur incidente, on a obtenu les résultats suivants :

POUVOIRS DIATHERMANES

NATURE DES CORPS	Lampe Locatelli.	Platine rouge.	Cuivre à 400°.	Cuivre à 100°.
Sel gemme pur.	92	92	92	92
Spath d'Islande.	39	28	6	0
Verre à glace.	39	24	6	0
Cristal de roche	38	28	6	0
Sulfate de chaux.	14	16	0	0
Alun.	9	2	0	0

Remarques. — 1° Le sel gemme transmet presque intégralement les rayons calorifiques de toute espèce. Il en est de même de la sylvine (ou chlorure de potassium), qui est également diathermane pour toutes les espèces de chaleur rayonnante.

2° Pour la plupart des autres corps diathermanes, la quantité de chaleur transmise varie avec la nature de la source calorifique.

3° Certaines substances, telles que le verre, le cristal de roche, sont diathermanes pour la chaleur lumineuse et athermanes pour la chaleur obscure. Cette propriété est utilisée dans l'usage des serres et des cloches en verre dont on recouvre les plantes pour les mettre à l'abri du froid.

4° L'intensité de la chaleur transmise diminue à mesure que l'épaisseur des lames augmente, jusqu'à une certaine limite, au delà de laquelle l'intensité devient indépendante de l'épaisseur.

Les métaux sont imperméables à la chaleur rayonnante.

On peut mesurer le pouvoir diathermane des *liquides,* en les renfermant dans de petites auges à faces parallèles, formées par des lames diathermanes très minces.

L'eau transmet la chaleur lumineuse, mais arrête la chaleur obscure.

Les gaz simples, tels que l'oxygène, l'hydrogène, l'azote, etc., laissent passer presque toute la chaleur, tandis que les gaz composés l'arrêtent à peu près complètement.

L'air humide est moins diathermane que l'air sec, surtout pour la chaleur obscure.

414. Réfraction de la chaleur. — Lorsqu'un rayon calorifique SI pénètre obliquement dans une substance diathermane M' (fig. 398), ce rayon est dévié et prend une nouvelle direction IR.

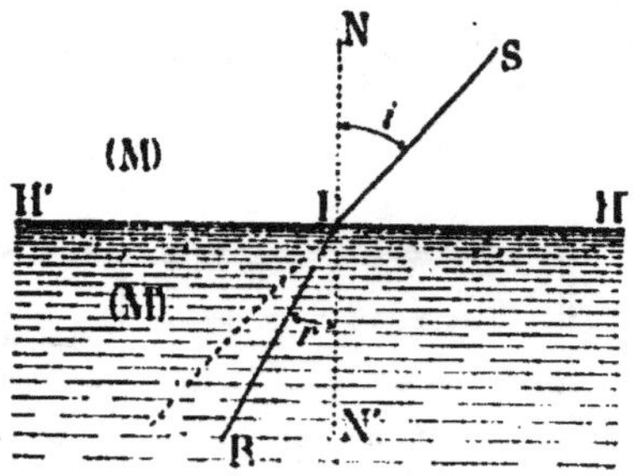

Le rayon SI s'appelle rayon *incident,* et IR rayon *réfracté.*

On appelle *angle d'incidence* l'angle SIN formé par le rayon incident et la normale à la surface de séparation IHH'; et *angle de réfraction,* l'angle RIN' formé par le rayon réfracté avec la même normale.

Fig. 398.

Les lois de la réfraction seront étudiées en optique, elles sont les mêmes pour la chaleur et pour la lumière.

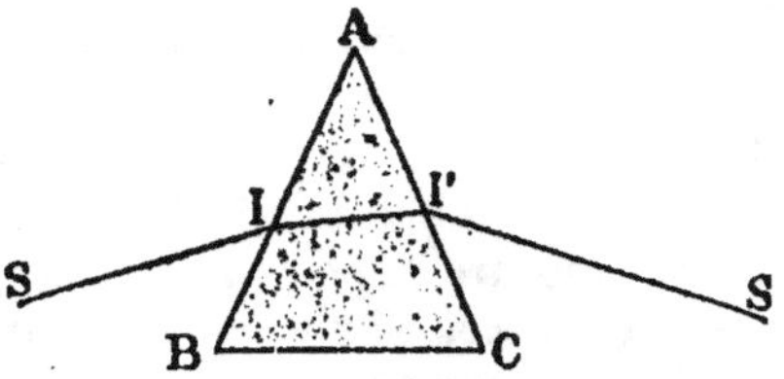

Les phénomènes de réfraction les plus importants sont produits par les *prismes* et par les *lentilles.*

On appelle **prisme** tout corps diathermane terminé par deux faces planes qui se rencontrent suivant un angle quelconque (fig. 399).

Fig. 399.

Tout rayon SI qui rencontre l'une des faces du prisme se réfracte dans l'intérieur et sort du prisme dans une direction I'S' qui l'éloigne du sommet du prisme.

Les **lentilles** sont des corps diathermanes terminés par deux surfaces sphériques, ou par une surface sphérique et une surface plane.

On appelle *axe principal* d'une lentille la droite qui joint les centres des deux surfaces sphériques; et *section principale*, toute section faite par un plan passant par l'axe principal.

Les lentilles sont *convergentes* lorsque les bords sont minces et le centre épais. Ces sortes de lentilles dévient les rayons vers l'axe principal.

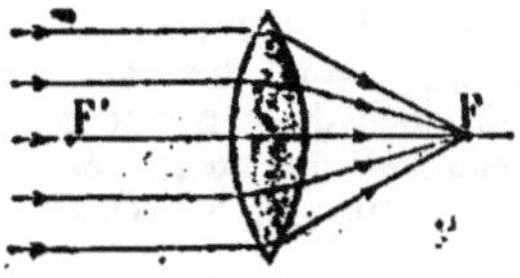

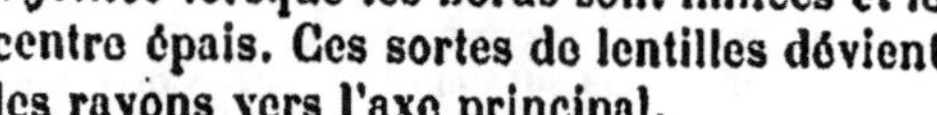

Les rayons solaires qui traversent une lentille convergente se concentrent en un point F qu'on appelle *foyer principal* (fig. 400).

Fig. 400.

Les rayons d'une source de chaleur S placée au delà du foyer principal (fig. 401) se concentrent en un

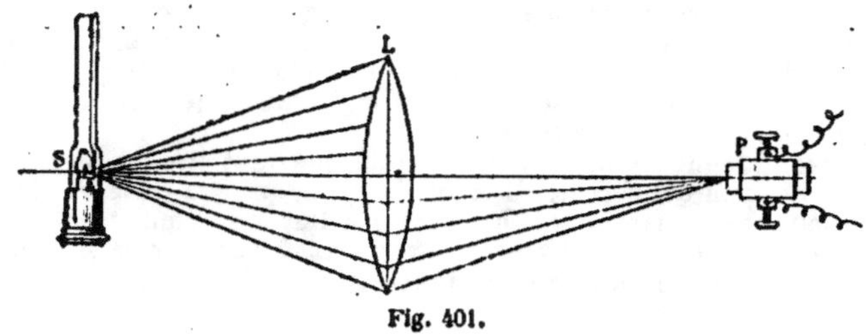

Fig. 401.

point P appelé foyer *conjugué* du point S. Un corps combustible placé à ce foyer peut être enflammé.

Avec des lentilles suffisamment grandes, on peut fondre certains métaux et vitrifier diverses substances.

On fait, avec les lentilles, une expérience intéressante sur la chaleur rayonnante. En concentrant les rayons solaires au moyen d'une lentille de glace, on peut enflammer de l'amadou placé au foyer de cette lentille. La chaleur a traversé la lentille sans l'échauffer, puisque la glace n'a pas fondu. On a donc bien une propagation de chaleur autre que la propagation par conductibilité.

415. Thermochrose. — On appelle thermochrose la propriété que possèdent les rayons calorifiques de pouvoir être distingués les uns des autres. Comme il existe des rayons lumineux de diverses couleurs, de même il existe des rayons calorifiques de différentes thermochroses : la thermochrose est aux seconds ce que la couleur est aux premiers.

Preuves de la thermochrose. — I. *Un même corps n'a pas le même pouvoir diathermane, ni le même pouvoir réflecteur pour des radiations calorifiques provenant de différentes sources.*

1° Un verre *coloré* ne laisse passer que les rayons lumineux de sa propre couleur. De même un corps diathermane laisse passer certains rayons calorifiques, et il arrête les autres. On exprime ce fait en disant que ce corps est *thermochroïque* et qu'il ne se laisse traverser que par les rayons calorifiques de même *thermochrose* que lui.

Un verre *incolore* laisse passer la lumière de toutes les couleurs. De même, le sel gemme est également diathermane pour toutes les espèces de chaleur. On dira qu'il est *athermochroïque,* c'est-à-dire qu'il se laisse traverser par la chaleur de toutes les thermochroses.

2° En général, une substance diaphane présente par réflexion la même couleur que par transparence, c'est-à-dire qu'elle réfléchit surtout les rayons lumineux qui peuvent la traverser. De même, une substance diathermane ne réfléchit pas également toute espèce de rayons calorifiques; elle ne réfléchit généralement que les rayons de même thermochrose que ceux qui peuvent la traverser.

II. *Tout faisceau calorifique est composé de radiations élémentaires, inégalement absorbables par les substances diathermanes.*

1° Quand un faisceau lumineux traverse successivement deux verres colorés identiques, les rayons transmis par la première plaque n'éprouvent qu'une perte insensible en traversant la seconde, parce que les rayons qui peuvent traverser l'une sont aussi capables de traverser l'autre. De même lorsqu'un faisceau calorifique rencontre successivement deux plaques diathermanes identiques, les rayons calorifiques qui traversent la première ne subissent qu'une perte insensible en traversant la seconde.

2° Un faisceau lumineux qui a traversé une plaque peut être arrêté par une autre plaque de nature différente. Il en est de même pour la chaleur. Ainsi le mica et la tourmaline arrêtent la chaleur qui a traversé l'alun, tandis qu'ils laissent passer la chaleur qui a traversé le verre. C'est que le mica et la tourmaline sont de même thermochrose que le verre, et de thermochrose différente avec l'alun.

III. *Tout faisceau calorifique est composé de radiations élémentaires inégalement réfrangibles.*

Un faisceau calorifique qui traverse un prisme de sel gemme donne un spectre calorifique analogue au spectre lumineux (étudié en *Optique*); des faisceaux de diverses natures donnent des spectres calorifiques différents.

On verra en optique que les radiations calorifiques obscures et les radiations calorifiques visibles ne diffèrent que par la rapidité plus ou moins grande des mouvements vibratoires qu'elles propagent. Le fait que certaines radiations sont les seules à impressionner notre rétine, et que par suite elles sont pour nous visibles, ne leur ajoute, par rapport aux radiations invisibles, aucun caractère essentiel.

416. Pouvoir absorbant. — *On appelle* pouvoir absorbant *d'un corps (pour la chaleur rayonnante) le rapport qui existe entre la quantité de chaleur absorbée et la quantité de chaleur incidente.*

La chaleur absorbée est celle qui ne traverse pas le corps et n'est pas réfléchie ou diffusée à sa surface, mais qui, perdant sa qualité de chaleur rayonnante, se traduit par une élévation de la température du corps.

Nous avons vu que le pouvoir absorbant a est le complément à l'unité de la somme des trois autres pouvoirs : réflecteur, diffusif et diathermane, on a : $a = 1 - (r + r' + d).$

Le premier peut donc être calculé *a priori* dans tous les cas où les trois autres sont connus.

Pour les corps polis le pouvoir diffusif est négligeable. Il reste :

$$a = 1 - (r + d).$$

Si le corps est *athermane*, comme il arrive avec les métaux polis, on a simplement : $a = 1 - r$.

Alors tout revient à mesurer le pouvoir réflecteur et à en prendre le complément.

Pour le noir de fumée, qui est athermane et qui ne réfléchit régulièrement ou irrégulièrement qu'une quantité de chaleur négligeable, on a sensiblement : $r = r' = d = 0$,

et par suite, $a = 1$.

En dehors de ces cas particuliers, le *pouvoir absorbant absolu* ne peut pas être déterminé d'une manière précise.

Pouvoir absorbant relatif. — *La fraction de la chaleur incidente absorbée par un corps* prend le nom de *pouvoir absorbant* absolu, par opposition au *pouvoir absorbant* relatif au noir de fumée.

On appelle **pouvoir absorbant relatif** *d'un corps, le rapport qui existe entre la quantité de chaleur absorbée par ce corps, et la quantité de chaleur absorbée par le noir de fumée, dans les mêmes circonstances.*

Comme le pouvoir absorbant absolu du noir de fumée est sensiblement égal à l'unité, c'est-à-dire que le noir de fumée absorbe à peu près la totalité de la chaleur incidente, il s'ensuit que les pouvoirs absorbants relatifs se confondent pratiquement avec les pouvoirs absorbants absolus [1].

On détermine les pouvoirs absorbants *relatifs* au moyen du thermomultiplicateur. Pour cela, on fixe successivement sur l'une des faces de la pile deux plaques de cuivre minces recouvertes du côté de la source de chaleur, l'une de la substance à étudier, l'autre de noir de fumée. Un même faisceau de chaleur tombant sur la première plaque, puis sur la seconde, est inégalement absorbé. Les déviations correspondantes de l'aiguille du galvanomètre font connaître le pouvoir absorbant du corps soumis à l'expérience. Voici quelques-uns des résultats obtenus :

---

[1] Remarquons à ce propos que le *pouvoir absorbant* est un nombre abstrait, c'est la fraction pour 100 de chaleur absorbée, tandis que le *pouvoir émissif absolu* est une grandeur concrète dépendant des unités de chaleur, de surface et de temps.

POUVOIRS ABSORBANTS

NATURE DES CORPS	Lampe d'Argand.	Lampe Locatelli.	Platine incandescent.	Cuivre à 400°.	Cuivre à 100°.
Noir de fumée	100	100	100	100	100
Encre de Chine.	100	96	93	87	85
Céruse.	21	53	56	89	100
Colle de poisson	45	52	54	64	91
Gomme laque.	30	43	47	70	72
Surface métallique . . .	17	14	13,5	13	13

Puisque le pouvoir absorbant est le complément à l'unité des trois autres pouvoirs, les circonstances qui font varier ceux-ci influent nécessairement sur celui-là. On voit, en effet, sur le tableau que le pouvoir absorbant varie en général avec la nature de la source de chaleur et avec la température.

La plupart des corps absorbent plus facilement les rayons à basse température. La neige fond plus rapidement dans le voisinage des arbres et des habitations, à cause de la radiation obscure qui se produit dans ces lieux.

417. Égalités des pouvoirs émissifs et absorbants. — *Pour un même corps et pour des rayons de même nature, le pouvoir émissif est égal au pouvoir absorbant.*

C'est ce que l'on constate en comparant les nombres qui représentent pour une même substance le pouvoir émissif et le pouvoir absorbant, à condition toutefois que la chaleur émise soit de même nature que la chaleur absorbée [1].

L'égalité du pouvoir émissif et du pouvoir absorbant peut être vérifiée d'une manière directe par l'expérience de Ritchie.

L'appareil (fig. 402) se compose d'un thermomètre différentiel TT', dans lequel les boules sont remplacées par deux cylindres S et S', dont les faces

---

[1] Ce qui fait la difficulté de s'assurer de cette égalité des pouvoirs émissif et absorbant, c'est l'obligation où l'on est d'introduire la restriction : *pour des rayons de même nature.* De même qu'il y a des rayons lumineux de diverses couleurs, il y a parmi les rayons calorifiques des rayons de thermochroses différentes. Des sources de chaleur de températures différentes n'envoient pas les mêmes rayons. Le blanc de céruse, par exemple, a une absorption différente pour les rayons calorifiques provenant d'une lame de cuivre portée à 400°, ou provenant d'une lame de cuivre à 100°. Dans le premier cas, le céruse a un pouvoir très inférieur à celui du noir de fumée; dans le second cas, le céruse a un pouvoir absorbant égal à celui du noir de fumée. Le principe de l'égalité des pouvoirs absorbant et émissif nous apprendra que si le blanc de céruse est porté à la température de 400°, il émettra moins de chaleur que le noir de fumée, mais que porté à 100°, il aura le même pouvoir émissif que le noir de fumée.

sont en regard de celles d'un troisième cylindre A de capacité plus grande, et qui est la source calorifique; les faces qui sont en regard sont alternativement recouvertes de noir de fumée et d'une feuille d'or. Le cylindre A, qui est mobile, étant rempli d'eau chaude et placé à égale distance des deux autres, le niveau du liquide dans les deux branches du thermomètre se trouve à la même hauteur, ce qui prouve que les deux cylindres S et S' sont à la même température.

Soit A_1 le pouvoir absorbant du noir de fumée, E_1 son pouvoir émissif absolu, A le pouvoir absorbant de la feuille d'or, E son pouvoir émissif absolu.

La quantité de chaleur reçue par S' est proportionnelle au pouvoir émissif de l'or et au pouvoir absorbant du noir de fumée; on peut donc l'écrire :

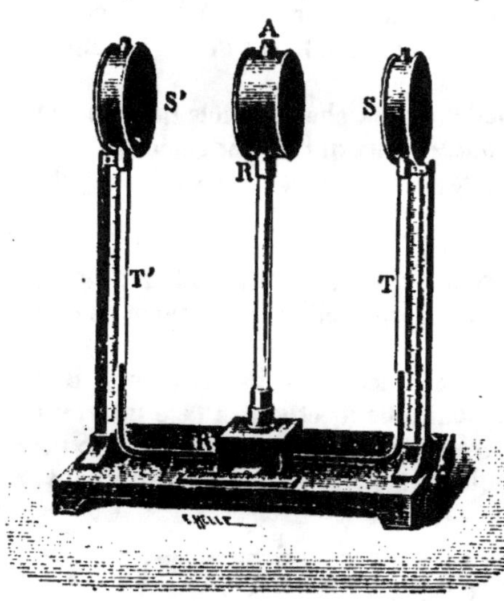

Fig. 402.

$$k \cdot A_1 \times E.$$

De même, la quantité de chaleur reçue par S est représentée par :

$$kE_1 \times A,$$

le coefficient k étant le même, puisque les cylindres S et S' ont même surface, et qu'ils sont également distants du cylindre A.

L'expérience montre que ces deux quantités de chaleur sont égales, puisque S et S' sont à la même température. Donc on a :

$$E \times A_1 = A \times E_1,$$

ou

$$\frac{A}{E} = \frac{A_1}{E_1}.$$

Donc les pouvoirs absorbant et émissif d'un même corps sont proportionnels.

Si l'on considère les pouvoirs absorbants et émissifs *relatifs* d'un corps, on a :

$$a = \frac{A}{A_1} = \frac{E}{E_1} = e. \qquad \text{C.Q.F.D.}$$

CONDUCTIBILITÉ

418. Conductibilité. — La *conductibilité* est la transmission de la chaleur de proche en proche, par l'intermédiaire d'un milieu matériel.

Dans la transmission par conductibilité, un point éloigné de la source ne s'échauffe pas avant que tous les points intermédiaires ne se soient eux-mêmes échauffés.

Les corps sont inégalement conducteurs de la chaleur. Ainsi, on peut tenir à la main un morceau de bois enflammé à l'une de ses extrémités, tandis qu'on ne peut toucher une barre de fer fortement chauffée en l'un de ses points.

Les corps qui transmettent facilement la chaleur, tels que les métaux, sont appelés *bons conducteurs;* ceux qui la transmettent difficilement, comme le bois, le verre, les liquides, les gaz, sont dits *mauvais conducteurs.*

419. Conductibilité des solides. — On peut étudier l'inégale transmission de la chaleur dans les corps solides au moyen de deux expériences bien simples.

1° On chauffe à leur point de contact deux barres, l'une C de cuivre, l'autre F de fer, placées bout à bout, et sur la face inférieure desquelles on a fixé avec de la cire à cacheter plusieurs billes de bois équidistantes (fig. 403). Les billes se détachent successivement à

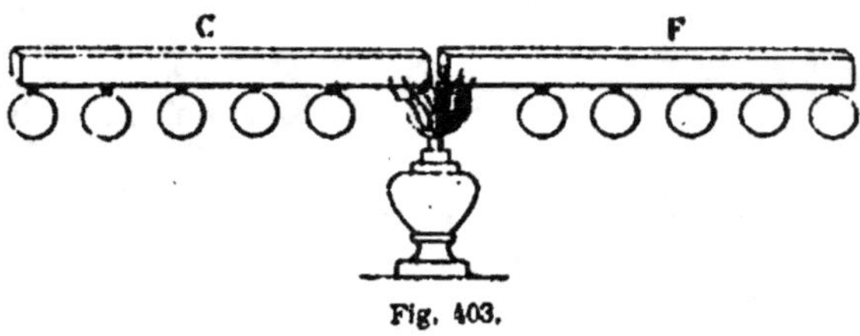

Fig. 403.

partir du point de chauffe, sur l'une et l'autre barre, mais plus rapidement sur le cuivre que sur le fer. Le cuivre est donc meilleur conducteur que le fer.

2° *L'appareil d'Ingenhousz*[1] permet aussi de classer les corps solides d'après leur conductibilité.

Cet appareil se compose

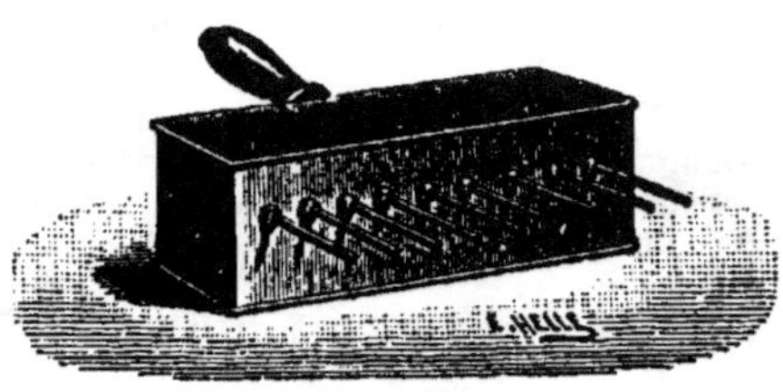

Fig. 404.

d'une caisse métallique (fig. 404), portant sur l'une de ses faces des tiges de substances différentes que l'on recouvre d'une légère couche de cire en les plongeant dans un bain de cire fondue. Lorsqu'on remplit la caisse d'eau chaude, la cire fond avec plus ou moins de rapidité et sur une longueur d'autant plus considérable que la conductibilité de la tige est plus grande.

---

[1] *Ingenhousz*, naturaliste hollandais (1730-1799).

Il est cependant à remarquer qu'une plus grande rapidité de la fusion de la cire ne dénote pas toujours une plus grande conductibilité intérieure; ainsi la conductibilité du fer est six fois plus grande que celle du bismuth, bien que la cire fonde plus rapidement sur celui-ci. Il intervient ici, en effet, non seulement la conductibilité propre ou *intérieure* du corps, mais encore sa conductibilité extérieure ou *superficielle*, (qui est la même chose que son pouvoir émissif absolu), et aussi sa chaleur spécifique.

420. Coefficient de conductibilité. — Pour comparer les pouvoirs de conductibilité des corps, on étudie la propagation de la chaleur à travers un mur homogène; on est conduit à prendre pour coefficient de conductibilité *la quantité de chaleur (le nombre de petites calories) qui passe en 1 seconde à travers 1^{cm2} d'un mur homogène d'une épaisseur égale à 1^{cm}, et dont les faces sont supposées à des températures constantes, différant entre elles de 1°.*

Loi des températures dans une barre. — En étudiant la propagation de la chaleur à travers une barre, Fourier est arrivé à cette conclusion : *Quand les distances des sections d'une barre à la source calorifique croissent en progression arithmétique, les excès de température de ces tranches sur la température de l'air ambiant décroissent en progression géométrique.*

Cette loi a été vérifiée par Despretz; l'appareil dont il s'est servi se compose d'une barre, le long de laquelle sont ménagées des cavités équidistantes les unes des autres (fig. 405); chaque cavité est remplie de mercure dans lequel

Fig. 405.

plonge un thermomètre. La barre est chauffée à l'une de ses extrémités au moyen d'une lampe; un écran empêche le rayonnement de la lampe du côté des thermomètres. Quand ceux-ci sont devenus stationnaires, on note les différentes températures qu'ils accusent, et de ces températures on retranche la température ambiante; ces excès forment une progression géométrique décroissante. Ce qui vérifie la loi.

Wiedemann et Franz ont étudié la conductibilité des fils métalliques, contre lesquels ils appliquaient, de distance en distance, des pinces thermo-électriques communiquant avec un galvanomètre. Ils ont reconnu qu'en passant d'un métal à un autre la *conductibilité calorifique* varie dans le même sens que la *conductibilité électrique*.

CONDUCTIBILITÉ CALORIFIQUE

Argent	1000	Acier	116
Cuivre	738	Plomb	85
Or	532	Platine	84
Étain	145	Alliage de Rose	28
Fer	119	Bismuth	18

C'est à leur conductibilité pour la chaleur que les toiles métalliques doivent la propriété de refroidir les gaz en combustion, et d'arrêter les flammes. Cette propriété est utilisée dans la lampe des mineurs.

421. Conductibilité des liquides. — Les liquides, à l'exception du mercure, qui se comporte comme un métal, sont *mauvais conducteurs* de la chaleur. On le démontre par les expériences suivantes :

1º Dans un vase en verre contenant de l'eau, et dont la paroi est traversée par un thermomètre, on verse de l'alcool que l'on enflamme (fig. 406). Il faut un temps assez long au thermomètre pour indiquer une élévation de température.

2º Si l'on introduit un morceau de glace au fond d'un tube rempli

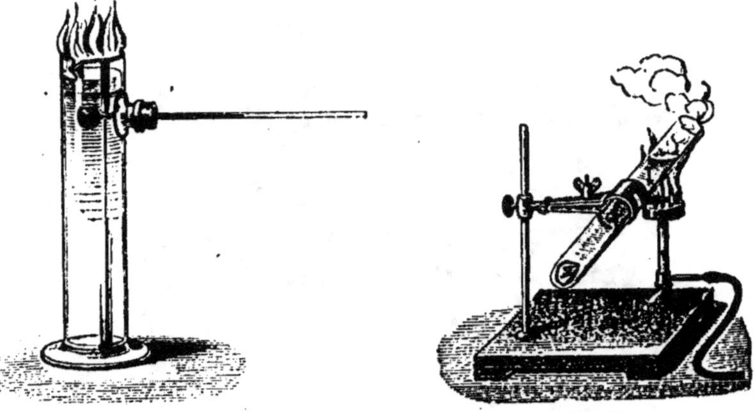

Fig. 406.   Fig. 407.

d'eau (fig. 407), on peut chauffer les couches supérieures du liquide jusqu'à l'ébullition, sans opérer la fusion de la glace.

Convection de la chaleur dans les liquides. — Lorsqu'on chauffe les couches inférieures d'un liquide contenu dans un vase, leur densité diminuant, elles s'élèvent et sont remplacées par les couches supérieures, qui sont plus denses. C'est par ces mouvements ascendants et descendants que les diverses couches se mettent en équilibre de température. Ces mouvements deviennent très sensibles lorsqu'on chauffe, dans une cloche de verre, de l'eau qui tient en suspension de la sciure de bois (fig. 408). Ce mode de propagation a été désigné sous le nom de *convection* de la chaleur.

Mesure de la conductibilité des liquides. — Despretz a constaté que la chaleur se propage dans les liquides de la même manière que

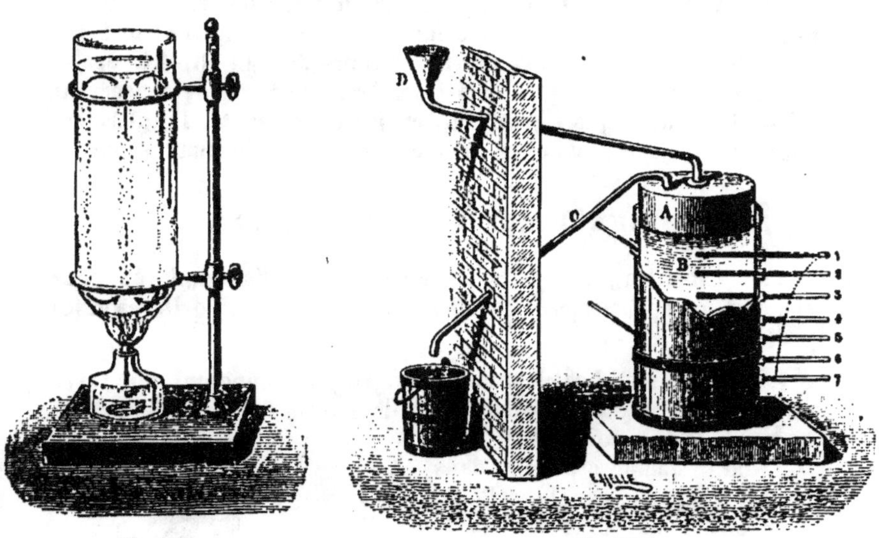

Fig. 408.   Fig. 409.

dans les solides, mais avec un coefficient extrêmement faible. Le liquide contenu dans une cuve en bois de 1 mètre de hauteur et de $0^m,20$ de diamètre était chauffé à la partie supérieure par un courant d'eau chaude qui traversait une boîte métallique (fig. 409); une douzaine de thermomètres, implantés à diverses hauteurs, accusaient la température des différentes couches.

422. Conductibilité des gaz. — Les gaz sont très mauvais conducteurs de la chaleur. Ils s'échauffent par convection; mais quand ils sont retenus dans de petites cavités, de manière que leur masse soit divisée et la circulation difficile, les variations de température sont très faibles. C'est à cette propriété qu'on doit l'usage des fourrures, des édredons, des vêtements de laine, etc.

L'hydrogène est le seul gaz auquel on puisse attribuer une conductibilité propre.

Grove[1] a mis en évidence la conductibilité de l'hydrogène par l'expérience suivante : on fait passer un courant électrique dans une spirale de platine. Quand la spirale est dans l'air, sa température s'élève jusqu'au rouge. Dans l'hydrogène, au contraire, l'incandescence disparaît, ce qui n'aurait pas lieu pour un gaz différent, et ce qui est dû sans doute à la propagation de la chaleur par conductibilité dans la masse d'hydrogène.

Applications. — Dans les pays froids on construit les habitations avec des corps mauvais conducteurs, comme la brique et le bois; si l'on construit avec de la pierre, les murs doivent être très épais. Les fourneaux en briques, les calorifères en faïence, conservent mieux la chaleur que s'ils étaient en fer ou en fonte. La glace est conservée dans des cavités en briques recouvertes de chaume, etc,

CHAUFFAGE ET VENTILATION

423. Chauffage. — Les principaux appareils employés pour chauffer les appartements sont les *cheminées,* les *calorifères* et les *poêles.*

I. Cheminées. — Les *cheminées* (fig. 410) se composent d'un foyer ouvert où l'on brûle le combustible et d'un tuyau T par où s'échappent les produits de la combustion; l'air froid de la chambre pénètre dans le foyer, appelé par la colonne d'air chaud qui s'élève dans le tuyau, en vertu du principe d'Archimède, avec une force égale à la différence des poids de la colonne d'air contenue dans le tuyau et d'une égale colonne d'air extérieur.

Pour que le tirage soit satisfaisant, le foyer ne doit pas être trop ouvert ni le tuyau trop large; autrement la combustion est incomplète, et il s'établit des courants descendants qui amènent une partie de la fumée dans l'appartement.

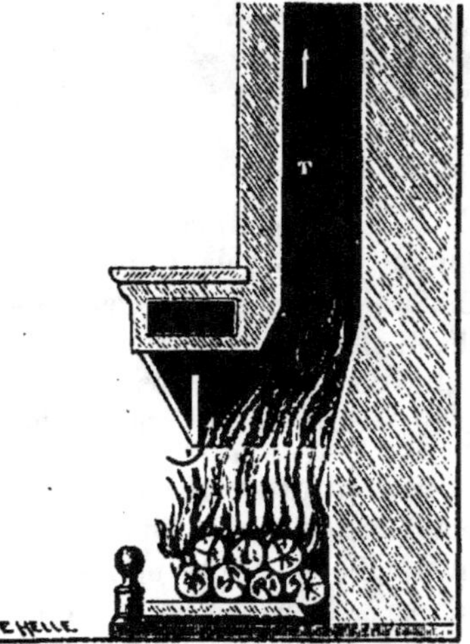

Fig. 410.

Une bonne cheminée n'utilise guère que le quart de la chaleur

---

[1] *Grove*, physicien anglais, né en 1811.

produite par la combustion; le reste est entraîné par le courant d'air ascendant.

Une cheminée ne chauffe que par le rayonnement; aussi entoure-t-on le foyer de plaques polies et métalliques, qui réfléchissent et rayonnent la chaleur vers l'intérieur de l'appartement.

Malgré l'imperfection de ce mode de chauffage, c'est celui qui est adopté pour les petits appartements. Il offre d'ailleurs l'avantage de favoriser le renouvellement de l'air.

II. Calorifères. — Les *calorifères* sont des appareils dans lesquels la chaleur fournie par le foyer est transmise aux appartements par des courants d'eau chaude, de vapeur ou d'air chaud. De là trois sortes de calorifères :

Les calorifères à courant d'eau chaude;

Les calorifères à courant de vapeur d'eau ;

Les calorifères à air chaud.

Les premiers (fig. 411) se composent d'une chaudière placée sur un foyer; l'eau chaude s'élève en vertu de sa légèreté; elle circule dans des tuyaux métalliques et dans des poêles à eau, et revient ensuite à la chaudière; dans ce trajet, l'eau chaude abandonne sa chaleur aux divers appareils, et ceux-ci la transmettent par voie de rayonnement.

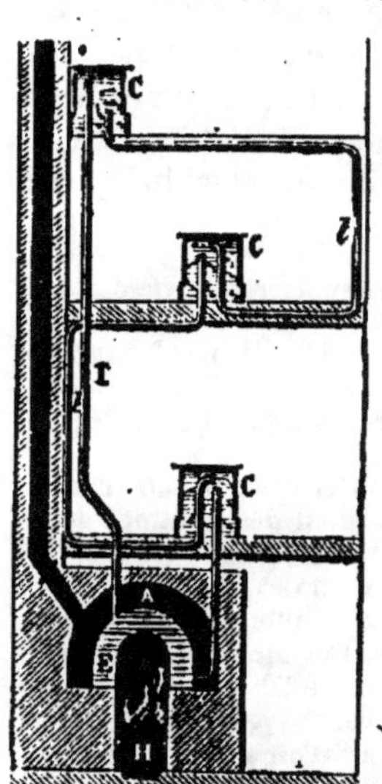

Fig. 411.

Les seconds chauffent de même les appartements par la circulation, dans des tuyaux et dans des poêles, de vapeur d'eau à basse pression produite par un générateur.

Les calorifères à air chaud envoient dans les appartements de l'air chauffé par son contact avec des surfaces métalliques portées à une température élevée.

Ces divers systèmes conviennent au chauffage des grandes salles, des hôpitaux, des écoles, des ateliers, etc.; chacun d'eux a ses avantages et ses inconvénients.

III. Poêles. — Les *poêles* ordinaires utilisent une grande partie de la chaleur du combustible et constituent le procédé de chauffage le plus simple et le plus économique; mais, au point de vue hygiénique, il a l'inconvénient de supprimer ou d'amoindrir beaucoup la ventilation.

Les poêles en fonte où le feu est directement en contact avec l'enveloppe extérieure, ont l'inconvénient grave de rougir facilement, et de dégager de l'oxyde de carbone ou d'autres gaz malsains qui rendent l'atmosphère irrespirable.

Les poêles en faïence n'ont pas ce défaut; ils s'échauffent plus lentement et conservent mieux la chaleur.

Les *poêles calorifères* sont encore préférables; le foyer, disposé comme dans les poêles ordinaires, est entouré d'une enveloppe en tôle dans laquelle circule l'air puisé à l'extérieur au moyen d'un tuyau. Cet air se chauffe au contact du foyer et se répand ensuite dans l'appartement par des orifices pratiqués dans les parois du calorifère. L'air vicié peut être expulsé au dehors, soit par un tuyau qui entoure celui qui sert de cheminée, soit par des orifices ménagés à la partie supérieure des appartements.

Pour être hygiénique, le *chauffage* doit toujours se combiner avec la *ventilation*.

424. Ventilation. — La *ventilation* a pour but d'expulser l'air vicié d'une salle et de faciliter l'arrivée de l'air pur.

L'air est composé de 20,8 d'oxygène pour 100 et de 79,2 d'azote. L'oxygène est nécessaire à la vie de l'homme. Mais dans les phénomènes de la respiration, il se combine avec le carbone pour former de l'acide carbonique, qui se dégage dans l'atmosphère et est impropre à la respiration.

D'un autre côté, la transpiration répand dans l'atmosphère des émanations plus ou moins chargées de matières putrescibles et formant ainsi des miasmes délétères.

Tout cela rend nécessaire le renouvellement de l'air d'une salle.

Un homme effectue en moyenne 15 aspirations par minute, d'une capacité d'un demi-litre, ce qui donne environ 500^l par heure. Cet air expiré contient 4 $^0/_0$ d'acide carbonique, c'est-à-dire 20^l, se composant de 20^l d'oxygène et de 10^{gr} de carbone. L'homme consume donc, dans une heure, l'oxygène de 100^l d'air et vicie 500^l d'air dans le même temps; 6 mètres cubes d'air sont nécessaires pour dissiper les vapeurs exhalées; il faut donc à un homme 7 mètres cubes d'air par heure; c'est une limite inférieure qui ne doit jamais être dépassée.

Pour que la respiration s'accomplisse dans les conditions les plus favorables, on doit verser dans les salles :

De 15 à 20 mètres cubes d'air par heure et par individu pour des écoles d'enfants;

> 30 à 40 mèt. cub. pour des adultes;
> 40 à 50 — dans les casernes et les théâtres;
> 60 à 100 — dans les ateliers;
> 70 à 150 — dans les hôpitaux.

D'autres causes, telles que l'éclairage, le chauffage, etc., peuvent augmenter l'altération de l'air des salles habitées.

Il est donc nécessaire de prendre des dispositions qui permettent à l'air de se renouveler. L'air extérieur doit pénétrer par des ouvertures pratiquées près du plancher, et l'air vicié doit sortir par un grand nombre d'orifices pratiqués vers le plafond.

Les appartements pourvus d'une cheminée sont suffisamment aérés par le courant qui s'établit dans le tuyau; mais il faut ménager des ouvertures qui permettent à l'air extérieur de pénétrer dans l'appartement, car les joints des portes et des fenêtres peuvent n'être pas suffisants.

CHAPITRE IX

PHÉNOMÈNES MÉTÉOROLOGIQUES

425. Météorologie. — La météorologie est l'étude des *phénomènes météorologiques*, c'est-à-dire des phénomènes physiques qui
se produisent à la surface du globe et dans l'atmosphère. Les plus
importants d'entre eux sont des phénomènes calorifiques : variations
de température, vent, pluie... Leur étude se place naturellement
après celle de la chaleur.

Plus loin, nous aurons à nous occuper aussi de quelques phénomènes lumineux, de l'électricité atmosphérique, du magnétisme terrestre, etc.

La météorologie comprend la *climatologie*, étude des phénomènes
réguliers qui influent sur le climat d'un pays; et la *météorologie dynamique*, ou étude des *météores aériens* et des *météores aqueux*,
c'est-à-dire des perturbations qui surviennent dans l'état normal de
l'atmosphère.

1. CLIMATOLOGIE

**426. Répartition de la température à la surface de la
terre.** — La température à la surface du sol varie continuellement.
Ses variations dépendent de la latitude, de l'altitude et de la configuration des lieux. Dans le même lieu, elles dépendent des heures
de la journée, des saisons de l'année, des vents, etc.

Température moyenne. — Pour observer la température *moyenne*
d'un lieu, on se sert d'un bon thermomètre à mercure exposé au Nord,
à l'abri des rayons solaires et du rayonnement des corps voisins, et
placé de manière que l'air puisse facilement circuler autour de lui.

Pour obtenir la *moyenne journalière*, on fait dans la journée un
certain nombre d'observations à des intervalles de temps égaux, et
l'on divise la somme des températures observées par le nombre
d'observations. Plus les observations sont nombreuses, plus aussi la
moyenne est exacte. On a remarqué cependant qu'on obtient un résultat
suffisamment approché en prenant la moyenne de quatre observations
faites à quatre heures et à dix heures du matin, à quatre heures et à
dix heures du soir. Quelques observateurs préfèrent les trois observations de six heures du matin, deux heures et dix heures du soir.

La *moyenne mensuelle* s'obtient en divisant par 30 la somme des moyennes de chaque jour.

La *moyenne annuelle* est obtenue en divisant par 12 la somme des moyennes mensuelles.

Enfin, pour trouver la *moyenne d'un lieu*, on prend la moyenne d'un certain nombre de moyennes annuelles. A Paris, le résultat d'un demi-siècle d'observations donne pour température moyenne : 10°,67.

Lignes isothermes. — Les lignes *isothermes* sont des lignes qui réunissent, sur une carte géographique, tous les lieux qui ont la

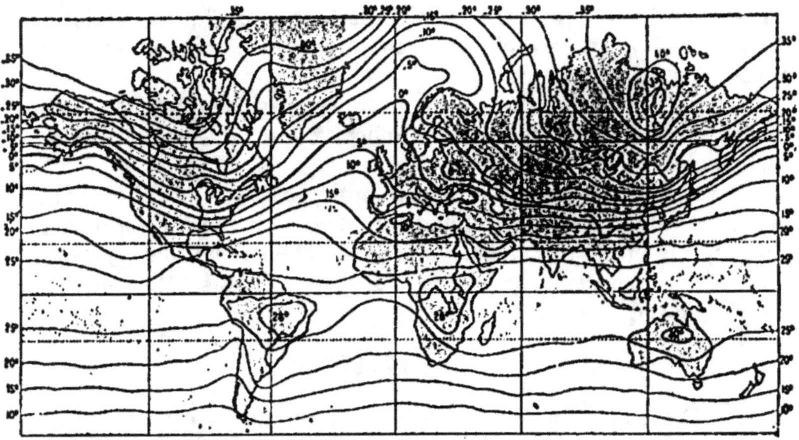

Fig. 412. — Isothermes de janvier.

même température moyenne. Ces lignes ne peuvent être déterminées que par des observations longues et multipliées. Elles sont irrégulières et très sinueuses, par rapport aux cercles de latitude.

On distingue les lignes isothermes annuelles, répondant à la température moyenne de l'année entière ; les lignes *isothères* construites avec la moyenne estivale, et les lignes *isochimènes* déterminées par la moyenne hivernale.

On peut tracer aussi des cartes d'isothermes avec les températures moyennes d'un jour donné, ou avec les moyennes mensuelles, etc. Telles sont la carte des isothermes du mois de *janvier* (fig. 412) et celle de *juillet* (fig. 413). La carte de janvier met en relief les influences opposées de la mer et des continents : les isothermes s'élèvent au nord sur les mers et descendent au sud sur les continents.

Climats. — On appelle *climat* d'un lieu l'ensemble des conditions météorologiques auxquelles il est soumis dans l'espace d'une année.

Le climat d'un lieu est caractérisé principalement par la différence qui existe entre la température moyenne de l'été et la température moyenne de l'hiver.

On distingue les climats constants, les climats variables et les climats excessifs.

On nomme climats *constants*, ceux pour lesquels la différence

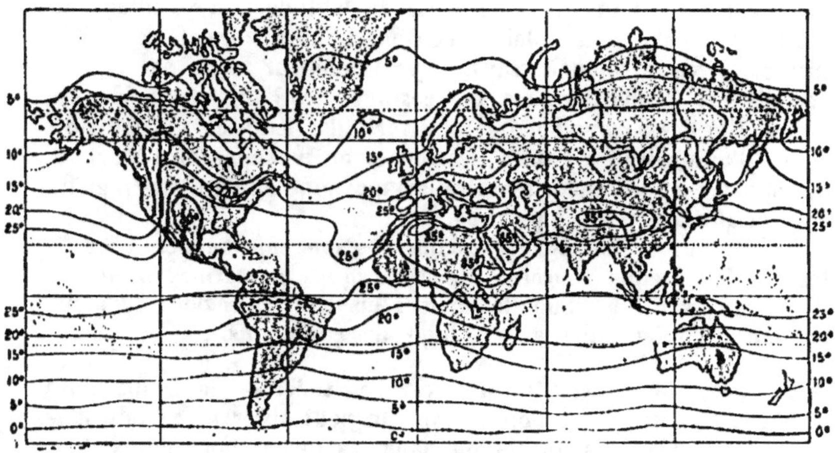

Fig. 413. — Isothermes de juillet.

entre la moyenne de l'été et celle de l'hiver ne dépasse pas 7 ou 8 degrés;

Climats *variables*, ceux dans lesquels la différence des moyennes d'hiver et d'été atteint 15 ou 16 degrés;

Climats *excessifs*, ceux dans lesquels cette différence surpasse 30 degrés.

Les climats constants se rencontrent généralement au voisinage de la mer, et dans les îles peu étendues. Au contraire, les climats ne deviennent excessifs qu'à l'intérieur des grands continents. De là une division équivalente, en *climats marins* et *climats continentaux*.

Cette différence entre les climats marins et les climats continentaux est aisée à expliquer. L'eau de mer ne change pas de température aussi facilement que le sol : sa chaleur spécifique est plus grande; son pouvoir absorbant et son pouvoir émissif sont moindres; enfin, ses variations de température affectent une couche superficielle de plus grande épaisseur. Il s'ensuit que la différence de température entre le jour et la nuit, ou entre l'été et l'hiver, est beaucoup moindre sur la mer que sur le continent. La température de la mer reste à peu près constante. Les vents qui soufflent de la mer vers le sol tendent à régulariser la température, et les régions voisines de la mer participent ainsi à la constance de température de la mer elle-même.

Variation de la température moyenne avec la latitude. — L'inégalité des températures moyennes en divers lieux du globe tient principalement aux différences de latitude. Au voisinage de l'équateur, les rayons solaires peuvent tomber normalement à la surface terrestre, et nous savons que la chaleur reçue par rayonnement est proportionnelle au cosinus de l'angle d'incidence. L'obliquité des rayons solaires, qui varie d'ailleurs en un point du globe d'une saison à l'autre, augmente en moyenne de l'équateur au pôle. C'est pourquoi la température moyenne diminue des régions équatoriales aux régions polaires.

L'air et la mer des régions équatoriales sont constamment échauffés; et les grands courants atmosphériques et marins, partis de l'équateur, vont distribuer la chaleur en diverses régions du globe suivant la configuration géographique des continents.

Variation de la température avec l'altitude. — La température diminue à mesure que l'on s'élève. On peut observer ce fait dans les ascensions aérostatiques ou dans les explorations faites dans les hautes montagnes; la présence perpétuelle des neiges sur les hauts sommets, même dans les régions équatoriales, en est une preuve concluante.

La loi du décroissement de la température dans l'atmosphère n'est pas bien connue. Ce décroissement est très irrégulier. On admet cependant que la température s'abaisse en moyenne de 1° pour une ascension de 180 mètres.

La hauteur limite des neiges perpétuelles varie avec la *latitude*.

Elle s'abaisse à 4500^m sur la chaîne de l'Himalaya (30° de lat.);

— à 2700^m sur la chaîne des Alpes (45° de latitude);

— à 460^m au Spitzberg.

2. MÉTÉORES AÉRIENS

427. Vents. — Les *vents* sont des courants atmosphériques, c'est-à-dire des masses d'air en mouvement.

Les vents sont produits par des causes diverses, qui se ramènent en définitive à *l'inégale distribution de la chaleur à la surface de la terre.*

1° Supposons qu'une partie AB de la surface du sol s'échauffe plus que les parties voisines (fig. 414); l'air chauffé, au contact de AB, se dilate, s'élève dans l'atmosphère, et détermine un courant ascendant. L'air situé en

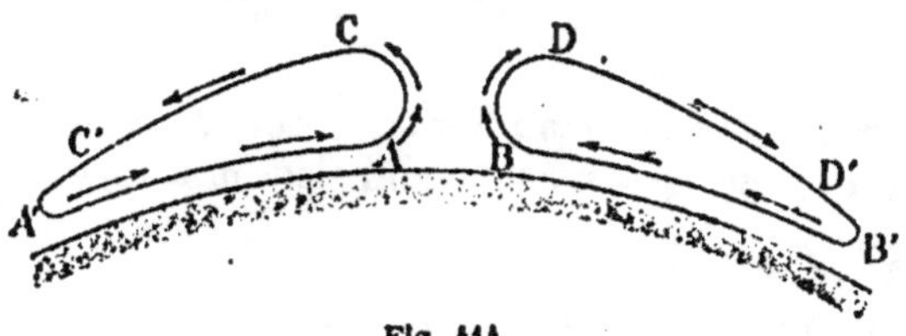

Fig. 414.

A′ ou en B′ afflue vers AB, où la pression est moindre; et il se produit deux courants horizontaux, l'un dans la direction A′A, l'autre dans la direction B′B.

L'air, qui s'est élevé de AB en CD, se déverse alors à droite et à gauche, et produit dans les régions supérieures de l'atmosphère des courants inverses de ceux qui règnent à la partie inférieure.

Propagation du vent. — L'ébranlement d'air, à la partie inférieure, commence en A et en B, et se propage, de proche en proche, dans le sens AA′ et dans le sens BB′; la propagation se fait donc en sens inverse de la direction.

2° **Relation du vent avec les isobares.** — L'étude du vent est intimement liée avec l'étude de la répartition de la pression atmosphérique à un instant donné, c'est-à-dire avec l'étude du réseau formé par les *lignes isobares.*

On appelle ligne isobare une ligne qui réunit sur une carte géographique tous les points où la pression barométrique est la même à un instant donné.

On construit également des lignes isobares joignant les points qui ont la même pression barométrique moyenne pendant une période de temps donnée, comme un mois, une saison...

Habituellement un système d'isobares constitue un ensemble de lignes fermées, qui entourent soit un *centre de haute pression,* soit un *centre de basse pression.*

Par exemple, une région surchauffée AB (fig. 414) est un centre de basse pression, entouré d'isobares dont la pression va en augmentant à mesure qu'on s'éloigne de cette région surchauffée.

Au contraire, une région plus froide que ses voisines est un centre de haute pression, entouré d'isobares dont la pression décroît à partir de cette région froide.

Si les déplacements de l'air n'étaient dûs qu'à la variation de pression atmosphérique, le vent soufflerait directement des points de haute pression vers les points de basse pression [1]. Ainsi, l'air affluerait de tous côtés vers un centre de basse pression, tandis qu'il divergerait dans tous les sens à partir d'un centre de haute pression. Nous verrons bientôt que le mouvement de rotation de la terre vient compliquer ce mouvement rectiligne et le transformer en un mouvement giratoire.

3° **Le vent peut être provoqué par** *la condensation de la vapeur d'eau.* — Quand la vapeur d'eau se résout en pluie, un vide se

---

[1] Cette loi a été formulée par *Buys-Ballot,* météorologiste hollandais.

produit aussitôt, à cause de l'énorme diminution de volume résultant de la condensation (348); l'air environnant se précipite alors de tous côtés pour combler ce vide.

Direction et vitesse. — La direction du vent est donnée par les girouettes, et sa vitesse par des instruments enregistreurs appelés *anémomètres*.

La vitesse du vent est très variable.

La vitesse d'un vent modéré est de 2 mètres par seconde.

    —   d'un vent très fort est de 10   —   —

    —   de la tempête est de 25 à 30   —   —

    —   de l'ouragan est de 30 à 45   —   —

Au-dessus de 12^m par seconde, les vents sont dangereux en mer.

428. Vents réguliers. — On distingue des vents réguliers et des vents irréguliers. Les principaux vents réguliers sont les vents *alizés*, les *moussons*, les *brises de mer* et de *terre*.

Vents alizés. — Les vents *alizés* règnent continuellement dans les régions équatoriales de l'océan Atlantique; ils sont dirigés du nord-est au sud-ouest dans l'hémisphère boréal, du sud-est au nord-ouest dans l'hémisphère austral, et de l'est à l'ouest à l'équateur.

Ces vents sont dus à l'action combinée de l'échauffement de l'air à l'équateur, et de la rotation de la terre.

Considérons d'abord ce qui se passe dans l'hémisphère boréal.

Les couches d'air qui sont à l'équateur s'échauffent et, par suite, s'élèvent dans l'atmosphère; l'air du pôle afflue alors vers l'équateur, et, si la terre était immobile, on aurait un courant du nord au sud, suivant NC (fig. 415). Mais la terre tourne sur elle-même de l'ouest à l'est, et, comme la vitesse d'un point est moindre du côté du pôle que du côté de l'équateur, l'air qui vient du nord est en retard sur les régions qu'il rencontre, de sorte qu'il semble se déplacer de l'est à l'ouest.

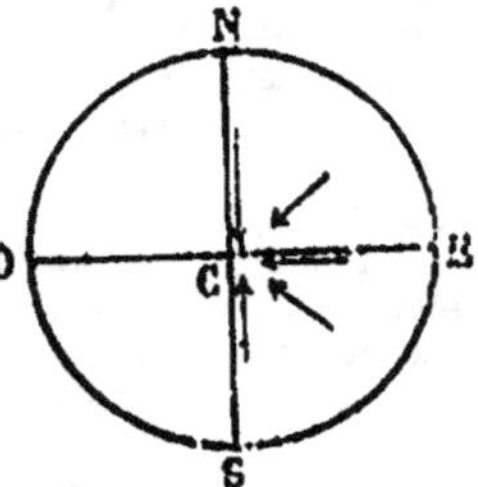

Fig. 415.

Par un raisonnement analogue, on se rend compte du courant qui, dans l'hémisphère austral, est dirigé du sud-est au nord-ouest.

A l'équateur, les deux courants du nord-est et du sud-est se combinent et déterminent un courant dirigé de l'est à l'ouest.

Dans les régions supérieures de l'atmosphère, il s'établit en même temps des courants contraires, appelés **contre-alizés**, c'est-à-dire dirigés de l'équateur vers les pôles; ils entraînent du côté des pôles l'air chaud des régions équatoriales ; les contre-alizés descendent graduellement vers le sol et l'atteignent vers le 40° degré de latitude.

Dans l'hémisphère boréal, le contre-alizé finit par constituer le vent du sud-ouest qui domine dans le nord de l'Europe.

Pour se rendre compte de l'ensemble des vents qui dominent sur l'océan Atlantique nord pendant la saison chaude, il suffit de jeter un coup d'œil sur la carte (fig. 416) qui représente la circulation de l'air dans cette région pendant les mois d'été.

Deux causes principales interviennent : la distribution des pressions baro-

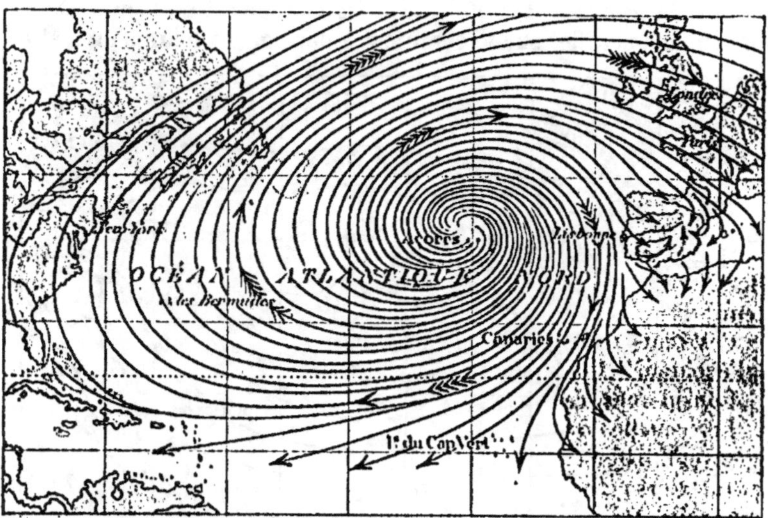

Fig. 416. — Circulation de l'air pendant l'été sur l'Atlantique nord.

métriques moyennes et le mouvement de rotation de la terre de l'ouest à l'est.

La figure 417 représente le système des lignes isobares répondant à la pression barométrique moyenne pendant les mois d'été. On constate la présence d'un centre de haute pression qui se maintient vers les Açores. L'air tend donc à se déverser à partir de ce point dans toutes les directions.

Mais, à cause du mouvement de rotation de la terre, tous les courants qui se rapprochent de l'équateur subissent une déviation vers l'ouest, tandis que les courants dirigés vers le pôle éprouvent une déviation vers l'est. Il s'ensuit que l'ensemble de la masse d'air qui s'éloigne du centre de haute pression prend un mouvement giratoire dans le sens du mouvement des aiguilles d'une montre. (Dans l'hémisphère sud, le mouvement autour d'un centre de haute pression s'effectue dans le sens opposé.)

Moussons. — Les *moussons* sont des vents périodiques qui soufflent six mois dans un sens et six mois dans le sens opposé. Les plus remarquables sont celles de l'océan Indien et de la mer de Chine.

La *mousson d'été* est un vent qui souffle de la mer vers la terre depuis le mois d'avril jusqu'au mois d'octobre. La *mousson d'hiver* est un vent de terre qui règne d'octobre à avril.

Le renversement de la mousson, vers octobre ou vers avril, produit des remous atmosphériques très dangereux, que l'on nomme *typhons* dans la mer de Chine, cyclones et tornados dans l'océan Indien.

Ces vents ont pour cause l'échauffement considérable des hauts plateaux de l'Asie pendant l'été et leur refroidissement pendant l'hiver.

Brises de mer et de terre. — La *brise de mer* est un vent frais qui commence à souffler sur le continent à neuf ou dix heures du matin.

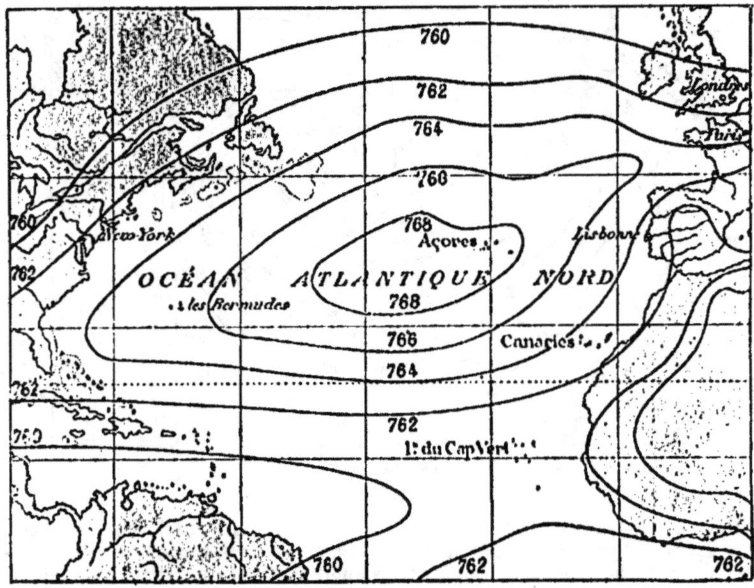

Fig. 417. — Isobares d'été.

Son intensité va en progressant jusque vers les deux ou trois heures du soir, puis elle s'affaiblit. La brise de mer cesse au coucher du soleil.

La *brise de terre* commence quelques heures après le coucher du soleil et cesse à son lever.

Ces mouvements s'expliquent aisément par l'échauffement, pendant le jour, des couches d'air qui sont au-dessus du continent et par leur refroidissement pendant la nuit.

420. Vents irréguliers. — Les vents *irréguliers* sont ceux qui ne reviennent pas à heure fixe ou à époque fixe. Il ne faudrait pas croire pour cela qu'ils n'aient aucun caractère commun et n'obéissent pas à des lois déterminées.

Une catégorie très importante de *courants atmosphériques* est celle des courants qui ont un mouvement tourbillonnaire. Les masses d'air entraînées dans le courant tournent autour d'un axe vertical, d'un mouvement plus ou moins rapide, et en décrivant des courbes de plus ou moins d'étendue. Suivant la grandeur de ces courbes, ces courants tourbillonnaires constituent les *tempêtes*, les *cyclones* ou les *trombes*.

Tempêtes. — Les tempêtes qui se font sentir sur la mer ou dans les régions peu éloignées de la mer, telles que l'Europe occidentale,

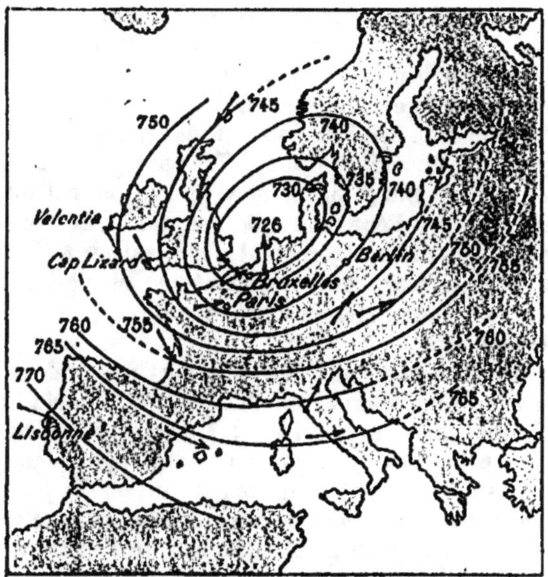

Fig. 418. — Diagramme d'une tempête.

consistent en un vent violent, dont la direction change d'heure en heure, et qui en général est accompagné de pluie. La tempête sévit à la fois en tous les points d'une surface considérable; aussi les lois des tempêtes n'ont-elles pu être établies que par l'étude de cartes météorologiques dressées pour des régions très étendues.

Quand il y a tempête sur le continent ou sur la mer, la pression barométrique est plus basse au centre de la région atteinte que dans les pays environnants : il y a là un *minimum de pression*.

Si l'on a soin de tracer tous les jours les *lignes isobares*, pour une même heure, c'est-à-dire les lignes d'égale pression barométrique, on observe qu'au moment d'une tempête, plusieurs isobares sont des courbes fermées, concentriques, tracées autour d'un point où la pression est mininum et qui est le centre de la tempête (fig. 418). Ce point se déplace d'ailleurs d'un jour à l'autre, et avec lui les lignes isobares qui l'entouraient. La comparaison des lignes isobares de deux jours consécutifs permet de suivre la marche d'une tempête.

Si l'on a eu soin de marquer sur les cartes la direction du vent en chaque point, on trouve que, sur les isobares fermées qui entourent le centre de basse pression, le vent souffle dans une direction tangente à l'isobare; l'air tourne donc tout autour de ce point, et, dans notre hémisphère, *il tourne dans le sens inverse du mouvement des aiguilles d'une montre*. Dans l'hémisphère austral, au contraire, les vents tournent dans le sens des aiguilles d'une montre.

Dans nos contrées, les tempêtes sont transportées par le grand courant aérien qui est le prolongement du contre-alizé, provenant de la région du golfe du Mexique (fig. 416). Le trajet de ce courant aérien concorde avec celui du courant marin appelé Gulf-Stream; il vient longer les côtes de l'Europe, l'Espagne, les îles Britanniques, la Norvège et va rejoindre par le nord de la Sibérie d'autres courants qui reviennent vers l'équateur. Sa largeur n'est pas absolument constante; il se déplace légèrement d'une saison à l'autre, mais sa direction générale reste toujours la même; et c'est surtout à l'influence de ce courant chaud et humide que l'Europe occidentale doit son climat tempéré.

L'observation prouve que les tempêtes descendent le courant équatorial avec une vitesse sensiblement invariable. C'est ce qui permet d'annoncer leur arrivée : chose particulièrement facile quand la tempête est déjà formée en Amérique, dans le golfe du Mexique. Une tempête met en moyenne huit ou dix jours à atteindre les côtes de France. Le tracé de quelques isobares, effectué d'après les observations barométriques faites sur le continent ou dans les îles, permet de décrire à coup sûr une tempête et d'en prédire l'arrivée.

Le centre de la tempête reste en général dans l'Océan; c'est le bord droit qui envahit nos continents. Un même point est successivement rencontré par les diverses lignes isobares; on peut ainsi, en un lieu donné, suivre la marche de la tempête, d'après la baisse progressive du baromètre en ce lieu. Chaque isobare donne la direction du vent au moment où elle passe; il résulte de la loi de rotation des vents autour du centre que le vent en un même point tourne pendant la durée de la tempête : il tourne du nord au sud en passant par l'est, ou, si l'on veut, de l'ouest à l'est en passant par le nord. C'est presque toujours dans ce sens que tournent les girouettes pendant le passage d'une bourrasque.

Les vents qui dominent en un point donné de l'Europe sont déterminés en grande partie par la configuration géographique. Les chaînes de montagnes notamment peuvent détourner ou dévier les courants aériens dérivés du grand courant équatorial.

Cyclones et trombes. — Les tempêtes embrassent des cercles qui peuvent avoir plus de 500 kilomètres de rayon.

Les *cyclones* sont des tourbillons obéissant aux mêmes lois; mais d'une part leur étendue est plus restreinte, et par contre leur vitesse de rotation est plus grande : on a vu des cyclones, parcourant une bande de pays de 60 à 100 kilomètres de large, dévaster tout sur leur passage, arracher des arbres, renverser des maisons, etc. [1].

Les *trombes* sont des tourbillons d'étendue encore moindre, mais aussi beaucoup plus violents.

430. Courants marins. — La même cause fondamentale, inégalités de température dues à l'échauffement équatorial, produit des courants dans la mer comme dans l'atmosphère. Les vents réguliers, tels que les alizés et les contre-alizés, exercent aussi une influence déterminante sur ces courants marins. Les deux alizés venus du nord et du sud de l'Atlantique se composent vers l'équateur, pour donner un grand courant dirigé vers l'ouest : ce courant entraîne une masse énorme d'eau chaude, qu'il vient jeter sur la côte orientale de l'Amérique. Le courant marin ainsi produit se brise là en deux branches; la branche nord est projetée dans le golfe du Mexique, d'où elle ressort au sud de la Floride, en formant à partir de là un véritable fleuve d'eau chaude qui ne se mélange pas avec la mer environnante. Ce fleuve du golfe, *Gulf-Stream*, se dirige vers le nord-est et vient baigner la côte occidentale de l'Europe : Espagne, France, îles Britanniques. Le contre-alizé contribue à l'entraîner dans cette direction; et, de son côté, le Gulf-Stream a pour effet de maintenir chaud et humide ce grand courant atmosphérique appelé *courant équatorial*, qui est le facteur capital du climat de nos pays.

---

[1] **Règle de la manœuvre.** — Le mouvement de rotation d'un cyclone se combinant avec le mouvement de translation de son axe, la vitesse du vent n'est pas la même de part et d'autre de la trajectoire de l'axe. D'un côté, la vitesse du vent est la somme des vitesses de rotation et de translation; c'est le *demi-cercle dangereux*. De l'autre côté, la vitesse du vent est égale à la différence des vitesses composantes : c'est le *demi-cercle maniable*.

Dès qu'un navire se sent atteint par un cyclone, ce dont il est averti par la baisse rapide du baromètre, il doit avant tout déterminer la direction où se trouve le centre de la tempête. Voici la règle de Piddington, pour l'hémisphère nord : *Faites face au vent et étendez le bras droit; le centre est dans cette direction.* Ce serait le bras gauche si l'on se trouvait dans l'hémisphère sud.

Ainsi orienté, le navigateur n'a plus qu'à manœuvrer immédiatement, d'après les règles données dans la marine, pour fuir le centre de la tempête.

3. MÉTÉORES AQUEUX

431. Phénomènes atmosphériques produits par la condensation de la vapeur d'eau. — Les phénomènes atmosphériques produits par la condensation de la vapeur d'eau se désignent sous le nom de *météores aqueux* et comprennent : les brouillards, les nuages, la pluie, le serein, la rosée, le givre, la neige, la grêle.

Brouillards et nuages. — Les *brouillards* sont constitués par de petites gouttelettes d'eau qui flottent dans l'air et troublent la transparence des basses régions de l'atmosphère ; ils se forment au-

Fig. 410. — Différents types de nuages.

dessus du sol ou des rivières. Quand ils se produisent dans les régions élevées, les brouillards prennent le nom de *nuages*.

Plusieurs causes peuvent contribuer à la formation de ces phénomènes :

1° *Le refroidissement subit d'une masse d'air voisine de son point de saturation.*

2° *La rencontre de deux masses d'air inégalement chaudes et saturées d'humidité.*

La *tension maximum* de la vapeur d'eau augmente beaucoup plus vite que la température. Il s'ensuit que la tension maximum à une température moyenne de deux autres, est toujours très inférieure à la moyenne des tensions maximum à ces deux autres tem-

20

pératures. Si donc on mélange deux litres d'air saturé de vapeur, l'un à 10°, l'autre à 30°, par exemple, ils donneront ensemble deux litres d'air à 20°, chargé de vapeur à une tension moyenne entre les tensions à 10° et 30°, c'est-à-dire à une tension très supérieure à la tension maximum à 20° ; une partie de cette vapeur doit donc se condenser.

Les nuages qui se produisent dans les plus hautes régions de l'atmosphère seraient constitués par des aiguilles de glace extrêmement ténues.

Principaux types de nuages. — Les nuages se divisent, d'après leurs formes, en quatre espèces principales : les cirrus, les cumulus, les stratus et les nimbus (fig. 419).

1° Les *cirrus* ont l'apparence de stries blanches et ressemblent à des flocons de laine très déliés. Ils précèdent et accompagnent généralement le vent du sud et se trouvent à des hauteurs de 7 à 8000 mètres.

2° Les *cumulus* ont des formes arrondies et l'aspect de montagnes amoncelées. Ils apparaissent généralement dans les journées de forte chaleur.

3° Les *stratus* se présentent sous la forme de bandes horizontales et se montrent au coucher du soleil, pour disparaître à son lever.

4° Les *nimbus* sont des nuages sombres qui se résolvent en pluie ; ils occupent de vastes étendues et les basses régions de l'atmosphère.

Pluie. — La *pluie* est le résultat d'une condensation de la vapeur d'eau, assez forte pour que les gouttelettes ne puissent rester suspendues dans l'atmosphère et qu'elles se précipitent sur la terre.

La quantité de pluie qui tombe dans une région varie selon les climats. Elle diminue de l'équateur au pôle. Ainsi, à Paris, la quantité annuelle est de 568 millimètres ; à Calcutta, à la Havane, elle est de 2^m,230.

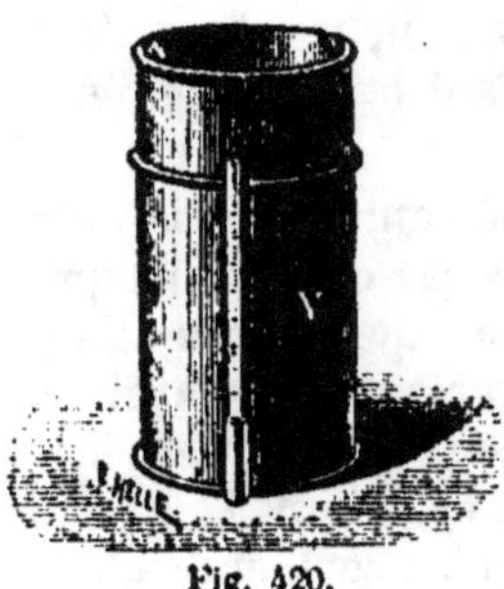

Fig. 420.

de 2^m,230. Il n'en faudrait pas conclure que l'état d'humidité ne dépend que de la latitude ; il est des contrées équatoriales, telles que le Pérou, où il tombe peu de pluie et les régions voisines de la mer reçoivent, en général, une quantité de pluie plus abondante que l'intérieur des continents.

Dans les climats tempérés, les jours de pluie sont très variables ; entre les tropiques, les pluies reviennent périodiquement aux mêmes époques de l'année.

Pour évaluer la quantité d'eau qui tombe dans un lieu, on se sert d'un instrument appelé *pluviomètre* ou *udiomètre*.

Le *pluviomètre* (fig. 420) se compose d'un entonnoir qui reçoit l'eau et la conduit dans un cylindre. Un tube de verre, gradué en millimètres et communiquant avec le réservoir, permet d'apprécier la hauteur du liquide. Si l'entonnoir et le cylindre ont le même diamètre, cette hauteur est celle qu'aurait la couche d'eau à la surface du sol, s'il n'y avait pas eu d'écoulement, d'imbibition ou d'évaporation.

Neige, grésil, verglas. — La *neige* est de la vapeur d'eau congelée et cristallisée; elle est produite par la condensation d'un nuage à une température inférieure à 0°. Les flocons de neige sont formés de petites aiguilles enchevêtrées régulièrement et symétriquement, présentant des figures hexagonales de formes très variées (fig. 322).

La quantité de neige qui tombe dans une région, dépend à la fois de la latitude et de l'altitude.

Le *grésil* est produit par la pluie qui se congèle avant de tomber sur le sol; il se présente sous la forme de petits grains arrondis.

La *grêle* paraît avoir la même provenance que le grésil. Les grêlons ont une forme généralement ovoïde. Leur grosseur varie depuis celle d'un pois jusqu'à celle d'une noix. Quelquefois il en tombe de bien plus gros; on cite des grêlons qui pesaient un kilogramme.

Si l'on fait une section plane dans un grêlon, on constate qu'il est formé de plusieurs couches d'aspect différent, ce qui démontre que ces couches n'ont pas été produites simultanément. Plusieurs hypothèses ont été émises sur la formation de ces diverses couches; mais aucune ne donne une explication satisfaisante du phénomène, où l'électricité paraît jouer un grand rôle.

Le *verglas* est de la pluie qui se congèle à la surface du sol, lorsque celui-ci est à une température inférieure à 0°. Ce phénomène se produit lorsqu'il tombe de la pluie en surfusion après plusieurs jours de très forte gelée.

Rosée. — On donne le nom de *rosée* aux gouttelettes d'eau dont se recouvrent les corps placés à découvert, pendant les nuits sereines du printemps et de l'automne.

Théorie de la rosée par Wells[1]. — Wells a démontré que la rosée n'est pas le résultat de la pluie, comme on l'avait cru longtemps, mais qu'elle se forme par la condensation de la vapeur d'eau atmosphérique, *au contact* même des corps sur lesquels on la trouve.

La rosée ne tombe pas du ciel sous forme de pluie. — Ayant placé deux morceaux de laine de même poids, l'un à l'air libre, l'autre au fond d'un cylindre, Wels constata que le premier se charge d'une quantité d'humidité beaucoup plus grande que celle qui se dépose sur le second.

---

[1] *Wells*, physicien américain (1752-1817).

Au moment où se forme la rosée, la température du sol est beaucoup plus basse que celle de l'air. — Ayant placé un thermomètre à 1 mètre du sol, et un deuxième sur l'herbe, Wells a constaté que le second marquait 8° de moins que le premier.

Pendant la nuit, l'air et la surface de la terre rayonnent vers l'espace et abandonnent une partie de la chaleur qu'ils avaient absorbée pendant le jour. Le rayonnement du sol étant plus considérable que celui de l'air, le sol et l'air présentent une différence de température qui peut aller jusqu'à 10°. Les couches d'air qui se trouvent en contact avec lui participent à sa température, atteignent leur point de saturation, et la vapeur se condense.

D'après cette théorie, les circonstances qui augmentent ou diminuent le pouvoir émissif des corps doivent agir de la même manière sur la rosée : c'est en effet ce que montre l'expérience. Ainsi :

1° La quantité de rosée dépend de la nature du corps sur lequel elle se produit. Plus le pouvoir émissif d'un corps est considérable, plus ce corps se refroidit ; et plus aussi le dépôt de rosée est grand ; ainsi, les plantes se couvrent plus facilement de rosée que les métaux polis.

2° Elle est encore influencée par tout ce qui peut diminuer le rayonnement, et, par conséquent, l'abaissement de température, comme l'abri ou le voisinage de certains corps, la présence des nuages, etc.

3° Un air fortement agité s'oppose à la formation de la rosée, parce que les couches d'air, sans cesse renouvelées, restituent aux corps une partie de la chaleur qu'ils ont perdue par le rayonnement et favorisent la vaporisation de l'eau condensée. Cependant une légère agitation de l'atmosphère favorise le dépôt de rosée, en amenant continuellement à la surface des corps de nouvelles couches d'air saturé.

La rosée commence à se déposer au coucher du soleil ; elle porte alors le nom de *serein*. Elle continue toute la nuit ; mais c'est surtout le matin, un peu avant le lever du soleil, qu'elle se condense en plus grande quantité, parce que c'est le moment le plus froid.

Dans nos contrées, la rosée se forme plus abondamment pendant l'automne et le printemps, parce que, dans ces saisons, la différence de température du jour et de la nuit est plus grande que pendant l'été et l'hiver.

Gelée blanche, givre. — La *gelée blanche* ou *givre* est de la rosée congelée ; elle se produit lorsque les corps sur lesquels se dépose la rosée sont à une température inférieure à 0°.

LIVRE VI

OPTIQUE

—

CHAPITRE PREMIER

PROPAGATION ET INTENSITÉ DE LA LUMIÈRE

1. NATURE ET PROPAGATION DE LA LUMIÈRE

432. Hypothèse sur la nature de la lumière. — *L'Optique est la partie de la physique qui traite de la lumière.*

La lumière est la cause des phénomènes qui impressionnent la vue.

Sa nature nous est inconnue; mais l'analogie entre certains phénomènes d'acoustique et d'optique [1] conduit à admettre que la lumière se produit et se propage de la même manière que le son. Ainsi, la lumière ne serait autre chose qu'un mouvement vibratoire. Mais comme la lumière traverse le vide, il faut admettre l'existence d'un milieu élastique impondérable qui remplit tous les espaces où ce mouvement vibratoire se propage.

Hypothèse des ondulations. — *On admet qu'il existe un milieu très subtil et très élastique, nommé l'éther, répandu partout : dans le vide et dans tous les corps pondérables.*

On sait que le son est un mouvement vibratoire qui prend nais-

---

[1] Tels sont les phénomènes d'interférence (249); mais nous n'avons pas à étudier l'interférence de la lumière, qui sortirait de notre programme.

L'enseignement de l'optique comprend deux parties, qui diffèrent par leur *objet* et par leur *méthode :*

1° L'*optique élémentaire* ou **optique géométrique** se borne aux phénomènes lumineux les plus simples et les plus faciles à reproduire : *réflexion, réfraction, dispersion, formation des images* dans les instruments d'optique. On peut l'exposer abstraction faite de toute hypothèse sur la nature de la lumière.

2° L'*optique supérieure* ou **optique physique**, au contraire, n'est autre que la *théorie des ondulations lumineuses*. Non seulement elle explique les phénomènes de l'optique géométrique, mais elle recherche et vérifie expérimentalement une foule d'autres conséquences de la théorie des ondes. On est ainsi parvenu à découvrir et à expliquer des faits complètement nouveaux et absolument imprévus : *interférence, diffraction, polarisation, double réfraction*, etc.

sance dans le corps sonore et qui se transmet à l'oreille par le moyen de l'air ou d'un autre milieu élastique. L'énergie vibratoire de l'air, communiquée au tympan, produit la sensation sonore.

De même, *on admet que la lumière est un mouvement vibratoire qui prend naissance dans le corps lumineux et qui se transmet à l'œil par l'intermédiaire de l'éther.* L'énergie vibratoire de l'éther, communiquée à la rétine, produit la sensation lumineuse.

Les vibrations lumineuses sont incomparablement plus rapides que les vibrations sonores : nous verrons qu'elles se chiffrent en centaines de trillions par seconde (de 400 à 800 trillions, suivant la couleur).

Les ondes lumineuses se propagent dans l'éther, comme les ondes sonores se propagent dans l'air, mais avec une vitesse beaucoup plus considérable (300 000 kilomètres par seconde).

Hypothèse de l'émission. — Newton considérait la lumière comme un fluide impondérable émis par les corps lumineux et animé d'une grande vitesse.

Cette hypothèse a été abandonnée, comme insuffisante à expliquer tous les phénomènes lumineux connus.

La théorie des ondulations, fondée par Huyghens et développée par Euler, Young et Fresnel, est universellement adoptée aujourd'hui.

433. Corps lumineux, diaphanes, translucides et opaques. — Certains corps sont lumineux par eux-mêmes; tels sont le soleil, les étoiles, les corps incandescents.

D'autres corps, non lumineux par eux-mêmes, peuvent le devenir par réflexion. C'est le cas de la plupart des objets qui nous entourent : nous ne les voyons qu'à la lumière du jour ou grâce à quelque lumière artificielle. Les planètes ne sont pas lumineuses par elles-mêmes; si elles deviennent visibles, c'est à cause de la lumière qu'elles reçoivent du soleil et qu'elles renvoient en partie autour d'elles.

On appelle corps *diaphanes* ou *transparents* les corps qui se laissent traverser par la lumière, et à travers lesquels on peut voir nettement les objets. Exemple : le verre, l'eau, l'air, etc.

On appelle corps *translucides* ou *demi-transparents* les corps qui arrêtent en partie la lumière, et à travers lesquels on ne peut pas distinguer la forme des objets. Exemple : le verre dépoli, le papier, etc.

On appelle corps *opaques* les corps qui arrêtent complètement la lumière. Exemple : les métaux, le bois, la pierre. Cependant quand ces corps sont réduits en couches très minces, ils peuvent laisser passer un peu de lumière; ainsi la lumière solaire paraît verte quand on la regarde à travers une feuille d'or de $\frac{1}{10000}$ de millimètre d'épaisseur.

434. Propagation de la lumière. — *Un point lumineux envoie de la lumière dans toutes les directions,* puisqu'il est visible de tous les points situés autour de lui.

Dans un milieu homogène, la lumière se propage en ligne droite. Pour vérifier cette loi, on dispose une lumière A et plusieurs

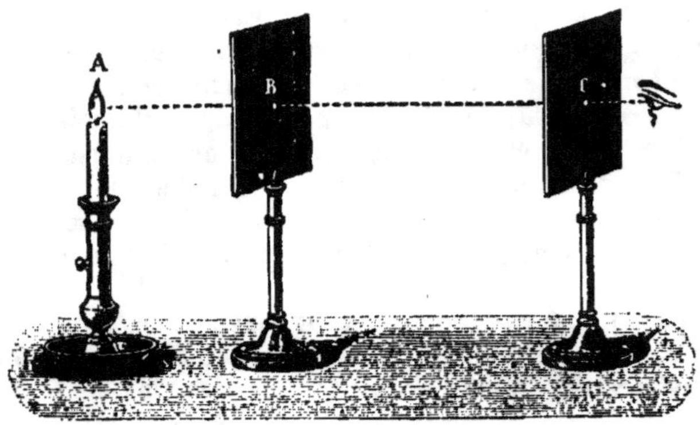

Fig. 421.

écrans B et C munis d'une ouverture (fig. 421); un observateur placé au delà de l'écran C n'aperçoit la lumière A que lorsque son œil, les ouvertures des écrans et la lumière, sont sur une même ligne droite. Ce qui vérifie la loi énoncée.

On constate le même fait quand la lumière du soleil entre dans une chambre obscure par une petite ouverture pratiquée à un volet : les poussières en suspension dans l'air sont éclairées, et forment un cylindre d'une section égale à l'ouverture qui laisse passer la lumière.

On appelle **rayon lumineux** toute ligne droite suivant laquelle la lumière se propage.

On appelle *faisceau* ou *pinceau lumineux* un ensemble de rayons lumineux.

Le rayon lumineux est quelque chose de fictif; on ne peut pas l'isoler sans changer la loi de la propagation de la lumière.

Ainsi quand on fait passer la lumière par une très petite ouverture pratiquée sur une carte, et qu'on reçoit cette lumière sur un écran, on voit un point lumineux entouré d'anneaux colorés; la lumière éprouve donc une sorte de déviation, en même temps qu'elle est décomposée. Un phénomène analogue se produit quand la lumière traverse une fente très étroite. L'ensemble de ces modifications qu'éprouve la lumière quand elle rase la surface des corps porte le nom de *diffraction.*

435. Ombre et Pénombre. — **1° Point lumineux.** — Considérons un corps opaque AB, placé entre un écran PP' et une source lumineuse que nous supposerons réduite à un point L (fig. 422).

Il existe, entre le corps opaque et l'écran, une région où la lumière ne peut pénétrer; cet espace privé de lumière s'appelle *ombre.*

On distingue l'ombre propre et l'ombre portée.

L'*ombre propre* est la partie de la surface du corps opaque qui n'est pas éclairée.

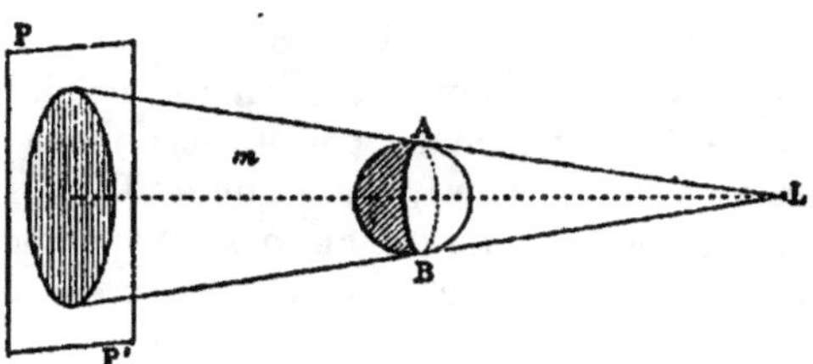

Fig. 422.

L'*ombre portée* est la portion de l'écran qui ne reçoit pas de rayons lumineux.

La limite de chacune de ces ombres est donnée par le cône qui a son sommet au point L, et qui est circonscrit au corps opaque.

La limite de l'ombre propre est la ligne de contact du cône avec le corps opaque.

La limite de l'ombre portée est l'intersection du cône avec l'écran.

2° Corps lumineux. — Supposons maintenant que l'on ait un corps lumineux au lieu d'un point.

Soit, par exemple, une sphère opaque O, située entre une sphère lumineuse L et un écran P (fig. 423).

Le cône circonscrit extérieur, S, touche la sphère O suivant un

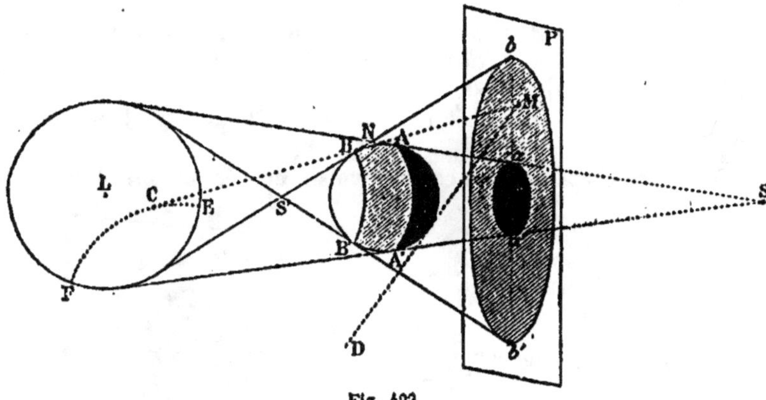

Fig. 423.

cercle AA' qui limite l'*ombre propre;* et il coupe l'écran P suivant un cercle *aa'* qui entoure l'*ombre portée*.

Le cône circonscrit intérieur, S', touche la sphère O suivant un cercle BB' et coupe l'écran suivant un cercle *bb'*.

La zone comprise entre les cercles AA', BB' est dite la *pénombre;* ses divers points sont inégalement éclairés. Chacun d'eux, N, est éclairé seulement par la portion de la sphère L qui se trouve au-dessus du plan tangent mené à la sphère O par ce point N. On voit aisément que l'éclairement va en augmentant depuis le cercle AA′ jusqu'au cercle BB′.

La couronne comprise entre les cercles *aa′, bb′* est dite la *pénombre* portée sur l'écran. Ses divers points sont inégalement éclairés. Chacun de ses points M est éclairé seulement par la portion de la sphère L qui est extérieure au cône circonscrit à la sphère O et qui a pour sommet le point M. D'après cela, on voit aisément que l'éclairement de la pénombre va en augmentant depuis le cercle *aa′* qui entoure l'ombre jusqu'au cercle *bb′* qui limite la région complètement éclairée.

La fig. 424 représente une sphère lumineuse éclairant deux sphères opaques : l'une plus petite, l'autre plus volumineuse que la première.

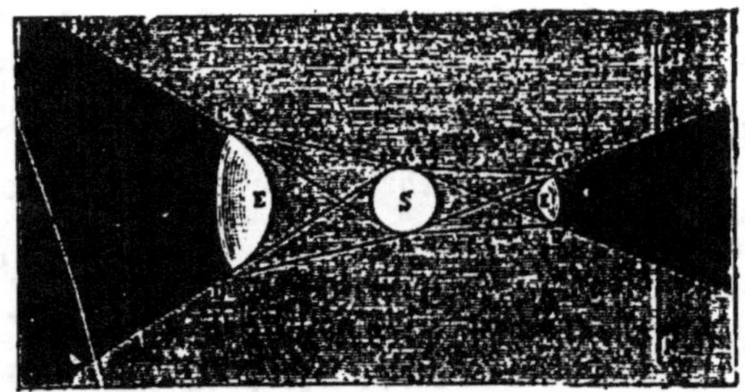

Fig. 424.

Remarque. — *La pénombre est d'autant plus grande que le corps opaque se rapproche davantage du corps lumineux ou qu'il s'éloigne de l'écran.*

Déplaçons un corps opaque E entre une bougie S et un écran P (fig. 425).

Quand ce corps opaque est très voisin de l'écran, on obtient une

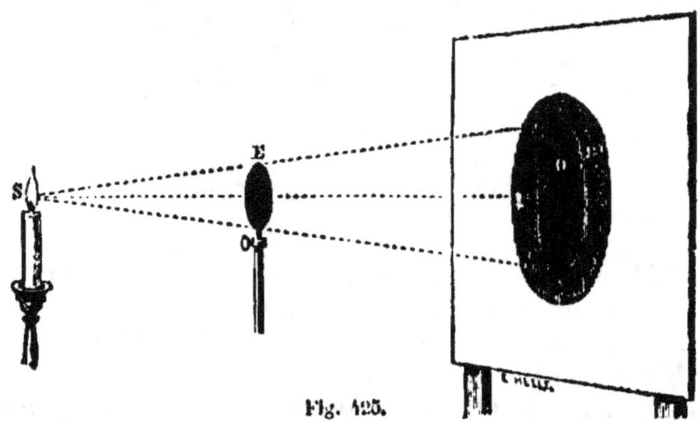

Fig. 425.

ombre bien limitée ; mais à mesure qu'on l'éloigne de l'écran, la pénombre se dessine, se développe, et on obtient une ombre noire entourée d'une pénombre estompée.

436. Images produites par les petites ouvertures. — Quand les rayons lumineux issus d'un objet AB pénètrent dans une chambre obscure par une petite ouverture de forme quelconque, O,

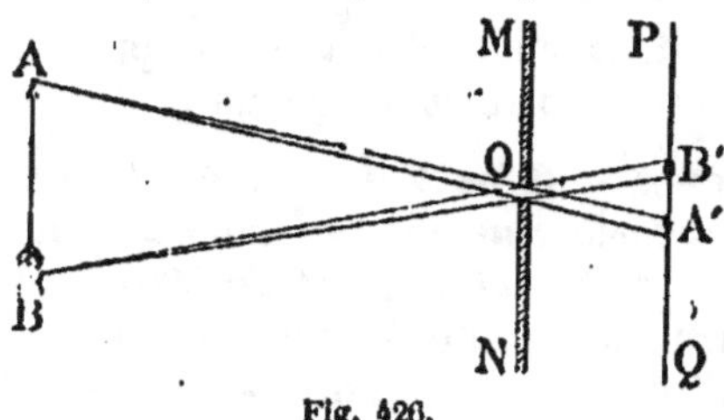

Fig. 426.

ils produisent sur un écran l'image A'B' du corps d'où ils émanent (fig. 426).

Si ces rayons viennent du soleil, par exemple, chaque point du soleil envoie sur l'écran un pinceau lumineux de la forme de l'ouverture; l'ensemble des traces de tous ces pinceaux forme l'image du soleil. Si le disque de l'astre est entièrement visible, son image sera un cercle. Si une partie est éclipsée, cette partie manquera dans l'image.

L'image du soleil à travers les feuilles des arbres est une ellipse, car les petits intervalles qui existent entre les feuilles remplissent le rôle de l'ouverture du volet de la chambre obscure; seulement l'écran étant oblique par rapport à la direction des rayons lumineux, l'image n'est plus un cercle, mais une ellipse.

437. Chambre noire simple. — La *chambre noire* consiste en une boîte fermée (fig. 427) dont une face est en verre dépoli, et dont la face opposée est munie d'une ouverture O.

Les objets extérieurs vont peindre leur image renversée sur la

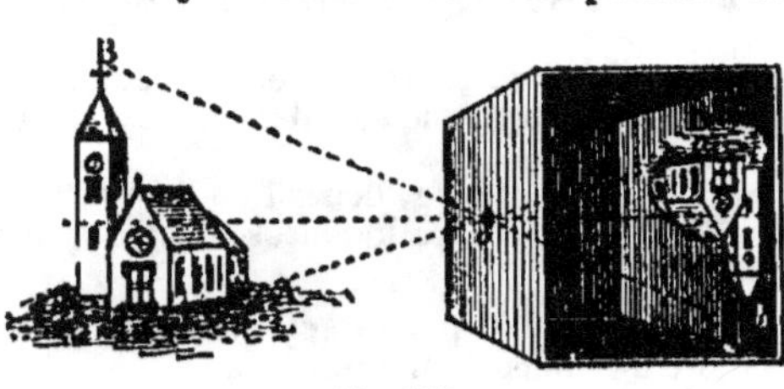

Fig. 427.

face opposée à l'ouverture. Supposons, en effet, un objet éclairé AB placé devant l'ouverture O. Chacun des points de cet objet envoie, à travers l'ouverture, un cône lumineux qui marque sa trace sur l'écran; ainsi le point A aura son image en *a*, le point B en *b*, et tous les points intermédiaires donneront des images comprises entre *a* et *b*; il en résulte une image renversée de l'objet AB.

Si l'ouverture est étroite et l'écran disposé convenablement, toutes ces images sont nettes, mais peu éclairées. Si l'ouverture est un peu grande, ces images prennent de la dimension, elles deviennent plus lumineuses, mais elles empiètent les unes sur les autres, et leur ensemble est alors confus.

D'après ce que nous venons de dire, pour obtenir une image nette, il faut que la lumière pénètre dans la chambre noire par une petite ouverture; et pour avoir une image brillante, il faut, au contraire, une large ouverture, afin de livrer passage à une grande quantité de lumière.

On concilie ces deux conditions en utilisant les propriétés des lentilles convergentes, comme nous le verrons plus tard.

438. Vitesse de la lumière. — *Dans l'air et dans le vide, la lumière se propage d'un mouvement uniforme, le même pour les lumières des diverses couleurs. Sa vitesse est de 300000 kilomètres par seconde.* Entre deux points situés à quelques kilomètres l'un de l'autre, on peut admettre pratiquement que la propagation de la lumière est instantanée.

Pour comprendre aisément les procédés modernes imaginés pour mesurer la vitesse de la lumière, il faut connaître les propriétés des miroirs et des lentilles; voilà pourquoi nous renvoyons leur étude après celle des instruments d'optique.

Mouvement vibratoire lumineux. — Dans le mouvement lumineux, comme dans le mouvement sonore, il y a trois éléments à considérer :

1° La vitesse de propagation V.

2° La période θ.

3° La longueur d'onde λ.

Le mouvement de propagation étant uniforme, la vitesse V est le chemin parcouru en une seconde.

La longueur d'onde λ est la période dans l'espace, c'est-à-dire le chemin parcouru pendant chaque période de temps θ.

On a donc entre ces trois quantités la relation fondamentale : $\lambda = V\theta$.

Couleur et intensité. — Chaque lumière est caractérisée par sa couleur et par son intensité.

La *couleur* dépend du *nombre* de vibrations par seconde, ou, ce qui revient au même, de la période θ, ou de la longueur d'onde λ. Ainsi, la *couleur* d'une lumière est analogue à la *hauteur* d'un son.

L'*intensité lumineuse*, comme l'intensité sonore, dépend de l'*amplitude* des vibrations. Elle est mesurée par l'énergie vibratoire lumineuse mise en jeu pendant une seconde.

Vitesse de propagation. — La vitesse de la lumière est constante dans tout milieu homogène; mais elle varie d'un milieu à un autre.

La propagation du mouvement lumineux se fait toujours par l'éther, que ce soit dans le vide ou dans un milieu quelconque imprégné par l'éther. Mais, entre cet éther et les milieux qu'il pénètre, il existe des relations qui modifient la vitesse de la lumière.

Dans le vide, toutes les lumières, quelles que soient leurs couleurs, se propagent avec une même vitesse de 300,000 km. par seconde.

Il en est à peu près de même dans l'air.

Dans les autres milieux, la lumière va *moins vite* que dans le vide, et sa vitesse change avec la couleur. (Nous verrons plus loin que cette vitesse est inversement proportionnelle à l'indice de réfraction, lequel dépend du milieu et de la couleur.)

Pour la lumière jaune, par exemple, la vitesse *dans l'eau* est les $\frac{3}{4}$ de la vitesse dans le vide, et la vitesse dans le verre est les $\frac{2}{3}$ de la vitesse dans le vide.

2. PHOTOMÉTRIE

439. Grandeurs considérées en photométrie.

I. Quantité de lumière, flux lumineux. — Une source lumineuse *réelle* possède toujours une certaine étendue; mais on peut considérer une source *punctiforme*, c'est-à-dire de dimensions négligeables et réduite sensiblement à un point.

1° Nous admettrons qu'une *source punctiforme constante* A émet pendant chaque seconde une même quantité de lumière Q, qui se propage en ligne droite et se disperse uniformément dans toutes les directions.

Cette lumière sans cesse renouvelée constitue ce que l'on nomme un *flux de lumière*. On peut d'ailleurs considérer le *flux total* émis par le point A dans toutes les directions, ou seulement le *flux partiel* émis dans un cône quelconque de sommet A.

La lumière émise dans un angle solide, ou un cône de sommet A, reste enfermée dans ce cône. Deux cônes équivalents en contiennent la même quantité.

Il n'est pas nécessaire de savoir ce qu'est réellement une quantité de lumière. On dira, si l'on veut, que la quantité Q est l'*énergie vibratoire lumineuse* dégagée par la source A pendant l'unité de temps.

2° Nous admettrons que le milieu traversé par la lumière est *parfaitement transparent,* c'est-à-dire qu'il n'exerce sur la lumière aucune absorption.

Le foyer lumineux A étant situé dans un milieu transparent, toutes les sphères de centre A reçoivent pendant une seconde la même quantité de lumière Q. Dans un cône de sommet A, toutes les sections de ce cône sont traversées pendant une seconde par une même quantité de lumière. C'est ce qu'on exprime en disant que *le flux lumineux est constant* dans tout cône de sommet A.

II. Intensité propre d'une source lumineuse. — *On appelle* intensité propre *d'une source lumineuse la quantité de lumière qu'elle envoie normalement en une seconde sur l'unité de surface placée à l'unité de distance.*

1° Si la source *punctiforme* A envoie pendant chaque seconde une quantité de lumière Q, cette quantité se répartit uniformément sur la surface de la sphère de centre A et de rayon 1^m. Or l'aire de cette sphère est 4π. Donc chaque mètre carré reçoit la quantité : $\dfrac{Q}{4\pi}$.

L'*intensité propre* de la source est donc[1] :

$$I = \frac{Q}{4\pi}. \qquad (1)$$

2° Si la source est une *surface lumineuse* d'intensité uniforme (c'est-à-dire si deux éléments égaux de cette surface envoient toujours la même quantité de lumière), l'intensité totale de la source est proportionnelle à l'étendue de la surface éclairante.

On nomme **intensité spécifique** *ou éclat d'une source réelle, l'intensité propre de chaque unité de sa surface;* c'est-à-dire la quantité de lumière envoyée normalement en une seconde par l'unité de surface éclairante sur l'unité de surface éclairée, placée à l'unité de distance.

Si la surface éclairante s possède un *éclat* ε, son intensité propre est :

$$I = s\varepsilon. \qquad (2)$$

Unités d'intensité lumineuse. — On a pris longtemps comme unité d'intensité lumineuse la **Carcel**: intensité d'une lampe Carcel brûlant 42 gr. d'huile de colza dans des conditions déterminées et éclairant dans le sens horizontal. On employait aussi la *bougie* ou dixième de Carcel, réalisée approximativement par une bougie ordinaire. Ces unités laissaient à désirer comme constance.

Le congrès des électriciens de 1881 a remplacé la Carcel par une *unité absolue* dite le **Violle**: c'est *l'intensité de la lumière émise normalement par un centimètre carré de la surface d'un bain de platine fondu à la température de solidification* (1775°).

La Carcel vaut 0,481 de Violle, et celui-ci 2,08 carcels.

Comme *unité secondaire,* on adopte le **pyr** ou **bougie décimale,** qui est le $\dfrac{1}{20}$ du Violle (environ $\dfrac{1}{10}$ de Carcel).

Le *pyr* est réalisé approximativement dans la pratique par la lampe de Hefner (à acétate d'amyle), qui vaut 0,053 unités Violle.

III. Éclairement d'une surface. — Une surface est éclairée *uniformément*, lorsque des éléments égaux reçoivent pendant le même temps la même quantité de lumière. C'est ce qu'on peut toujours supposer quand la surface considérée est suffisamment petite.

---

[1] Deux cônes ou deux angles solides de même sommet A sont entre eux comme les aires qu'ils interceptent sur la sphère de centre A et de 1 mètre de rayon.

L'*unité d'angle solide* se nomme le *stéradian :* c'est l'angle solide qui intercepte sur la sphère une surface de 1^{mq}.

L'espace entier mesure donc 4π stéradians.

Ainsi, *l'intensité propre d'une source punctiforme est le rapport du flux lumineux à l'angle solide qui l'enserre.*

On appelle **éclairement** *d'une surface, la quantité de lumière reçue en une seconde par chaque centimètre carré.*

Si l'aire s' reçoit en une seconde la quantité de lumière φ, son

éclairement est :
$$e = \frac{\varphi}{s'}. \qquad (3)$$

L'unité d'éclairement se nomme **lux** *(ou bougie décimale à un mètre) : c'est l'éclairement produit par un pyr sur une surface placée normalement aux rayons lumineux, à un mètre de la source; c'est-à-dire la quantité de lumière reçue dans ces conditions par un centimètre carré, pendant une seconde.*

IV. *On appelle* **flux lumineux** *sur une surface donnée, la quantité totale de lumière que cette surface reçoit pendant une seconde.*

Le *flux* est égal au produit de l'étendue s' de la surface, par son éclairement e :
$$\varphi = s'e. \qquad (4)$$

L'unité de flux lumineux se nomme **lumen** : *c'est la quantité de lumière envoyée pendant une seconde par un pyr, sur une surface de 1 mètre carré dont tous les points seraient à 1 mètre de la source.*

Le flux total envoyé dans l'espace par un pyr est égal à 4π (lumens).

V. *On appelle* **éclairage** *d'une surface pendant un temps t, la quantité totale de lumière reçue par cette surface pendant le temps t.*

Si l'aire s' reçoit un *éclairement* e pendant un temps t, l'éclairage est :
$$Q = es't = \varphi t. \qquad (5)$$

L'unité d'éclairage est le **lumen-heure** : *c'est la quantité de lumière donnée pendant une heure par un flux de 1 lumen.*

GRANDEURS ET UNITÉS PHOTOMÉTRIQUES

GRANDEURS	FORMULES	UNITÉS
Intensité.	I	pyr $= \frac{1}{20}$ de Violle.
Éclat.	$\epsilon = \frac{I}{s}$	pyr par centimètre carré.
Éclairement.	$e = \frac{\varphi}{s'} = \frac{I}{d^2}$	lux $=$ pyr à un mètre.
Flux.	$\varphi = es'$	lumen $=$ lux sur un mètre carré.
Éclairage	$q = \varphi t$	lumen-heure.

Objet de la photométrie. — **La photométrie** *a pour objet la mesure de l'intensité des sources lumineuses.*

Mesurer l'intensité d'une source lumineuse, c'est la comparer à celle d'une source connue, prise pour unité.

Nous nous bornerons à comparer des sources de *même couleur*.

D'après ce qui précède, l'*intensité propre* d'une source lumi-
neuse n'est autre que l'*éclairement* qu'elle produit sur une surface placée à l'unité de distance, normalement aux rayons lumineux.

Les principes suivants nous permettront de calculer :

1° L'*intensité d'une source à la distance* d; c'est-à-dire l'*éclairement* qu'elle produit à la distance d, à incidence normale.

2° L'éclairement d'une surface placée à une distance d de la source, sous une orientation quelconque.

440. Lois de la photométrie. — I. Loi du carré des distances. — *L'éclairement d'une surface donnée est inver-sement proportionnel au carré de la distance de cette surface à la source lumineuse.*

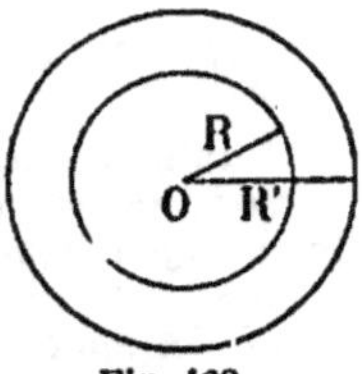

Fig. 428.

Soit une source lumineuse punctiforme O, pla-cée au centre d'une sphère de rayon r (fig. 428).

Cette source envoie pendant chaque seconde une quantité de lumière Q, qui se répartit égale-ment sur la surface de la sphère $4\pi r^2$. Soit i l'éclairement, c'est-à-dire la quantité de lumière reçue par l'unité de surface. On a : $Q = 4\pi r^2 . i;$

d'où $$i = \frac{Q}{4\pi r^2}.\qquad (6)$$

Or, si le milieu est parfaitement transparent, la quantité Q est une constante indépendante de r. Donc i est inversement proportionnel au carré de la distance r.

Pour une sphère de rayon r', on aurait :

$$i' = \frac{4\pi r'^2}{Q};$$

d'où $$\frac{i}{i'} = \frac{r'^2}{r^2}.$$

Éclairement ou intensité à la distance d. — Soit à calculer l'éclairement i produit par une source d'intensité I, sur une surface placée normalement, à la distance d.

A la distance 1, l'éclairement serait égal à l'*intensité propre* I.

D'après la loi du carré des distances, on a :

$$\frac{i}{I} = \frac{1}{d^2};\qquad \text{d'où}\qquad i = \frac{I}{d^2}.\qquad (7)$$

Tel est l'éclairement demandé. C'est ce que l'on nomme aussi l'*intensité de la source à la distance* d.

On obtient immédiatement ce même résultat au moyen des formules (6) et (1) qui expriment I et i en fonction de la quantité totale de lumière émise par la source pendant une seconde.

En éliminant cette quantité Q, on a :

$$i = \frac{Q}{4\pi r^2} = \frac{I}{r^2};$$

r désignant la distance de l'écran à la source lumineuse.

II. Loi du cosinus (ou *loi de Lambert*). — *L'éclairement d'une sur-face est proportionnel au cosinus de l'angle d'incidence (c'est-à-dire au cosinus de l'angle que font les rayons lumineux avec la normale à la surface éclairée).*

Soit une source punctiforme A. Considérons un faisceau de rayons lumineux issus du point A, et formant un cône d'ouverture assez petite pour que les divers angles d'incidence soient sensiblement égaux. Cela revient à raisonner sur un faisceau de rayons parallèles.

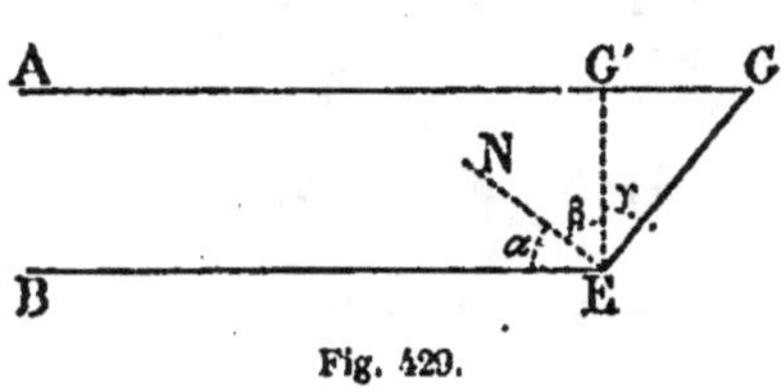

Fig. 429.

Soit donc un faisceau de rayons lumineux parallèles AG, BE, reçu obliquement par une surface EG (fig. 429).

Soient EG' la projection de la surface EG sur un plan perpendiculaire au faisceau lumineux, EN la normale à la surface EG, et α l'angle que fait cette normale avec les rayons lumineux.

Désignons par S, s les aires des surfaces EG, EG'. Les angles α et GEG' $= \gamma$ sont égaux comme ayant même complément β.

On a donc :
$$s = S\cos\alpha.$$

Soit Q la quantité de lumière qui traverse en une seconde la section droite s et la section S. En désignant par i et I les éclairements de ces deux surfaces, on a :

$$Q = IS = is = iS\cos\alpha ;$$

d'où
$$I = i\cos\alpha. \qquad (8)$$

Or l'éclairement I est une constante indépendante de α.

Donc I est proportionnel à cos α.

Source réelle. — Considérons une source *réelle*, que nous supposerons *plane* et *d'éclat uniforme;* et bornons-nous au cas simple d'une surface lumineuse plane éclairant une surface également plane, disposée d'une manière quelconque par rapport à la première.

Admettons que la surface éclairante *s* et la surface éclairée *s'* soient assez petites pour que toutes les droites allant de l'une à l'autre soient sensiblement égales et parallèles. Dans ces conditions, les lois précédentes resteront applicables, et nous pourrons parler de la distance des surfaces, de l'angle d'incidence et de l'angle d'émission.

La distance des surfaces est la droite OO' $= d$ qui joint leurs centres O, O'; l'angle d'incidence des rayons lumineux est l'inclinaison de la droite OO' sur la normale à la surface éclairée; l'angle d'émission est l'inclinaison de OO' sur la normale à la surface éclairante.

La quantité de lumière envoyée par la surface s sur la surface s' est proportionnelle au cosinus de l'angle d'émission.

En effet, la loi de Lambert est applicable à la surface éclairante. On pourrait le démontrer de la même manière que pour la surface éclairée.

C'est ce qui résulte aussi de l'observation de certains phénomènes naturels. Par exemple, un globe lumineux paraît uniformément éclairé : c'est que le pinceau lumineux émis vers l'œil de l'observateur par un élément de la surface du globe est le même que celui qu'émettrait la projection de l'élément sur un plan perpendiculaire au rayon visuel.

Formule de Bouguer, *donnant la quantité de lumière Q envoyée en une seconde par une surface éclairante s sur une surface éclairée s'.* — Soient α l'angle d'émission, α' l'angle d'incidence et d la distance des deux surfaces.

On sait que la quantité Q est proportionnelle à chacun des facteurs s, s', $\cos \alpha$, $\cos \alpha'$, et inversement proportionnelle au carré de la distance d.

On a donc
$$Q = k \cdot \frac{ss' \cos \alpha \cos \alpha'}{d^2},$$

k étant un coefficient à déterminer.

Or, dans les hypothèses : $s = s' = 1$, $d = 1$ et $\alpha = \alpha' = 0$, la formule donne :
$$Q_1 = k,$$

et la quantité Q_1 est par définition l'éclat ε de la source lumineuse.

Donc
$$k = \varepsilon,$$

et la formule devient :
$$Q = \varepsilon \cdot \frac{ss' \cos \alpha \cos \alpha'}{d^2} . \qquad (9)$$

Cas particuliers. — 1° Dans les hypothèses : $s' = 1$, $\alpha = \alpha' = 0$, la formule de Bouguer donne l'éclairement normal de la source s à la distance d.

En effet, il vient :
$$Q = \frac{\varepsilon s}{d^2}.$$

Or le produit εs n'est autre que l'intensité propre, I, de la source lumineuse.

Donc :
$$Q = \frac{I}{d^2};$$

éclairement normal à la distance d.

2° Si en outre on fait $d = 1$, il vient :
$$Q = I,$$

conformément à la définition de l'*intensité propre*.

441. Photomètres. — Les **photomètres** sont des instruments au moyen desquels on compare les intensités des sources lumineuses.

D'après ce qui précède, la comparaison des intensités de deux luminaires se ramènerait à la comparaison des éclairements qu'ils produisent dans les mêmes conditions de distance et d'inclinaison. Mais on ne possède aucun moyen physique pour effectuer cette comparaison, et l'on est réduit à se servir de l'œil.

Or l'œil n'a pas la faculté d'apprécier un rapport numérique entre deux éclairements quelconques, il a seulement la propriété d'être sensible à la moindre différence entre deux éclairements. Dans des conditions favorables, l'œil reconnaît aussitôt que telle surface est plus éclairée, ou moins éclairée, que telle autre; ce qui permet d'apprécier d'une manière assez exacte l'*égalité* de deux éclairements.

Donc, la première chose à faire, si l'on veut comparer les intensités de deux sources lumineuses, c'est de placer les deux luminaires dans des conditions telles qu'ils produisent des éclairements égaux.

Les méthodes photométriques usuelles reposent sur le principe suivant :

Principe du photomètre. — *Lorsque deux sources lumineuses produisent sur une surface le même éclairement normal, leurs* *intensités sont directement proportionnelles aux carrés de leurs distances à la surface éclairée.*

En effet, proposons-nous de calculer le rapport des *intensités propres* I, I' de deux sources lumineuses qui, situées à des distances D, D' de la surface éclairée, y produisent le même éclairement.

Il suffit d'écrire que l'éclairement de la première source à la distance D est égal à l'éclairement de la seconde source à la distance D'; ce qui donne l'équation :

$$\frac{I}{D^2} = \frac{I'}{D'^2} ;$$

d'où l'on tire
$$\frac{I}{I'} = \frac{D^2}{D'^2}. \qquad (10)$$

Donc la mesure des intensités lumineuses se ramène à de simples mesures de distances.

I. Photomètre de Rumford. — Cet instrument se compose d'un écran vertical OO' en verre dépoli ou en papier huilé, devant lequel se trouve une tige opaque T (fig. 430). Deux lumières S, S' sont pla-

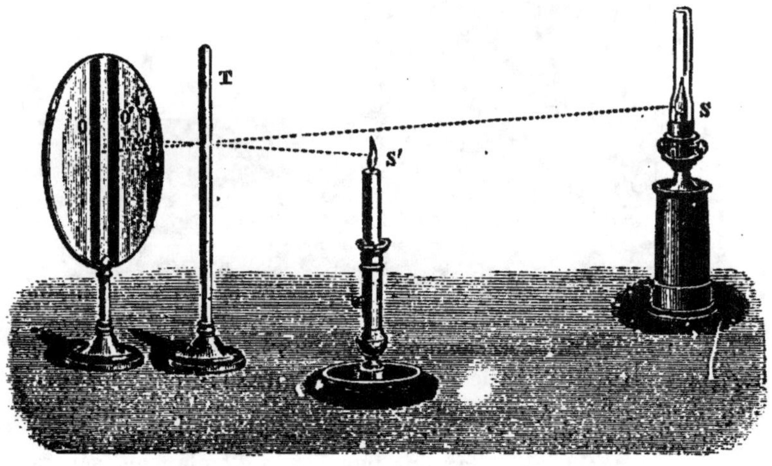

Fig. 430.

cées très près du plan perpendiculaire à OO' passant par la tige T, de manière que les ombres projetées soient assez près l'une de l'autre, ou mieux contiguës l'une à l'autre (fig. 431), pour que l'on puisse comparer facilement leurs éclairements.

Chaque ombre est éclairée par une seule lumière; ainsi l'ombre O est éclairée seulement par la lumière S', et l'ombre O', par la lumière S.

On place les deux lumières par tâtonnements à des distances tel'es que les ombres projetées aient une même intensité, puis on mesure ces distances.

Soient : I l'intensité de la lumière S, et D sa distance à l'écran ; I' l'intensité de la lumière S', et D' sa distance à l'écran.

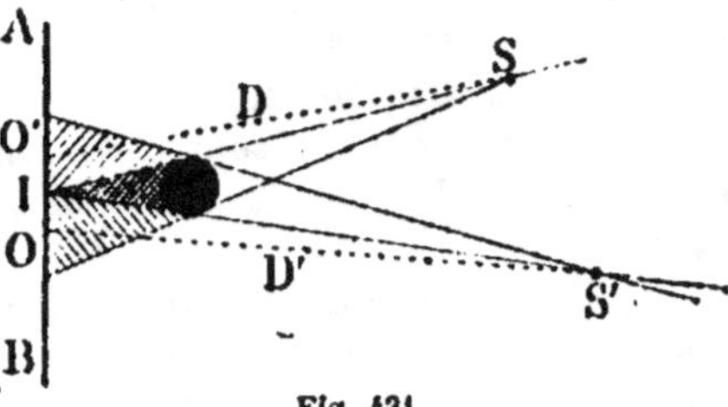

Fig. 431.

D'après le principe du photomètre, on a :

$$\frac{I}{I'} = \frac{D^2}{D'^2}.$$

II. **Photomètre de Foucault.** — Ce photomètre se compose d'un écran translucide AB, divisé en deux parties par un écran opaque (fig. 432). Chaque lumière est disposée de façon à éclairer exclusi-

Fig. 432.

vement une de ces parties, et les deux lumières sont éloignées de l'écran de manière à les éclairer également.

L'écran opaque est mobile dans son plan : trop rapproché de l'écran translucide, il détermine une bande d'ombre qui sépare les surfaces dont on veut comparer les éclairements ; trop éloigné, il laisse se produire une bande doublement éclairée. Dans les deux cas, l'interposition de cette bande claire ou obscure, entre les deux surfaces à comparer, nuit à l'appréciation exacte de l'égalité des éclairements.

Il faut placer l'écran opaque MN (fig. 433) à une distance telle, que les deux surfaces éclairées soient exactement au contact l'une de l'autre.

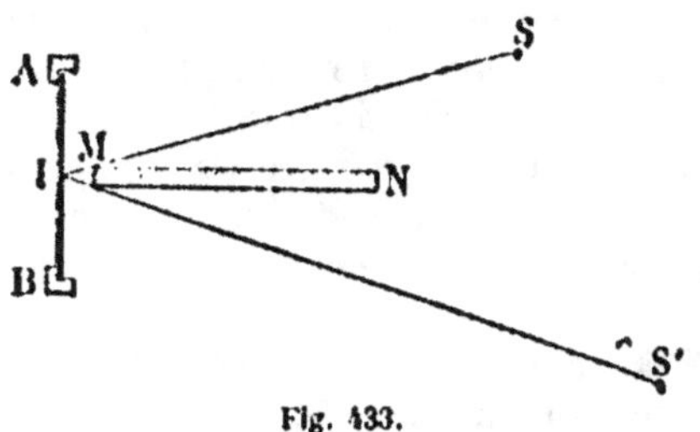
Fig. 433.

L'égalité des éclairements ne peut être appréciée avec exactitude que pour des surfaces identiques, de même couleur, placées au contact l'une de l'autre. Il faut regarder les deux surfaces à la fois, avec un même œil ou avec les deux yeux, en se plaçant à 30^{cm} de l'écran et de manière à voir les deux surfaces sous le même angle. Enfin, il convient que les éclairements à comparer ne soient pas trop intenses, ni trop faibles : la valeur la plus favorable est 10 *lux* environ.

Après avoir fait disparaître toute lumière étrangère qui gênerait l'observation, on place l'un des luminaires dans une position fixe, choisie de manière que son éclairement soit voisin de 10 lux; puis on rapproche ou on éloigne le second luminaire jusqu'à ce qu'on obtienne l'égalité d'éclairement.

Alors, il ne reste plus qu'à mesurer les distances et à appliquer le *principe du photomètre* (formule 10).

III. Photomètre de Bunsen. — Il repose sur ce fait qu'une tache d'huile sur une feuille de papier paraît brillante si le papier est éclairé par derrière, et obscure s'il est éclairé par-devant. Elle disparaît si le papier est également éclairé des deux côtés.

On place les deux lumières à comparer aux deux bouts d'un

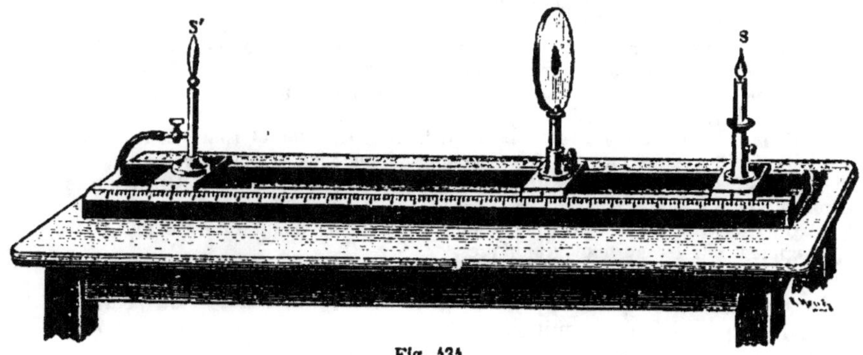
Fig. 434.

banc d'optique qui porte une division en centimètres, et on fait mouvoir sur la règle l'écran de papier portant la tache d'huile, jusqu'à ce que la tache ait disparu. Il suffit alors de lire les distances D et D' de l'écran aux deux lumières.

Vérification expérimentale des lois de la photométrie. — I. Au moyen des photomètres, il est facile de vérifier la loi du carré des distances. On prend deux lumières dont les intensités soient entre elles comme 1 est à 4 : par exemple, la lumière d'une bougie et celle de quatre bougies semblables; et on les place à des distances telles qu'elles éclairent également l'écran translucide d'un photomètre. Quand ce résultat est obtenu, on mesure les distances des deux lumières à l'écran; on constate que la distance de l'écran aux quatre bougies est le double de sa distance à la bougie unique.

De même la distance de l'écran à un groupe de neuf bougies serait le triple de sa distance à une seule bougie, etc.

II. On vérifierait de même la loi du cosinus.

Spectrophotométrie ou comparaison des sources lumineuses diversement colorées. — On admet que l'intensité d'un luminaire est la somme des intensités individuelles de ses différentes radiations simples : rouges, jaunes, vertes, bleues. La mesure de cette somme revient donc à la mesure de ses diverses parties.

Pour comparer deux luminaires de teintes différentes, on décompose par le prisme la lumière provenant de chaque source, puis on compare successivement les intensités des radiations de même couleur. On emploie à cet effet un instrument appelé *spectrophotomètre*.

M. Crova a remarqué que le rapport des intensités de deux sources hétérogènes est sensiblement égal au rapport des intensités de leurs radiations vertes. On détermine ce dernier à l'aide du photomètre ordinaire, de Foucault. Il suffit d'interposer, entre l'œil et l'écran translucide, un verre vert qui ne laisse passer que les radiations voulues. .

Photométrie chimique. — La photographie n'utilise que l'*actinisme*, c'est-à-dire la *propriété chimique* des radiations lumineuses.

On peut donc avoir à comparer deux sources lumineuses au point de vue spécial de leur *actinisme*.

Pour cela, il suffit de recevoir les radiations de l'une et l'autre source, sur deux feuilles d'un même papier photographique, et de chercher par tâtonnement les distances où les deux sources produisent le même effet pendant le même temps.

On trouve ainsi, par exemple, que la lumière du magnésium convient éminemment aux usages photographiques.

Absorption de la lumière dans les milieux matériels. — En réalité, la transparence d'un milieu matériel n'est jamais parfaite, et elle diminue toujours quand l'épaisseur augmente.

Il y a deux cas à considérer suivant que le faisceau lumineux est *homogène* ou *hétérogène;* c'est-à-dire qu'il est constitué par des radiations monochromatiques, ou par un mélange de radiations diversement colorées.

1° *Faisceau monochromatique.* — Soit une radiation simple, d'intensité I, qui traverse un milieu d'épaisseur h. Si en traversant le premier centimètre l'intensité se réduit de I à Iz, à travers le deuxième elle diminuera de $I\alpha$ à $I\alpha^2$; à travers le troisième, de $I\alpha^2$ à $I\alpha^3$, etc. Donc, après l'épaisseur h, l'intensité sera :

$$I' = I\alpha^h.$$

Ainsi, l'épaisseur traversée croissant en progression arithmétique, l'intensité de la lumière transmise décroît en progression géométrique.

Le *coefficient de transmission* α est le rapport $\dfrac{I'}{I}$ des intensités du faisceau transmis et du faisceau incident, pour une épaisseur $h = 1$.

Ce coefficient varie non seulement avec la nature du milieu, mais encore avec la couleur de la lumière, un même milieu ne se laissant pas traverser également par les diverses couleurs.

2° *Faisceau hétérogène.* — Dans un faisceau composé de plusieurs radiations simples, chaque couleur se transmet d'après son coefficient individuel.

L'intensité I du faisceau incident est la somme des intensités i, i', i''... des diverses radiations simples. Soient α, β, γ les coefficients de transmission respectifs de ces différentes couleurs [1].

L'intensité I' du faisceau transmis est la somme de ses diverses parties :

$$I' = i\alpha^h + i'\beta^h + i''\gamma^h + \dots$$

[1] On sait que les couleurs se rangent dans l'ordre suivant, par ordre de réfrangibilité croissante : rouge, orangé, jaune, vert, bleu, indigo, violet.

1° Pour les substances *transparentes*, telles que l'air et l'eau, les coefficients α, β... sont très voisins de l'unité; cependant ils diminuent graduellement depuis le rouge jusqu'au violet. C'est pourquoi ces milieux, sous une épaisseur croissante, finissent par ne plus transmettre que le rouge : ils absorbent les rayons plus réfrangibles, qui les colorent en bleu ou en vert par diffusion, et ils laissent passer les rayons moins réfrangibles, qui les colorent en rouge par transparence.

2° Au contraire, les substances pour lesquelles les coefficients α, β diminuent du violet au rouge, éteignent d'abord les rayons peu réfrangibles. Elles se colorent en bleu par transparence et finissent, sous une épaisseur croissante, par ne plus transmettre que le violet.

3° Pour certains milieux tels que le verre à bouteille, les coefficients de transmission croissent du rouge au vert et décroissent du vert au violet. Sous une épaisseur suffisante, ils ne laissent passer que la couleur verte.

4° En général, pour une même substance, les coefficients α, β... n'obéissent à aucune loi. Souvent la plupart sont presque nuls, et les autres s'échelonnent sans ordre entre 0 et 1.

5° Pour les corps *opaques*, tels que les métaux, tous les coefficients sont extrêmement petits. Cependant ils ne sont pas absolument nuls, ni égaux entre eux. On sait, par exemple, que sous une épaisseur suffisamment réduite, les feuilles d'or laissent passer la couleur verte.

CHAPITRE II

RÉFLEXION DE LA LUMIÈRE

442. Lois de la réflexion de la lumière. — Considérons une surface polie P et un rayon lumineux SI qui tombe obliquement sur cette surface (fig. 435). Une partie de la lumière rejaillit suivant la direction IR.

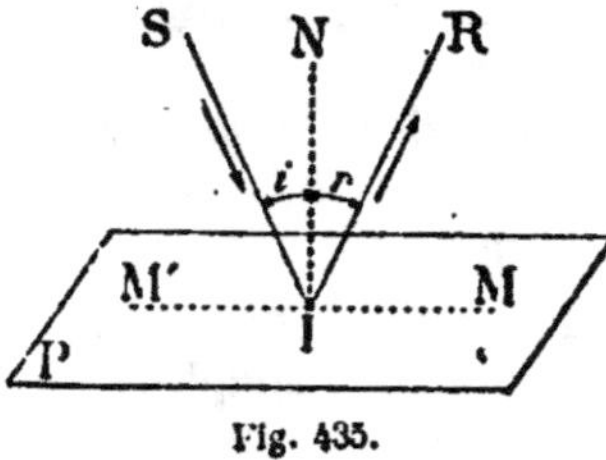

Le rayon lumineux SI est appelé rayon *incident*, et le rayon IR, rayon *réfléchi*.

Menons la normale IN à la surface P.

On appelle *angle d'incidence* l'angle SIN formé par le rayon incident et la normale à la surface réfléchissante.

Fig. 435.

On appelle *angle de réflexion* l'angle RIN formé par le rayon réfléchi avec la même normale.

Première loi. — *L'angle de réflexion est égal à l'angle d'incidence.*

Deuxième loi. — *Le rayon réfléchi reste dans le plan d'incidence.*

Ces deux lois se vérifient approximativement à l'aide de l'appareil de Silbermann (fig. 436).

Cet appareil se compose d'un cercle gradué, supporté par un tré-pied muni de vis calantes, ce qui permet de donner au cercle la position verticale. Le cercle porte en son centre un miroir plan M disposé horizontalement.

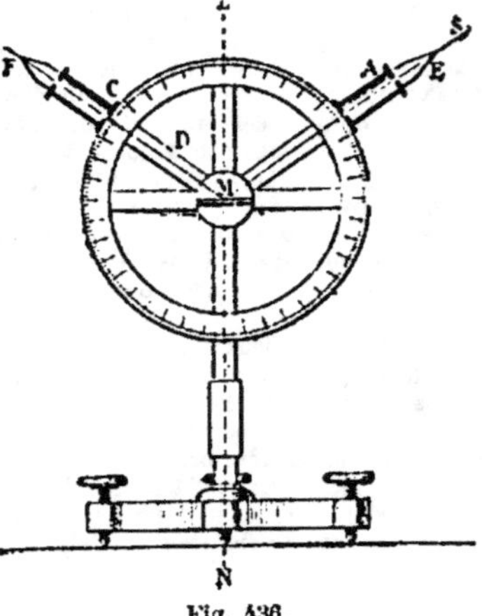

Fig. 436.

Deux alidades A, C peuvent tourner autour du centre. Chacune d'elles porte un tube, fermé à chaque extrémité par un diaphragme percé d'un petit trou.

L'alidade A ayant une position quelconque, on dirige un rayon lumineux suivant son axe SM. En déplaçant l'autre alidade, on peut toujours faire coïncider son axe avec le rayon réfléchi MF. A l'aide du cercle gradué, on constate que l'angle d'incidence SMZ est égal à l'angle de réflexion ZMF, conformément à la première loi.

La seconde loi est aussi vérifiée, puisque le rayon incident, le rayon réfléchi et la normale se trouvent dans un même plan parallèle au plan du cercle gradué.

Vérification astronomique. — On vérifie encore ces mêmes lois par une expérience plus précise.

Un cercle gradué vertical est muni d'une lunette LL′ pouvant tourner autour du centre C (fig. 437).

À peu de distance de cet appareil, on place horizontalement un miroir plan MN, formé le plus souvent par un bain de mercure.

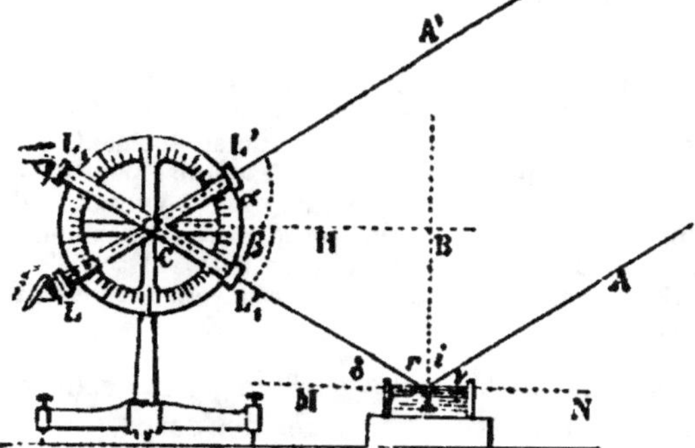

On vise au moyen de la lunette une étoile A′; soit LL′ la position de la lunette correspondante (on choisit une é-

Fig. 437.

toile près du pôle, afin que son déplacement ne soit pas appréciable pendant a durée de l'expérience); puis on vise l'image du même point lumineux que l'on aperçoit par réflexion dans le miroir, et l'on fixe la lunette quand le rayon réfléchi passe par le point de croisement des fils du réticule. Soit $L_1L_1′$ la nouvelle position de la lunette.

En menant l'horizontale CH, on constate que les deux angles α et β sont égaux.

Or, l'étoile étant très éloignée, les rayons lumineux A′C, AI peuvent être considérés comme parallèles, et on a :

$$\alpha = \gamma = 90° - i,$$
$$\beta = \delta = 90° - r.$$

Donc l'égalité $\alpha = \beta$ entraîne $i = r$.

La première loi est ainsi vérifiée; la seconde loi l'est aussi, puisque les rayons AI et CI, respectivement parallèles à LL′ et $L_1L_1′$ se trouvent dans le plan du cercle. De plus, le plan du cercle étant vertical, il contient la normale IB. Donc, le rayon incident, le rayon réfléchi et la normale sont dans un même plan.

443. Réversibilité de la lumière dans la réflexion. — *Si, en se réfléchissant sur une surface, un rayon lumineux suit une certaine route, un rayon qui se propage en sens inverse suit* **la même route** *que le premier.*

Par exemple, si un rayon lumineux SI se réfléchit suivant IR, inversement un rayon lumineux dirigé suivant RI se réfléchira suivant IS (fig. 435).

C'est ce qui résulte immédiatement de la coïncidence des plans d'incidence et de réflexion et de l'égalité des angles d'incidence et de réflexion.

Déviation du rayon réfléchi. — La déviation du rayon lumineux, dans le phénomène de la réflexion, est l'angle d que forme le rayon réfléchi avec le prolongement du rayon incident.

Cet angle d est le supplément de l'angle formé par les rayons incident et réfléchi.

En désignant par i l'angle d'incidence, on a :

$$d = 180 - 2i.$$

L'angle i croissant de 0 à 90°, la déviation décroît de 180° à 0.

Intensité du rayon réfléchi. — L'expérience prouve que l'intensité d'un pinceau réfléchi est toujours moindre que l'intensité du pinceau incident. La fraction de lumière réfléchie est minimum pour $i = 0$, c'est-à-dire pour l'*incidence normale;* elle croît avec l'incidence i, et devient égale à l'unité pour $i = 90°$, c'est-à-dire pour l'*incidence rasante*. La différence entre le maximum et le minimum est assez faible quand la réflexion s'opère à la surface d'un corps opaque, mais elle devient considérable quand la réflexion se produit à la surface d'un corps transparent.

444. Miroirs. — On appelle miroir toute surface polie destinée à donner, par la réflexion de la lumière, les images des corps.

Les miroirs peuvent avoir diverses formes ; on distingue les miroirs plans, sphériques, paraboliques, hyperboliques, etc.

Les miroirs métalliques, seuls employés par les anciens, étaient formés d'un bronze spécial composé de 66 parties de cuivre, 33 d'étain et 1 d'arsenic, d'antimoine et de plomb.

Les miroirs de verre étamé remontent au xii⁰ siècle; ils sont formés d'une lame de verre dont une face est recouverte d'un amalgame d'étain; cet amalgame se compose de 4 parties d'étain et de 1 partie de mercure.

On emploie aujourd'hui des miroirs de verre argentés, qui sont supérieurs aux miroirs métalliques.

MIROIRS PLANS

445. Formation des images par un miroir plan. — Un *miroir plan* est une surface plane réfléchissante.

L'effet d'un miroir plan est de donner, de tout objet placé devant lui, une image symétrique de cet objet par rapport à la surface du miroir.

I. Image d'un point. — Soient un miroir plan MN et un point lumineux P (fig. 438).

Prenons pour plan de la figure le plan d'incidence d'un rayon lumineux quelconque PI, c'est-à-dire un plan normal au miroir et passant par le point P.

21

Tout rayon incident PI donne un rayon réfléchi IO, situé dans le
plan d'incidence, et tel que l'angle de réflexion $HIO = r$ soit égal à l'angle d'incidence $HIP = i$.

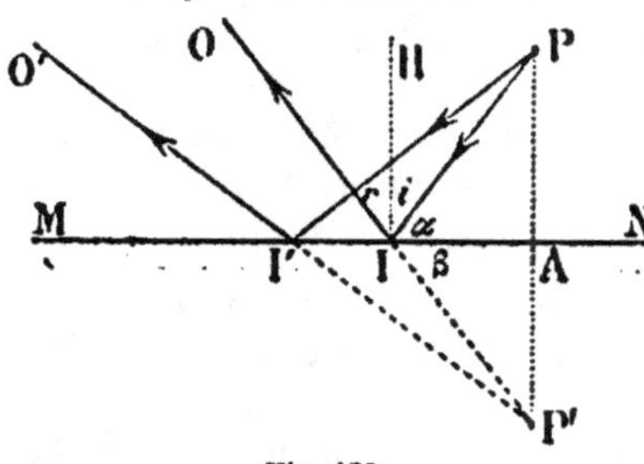

Fig. 438.

Tout rayon réfléchi tel que IO, prolongé derrière le miroir, passe par le point P', symétrique de P par rapport au miroir. En effet, construisons ce symétrique P' et joignons-le au point d'incidence I. Posons $NIP = \alpha$, $NIP' = \beta$. On a $i = r$ par construction et $\beta = \alpha$ par raison de symétrie. Les angles i et α étant complémentaires, leurs doubles PIO, PIP' sont supplémentaires, et leurs côtés extérieurs IO, IP' sont directement opposés; c'est-à-dire que le prolongement de OI passe par le point P'. Donc, tous les rayons réfléchis tels que IO s'échappent du miroir comme s'ils émanaient du point P'.

En d'autres termes : *Après s'être réfléchis sur le miroir plan, les rayons qui divergeaient d'un point lumineux P semblent diverger d'un autre point P', symétrique de P par rapport au miroir.*

L'œil de l'observateur, placé en avant du miroir, et qui recevra un pinceau de ces rayons réfléchis, aura l'illusion d'un point lumineux qui serait situé au point P'.

Ce point P' est dit l'**image** du point P.

Image virtuelle. Image réelle. — Les rayons lumineux tels que PI, IO sont dits *réels* par opposition aux prolongements, tels que IP', que l'on nomme des rayons *virtuels*.

Une image telle que P' est dite une **image virtuelle**, parce qu'elle est formée par des rayons virtuels (les prolongements de rayons réels), et que l'on ne peut pas la recevoir sur un écran.

Au contraire, une image est dite **réelle** lorsqu'elle est formée par des rayons lumineux réels et qu'on peut la recevoir sur un écran.

Effet d'un miroir plan sur un faisceau de rayons divergents, convergents ou parallèles[1]. — 1° Les rayons qui émanent d'un point lumineux *réel* P, constituent un faisceau de lumière *divergente*.

---

[1] La lumière venant d'une étoile est formée de rayons parallèles. Nous verrons dans la suite comment on se procure à volonté un faisceau *parallèle* ou un faisceau *divergent*.

Nous avons vu qu'après leur réflexion sur un miroir plan, ils forment un autre faisceau de rayons *divergents*, qui semblent venir d'un point lumineux virtuel P'.

Donc, *un point lumineux réel donne, par réflexion sur un miroir plan, une image virtuelle, symétrique du point réel par rapport au miroir.*

2° Imaginons que les rayons lumineux suivent la même marche, mais en sens inverse. Ils formeront un faisceau *convergent* OI, O'I', de sommet P'.

D'après la *réversibilité* de la lumière dans le phénomène de la réflexion (443), tout rayon incident OI se réfléchit suivant une direction IP qui passe par le symétrique du point P'.

Si le miroir n'existait pas, les rayons incidents formeraient en P' un point lumineux réel. Le miroir empêche ce point lumineux de se former ; il en fait un point lumineux *virtuel*, dont il donne une image *réelle* située au point P.

Donc, *un point lumineux virtuel donne, par réflexion sur un miroir plan, une image réelle, symétrique du point virtuel par rapport au miroir.*

3° Il est évident qu'un faisceau de rayons parallèles SI, S'I' réfléchi sur un miroir plan, se transforme en un autre faisceau de rayons parallèles IR, IR' (fig. 439).

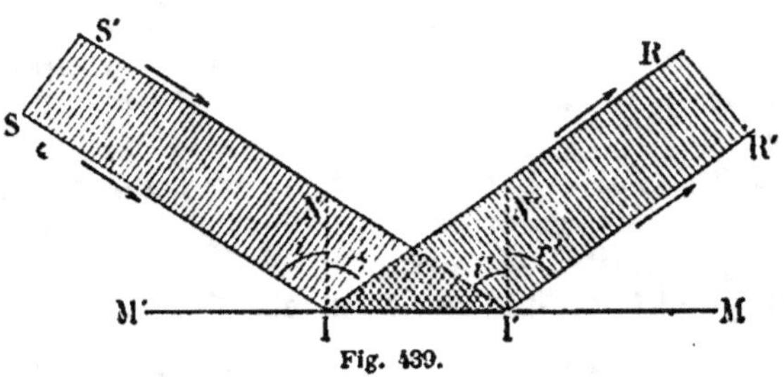

Fig. 439.

En résumé, la réflexion sur un miroir plan ne change pas le mode d'association des rayons lumineux. Pris dans leur ensemble, le faisceau incident et le faisceau réfléchi sont toujours symétriques l'un de l'autre par rapport au plan du miroir ; un faisceau parallèle donne un faisceau parallèle ; un faisceau conique donne un faisceau conique de même nature divergente ou convergente. Les sommets des deux cônes étant situés de part et d'autre du miroir, l'un est réel, l'autre est virtuel.

Construction du pinceau lumineux qui entre dans l'œil et qui fait voir l'image d'un point. — Soit à construire le pinceau oculaire correspondant au point A (fig. 440).

On joint le point A', image du point A, aux bords de la pupille de l'œil ; le cône ainsi formé rencontre le miroir suivant l'intersection S; on joint cette intersection au point A, et ASO est le pinceau oculaire cherché.

446. Image d'un objet. — *L'image d'un objet est l'ensemble des images des divers points de cet objet.*

Pour avoir l'image d'un objet fournie par un miroir plan, il faut construire l'image de chacun de ses points, c'est-à-dire le symétrique de ce point par rapport au miroir. La construction se simplifie lorsque l'objet possède une forme géométrique, dont la symétrique par rapport à un plan soit une figure connue.

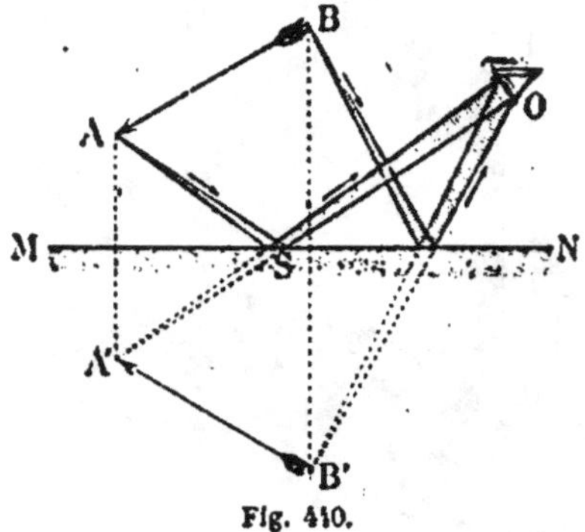

Fig. 440.

Soit un objet rectiligne AB, placé devant un miroir plan MN (fig. 440). La figure symétrique d'un segment de droite est un autre segment de droite. Il suffit donc de construire directement les symétriques A', B' des extrémités A et B. Le segment rectiligne A'B' est l'image du segment AB.

Remarque. — Un objet et son image donnée par un miroir plan constituent deux figures *égales par symétrie*, mais non superposables.

En effet, on sait que deux figures solides symétriques par rapport à un plan sont *inversement égales* : leurs éléments homologues sont égaux chacun à chacun; mais on

Fig. 441.

ne peut pas les faire coïncider, parce que ces éléments ne sont pas disposés dans le même ordre. (Géom., 682.)

Cette propriété se vérifie aisément par l'expérience. Quand une personne se regarde dans un miroir plan, il lui est facile de constater que l'image de sa main droite constitue la main gauche de son image, c'est-à-dire qu'une main droite a pour image une main

gauche. Or il est évident que nos deux mains ne sauraient coïncider par superposition,
alors même que, réduites à deux figures géométriques, elles pourraient pénétrer l'une
dans l'autre. Donc, en général, un objet n'est pas superposable à son image donnée par un
miroir plan.

Il y a exception pour les figures planes (fig. 442), parce que deux figures planes *inversement égales* sont superposables *par retournement*.

Il y a exception, d'une manière générale, pour toute figure douée

Fig. 442.

d'un centre de symétrie ou d'un plan de symétrie. En effet, étant égale à elle-même directement et inversement (Géom., 685), toute figure qui présente cette symétrie absolue est superposable à son image symétrique.

447. Champ d'un miroir pour une position déterminée de l'œil. — On appelle *champ d'un miroir, pour une position déterminée de l'œil*, la portion de l'espace que l'œil peut voir par réflexion dans le miroir.

Considérons un miroir MN, et soit O la position de l'œil réduit à un point qui est son centre optique (fig. 443).

Pour qu'un point S de l'espace puisse être vu, il faut qu'il donne des rayons qui passent par le point O après réflexion dans le miroir.

Considérons le cône MO'M', ou PO'Q, qui a pour base le miroir et

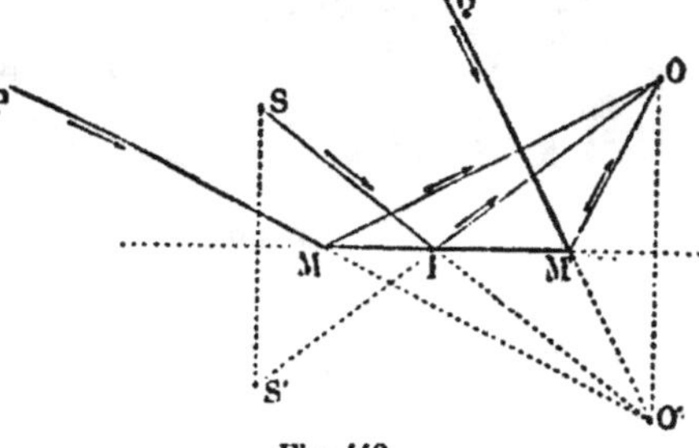

Fig. 443.

pour sommet le point O' symétrique de O par rapport au miroir.

Les rayons émis par le point O et réfléchis par le miroir divergent comme s'ils émanaient du point O'; tous ces rayons réfléchis sont compris dans le cône PO'Q. Réciproquement, tous les rayons incidents qui convergent en O' passent par O après leur réflexion dans le miroir, et sont tous compris dans le cône PO'Q; par conséquent, un point S ne peut être vu que si ce point est dans le cône PO'Q.

Le champ du miroir est donc *la région. située en avant du miroir, à l'intérieur du cône qui a pour base le miroir, et pour sommet le point symétrique de l'œil par rapport au miroir.*

448. Miroirs multiples. — Les rayons issus d'un point et réfléchis par un miroir, se conduisent comme s'ils émanaient de l'image du point. En se réfléchissant sur un second miroir, ils peuvent eux-mêmes donner lieu à une seconde image, symétrique de la première par rapport au plan de ce miroir. Ces rayons, réfléchis une troisième, une quatrième fois, etc., peuvent produire un nombre illimité d'images, qui vont en diminuant de clarté.

449. Miroirs parallèles. — Lorsqu'un point ou un objet lumineux est placé entre deux miroirs parallèles, on obtient une infinité d'images de ce point ou de cet objet.

Soient AB, CD deux miroirs parallèles, o le point lumineux (fig. 444).

1° Considérons en premier lieu les rayons qui se réfléchissent tout d'abord sur le miroir AB. Ils donnent l'image o_1, telle que $Bo_1 = Bo$. Après s'être réfléchis sur AB, ces rayons parviennent sur le miroir CD comme s'ils venaient du point o_1, et ils donnent une image o_2, telle que $Do_2 = Do_1$. Après leur réflexion sur CD, ils reviennent au miroir AB comme s'ils émanaient du point o_2; ils donnent une nouvelle image o_3 telle que $Bo_3 = Bo_2$, et ainsi de suite.

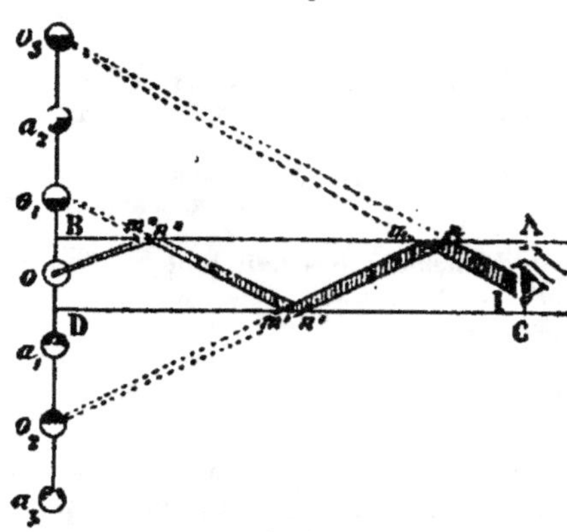

Fig. 444.

On obtient ainsi une première série illimitée d'images o_1, o_2, o_3...

2° Considérons actuellement les rayons qui, partant du point o, vont tout d'abord se réfléchir sur le miroir CD. Après cette première réflexion, ils en subissent une seconde sur AB, puis une troisième sur CD, et ainsi de suite indéfiniment. On obtient donc une nouvelle série illimitée d'images a_1, a_2, a_3... telles que l'on ait :

$$Da_1 = Do, \quad Ba_2 = Ba_1, \quad Da_3 = Da_2...$$

Il est à remarquer que, dans l'une et l'autre série, les images successives vont en diminuant de clarté, à cause de l'affaiblissement qu'éprouvent les rayons lumineux à chaque réflexion qu'ils subissent.

Construction du pinceau lumineux qui fait voir une image, o_3 par exemple. — On joint le point o_3 aux bords de la pupille, l'intersection mn au point o_2, l'intersection $m'n'$ au point o_1, et enfin l'intersection $m''n''$ au point o. On obtient ainsi le pinceau oculaire demandé (o, $m''n''$, $m'n'$, mn, I).

Distance de chaque image au miroir voisin et au point lumineux.
Posons, en valeur absolue :

$$oB = p, \quad oD = q, \quad \text{et} \quad BD = p + q = s.$$

La distance de chaque image au miroir voisin se lit aisément sur la figure. La distance au point lumineux s'en déduit en ajoutant p ou q.

Pour la première série d'images, on a :

$$
\begin{array}{lll}
Bo_1 = p & \text{d'où} & oo_1 = 2p \\
Do_2 = p + s & & oo_2 = 2s \\
Bo_3 = p - 2s & & oo_3 = 2p + 2s \\
Do_4 = p + 3s & & oo_4 = 4s.
\end{array}
$$

Pour la deuxième série d'images, on a :

$$
\begin{array}{lll}
Da_1 = q & \text{d'où} & oa_1 = 2q \\
Ba_2 = q + s & & oa_2 = 2s \\
Da_3 = q + 2s & & oa_3 = 2q + 2s \\
Ba_4 = q + 3s & & oa_4 = 4s.
\end{array}
$$

1° *Dans chaque série d'images, les distances aux miroirs forment une progression arithmétique de raison s et commençant par p dans la première série, par q dans la seconde.*

2° *Dans chaque série d'images, les distances au point lumineux s'obtiennent en ajoutant alternativement 2p et 2s, en commençant par 2p dans la première série, par 2q dans la seconde.*

3° *Dans les deux séries, les images de même indice pair sont symétriques l'une de l'autre par rapport au point lumineux.*

On a :

$$
\begin{array}{l}
oo_2 = oa_2 = 2s \\
oo_4 = oa_4 = 4s \\
oo_6 = oa_6 = 6s.
\end{array}
$$

450. Miroirs angulaires. — Premier cas : *Miroirs rectangulaires.* — Soient deux miroirs rectangulaires AB, BC, et un point lumineux O (fig. 445).

Les rayons du point O qui tombent directement sur AB donnent l'image O_1, symétrique de O par rapport à AB.

Une partie des rayons réfléchis par AB tombent sur BC comme s'ils émanaient du point O_1, et ils donnent en se réfléchissant l'image O_2 symétrique de O_1 par rapport à BC.

Les rayons qui tombent directement sur BC donnent pareillement deux images a_1, a_2.

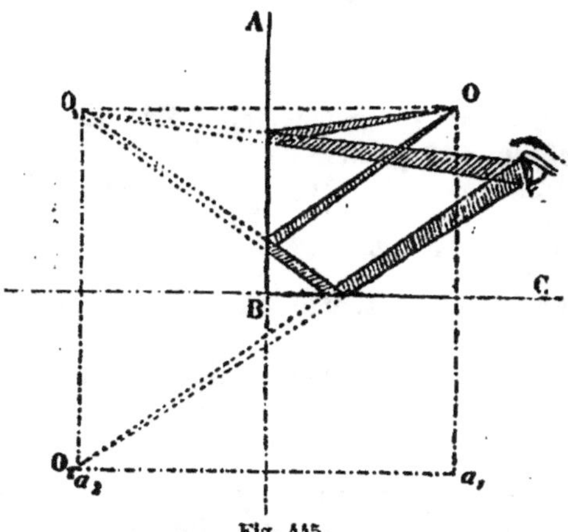

Fig. 445.

Il est facile de voir que les images O_2, a_2 se confondent, et que les quatre points O, O_1, o_2, a_1, sont les sommets d'un rectangle.

Toutes les images, ainsi que le point lumineux, sont sur une même circonférence décrite du point B comme centre avec BO pour rayon.

En effet : La droite OO_1 est divisée en deux parties égales par la perpendiculaire AB; donc, les distances BO et BO_1 sont égales. De même, les autres images sont également éloignées du point B.

Construction du pinceau lumineux qui fait voir une image. — On opère comme nous l'avons indiqué pour les miroirs parallèles.

Deuxième cas : *Miroirs formant un angle aigu.* — Soient les deux miroirs AC, CB, inclinés à 60°, et le point lumineux o, que nous supposerons sur le plan bissecteur des miroirs (fig. 446).

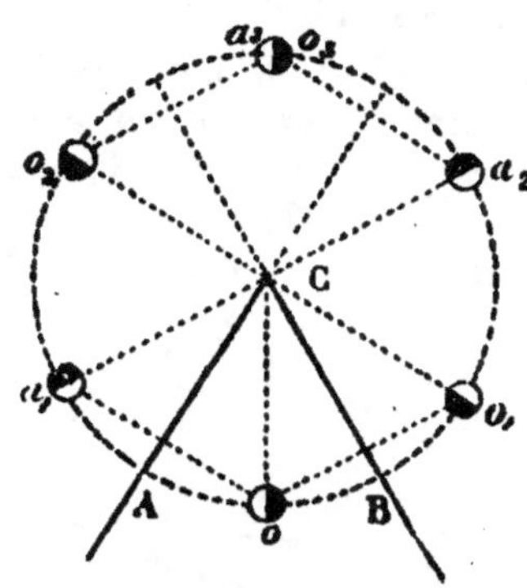

Fig. 446.

Les rayons lumineux qui tombent directement sur BC donnent la série d'images o_1, o_2, o_3.

Les rayons qui tombent directement sur AC donnent la deuxième série d'images a_1, a_2, a_3.

Les rayons qui forment l'image o_3 ne donneront pas d'autre image, car le point o_3 se trouve dans l'angle formé par les prolongements des miroirs; il est facile de voir, en effet, que les rayons issus de ce point ne peuvent pas tomber sur la surface réfléchissante.

De plus, toutes les images ainsi que le point lumineux sont sur une même circonférence décrite du point C comme centre avec Co pour rayon.

Construction d'un pinceau oculaire. — On procède comme nous l'avons déjà indiqué pour les miroirs parallèles.

Nombre des images. — Avec des miroirs rectangulaires on obtient trois images.

Or
$$\frac{360^{\circ}}{90^{\circ}} = 4.$$

En général, pour avoir le nombre d'images, on divise 360° par l'angle des miroirs, et on diminue le quotient de l'unité.

Ainsi, quand les miroirs font un angle de 60°, le nombre d'images est :
$$\frac{360}{60} - 1 = 5.$$

Remarque. — Le nombre d'images est d'autant plus grand que l'angle des miroirs est plus petit.

Dans le cas des miroirs parallèles, l'angle des miroirs est nul, et le nombre d'images est :
$$\frac{360}{0} - 1 = \infty.$$

Kaléidoscope. — Le kaléidoscope est une application de la propriété des miroirs angulaires. Il se compose d'un cylindre de carton dans lequel on place deux ou trois miroirs inclinés; à l'une des extrémités se trouve un petit compartiment fermé par deux verres parallèles; celui qui est à l'extérieur est dépoli et a pour but d'éclairer des objets de diverses couleurs, que l'on met dans ce compartiment. En regardant à l'autre extrémité par une petite ouverture, on voit les images multiples et symétriques de ces objets. En faisant tourner le cylindre, on peut varier ces images à l'infini.

451. Miroir tournant. — *Lorsqu'un rayon lumineux fixe SI, tombe sur un miroir plan P, mobile autour d'un axe perpendiculaire au plan d'incidence; si le miroir tourne d'un angle α, le rayon réfléchi IR tourne d'un angle 2α (fig. 447).*

Admettons que l'axe de rotation passe par le point d'incidence I. Le miroir PQ, tournant d'un angle α, vient en P'Q'; la normale IN tourne du même angle, et vient en IN'. Le rayon réfléchi IR prend une nouvelle position IR'; il a tourné d'un angle :

RIR' = SIR' — SIR.

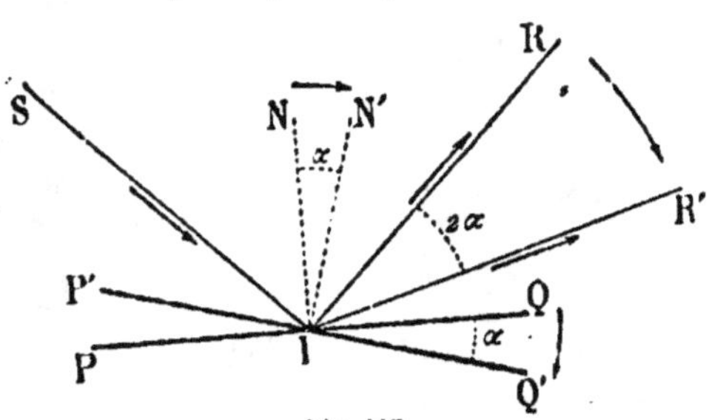

Or, d'après les lois de la réflexion, l'angle

Fig. 447.

SIR est le double du premier angle d'incidence i, et l'angle SIR' est égal au double du second angle d'incidence $(i + \alpha)$. On a donc :
$$RIR' = 2(i + \alpha) - 2i = 2\alpha.$$

21*

Cette propriété est fréquemment utilisée pour mesurer l'angle de rotation d'un corps mobile autour d'un axe. Ce corps étant muni d'un miroir plan, sur lequel tombe un rayon lumineux fixe, il suffit de mesurer la déviation du rayon réfléchi. L'angle cherché est égal à la moitié de cette déviation.

Cette même propriété est le principe du *sextant* : instrument dont se servent les marins pour la mesure des angles.

452. Réflexion diffuse. — On appelle *lumière diffuse* la lumière qui est réfléchie par une surface non polie, et dont les rayons sont renvoyés dans toutes les directions par les aspérités de la surface.

Une surface non polie peut être considérée comme l'ensemble d'une infinité de petites faces planes; chaque rayon lumineux est alors réfléchi par l'élément plan sur lequel il tombe.

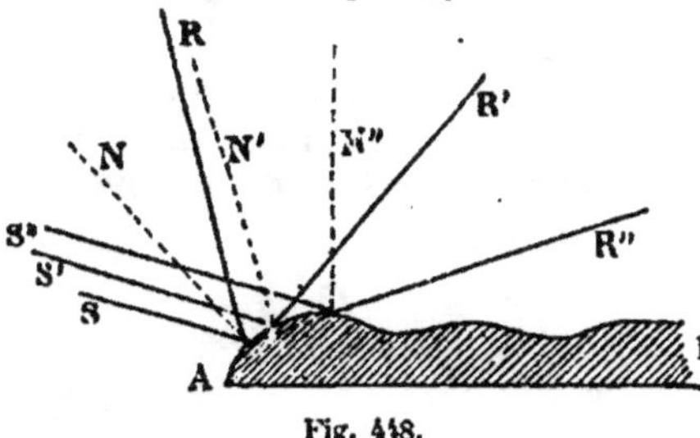

Fig. 448.

Soient une surface non polie AB, et S, S′, S″ des rayons incidents parallèles (fig. 448).

Menons les normales N, N′, N″ aux divers éléments de la surface. En construisant les rayons réfléchis correspondants à un pinceau très mince de rayons incidents, il est facile de voir que ces rayons réfléchis sont divergents, et que leurs prolongements se rencontrent sensiblement en un même point, à une petite distance de la surface.

L'œil qui reçoit un pinceau de ces rayons voit un point lumineux à leur point de concours; et, comme il en est de même pour tous les autres points de la surface AB, il s'ensuit que l'on voit cette surface comme si elle était lumineuse.

C'est la lumière diffuse qui nous fait apercevoir les objets; si elle n'existait pas, nous ne verrions que les seuls corps lumineux. Une expérience très simple met ce fait en évidence : lorsqu'on se trouve en face d'une glace bien polie, on ne peut pas juger de la présence de cette glace, ni de la distance qui nous en sépare; pour l'apercevoir, il suffit de secouer un peu de poussière; celle-ci se dépose sur la glace et forme des aspérités qui diffusent la lumière.

Quand le ciel est couvert, la lumière du soleil ne nous parvient pas directement, mais par l'intermédiaire des nuages qui la tamisent et la diffusent.

MIROIRS SPHÉRIQUES

453. Réflexion sur une surface courbe. — La réflexion
de la lumière sur une surface courbe se
produit suivant les mêmes lois que sur une
surface plane. Dans ce cas, la normale est
la perpendiculaire élevée, au point d'incidence, sur le plan tangent à la surface en
ce même point; si la surface est sphérique,
la normale se confond avec un rayon de la
sphère, ou avec le prolongement de ce
rayon (fig. 449).

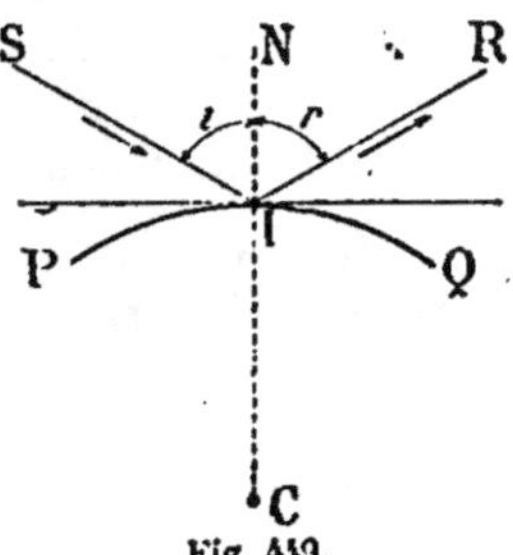

Fig. 449.

Miroirs sphériques. — Les *miroirs*
sphériques sont formés par des surfaces sphériques polies.

Le miroir est *concave* quand la réflexion a lieu sur la face
interne; il est *convexe* lorsqu'elle se fait sur la face externe.

Nous supposerons toujours que ces miroirs
ont la forme d'une calotte sphérique.

On appelle *centre de courbure* du miroir
le centre C de la sphère dont le miroir fait
partie, et *centre de figure,* ou *sommet* du
miroir, le pôle O de la surface du miroir
(fig. 450).

On appelle *axe principal* la droite OC qui
joint le centre de courbure au centre de
figure, et *axe secondaire* toute droite CM

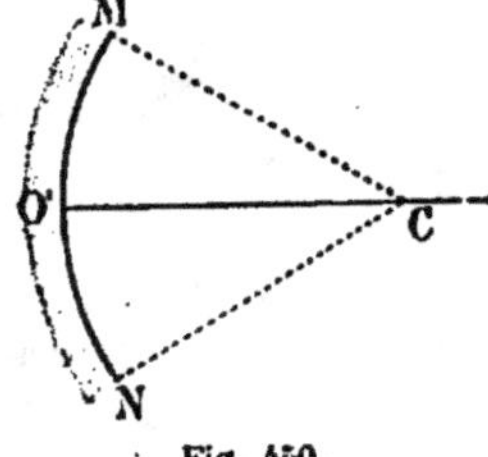

Fig. 450.

qui joint le centre de courbure à un point quelconque de la surface
du miroir.

On appelle *section principale* toute section plane MN obtenue en
coupant le miroir suivant un plan passant par l'axe principal.

L'*ouverture* ou *amplitude* du miroir est le nombre de degrés contenus dans la section principale MN, c'est-à-dire la mesure de
l'angle MCN.

1. MIROIRS CONCAVES

454. Miroirs concaves. — **Foyer principal.** — Dans un
miroir sphérique concave de faible amplitude, tous les rayons parallèles à l'axe principal vont, après réflexion, converger en un même
point, qu'on appelle *foyer principal,* et qui est sensiblement au
milieu de la distance qui sépare le centre de figure du centre de
courbure.

Soient un miroir OI (fig. 451), C le centre de courbure, O le centre de figure et OC l'axe principal.

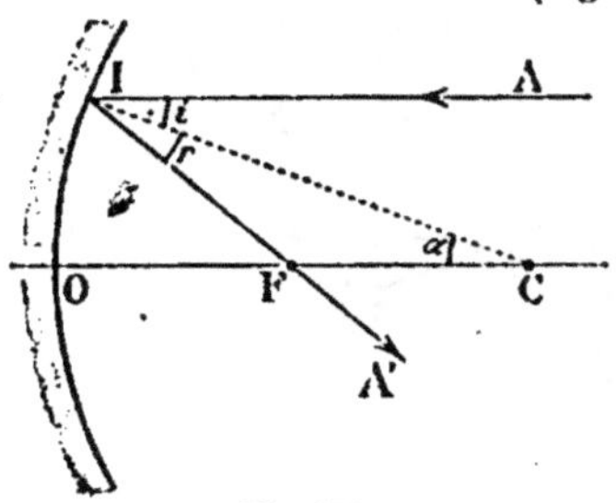

Fig. 451.

Considérons un rayon AI parallèle à l'axe principal. La normale au point I est IC, et l'angle AIC ou i est l'angle d'incidence. Pour avoir le rayon réfléchi, il faut faire l'angle CIF ou r égal à l'angle d'incidence i :

On a : $r = i = \alpha$.

Le triangle CIF est isocèle, et IF égale FC ; mais à cause de la faible amplitude du miroir, IF est sensiblement égal à OF ; par suite, OF est sensiblement égal à FC, et on a :

$$OF = \frac{OC}{2}.$$

Tout autre rayon parallèle à l'axe se trouve dans les mêmes conditions, et son réfléchi viendra passer au point F.

Réciproquement, les rayons émis par une source lumineuse située au foyer principal se réfléchissent parallèlement à l'axe principal.

La distance OF s'appelle *distance focale principale ;* on la représente par f.

455. Foyers secondaires. — Plan focal. — Pour un miroir concave de très faible amplitude, tous les rayons parallèles à un axe secondaire OF_1 (fig. 452) vont aussi, après réflexion, concourir sensiblement en un même point F_1 de cet axe. Ce point, appelé *foyer secondaire,* ou *foyer principal* relatif à l'axe secondaire OF_1, divise le rayon du miroir en deux parties égales.

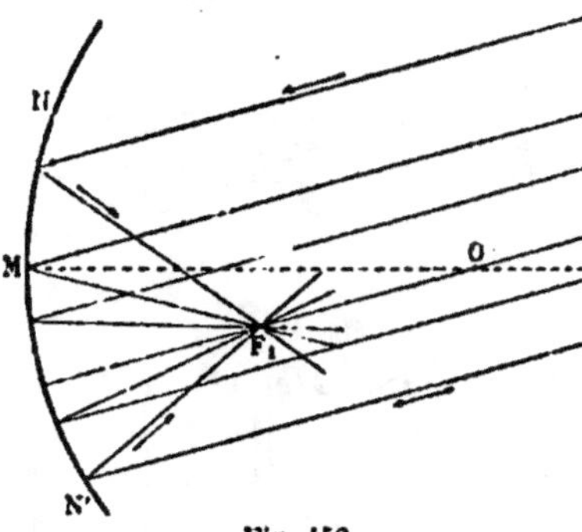

Fig. 452.

Dans toute section principale, le lieu des foyers secondaires situés dans ce plan est un arc de cercle décrit du centre de courbure avec $\frac{R}{2}$ pour rayon, et ayant la même ouverture que le miroir ; or, cette ouverture étant très petite, il est permis de remplacer l'arc par sa tangente au foyer F. Si l'on fait tourner la figure autour de l'axe principal, la tangente décrira un cercle. Le plan de ce cercle est ce qu'on appelle le *plan focal* du miroir : c'est le lieu des foyers principaux du miroir.

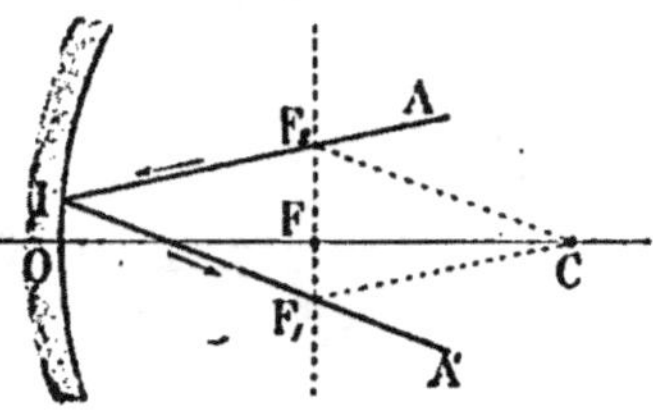

Fig. 453.

Construction du rayon réfléchi correspondant à un rayon incident donné. — Soient AI le rayon donné, I son point d'incidence, et C le centre de courbure du miroir (fig. 453). Le rayon réfléchi passe par le point I. Proposons-nous de construire ce rayon sans tracer la normale IC, et en évitant de faire un angle de réflexion égal à l'angle d'incidence.

On peut procéder de deux manières :

1° Le rayon AI est parallèle à un axe secondaire CF_1; donc son réfléchi passe par le foyer principal F_1 situé sur cet axe secondaire. D'où la construction : *Par le centre C, on mène l'axe secondaire parallèle au rayon AI, jusqu'à sa trace F_1 sur le plan focal; puis on joint IF_1 qui répond à la question.*

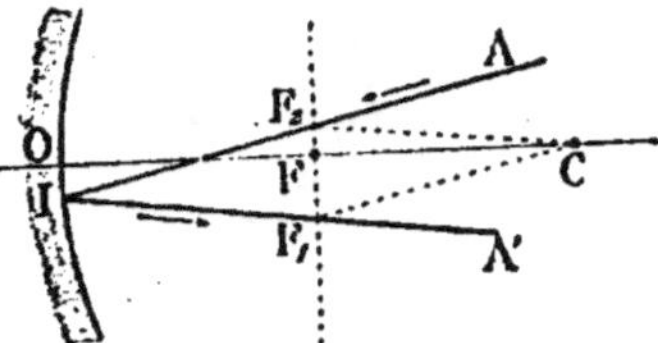

Fig. 454.

2° Le rayon AI passe par un foyer principal F_2; donc son réfléchi est parallèle à l'axe secondaire CF_2 qui passe par ce foyer. D'où la construction : *On marque la trace F_2 du rayon AI sur le plan focal; on joint CF_2 et l'on mène par le point I, à cet axe secondaire CF_2, la parallèle IA' qui répond à la question.*

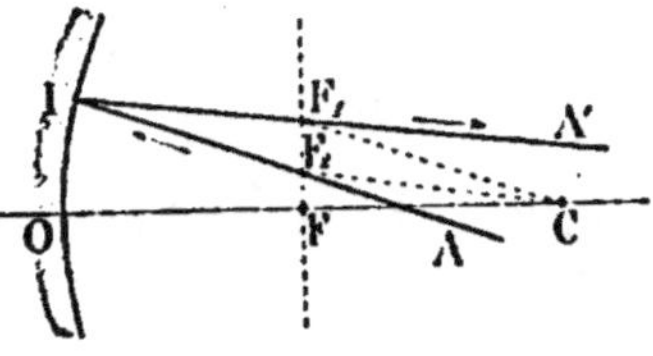

Fig. 455.

Pour se familiariser avec l'une ou l'autre de ces constructions, il est utile de l'effectuer dans les quatre cas suivants : On suppose successivement que le rayon donné AI coupe l'axe principal : 1° en arrière du miroir (fig. 453); 2° entre le miroir et le plan focal (fig. 454); 3° entre le plan focal et le centre de courbure (fig. 455); 4° au delà du centre de courbure par rapport au miroir (fig. 456).

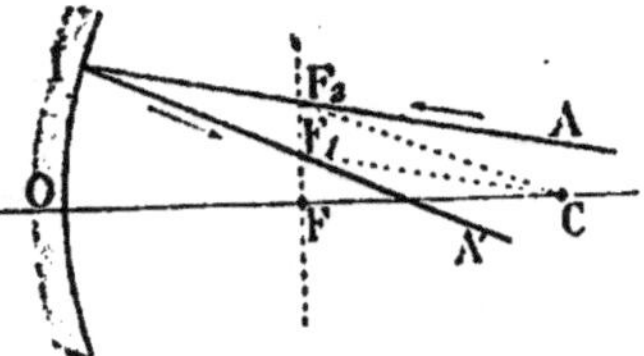

Fig. 456.

456. Foyers conjugués. — Soient un miroir MM' et un rayon PM émis par un point lumineux P, situé sur l'axe principal et au delà du centre de courbure (fig. 457). Traçons la normale MC, et faisons l'angle de réflexion CMP' égal à l'angle d'incidence CMP; nous obtenons le rayon réfléchi MP'; ce rayon rencontre évidemment l'axe principal entre le foyer principal F et le centre de courbure C, puisque l'angle d'incidence est moindre que celui du rayon parallèle à l'axe principal.

La droite CM étant bissectrice de l'angle PMP', on a :

$$\frac{CP}{CP'} = \frac{MP}{MP'}$$

mais, à cause de la faible amplitude du miroir, on a sensiblement [1] :

$$MP = OP \text{ et } MP' = OP'.$$

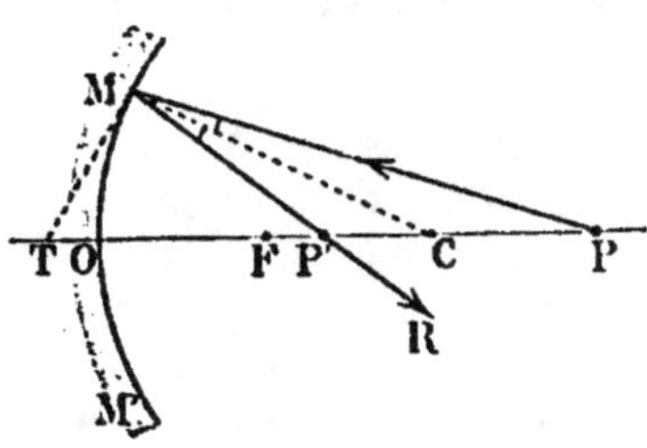

Fig. 457.

Donc, $\quad \dfrac{CP}{CP'} = \dfrac{OP}{OP'}.$ $\qquad$ (1)

Posons

$$OP = p, \ OP' = p', \ OC = r;$$

d'où

$$CP = p - r, \ CP' = r - p'.$$

La relation (1) devient successivement :

$$\frac{p-r}{r-p'} = \frac{p}{p'};$$

$$pr - pp' = pp' - p'r$$

$$pr + p'r = 2pp';$$

et enfin en divisant tout par $pp'r$, et en remplaçant r par $2f$,

$$\frac{1}{p} + \frac{1}{p'} = \frac{1}{f}.$$

Ainsi, pour un même miroir, la distance p' dépend uniquement de p. Il s'ensuit que tous les rayons émis par un point P de l'axe principal concourent, après leur réflexion, en un même point P' de cet axe (fig. 458). Inversement, d'après la réversibilité dans la réflexion, si le point P' était un point lumi-

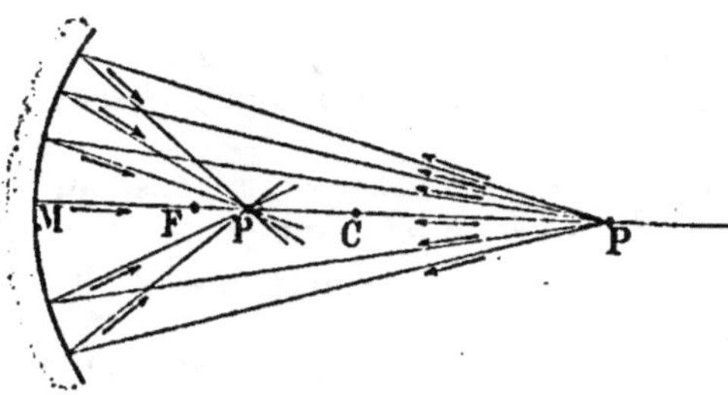

Fig. 458.

---

[1] On peut se rendre compte de l'erreur commise en écrivant : $\dfrac{CP}{CP'} = \dfrac{OP}{OP'}.$

Menons en M le plan tangent au miroir; il coupe l'axe en un point T, et l'on a *exactement* : $\qquad \dfrac{TP}{TP'} = \dfrac{CP}{CP'}.$

Nous négligeons la distance TO.

Or $\qquad TO = TC - OC = \dfrac{OC(1 - \cos\alpha)}{\cos\alpha} = OC \cdot \dfrac{2\sin^2\frac{\alpha}{2}}{\cos\alpha}.$

Si α est petit, à plus forte raison le *carré* de $\sin\frac{\alpha}{2}$. L'erreur est donc de l'ordre du carré de $\sin\frac{\alpha}{2}$, ou du carré de α.

neux, les rayons issus de ce point et réfléchis par le miroir convergeraient au point P. Ces deux points P, P′ sont appelés *foyers conjugués*.

457. Formule des miroirs concaves. — Nous avons supposé que le point lumineux P était situé au delà du centre de courbure. Pour établir dans tous les cas possibles *l'équation aux foyers conjugués*, il resterait à supposer que le point P est situé entre le centre et le foyer, puis entre le foyer et le sommet, enfin sur le prolongement de l'axe principal en arrière du miroir. La démonstration donnée subsiste dans tous les cas; elle conduit à des formules qui sont toujours composées des mêmes termes, aux signes près. Les différences de signes, que l'on observe en passant d'une formule à une autre, viennent de ce que les longueurs représentées par p et $p′$ n'étaient considérées qu'en valeur absolue. Pour grouper tous les cas sous une formule unique, il suffit de regarder les distances OP, OP′ comme des segments dirigés, positifs en avant du miroir et négatifs en arrière. Alors les nombres p et $p′$ sont des nombres algébriques, positifs ou négatifs, et la formule

$$\frac{1}{p} + \frac{1}{p′} = \frac{1}{f} \qquad (x)$$

peut être considérée comme tout à fait générale.

Foyers virtuels. — *On appelle* foyer virtuel *le point de concours d'un faisceau de rayons dont les prolongements seuls passent par ce point.*

Ainsi, un point lumineux *virtuel* est formé par un faisceau de rayons convergents qui rencontrent le miroir avant leur point de convergence; c'est une image réelle que l'on empêche de se former.

Dans les miroirs concaves, il est évident qu'un foyer est réel ou virtuel suivant qu'il est en avant ou en arrière du miroir, c'est-à-dire suivant que sa distance au miroir est positive ou négative :

L'objet est *réel* ou *virtuel* suivant que p est *positif* ou *négatif*.

L'image est *réelle* ou *virtuelle* suivant que $p′$ est *positif* ou *négatif*.

458. Positions relatives des foyers conjugués. — I. Discussion géométrique. — A chaque position du point P correspond une position du point P′. Proposons-nous d'étudier les déplacements que subit le point P′ lorsque le point P décrit d'un bout à l'autre l'axe principal X'X. Pour cela, il suffit de considérer le rayon lumineux qui se réfléchit sur le miroir en un point fixe A (fig. 459).

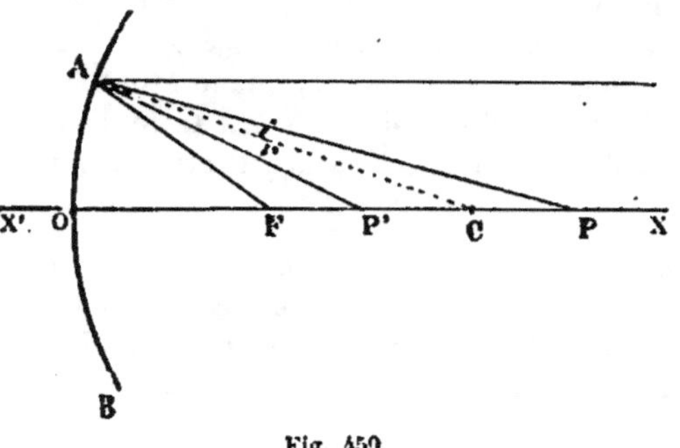

Fig. 459.

L'axe principal X'X contient trois points remarquables O, F, C, qui le partagent en quatre segments X'O, OF, FC, CX. Supposons que le point P décrive ces segments de droite à gauche, dans le sens XX'.

1° Quand le point P est à l'infini, le rayon incident PA est parallèle à l'axe principal; le rayon réfléchi AP' passe par le foyer F. Donc P' est en F.

Lorsque P décrit le segment XC, les angles d'incidence et de réflexion décroissent depuis leur valeur initiale jusqu'à zéro; les rayons PA, AP' se rapprochent simultanément de la normale AC, qui est leur position limite commune. Donc, tandis que P décrit XC, P' décrit FC; et lorsque P arrive au centre de courbure C, les trois points C, P, P' se confondent.

2° Quand le point P décrit le segment CF, les rayons PA, PA' s'écartent ensemble de la normale, et P' décrit CX.

Lorsque P arrive en F, le rayon réfléchi est parallèle à l'axe principal, et P' disparaît à l'infini.

3° Quand le point P décrit le segment FO (fig. 460), l'angle d'incidence CAP croît depuis sa valeur initiale CAF jusqu'à 90°; donc l'angle de réflexion CAD croît lui-même jusqu'à 90°, et le point P' décrit le segment X'O.

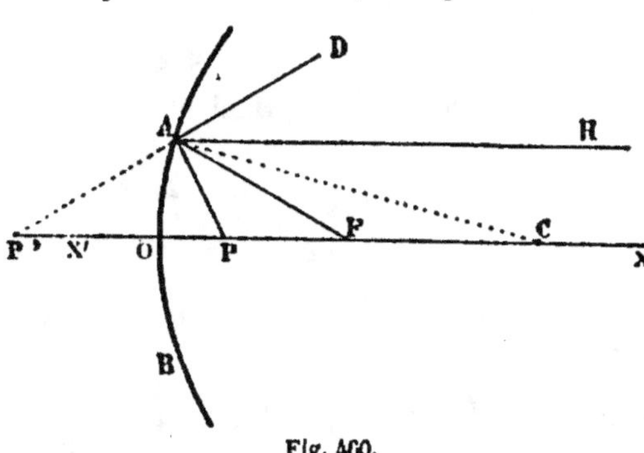

Fig. 460.

Lorsque P arrive au sommet O, les points P, P' se confondent.

4° Quand le point P décrit le segment illimité OX', les angles d'incidence et de réflexion diminuent depuis 90° jusqu'à CAH, et P' décrit OF.

Lorsque P s'éloigne indéfiniment dans la direction OX', le point P' tend vers sa position limite F.

En résumé, *les points conjugués* P, P' *cheminent toujours en sens contraires;* ils se rencontrent en O et en C; quand l'un vient en F, l'autre disparaît à l'infini; quand l'un décrit XC, l'autre décrit FC, et inversement; quand l'un décrit FO, l'autre décrit OX', et inversement.

II. Discussion algébrique. — Les positions respectives des points conjugués P, P' sont déterminées par leurs abscisses $OP = p$, $OP' = p'$. Proposons-nous d'étudier les variations que subit p' lorsque p décroît de $+\infty$ à $-\infty$.

L'équation aux foyers conjugués :

$$\frac{1}{p} + \frac{1}{p'} = \frac{1}{f}$$

donne :

$$p' = \frac{pf}{p - f};$$

ou, en divisant haut et bas par p,

$$p' = \frac{f}{1 - \frac{f}{p}}.$$

Cette fonction s'annule pour $p = 0$, elle est infinie pour $p = f$; et lorsque p tend vers $\pm\infty$, elle tend vers une limite égale à f. Enfin, pour $p = 2f$, on a $p' = p = 2f$.

Les valeurs principales de p sont donc, par ordre de grandeur croissante,

$$-\infty \qquad\qquad 0 \qquad f \qquad 2f \qquad\qquad +\infty$$

Ces valeurs correspondent aux points de l'axe principal désignés par les lettres

$$X' \qquad\qquad O \qquad F \qquad C \qquad\qquad X$$

1° Lorsque $p = +\infty$, on a $\dfrac{f}{p} = 0$; d'où $p' = f$.

C'est le cas des rayons incidents parallèles à l'axe principal; ils se réfléchissent en passant par le foyer principal F.

2° p décroissant de $+\infty$ à $2f$, $\dfrac{f}{p}$ croît de 0 à $\dfrac{1}{2}$; $\left(1 - \dfrac{f}{p}\right)$ décroît de 1 à $\dfrac{1}{2}$; donc p' croît de f à $2f$.

Le point P décrivant le segment XC, P' décrit FC.

3° Pour $p = 2f$, on a $\dfrac{f}{p} = \dfrac{1}{2}$; d'où $p' = 2f$.

Quand le point P est au centre de courbure du miroir, le point P' se confond avec le point P.

4° p décroissant de $2f$ à f, $\dfrac{f}{p}$ croît de $\dfrac{1}{2}$ à 1 ; $\left(1-\dfrac{f}{p}\right)$ décroît de $\dfrac{1}{2}$ à 0 ; donc p' croît de $2f$ à $+\infty$.

Le point P décrivant CF, P' décrit CX.

5° Pour $p=f$, on a $\dfrac{f}{p}=1$; d'où $p'=\infty$.

Quand le point lumineux est au foyer du miroir, les rayons réfléchis sont parallèles à l'axe principal.

6° p décroissant de f à 0, $\dfrac{f}{p}$ croît de 1 à $+\infty$; $\left(1-\dfrac{f}{p}\right)$ décroît de 0 à $-\infty$; donc p' croît de $-\infty$ à 0.

Le point P décrivant FO, P' décrit X'O.

7° Pour $p=0$, on a $\dfrac{f}{p}=\infty$; d'où $p'=0$.

Quand le point P est au sommet du miroir, le point P' se confond avec P.

8° p décroissant de 0 à $-\infty$, $\dfrac{f}{p}$ croît de $-\infty$ à 0 ; $\left(1-\dfrac{f}{p}\right)$ décroît de $+\infty$ à 1 ; donc p' croît de 0 à f.

Le point P décrivant OX', le point P' décrit OF.

Remarque. — Un miroir plan peut être considéré comme un miroir sphérique de rayon $r=\infty$.

Quand on a $r=\infty$, la formule (1) devient :

$$\frac{1}{p}+\frac{1}{p'}=\frac{2}{\infty}=0 ;$$

d'où $\qquad \dfrac{1}{p}=-\dfrac{1}{p'}, \qquad$ et enfin $\qquad p=-p'$.

Résultat connu.

459. Formule de Newton. — La relation (1) du n° 456 montre que les foyers conjugués P, P' divisent harmoniquement le rayon OC. Donc (Géométrie, 313), la moitié f du rayon OC est moyenne proportionnelle entre les distances de son milieu F aux deux foyers conjugués. En posant :

$$FP=\pi, \quad FP'=\pi', \quad \text{on a} \quad \pi\pi'=f^2. \tag{β}$$

On serait parvenu à cette formule à l'aide de la relation (1), si l'on avait pris pour origine des abscisses le foyer F au lieu du sommet O.

On peut aussi la déduire de la formule $\dfrac{1}{p}+\dfrac{1}{p'}=\dfrac{1}{f}$. Il suffit de substituer $p=f+\pi$, $p'=f+\pi'$ et de chasser les dénominateurs.

La formule (β), dite formule de Newton, se prête à une discussion plus simple que la précédente :

1° Le produit $\pi\pi'$ étant positif, il s'ensuit que les foyers conjugués P, P' sont toujours situés d'un même côté du foyer principal F.

Le facteur π décroissant de $+\infty$ à f, de f à 0, de 0 à $-f$, de $-f$ à $-\infty$, le facteur π' croît :

de 0 à f, de f à $+\infty$, de $-\infty$ à $-f$, de $-f$ à 0.

En d'autres termes : Soit X'X l'axe principal, que les trois points O, F, C partagent en quatre segments.

Si le point P décrit l'axe principal de droite à gauche, de X à X', le point P' décrit ce même axe en sens contraire, de F à X, puis de X' à F.

Le point P décrivant les segments dirigés XC, CF, puis FO, OX', le point P' décrit les segments dirigés FC, CX, puis X'O, OF.

460. Foyer conjugué d'un point lumineux situé sur un axe secondaire. — Si un point lumineux est en dehors de l'axe principal, son foyer se trouve sur la droite menée de ce point au centre de courbure, c'est-à-dire sur son axe secondaire.

Tout ce qui a été dit par rapport aux divers points de l'axe principal s'applique aux axes secondaires, et se démontre de la même manière.

L'étude des déplacements du foyer conjugué est particulièrement simple quand le point lumineux se déplace sur une droite AB (fig. 461). Il suffit de considérer AB comme un rayon lumineux, et de construire son image A'B'.

Quand le point lumineux décrit AB, son image décrit A'B', et

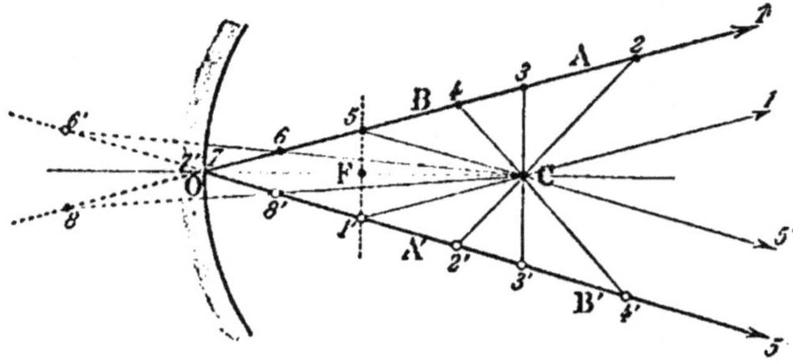

Fig. 461.

ces deux foyers conjugués sont toujours situés sur le même axe secondaire, c'est-à-dire qu'ils sont alignés sur le centre C. Ainsi, quand le point lumineux passe successivement dans les positions 1, 2, 3,... son image prend les positions correspondantes 1', 2', 3'...

461. Construction géométrique des foyers conjugués. — **I. Foyer conjugué ou image d'un point.** — Soit à construire le foyer conjugué d'un point lumineux P.

Tous les rayons lumineux issus du point P, et réfléchis par le miroir, viennent passer par l'image demandée P'. Donc, pour obtenir cette image, il suffit de construire deux quelconques de ces rayons réfléchis.

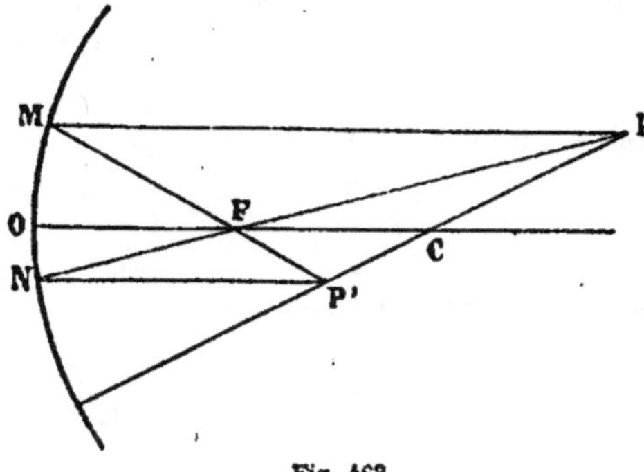

Fig. 462.

On utilise d'abord l'axe secondaire PC, c'est-à-dire le rayon lumineux qui se réfléchit sur lui-même.

Le second rayon incident reste arbitraire, on le choisit suivant les circonstances :

1° Si le point P est sur l'axe principal (fig. 462), on prend un rayon quelconque PI. L'axe secondaire CF_1, parallèle à ce rayon, rencontre le plan focal au foyer secondaire F_1.

On obtient ainsi le rayon réfléchi IF_1, qui coupe l'axe PC au point demandé P'[1].

2° Si le point P est extérieur à l'axe principal (fig. 463), on mène le rayon incident PM parallèle à l'axe principal, et dont le réfléchi passe par le foyer principal F.

Ou bien, on utilise le rayon incident PF, qui passe par le foyer principal F et qui se réfléchit parallèlement à l'axe principal.

Fig. 463.

---

[1] Cette construction repose uniquement sur la propriété du plan focal principal. On en peut déduire très simplement la formule des miroirs concaves, et par suite la propriété des miroirs conjugués.

Les triangles semblables IPP' et F_1CP' donnent :

$$\frac{IP}{F_1C} = \frac{IP'}{F_1P'}.$$

Or on a sensiblement :

$$IP = OP = p, \qquad F_1C = f,$$
$$IP' = OP' = p, \qquad F_1P' = IP' - IF_1 = p' - f.$$

La proportion devient, en ajoutant les deux fractions terme à terme :

$$\frac{p}{f} = \frac{p'}{p'-f} = \frac{p+p'}{p'},$$

ou, en divisant tout par p :

$$\frac{1}{f} = \frac{1}{p} + \frac{1}{p'}.$$

II. Image d'un objet. — L'image d'un objet est l'ensemble des images réelles ou virtuelles de tous les points de cet objet.

Pour construire l'image d'une droite lumineuse, il faut donc construire les images de ces divers points, et joindre ces images par une ligne continue. Si la droite lumineuse est suffisamment petite par rapport aux dimensions du miroir, ou bien, si elle est assez éloignée pour être vue du centre de courbure sous un angle très petit, son image est sensiblement rectiligne ; il suffit alors de construire les deux extrémités de cette image.

L'image d'une petite droite perpendiculaire à l'axe principal est une droite perpendiculaire à ce même axe. En effet, dans la figure 463, supposons que le point lumineux P décrive un petit arc de cercle concentrique au miroir et coupant l'axe principal OC ; son image P′ décrira un arc de cercle de même centre C.

Or, si l'angle au centre est suffisamment petit, ces arcs de cercles se confondent sensiblement avec leurs tangentes perpendiculaires à l'axe principal. On peut donc admettre qu'une petite droite perpendiculaire à l'axe a pour image une autre droite perpendiculaire à l'axe.

Premier cas : *Image réelle.* — Soit à construire l'image de la droite AB, située au delà du centre du miroir et perpendiculaire à l'axe principal (fig. 464).

L'image du point A se trouve sur l'axe secondaire AC.

Considérons un rayon AM parallèle à l'axe principal ; ce rayon, en se réfléchissant, passe au foyer principal F, et rencontre l'axe secondaire en un point A′, qui est l'image du point A.

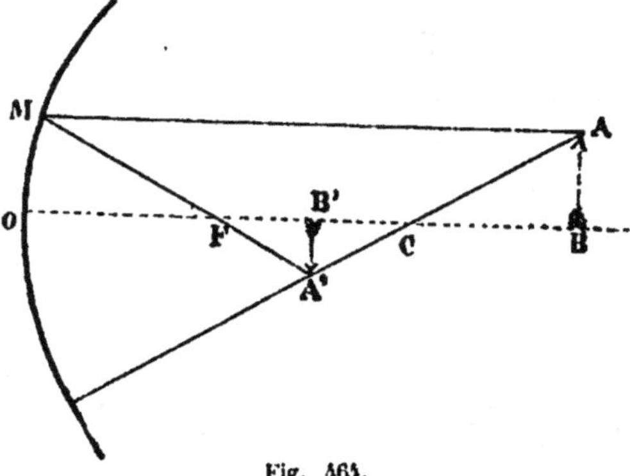

Fig. 464.

L'objet AB étant perpendiculaire à l'axe principal, il en sera de même de son image ; et comme A′ est l'image de A, la droite A′B′, perpendiculaire à OC, sera l'image de AB.

Inversement, si A′B′ est un objet lumineux, son image sera la droite AB.

Cette image est *réelle* et *renversée.*

Deuxième cas : *Image virtuelle.* — Soit à construire l'image de la

droite AB, située entre le foyer principal et le miroir, et perpendiculaire à l'axe
principal (fig. 465).

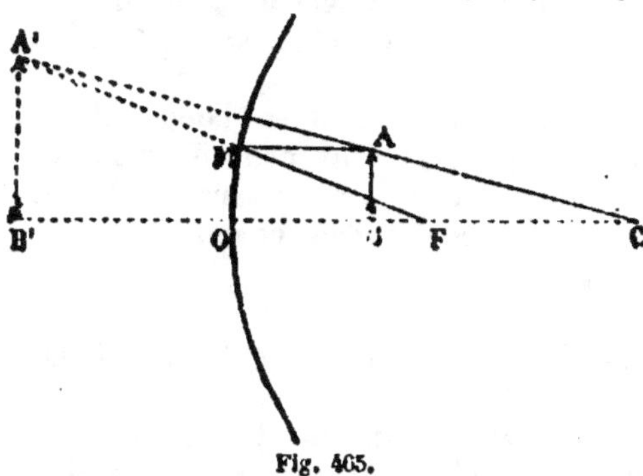

Fig. 465.

Pour déterminer
l'image du point A, on
mène l'axe secondaire
AC et un rayon AM
parallèle à l'axe prin-
cipal; ce rayon, en
se réfléchissant, passe
au foyer principal F;
le rayon réfléchi MF et
l'axe secondaire AC,
prolongés au delà du
miroir, se rencontrent en un point A', qui est l'image du point A.
La droite AB étant perpendiculaire à l'axe principal, son image sera
la droite A'B' perpendiculaire à ce même axe.

Cette image est *droite* et *virtuelle*.

Troisième cas : *Image d'un objet virtuel*. — Soit à construire
l'image de la droite virtuelle AB, perpendiculaire à l'axe principal
(fig. 466).

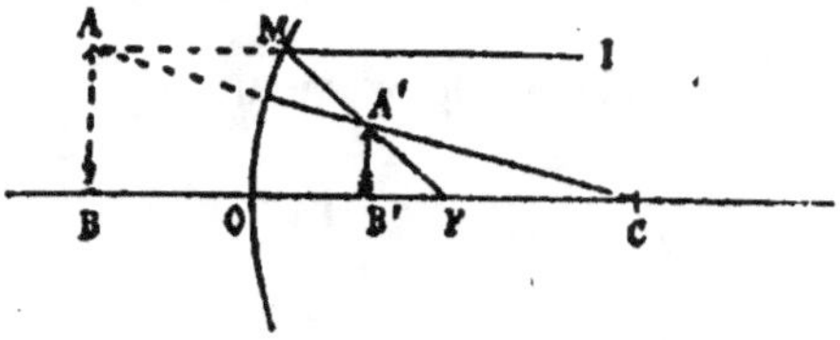

Cette droite virtuelle AB
est formée par les prolongements des rayons lu-
mineux qui tombent sur le
miroir en convergeant.

Fig. 466.

L'image du point A se
trouve sur l'axe secondaire
AC. Supposons un rayon lumineux AMI parallèle à l'axe principal;
le rayon IM se réfléchit en M suivant MF. La rencontre A' de AC
avec MF est l'image du point A. Puisque AB est perpendiculaire
à l'axe principal, son image sera aussi perpendiculaire à cet axe;
donc A'B', perpendiculaire à OC, est l'image de AB.

Cette image est *droite* et *réelle*.

462. Plans conjugués. — Dans les trois figures précédentes, imaginons
que le plan de la figure effectue une rotation complète autour de l'axe principal du miroir. Les droites AB, A'B', perpendiculaires à l'axe de rotation, en-
gendrent deux plans perpendiculaires à ce même axe. Tout point situé dans
l'un de ces plans a son image dans l'autre, et la droite qui joint ces deux points
conjugués passe par le point fixe C, centre de courbure du miroir. Toute figure
plane située dans l'un de ces plans a pour image une figure plane située dans
l'autre plan, et ces deux figures sont homothétiques par rapport au point C.

Deux plans ainsi menés perpendiculairement à l'axe principal par deux
points conjugués quelconques B, B' prennent le nom de **plans conjugués**.

463. Grandeur de l'image. — Connaissant la grandeur et la position de l'objet, on peut déterminer par le calcul la *nature*, la *position* et la *grandeur* de l'image, sans effectuer la construction de cette image.

Dans l'une ou l'autre des trois figures précédentes, l'objet AB est supposé au-dessus de l'axe principal OC; convenons de regarder la grandeur de l'image A'B' comme positive au-dessus de OC, et comme négative au-dessous. Posons, en grandeur et signe :

$$AB = h, \quad A'B' = h', \quad OB = p, \quad OB' = p'.$$

Connaissant p et h, il s'agit de calculer p' et h' qui déterminent complètement l'image :

L'image A'B' est *réelle* ou *virtuelle* suivant qu'elle est située en avant ou en arrière du miroir, c'est-à-dire suivant que p' est *positif* ou *négatif*.

L'image est *droite* ou *renversée* suivant que h' est *positif* ou *négatif*.

Enfin, la *grandeur* de l'image est indiquée par la valeur absolue de h' ou par celle du rapport de similitude $\dfrac{h'}{h}$ des figures géométriques A'B' et AB; lesquelles sont homothétiques par rapport au centre de courbure C.

Les inconnues p', h' sont déterminées par les deux équations

$$\frac{1}{p} + \frac{1}{p'} = \frac{1}{f} \qquad (1)$$

$$\frac{h'}{h} = \frac{p' - 2f}{p - 2f}. \qquad (2)$$

Cette dernière est fournie par les triangles semblables CAB, CA'B' qui donnent, en grandeur et signe :

$$\frac{A'B'}{AB} = \frac{CB'}{CB}.$$

On peut la remplacer avantageusement par une autre qui est donnée par les triangles sem- blables AOB, A'OB' obtenus à l'aide du rayon lumineux AOA', qui se réfléchit au sommet du miroir (fig. 467). Ces triangles donnent :

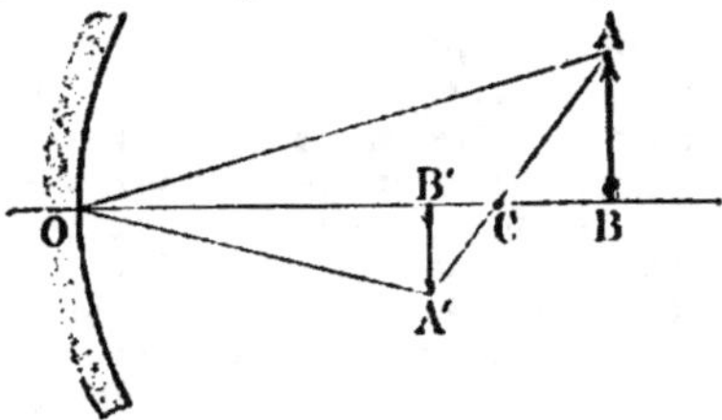

$$\frac{A'B'}{AB} = -\frac{OB'}{OB},$$

Fig. 467.

c'est-à-dire $$\frac{h'}{h} = -\frac{p'}{p}. \qquad (3)$$

En résolvant le système (1, 2), ou mieux le système (1, 3), il vient :

$$p' = \frac{f}{p-f} \cdot p,$$

$$h' = -\frac{f}{p-f} \cdot h.$$

On discutera séparément ces deux formules, en faisant décroître p de $+\infty$ à $-\infty$.

Cette discussion conduit aux résultats suivants :

1° p décroissant de $+\infty$ à $2f$, p' croît de f à $2f$; h' varie de 0 à $-h$.

L'image est *réelle, renversée, inférieure à l'objet*.

2° p décroissant de $2f$ à f, p' croît de $2f$ à $+\infty$; h' varie de $-h$ à $-\infty$.

L'image est *réelle, renversée, supérieure à l'objet*.

3° p décroissant de f à 0, p' croît de $-\infty$ à 0; h' varie de $+\infty$ à $+h$.

L'image est *virtuelle, droite, supérieure à l'objet*.

4° p décroissant de 0 à $-\infty$, p' croît de 0 à $+\infty$; h' varie de $+h$ à 0.

L'image est *réelle, droite, inférieure à l'objet*.

464. Construction du pinceau lumineux qui fait voir un point de l'image. — Soit à construire le pinceau oculaire du point (A, A′) (fig. 468).

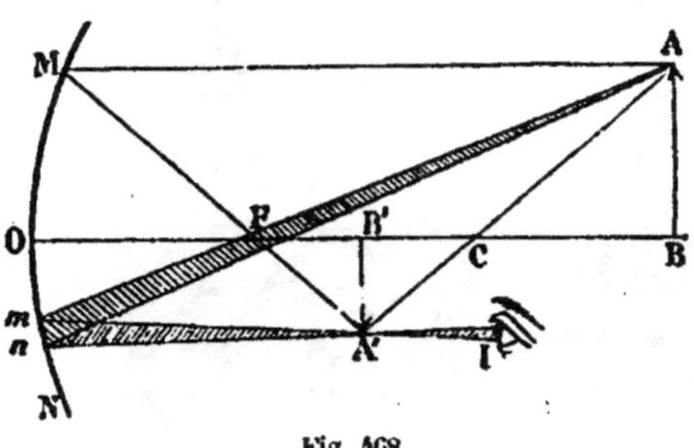

Fig. 468.

On joint le point A′ aux bords de la pupille, ce cône prolongé rencontre le miroir suivant l'intersection mn; on joint cette intersection au point A, et le pinceau (A, mn, A′I) est le pinceau demandé.

On suit la même marche, quelle que soit la position de l'image par rapport à l'objet.

Ainsi, quand l'image est virtuelle (fig. 469), on obtient le pinceau

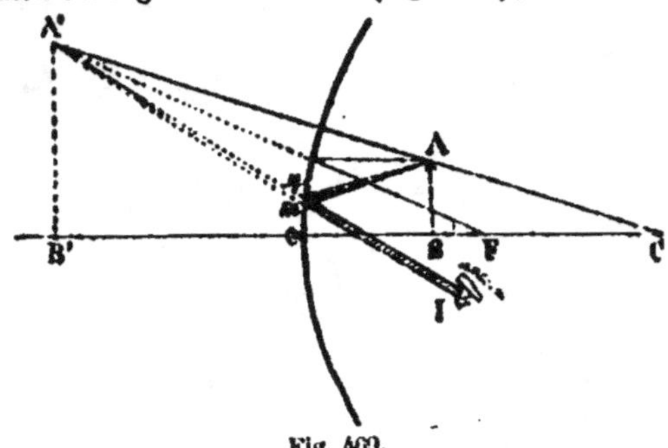

Fig. 469.

(A,mn,I); et dans le cas d'un objet virtuel (fig. 470), on obtient le pinceau (s,mn,A',I).

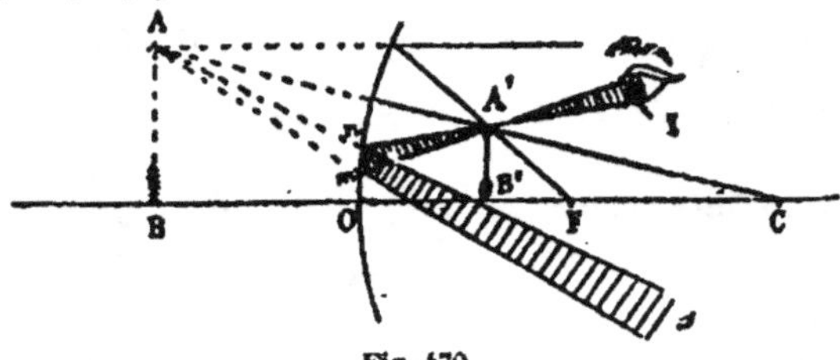

Fig. 470.

465. Vérifications expérimentales. — On peut vérifier expé-

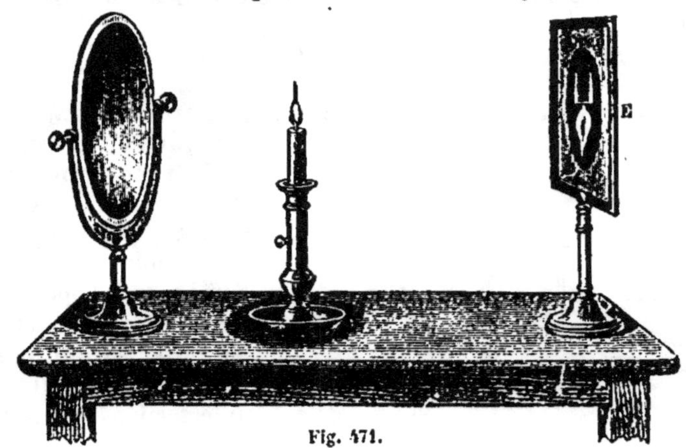

Fig. 471.

rimentalement la formation des images réelles et virtuelles par les miroirs concaves.

Pour produire les images réelles, on place une bougie devant un

miroir concave, d'abord entre le foyer principal et le centre de courbure
(fig. 471); l'image se forme au delà du centre de courbure, d'autant plus
grande et plus éloignée que la bougie est plus près du foyer. On peut
la recevoir sur un écran disposé à l'endroit où elle se produit. Si
la bougie était placée au delà du centre, l'image se formerait entre le
foyer principal et le centre de courbure, et on pourrait encore la recevoir sur un petit écran. Quand la bougie est placée entre le foyer principal et le miroir, on obtient une image virtuelle située derrière le miroir;
pour voir cette image, il faut placer l'œil sur le trajet des rayons réfléchis.

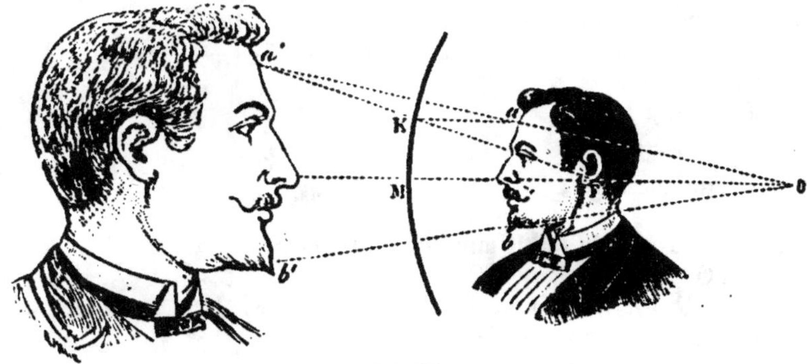

Fig. 472.

Dans ce dernier cas, le visage de l'observateur peut servir lui-
même d'objet lumineux. En se plaçant entre le foyer du miroir et la
surface réfléchissante, l'observateur voit son image virtuelle, droite,
agrandie, et située derrière le miroir (fig. 472).

466. Mesure du rayon de courbure d'un miroir concave.

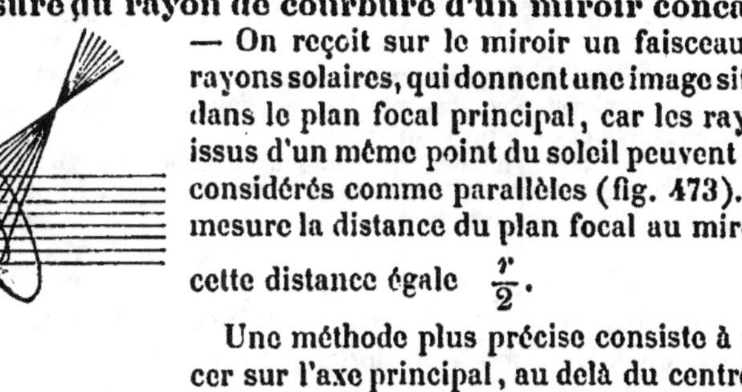

Fig. 473.

— On reçoit sur le miroir un faisceau de
rayons solaires, qui donnent une image située
dans le plan focal principal, car les rayons
issus d'un même point du soleil peuvent être
considérés comme parallèles (fig. 473). On
mesure la distance du plan focal au miroir :

cette distance égale $\dfrac{r}{2}$.

Une méthode plus précise consiste à placer sur l'axe principal, au delà du centre de
courbure, un objet lumineux, dont on reçoit
l'image sur un petit écran. On mesure les
distances p et p', et l'on applique la formule :

$$\frac{1}{p} + \frac{1}{p'} = \frac{1}{f}, \quad \text{d'où} \quad r = 2f = \frac{2pp'}{p + p'}.$$

2. MIROIRS CONVEXES

467. Miroirs convexes. — Foyer principal. Les miroirs convexes ont un foyer principal virtuel (fig. 474).

Tout rayon AI, parallèle à l'axe principal, se réfléchit suivant une direction IA' qui rencontre l'axe principal en F, milieu du rayon CO.

En effet, on a :

$$\beta = i = r = \alpha.$$

Le triangle isocèle CFI donne CF égale FI.

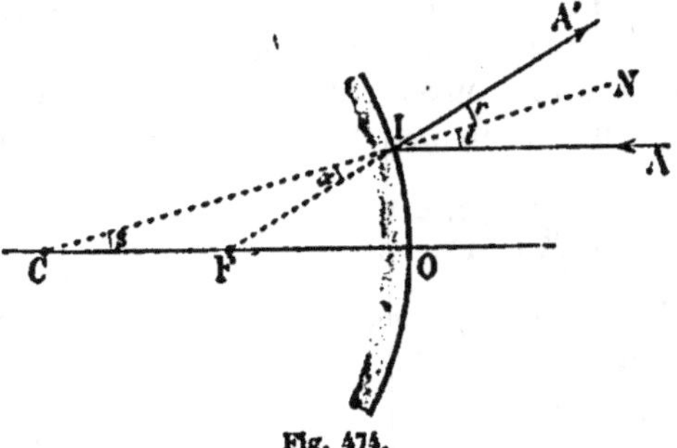

Fig. 474.

Mais, à cause de la faible amplitude du miroir, on a sensiblement FI égale FO; donc CF égale FO, et le point F est au milieu de OC. Tout autre rayon parallèle à l'axe principal se trouve dans les mêmes conditions, et il s'échappe du miroir comme s'il venait du point F (fig. 475).

Le point F est dit le *foyer principal* du miroir; c'est un foyer virtuel.

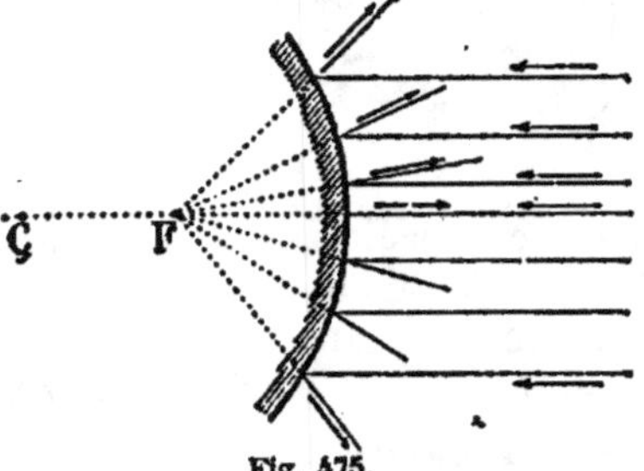

Fig. 475.

468. Plan focal. — En raisonnant comme on l'a fait pour les miroirs concaves, on établirait pour les miroirs sphériques convexes l'existence des *foyers secondaires* et celle du *plan focal*.

Étant donné un rayon incident quelconque, la notion du plan focal permet aussi de construire le rayon réfléchi correspondant, sans faire usage du rapporteur et en n'employant que la règle.

469. Foyers conjugués. — Soit un point lumineux P, situé sur l'axe principal (fig. 476). Un rayon lumineux PM se réfléchit dans une direction MG', dont le prolongement rencontre l'axe principal en un point P', situé entre le foyer principal et le miroir. (Comme il est aisé de s'en assurer géométriquement, en comparant les angles de la figure 476 à ceux de la figure 474.)

Il s'agit de faire voir qu'après s'être réfléchis sur le miroir, tous les rayons émis par le point P sembleront diverger d'un même point P'.

La normale CM est bissectrice de l'angle GMP' extérieur au triangle PMP'.

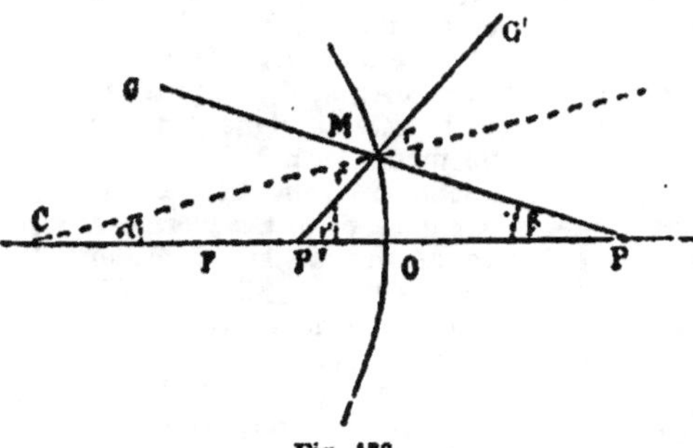

Fig. 476.

Cette bissectrice donne :

$$\frac{CP}{CP'} = \frac{MP}{MP'}.$$

Convenons de tenir compte du sens des segments rectilignes situés sur l'axe principal, et *prenons pour sens positif* le sens de la lumière réfléchie.

Dans l'égalité précédente, CP, CP' représentent des segments dirigés, tandis que MP, MP' sont dépourvus de signes.

A cause de la faible amplitude du miroir, on a sensiblement, en tenant compte des signes :

$$MP = OP, \quad MP' = -OP'.$$

Donc

$$\frac{CP}{CP'} = -\frac{OP}{OP'}. \tag{1}$$

Posons, en grandeur et signe :

$$OP = p, \quad OP' = p' \quad OC = r = 2f.$$

La relation (1) devient successivement :

$$\frac{p-r}{p'-r} = -\frac{p}{p'},$$

$$pp' - p'r = -pp' + pr,$$

$$2pp' = pr + p'r,$$

ou, en divisant tous les termes par $pp'r$,

$$\frac{2}{r} = \frac{1}{p'} + \frac{1}{p},$$

ou enfin

$$\frac{1}{p} + \frac{1}{p'} = \frac{1}{f}. \tag{α}$$

Pour un même miroir, c'est-à-dire pour une même valeur de f, la relation (α) montre que la distance p' dépend uniquement de p. Donc tous les rayons issus d'un même point P de l'axe donnent des réfléchis dont les prolongements concourent en un même point P'.

470. Généralité de l'équation aux foyers conjugués, pour tous les miroirs sphériques, concaves et convexes. — 1° Dans le cas d'un miroir convexe, la formule (α) convient pour toutes les positions du point lumineux P. Nous l'avons établie pour un point lumineux *réel*; il resterait à la vérifier pour un point lumineux *virtuel* placé successivement sur le segment OF, puis sur FC, et enfin sur le prolongement de FC. En tenant compte du signe des segments de l'axe principal, on parvient toujours à cette même formule (α). Si l'on ne tenait compte que de la valeur absolue des segments, on trouverait des formules distinctes, composées des mêmes termes aux signes près. Ces dernières formules ne diffèrent les unes des autres qu'en ce qu'elles mettent en évidence le signe de chaque segment, suivant les divers cas de figure. Elles se réduisent toutes à la formule (α), dès que l'on mesure chaque segment par un nombre algébrique impliquant à la fois une grandeur et un signe.

2° La formule (α), relative aux miroirs sphériques convexes, est identique à celle des miroirs sphériques concaves. Seulement, il importe d'observer que le rayon *r* et la distance focale *f* sont positifs dans les miroirs concaves et négatifs dans les miroirs convexes.

471. Positions relatives des foyers conjugués. — I. Discussion géométrique. — Pour étudier les déplacements que subit le point P′ lorsque le point P décrit l'axe principal, il suffit de con-

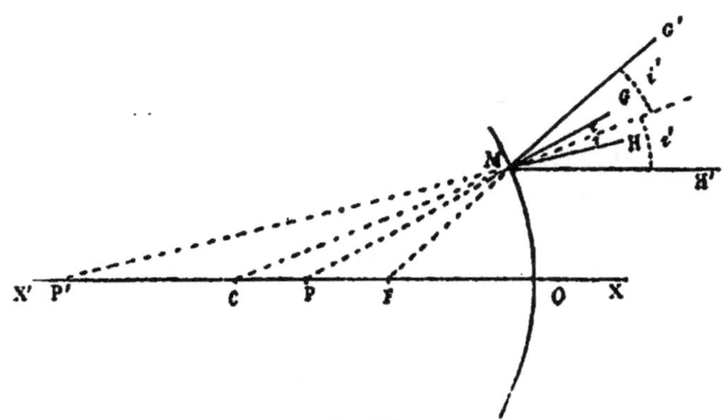

Fig. 477.

sidérer les rayons lumineux qui se réfléchissent sur le miroir en un point fixe M (fig. 477).

L'axe principal X′X, dirigé de gauche à droite, contient trois points remarquables C, F, O qui le partagent en quatre segments X′C, CF, FO, OX. Supposons que le point P décrive ces segments de droite à gauche.

En raisonnant comme dans le cas des miroirs convexes, on parvient aux résultats suivants : *les conjugués P, P′ cheminent toujours en sens contraires;* ils se rencontrent en C et en O; quand l'un vient en F, l'autre disparaît à l'infini, et réciproquement.

P décrivant XO, P′ décrit FO;

P décrivant OF, P' décrit OX ;

P décrivant FC, P' décrit X'C ;

P décrivant CX', P' décrit CF.

D'ailleurs, chacun des foyers (objet ou image) est *réel* lorsqu'il est situé à droite du sommet O, et *virtuel* lorsqu'il est à gauche du sommet O, c'est-à-dire en arrière du miroir.

II. Discussion algébrique. — Proposons-nous d'étudier les variations de p' lorsque p décroît de $+\infty$ à $-\infty$.

L'équation

$$\frac{1}{p} + \frac{1}{p'} = \frac{1}{f},$$

donne :

$$p' = \frac{pf}{p-f} = \frac{f}{1 - \dfrac{f}{p}}.$$

Cette fonction s'annule pour $p = 0$; elle est infinie pour $p = f$; pour $p = \pm\infty$, elle a pour limite f.

Enfin, pour $p = 2f$, on a $p' = p = 2f$.

Les valeurs principales de p sont donc, par ordre de grandeur croissante, en remarquant que f est négatif[1] :

$$-\infty \qquad 2f \qquad f \qquad 0 \qquad +\infty.$$

Ces abscisses correspondent aux points remarquables :

$$\text{X}' \qquad \text{C} \qquad \text{F} \qquad \text{O} \qquad \text{X.}$$

1° Pour $p = \infty$, on a $\dfrac{f}{p} = 0$, d'où $p' = f$.

Les rayons incidents parallèles à l'axe principal se réfléchissent comme s'ils divergeaient du foyer F.

2° p décroissant de $+\infty$ à 0, $\dfrac{f}{p}$ décroît de 0 à $-\infty$, $\left(1 - \dfrac{f}{p}\right)$ croît de 1 à $+\infty$; donc p' croît de f à 0.

P décrivant XO, P' décrit FO.

3° Pour $p = 0$, on a $\dfrac{f}{p} = \infty$, d'où $p' = 0$.

P et P' passent ensemble au sommet 0.

4° p décroissant de 0 à f, $\dfrac{f}{p}$ décroît de $+\infty$ à 1, $\left(1 - \dfrac{f}{p}\right)$ croît de $-\infty$ à 0 ; donc p' croît de 0 à $+\infty$.

P décrivant OF, P' décrit OX.

5° Pour $p = f$, on a $\dfrac{f}{p} = 1$, d'où $p' = \infty$.

L'image de F est rejetée à l'infini.

6° p décroissant de f à $2f$, $\dfrac{f}{p}$ décroît de 1 à $\dfrac{1}{2}$, $\left(1 - \dfrac{f}{p}\right)$ croît de 0 à $\dfrac{1}{2}$; donc p' croît de $-\infty$ à $2f$.

P décrivant FC, P' décrit CX'.

7° Pour $p = 2f$, on a $\dfrac{f}{p} = \dfrac{1}{2}$, d'où $p' = 2f$.

P et P' passent ensemble au centre de courbure C.

---

[1] Pour suivre la discussion actuelle, il importe de ne pas perdre de vue que la lettre f représente ici un nombre négatif.

8° p décroissant de $2f$ à $-\infty$, $\frac{f}{p}$ décroît de $\frac{1}{2}$ à 0, $\left(1-\frac{f}{p}\right)$ croît de $\frac{1}{2}$ à 1; donc p' croît de $2f$ à f.

P décrivant CX', P' décrit CF.

472. Construction géométrique des images. — Tout ce que nous avons dit d'un axe secondaire et de la construction des images dans les miroirs concaves s'applique aux miroirs convexes.

I. Foyer conjugué ou image d'un point. — Tous les rayons issus d'un point quelconque P et réfléchis par un miroir convexe (fig. 478), s'échappent du miroir comme s'ils émanaient d'un même point P', qui est dit le *foyer conjugué* ou l'*image* du point P.

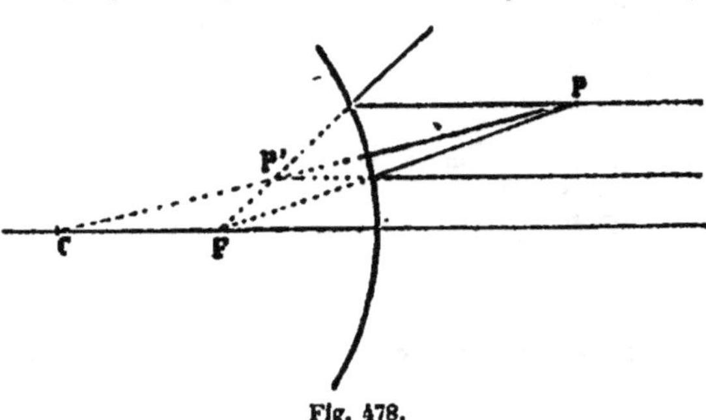

Fig. 478.

Pour obtenir cette image P', il suffit de construire les réfléchis de deux rayons quelconques issus du point P. Le rayon dirigé suivant l'axe secondaire PC se réfléchit sur lui-même. Le rayon parallèle à l'axe principal se réfléchit dans une direction qui passe par le foyer principal F. Le rayon dirigé vers le foyer principal F se réfléchit parallèlement à l'axe principal. Les prolongements virtuels de ces rayons réfléchis passent tous par le point cherché P'.

II. Image d'un objet. — 1er Cas. — *Soit à construire l'image de la droite* AB, *placée devant un miroir convexe et perpendiculaire à l'axe principal* (fig. 479).

Pour trouver l'image du point A, on mène l'axe secondaire AC et le rayon AM parallèle à l'axe principal; ce rayon se réfléchit dans une di-

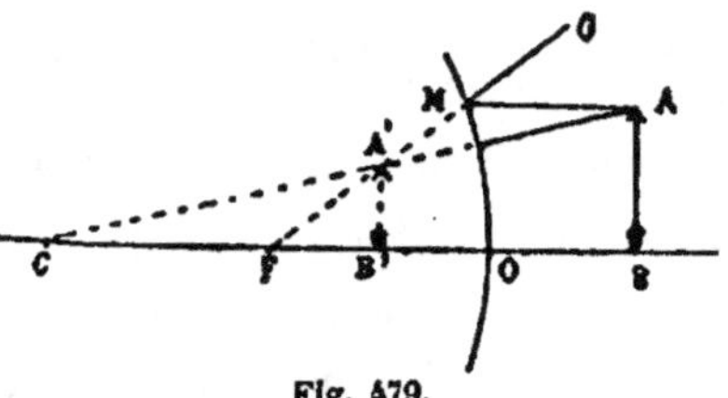

Fig. 479.

rection MG, qui passe par le foyer principal F et rencontre l'axe secondaire AC au point cherché A'. La droite AB étant perpendiculaire à l'axe principal, son image est la droite A'B' perpendiculaire à ce même axe.

Cette image est *virtuelle, droite et plus petite que l'objet.*

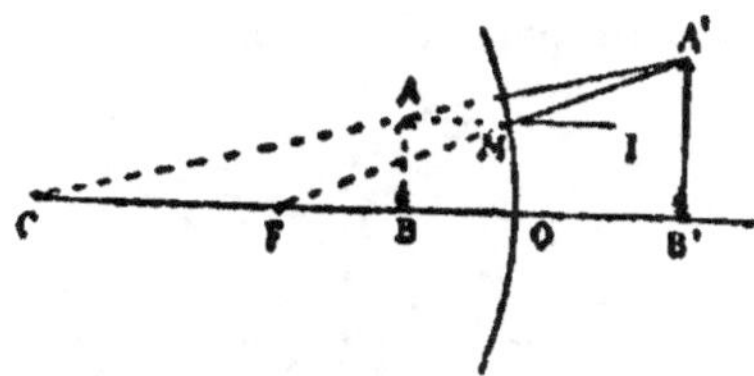

Fig. 480.

2° Cas. — *Image d'un objet virtuel compris entre le foyer et le miroir.*

Soit l'objet virtuel AB (fig. 480).

On construit de même son image A'B' qui est *réelle, droite et plus grande que l'objet.*

3ᵉ Cas. — *Image d'un objet virtuel situé au delà du foyer principal* (fig. 481 et 482). — Image virtuelle et renversée.

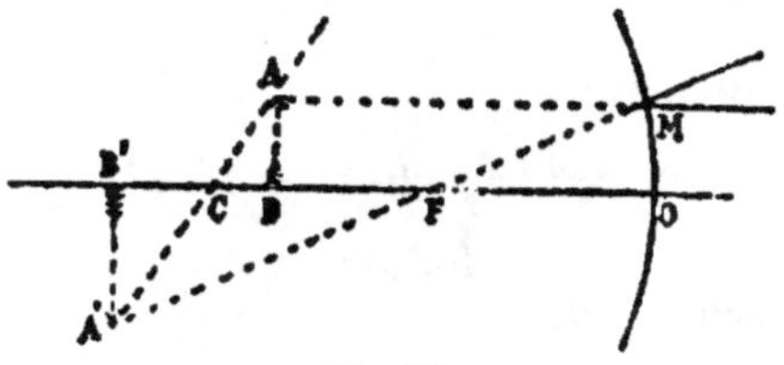

Fig. 481.

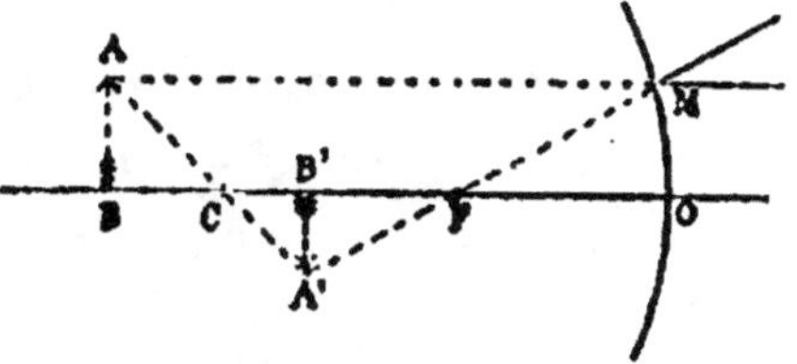

Fig. 482.

473. Grandeur des images. — Convenons de regarder la longueur de l'objet AB et celle de l'image A'B' comme positives au-dessus de l'axe principal et négatives au-dessous.

Pour fixer les idées, nous supposerons que AB est toujours positif. Soient, en grandeur et signe :

$$AB = h, \quad A'B' = h', \quad OB = p, \quad OB' = p'.$$

Connaissant la grandeur et la position de l'objet, c'est-à-dire h et p, proposons-nous d'en déduire par le calcul les inconnues p' et h' qui feront connaître la *nature*, la *position* et la *grandeur* de l'image.

L'image A'B' est *réelle* ou *virtuelle*, suivant que p' est *positif* ou *négatif*.

L'image est *droite* ou *renversée*, suivant que le rapport $\dfrac{h'}{h}$, ou simplement h', est *positif* ou *négatif*.

Enfin la *grandeur* de l'image est indiquée par h' ou par le rapport de similitude $\dfrac{h'}{h}$ de l'image et de l'objet, qui sont homothétiques par rapport au centre C.

Les inconnues p', h', sont déterminées par les deux équations

$$\frac{1}{p} + \frac{1}{p'} = \frac{1}{f}, \quad (1) \qquad \frac{h'}{h} = \frac{p'-2f}{p-2f}. \quad (2)$$

Cette dernière est fournie par les triangles semblables CA'B', CAB, qui donnent, en grandeur et signe :

$$\frac{A'B'}{AB} = \frac{CB'}{CB}.$$

On peut la remplacer avantageusement par une autre, qui est donnée par les triangles semblables AOB, A'OB' obtenus en traçant le rayon lumineux AOA', qui se réfléchit au sommet du miroir (fig. 483).

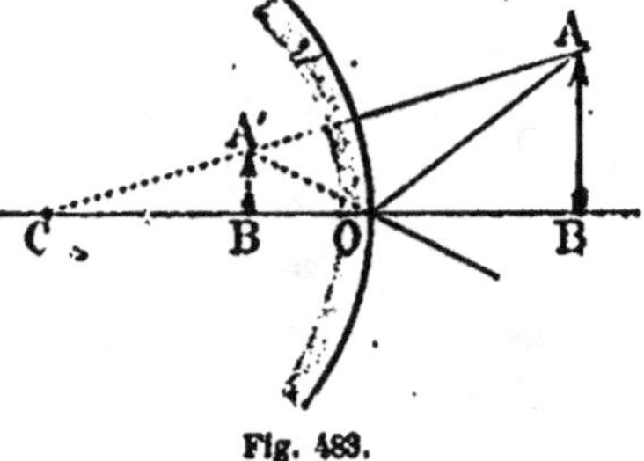
Fig. 483.

Ces triangles donnent :

$$\frac{A'B'}{AB} = -\frac{OB'}{OB}$$

ou

$$\frac{h'}{h} = -\frac{p'}{p}. \qquad (3)$$

En résolvant le système (1, 3), on obtient :

$$p' = \frac{f}{p-f} \cdot p, \qquad\qquad h' = -\frac{f}{p-f} \cdot h.$$

Nous avons déjà discuté la première de ces formules; il reste à discuter la seconde, en faisant décroître p de $+\infty$ à $-\infty$.

(On a $2f < f < 0$).

On parvient aux résultats suivants :

1° p décroissant de $+\infty$ à 0,
p' croît de f à 0; h' varie de 0 à $+h$.
L'image est *virtuelle, droite, inférieure à l'objet.*

2° p décroissant de 0 à f,
p' croît de 0 à $+\infty$; h' varie de $+h$ à $+\infty$.
L'image est *réelle, droite, supérieure à l'objet.*

3° p décroissant de f à $2f$,
p' croît de $-\infty$ à $2f$; h' varie de $-\infty$ à $-h$.
L'image est *virtuelle, renversée, supérieure à l'objet.*

4° p décroissant de $2f$ à $-\infty$,
p' croît de $2f$ à f; h' varie de $-h$ à 0.
L'image est *virtuelle, renversée, inférieure à l'objet.*

474. Construction du pinceau lumineux qui fait voir un point de l'image.
— On opère comme pour les miroirs concaves.

Soit à construire le pinceau oculaire d'un point A. Si ce point est réel (fig. 484), on obtient le pinceau (A, *mn*, I) qui émane du point A, se réfléchit sur le miroir en *mn* et pénètre ensuite dans l'œil.

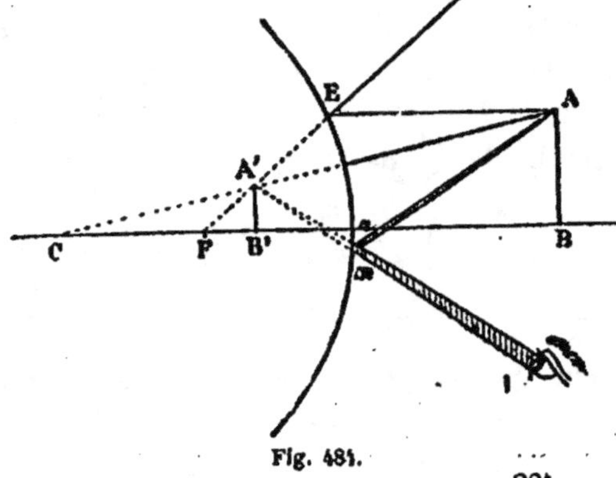
Fig. 484.

22*

Si l'objet est virtuel et l'image réelle (fig. 485), on obtient le pinceau (*s*, *mn*, A', I).

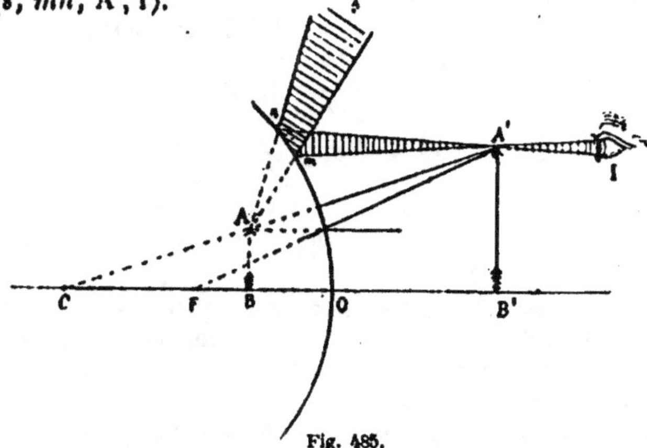

Fig. 485.

Dans le cas où l'objet et l'image sont virtuels (fig. 486), on a le pinceau (S, *mn*, I).

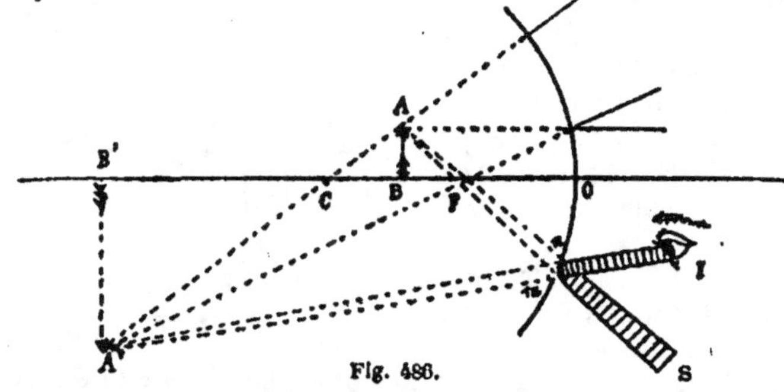

Fig. 486.

475. Mesure du rayon de courbure d'un miroir convexe.

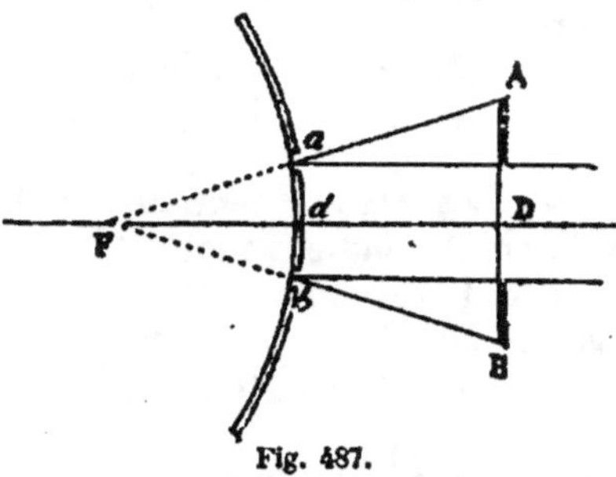

Fig. 487.

— Pour trouver expérimentalement le rayon d'un miroir sphérique convexe, on le recouvre d'une feuille de papier dans laquelle on a pratiqué deux ouvertures *a* et *b*; on présente le miroir aux rayons solaires, et on reçoit les rayons réfléchis sur un écran, que l'on éloigne jusqu'à ce que les traces A et B de ces pinceaux soient à une distance AB égale au double de *ab* (fig. 487).

Alors, la distance de l'écran au miroir est égale à la distance focale, c'est-à-dire à la moitié du rayon.

En effet, les triangles semblables FAB Fab donnent :

$$\frac{FD}{Fd} = \frac{AB}{ab} = 2,$$

d'où

$$Fd = \frac{FD}{2} = dD,$$

et enfin

$$\frac{r}{2} = Dd.$$

476. Aberration de sphéricité par réflexion. — Lorsque l'amplitude d'un miroir sphérique n'est pas négligeable, les rayons émis par un point lumineux P et réfléchis par ce miroir ne vont pas concourir en un même point.

Ce défaut de concours des rayons réfléchis constitue l'*aberration de sphéricité*.

Soit un miroir sphérique concave de grande ouverture (fig. 488).

Les rayons centraux, tels que PN, donnent des réfléchis qui convergent sensiblement en un point P'; les rayons marginaux, tels que PM, viennent passer par un même point S; les autres rayons coupent l'axe entre les points P' et S.

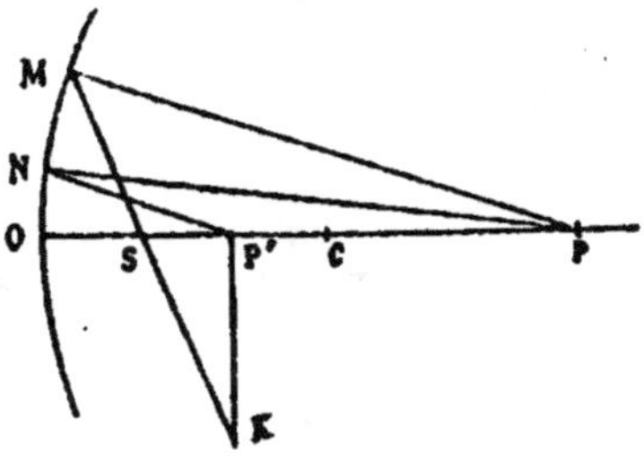

La distance SP' s'appelle l'*aberration longitudinale du miroir*.

Menons P'K perpendiculaire à l'axe jusqu'à sa rencontre K avec MS prolongé. La droite P'K est le rayon d'un cercle perpendiculaire à OC et sur lequel est concentrée toute la lumière réfléchie par le miroir.

Fig. 488.

La distance P'K s'appelle l'*aberration latérale ou transversale du miroir*.

Surface caustique par réflexion. — Les rayons centraux vont seuls converger au foyer conjugué du point lumineux ; les autres se coupent deux à deux avant de rencontrer l'axe, et forment une surface lumineuse qui s'appelle *surface caustique par réflexion*. Quand les rayons incidents sont parallèles, la caustique est une *épicycloïde* (fig. 489).

Pour mettre en évidence la concentration de lumière qui se produit sur cette caustique, il suffit de couper cette surface par un petit écran, ou de projeter de la poussière fine dans l'espace situé en avant du miroir.

On obtient une caustique analogue, facile à observer, en exposant

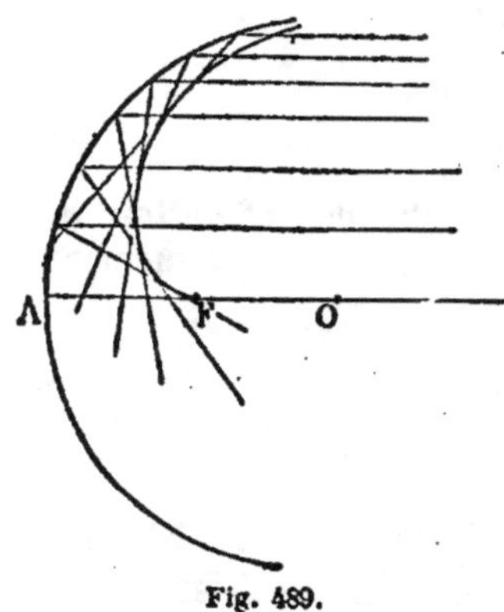

Fig. 489.

Fig. 490.

à la lumière une simple lame cylindrique polie à l'intérieur et reposant sur une table horizontale (fig. 490).

477. Miroirs paraboliques. — On appelle *miroir parabolique* une surface engendrée par une parabole qui tourne autour de son axe.

On sait que, pour tout point d'une parabole, le rayon vecteur et la parallèle à l'axe font des angles égaux avec la normale; il s'ensuit que, dans un miroir parabolique :

1° *Les rayons lumineux parallèles à l'axe vont exactement concourir au foyer;*

2° *Les rayons lumineux issus du foyer se réfléchissent parallèlement à l'axe (fig. 491).*

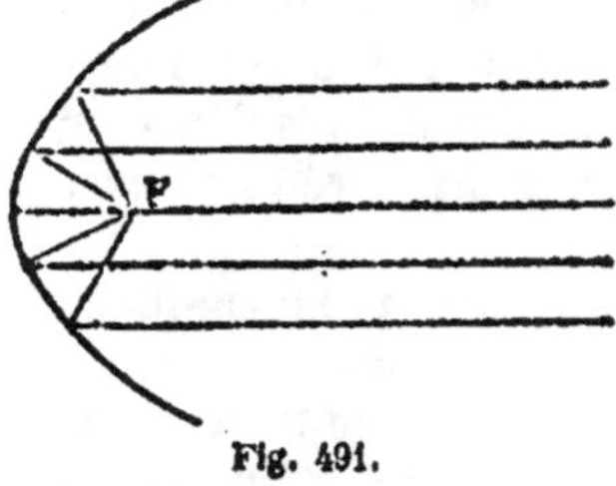

Fig. 491.

Miroir aplanétique. — On dit qu'un miroir est *aplanétique* pour un point donné, lorsque les rayons qui émanent de ce point vont, après leur réflexion sur ce miroir, concourir exactement en un même point.

Un miroir sphérique n'est rigoureusement aplanétique que pour son centre; les miroirs elliptiques et paraboliques le sont pour leurs foyers.

CHAPITRE III

RÉFRACTION

478. Phénomènes généraux. — On appelle *réfraction* la déviation que subit un rayon lumineux quand il passe obliquement d'un milieu transparent homogène dans un autre milieu transparent homogène de nature différente.

Soient M et M' deux milieux différents, HH' leur surface de séparation, et SI un rayon incident quelconque (fig. 492).

En passant du milieu M dans le milieu M', le rayon SI prend une nouvelle direction telle que IR; suivant le cas, il se rapproche ou s'écarte de la normale NN', menée à la surface de séparation par le point d'incidence.

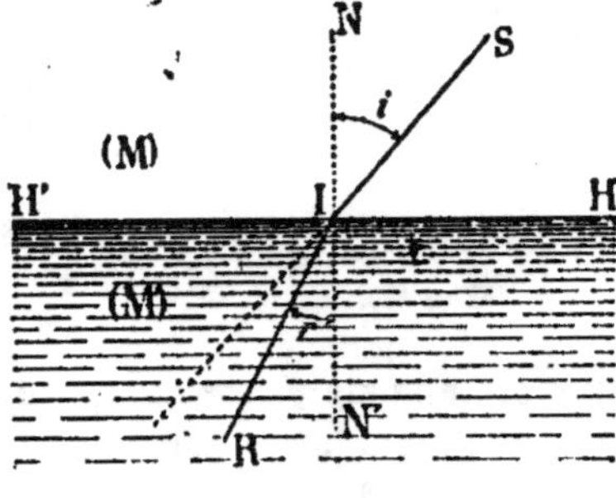

Fig. 492.

On appelle *point d'incidence* ou d'*immersion*, le point I où le rayon incident traverse la surface de séparation des deux milieux.

Le point I s'appelle point d'*émersion* ou d'*émergence* par rapport au rayon réfracté.

On appelle *rayon réfracté* le rayon IR dévié dans le second milieu.

On appelle *angle d'incidence* l'angle SIN formé par le rayon incident et la normale à la surface de séparation des deux milieux, et *angle de réfraction* l'angle RIN', formé par le rayon réfracté avec la même normale.

Le second milieu est dit *plus réfringent* que le premier quand l'angle de réfraction est moindre que l'angle d'incidence, ou, en d'autres termes, quand le rayon réfracté se rapproche de la normale. Il est dit *moins réfringent* quand l'angle de réfraction est plus grand que l'angle d'incidence, c'est-à-dire quand le rayon réfracté s'écarte de la normale.

En général, le plus dense des deux milieux est aussi le plus réfringent; il y a cependant quelques exceptions. Ainsi l'essence de térébenthine est moins réfringente que l'eau, quoique sa densité soit plus grande; l'huile d'olive et le borax sont également réfringents, et cependant la densité du borax est le double de celle de l'huile d'olive.

Remarque. — Quand un pinceau de lumière solaire rencontre un milieu transparent terminé par une surface polie, une partie de la lumière se réfléchit d'après les lois de la réflexion; le reste de la lumière incidente pénètre dans le milieu en changeant de direction. En outre, la lumière ainsi réfractée ne ressemble plus à la lumière solaire; ses divers rayons ne sont plus parallèles, et les diverses parties du faisceau présentent des colorations très variées. Enfin dans certains milieux transparents, tels que le quartz et le spath d'Islande, le même pinceau incident donne naissance à deux pinceaux réfractés.

La réfraction est donc un phénomène très complexe. Pour en simplifier l'étude, nous supposons dans tout ce qui va suivre que la lumière employée est *monochromatique;* c'est-à-dire qu'après s'être réfractés, ses divers rayons restent parallèles entre eux, et d'une seule couleur (tel est le cas de la lumière *jaune* émise par une lampe à alcool salé). De plus, nous ne considérerons que des milieux *monoréfringents,* c'est-à-dire des milieux dans lesquels chaque rayon incident ne donne qu'un seul rayon réfracté. (Tels sont l'eau, le verre, etc.)

479. Lois de la réfraction. — Les lois de la réfraction ont été formulées par Descartes.

1° *Le rayon incident, le rayon réfracté et la normale sont dans un même plan;* en d'autres termes : le rayon réfracté reste dans le plan d'incidence.

2° *Pour deux milieux donnés, le rapport du sinus de l'angle d'incidence au sinus de l'angle de réfraction est constant, quel que soit l'angle d'incidence.*

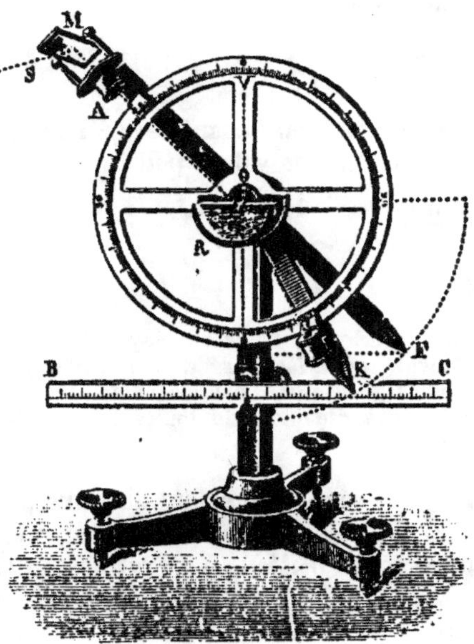

Ce rapport constant se nomme l'**indice de réfraction** *du second milieu par rapport au premier.*

On vérifie ces lois au moyen de l'appareil Silbermann.

Cet appareil se compose d'un cercle vertical, au centre duquel est un vase demi-cylindrique en verre R, dont l'axe coïncide avec celui du cercle (fig. 493).

Deux alidades OF et OK se meuvent autour du centre du cercle; la première est double; elle porte à l'une de ses extré-

Fig. 493.

mités un miroir plan M qui reçoit un pinceau de rayons parallèles et le projette au centre du vase. Le vase étant vide, le faisceau suit la direction SAF.

On met de l'eau dans le vase jusqu'à la hauteur de l'axe; alors le faisceau lumineux est dévié au point O, mais il ne change pas de direction en sortant du vase, puisqu'il sort normalement aux parois. On déplace l'alidade OK jusqu'à ce qu'elle soit dans la direction du faisceau réfracté; l'expérience prouve que cela est toujours possible.

La première loi se trouve ainsi démontrée, puisque le rayon incident, le rayon réfracté et la normale sont dans un même plan parallèle au plan du cercle.

Pour vérifier la seconde loi, on se sert d'une règle horizontale BC pouvant se déplacer parallèlement à elle-même, le long de la tige qui porte l'instrument; cette règle est divisée en millimètres; le zéro correspond au diamètre vertical du cercle.

On amène d'abord cette règle à l'extrémité de l'alidade OF, pour mesurer la distance (0° F); soit d cette distance, on a :

$$d = OF \sin i.$$

En amenant ensuite la règle à la hauteur du point K, on mesure de la même manière la distance (0° K); soit d' cette distance, on a :

$$d' = OK \sin r,$$

d'où

$$\frac{d}{d'} = \frac{\sin i}{\sin r}.$$

On répète plusieurs fois cette expérience en faisant varier l'angle d'incidence; mais on trouve toujours la même valeur pour

$$\frac{\sin i}{\sin r}.$$

Donc, ce rapport est constant.

Remarque. — Il est évident que les expériences faites au moyen de l'appareil de Silbermann, ne sauraient fournir, pour les lois de la réfraction ou de la réflexion, que des vérifications assez grossières. La vraie démonstration de ces lois consiste dans la vérification expérimentale de toutes les conséquences logiques que l'on en peut tirer.

480. Indice de réfraction. — Ce rapport constant du sinus de l'angle d'incidence au sinus de l'angle de réfraction est, par définition, *l'indice de réfraction du second milieu par rapport au premier*.

En le représentant par n, on a :

$$\frac{\sin i}{\sin r} = n.$$

Suivant que le second milieu est *plus réfringent* ou *moins réfrin-*

gent que le premier, c'est-à-dire suivant que r est inférieur ou supérieur à i, on a : $\qquad i \gtreqless r,$

d'où, puisque les angles sont aigus,

$$\sin i \gtreqless \sin r,$$

et enfin $\qquad\qquad n \gtreqless 1.$

481. Réversibilité de la lumière réfractée. — *Si un rayon lumineux qui se réfracte suit une certaine route, un rayon qui se propage en sens inverse suit la même route que le premier.*

Par exemple, si le rayon incident AI se réfracte suivant IB, un rayon incident dirigé suivant BI se réfracte suivant IA.

C'est ce que l'on vérifie avec l'appareil de Silbermann (fig. 492), en échangeant entre elles les positions des deux alidades.

Cette loi constitue la *réversibilité de la lumière* dans la réfraction, ou le principe du *retour inverse des rayons lumineux.*

Indices inverses. — D'après le principe de la réversibilité, *l'indice d'un premier milieu par rapport à un second est l'inverse de l'indice du second par rapport au premier.*

En effet, soient i, r les angles d'incidence et de réfraction lors du passage d'un rayon lumineux du premier milieu dans le second. Dans le retour inverse de ce rayon l'angle d'incidence étant r, l'angle de réfraction sera i; de sorte que les deux indices considérés seront

$$n = \frac{\sin i}{\sin r} \quad \text{et} \quad n' = \frac{\sin r}{\sin i},$$

d'où $\qquad\qquad n' = \frac{1}{n}.$

Par exemple, l'indice de l'eau par rapport à l'air étant $\frac{4}{3}$, celui de l'air par rapport à l'eau sera $\frac{3}{4}$.

De même, l'indice du verre par rapport à l'air étant $\frac{3}{2}$, celui de l'air par rapport au verre sera $\frac{2}{3}$.

Nous démontrerons de nouveau cette relation, en nous appuyant sur une propriété expérimentale des lames transparentes à faces parallèles.

482. Réfraction à travers une ou plusieurs lames à faces parallèles. — Quand un rayon lumineux SI traverse un milieu réfringent, il subit deux réfractions : l'une en I, à son entrée dans le milieu; l'autre en I', à sa sortie. Le rayon, en sortant du milieu, prend le nom de *rayon émergent*, et l'angle RI'N', qu'il fait avec la normale, s'appelle *angle d'émergence*.

Or (fig. 494) l'expérience montre que lorsque le milieu transparent est terminé par deux plans parallèles, le rayon émergent est parallèle au rayon incident, c'est-à-dire que l'angle d'émergence est égal à l'angle d'incidence [1].

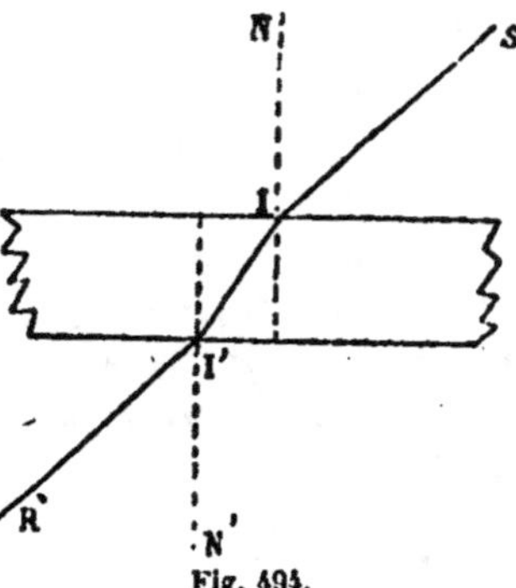
Fig. 494.

Ce même fait se constate encore quand le rayon traverse plusieurs lames superposées et à faces parallèles (fig. 495).

Indices inverses. Théorème. — *L'indice* n_2^1 *d'un milieu* 2 *par rapport à un milieu* 1 *est égal à l'inverse de l'indice* n_1^2 *du milieu* 1 *par rapport au milieu* 2.

Nous représenterons d'une manière générale par n_b^a l'indice d'un milieu b par rapport à un milieu a.

Considérons une lame à faces parallèles (fig. 494), constituée par la substance 2, et plongée au sein du milieu 1 (par exemple, une lame de verre plongée dans l'air).

Un rayon lumineux oblique traverse successivement les milieux 1, 2, 1. Le rayon incident et le rayon émergent sont parallèles et forment avec les normales un même angle i_1. Le rayon intérieur au milieu 2 forme avec les normales un même angle i_2.

D'après la loi de Descartes, on a, pour l'incidence :

$$n_2^1 = \frac{\sin i_1}{\sin i_2},$$

et pour l'émergence :
$$n_1^2 = \frac{\sin i_2}{\sin i_1}.$$

Donc,
$$n_1^2 = \frac{1}{n_2^1}.$$

Remarque. — Cette propriété des indices inverses est équivalente soit à la réversibilité de la lumière réfractée, soit à la propriété des lames à faces paral-

---

[1] Par exemple, l'image d'une étoile ayant été amenée au centre du réticule d'une lunette astronomique, l'interposition d'une lame à faces parallèles devant la lunette, sous une obliquité quelconque, ne fait subir à cette image aucun déplacement.

lèles. Nous avons admis chacune de ces dernières comme un fait expérimental. On pourrait, au contraire, n'admettre que l'une d'elles comme un fait d'expérience, et en déduire l'autre par l'intermédiaire de la propriété des indices inverses.

483. Indices relatifs. Théorème. — *L'indice n_2^3 d'un milieu 3 par rapport à un milieu 2 est égal au quotient $\dfrac{n_1^3}{n_1^2}$ des indices de ces milieux 3 et 2 par rapport à un autre milieu quelconque 1.*

Considérons un système de deux lames à faces parallèles (fig. 495),

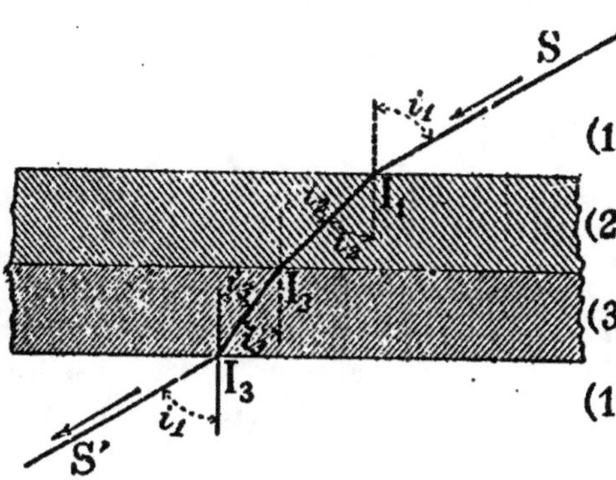

Fig. 495.

constituées par les substances 2 et 3, appliquées l'une contre l'autre, et plongées dans le milieu 1 (par exemple, un système de deux lames, de verres différents, plongé dans l'air).

Un rayon lumineux oblique traverse successivement les milieux 1, 2, 3, 1. Le rayon incident et le rayon émergent étant parallèles, ils forment avec les normales des angles égaux.

Soient i_1, i_2, i_3, i_1 les inclinaisons respectives des divers segments du rayon lumineux sur les normales, qui sont parallèles entre elles.

On a, pour les réfractions successives :

$$n_2^1 = \frac{\sin i_1}{\sin i_2}, \quad n_3^2 = \frac{\sin i_2}{\sin i_3}, \quad n_1^3 = \frac{\sin i_3}{\sin i_1},$$

d'où, en multipliant membre à membre,

$$n_2^1 \cdot n_3^2 \cdot n_1^3 = 1,$$

ou, en remarquant que l'on a : $n_1^3 = \dfrac{1}{n_3^1}$,

$$\frac{n_2^1 \cdot n_3^1}{n_3^1} = 1,$$

d'où enfin

$$n_3^2 = \frac{n_3^1}{n_2^1}.$$

484. Indices absolus. Indices relatifs à l'air. — On appelle indice *absolu* d'une substance, son indice de réfraction par rapport au vide.

Les indices absolus des milieux 1, 2, 3... ou de l'air, se désignent par les notations n_1^0, n_2^0, n_3^0... n_a^0.

1° D'après le théorème précédent : *l'indice d'un milieu par rapport à un autre est égal au quotient des indices absolus du second et du premier.*

On a :
$$n_2^1 = \frac{n_2^0}{n_1^0}.$$

2° Si le premier milieu est de l'air (milieu a), on a :
$$n_2^a = \frac{n_2^0}{n_a^0},$$

d'où
$$n_2^0 = n_2^a \cdot n_a^0.$$

Ainsi, *l'indice absolu d'une substance est égal au produit de son indice par rapport à l'air, par l'indice absolu de l'air.*

3° *L'indice absolu d'une substance est sensiblement égal à son indice par rapport à l'air;* car l'indice absolu de l'air est très voisin de l'unité : aux conditions normales ($0°,76$), il est égal à $1,000.29$.

On a donc :
$$n_2^0 = n_2^a \times 1,000.29.$$

4° Pour connaître les indices relatifs des diverses substances les unes par rapport aux autres, il suffit de mesurer directement l'indice de chaque substance par rapport à un même milieu quelconque, par exemple par rapport à l'air.

On obtient ensuite un indice relatif quelconque en effectuant le quotient de deux indices connus.

D'ailleurs, il est généralement avantageux de laisser subsister dans les calculs les indices absolus des diverses substances, ou ce qui revient au même leurs indices relatifs à l'air. Il convient alors de modifier légèrement l'énoncé de la loi des sinus.

Autre énoncé de la loi des sinus. — Au passage de la lumière d'un milieu dans un autre, *les sinus des angles d'incidence et de réfraction sont inversement proportionnels aux indices des milieux correspondants.*

Convenons de ne laisser subsister dans les calculs que les indices absolus (ou les indices relatifs à l'air).

Au lieu de n_1^0, n_2^0, n_3^0... nous pourrons écrire simplement n_1, n_2, n_3...

Supposons que le rayon lumineux passe du milieu 1 dans le milieu 2. Soient i_1 l'angle d'incidence et i_2 l'angle de réfraction.

On a :
$$\frac{\sin i_1}{\sin i_2} = n_2^1,$$

or
$$n_2^1 = \frac{n_2}{n_1}.$$

Donc,
$$\frac{\sin i_1}{\sin i_2} = \frac{n_2}{n_1}.$$

Et enfin,
$$n_1 \sin i_1 = n_2 \sin i_2.$$

Telle est la formule générale de la loi des sinus.

Remarques. — 1° Si l'angle d'incidence et l'angle de réfraction sont suffisamment petits pour que l'on puisse, sans erreur sensible, substituer les arcs aux sinus, cette relation peut s'écrire sous la forme simple

$$n_1 i_1 = n_2 i_2,$$

qui est dite la formule de Képler.

2° *La réflexion peut être considérée comme un cas particulier de la réfraction.*

En effet, dans la réflexion, on a $i_2 = -i_1$, d'où $\sin i_2 = -\sin i_1$. Or ces angles vérifient la formule de Descartes dans l'hypothèse $n_2 = -n_1$. Donc la réflexion revient à une réfraction pour laquelle les milieux auraient des indices égaux et de signes contraires.

Relation entre les indices de réfraction et les vitesses de propagation de la lumière. — Le phénomène de la réfraction est dû à ce que la vitesse de la lumière varie d'un milieu à un autre.

Dans la théorie des ondulations, on démontre que *les sinus des angles d'incidence et de réfraction sont proportionnels aux vitesses de propagation de la lumière dans les milieux correspondants.*

Soient V, V_1, V_2, V_3... les vitesses de la lumière dans le vide et dans les milieux 1, 2, 3.

A la surface de séparation des milieux 1 et 2, on a donc :
$$\frac{\sin i_1}{\sin i_2} = \frac{V_1}{V_2} \quad \text{ou} \quad \frac{\sin i_1}{V_1} = \frac{\sin i_2}{V_2},$$

nouvelle forme générale de la loi des sinus.

D'après cela on peut écrire :

1°
$$\frac{\sin i_1}{\sin i_2} = \frac{V_1}{V_2} = \frac{n_2}{n_1},$$

d'où
$$n_1 V_1 = n_2 V_2 = n_3 V_3 = \dots = V.$$

Donc *les indices de réfraction sont inversement proportionnels aux vitesses de la lumière dans les milieux correspondants.*

2°
$$\frac{V_1}{V_2} = \frac{n_2}{n_1} = n_2^1.$$

Donc *le rapport des vitesses de la lumière dans deux milieux est égal à l'indice relatif du second milieu par rapport au premier.*

$$3^o \qquad V_1 = \frac{V}{n_1}.$$

Donc la vitesse de la lumière dans un milieu quelconque est égale à la vitesse dans le vide divisée par l'indice de réfraction.

INDICES DE RÉFRACTION POUR LA LUMIÈRE JAUNE

Air	1,00029	Crown-glass	1,534
Eau	1,336	Flint-glass	1,605
Éther	1,358	Sulfure de carbone . .	1,633
Alcool.	1,374	Diamant.	2,425

485. Angle limite. — 1° *Quand la lumière passe d'un milieu moins réfringent dans un milieu plus réfringent, on appelle* **angle limite** *la limite vers laquelle tend l'angle de réfraction lorsque l'angle d'incidence tend vers 90°.*

2° *Quand le second milieu est plus réfringent que le premier, on appelle* **angle limite** *l'angle d'incidence pour lequel l'angle de réfraction devient égal à 90°.*

1er Cas, $n > 1$. Supposons qu'un rayon lumineux passe d'un milieu dans un autre *plus réfringent* (fig. 496).

On a : $\sin i = n \sin r.$ (1)

L'angle i est toujours plus grand que l'angle r.

Quand l'angle i croît de 0 à 90°, l'angle r croît à partir de 0 et tend vers une certaine limite λ inférieure à 90°. Cette limite λ est l'*angle limite*.

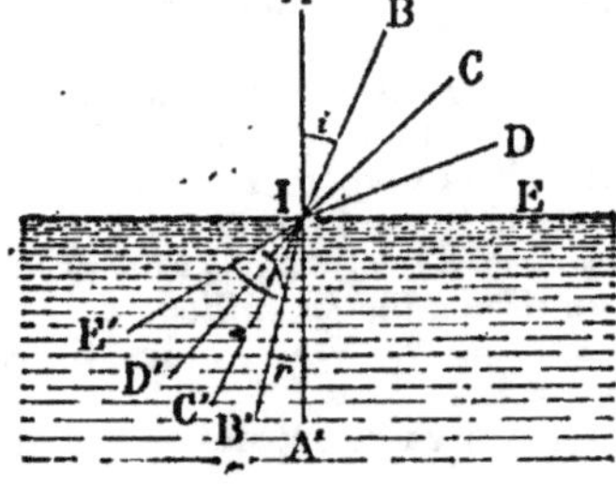

Fig. 496.

Pour obtenir sa valeur, il suffit d'introduire dans l'équation (1) l'hypothèse $i = 90°$,   d'où $r = \lambda$.

Il vient : $\sin 90° = n \sin \lambda,$

d'où $\sin \lambda = \dfrac{1}{n}.$ (2)

Tous les rayons incidents qui rencontrent la surface de séparation des milieux en un même point, se réfractent à l'intérieur d'un cône de révolution ayant pour axe la normale, et dont les génératrices forment avec l'axe un angle λ.

2e Cas, $n < 1$. Supposons qu'un rayon lumineux passe d'un milieu dans un autre *moins réfringent* (par exemple, du verre dans l'air);

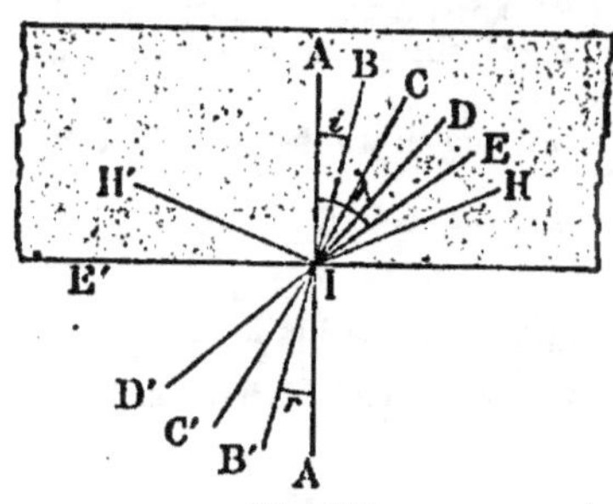

Fig. 497.

le rayon réfracté s'éloigne de la normale (fig. 497).

On a : $\sin i = n \sin r.$ (1)

Comme n est inférieur à 1, l'angle i est toujours plus petit que l'angle r. Quand l'angle i croît à partir de 0, l'angle r croît aussi à partir de 0, mais plus rapidement que l'angle i.

Il s'ensuit que l'angle r devient égal à 90° pour une certaine valeur $i = \lambda$ inférieure à 90°.

Cet angle λ est l'angle limite.

Pour le calculer, il suffit de substituer dans l'équation (1) les valeurs correspondantes : $i = \lambda$, $r = 90°$. Il vient :

$$\sin \lambda = n \sin 90°,$$

c'est-à-dire $\sin \lambda = n.$ (3)

Remarques. — 1° L'indice de réfraction au passage d'un milieu dans un autre et l'indice du retour inverse, étant deux nombres inverses, il résulte des formules (2) et (3) que l'angle limite du milieu le plus réfringent est le même dans les deux cas.

2° La formule (1) permet de calculer l'angle limite d'une substance quelconque dont on connait l'indice de réfraction par rapport à l'air.

Pour l'eau, par exemple, on a :

$$n = \frac{4}{3},$$

$$\sin \lambda = \frac{1}{n} = \frac{3}{4}, \quad \text{d'où} \quad \lambda = 48°,35'.$$

Pour le verre, on a : $n = \frac{3}{2},$

$$\sin \lambda = \frac{1}{n} = \frac{2}{3}, \quad \text{d'où} \quad \lambda = 41°,48'.$$

486. Discussion de la formule de Descartes. -- Proposons-nous d'étudier les variations que subit l'angle de réfraction r, lorsque l'angle d'incidence i croît de 0 à 90°.

La relation $\sin i = n \sin r$

donne : $\sin r = \dfrac{\sin i}{n}.$

Pour $i = 0$, on a $r = 0$. Sous l'incidence normale, le rayon lumineux pénètre sans déviation.

L'angle i croissant à partir de 0, l'angle r croît aussi à partir de 0; mais il y a deux cas à distinguer, suivant que l'indice n est supérieur ou inférieur à l'unité.

1er Cas. $n > 1$. Alors, la fraction $\dfrac{\sin i}{n}$ est toujours inférieure à 1, et l'angle r existe pour toute valeur de i.

Pour $i = 90$, on a $\sin r = \dfrac{1}{n} = \sin \lambda$.

Donc i croissant de 0 à 90°, r croît depuis 0 jusqu'à l'angle limite λ.

2e Cas. $n < 1$. Alors, pour qu'il y ait réfraction, il faut et il suffit que l'angle r existe; c'est-à-dire que l'on ait :

$$\frac{\sin i}{n} \leq 1 \tag{1}$$

ou $\qquad\qquad\qquad \sin i \leq n,$

c'est-à-dire $\qquad\qquad \sin i \leq \sin \lambda,$

et enfin $\qquad\qquad\qquad i \leq \lambda \text{ (angle limite).}$

Pour $i = \lambda$, on a $\sin i = 1$, d'où $i = 90°$.

Donc, i croissant de 0 à λ, r croît de 0 à 90.

Pour $i > \lambda$, la condition (1) n'est pas remplie, l'angle r n'existe pas, et l'on doit en conclure qu'il n'y a plus réfraction. C'est à l'expérience à faire voir ce que devient alors la lumière incidente.

487. Intensité du rayon réfracté. Réflexion à la surface du milieu réfringent. — 1° *Passage dans un milieu plus réfringent.* L'expérience prouve que la quantité de lumière incidente se partage toujours en deux parties : l'une qui pénètre dans le second milieu en se réfractant, l'autre qui rejaillit dans le premier milieu suivant les lois de la réflexion.

L'angle i croissant de 0° à 90°, la fraction de lumière réfractée part d'un maximum et décroît jusqu'à 0; la fraction de lumière réfléchie part d'un minimum et croît jusqu'à l'unité. Ainsi, les deux fractions de la lumière incidente varient en sens contraires, leur somme restant égale à 1.

2° *Passage dans un milieu moins réfringent.* La quantité de lumière incidente se partage encore en deux parties : l'une qui se réfracte, l'autre qui se réfléchit. De ces deux fractions complémentaires, la première décroît lorsque l'incidence augmente, l'autre croît.

L'angle i croissant de 0° à λ, la fraction de lumière réfractée décroît jusqu'à 0, la fraction de lumière réfléchie croît jusqu'à l'unité.

Pour toute valeur de i supérieure à l'angle limite, il n'y a plus aucune lumière réfractée, et la lumière incidente subit la réflexion totale.

488. Réflexion totale. — Quand un rayon lumineux passe d'un milieu dans un autre moins réfringent, si l'angle d'incidence croît de manière à surpasser l'angle limite, le rayon lumineux cesse de se réfracter, et il subit la *réflexion totale.*

Considérons les rayons lumineux issus d'un point S placé dans

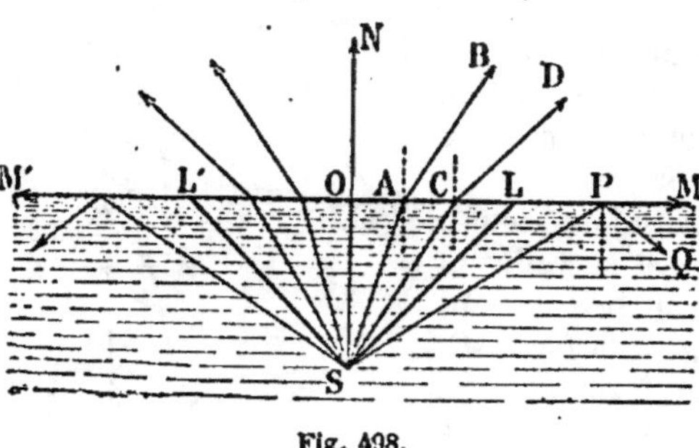

Fig. 498.

l'eau, à une profondeur quelconque au-dessous de la surface libre du liquide (fig. 498). Le rayon vertical SON, SAB, SCD sort sans déviation. Les rayons SAB, SCD, peu inclinés sur la verticale, sortent dans l'air en s'écartant de la normale. Les rayons qui forment avec la normale un angle supérieur à l'angle limite, subissent la réflexion totale ; c'est ainsi que le rayon SP se réfléchit suivant PQ. Un rayon SL, formant avec la verticale un angle égal à l'angle limite (48°,35′), sort en rasant la surface de l'eau. L'ensemble de tous les rayons analogues à ce dernier (rayons limites) constitue la surface d'un cône de révolution de sommet S, et dont l'axe est normal à la surface réfringente. Tous les rayons intérieurs à ce cône se réfractent dans l'air ; tous les rayons extérieurs subissent la réflexion totale.

On peut constater ce phénomène dans les expériences suivantes.

1° Expérience. — On prend une cuve en verre au fond de laquelle

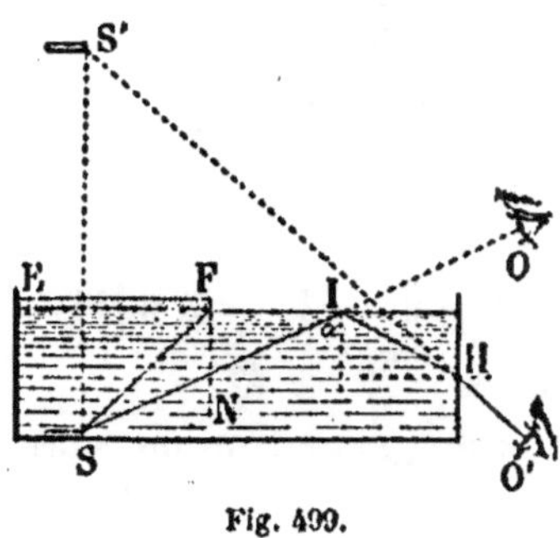

Fig. 499.

on met une pièce de monnaie S (fig. 499); au-dessus de la cuve on dispose un écran EF de manière que l'angle SFN égale l'angle limite pour l'eau. Si la cuve est vide, on peut voir la pièce quand l'œil se trouve en O ; mais dès qu'on a versé de l'eau dans la cuve jusqu'à la hauteur de l'écran, on ne peut plus, du point O, voir la pièce, car les rayons lumineux qui vont du point S à la surface FI font avec la normale un angle α, plus grand que l'angle limite SFN. Mais si on met l'œil en O′, on aperçoit par réflexion totale l'image S′ du point S.

2° Prisme à réflexion totale. — On obtient la réflexion totale à l'aide d'un prisme en verre dont la section est un triangle rectangle isocèle (fig. 500).

Tout rayon lumineux SI tombant normalement sur la face AB se réfléchit totalement sur BC, et sort du prisme suivant la direction IR normale à la face AC.

En effet, étant perpendiculaire à la face AB, le rayon SI n'éprouve pas de déviation en entrant dans le prisme, et il rencontre la face BC sous un angle de 45°.

L'angle d'incidence 45° étant supérieur à l'angle limite 41°, le rayon SI se réfléchit totalement sur BC et sort du prisme suivant la direction IR normale à la face AC.

Les rayons SE, SG, qui forment avec SI un angle suffisamment petit, suivent une marche analogue. Les rayons émergents F, R, H, divergent sensiblement d'un même point S', symétrique de S par rapport au plan du miroir BC.

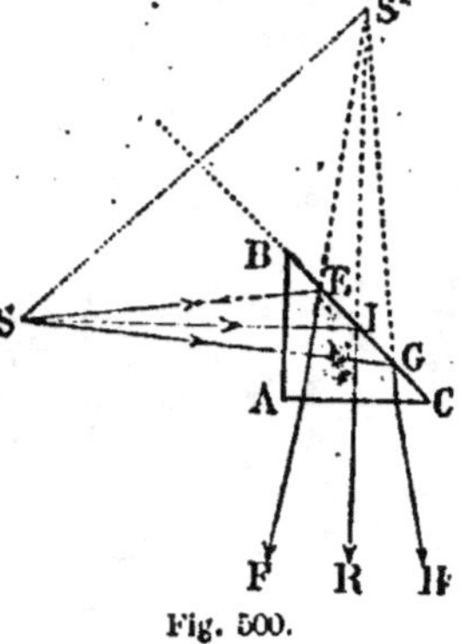

Fig. 500.

489. Construction du rayon réfracté. — *Soit un rayon incident* SI (fig. 501), *et supposons* n > 1. — Du point I, comme centre, décrivons deux cercles de rayons IN = 1 et $IN_1 = n$. Prolongeons SI jusqu'à sa rencontre C avec la circonférence de rayon *n;* menons CT tangente à la circonférence N_1, et du point T la tangente TC' à la circonférence N; joignons IC'; cette droite est le rayon réfracté. En effet, le triangle rectangle ICT donne : IC = IT sin ITC,

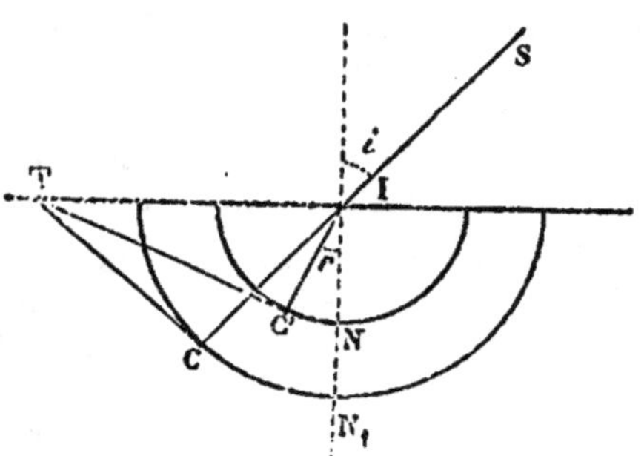

Fig. 501.

c'est-à-dire :
$$n = \text{IT} \sin i, \qquad (1)$$

car IC = *n*, et les angles ITC et *i* sont égaux, comme ayant leurs côtés respectivement perpendiculaires.

De même le triangle rectangle IC'T donne

$$\text{IC}' = \text{IT} \sin \text{ITC}',$$

c'est-à-dire :
$$1 = \text{IT} \sin r, \qquad (2)$$

car IC' = 1, et les angles ITC' et *r* sont égaux, comme ayant leurs côtés perpendiculaires.

En divisant membre à membre les égalités (1) et (2), on obtient :

$$n = \frac{\sin r}{\sin i}.$$

Donc r est l'angle de réfraction, et, par suite, IC′ est le rayon réfracté.

Rayon limite. — Dans le cas du rayon limite, l'angle d'incidence égale 90°, et le rayon SI est couché sur la surface de séparation des deux milieux. Les points C et T (fig. 501) se confondent en un seul et même point T (fig. 502). Du point T on mène la tangente TC′ à la circonférence IN de rayon égal à 1 ; on joint IC′, et cette droite est le rayon limite.

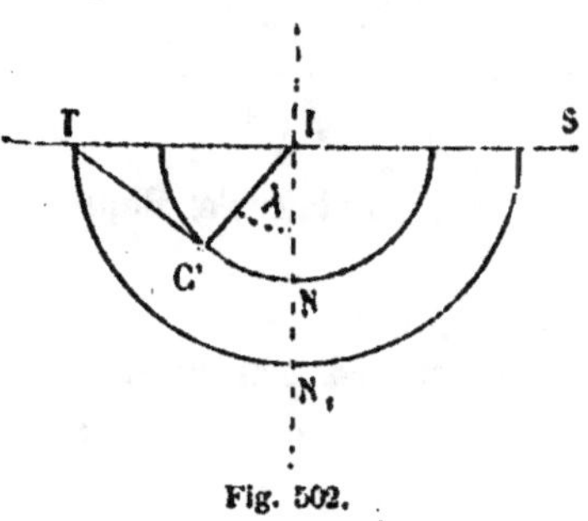

Fig. 502.

En effet, le triangle rectangle ITC′ donne :

$$IC' = IT \sin ITC', \qquad \text{ou} \qquad 1 = n \sin \lambda,$$

d'où

$$\sin \lambda = \frac{1}{n}.$$

Donc λ est l'angle limite, et, par suite, IC′ est le rayon cherché.

490. Effets produits par la réfraction. — Les objets placés sous une couche d'eau, par exemple au fond d'un vase, d'un bassin, d'une rivière contenant de l'eau limpide, paraissent relevés par la réfraction.

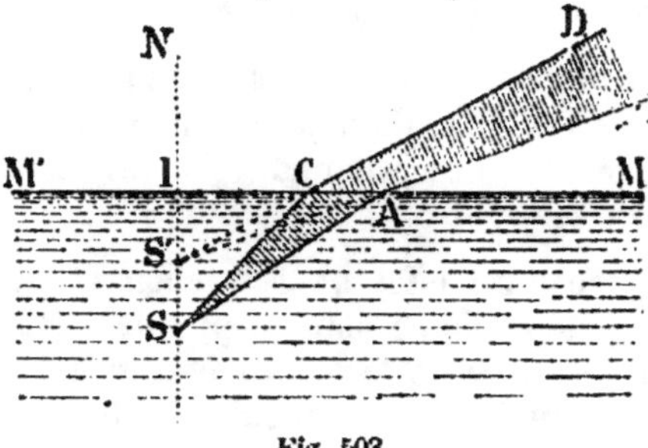

Fig. 503.

1° Soit S un point lumineux situé à l'intérieur de l'eau (fig. 503). Les rayons lumineux issus de ce point, SA, SC, s'écartent de la normale en passant de l'eau dans l'air. Leurs réfractés AB, CD parviennent à l'œil comme s'ils émanaient d'un point S′ plus rapproché de la surface de l'eau.

2° Soit un vase à parois opaques, au fond duquel est une pièce de monnaie m. Supposons que l'œil d'un observateur soit placé en A, position limite où la pièce cesse d'être visible (fig. 504). Si l'on met de l'eau dans le vase, la pièce devient visible d'un point O situé au-dessous de A ; car le pinceau lumineux mC, se réfractant au point C, prend la direction CO.

3° Un bâton qui plonge dans l'eau paraît brisé au point où il tra.

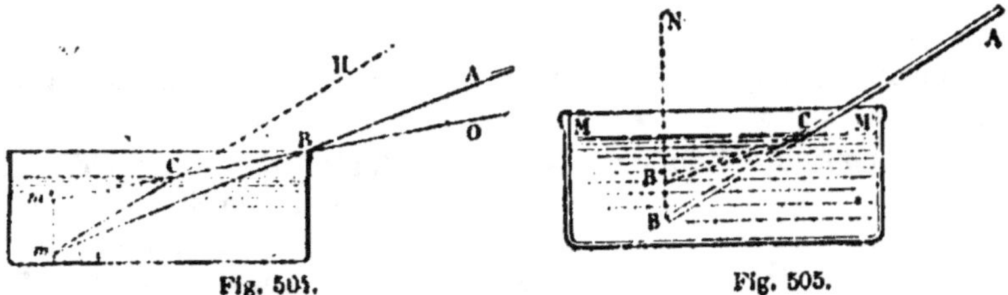

Fig. 504.   Fig. 505.

verse la surface du liquide (fig. 505). Ce phénomène s'explique de
la même manière.

491. Réfraction atmosphérique. — En traversant les diverses
couches atmosphériques dont la densité va en croissant de haut en
bas, les rayons lumineux qui
viennent d'un astre subissent
des réfractions, dont l'effet
général est de faire apercevoir
cet astre plus près du zénith
qu'il ne l'est en réalité.

Soit un rayon SA, parti
d'un astre (fig. 506); en pénétrant dans les diverses
couches atmosphériques, ce

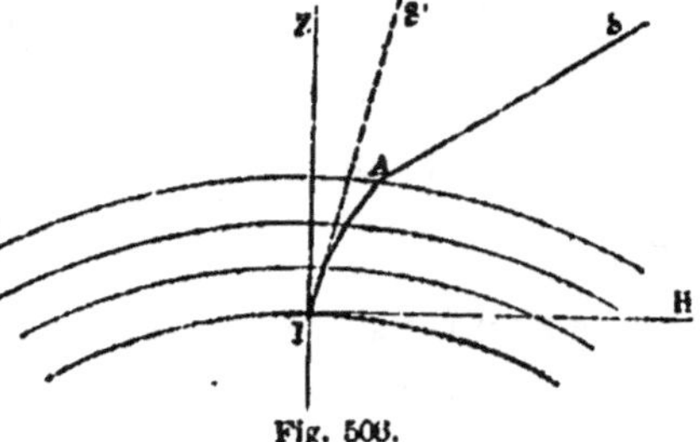

Fig. 506.

rayon s'approche de plus en plus de la normale. L'observateur placé
en I verra l'astre dans la direction IS' du dernier rayon réfracté.
Il est donc nécessaire de corriger les observations relatives à la
position des astres sur la sphère céleste.

492. Mirage. — Le mirage est un effet de réfraction et de
réflexion totale. Ce phénomène a été expliqué pour la première fois
par Monge, qui l'observa en Égypte lors de l'expédition française,
en 1798. Il est fréquent dans les plaines sablonneuses fortement
chauffées par le soleil. L'observateur croit voir à l'horizon comme
une immense nappe d'eau dans laquelle se reflètent la lumière
du ciel, ou l'image des objets lointains, qui paraissent situés sur
ses bords.

Les couches inférieures de l'atmosphère, fortement chauffées au
contact du sol, vont en diminuant de densité de haut en bas.

Soit un arbre dans une plaine (fig. 507) et diverses couches d'air,
qui vont en diminuant de densité de haut en bas.

Certains rayons lumineux arrivent directement à l'œil et donnent
la vue directe de l'objet. D'autres, pénétrant dans des couches

de moins en moins denses, s'éloignent des normales; l'angle d'incidence va en augmentant.

Il arrive un moment où l'angle d'incidence surpasse l'angle limite,

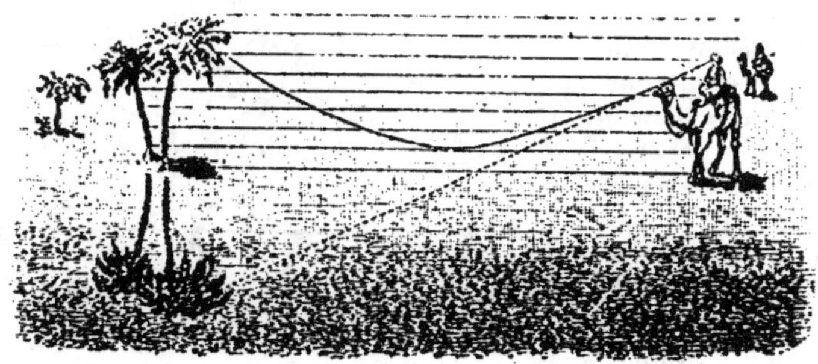

Fig. 507.

et il y a réflexion totale; à partir de ce point, les rayons subissent une suite de réfractions inverses, puisqu'ils passent dans des couches qui augmentent de densité; l'observateur aperçoit donc l'objet lointain, et au-dessous de lui son image, analogue à celle que donnerait la surface d'une nappe d'eau tranquille.

Il est à remarquer que l'angle limite est très grand. Sa valeur est donnée par la relation : $\sin \lambda = n$. Or n est très voisin de 1, puisque deux couches d'air consécutives ont des densités qui diffèrent peu l'une de l'autre; donc $\sin \lambda$ est voisin de 1, et par conséquent λ diffère peu de 90°. Mais comme on doit avoir un angle d'incidence plus grand que l'angle limite, le mirage ne peut se produire que si *l'objet est très éloigné de l'observateur et peu élevé au-dessus du sol*.

Mirage supérieur. — Dans le mirage supérieur, l'image des objets apparaît au-dessus de l'horizon. Ce phénomène est assez fréquent en mer quand l'air est calme et que sa température augmente de bas en haut; il est produit par les couches supérieures de l'atmosphère; on voit en l'air l'image renversée des navires et des côtes.

Mirage latéral. — Dans ce mirage, l'image des objets se forme symétriquement par rapport à un plan vertical.

Ce phénomène se présente quand les couches d'air inégalement chauffées sont verticales, et que l'observateur regarde dans la direction d'une de ces couches, de manière à en laisser une partie à sa droite et une partie à sa gauche.

493. Miroirs étamés. — Les miroirs étamés réfléchissent les rayons lumineux sur la face antérieure, et sur la face postérieure formée d'un amalgame d'étain; de sorte que ces miroirs donnent plusieurs images d'un même point lumineux.

Soient MM′ un miroir étamé, et P un point lumineux (fig. 508).

Le pinceau incident PI se divise en deux parties; l'une se réfléchit sur la face M, et produit une image P′ symétrique de P, par rapport

à la face M; l'autre se réfracte au point I, et pénètre dans le verre
suivant la direction IB.

Arrivé en B, il se réflé-
chit sur la face M' et
donne le rayon BI'; celui-
ci, en sortant du miroir,
est réfracté au point I' et
prend la direction I'R'. Il
est facile de voir que le
rayon I'R' est parallèle
au rayon IR.

Le rayon I'R' peut être
considéré comme réfléchi
au point O, rencontre de
PI et de I'R' prolongés; il
donne une image P'' sy-
métrique de P, par rapport
à la surface OC, parallèle
aux faces M et M' du miroir.

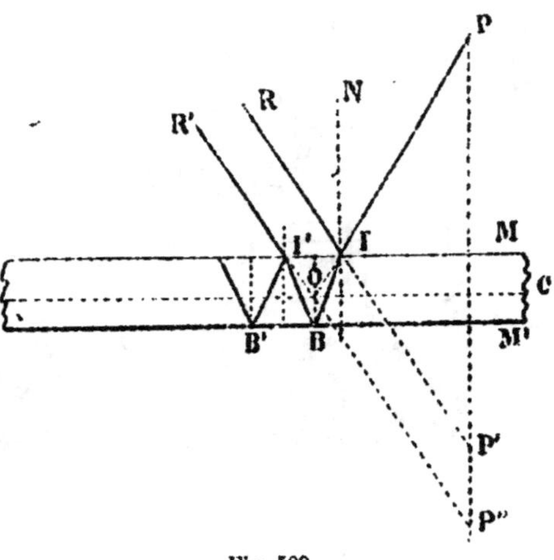

Fig. 508.

Mais le pinceau BI' n'émerge pas tout entier; une partie se réfléchit
en I' et donne un rayon I'B', lequel se comporte comme le rayon IB;
et ainsi de suite.

En général, une bougie placée devant un miroir étamé donne jusqu'à six images successives, dont l'éclat va en diminuant. On aperçoit distinctement ces images quand on les regarde sous une incidence
très oblique; elles empiètent l'une sur l'autre quand l'incidence diminue. C'est toujours la deuxième image P'' qui est la plus brillante.

RÉFRACTION A TRAVERS DES MILIEUX A SURFACES PLANES.
— PRISMES

1. LAMES A FACES PARALLÈLES

494. Réfraction à travers une lame à faces parallèles.
— L'expérience montre que lorsqu'un rayon lumineux traverse
obliquement une lame à faces parallèles, le rayon émergent est
toujours parallèle au rayon incident; il subit une simple translation.

C'est d'ailleurs une conséquence de la réversibilité des rayons
lumineux dans la réfraction.

Soit un rayon SI tombant obliquement sur une lame AB et formant
l'angle d'incidence i (fig. 509); il se réfracte selon II' et sort de la
lame en faisant un angle d'émergence i'. En vertu de la réversibilité,

on a : $$\frac{\sin i}{\sin r} = n \quad \text{et} \quad \frac{\sin i'}{\sin r'} = n ;$$

d'où
$$\frac{\sin i}{\sin r} = \frac{\sin i'}{\sin r'}.$$

Or
$$r = r'.$$

Donc, $\sin i = \sin i'$ et $i' = i$, puisque ces deux angles sont aigus; donc le rayon I'S' est parallèle au rayon IS.

Un rayon lumineux SII'S' qui traverse une lame à faces parallèles n'éprouve donc aucune *déviation*, mais il subit un *déplacement* DI' (fig. 509). Ce déplacement dépend de l'incidence i, de l'épaisseur e de la lame, et de son indice n.

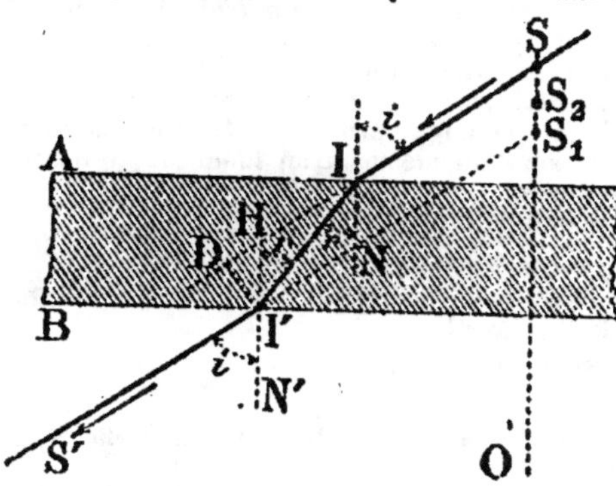

Fig. 509.

Les triangles rectangles donnent :

$$DI' = II' \sin (i - r),$$

et
$$e = II' \cos r,$$

d'où par division membre à membre :

$$DI' = e \cdot \frac{\sin (i - r)}{\cos r}.$$

Si l'on veut achever le calcul, il suffit d'éliminer r entre cette dernière équation et la relation de Descartes :

$$\sin i = n \sin r.$$

On obtient finalement :

$$DI' = e \sin i \left(1 - \frac{\cos i}{\sqrt{n^2 - \sin^2 i}}\right). \tag{1}$$

L'angle d'incidence croissant de 0° à 90°, le déplacement DI' croît à partir de 0 et tend vers une limite qui est égale à l'épaisseur e.

Image d'un point lumineux vu à travers une lame à faces parallèles. — Soit un point lumineux S (fig. 509). Tous les rayons issus de ce point sous une même incidence i forment un cône de sommet S, dont l'axe SO est normal aux faces de la lame transparente. A l'émergence ils forment un cône de même axe et de sommet S_1.

Calculons $SS_1 = II'$. Le triangle rectangle HDI' donne :

$$DI' = HI' \sin i,$$

d'où, en tenant compte de la formule (1),

$$SS_1 = HI' = \frac{DI'}{\sin i} = e \left(1 - \frac{\cos i}{\sqrt{n^2 - \sin^2 i}}\right). \tag{2}$$

Ainsi, le déplacement SS_1 varie avec l'incidence i.

L'œil placé en S' voit le point S en S_1.

Si l'œil se rapproche de la normale SO, l'image S_1 tend vers une position limite S_2, que l'on obtient en substituant $i = 0$ dans la formule (2). Il vient :

$$SS_2 = \lim. SS_1 = e\left(1 - \frac{1}{n}\right).$$

Tel est le déplacement apparent du point S lorsque la lame à faces parallèles est normale aux rayons visuels.

495. Réfraction à travers une pile de lames à faces parallèles. — *Quand un rayon lumineux passe d'un milieu dans un autre, en traversant une série de milieux limités par des plans parallèles, la direction finale de ce rayon est indépendante des milieux intermédiaires.*

En effet, soient n_1, n_2, n_3... n_{k-1}, n_k les indices absolus des milieux considérés, et i_1, i_2, i_3.... i_{k-1}, i_k les angles formés par la direction commune des normales avec les portions d'un même rayon lumineux, qui sont situées respectivement dans les milieux 1, 2, 3.... $k-1$, k.

D'après la formule générale de la loi de Descartes (485), on a :

$$n_1 \sin i_1 = n_2 \sin i_2 = ... = n_{k-1} . \sin i_{k-1} = n_k . \sin i_k.$$

Or, si le même rayon passait directement du milieu 1 dans le milieu k, on aurait, en désignant par r l'angle de réfraction :

$$n_1 \sin i_1 = n_k \sin r.$$

Donc $i_k = r.$

C'est-à-dire que, dans la première expérience, la direction finale du rayon est la même que si les milieux intermédiaires n'existaient pas.

En particulier, si le milieu final est identique au milieu initial, le rayon émergent est parallèle au rayon incident.

2. PRISME

496. Réfraction à travers un prisme. — On appelle prisme, en optique, tout milieu diaphane terminé par deux faces planes qui se coupent suivant un angle quelconque.

L'angle dièdre que forment les deux faces s'appelle **angle réfringent**; l'arête de ce dièdre est l'**arête du prisme**.

Une troisième face parallèle à l'arête du prisme est la **base** du prisme, et toute section plane perpendiculaire à l'arête est une **section principale**.

Les prismes sont ordinairement en verre ; ils sont montés sur un pied et fixés sur une pièce métallique ayant deux mouvements. Par cette disposition, le prisme peut être placé horizontalement ou verticalement (fig. 510), ou dans une position quelconque.

Fig. 510.

497. Marche d'un rayon dans un prisme. — La substance d'un prisme peut être un milieu *plus* réfringent ou *moins* réfringent que celui dans lequel le prisme est plongé.

Examinons le cas où la substance du prisme est **plus réfringente** que le milieu ambiant.

Formules du prisme. — Soit BAC la section principale d'un prisme (fig. 511).

Un rayon incident SI, qui rencontre la face AB sous l'angle d'inci-

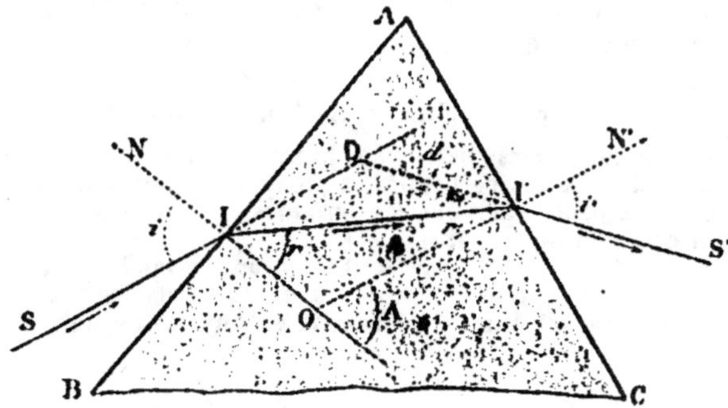

Fig. 511.

dence i, pénètre dans le prisme en formant un angle de réfraction r déterminé par la relation

$$\sin i = n \sin r. \qquad (1)$$

Il sort du prisme en formant un angle d'incidence r' et un angle d'émergence i' tels que l'on ait :

$$\sin i' = n \sin r'. \qquad (2)$$

La direction du rayon émergent I'S' et celle du rayon incident SI forment un angle D, qui est la **déviation** produite par le prisme.

Le triangle II'D donne :

$$D = DII' + DI'I,$$
$$D = i - r + i' - r',$$
$$D = (i + i') - (r + r').$$

Les normales IN et I'N', se rencontrant en O, déterminent le quadrilatère inscriptible AIOI'.

L'angle extérieur O est égal à l'angle A ;

donc $$r + r' = A. \qquad (3)$$

La valeur de D devient :

$$D = i + i' - A. \qquad (4)$$

498. Étude de la déviation. — 1° Dans un prisme *plus réfringent que l'air*, chacune des réfractions a pour effet de dévier le rayon lumineux *vers la base du prisme*.

2° Les formules du prisme donnent quatre relations entre sept quantités, savoir : A, n, D, i et i', r et r'.

Si l'on élimine les trois dernières, on obtient, entre les quatre autres, une relation qui, résolue par rapport à D, peut se mettre sous la forme

$$D = f(A, n, i).$$

Ainsi, pour un prisme donné, c'est-à-dire lorsque A et n sont des constantes, la déviation ne dépend que de l'incidence i.

Pour un prisme quelconque, la déviation dépend en outre de deux autres variables A et n.

C'est ce que nous allons vérifier expérimentalement (499).

3° **Formules des petits prismes.** — Les formules du prisme se simplifient considérablement dans le cas particulier, où tous les angles d'incidence et de réfraction sont assez petits pour que les formules de Descartes puissent être remplacées par celles de Kepler (484).

Si nous supposons l'angle A très petit et le rayon PI tombant presque perpendiculairement sur le plan bissecteur de cet angle, les angles i et i' sont très petits, et peuvent être substitués à leurs sinus. Alors les formules (1) et (2) deviennent

$$i = nr,$$
$$i' = nr'.$$

On en tire par addition, et en tenant compte de la formule (3) :

$$i + i' = n(r + r') = nA.$$

Alors la formule (4) prend la forme simple :

$$D = A(n - 1).$$

Donc, dans le cas particulier actuel : La déviation est sensiblement proportionnelle à l'angle du prisme ;

Elle augmente avec l'indice n.

Les formules précédentes sont applicables, notamment, dans l'étude de la marche des rayons lumineux à travers une lentille.

499. I. La déviation varie avec l'angle du prisme. — On le démontre au moyen d'un prisme à angle variable (fig. 512), formé de deux plaques de verre mobiles pouvant glisser entre deux plaques métalliques. Ce prisme forme une espèce d'auge dans laquelle on met de l'eau ; on reçoit un faisceau lumineux sur l'une des faces, et on incline l'autre

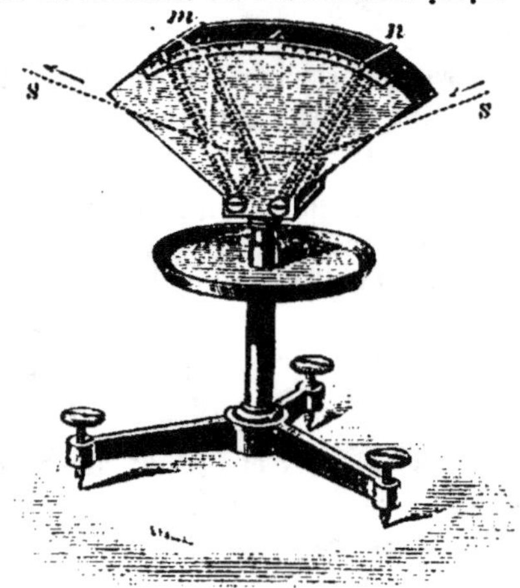

Fig. 512.

plus ou moins ; on constate ainsi que toute variation de l'angle réfringent entraîne une variation correspondante de la déviation.

On peut remarquer aussi que la déviation varie toujours dans le même sens que l'angle du prisme.

23*

On peut également se servir d'un prisme ABC dans lequel on a pratiqué une échancrure demi-cylindrique parallèle à ses arêtes (fig. 513).

Un demi-cylindre ED, de même substance que le prisme, peut glisser dans cette échancrure autour de son axe. On peut ainsi, en donnant différentes positions à ED, faire varier l'angle du prisme. Dans la figure ci-contre, l'angle du prisme est DA'C.

Il est facile de voir que le rayon lumineux ne sera pas dévié en traversant la surface de séparation du prisme ABC et du demi-cylindre, car ces deux corps sont de même substance et s'appliquent exactement l'un sur l'autre.

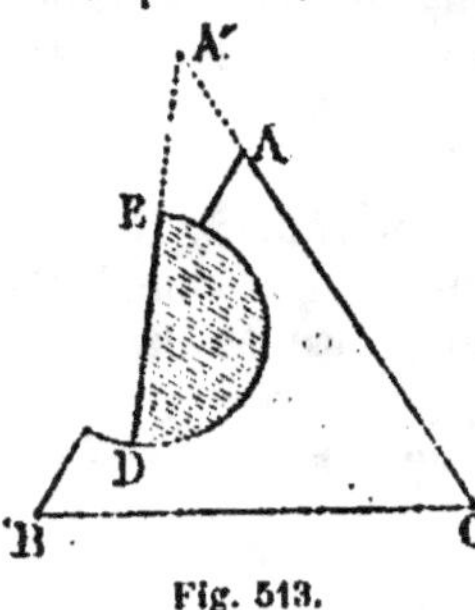

Fig. 513.

500. II. La déviation varie avec l'indice de réfraction de la substance du prisme. — On le démontre en faisant passer un faisceau lumineux dans un *polyprisme*, ou prisme d'angle constant, formé de plusieurs substances différentes (fig. 514). On constate qu'à chaque substance correspond une déviation distincte.

On peut remarquer que la déviation varie toujours dans le même sens que l'indice de réfraction.

501. III. La déviation varie avec l'incidence. — Minimum de déviation. — Considérons la formule :

$$D = i + i' - A.$$

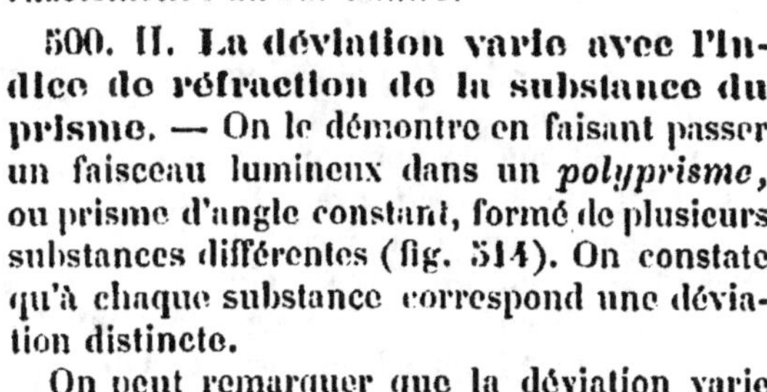

Fig. 514.

Si l'angle d'incidence était i', l'angle d'émergence serait i, et la déviation resterait la même. A toute valeur de la déviation correspondent donc deux angles d'incidence; par conséquent, si l'on fait croître l'angle d'incidence de 0° à 90°, la déviation augmente ou diminue jusqu'à un certain maximum ou minimum, pour reprendre ensuite, en ordre inverse,

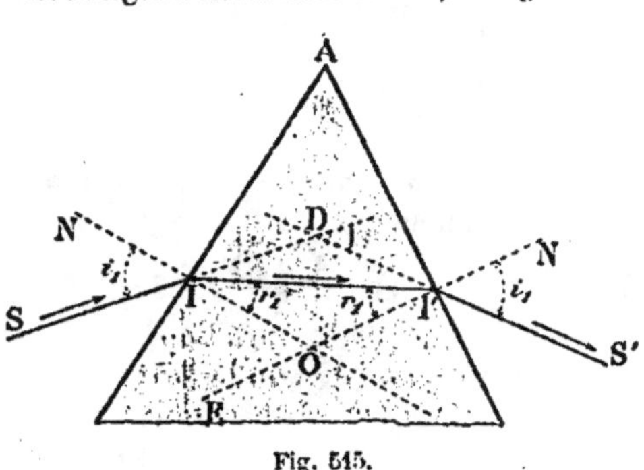

Fig. 515.

la même série de valeurs. L'expérience prouve que lorsque la substance du prisme est un milieu plus réfringent que le milieu ambiant, la déviation atteint un *minimum* quand l'angle d'incidence égale l'angle d'émergence, c'est-à-dire lorsqu'on a : $i = i'$ (fig. 515).

Alors le rayon incident et le rayon émergent sont symétriques par rapport au plan bissecteur de l'angle réfringent, et le rayon intérieur II' est perpendiculaire à ce même plan, c'est-à-dire que l'on a : $AI = AI'$.

Pour faire cette expérience, on reçoit directement sur un écran un pinceau de rayons monochromatiques SI, et on marque le point O, intersection du pinceau et de l'écran (fig. 516). On interpose un prisme entre la source lumineuse et l'écran, et on fait tourner ce prisme autour d'un axe parallèle à son arête A, toujours dans le même sens.

On voit que le point d'intersection R du pinceau avec l'écran commence par se rapprocher du point O, puis que ce point R

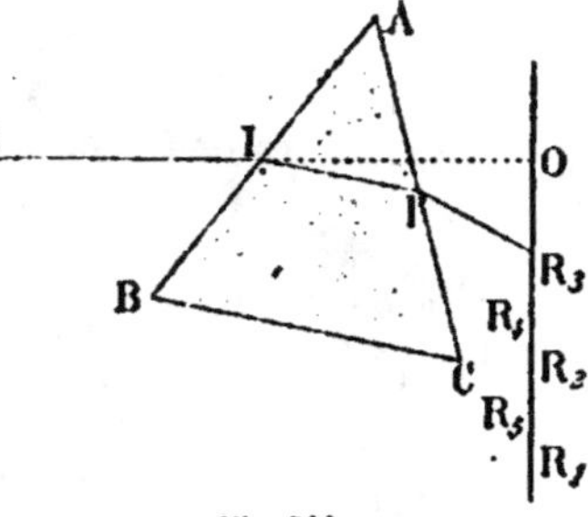

Fig. 516.

s'arrête, et enfin qu'il s'écarte du point O. En mesurant les distances AI, AI' quand la distance OR est minimum, on trouve : $AI = AI'$.

Remarque. — A l'occasion de la mesure des indices de réfraction, nous donnerons un procédé qui permet de mesurer la déviation minimum avec exactitude (504).

502. **Mesure des indices de réfraction.** — Considérons ces trois formules du prisme :

$$n = \frac{\sin i}{\sin r},$$

$$D = i + i' - A,$$

$$r + r' = A.$$

Dans le cas du minimum de déviation, on a $i = i'$; d'où $r = r'$, et les deux dernières formules deviennent :

$$D = 2i - A; \quad \text{d'où} \quad i = \frac{A + D}{2};$$

$$2r = A; \quad \text{d'où} \quad r = \frac{A}{2}.$$

En tenant compte de ces valeurs, la première formule devient :

$$n = \frac{\sin\left(\dfrac{A + D}{2}\right)}{\sin\dfrac{A}{2}}.$$

Pour calculer n, il suffit donc de connaître l'angle A du prisme et l'angle D correspondant à la déviation minimum.

503. Mesure de l'angle d'un prisme à l'aide du goniomètre de Babinet. — Ce goniomètre se compose d'un cercle horizontal gradué (fig. 517). Une alidade G, mobile autour du centre O du cercle, supporte le prisme que l'on veut étudier. Une lunette L, dirigée vers le centre du cercle, peut se déplacer autour du limbe.

Soit à déterminer l'angle A du prisme BAC.

On dispose ce prisme sur l'alidade, et on donne à la lunette L une position telle que l'on puisse voir par réflexion sur la face AB l'image d'une mire M, très éloignée de l'appareil. Puis, au moyen de l'alidade, on fait tourner le prisme de manière que la face AC vienne prendre la place

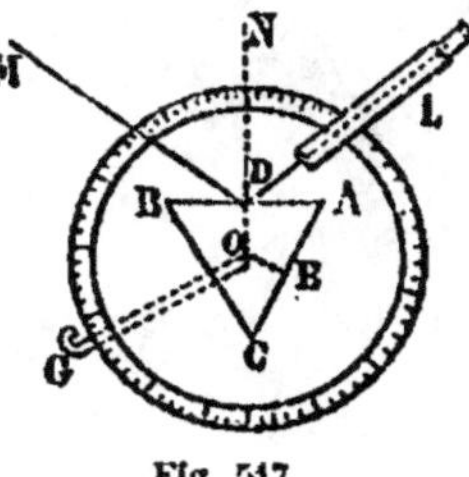

Fig. 517.

de AB, ce qui a lieu quand on voit par réflexion sur cette face l'image de la mire.

Pour que la face AC prenne la place de AB, il faut que la normale OE vienne prendre la direction de la normale OD, c'est-à-dire que le prisme tourne d'un angle égal à l'angle DOE des deux normales.

Or cet angle est mesuré par le déplacement de l'alidade. De plus, la figure montre que l'angle DOE est le supplément de l'angle A. Donc, l'angle DOE fait connaître l'angle A du prisme.

504. Mesure de l'angle de déviation minimum. — Au moyen de la lunette d'un cercle répétiteur O, on vise une mire d'abord directement, suivant

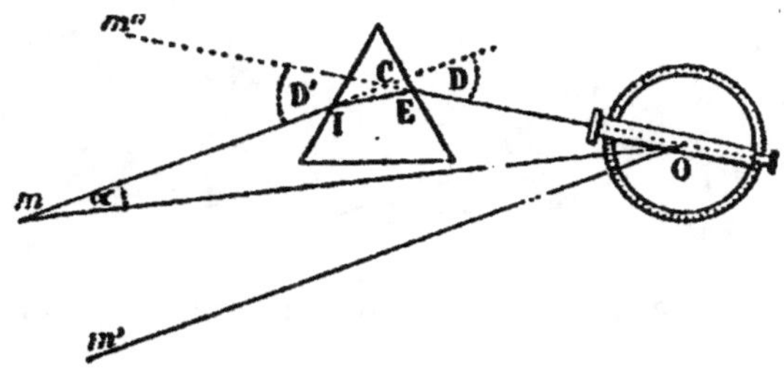

Fig. 518.

Om' (fig. 518); puis à travers un prisme P suivant OEm''; le rayon qui passe dans le prisme suit le chemin $mIEO$. On fait tourner le prisme autour d'un axe parallèle à ses arêtes, jusqu'à ce que l'angle $m'Om''$ soit minimum.

L'angle $m'Om''$ égale l'angle minimum D, si la mire est assez éloignée pour que l'on puisse considérer le rayon mC comme parallèle au rayon Om'.

Si la mire n'est pas très éloignée, il faut tenir compte de l'angle formé par les rayons $m'O$ et mC. Supposons alors que la mire soit en m; le rayon mI aura la même direction dans le prisme, tandis que la mire sera vue directement selon le rayon mO; et si nous mesurons l'angle α, formé par ces deux rayons, nous pourrons connaître l'angle D; car le triangle mCO donne :

$$D = \alpha + mOm''.$$

L'angle mOm'' est mesuré comme l'angle $m'Om''$.

Cette méthode est applicable aux prismes liquides. On renferme le liquide à étudier dans le *prisme-flacon* (fig. 519). Ce prisme présente une partie creuse terminée par deux lames de verre O, O'; un conduit B permet de remplir cet espace du liquide que l'on veut soumettre à l'expérience.

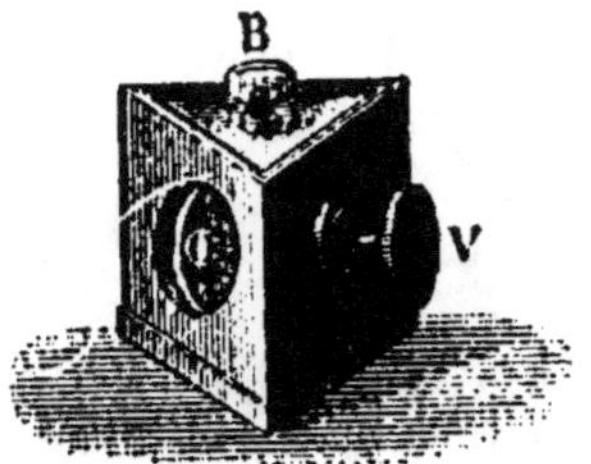

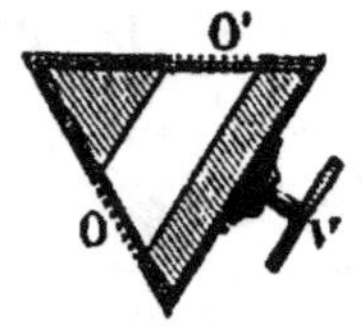

Fig. 519.

505. Limite des rayons qui peuvent émerger. — Soient le prisme BAD et le rayon incident SI (fig. 520). Menons la normale NIO à la face AB.

Le rayon SI pénètre dans le prisme suivant une direction II' formant avec la normale IO un angle r inférieur à l'angle limite λ.

Menons Im de manière à former l'angle OIm égal à l'angle λ. En tournant autour de OI, cette droite Im engendre un cône mIm' qui a pour axe OI, et dont l'angle au sommet mIm' égale 2λ.

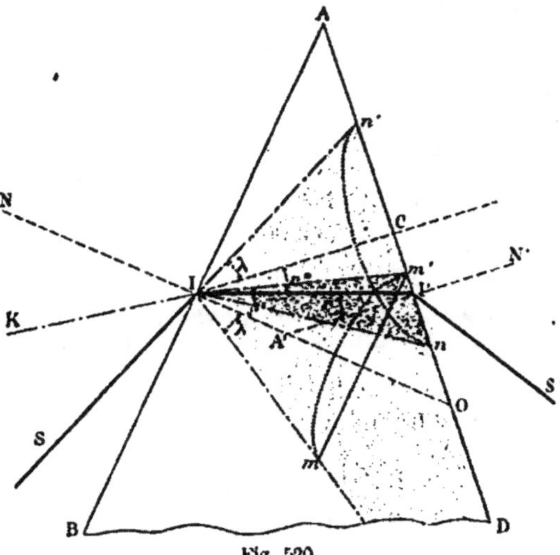

Fig. 520.

Puisque la plus grande valeur de r est λ, tous les rayons qui entrent par le point I sont compris dans le cône mIm'.

Considérons maintenant le rayon intérieur II': pour qu'il puisse émerger, ce rayon doit faire avec la normale IN' un angle r' moindre que λ.

Menons IC normale à AD; cette droite étant parallèle à IN', nous aurons : $$I'IC = r'' = r'.$$

Traçons In de manière que l'on ait CI$n = \lambda$, et faisons tourner In autour de IC; cette droite engendre un cône qui a pour axe IC et dont l'angle au sommet nIn' égale 2λ.

Or la plus grande valeur de r' ou de r'' est λ; donc tous les rayons capables d'émerger sont compris dans le cône nIn'.

Pour qu'un rayon puisse traverser le prisme, il doit donc se trouver à la fois dans les deux cônes mIm' et nIn'.

La condition d'émergence d'un rayon revient donc à la condition d'intersection des deux cônes.

Or l'angle A du prisme est égal à l'angle OIC formé par les normales.

La relation donnée par la figure :

$$n\mathrm{I}m' = n\mathrm{I}C - C\mathrm{I}O + O\mathrm{I}m',$$

peut donc s'écrire : $$n\mathrm{I}m' = 2\lambda - A.$$

1° Si $A < 2\lambda$, les deux cônes se coupent, et tous les rayons compris dans la région intérieure commune nIm' peuvent émerger.

On cherchera le rayon incident correspondant au rayon réfracté extrême In. Soit IK ce rayon; tous les rayons tombant au point I et compris dans l'angle BIK pourront émerger, et ceux-là seulement. BIK peut, suivant les cas, être plus petit ou plus grand que 90°. Si la lame est à faces parallèles ($A = 0°$), on a BIK $= 180°$. IK est dirigé suivant IA.

2° Si $A = 2\lambda$, les deux cônes sont tangents, et il n'y a que le rayon dirigé suivant la génératrice commune qui puisse émerger.

De plus, ce rayon fait avec la normale un angle égal à λ; donc le rayon SI doit faire avec la normale un angle égal à 90°; il est dirigé suivant BA.

3° Si $A > 2\lambda$, les deux cônes ne se coupent pas, et aucun rayon ne peut émerger.

Donc, pour qu'aucun rayon n'émerge, il faut que l'angle du prisme soit plus grand que 2λ.

Pour l'eau, par exemple, on a $\lambda = 48° 35'$; on obtiendra un prisme à réflexion totale en prenant $A > 48° 35' \times 2$ ou $A > 97° 10'$.

Pour le verre, on a $\lambda = 41° 48'$; on obtiendra un prisme à réflexion totale en prenant $A > 41° 48' \times 2$ ou $A > 83° 36'$.

506. Images produites par les prismes. — Tous les rayons émanant d'un point lumineux O sont déviés vers la base du prisme;

leurs prolongements convergent sensiblement en un point O' qui
est l'image du
point O (fig. 521).

L'œil placé de
l'autre côté du
prisme verra l'ob-
jet, ou le point O,
en O'. Pour aper-
cevoir un objet à
travers un prisme,
il faut donc regar-
der vers le sommet
de ce prisme.

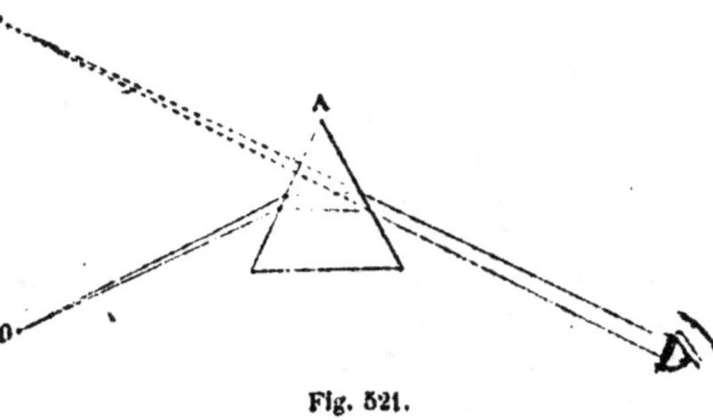

Fig. 521.

Toutefois, pour qu'il y ait en O' un véritable *foyer* du point O, il
faut que le pinceau oculaire traverse le prisme dans les conditions
de la déviation minima. Dans ce cas seulement, l'œil aperçoit en O'
une image nette, et cette image est située à la même distance de
l'arête que le point lumineux; c'est-à-dire que l'on a   AO' = AO.

LENTILLES

1. GÉNÉRALITÉS

507. **Lentilles.** — On appelle lentilles, en optique, des corps
diaphanes terminés par deux surfaces sphériques ou par une surface
sphérique et une surface plane. On peut les diviser en deux classes :
les lentilles *convergentes* et les lentilles *divergentes;* les premières
sont à bords minces et à centre épais ; les secondes, à bords épais et
à centre mince.

Les lentilles **convergentes** comprennent (fig. 522) :

1° Les lentilles *biconvexes* (A), terminées par deux surfaces sphériques convexes;

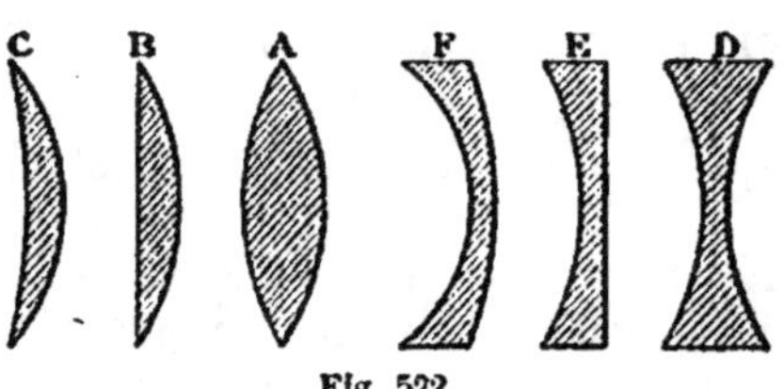

Fig. 522.

2° Les lentilles *plan-convexes* (B), terminées par une surface
plane et une surface sphérique convexe;

3° Les *ménisques convergents* (C), terminés par deux faces sphériques, l'une convexe et l'autre concave. Le rayon de la surface concave est plus grand que celui de la surface convexe; de cette manière, la partie la plus épaisse est au centre.

Les lentilles **divergentes** comprennent (fig. 522) :

1° Les lentilles *biconcaves* (D), terminées par deux surfaces sphériques concaves;

2° Les lentilles *plan-concaves* (E), terminées par un plan et une surface sphérique concave;

3° Les *ménisques divergents* (F), terminés par deux surfaces sphériques, l'une concave et l'autre convexe. Le rayon de la surface concave est moindre que celui de la surface convexe; de telle sorte que la partie la plus mince est au centre.

On appelle **axe principal** d'une lentille la droite qui joint les centres des deux surfaces sphériques qui la terminent; ou bien, si l'une des surfaces est plane, l'*axe principal* est la perpendiculaire menée du centre de la surface sphérique à la surface plane.

Les traces de l'axe principal sur les faces de la lentille prennent le nom de **sommets.**

On appelle **section principale** toute section faite par un plan passant par l'axe principal.

508. Propriété générale d'une lentille. — Dans l'étude des lentilles, nous supposerons toujours qu'elles sont constituées par une substance plus réfringente que le milieu ambiant.

1° *Les lentilles convergentes dévient les rayons vers l'axe principal;* c'est pourquoi, en général, *les faisceaux lumineux qui les traversent deviennent convergents s'ils ne l'étaient pas, ou plus convergents s'ils l'étaient déjà.*

2° *Les lentilles divergentes dévient les rayons lumineux de manière à les écarter de l'axe;* c'est pourquoi, en général, *les faisceaux lumineux qui les traversent deviennent divergents ou plus divergents.*

A l'égard de tout rayon lumineux qui la traverse, une lentille se comporte comme un simple prisme qui aurait pour faces les plans tangents à la lentille au point d'incidence et au point d'émergence.

Soit le rayon lumineux RIES, qui traverse une lentille convergente

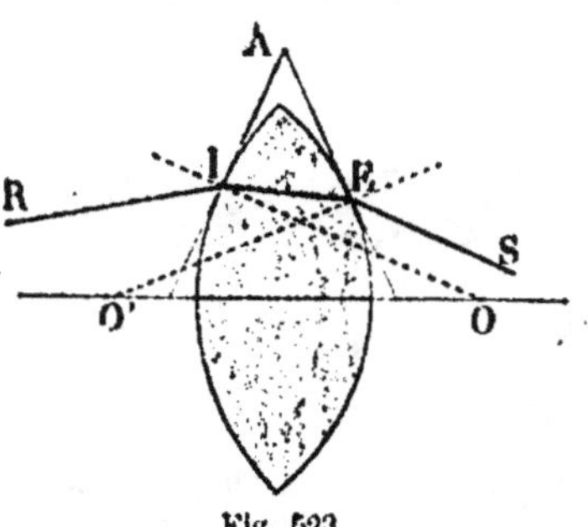

Fig. 523.

(fig. 523), ou une lentille divergente (fig. 524). Les réfractions qu'il subit en I et en E sont identiques à celles que lui feraient éprouver des plans réfringents tangents aux faces de la lentille au point I et au point E.

Si la lentille est convergente, le prisme idéal IAE tourne sa base vers l'axe optique de la lentille. Si la lentille est divergente, le prisme est orienté en sens contraire.

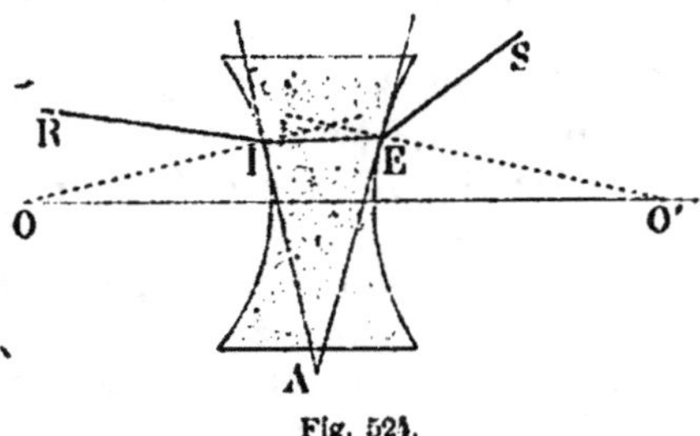

Fig. 524.

2. RÉFRACTION A TRAVERS UNE SURFACE SPHÉRIQUE

509. Dioptre. — *On appelle* **dioptre** *l'ensemble de deux milieux transparents séparés par une calotte sphérique de faible ouverture.*

L'*axe principal* d'un dioptre, son *centre de courbure*, son *pôle* ou sommet, son *ouverture* ou amplitude..., se définissent comme ceux d'un miroir sphérique.

Une étude très succincte des dioptres, c'est-à-dire l'étude de la réfraction à travers une surface sphérique, nous permettra de simplifier notablement la théorie des lentilles.

510. Foyers conjugués. — Commençons par établir l'existence des foyers conjugués. Il s'agit de faire voir que *tous les rayons lumineux émis par un point quelconque de l'axe principal d'un dioptre viennent, après s'être réfractés à travers la surface sphérique, concourir en un second point, qui est* **conjugué au** *premier.*

Soit O le centre de la calotte sphérique MN, qui sépare deux milieux réfringents indéfinis; P un point lumineux situé dans le premier milieu; PM un rayon incident qui se réfracte suivant MP'

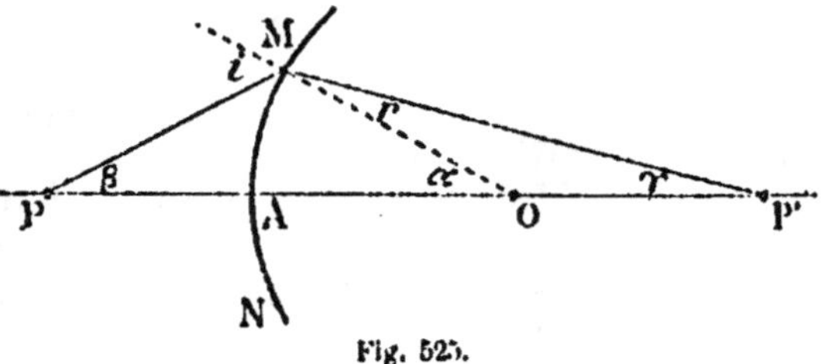

Fig. 525.

(fig. 525). (Pour fixer les idées, nous supposons que le second milieu est plus réfringent que le premier.)

Nous tiendrons compte du sens de tous les segments de l'axe

POP', *en prenant pour sens positif la direction que suit la lumière réfractée.*

Considérons les triangles OMP, OMP', et égalons entre elles deux expressions du rapport de leurs aires. Relativement au sommet M, ils ont même hauteur et sont entre eux comme leurs bases PO, OP'. Relativement au côté OM, ils ont même base et sont entre eux comme les hauteurs MP sin i, MP' sin r. On a donc :

$$\frac{PO}{OP'} = \frac{MP \sin i}{MP' \sin r}.$$

Le rapport des sinus est l'indice de réfraction n; et si l'ouverture du dioptre est suffisamment petite, le rapport positif $\frac{MP}{MP'}$ est sensiblement égal à $\frac{PA}{AP'}$.

La relation précédente peut donc s'écrire :

$$\frac{PO}{OP'} = n \cdot \frac{PA}{AP'}.$$

Rapportons tous les segments rectilignes à l'origine A [1], et chassons les dénominateurs ; il vient :

$$AP'(AO - AP) = -nAP(AP' - AO),$$

ou, en divisant tout par AP . AP' . AO,

$$\frac{1}{AP} - \frac{1}{AO} = -\frac{n}{AO} + \frac{n}{AP'};$$

et enfin :

$$\frac{1}{AP} - \frac{n}{AP'} = -\frac{n-1}{AO}. \qquad (x)$$

Cette relation est indépendante de l'angle d'incidence du rayon considéré. Il s'ensuit que OA et AP restant invariables, la longueur AP' est elle-même invariable; c'est-à-dire que tous les rayons réfractés passent par le même point P' de l'axe principal. Ce point P' est l'*image* du point P.

Inversement, d'après la réversibilité de la lumière, un point lumineux placé en P' aura son image au point P. C'est pourquoi les points P, P' ont reçu le nom de *foyers conjugués*.

511. Formule générale des points conjugués. — Pourvu que l'on tienne compte des signes de tous les segments de l'axe POP', la formule (x) établie dans un cas particulier, pour un dioptre convexe, est applicable dans tous les cas imaginables, et pour un dioptre quelconque.

---

[1] On sait que la distance de deux points est égale, en grandeur et signe, à l'abscisse du second moins l'abscisse du premier. (*Géom.*, 806.)

Considérons, par exemple, un dioptre concave (fig. 526), et conservons d'ailleurs toutes les notations déjà utilisées.

Les triangles MOP, MOP′ donnent :

$$\frac{PO}{P'O} = \frac{MP\sin i}{MP'\sin r};$$

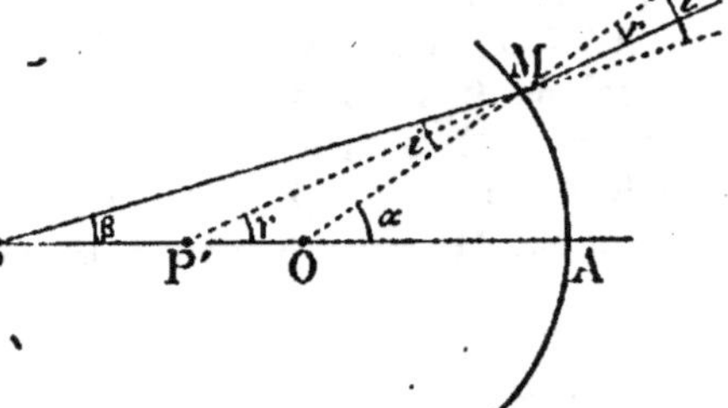

Fig. 526.

c'est-à-dire sensiblement :

$$\frac{PO}{P'O} = n \cdot \frac{AP}{AP'}.$$

Rapportons tous les segments à l'origine A, et chassons les dénominateurs. Il vient :

$$AP'(AO - AP) = nAP(AO - AP'),$$

ou, en divisant tout par $AP \cdot AP' \cdot OA$,

$$\frac{1}{AP} - \frac{1}{AO} = \frac{n}{AP'} - \frac{n}{AO},$$

et enfin :

$$\frac{1}{AP} - \frac{n}{AP'} = -\frac{n-1}{AO}, \qquad (\alpha)$$

formule identique à la précédente.

Dans tous les cas, on pose, en grandeur et en signe :

$$AP = p, \quad AP' = p', \quad AO = R;$$

et cette relation devient :

$$\frac{1}{p} - \frac{n}{p'} = -\frac{n-1}{R}. \qquad (\beta)$$

Telle est la formule générale des dioptres, ou l'*équation aux foyers conjugués*.

Remarques. — 1° Le rayon R est positif ou négatif suivant que la surface réfringente tourne sa convexité ou sa concavité du côté de la lumière incidente.

L'indice n est supérieur ou ⸱⸱⸱ur à l'unité, suivant que le second milieu est plus réfringe⸱⸱⸱ ⸱ins réfringent que le premier.

Dans tous les ⸱⸱ ⸱orm⸱ (β) permet de discuter complètement le dioptre : de déter⸱⸱⸱ner ses foyers principaux, d'étudier les variations de p' lorsque p croît de $-\infty$ à $+\infty$, etc.

2° La formule des miroirs sphériques est comprise dans la précédente. Elle s'en déduit en remplaçant l'indice n par -1.

3. FOYERS DES LENTILLES

512. Lentilles minces. — Dans la théorie élémentaire des lentilles, on ne considère que des lentilles très minces, dont les deux faces sont baignées par un même milieu, et qui ne reçoivent que des rayons centraux, c'est-à-dire des rayons peu éloignés de l'axe principal ou peu incliné sur cet axe.

Nous supposerons donc que toutes les lentilles considérées sont suffisamment minces pour que l'on puisse faire abstraction de leur épaisseur, et nous admettrons toujours que les deux faces sont baignées par l'air.

Enfin, nous nous bornerons à considérer ce qui se passe dans une section principale.

513. Foyers conjugués. — Formule générale. — *Tous les rayons issus d'un point quelconque de l'axe principal d'une lentille viennent, après avoir traversé cette lentille, passer en un même point, qui est conjugué au premier.*

En effet, soit une lentille biconvexe AA′ (fig. 527), ou une len-

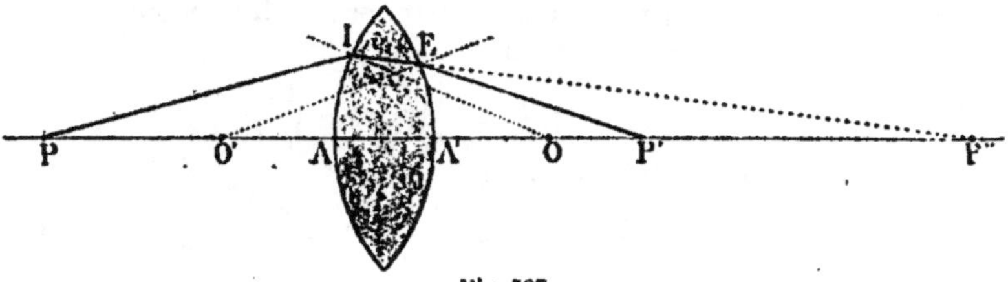

Fig. 527.

tille biconcave AA′ (fig. 528). Considérons un point lumineux P, situé sur l'axe principal, et un rayon incident PI.

Si nous supposons d'abord que le milieu constituant la lentille

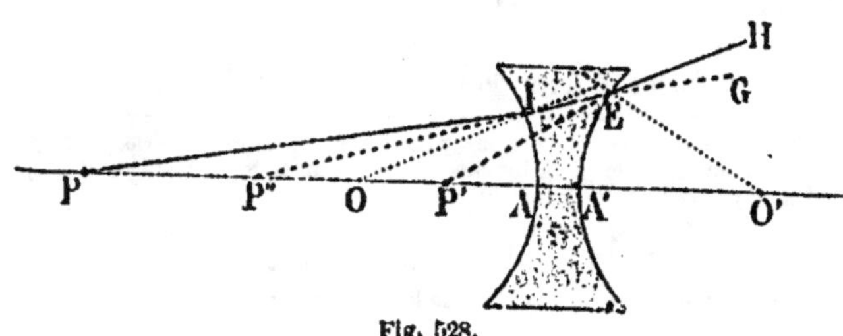

Fig. 528.

s'étende indéfiniment à droite de la face A, le rayon s'approchera de la normale OI et prendra la direction IP″.

Mais en réalité ce rayon IP″ est dévié en sortant de la lentille par la face A′, et il prend la direction EP′.

Négligeons l'épaisseur de la lentille ; c'est-à-dire admettons que les deux sommets se confondent en un point unique A, que nous prendrons pour origine des segments de l'axe principal.

Prenons pour *sens positif* la direction suivant laquelle se propage la lumière réfractée. Enfin, posons en grandeur et signe :

$$AO = R, \quad AO' = R', \quad OP = p, \quad OP' = p', \quad OP'' = p''.$$

Les points P, P″ étant conjugués par rapport à la face d'entrée, on a, d'après la formule (β) :

$$\frac{1}{p} - \frac{n}{p''} = - \frac{n-1}{R}. \tag{1}$$

Les points P″, P′ sont conjugués par rapport à la face de sortie ; mais alors l'indice de réfraction est $\frac{1}{n}$, puisque le rayon passe du verre dans l'air. On a donc, d'après la même formule (β) :

$$\frac{1}{p''} - \frac{\frac{1}{n}}{p'} = - \frac{\frac{1}{n}-1}{R'}. \tag{2}$$

Pour éliminer p'' entre ces deux équations, multiplions la seconde par n, et additionnons membre à membre ; il vient :

$$\frac{1}{p} - \frac{1}{p'} = - (n-1)\left(\frac{1}{R} - \frac{1}{R'}\right).$$

Pour abréger l'écriture, on pose :

$$(n-1)\left(\frac{1}{R} - \frac{1}{R'}\right) = \frac{1}{f}. \tag{δ}$$

La formule devient :

$$\frac{1}{p} - \frac{1}{p'} = - \frac{1}{f},$$

ou, en changeant tous les signes :

$$\frac{1}{p'} - \frac{1}{p} = \frac{1}{f}. \tag{γ}$$

Telle est la formule générale des lentilles [1].

---

[1] **Formule de Newton.** — Conservons pour sens positif le sens de propagation de la lumière ; mais rapportons le point lumineux P au premier foyer F, le point conjugué P′ au second foyer F″ ; et posons, en grandeur et signe :

$$FP = \pi = FO + OP = f + p; \qquad \text{d'où} \qquad p = \pi - f,$$
$$F'P = \pi' = FO + OP' = - f + p'; \qquad \text{d'où} \qquad p' = \pi' + f.$$

En tenant compte de ces valeurs, la formule (γ) devient :

$$\frac{1}{\pi' + f} - \frac{1}{\pi - f} = \frac{1}{f},$$

ou, toutes réductions faites :

$$\pi\pi' = - f^2.$$

Comme f est constant pour une lentille donnée, et que la formule ne contient pas l'angle d'incidence, il s'ensuit qu'à une valeur déterminée de p correspond une valeur déterminée de p'; c'est-à-dire que tous les rayons issus de P viennent concourir en P'. Ce point P' est l'*image* de P ; et inversement, d'après la réversibilité de la lumière, le point P serait l'image du point P'.

Ces deux points P, P' sont donc *conjugués*.

Remarque. — La formule (γ) diffère de celle des miroirs par le signe de p. Cela tient à ce que la lumière réfléchie se propage en sens contraire de la lumière incidente, tandis que la lumière réfractée · et la lumière incidente se propagent dans le même sens.

514. Foyers principaux. — Distance focale. — *On appelle foyers principaux d'une lentille, les deux points dont le conjugué est rejeté à l'infini.*

Tous les rayons *incidents* parallèles à l'axe principal donnent des réfractés passant par un même point, que l'on nomme le **foyer principal d'émergence** ou **premier foyer principal.** Sa distance à la lentille est la valeur de p' pour $p = -\infty$.

Tous les rayons *émergents* parallèles à l'axe principal proviennent de rayons issus d'un même point, que l'on nomme le **foyer principal d'incidence** ou **second foyer principal.** Sa distance à la lentille est la valeur de p répondant à l'hypothèse $p' = \infty$.

Les distances des foyers à la lentille s'obtiennent immédiatement à l'aide de la formule (γ).

Pour $p = -\infty$, on a $p' = f$.

Pour $p' = \infty$, on a $p = -f$.

Ainsi les **distances focales** sont égales et de signes contraires, c'est-à-dire que *les deux foyers principaux sont symétriques l'un de l'autre par rapport à la lentille.*

515. Discussion de la distance focale. Convergence et divergence. — *Une lentille est convergente ou divergente suivant que le foyer principal d'émergence est réel ou virtuel;* c'est-à-dire suivant que la distance focale d'émergence, f, est positive ou négative.

D'après la formule (δ), cette distance focale a pour expression :

$$f = \cdot \frac{1}{n-1} \cdot \frac{RR'}{R'-R} \cdot \tag{δ'}$$

Nous supposons toujours que la substance de la lentille est plus réfringente que l'air, c'est-à-dire que l'on a $n > 1$; le premier facteur est donc positif, et tout revient à étudier les variations de signe du second.

Il y a trois cas à distinguer suivant que le numérateur est *négatif, positif* ou *infini.*

1° $RR' < 0$. *Les rayons sont de signes contraires.*
La convergence exige $R' < R$, d'où $R > 0$ et $R' < 0$.
Alors la lentille est *biconvexe* (fig. 529).
La divergence exige $R' > R$, d'où $R < 0$ et $R' > 0$.
Alors la lentille est *biconcave* (fig. 530).

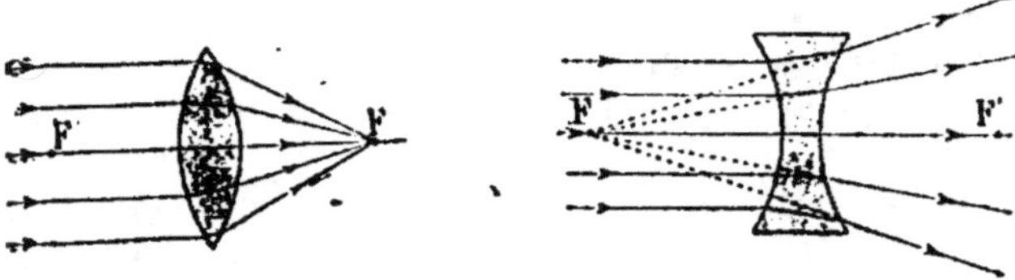

Fig. 529.   Fig. 530.

2° $RR' > 0$. *Les rayons sont de même signe;* supposons-les positifs.
La convergence exige $R' > R$.
Alors *le ménisque est plus épais au centre que sur les bords* (fig. 531).
La divergence exige $R' < R$.
Alors les *bords du ménisque sont plus épais que le centre* (fig. 532).

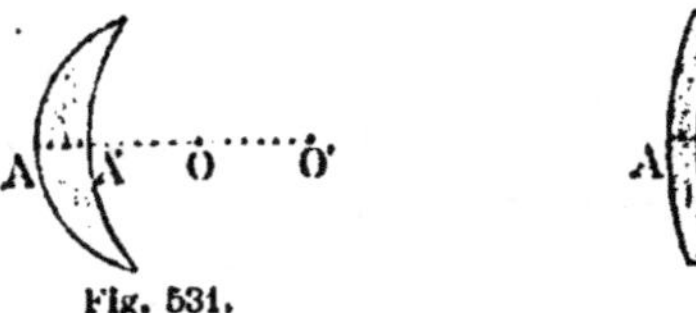

Fig. 531.   Fig. 532.

3° *L'un des rayons est infini;* c'est-à-dire que l'une des faces est plane :
supposons que ce soit la surface de sortie.
Pour $R' = \infty$, on a :

$$\lim. \frac{RR'}{R' - R} = \frac{R}{1 - \dfrac{R}{R'}} = R.$$

La convergence exige $R > 0$. Alors la lentille est *plan convexe* (fig. 533).
La divergence exige $R < 0$. Alors la lentille est *plan concave* (fig. 534).

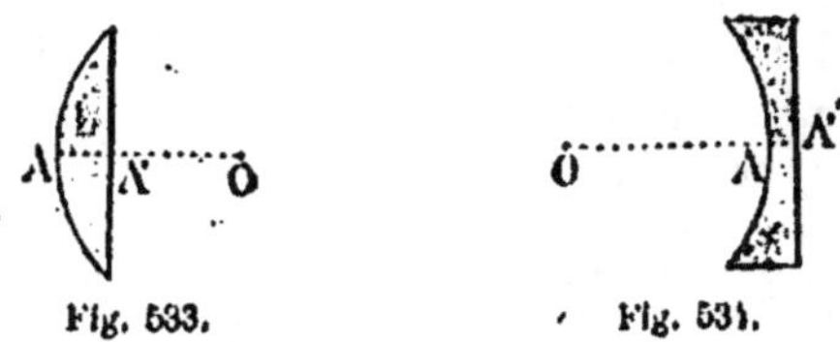

Fig. 533.   Fig. 534.

516. Lentilles symétriques. — Les lentilles biconvexes ou biconcaves prennent une forme symétrique quand les rayons R, R' sont égaux et de signes contraires.

Dans cette hypothèse $R' = -R$, la distance focale (δ') devient :

$$f = \frac{R}{2(n-1)}.$$

Si en outre la lentille est en crown, dont l'indice est $n = \dfrac{3}{2}$, on a :

$$f = R.$$

Alors les foyers principaux coïncident avec les centres de courbure.

517. Positions relatives des foyers conjugués. — Proposons-nous d'étudier les changements de position que subit l'image P′ lorsque le point lumineux P (réel ou virtuel) décrit d'un bout à l'autre l'axe principal de la lentille.

En d'autres termes, dans la formule générale des lentilles :

$$\frac{1}{p'} - \frac{1}{p} = \frac{1}{f},\qquad\qquad (\gamma)$$

étudions les variations de p' lorsque p croît de $-\infty$ à $+\infty$.

Il y a deux cas à distinguer, suivant que la lentille considérée est *convergente* ou *divergente;* c'est-à-dire selon que la distance focale d'émergence f est *positive* ou *négative*.

518. I. Lentille convergente $(f > 0)$.
L'équation (γ) donne :

$$p' = \frac{pf}{p+f} = \frac{f}{1+\dfrac{f}{p}}.$$

Cette fonction s'annule pour $p = 0$, devient infinie pour $p = -f$, tend vers f pour $p = \infty$. Enfin, pour $p = -2f$, elle prend la valeur $p' = 2f$.

Les valeurs remarquables de p sont donc, par ordre de grandeur croissante :

$$-\infty \qquad\qquad -2f \qquad\qquad -f \qquad\qquad 0 \qquad\qquad -\infty.$$

1° Pour $p = -\infty$, on a $p' = f$.
Les rayons incidents parallèles à l'axe principal viennent, après avoir traversé la lentille, concourir au foyer principal d'émergence.

2° p croissant de $-\infty$ à $-2f$, $\dfrac{f}{p}$ décroît de 0 à $-\dfrac{1}{2}$; $\left(1 + \dfrac{f}{p}\right)$ décroît de 1 à $\dfrac{1}{2}$; donc p' croît de f à $2f$.

3° Pour $p = -2f$, on a $p' = 2f$.
Les points P, P′ sont symétriques par rapport à la lentille. Leurs distances à celle-ci sont doubles des distances focales.

4° p croissant de $-2f$ à $-f$, $\dfrac{f}{p}$ décroît de $-\dfrac{1}{2}$ à -1; $\left(1 + \dfrac{f}{p}\right)$ décroît de $\dfrac{1}{2}$ à 0; donc p' croît de $2f$ à $+\infty$.

5° Pour $p = -f$, on a $p' = +\infty$.
Les rayons issus du foyer principal d'incidence s'échappent de la lentille parallèlement à l'axe principal.

6° p croissant de $-f$ à 0, $\dfrac{f}{p}$ décroît de -1 à $-\infty$,

$\left(1 + \dfrac{f}{p}\right)$ décroît de 0 à $-\infty$; donc p' croît de $-\infty$ à 0.

Un point lumineux réel situé entre le foyer d'incidence et la lentille donne une image virtuelle située en avant de la lentille.

7° Pour $p = 0$, on a $p' = 0$.

8° p croissant de 0 à $+\infty$, $\dfrac{f}{p}$ décroît de $+\infty$ à 0;

$\left(1 + \dfrac{f}{p}\right)$ décroît de $+\infty$ à 1; donc p' croît de 0 à f.

Tout point lumineux virtuel (situé en arrière de la lentille) donne une image réelle située entre la lentille et le foyer principal d'incidence.

En résumé : *Le point lumineux P et son image P' marchent toujours dans le même sens sur l'axe principal,* chacun d'eux se déplaçant d'un mouvement continu.

Soit X'X l'axe optique dirigé dans le sens de la propagation de la lumière. Négligeons l'épaisseur de la lentille, c'est-à-dire admettons que ses deux faces coupent l'axe optique en un même point A. Désignons par F_2 et F_1 les foyers principaux d'incidence et d'émergence; par D_2 et D_1, les points qui ont pour abscisses $-2f$ et $+2f$; par X' et X les points correspondants à $-\infty$ et $+\infty$.

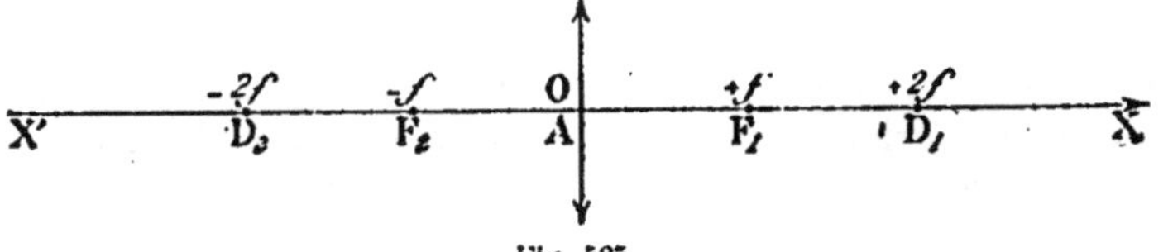

Fig. 535.

1° P (réel) décrivant X'D$_2$, P' (réel) décrit F$_1$D$_1$;
2° P (réel) décrivant D$_2$F$_2$, P' (réel) décrit D$_1$X ;
3° P (réel) décrivant F$_2$A, P' (virtuel) décrit X'A ;
4° P (virtuel) décrivant AX, P' (réel) décrit AF$_1$.

Les quatre intervalles 1, 2, 3, 4 des valeurs de p, et les quatre intervalles 1', 2', 3', 4' des valeurs de p' se correspondent comme l'indique la figure suivante (fig. 536).

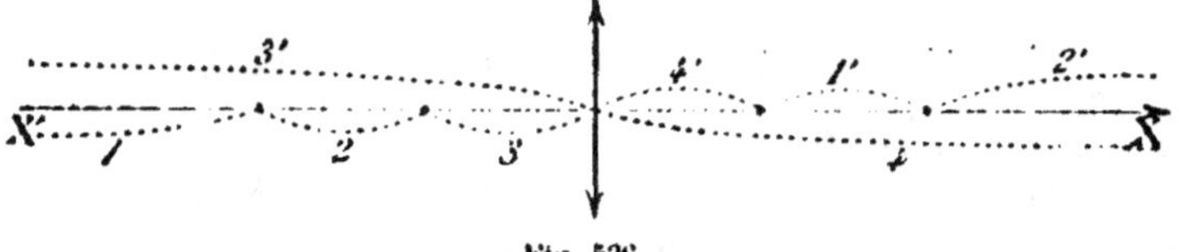

Fig. 536.

519. Lentille divergente $(f < 0)$.

La formule générale (γ) donne encore :

$$p' = \frac{pf}{p+f}.$$

La discussion se fait exactement comme la précédente ; il importe seulement de ne pas perdre de vue que, dans le cas actuel, la distance focale f est négative.

D'ailleurs, pour n'être pas exposé à oublier le signe de f, il suffit de le mettre en évidence. On pose : $f = -\varphi$,

φ désignant la valeur absolue des distances focales.

La fonction p' devient :

$$p' = \frac{-p\varphi}{p-\varphi} = \frac{-\varphi}{1-\dfrac{\varphi}{p}}.$$

Cette fonction s'annule pour $p = 0$, devient infinie pour $p = \varphi$, tend vers $-\varphi$ pour $p = \infty$. Enfin, pour $p = 2\varphi$, elle prend la valeur $p' = -2\varphi$.

Les valeurs remarquables de p sont donc, par ordre de grandeur croissante :

$$-\infty \qquad 0 \qquad \varphi \qquad 2\varphi \qquad +\infty$$

1° Pour $p = -\infty$, on a $p' = -\varphi$.
Les rayons incidents parallèles à l'axe donnent une image virtuelle située au foyer principal d'émergence (en avant de la lentille).

2° p croissant de $-\infty$ à 0, $\dfrac{\varphi}{p}$ décroît de 0 à $-\infty$; $\left(1-\dfrac{\varphi}{p}\right)$ croît de 1 à $+\infty$; donc p' croît de $-\varphi$ à 0.

3° Pour $p = 0$, on a $p' = 0$.

4° p croissant de 0 à φ, $\dfrac{\varphi}{p}$ décroît de $+\infty$ à 1 ; $\left(1-\dfrac{\varphi}{p}\right)$ croît de $-\infty$ à 0 ; donc p' croît de 0 à $+\infty$.

5° Pour $p = \varphi$, on a $p' = +\infty$.
Un point lumineux virtuel situé au foyer d'incidence (en arrière de la lentille) donne des rayons émergents parallèles à l'axe.

6° p croissant de φ à 2φ, $\dfrac{\varphi}{p}$ décroît de 1 à $\dfrac{1}{2}$; $\left(1-\dfrac{\varphi}{p}\right)$ croît de 0 à $\dfrac{1}{2}$; donc p' croît de $-\infty$ à -2φ.

7° Pour $p = 2\varphi$, on a $p' = -2\varphi$.

8° p croissant de 2φ à $+\infty$, $\dfrac{\varphi}{p}$ décroît de $\dfrac{1}{2}$ à 0 ; $\left(1-\dfrac{\varphi}{p}\right)$ croît de $\dfrac{1}{2}$ à 1 ; donc p' croît de -2φ à $-\varphi$.

En résumé : *Le point lumineux* P *et son image* P' *marchent toujours dans le même sens.*

Représentons les points remarquables de l'axe principal X'X par les mêmes notations que dans le cas des lentilles convergentes. Ils sont disposés actuellement comme l'indique la figure 537, en supposant que les deux faces de la lentille coupent l'axe optique en un même point A.

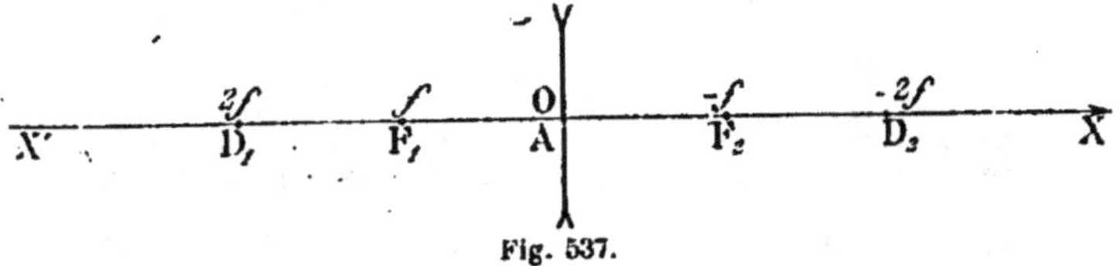

Fig. 537.

1° P (réel) décrivant X'A, P' (virtuel) décrit F_1A ;
2° P (virtuel) décrivant AF_2, P' (réel) décrit AX ;
3° P (virtuel) décrivant F_2D_2, P' (virtuel) décrit $X'D_1$;
4° P (virtuel) décrivant D_2X, P' (virtuel) décrit D_1F_1.

Les intervalles 1, 2, 3, 4 des valeurs de p et les intervalles 1', 2', 3', 4 des valeurs de p' se correspondent donc comme l'indique la figure suivante (fig. 538).

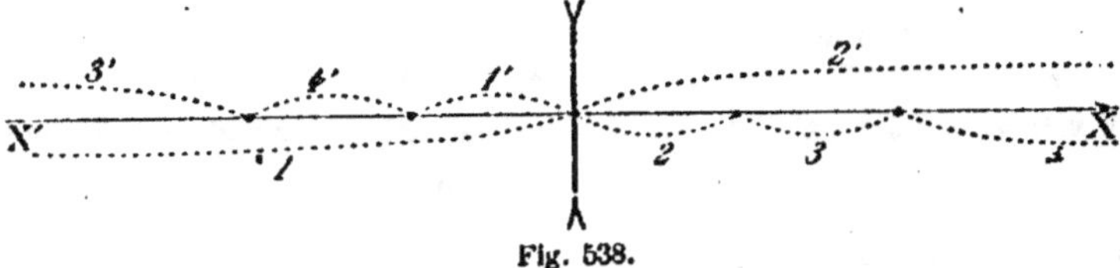

Fig. 538.

520. Centre optique. — On appelle *centre optique* d'une lentille le point de l'axe principal où passent tous les rayons qui traversent la lentille sans éprouver de déviation.

Soit une lentille AA' (fig. 539) ; menons deux rayons parallèles OI, O'I', et joignons II' ; cette droite peut être considérée comme un rayon qui traverse une lame à faces parallèles représentées par les plans tangents à la lentille aux points I et I'. De sorte que le rayon incident SI, qui prend dans la lentille la direction II', sortira suivant I'R parallèle à SI.

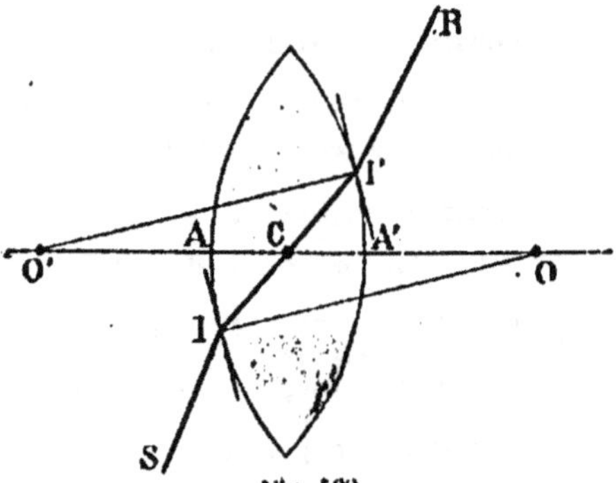

Fig. 539.

Les rayons tels que SI n'éprouvent donc aucune *déviation* après avoir traversé la lentille ; ils ne subissent qu'un *déplacement de translation*. Ce déplacement parallèle est d'autant plus faible que la lentille est plus mince, et il devient négligeable quand l'épaisseur de la lentille est elle-même négligeable. Alors le rayon SII'R peut être considéré comme une simple ligne droite.

Pour établir l'existence du centre optique, il faut prouver que tous les rayons non déviés coupent l'axe principal au même point; c'est-à-dire que le point C, intersection de II' avec OO', est indépendant de la direction de II'.

Or les triangles homothétiques COI', CO'I donnent la proportion :

$$\frac{CO}{O'C} = \frac{OI}{O'I'} = \frac{R}{R'}.$$

Donc le point C est fixe, puisqu'il divise la droite OO' qui joint les centres de courbure, dans un rapport constant, égal au rapport des rayons.

Ainsi, tous les rayons non déviés par la lentille rencontrent l'axe optique en un même point, qui est, par définition, le *centre optique* de la *lentille*.

Ce point remarquable n'est autre que le *centre d'homothétie inverse* des sphères auxquelles appartiennent les faces de la lentille. (*Géom.*, 886.)

521. Position du centre optique dans les lentilles épaisses. — Prenons pour origine le sommet A, et pour sens positif AA'. Soit C le centre optique cherché; posons, en grandeur et signe :

$$AC = x, \quad AA' = e, \quad AO = R. \quad A'O' = R'.$$

On a, en grandeur et signe :

$$\frac{CO}{CO'} = \frac{R}{R'},$$

ou

$$\frac{R - x}{-x + e + R'} = \frac{R}{R'},$$

d'où

$$x = \frac{Re}{R - R'} = \frac{e}{1 - \frac{R'}{R}}$$

1° *Dans une lentille biconvexe ou biconcave*, les rayons R, R' sont de signes contraires, leur rapport est négatif; donc le dénominateur de x est supérieur à 1, et l'on a : $x < e$.

Le centre optique C est *intérieur à la lentille* (fig. 510).

Fig. 510.

Dans une lentille *symétrique*, on a :   R' = — R;   d'où $x = \dfrac{Re}{2R} = \dfrac{e}{2}$.

Le centre optique est au *milieu de l'épaisseur*.

2° *Dans une lentille plan concave ou plan convexe*, on a $R = \infty$ (en supposant la face courbe à droite de la face plane). Donc :

$$x = \lim. \frac{e}{1 - \frac{R'}{R}} = e.$$

Le centre optique C est *au sommet de la face courbe* (fig. 541).

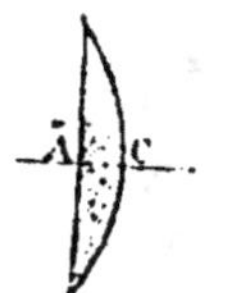

Fig. 541.

3° *Dans un ménisque* (en appelant A le sommet de la face convexe, située dès lors à gauche de la face concave). Les rayons R, R' étant de même signe, leur rapport est positif.

Si le ménisque est *convergent*, on a :

$$R' > R, \quad \text{d'où} \quad x < 0;$$

alors le centre optique est en avant de la lentille, du côté de la face convexe (fig. 542).

Si le ménisque est *divergent*, on a :

$$R' < R,$$

le dénominateur de x est inférieur à 1. On a donc :

$$x > e.$$

Le centre optique est *sur le prolongement de l'épaisseur AA', du côté de la face concave* (fig. 543).

Dans une lentille infiniment mince (c'est-à-dire d'épaisseur négligeable), on a : $x = 0$.

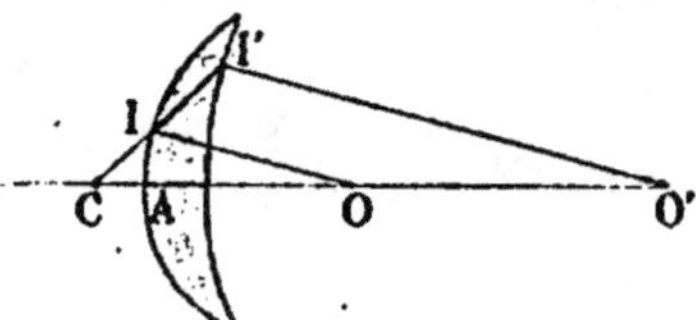

Fig. 542.

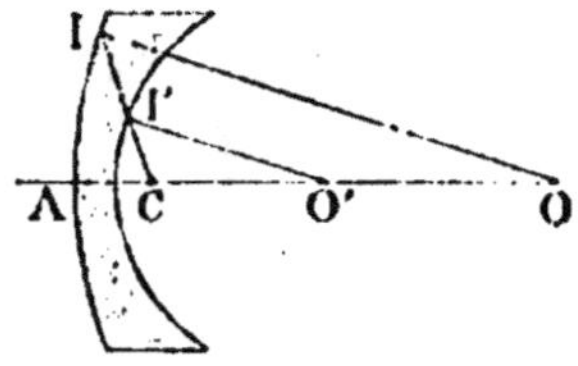

Fig. 543.

Le centre optique est sensé confondu avec les sommets A et A'.

522. Représentation d'une lentille infiniment mince. — Dans une lentille d'épaisseur négligeable, les deux faces de la lentille se confondent sensiblement avec leurs plans tangents perpendiculaires à l'axe principal. Nous admettrons que ces plans parallèles se confondent en un plan unique qui sera dit le plan de la lentille.

Les deux déviations successives qu'un rayon lumineux éprouve l'une à l'entrée, l'autre à la sortie de la lentille, seront remplacées par une déviation unique, se produisant au point où le rayon lumineux traverse le plan de la lentille.

Sur le plan de la figure, la lentille sera représentée par la trace de son plan, c'est-à-dire par la perpendiculaire menée à l'axe principal au centre optique[1].

---

[1] On représente parfois une lentille par deux arcs de cercle dont l'axe radical coïncide avec la trace du plan de la lentille. Ce n'est qu'une manière d'indiquer si la lentille est convergente ou divergente. Il est préférable de supprimer ces arcs, et de terminer la droite qui représente la lentille par des pointes de flèches, dirigées *en dehors* si la lentille est à bord mince, et *en dedans* si la lentille est à bord épais.

523. Axes secondaires. — On appelle *axe secondaire* toute droite QQ' qui passe par le centre optique C d'une lentille M (fig. 544), sans passer par les centres de courbure.

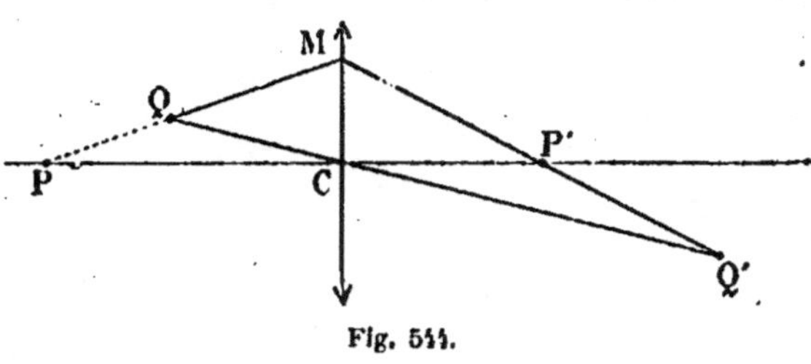

Fig. 544.

Tout axe secondaire peut être considéré comme un rayon lumineux qui traverse la lentille en ligne droite, sans déviation ni déplacement parallèle.

On démontre que les rayons émis par un point lumineux Q vont converger en un même point Q', situé sur l'axe secondaire du point Q.

Tout point lumineux admet un foyer conjugué situé sur le même axe secondaire. Les distances du centre optique à deux foyers conjugués quelconques satisfont à l'équation générale des lentilles.

Soient un point lumineux Q, un rayon incident QM, son réfracté MQ' et leurs intersections P, P' avec l'axe principal.

Un point lumineux P aurait son image en P'.

En posant $CP = p$, $CP' = p'$, on a :

$$\frac{1}{p'} - \frac{1}{p} = \frac{1}{f}. \tag{γ}$$

Dans le triangle PMP', la transversale QCQ' détermine la relation de Ménélaüs.

(*Géom.*, 360.)
$$\frac{CP}{CP'} \cdot \frac{Q'P'}{Q'M} \cdot \frac{QM}{QP} = 1.$$

Posons :
$$CQ = q, \quad CQ' = q'.$$

On a approximativement :
$$QM = QC = -q,$$
$$Q'M = Q'C = -q',$$
$$QP = QC + CP = -q + p,$$
$$Q'P' = Q'C + CP' = -q' + p'.$$

La relation précédente devient :
$$\frac{pq(p' - q')}{p'q'(p - q)} = 1.$$

Chassant le dénominateur et divisant tout par $pqp'q'$,
$$\frac{1}{q'} - \frac{1}{p'} = \frac{1}{q} - \frac{1}{p},$$

d'où
$$\frac{1}{q'} - \frac{1}{q} = \frac{1}{p'} - \frac{1}{p}.$$

Et enfin, en tenant compte de la formule (γ) :
$$\frac{1}{q'} - \frac{1}{q} = \frac{1}{f}.$$

Donc tout rayon issu du point Q donne un réfracté passant par Q'. Les points Q, Q' sont conjugués, et ils satisfont à la même formule que s'ils appartenaient à l'axe principal.

La figure 545 représente un faisceau de rayons issus d'un point quelconque P.
et dont les réfractés convergent au point conjugué P'.

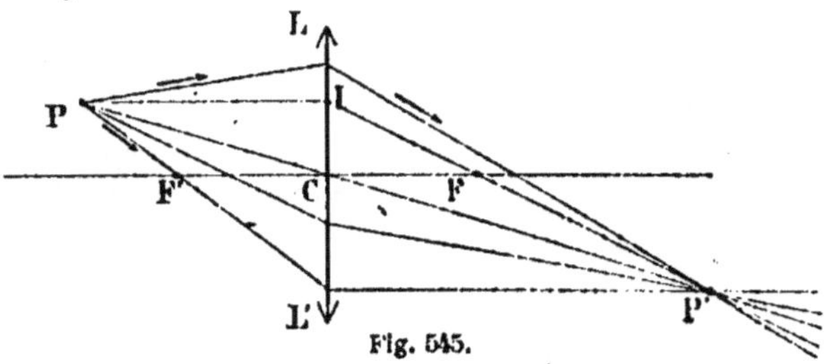

Fig. 545.

524. Foyers secondaires. — Plans focaux. — 1° Sur chaque
axe secondaire, il existe deux **foyers secondaires**, c'est-à-dire deux
points dont les conjugués sont à
l'infini.

Ces foyers secondaires jouent le
même rôle que les foyers principaux. Tous les rayons incidents
parallèles à un axe secondaire CF_1
donnent des réfractés qui passent
par le foyer d'émergence F_1 de cet
axe secondaire (fig. 546 et 547).

Inversement, tous les rayons
incidents issus d'un foyer secondaire donnent des réfractés parallèles à l'axe secondaire
correspondant.

Sur chaque axe secon-
daire, on distingue donc
un foyer secondaire
d'*émergence* et un foyer
secondaire d'*incidence*.

2° Si l'on convient de
considérer seulement des
axes secondaires peu in-
clinés sur l'axe principal,
on est conduit à admettre,
dans les lentilles comme

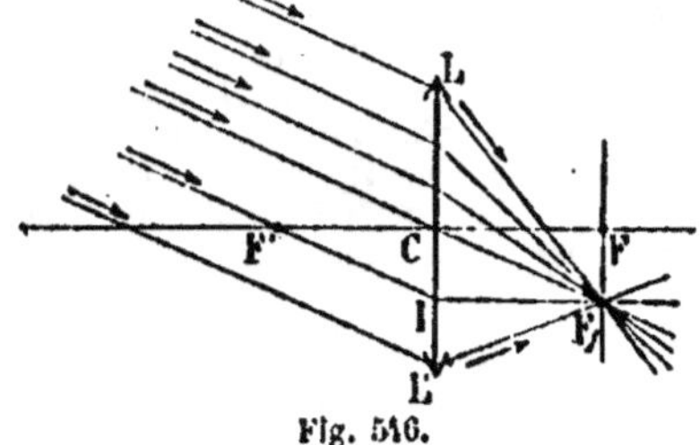

Fig. 546.

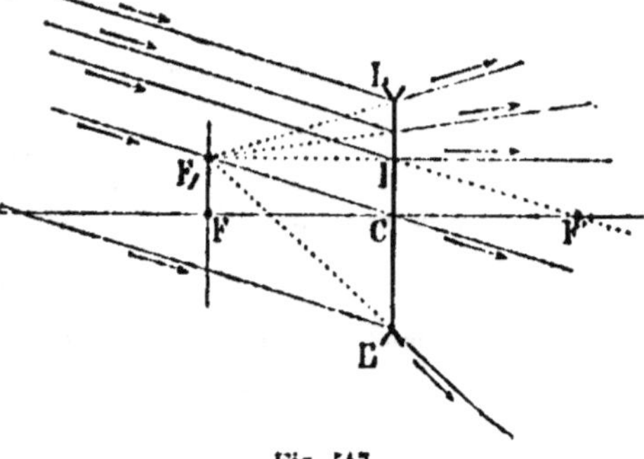

Fig. 547.

dans les miroirs sphériques (455), que tous les foyers de même nom
sont situés dans un même plan perpendiculaire à l'axe principal, et
qui prend le nom de **plan focal**.

Une lentille a deux plans focaux, qui sont respectivement perpendiculaires à l'axe principal aux deux foyers principaux.

Les foyers d'un axe secondaire quelconque sont les traces de cet axe sur les deux plans focaux.

Par rapport à la direction suivie par la lumière, le plan focal d'émergence est *en arrière* d'une lentille convergente (fig. 546), et *en avant* d'une lentille divergente (fig. 547).

525. Construction du rayon réfracté issu d'un rayon incident donné (fig. 548 et 549). — Soient PI le rayon incident donné, I sa trace sur le plan de la lentille. Le rayon réfracté passant par le point I, il suffit de trouver un second point de ce réfracté. Or tout rayon incident parallèle à un axe secondaire

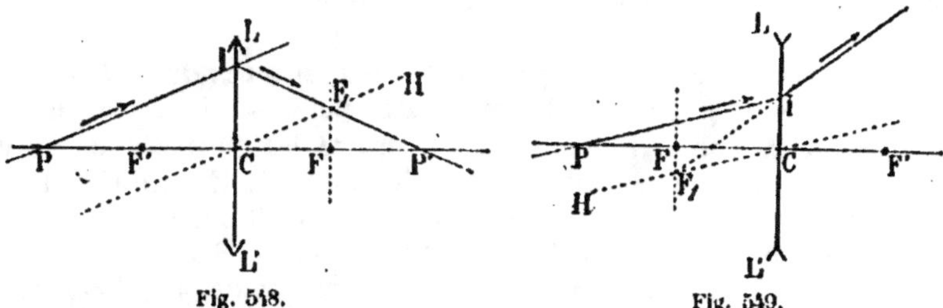

Fig. 548.   Fig. 549.

donne un réfracté passant par le foyer secondaire correspondant. Donc, par le centre optique C, menons l'axe secondaire CF_1 parallèle à PI, jusqu'à sa trace F_1 sur le plan focal d'émergence. Ce foyer F_1 est le second point cherché. On joint IF_1 qui répond à la question.

526. Construction du foyer conjugué d'un point donné quelconque.

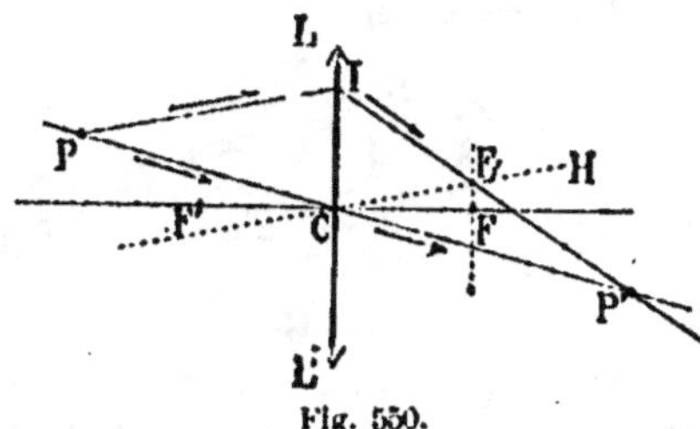

Fig. 550.

— Soit P le point donné (fig. 550). Tous les rayons issus de ce point viennent, après réfraction, passer par le foyer conjugué P'. Il suffit donc de construire deux quelconques de ces rayons. On choisit l'axe secondaire PC, qui représente un rayon traversant la lentille en ligne droite, et un rayon incident quelconque PI, dont le réfracté IF_1 coupera cet axe au point cherché P' [1].

527. Plans conjugués. — Considérons deux points conjugués P, P', et supposons que leur axe secondaire PCP' pivote autour du centre optique C. Ces points se déplaceront sur deux sphères de centre C, telles que chaque point de l'une est conjugué à un point de l'autre.

---

[1] Cette construction repose uniquement sur la propriété du premier plan focal. On peut en déduire d'une manière très simple l'équation aux foyers conjugués.

Conservons les notations et les conventions de signe déjà adoptées.

Les triangles semblables PIP', CF_1P' donnent :

$$\frac{PI}{CF_1} = \frac{PP'}{CP'} \cdot$$

On a sensiblement : $PI = PC = -p,$ et $CF_1 = CF = f.$

La proportion devient : $\dfrac{-p}{f} = \dfrac{-p + p'}{p'},$

ou, en divisant tout par $-p$: $\dfrac{1}{f} = \dfrac{1}{p'} - \dfrac{1}{p}.$

Mais, si l'angle formé par l'axe secondaire PCP' avec l'axe principal reste suffisamment petit, les deux surfaces sphériques correspondantes se réduiront à deux calottes sphériques de faible ouverture, qui se confondront sensiblement avec leurs plans tangents perpendiculaires à l'axe principal.

En conservant les mêmes hypothèses restrictives, on peut dire que le lieu des conjugués des points d'un plan perpendiculaire à l'axe principal est un autre plan perpendiculaire au même axe.

Ces plans prennent le nom de **plans conjugués**; ils sont perpendiculaires à l'axe principal en des points conjugués.

528. Construction géométrique des images dans les lentilles convergentes. — I. Image d'un point. — Pour construire l'image d'un point, il suffit de construire les réfractés de deux rayons incidents quelconques issus de ce point. En utilisant l'axe secondaire et un autre rayon quelconque, on peut obtenir l'image de tout point situé ou non situé sur l'axe principal (526).

Quand le point donné est extérieur à l'axe principal, il convient d'utiliser l'un des rayons qui passent par les foyers principaux : le rayon incident parallèle à l'axe principal donne un réfracté passant au foyer principal d'émergence; le rayon incident passant par le foyer principal d'incidence donne un réfracté parallèle à l'axe principal.

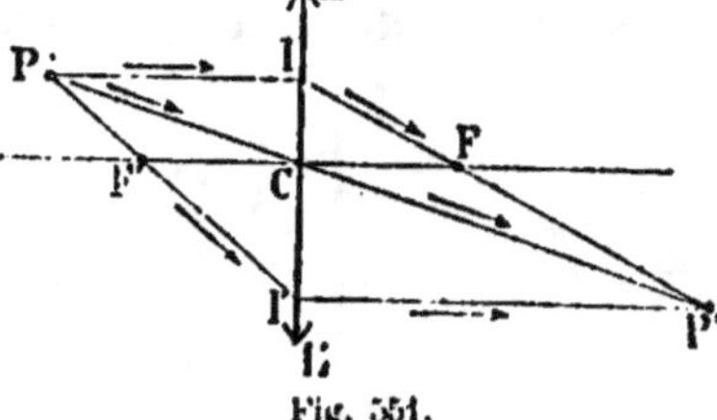

Soit un point lumineux P situé en dehors de l'axe princi-pal (fig. 551).

Menons l'axe secondaire PC; le foyer conjugué doit se trouver sur cet axe.

Considérons le rayon incident

Fig. 551.

PI parallèle à l'axe principal; ce rayon passera par le foyer principal d'émergence F; joignons IF; cette droite prolongée rencontre PC au point P', qui est l'image du point P.

On peut considérer le rayon incident PF'. Ce rayon, passant par le foyer principal d'incidence, émerge parallèlement à l'axe principal et rencontre l'axe secondaire PC au point P', image du point P.

II. Image d'un objet. — L'image d'un objet est l'ensemble des images réelles ou virtuelles de tous les points de cet objet.

De la définition des plans conjugués, il résulte que l'image d'un plan perpendiculaire à l'axe principal est un autre plan perpendiculaire au même axe. Comme tout objet situé dans un plan passant par l'axe principal a son image dans ce même plan, il s'ensuit

24·

qu'une petite droite perpendiculaire à l'axe principal a pour image une autre droite perpendiculaire à l'axe principal.

Cette remarque apporte une grande simplification dans la construction des images.

Premier cas. — *Image réelle.* — Supposons une droite AB perpendiculaire à l'axe principal et à une distance de la lentille plus grande que la distance focale (fig. 552). Le point A donne une image A',

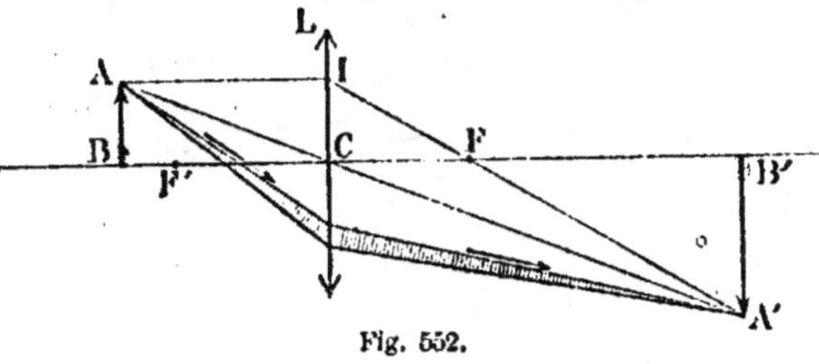

Fig. 552.

que l'on détermine comme nous venons de l'indiquer. La droite AB étant perpendiculaire à l'axe principal, son image sera la droite A'B' perpendiculaire à ce même axe.

Cette image est *réelle* et *renversée.*

Deuxième cas. — *Image virtuelle.* — Soit à construire l'image de la droite AB, située entre le foyer et la lentille, et perpendiculaire à l'axe principal (fig. 553).

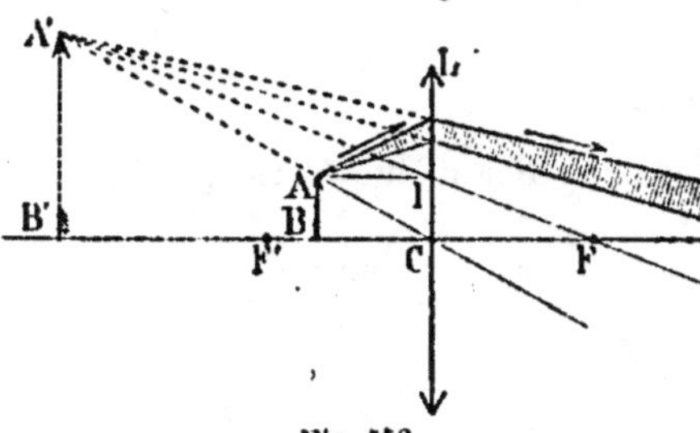

Fig. 553.

Pour déterminer l'image du point A, on mène l'axe secondaire AC et un rayon AI parallèle à l'axe principal; ce rayon, après s'être réfracté, passe au foyer principal d'émergence F'; le rayon réfracté et l'axe secondaire prolongés se rencontrent en un point A', qui est l'image du point A. Puisque la droite AB est perpendiculaire sur l'axe principal, son image sera la droite A'B' perpendiculaire sur cet axe.

Cette image est *droite* et *virtuelle.*

Troisième cas. — *Image produite par un objet virtuel AB.* — La figure 554 indique la construction.

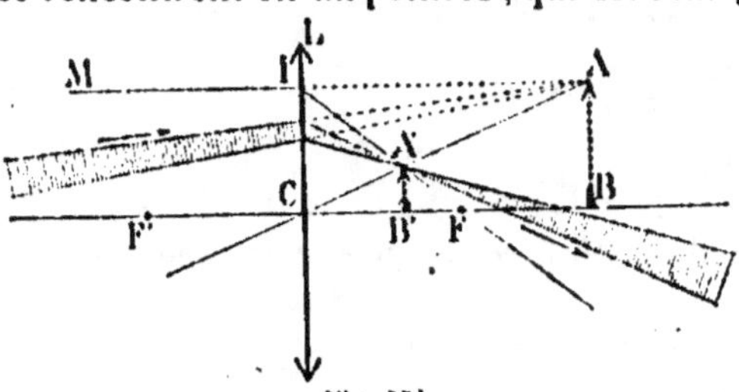

Fig. 554.

L'image A'B' est *réelle* et *droite.*

529. Grandeur des images. — Convenons de regarder la longueur de l'image comme positive ou négative suivant qu'elle est de même sens que l'objet, ou de sens contraire. Soient, en grandeur et signe :

$$AB = h > 0, \quad A'B' = h', \quad OB = p, \quad OB' = p'.$$

Connaissant p et h, proposons-nous de calculer p' et h' qui déterminent complètement la nature, la position et la grandeur de l'image :

L'image $A'B'$ est réelle ou virtuelle, suivant que p' est positif ou

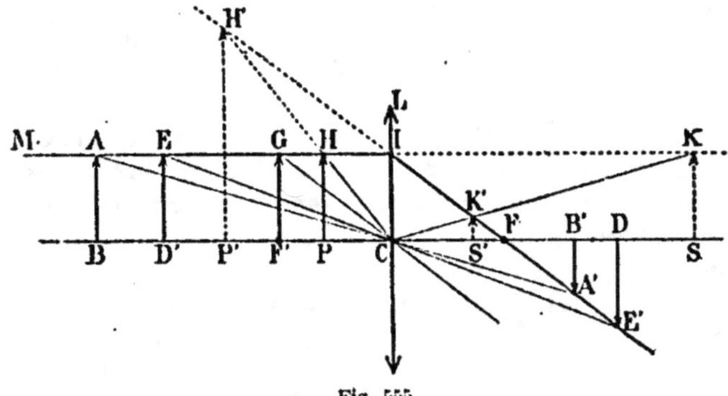

Fig. 555.

négatif; elle est droite ou renversée, suivant que h' est positif ou négatif.

Les inconnues p', h' sont déterminées par les deux équations :

$$\frac{1}{p'} - \frac{1}{p} = \frac{1}{f}, \qquad (1)$$

$$\frac{h'}{h} = \frac{p'}{p}. \qquad (2)$$

Cette dernière est donnée par les triangles semblables CAB, CA'B'. En résolvant le système $(1, 2)$, on obtient :

$$p' = \frac{f}{p + f} \cdot p,$$

$$h' = \frac{f}{p + f} \cdot h.$$

La première formule a été discutée précédemment; la seconde se discute de la même manière.

On parvient aux résultats suivants :

1° p croissant de $-\infty$ à $-2f$,

p' croît de f à $2f$;

L'image est *réelle, renversée, inférieure à l'objet.*

2° p croissant de $-2f$ à $-f$,

p' croît de $2f$ à $+\infty$;

L'image est *réelle, renversée, supérieure à l'objet.*

3° p croissant de $-f$ à 0,

p' croît de $-\infty$ à 0;

L'image est *virtuelle, droite, supérieure à l'objet.*

4° p croissant de 0 à $+\infty$,

p' croît de 0 à f;

L'image est *réelle, droite, inférieure à l'objet.*

Cette discussion est analogue à celle qui concerne les miroirs concaves; seulement, le rôle que joue le centre de courbure du miroir est remplacé par celui de deux points symétriques par rapport au plan de la lentille, et situés à une distance $2f$ de ce plan.

Vérifications expérimentales. — Il est aisé de vérifier par

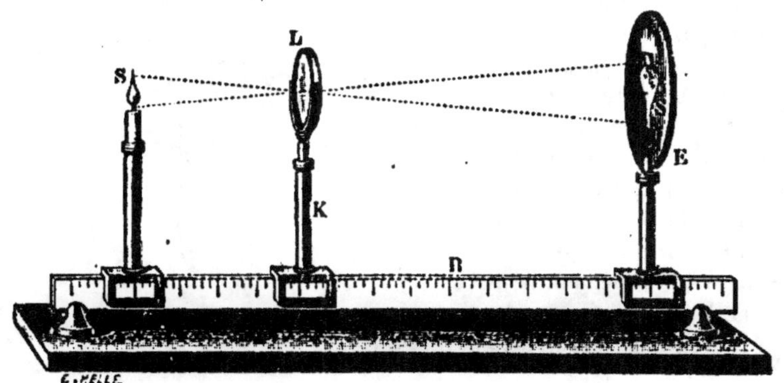

Fig. 556.

l'expérience tous les résultats concernant les images réelles (fig. 556).

On prend pour objet lumineux la flamme d'une bougie **S**, et l'on reçoit l'image sur un écran **E**.

530. Construction géométrique des images dans les lentilles divergentes. — **I. Image d'un point.** — Pour trouver l'image d'un point dans les lentilles divergentes, on opère de la même manière que dans les lentilles convergentes; il est seulement à remarquer que dans les lentilles divergentes le foyer principal d'émergence est en arrière de la lentille, tandis que le foyer d'inci-dence est en avant, du côté d'où vient la lumière incidente.

Soit un point lumineux P (fig. 557). On mène l'axe secondaire PC,
un rayon PI parallèle à l'axe
principal, et on joint IF; la rencontre P' de PC avec IF est l'image
virtuelle du point P.

On peut considérer le rayon
incident PF'. Ce rayon, passant
par le foyer principal d'incidence,
émerge parallèlement à l'axe principal et rencontre l'axe secondaire
PC au point conjugué P'.

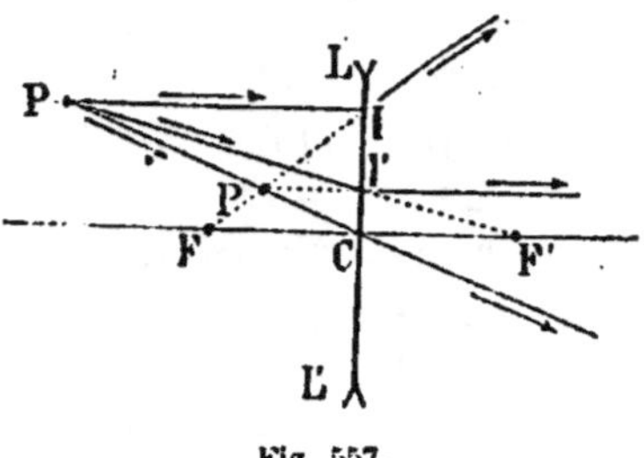

Fig. 557.

II. **Image d'un objet.** — L'image d'un objet est l'ensemble des
images réelles ou virtuelles de tous les points de cet objet.

Premier cas. — *Image d'un objet réel.* — Soit à construire
l'image d'une droite AB
perpendiculaire à l'axe
principal (fig. 558). Le
point A donne une
image A', que l'on dé-
termine comme nous
venons de l'indiquer.
La droite AB étant per-
pendiculaire à l'axe principal, son image sera
la droite A'B' perpendiculaire à ce même axe.

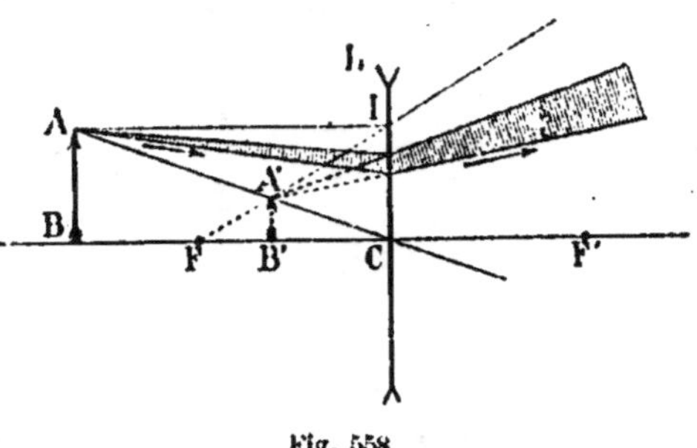

Fig. 558.

Cette image est *droite* et *virtuelle*.

Deuxième cas. — *Image d'un objet virtuel compris entre le foyer
et la lentille.* — Soit à cons-
truire l'image de la droite
virtuelle AB, perpendi-
culaire à l'axe principal
entre le foyer et la lentille
(fig. 559).

La droite AB est formée
par les prolongements des
rayons lumineux qui tom-
bent sur la lentille en convergeant. L'image du point

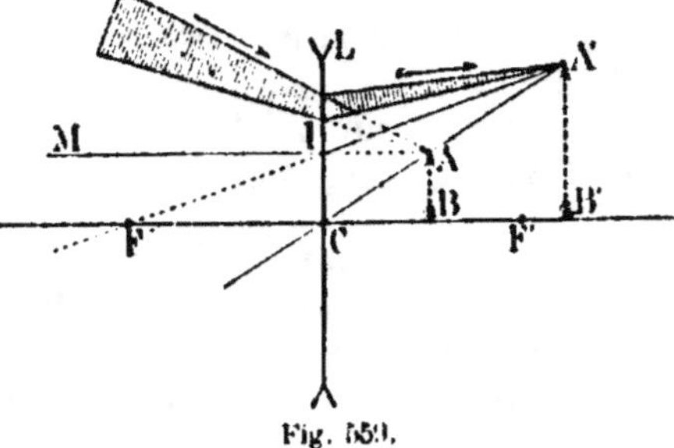

Fig. 559.

A se trouve sur l'axe secondaire AC. Supposons un rayon lumineux

AMI parallèle à l'axe principal; le rayon MI se réfracte en I dans la direction FI.

La rencontre A' de AC avec FI est l'image du point A. Puisque AB est perpendiculaire sur l'axe principal, A'B' perpendiculaire à FF' sera l'image de AB.

Cette image est *droite* et *réelle*.

Troisième cas. — *Image d'un objet virtuel situé au delà du foyer principal.* — Soit à construire l'image de la droite virtuelle AB

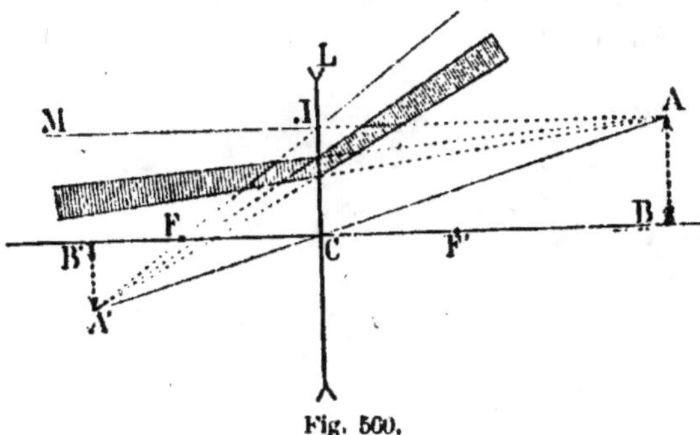

perpendiculaire à l'axe principal, et située au delà du foyer F' (fig. 560). Comme dans le cas précédent, la droite AB est formée par les prolongements des rayons lumineux qui tombent sur la lentille en convergeant.

Fig. 560.

L'image du point A se trouve sur l'axe secondaire AC. Supposons un rayon lumineux AMI parallèle à l'axe principal; le rayon MI se réfracte en I, dans la direction FI; le prolongement de ce rayon rencontre AC en A', qui est l'image du point A, et A'B' perpendiculaire à FF' est l'image de AB.

Cette image est *virtuelle* et *renversée*.

C'est le cas réalisé par l'oculaire de la lunette de Galilée.

531. Grandeur des images. — La *nature* de l'image donnée

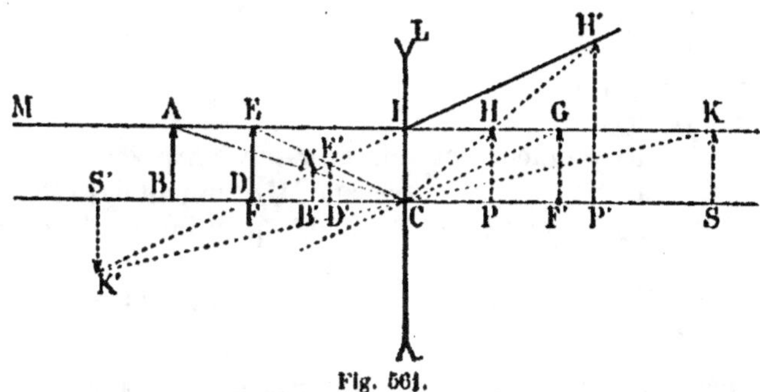

Fig. 561.

par une lentille divergente, sa *position* et sa *grandeur*, peuvent être étudiées soit géométriquement (fig. 561), soit par le calcul, exactement de la même manière que pour les lentilles convergentes, et à l'aide des mêmes formules.

Il importe seulement de ne pas perdre de vue que le nombre f, qui est positif dans les lentilles convergentes, est négatif dans les lentilles divergentes.

Un objet réel donne toujours une image virtuelle, droite et réduite; on observe cette image en plaçant l'œil de l'autre côté de la lentille.

Vérifications expérimentales. — Soit une lentille divergente K (fig. 562). Pour observer l'image virtuelle $a'b'$ d'un objet réel ab,

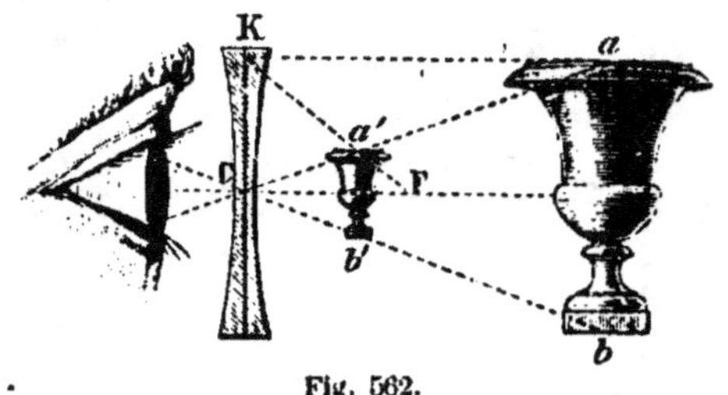

Fig. 562.

il suffit de placer l'œil de l'autre côté de la lentille par rapport à l'objet.

532. Aberration de sphéricité par réfraction. — Les lentilles dont l'ouverture dépasse 10 ou 12 degrés produisent un phénomène d'aberration analogue à celui que présentent les miroirs sphériques.

Soit une lentille de grande ouverture LL' (fig. 563), sur laquelle tombe un faisceau de rayons lumineux parallèles à l'axe principal.

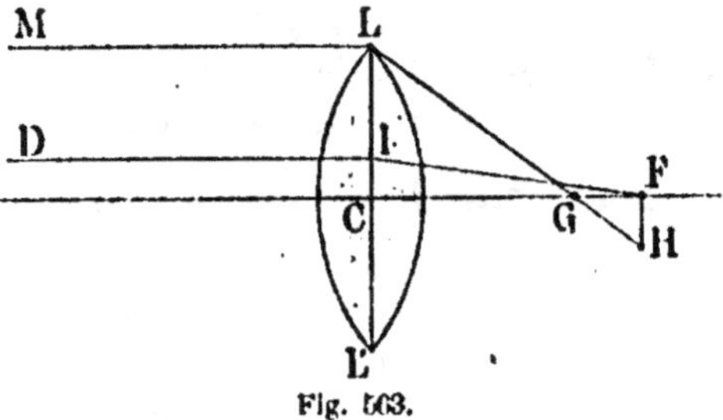

Fig. 563.

Les rayons centraux donnent des réfractés qui convergent au foyer principal F. Les rayons marginaux tels que ML donnent des réfractés formant un cône de sommet G, qui coupe le plan focal suivant une circonférence de centre F et de rayon FH.

La distance FG se nomme **l'aberration longitudinale.** FH est **l'aberration latérale.**

Les rayons incidents intermédiaires, groupés en cylindres autour de l'axe principal, donnent des foyers partiels distribués inégalement sur le segment GF, dont l'éclairement croît de G en F. Tous les rayons émergents coupent le plan focal

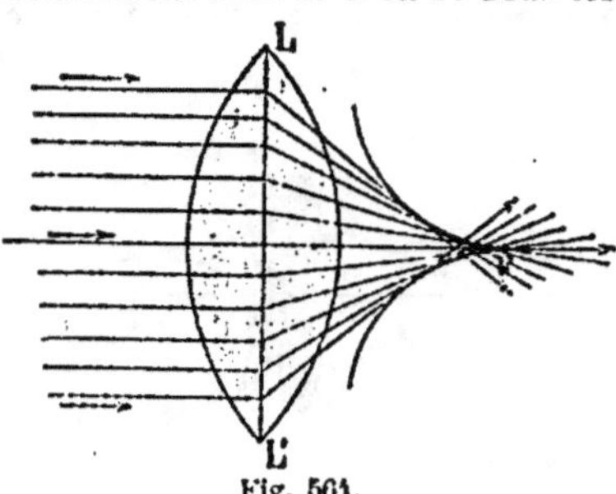

Fig. 561.

à l'intérieur du cercle de centre F et de rayon ·FH. L'éclairement de ce cercle décroît·rapidement depuis le centre jusqu'à la circonférence.

Dans l'espace, tous les rayons émergents sont tangents à une surface qui peut être considérée comme le lieu des points où ils se coupent deux à deux. Cette surface, dite **caustique par réfraction**, est de révolution autour de l'axe principal; elle a pour sommet le foyer principal. L'éclairement de la caustique diminue à mesure que l'on s'éloigne du sommet.

De même, les rayons émis par un point lumineux P dessinent une caustique ayant son sommet au point conjugué P'.

PUISSANCE DES LENTILLES

533. Puissance. — *On appelle* **puissance** (ou *convergence*) *d'une lentille, l'inverse de sa distance focale, évaluée en mètres.* Une lentille aura une puissance 1, si sa distance focale est de 1 mètre; une puissance 2, si cette distance focale est $\frac{1}{2}$ mètre, etc.

L'unité de puissance est la **dioptrie.** C'est la puissance d'une lentille de 1 mètre de foyer. Une lentille de 4 mètres de foyer a une puissance de $\frac{1}{4}$ de dioptrie. Une lentille de 20 cm. de foyer a une puissance de $\frac{1}{0,20} = 5$ dioptries.

Dans les lentilles divergentes, le terme $\frac{1}{f}$ est négatif : on convient de dire que la puissance est négative, et mesurée par un nombre de dioptries égal à la valeur absolue de $\frac{1}{f}$. Ainsi une lentille de —2 dioptries est une lentille divergente dont la distance focale égale en valeur absolue $\frac{1}{2}$ mètre.

534. Système de lentilles juxtaposées. — *Si deux lentilles minces sont disposées au contact l'une de l'autre, de façon que leurs axes principaux coïncident, le système de ces lentilles se comporte comme une lentille unique dont la puissance serait égale à la somme algébrique des puissances individuelles des lentilles considérées.*

Les centres optiques se confondent sensiblement en un point O, que nous prendrons pour origine de toutes les abscisses. Le sens positif sera marqué par le sens de propagation de la lumière.

Soit P_1 un point lumineux situé sur l'axe principal. La première lentille en donnera une image P_2. Celle-ci jouera le rôle d'objet par rapport à la seconde lentille qui en donnera une image P_3.

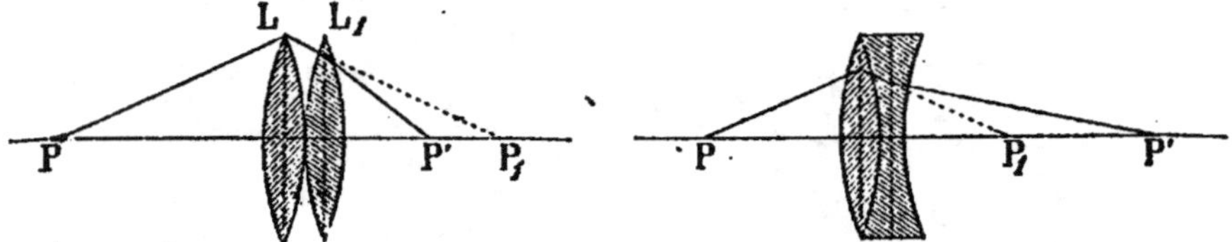

Fig. 565.

Les distances conjuguées sont : pour la première lentille, p_1, p_2; pour la seconde lentille p_2, p_3; pour le système, p_1, p_3.

La formule générale des lentilles donne :

$$\frac{1}{p_2} - \frac{1}{p_1} = \frac{1}{f},$$

et

$$\frac{1}{p_3} - \frac{1}{p_2} = \frac{1}{f'},$$

d'où, par addition :

$$\frac{1}{p_3} - \frac{1}{p_1} = \frac{1}{f} + \frac{1}{f'}.$$

Donc la puissance du système de lentilles est la somme algébrique des puissances individuelles de ces lentilles.

La même propriété s'étend immédiatement au système formé par un nombre quelconque de lentilles minces accolées les unes aux autres.

535. Mesure de la distance focale et de la puissance d'une lentille. — Pour déterminer approximativement la distance focale d'une lentille convergente, on opère comme pour un miroir concave, au moyen des rayons solaires; et pour une lentille divergente, on procède comme pour un miroir convexe.

La méthode suivante est plus exacte.

Focomètre de Silbermann. — 1° Pour les lentilles *convergentes*, on peut s'appuyer sur ce fait, qu'un objet placé à la distance $2f$ donne une image qui est *symétrique* de l'objet par rapport au centre optique; c'est-à-dire égale à l'objet et située à une distance $2f$. Deux petits écrans translucides D', D" sont placés de part et d'autre de la lentille L. On peut les faire mouvoir à l'aide d'un dispositif tel que leurs positions variables restent toujours symétriques l'une de l'autre par rapport à la lentille. Ces deux écrans portent des traits verticaux formant deux échelles identiques. On fait varier les distances jusqu'à ce que l'image de l'échelle D', éclairée par une lampe, vienne coïncider exactement avec l'échelle D". Alors la distance D'D" est exactement égale à $4f$.

2° Pour obtenir la distance focale f' d'une lentille *divergente*, on accole cette lentille à une lentille convergente de distance focale

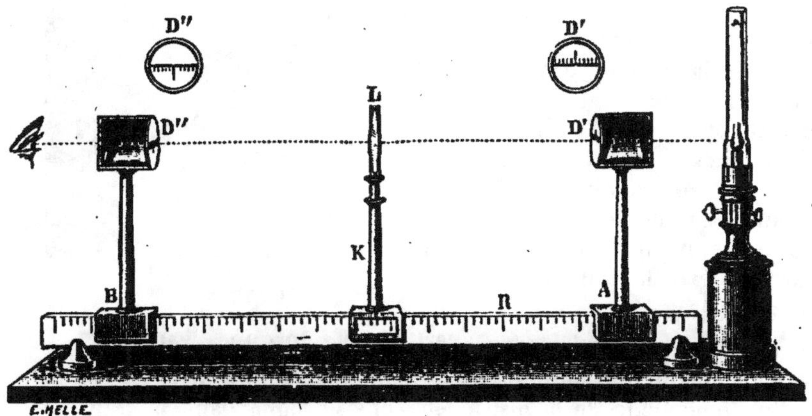

Fig. 566.

connue f, choisie de telle sorte que le système soit convergent. Soit φ la distance focale du système convergent formé par les deux lentilles. On sait que l'on a :

$$\frac{1}{\varphi} = \frac{1}{f} + \frac{1}{f'}, \quad \text{d'où} \quad \frac{1}{f'} = \frac{1}{\varphi} - \frac{1}{f}.$$

Tout revient donc à mesurer les distances focales f et φ d'une lentille convergente et d'un système convergent.

CHAPITRE IV

DISPERSION DE LA LUMIÈRE

536. Spectre solaire. — Lorsque la lumière blanche traverse un prisme, il se produit, outre le phénomène de la réfraction, un second phénomène qu'on appelle *dispersion*.

Pour observer ce phénomène, on fait pénétrer un faisceau de lumière solaire par une petite ouverture ronde pratiquée dans le volet d'une chambre obscure, et on reçoit sur un écran l'image blanche et ronde en O′ (fig. 567). Puis, sur le parcours du faisceau,

on place un prisme P, de manière que ses arêtes soient perpendiculaires aux rayons lumi-
neux. On constate alors
que l'image est déviée vers
la base du prisme dans le
plan de la section droite;
de plus, l'image est allongée et colorée d'une infinité
de nuances, formant sept
groupes principaux. Ces
nuances se succèdent dans
l'ordre suivant, en com-
mençant par la couleur la
plus déviée :

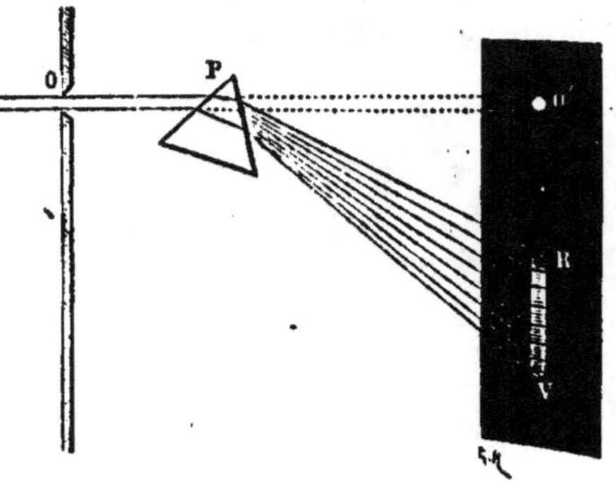

Fig. 567.

Violet, indigo, bleu, vert, jaune, orangé, rouge.

L'image ainsi produite prend le nom de *spectre solaire*.

Le phénomène de la **dispersion** consiste donc dans la transformation du faisceau de lumière parallèle blanche en un faisceau
de rayons non parallèles, diversement colorés.

537. Théorie de Newton. — Pour expliquer le phénomène de
la dispersion, Newton admet que la lumière blanche, telle qu'elle
nous vient du soleil, est une lumière composée. *Chaque rayon de
lumière blanche résulte de la superposition d'une infinité de
rayons simples, dont les couleurs et les indices de réfraction
varient d'une manière continue.*

En traversant un prisme, ces divers rayons simples *se dispersent*,
c'est-à-dire qu'ils se séparent les uns des autres, chacun se réfractant
d'après son indice de réfraction particulier.

Dans cette hypothèse, on se rend compte aisément de la formation
du spectre solaire tel qu'on l'a obtenu dans l'expérience précédente :

Au sortir du prisme, le pinceau cylindrique de lumière blanche
se trouve partagé en autant de pinceaux cylindriques de directions
différentes, qu'il y a d'indices particuliers. Le pinceau violet est
plus dévié que le pinceau bleu, celui-ci plus que le pinceau jaune,
celui-ci plus que le pinceau rouge.

Tous ces pinceaux donnent sur l'écran des images arrondies.
Ces images diversement colorées empiètent les unes sur les autres,
et leur ensemble constitue le spectre solaire.

538. Spectre pur. — Le spectre obtenu dans l'expérience qui précède, ne permet pas d'observer à l'état de pureté les couleurs
simples dont la lumière blanche est composée. Les taches diver-

sement colorées empiétant les unes sur les autres, chaque point du spectre reçoit des rayons d'un grand nombre de couleurs différentes.

Pour obtenir un *spectre pur*, c'est-à-dire où les diverses couleurs soient séparées le mieux possible, on emploie la méthode suivante, dite *méthode de Newton*.

On introduit la lumière solaire dans la chambre obscure par une fente rectangulaire étroite S (fig. 568). On reçoit le faisceau sur une

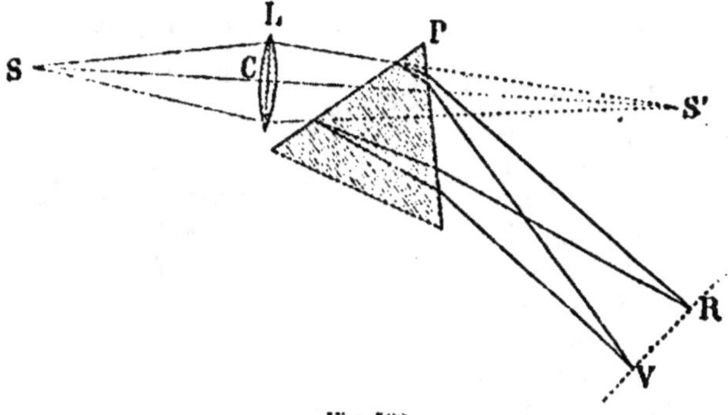

Fig. 568.

lentille convergente L placée à une distance $2f$ de l'ouverture. Cette lentille donne de la fente lumineuse une image S' réelle, brillante, située à la même distance $2f$, et dont les dimensions sont égales à celles de la fente.

On empêche cette image de se former en interposant, un peu au delà de la lentille, un prisme P disposé parallèlement à la fente lumineuse, et orienté dans la position du minimum de déviation par rapport à la direction moyenne des rayons (relativement aux rayons jaunes) (501).

Au delà du prisme, chacune des couleurs du spectre donne une image réelle de mêmes dimensions que la fente.

Ces images, R, V, reçues sur un écran blanc, placé dans le plan même où elles se forment, donnent un spectre étalé perpendiculairement à la fente et dans lequel les images diversement colorées empiètent d'autant moins les unes sur les autres, que la fente lumineuse est plus étroite.

Au lieu de recevoir sur un écran l'image réelle qui donne le spectre, on peut l'examiner à la loupe, en se plaçant au delà de l'image sur le prolongement des rayons lumineux.

Remarque. — La théorie de Newton, ou l'explication que nous avons donnée au numéro 537, repose sur les trois principes suivants, qu'il nous reste à vérifier par l'expérience :

1° *La lumière blanche résulte de la superposition des diverses couleurs du spectre;*

2° *Ces diverses couleurs sont inégalement réfrangibles;* c'est-à-dire qu'elles ont, pour une même substance transparente, des indices de réfraction différents;

3° *Les couleurs du spectre sont simples;* c'est-à-dire indécomposables en d'autres couleurs.

539. Les couleurs du spectre sont simples et inégalement réfrangibles. — I. Pour le prouver, on reçoit le spectre solaire sur un écran E percé d'une fente O, qui livre passage aux rayons lumineux que l'on veut isoler (fig. 569). Le pinceau OI', limité par cette fente, traverse un

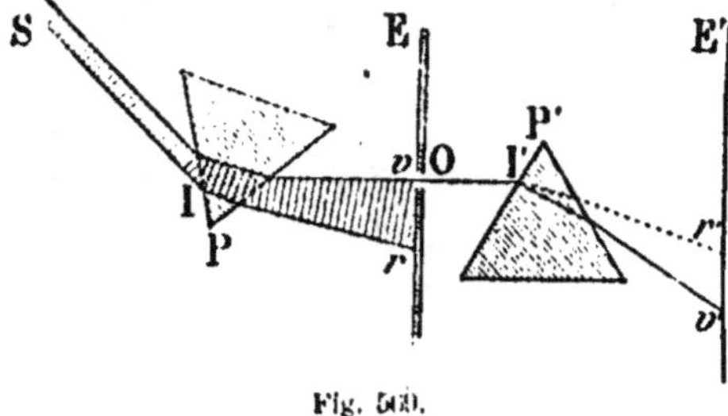

Fig. 569.

second prisme P' et vient marquer sa trace sur un écran E'.

1° Quelle que soit la couleur des rayons OI', on constate qu'elle n'est pas décomposée par le prisme P'. La trace marquée sur l'écran E' est toujours exactement de la même teinte que le pinceau incident OI'. Donc *chacune des couleurs est simple.*

2° Si l'on fait passer successivement par l'ouverture O, dans une direction constante, les diverses couleurs du spectre, depuis le rouge jusqu'au violet, on constate que la trace lumineuse marquée par le pinceau réfracté, sur l'écran E', s'éloigne continuellement de l'arête du prisme P'. Donc *chaque couleur possède une réfrangibilité propre,* et cette réfrangibilité va toujours en augmentant, depuis le rouge jusqu'au violet.

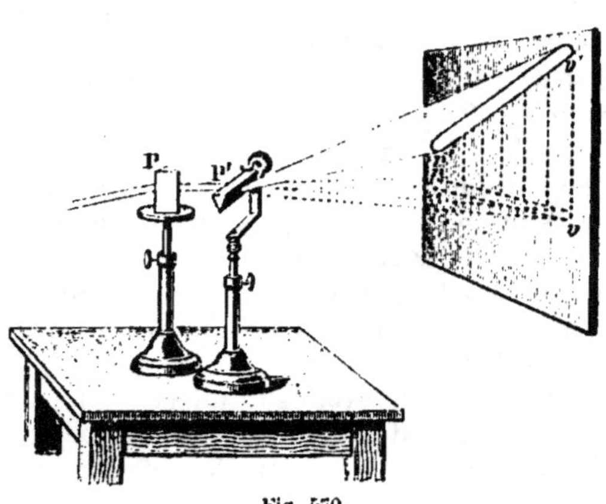

Fig. 570.

II. *Expérience dite des prismes croisés.* — On peut constater l'inégale réfrangibilité des rayons du spectre par l'expérience des prismes croisés de Newton.

On reçoit d'abord sur un écran le spectre *rv* produit par un prisme P (fig. 570); sur le passage du faisceau émergent, on dispose un second prisme perpendiculaire au premier; le nouveau spectre *r'v'*, au lieu d'être projeté parallèlement au premier, prend une direction oblique. Toutes les couleurs sont déviées, et la déviation augmente depuis le rouge jusqu'au violet.

Si les deux prismes sont de même nature et ont un même angle réfringent, les deux spectres *rv*, *r'v'* font un angle de 45°.

III. L'expérience suivante n'exige qu'un seul prisme (fig. 571).

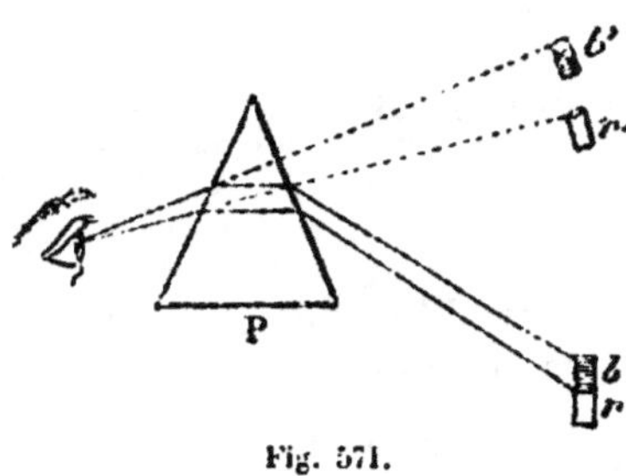

Fig. 571.

On dispose parallèlement aux arêtes d'un prisme P une bande de papier *br* dont la moitié est rouge, et l'autre moitié bleue. Si l'on regarde cette bande de papier à travers le prisme, on aperçoit les deux couleurs séparées en *b'*, *r'*. La couleur bleue est plus relevée vers le sommet que la couleur rouge, ce qui prouve que les rayons bleus sont plus réfrangibles que les rayons rouges.

Spectre virtuel. — Cette manière d'observer le spectre virtuel d'une bande de papier coloré, est applicable au spectre solaire. Soit O la fente qui donne accès au pinceau de lumière blanche tombant sur le prisme (fig. 572). On oriente celui-ci pour obtenir la déviation minimum. L'œil placé dans le faisceau réfracté aperçoit un spectre virtuel VR, relevé du côté de l'arête et placé, par rapport à cette arête, à la même distance que la fente lumineuse.

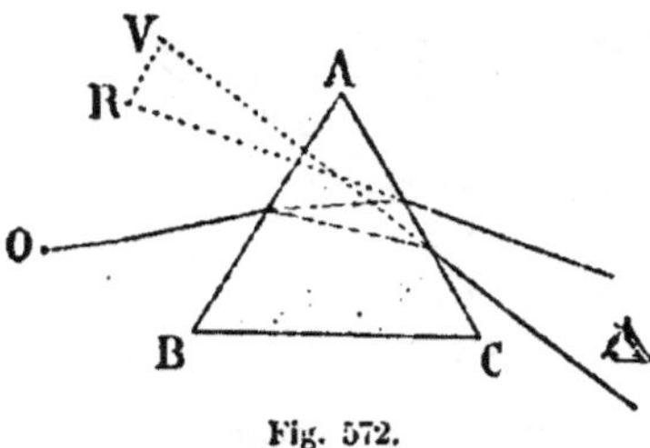

Fig. 572.

IV. **Expérience de Charles.** — La dispersion de la lumière peut être mise en évidence au moyen d'une lentille convergente (fig. 573). On reçoit sur cette lentille un faisceau de rayons solaires parallèles à l'axe. Puis, ayant découpé dans un écran une petite ouverture, on déplace cet écran dans la direction de l'axe en s'approchant de la lentille. L'œil placé derrière voit d'abord la fente éclairée en blanc, puis elle lui paraît successivement verte, bleue, violette. Après un intervalle d'obscurité, la fente se colore en rouge, puis en orangé, en jaune et enfin en blanc.

Cette expérience est facile à expliquer. Les diverses couleurs donnent autant de foyers distincts. Soient *u*, *b*, *j*, *r* les foyers des rayons violets, bleus, jaunes et rouges. Chacun de ces points est le sommet d'un cône à deux nappes comprenant tous les rayons de la couleur correspondante. Supposons que l'ouverture de l'écran décrive la droite MN. Au-point 1 intérieur à tous les cônes, l'œil reçoit de la lumière blanche; au point 2, extérieur au cône des rayons rouges, il reçoit la couleur complémentaire du rouge, c'est-à-dire le vert; en 3, il reçoit

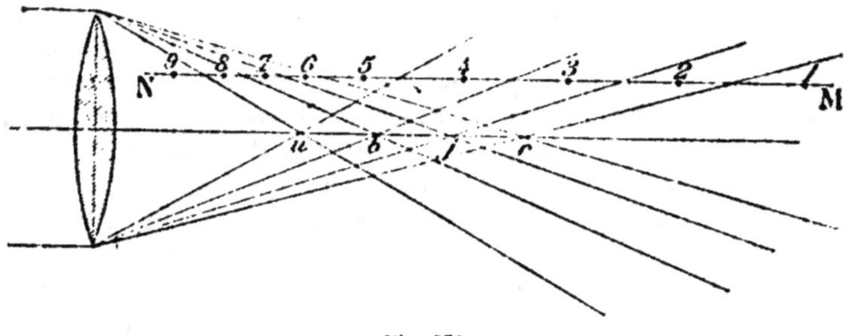

Fig. 573.

des rayons bleus et violets; en 4, uniquement des rayons violets. Au point 5, il est en dehors de tous les cônes; en 6, il ne reçoit que du rouge; en 7, le rouge et le jaune; en 8, il ne lui manque que les rayons violets; enfin, en 9, il retrouve la lumière blanche.

540. Recomposition de la lumière blanche. — Le mélange des couleurs du spectre donne la lumière blanche.

I. *On ramène au parallélisme tous les rayons colorés.* — A cet effet, on reçoit le faisceau qui a traversé un premier prisme P, sur un second prisme P', de même angle et de même substance que le premier, mais disposé en sens inverse (fig. 574). Les rayons sortent

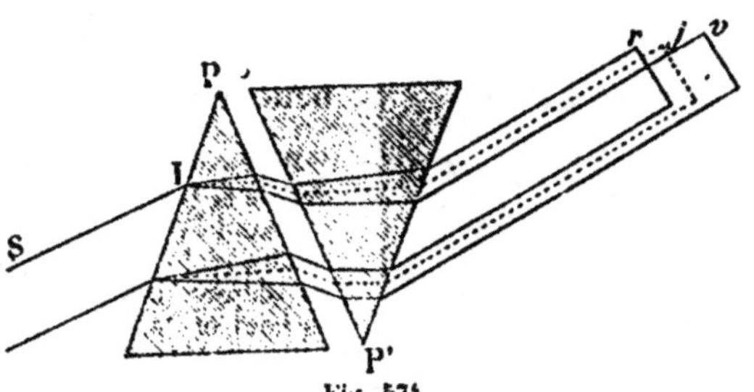

Fig. 574.

au prisme P' parallèles entre eux comme ceux qui forment le faisceau incident, et reproduisent la lumière blanche dans la partie centrale du faisceau, où se trouvent réunis des rayons de toutes les couleurs.

II. *On amène des rayons de toutes les couleurs à passer par un même point.* — Un faisceau de rayons solaires S traverse un prisme P, qui les disperse en autant de faisceaux parallèles, de directions différentes, qu'il y a de couleurs simples (fig. 575). Soient R un faisceau de rayons rouges, J un faisceau jaune, V un faisceau violet. Recevons tous ces faisceaux colorés sur une lentille convergente (achromatique) L, placée à une distance du prisme supérieure à sa distance focale. Cette lentille transforme tous ces faisceaux parallèles en autant de faisceaux coniques, ayant leurs sommets r, i, v dans le plan focal, et qui se prolongent au delà de ce plan focal, sous forme de faisceaux divergents. Le cône des rayons rouges et le cône des rayons violets se traversent mutuellement, et ils

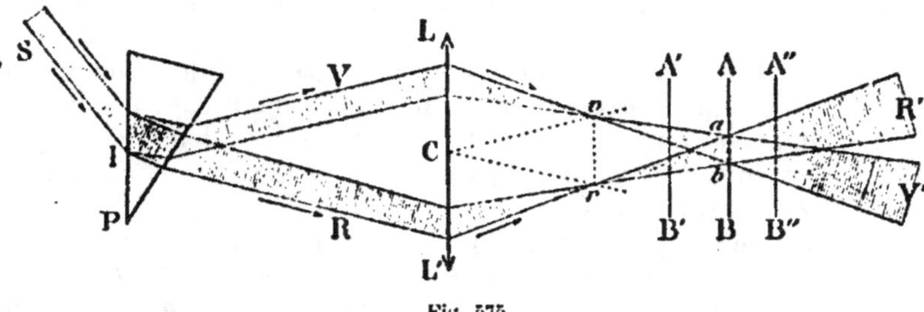

Fig. 575.

admettent une section commune ab. Tous les cônes intermédiaires passent sensiblement par cette même section ab. Un écran placé dans le plan de ab reçoit donc en cet endroit des rayons de toutes les couleurs. L'expérience prouve que la réunion de ces couleurs y produit une tache lumineuse d'un blanc parfait.

Fig. 576.

Déplaçons l'écran AB parallèlement à lui-même depuis la lentille jusqu'en ab, et au delà.

Quand l'écran est en rv, on obtient un spectre solaire réel. Si l'écran se déplace de rv vers ab, on obtient une image colorée, bordée de violet en haut et de rouge en bas ; la tache blanche qui apparaît à la partie centrale, s'étend de plus en plus et finit par demeurer seule. Enfin, quand l'écran s'éloigne au delà de ab, la tache blanche diminue, puis disparaît, l'image étant alors bordée de rouge en haut, et de violet en bas.

III. *La recomposition de la lumière blanche s'obtient encore au moyen du disque tournant* (fig. 576). — Ce disque est divisé en secteurs présentant dans le même ordre, et avec la même étendue relative, les couleurs du spectre solaire.

Comme les impressions produites sur la rétine persistent environ

$\frac{1}{10}$ de seconde, si l'on imprime au disque un mouvement de rotation suffisamment rapide, les impressions des différentes couleurs se superposent, et le disque présente une teinte blanchâtre.

541. Couleurs complémentaires. — On appelle couleurs *complémentaires* deux teintes dont la superposition produit le blanc.

Chacune de ces couleurs complémentaires peut être *simple* ou *composée*. (Une couleur est dite composée ou simple suivant que le prisme la décompose en plusieurs autres, ou qu'il ne la décompose pas.)

Ainsi, en partageant le spectre en deux parties, que l'on reçoit sur deux lentilles convergentes, et que l'on projette séparément sur un écran blanc, on obtient deux teintes composées, dont la superposition produira évidemment la lumière blanche; ces deux teintes sont dites *complémentaires*.

La seconde expérience indiquée pour la recomposition de la lumière blanche (expérience de Newton, souvent attribuée à Foucault), (fig. 574), se prête avec une grande facilité à l'étude des couleurs complémentaires. A l'aide d'un petit écran opaque, placé dans le plan du spectre réel *rv*, on enlève à volonté une ou plusieurs couleurs du spectre. On obtient ainsi en *ab* la couleur composée qui résulte du mélange des couleurs non arrêtées par l'écran.

Si l'on retranche du spectre la lumière rouge, on obtient un vert composé; si l'on retranche le vert simple, on obtient un rouge composé; donc le rouge et le vert sont deux couleurs complémentaires. On trouve, par exemple, les trois séries suivantes de couleurs complémentaires, dont chacune peut être simple ou composée.

{ Violet	{ Bleu	{ Vert
{ Jaune	{ Orangé	{ Rouge.

542. Couleur des corps. — Les corps n'ont pas de couleur par eux-mêmes; leur coloration est produite par la lumière qu'ils diffusent plus ou moins à leur surface. Ce que nous appelons la couleur d'un corps est donc une propriété de la lumière, plutôt qu'une propriété de ce corps.

Dans l'obscurité, les corps n'ont pas de couleur. A la lumière du soleil, ils prennent des colorations diverses, suivant la manière dont ils agissent sur les rayons simples des différentes couleurs.

Si un corps paraît blanc, c'est qu'il réfléchit également toutes les couleurs du spectre. S'il prend une couleur quelconque, c'est qu'il diffuse seulement certains rayons et qu'il en absorbe d'autres : les rayons absorbés sont ceux qui, par leur réunion, produiraient la couleur complémentaire. Enfin, si un corps ne prend aucune coloration, si c'est un corps noir, cela tient à ce qu'il absorbe également et complètement les rayons lumineux de toutes les couleurs.

Cette théorie est confirmée par les observations suivantes :

1° Si l'on reçoit sur un corps quelconque l'une des radiations simples du spectre solaire, la couleur de cette radiation n'est pas modifiée ; son intensité seule varie.

2° Recevons successivement sur un même corps les différentes lumières du spectre. Si le corps est blanc (à la lumière du jour), il prendra également bien toutes les couleurs. Si c'est un corps rouge (à la lumière du jour), il ne sera bien éclairé que par la lumière rouge ; tandis que dans le vert ou dans le bleu il restera tout à fait noir, parce qu'il absorbe les rayons de ces deux couleurs.

3° La couleur des corps varie avec le luminaire qui les éclaire. Une étoffe rouge paraît sombre à la lumière du gaz. Les objets prennent une teinte jaunâtre à la lumière d'une bougie, etc.

543. Coloration par transparence. — La coloration par transparence s'explique d'une manière analogue.

Les corps transparents ne se laissent pas traverser également par les rayons des diverses couleurs.

Un corps transparent est incolore s'il laisse passer des quantités égales de toutes les couleurs. Il est coloré s'il absorbe une partie des rayons et en laisse passer d'autres : sa couleur n'est autre que celle de l'ensemble des rayons émergents. Il est noir s'il absorbe tous les rayons.

Un verre coloré ne laisse passer que les rayons de sa propre couleur. On le constate en interposant ce verre sur le passage d'un faisceau de rayons solaires dispersés par un prisme.

Les objets vus à travers une lame colorée prennent la couleur de cette lame.

544. Propriétés du spectre. — Le spectre solaire produit trois effets distincts, comme s'il était composé de trois sortes de radiations : les radiations *lumineuses*, les radiations *calorifiques* et les radiations *chimiques*.

I. Radiations lumineuses. — L'intensité lumineuse varie d'un point à un autre : elle croit à partir de zéro, depuis le violet extrême jusque dans le jaune, où elle atteint son maximum ; puis elle diminue rapidement jusqu'au rouge extrême, où elle redevient nulle.

II. Radiations calorifiques. — L'intensité calorifique se mesure au moyen d'une pile thermoélectrique très étroite, que l'on dispose perpendiculairement à la longueur du spectre, et que l'on déplace parallèlement à elle-même. On constate que l'intensité calorifique augmente depuis le violet jusqu'au rouge; qu'elle continue à augmenter en deçà du rouge, jusqu'à un maximum situé dans la région invisible; après quoi elle diminue indéfiniment.

Les effets calorifiques sont faciles à observer sur une longueur égale au double de l'étendue du spectre visible. Leurs variations sont représentées par la courbe ci-contre (fig. 577), dans laquelle les ordonnées sont proportionnelles aux intensités calori-

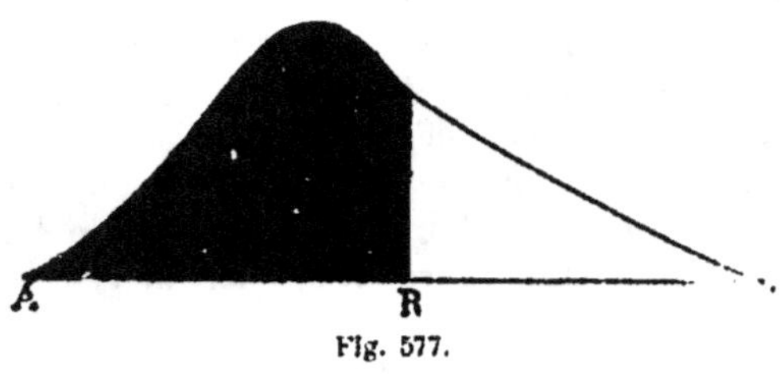

Fig. 577.

fiques. Le segment RV représente la distance du rouge au violet; la partie noire figure le spectre calorifique invisible.

Cette région calorifique obscure porte le nom de spectre *infra-rouge*.

En réalité, les radiations infra-rouges s'étendent vers la gauche, beaucoup plus loin que ne l'indique la figure précédente; mais les rayons extrêmes étant absorbés par le verre, on ne peut les observer qu'en faisant usage d'un prisme de quartz ou de sel gemme [1].

III. Radiations chimiques. — Les rayons chimiques se manifestent par l'action qu'ils exercent sur le papier photographique. On constate leur présence non seulement sur la longueur du spectre lumineux, mais encore dans une région très étendue située au delà du violet et qui constitue le spectre **ultra-violet**.

L'*actinisme*, ou intensité chimique des radiations, augmente depuis le rouge jusqu'au violet, atteint son maximum dans le violet extrême, et diminue ensuite indéfiniment.

La longueur du spectre chimique surpasse le triple de la longueur du spectre lumineux. Comme le verre absorbe les rayons extrêmes, on emploie un prisme de quartz ou de spath fluor. Les meilleures photographies du spectre ultra-violet ont été obtenues par M. Mascart et par M. Cornu, à l'aide d'un prisme de quartz.

En résumé, les radiations solaires dispersées par le prisme se manifestent par trois effets différents : la *chaleur*, la *lumière* et l'*actinisme*. Ces trois effets se superposent dans la région moyenne du spectre, occupée par le spectre lumineux; l'effet calorifique sub-

---

[1] Les rayons infra-rouges ont été étudiés par M. Langley à l'aide de son bolomètre, appareil électrique 200 fois plus sensible que la pile de Melloni, et pouvant indiquer une différence de température de $\frac{1}{10000}$ de degré centigrade.

siste seul en deçà du rouge; l'effet chimique persiste au delà du
violet. Les trois spectres empiètent donc l'un sur l'autre comme l'indique la figure 578, qui représente approximativement, par trois

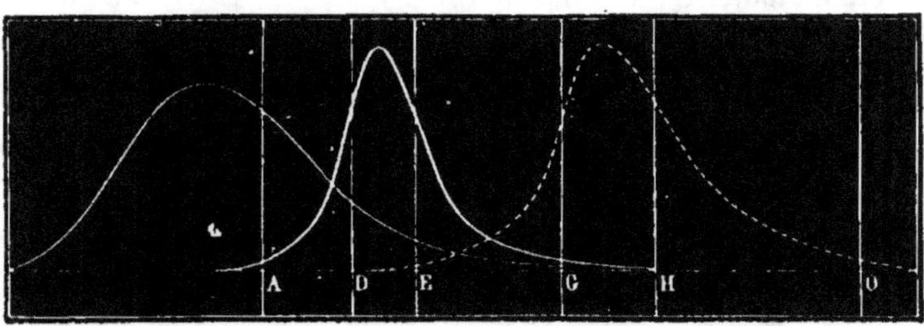

Fig. 578.

courbes différentes, les variations de grandeur des trois effets calorifiques, lumineux et chimiques. Le segment rectiligne AH représente la longueur du spectre lumineux; il se prolonge à gauche
dans la région infra-rouge, à droite dans la région ultra-violette.

Identité de la chaleur et de la lumière. — On admet que chaque radiation
simple est constituée par un certain mouvement vibratoire de l'éther, caractérisé par sa *longueur d'onde*, ou, ce qui revient au même, par sa *fréquence*,
c'est-à-dire par le nombre de vibrations effectuées en une seconde.

Les diverses radiations solaires ne diffèrent entre elles que par la fréquence
des vibrations; elles possèdent toutes, à des degrés très différents, les trois
propriétés *calorifique*, *lumineuse* et *actinique*, qui sont trois effets distincts
d'une seule et même cause : le mouvement vibratoire.

Ces propriétés ne peuvent pas être isolées l'une de l'autre, ni modifiées l'une
sans l'autre. Considérons, par exemple, un faisceau de rayons jaunes qui agissent
à la fois sur l'œil et sur la pile thermoélectrique. Si l'intensité d'un faisceau
de pareils rayons est réduite par absorption, ou par réflexion, d'une manière
quelconque, *les propriétés colorifiques et lumineuses sont toujours réduites
dans la même proportion.* Il en est de même pour des rayons à la fois lumineux et chimiques, comme les rayons bleus. Ce n'est donc que pour la commodité de l'étude qu'on peut séparer le spectre en radiations calorifiques, lumineuses et chimiques; il ne faut pas croire qu'un rayon qui a des effets calorifiques
et des effets lumineux soit composé de deux espèces de radiations : il est bien
unique. Seulement ses propriétés se manifestent sous deux formes différentes.
Les rayons de diverses espèces ne diffèrent donc en rien les uns des autres,
sauf par la rapidité des vibrations qu'ils propagent. L'œil n'est sensible qu'à
ceux dont la fréquence est comprise entre 400 trillions et 800 trillions (de
même que l'oreille n'est sensible qu'aux sons compris entre certaines limites
de hauteur); mais cette propriété d'agir sur la rétine ne constitue pas une différence essentielle entre ces rayons et les autres.

Les rayons infra-rouges correspondent à des vibrations plus lentes, les rayons
ultra-violets à de plus rapides.

545. Spectroscope. — Pour étudier le spectre des différentes
sources lumineuses, on se sert d'un instrument appelé **spec-**

troscope (fig. 579), qui se compose essentiellement de quatre parties :

1° Un prisme *ab*;

2° Un collimateur L, muni d'une fente, qu'on éclaire avec la lumière à étudier G ; la fente se trouve au foyer principal d'une lentille convergente; de cette manière, les rayons lumineux partis de

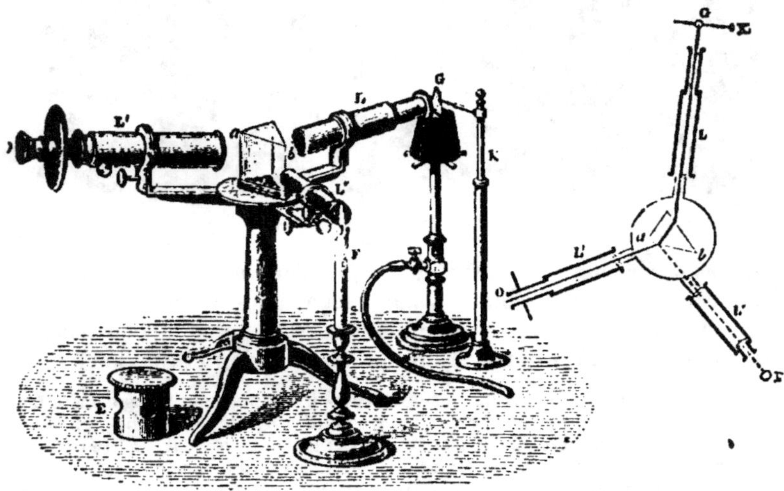

Fig. 579.

chaque point de la fente sortent de la lentille parallèles entre eux, et tombent sur le prisme qui les disperse en produisant le spectre ;

3° Une lunette L' reçoit les rayons qui émergent du prisme, l'objectif donne dans son plan focal une image réelle de la fente du collimateur, pour chaque couleur, par conséquent un spectre pur : on observe ce spectre à travers l'oculaire ;

4° Un second collimateur L″ porte un micromètre placé au foyer d'une lentille. Les rayons émis par le micromètre sortent de la lentille parallèles entre eux, se réfléchissent sur la face *ab* du prisme et entrent dans la lunette L'.

Par cette disposition, les images du spectre et du micromètre sont vues dans la même direction; on place les collimateurs de manière que l'image du micromètre se produise un peu au-dessus de celle du spectre.

546. Raies du spectre solaire. — En examinant le spectre solaire, Wollaston a observé le premier des raies obscures paral-

lèles aux arêtes du prisme. Fraünhofer en fit une étude particulière
en 1815; il en compta plus de 600. Depuis, le nombre des raies
connues a été porté à 2000 par Brewster, à 3000 par Kirchhoff,
à 4000 par Thollon, etc.

Fraünhofer désigna par les huit premières lettres de l'alphabet
les huit principales raies qu'il remarqua dans le spectre lumineux; ces
raies sont disposées comme l'indique la figure 580. Nous mention-

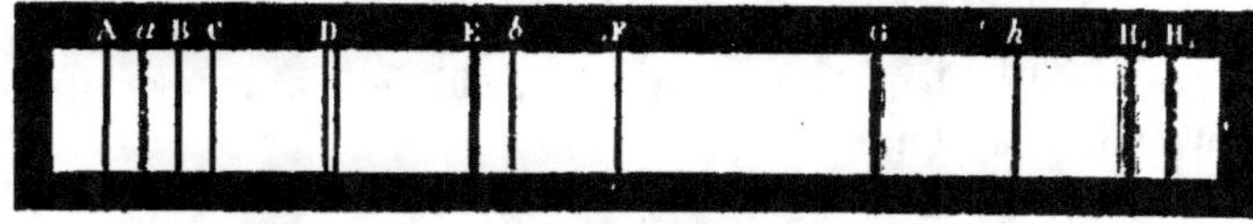

Fig. 580.

nerons encore a entre A et B, b entre le jaune et le vert et h, H$_1$
dans le violet. Les raies A et H marquent à peu près les limites
extrêmes du spectre visible.

Les radiations invisibles présentent aussi des lacunes, ou des
solutions de continuité analogues aux raies de Fraünhofer. Dans la
région ultra-violette, par exemple, on les observe directement sur
les photographies du spectre solaire. La série des principales raies
a été prolongée à la suite de F, G, H, d'abord jusqu'à la raie R par
M. Mascart, puis jusqu'à la raie U par M. Cornu.

547. Différentes sortes de spectres. — Les spectres se divisent naturellement en deux grandes classes :

On les nomme **spectres d'émission** quand les radiations émises par
la source parviennent directement au système dispersif, puis à l'œil
de l'observateur, sans éprouver d'absorption sensible.

On les nomme **spectres d'absorption** quand les radiations traversent en outre un milieu capable d'en absorber ou d'en retenir
une partie.

Les spectres d'émission se divisent à leur tour en deux catégories, suivant que la source incandescente est constituée par un
solide ou un *liquide*, ou bien par un *gaz* ou une *vapeur*. Dans le
premier cas, le spectre est *continu;* dans le second cas, il est
discontinu.

548. Spectres d'émission. — 1° *Tout corps* solide ou liquide
incandescent donne un spectre continu.

L'étendue du spectre varie avec la température de la source.
Observons au spectroscope un solide dont la température s'élève
progressivement (par exemple, un fil de platine traversé par un
courant voltaïque). Les premières radiations sont obscures; ce sont

les rayons infra-rouges, c'est-à-dire les moins réfrangibles. Le spectre devient visible au rouge naissant (vers 500°); puis à la couleur rouge s'adjoignent de proche en proche, par ordre de réfrangibilité croissante, l'orangé, le jaune, le vert, jusqu'au violet qui apparaît lorsque le métal passe du rouge au blanc (vers 1200°).

Quelle que soit l'étendue du spectre visible ainsi obtenu, il ne présente aucune solution de continuité.

Toute flamme qui renferme des particules solides incandescentes donne aussi un spectre continu. Telles sont les flammes d'une bougie, d'une lampe, d'un bec de gaz ordinaire, qui doivent leur éclat à des particules de charbon.

Si l'on brûle complètement le charbon par un excès d'air (brûleur Bunsen), on obtient une flamme à peine visible, qui ne donne plus de spectre lumineux.

2° **Un gaz ou une vapeur** *incandescente donne un* **spectre discontinu,** *formé de raies brillantes isolées.*

La manière d'opérer varie suivant la nature des corps soumis à l'expérience.

Pour les métaux alcalins, alcalino-terreux, ou formant quelque sel volatil, on introduit dans la flamme d'un brûleur Bunsen une parcelle de ce sel métallique, ou bien un fil de platine trempé dans une dissolution de ce même sel. Celui-ci se décompose et donne des vapeurs métalliques incandescentes.

Pour les autres métaux, on fait jaillir une étincelle d'induction entre deux pointes du métal étudié; des parcelles métalliques arrachées à ces pointes sont vaporisées par l'étincelle électrique, et portées à l'incandescence.

Pour les gaz, on emploie un tube de Geissler formé d'une partie capillaire, terminée par deux renflements où pénètrent des fils de platine (fig. 581). On introduit dans ce tube le gaz raréfié, qui s'illumine quand on fait jaillir l'étincelle d'induction.

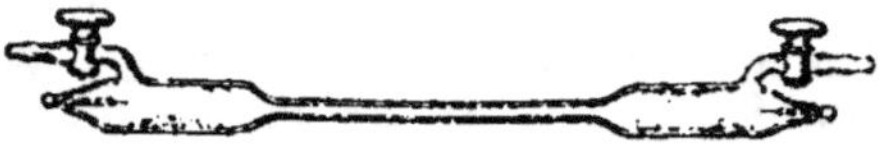

Fig. 581.

Tout corps gazeux ainsi porté à l'incandescence et examiné au spectroscope donne un spectre discontinu, formé de raies colorées plus ou moins nombreuses et plus ou moins brillantes, séparées les unes des autres par des intervalles obscurs.

Chaque corps simple donne un spectre caractéristique, reconnaissable au nombre, à l'étendue, à la position relative et à la couleur des raies. On détermine la position exacte de chaque raie en prenant pour points de repères les raies noires du spectre solaire. Pour cela, il suffit de faire apparaître simultanément les deux spectres l'un au-dessus de l'autre dans le spectroscope. Alors, la distance de deux raies quelconques se lit sur le micromètre.

Les spectres des métaux alcalins ne présentent qu'un petit nombre de raies très brillantes; les spectres des gaz sont généralement plus compliqués. (Voir la planche coloriée, page 592.)

Le sodium est caractérisé par une double raie jaune, correspondant à la raie D du spectre solaire; le lithium, par une raie jaune et une raie rouge; le strontium, par des bandes rouges; le baryum, par des bandes vertes.

L'hydrogène présente une belle raie rouge, une raie verte, une bleue et deux faibles raies violettes; l'azote, deux séries de bandes en forme de cannelures, l'une dans le rouge et le jaune, l'autre dans le bleu et le violet.

549. Analyse spectrale. — Chaque corps simple est caractérisé par son spectre propre. Un mélange de plusieurs corps donne un spectre complexe, formé par l'ensemble des spectres de ces différents corps.

Le spectre d'une vapeur métallique surtout est un caractère du métal, au même titre que toute autre propriété; c'est même souvent un caractère d'une sensibilité extrême. Lorsqu'on observe au spectroscope la flamme d'un brûleur Bunsen, les simples poussières de l'air renferment assez de carbonate de soude pour donner la raie jaune du sodium. Il suffit de faire détoner dans la chambre 3 milligrammes de chlorate de potasse pour faire apparaître la raie rouge du potassium.

De là une méthode d'analyse qualitative, très rapide et très sensible, dite l'*analyse spectrale.*

La substance que l'on veut analyser est introduite dans la flamme d'un bec Bunsen, et l'on compare le spectre obtenu aux spectres caractéristiques des métaux et des divers corps simples.

Si l'on possède de ces derniers un atlas complet, l'observation d'une raie inconnue révèle l'existence d'un nouveau corps simple. C'est ainsi qu'une raie rouge a fait découvrir le *rubidium;* deux raies bleues, le *cæsium;* une raie indigo, l'*indium.* On a découvert par la même voie le *gallium,* le *thallium,* l'*hélium.*

550. Spectre d'absorption. — On sait que tout corps solide ou liquide incandescent (par exemple, la lumière de Drummond [1])

---

[1] La lumière de Drummond est donnée par un bâton de chaux, rendue incandescente par une flamme de gaz d'éclairage brûlant dans l'oxygène.

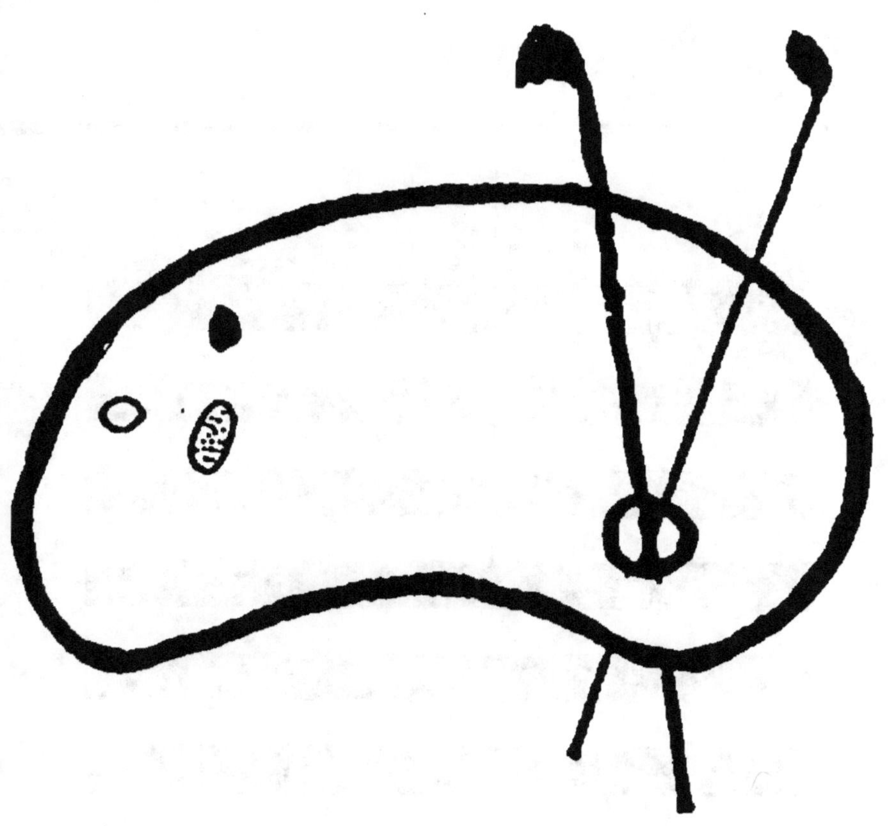

ORIGINAL EN COULEUR
Nº Z 43-120-8

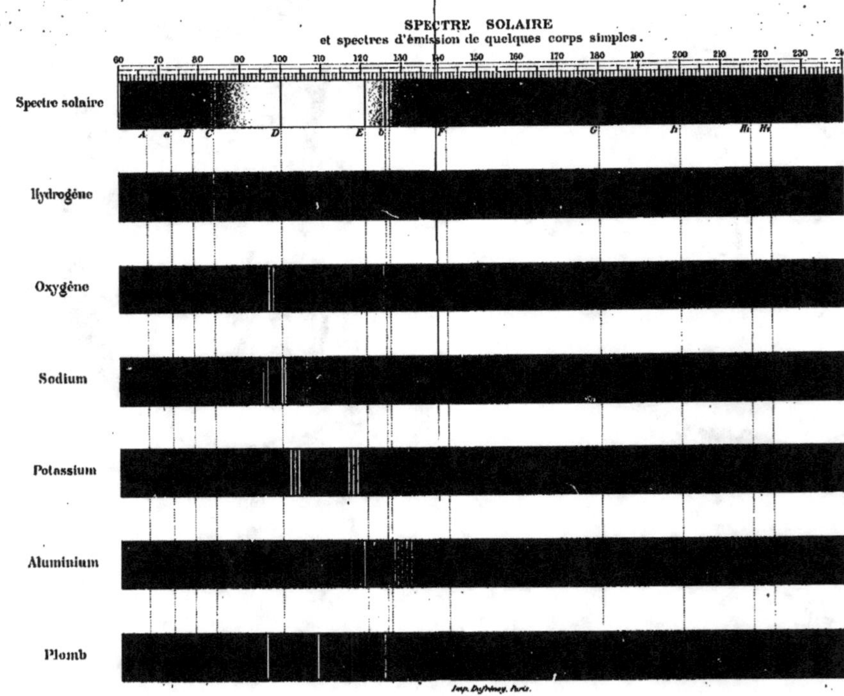

SPECTRE SOLAIRE
et spectres d'émission de quelques corps simples.
60 70 80 90 100 110 120 130 140 150 160 170 180 190 200 210 220 230 240
Spectre solaire
A a B C D E b F G h H1 H2
Hydrogène
Oxygène
Sodium
Potassium
Aluminium
Plomb
Imp. Dufrénoy, Paris.

donne un spectre continu, c'est-à-dire des radiations de toutes espèces (calorifiques, lumineuses, chimiques), dont les indices de réfraction se succèdent d'une manière continue, depuis les moins réfrangibles jusqu'aux plus réfrangibles.

Mais si l'on interpose sur le trajet des rayons lumineux un corps transparent quelconque, solide, liquide ou gazeux, on constate aussitôt sur le spectre lumineux des raies noires ou des bandes sombres, qui révèlent la nature et la quantité des radiations lumineuses absorbées ou arrêtées par le corps interposé.

L'ensemble de ces raies ou de ces bandes obscures forme ce qu'on appelle le *spectre d'absorption* du milieu soumis à l'expérience, dans les conditions où l'on opère.

En général le nombre, la largeur et l'intensité des raies sombres augmentent avec l'épaisseur de la substance traversée; mais, dans des conditions identiques, la même substance donne toujours le même spectre d'absorption.

1° Les substances **incolores** laissent passer en égale proportion tous les rayons lumineux; mais elles ne sont pas également transparentes pour les radiations invisibles : l'eau absorbe les rayons infra-rouges et laisse passer les rayons ultra-violets; le verre absorbe toutes les radiations obscures; le sel gemme, au contraire, laisse passer à peu près toutes les radiations, visibles et invisibles.

2° Un corps transparent **coloré** ne laisse passer que les rayons lumineux dont le mélange reproduit la couleur de ce corps. Il est dit *monochromatique*, s'il ne se laisse traverser que par des rayons d'une seule couleur; comme les sels de nickel, qui ne sont transparents que pour des rayons verts; les sels de cobalt, pour des rayons bleus.

Mais, en général, les substances colorées laissent passer des rayons de diverses couleurs, et leurs raies d'absorption forment un spectre parfois très compliqué. Tels sont le verre d'urane et tous les gaz colorés : chlore, acide hypoazotique, vapeur d'iode, vapeurs métalliques. Pour l'oxygène, la vapeur d'eau,... qui ne paraissent colorés que sous une grande épaisseur, les raies d'absorption augmentent en largeur et en nombre avec l'épaisseur de la substance traversée.

Les spectres d'absorption des diverses substances, prises dans des conditions bien définies, sont aussi caractéristiques que les spectres d'émission. Ils peuvent donc être utilisés dans l'analyse spectrale, comme nous le verrons en expliquant la formation du spectre solaire.

551. Correspondance entre l'émission et l'absorption, par les gaz incandescents ou les vapeurs métalliques. — *Les radiations qu'une vapeur métallique peut absorber sont*

exactement les mêmes que celles qu'elle est capable d'émettre.
Il s'ensuit que dans le spectre d'émission et dans le spectre d'absorption d'une vapeur, produits à l'aide d'un même prisme, *les raies brillantes du premier et les raies obscures du second occupent exactement les mêmes places.* C'est ce que l'on exprime parfois en disant que le spectre d'absorption n'est autre que le spectre d'émission **interverti**, chaque région lumineuse étant remplacée par une région obscure, et *vice versa.*

Cette correspondance entre l'absorption et l'émission par une même flamme se démontre par *l'expérience* dite du **renversement des raies** (fig. 582).

Cette expérience consiste à observer successivement, ou simulta-

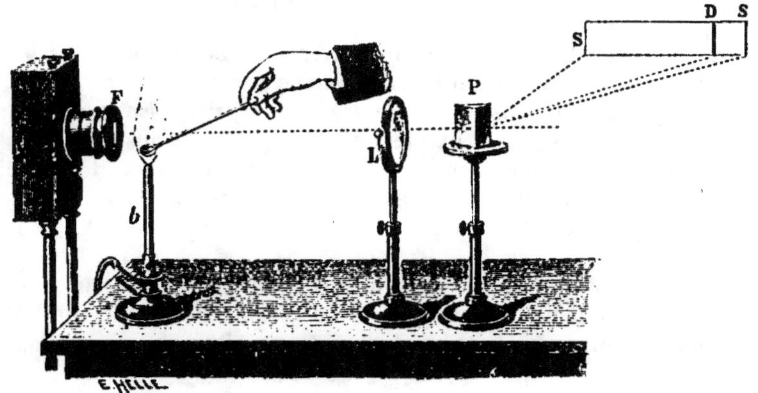

Fig. 582.

nément, à l'aide d'un même spectroscope LP, le spectre d'émission et le spectre d'absorption d'une vapeur métallique quelconque; par exemple, les deux spectres du sodium.

1° En plaçant devant le spectroscope la flamme d'un brûleur *b*, dans laquelle on introduit un sel de sodium, on voit la raie jaune, brillante, D, qui constitue le spectre d'émission du sodium. Si derrière la lampe à alcool on dispose une lampe de Drummond F, dont la lumière sera tamisée par la flamme du brûleur, on voit un spectre de toutes couleurs, interrompu seulement par une raie noire qui constitue le spectre d'absorption du sodium. Or cette raie noire apparaît exactement à la même place qu'occupait la raie jaune D.

2° Pour faire apparaître simultanément les deux spectres d'émission et d'absorption, on installe à la fois les deux lampes, comme il vient d'être dit; puis entre ces deux lampes on interpose un écran opaque, en face de l'une des moitiés de la fente du spectroscope. Cette moitié de la fente n'est donc plus éclairée que par la flamme du brûleur, tandis que l'autre moitié reçoit la lumière Drummond tamisée par cette flamme. On obtient ainsi les deux spectres projetés l'un au-dessus de l'autre, sur des surfaces contiguës. On peut alors constater que la raie sombre de l'un est exactement située sur le prolongement de la raie brillante de l'autre.

En réalité, ces deux raies ont le même éclat lumineux; mais, par un effet de contraste, dans le spectre d'émission elle ressort en clair sur un fond noir, tandis que dans le spectre d'absorption elle se détache en noir sur un fond beaucoup plus brillant. D'ailleurs, ce dernier contraste est plus ou moins marqué suivant la différence qui existe entre les intensités lumineuses de la vapeur métallique et du solide incandescent placé en arrière; c'est-à-dire, en définitive, suivant la différence de température des deux flammes.

552. Application au spectre solaire. — Les raies noires du spectre solaire constituent un véritable spectre d'absorption. On a constaté qu'un grand nombre d'entre elles, prises isolément ou par groupes, reproduisent exactement les spectres d'absorption de beaucoup de substances connues. La raie D située dans le jaune est la raie d'absorption du sodium; les raies C et F situées dans le rouge et dans le bleu appartiennent au spectre de l'hydrogène.

Toutes ces raies noires sont donc produites par l'interposition d'un écran de vapeurs métalliques ou de gaz incandescents, devant une source lumineuse plus chaude, qui donnerait un spectre brillant continu.

On a ainsi constaté, dans l'atmosphère du soleil, la présence des substances suivantes : hydrogène, hélium, sodium, baryum, calcium, magnésium, fer, titane, nickel, cobalt, chrome, cuivre, manganèse. Au contraire, on a pu vérifier l'absence du lithium, du strontium, de l'argent, et aussi probablement de l'aluminium et du zinc.

Ces données, jointes au résultat des observations astronomiques, conduisent à l'hypothèse suivante sur la constitution du soleil.

Le soleil est une masse incandescente extrêmement chaude, et qui se refroidit vers l'extérieur.

La partie centrale est entourée d'une couche opaque très chaude et très brillante, appelée **photosphère**.

La photosphère est recouverte à son tour par une atmosphère épaisse, moins chaude, transparente, dont les couches les plus superficielles ont reçu le nom de **chromosphère**.

1° La *photosphère* est une couche relativement mince, trouée çà et là par des cavités en forme d'entonnoir, qui laissent apercevoir à l'intérieur une masse sombre.

La photosphère est constituée probablement par des vapeurs condensées ou des nuages chargés de particules solides ou liquides. Cette couche de nuages, dont on a pu étudier les mouvements et les tempêtes, émet une vive lumière à spectre continu.

2° L'*atmosphère* est formée de couches rangées par ordre de densités décroissantes. Les régions inférieures sont chargées des vapeurs métalliques lourdes.

Les couches supérieures ne renferment plus que des vapeurs légères : sodium, calcium, magnésium, et finalement de l'hydrogène composant la *chromosphère*.

Toutes ces vapeurs incandescentes absorbent une partie des rayons émis par la photosphère, et produisent les raies noires du spectre solaire.

L'assimilation du spectre solaire à un spectre d'absorption, et les conséquences que l'on en tire relativement à la constitution chimique du soleil, se trouvent confirmées par l'observation directe du *spectre d'émission de la chromosphère*.

Soit pendant les éclipses de soleil, soit en isolant les radiations émises par un point de la circonférence du disque solaire, on est parvenu à examiner au spectroscope les gaz incandescents qui constituent la chromosphère ou les protubérances roses qui s'en échappent. Or le spectre ainsi obtenu n'est autre qu'un spectre d'émission composé des raies brillantes caractéristiques du sodium, du magnésium, et surtout de l'hydrogène.

553. Raies telluriques. — Puisque les raies du spectre solaire constituent un spectre d'absorption, toutes les matières gazeuses traversées par la lumière solaire doivent contribuer à la formation de ce spectre, l'atmosphère terrestre aussi bien que l'atmosphère du soleil.

Les raies *telluriques,* c'est-à-dire celles qui sont d'origine terrestre, se reconnaissent aisément aux variations qu'elles subissent : elles s'accentuent et se multiplient quand le soleil s'approche de l'horizon, parce que la couche d'air absorbante est alors plus épaisse; au contraire, ces raies telluriques s'atténuent et quelques-unes disparaissent lorsqu'on fait l'observation au sommet d'une haute montagne, ou par un temps froid et très sec.

On a constaté que les raies telluriques appartiennent au spectre d'absorption de l'oxygène et surtout à celui de la vapeur d'eau. En tamisant la lumière blanche, la vapeur d'eau sous une grande épaisseur épargne surtout les rayons rouges; c'est ce qui explique la coloration que prend le soleil à son lever et à son coucher.

554. Spectres des astres. — 1° Les spectres de la *lune* et des *planètes* sont identiques à celui du soleil, parce que la lumière de ces astres n'est autre que de la lumière solaire réfléchie à leur surface.

2° Les *étoiles* donnent des spectres d'absorption analogues au spectre solaire. Leur constitution ressemble donc à celle du soleil. Elles présentent une surface incandescente, entourée d'une atmosphère gazeuse moins chaude. Les corps simples qui entrent le plus fréquemment dans leur composition sont le sodium, le magnésium, le fer et surtout l'hydrogène, qui existe dans presque toutes les étoiles.

3° Les *nébuleuses résolubles* donnent un spectre d'absorption ; elles sont assimilables à des amas d'étoiles.

Les *nébuleuses non résolubles*, au contraire, donnent un spectre d'émission. Ce sont des masses gazeuses incandescentes, contenant de l'hydrogène et diverses substances encore inconnues.

PHOSPHORESCENCE

555. Phosphorescence et fluorescence. — Sous l'influence des radiations solaires les plus réfrangibles, certains corps s'illuminent d'un éclat spécial, en émettant des radiations moins réfrangibles que celles qu'ils reçoivent.

Quelques-uns s'éteignent dès qu'ils cessent de recevoir les rayons excitateurs : on les nomme corps **fluorescents**. Tels sont la *fluorine*, le *verre d'urane*, les dissolutions de *sulfate de quinine*, de *chlorophylle*, d'*esculine*, etc.

Les autres continuent à luire dans l'obscurité, pendant un certain temps, après qu'on les a soustraits à l'influence des radiations solaires : on les appelle corps **phosphorescents**. Tels sont le *diamant* et les *sulfures* alcalino-terreux ; savoir, les sulfures de *calcium*, de *baryum*, de *strontium* et de *zinc*, etc.

La couleur et la durée de ces phénomènes varient suivant la nature des corps.

La fluorescence et la phosphorescence peuvent être violettes, bleues, vertes, jaunes, orangées ou roses.

Ces deux phénomènes ne diffèrent entre eux que par la durée : l'un ne se produit que sous l'action directe des rayons excitateurs, l'autre subsiste plus ou moins longtemps après que cette influence a cessé.

L'intensité de la phosphorescence diminue graduellement. Sa durée, qui se prolonge parfois pendant plusieurs heures, peut se réduire à quelques minutes ou à quelques secondes, et l'on peut dire que la fluorescence elle-même n'est qu'une phosphorescence instantanée.

Action de la lumière blanche. — La fluorescence et la phosphorescence peuvent être produites par la lumière du jour.

Les corps fluorescents et transparents, comme les cristaux de fluorine, paraissent troubles sous les rayons du soleil. Cela tient à une lueur opaline que leur surface dégage par fluorescence.

Un corps phosphorescent exposé d'abord au soleil, puis plongé dans l'obscurité, émet une lumière caractéristique.

Action des diverses radiations du spectre. — En réalité, la fluorescence et la phosphorescence ne sont excitées que par les radiations solaires les plus réfrangibles.

Projetons le spectre solaire sur un écran blanc; puis, avec un pinceau imprégné d'une solution de sulfate de quinine, badigeonnons toute la bande lumineuse et ses deux prolongements. La région infra-rouge demeure obscure, les régions colorées depuis le rouge jusqu'au vert ne subissent aucun changement; mais le sulfate de quinine s'illumine dans le bleu, dans le violet et dans la région ultra-violette, qui devient ainsi très visible par fluorescence. Cette fluorescence disparaît complètement dès que l'on intercepte la lumière incidente.

Projetons de même le spectre solaire sur un écran recouvert de sulfure de calcium, ou de toute autre matière phosphorescente; puis, après quelques instants, interceptons les rayons solaires. Dans l'obscurité, on constate que l'écran émet des lueurs phosphorescentes sur tous les points qui ont été impressionnés par les radiations bleues, violettes et ultra-violettes, tandis qu'il reste obscur sur tous les autres points.

Quand ces expériences sont faites à l'aide d'un spectre pur, on constate aisément la présence des raies du spectre solaire dans la région ultra-violette.

Loi de Stokes. — *Les radiations émises par fluorescence ou par phosphorescence sont toujours moins réfrangibles que celles qui les ont excitées.*

Cette loi est évidente en ce qui concerne les radiations ultra-violettes, puisque toutes les radiations lumineuses possèdent une réfrangibilité moindre. D'ailleurs, pour reconnaître immédiatement la composition d'une lueur phosphorescente, il suffit de l'observer à travers un prisme; on constate aisément qu'elle se décompose en un spectre lumineux dont toutes les couleurs sont moins réfrangibles que les radiations qui ont excité la phosphorescence dont il s'agit.

La phosphorescence peut être considérée comme un mode de transformation des radiations. Le corps phosphorescent emmagasine, pour ainsi dire, les radiations les plus réfrangibles; puis il les restitue plus ou moins rapidement, sous forme de radiations moins réfrangibles.

C'est un phénomène analogue à l'échauffement d'un corps sous l'influence des rayons lumineux, par exemple, des rayons jaunes. Le corps absorbe une partie des radiations lumineuses qu'il reçoit, et l'énergie absorbée se manifeste par une élévation de température; après quoi le corps émet autour de lui de la chaleur, c'est-à-dire des radiations obscures, moins réfrangibles que les radiations lumineuses qui les ont excitées.

Effet de la température. — Si l'on chauffe dans l'obscurité un corps phosphorescent qui a subi l'insolation, la phosphorescence devient plus intense; mais elle dure moins longtemps. Ainsi, l'élévation de température accélère le dégagement des radiations emmagasinées.

Cette propriété peut être utilisée pour mettre en évidence le spectre calorifique infra-rouge et les raies qui existent dans cette région invisible du spectre solaire. Il suffit de projeter un spectre pur sur un écran qui a subi l'insolation. La phosphorescence étant surexcitée par les radiations calorifiques, on voit paraître, dans la région infra-rouge, des raies sombres, qui se détachent sur un fond lumineux. Mais la phosphorescence de celui-ci s'épuise plus rapidement que celle des raies. C'est pourquoi l'effet de contraste diminue progressivement, puis disparaît, pour se manifester de nouveau en sens inverse; c'est-à-dire que les raies sombres s'effacent peu à peu et qu'elles finissent par se transformer en raies lumineuses qui se détachent sur un fond devenu obscur.

LONGUEUR D'ONDE ET FRÉQUENCE DES VIBRATIONS DE L'ÉTHER

556. Spectres prismatiques. — Les spectres d'une même source lumineuse, obtenus avec des prismes de diverses substances, ne sont pas exactement semblables, parce que le mode de dispersion varie avec la substance du prisme.

Les diverses radiations ne sont donc pas bien définies par leurs déviations respectives mesurées au micromètre, ni même par les positions qu'elles occupent relativement aux raies du spectre solaire.

Au contraire, chaque radiation est parfaitement caractérisée par sa *longueur d'onde* dans le vide. Quoique les longueurs d'onde des radiations lumineuses soient extrêmement petites, on parvient à les déterminer d'une manière très précise ; par exemple, au moyen des phénomènes d'*interférence,* que l'on étudie en optique supérieure, et qui sont analogues à l'interférence des sons (250).

Le tableau suivant donne les longueurs d'onde des diverses couleurs et des principales raies du spectre lumineux, exprimées en *millième de microns,* c'est-à-dire en millionièmes de millimètres.

LONGUEURS D'ONDE DES RADIATIONS LUMINEUSES

LIMITES DES COULEURS	λ	RAIES	λ
Rouge extrême	731	A	760
Rouge et orangé	647	B	687
Orange et jaune.	586	C	656
Jaune et vert	535	D	589
Vert et bleu.	492	E	526
Bleu et indigo.	455	F	486
Indigo et violet	424	G	430
Violet extrême	375	H	396

Radiations lumineuses. — La longueur d'onde varie en sens contraire de la déviation, elle diminue lorsqu'on parcourt le spectre solaire dans le sens qui va du rouge au violet.

Pour les radiations visibles, elle reste à peu près comprise entre 700 et 400 millionièmes de millimètre.

Radiations infra-rouges. — En remontant le spectre infra-rouge, on a pu observer au *bolomètre* des radiations dont la longueur d'onde s'élève jusqu'à 2700 millionièmes.

Avec des sources artificielles (cube rempli d'aniline et refroidi à — 20°), la longueur d'onde des rayons infra-rouges les moins réfrangibles atteint 15 000 millionièmes.

Radiations ultra-violettes. — Pour les radiations les plus réfrangibles observées sur la photographie du spectre solaire, la longueur d'onde descend jusqu'à 290 millionièmes.

Dans quelques spectres métalliques, on a constaté la présence de raies beaucoup plus réfrangibles : cadmium, 214 ; zinc, 206 ; aluminium, 185 ; pour les dernières radiations observées, la longueur d'onde s'abaisse jusqu'à 100 millionièmes de millimètres.

Spectre normal. — *On dit qu'un spectre est* normal *quand les déviations varient proportionnellement aux longueurs d'onde.*

Il n'en est pas ainsi dans les spectres prismatiques, où les déviations croissent beaucoup plus rapidement que ne décroissent les longueurs d'onde. Par comparaison avec un spectre normal, un spectre prismatique se dilate de plus en plus à mesure qu'on descend vers la région ultra-violette, et il se contracte de plus en plus à mesure qu'on remonte vers l'infra-rouge.

On obtient un spectre normal en remplaçant le prisme par un *réseau,* c'est-à-dire par une lame de verre sur laquelle on a gravé des traits parallèles équidistants et très serrés (100, 500 ou 1000 par millimètre). On démontre en optique supérieure qu'un pareil système de stries donne un spectre dans lequel les radiations sont déviées proportionnellement à leurs longueurs d'onde (le rouge est plus dévié que le violet, à l'inverse de ce qui a lieu généralement dans les spectres prismatiques).

Dispersion anormale. — Les prismes de verre, de quartz, de sel gemme donnent des spectres où les radiations se succèdent, du rouge au violet, dans l'ordre des longueurs d'onde décroissantes.

Mais il existe quelques substances qui font exception à cette règle générale, et qui dévient plus fortement le rouge que le violet. Ce sont les corps à *couleurs superficielles,* c'est-à-dire les substances qui se colorent par réflexion autrement que par réfraction ou transparence; par exemple, la vapeur d'iode, les dissolutions de fuchsine, de carmin, d'indigo, les couleurs d'aniline, etc.

Fréquence des vibrations. — Au lieu de caractériser chaque radiation par sa *longueur d'onde* λ, on pourrait aussi bien la définir par sa **fréquence,** c'est-à-dire par le nombre n de vibrations par seconde.

On sait que l'éther du vide propage toutes les radiations avec une même vitesse V, de 300000 k. par seconde.

Chacune des n vibrations par seconde représentant un chemin λ, l'espace parcouru en une seconde est : $V = n\lambda$, d'où $n = \dfrac{V}{\lambda}$.

Pour le rouge, on a :

$$n = \frac{300000 \times 1000^4}{750} = 400 \text{ trillions},$$

et pour le violet, $n = \dfrac{300000 \times 4000^4}{375} = 800$ trillions.

Les radiations lumineuses ne représentent qu'une faible partie de l'immense intervalle compris entre les radiations infra-rouges les moins réfrangibles et les radiations ultra-violettes les plus réfrangibles que l'on ait observées, puisque, dans cet intervalle, la *fréquence* varie depuis 5 trillions jusqu'à 3000 trillions de vibrations par seconde.

Enfin, en dehors de cet intervalle de fréquence, l'éther peut encore effectuer d'autres mouvements vibratoires.

D'un côté, les ondes hertziennes, ou radiations électriques, sont beaucoup moins rapides que les premières radiations infra-rouges, puisque leur fréquence peut diminuer indéfiniment depuis 50 billions, jusqu'à la fréquence des vibrations sonores.

D'autre part, les rayons X, ou rayons Röntgen, auraient une fréquence supérieure à celle des dernières radiations ultra-violettes.

ABERRATION ET ACHROMATISME

557. Aberration de réfrangibilité. — La distance focale d'une lentille dépend non seulement de ses rayons de courbure, mais encore de l'indice de réfraction de la lumière (513, δ). Il s'ensuit qu'en traversant une lentille convergente, la lumière blanche se décompose.

1° Un faisceau cylindrique de lumière blanche, tombant sur une lentille LL' (fig. 583), se décompose en autant de cônes distincts qu'il y a d'indices différents.

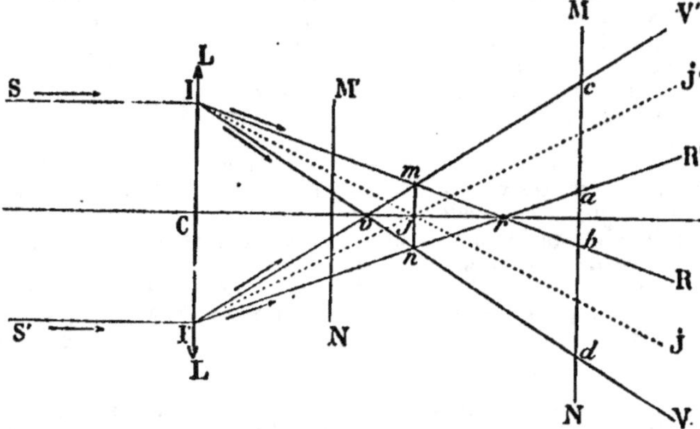

Fig. 583.

Les rayons violets convergent en un foyer principal v; les rayons rouges convergent en un foyer principal r, plus éloigné de la lentille; les foyers des autres couleurs s'échelonnent entre ces foyers extrêmes sur le segment rectiligne vr.

Un écran perpendiculaire à l'axe principal présentera une tache blanche, entourée par des irisations de diverses couleurs. Déplaçons cet écran de gauche à droite, parallèlement à lui-même. A gauche de la position mn, la tache lumineuse sera bordée de rouge; à droite, la bande irisée sera bordée de violet. Sur l'écran MN, par exemple, on aura un cercle blanc ab, entouré de couronnes diversement colorées, et dont la plus grande, de diamètre cd, sera de couleur violette.

Il n'existe aucun point par lequel passent tous les rayons lumineux. La section minimum du faisceau émergent est le cercle mn, qui est dit le *cercle d'aberration chromatique*.

2° Un même point lumineux, S (fig. 584), admet autant de foyers conjugués qu'il y a d'indices de réfraction; les rayons rouges ont leur foyer en r, et les rayons violets en v; les rayons intermédiaires ont leurs foyers entre ces deux points. Toutes ces nuances produisent des images qui se superposent au centre, mais qui demeurent distinctes sur les bords et nuisent à la netteté des contours. Toute lentille donne ainsi des images à contours irisés. Ce phénomène est désigné sous le nom d'**aberration**

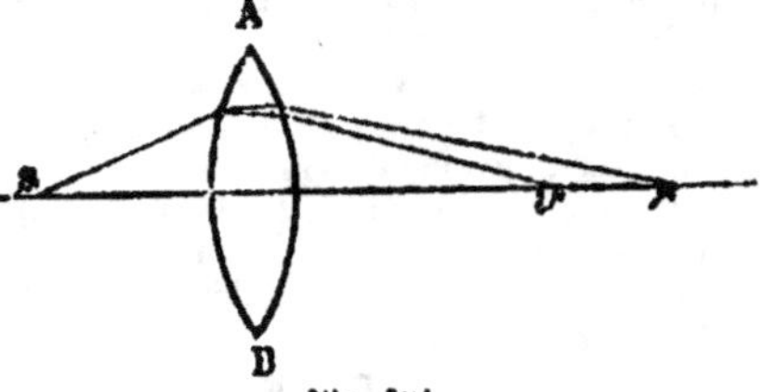

Fig. 584.

de réfrangibilité ou **aberration chromatique**. Les instruments dans lesquels ce défaut est corrigé sont dits **achromatiques**.

Pouvoir dispersif. — Soient n_r, n_v et n les indices d'une même lentille pour trois couleurs quelconques, par exemple pour les rayons extrêmes et pour les rayons moyens : le rouge, le violet et le jaune.

Soient encore f_r, f_v et f les distances focales correspondantes, et R, R' les deux rayons de courbure de la lentille.

D'après la formule de la distance focale ou de la puissance d'une lentille (513, ε), on a :

$$\frac{1}{f_r} = (n_r - 1)\left(\frac{1}{R} - \frac{1}{R'}\right),$$

$$\frac{1}{f_v} = (n_v - 1)\left(\frac{1}{R} - \frac{1}{R'}\right),$$

$$\frac{1}{f} = (n - 1)\left(\frac{1}{R} - \frac{1}{R'}\right). \tag{1}$$

Retranchons la première formule de la seconde, et divisons par la troisième, il vient :

$$\frac{\dfrac{1}{f_v} - \dfrac{1}{f_r}}{\dfrac{1}{f}} = \frac{n_v - n_r}{n - 1} = \bar{\omega}. \tag{2}$$

Ce nombre $\bar{\omega}$, ou la valeur commune des rapports précédents, est ce que l'on nomme le **pouvoir dispersif** de la *lentille*, ou de la *substance* de la lentille, pour les deux couleurs extrêmes considérées.

Ainsi, *le pouvoir dispersif relatif à deux couleurs données est le rapport de la différence des puissances extrêmes à la puissance moyenne. Ou encore, le rapport de la différence des indices extrêmes à l'excès de l'indice moyen sur l'unité.*

En général, *le pouvoir dispersif d'une substance varie dans le même sens que son indice moyen.*

Les verres employés en optique se divisent en deux catégories, suivant leur pouvoir dispersif. Ceux qui sont à la fois *les moins dispersifs et les moins réfringents prennent le nom de* crown; ceux qui jouissent des propriétés contraires se nomment **flint**.

Un prisme de flint donne un spectre plus étalé qu'un prisme de crown. Inversement, dans une lentille de crown, l'aberration chromatique est moindre que dans une lentille de flint.

558. Lentilles achromatiques. — Achromatiser une lentille pour deux couleurs, c'est lui adjoindre une autre lentille, telle que le système de ces deux lentilles ne sépare pas les deux couleurs considérées.

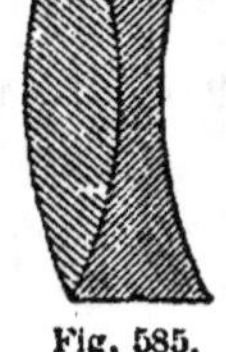

Pour cela, il faut et il suffit que, pour ces deux couleurs, le système des deux lentilles ait le même foyer principal; c'est-à-dire la même distance focale, ou la même puissance.

Considérons un système de deux lentilles accolées C, F, ayant une face commune (fig. 585), et cherchons la condition pour qu'il soit achromatique relativement à deux couleurs données; par exemple, pour le rouge et le violet (dans la pratique, on achromatise pour le jaune et le bleu).

Fig. 585.

Soient f_v, f'_v et F_v les distances focales des deux lentilles et du système, pour le violet; f_r, f'_r, F_r leurs distances focales pour le rouge.

On sait que la puissance d'un système de deux lentilles accolées est égale à la somme des puissances individuelles de ces lentilles (531). On a donc, pour le violet et pour le rouge :

$$\frac{1}{F_v} = \frac{1}{f_v} + \frac{1}{f'_v}, \quad \text{et} \quad \frac{1}{F_r} = \frac{1}{f_r} + \frac{1}{f'_r}.$$

Pour que le système soit achromatique, il faut et il suffit que ces puissances soient égales; c'est-à-dire que l'on ait :

$$\frac{1}{f_v} + \frac{1}{f'_v} = \frac{1}{f_r} + \frac{1}{f'_r}. \tag{3}$$

A l'aide des formules (1), cette condition d'achromatisme pourrait être exprimée en fonction des rayons de courbure R, R', R''. La formule (2) nous permettra de l'exprimer plus simplement en fonction des distances focales moyennes f, f' et des pouvoirs dispersifs $\bar{\omega}$, $\bar{\omega}'$.

Cette condition (3) peut s'écrire :

$$\frac{1}{f_v} - \frac{1}{f_r} = -\left(\frac{1}{f'_v} - \frac{1}{f'_r}\right);$$

ou, en tenant compte de la formule (2) :

$$\frac{\bar{\omega}}{f} = -\frac{\bar{\omega}'}{f'},$$

et enfin :

$$\frac{\dfrac{1}{f}}{\left(\dfrac{1}{-f'}\right)} = \frac{\bar{\omega}'}{\bar{\omega}}.$$

Telle est la condition d'achromatisme de deux lentilles : *Il faut que les puissances des lentilles soient de signes contraires, et que leurs valeurs absolues soient inversement proportionnelles aux pouvoirs dispersifs* (pour les couleurs considérées).

Ainsi : 1° *Les distances focales sont de signes contraires;* c'est-à-dire que l'une des lentilles est convergente, l'autre divergente.

2° *La puissance du système est de même signe que celle de la lentille la moins dispersive.* En effet, pour fixer les idées, posons :

$$f > 0, \quad \text{et} \quad f' < 0.$$

Si le système est convergent, par exemple, on a :

$$\frac{1}{f} + \frac{1}{f'} > 0; \quad \text{d'où} \quad \frac{1}{f} > \left(\frac{1}{-f'}\right), \quad \text{d'où} \quad \bar{\omega} < \bar{\omega}';$$

donc, la lentille convergente est faite du verre le moins dispersif.

Le *crown* étant moins dispersif que le flint, on achromatise toujours une lentille de crown en lui accolant une lentille de flint, de puissance contraire, et moindre en valeur absolue.

La puissance du système est de même signe que celle de la lentille de crown.

CHAPITRE V

VISION

559. ŒIL. — Les yeux, organes de la vue, ont la forme de globes et sont logés dans les orbites, cavités osseuses à la base de l'os frontal.

L'œil se compose de parties essentielles à la vision, et de parties accessoires servant à sa protection et à ses mouvements.

Parties essentielles. — Les parties essentielles sont : les membranes, les milieux réfringents et les nerfs.

I. Membranes. — Les principales membranes sont, de dehors en dedans (fig. 587) :

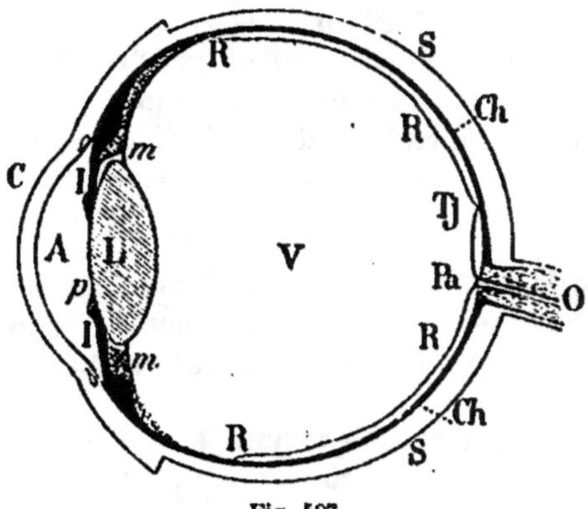

Fig. 587.

1° La *sclérotique* ou *cornée opaque* S formant le blanc de l'œil, membrane opaque, blanche, qui enveloppe l'œil presque entièrement.

2° *La cornée transparente* C, surface bombée et transparente placée à la partie antérieure de l'œil, où elle continue la sclérotique.

3° *La choroïde* Ch, membrane vasculaire noire, qui tapisse la sclérotique à l'intérieur ; elle se termine en avant par la *région ciliaire*, comprenant, à l'extérieur le *muscle ciliaire*, et à l'intérieur une couronne de petits filaments nommés *procès ciliaires*.

4° *L'iris* I, membrane verticale colorée, visible à travers la cornée, prolongeant antérieurement la choroïde, et percée à son centre d'une ouverture dilatable et contractile nommée *pupille p*.

5° La *rétine* R, épanouissement du nerf optique, tapissant la face interne de la choroïde ;

6° La *membrane hyaloïde*, mince et transparente, enveloppant l'humeur vitrée. Elle s'épaissit vers la région ciliaire, pour constituer la *zone de Zinn*.

II. Milieux réfringents non membraneux. — 1º La *chambre antérieure* de l'œil, A, espace situé entre la cornée transparente et l'iris, et la *chambre postérieure*, comprise entre l'iris et le cristallin, sont remplies par l'humeur aqueuse, liquide incolore et réfringent. 2º Derrière l'iris se trouve le *cristallin* L, lentille transparente renfermée dans une membrane nommée *capsule cristalline*, dont la minceur est extrême et la transparence parfaite. Le cristallin est formé par la superposition d'un grand nombre de membranes concentriques; sa dureté et sa densité vont en croissant de la circonférence au centre, et sa face postérieure est plus bombée que sa face antérieure.

3º Enfin, toute la cavité postérieure de l'œil, V, est remplie par une humeur incolore, transparente, d'aspect gélatineux, réfringente, enveloppée par la membrane hyaloïde; c'est l'*humeur vitrée*.

III. Nerf optique. — L'épanouissement du nerf optique O forme la rétine R. Les deux nerfs, celui de l'œil droit et celui de l'œil gauche, entrecroisent en partie leurs fibres avant de pénétrer dans le globe de l'œil, de telle manière que les fibres qui prennent naissance au côté droit du cerveau se ramifient à la droite de chaque œil, et celles qui viennent du côté gauche du cerveau se portent au côté gauche de chaque œil.

560. Rôle optique de l'œil. — 1º L'œil comparé à une chambre noire. — On sait qu'une chambre noire se compose essentiellement d'un écran et d'une ouverture fermée par une lentille ou un système convergent.

L'œil est assimilable à une chambre noire, dont l'écran est la rétine, et dont le centre optique du système convergent est un point C, situé un peu en arrière du cristallin (fig. 588).

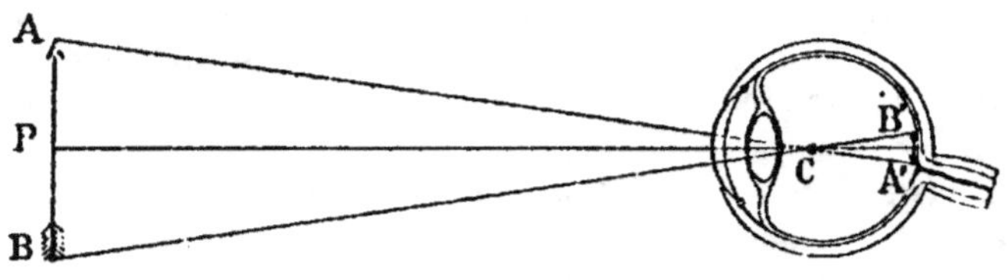

Fig. 588.

Soit AB un objet placé devant l'œil.

Le point A forme son image en A', et le point B en B'; de sorte que l'objet AB donne sur la rétine une image renversée A'B'. C'est ce que l'on constate dans l'expérience suivante :

On prend un œil de bœuf, dont on amincit la sclérotique à sa partie postérieure; en plaçant l'œil ainsi préparé à l'ouverture d'une chambre noire, on voit sur la rétine les images renversées des objets extérieurs.

2° L'œil est un système convergent, qui n'utilise que les rayons centraux. — Les surfaces réfringentes de la cornée, de l'humeur

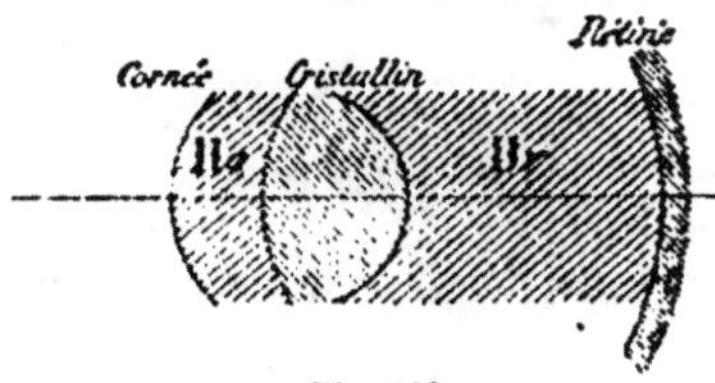

Fig. 589.

aqueuse Ha, du cristallin et de l'humeur vitrée Hv, sont sensiblement sphériques, et leurs centres de courbure sont en ligne droite (fig. 589).

Leur ensemble constitue *un système centré, convergent;* c'est-à-dire une série de *dioptres,* dont les axes principaux coïncident, et qui transforme un faisceau de rayons parallèles à l'axe en un faisceau convergent.

De plus, la pupille ne laisse pénétrer dans l'œil que des rayons *centraux,* c'est-à-dire des rayons peu éloignés de l'axe ou peu inclinés sur cet axe.

Les rayons trop inclinés ou trop éloignés de l'axe sont arrêtés par l'iris [1].

561. Œil réduit. — Dans la théorie des lentilles *épaisses,* en tenant compte du rayon de courbure de chaque dioptre, des indices de réfraction et des

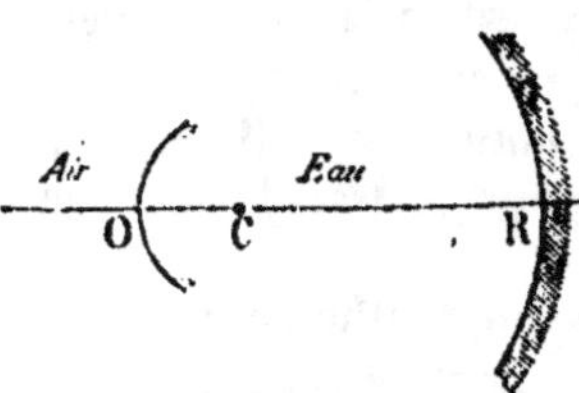

Fig. 590.

épaisseurs des différents milieux, on démontre que *l'œil est équivalent à un dioptre unique* O (fig. 590), que l'on nomme l'*œil réduit (de Listing).* Le centre de courbure C de ce dioptre est dit le *centre optique* ou *point nodal* de l'œil. La surface du dioptre est convexe du côté de la lumière incidente; elle sépare deux milieux inégalement réfringents : l'un, de même indice que l'air, situé du côté de la convexité; l'autre, de même indice que l'eau, situé du côté de la concavité. Les rayons parallèles à l'axe viennent, après réfraction, converger en un point R qui est dit le *foyer principal* d'émergence ou premier foyer principal de l'œil.

562. Différentes espèces de vues. — On distingue trois espèces de vues, suivant la position du foyer principal d'émergence, relativement à la rétine.

Les rayons lumineux parallèles à l'axe vont, après réfraction, concourir en ce foyer principal. Le plan perpendiculaire à l'axe en

---

[1] En outre, la pupille joue un rôle physiologique important. On sait qu'elle se dilate dans l'obscurité, et qu'elle se contracte sous l'influence d'une lumière trop vive. La quantité de lumière qui pénètre dans l'œil se proportionne ainsi automatiquement à la sensibilité de la rétine.

ce point est le *plan focal d'émergence*, ou premier plan focal de l'œil.

Si ce plan coïncide avec la rétine, l'œil est dit *normal* ou **emmétrope** (fig. 591); dans le cas contraire, c'est un œil *anormal* ou *amétrope*.

Si le plan focal est en avant de la rétine (fig. 592), l'œil est **myope** ou *brachymétrope*.

Enfin, si le plan focal est en arrière de la rétine (fig. 593), l'œil est **hypermétrope**.

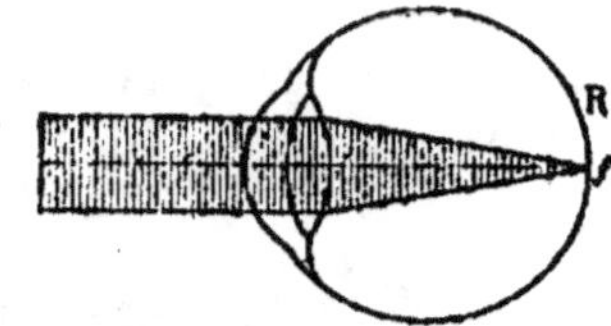

Fig. 591.

Ainsi, un œil est *myope*, *normal* ou *hypermétrope*, suivant que

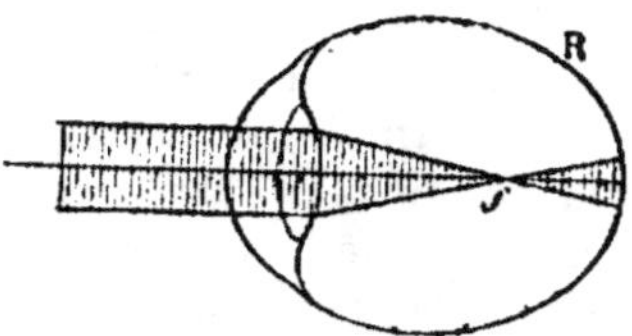

Fig. 592.

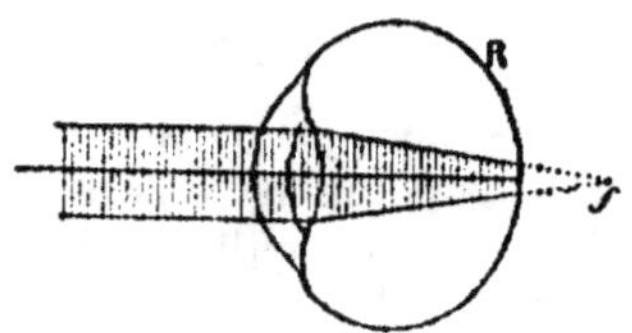

Fig. 593.

le foyer principal est *antérieur*, *afférent* ou *postérieur* à la rétine.

On sait que la convergence d'un système est l'inverse de la distance focale évaluée en mètres. Elle est d'autant plus grande, que la distance focale est plus petite. L'œil normal est moins convergent que l'œil myope et plus convergent que l'œil hypermétrope.

Le *degré de myopie* se mesure par la quantité dont il faudrait diminuer la convergence de l'œil myope, pour le transformer en œil normal.

Le *degré d'hypermétropie* se mesure par la quantité dont il faudrait augmenter la convergence de l'œil hypermétrope, pour le transformer en œil normal.

563. **Vision distincte.** — Pour qu'un objet soit vu *distinctement*, il faut que son image se forme exactement sur la rétine; c'est-à-dire que le plan conjugué de l'objet coïncide avec le plan de la rétine.

Un point lumineux P envoie dans l'œil un pinceau de rayons divergents, qui se transforme en un cône de rayons convergents. Si le sommet P′ de ce cône est situé sur la rétine, l'œil voit *distinctement* le point P. Si le sommet P′ est en avant ou en arrière de la rétine, celle-ci coupe l'une ou l'autre nappe du cône suivant un *cercle de diffusion*, et l'œil n'a plus une vue nette du point P.

On appelle **distance de vision distincte**, la distance de l'œil à un objet qui est vu distinctement.

Si l'œil était invariable dans sa forme et dans ses dimensions, il n'y aurait qu'une seule distance de vision distincte; savoir, celle du plan conjugué de la rétine. Les objets placés dans ce plan conjugué seraient vus distinctement, à l'exclusion de tous les autres.

L'expérience prouve qu'il n'en est pas ainsi, puisqu'un même œil peut voir distinctement, l'un après l'autre, des objets situés à des distances très variables, depuis quelques décimètres ou quelques mètres, jusqu'à plusieurs kilomètres.

Il suit de là que l'œil n'est pas un système invariable, mais qu'il se modifie automatiquement, pour *s'accommoder* successivement à des distances variables de vision distincte [1].

564. Accommodation de l'œil aux distances. — L'accommodation est la faculté que possède l'œil de faire varier sa convergence, de manière à voir distinctement, l'un après l'autre, des objets placés à différentes distances.

1° L'expérience prouve que l'on ne peut pas voir avec netteté, simultanément, deux objets placés à des distances inégales; c'est-à-dire que si l'œil est adapté pour voir à une certaine distance, il n'est pas adapté pour voir à une autre distance.

Un seul œil étant ouvert, plaçons à distances inégales et presque l'un devant l'autre deux petits objets lumineux. Quand on fixe l'un attentivement, on ne voit l'autre que d'une manière confuse. Donc on ne peut pas fixer successivement l'un et l'autre sans qu'il y ait accommodation.

2° Les milieux réfringents de l'œil ne se modifiant pas, les variations de convergence ne peuvent provenir que d'un déplacement, ou d'un changement de courbure, de leurs surfaces de séparation.

L'expérience prouve que *l'accommodation consiste principa-*

---

[1] **Aberrations de l'œil.** — L'*aberration sphérique* est presque insensible, grâce à la structure du cristallin.

L'*aberration chromatique* est suffisamment faible pour ne pas nous gêner; cependant, la distance minima de vision distincte varie légèrement avec la couleur. Un dessin violet sur fond rouge ne paraît pas situé à la même distance que le fond. Si l'on vise avec une lunette un fil éclairé d'abord à la lumière rouge, et que l'on éclaire ensuite ce fil à la lumière violette, on ne le voit plus nettement; et, pour remettre au point, il faut rapprocher les deux verres, plus que ne l'exigerait la différence des indices du verre pour les deux couleurs considérées.

Enfin, les surfaces réfringentes de l'œil ne sont pas toujours exactement sphériques. On dit que l'œil est *astigmate* quand une ou plusieurs de ses surfaces présentent des courbures inégales dans les divers plans passant par l'axe. Alors, quand on regarde un faisceau de droites concourantes, quelques-unes de ces lignes paraissent nettes, tandis que les autres ne le sont pas. On corrige l'*astigmatisme* au moyen de verres cylindriques, qui produisent un astigmatisme de sens contraire à celui de l'œil.

lement en un changement de courbure de la face antérieure du cristallin; changement qui se produit sous l'influence du muscle et des procès ciliaires.

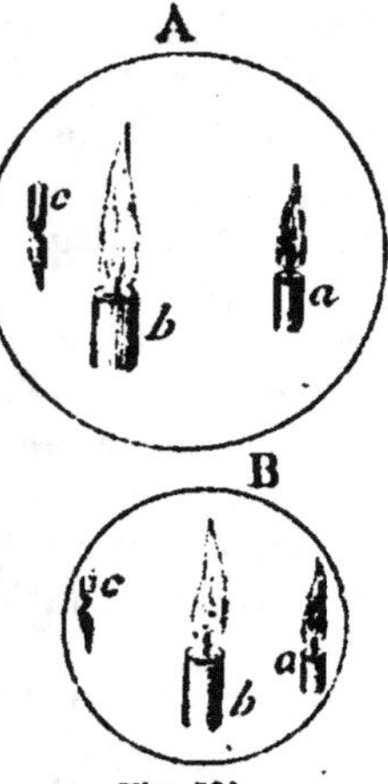
Fig. 594.

Expérience des images de Purkinje. — L'œil d'un sujet placé dans une chambre obscure fournit trois images distinctes d'une même bougie allumée à proximité (fig. 594) : la première image (*a*), droite et virtuelle, est donnée par la surface convexe de la cornée transparente; la seconde (*b*), droite et virtuelle, est fournie par la surface antérieure du cristallin; la troisième (*c*), renversée et réelle, est due à la surface postérieure du cristallin. Or, si l'œil en expérience fixe d'abord un objet très éloigné, puis qu'il s'adapte tout à coup à la vision distincte d'un objet rapproché à 20ᶜᵐ, on constate que la première image ne varie pas, que la troisième recule un peu et diminue légèrement, et enfin que la seconde diminue et se rapproche notablement de la première.

Or ce dernier changement implique une augmentation de courbure (une diminution du rayon) de la face antérieure du cristallin (fig. 595). Cette face antérieure *n* se bombe, et prend la forme *a*. Avant l'accommodation, l'objet CD

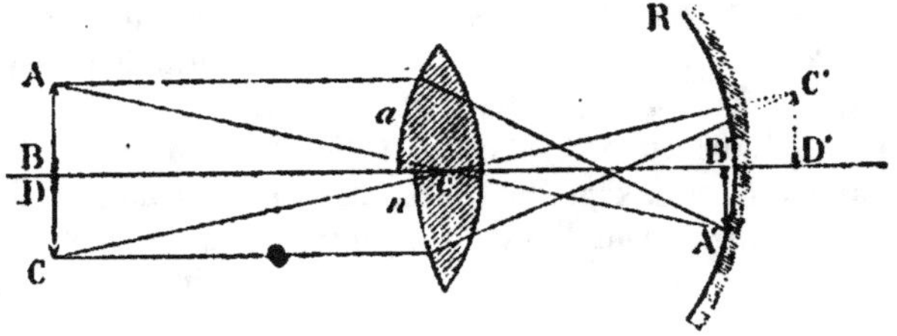
Fig. 595.

avait son image en C'D', derrière la rétine; après l'accommodation, l'objet AB, situé à la même distance de l'œil, a son image en A'B' sur la rétine R.

Pour fixer les idées, nous admettrons que l'accommodation équivaut essentiellement à une augmentation de la convergence de l'œil. La convergence est donc minimum lorsque l'œil n'est pas accommodé, c'est-à-dire quand le muscle ciliaire est en état de relâchement complet; elle augmente avec l'accommodation, et atteint sa plus grande valeur quand l'œil est accommodé au maximum[1].

La *puissance d'accommodation* d'un œil est l'excès de sa convergence maximum sur sa convergence minimum; c'est-à-dire le plus

[1] **Vision au repos.** — En réalité, il n'en est pas ainsi : l'œil au repos possède une certaine convergence, que l'accommodation peut augmenter ou diminuer indifféremment. En d'autres termes, l'œil au repos voit nettement les objets situés à une distance déterminée, dite la distance normale de la vision distincte; et l'accommodation a pour effet soit de diminuer, soit d'augmenter cette *distance de vision distincte.*

grand accroissement de convergence qu'il puisse éprouver par le fait de l'accommodation.

505. Limites de l'accommodation dans les différentes espèces de vues. — 1° Œil myope. — *Un œil est myope quand le foyer principal d'émergence est situé en avant de la rétine.*

L'œil myope ne voit pas le point lumineux situé à l'infini sur son axe : les rayons parallèles à l'axe sont rendus trop convergents, et l'accommodation ne ferait qu'exagérer ce défaut.

Si le point lumineux se rapproche de l'œil, son image chemine dans le même sens, se rapproche de la rétine et finit par se former exactement sur celle-ci. Le point lumineux est alors visible ; c'est le plus éloigné que l'œil puisse voir, on le nomme **punctum remotum**; sa distance à l'œil est la **distance maxima de la vision distincte.**

Si le point lumineux se rapproche encore de l'œil, son image passe derrière la lentille ; l'œil n'est plus assez convergent. C'est alors qu'intervient l'accommodation, qui augmente la convergence et ramène l'image sur la rétine.

Le point continuant à se rapprocher, l'accommodation augmente, jusqu'à un maximum qui détermine le point le plus rapproché que l'œil puisse voir. Ce point est dit le **punctum proximum**; sa distance à l'œil est la **distance minima de la vision distincte.**

Quand le point lumineux continue son mouvement vers l'œil, l'image passe derrière la rétine, et l'accommodation poussée au maximum ne suffit plus pour le ramener sur la rétine.

En résumé, l'œil myope ne peut voir distinctement que les points compris entre le *punctum remotum* et le *punctum proximum*. La distance de ces deux points extrêmes est dite la **latitude** ou le **parcours** de l'accommodation.

La myopie provient d'une trop forte courbure de la cornée, ou d'un allongement anormal du globe de l'œil. Quand elle n'est pas héréditaire, elle se contracte à la suite d'efforts trop fréquents ou trop prolongés, pour voir de très près de petits objets. Dans la myopie très prononcée, la distance maxima de vision distincte peut se réduire à quelques mètres, et la distance minima à quelques millimètres.

2° Œil emmétrope. — *Un œil est normal quand le foyer principal d'émergence tombe exactement sur la rétine.*

L'œil normal au repos voit distinctement le point situé à l'infini sur son axe, car les rayons parallèles à l'axe viennent converger sur la rétine.

Si le point lumineux se rapproche, son image tend à passer derrière la rétine; mais l'accommodation le ramène sur l'écran rétinien, et la vision reste distincte.

L'accommodation s'accentue de plus en plus, à mesure que le point se rapproche de l'œil; elle finit par atteindre un maximum, qui détermine le **punctum proximum** et la **distance minima** de vision distincte.

En résumé, l'œil normal peut voir distinctement tous les points situés au delà du *punctum proximum*. On peut le considérer comme la limite d'un œil myope, dont le *punctum remotum* est rejeté à l'infini.

La vue exactement normale est rare, mais les yeux sensiblement emmétropes sont assez communs. Leur distance minima de vision distincte varie de 15 à 20 centimètres. Ils voient sans accommodation tous les objets situés au delà de 5 ou 6 mètres ; car, à cette distance, les pinceaux oculaires sont formés de rayons sensiblement parallèles.

3° **Œil hypermétrope.** — *Un œil est hypermétrope quand le foyer principal d'émergence est situé derrière la rétine.*

Le point à l'infini ne peut donc pas être vu sans accommodation. Il en est de même *à fortiori* des points situés à distance finie, jusqu'au *punctum proximum* qui exige le maximum d'accommodation.

L'œil hypermétrope peut voir distinctement tous les points situés au delà du *punctum proximum.*

En outre, il peut voir des points lumineux virtuels; c'est-à-dire qu'il peut transformer un faisceau convergent, ayant son sommet derrière la rétine, en un autre faisceau convergent ayant son sommet sur la rétine. Pour cela, il faut que le sommet du premier cône soit situé derrière la rétine, entre le point à l'infini et un point limite qui est dit, par analogie, le *punctum remotum*. Ce dernier est le point virtuel que l'œil hypermétrope voit sans accommodation. Quand le point lumineux virtuel part de cette position limite et s'éloigne indéfiniment de l'œil, l'accommodation croît à partir de zéro.

L'œil normal peut être considéré comme la limite d'un œil hypermétrope, dont le *punctum remotum* virtuel disparaît à l'infini.

Une hypermétropie légère passe inaperçue; car une faible accommodation procure la vision à l'infini ; néanmoins la distance minima de vision distincte pour un œil hypermétrope est toujours supérieure à celle d'un œil normal.

Remarque. — On peut dire que l'effet de l'accommodation consiste à déplacer le plan conjugué de la rétine (ou le foyer conjugué du point de la rétine qui est situé sur l'axe optique). *Le punctum remotum est le conjugué de la rétine quand l'accommodation est nulle.* L'abscisse de ce point est *positive*, *infinie* ou *négative*, suivant que l'œil est *myope*, *normal* ou *hypermétrope*.

Le punctum proximum est le conjugué de la rétine quand l'accommodation est maximum. Ce point est toujours en avant de l'œil, à une distance qui est moindre pour l'œil myope que pour l'œil normal, et moindre pour celui-ci que pour l'œil hypermétrope.

566. **Presbytie.** — *On dit qu'un œil devient* **presbyte,** *quand sa faculté d'accommodation diminue, par suite de l'affaiblissement du muscle ciliaire.*

A mesure que l'on avance en âge, la puissance d'accommodation s'affaiblit, et le *punctum proximum* s'éloigne de plus en plus de l'œil.

Pour voir nettement les caractères d'imprimerie, les vieillards sont obligés parfois de tenir leur livre à grande distance de l'œil. Il y a presbytie quand la distance minima de vision distincte dépasse 50 centimètres.

La presbytie est plus précoce pour un œil hypermétrope que pour un œil normal.

Quand elle se produit sur un œil myope, elle rapproche le *punctum proximum* du *punctum remotum*, restreignant ainsi de plus en plus le parcours d'accommodation.

567. Bésicles. — *On appelle* **bésicles** *des lentilles oculaires destinées à corriger les amétropies.*

Pour ramener l'œil amétrope aux conditions de l'œil normal (c'est-à-dire pour lui procurer la vision nette du point à l'infini, sans accommodation), *il suffit de placer devant l'œil une lentille dont le foyer principal d'émergence coïncide avec le punctum remotum.*

En effet, cette lentille substitue, au point lumineux placé à l'infini, une image située au foyer principal d'émergence. Cette image joue à l'égard de l'œil le rôle de point lumineux. Or elle coïncide par hypothèse avec le *punctum remotum ;* donc elle est vue distinctement sans accommodation.

Alors, non seulement le *punctum remotum* est rejeté à l'infini, mais le *punctum proximum* subit un déplacement dans le même sens, et l'œil amétrope se trouve ramené aux conditions de l'œil normal.

Démonstration par le calcul. — Adoptons pour sens positif le sens de propagation de la lumière. Soient f l'abscisse du foyer d'émergence de l'œil, et r celle de la rétine. (On a $f \gtreqless r$, suivant que l'œil est myope ou hypermétrope.)

Proposons-nous de calculer la distance focale x, de la lentille qu'il faut appliquer contre l'œil pour corriger l'amétropie; c'est-à-dire pour que la distance focale du système constitué par l'œil et la lentille soit égale à r (en d'autres termes, pour que le foyer principal du système tombe sur la rétine).

La convergence du système étant égale à la somme algébrique des convergences individuelles des deux parties (534), on doit avoir :

$$\frac{1}{x} + \frac{1}{f} = \frac{1}{r}. \tag{1}$$

Soit D l'abscisse du *punctum remotum* (négative pour un œil myope, positive pour un hypermétrope).

Les distances D, r étant conjuguées par rapport au système optique de l'œil,

on a (513) :

$$\frac{1}{r} - \frac{1}{D} = \frac{1}{f}. \tag{2}$$

Additionnant membre à même (1) et (2), il vient :

$$\frac{1}{x} - \frac{1}{D} = 0,$$

d'où
$$x = D.$$

Donc, en supposant la lentille appliquée contre l'œil, il faut que sa distance focale d'émergence soit égale en grandeur et signe à l'abscisse du *punctum remotum;* c'est-à-dire que ce dernier point coïncide avec le foyer principal d'émergence de la lentille oculaire.

Si l'œil est myope, D est négatif, et la lentille doit être *divergente;* si l'œil est hypermétrope, D est positif, et la lentille doit être *convergente.*

Examinons successivement les deux cas.

Correction de la myopie (fig. 596). — Pour l'œil myope, le *punctum remotum* est en avant de l'œil (à une distance D négative). Plaçons devant cet œil une lentille *divergente* L, dont le foyer d'émergence coïncide avec le *punctum remotum* F.

Les rayons lumineux parallèles à l'axe sont transformés par la

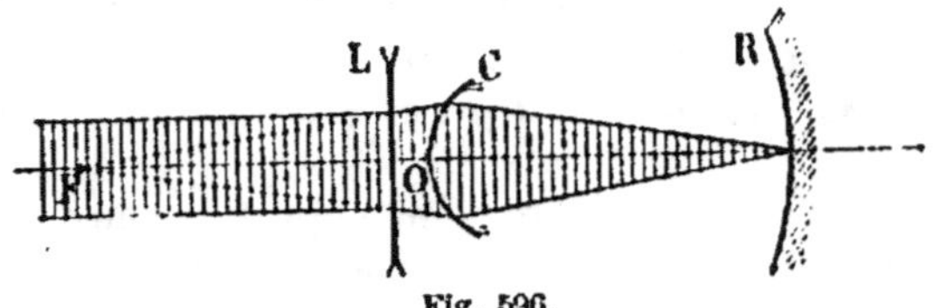

Fig. 596.

lentille en un faisceau divergent, dont le sommet coïncide avec le foyer d'émergence F, c'est-à-dire avec le *punctum remotum*. Donc l'œil transforme à son tour le faisceau divergent ↘ un faisceau convergent qui a son sommet sur la rétine.

Correction de l'hypermétropie (fig. 597). — Pour l'œil hypermétrope, le *punctum remotum* est en arrière de l'œil (à une distance D positive). Interposons une lentille *convergente* L, dont le foyer d'émergence coïncide avec ce *punctum remotum* F.

Les rayons parallèles à l'axe sont transformés par la lentille en

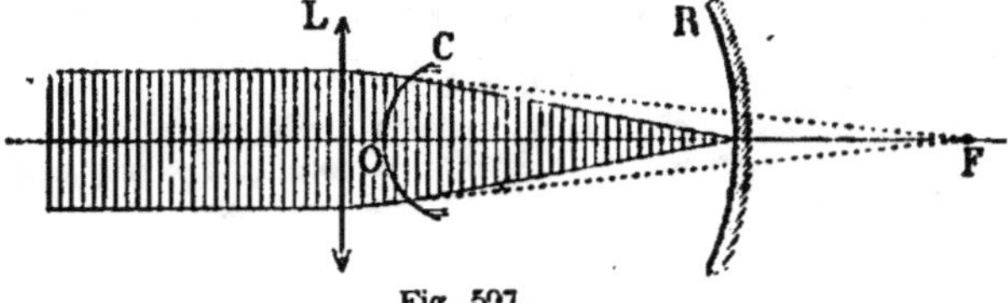

Fig. 597.

un faisceau convergent, dont le sommet coïncide avec le foyer d'émergence F, c'est-à-dire avec le *punctum remotum*. Donc, sans accommodation, l'œil transforme ce faisceau en un autre faisceau convergent, dont le sommet est sur la rétine.

Numérotage des bésicles. — Autrefois, les bésicles portaient des numéros donnant la distance focale évaluée en pouces ; le numéro était d'autant plus fort que les bésicles étaient plus faibles. On les numérote aujourd'hui en dioptries.

L'ancien numéro N correspond sensiblement à $D = \dfrac{40}{N}$ (dioptries).

Ainsi, les numéros   40, 20, 10, 5,

deviennent   1, 2, 4, 8 ; et inversement.

568. Grandeur de l'image rétinienne. — Pouvoir séparateur.

I. **Image rétinienne.** — *La grandeur de l'image rétinienne d'un objet est proportionnelle au diamètre apparent de cet objet et inversement proportionnelle à la distance de l'œil à l'objet.*

Soient C le centre optique de l'œil (fig. 598), $AB = h$ un objet

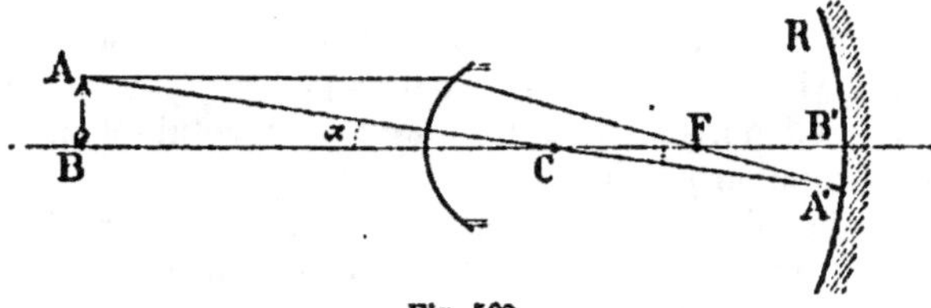

Fig. 598.

perpendiculaire à l'axe optique, à une distance $CB = d$, comprise entre les distances maxima et minima, Δ, δ, de la vision distincte.

Le diamètre apparent de l'objet AB est l'angle $ACB = \alpha$, sous lequel on voit cet objet. Cet angle est toujours supposé assez petit pour qu'on puisse le mesurer par sa tangente :

$$tg\,\alpha = \frac{h}{d}.$$

L'œil étant accommodé, il se forme sur la rétine une image $A'B' = h'$, à une distance invariable $CB' = r$.

Cette image A'B' et l'objet AB sont sensiblement homothétiques par rapport au point nodal C. On a donc :

$$\frac{h'}{h} = \frac{r}{d}; \quad \text{d'où} \quad h' = r \cdot \frac{h}{d}. \tag{1}$$

La distance r peut être considérée comme constante ; la distance d peut varier depuis δ jusqu'à Δ. Ainsi :

1° L'image rétinienne d'un objet est proportionnelle au diamètre apparent de cet objet.

2° Pour un même objet de longueur donnée h, l'image rétinienne est inversement proportionnelle à la distance d'accommodation d.

3° La distance de l'œil à l'objet, d, diminuant de Δ à δ. On voit cet objet sous un angle de plus en plus grand, l'image rétinienne augmente, et les petits détails visibles sont de plus en plus distincts.

4° L'image rétinienne et le diamètre apparent d'un objet donné sont maximums, quand la distance d est la plus petite possible ; c'est-à-dire pour la distance minima δ de la vision distincte.

II. *La* **puissance de l'œil**, *dans des conditions données, est l'angle sous lequel on voit distinctement l'unité de longueur.*

A la distance d, l'unité de longueur est vue sous un angle mesuré par sa tangente $\dfrac{1}{d}$.

Cet angle est maximum pour la distance minima de la vision distincte, $d = \delta$. La puissance maximum, $\dfrac{1}{\delta}$, se nomme le **pouvoir séparateur** de l'œil considéré.

Ainsi, le **pouvoir séparateur** est égal à l'inverse de la distance minima de la vision distincte. Il est plus grand pour un œil myope que pour un œil normal, et plus grand pour celui-ci que pour un œil hypermétrope ou presbyte.

Il est aisé de voir que cette donnée numérique caractérise l'aptitude de l'œil à distinguer les détails des petits objets.

En effet, lorsqu'on fixe un petit objet, les détails que l'on aperçoit sont d'autant plus distincts ou plus nombreux, que l'image rétinienne est plus grande. L'aptitude de l'œil à distinguer les détails peut donc être caractérisée par la grandeur de l'image rétinienne de l'unité de longueur, placée à la distance minima de la vision distincte.

Or, dans les hypothèses $h = 1$ et $d = \delta$, la formule (1) donne :

$$h' = r \cdot \frac{1}{\delta}.$$

Donc, r pouvant être considéré comme invariable, h' est proportionnel au pouvoir séparateur.

569. Inconvénient de la presbytie. — L'inconvénient principal de la presbytie est de reculer de plus en plus le *punctum proximum*, d'allonger la distance minima de vision distincte, et ainsi de mettre obstacle à la vision des détails, en diminuant le *pouvoir séparateur*.

Correction de la presbytie. — On corrige la presbytie en plaçant contre l'œil une lentille convergente, de distance focale convenable.

Soit un œil presbyte dont le *punctum proximum* s'est éloigné jusqu'à une distance $P'O = \delta'$ (fig. 599). Proposons-nous de calculer la distance focale x d'une lentille qui lui permettra de voir nettement un point lumineux P, situé à une distance $PO = \delta$, égale à la distance du *punctum proximum* d'un œil normal.

Au point lumineux P dont l'abscisse est $OP = -\delta$, la lentille

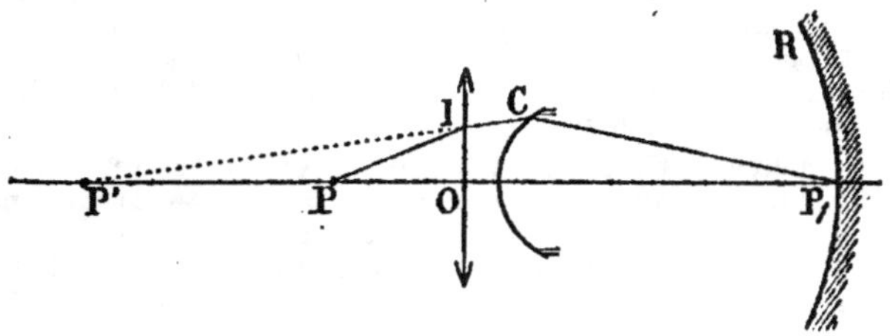

Fig. 599.

doit substituer une image reportée au point P', dont l'abscisse est

$$CP' = -\delta'.$$

En écrivant que ces abscisses conjuguées satisfont à la formule des lentilles, on obtient l'équation :

$$\frac{1}{-\delta'} - \frac{1}{-\delta} = \frac{1}{x}, \quad \text{d'où} \quad \frac{1}{x} = \frac{1}{\delta} - \frac{1}{\delta'}.$$

Telle est la *convergence* de la lentille appropriée.

La relation qui précède est susceptible d'une interprétation utile à remarquer. Les deux termes du second membre représentent respectivement la puissance de l'œil normal et la puissance de l'œil presbyte. Ainsi, *pour corriger la presbytie, il faut armer l'œil d'une lentille dont la convergence soit égale à l'excès de la puissance de l'œil normal sur celle de l'œil presbyte considéré.*

La relation peut s'écrire :

$$\frac{1}{\delta} = \frac{1}{\delta'} + \frac{1}{x}.$$

Donc, *la lentille appliquée contre l'œil forme avec celui-ci un système dont la puissance est égale à la somme des puissances individuelles de l'œil et de la lentille.*

Le remède apporté à la presbytie n'est pas sans inconvénient; car le *punctum remotum* est déplacé par la lentille en même temps que le *punctum proximum*, de sorte que le parcours d'accommodation est complètement changé.

Si le presbyte est hypermétrope, il peut se faire que le *punctum remotum* virtuel soit rejeté à l'infini; alors les lunettes qui lui permettent de voir de près ne l'empêchent pas de voir de loin.

Mais si le *punctum remotum* était à l'infini, il se rapproche à distance finie, et le presbyte ne peut pas distinguer à travers ses lunettes les objets lointains. Beaucoup de vieillards ne mettent leurs lunettes que pour lire ; ils les ôtent pour voir de loin, ou bien ils prennent l'habitude de regarder par-dessus.

570. Sensibilité de la rétine. — La sensibilité de la rétine est maximum en un point appelé la *tache jaune;* elle est nulle sur une petite saillie nommée la *papille optique.*

1° Point sensible. — La partie la plus sensible de la rétine est comprise dans un petit espace autour de l'axe optique de l'œil ; cet espace présente une tache jaune dont le diamètre horizontal est de 2 mill. mètres et le diamètre vertical de 1 millimètre. Cependant, pour bien voir un objet éloigné, on regarde cet objet un peu obliquement, afin que l'image se forme sur un point de la rétine dont la sensibilité ne soit pas émoussée.

2° Punctum cœcum. — C'est le point où le nerf optique entre dans l'œil. Ce point est insensible à la lumière, comme on le constate par l'expérience suivante : on prend deux points lumineux placés à une distance de 10 centimètres l'un de l'autre. On fixe normalement le point de gauche avec l'œil droit, en fermant l'œil gauche ; puis on s'écarte toujours normalement ; quand on est arrivé à une distance de 30 centimètres environ, l'image du second point se forme au *punctum cœcum,* et ce point disparaît, pour reparaître si l'on continue à s'éloigner.

571. Durée de l'impression. — Les impressions produites sur la rétine persistent pendant un certain temps, qu'on évalue à $\frac{1}{10}$ de seconde. C'est pour cela qu'un corps lumineux animé d'un mouvement très rapide donne l'impression d'une traînée lumineuse. Ainsi un point brillant qui parcourt une circonférence avec une vitesse de dix tours par seconde produit une circonférence lumineuse, parce que les impressions successives se superposent et paraissent simultanées.

Un miroir plan étant fixé à l'extrémité d'une branche d'un diapason, si on fait vibrer celui-ci, l'image mobile d'un point lumineux fixe donne l'impression d'un trait lumineux.

Mesure de la durée de l'impression. — Deux cartons circulaires contigus tournent autour d'un même axe et en sens inverses. Le premier est percé de fenêtres égales et équidistantes ; le second n'en a qu'une seule.

Si on imprime à ces disques un mouvement de rotation lent, on voit la lumière quand la fenêtre du second carton coïncide avec une des fenêtres du premier. Si on augmente la vitesse de rotation, on voit le jour en même temps à travers deux, trois, quatre fenêtres.

La durée de l'impression est mesurée par le temps qui s'écoule entre deux coïncidences vues simultanément ; on a trouvé les propriétés suivantes :

1° *La sensation n'est complète que si l'impression dure un temps sensible ;*

2° *La sensation persiste pendant quelques millièmes de seconde pour l'éclat maximum, puis elle s'efface progressivement;*

3° *La durée totale de la sensation est de 0″,031 en moyenne, soit $\frac{1}{11}$ de seconde.*

Applications. — La persistance des impressions lumineuses sur la rétine est utilisée dans un grand nombre d'appareils. On peut citer le *disque tournant* pour la recomposition de la lumière blanche ; le *phénakisticope,* le *praxinoscope* et autres jouets d'enfants ; mais surtout le *cinématographe,* dans lequel une série nombreuse de photographies défilent rapidement devant l'œil et donnent l'illusion d'une scène animée.

Images consécutives. — On appelle ainsi les impressions lumineuses qui subsistent parfois pendant un certain temps, lorsqu'on ferme les yeux après les avoir fixés sur un objet brillant.

Images phosphènes. — On appelle ainsi les images que l'on aperçoit quand, l'œil étant fermé, on comprime sa partie supérieure avec le doigt.

572. Irradiation. — Un objet lumineux paraît plus grand qu'un objet obscur de dimensions égales. On peut le constater en prenant un disque blanc et un disque noir de même rayon, et en mettant le disque blanc sur un fond noir et le disque noir sur un fond blanc : le disque blanc paraît plus grand que le disque noir.

573. Pourquoi on ne voit pas les objets renversés. — Nous ne comprenons pas comment l'impression reçue est transformée en sensation; dès lors, il est oiseux de faire des hypothèses pour expliquer pourquoi on ne voit pas les objets renversés.

574. Pourquoi on ne voit pas double. — Bien qu'il se produise une image dans chaque œil, la vision est simple; les deux impressions se superposent par le fait de l'organisation ou de l'éducation de la vue; il est nécessaire cependant que les images se produisent sur les deux rétines en des points correspondants. C'est ce qui résulte des expériences suivantes :

1° Si on déplace légèrement un œil avec le doigt, on voit double;

2° On fixe un objet avec un œil seulement, puis on ferme cet œil et on ouvre l'autre, on voit alors que l'objet change de place;

3° *Expérience de Wheatstone.* — On prend deux tubes noircis à l'intérieur, on les incline de manière que les axes se rencontrent, et on met un œil à chaque tube (fig. 600).

Si l'on fixe deux points A et B situés sur les axes, on voit ces deux points se confondre en un seul point O, à la rencontre des axes. Si les points A et B présentent deux couleurs complémentaires, par exemple, si l'un est rouge et l'autre vert, on voit en O un point blanc. Donc les images qui se forment sur les deux rétines, en des points correspondants, produisent une impression unique.

Fig. 600.

Polyopie. — Certains yeux voient *double*, à cause de la paralysie des nerfs moteurs. Quelquefois même un seul œil voit *double* ou *triple,* par suite d'un défaut de conformation. Cette maladie prend le nom de **diplopie, triplopie,** etc.

Hémiopsie. — Cette affection consiste à ne voir que la moitié des objets, soit avec les deux yeux, soit avec un seul œil. Cela arrive assez souvent après une forte migraine. Il est à remarquer que si la douleur a été au côté gauche de la tête, c'est la moitié droite des objets qui n'est pas aperçue. Wollaston, qui a constaté ce fait sur lui-même, l'explique par le croisement des nerfs optiques en arrière des yeux.

575. Appréciation du relief. — Si l'on regarde successivement un objet avec chaque œil, on le voit sous deux aspects différents (fig. 601); si on le regarde avec les deux yeux, les deux aspects se confondent et font voir l'objet en relief.

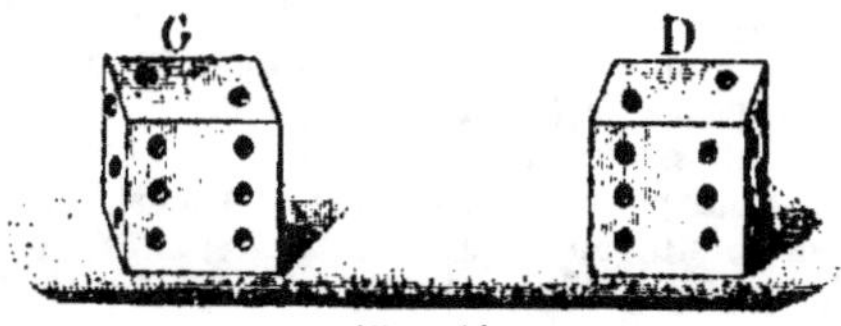

Fig. 601.

576. Stéréoscope. — Cet instrument fait voir en relief des images dessinées sur une surface plane.

A cet effet, on a deux dessins de l'objet considéré : le premier représente l'objet tel qu'on le voit avec l'œil droit, et le second tel qu'on le voit avec l'œil gauche. On place ces dessins l'un à côté de l'autre, de manière que le premier soit vu avec l'œil droit et le second avec l'œil gauche; les deux dessins paraissent superposés et font voir l'objet en relief.

Stéréoscope de réflexion. — Cet appareil, dû à Wheatstone, se compose de deux miroirs plans m et m' inclinés à 45° sur la droite OO', où se trouvent les yeux de l'observateur (fig. 602).

Les deux dessins de l'objet sont placés en d et d'. Les rayons lumineux émis par d et d' sont réfléchis par les miroirs m et m' et pénètrent dans les yeux de l'observateur comme s'ils provenaient d'une même image D.

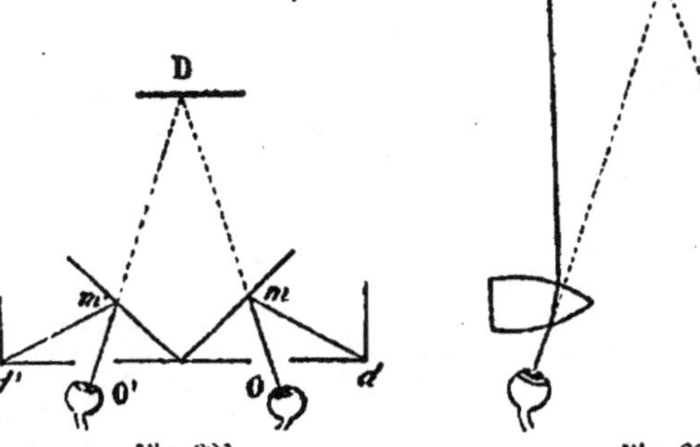

Fig. 602.   Fig. 603.

Stéréoscope de réfraction. — Cet appareil, dû à Brewster, se compose de deux prismes ou de deux portions de lentilles convergentes (fig. 603). Les deux dessins de l'objet sont placés en d et d', et les yeux de l'observateur sont de l'autre côté des prismes. Les rayons lumineux émis par d et d' sont déviés par les prismes, et ils pénètrent dans les yeux comme s'ils provenaient d'une seule image D.

Pseudoscope. — Cet instrument est identique au stéréoscope, seulement on change les dessins de place; alors le dessin de droite est vu par l'œil gauche, et le dessin de gauche par l'œil droit. Cet instrument transforme le relief en creux, et *vice versa*.

577. Perception des couleurs. — Daltonisme. — L'expérience montre que toutes les sensations colorées peuvent être obtenues par la combinaison, en proportion convenable, de trois couleurs dites *fondamentales : le rouge*, le *vert* et le *bleu.*

D'après Thomas Young, la rétine présenterait trois sortes de terminaisons nerveuses, respectivement sensibles à ces trois couleurs fondamentales; et la perception d'une teinte complexe proviendrait des excitations simultanées produites, sur ces trois espèces de terminaisons nerveuses, par les éléments fondamentaux de cette teinte complexe.

Quelques personnes ne peuvent pas distinguer certaines couleurs; le plus souvent c'est la sensation du rouge qui leur fait défaut. Cette maladie se nomme **daltonisme** ou *achromatopsie.* Dans la théorie précédente, elle s'expliquerait par l'atrophie de l'une des trois espèces de terminaisons nerveuses.

CHAPITRE VI

INSTRUMENTS D'OPTIQUE

578. Définition et classification des instruments d'optique. — Un *instrument d'optique* est un système de lentilles ou de miroirs, qui facilite la vision d'un objet, en substituant à cet objet une image qui se prête mieux à l'observation.

La plupart des instruments d'optique comprennent deux parties distinctes : un *objectif* et un *oculaire*.

L'objectif est un système convergent qui donne, de l'objet, une image *réelle*. Il peut être formé par un miroir concave, par une lentille convergente ou par un système de lentilles.

L'oculaire est une lentille, ou un système de lentilles (convergent ou divergent), donnant une image *virtuelle*, que l'œil regarde à travers la lentille.

Les instruments d'optique se partagent en deux classes, suivant la nature de l'image observée. On distingue :

1° *Les instruments sans oculaires, ou instruments de projection,* qui donnent des images *réelles ;*

2° *Les instruments avec oculaires,* ou instruments d'optique proprement dits, qui produisent des images *virtuelles.*

Ces derniers, à leur tour, se divisent en deux catégories : les *microscopes* et les *télescopes.* Les microscopes servent à examiner les objets très petits; les télescopes sont destinés à l'observation des objets très éloignés.

579. Grossissement d'un instrument d'optique. — On distingue le grossissement *angulaire* et le grossissement *linéaire.*

1° *On appelle* **grossissement angulaire**, *le rapport des diamètres apparents de l'image vue dans l'instrument, et de l'objet vu à l'œil nu, dans les meilleures conditions.*

Soient α, α' les diamètres apparents de l'objet vu à l'œil nu et au moyen de l'instrument. Le grossissement angulaire est :

$$G = \frac{\alpha'}{\alpha}.$$

En général, les angles sont assez petits pour qu'on puisse les remplacer par leurs tangentes. Alors on a :

$$G = \frac{\operatorname{tg} \alpha'}{\operatorname{tg} \alpha},$$

Le grossissement angulaire est égal au rapport des images réti-niennes de l'objet vu dans l'instrument et à l'œil nu. En effet, on sait que les images rétiniennes i, i' de deux objets quelconques sont proportionnelles aux diamètres apparents correspondants α, α' (568).

Donc
$$G = \frac{\operatorname{tg}\alpha'}{\operatorname{tg}\alpha} = \frac{i'}{i}.$$

2° *On appelle* grossissement linéaire *le rapport des dimensions homologues de l'image et de l'objet.*

Soit h la longueur de l'objet. Si l'instrument lui substitue une image de longueur h', le grossissement linéaire est :

$$g = \frac{h'}{h}.$$

Si l'on observe l'image à la même distance que l'objet, par exemple à la distance minima de la vision distincte δ, le grossissement angulaire G devient égal au grossissement linéaire g.

En effet, dans cette hypothèse, les diamètres apparents sont :

$$tg\alpha = \frac{h}{\delta}, \quad \text{et} \quad tg\alpha' = \frac{h'}{\delta}.$$

Un a donc
$$G = \frac{tg\alpha'}{tg\alpha} = \frac{h'}{h} = g.$$

§ I. INSTRUMENTS SANS OCULAIRE

580. Appareils de projection. — On appelle *instrument de projection*, tout appareil donnant une image réelle, que l'on peut recevoir sur un écran.

On distingue la *chambre noire*, la *chambre claire* et les *appareils de projection proprement dits.*

I. La **chambre noire** *des photographes* (fig. 604) se compose d'une lentille convergente C, jouant le rôle d'objectif, et d'un écran trans-

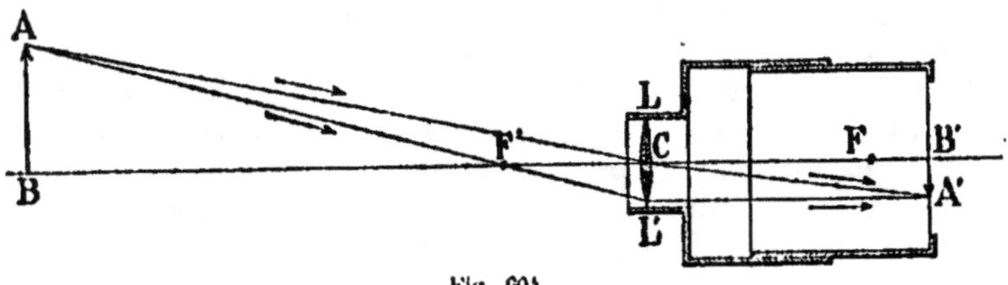

Fig. 604.

lucide mobile. Mettre au point, c'est amener l'écran dans le plan de l'image réelle A'B', c'est-à-dire dans le plan conjugué de l'objet AB. Pratiquement, on juge de la *mise au point* par la netteté de l'image obtenue sur l'écran.

II. La **chambre claire** *des dessinateurs* (fig. 605) donne l'image d'un édifice, d'un paysage, ou d'un objet quelconque, sur une feuille de papier, où l'on peut aisément la dessiner.

III. Les **appareils de projection** proprement dits *servent à projeter sur un écran, visible pour un grand nombre de spectateurs, l'image très agrandie d'un petit objet transparent fortement éclairé* (préparation anatomique, photographie ou peinture sur verre...).

Un appareil de projection comprend toujours trois parties : l'*objectif*, l'*écran* et le *système éclairant*.

Fig. 605.

1° L'objectif est une lentille très convergente, c'est-à-dire dont la distance focale f est très petite.

On place l'objet à une très petite distance *en avant du plan focal d'incidence*. On obtient ainsi une image réelle, très agrandie et renversée. (On a eu soin de placer la photographie à l'envers, le bas en haut.) La position et la grandeur de l'image sont données par les formules des lentilles :

$$\frac{1}{p'} - \frac{1}{p} = \frac{1}{f},$$

et

$$\frac{h'}{h} = \frac{p'}{p}.$$

Le grossissement linéaire *est le rapport des dimensions homologues de l'image et de l'objet*, c'est-à-dire la valeur absolue du rapport de similitude :

$$g = -\frac{h'}{h}.$$

Pour obtenir l'expression du grossissement en fonction de la distance focale f et de la distance p' de la lentille à l'écran, on élimine p entre les équations précédentes; ce qui donne :

$$g = -\frac{h'}{h} = \frac{p'}{f} - 1.$$

Ainsi le grossissement varie dans le même sens que p' et en sens contraire de f.

On appelle **grossissement superficiel** *le rapport des deux surfaces homologues de l'image et de l'objet*, c'est-à-dire le carré du rapport de similitude.

L'*éclairement* de l'image est inversement proportionnel au grossissement superficiel, c'est-à-dire à g^2.

Soient i l'éclat de l'objet, i' l'éclat de l'image, c'est-à-dire la quantité de lumière émise par l'unité de surface.

En faisant abstraction de la quantité de lumière perdue en chemin ou absorbée par l'écran, on a :

$$i = g^2 i'; \quad \text{d'où} \quad i' = \frac{i}{g^2}.$$

A cause de cet affaiblissement d'éclat, il importe d'éclairer l'objet très fortement.

2° L'écran est en général une toile blanche, qui diffuse la lumière, et peut être présentée aux spectateurs de l'un ou de l'autre côté.

3° Le **système éclairant** est un *accumulateur* ou *condensateur* de lumière (formé de lentilles et de miroirs) qui concentre sur l'objet la lumière du soleil, la lumière électrique (d'un arc voltaïque), la lumière oxhydrique ou celle d'une lampe quelconque.

581. Microscope solaire. — Cet instrument donne des images réelles très amplifiées d'objets très petits. Les rayons solaires sont

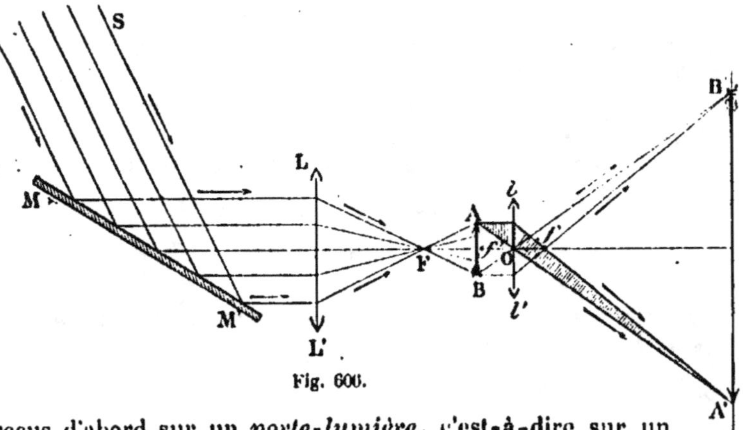

Fig. 606.

reçus d'abord sur un *porte-lumière*, c'est-à-dire sur un miroir plan M (fig. 606) orienté de manière que les rayons réfléchis soient horizontaux; ces rayons traversent une lentille L, ou un système convergent qui les concentre en son foyer d'émergence F. Un objet AB de petite dimension et transparent, placé près du foyer F, reçoit les rayons solaires et se trouve ainsi vivement éclairé.

Un objectif très convergent O est placé de façon que l'objet AB se trouve un peu en avant de son foyer d'incidence f'; on obtient ainsi une image réelle et renversée A'B', que l'on reçoit sur un écran.

Mise au point. — Pour que l'image soit nette, il faut que l'écran soit dans le plan conjugué de **AB**. On obtient ce résultat en déplaçant l'objectif O à l'aide d'un pignon et d'une crémaillère.

Grossissement. — On peut calculer le grossissement linéaire d'après la théorie des lentilles convergentes; mais, dans la pratique, on le détermine par le procédé suivant :

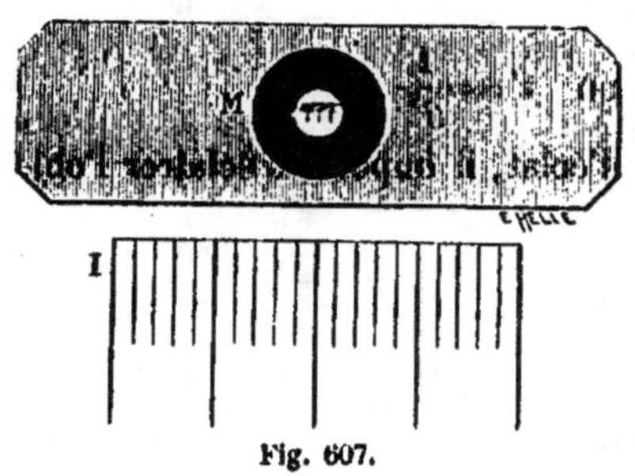

Fig. 607.

A la place de l'objet **AB**, on dispose un micromètre (fig. 607), c'est-à-dire une plaque de verre divisée en fractions de millimètre, par exemple en centièmes de millimètre. Supposons que n divisions du micromètre donnent sur l'écran une image de n' millimètres.

Les n divisions du micromètre valent $\dfrac{n}{100}$ de millimètre, le grossissement du microscope est donc

$$g = \frac{n'}{\dfrac{n}{100}} = \frac{100n'}{n}.$$

Le grossissement superficiel est g^2; car le rapport de deux figures semblables est égal au carré du rapport de similitude.

582. Lanterne magique. — La lanterne magique (fig. 608) contient une

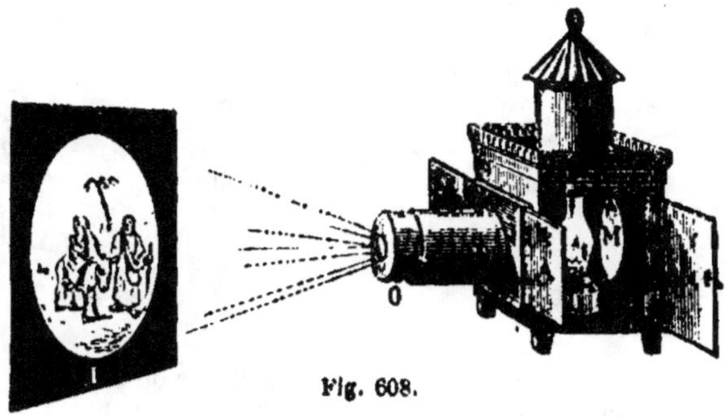

Fig. 608.

lampe L et un réflecteur M, qui projette la lumière sur une lentille convergente C, laquelle concentre les rayons lumineux sur un verre peint; celui-ci est placé en avant et à une faible distance du foyer de l'objectif O, qui produit sur un écran blanc une image agrandie du tableau représenté sur le verre.

La figure suivante (fig. 609) représente une lanterne de projection dans

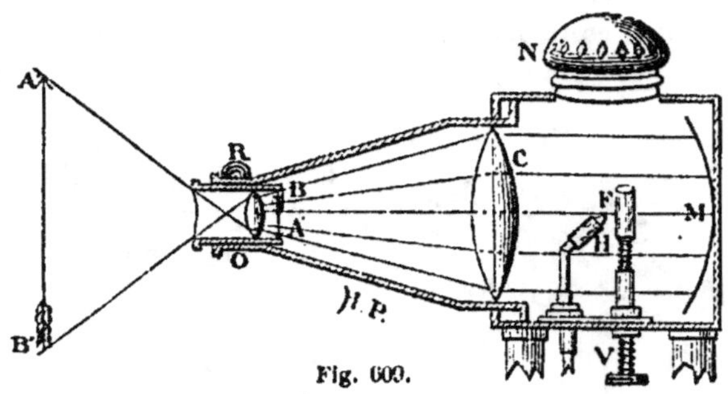

Fig. 609.

laquelle la source de lumière est une lampe de Drummond (bâton de chaux ou de magnésie F rendu incandescent par la flamme d'un chalumeau oxhydrique H). Le condensateur de lumière se compose d'un réflecteur M et d'un réfracteur C.

583. Phares dioptriques. — La lumière issue d'un point lumineux placé au foyer d'une lentille émerge en un faisceau parallèle, dont l'intensité se conserve à une grande distance; cette propriété est utilisée dans la construction des phares. Pour obtenir de grandes lentilles sans leur donner un poids trop considérable, on utilise les lentilles à échelons (fig. 610); dans ces lentilles, une des faces est plane, et l'autre est formée de couronnes qui entourent une lentille;

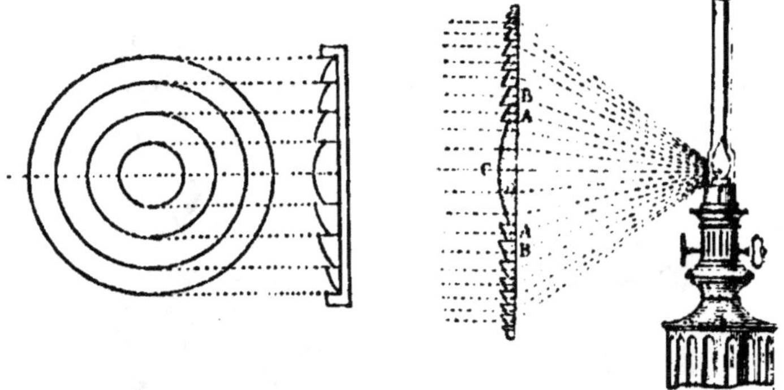

Fig. 610.   Fig. 611.

les courbures de ces différentes parties sont calculées de telle sorte que tout le système possède un même foyer, où l'on installe une lampe à huile ou une lampe électrique (fig. 611).

Le phare entier est une grande lanterne prismatique à huit pans, portant huit lentilles à échelons et éclairant simultanément huit points de l'horizon. Un mouvement de rotation projette successivement les huit faisceaux lumineux dans toutes les directions et détermine ainsi, en chaque point du voisinage, une succession d'éclats et d'éclipses. On peut faire varier le nombre et la durée des

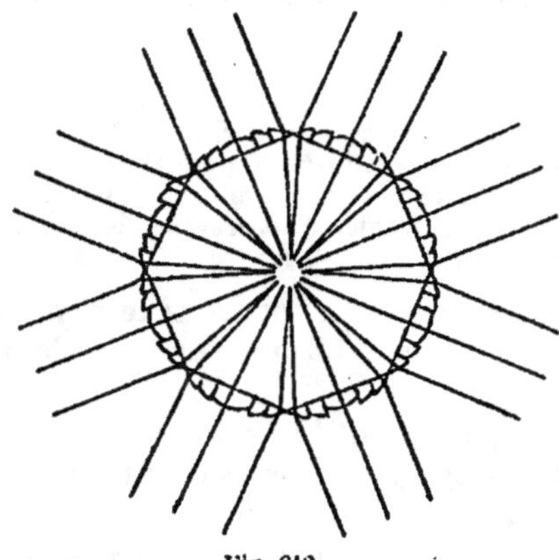

Fig. 612.

éclipses, en modifiant le nombre des lentilles ou en changeant la vitesse du mouvement de rotation. On a ainsi le moyen de faire distinguer les phares les uns des autres.

§ II. INSTRUMENTS A OCULAIRE

584. But des instruments à oculaire. — Tout instrument à oculaire est destiné à être placé devant l'œil pour modifier les conditions de la vision. Il a pour but de remplacer l'objet par une image de plus grand diamètre apparent; c'est-à-dire de remplacer l'image rétinienne de l'objet, vu à l'œil nu, par une image rétinienne plus grande, obtenue en regardant l'objet à travers l'instrument.

L'instrument est d'autant plus avantageux que l'image rétinienne, ou le diamètre apparent, s'accroît dans une plus grande proportion. Le grossissement angulaire peut donc être considéré comme le *coefficient d'utilité* de l'appareil.

585. Classification des instruments à oculaire. — Les instruments à oculaire se partagent en deux classes, d'après l'usage auquel ils sont destinés. On distingue les *microscopes* et les *instruments télescopiques.*

1° Les *microscopes* (loupe, microscope composé...) servent à examiner les objets de petites dimensions, *que l'on peut rapprocher de l'œil à volonté.*

2° *Les instruments télescopiques* (lunette astronomique, télescope de Newton...) servent à examiner les objets très éloignés, *que l'on ne peut pas rapprocher de l'œil.*

1. MICROSCOPES

586. Définition. — *Les microscopes (simples ou composés) sont des instruments qui servent à augmenter le diamètre apparent des petits objets.*

Il s'agit des objets que l'on peut rapprocher de l'œil à volonté, mais que la limite inférieure de la vision distincte ne permet pas de voir d'assez près pour en étudier les détails. A travers le microscope, ils apparaissent sous un diamètre plus grand; ce qui permet d'apercevoir des objets, ou d'observer des détails, qui seraient invisibles à l'œil nu.

1º **Le microscope simple**, connu sous le nom de loupe, se réduit à un oculaire convergent, formé d'une ou de plusieurs lentilles (doublet, triplet).

Il donne des images *virtuelles*, droites.

2º **Le microscope composé** comprend un objectif et un oculaire. L'objectif substitue à l'objet une image réelle, renversée, que l'oculaire remplace à son tour par une image *virtuelle*, droite par rapport à la première image, mais **renversée** par rapport à l'objet.

587. Puissance d'un microscope. — *On appelle puissance d'un microscope* (loupe ou microscope composé) *le diamètre apparent de l'unité de longueur vue à travers l'instrument.*

On admet que les diamètres apparents considérés sont assez petits pour que l'on puisse remplacer les angles par leurs tangentes, et l'on raisonne comme si les angles étaient proportionnels à ces tangentes. Par exemple, si la longueur 1 est vue sous un angle P, la longueur h sera vue sous un angle Ph.

Soit à calculer la puissance P d'un microscope, sachant qu'un objet de longueur h, vu à travers l'instrument, est remplacé par une image h' située à une distance d de l'œil de l'observateur.

La longueur h est vue à travers l'instrument sous un angle $\dfrac{h'}{d}$;

la longueur 1 sera vue sous un angle h fois moindre :

$$P = \frac{h'}{d} \cdot \frac{1}{h} \qquad\qquad (1)$$

Relation entre la puissance P et le grossissement linéaire g.
La formule (1) peut s'écrire :

$$P = \frac{h'}{h} \cdot \frac{1}{d} = g \cdot \frac{1}{d}.$$

Donc *la puissance d'un microscope est égale au produit de son grossissement linéaire par la puissance actuelle de l'œil qui regarde à travers l'instrument.*

Inversement, on a : $\qquad\qquad g = Pd;$

c'est-à-dire que *le grossissement linéaire est égal au produit de la puissance du microscope par la distance d'accommodation.*

Comme cette distance d'accommodation varie à volonté, il en est de même du grossissement linéaire du microscope.

588. Grossissement d'un microscope. — *Le grossissement angulaire G d'un microscope est le rapport qui existe entre le diamètre apparent de l'image (h') vue dans l'instrument (à la distance d'accommodation d), et le diamètre apparent de l'objet (h) vu à l'œil nu (à la distance minima de la vision distincte δ).*

Ces diamètres apparents ont pour mesure :

$$\frac{h'}{d} \quad \text{et} \quad \frac{h}{\delta}.$$

Le grossissement angulaire est donc :

$$G = \frac{h'}{d} : \frac{h}{\delta} = \frac{h'}{h} \cdot \frac{\delta}{d} \tag{2}$$

Relation entre la puissance P et le grossissement angulaire G.
La formule (2) peut s'écrire, en tenant compte de la formule (1) :

$$G = P\delta = \frac{P}{\frac{1}{\delta}}.$$

Donc, *le grossissement angulaire est égal au produit de la puissance du microscope par la distance minima de la vision distincte; ou mieux, le grossissement angulaire est égal au rapport de la puissance de l'instrument à la puissance maxima de l'œil de l'observateur.*

Inversement, on a : $P = G \cdot \frac{1}{\delta}$;

c'est-à-dire *que la puissance du microscope est égale au produit de son grossissement angulaire par la puissance maxima de l'œil de l'observateur.*

Microscope simple.

589. Loupe ou microscope simple (fig. 613). — La loupe est

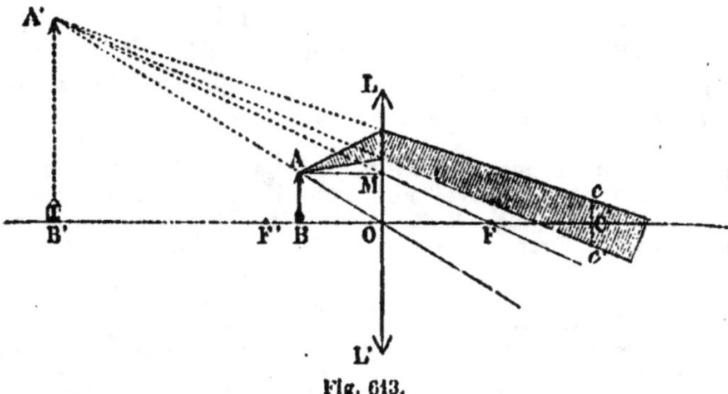

Fig. 613.

une lentille convergente O à court foyer, que l'on interpose entre l'œil C et l'objet AB, de manière que celui-ci se trouve entre le foyer et la lentille, très près du foyer.

La loupe donne une image *virtuelle, droite* et *agrandie.*

Pour construire l'image du point A, on mène l'axe secondaire OA et un rayon AM parallèle à l'axe principal; ce rayon, après s'être réfracté, passe au foyer principal d'émergence F″; le rayon réfracté et l'axe secondaire prolongés se rencontrent en un point A′, qui est l'image du point A. Si l'objet AB est dans un plan perpendiculaire à l'axe principal OF, son image A′B′ est aussi dans un plan perpendiculaire à cet axe; cette image est virtuelle, droite et agrandie.

590. Marche des rayons lumineux. — Les rayons issus d'un point quelconque A, et réfractés par la lentille, parviennent à l'œil comme s'ils émanaient de l'image A′.

Pour construire le pinceau oculaire relatif au point A, on commence par tracer le cône qui a pour sommet A′ et pour base la pupille cc′; puis on trace le cône de sommet A qui a pour base la section faite dans le premier cône par le plan de la lentille.

591. Mise au point. — 1° L'œil étant placé derrière la lentille, à une distance quelconque mais invariable, la mise au point consiste à placer l'objet AB de manière que l'image A′B′ se forme entre les limites d'accommodation, c'est-à-dire à une distance de l'œil comprise entre les distances maxima et minima de la vision distincte. Pratiquement, on déplace lentement l'objet entre la lentille et le foyer d'incidence, jusqu'à ce qu'on obtienne une image nette.

On sait que l'objet et son image se déplacent toujours dans le même sens : soit dans le sens de la lumière, soit dans le sens opposé (518 et 519) [1]. Par conséquent, pour que l'image A′B′ se rapproche ou s'éloigne de l'œil, il faut que l'objet AB se rapproche ou s'éloigne de la lentille. Mais à un léger déplacement de l'objet correspond un grand déplacement de l'image, surtout quand l'objet est très voisin du foyer principal de la lentille. C'est pourquoi la *latitude de mise au point* est toujours très petite.

Considérons, par exemple, un œil normal. Quand AB est dans le plan focal d'incidence, A′B′ est à l'infini, et l'œil voit cette image sans accommodation. Supposons que AB se rapproche lentement de la lentille : A′B′ se rapproche rapidement de l'œil, qui continue à la voir nettement, grâce à une accommodation

---

1 C'est un fait général, qui résulte de la discussion de l'équation aux foyers conjugués, c'est-à-dire de la formule qui lie entre elles les abscisses p, p' d'un objet et de son image. En étudiant les variations de p' considérée comme une fonction de p, on constate que cette fonction est *toujours croissante*, c'est-à-dire que les deux abscisses p, p' varient toujours dans le même sens : elles sont toutes deux croissantes, ou toutes deux décroissantes. Il s'ensuit que les déplacements simultanés de l'objet et de l'image sont toujours dirigés dans le même sens.

croissante. Bientôt A'B' arrive au *punctum proximum*, et l'accommodation atteint sa valeur maximum. Si A'B' continue à se rapprocher de l'œil, la vision ne peut plus se faire distinctement.

2° Dans la pratique, quand on regarde un objet à la loupe, on place toujours l'œil le plus près possible de la lentille et l'on accommode au maximum, c'est-à-dire pour la vision à la distance minima. (Alors le centre optique de l'œil se trouve entre la lentille et le foyer principal d'émergence.)

Dans ces conditions, la distance de l'objet à la lentille est plus grande pour un presbyte que pour un myope.

592. Puissance de la loupe. — *La puissance de la loupe est le diamètre apparent de l'unité de longueur vue à travers l'instrument.*

Soient $AB = h$, $A'B' = h'$ les dimensions homologues de l'objet et de son image (fig. 614), C la position du centre optique de l'œil, $B'C = d$ la distance d'accommodation.

La puissance P est la valeur de l'angle A'CB' pour $AB = 1$; c'est-à-dire, en remplaçant les angles par leurs tangentes :

$$P = \frac{h'}{d} \cdot \frac{1}{h} \qquad (1)$$

ce que l'on peut écrire :

$$P = \frac{h'}{h} \cdot \frac{1}{d} \qquad (2)$$

Il s'agit de calculer cette expression *en fonction des données qui caractérisent la loupe et les conditions de la vision,* c'est-à-dire en fonction de la distance focale f, de la distance d'accommodation d et de l'intervalle $OC = a$ qui sépare le centre optique de la lentille du centre optique de l'œil.

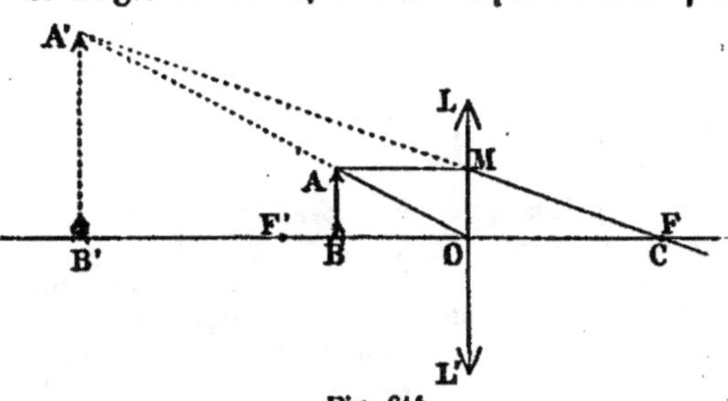

Fig. 614.

Avant d'établir la formule générale, nous allons étudier un cas particulier remarquable, où elle est indépendante de la distance d'accommodation.

CAS PARTICULIER : l'œil est au foyer d'émergence de la loupe (fig. 614).

— Quand le centre optique de l'œil est au foyer d'émergence de la loupe, la puissance de la loupe est égale à la convergence de la lentille.

Les triangles semblables A'B'C, MOC donnent :

$$\frac{h'}{h} = \frac{A'B'}{AB \text{ ou } MO} = \frac{B'C}{OC} = \frac{d}{f},$$

et la formule (2) devient $\qquad P = \dfrac{1}{f}.$ $\hfill (3)$

1° Ainsi, quand l'œil est au foyer de la loupe, la puissance est indépendante de la distance d'accommodation. Alors il est indifférent d'accommoder soit au maximum pour voir de plus près, soit au minimum pour éviter la fatigue qui résulte de l'accommodation.

Dans le cas d'un œil normal, par exemple, on peut placer l'objet AB dans le plan focal d'incidence; alors l'image A'B' est rejetée à l'infini, et l'œil peut la voir distinctement sans accommodation.

2° Dans la pratique, lorsqu'on observe un objet à la loupe, on approche l'œil le plus possible de la lentille. Alors, comme nous allons le voir, la puissance varie avec les conditions de la vision, et il convient d'accommoder au maximum, c'est-à-dire pour la vision à distance minima.

CAS GÉNÉRAL : **l'œil est dans une position quelconque.** — Soient $OC = a$ la distance de l'œil au centre optique de la lentille, et $B'C = d$ la distance d'accommodation; d'où $B'F = d - a + f.$

Les triangles semblables A'B'F, MOF donnent :

$$\frac{h'}{h} = \frac{A'B'}{MO} = \frac{B'F}{O'F} = \frac{d-a+f}{f}.$$

En tenant compte de cette valeur, la formule (2) devient :

$$P = \frac{d-a+f}{df},$$

ou $\qquad\qquad P = \dfrac{1}{f}\left(1 + \dfrac{f-a}{d}\right).$ $\hfill (4)$

Telle est la formule générale de la puissance de la loupe.

1° Si l'on veut avoir une puissance vraiment caractéristique de la loupe et indépendante de la distance d'accommodation d, il faut attribuer à a la valeur $a = f$, qui annule le second terme de la parenthèse. Alors l'œil est au foyer d'émergence de la lentille, et la puissance prend la valeur (3) qui est indépendante de l'œil de l'observateur et que l'on pourrait appeler la **puissance spécifique de la loupe.**

2° *Quand l'œil est appliqué contre la lentille, la puissance de la loupe est égale à la somme des convergences de la lentille et de l'œil accommodé pour la vision de l'image.*

En effet, pour $a = o$, la formule (4) donne :

$$P = \frac{1}{f} + \frac{1}{d}.$$

Alors la puissance croît lorsque d diminue; elle atteint son maximum quand la distance d'accommodation prend sa valeur minima $d = \delta$. Ce maximum

$$P = \frac{1}{f} + \frac{1}{\delta} \qquad (5)$$

est plus grand pour un œil myope que pour un presbyte [1].

593. Grossissement de la loupe. — *Le grossissement* (G) *est le rapport du diamètre apparent de l'image* (h') *vue dans l'instrument (à la distance d'accommodation* d) *au diamètre apparent de l'objet* (h) *vu à l'œil nu (à la distance minima de la vision distincte* δ).

On a, en remplaçant chaque angle par sa tangente,

$$G = \frac{h'}{d} : \frac{h}{\delta} = \frac{h'}{h} \cdot \frac{\delta}{d}. \qquad (1)$$

En tenant compte de la formule (1) qui définit la puissance de la loupe, cette formule peut s'écrire :

$$G = P\delta \qquad (2')$$

Pour calculer le grossissement *en fonction des données qui carac-*

---

[1] **Discussion de la formule générale (4).** — Il y a trois cas à distinguer suivant que la distance a est inférieure, égale ou supérieure à la distance focale f.

1° *Dans l'hypothèse* $a < f$, d'où $f - a > 0$; on a :

$$P = \frac{1}{f}\left(1 + \frac{f-a}{d}\right).$$

valeur qui augmente lorsque d diminue. Il convient d'accommoder pour la vision à distance minima, c'est-à-dire pour que l'image se forme au *punctum proximum;* et la puissance de la loupe est plus grande pour l'œil myope que pour le presbyte.

Lorsque d augmente indéfiniment (ce qui peut avoir lieu pour l'œil normal et pour l'hypermétrope), la puissance tend vers sa valeur spécifique (3).

2° *Dans l'hypothèse* $a = f$, la puissance prend sa valeur spécifique (3), qui reste invariable quelles que soient les conditions de la vision.

3° *Dans l'hypothèse* $a > f$, d'où $f - a < 0$, on peut écrire :

$$P = \frac{1}{f}\left(1 - \frac{a-f}{d}\right).$$

valeur qui augmente en même temps que d. Il convient d'accommoder pour la vision distance maxima, c'est-à-dire pour que l'image soit rejetée au *punctum remotum.* Alo c'est l'œil myope qui est le moins favorisé.

Pour le myope, la puissance P reste inférieure à $\frac{1}{f}$.

Pour l'œil normal non accommodé, on a : $d = \infty$, d'où $P = \frac{1}{f}$.

Pour l'œil hypermétrope, la puissance peut surpasser $\frac{1}{f}$; car, le *punctum remotu* étant virtuel, d peut recevoir des valeurs négatives. (Dans ce cas très particulier, l'obj n'est plus compris entre la lentille et le foyer d'incidence; mais il est situé un peu en a de ce foyer.)

En résumé, si l'on écarte ce cas exceptionnel, on peut dire que les conditions les pl favorables à la puissance de la loupe consistent à placer l'œil le plus près possible de lentille, puis à accommoder au maximum, c'est-à-dire pour la vision au *punctum pro mum.*

térisent la loupe et les conditions de la vision, on peut se servir de la formule (1′) et répéter les calculs déjà faits au numéro précédent.

Mais il est plus simple d'appliquer la formule (2′) dans laquelle il suffit de remplacer la puissance P par sa valeur connue (592).

CAS PARTICULIER : l'œil est au foyer de la loupe. Les formules (2′) et (3) donnent :
$$G = \frac{\delta}{f} \qquad (3')$$

Cette valeur, indépendante de la distance d'accommodation pour la vision dans l'instrument, pourrait être appelée le **grossissement spécifique** de la loupe pour l'observateur considéré.

CAS GÉNÉRAL : **l'œil est dans une position quelconque.** — Les formules (2′) et (4) donnent :
$$G = \frac{\delta}{f}\left(1 + \frac{f-a}{d}\right). \qquad (4')$$

Telle est l'expression générale du grossissement.
1° Elle n'est indépendante de d que dans l'hypothèse $a = f$. Alors, quelle que soit la distance d'accommodation, on obtient le grossissement spécifique.
2° Ce grossissement spécifique (3′) est aussi la limite vers laquelle tend l'expression (4′) pour $d = \infty$, quel que soit a.
3° Si l'œil est contre la lentille, a est négligeable; G varie en sens contraire de d. Il convient donc d'accommoder pour la vision à la distance minima $d = \delta$. Le grossissement devient :
$$G = \frac{\delta}{f} + 1; \qquad (5')$$

valeur peu différente de (3′); car, en général, δ est très grand par rapport à f.

594. Rôle de la loupe. — Il importe de se rendre compte de la nature et de la cause du grossissement.
Supposons que l'œil soit au centre optique de la loupe (fig. 615). Tout point B

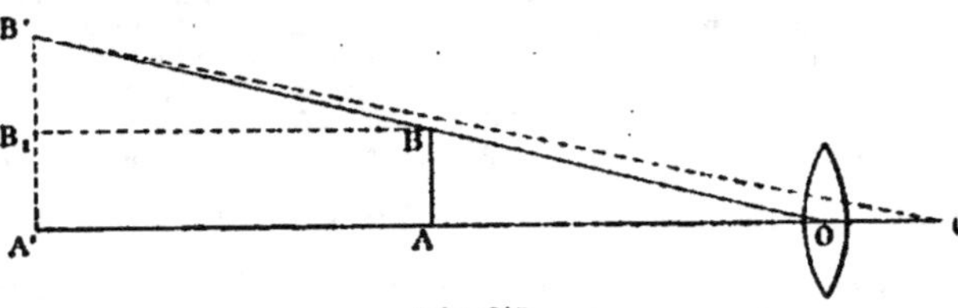

Fig. 615.

est sur le même axe secondaire que son image B′. Il semble donc que l'objet AB et son image A′B′ soient vus sous le même angle. Mais il n'en est rien; car si l'on enlève la loupe, l'objet AB sera trop près de l'œil; il faudra, pour le voir nettement, l'éloigner jusqu'en A′B₁, à la distance δ; et, à cette distance, son diamètre apparent sera plus petit. En rapprochant l'objet, on peut augmenter son diamètre apparent autant que l'on veut, mais on n'a plus qu'une vue confuse. Le rôle de la loupe consiste à remplacer l'objet ainsi rapproché par une image virtuelle de même diamètre apparent, mais reportée à la distance δ, où elle est vue distinctement. Ainsi, la loupe augmente le diamètre apparent d'un objet, parce qu'*elle permet de le regarder de plus près*.

27

595. Influence de l'œil dans l'usage de la loupe. — Quand l'œil est placé contre la lentille et accommodé pour la vision à distance minima, on a :

$$P = \frac{1}{f} + \frac{1}{\delta} \quad \text{et} \quad G = \frac{\delta}{f} + 1.$$

Le grossissement G varie dans le même sens que δ, et la puissance P varie en sens contraire.

Ainsi, lorsqu'un presbyte succède à un myope, la puissance de la loupe diminue, tandis que le grossissement augmente.

Ces résultats ne sont pas contradictoires.

La puissance est le diamètre apparent de l'unité de longueur vue à travers l'instrument. Or, à l'œil nu, le myope peut voir de plus près, c'est-à-dire sous un plus grand angle que le presbyte. On conçoit que la même différence subsiste quand ces deux yeux sont armés d'une même loupe.

Au contraire, le grossissement ne définit pas la valeur absolue de la loupe, mais le résultat d'une comparaison entre l'instrument et l'œil qui s'en sert. Or le terme de comparaison (l'œil nu, caractérisé par δ ou par sa puissance maximum) varie beaucoup d'un observateur à un autre.

Le grossissement est le rapport des diamètres apparents de l'image et de l'objet. Or le diamètre apparent de l'objet est bien plus grand pour un myope que pour un presbyte. Si le grossissement de la loupe est plus grand pour le presbyte que pour le myope, cela ne veut pas dire que le presbyte y voit *plus gros dans l'instrument;* cela vient simplement de ce qu'il y voit *plus petit à l'œil nu.*

596. Champ. — On appelle **champ** de la loupe l'espace que l'œil embrasse sans qu'il y ait aberration.

L'expérience montre que cet espace est compris dans un cône dont l'angle au sommet ne dépasse guère 9° ou 10°.

Pour éviter les aberrations de réfrangibilité, on a d'abord placé un diaphragme entre l'objet et l'oculaire, pour arrêter les rayons tombant sur les bords de la lentille, mais ce procédé diminuait beaucoup le champ; aussi Wollaston a-t-il placé le diaphragme au milieu même de la loupe (fig. 616); dans ces conditions, le champ est peu diminué, et l'on peut employer des lentilles très bombées.

On obtient encore de meilleurs résultats au moyen d'un système de lentilles, tel que le *doublet de Wollaston.*

Fig. 616.

Doublet de Wollaston. — Au lieu d'une simple lentille, on emploie souvent comme loupe le *doublet de Wollaston.* C'est un système centré convergent, formé de deux lentilles plan-convexes, tournant vers la lumière leurs faces planes. Les distances focales f, f' et l'écartement ε de ces lentilles sont proportionnels aux nombres suivants :

$$\begin{array}{c|c|c} f & \varepsilon & f' \\ \hline 1 & \dfrac{3}{2} & 3 \end{array}$$

597. Installation du microscope simple. — On donne plus spécialement le nom de **microscope simple**, à une loupe (lentille diaphragmée ou doublet de Wollaston), installée avec un *porte-*

objet sur une monture destinée à faciliter les observations (fig. 617).

La loupe est fixée sous un œilleton *m*, à l'extrémité d'un bras horizontal que l'on peut faire monter ou descendre au moyen d'une crémaillère commandée par un pignon K. Le *porte-objet* est une plaque horizontale fixe, percée d'une ouverture circulaire, sur laquelle on place l'objet entre deux lames de verre *b*.

Un miroir concave M permet d'éclairer par-dessous les objets transparents. Certains appareils sont munis d'une lentille convergente, destinée à éclairer les objets opaques par-dessus.

Fig. 617.

Microscope composé.

598. Microscope composé (fig. 618). — Il se compose essentiellement de deux lentilles convergentes : l'une O, très convergente, constitue l'*objectif;* l'autre O', d'un plus long foyer, constitue l'*oculaire*, et joue le rôle de loupe.

L'objet AB est placé un peu au delà et très près du foyer d'incidence F' de l'objectif; on obtient une image réelle et renversée A'B'. Cette image se produit entre l'oculaire O' et son foyer d'incidence *f'*, et les rayons qu'elle émet produisent une seconde image A"B" virtuelle et droite, par rapport à la première.

599. Marche de la lumière. — En traversant l'objectif, un cône de rayons lumineux issus du point A se transforme en un cône de sommet A'; puis, en traversant l'oculaire, il se transforme en un cône divergent de sommet A".

Pour construire le pinceau oculaire donné par le point A, on trace d'abord le cône du sommet A" qui a pour base la pupille, puis un second cône ayant pour sommet A' et pour base la section faite dans le premier cône par le plan de l'oculaire; et enfin, un troisième cône ayant pour sommet A et pour directrice la section du second cône par le plan de l'objectif.

600. Mise au point. — Dans le microscope, l'objectif et l'oculaire, assujettis aux deux extrémités d'un même tube, sont à une distance mutuelle invariable $OO' = l$.

On place l'œil de manière que son centre optique coïncide avec le foyer d'émergence de l'oculaire, c'est-à-dire à une distance $O'C = f$.

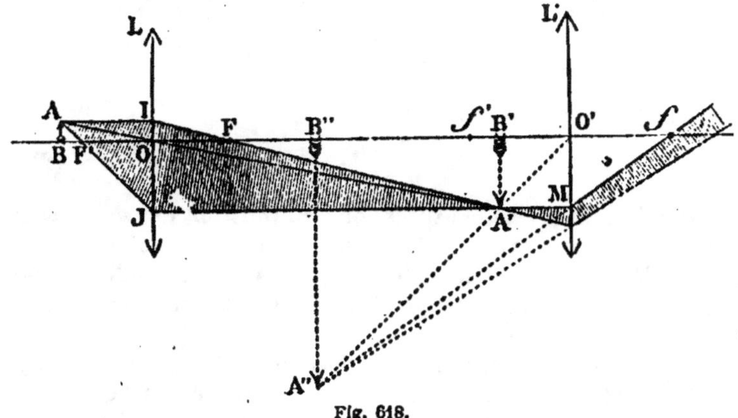

Fig. 618.

(Nous verrons plus loin pourquoi l'œil doit être placé dans cette position invariable, qui est marquée par un œilleton.)

La mise au point consiste à déterminer la distance de l'objet AB à l'instrument, de manière que l'image virtuelle A'B' se forme au *punctum proximum*, c'est-à-dire à une distance de l'œil $CB'' = \delta$, égale à la distance minima de la vision distincte.

Pratiquement, l'objet repose sur un support fixe, et l'on déplace lentement le tube tout entier, à l'aide d'une vis micrométrique, jusqu'à ce que l'on obtienne une image très nette.

Cette mise au point exige une grande précision, car le moindre déplacement de l'objet AB produit un déplacement énorme de l'image A''B''.

Il est aisé de voir dans quel sens varie la mise au point lors d'un changement d'observateur. Il suffit de remarquer que, par rapport au système invariable constitué par les deux lentilles, les déplacements simultanés de l'objet AB et de ses deux images A'B', A''B'', sont toujours de même sens. Par exemple, si l'objet s'éloigne de l'objectif, les deux images s'éloignent de l'oculaire, et inversement.

Supposons qu'un presbyte succède à un myope, chaque observateur accommodant au maximum, c'est-à-dire pour la vision à distance minima. Il faut que l'image A'B' s'éloigne de l'œil. Or l'image A'B', et par suite l'objet AB, se déplacent dans le même sens que A'B'. Donc le presbyte doit augmenter la distance qui sépare l'objet de l'instrument[1].

---

[1] Tout ceci est évident, si l'on se rappelle que les abscisses de deux points conjugués par rapport à une lentille quelconque varient toujours dans le même sens. Néanmoins, on peut étudier la question par le calcul.

Soient F, f les distances focales de l'objectif O et de l'oculaire O'.

Supposons que l'œil, placé au second foyer de l'oculaire, soit accommodé pour la distance minima δ. Soient alors, en valeurs absolues :

$$BO = x, \quad OB' = y; \qquad B'O' = l - y, \quad B''O' = \delta - f.$$

601. Puissance. — *La puissance du microscope est le diamètre apparent de l'unité de longueur vue à travers l'instrument.*

Soient h, h', h'' les longueurs de l'objet et de ses deux images successives, d la distance d'accommodation, P la puissance du microscope. On a :

$$P = \frac{h''}{d} \cdot \frac{1}{h}, \tag{1}$$

ou, en multipliant haut et bas par h' :

$$P = \frac{h''}{h'} \cdot \frac{h'}{h} \cdot \frac{1}{d}. \tag{2}$$

Il s'agit de calculer cette expression [1] *en fonction des données qui caractérisent le microscope et les conditions de la vision.*

Avant d'établir la formule générale, nous allons étudier d'abord un cas particulier remarquable où elle est indépendante de la distance d'accommodation.

Soient F, f les distances focales de l'objectif et de l'oculaire, et $Ff' = \lambda$ la distance qui sépare le foyer d'émergence de l'oculaire du foyer d'incidence de l'objectif. Enfin, désignons par C la position du centre optique de l'œil (fig. 619).

Cas particulier : l'œil est au foyer d'émergence de l'oculaire. — Calculons séparément les deux premiers facteurs de la formule (2).

Les triangles semblables $A''B''f$, $MO'f$ donnent :

$$\frac{h''}{h'} = \frac{A''B''}{MO'} = \frac{B''f}{O'f} = \frac{d}{f}. \tag{g'}$$

Les triangles semblables $A'B'F$, IOF donnent (en posant $FB' = Ff'$, c'est-à-dire en négligeant la distance $f'B'$ qui est toujours très petite) :

$$\frac{h'}{h} = \frac{A'B'}{IO} = \frac{FB'}{OF} = \frac{\lambda}{F}. \tag{g}$$

En appliquant la formule aux foyers conjugués, on a, pour l'objectif :

$$\frac{1}{y} - \frac{1}{-x} = \frac{1}{F}, \qquad \text{d'où} \qquad \frac{1}{x} = \frac{1}{F} - \frac{1}{y};$$

pour l'oculaire :

$$\frac{1}{-(\delta - f)} - \frac{1}{-(\lambda - y)} = \frac{1}{f}, \qquad \text{d'où} \qquad y = \frac{\delta(\lambda - f) + f^2}{\delta}.$$

Éliminant y, on obtient :

$$\frac{1}{x} = \frac{1}{F} - \frac{1}{(\lambda - f) + \frac{f^2}{\delta}}.$$

Il est aisé de voir que x varie toujours dans le même sens que δ. Donc, un presbyte succédant à un myope devra placer l'objet plus loin de l'instrument.

[1] La formule (2) peut s'écrire :

$$P = \frac{h''}{h'} \cdot \frac{h'}{h} \cdot \frac{1}{d} = \frac{h'}{h}\left(\frac{h''}{d} \cdot \frac{1}{h'}\right).$$

Donc *la puissance du microscope est égale :*
1° Au produit du grossissement linéaire de l'objectif par le grossissement linéaire de l'oculaire et par la puissance actuelle de l'œil;
2° Au produit du grossissement linéaire de l'objectif par la puissance de l'oculaire.

En tenant compte des valeurs (g) et (g'), la formule (2) devient :

$$P = \frac{\lambda}{Ff}. \qquad (3)$$

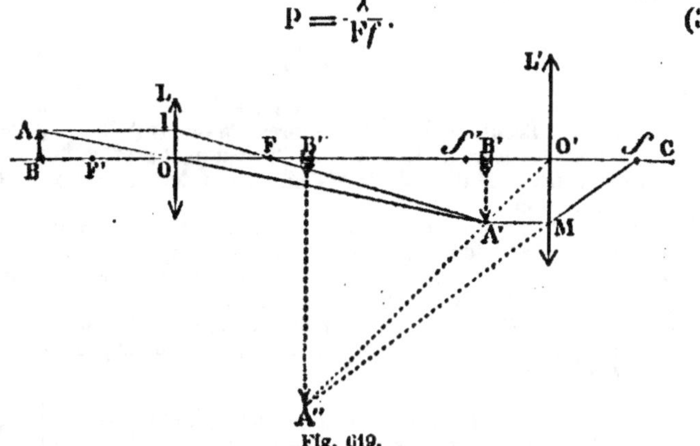

Fig. 619.

Telle est la puissance du microscope quand l'œil est au foyer de l'oculaire. Elle est indépendante des conditions de la vision ; on pourrait la nommer la *puissance spécifique* du microscope. Elle est d'autant plus grande, que les lentilles sont plus éloignées l'une de l'autre et que leurs distances focales sont plus petites.

CAS GÉNÉRAL : l'œil est dans une position quelconque. — Soient $O'C = a$ la distance de l'œil à l'oculaire et $B''C = d$ la distance d'accommodation.

Le calcul donne [1] :

$$P = \frac{\lambda}{Ff}\left(1 + \frac{f(f + \lambda) - \lambda a}{\lambda d}\right). \qquad (4)$$

---

[1] Puissance du microscope : la distance de l'œil à l'oculaire étant $O'C = a$, et la distance d'accommodation, $B'C = d$.

On a :

$$P = \frac{h''}{d} \cdot \frac{1}{h} = \frac{h''}{h'} \cdot \frac{h'}{h} \cdot \frac{1}{d}. \qquad (2)$$

Les triangles semblables $A''B''f$ et $NO'f$ donnent :

$$\frac{h''}{h'} = \frac{A''B''}{NO'} = \frac{B''f}{O'f} = \frac{d - a + f}{f}. \qquad (g')$$

Les triangles semblables $A'B'F$ et MCF donnent :

$$\frac{h'}{h} = \frac{A'B'}{MO} = \frac{FB'}{OF} = \frac{\lambda + f - B'O'}{F}.$$

Appliquons la formule des lentilles aux points B', B'' conjugués par rapport à l'oculaire.

On a :

$$\frac{1}{-(d - a)} - \frac{1}{-B'O'} = \frac{1}{f}; \qquad \text{d'où.} \quad f - B'O' = \frac{f^2}{d - a + f}.$$

En tenant compte de cette valeur, la relation précédente devient :

$$\frac{h'}{h} = \frac{1}{F}\left(\lambda + \frac{f^2}{d - a + f}\right). \qquad (g)$$

Multipliant membre à membre les relations (2), (g) et (g'), il vient :

$$P = \frac{\lambda(d - a + f) + f^2}{Ffd}, \quad \text{ou} \quad P = \frac{\lambda}{Ff} + \frac{f^2 + \lambda(f - a)}{Ffd}.$$

Telle est la puissance du microscope.

Dans l'hypothèse $a = f$, elle se réduit à $P = \frac{\lambda}{Ff} + \frac{f}{Fd}$.

On voit que l'approximation adoptée dans le texte équivaut à négliger le second terme de cette dernière formule.

1º Pour que la puissance du microscope soit indépendante de la distance d'accommodation d, il faut attribuer à a la valeur qui annule le second terme de la parenthèse, c'est-à-dire :

$$a_1 = f\left(1 + \frac{f}{\lambda}\right) \tag{5}$$

valeur légèrement supérieure à f. Ainsi, l'œil étant placé un peu au delà du foyer d'émergence de l'oculaire, la puissance prend la valeur (3) qui dépend exclusivement des données caractéristiques de l'instrument, et reste la même quelles que soient les conditions de la vision. Cette valeur (3) est la *puissance spécifique* de l'instrument.

Dans la pratique, on adopte toujours cette position particulière de l'œil, qui est marquée par un œilleton. Comme nous le verrons plus loin, c'est en ce point qu'il faut placer l'œil pour embrasser tout le *champ* du microscope.

2º *La puissance spécifique du microscope est la limite vers laquelle tend l'expression* (4) *quand l'œil accommode pour la vision à l'infini.*

En effet, quel que soit a, lorsque d augmente indéfiniment, le second terme de la parenthèse tend vers zéro.

602. Discussion. — Influence de la position et de la convergence de l'œil. — Désignons par a_1 la valeur de a indiquée par la formule (5).

Le second terme de la formule (4) est positif, nul ou négatif, suivant que a est inférieur, égal ou supérieur à a_1.

Dans le premier et le dernier cas, nous représenterons ce terme par

$$\left(+\frac{K^2}{d}\right) \quad \text{ou par} \quad \left(-\frac{K^2}{d}\right).$$

1º *Dans l'hypothèse* $a < a_1$ (c'est-à-dire si l'œil est trop rapproché de l'oculaire), P varie en sens contraire de d. Il convient d'accommoder pour la vision à la distance minima. En faisant $d = \delta$, on obtient :

$$P = \frac{\lambda}{Ff} + \frac{K^2}{\delta},$$

valeur qui augmente lorsque δ diminue. Donc, quand l'œil est trop rapproché, le microscope est plus puissant pour un myope que pour un presbyte.

2º *Dans l'hypothèse* $a = a_1$ on a $P = \frac{\lambda}{Ff}$, la distance d'accommodation d est indifférente. Pour éviter la fatigue, dans une étude au microscope un peu prolongée, il convient de relâcher complètement l'accommodation. Au lieu d'amener l'image au *punctum proximum*, on la rejette au *punctum remotum*, ou à l'infini si l'œil est normal.

3º *Dans l'hypothèse* $a > a_1$ (c'est-à-dire si l'œil est trop éloigné de l'oculaire), P varie dans le même sens que d. Il convient d'accommoder pour la vision à la distance maxima $d = \Delta$.

On obtient : $$P = \frac{\lambda}{Ff} - \frac{K^2}{\Delta},$$

valeur qui augmente en même temps que Δ. Donc, quand l'œil est trop éloigné, le microscope est moins puissant pour le myope que pour l'œil normal, et moins puissant pour celui-ci que pour l'hypermétrope.

603. Grossissement. — *Le grossissement* (G) *du microscope est le rapport qui existe entre le diamètre apparent de l'image* (h″) *vue dans l'instrument, à la distance d'accommodation la plus avantageuse* (d), *et le diamètre apparent de l'objet* (h) *vu à l'œil nu, à la distance minima de la vision distincte* (δ).

On a donc :
$$G = \frac{h''}{d} : \frac{h}{\delta} = \frac{h''}{h} \cdot \frac{\delta}{d}. \qquad (1')$$

Cette formule peut s'écrire, en multipliant haut et bas par la grandeur h' de l'image intermédiaire :
$$G = \frac{h''}{h'} \cdot \frac{h'}{h} \cdot \frac{\delta}{d} \qquad (\alpha)$$

ou encore, en tenant compte de la formule (1) :
$$G = P\delta. \qquad (2')$$

Pour obtenir ce grossissement *en fonction des données qui caractérisent l'instrument et les conditions de la vision*, on peut se servir de la formule (α) et répéter les calculs déjà faits au n° 601 ; mais il est plus simple d'appliquer la formule (2'), dans laquelle il suffit de remplacer la puissance P par sa valeur connue (n° 601).

CAS PARTICULIER : **l'œil est au foyer de l'oculaire.** — Dans ce cas, la puissance P est donnée par la formule (3), et la formule (2') devient :
$$G = \frac{\lambda\delta}{Ff}. \qquad (3')$$

Cette valeur, indépendante des conditions de la vision dans le microscope, pourrait être appelée le *grossissement spécifique* de l'instrument.

CAS GÉNÉRAL : **l'œil est dans une position quelconque.** — Alors les formules (2') et (4) donnent :
$$G = \frac{\lambda\delta}{Ff}\Big(1 + \frac{f(\lambda+f) - \lambda a}{\lambda a}\Big). \qquad (4')$$

1° Si l'on attribue à a la valeur qui annule le second terme de la parenthèse, on obtient le grossissement spécifique (3').

2° Ce grossissement spécifique est aussi la limite vers laquelle tend l'expression (4') lorsque d augmente indéfiniment, quelle que soit la position de l'œil.

604. Influence de l'œil. — D'après la formule (4'), le grossissement dépend essentiellement de l'œil de l'observateur. Il varie toujours dans le même sens que la distance minima de la vision distincte.

Ainsi, en passant d'un œil myope à un œil presbyte, le microscope devient toujours plus grossissant. Cela était évident *à priori*. En effet, le grossissement n'est autre que le rapport de la puissance de l'instrument à la puissance de l'œil (cette dernière étant mesurée par $\frac{1}{\delta}$). Or, plus celle-ci diminue, plus le rapport augmente.

Si le microscope devient plus grossissant, quand il passe de l'œil myope à l'œil presbyte, ce n'est pas que l'instrument s'améliore, mais c'est parce que le terme de comparaison s'amoindrit.

605. Mesure expérimentale du grossissement. — Pour mesurer expérimentalement le grossissement, on adapte au microscope une chambre claire. Elle est formée d'un miroir MN (fig. 620) percé d'une petite ouverture circulaire et incliné à 45° sur l'axe du microscope, et d'un prisme à réflexion totale, rectangle et isocèle, *abc*, disposé de manière que l'hypoténuse *bc* soit parallèle au miroir MN.

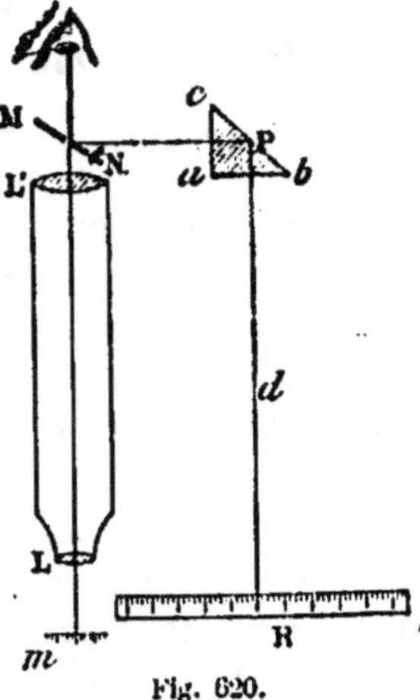

Fig. 620.

On place, à côté du microscope, une règle R divisée en millimètres; les rayons émis par cette règle entrent dans le prisme normalement à *ab*, sont réfléchis en *bc*, sortent sans déviation, et tombent sur le miroir MN, qui les réfléchit vers l'œil. Sur le porte-objet on met un micromètre *m* dont les divisions représentent des centièmes de millimètre, par exemple. L'œil voit simultanément l'image de la règle et l'image grossie du micromètre.

Supposons que *n* divisions grossies du micromètre couvrent *n'* divisions de la règle.

Si l'on désigne par G le grossissement du microscope, les *n* divisions du micromètre, ou $\frac{n}{100}$ de millimètre, deviennent, lorsqu'elles sont grossies, $\frac{n}{100} \times G$.

On a donc :
$$\frac{n}{100} \times G = n',$$

d'où
$$G = \frac{n' \times 100}{n}.$$

Le grossissement en surface égale le carré du grossissement linéaire.

On peut mesurer séparément les grossissements g, g' de l'objectif et de l'oculaire.

Il suffit que le microscope permette d'introduire entre l'oculaire et son foyer, très près de celui-ci, un micromètre au $\frac{1}{10}$.

Si *n* divisions du micromètre au $\frac{1}{100}$, grossies par le microscope, couvrent *n'* divisions du micromètre au $\frac{1}{10}$, grossies par l'oculaire seul, nous aurons

$$\frac{n}{100} \times G = \frac{n'}{10} \times g',$$

ou, en remplaçant G par sa valeur *gg'*,

$$\frac{n}{100} \times g \times g' = \frac{n'}{10} \times g'.$$

d'où
$$g = \frac{n' \times 10}{n}.$$

27*

Les grossissements g et G étant connus, on a :

$$g' = \frac{G}{g}.$$

Mesure d'un objet très petit. — Pour mesurer les dimensions d'un objet très petit, on le place sur le micromètre, et l'on détermine combien il couvre de divisions ; ce nombre de divisions représente des dixièmes ou des centièmes de millimètres, suivant la graduation du micromètre.

606. Champ. — *Le champ d'un microscope est la région de l'espace qui est visible à travers l'instrument.*

Pour qu'un point A soit visible dans le microscope (fig. 621), il faut que le pinceau lumineux issu de ce point, et ayant pour base l'objectif L, parvienne au moins en partie à l'oculaire L'. Nous admettrons que

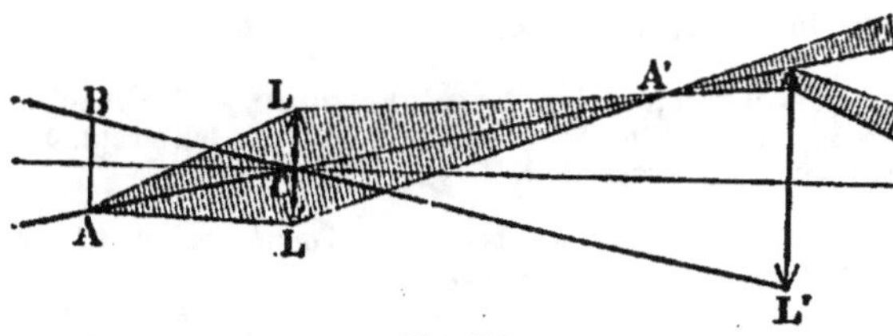

Fig. 621.

le point A est visible, si son axe secondaire AC, relatif à l'objectif, rencontre l'oculaire.

Donc, *le champ du microscope est compris à l'intérieur d'un cône ACB qui a pour sommet le centre C de l'objectif, et pour directrice le contour de l'oculaire.*

607. Anneau oculaire. — *On appelle anneau oculaire l'image de l'objectif par rapport à l'oculaire.*

Tous les rayons qui traversent le microscope contribuent à éclairer l'objectif, et par suite à former son image donnée par l'oculaire ; donc, à leur sortie de l'instrument, tous ces rayons passent par l'anneau oculaire.

On détermine aisément la position de cet anneau, en éclairant l'objectif et en recevant son image sur un petit écran placé de l'autre côté de l'oculaire. Cette image est très voisine du second foyer de l'oculaire.

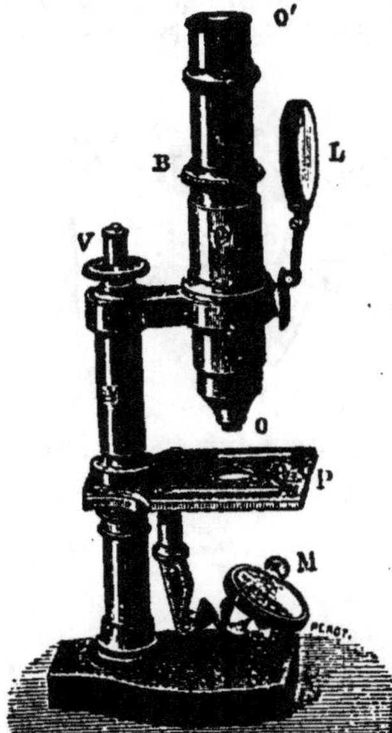

Fig. 622.

Pour embrasser tout le champ du microscope et recevoir tous les rayons qui émergent de l'instrument, l'œil doit se placer dans la position du cercle oculaire. Cette position est marquée par l'*œilleton,* c'est-à-dire par un diaphragme percé d'une ouverture.

608. Installation (fig. 622). — L'objectif O et l'oculaire O' sont fixés à une distance invariable, aux extrémités d'un tube C, que l'on peut déplacer tout d'une pièce à l'aide d'une vis V.

Le porte-objet P consiste en une plaque métallique percée d'une ouverture, où l'on dispose l'objet entre deux lames de verre.

Au-dessous du porte-objet se trouve le miroir concave M pour éclairer les objets transparents.

La lentille convergente L sert à éclairer les objets opaques.

609. Description des diverses parties du microscope. — I. Objectif. — L'objectif est composé de trois lentilles achromatiques qui, par leur réunion, donnent un fort grossissement sans aberration.

II. Oculaire. — On distingue deux sortes d'oculaires : *l'oculaire positif,* ou de Ramsden, et *l'oculaire négatif,* ou de Huygens.

L'oculaire positif n'est autre qu'un doublet, dont on peut se servir isolément, comme d'une loupe (596). *L'oculaire de Ramsden* se compose de deux lentilles identiques, séparées par un intervalle égal aux $\frac{2}{3}$ de leur distance focale commune. On ne l'emploie que dans les instruments à réticules (621).

Dans le microscope composé, on emploie l'oculaire négatif qui présente le double avantage d'achromatiser l'image si l'objectif n'est pas achromatique, et d'augmenter le champ de l'instrument.

Oculaire négatif (fig. 623). — Cet oculaire est formé de deux lentilles plan-convexes L', L'', tournant leur convexité vers la lumière et disposées de telle manière que l'image fournie par l'objet soit

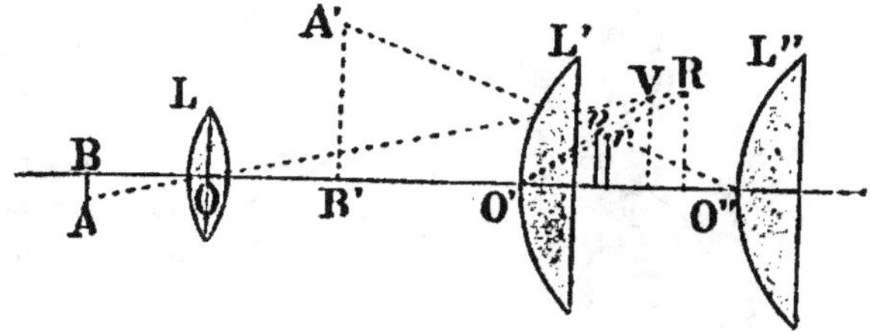

Fig. 623.

entre ces deux lentilles. Les distances focales f, f' des lentilles et leur écartement ε sont proportionnels aux nombres :

$$\frac{f'}{1} \quad \bigg| \quad \frac{\varepsilon}{\frac{2}{3}} \quad \bigg| \quad \frac{f''}{\frac{1}{3}}.$$

1° *L'oculaire achromatise l'image.* — Supposons que V soit l'image violette, et R l'image rouge de l'objet AB, fournies par l'objectif. Les images V et R donnent, par rapport à la lentille L, les images réelles v et r. Celles-ci donnent, par rapport à la lentille L' qui fait fonction de loupe, des images virtuelles qui se superposent à leurs extrémités en A', et comme il en est de même des images des couleurs comprises entre le violet et le rouge, il s'ensuit que les bords de l'image A'B' seront blancs, et que cette image sera nette.

2° *L'oculaire augmente le champ de l'instrument* (fig. 624). — Supposons

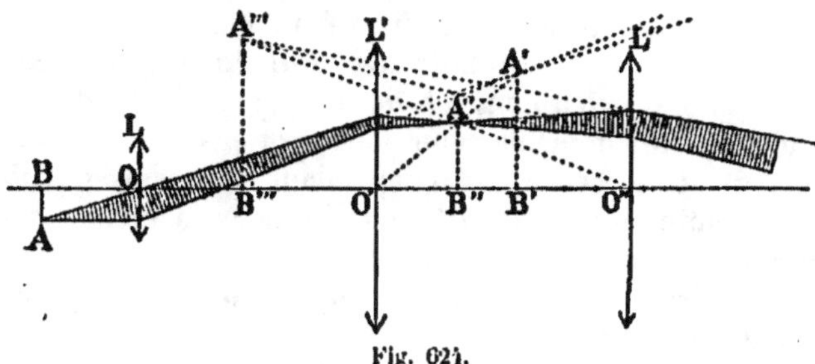

Fig. 624.

que l'objectif O forme une image A'B', qu'on veut regarder avec l'oculaire. Si l'oculaire se réduisait à la lentille L″, le point A' ne serait pas dans le champ de l'instrument, parce que le cône de lumière de sommet A' ne rencontre pas la lentille L″; mais si l'oculaire comprend une seconde lentille L', l'image A'B' donnera une autre image A″B″; par suite, le faisceau lumineux qui se concentrait en A' se concentre maintenant en A″ et rencontre la lentille L″; le champ est donc augmenté. La première lentille est dite *lentille de champ*, la seconde est la *lentille de l'œil*.

III. **Diaphragme** (fig. 625). — Le diaphragme est un disque de cuivre EE', percé d'une ouverture circulaire aa' et placé au foyer d'émergence f' de l'oculaire O'; l'ouverture a des dimensions telles, que les faisceaux lumineux qu'elle laisse tomber sur l'oculaire ont tous la même intensité; de sorte que le champ est uniformément éclairé.

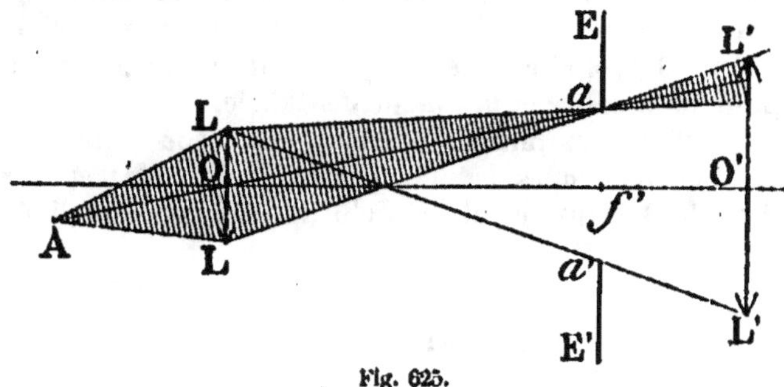

Fig. 625.

Il est facile de voir qu'il faut pour cela limiter les dimensions du diaphragme au cône tangent intérieurement aux deux lentilles L et L'.

2. INSTRUMENTS TÉLESCOPIQUES

610. Définition. — *Les instruments télescopiques* (lunettes et télescopes proprement dits) *sont des instruments qui servent à augmenter le diamètre apparent des objets très éloignés.*

Il s'agit d'objets situés à grande distance, et dont l'observateur ne peut pas se rapprocher sensiblement. Dans ces conditions, les rayons lumineux issus d'un même point de l'objet, et rencontrant l'objectif, peuvent être considérés comme parallèles.

Le grossissement est le rapport des diamètres apparents de l'image vue dans l'instrument et de l'objet vu à l'œil nu. Ce dernier diamètre étant le même pour tous les yeux, il s'ensuit que le grossissement du télescope est indépendant de la vue de l'observateur, ou du moins qu'il n'en dépend pas dans la même mesure que le grossissement du microscope.

Quant à la *puissance*, c'est une notion qui n'est pas applicable aux instruments télescopiques.

611. Classification. — Tout instrument télescopique est l'ensemble d'un appareil de projection, ou *objectif,* donnant une image réelle, et d'une loupe, ou *oculaire,* avec laquelle on regarde cette image.

L'objectif est à long foyer et à large surface, afin de recevoir plus de lumière de l'objet que l'on ne peut pas éclairer. Il donne de cet objet une image *réelle.*

L'oculaire, très convergent, joue le rôle de loupe à l'égard de cette première image. Il en donne une image *virtuelle très agrandie.*

Les instruments télescopiques se divisent en deux groupes, suivant la nature de l'objectif :

1º Si l'objectif est une lentille (ou un système de lentilles), on a un *télescope réfracteur* ou *dioptrique.* Les télescopes dioptriques portent le nom de *lunettes;* ils comprennent la lunette astronomique, la lunette terrestre et la lunette de Galilée.

2º Si l'objectif est un miroir, on a un *télescope réflecteur* ou *catoptrique.* Les télescopes catoptriques sont les télescopes proprement dits, dont le principal est celui de Newton, modifié par Foucault.

Lunette astronomique.

612. Lunette astronomique. — Cette lunette se compose essentiellement de deux lentilles : d'un objectif O à long foyer et d'un oculaire O' à court foyer (fig. 620).

L'objet AB est beaucoup trop loin pour être représenté sur la figure; il est seulement caractérisé par son diamètre apparent SOX. Chacun de ses points, déterminé par son axe secondaire, envoie sur l'objectif un faisceau de rayons parallèles à cet axe. L'image A'B' se forme dans le plan focal d'émergence de l'objectif; elle est réelle, renversée et très petite par rapport à l'objet.

Cette image doit être située un peu au delà et très près du foyer

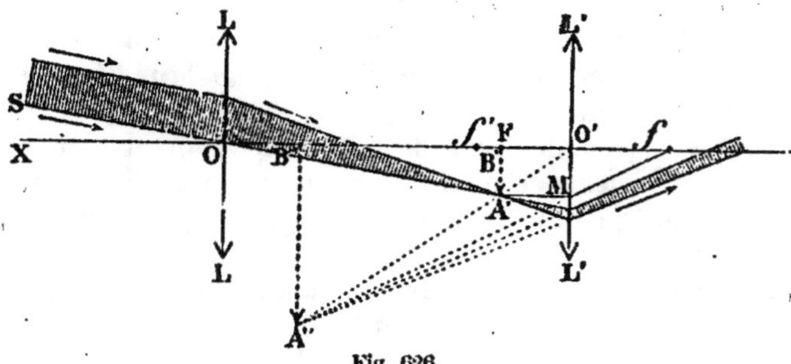

Fig. 626.

d'incidence f' de l'oculaire, comme un objet par rapport à une loupe. Celle-ci en donne une image virtuelle A″B″, qui est droite par rapport à A′B′ et renversée par rapport à l'objet AB.

613. Marche de la lumière. — Le faisceau parallèle issu du point A se transforme en un cône qui converge d'abord en A′, puis en un cône qui diverge de A″.

Pour construire le pinceau oculaire correspondant au point A, on trace le cône de sommet A″ qui a pour base la pupille, puis le cône de sommet A′ ayant pour base la trace du premier cône sur le plan de l'oculaire, enfin un cylindre parallèle à l'axe secondaire OA, ayant pour directrice la trace du second cône sur le plan de l'objectif.

614. Mise au point. — L'oculaire et l'objectif sont assujettis aux extrémités de deux tubes différents. L'axe du premier peut glisser sur l'axe du second, de sorte que la distance des deux lentilles varie à volonté.

L'œil étant placé derrière l'oculaire à une distance invariable, on règle le *tirage* de manière que l'image virtuelle A″B″ se forme à une distance de l'œil comprise entre les limites d'accommodation ; ce que l'on reconnaît pratiquement à la netteté de l'image obtenue.

Les images A′B′, A″B″ étant conjuguées par rapport à l'oculaire, on sait que leurs déplacements simultanés sont toujours de même sens. Pour que l'image A″B″ se rapproche ou s'éloigne de l'œil, il faut que l'image A′B′ se rapproche ou s'éloigne de l'oculaire, c'est-à-dire que le *tirage* soit raccourci ou allongé.

Toutefois, la latitude de mise au point est très petite; car un léger déplacement de A′B′ produit un déplacement énorme de A″B″, surtout quand la première image est voisine du foyer de l'oculaire.

Supposons qu'un myope et un presbyte accommodent tous deux au maximum, c'est-à-dire pour la vision à distance minima. D'après ce qui précède, le tirage varie dans le même sens que la distance d'accommodation, donc le myope doit enfoncer l'oculaire un peu plus que le presbyte.

Si l'on tient à éviter la fatigue due à l'accommodation, le myope rejettera l'image A″B″ au *punctum remotum*, et l'œil normal la rejettera à l'infini.

Dans ce dernier cas, l'image A'B' sera au foyer d'émergence de l'oculaire, qui dès lors coïncidera avec le foyer d'incidence de l'objectif.

615. Grossissement. — *Le grossissement de la lunette est le rapport des diamètres apparents de l'image vue dans l'instrument et de l'objet vu à l'œil nu.*

On n'a plus ici, comme avec le microscope, un objet maniable qu'on puisse rapprocher à volonté. Le *diamètre apparent à l'œil nu* est donc une quantité définie, sans qu'il soit besoin de rien spécifier de plus.

Soient α, α' les diamètres apparents de l'objet vu à l'œil nu et à travers la lunette. Le grossissement est :

$$G = \frac{\alpha'}{\alpha} \quad \text{ou} \quad \frac{tg\alpha'}{tg\alpha}. \tag{1}$$

CAS PARTICULIER : **l'œil est au foyer de l'oculaire.** — *Quand l'œil est au foyer d'émergence de l'oculaire, le grossissement de la lunette est égal au rapport de la distance focale de l'objectif à la distance focale de l'oculaire.*

Si le centre optique de l'œil C coïncide avec le foyer d'émergence f (fig. 627), l'angle α' n'est autre que A''CB'' ou MCO'.

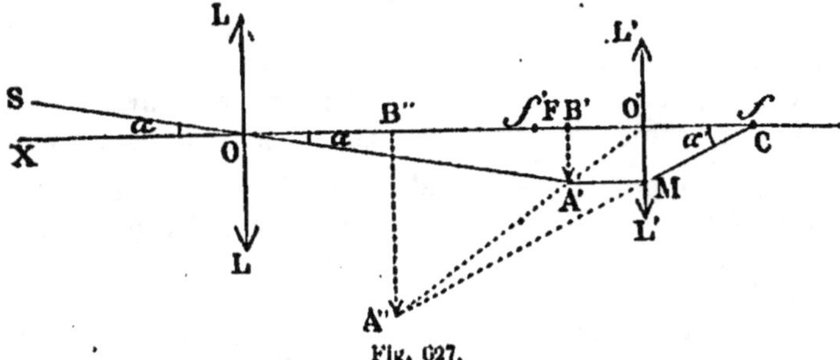

Fig. 627.

Le diamètre apparent α de l'objet AB est l'angle SOX ou A'OB', formé par les axes secondaires des extrémités A et B.

En posant B'A' = O'M = h', on a donc :

$$G = \frac{\dfrac{MO'}{O'C}}{\dfrac{A'B'}{OF}} = \frac{\dfrac{h'}{f}}{\dfrac{h'}{F}} = \frac{F}{f}. \tag{2}$$

Tel est le grossissement spécifique de la lunette.

CAS GÉNÉRAL : **l'œil est dans une position quelconque.** — *Le grossissement de la lunette astronomique est égal au produit de la distance focale de l'objectif, par la puissance de l'oculaire considéré comme une loupe.*

Soient CO' = a la distance de l'œil à l'oculaire, CB'' = d la distance d'accommodation, et enfin h', h'' les dimensions homologues des images $A'B'$ et $A''B''$.

On a :
$$G = \frac{\dfrac{h''}{d}}{\dfrac{h'}{F}} = \frac{Fh''}{dh'}.$$

Or (592) le facteur $\dfrac{h''}{d} \cdot \dfrac{1}{h'}$ n'est autre que la puissance P' de l'oculaire considéré comme faisant fonction de loupe.

Donc
$$G = F.P'. \tag{3}$$

En remplaçant P' par son expression connue (592, 4), on obtient :
$$G = \frac{F}{f}\left(1 + \frac{f-a}{d}\right). \tag{4}$$

Formule générale du grossissement de la lunette[1].

1° Le *grossissement spécifique* s'obtient en faisant $a = f$, c'est-à-dire en supposant que l'œil est au foyer d'émergence de l'oculaire.

C'est aussi la limite vers laquelle tend le grossissement lorsque la distance d'accommodation tend vers l'infini, quelle que soit la position de l'œil. En d'autres termes, c'est le grossissement pour un œil emmétrope non accommodé.

2° Les deux facteurs du grossissement : F et P', sont indépendants l'un de l'autre. Il s'ensuit que le grossissement de la lunette est proportionnel à chacun d'eux : à la distance focale de l'objectif et à la puissance de la loupe constituée par l'oculaire.

Viseurs. — Des lunettes construites comme la lunette astronomique, mais d'un grossissement plus faible et connues sous le nom de **viseurs**, sont employées dans une foule d'instruments de physique ou de géodésie : cathétomètre, boussole de déclinaison, niveaux, tachéomètre. Elles servent à viser des objets terrestres, situés à distance quelconque. L'image réelle ne se forme plus dans le plan focal principal de l'objectif, mais dans le plan conjugué de l'objet.

La formule du grossissement reste applicable, à la seule condition de remplacer la distance focale F par la distance de l'objectif à l'image réelle.

616. Rôle de la lunette. — Essayons de nous rendre compte en quoi une lunette astronomique grossit.

L'objectif donne dans son plan focal une image réelle $A'B'$ d'un objet très éloigné AB. Cette image $A'B'$ devient un objet maniable dont on peut faire ce qu'on veut. On peut l'observer à l'œil nu ou à la loupe.

Y aurait-il intérêt à observer à l'œil nu cette image réelle donnée par l'objectif plutôt que l'objet éloigné lui-même? Cela dépend.

Le diamètre apparent de l'objet à l'œil nu est égal à l'angle $A'OB'$, sous lequel on verrait l'image réelle en la mettant à une distance de l'œil égale à la distance focale F de l'objectif. Si nous pouvons mettre l'œil plus près que cela de l'image focale, nous verrons l'objet plus gros qu'en le regardant directement; or nous pourrons mettre l'œil plus près si la distance δ est plus

---

[1] La discussion de cette formule est absolument identique à celle de la puissance de la loupe.

1° Pour $a < f$, le grossissement varie en sens contraire de d, et il convient d'accommoder pour la vision à la distance minima.

2° Pour $a = f$, le grossissement prend une valeur caractéristique de l'instrument, et indépendante des conditions de la vision.

3° Pour $a > f$, le grossissement varie dans le même sens que d, et il convient d'accommoder pour la vision à l'infini, ou au *punctum remotum*.

Dans les hypothèses particulières $a = 0$ et $d = \delta$, le grossissement devient :
$$G = F\left(\frac{1}{f} + \frac{1}{\delta}\right).$$

petite que F. Au contraire, si $\delta > F$, il y a avantage à observer l'objet directement. Le grossissement est $\frac{h'}{\delta} : \frac{h'}{F} = \frac{F}{\delta}$; il n'est supérieur à 1, que si $F > \delta$.

Le grossissement d'un instrument télescopique dépend donc avant tout de la longueur focale F de l'objectif. Il faut rendre cette longueur aussi grande que possible.

On augmentera le grossissement en approchant l'œil de l'image objective à une distance inférieure à δ, ce qui exige l'interposition d'un oculaire. Le grossissement est alors le produit de la distance focale de l'objectif par la puissance de l'oculaire G = F.P.

C'est précisément l'expression à laquelle nous étions arrivés.

617. Mesure expérimentale du grossissement. — Quand la lunette est très petite, comme un *viseur*, on emploie le procédé de Galilée; si elle est de moyenne grandeur, on emploie celui de Pouillet. Enfin, pour les grands instruments, on a recours à la méthode de Ramsden (619).

Procédé de Galilée. — On regarde avec un œil, à travers la lunette, une échelle éloignée AB, divisée en millimètres : L'image grossie de AB se forme en A'B', à la distance δ de la vision distincte; avec l'autre œil on regarde directement l'échelle AB située à une distance d; on dispose la lunette de manière que l'image vraie et l'image grossie se superposent, et on détermine combien une division grossie de AB contient de divisions vues à l'œil nu.

Soit n ce nombre, on a :

$$G = \frac{\dfrac{A'B'}{\delta}}{\dfrac{AB}{d}},$$

ou

$$G = \frac{d}{\delta} \times \frac{A'B'}{AB},$$

$$G = \frac{d}{\delta} \times n.$$

Méthode de Pouillet (fig. 628). — On adapte au tube de la lunette une chambre claire composée de deux miroirs m, n inclinés de 45° sur l'horizon. Une règle éloignée AB divisée en millimètres envoie des rayons lumineux sur m;

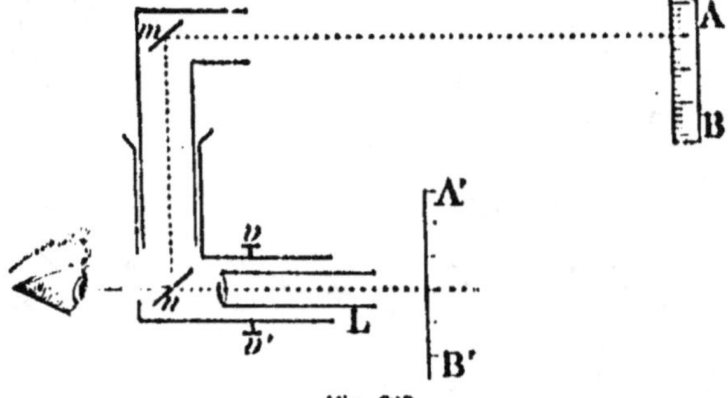

Fig. 628.

ces rayons, réfléchis successivement par les miroirs m, n, parviennent à l'œil; on voit donc les divisions de AB en vraie grandeur.

La règle AB émet aussi des rayons qui traversent la lunette et le miroir *n*, lequel est percé d'une ouverture circulaire; on voit l'image de AB en A'B'.

Par cette disposition, on voit simultanément deux images, l'une en vraie grandeur et l'autre grossie; ce qui permet de mesurer le grossissement comme dans le premier procédé.

618. Champ. — *Le champ de la lunette est la région de l'espace qui est visible à travers l'instrument* (fig. 629).

C'est la seconde nappe AOB d'un cône ayant pour sommet le centre O de l'objectif, et pour directrice le contour de l'oculaire O'

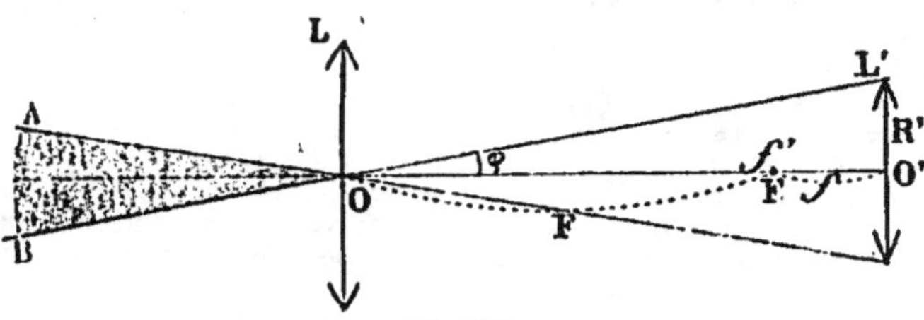

Fig. 629.

(606). Soient φ le demi-angle au sommet de ce cône et R' le rayon de l'oculaire. On a sensiblement :

$$OO' = F + f.$$

Donc

$$\varphi = \frac{O'L'}{OO'} = \frac{R'}{F+f}.$$

L'expérience prouve que pour éviter des aberrations trop considérables, il faut que le rayon de l'oculaire soit inférieur au quart de sa distance focale; c'est-à-dire que l'on ait :

$$R' < \frac{f}{4}.$$

Le maximum de φ est donc

$$\varphi = \frac{f}{4(F+f)} = \frac{1}{4\left(\frac{F}{f}+1\right)}.$$

ou, en valeur du grossissement spécifique :

$$\varphi = \frac{1}{4(G+1)};$$

approximativement,

$$\varphi = \frac{1}{4G}.$$

Ainsi, le champ de la lunette, mesuré par son angle au sommet, est inversement proportionnel au grossissement.

619. Anneau oculaire. — L'anneau oculaire e.. l'image de l'objectif O donnée par l'oculaire O'.

Sa position est marquée par un œilleton, où doit se placer l'œil pour embrasser le champ de la lunette et recevoir tous les rayons lumineux qui émergent de l'instrument (607).

Il est facile de déterminer le rayon r du cercle oculaire et la position de son centre C (fig. 630).

Les distances O'O et O'C sont conjuguées par rapport à l'oculaire O'. On a sensiblement $OO' = F + f$; et comme F est très grand par rapport à f, il s'ensuit que O'C diffère très peu de f. Ainsi le centre C est sensiblement au foyer d'émergence de l'oculaire.

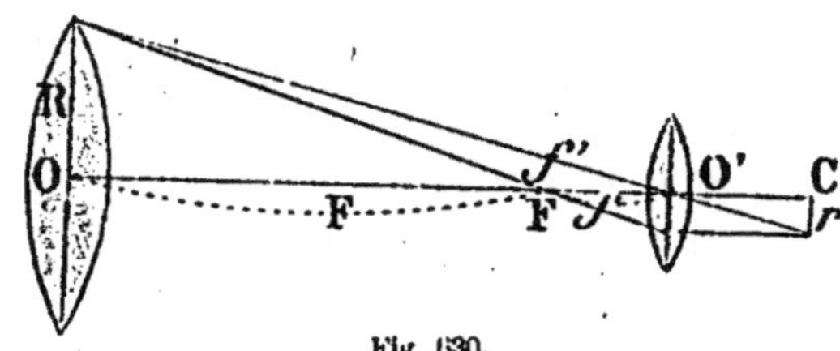

Fig. 630.

Soit R le rayon de l'objectif. La formule du grossissement linéaire d'une lentille, ou la similitude de l'image et de l'objet, donne en valeur absolue :

$$\frac{r}{R} = \frac{O'C}{OO'} = \frac{f}{F+f} = \frac{1}{\frac{F}{f}+1} = \frac{1}{G+1}.$$

Dynamètre de Ramsden. — La formule précédente suggère une méthode très simple pour mesurer le grossissement d'une lunette astronomique.

On a sensiblement : $G = \frac{R}{r}$.

Tout revient donc à mesurer le rayon de l'objectif et celui du cercle oculaire. On obtient ce dernier au moyen du *dynamètre de Ramsden;* petit appareil composé de trois tubes glissant l'un dans l'autre (fig. 631).

Le premier s'adapte à la monture de l'oculaire, après avoir enlevé l'œilleton ; le second est fermé par un écran translucide portant une échelle micrométrique m; le troisième contient une loupe L.

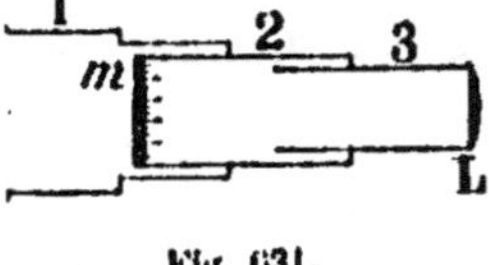

Fig. 631.

La lunette étant braquée vers le ciel, on met la loupe au point sur l'écran, puis on amène celui-ci dans le plan du cercle oculaire, dont le diamètre se lit immédiatement sur l'échelle micrométrique.

Clarté. — *On nomme* **clarté** *de la lunette astronomique le rapport qui existe entre l'éclairement de l'image rétinienne obtenue avec l'instrument et l'éclairement de l'image rétinienne du même objet vu à l'œil nu.*

L'éclairement d'une image est la quantité de lumière qui tombe sur l'unité de surface.

Soit i l'éclat relatif de l'objet considéré, c'est-à-dire la quantité de lumière qu'il envoie sur l'unité de surface à la distance qui le sépare de l'observateur.

Désignons respectivement par p, R, r les rayons de la pupille, de l'objectif et de l'anneau oculaire.

Dans la *vision à l'œil nu*, la quantité de lumière qui traverse la pupille est $i\pi p^2$. Si l'image rétinienne a une aire S, son éclairement est :

$$E = \frac{i\pi p^2}{S}.$$

Dans la *vision à travers la lunette*, la quantité de lumière qui entre par l'objectif est $i\pi R^2$. Il en pénètre dans l'œil une certaine fraction $Ki\pi R^2$, qui produit sur la surface S' de l'image rétinienne un éclairement

$$E' = \frac{Ki\pi R^2}{S'}.$$

La *clarté* de la lunette est, par définition,

$$C = \frac{E'}{E} = K \cdot \frac{R^2}{p^2}\,\frac{S}{S'}. \tag{1}$$

Pour achever le calcul, nous distinguerons deux cas, suivant que l'astre observé possède un diamètre apparent ou qu'il en est dépourvu ; puis, dans chaque cas, nous supposerons successivement que la pupille est plus grande ou plus petite que l'anneau oculaire, de manière à laisser pénétrer dans l'œil en totalité, ou seulement en partie, la quantité de lumière recueillie par l'objectif.

1° *Objet à diamètre apparent* (soleil, lune, planètes). — Quand l'objet possède un diamètre apparent, on sait que le grossissement G (représenté aussi par $\frac{R}{r}$) est égal au rapport des dimensions homologues des images rétiniennes. Le rapport des aires de ces images étant égal au carré du rapport de similitude, on a :

$$\frac{S'}{S} = G^2 = \frac{R^2}{r^2}, \quad \text{d'où} \quad \frac{S}{S'} = \frac{1}{G^2} = \frac{r^2}{R^2}. \tag{2}$$

a) Si le cercle oculaire est plus petit que la pupille ($r < p$), toute la lumière qui entre par l'objectif pénètre dans l'œil.

Alors on a :
$$K = 1. \tag{3}$$

En tenant compte des valeurs (2) et (3), la formule devient :

$$C = \frac{R^2}{p^2} \cdot \frac{r^2}{R^2} = \frac{r^2}{p^2} < 1.$$

Ainsi, *la clarté est inférieure à l'unité*, puisque l'on a $r < p$.

b) Si le cercle oculaire est plus grand que la pupille ($r > p$), l'œil ne reçoit qu'une fraction K de la lumière qui entre par l'objectif :

$$K = \frac{\pi p^2}{\pi r^2} = \frac{p^2}{r^2}.$$

Dans ce cas,
$$C = \frac{p^2}{r^2} \cdot \frac{R^2}{p^2} \cdot \frac{r^2}{R^2} = 1.$$

La clarté est égale à l'unité.

2° *Objet sans diamètre apparent* (étoile). — Vu à l'œil nu ou à travers la lunette, un objet sans diamètre apparent apparaît toujours comme réduit à un simple point. On peut donc poser :

$$\frac{S}{S'} = 1. \tag{2'}$$

a) Si l'on a : $r < p,$ d'où $K = 1,$

la formule (1) donne

$$C = \frac{R^2}{p^2},$$

et les inégalités $R > p > r$ entraînent :

$$1 > \frac{p}{R} > \frac{r}{R};$$

d'où $1 < C < \frac{R^2}{r^2},$ et enfin $1 < C < G^2.$

Ainsi *la clarté est supérieure à l'unité et inférieure au carré du grossissement.*

b) Si l'on a : $r < p,$ d'où $K = \frac{p^2}{r^2},$

il vient :

$$C = \frac{p^2}{r^2} \cdot \frac{R^2}{p^2} = \frac{R^2}{r^2} = G^2.$$

La *clarté est égale au carré du grossissement.*

Remarque. — D'après ces résultats, on comprend pourquoi la lunette astronomique permet d'apercevoir un grand nombre d'étoiles qui sont invisibles à l'œil nu. On s'explique aussi que certaines étoiles puissent être observées en plein jour : le fond du ciel est un objet à diamètre apparent, qui paraît plus sombre dans la lunette. Les étoiles, au contraire, objets sans diamètre apparent, prennent un éclat beaucoup plus considérable.

620. — Installation. — L'objectif O est enchâssé dans un anneau métallique vissé à l'extrémité d'un tube T en laiton, noirci à

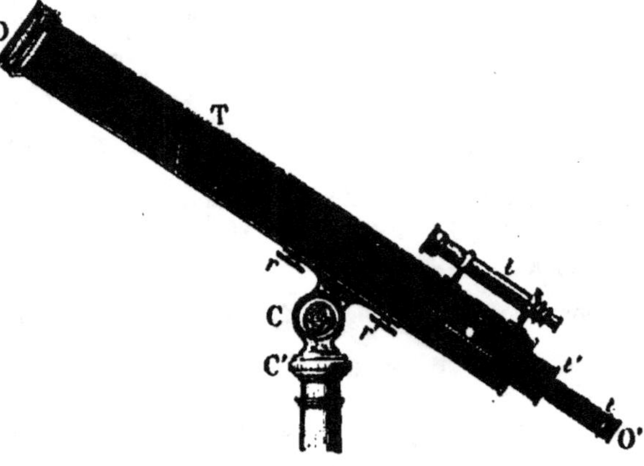

Fig. 632.

l'intérieur (fig. 632). L'oculaire O' est assujetti à l'extrémité d'un tube t qui s'emboîte dans un second tube t', lequel porte une crémaillère commandée par un pignon. Les trois tubes ont le même axe, et les deux derniers peuvent glisser sur cet axe commun. Dans les instruments des cabinets de physique (fig. 632), la lunette peut recevoir deux mouvements de rotation : l'un autour d'un axe hori-

Fig. 633. — Lunette méridienne.

zontal C, et l'autre autour d'un axe vertical C'. La combinaison de
ces deux mouvements permet d'explorer tous les points du ciel.

L'installation des grandes lunettes astronomiques utilisées dans les observatoires varie suivant la destination de l'instrument.

Dans les instruments méridiens (fig. 633), la lunette se meut dans le plan du méridien du lieu, autour d'un axe perpendiculaire à ce plan. La *lunette*

Fig. 634. — Grand équatorial de Chicago.

méridienne sert à observer l'instant du passage d'une étoile au méridien. Le *cercle mural* sert à mesurer la distance zénithale d'une étoile au moment de son passage au méridien.

Dans les **instruments équatoriaux** (fig. 634), la lunette se meut dans un plan méridien qui est lui-même mobile autour de l'axe du monde; ce qui permet de diriger la lunette vers un point quelconque du ciel. (*Voir Cosmographie.*)

Fig. 635. — Grande lunette de 1900.

Les lunettes modernes. — Les plus grandes lunettes actuellement en usage sont les suivantes :

1° Celle de l'observatoire de Nice, dont l'objectif a 0m,75 de diamètre et 18 mètres de distance focale.

2° Celle de l'observatoire Yerkes, à Chicago (fig. 634), dont l'objectif a 1 mètre de diamètre, 20 mètres de foyer, et qui supporte un grossissement de 3000 diamètres.

Ces deux lunettes sont montées en équatoriaux, sous de vastes coupoles mobiles. La seconde est accompagnée d'un plancher mobile, qui monte et descend au gré de l'observateur.

3° La grande lunette de 1900, qui figurait à l'exposition universelle (fig. 635). Son objectif a 1m,25 de diamètre et 60 mètres de distance focale. Son grossissement dépasse 8000 diamètres.

Cette lunette a la forme d'un immense tube en tôle d'acier, couché horizontalement sur une série de piliers, dans une position fixe orientée du nord au sud.

Elle est accompagnée d'un *sidérostat*, vaste miroir plan, mû par un appareil d'horlogerie, dans des conditions telles que le faisceau lumineux tombant d'une étoile sur ce miroir est réfléchi dans une direction qui reste absolument fixe, malgré le mouvement diurne.

Pour observer cet astre, il suffit d'amener un rayon réfléchi à coïncider avec l'axe de la lunette. Cela étant fait une fois pour toutes, l'étoile reste constamment dans le champ de la lunette, comme si la terre était immobile.

621. Description des diverses parties de la lunette. — I. **Objectif.** — L'objectif est formé en général de deux lentilles achromatiques à large surface.

II. **Oculaire.** — On pourrait employer un oculaire négatif comme dans le microscope; mais quand on veut faire servir l'instrument à la mesure des angles, ce qui exige un réticule, cet oculaire doit être remplacé par un oculaire positif de Ramsden.

Oculaire positif de Ramsden. — Cet oculaire est formé de deux lentilles plan-convexes L′,L″ tournant leur convexité l'une vers l'autre, et disposées de

telle façon que l'image formée par l'objectif se trouve en avant des deux lentilles. Cette image réelle peut donc se former, et c'est dans son plan que l'on dispose le diaphragme portant le réticule dont il sera question plus loin. On peut donc voir simultanément, à travers l'oculaire, ce réticule et l'image réelle située dans le même plan. Les deux lentilles ont même distance focale $f = f'$, et leur écartement ϵ est égal aux deux tiers de cette distance focale :

$$\frac{f}{1} \quad \Big| \quad \frac{\epsilon}{\frac{2}{3}} \quad \Big| \quad \frac{f'}{1}$$

Cet oculaire achromatise l'image (fig. 636). — Soit A un point de l'objet AB. L'objectif O, supposé simple, en donne une série d'images colorées situées sur l'axe secondaire AO, et comprises entre l'image rouge R et l'image violette V, plus rapprochée que la première. Du centre optique O' ces images seraient

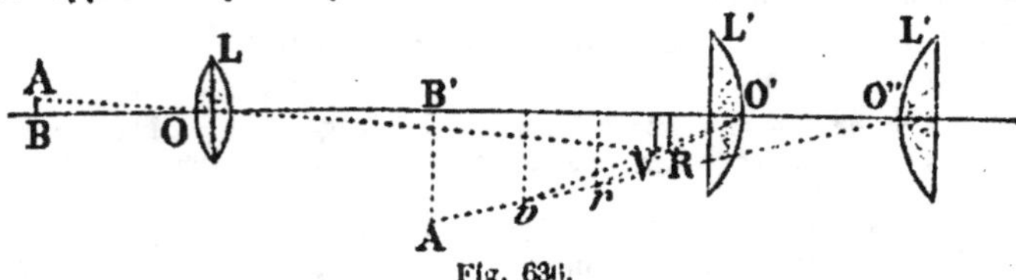

Fig. 636.

vues sous un certain angle VO'R. Mais la lentille O' leur substitue des images r, v, qui sont vues du centre optique O'' sous un angle $vO''v$, inférieur au premier. On peut même calculer les dimensions des lentilles O', O'' de telle sorte que l'angle $vO''r$ soit nul ; et alors l'aberration chromatique est supprimée, car la lentille O'' remplace les images r, v par des images définitives qui sont situées sur le même rayon visuel O''rvA', et qui donnent l'impression d'une image unique A'.

III. Diaphragme et champ. — (Voir ce qui a été dit n°s 607 et 609 touchant le microscope.)

IV. Chercheur. — Le champ diminue en raison inverse du grossissement ; pour un fort grossissement, le champ est très petit, et il est difficile d'y amener par tâtonnement l'astre que l'on se propose d'observer. Voilà pourquoi une grande lunette (fig. 632) est généralement munie d'une petite lunette *l* nommée *chercheur* qui lui est parallèle, et dont le champ est plus grand. On amène facilement l'astre cherché à la croisée des fils du chercheur ; lorsque ce résultat est obtenu, l'astre se trouve dans le champ de la lunette.

Les astrononomes ne se servent pas du chercheur. Connaissant les coordonnées de l'astre qu'ils veulent observer, avec l'équatorial par exemple, il leur est facile, à l'aide de cercles gradués, et sans regarder le ciel, d'amener la lunette dans le méridien convenable, puis dans la direction voulue.

V. Réticule. — Quand la lunette doit servir à la mesure des angles, le diaphragme porte deux fils tendus en croix; on voit nettement ces fils dans la lunette, quand le diaphragme est au foyer de l'oculaire (fig. 637).

Fig. 637.

On appelle *axe optique* de la lunette la droite idéale qui joint le centre optique de l'objectif à la croisée des fils du réticule.

Mesure de la distance angulaire de deux points. — Théoriquement, la mesure d'un angle se ramène à celle d'un arc décrit de son sommet comme centre, et compris entre ses côtés.

Pratiquement, pour mesurer la distance angulaire AOB de deux points A, B, vus du point O, on se sert d'un cercle gradué, et d'une alidade ou d'une lunette mobile autour de l'axe de ce cercle gradué. La mesure à effectuer exige trois opérations successives :

1° Amener le cercle gradué dans le plan de l'angle AOB, et son centre au sommet O.

2° Déterminer les rayons du cercle dirigés vers les points A et B.

3° Lire sur l'échelle graduée la valeur de l'arc compris entre ces deux rayons.

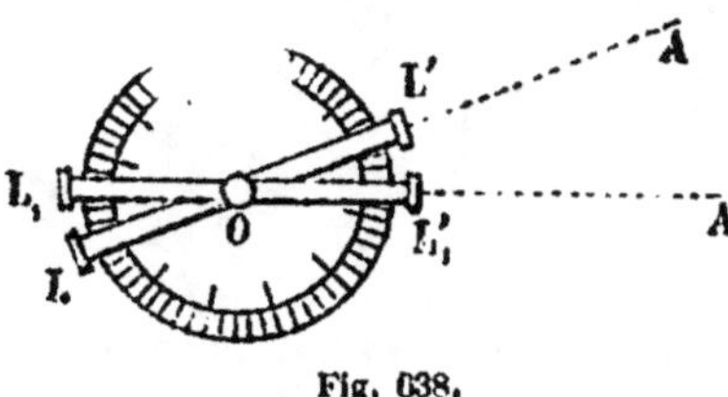

Fig. 638.

Ces diverses opérations s'effectuent de différentes manières, suivant la nature de l'instrument géodésique ou astronomique dont le cercle fait partie.

Supposons qu'il s'agisse de mesurer au moyen du cercle mural la distance angulaire de deux astres A, A' situés dans le plan du méridien (fig. 638). On déplace la lunette jusqu'à ce que l'image de l'astre A se fasse à la croisée des fils du réticule, l'astre se trouve alors dans la direction de l'axe optique de la lunette; on vise de même l'astre A' en faisant tourner la lunette autour du centre du cercle gradué.

L'angle des deux astres égale l'angle $L'OL'_1$, formé par les deux positions de la lunette.

Mesure des angles très petits. — Pour la mesure des angles très petits, un des fils du réticule est double et peut se déplacer parallèlement à lui-même au moyen d'une vis micrométrique.

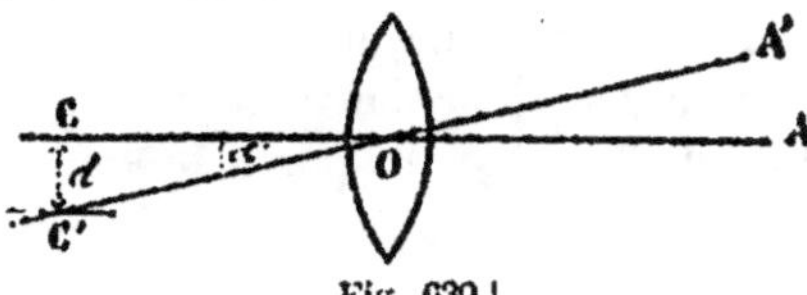

Fig. 639.

Supposons que les deux astres A et A' aient leurs images aux deux croisées C et C' des fils du réticule (fig. 642).

L'angle des astres est l'angle α donné par la relation :

$$\operatorname{tg}\alpha = \frac{CC'}{CO} = \frac{d}{F},$$

en appelant d la distance des fils, et F la distance focale de l'objectif.

Lunette terrestre.

622. Lunette terrestre. — La lunette astronomique donne des images renversées, ce qui est sans inconvénient pour l'observation des astres. Dans les observations terrestres, on redresse les images en plaçant devant l'oculaire un système de deux lentilles égales L_1, L_2, appelé *véhicule* (fig. 640).

L'objectif L donne de l'objet éloigné AB une image A'B' renversée, située dans le plan focal d'incidence de la lentille L_1.

Les rayons émis par le point A traversent l'objectif, convergent

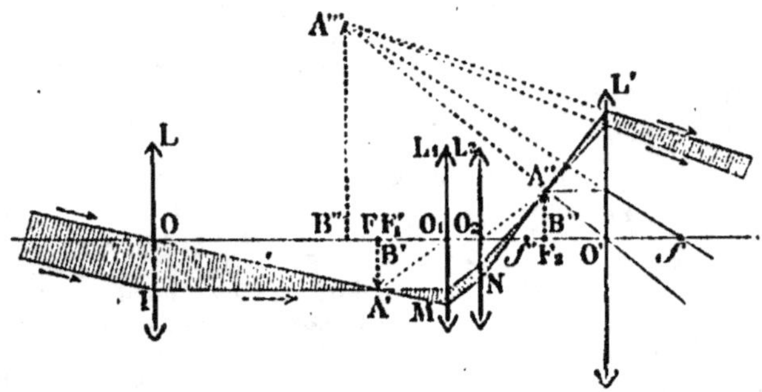

Fig. 640.

en A'; puis ils divergent et rencontrent la lentille L_1 en M; ils sortent de la lentille L_1 suivant MN parallèle à $A'O_1$, puisque A'B' est dans le plan focal principal de L_1; ils rencontrent la lentille L_2 en N, et vont concourir en A" sur l'axe secondaire O_2A'', parallèle à O_1A'.

Au moyen des deux lentilles L_1, L_2, on obtient l'image A"B" réelle et droite par rapport à l'objet AB.

L'image A"B" donne par rapport à l'oculaire L' une image droite et virtuelle A'''B''', comme dans la lunette astronomique.

La figure montre la marche du pinceau oculaire relatif au point A. L'ensemble des trois lentilles L_1, L_2, L' porte le nom d'**oculaire terrestre**.

Grossissement. — Le véhicule ayant simplement pour effet de substituer à l'image réelle A'B' une autre image réelle A"B", de même grandeur que la première, il s'ensuit que le grossissement de la lunette terrestre est le même que le grossissement d'une lunette astronomique qui aurait le même objectif et le même oculaire.

La mesure expérimentale du grossissement peut s'effectuer pour la lunette terrestre de la même manière que pour le viseur ou petite lunette astronomique.

Inconvénients. — L'emploi du véhicule redresseur de l'image a deux inconvénients : il augmente la longueur de l'instrument, et il affaiblit l'éclat de l'image finale.

La lunette terrestre est notablement plus longue qu'une lunette astronomique de même grossissement : celle-ci a une longueur sensiblement égale à la somme $F + f$ des distances focales de l'objectif et de l'oculaire ; l'autre s'allonge de toute la distance B'B'' qui sépare les images égales A'B', A''B''.

La perte de lumière provient des réflexions qui se produisent à la surface des lentilles du véhicule.

Remarque. — Le véhicule pourrait se réduire à une lentille unique (fig. 641).

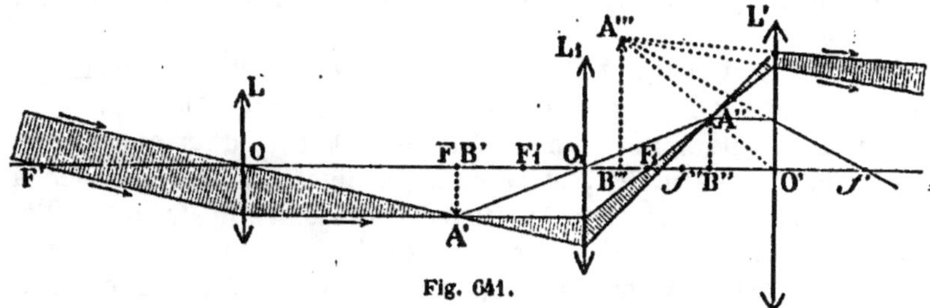

Fig. 641.

L'objectif L donne l'image renversée A'B', à laquelle le véhicule L_1 substitue l'image droite A''B'', que l'oculaire L' remplace par l'image droite A'''B'''.

Pour que les images A'B', A''B'' soient aussi rapprochées que possible, il faut qu'elles soient symétriques par rapport au centre optique O_1, c'est-à-dire que l'on ait $B'O_1 = 2f_1$. Le minimum de l'écartement B'B'' est donc $4f_1$.

C'est pourquoi l'on préfère utiliser un système redresseur composé de deux lentilles O_1, O_2 (fig. 640) ; car alors l'écartement B'B'' se réduit à $2f_1 + O_1O_2$.

Lunette de Galilée.

623. Lunette de Galilée. — La lunette de Galilée, comme la lunette terrestre, donne des *images droites* des objets éloignés ; mais le système formé par l'oculaire et le véhicule y est remplacé par une simple lentille divergente.

Ainsi (fig. 642), la lunette de Galilée se compose d'un objectif

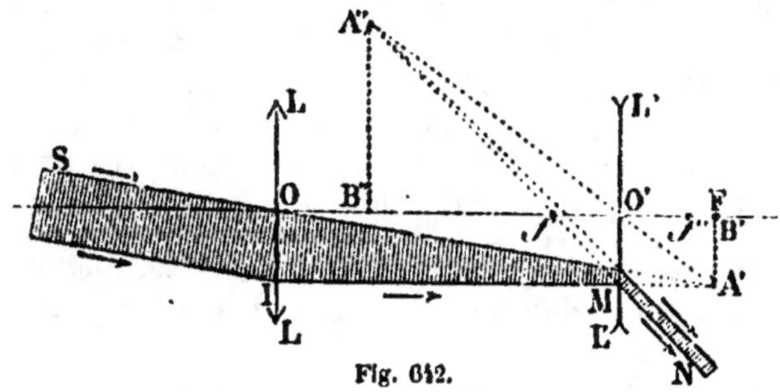

Fig. 642.

convergent O, qui donnerait une image réelle renversée A'B', et d'un oculaire divergent O', qui empêche cette image de se former et lui substitue une image virtuelle droite A"B".

Formation des images. — L'image A'B' tend à se former dans le plan conjugué de l'objet AB, c'est-à-dire sensiblement dans le plan focal d'émergence de l'objectif. Pour construire cette image, il suffit de mener l'axe secondaire SO du point A et de marquer la trace A' de cet axe sur le plan focal d'émergence. Ou bien, on mène par le foyer d'incidence F le rayon incident F'I parallèle à SO, et dont le réfracté IM, parallèle à l'axe principal, rencontre SO au point cherché A'.

En avant de l'image A'B', on interpose la lentille divergente O', à une distance B'O' un peu supérieure à sa distance focale f.

Dans ces conditions, l'image A'B' joue le rôle d'un objet virtuel relativement à l'oculaire ; et comme cet objet est situé au delà du foyer principal d'incidence (ce foyer f' est à droite de la lentille), il se forme une image virtuelle A"B" située en avant de la lentille. Cette image est renversée par rapport à A'B', c'est-à-dire droite par rapport à AB.

Pour construire l'image A" du point A', on trace l'axe secondaire O'A', puis le rayon IMA' parallèle à l'axe principal ; ce rayon donne un réfracté MN dont le prolongement passe par le foyer principal d'émergence f (situé à gauche de O') et rencontre O'A' au point cherché A".

La longueur de la lunette de Galilée, sensiblement égale à F — f, est inférieure à celle d'une lunette astronomique et surtout à celle d'une lunette terrestre qui aurait le même objectif.

Marche des rayons lumineux. — Les rayons issus d'un point A, et réfractés par l'objectif, convergent d'abord vers le point A' ; mais ils sont arrêtés par l'oculaire et transformés en un faisceau divergent, qui semble émaner du point A".

Pour construire le pinceau oculaire relatif au point A, on commence par tracer le cône de sommet A" qui a pour base la pupille ; puis on trace un second cône ayant pour sommet A' et pour base la section faite dans le premier cône par le plan de l'oculaire, et enfin un troisième cône ayant pour sommet A et pour base la section du second cône par le plan de l'objectif.

Mise au point. — L'objectif et l'oculaire sont assujettis aux extrémités de deux tubes différents. L'axe de l'oculaire peut glisser sur celui de l'oculaire.

On place l'œil le plus près possible de l'oculaire, puis on règle le tirage de manière à obtenir une image nette.

Les images A'B', A"B" étant conjuguées par rapport à l'oculaire, leurs déplacements simultanés par rapport à cette lentille sont toujours de même sens. Pour que l'image A"B" se rapproche de l'oculaire, il faut que l'image AB s'en éloigne, c'est-à-dire que le tirage diminue.

Supposons qu'un myope et un presbyte accommodent tous deux pour la vision à distance minima. D'après ce qui précède, le tirage varie dans le même sens que la distance d'accommodation. Donc le myope doit enfoncer l'oculaire davantage que le presbyte[1].

624. Grossissement. — *Le grossissement est le rapport du diamètre apparent de l'image vue dans la lunette, au diamètre apparent de l'objet vu à l'œil nu.*

CAS PARTICULIER : l'œil est placé contre l'oculaire. — Supposons que la distance de l'œil à l'oculaire soit négligeable, et admettons que le point nodal de l'œil coïncide avec le centre optique O' de l'oculaire (fig. 643).

Soient $B''O' = d$ la distance d'accommodation, F et $(-f)$ les distances focales de l'objectif et de l'oculaire. Convenons de mettre tous les signes en évidence, et posons pour abréger l'écriture :

$$A'B' = h',$$
$$A''B'' = h''.$$

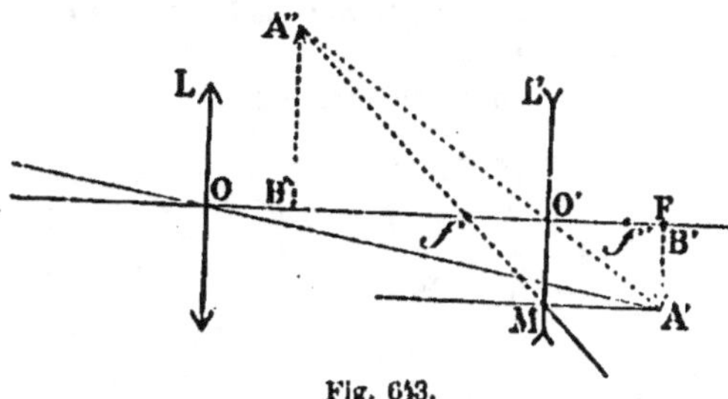

Fig. 643.

Le diamètre apparent de l'image est :

$$A''O'B'' \quad \text{ou} \quad \frac{h''}{d};$$

celui de l'objet vu à l'œil nu :

$$AOB \quad \text{ou} \quad A'OB' \quad \text{ou} \quad \frac{h'}{F}.$$

---

[1] Étudions par le calcul l'influence des variations de la distance minima de la vision distincte δ, par rapport à la mise au point.

Supposons négligeable la distance de l'œil à l'oculaire, et admettons que le point nodal de l'œil est au centre optique O' de l'oculaire.

Soient, en valeur absolue, $CB' = x$ et $B''O' = \delta$.

Ces distances prises avec leurs signes sont conjuguées par rapport à la lentille divergente, dont nous représenterons la distance focale par $(-f)$.

On a donc, d'après la formule des lentilles :

$$\frac{1}{-\delta} - \frac{1}{x} = \frac{1}{-f},$$

d'où

$$\frac{1}{x} = \frac{1}{f} - \frac{1}{\delta}.$$

Or, si δ augmente, il est aisé de voir que x diminue. Mais le tirage varie en sens contraire de x.

Donc le tirage varie dans le même sens que la distance minima de la vision distincte.

Le grossissement est donc

$$G = \frac{h''}{d} : \frac{h'}{F} = \frac{F}{d} \cdot \frac{h''}{h'}. \qquad (1)$$

Or h' se reporte en O'M, et les triangles semblables A''B''f, MO'f donnent :

$$\frac{h''}{h'} = \frac{B''f}{fO'} = \frac{d-f}{f}.$$

Le grossissement devient :

$$G = \frac{F}{f}\left(1 - \frac{f}{d}\right) = \frac{F}{f} - \frac{F}{d}.$$

Ce grossissement augmente en même temps que d. Il convient donc d'accommoder pour la vision à distance maxima.

Pour $d = \infty$, on a $\qquad G = \frac{F}{f}.$

Cette valeur limite, obtenue par un œil emmétrope sans accommodation, est le *grossissement spécifique* de la lunette de Galilée.

Cas général : l'œil C est à une distance quelconque de l'oculaire O'. — Posons $\qquad O'C = a$, d'où $B''O' = d - a$.

En conservant les notations précédentes, on a toujours (1) :

$$G = \frac{h''}{d} : \frac{h'}{F} = \frac{F}{d} \cdot \frac{h''}{h'}.$$

Or les deux formules des lentilles

$$\frac{h''}{h'} = \frac{d-a}{O'B'}, \qquad \frac{1}{-(d-a)} - \frac{1}{O'B} = -\frac{1}{f}$$

donnent

$$\frac{h''}{h'} = \frac{d-a-f}{f},$$

relation que l'on tirerait immédiatement de la similitude des mêmes triangles A''B''f, MO'f.

Le grossissement devient :

$$G = \frac{F}{f}\left(1 - \frac{a+f}{d}\right).$$

Il croît en même temps que d, et atteint sa valeur maximum quand l'œil est disposé pour la vision au *punctum remotum*. Suivant que l'œil est myope, normal ou hypermétrope, ce maximum est inférieur, égal ou supérieur au grossissement spécifique $\frac{F}{f}$.

625. Diverses parties de la lunette de Galilée. —
I. **Objectif.** — L'objectif est un système convergent achromatique, à large surface.

II. **Oculaire.** — L'oculaire est une simple lentille divergente.

III. — Cette lunette ne comporte pas de *diaphragme*, ni de réticule.

IV. **Champ.** — Les faisceaux lumineux sortant de l'oculaire étant pour sommet le centre optique e o jecti .

Jumelles. — On associe généralement, sous le nom de *jumelles*, deux lunettes de Galilée de mêmes dimensions, dont les tirages sont solidaires, et dont les axes, parallèles entre eux, présentent un écartement égal à celui de nos yeux. Les moins puissantes sont dites *jumelles de théâtre*, puis viennent les *jumelles marines* et enfin les *jumelles de campagne*.

Télescopes.

626. Télescopes. — Les télescopes diffèrent des lunettes en ce que l'objectif est un miroir concave, au lieu d'être une lentille convergente.

L'image réelle donnée par ce miroir est observée à travers un oculaire très puissant. Seulement, comme les rayons émergents marchent en sens contraire des rayons incidents, il faut rejeter l'image réelle et l'oculaire en dehors du faisceau incident, afin de laisser libre passage à ce dernier. La disposition généralement adoptée aujourd'hui est celle du télescope de Newton, perfectionné par Foucault.

627. Télescope de Newton. — Dans cet instrument, l'objectif est un miroir concave M (fig. 644). L'objet AB envoie des rayons sur ce

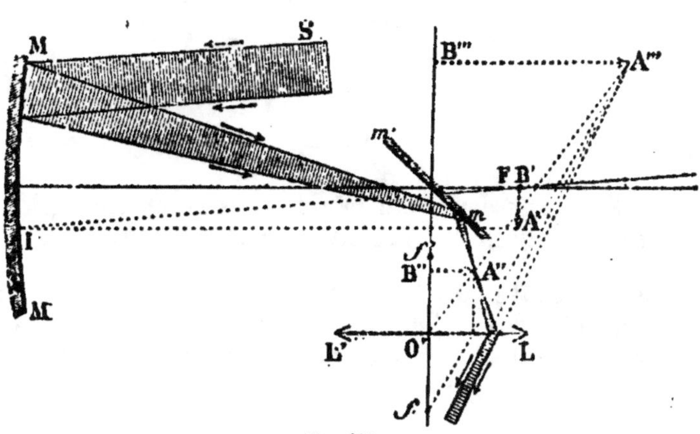

Fig. 644.

miroir qui les réfléchit et donne, dans son plan focal, une image A'B' réelle et renversée. En réalité, cette image ne se forme pas, car les

Grossissement. — *Le grossissement* G *du télescope est le rapport qui existe entre le diamètre apparent de l'image vue à travers l'oculaire et le diamètre apparent de l'objet vu à l'œil nu.*

Supposons que le point nodal de l'œil coïncide avec le foyer prin-

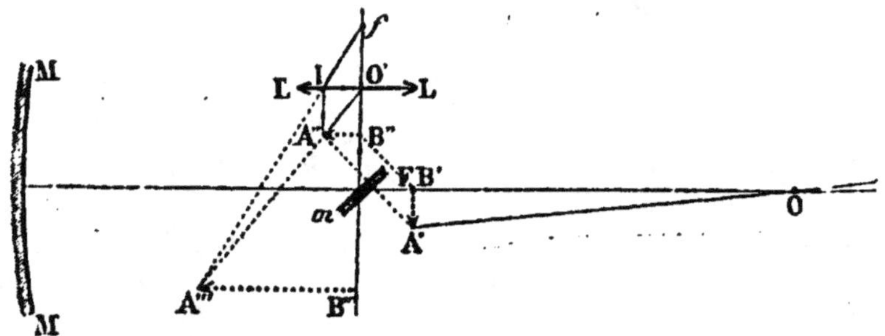

Fig. 645.

cipal d'émergence f de l'oculaire (fig. 645). On a, en remplaçant les angles par leurs tangentes, et en tenant compte des égalités :

$$IO' = A''B'' = A'B';$$

$$G = \frac{A'''fB'''}{A'OB'} = \frac{\frac{IO'}{fO'}}{\frac{A'B'}{FO}} = \frac{\frac{1}{f}}{\frac{1}{F}},$$

donc
$$G = \frac{F}{f}.$$

Ainsi, le grossissement du télescope est proportionnel à la distance focale du miroir et à la convergence de l'oculaire.

Diverses parties du télescope. — I. Objectif. — Les anciens miroirs étaient formés d'un alliage d'étain et de cuivre; on se sert maintenant de miroirs en verre argenté, auxquels on donne la forme parabolique.

II. Oculaire. — On peut utiliser un oculaire négatif ou un oculaire positif; mais si l'on veut mesurer des angles, on prend l'oculaire positif à réticule.

III. **Chercheur.** — D'après la disposition de l'instrument, un chercheur est indispensable; on le dispose comme dans la lunette astronomique.

628. Télescope de Foucault.

Fig. 646.

— Les télescopes permettent d'obtenir un fort grossissement, parce qu'il est toujours possible d'obtenir des objectifs d'une grande dimension; mais, d'un autre côté, ces miroirs sont très lourds, et les instruments sont difficiles à manœuvrer; leur surface d'ailleurs se ternit rapidement, et il devient nécessaire de renouveler leur polissage.

Tous ces inconvénients avaient fait abandonner les télescopes. Ils ont été remis en faveur depuis que Foucault a substitué au miroir métallique un miroir de verre argenté. La surface, soigneusement travaillée, est réduite à une surface parabolique, afin d'éviter l'aberration de sphéricité; elle est ensuite recouverte chimiquement d'une couche d'argent poli qui possède un pouvoir réflecteur de 95 à 96 pour 100. Lorsque la surface du miroir se ternit, on enlève la couche d'argent et on la renouvelle par un second dépôt.

La marche des rayons lumineux dans ce télescope est la même que dans celui de Newton; seulement le miroir plan est remplacé par un prisme à réflexion totale, et l'oculaire par un microscope composé.

La figure 646 représente le petit télescope des cabinets de physique.

L'observatoire de Marseille possède un télescope de Foucault dont l'objectif a 0m80 de diamètre et 4m80 de foyer. Le télescope installé en 1875 à l'observatoire de Paris (fig. 647) a un objectif de 1m20 de diamètre.

629. Télescope d'Herschell.

— Dans le télescope d'Herschell, le miroir M est légèrement incliné sur l'axe du tube qui le porte; d'après cette dispo-

sition; l'image A'B' qui se forme près du foyer du miroir se trouve aux bords
du tube, où on la regarde directement à travers l'oculaire.

Fig. 647. — Télescope de l'observatoire de Paris.

630. **Télescope de Grégory (fig. 648).** — Dans ce télescope, l'objectif M
est percé d'une ouverture dans laquelle on visse le tube portant l'oculaire LL',
et le miroir plan est remplacé par un petit miroir concave mobile m.

L'objet AB envoie des rayons sur le miroir M, qui les réfléchit et forme
l'image A'B' réelle et renversée; on dispose le miroir concave m de manière

que l'image A'B' se fasse entre son foyer principal f et son centre de courbure;
on obtient ainsi l'image A"B" réelle et renversée par rapport à A'B', c'est-à-dire

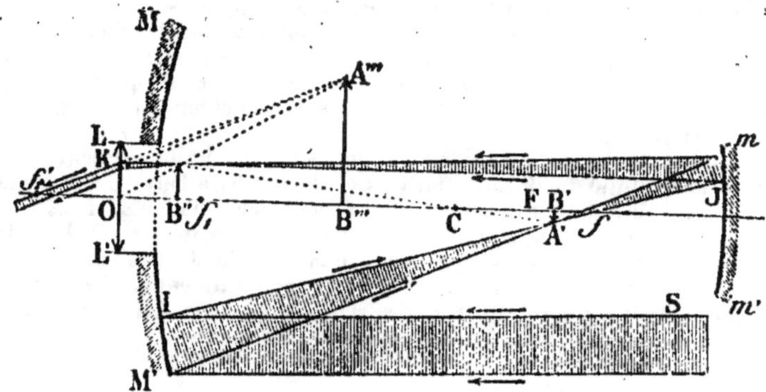

Fig. 648.

droite par rapport à AB; on regarde A"B" à travers l'oculaire L, qui la grossit
et donne l'image virtuelle A"'B"'.

Dans ce télescope, l'oculaire est fixe; pour la mise au point, on déplace le
miroir m, parallèlement à lui-même.

La figure indique la marche d'un pinceau oculaire SIJKf_1.

631. Télescope de Cassegrain (fig. 649). — Ce télescope ne diffère du
précédent que par le petit miroir m, qui est convexe au lieu d'être concave; la
longueur de l'instrument se trouve ainsi diminuée.

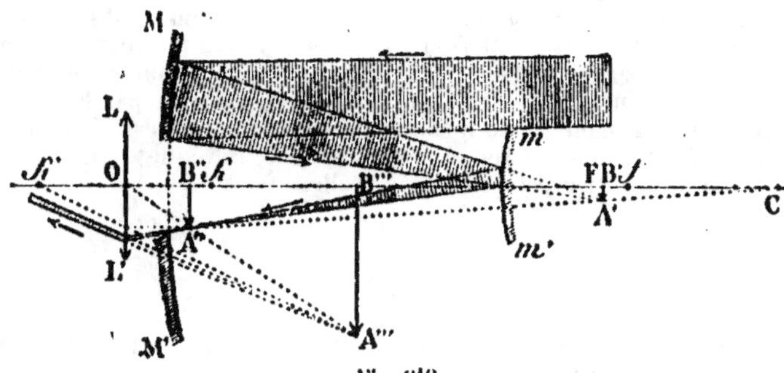

Fig. 649.

Si le miroir m n'existait pas, le miroir M donnerait une image réelle et renversée A'B' de l'objet AB.

On dispose le miroir m de manière que A'B' se trouve entre le miroir et son
foyer f; alors A'B' est un objet virtuel par rapport au miroir m, et l'on
obtient une image réelle et droite A"B".

On regarde A"B" à travers l'oculaire L, qui donne l'image A"'B"'.

CLARTÉ

632. De la clarté dans les instruments d'optique. — Il ne suffit pas que les images vues à travers un instrument d'optique soient nettes et agrandies, il faut encore qu'elles soient suffisamment éclairées. La notion de *clarté* doit intervenir dans l'étude des instruments microscopiques simples et composés, aussi bien que dans l'étude des instruments télescopiques : lunettes et télescopes proprement dits.

L'éclairement d'une surface (qu'on suppose éclairée uniformément) est le rapport de la quantité totale de lumière qu'elle reçoit, à l'aire de la surface éclairée, c'est-à-dire la quantité de lumière reçue par unité de surface.

Quand on regarde un objet à l'œil nu, il donne une image sur la rétine. L'éclairement de cette image est le rapport de la quantité de lumière venue de cet objet et entrée dans l'œil, à la surface de l'image rétinienne. Si on désigne par q la quantité de lumière et par s la surface de l'image, l'éclairement est :

$$e = \frac{q}{s}.$$

Regardons le même objet avec un instrument d'optique. L'image qu'il donne sur la rétine a une surface différente S. D'autre part, la quantité de lumière issue de l'objet et qui entre dans l'œil prend aussi en général une valeur différente Q. L'éclairement de l'image rétinienne est devenu :

$$E = \frac{Q}{S}.$$

On appelle clarté d'un instrument d'optique le rapport de l'éclairement de l'image rétinienne, obtenue à l'aide de l'instrument, à l'éclairement de l'image rétinienne obtenue à l'œil nu.

$$C = \frac{E}{e} = \frac{Q}{q} \cdot \frac{s}{S}.$$

1° Instruments sans oculaire. — Le cas des instruments sans oculaire ne présente aucune difficulté. Supposons qu'il s'agisse, par exemple, du microscope solaire; observons successivement l'objet lui-même et son image réelle donnée par l'instrument. Ils envoient tous deux à l'œil la même somme de lumière, en négligeant, bien entendu, la fraction de lumière absorbée par le passage à travers l'appareil réfringent. Cette même quantité de lumière est répartie, dans le premier cas, sur l'image s donnée par l'objet sur la rétine; dans le second cas, sur l'image S donnée par son image réelle.

On a : $$\frac{Q}{q} = 1,$$

d'où $$C = \frac{s}{S}.$$

Or ce rapport est l'inverse du grossissement superficiel, c'est-à-dire du carré G^2 du grossissement linéaire.

Donc $$C = \frac{1}{G^2}.$$

La clarté devient extrêmement faible pour un appareil un peu grossissant. De là la nécessité d'éclairer très puissamment l'objet examiné.

2° Instruments à oculaire. — Dans les instruments à oculaire donnant de l'objet une image virtuelle, nous examinerons successivement le cas de la loupe ou microscope simple, le cas du microscope composé et celui des instruments télescopiques.

Mais, avant de distinguer ces divers cas, nous allons établir une expression générale de la clarté qui s'applique à tous les instruments à oculaire.

Évaluons q et Q.

Soit K la quantité totale de lumière qu'envoie l'objet dans toutes les directions. Si l'œil est à une distance δ de l'objet et si p est la surface de la pupille, la quantité de lumière envoyée par l'objet à l'œil est :

$$q = \frac{Kp}{4\pi\delta^2}.$$

De même la quantité totale de lumière envoyée par l'objet à l'instrument est :

$$\frac{K\Omega}{4\pi a^2}.$$

En désignant par a la distance de l'objet à la première lentille de l'instrument, et par Ω la surface de cette lentille (cette première lentille sera la lentille unique dans le cas de la loupe ; — l'objectif, ou plutôt la première lentille de l'objectif, dans le cas du microscope ou de la lunette ; ce serait le miroir dans le cas du télescope).

Mais, en général, une partie seulement de cette lumière tombée sur l'instrument arrive à l'œil ; les seuls rayons arrivant à l'œil sont ceux qui sont venus frapper la première lentille sur une certaine surface H, plus ou moins grande suivant les cas, qu'on pourrait découper sur Ω. Et l'expression de la quantité de lumière Q est :

$$Q = \frac{KH}{4\pi a^2}.$$

La clarté C est donc

$$C = \frac{H}{p} \cdot \frac{\delta^2}{a^2} \cdot \frac{s}{S}. \tag{2}$$

1° Loupe ou microscope simple.

δ est la distance minimum à laquelle l'œil voit nettement. C'est, en *général*, à cette distance qu'il cherche à former l'image virtuelle à travers l'instrument.

L'œil est en avant de la loupe. Soit y la distance du point nodal intérieur de l'œil, au centre optique de la loupe. Le grossissement peut s'écrire :

$$G = \frac{\delta - y}{a}.$$

En effet (fig. 650), le grossissement est le rapport des diamètres apparents de l'objet vu à travers l'instrument et à l'œil nu. C'est le rapport des angles

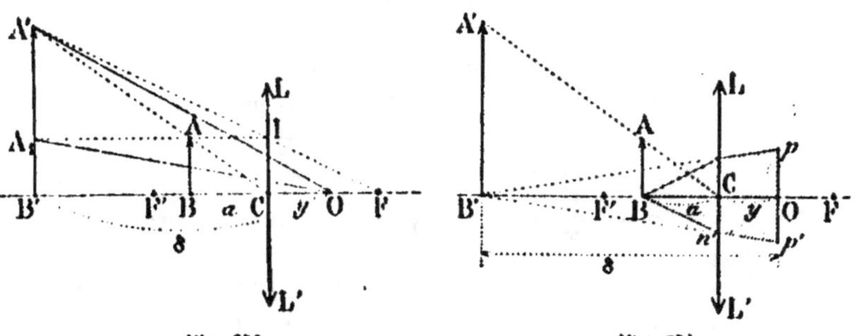

Fig. 650.   Fig. 651.

A'OB' et A_1OB' (pour avoir l'objet nettement à l'œil nu, il faudrait le reculer de AB jusqu'à A_1B').

Ce rapport est égal à

$$\frac{A'B'}{AB} = \frac{\delta - y}{a}.$$

Calculons maintenant $\dfrac{\Pi}{p}$. Pour cela, figurons la marche des rayons issus du point B, par exemple, et tombant sur la pupille (fig. 651) : soit pp' le diamètre de la pupille. Les rayons arrivent en pp' comme s'ils venaient du point B', image de B, et la surface que nous avons désignée par Π est ici la section nn' faite par le plan de la loupe dans le cône qui a B' pour sommet et pp' pour base :

$$\frac{\text{Surf. } \Pi}{\text{Surf. } p} = \left(\frac{nn'}{pp'}\right)^2 = \left(\frac{\delta - y}{\delta}\right)^2.$$

D'où

$$\frac{\Pi}{p} \cdot \frac{\delta^2}{a^2} = \frac{(\delta - y)^2}{\delta^2} \times \frac{\delta^2}{a^2} = \frac{(\delta - y)^2}{a^2} = G^2.$$

D'autre part, on a encore, toujours d'après la définition du grossissement :

$$\frac{s}{S} = \frac{1}{G^2}.$$

Donc

$$C = G^2 \times \frac{1}{G^2} = 1.$$

La clarté de la loupe est égale à l'unité. L'image agrandie qu'on voit dans la loupe est aussi éclairée que l'objet vu à l'œil nu (en négligeant toujours, bien entendu, la petite fraction perdue par réflexion ou absorption de la lentille).

Cette propriété importante est vraie, quelle que soit la distance de l'œil à la loupe.

2° *Instruments composés à oculaire convergent : microscopes ou télescopes.*

Nous rangeons ces instruments dans une même catégorie parce qu'ils ont un caractère commun : l'oculaire convergent donne de l'objectif une image réelle, appelée *image oculaire* ou *anneau oculaire*, et c'est dans le plan de cette image qu'il convient de placer l'œil pour recevoir le plus de lumière possible.

Soit ω la surface de l'anneau oculaire. L'aire Π de la surface, découpée sur l'objectif de telle sorte que toute la lumière qui y tombe entre dans l'œil, est à l'aire π de la partie de l'anneau oculaire qui est recouverte par la pupille, dans le même rapport que la surface entière Ω de l'objectif à la surface π de son image ; l'aire π est l'image de l'aire Π.

$$\frac{\Pi}{\pi} = \frac{\Omega}{\omega} \cdot \qquad \text{et} \qquad \frac{\Pi}{p} = \frac{\Omega}{\omega} \cdot \frac{\pi}{p}.$$

L'expression de la clarté est ainsi donnée par

$$C = \frac{\Omega}{\omega} \cdot \frac{\delta^2}{a^2} \cdot \frac{s}{S} \cdot \frac{\pi}{p}.$$

On peut la considérer comme le produit de 3 facteurs :

$$\left(\frac{\Omega}{\omega} \cdot \frac{\delta^2}{a^2}\right), \quad \frac{s}{S} \quad \text{et} \quad \frac{\pi}{p}.$$

Le premier facteur $\dfrac{\Omega}{\omega} \cdot \dfrac{\delta^2}{a^2}$ est égal à G, *qu'on ait affaire au microscope composé ou à la lunette astronomique.*

Dans le cas de la lunette astronomique, la distance de l'objet à l'œil nu ou à l'instrument est la même. Le rapport $\dfrac{\delta}{a}$ est égal à 1 ; et l'on sait que le rapport des diamètres de l'objectif et de l'anneau oculaire est égal à G : c'est même sur cette propriété qu'est fondée la méthode de Ramsden pour la mesure expérimentale du grossissement. Donc $\dfrac{\Omega}{\omega} = G^2.$

Dans le cas du microscope composé, le calcul est un peu plus long, mais la relation est toujours vraie [1].

Donc on a :

$$G = G^2 \cdot \frac{s}{S} \cdot \frac{\pi}{p}.$$

Le second facteur $\frac{s}{S}$ est l'inverse de G^2, *en général*. Mais ce n'est pas toujours vrai. Un objet lumineux donne une image sur la rétine : si le diamètre apparent de l'objet diminue, l'image devient plus petite; mais il y a une limite; l'image rétinienne de tout objet perceptible à la vue a une grandeur finie. En effet, les rayons partis d'un même point lumineux de l'objet viennent peindre sur la rétine un petit cercle lumineux dont l'image géométrique du point occupe le centre; ceci résulte d'un phénomène de diffraction et resterait vrai alors même qu'on éviterait toute aberration de sphéricité. Ce petit cercle couvre un certain nombre de terminaisons nerveuses du nerf optique qui transmet au cerveau la sensation. A chacun des points de l'objet correspond ainsi, non un point géométrique, mais un petit cercle, un *cercle d'aberration rétinien*. Comme ces cercles sont très petits, leur ensemble dessine une image de même forme que l'objet et de dimensions proportionnelles à son diamètre apparent. Encore faut-il que ce diamètre apparent soit appréciable; si tous les points de l'objet lumineux sont dans des directions trop voisines, leurs cercles d'aberration rétiniens empiéteront les uns sur les autres, et s'il arrive, comme c'est le cas pour les étoiles, que l'image géométrique de l'objet sur la rétine soit elle-même beaucoup plus petite qu'un cercle d'aberration rétinien, toute l'image de l'objet se réduira à l'un de ces cercles, et l'on aura la sensation d'un point lumineux unique. On dira que *l'objet lumineux n'a pas de diamètre apparent sensible*.

Pour les étoiles *fixes*, les télescopes les plus grossissants n'arrivent pas à rendre l'image géométrique de l'objet sur la rétine assez grande pour qu'elle cesse d'être noyée dans un cercle d'aberration rétinien. L'objet reste sans diamètre apparent sensible, même vu dans l'instrument. Dans ce cas, l'on a évidemment $s = S$.

---

[1] Voici comment se fait la démonstration :

Soit x la distance de l'objectif à l'image réelle donnée par l'objectif; f étant la distance focale de l'objectif, on a :

$$\frac{1}{a} + \frac{1}{x} = \frac{1}{f}.$$

Si l est la distance de l'objectif à l'oculaire, y désigne ici la distance de l'oculaire à l'anneau oculaire, l'œil étant placé à l'anneau oculaire. La distance de l'œil à laquelle se forme l'image virtuelle est égale à la distance δ à laquelle on placerait l'objet, pour le voir à l'œil nu. On a donc, en appelant F la distance focale de l'oculaire :

$$\frac{1}{l-x} - \frac{1}{\delta - y} = \frac{1}{F}.$$

En combinant ces deux équations, l'on tire x :

$$x = \frac{\delta(l-F)}{F + \delta - y}.$$

Or le grossissement du microscope composé = grossissement de l'objectif $\times$ grossissement de l'oculaire :

$$G = \frac{x}{a}\left(1 + \frac{\delta - y}{F}\right) = \frac{\delta}{a} \cdot \frac{l-F}{F} = \frac{\delta}{a} \cdot \frac{l}{y}.$$

Mais $\frac{l}{y}$ est la mesure du rapport des diamètres de l'objectif et de l'anneau oculaire :

$$\frac{l^2}{y^2} = \frac{\Omega}{\omega}.$$

Donc

$$\frac{\Omega}{\omega} \cdot \frac{\delta^2}{a^2} = G^2.$$

Dans la lunette astronomique et le télescope, il faudra donc distinguer entre les deux cas :

1° Diamètre apparent sensible,

$$\frac{s}{S} = \frac{1}{G^2}, \quad C = \frac{\pi}{p}.$$

La clarté est au plus égale à 1 ; elle peut atteindre cette valeur 1.

2° Diamètre apparent insensible,

$$\frac{s}{S} = 1, \quad C = G^2 \frac{\pi}{p}.$$

La clarté peut être énorme. Elle peut atteindre la valeur G^2 ; elle reste inférieure à G^2 si l'anneau oculaire ne recouvre pas entièrement la pupille, ce qui est le cas des instruments très grossissants ; mais elle est, en tous cas, très considérable. D'innombrables étoiles fixes, invisibles à l'œil nu, sont visibles à la lunette.

Dans le cas du *microscope composé*, $\frac{s}{S}$ est toujours égal à $\frac{1}{G^2}$, et, par suite,

$$C = \frac{\pi}{p}.$$

Mais ici $\frac{\pi}{p}$ est une fraction extrêmement petite de l'unité. La première lentille de l'objectif est souvent plus petite que la pupille ; l'image qu'en donne l'oculaire convergent est diminuée encore, de sorte que l'anneau oculaire est beaucoup plus petit que la pupille. C est ainsi très inférieur à 1. De là la nécessité d'éclairer très fortement, soit par transparence, soit par réflexion, les petits objets qu'on dispose sur le porte-objet du microscope.

CHAPITRE VII

VITESSE DE LA LUMIÈRE

633. — Les ondes lumineuses se propagent avec une rapidité prodigieuse, que l'on peut évaluer approximativement à 300000 kilomètres par seconde. Ainsi, dans une seconde, la lumière ferait environ sept fois et demi le tour du globe.

Plusieurs procédés ont été employés pour mesurer la vitesse de la lumière.

634. Procédé de Rœmer. — Rœmer, astronome danois, calcula la vitesse de la lumière au moyen des éclipses du premier satellite de Jupiter.

Soient S le soleil, J Jupiter, TF l'orbite de la terre, PE l'orbite du satellite considéré (fig. 652).

Ce satellite P, qui se meut dans un plan très voisin de l'orbite de Jupiter, passe à chaque révolution dans le cône d'ombre JM que cette planète projette dans l'espace ; l'*immersion* a lieu en I, l'*émersion* en E. Ce phénomène est évidemment périodique ; entre deux émersions consécutives, par exemple, il s'écoule toujours un même temps $\theta = 42^h,28^m,30^s$.

Comme Jupiter se meut dans un plan peu incliné sur l'écliptique ($1°,18'$) et que la durée de sa révolution est fort longue (12 ans), nous pouvons admettre que les deux plans coïncident et que la planète est immobile. (Alors, en toute rigueur, il faudrait attribuer à la terre non plus son mouvement réel, mais son mouvement relatif par rapport à Jupiter.)

Quand la terre passe en T ou en F, lors de l'opposition ou de la conjonction,

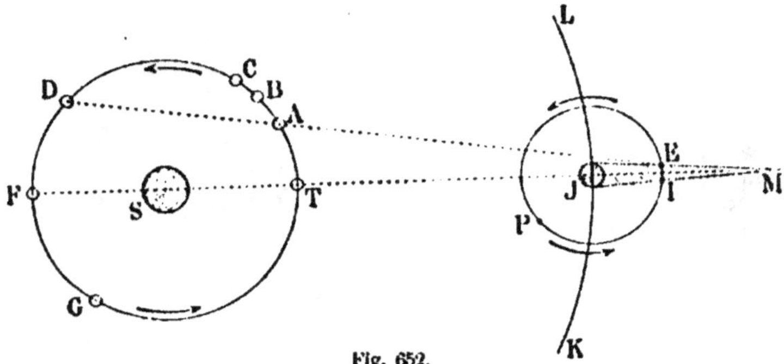

Fig. 652.

l'éclipse est invisible parce que le satellite est alors masqué par la planète ; mais pendant que la terre parcourt la moitié TAF de son orbite, on peut observer les *émissions* qui se produisent en E, et quand la terre décrit l'arc FGT, on peut voir les *immersions* qui se produisent en I.

Si l'on observe une première *émersion* quand la terre est en A, il semble qu'on puisse prédire que l'on apercevra les émersions suivantes au bout des temps θ, 2θ, 3θ,... $n\theta$. Mais il n'en est pas ainsi. Aux instants où l'observateur perçoit effectivement ces émersions successives, la terre est en B pour la seconde, en C pour la troisième,... en D pour la $n^{\text{ième}}$. L'heure observée est toujours en retard sur l'heure prédite, et le retard va en augmentant à mesure que la terre s'éloigne de Jupiter.

La cause du désaccord est évidente. Le retard constaté au point D, par exemple, n'est autre que le temps employé par la lumière pour franchir l'accroissement de distance AD.

Donc, pour obtenir la vitesse de la lumière, il suffit de calculer la longueur AD et de diviser cette longueur par le retard correspondant.

Par cette méthode, on a trouvé que la lumière emploie $16^m41^{\cdot}6$ pour parcourir le diamètre TF de l'orbite terrestre, ou $8^m20^{\cdot}8$ pour franchir la distance ST de la terre au soleil.

Or $ST = 23400 \times 6370$ km, et $8^m20^{\cdot}8 = 500^{\cdot}8$.

La vitesse de la lumière serait donc :

$$V = \frac{23.400 \times 6370}{500,8} = 298.000 \text{ km.}$$

635. Procédé de Fizeau (fig. 653). — Un point lumineux A est placé sur l'axe d'une lentille L qui en donne une image A'. Une glace sans tain M, inclinée à 45°, rejette cette image au foyer F d'une lentille convergente O centrée sur le même axe qu'une troisième lentille O' située à grande distance de la seconde. Les rayons issus du foyer F sortent de la lentille O parallèlement à l'axe, et, après avoir traversé la lentille O', ils viennent converger au foyer F'. Un miroir plan M', normal à l'axe, renvoie le faisceau sur lui-même, en échangeant chaque rayon avec son symétrique. Enfin, une partie du faisceau réfléchi traverse le miroir sans tain M et parvient à l'œil placé derrière cette glace.

Un disque denté R, mobile autour d'un axe parallèle à OO', est disposé de manière que ses dents et ses vides passent exactement au foyer F.

Si la lumière se propageait instantanément, et si la vitesse de rotation du disque était assez grande pour que le passage d'une dent ait une durée infé-

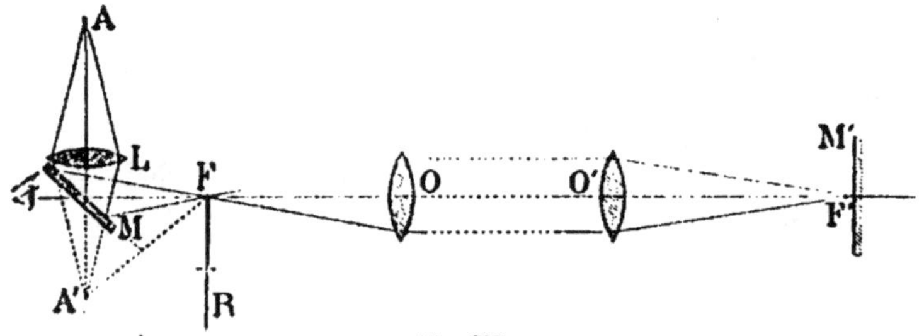

Fig. 653.

rieure à un dixième de seconde, l'œil ne cesserait pas de recevoir de la lumière, à cause de la persistance des impressions lumineuses.

Mais l'expérience prouve qu'il n'en est pas ainsi. Quand la vitesse du disque augmente peu à peu, l'intensité de la lumière reçue par l'œil diminue jusqu'à s'annuler. Il y a éclipse complète lorsque le temps t, employé par la lumière pour franchir deux fois la distance OO' des deux stations, est égal au temps employé par une dent pour remplacer le vide qui la précède.

Si la vitesse du disque augmente progressivement, à partir de la vitesse qui correspond à la première éclipse, la lumière réapparaît elle-même progressivement, son intensité passe par un maximum pour une vitesse double, puis elle décroît et s'annule de nouveau pour une vitesse triple, etc.

Soient d la distance qui sépare les deux stations OO', n le nombre de tours correspondant à la première éclipse, N le nombre des dents qui est aussi celui des vides du disque.

Le temps employé par la lumière pour franchir deux fois la distance d est égal au temps nécessaire pour qu'une dent remplace le vide qui la précède, c'est-à-dire au $\frac{1}{2N}$ du temps employé par la roue pour faire un tour complet.

On a donc :
$$\frac{2d}{V} = \frac{1}{2N} \cdot \frac{1}{n}$$

d'où
$$V = 4Nnd.$$

Fizeau a obtenu $\qquad$ V = 315.000 km.

La même méthode reprise en 1872, et perfectionnée par M. Cornu, a donné
$$V = 300.400 \text{ km.}$$

636. Procédé de Foucault (fig. 654). — Un point lumineux P est placé sur l'axe d'une lentille L qui en donne une image P. Celle-ci est rejetée, par un miroir plan MN, sur un miroir sphérique S dont le centre est au point d'incidence I et dont le rayon est égal à IP'.

Quand le miroir MN est immobile, les rayons réfléchis par le miroir sphérique S retrouvent le miroir MN à la même place et s'en échappent comme s'ils émanaient du point P'. La lentille L les concentre au point P; mais une glace sans tain AB, inclinée à 45° sur l'axe PP', rejette cette image de retour au point p symétrique de P par rapport au plan AB.

Mais le miroir MN est animé d'un mouvement de rotation rapide autour d'un axe mené dans son plan par le point I. Alors, pendant que la lumière parcourt le trajet IS + SI, le miroir MN prend une nouvelle position M'N', et les images de retour P", P, p sont déviées respectivement en Q', Q, q.

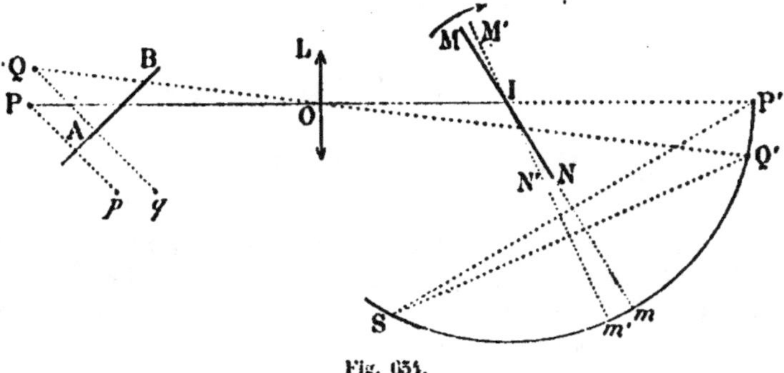

Fig. 654.

On connaît les longueurs $PO = p$, $OP' = p'$, $IS = d$ et le nombre de tours n effectués par le miroir en une seconde. Recevant les images p, q sur un micromètre, dans le plan focal d'un oculaire, on mesure le déplacement $pq = \varepsilon$.

D'après ces données, il est aisé de calculer la vitesse V de la lumière.

Le temps employé par la lumière pour parcourir le chemin connu

$$IS + SI = 2d,$$

est égal à celui qu'emploie la trace m pour décrire l'arc inconnu $mm' = \alpha$.

On a donc :
$$\frac{2d}{V} = \frac{\alpha}{n.2\pi d}$$

Reste à calculer α en fonction de ε. L'angle inscrit P'SQ' étant égal à l'angle au centre $m\mathrm{l}m'$, on a :
$$P'Q' = 2\alpha.$$

Les triangles semblables P'OQ', POQ donnent :
$$\frac{P'Q'}{PQ} = \frac{2\alpha}{\varepsilon} = \frac{p'}{p}.$$

La relation précédente devient :
$$\frac{2d}{V} = \frac{p'\varepsilon}{4n\pi pd}$$

On en tire
$$V = \frac{8n\pi pd^2}{p'\varepsilon}.$$

Le résultat obtenu par Foucault est :
$$V = 298.000 \text{ km.}$$

Comparaison des vitesses de la lumière dans l'air et dans l'eau. — Pour comparer ces deux vitesses au moyen de l'appareil de Foucault, il suffit d'interposer sur le chemin IS une colonne d'eau qui sera traversée deux fois par la lumière.

On constate que la déviation pq est *plus grande* pour les rayons qui traversent l'eau que pour ceux qui se sont propagés seulement dans l'air.

Donc la lumière met plus de temps pour traverser la colonne d'eau que pour franchir la même épaisseur d'air, c'est-à-dire que *la lumière va moins vite dans l'eau que dans l'air*.

CHAPITRE VIII

PHOTOGRAPHIE

637. Photographie. — *La photographie est l'art de fixer, d'une manière persistante, les images données par la chambre noire.*

Elle est fondée sur les propriétés chimiques des radiations lumineuses, notamment sur la décomposition des sels d'argent (iodure, chlorure et bromure d'argent) sous l'action de la lumière.

Nous nous bornerons à rappeler le principe de la *daguerréotypie* (méthode des premiers inventeurs : Niepce et Daguerre), et à indiquer sommairement les procédés modernes les plus généralement utilisés.

638. Appareil photographique. — *L'appareil photogra-*

Fig. 655.

phique (fig. 655) est une chambre noire, dont l'ouverture est munie d'un objectif et dont l'écran est mobile parallèlement à lui-même.

Fig. 656.

L'objectif est un système de lentilles rendu achromatique de manière que le foyer des rayons jaunes coïncide avec celui des rayons violets.

L'écran mobile peut être constitué à volonté soit par un verre dépoli translucide, soit par une plaque sensibilisée, contenue dans un châssis à volet, dit *châssis négatif* (fig. 656).

Les parties latérales des anciens appareils (daguerréotypes) étaient formées de deux prismes rigides s'emboîtant à tirage; aujourd'hui elles sont disposées *en soufflet*, ce qui rend l'appareil plus léger et plus facilement transportable.

Mise au point. — Le photographe, placé derrière l'écran translucide, dirige l'axe de l'objectif vers la partie centrale de l'objet à photographier, puis il amène l'écran dans le plan focal de l'objet, c'est-à-dire qu'il avance ou recule le verre dépoli, jusqu'à ce qu'il obtienne une image aussi nette que possible.

Pour mieux juger de la netteté de l'image, on peut se servir d'une loupe; par exemple, d'un doublet de Wollaston.

Pose. — La mise au point étant effectuée, on ferme l'ouverture au moyen d'un obturateur qui recouvre l'objectif; puis on enlève l'écran translucide et on lui substitue le châssis contenant la plaque sensibilisée, le côté sensible étant tourné vers l'objectif et protégé d'abord par un volet mobile.

Ce volet peut glisser sur lui-même dans une rainure verticale. On le soulève, et on retire l'obturateur afin que la plaque sensible reçoive l'impression de la lumière.

La lumière agissant sur le sel d'argent met le métal en liberté. La décomposition est plus accentuée dans les parties les plus éclairées de l'image, moins vive dans les demi-teintes et nulle dans les ombres. Quand le temps de pose est suffisant, on ferme l'obturateur, on abaisse le volet, et on enlève le châssis pour l'emporter au laboratoire.

Laboratoire photographique. — La préparation des plaques sensibles, leur maniement et toutes les opérations qu'elles doivent subir jusqu'au fixage ne peuvent s'effectuer que dans un laboratoire obscur, éclairé seulement à la lumière rouge ou à la lumière verte, à l'abri de toute radiation chimique.

Les fenêtres du laboratoire sont garnies de verres rouges ou verts, qui ne laissent passer aucune autre lumière; ou mieux, toutes les ouvertures du laboratoire sont obstruées, et on s'éclaire au moyen d'une lanterne à verres rouge rubis.

639. Daguerréotypie. — La méthode de Daguerre consiste à obtenir directement une image persistante sur une plaque métallique sensibilisée. Elle comprend les opérations suivantes :

1° *Préparation de la plaque.* — On emploie une plaque de cuivre, argentée, bien polie et sensibilisée dans le laboratoire obscur par une exposition à la vapeur d'iode. La surface se recouvre d'une pellicule d'iodure d'argent.

2° *Exposition dans la chambre noire.* — Après la mise au point, la plaque sensible est substituée au verre dépoli de la chambre noire.

L'iodure d'argent se décompose partiellement sous l'action de la lumière, et l'argent est mis en liberté.

3° *Révélation de l'image.* — Pour faire apparaître l'image, on expose la plaque à la vapeur de mercure. Tous les points impressionnés, où se trouve de l'argent métallique, prennent la couleur blanche de l'amalgame d'argent.

4° *Fixation de l'image.* — On lave la plaque dans une solution d'hyposulfite de soude, pour dissoudre l'iodure d'argent non attaqué par la lumière; puis on recouvre l'image d'une pellicule d'or, en répandant une solution de chlorure d'or sur la plaque légèrement chauffée.

Les images daguerriennes sont *miroitantes* et *inversées*, c'est-à-dire symétriques par rapport à l'objet; mais la méthode a surtout pour inconvénients d'exiger une durée de *pose trop longue* et de ne fournir qu'une *épreuve unique.*

640. Opérations photographiques. — Dans les méthodes actuelles, on prépare d'abord un *cliché* de l'image à reproduire; puis, à l'aide de ce cliché, on tire des *épreuves* aussi nombreuses que l'on veut.

Toutes ces méthodes comportent donc deux opérations distinctes :

1° **Préparation du cliché sur verre.** — Le *cliché*, ou *négatif*, est une image ordinairement sur verre, et visible par transparence. On le nomme *épreuve négative*, parce que les teintes sont renversées; c'est-à-dire que les parties claires sont en noir, et les ombres en clair.

2° **Tirage des épreuves positives sur papier.** — A l'aide du cliché, on peut obtenir un nombre illimité d'*épreuves positives*, où les teintes reprennent leur ordre naturel.

Chacune de ces opérations peut s'effectuer de diverses manières, suivant le mode de préparation de la couche sensible.

1. PRODUCTION DU CLICHÉ

641. Procédé au gélatino-bromure. — Plaque sensible. — On se sert d'une plaque de verre recouverte d'une mince couche de gélatine imprégnée de bromure d'argent. On dispose cette plaque dans le châssis négatif, de manière que la gélatine soit en dessus, c'est-à-dire du côté qui recevra la lumière; puis on ferme le châssis.

La surface sensible peut être préparée sur une *plaque* de verre, ou bien sur une *pellicule* de collodion, de celluloïd ou de papier.

Pour cela, on mélange deux solutions de gélatine renfermant, l'une des bromures solubles, l'autre de l'azotate d'argent. On obtient du bromure d'argent en suspension dans une masse gélatineuse, c'est-à-dire une *émulsion au gélatino-bromure d'argent*.

On étend cette émulsion sur plaque ou sur pellicule. Une fois sèche, elle peut se conserver pendant des années, pourvu qu'on la préserve soigneusement de l'humidité.

On trouve dans le commerce des plaques ou des pellicules toutes préparées.

Pose. — Après la mise au point, on ferme l'obturateur, on introduit le châssis dans la chambre noire, puis on soulève le volet, et on ouvre l'obturateur pendant le temps de pose nécessaire.

Quand l'obturateur est refermé, il ne reste plus qu'à remettre le volet en place et à enlever le châssis pour l'emporter au laboratoire.

La durée de la pose varie avec l'intensité de la lumière, la puissance de l'objectif, l'ouverture du diaphragme et la sensibilité de la plaque. Elle dépasse rarement quatre ou cinq secondes, et peut se réduire à un trentième de seconde avec les plaques extra-rapides utilisées pour la photographie instantanée.

Développement de l'image. — Au sortir de la chambre noire, l'image est encore invisible, parce que le bromure d'argent impressionné n'a subi qu'une décomposition partielle.

Pour *développer* cette image *latente*, on plonge la plaque, gélatine en dessus, dans un *bain révélateur*, tel qu'une solution d'*acide pyrogallique*, qui achève la réduction du sel d'argent impressionné, sans exercer aucune action sur le sel intact.

En tous les points frappés par la lumière, le brome s'isole, et il reste de l'argent métallique en poudre fine, répandu dans la gélatine et formant une image noire.

Le reste de la plaque conserve la couleur blanche que lui donne le bromure d'argent.

Quand l'image est suffisamment développée, on rince la plaque et on procède au fixage.

L'image apparaît plus ou moins vite suivant que la pose a été longue ou brève. On peut arrêter le développement quand l'épreuve commence à prendre une teinte grise uniforme.

Outre l'acide pyrogallique, on peut citer, parmi les réducteurs utilisés : l'*oxalate ferreux*, l'*hydroquinone*, l'*iconogène*, le *métol*, le *paramidophénol*, etc.

Fixage. — Pour fixer l'image obtenue, c'est-à-dire pour la rendre inaltérable à la lumière, on plonge la plaque dans un bain d'*hyposulfite de soude* jusqu'à ce que le bromure d'argent non altéré soit complètement dissous. Cette opération a pour but d'éliminer toute la partie de la couche sensible restée intacte, et de rendre transparentes les régions de la plaque qui n'ont pas été impressionnées.

Le fixage dure une dizaine de minutes. Il est terminé quand on n'aperçoit plus aucune trace de couleur laiteuse dans la gélatine et que les blancs du négatif, vus par transparence, sont parfaitement clairs.

Alors la plaque peut être exposée sans inconvénients à la lumière du jour.

Lavage. — Après le fixage, on lave la plaque à grande eau, pour faire disparaître toute trace d'hyposulfite de soude : condition indispensable pour la conservation du cliché.

La plaque doit séjourner pendant plusieurs heures dans l'eau courante, ou dans une cuve dont on renouvelle l'eau toutes les demi-heures.

Séchage. — Il ne reste plus qu'à faire sécher la plaque ; après quoi le cliché est terminé, et l'on peut s'en servir pour le tirage des épreuves.

On peut effectuer le séchage de différentes manières : on immerge la plaque dans un bain d'*alun*, qui durcit la gélatine et augmente la transparence du cliché ; puis on laisse sécher à l'air libre pendant six à douze heures. Ou bien, après l'*alunage*, on trempe la plaque dans l'alcool pendant cinq minutes. Alors elle peut sécher en une demi-heure.

Ou enfin, on supprime l'alunage et le bain d'alcool, et on les remplace par un bain de cinq minutes dans une solution de *formol*, qui rend la gélatine très dure et inaltérable. Dans ce cas, le séchage s'opère en quelques minutes, et on peut même l'effectuer instantanément au moyen d'une étuve.

2. TIRAGE DES ÉPREUVES

642. Épreuves sur papier. — **Papier sensibilisé.** — A l'aide du cliché, on peut obtenir un nombre indéfini d'épreuves positives sur papier.

Il suffit de placer derrière ce cliché et d'exposer à la lumière une feuille de papier sensibilisé ; par exemple, du papier au gélatino-bromure d'argent.

29

Ce dernier se prépare exactement comme une plaque négative, mais avec une émulsion moins rapide.

On trouve dans le commerce un grand nombre d'espèces de papiers photographiques : papier albuminé, papier salé, papier gélatiné... sensibilisés à divers sels d'argent : chlorure, citrate, bromure, etc.

Tirage. — Pour maintenir en contact le papier sensible et le cliché, pendant l'exposition à la lumière, on se sert du *châssis positif* ou **châssis-presse** (fig. 657). C'est un cadre en bois, fermé d'un côté par une glace épaisse, et dans lequel on peut introduire un volet formé de deux planchettes réunies à charnières et munies de fermoirs à ressort.

Fig. 657.

On place le cliché sur la glace, gélatine en dessus, puis on étend le papier sensible, le côté sensible en dessous, c'est-à-dire contre la gélatine ; on ajoute un coussin de feutre ou quelques feuilles de papier buvard, on applique le volet à charnière, et l'on ferme au moyen des ressorts.

Ainsi préparé, le châssis est exposé à la lumière. On surveille la *venue* de l'image en soulevant de temps en temps l'une des planchettes, à la lumière diffuse.

Quand l'exposition est suffisante, on retire l'épreuve dans l'obscurité.

Le tirage n'altérant pas le cliché, on peut répéter cette opération autant de fois qu'on le voudra.

Virage. — On lave l'épreuve pendant quelques minutes pour la débarrasser d'une partie du sel d'argent qu'elle contient, puis on la plonge dans un bain de *virage*, au *chlorure d'or,* dans lequel on a soin de l'agiter constamment. Cette opération a pour effet de remplacer l'argent réduit, qui est oxydable, par de l'or qui est inaltérable à l'air. En outre, la teinte de la photographie varie progressivement.

Dès qu'elle a pris le ton voulu, on la retire du virage et on la rince.

Fixage. — L'épreuve doit séjourner ensuite dans un bain d'*hyposulfite de soude,* jusqu'à dissolution complète du sel d'argent qui n'a pas été impressionné pendant l'exposition à la lumière.

Lavage. — L'opération se termine par un lavage de plusieurs heures, qui fasse disparaître jusqu'aux dernières traces d'hyposulfite.

613. Autres procédés pour le tirage des positifs. — On distingue les procédés *photochimiques* qui exigent l'exposition à la lumière pour chaque épreuve positive, et les procédés *photomécaniques,* qui ne l'emploient qu'une seule fois, pour l'obtention d'une *planche,* utilisée ensuite à la manière d'une pierre lithographique ou d'un cliché typographique.

I. **Procédés photochimiques.** — Outre les divers procédés aux sels d'argent, on peut citer encore :

1° *Le procédé au charbon* (Poitevin). — Le papier est recouvert d'une couche de gélatine, imprégnée de bichromate de potasse et d'une matière colorante insoluble réduite en poudre impalpable. Sous l'influence de la lumière qui traverse le cliché négatif, la gélatine bichromatée devient insoluble, et emprisonne la matière colorante proportionnellement à l'action de la lumière. On plonge ensuite le papier dans de l'eau chaude; la gélatine non impressionnée se dissout, entraînant avec elle la matière colorante étrangère à l'image. Les épreuves au charbon sont à peu près inaltérables.

2° *Procédé aux sels de platine.* — Le papier au platine est sensibilisé par un mélange de chlorure de platine avec de l'oxalate de fer. La lumière qui traverse le négatif donne une image noire due au platine réduit. On la développe dans une solution d'oxalate de potasse chauffée à 70°; puis on la fixe en la passant deux ou trois fois dans une solution étendue d'acide chlorhydrique.

3° *Procédé aux sels de fer.* — L'action de la lumière sur les sels ferriques est employée pour reproduire les dessins sur papier transparent. Avec le ferrocyanure de potassium on obtient à volonté des images blanches sur fond *bleu,* ou des images bleues sur fond blanc. Au moyen de l'acide pyrogallique, on obtient des images noires sur fond blanc.

I. **Procédés photomécaniques.** — 1° *Phototypie.* — Une couche de gélatine bichromatée est étendue sur une surface rigide : verre, pierre, métal. On l'expose à la lumière sous un cliché négatif, puis on la mouille légèrement. La gélatine bichromatée prend l'humidité en tous les points qui ont été préservés de l'action de la lumière ; mais toutes les parties insolées restent sèches. On passe alors sur la surface un rouleau chargé d'encre lithographique : cette encre grasse prend sur les parties sèches, mais elle est repoussée de toute la région humide.

Ainsi préparée, la couche de gélatine joue le rôle d'une véritable pierre lithographique, au moyen de laquelle on peut tirer des épreuves à l'encre grasse, sur papier ordinaire, avec une presse lithographique.

2° *Photogravure.* — Une couche de gélatine bichromatée est exposée à la lumière sous un cliché négatif, puis traitée par l'eau chaude qui dissout les parties non insolées. Alors cette couche de gélatine présente des épaisseurs variables, des creux et des reliefs, suivant le degré d'insolation. On en fait un moulage galvanoplastique. La planche de cuivre ainsi obtenue peut être utilisée à la manière d'un cliché typographique [1].

---

[1] *Photogravure.* — Pour la reproduction des dessins au trait, qui ne présentent que des noirs et des blancs, sans teinte modelée, on utilise le procédé suivant, qui est beaucoup plus simple et moins dispendieux.

Sur une planche de cuivre ou de zinc, on étend une couche de bitume de Judée, que l'on expose ensuite à la lumière sous le cliché négatif. On développe à l'essence de térébenthine. Les parties insolées restent seules sur le métal. Elles le préservent de la morsure qu'on fait alors subir à la planche, en la plongeant dans un bain d'acide azotique étendu d'eau, jusqu'à ce qu'il y ait assez de creux pour que l'on puisse tirer typographiquement.

Simili-gravure. — La simili-gravure s'effectue exactement de la même manière; sauf que, pendant l'exposition de la plaque sensible à la lumière, pour l'obtention du cliché négatif, on a soin d'interposer entre cette plaque et le modèle une glace quadrillée ou grainée.

8° *Photoglyptie.* — Ayant préparé comme ci-dessus la couche de gélatine à épaisseur variable, on la comprime fortement contre une plaque métallique formée d'un alliage de plomb et d'antimoine. La gélatine pénètre dans le métal et donne un moule en creux. Pour tirer une épreuve, on coule dans ce moule de la gélatine colorée sur laquelle on étend la feuille de papier, puis on comprime légèrement à la presse. La gélatine est chassée des parties planes qui correspondent aux blancs, tandis qu'elle reste dans les creux en quantité plus ou moins grande, suivant la profondeur. La gélatine restante fait prise et s'attache au papier avec lequel elle se détache du moule.

3. AUTRES PROCÉDÉS PHOTOGRAPHIQUES

644. Photographie instantanée. — Pour photographier un sujet en mouvement ou un phénomène instantané, il suffit de réduire suffisamment la durée de la pose. On y parvient en augmentant la sensibilité de la plaque, la puissance de l'objectif, l'ouverture du diaphragme, l'éclairage du sujet, l'énergie du révélateur.

On peut ainsi réduire la durée de la pose à une fraction de seconde extrêmement petite. Alors, *l'obturateur* ne saurait être ouvert et fermé à la main. En général, cet obturateur est une plaque opaque percée d'une ouverture et qui passe rapidement devant l'objectif de la chambre noire. Il est commandé par un déclenchement pneumatique, que l'on fait fonctionner en pressant sur une poire de caoutchouc (fig. 655).

Il n'est plus nécessaire que l'appareil soit fixe. L'opérateur peut le tenir à la main, et être lui-même en mouvement : en voiture, en chemin de fer, en ballon, etc.

On photographie toute espèce de sujets en mouvement : personnages, animaux, véhicules, cascades, vagues, nuages, etc.; ou encore des phénomènes tels que l'éclair, l'étincelle électrique, qui échappent à la vue, à cause de leur extrême rapidité.

Photochronographie. — Pour analyser un mouvement rapide ou compliqué, tel que la course d'un animal, le vol d'un oiseau, etc., il suffit de prendre une série de photographies du sujet, à des intervalles de temps égaux et très courts.

On peut faire ensuite la synthèse du mouvement : il suffit de projeter sur un écran la série des photographies obtenues, en ayant soin qu'elles se succèdent dans le même ordre, et, si l'on veut, avec la même rapidité que les poses qui les ont fournies.

Tel est le principe du *cinématographe*, à l'aide duquel on peut produire l'illusion d'une scène animée quelconque.

645. Agrandissements et réductions photographiques. — Il y a deux manières d'agrandir ou de réduire une photographie, suivant qu'on utilise un négatif ou un positif.

1° Si on emploie un *négatif,* on le projette à l'aide d'une lanterne magique ou d'un appareil quelconque de projection, sur un écran à l'aide duquel on effectue d'abord la mise au point. En faisant varier la distance du cliché à l'objectif, on obtient l'agrandissement que l'on veut. On remplace ensuite l'écran par un cadre sur lequel est disposée la feuille de papier sensible qui doit recevoir l'*épreuve positive* agrandie.

2° Si l'on veut agrandir une *épreuve positive,* on la photographie au moyen de la chambre noire, à la manière d'un sujet quelconque. On obtient ainsi un cliché négatif, qui permettra de tirer des épreuves positives. La reproduction est agrandie ou réduite suivant que la distance de l'ancienne épreuve à l'objectif est inférieure ou supérieure au double de la distance focale de l'objectif.

La **photographie microscopique** a pour but d'obtenir des photographies extrêmement petites, que l'on doit examiner à la loupe ou sur des projections très agrandies. Ce genre de photographie permet de réunir un grand nombre d'épreuves sous un petit volume et un léger poids.

Pendant le siège de Paris, ce procédé a permis d'expédier par pigeons voyageurs une grande quantité de dépêches. Sur une pellicule de 5^{cm}. sur 3^{cm}., on photographiait jusqu'à 16 pages in-folio, ou 3000 dépêches. Un tuyau de plume contenant une vingtaine de ces pellicules constituait la charge d'un pigeon voyageur.

646. Microphotographie. — On peut photographier les objets microscopiques. A cette fin, on remplace l'objectif de la chambre noire par un microscope, disposé de manière à donner des images réelles très agrandies. L'objet doit être éclairé très fortement. La mise au point, la pose et toutes les autres opérations photographiques se font comme à l'ordinaire.

647. Téléphotographie. — De même, on peut photographier les objets lointains, tels qu'ils apparaissent dans le champ d'une longue vue.

Il suffit d'adapter la longue vue et la chambre noire, de manière à obtenir dans celle-ci les images réelles qui impressionnent la plaque sensible.

Pour les objets terrestres, on se borne à remplacer l'objectif ordinaire de la chambre noire par un appareil spécial que l'on nomme *télé-objectif*. La pose est généralement longue, parce que la clarté de l'image diminue à mesure que le grossissement augmente.

Au moyen des télescopes ou des lunettes astronomiques modernes, on obtient d'excellentes photographies du soleil, de la lune, des planètes, des comètes, des nébuleuses.

Les photographies de la lune, prises avec la grande lunette de 1900, pourraient être projetées suivant un cercle de 30 mètres de rayon, ce qui représente un grossissement de 100000 fois, et un rapprochement à 3 kilomètres. Elles peuvent supporter un agrandissement notable, qui élève le grossissement à plus de 300000 et réduit la distance à quelques centaines de mètres.

648. Photographie orthochromatique. — La photographie ordinaire rend très mal les clairs et les ombres, parce que les plaques ne sont pas également sensibles aux diverses couleurs : la sensibilité est maximum pour le bleu et pour le violet, c'est-à-dire précisément pour les couleurs sombres ; tandis qu'elle diminue de plus en plus pour le vert, le jaune et le rouge, qui sont des couleurs claires.

On remédie de plusieurs manières à cet inconvénient :

1° La méthode de *triple pose* consiste à placer successivement devant l'objectif trois verres colorés : bleu, vert, rouge, de manière à impressionner la plaque respectivement pour ces trois couleurs, avec des temps de pose convenables.

2° On se sert de plaques *orthochromatiques,* dont la couche sensible contient des substances qui en augmentent la sensibilité pour telle ou telle couleur.

Ainsi, la *chrysaniline* augmente la sensibilité pour le vert ; l'*éosine*, pour le vert et le jaune ; l'*érythrosine*, pour le jaune ; la *cyanine*, pour l'orangé et le rouge ; la *salicine*, pour le vert et le rouge.

Les plaques dites *panchromatiques*, préparées avec des matières colorantes dérivées du *triphénylméthane*, ont, pour les diverses couleurs, une sensibilité comparable à celle de notre œil.

649. Photochromographie. — On donne le nom de photochromographie à divers procédés de *photographie indirecte des couleurs*. La méthode de Ducos de Hauron consiste à obtenir trois clichés monochromes d'un même sujet : un bleu, un jaune et un rouge. En superposant ensuite ces trois images, on obtient une photographie colorée qui reproduit sensiblement les couleurs et les tons naturels de l'objet.

La superposition des images monochromes peut se faire de diverses manières.

A l'aide du *chromoscope,* on projette les trois images sur un même écran, ce qui ne réalise qu'une synthèse temporaire des couleurs.

Ou bien, pour effectuer une synthèse durable des couleurs, on superpose matériellement trois épreuves positives transparentes, tirées sur pellicules et présentant respectivement les trois couleurs bleu, jaune et rouge.

Enfin, on peut juxtaposer sur un même papier trois impressions photomécaniques monochromes, par exemple à l'aide des procédés de la phototypographie.

650. Photochromie. — Le problème de la photographie directe des couleurs a été résolu par M. Lippmann au moyen des procédés usuels de la photographie, et par une simple modification dans les conditions physiques de la pose : *Il suffit que la couche sensible soit continue et qu'elle soit adossée à une surface réfléchissante.*

On peut utiliser, par exemple, une plaque au gélatino-bromure; mais il faut que la couche sensible soit mince, transparente et complètement exempte de petits grains métalliques disséminés dans la gélatine.

M. Lippmann s'est servi d'un chassis spécial, dans lequel la couche sensible était interposée entre la plaque de verre et une couche de mercure jouant le rôle de miroir. La plaque de verre était tournée du côté de la lumière incidente. Celle-ci traversait donc la plaque de verre, puis la couche sensible, et venait se réfléchir sur le miroir de mercure.

Après la pose, on développe l'image et on la fixe par les procédés ordinaires. A mesure que le cliché se dessèche, on voit l'image se revêtir des couleurs naturelles de l'objet photographié. C'est ce cliché négatif qui est l'épreuve définitive, ou la photographie colorée.

Théorie de la méthode Lippmann. — L'expérience de Lippmann s'explique par deux phénomènes que l'on étudie en Optique supérieure : l'interférence de la lumière et la coloration des lames minces. (Ce dernier phénomène s'observe, par exemple, dans les bulles de savon. On sait qu'une bulle de savon prend des colorations diverses qui dépendent de son épaisseur : la couleur qu'elle réfléchit en chaque point est celle dont la demi-longueur d'onde est égale à son épaisseur en ce point.)

La couche sensible adossée au miroir de mercure est traversée simultanément par deux systèmes d'ondes lumineuses : la lumière incidente qui donne l'image dans la chambre noire, et la lumière réfléchie par la surface métallique. Ces deux lumières interfèrent. Il se forme à l'intérieur de la couche sensible un système de franges, c'est-à-dire de maxima lumineux et de minima obscurs. Les maxima seuls impressionnent le sel d'argent; de sorte qu'après une pose suffisante, ces maxima restent marqués par des couches d'argent réduit, infiniment minces, qui partagent la gélatine en lames parallèles, ayant pour épaisseur la distance de deux maxima, c'est-à-dire une demi-longueur d'onde de la lumière incidente. Ces lames minces ont donc précisément l'épaisseur voulue pour réfléchir la couleur même qui les a produites.

Ainsi les couleurs visibles sur le cliché sont de la même nature que celles des bulles de savon ; mais elles sont plus brillantes, à cause du grand nombre des lames parallèles superposées.

Dans une région où l'on voit par exemple du rouge, les couches d'argent

sont stratifiées à une équidistance égale à la demi-longueur d'onde du rouge;
et par suite les lames de gélatine sont capables de réfléchir la lumière rouge.
Si plus loin on aperçoit du vert, c'est que la stratification est plus serrée, et
que les lames de gélatine n'ont plus pour épaisseur que la demi-longueur
d'onde du vert. De même pour les autres couleurs.

En résumé, l'action photographique fixe pour ainsi dire les franges d'interférence, en remplaçant chaque maximum d'intensité par un dépôt d'argent.

Il en résulte une pile de lames minces, qui réfléchissent la couleur même
qui les a formées. Les vibrations lumineuses des diverses couleurs sont donc
moulées en quelque sorte dans l'épaisseur de la couche sensible.

Le procédé de M. Lippmann a permis d'obtenir des photographies parfaitement nettes d'objets colorés quelconques, et même de paysages, où les
couleurs vraies sont rendues avec leurs tons réels. Toutefois, pour rendre la
méthode vraiment pratique, il reste à diminuer le temps de pose, et à trouver
le moyen de tirer plusieurs épreuves d'un même sujet.

FIN DE LA PREMIÈRE PARTIE

TABLE DES MATIÈRES

LIVRE III

PROPRIÉTÉS GÉNÉRALES DES CORPS

LIVRE IV

ACOUSTIQUE

LIVRE V

CHALEUR

LIVRE VI

OPTIQUE